Organisation

Georg Schreyögg · Daniel Geiger

Organisation

Grundlagen moderner Organisationsgestaltung. Mit Fallstudien

6., vollständig überarbeitete und erweiterte Auflage

Springer Gabler

Georg Schreyögg
Fachbereich Wirtschaftswissenschaft
Freie Universität Berlin
Berlin, Deutschland

Daniel Geiger
Fakultät Wirtschafts- und Sozialwissenschaften
Universität Hamburg
Hamburg, Deutschland

ISBN 978-3-8349-4484-9
ISBN 978-3-8349-4485-6 (eBook)
DOI 10.1007/978-3-8349-4485-6

Die Deutsche Nationalbibliothek verzeichnet diese Publikation in der Deutschen Nationalbibliografie; detaillierte bibliografische Daten sind im Internet über http://dnb.d-nb.de abrufbar.

Springer Gabler

Gedruckt auf säurefreiem und chlorfrei gebleichtem Papier.

Springer Fachmedien Wiesbaden GmbH ist Teil der Fachverlagsgruppe Springer Science+Business Media
(www.springer.com)

Vorwort zur 6. Auflage

Wir freuen uns, eine neue, stark überarbeitete Auflage des Buches „Organisation – Grundlagen moderner Organisationsgestaltung“ vorlegen zu können, die auch von einigen grundsätzlichen Änderungen begleitet ist.

Erstmalig, mit Beginn der 6. Auflage, ist Professor Daniel Geiger von der Universität Hamburg als Ko-Autor hinzugekommen. Er wird zukünftig allfällige weitere Auflagen zusammen mit Professor Schreyögg gestalten.

Die Organisationstheorie ist ein lebendiges und sehr aktives Forschungsgebiet, in dem es in den letzten Jahren zahlreiche neue Entwicklungen und Perspektiven gegeben hat. Es war unser Bestreben bei dieser neuen Auflage, die jüngsten Entwicklungen mit aufzunehmen und einzuarbeiten. Das Gerüst bilden nach wie vor die fünf generischen Probleme der Organisationsgestaltung: die Strukturierung von Aufgaben, die Integration von Individuum und Organisation, die Gestaltung der Organisation im Hinblick auf Anforderungen der Umwelt und der Technologie, das Management emergenter Prozesse, sowie die erfolgreiche Bewältigung des organisatorischen Wandels. Das Überblickskapitel zu den Entwicklungslinien der Organisationstheorie ist nun ans Ende des Buches gerückt (Kapitel 7). Es soll als Dogmengeschichte zugleich als eine Art chronologisches Nachschlagekapitel dienen. Alle Kapitel wurden überarbeitet und aktualisiert. Verschiedene neue Entwicklungen wurden eingearbeitet. Berücksichtigt wurden unter anderem die aktuelle Diskussion zu organisatorischen Praktiken und ihr Stellenwert in der Organisationsforschung („practices“), neuere Entwicklungen des (Neo-)Institutionalismus und der inzwischen so bedeutsame Ressourcen- bzw. Wissensbasierte Ansatz. In die vorliegende Auflage wurden ferner aktuelle Gestaltungsanfordungen und -konzepte neu aufgenommen, wie etwa Ambidexterity, heterarchische Formen und Minimale Strukturen. Darüber hinaus finden neue Problemstellungen der Organisationsforschung Berücksichtigung wie der Einfluss neuerer Technologien, die Rolle hochdynamischer Umwelten und die gestiegene Bedeutung organisationaler Netzwerke. Auch das Konzept der organisationalen Kompetenz und Fragen nach deren Dynamisierung wurden gegenüber der fünften Auflage weiter ausgebaut. Das Kapitel zum organisatorische Wandel folgt nun einer gänzlich neuen Gliederung: Im Vordergrund steht die Gegenüberstellung von Theorien und Methoden des episodischen und kontinuierlichen Wandels sowie die Diskussion der Grenzen der Fluidität von Organisationen. Darüber hinaus wurden alle sieben Kapitel sprachlich überarbeitet. Es wurden auch überall dort, wo es zweckmäßig erschien, Darstellungen gestrafft und zum Teil auch ganz herausgenommen. In allen sieben Kapiteln wurden ferner die Literaturverweise aktualisiert und Ergänzungen vorgenommen. Dasselbe gilt für zahlreiche Informationskästen und Abbildungen wie auch für die Fälle am Ende eines jeden Kapitels.

Bei der Erstellung dieser 6. Auflage stand uns ein effizientes Team zur Seite, für dessen tatkräftige Unterstützung wir uns an dieser Stelle sehr herzlich bedanken möchten. Unser erster Dank gilt Herrn Philipp Darkow BA, der mit großer Umsicht und Einsatz die redaktionellen Aufgaben koordiniert und betreut hat. Frau Sivoney Rodrígez Númez BA, die mit großer Präzision und Umsicht die redaktionellen Abschlussarbeiten und die Erstellung der Abbildungen und des Literaturverzeichnisses übernommen hat. Dank sei auch Frau Ulrike Lörcher vom Springer Gabler-Verlag gesagt, die durch vielfältige Hilfestellung wiederum ein rasches Erscheinen der 6. Auflage ermöglicht hat. Einen besonderen Dank schulden wir schließlich unseren Studierenden für zahlreiche Verbesserungshinweise.

Berlin und Hamburg im Mai 2015

Georg Schreyögg
Daniel Geiger

Vorwort zur 1. Auflage

Dieses Buch beschäftigt sich mit Organisationen, Organisationsprozessen und effektiver Gestaltung von Organisationen. Es diskutiert die organisatorische Thematik aus einer problemorientierten Perspektive. Die organisatorische Gestaltung wird auf der Basis von fünf generischen Problemen aufgerissen: Aufgabenstrukturierung, Integration von Individuum und Organisation, die Bestimmung des Verhältnisses von Organisation und Umwelt, die Handhabung emergenter Phänomene in Organisationen, die Ermöglichung organisatorischen Wandels.

Das Buch ist insoweit ein explikatives, als es diese Probleme rekonstruiert und Theorien zu ihrem Verständnis referiert; es ist präskriptiv in dem Sinne, als es Muster zur Lösung der generischen Probleme vorstellt und bewertet.

Der gesamte Blickwinkel ist pragmatisch; das Buch ist für Studierende geschrieben, die in ihrem (späteren) Berufsleben mit diesen Gestaltungsfragen konfrontiert sein werden wie auch für Praktiker, die nach Hilfestellungen bei der Lösung dieser Gestaltungsprobleme suchen.

Der pragmatische Zugang bringt es mit sich, dass das Buch nicht nur aus einer und nur dieser theoretischen Perspektive geschrieben ist, sondern vielmehr die verschiedenen Wissensbestände der Organisationstheorie einbezieht, und zwar soweit als sie zu den generischen Problemen der Organisationsgestaltung Konzepte und Problemlösungsalternativen entwickelt haben. Gleichwohl ist aber dieser problemorientierten Wissensselektion als Ordnungsmuster ein systemtheoretischer Rahmen zugrunde gelegt; er soll nicht nur die Problemorientierung und die ausgewählten Probleme theoretisch begründen, sondern auch einen systematischen Überbau für das Bündeln der Wissensbestände aus den verschiedenen organisationstheoretischen Strömungen geben.

Damit ist zugleich gesagt, dass dieses Buch nicht primär – was grundsätzlich ja auch eine mögliche Zielsetzung für ein Lehrbuch wäre – eine Einführung in die verschiedenen Strömungen der Organisationstheorie geben will; es ist keine Dogmengeschichte und/oder eine Systematisierung aller derzeitigen Trends auf der Basis von Vier-Felder-Matrizen oder Ähnlichem beabsichtigt.

Dieses Buch ist ein Lehrbuch und will auch als solches verstanden sein. Die verständliche Vermittlung wissenschaftlicher Konzepte steht im Vordergrund; dieses wird unterstützt durch den Verweis auf aktuelle praktische Beispiele und Fälle. Diese Ausrichtung bringt es mit sich, dass wissenschaftliche Spezialdebatten, methodologische Kontroversen und epistemologische Problemstellungen nur soweit eingearbeitet werden, wie es für das Verständnis der betreffenden Sachverhalte erforderlich scheint.

Der Aufbau des Buches folgt der genannten Systematik generischer Probleme der Organisationsgestaltung; vorangestellt sind zwei hinführende Kapitel zu den begrifflichen Grundlagen und zur Entwicklung der Organisationstheorie. Alle Kapitel sind nach demselben didaktischen Muster aufgebaut: Dem mit Informationskästen („Fokus") angereicherten Text folgen kommentierte Literaturhinweise, Fragen zur Selbstkontrolle sowie eine Fallstudie, die die vorhergehenden theoretischen Darlegungen nicht nur illustriert, sondern vor allem zur Umsetzung der Konzepte auf konkrete praktische Problemstellungen auffordert. Teile des Textes und sämtliche Fallstudien sind in Vorlesungen und Übungen an der FernUniversität Hagen und an der Freien Universität Berlin sowie bei innerbetrieblichen Managementtrainings einiger Großunternehmen erprobt.

An der Erstellung eines solchen Buches sind viele Personen beteiligt, nicht nur der Autor. Ihnen allen möchte ich an dieser Stelle ganz herzlich danken. Namentlich möchte ich an erster Stelle Herrn Dipl.-Kfm. Robert Dabitz danken, der die wissenschaftliche Redaktion übernommen und mit unermüdlichem Einsatz die Fertigstellung des Buches vorangetrieben hat. Er stand mir auch immer wieder als kritischer Dialogpartner zur Verfügung und hat auch auf diese Weise die Entstehung des Buches aktiv unterstützt. Ferner bin ich Herrn Dr. Christian Noss zu Dank verpflichtet, der an früheren Versionen der Kapitel 5 und 7 mitgearbeitet hat. Dank gebührt auch meinen früheren Mitarbeitern an der FernUniversität, Herrn Dipl.-Ök. Andreas Hagedorn, Herrn Dipl.-Vw. Achim Baecker und Herrn Dr. Udo Hartmann, die erste Entwürfe mit mir diskutiert und technische Hilfestellung bei der Erstellung von Abbildungen und Tabellen geleistet haben. Ferner danke ich meinen Berliner Mitarbeitern, Frau Dipl.-Kff. Christina Lobenberg, Herrn Dipl.-Kfm. Ulrich Reuther und Herrn Philipp Knöfel für die Unterstützung bei der Schlussredaktion. Ein besonderer Dank gebührt schließlich Frau Irmgard Hoemke, die mit Umsicht, guter Laune und schnellem Zugriff die verschiedenen Manuskriptfassungen und mehr noch deren vagabundierende Teile immer wieder in geordnete Form gebracht und zu einem Ganzen zusammengeführt hat. Frühere Manuskriptteile hat Frau Gisela Maaß, Hagen, erfasst; auch ihr sei an dieser Stelle herzlich gedankt.

Berlin, Mai 1996 — Georg Schreyögg

Inhaltsverzeichnis

Kapitel 1

Begriffliche Grundlagen

- Der Organisationsbegriff
- Was heißt Organisieren?
- Formale und informale Regeln
- Fremdorganisation versus Selbstorganisation
- Organisationsstrukturen und Verhalten
- Organisationsprozesse
- Aufbau des Buches

Diskussionsfragen

Die Unternehmensgruppe Fischer wurde 1948 von Artur Fischer als kleiner Werkstattbetrieb in der Schwarzwaldgemeinde Waldachtal gegründet. Ende der 1970er Jahre kam dem erfolgreichen Erfinder und Inhaber der A. Fischer GmbH & Co. KG, immer mehr zu Bewusstsein, dass er mit seinen vielen Produkten – sie reichten vom Nylondübel über Konstruktionsspielzeug bis zu Ablagesystemen – sehr unterschiedliche Märkte und Kunden bediente; es wurde immer schwerer, den Überblick zu behalten. Obwohl das Unternehmen damals bereits fast 1.000 Mitarbeiter beschäftigte, war es nach wie vor eher im Stile eines Handwerksbetriebs organisiert. Alle Fäden liefen auf den Inhaber und einige ihm eng vertraute Mitarbeiter zu; es handelte sich hauptsächlich um Leute, die von der „ersten Stunde" an mit dabei waren und das Unternehmen mitaufgebaut hatten. Dieses zentralistische Ein-Mann-Modell stieß jedoch immer häufiger an seine Grenzen: Abstimmungsprobleme, Prioritätskonflikte, zu wenig Entscheidungsfreiräume usw.

Im Jahre 1980 trat der Sohn des Gründers, Klaus Fischer, in die Geschäftsführung ein; sein Kommen war zugleich das Signal für den Beginn einer grundlegenden Umgestaltung des Unternehmens. Gesellschaftsrechtlich wurde das Unternehmen zweigeteilt: In den Fischerwerken wurden sämtliche Inlandsaktivitäten gebündelt, die Fischer International sollte für die Produktions- und Vertriebsstätten im Ausland zuständig sein. Die Gruppe erhielt als Dach eine Obergesellschaft und – erstmals – familienfremde Geschäftsführer.

Organisatorisch wurde das Unternehmen in vier teilautonome Sparten untergliedert: 1. Befestigungstechnik, 2. Konstruktionsbaukästen, 3. Technischer Modellbau und 4. Aufbewahrungssysteme. Die Spartenbildung sollte in erster Linie ein Weg sein, den stark unterschiedlichen Kundenkreisen und Märkten besser gerecht zu werden. Sie bedeutete aber auch eine Dezentralisation wesentlicher Entscheidungen und mehr Autonomie für die mittleren Führungskräfte.

Sich dem neuen Organisationsmodell anzupassen und den neuen Stil zu praktizieren, ist dem Seniorchef und der alten gut eingespielten Mannschaft um ihn herum keineswegs leicht gefallen. „In den ersten Jahren", erinnert sich der Sohn und jetzige Firmenchef, „war es ein erheblicher Kampf". Und es war ein langer Kampf; er dauerte fast zehn Jahre.

Zwischenzeitlich hat sich die Unternehmensgruppe sehr stark internationalisiert. Neue Landesgesellschaften wurden gegründet. Heute produziert Fischer in 7 Ländern, ist in 32 Ländern mit 43 eigenen Landesgesellschaften vertreten und vertreibt seine Produkte in über 100 Ländern. Als neue Sparten wurden die Fischer Automotive Systems entwickelt, die Aufbewahrungssysteme für den Auto-Innenraum produziert, und die Fischer Prozessberatung (Fischer Consulting GmbH).[1]

Die Organisationstruktur wurde an die neue Produktpalette angepasst. Heute gliedert sich das Unternehmen in vier Sparten. (1) Befestigungssysteme (vor allem Dübel), (2) Automotive Systems, (3) Fischer Technik (Spielzeug) und (4) Fischer Consulting.

---

1 Nach Wirtschaftswoche 1989, Nr. 4, S. 47 ff., www.fischerwerke.de (Zugriff am 21.05.2008) sowie: „Wenn kein Wind geht: Rudern!" fischer Medien-Information 2013 (über www.fischer.de (Zugriff am 25.03.2015).

Schon früh erkannte Klaus Fischer auch die Bedeutung einer verbindlichen Unternehmenskultur. Bereits 1980 begann er damit, gemeinsam mit den Mitarbeiterinnen und Mitarbeitern ein Leitbild zu entwickeln, das für alle im Unternehmen Tätigen verbindlich sein sollte. In den 1990er Jahren hat Klaus Fischer seinen Führungskräften gesagt: „Wenn wir unsere internationale Wettbewerbsfähigkeit und unsere Standorte langfristig sichern wollen, müssen wir unsere Strukturen gewaltig verändern." Vorbilder und Impulse fand er dabei in Japan, vor allem im Toyota-Konzern. Im Fischer-Alltag bedeutete dies, dass fortan sämtliche Prozesse tagtäglich auf den Prüfstand gestellt und wenn nötig verbessert und angepasst werden sollten – in der Produktion, aber auch in der Verwaltung, der Logistik und in jeder einzelnen Landesgesellschaft.

Vorstehende Schilderung gibt beispielhaft einen Einblick in die Probleme der Organisationsgestaltung, wie sie sich heute typischerweise für Unternehmen stellen. In dem Fallgeschehen geht es um die Reorganisation eines mittelständischen Unternehmens, insbesondere um die Entwicklung neuer Organisationsstrukturen für die obere Führungsebene. Es werden aber auch Organisationsprobleme ganz anderer Art angesprochen, so etwa der Anlass für einen organisatorischen Wandel, das Verhältnis von Person und Struktur, die Durchsetzung von organisatorischen Veränderungen, die Bedeutung von Werten usw. Es wird deutlich, dass die Organisationsgestaltung beileibe nicht nur das Entwerfen neuer besserer Strukturmuster zum Inhalt hat. Es handelt sich vielmehr um eine komplexe Aufgabe, zu deren erfolgreicher Bewältigung eine Vielzahl von Faktoren berücksichtigt werden muss: Welche Organisationsgeschichte hat ein Unternehmen und wie wirkt diese auf aktuelle Gestaltungsentscheidungen? Wie werden die organisatorischen Entscheidungen gefunden? Wie reagieren die Mitarbeiter und die etablierte Machtstruktur auf eine organisatorische Veränderung? An welchen Parametern soll die Neugestaltung ausgerichtet werden: Technologie, Kunden, Mitarbeiter, Strategie usw.? Haben die Mitarbeiter „unter der Hand" längst Routinen entwickelt, um die Probleme der Organisationsstruktur zu überbrücken?

Eine moderne Organisationslehre muss versuchen, das ganze Spektrum dieser Aufgabe abzudecken und kann sich nicht mehr länger mit der Diskussion alternativer Strukturkonfigurationen begnügen. Dies gilt umso mehr, da der Einsatz von Strukturen ja nur eine von vielen Möglichkeiten darstellt Leistungsprozesse zu lenken; Steuerung ist immer auch mit anderen Instrumenten möglich. Diesem Grundverständnis folgt das vorliegende Lehrbuch. Bevor die einzelnen Facetten des Organisierens diskutiert werden, ist es jedoch zweckmäßig, zunächst einmal den Hauptbegriff, d.h. den Begriff der Organisation, vorzustellen.

1.1 Der Organisationsbegriff

Erfahrungen mit Organisationen, dem Tatbestand des Organisiertseins und dem Prozess des Organisiertwerdens sind heute alltägliche Erfahrungen, so alltäglich, dass wir sie zuweilen gar nicht mehr als solche wahrnehmen. Dasselbe gilt für den Begriff „Organisation", er ist zum selbstverständlichen Bestandteil der Umgangssprache geworden, dessen Bedeutung nicht mehr weiter reflektiert wird. Wie meist in solchen Fällen führt dies dazu, dass der Begriff mehrdeutig und nur noch im jeweiligen Redekontext klar verstehbar wird. Für die umgangssprachliche Verständigung reicht das aus, nicht aber für wissenschaftliche Zwecke, hierfür bedarf es einer genaueren Fassung. Dabei ist zu beachten, dass in der Organisationstheorie der Begriff „Organisation" in mindestens zwei sehr unterschiedlichen Bedeutungen verwendet wird: Einerseits bezeichnen wir damit ganze Systeme, etwa Unternehmen, Kirchen, Gewerkschaften, Schulen, Behörden, Vereine usw. Andererseits fokussieren wir nur ein besonderes Merkmal von Systemen, wenn wir von Organisation sprechen. So etwa, wenn festgestellt wird, ein Unternehmen sei zentralistisch organisiert, befinde sich in einer Umorganisation, habe bereits mehrere Reorganisationen hinter sich usw. Dementsprechend wird der Begriff in der Organisationstheorie differenziert; im ersten Falle spricht man vom institutionellen, im zweiten Falle vom instrumentellen Organisationsbegriff.

1.1.1 Der instrumentelle Organisationsbegriff

In der Betriebswirtschaftslehre war jahrzehntelang das instrumentelle Organisationsverständnis vorherrschend. Geleitet von dem Ziel, Arbeitsabläufe so zu rationalisieren, dass sie eine zuverlässige und effiziente Leitungsabgabe ermöglichen, stand das organisatorische Regeln im Vordergrund des Interesses. Das Ergebnis des Gestaltungsprozesses (des „Organisierens") verfestigt sich in der „Organisation", des zur Struktur geronnenen Regelsystems. Theorieleitend ist der Blickwinkel des Organisators, also des „Designers" der Organisationsstruktur. Er oder sie verwendet die Organisation als ein *Instrument* der Betriebsführung, das den Leistungsprozess steuern hilft. Innerhalb dieser instrumentellen Sichtweise gibt es unterschiedliche Vorstellungen darüber, wie der Gegenstandsbereich der Organisation zu fassen ist. Im Wesentlichen sind es zwei Konzeptionen, die hier zu nennen sind, die funktionale und die konfigurative Konzeption:

Der funktionale Organisationsbegriff: Nach dem funktionalen Verständnis wird Organisation als eine Funktion der Unternehmensführung gesehen, also als eine Aufgabe, die wahrgenommen wird, um die Zweckerfüllung der Unternehmung sicherzustellen. Die Organisation steht jedoch neben den anderen Funktionen der Unternehmensführung (insbesondere Planung und Kontrolle) und ist in Bezug auf diese auszugestalten. Diese funktionsbezogene Sichtweise des Organisierens ist im deutschsprachigen Raum am profiliertesten von Gutenberg (1983) ausgearbeitet worden.

Im Gutenbergschen System wird der betriebliche Leistungsprozess als Kombinationsprozess produktiver Faktoren interpretiert. Neben die drei *Elementarfaktoren*, nämlich die unmittelbar produktive Arbeitsleistung, die Betriebsmittel und die Werkstoffe, tritt dort der *dispositive Faktor*, gemeint ist die Unternehmensführung oder allgemeiner das Management. Die Disposition soll die optimale Kombination der Elementarfaktoren sicherstellen, indem sie quasi als Motor den gesamten betrieblichen Leistungsprozess antreibt und steuert.

Der dispositive Faktor setzt sich aus zwei Schichten zusammen, einer intuitiven, irrationalen und einer analytisch durchdringbaren, rationalen Schicht. Letzterer rechnet Gutenberg zwei Hauptfunktionen zu:

1. *Planung* als voraus bedenkender Entwurf betrieblichen Handelns und
2. *Vollzug* als Umsetzung des Geplanten in die Wirklichkeit.

Die *Organisation* ist in dem Ansatz von Gutenberg (1983) im Wesentlichen mit der Vollzugsaufgabe gleichzusetzen: „Während Planung den Entwurf einer Ordnung bedeutet, nach der sich der gesamtbetriebliche Prozess vollziehen soll, stellt Organisation den Vollzug, die Realisierung dieser Ordnung dar" (S. 235). Die Organisation wird in dieser Sicht also als reines Umsetzungsinstrument gesehen; ihre Aufgabe ist es, dafür Sorge zu tragen, dass das Geplante Wirklichkeit wird. Ihr Tätigkeitsrahmen ist durch die Planung bestimmt: „Je vollkommener die Betriebsorganisation die ihr vorgegebenen Ziele und Planungen zu verwirklichen imstande ist, umso mehr erfüllt sie die Aufgabe, die ihrer dienenden und instrumentalen Natur entspricht" (S. 236). Gutenberg lässt also keinen Zweifel an der Rangordnung der Funktionen im Steuerungsprozess, die Planung bestimmt die Ziele, die Organisation ist ein an die Planung angeschlossenes Instrument, dessen sich die Betriebsleitung zur Planrealisierung bedient.

Nachdem Organisation ganz generell als Vollzug verstanden wird, fasst Gutenberg dann auch *alle* Regelungen, die zur Planumsetzung entwickelt oder erlassen werden, unter dem Begriff der Organisation zusammen. Er sieht die Organisation als ein Geflecht von Regelungen, und zwar sowohl genereller als auch fallweiser Natur. Die generelle und die fallweise Regelung stehen sich hiernach bei jeder organisatorischen Gestaltungsentscheidung als prinzipielle Alternativen gegenüber, zwischen denen bei der Regelung betrieblicher Vorgänge zu wählen ist (vgl. Fokus 1.1).

Gutenberg will die Wahl zwischen den beiden Regelungsformen nicht vorentscheiden, es gilt deshalb auch nicht die Vermutung einer grundsätzlichen Vorteilhaftigkeit der generellen Regelung; er will die Wahl vielmehr von der Variabilität der fraglichen betrieblichen Tatbestände abhängig machen. In dynamischen Aufgabenfeldern ist die fallweise Regelung vorteilhafter, eine generelle Regelung führte schnell zu ineffizienter Überorganisation.

Fokus 1.1

Die generelle Regelung

„Ein Blick auf das betriebliche Geschehen zeigt, dass es in jedem Betrieb eine große Zahl von Vorgängen gibt, welche sich, von kleineren Abweichungen abgesehen, in gleicher oder ähnlicher Art mehr oder weniger regelmäßig wiederholen. So muss beispielsweise immer wieder Material an die Arbeitsplätze gebracht und Werkzeug dem Lager entnommen werden. Immer wieder müssen Kalkulationen durchgerechnet und Verkaufsangebote gemacht werden. Eine derartige Situation, die sich in der geschilderten Art durch den mehr oder weniger regelmäßigen Anfall gleichartiger oder ähnlicher Vorgänge kennzeichnet, drängt geradezu danach, generell geregelt zu werden.

So kann denn etwa angeordnet werden, dass die an der Werkbank Arbeitenden das Werkzeug nicht direkt vom Lager holen, sondern den Bedarf an Werkzeugen zu einer bestimmten Zeit bei einer bestimmten Instanz anzumelden haben, die es ihnen dann zustellt. Oder aber es wird eine allgemeine Regelung derart getroffen, dass Werkzeug und Material nur zu ganz bestimmten Zeiten in Empfang zu nehmen oder abzuliefern sind. Eine derartige generelle Regelung schreibt den Beteiligten ein bestimmtes Verhalten vor und nimmt ihnen damit zugleich die Möglichkeit, vollkommen nach eigenem Ermessen zu verfahren. Zugleich aber erübrigen sich persönliche Anordnungen der Meister über Werkzeugempfang und -abgabe, wenn Werkzeugempfang und Werkzeugabgabe in der beschriebenen Weise geregelt werden.

Die generelle Regelung ersetzt die fallweise Anordnung, macht sie überflüssig. Überall da, wo betriebliche Vorgänge ein verhältnismäßig hohes Maß an Gleichartigkeit und Periodizität aufweisen, wird die Tendenz wirksam, fallweise Regelungen durch generelle Regelungen zu ersetzen. Oder anders ausgedrückt: Die Tendenz zur generellen Regelung nimmt mit abnehmender Variabilität betrieblicher Tatbestände zu.“

Quelle: Gutenberg 1983, S. 239 f.

Vor dem Hintergrund dieser Überlegungen stellt sich die Organisation eines Unternehmens dann meist als eine je spezifische Mischung aus fallweisen und generellen Regeln dar. Von der Frage des Mischungsverhältnisses ist als eigener Problemkreis die absolute Zahl der Regeln, also die Regelungsdichte, zu unterscheiden. Letztere beschreibt, wieweit die betrieblichen Aufgabenvollzüge vorgeregelt werden oder, anders gesehen, wie viel Raum für Eigendispositionen der Positionsinhaber noch verbleibt.

Nachdem Gutenberg Vollzug und Organisation in eins setzt, ist für ihn jede Regelung des Vollzugs Organisation, gleichgültig, ob sie nun generell oder fallweise erfolgt. Die Organisation umfasst demnach alle Regeln, die zum Vollzug des Planes verwendet werden. Der Einbezug der fallweisen Regelung in den Organisationsbegriff ist allerdings ungewöhnlich und nur verständlich, wenn man den Zusammenhang zu Gutenbergs Steuerungsansatz herstellt. Sehr viel häufiger wird nur das Geflecht genereller Regelungen als Organisation bezeichnet.

Der konfigurative Organisationsbegriff: Die profilierteste Gegenposition zu Gutenberg im Rahmen der instrumentellen Sichtweise markiert die Kosiolsche Organisationslehre. Organisation bezeichnet dort die *dauerhaft gedachte Strukturierung* von Arbeitsprozessen, ein festes Gefüge (Konfiguration), das allen anderen Maßnahmen und Dispositionen vorgelagert ist. In diesem Ansatz kommt der Organisation eine ganz andere Stellung zu, sie soll gewissermaßen das Gehäuse der Unternehmung bilden oder genauer das Skelett: „Durch die Struktur erhält die Unternehmung aufgrund eines bestimmten Bauplanes ihre besondere Gestalt, im wörtlichen Sinne wird sie geprägte Form, übergreifende Einheit, organische Ganzheit“ (Kosiol 1976, S. 20). Die Organisation wird hier deshalb folgerichtig der (laufenden) Disposition vorgeordnet; sie schafft den Rahmen, innerhalb dessen dann auch dispositive Anordnungen getroffen werden können. Organisation wird dementsprechend definiert „als endgültig gedachte Strukturierung, die in der Regel auf längere Sicht gelten soll“ (Kosiol 1976, S. 28). Im Unterschied zu Gutenberg fällt hier also nur die generelle Regelung unter den Organisationsbegriff.

Ausgangspunkt aller organisatorischen Gestaltung soll nach Kosiol die *Aufgabe* sein; gemeint ist damit die „Marktaufgabe“ der Unternehmung, also etwa die Produktion von Küchengeräten, der Transport von Gütern oder die Vermittlung von Immobilien; diese Gesamtaufgabe wird aus Teilaufgaben zusammengesetzt gedacht (vgl. dazu im Einzelnen Abschnitt 2.2). Jedem organisatorischen Gestaltungsakt wird es deshalb zur Pflicht gemacht, in einem Dekompositionsprozess zunächst einmal die betreffenden Teil- und letztlich Elementaraufgaben zu „induzieren“, um sie anschließend in einem Konstruktionsprozess zu einer zweckmäßigen Gestalt zu verknüpfen (Aufbauorganisation). Der Kosiolsche Organisationsbegriff ist im Wesentlichen statisch ausgelegt, die Organisation soll dem Leistungsprozess Stabilität und Ordnung verleihen. Es bleibt allerdings ungeklärt, weshalb (heutige) Systeme eines solch dauerhaften Gefügerahmens bedürfen.

Dasselbe gilt für andere Autoren, die einen strukturbetonten, konfigurativen Organisationsbegriff im Rahmen der instrumentellen Sichtweise wählen. So etwa für Nordsieck (1934) oder Schnutenhaus (1951); letzterer sieht die Organisation noch stärker als Kosiol als schützenden Mantel, „als ein Gebilde eigener Art, gekennzeichnet dadurch, dass unter veränderbaren Aufgaben und Bedingungen ein störungsfreier, übersichtsmaximaler Wirkungszusammenhang innerhalb der Organisationsträger garantiert wird“ (S. 20).

Die Begründung bleibt auch in diesen Fällen offen. Ein stabil gebautes hierarchisches Strukturgefüge wird als Selbstverständlichkeit gesetzt; man beginnt deshalb sogleich bei der Strukturformenwahl und überspringt damit die Basisfrage nach der Notwendigkeit von Strukturen (generellen Regeln) und der Vorteilhaftigkeit gegenüber funktionalen Äquivalenten. Es ist der Vorteil des Gutenbergschen Ansatzes, dass er diese Annahme der Notwendigkeit eines stabilen Regelungsgefüges nicht treffen muss, weil er an den Anfang die Wahl zwischen fallweiser oder genereller Regelung stellt. Allerdings ist auch bei ihm keine systematische Begründung für die Existenz von Variabilität und Instabilität zu finden. Es ist auch schwer, dies aus einer rein instrumentellen Perspektive heraus zu leisten. Man braucht dazu einen anderen, weiteren Bezugsrahmen als den des Führungsinstruments oder der Analyse von Aufgaben. Später wird sich zeigen, dass eine wirklich fundierte Begründung dafür erst gefunden werden kann, wenn die Umwelt bzw. die System-Umwelt-Beziehung als (systemtheoretische) Referenz eingeführt wird.

In gewissem Sinne stellt das konfigurative Organisationskonzept mit seiner Betonung der Regelungsganzheit und des „Gehäuses" schon eine Art Übergang zu dem heute gebräuchlicheren institutionellen Organisationsbegriff dar.

1.1.2 Der institutionelle Organisationsbegriff

Im Unterschied zu dem instrumentellen Verständnis lenkt der institutionelle Organisationsbegriff den Blickwinkel auf das gesamte System, auf die Institution. Ebenso wenig wie die vorhergehenden Begriffe beliebig gegriffen, sondern mit Bedacht gewählt worden waren, so ist auch diese Perspektive nicht eine willkürliche Setzung, sondern das Ergebnis einer spezifischen organisatorischen Denkweise. Bevor wir die weitreichenden Implikationen dieses Perspektivenwechsels aufzeigen (in der Konsequenz bedeutet dies ein alternatives Forschungsprogramm), seien zunächst die Merkmale des institutionellen Organisationsbegriffes dargelegt.

Einen unmittelbaren Zugang zu dem Problem verschafft folgende Frage: Worin unterscheidet sich eine 20-köpfige Warteschlange am Fahrkartenschalter I des Kölner Hauptbahnhofs von einer Kölner Software-Firma mit 20 Mitarbeitern? Warum sprechen wir im zweiten Fall von einer Organisation, nicht aber im ersten?

Die markantesten Unterschiede sind, dass die Warteschlange kein gemeinsames Ziel verfolgt, ihre Aufgabe nicht gemeinsam nach bestimmten Absprachen erledigt und schließlich keine irgendwie geartete Beständigkeit aufweist. Diese Unterschiede kennzeichnen die drei Zentralelemente jedes institutionellen Organisationsbegriffes (vgl. March/Simon 1958; Mayntz 1963):

Spezifische Zweckorientierung: Organisationen sind auf spezifische Zwecke hin ausgerichtet. Diese Zwecke müssen keineswegs identisch sein mit den persönlichen Zwecken der Organisationsmitglieder, meist decken sie sich nur partiell oder die Organisationsmitglieder sehen die Erfüllung der Organisationszwecke nur aus einer utilitaristischen Perspektive, d.h. als Mittel zur Erreichung der eigenen Zwecke. „Spezifische Zweckorientierung" impliziert keineswegs, dass Organisationen nur ***einen*** einzigen Zweck verfolgen oder dass die verfolgten Zwecke in einer konsistenten Ordnung zueinander stehen müssen. Im Gegenteil, die Regel ist vielmehr, dass Organisationen mehrere, einander partiell widersprechende Ziele verfolgen (z.B. Liquidität und Rentabilität oder Flexibilität und Effizienz).

Geregelte Arbeitsteilung: Organisationen bestehen aus mehreren Personen (oder genauer: aus den Handlungen mehrerer Personen), deren Aufgabenaktivitäten nach einem der Absicht nach rationalen Muster geteilt und verknüpft werden („organisiert" werden nur Handlungen, nicht unbeseelte Objekte). Dieses Muster setzen Organisationen in Erwartungen (Regeln, Stellenbeschreibungen) um, an denen sich das Handeln der Mitglieder ausrichten soll. Für den Verknüpfungsprozess wird dadurch das Verhalten (in Grenzen) vorhersehbar, so dass die anderen Organisationsmitglieder dieses bei ihren eigenen Dispositionen mit mehr oder weniger großer Sicherheit zugrunde legen können. Die Einhaltung der Regeln wird als Mitgliedschaftsbedingung formal abgesichert. Dieses Regelungs- bzw. Erwartungsmuster wird als Organisationsstruktur bezeichnet. Mit anderen Worten, zu den wesentlichen Definitionsmerkmalen einer Organisation gehört, dass sie eine Organisationsstruktur hat. Der Leistungsvorteil von Kollektiven mit geregelter Arbeitsteilung (Organisationsstruktur) wird gemeinhin als Grund für die Entstehung von Organisationen angesehen.

Beständige Grenzen: Organisationen weisen Grenzen auf, die es möglich machen, organisatorische Innenwelt und Außenwelt („Umwelt") zu unterscheiden. Die Grenze zwischen Organisation und Umwelt ist weder naturhaft gegeben noch bloß zufällig, sie ist absichtsvoll hergestellt und weist ein gewisses Maß an Stabilität auf. Eine Organisation kann nur bestehen, wenn es ihr gelingt, eine Grenze zur Umwelt aufrecht zu erhalten. Dabei kann sich die Grenze immer wieder verändern. Durch die Grenzziehung gibt es auch identifizierbare Mitgliedschaften, d.h. jede Organisation hat einen Kreis angebbarer Mitglieder; sie zeichnen sich dadurch aus, dass sie bereit sind, die unter 2. genannten Erwartungen (jedenfalls zu einem großen Teil) zu erfüllen. Eine organisatorische Mitgliedschaft ist in der Regel nur eine Teilmitgliedschaft insofern, als nur ein Teil der Handlungen auf die fragliche Organisation bezogen ist (Partialinklusion), andere Handlungen dienen anderen Organisationen oder freien Zwecken.

Konsequenzen. Schon aus diesen skizzenhaften Erläuterungen des institutionellen Organisationsbegriffes wird deutlich, dass hiermit ein ganz anderer Blickwinkel einhergeht. Der Gegenstandsbereich der Organisationstheorie dehnt sich damit nicht nur aus, sondern bezieht auch wichtige Probleme mit ein, die unter dem instrumentellen Organisationsverständnis gar nicht zum Thema werden konnten. Die weitreichenden Folgen dieser Perspektiverweiterung lassen sich rasch erschließen:

Der institutionelle Organisationsbegriff gibt nicht nur den Blick frei für die organisatorische Strukturierung, also die formale Ordnung, sondern für das ganze soziale Gebilde, die geplante Ordnung und die ungeplanten Prozesse, die Funktionen, aber auch die Dysfunktionen organisierter Arbeitsabläufe, die Entstehung und die Veränderung von Strukturen, die Ziele und ihre Widersprüche. Der instrumentelle Organisationsbegriff thematisiert das organisatorische Gestaltungsproblem im Vergleich dazu aus einem sehr engen Blickwinkel, nämlich dem rationalen Entwurf organisatorischer Strukturen. Eingeengt ist der Blickwinkel zum einen, weil vereinfachend unterstellt wird, dass die Regeln grundsätzlich in der geplanten Form befolgt werden. Bedeutsamer aber noch ist, dass bei der instrumentellen Betrachtungsweise Abweichungen von organisatorischen Regelungen nicht erklärt werden können, dazu fehlt die Perspektive des Gesamtsystems. Sie kann sie allenfalls als nicht weiter erklärbare „Störung" registrieren, nicht aber ihre Ursachen und geschweige denn ihre potenzielle Funktionalität thematisieren. Ein weiteres Kernproblem des instrumentellen Ansatzes ist, dass er die Strukturbildung als isolierte quasi exogene Expertenentscheidung modelliert (bzw. modellieren muss), und damit zwangsläufig der gesamte Strukturentstehungsprozess, seine Beobachtung durch die Mitglieder und ihre offiziellen und inoffiziellen Reaktionen und Modifikationsversuche ausgeblendet bleiben. Dies hat zur Konsequenz, dass sehr viele Phänomene und Funktionsbedingungen organisierter Systeme im instrumentellen Ansatz unerkannt und unbearbeitet bleiben.

Die Einsicht in diese für das Verständnis der Organisationsprobleme fragwürdige Begrenzung der Untersuchungsperspektive hat den instrumentellen Organisationsbegriff in seiner Bedeutung zurückgedrängt und immer mehr den institutionellen Begriff zu dem gebräuchlicheren gemacht.

1.2 Was heißt Organisieren?

Schon bei der Erläuterung der Organisationsbegriffe ist klar geworden, dass Organisation mit Handlungssteuerung und Ordnung zu tun hat. Der Begriff des „Organisierens" ist dagegen prozessbezogen; er bezeichnet eine Herstellungspraxis und beantwortet die Frage, wie eine solche Ordnung hergestellt und aufrechterhalten wird (prägend war hier Weick 1979).

Wie bereits dargelegt, geht es beim Organisieren zunächst darum, *Regelungen* zu schaffen: Regeln zur Festlegung der Aufgabenverteilung, Regeln der Verknüpfung, Verfahrensrichtlinien für die Bearbeitung von Vorgängen, Beschwerdewege, Kompetenzabgrenzungen, Weisungsrechte, Unterschriftsbefugnisse usw. Das organisatorische Leben ist von Regeln durchsetzt, wenn auch in unterschiedlichem Maße.

Organisatorische Regeln werden als Erwartung praktisch, d.h. sie richten sich auf das Verhalten der Organisationsmitglieder. Organisatorische Regeln zielen darauf ab, die Handlungsweisen der Organisationsmitglieder zu bestimmen und damit vorhersagbar zu machen. Sie schränken deshalb zwangsläufig den Handlungsspielraum des einzelnen Organisationsmitglieds ein. Gilt die Regel „Rauchen verboten", so ist jeder Person, die das Gebäude betritt, das Rauchen untersagt, gleichgültig welchen Rang sie hat und wie stark sie sich auch nach dem Genuss einer Zigarette sehnen mag. Dementsprechend gilt: Je mehr Regeln geschaffen werden, umso mehr wird der Leistungsprozess und seine Steuerung *„entindividualisiert"* (Gutenberg 1983, S. 238).

Organisatorische Regeln begrenzen das Handlungsrepertoire von Individuen absichtsvoll, indem sie bestimmte Handlungen zur Erwartung machen, während sie andere für unerwünscht erklären. Das Ausmaß an Vorregelung kann im konkreten Fall variiert und deshalb auch immer wieder ausgedehnt oder reduziert werden.

Organisatorische Regeln sind zunächst einmal *formale* Regeln, d.h. offiziell eingeführte und genauer spezifizierte Erwartungen an das Verhalten der Mitglieder. Ihr Recht auf Geltung leiten sie aus der sog. Direktionsbefugnis des Arbeitgebers ab, die mit dem Unterzeichnen des Arbeitsvertrages anerkannt wird. Obwohl bei Nicht-Einhaltung Sanktionen bis hin zur Kündigung drohen, werden dennoch in der Praxis beileibe nicht alle Regeln, die in einer Organisation Geltung beanspruchen, auch tatsächlich eingehalten. Organisationsmitglieder wissen meist sehr schnell, welche formalen Regeln sie einhalten müssen und welche nicht. Nicht selten werden formelle Regeln auch von „unsichtbaren" Regeln konterkariert, die auf einem anderen, nicht offiziellen Wege entstanden sind. Neben den formellen gibt es somit immer auch informelle Regeln, die sich im Arbeitsvollzug entwickeln, ohne dass jemand ihre Einführung bewusst angestrebt hätte. Dabei ist zu beachten, dass solche inoffizielle Regeln durchaus auch genereller Natur sein können. Informelle Regeln entstehen *spontan* aus dem Handeln heraus und bewähren sich im täglichen Arbeitsvollzug; nicht selten sind es gerade diese Regeln, Routinen oder Standardprozeduren, die das Verhalten besonders stark beeinflussen. Auf diese informellen, sich ungeplant entwickelnden Regeln wird im Abschnitt 1.3 noch genauer eingegangen.

Neben den internen Regeln spielen im organisatorischen Leben auch Regeln aus anderen Systemen eine nicht unerhebliche Rolle, so etwa Regeln, die typischerweise in einer Branche (etwa im Bergbau oder in der Bauwirtschaft) oder für eine Berufsgruppe (z.B. Sicherheitsingenieure oder Werksärzte) gelten. Diese werden in der einzelnen Organisation wie selbstverständlich gepflegt, ohne dass sie je von einer dazu berechtigten Stelle eingeführt worden wären. Diese „fremden" Regeln werden entweder *indirekt* in die Organisation hineingetragen (etwa durch entsprechende Ausbildungsgänge einschlägiger Professionen oder durch branchenspezifische Erwartungsmuster, vgl. dazu DiMaggio/Powell 1983; Phillips 1994) oder aber sie finden *direkt* durch Interaktion mit anderen Systemen Zugang in die Organisation. Letzteres ist vor allem in den immer häufiger beobachtbaren Kooperationen zwischen Organisationen festzustellen, wie etwa Netzwerken, Franchise-Ketten oder Systemlieferanten (Powell et al. 2005; Sydow 2006), und wird durch interaktive Arbeitsformen wie etwa Electronic Data Interchange (EDI) oder Forschungsverbünde systematisch verstärkt (Picot/Reichwald/Wigand 2008). Die Existenz „fremder" Regeln verweist erneut darauf, dass organisatorisches Verhalten und damit auch die Organisationsgestaltung nicht hinreichend verstanden werden kann, wenn man nur auf die interne Entwurfsaktivität blickt. Organisationen sind keine isolierten Gebilde, sie stehen in fortlaufender Interaktion mit ihrer Umwelt.

Als Hinweis auf die Interaktion von Organisation und Umwelt könnte man auch die bereits erwähnte „Variabilität der betrieblichen Tatbestände" verstehen. Geht man der

Frage nach, weshalb Aufgaben unterschiedlich variabel sind, so führt dies unweigerlich an die Grenzen des Systems, zu der Unterscheidung von Innenwelt und Außenwelt oder eben von System und Umwelt. Unterschiedliche Variabilitäten haben mit nicht (vollständig) beherrschbaren Außeneinflüssen zu tun, mit Veränderungen jenseits der Systemgrenzen. Die Thematisierung dieses Tatbestandes unterstreicht nicht nur die Notwendigkeit, den Organisationsbegriff institutionell und nicht bloß instrumentell zu fassen, denn nur dann gerät die Grenzproblematik und damit die Unterscheidung von System und Umwelt in den Blick, sondern sie öffnet zugleich den Horizont des Organisierens. Die Unterscheidung von System und Umwelt bringt es mit sich, dass die Aufgabe des Organisierens die Bearbeitung dieser Grenze, d.h. des System/Umwelt-Bezuges, einbeziehen muss. Organisieren erfordert also auch, unterschiedliche Umweltzustände zu berücksichtigen, einen wie auch immer ausgestalteten Zusammenhang zwischen den für das System immer prekären Umweltbezügen und der Ordnung der Aufgabenvollzüge herzustellen. Eine moderne Theorie des Organisierens kann den System/Umwelt-Bezug nicht negieren, er ist konstitutiv.

1.3 Formale und informale Regeln

Die Tatsache, dass nur ein Teil der in einer Organisation wirksamen Regeln einem autorisierten Prozess der Regelschöpfung, also der geplanten Organisationsgestaltung, entstammt, ließ es zweckmäßig erscheinen, verschiedene Regelungsbereiche zu unterscheiden. Die geläufigste und in den vorhergehenden Abschnitten auch schon verwendete Unterscheidung trennt in formale und informale (häufig auch: formelle und informelle) Regeln.

Ihren Ausgangspunkt hat diese Unterscheidung in der arbeitswissenschaftlichen Kleingruppenforschung (vgl. im Einzelnen die Abschnitte 2.2.1 sowie 6.1), die erstmals in aller Klarheit zeigte, dass in Betrieben wie selbstverständlich neben den offiziellen Regelungen eine nicht unbeträchtliche Zahl von weiteren Regeln existiert, die eigene Kommunikationswege, Hierarchien und Sanktionssysteme definieren (Miller/Form 1957). Diese Entdeckung war für die Organisationstheorie insofern bahnbrechend, als dass damit das als jederzeit gültig angenommene „Ordnungsmonopol" der formalen Organisation erschüttert wurde (Luhmann 1995, S. 30). In der Fortfolge wurden formale und informale Regelsysteme als konkurrierende Ordnungen begriffen; der offiziellen Welt der „Herren" – so sah man es zunächst – tritt in Form der informalen Gruppen die Welt der Arbeiter und kleinen Angestellten gegenüber; sie schafft sich durch eine eigene Regelwelt gesellige Freiräume und Schutzzonen im offiziellen Ordnungsrahmen. Aus der Sicht der Betriebsleitung mussten so die informalen Regelungen als Störfaktoren erscheinen, die im Untergrund ein Regime eigener Ordnung begründen, offizielle Regeln illegitimer Weise außer Kraft setzen oder unterlaufen. In der Betriebswirtschaftslehre wurde diese Perspektive (vorübergehend) übernommen; so z.B. wenn Gutenberg (1983, S. 292) bezogen auf informelle Gruppen schreibt: „Damit tritt ein störendes Element in die formelle Informationsordnung des Unternehmens ein, das eine besondere Form organisatorischer Unsicherheit darstellt. Die Störungen des formellen Informationsflusses durch informelle Gruppenbildungen und Beziehungen sind umso gefährlicher, je mehr es sich um fallweise, individuell zu treffende Entscheidungen handelt."

Zwischenzeitlich hat sich die Perspektive erheblich verändert. Die Fixierung auf subversive Störelemente wurde mehr und mehr zugunsten einer funktionalen Sichtweise zurückgedrängt; informale Regelungen werden vorbehaltlos in ihrem funktionalen Beitrag zum Gelingen des Leistungsprozesses oder der Stabilisierung des Systems untersucht. In der neueren Organisationstheorie interessieren die Wechselbeziehungen zwischen formaler und informaler Organisation, insbesondere im Hinblick auf ihre Wirkungen für die Leistung des Gesamtsystems (Friedberg 1995; Ortmann 2003). Funktionale wie dysfunktionale Aspekte beider Regelsysteme interessieren gleichermaßen; die informale Organisation wird jetzt sogar als wichtiges *Korrektiv* zu den dysfunktionalen Wirkungen formaler Organisation thematisiert.

Informale Regelungen sind nämlich in der Lage, die Einseitigkeit der formalen Organisation zu kompensieren, indem sie andere als die offiziellen, gleichwohl aber für den Systemerfolg bedeutsame, Zwecke erfüllen (Luhmann 1995, S. 284 f.). Dazu gehört eine rasche unkomplizierte Verständigung ebenso wie die Erfüllung von Zugehörigkeitsbedürfnissen und der Wunsch nach kollegialer Vertrautheit. In gewissem Umfang kann so gesehen die informale Organisation das Funktionieren der formalen Organisation ermöglichen, indem sie ihre Schwächen kompensiert und sie dort flexibel macht, wo das formale Reglement auf das historisch Vorherbestimmte drängt.

Mit der Aufwertung der informalen „Welt" und ihrer Integration in die Erfüllung bestandskritischer Funktionen ging aber auch ein Verlust an konzeptioneller Prägnanz einher, die Grenzen zwischen formaler und informaler Organisation sind nicht mehr so leicht zu ziehen, empirisch ist die Trennlinie schwer zu identifizieren. Evolutionstheoretisch orientierte Ansätze gehen sogar soweit, ganz auf die Unterscheidung zwischen formellen und informellen Regeln zu verzichten und stattdessen ganz allgemein auf stabile, vorhersagbare Verhaltensmuster zu fokussieren, gleichgültig welchen Ursprungs sie sind (Nelson/Winter 1982, 14 ff.). Das erscheint indessen nicht empfehlenswert, weil dann das Spannungsverhältnis zwischen Formalität und Informalität (ggf. Illegalität) nicht mehr studiert werden könnte. Auch haben neue Impulse der Konzeption zu einer Festigung und Steigerung ihrer Bedeutung verholfen:

Auf der einen Seite hat die *Systemtheorie* (vor allem: Luhmann 1995, S. 29 ff., 399 f.) gezeigt, wie durch eine Verlagerung der Betrachtungsebene, nämlich von der Ebene der konkreten regelgebundenen Handlungen auf die Ebene der *Verhaltenserwartungen*, dem Konzept eine neue tragfähigere Fassung gegeben werden kann. (In-)Formalität ist danach ein Merkmal ganz bestimmter Verhaltenserwartungen einer Organisation. Formalisierte Erwartungen sind Erwartungen, deren Erfüllung mit der Mitgliedschaft bzw. deren Nichterfüllung mit dem Ausschluss verbunden werden. Diese Erwartungen können und sollen nicht *das gesamte* organisatorische Handeln vorbestimmen; sie stecken einen verbindlichen Rahmen ab, in dem auch für andere Erwartungen Platz ist. Die informalen Erwartungen stehen dagegen in keinem unmittelbaren Zusammenhang mit der Mitgliedschaft, sie werden aber gleichwohl nur an Mitglieder des formalen Systems gerichtet. Ihre Erfüllung gehorcht einer anderen Systemlogik.

Der zweite wichtige Impuls – ohne freilich unmittelbar an dieser Forschung anzuknüpfen – kam von der *Unternehmenskulturdiskussion* (Schein 1996; sowie Kapitel 5). Sie hat die Bedeutung der Unterscheidung von formaler und informaler Organisation erneut unterstrichen. Mit der Unternehmenskultur wird auf die starke Einflusskraft nicht-formaler Organisationselemente verwiesen; zahlreiche Studien belegen, dass diese Faktoren oft gewichtiger sind für das Verhalten der Organisationsmitglieder und den Leistungserfolg als die formalen Faktoren. In der Konsequenz führt dies zu einer weiteren Öffnung des Horizonts der Organisationsgestaltung. Informale („emergente") Handlungsmuster gehören ebenso in das Blickfeld wie die Entwurfsarchitektur.

1.4 Fremdorganisation versus Selbstorganisation

Die Diskussion um informale Regeln und Subsysteme war aber immer auch – neben der Frage der Funktionalität oder Dysfunktionalität – von der Tatsache fasziniert, dass es in komplexen Systemen zu spontanen, ungeplanten Ordnungsbildungen kommt. Diese aus sich selbst heraus entstehende emergente Ordnungsbildung ist später in einem eigenen Ansatz aufgegriffen und zu einer alternativen Sichtweise von organisationalen Prozessen entwickelt worden. Die klassische Organisationsidee, ein System mit Hilfe eines Kranzes spezifizierter Regelungen steuern zu wollen, wird als naive Illusion gesehen. Stattdessen wird Ordnung als Ergebnis autonomer Prozesse erklärt, wie sie in vielfach vernetzten Systemen mit eigensinniger Dynamik entstehen. Das der Biologie entliehene Konzept der *Selbstorganisation* wird an die Stelle der alten Expertenaufgabe, der *Fremdorganisation*, gesetzt, neuere Entwicklungen aus der Komplexitäts- und Chaostheorie werden integriert (Haken 2004, Madden et al. 2012; zur Entwicklung des Konzeptes vgl. Paslack 1991).

Selbstorganisation entsteht ungeplant: Aus den spontanen Interaktionen der Systemelemente resultiert eine unvorhersehbare Ordnung; und mehr als das, von dieser Ordnung wird gesagt, sie leiste mehr als jede geplante Ordnung je leisten kann (vgl. Hayek 1994). Die Idee der Selbstorganisation bricht radikal mit der Vorstellung eines Organisators, der für ein System eine Struktur plant und sie dann gewissermaßen von außen dem System vorgibt, mit dem Ziel, damit voraussagbare Ergebnisse zu erzielen. Organisation erscheint als eine vom System selbst generierte Ordnung. Die Elemente/Subsysteme erzeugen unbeabsichtigt durch ihr Zusammenwirken Ordnung, die auf sie selbst zurückwirkt. Organisierbar im oben bestimmten Sinne ist dies nicht. Man kann allenfalls dafür Sorge tragen, dass sich die Interaktionen ungehindert entfalten können. Statt das Handlungsrepertoire einzuschränken, soll es möglichst weit ausgedehnt werden, statt auf einer einheitlichen Perspektive („Einheit der Leitung") zu beharren, soll die Vielfalt der Perspektiven gefördert werden (um für den evolutorischen Ausleseprozess genug „Mutationen" zu haben) usw. „Organisieren" wird zu einer ubiquitären Aktivität, jeder trägt unbewusst dazu bei, ohne das Ergebnis zu kennen. Die Logik liegt nicht mehr im geplanten Entwurf, sondern entsteht erst im Prozess.

Den ganzen Weg des Selbstorganisations-Konzeptes mitzugehen, fällt schwer. Die Fokussierung auf zufällige Ordnungsbildung erscheint zu eng, dennoch führt die Idee der Selbstorganisation die Bedeutung der lange Zeit völlig unterschätzten Prozesse autonomer, *ungeplanter „emergenter" Entwicklungen* in Organisationen nachdrücklich vor Augen. Keine Organisation kann bei Licht besehen auf spontane Ordnungsleistungen ihrer Mitglieder verzichten. Nicht selten ist es auch so, dass formale Strukturen nichts anderes sind als autorisierte Ordnungen, die sich vorlaufend in spontanen Prozessen entwickelt haben. Organisationen machen schließlich offiziellen Gebrauch von Routinen (Nelson/Winter 1982), die sich im Laufe der Zeit entwickelt haben. In der Konsequenz bedeutet dies einmal mehr, dass eine moderne Theorie der Organisationsgestaltung der Dimension emergenter Prozesse nicht entraten kann.

1.5 Organisationsstrukturen und Verhalten

Mit der formalen organisatorischen Regelung – auf welchem Wege auch immer entstanden – verbindet sich für gewöhnlich der Anspruch und die Annahme, dass die Organisationsmitglieder den dadurch ausgedrückten Erwartungen entsprechen. Um den formalen Regeln hinreichendes Gewicht zu verleihen, werden sie deshalb autorisiert, d.h. mit dem Autoritätssystem verbunden. Schwerwiegende Abweichungen werden mit dem Verlust der Mitgliedschaft bestraft (zu den Grundlagen der Herrschaft vgl. Abschnitt 2.1.1). Nun ist es allerdings – wie bereits erwähnt – keineswegs so, dass in Organisationen immer alle Regeln befolgt würden. Mitglieder weichen aus verschiedenen Gründen von dem vorgegebenen Reglement ab. Zum Teil gibt es so viele Regelungen, dass sie gar nicht alle erfüllbar sind, zum Teil sind die Regeln widersprüchlich und bisweilen versuchen sich die Mitglieder den Regeln zu entziehen. Der häufigste und theoretisch bedeutsamste Punkt ist aber, dass Mitglieder immer wieder im Sinne einer effizienten Aufgabenerfüllung regelbestimmte Erwartungen verletzen, d.h. Regeln nach eigenem Ermessen (illegaler Weise) außer Kraft setzen. Dies ist meist dann der Fall, wenn die Situation, die der Regel als Annahme zugrunde liegt und für deren Bewältigung sie geschaffen wurde, nicht mit der aktuell vorgefundenen Lage übereinstimmt, ja mehr noch, dass eine Anwendung der Regel Schaden anrichten würde, sei es, dass z.B. eine Lieferung verzögert oder die Herausgabe eines wichtigen Dokumentes verweigert würde. In allen diesen Situationen kompensieren Organisationsmitglieder Mängel im Regelsystem durch ein eigensinniges Verhaltensregime.

Konnte die rein instrumentell ausgerichtete Organisationslehre wegen ihrer Fixierung auf formale Strukturen dieser Problematik keine weitere Beachtung schenken, so rücken sie die institutionell ausgerichteten Ansätze immer mehr in das Zentrum. Immer häufiger wird auch in der Praxis Eigeninitiative positiv akzentuiert, ja geradezu verlangt, man denke nur an die neuen Formen abteilungsübergreifender Zusammenarbeit oder die Teamorganisationsmodelle. An solchen Stellen kommt die Ergänzungsbedüftigkeit der formalen Regelungslogik doppelt zum Ausdruck:

Auf der einen Seite stößt man an die systematischen *Grenzen der generellen Regelbarkeit*, wie sie oben bereits im Zusammenhang mit der Variabilität er betrieblichen Tatbestände kurz angerissen wurde, und auf der anderen Seite zeigt sich die Bedeutung, die *eigenaktives*, engagiertes Verhalten von Mitarbeitern *jenseits der Regelerfüllung* für den Leistungserfolg und die Bestandssicherung einer Organisation hat. Damit wird aber der Problembestand des Organisierens erneut um eine wesentliche Dimension erweitert, nämlich die *Motivation* der Mitarbeiter und ihre Ermutigung, eigenaktive Lösungen für organisatorische Problemstellungen zu entwickeln. Organisieren heißt danach also nicht mehr, lediglich das Verhalten der Mitarbeiter in vorbedachte Bahnen zu lenken, sondern Bedingungen zu schaffen, die Mitarbeiter ermutigen, ihre Potenziale bei der Lösung schwer vorhersehbarer Problemstellungen zu entfalten.

Diese Motivationsaufgabe lässt sich freilich nicht so reibungslos anschließen, wie es vielleicht auf den ersten Blick scheinen mag. Der Regelungswille steht quer zum Motivationsanspruch, die formale Regelung will keine andere Motivation als die der Regelerfüllung. Hier tut sich ein Widerspruch auf in der Aufgabe des Organisierens, ein Widerspruch, der sich aber nicht endgültig lösen lässt, weil sich in ihm ganz grundsätzlich einander gegenläufige Funktionen widerspiegeln, die Systeme erfüllen müssen (Parsons 1951, S. 280 ff.).

1.6 Organisationsprozesse

Der Vorgang des Organisierens stellt heute aufgrund unkalkulierbarer Entwicklungen in der Umwelt und auch innerhalb des Systems keine sporadische Systemaktivität, sondern eine *permanente Aufgabe* dar. Organisieren wird immer weniger als der Entwurf eines festen Gehäuses verstanden, in dem man über Jahrzehnte arbeiten kann, sondern vielmehr als eine fortlaufende Umgestaltung der Leistungsprozesse. Das Leitbild ist nicht mehr länger die stabile Ordnung, sondern die kontinuierliche Veränderung (Feldman 2000; Tsoukas/Chia 2002). Dazu gehört nicht nur das Know-how, wie eine organisatorische Veränderung zu bewerkstelligen ist, sondern auch das Vermögen einer Organisation, sich in ständiger Bewegung zu halten.

Darüber hinaus gilt es zu erkennen, dass jeder praktische organisatorische Prozess in einem konkreten Umfeld stattfindet, d.h. in einem Umfeld, in dem unterschiedliche Perspektiven, Interessen und Emotionen eine nicht unbedeutende Rolle spielen. Damit soll zum Ausdruck gebracht werden, dass Organisationsprozesse immer auch eine Frage der Interessendurchsetzung sind, des Machtkampfes, der Mobilisierung von Kombattanten, des Schmiedens von Koalitionen, des Kampfes um Besitzstandswahrung usw. In Organisationsprozesse greifen auch - ob auf direktem oder indirektem Wege – Interessengruppen von außen ein: Gewerkschaften melden Bedenken an, die Kommune befürchtet den Verlust von Steuergeldern, eine Bürgerbewegung macht mobil gegen die geplanten Neubaupläne usw. (vgl. Friedberg 1995).

Überlagert wird das Organisieren ferner von der Tradition, in der das Unternehmen steht und der es – ob bewusst oder nicht – auch in bestimmter Weise verhaftet und verpflichtet ist. Zur Charakterisierung dieser historischen Prägung organisatorischer Prozesse wird immer häufiger der Begriff der *Pfadabhängigkeit* verwendet (vgl. Sydow et al. 2009). Findet der organisatorische Prozess in einer Allianz mehrerer Unternehmen statt, vervielfachen sich die Einflussknoten, und der wechselseitige Einfluss von Allianz und Einzelorganisation kommt zusätzlich ins Spiel.

1.7 Ordnungsrahmen

Aus den vorliegenden Darlegungen sollte klar geworden sein, dass die Organisationsgestaltung aus heutiger Sicht als mehrdimensionales Problem gesehen werden muss. Der Entwurf zweckdienlicher Strukturformen ist eine wichtige, beileibe aber nicht die einzige Aufgabe, die es für eine moderne Organisationsgestaltung zu beachten und zu bearbeiten gilt. Historisch gesehen kann man sagen, dass die Aufgabe der Organisationsgestaltung immer komplexer wurde oder zumindest, dass der Horizont der Organisationsgestaltung konzeptionell einer immer weiteren Fassung bedurfte, um die vorgefundenen Problembestände angemessen berücksichtigen zu können. Die relevantesten Dimensionen wurden in vorstehender Diskussion bereits mit knappen Skizzen markiert. Danach ergibt sich die Gestalt organisatorischer Strukturen und Prozesse im Wesentlichen als Antwort auf fünf Basis-Probleme, die wir deshalb im Fortlauf als *generische Probleme der Organisationsgestaltung* bezeichnen wollen:

1. Strukturierung von Aufgaben
2. Integration von Individuum und Organisation
3. Organisation und Umwelt
4. Emergente Prozesse in Organisationen
5. Organisatorischer Wandel und Transformation

Der *Aufbau des Buches* folgt genau diesen fünf generischen Problemen der Organisationsgestaltung (vgl. Abbildung 1.1).

Abbildung 1.1: *Die fünf generischen Probleme der Organisationsgestaltung*

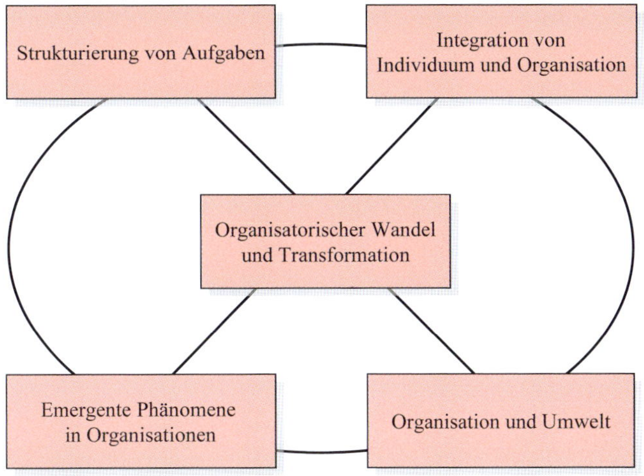

1. Das erste generische Problem bezieht sich ganz klassisch auf die formale *Strukturierung der Aufgaben*, die eine Organisation als zielgerichtetes Sozialsystem zu erfüllen hat. Es interessiert das richtige Maß und die zweckmäßigste Art der Formalisierung. Verschiedene Analysemethoden und Problemlösungsfiguren (Organisationsmodelle) stehen zur Wahl. *Kapitel 2* behandelt diese Fragen der organisatorischen Formalisierung und die verschiedenen Lösungsperspektiven. Die Unterscheidung in Arbeitsteilung (Differenzierung) und die Zusammenführung der Einzelprozesse (Integration) bildet dabei das übergreifende konzeptionelle Gerüst.

2. Als weiteres generisches Organisationsproblem ist die Motivation als Basisvoraussetzung der organisatorischen Funktionserfüllung anzusehen. *Kapitel 3* behandelt dementsprechend *„die Integration von Individuum und Organisation"*. Im Mittelpunkt stehen hier Überlegungen, wie individuelle Bedürfnisse und organisatorische Erfordernisse in Einklang gebracht werden können, so dass für das System eine über die Regelerfüllung hinausreichende Motivation verfügbar wird. Eine Hauptrolle spielen dabei die Ergebnisse der Human-Ressourcen-Forschung und die darauf aufbauend entwickelten motivationsorientierten Organisationsmodelle.

3. Als ein weiteres zentrales Organisationsproblem ist die Bewältigung der Interaktion von *Organisation und Umwelt* anzusehen; es wird hier als drittes generisches Problem der Organisationsgestaltung bestimmt. Im Vordergrund steht dabei die

Frage, wie sich Systeme in bestandskritischen Umwelten bewähren können und welche Bedeutung dabei der organisatorischen Gestaltung zukommt. *Kapitel 4* legt dementsprechend die Kernfragen des Organisation/Umwelt-Bezuges dar und stellt verschiedene Problemlösungsansätze vor. Deterministische und interaktionistische Ansätze werden gegenübergestellt. Ergänzt werden diese Fragen durch eine Diskussion der immer bedeutenderen interorganisationalen Kooperation.

4. Mit den emergenten Prozessen wird auf einen weiteren wichtigen Problembereich der Organisationsgestaltung verwiesen. Im Zentrum steht die Frage, wie mit diesen sich selbst entwickelnden Regelsystemen umgegangen und vor allem in welches Verhältnis sie zu dem formalen Regelsystem gestellt werden sollen. Wir wollen diese Fragestellung als das *vierte generische Problem* der Organisationsgestaltung ansprechen. Zur Beantwortung dieser Fragen muss zunächst einmal ein Hintergrundverständnis für emergente Prozesse und ihrer Logik geschaffen werden. Hierzu werden in *Kapitel 5* die Grundlagen des Entscheidungsprozessansatzes, des politischen Ansatzes und des symbolischen Ansatzes vermittelt, um danach jeweils die diffizile Frage nach der Handhabung dieser komplexen Prozesse zu stellen.

5. Zu einem zentralen Problem jeder Organisation hat sich schließlich heute die Bewältigung des *Wandels in und von Organisationen* entwickelt. Dies wird deshalb hier als fünftes generisches Problem der Organisationsgestaltung bestimmt. Das Wandelproblem stellt sich heute in zweierlei Hinsicht: Einmal geht es um die Bewerkstelligung organisatorischer Änderungsvorhaben und zum anderen geht es darum, organisatorisch Vorsorge zu treffen, dass eine Organisation wandlungsfähig bleibt und fortlaufend neue Impulse aufnehmen und entwickeln kann. *Kapitel 6* ist speziell diesen Problemen und den praktischen Problemlösungsvorschlägen gewidmet.

Diese fünf Problemkreise gehorchen keiner Ordnung in dem Sinne, dass erstere in irgendeiner Weise bedeutender als letztere wären. Sie stellen auch keine zeitliche Ordnung dar, so dass die hinteren erst nach Lösung der vorderen Probleme in Angriff genommen werden könnten. Im Grunde ist die Reihenfolge ohne Belang, in der Praxis werden die Probleme zuerst in Angriff genommen, die vorrangig erscheinen.

Ferner gilt es zu sehen, dass die fünf generischen Probleme des Organisierens nicht vollständig unabhängig voneinander sind. Sie überlappen sich, sie ergänzen sich und stehen zum Teil in widersprüchlichen Beziehungen zueinander. So ist die Existenz und die Art emergenter Prozesse nicht unabhängig von den gewählten Strukturmustern, die organisatorische Umwelt beeinflusst die Integrationsmuster von Individuum und Organisation usw. Trotzdem lassen sich diese Problemkreise und die dazugehörigen Theorien und Problemlösungsmuster abgrenzen und gewissermaßen in Partialanalysen diskutieren. Diese getrennte und spezialisierende Vorgehensweise ist nicht als künstlich in dem Sinne anzusehen, dass sie bei der praktischen Problemlösung sofort aufgegeben werden müsste und in eine Simultan-Optimierung zu transformieren wäre.

Es ist eine vergebliche, ja mehr noch irreführende Hoffnung, ein organisatorisches Lösungsmuster könnte alle fünf Problemkreise gleichermaßen abdecken. Es ist vielmehr so, dass diese verschiedenen Problemebenen systematisch einen fundamentalen Tatbestand sozialer Systeme widerspiegeln, nämlich die Notwendigkeit, verschiedene widersprüchliche Ziele oder besser Funktionen erfüllen zu müssen, um ihren Bestand zu sichern. Organisationen sind widersprüchlichen Erwartungen ausgesetzt und können auch interne Widersprüche verarbeiten. Sie können sich einmal mehr diesem Problemkreis zuwenden (z.B. der Integration von Individuum und Organisation) und dann wieder jenem (z.B. organisatorischer Wandel) – auch auf die Gefahr hin, dabei inkonsistent zu werden. Durch zeitliche Streckung der Problemlösungen, Lokalisierung von Problemgruppen, institutionelle Konfliktlösungsprozeduren usw. werden die Widersprüche handhabbar und erträglich (Barnard 1938; Luhmann 1973, S. 238 ff.).

Mit dem Fokus auf diese fünf Problemkreise geht eine spezielle Selektion und Verknüpfung des Bestandes an organisationstheoretischem Wissen einher. Es ist eine eher pragmatische Selektion geleitet von Fragen der Organisationsgestaltung; dieser Fokus bringt es mit sich, dass *problemspezifisch* quer durch organisationstheoretische Schulen geschnitten wird; nicht alles wird miteinander verbunden, aber doch vieles, was sonst in aller Regel als getrennter Ansatz dargestellt wird. Es ist sicher ein Spezifikum des vorliegenden Buches, das organisationstheoretische Wissen entlang von fünf Problemen zu strukturieren, ohne dabei auf eine solide theoretische Fundierung und Problematisierung zu verzichten. Solch ein gestaltungsorientierter Zugriff hat den Vorteil, die Probleme der Organisationsgestaltung in den Blick zu bekommen und damit theoriefundiertes Gestaltungswissen zu vermitteln. Es ist erkennbar nicht das Bestreben, sämtliche Theorien der Organisation unverknüpft nebeneinander zu stellen; vielmehr geht es darum, die Gestaltungsimplikationen in den Vordergrund zu rücken und die zugrundeliegenden theoretischen Hintergrundfolien zu beleuchten. Manche Fragestellungen der Organisationstheorie lässt dieser gestaltungsorientierte Fokus allerdings nicht oder nur am Rande ins Blickfeld geraten. Um hier einen gewissen Ausgleich zu schaffen und die theoretische Zuordnung mancher Problemlösungsperspektiven zu erleichtern, wird nach der Abhandlung der fünf generischen Probleme der Organisationsgestaltung Kapitel 7 hintenangestellt, das einen Überblick über die Entwicklung der Organisationstheorie und ihrer wesentlichen Schulen gibt. Damit soll zum einen die historische Entwicklung der Organisationstheorie aufgezeigt, zum anderen sollen die bedeutendsten Strömungen insbesondere der neueren Organisationsforschung dargelegt werden. Schließlich präsentiert sich die Organisationstheorie nicht als ein geschlossenes, homogenes Theoriegebäude, sondern ist durch eine Vielzahl unterschiedlicher, konkurrierender theoretischer Ansätze und Diskussionen geprägt, ein Umstand, der durch den problemorientierten Zugriff nicht immer so deutlich wird. Kapitel 7 soll tiefere Einblicke ermöglichen; es handelt sich somit um ein zusätzliches Informationskapitel, welches in Gänze, aber auch nur problemspezifisch in Ausschnitten gelesen werden kann.

Diskussionsfragen

1. Unter welchen Umständen ist die generelle Regelung effizienter als die fallweise?
2. Ist eine Fußballmannschaft eine Organisation?
3. Inwiefern „entindividualisieren“ organisatorische Regelungen?
4. Inwiefern kann eine Regelabweichung zweckmäßig sein?
5. Inwieweit bringt der institutionelle gegenüber dem instrumentellen Organisationsbegriff eine erweiterte Gegenstandsbestimmung für die Organisationstheorie?
6. Inwiefern können Ausbildungsgänge für bestimmte Berufe das Regelsystem einer Unternehmung prägen?
7. Was versteht man unter einer „informalen“ Organisation? Auf welchen Sachverhalt macht dieses Phänomen aufmerksam?
8. Inwiefern gehört die Motivation der Organisationsmitglieder zur Aufgabe der Organisationsgestaltung?
9. „Das Organisieren lässt sich nicht vollständig von den vorhergehenden Lösungen trennen“. Welche Bedeutung kommt dieser Feststellung zu?
10. Welche der fünf generischen Probleme der Organisationsgestaltung scheinen im eingangs zitierten Fallbeispiel der A. Fischer GmbH & Co. KG aufzutreten?

Kapitel 2

Strukturierung von Aufgaben

- Theoretische Grundlagen der organisatorischen Strukturgestaltung
- Organisatorische Differenzierung
- Organisatorische Integration

Diskussionsfragen

Fallstudie

2.1 Theoretische Grundlagen der organisatorischen Strukturgestaltung

Spätestens dann, wenn es in einem Unternehmen eine neue Aufgabe zu bewältigen gilt – sei es, dass eine neue Produktlinie aufgebaut oder ein neuer Auslandsmarkt erschlossen werden soll –, tritt die Kernfrage jeder Organisationsgestaltung, nämlich wie die Aufgabe bewältigt und mit den anderen Aufgaben verknüpft werden soll, auf die Agenda organisatorischer Entscheidungen. Häufig – beileibe aber nicht immer – gibt man der Antwort auf diese Frage einen offiziellen Charakter, indem die Geschäftsleitung zu ihrer Erfüllung gedachte Regeln entwickelt, autorisiert und ihre Erfüllung zur Pflicht macht. Im ersten Kapitel war bereits dargelegt worden, dass in diesen Fällen eine *formale* Organisationsstruktur geschaffen oder eben die bestehende modifiziert wird. In vielen anderen Fällen entwickeln aber auch die Organisationsmitglieder selbst Verfahrensweisen, die ihnen zur Bewältigung der neuen Aufgaben angemessen erscheinen, meist vor dem Hintergrund ihrer in der Vergangenheit erworbenen Erfahrungen. Solche inkremental entwickelten Verfahrensweisen haben in der Unternehmenspraxis durchaus eine hohe Bedeutung, eine genauere Darstellung erfolgt in Kapitel 5. Dieses zweite Kapitel ist primär der formalen Organisationsgestaltung gewidmet.

Das Interesse der Organisationsgestaltung galt jahrzehntelang primär Fragen der effektivsten Teilung und Spezialisierung der Aufgaben (Differenzierung), heute steht häufig die geordnete Zusammenführung weit verstreut liegender spezialisierter Aktivitäten und komplexer Teilleistungsprozesse (Integration) im Vordergrund. Beide Fragen zusammen werden hier als erstes generisches Problem der Organisationsgestaltung bezeichnet.

Systemtheoretisch ist die organisatorische Strukturbildung in den Prozess einzuordnen, die Umweltkomplexität auf ein für das System bearbeitbares Maß zu reduzieren. Nachdem sich Systeme durch die Bildung einer Differenz zur Umwelt konstituieren, unterscheiden sich System und Umwelt stets durch ein Komplexitätsgefälle. Der Komplexität der Umwelt setzt das System sein Selektionsmuster – heute spricht man hier auch häufig von *sensemaking* (Weick 1995) – als Differenz- und Identitätskriterium entgegen. Diese verringerte Komplexität herzustellen und im System zu sichern, kann vom System in verschiedener Weise (funktionale Äquivalente) geleistet werden (Planung, Wertesysteme usw.), die prominenteste Alternative ist aber zweifellos die Schaffung arbeitsteiliger Binnenstrukturen. Jede Strukturbildung verfährt selektiv. Strukturen repräsentieren immer eine verbindliche Auswahl aus einer Vielzahl von Möglichkeiten und schützen diese getroffene Auswahl über eine gewisse Zeit hinweg (Luhmann 1984, S. 383 ff.), indem beispielsweise Abweichungen mit der Androhung von Sanktionen verhindert werden sollen. Strukturen sind immer zukunftsgerichtet. Sie sind – wie im ersten Kapitel schon dargelegt – Einschränkungen der zukünftigen Handlungsmöglichkeiten und der im System erwarteten Handlungsverknüpfungen.

Dabei ist das Ausmaß der Einschränkungen variabel – eine Frage der Optimierung. Jede Struktur hat somit einen sachlichen und zeitlichen Aspekt.

Die Einschränkung der Vielfalt der zukünftigen Handlungsmöglichkeiten, also die Strukturbildung, lässt sich auch als *Aufbau von Erwartungen* beschreiben. Erwartungen entstehen durch Einschränkungen oder eben Ausschluss (Luhmann 1984, S. 397). Der Erwartungsbegriff stellt die Nähe zur Planung und Kontrolle her, denn der Aufbau von (generalisierten) Erwartungen lenkt nicht nur die Aufmerksamkeit auf die Zukunft, sondern auch auf die Frage, inwieweit man sich darauf verlassen kann, dass den Erwartungen entsprochen wird.

Die Schaffung von Organisationsstrukturen wiederholt das Prinzip der Systembildung im Binnenverhältnis dort, wo sie im Zuge der organisatorischen Strukturierung Teilsysteme (Geschäftsbereiche, Niederlassungen usw.) schafft. Diese Substrukturen stehen dann aufgrund der Arbeitsteilung zum Gesamtsystem wiederum in einem selektiven Verhältnis; sie betrachten das Gesamtsystem zu gewissen Teilen als – wenn auch bereits vorbearbeitete – Umwelt.

Im ersten Kapitel wurde bereits dargelegt, dass Strukturieren operativ gesehen im Wesentlichen bedeutet, Regelungen zu schaffen: Regeln zur Festlegung der Aufgabenverteilung, Regeln der Koordination, Verfahrensrichtlinien bei der Bearbeitung von Vorgängen, Beschwerdewege, Kompetenzabgrenzungen, Weisungsrechte, Unterschriftsbefugnisse usw. Organisatorische Regeln bauen generalisierte Erwartungen an das zukünftige Verhalten der Organisationsmitglieder auf. Sie stellen darauf ab, die Handlungsweisen der Organisationsmitglieder zu prägen und vorhersagbar zu machen. Sie ordnen, indem sie den Handlungsspielraum der einzelnen Organisationsmitglieder einschränken. Dementsprechend gilt: Je mehr Regeln geschaffen werden, umso mehr wird der Leistungsprozess und seine Steuerung standardisiert. Geschieht die Strukturierung geplant auf einen Zweck hin und wird sie autorisiert bzw. auf der Basis des Arbeitsvertrages für verbindlich erklärt, so spricht man von formaler Ordnung.

Gutenberg (1983, S. 238 ff.) beschreibt die Strukturierung von Aufgabenvollzügen als einen *Substitutionsvorgang*. Anknüpfend an seine Unterscheidung zwischen generellen Regelungen und fallweisen Regelungen wird dort Strukturierung als die Ersetzung fallweiser durch generelle Regeln begriffen. Gutenberg formuliert dies als „Substitutionsprinzip der Organisation“ (siehe Fokus 2.1).

Eine Strukturbildung im Sinne einer generellen Regelung von Aufgabenvollzügen empfiehlt sich diesem Theorem nach keineswegs überall, sondern nur dort, wo sich absehen lässt, dass sich zukünftig die zu organisierenden Sachverhalte in gleicher oder ähnlicher Form wiederholen. Aufgaben, die eine hohe Variabilität aufweisen, generell regeln zu wollen, wäre in hohem Maße ineffizient. Das Unternehmen würde fortwährend Gefahr laufen, das falsche Problem zu lösen, weil seine Problemlösungsverfahren auf eine andere Situation zugeschnitten sind.

Fokus 2.1

Das Substitutionsprinzip der Organisation (Gutenberg)

Das Substitutionsprinzip fordert dazu auf, fallweise Regelungen durch generelle Regelungen zu ersetzen, und zwar solange, bis ein Gleichgewicht zwischen der Variabilität der betrieblichen Tatbestände und dem Ausmaß genereller Regelungen erreicht ist bzw. bis der Grenznutzen gleich Null ist. Je mehr variable betriebliche Tatbestände vorfindbar sind, umso weniger kann die Substitution fallweiser durch generelle Regelungen erfolgen und umgekehrt. Im Extremfall der fortlaufenden Wiederkehr gleicher oder ähnlicher betrieblicher Tatbestände, kann eine Totalsubstitution vorgenommen werden, d.h. alle fallweisen Regelungen werden aus Gründen höherer Effizienz durch generelle ersetzt. Und umgekehrt, im Falle höchster Variabilität ist keinerlei Substitution möglich. Eine Überstrukturierung liegt demnach vor, wenn variable Tatbestände generell geregelt sind, eine Unterstrukturierung dagegen dann, wenn Wiederholungsvorgänge nicht generell geregelt sind.

Schematisch lässt sich der Zusammenhang zwischen der Substitutionsrate und dem bewirkten Erfolg wie folgt darstellen (unter der Annahme, dass ca. 50% der Aufgaben einen variablen/stabilen Charakter besitzen):

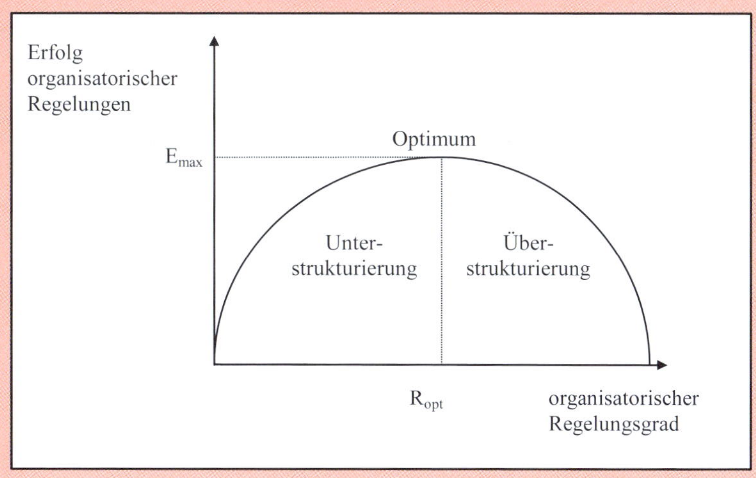

Quelle: Gutenberg (1983), S. 239-242; ferner Seiwert (1979), S. 77

Mit dem Rekurs auf die Variabilität betrieblicher Tatbestände wird auf einen wichtigen Sachverhalt aufmerksam gemacht, nämlich dass Bedingungen der zu organisierenden Aufgaben nicht oder zumindest nur teilweise in der Kontrolle der Organisation stehen. Auf diese Randbedingungen wird in den nachfolgenden Kapiteln immer wieder einzugehen sein. Sie verweisen unmissverständlich darauf, dass die Organisation mit der sie umgebenden Umwelt in Interaktion steht – mit oft nicht vorhersehbaren Folgen.

Das Substitutionsprinzip der Organisation macht auch darauf aufmerksam, dass die Strukturierung von Aufgaben durch Schaffung genereller Regeln nur eine neben anderen Problemlösungsalternativen darstellt und überwindet damit sehr früh den Strukturdogmatismus der traditionellen Organisationslehre, die bei der Strukturschaffung ihren Ausgangspunkt nimmt und nicht bei dem zu lösenden Problem, für das dann eine strukturelle Lösung geeignet sein kann oder eben nicht.

Durch die Ausbildung organisatorischer Strukturen und Teilsysteme (Abteilungen) wird einerseits das Organisationsgeschehen vereinfacht und durch Standardisierung in den Handlungsvollzügen vorhersehbar gemacht, andererseits wird dadurch aber paradoxerweise das Gesamtsystem komplexer. Je mehr Spezialstellen und Teilsysteme in Form von Abteilungen ausgebildet und je unterschiedlicher diese zueinander werden, umso schwieriger wird es, das Zusammenwirken dieser sicherzustellen. Die Integration der Teile wird mit zunehmender Strukturdifferenzierung zu einem immer größeren Problem.

Die organisatorische Gestaltung muss sich deshalb gleichermaßen diesem Folgeproblem widmen, indem sie dafür Sorge trägt, dass die ausdifferenzierten Teile wieder effektiv zusammengeführt werden. Dies bedeutet, dass Arbeitsteilung einerseits, d.h. die Auffächerung des Arbeitsprozesses und Bildung von leistungsfähigen Aktionseinheiten, und Arbeitsvereinigung andererseits, d.h. die gezielte Zusammenführung der einzelnen Elemente, zentral für eine wirkungsvolle Organisationsgestaltung sind. In der Organisationstheorie werden dementsprechend häufig die „Differenzierung" und die „Integration" als Basisaufgaben der organisatorischen Strukturgestaltung bestimmt. Diese zwei Gestaltungsaufgaben sind – wie dargelegt – ihrer Operationslogik nach latent gegenläufig: Je stärker eine Organisation differenziert wird, umso problematischer wird die Integration. Das von der Aufgabenstrukturierung zu lösende Problem lässt sich damit als Dualproblem beschreiben, nämlich als Problem der Arbeitsteilung (Differenzierung) einerseits und als Problem der Arbeitsvereinigung (Integration) andererseits (vgl. Abbildung 2.1). Die Aufgabenstrukturierung enthält somit beides, Regeln der Aufgabenteilung und Regeln der Aufgabenvereinigung.

Abbildung 2.1: *Das Dualproblem der organisatorischen Strukturgestaltung*

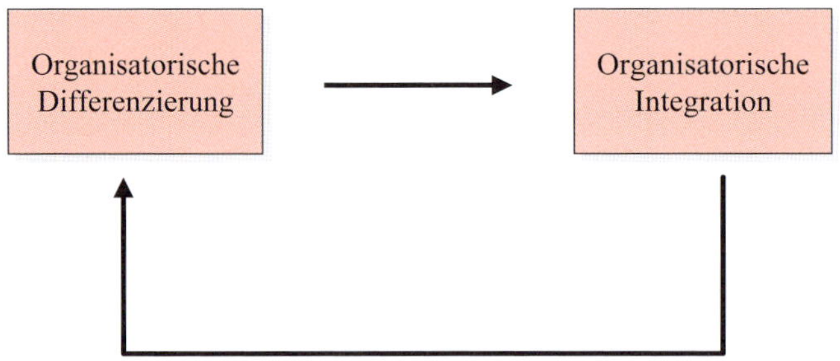

2.2 Organisatorische Differenzierung

Ausgangsproblem jeder systematischen organisatorischen Differenzierung ist die Frage nach der günstigsten Teilung und Zuweisung von Aufgabenvollzügen. Die in den Zielen fixierte und in der Produktmarkt-Strategie konkretisierte Gesamtaufgabe einer Unternehmung ist in aller Regel zu umfangreich, als dass sie wirtschaftlich oder auch technisch (man denke nur an ein Automobilunternehmen) sinnvoll von einer Person allein ausgeführt werden könnte. Der Nutzen der Arbeitsteilung ist dementsprechend als der eigentliche Grund anzusehen, weshalb es Organisationen gibt. Die Organisationsaufgabe wird deshalb von mehreren Personen gemeinsam erledigt, und daher ist festzulegen, welche Teilaufgaben von welchen Organisationsmitgliedern zu bewältigen sind. Dies führt im Ergebnis zu einem differenzierten System, dessen Varietät von dem Ausmaß der gewählten Spezialisierung der Stellen und Abteilungen abhängt.

Die schließlich gefundene und autorisierte Ordnungsform (formales Erwartungsraster) für die Aufgabenerfüllung wird auf verschiedene Weise für die Organisationsmitglieder sichtbar gemacht. Zunächst einmal finden die Regelungen in Geschäftsverteilungsplänen, Stellenbeschreibungen und Dienstanweisungen oder Ähnlichem ihren Niederschlag, besonders wichtige Regeln werden häufig in Betriebsordnungen festgehalten. Das bekannteste Mittel, Organisationsstrukturen zu visualisieren, ist jedoch das *Organigramm*, das im Sinne einer schaubildartigen Übersicht über die wichtigsten generalisierten Erwartungen informiert (vgl. dazu im Einzelnen Abschnitt 2.2.2).

2.2.1 Aufgabenanalyse

Methodisch gesehen setzt die organisatorische Verteilung der Aktivitäten die systematische Durchdringung der zu verteilenden (zu organisierenden) Aufgaben voraus. In der deutschen Organisationslehre hat Erich Kosiol (1976) hierfür die wohl bekannteste Systematik entwickelt, er nennt sie *Aufgabenanalyse* und sieht darin die Vorbereitungsarbeit für die darauf aufbauende Aufgabensynthese. Unter „Aufgabe" versteht Kosiol die Marktaufgabe der Unternehmung, die er auch als Sachziel – im Unterschied zu dem Formalziel (z.B. Gewinnmaximierung oder Produktivität) – bezeichnet.

Nach dieser Konzeption soll die Gesamtaufgabe stufenweise anhand von fünf Dimensionen gedanklich in Elementaraufgaben zerlegt werden, so dass die Organisation schließlich eine große Zahl von Teilaufgaben unterschiedlichen Aggregationsgrades, differenziert nach fünf Perspektiven, als „Gestaltungsmasse" erhält. Kosiol (1978, S. 69) nennt das Verfahren „Induktion" von Teilaufgaben und unterstellt dabei, dass die Gesamtaufgabe ein zusammengesetztes Gefüge von Teilaufgaben ist, die durch Abspaltung, Auflösung oder Aussonderung gewonnen werden können.

Im Einzelnen soll die Analyse nach folgenden fünf Kriterien verfahren:

1. nach den *Verrichtungen* (z.B. Sägen, Schweißen, Nieten),
2. nach den *Objekten* (z.B. Aufgaben an Tischen, Stühlen, Schränken),
3. nach der *Phase* (nach Planungs-, Realisierungs- und Kontrollaufgaben),
4. nach dem *Rang* (nach Entscheidungs- und Ausführungsaufgaben) und
5. nach der *Zweckbeziehung* (nach unmittelbar oder mittelbar auf die Erfüllung der Hauptaufgabe gerichteten Teilaufgaben).

Diese fünf Analyse-Dimensionen seien nachfolgend kurz erläutert.

1. **Verrichtungsanalyse:** Die Gesamtaufgabe wird als Komplex von Teil-Verrichtungen gedacht, die es im Zuge der Verrichtungsanalyse herauszufiltern gilt. Mit Verrichtung wird die konkrete Aktivität bezeichnet, die für die Aufgabenerfüllung auszuführen ist. Verrichtungen kann man auf verschiedenen Abstraktions- und Komplexionsebenen unterscheiden. Nach der Kosiolschen Analytik soll jede Verrichtung gedanklich solange weiter zerlegt werden, bis die Ebene der *Elementarverrichtung* erreicht ist, also die Teilverrichtung niedrigster Ordnung. Die Teilverrichtungen können logisch gesehen in einem ausschließenden Verhältnis zueinander stehen („Oder-Verrichtungen“) oder in einem additiven („Und-Verrichtungen“). Abbildung 2.2 gibt ein Beispiel für eine von der Gesamtaufgabe zur Elementarverrichtung fortschreitende Analyse. Wie leicht zu sehen, wird bei der Verrichtungsanalyse von der konkreten raumzeitlichen Arbeitssituation weitgehend abstrahiert, es wird von einer Art Standardsituation der Aufgabenerfüllung ausgegangen.

Abbildung 2.2: *Verrichtungsanalyse*

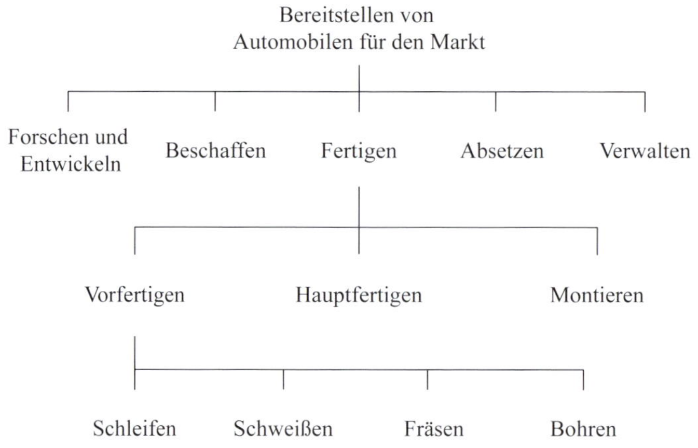

Quelle: Schmidt (1991), S. 173

2. **Objektanalyse:** Verrichtungen sind immer auf Objekte bezogen. Die Aufgabenanalyse soll daher in einem zweiten Schritt Bearbeitungsobjekte induzieren, und zwar wiederum hierarchisch gestaffelt, ausgehend von einem Oberobjekt bis hinunter zu den Elementarobjekten. Auch bei der Objektanalyse sind zwei logische Fälle zu unterscheiden, die „Oder-Objektgliederung" und die „Und-Objektgliederung" (Schmidt 1991, S. 177). Im ersten Falle wird ein Oberobjekt (z.B. Möbel) in verschiedene Teilobjekte untergliedert, die alternativ bearbeitet werden können (z.B. Stuhl, Schrank, Tisch). Bei der „Und-Objektgliederung" wird ein Objekt in verschiedene komplementäre Unterobjekte aufgelöst (z.B. Stuhlbeine, Rückenlehne, Sitzbrett).

   Objekte können sowohl Ausgangsobjekte als auch herzustellende Endobjekte sein. Es können aber auch Personen (Kunden, Lieferanten etc.) oder Regionen (Absatzbezirke, Einkaufsgebiete usw.) sein. Abbildung 2.3 zeigt die Analyseschritte wiederum am Beispiel eines Kraftfahrzeugherstellers.

   Es dürfte nebenbei deutlich geworden sein, dass sowohl die Verrichtungs-, als auch die Objektanalyse nicht voraussetzungslos möglich sind, sondern nur bei Kenntnis eines konkreten Fertigungsprozesses erfolgen kann.

Abbildung 2.3: *Objektanalyse*

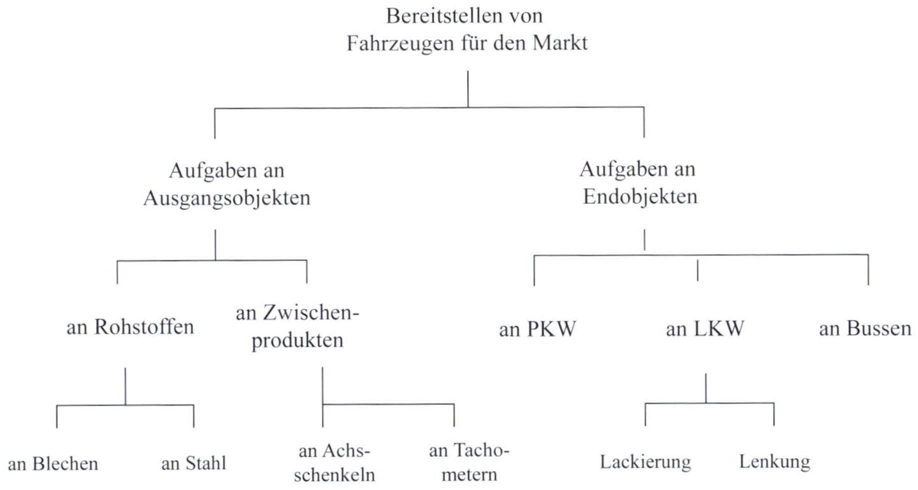

3. **Phasenanalyse:** Ein weiterer Analysestrang soll die Aufgaben nach ihrer Stellung im Phasenablauf der Aufgabenerfüllung erfassen und gliedern. Dafür ist ein *3-Phasen-Schema* vorgesehen: Planung – Realisation – Kontrolle. Es besteht eine of-

fenkundige Nähe zur Verrichtungsanalyse, die Verrichtungen werden hier jedoch zusätzlich nach ihrem *zeitlichen* Ablauf analysiert und zergliedert (was einen gewissen logischen Bruch darstellt). Die organisatorische Leitidee für diesen Schritt ist dem Taylorismus entnommen; planerische und kontrollierende Aufgabenelemente werden ausgegliedert und Spezialstellen zugewiesen.

4. **Ranganalyse:** In enger Verwandtschaft zur Phasenanalyse steht die Ranganalyse, die eine Aufgliederung nach Entscheidungs- und Ausführungsaufgaben vorsieht. Die analytische Herausarbeitung der Entscheidungsaufgaben wird als wichtige Vorarbeit angesehen, um für die spätere Synthese den Umfang der erforderlichen Leitungsstellen zu ermitteln (Kosiol 1978, S. 72). Auch die Ranganalyse schließt an die Verrichtungsanalyse eng an; im Grunde ist sie nur eine (prozessmäßige) Ergänzung nach dem Verlaufsmuster: Entscheidung und Ausführung.

   Abbildung 2.4 gibt ein Beispiel, wie man sich die Induktion von Rangaufgaben vorzustellen hat.

Abbildung 2.4: *Ranganalyse*

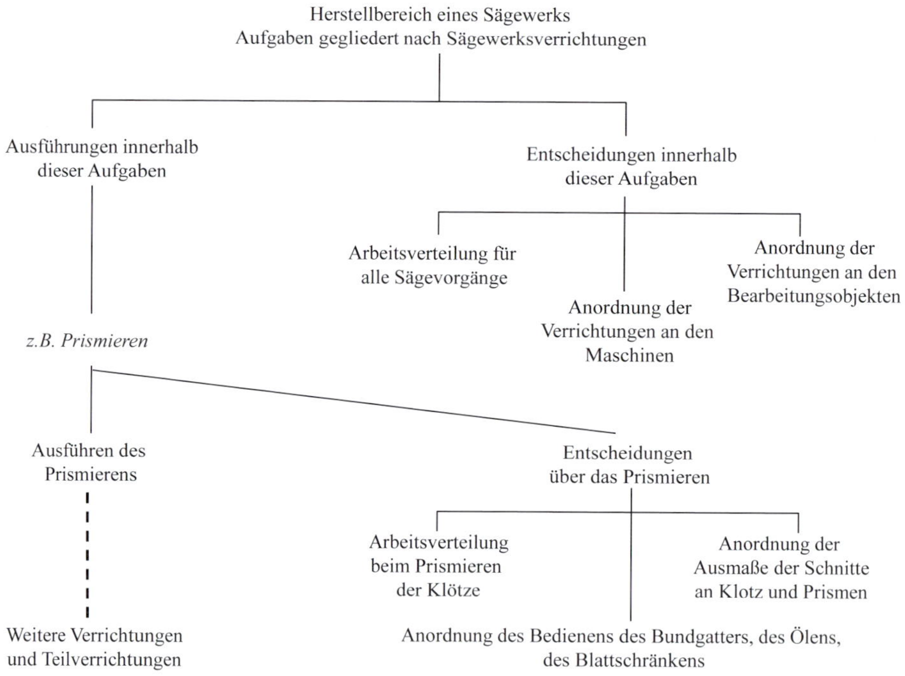

Quelle: Kosiol (1978), S. 73

5. **Zweckbeziehung:** Ebenfalls nur eine Ergänzung stellt das fünfte Gliederungsmerkmal dar, das die Aufgaben und Teilaufgaben nach ihrer Stellung im Leistungsprozess ordnen will. Aufgaben sollen danach unterschieden werden, ob sie *direkter* oder *indirekter* Art sind. Im Kern geht es darum, die bislang noch nicht erfassten mittelbaren (Teil-)Aufgaben, wie z.B. Revision, Parkplatzbewirtschaftung, Bodenpflege zu induzieren; sie werden als Anhänge der Primäraufgaben angesehen, d.h. sie sind durch diese in ihrem Erfüllungsinhalt bestimmt.

Grenzen der herkömmlichen Aufgabenanalyse: Die Aufgabenanalyse wird durchgeführt, um „Bauelemente" für die spätere Konstruktion der Organisation, die Aufgabensynthese, zu erhalten. Die Kosiolsche Systematik (sowie zahlreiche, ihr eng folgende Systematiken, die bis heute in Ausbildungsstätten von Organisationsfachleuten Verwendung finden) ruht unausgesprochen auf einer Reihe von *Prämissen*, die sich bei näherer Betrachtung als sehr problematisch erweisen.

An erster Stelle ist die Annahme zu kritisieren, dass aus einer Gesamtaufgabe logisch zwingend und quasi neutral Teilaufgaben „herausgelöst" werden können. Wie schon an mehreren Stellen angeklungen, muss ein solcher dekonstruktiver Schöpfungsprozess – denn ein solcher ist es und keinesfalls eine logische Deduktion – immer an bereits *vorhandenen* Prozessvorstellungen anknüpfen, wenn er praktisch werden soll. Das Verfahren ist also immer latent *reproduktiv*.

Ferner geht die Vorstellung, man könnte das System Unternehmung als ein widerspruchsfreies und konsistentes Gebilde von Zielen und Aufgaben rekonstruieren, an den Gegebenheiten von sozialen Systemen vorbei. Ziele sind immer auch von Konflikten umgeben, Systeme müssen unterschiedliche, z.T. *widersprüchliche Ziele* verfolgen, wenn sie ihren Bestand sichern wollen (vgl. dazu auch die allgemeinen Ausführungen zur Systemtheorie in Kapitel 7). Von diesen grundsätzlichen Bedingungen kann und soll die Aufbauorganisation und die ihr voraus laufende Aufgabenanalyse nicht abstrahieren. Dies gilt auch für den nächsten, wohl noch gravierenderen Punkt.

Die traditionelle Aufgabenanalyse geht ferner – ebenfalls unausgesprochen – von stabilen, eindeutigen und *vollständig durchdringbaren* Aufgaben aus. Man unterstellt für gewöhnlich eine hohe Wiederholungshäufigkeit der Aufgaben, sowie Konstanz und genaue Kenntnis der Situation. Darüber hinaus wird von einer grundsätzlichen Beherrschbarkeit der Aufgabenerfüllung ausgegangen. Die Aufgabenbedingungen sind verstanden und die Lösungswege bekannt. Solche eindeutigen Bedingungen sind indessen häufig gerade nicht gegeben: Die Marktnachfrage ändert sich, neue Produkte werden entwickelt, die Rohstoffqualität variiert, eine neue Werbekampagne wird in einem kreativen Prozess entworfen – dies sind nur einige Beispiele, die zeigen, wie rasch eine solche Analyse ihre Grenzen findet.

Wie im einleitenden Kapitel schon angeklungen, ist die organisatorische Entscheidungssituation heute vielmehr typischerweise von Unsicherheit und Ambiguität geprägt, die aus der Komplexität und der Dynamik der externen und internen Umwelt resultiert. Die Strukturierung der Aufgaben muss sich darauf einstellen und kann nicht auf irrealen Stabilitätsprämissen fußen. Es ist deshalb auch nicht verwunderlich, dass *neuere Ansätze* der Aufgabenanalyse diese Kritik aufgreifen und ganz andere Gesichtspunkte zum Tragen bringen. Die Kernthemen der Unsicherheit und der Komplexität (im Sinne von nicht vollständig durchdringbaren Aufgabenbedingungen) stehen im Vordergrund. Neuere Aufgaben- und Problemanalysen stellen dementsprechend Kriterien der folgenden Art in den Vordergrund:

- *Aufgabenvariabilität* (Unterschiedlichkeit der Bedingungen der Aufgabenerfüllung im Zeitablauf);
- *Neuartigkeit* (Bekanntheitsgrad der Aufgabenbedingungen);
- *Aufgabeninterdependenz* (Ausmaß, in dem die Aufgabenerfüllung von vor- und nachgelagerten Stellen abhängig ist);
- *Eindeutigkeit* (Analysierbarkeit der Aufgaben und das Ausmaß, in dem die Korrektheit einer Aufgabenerfüllung im Voraus bestimmt werden kann);
- *Transparenz* (Ausmaß, in dem die Aufgabenerfüllung kontrollierbar ist).

Die Kontingenztheorie der Organisationsstruktur und die Systemtheorien machen die Variabilität und die Komplexität der Umwelt zum Dreh- und Angelpunkt der Organisationsgestaltung (vgl. Kapitel 4). Diese Weiterentwicklungen sind wichtig. Aber auch sie machen deutlich, dass jede Aufgabenanalyse vor einem Dilemma steht. Aufgaben sind keine objektiven Gegebenheiten, sie sind zum Zeitpunkt der Analyse immer schon vorgeprägt, es gibt keine Aufgabe an sich. Die Aufgabenanalyse gerät deshalb allzu leicht in einen Zirkel. Eine Aufgabe lässt sich nämlich nicht abstrakt, sondern nur im Rahmen eines schon bestehenden Leistungsprozesses erfassen und analysieren. Dieser setzt jedoch ein Mindestmaß an Organisation schon voraus, d.h. die Aufgabe spiegelt zumindest teilweise schon das Ergebnis organisatorischer Gestaltungsüberlegungen oder zumindest Vorentscheidungen darüber wider. Eine saubere Trennung von Aufgabe und Organisation ist also nicht möglich.

Für die *Prozesshaftigkeit* der Aufgabenbezüge sieht die traditionelle Organisationslehre einen separaten Gestaltungsbereich vor, die Ablauforganisation, und die hierfür von Kosiol vorgeschlagene „Arbeitsanalyse".

Arbeits- und Prozessanalyse: Die betriebswirtschaftliche Organisationslehre hat die organisatorische Strukturierung lange Zeit in Form von zwei getrennten Problembereichen bearbeitet, nämlich Aufbau- und Ablauforganisation, also die Trennung von *Struktur und Prozess*. Die *Aufbauorganisation* soll die Abteilungs- und Stellengliederung sowie das Instanzengefüge regeln, die *Ablauforganisation* soll dagegen die räumliche und zeitliche Rhythmisierung und Abstimmung der Arbeitsgänge zum Gegenstand haben (Kosiol 1976, S. 32).

Leitende Idee ist eine separate Optimierung beider Bereiche mit je spezieller Logik und Methodik. Zwar wird eine gegenseitige Bedingung eingeräumt, sie soll jedoch durch die hierarchische Vorordnung der Aufbauorganisation gelöst werden. Dementsprechend wird die Analyse der Arbeitsabläufe an die Aufgabenanalyse angehängt. Den Ausgangspunkt sollen die Teilaufgaben der untersten Ordnungsstufe aus der Aufgabenanalyse bilden, vornehmlich diejenigen, die aus der Analyse nach Verrichtungen und Objekten gewonnen wurden. Für die Arbeitsanalyse sieht Kosiol dann analog zur Aufgabenanalyse die Kriterien Verrichtung, Objekt, Phase, Rang und Zweckbeziehung vor; Analyseziel ist die Ermittlung der erfüllungsbezogenen Aspekte der Teilarbeiten im Rahmen von Arbeitsvorgängen. Die anschließende *Arbeitssynthese* soll die Arbeiten von vorgängig gebildeten Stellen und Abteilungen zu einem Ablauf verflechten, konzeptionell systematisiert als personale, temporale und lokale Synthese (vgl. hierzu auch die Diskussion bei Gaitanides 2012, S. 24 ff.).

Die Trennung in Aufbau- und Ablauforganisation geriet zwar zum Standardrepertoire der betriebswirtschaftlichen Organisationslehre; viel Verwendung fand indessen der Vorschlag nicht. Zu groß sind die Probleme, die mit dieser Trennung verbunden sind. *Praktisch* gesehen greifen die beiden Gestaltungsaufgaben so tief ineinander, dass eine getrennte Optimierung gar nicht vorstellbar ist.

Aber auch auf der *konzeptionellen* Ebene erweist sich die Trennungsidee als problematisch; Struktur und Prozess, Aufbau und Ablauf, sind analytisch nicht ohne weiteres auseinander zu ziehen. Die Schwierigkeit liegt darin, dass ein Prozess ohne Struktur gar nicht denkbar ist. Es gibt keinen Prozess schlechthin, erst das Mitdenken einer Struktur (wenn vielleicht auch nur einer Art Minimalstruktur) macht das Konstrukt „Prozess“ sinnvoll. Bewegung kann ohne Konstanten nicht gedacht werden (Luhmann 1973, S. 67). Gleiches gilt allerdings auch umgekehrt, Strukturen können nicht ohne Prozesse gedacht werden; sie konstituieren sich letztlich immer aus Regeln, die aus Prozessen heraus geformt wurden. Ein Strukturaufbau kann ohne Kenntnis der Prozessabläufe nicht sinnvoll gestaltet werden. Insofern leuchtet es auch ein, dass die neueren Ansätze zur Prozessorganisation (Hammer/Champy 1994; Davenport 1993) die Trennung von Aufbau- und Ablauforganisation, ohne dass sie dies freilich begründen, ignorieren, indem sie von vornherein von einem strukturierten Arbeitsfluss ausgehen und praktisch Prozess und Struktur in eins denken. Bisweilen hat es allerdings den Anschein, als würden diese Ansätze Prozesse strukturfrei konzipieren wollen, dies muss aber wohl mehr als Aufsehen erheischende Übertreibung denn als ernsthafte These betrachtet werden.

Wie hat man sich eine Aufgabenanalyse im Sinne der neueren Prozessorganisation vorzustellen? Es wird vorgeschlagen, eine Zerlegung der Gesamtaufgabe nach *Prozessen* vorzunehmen, d.h. es soll ganz wie bei Kosiol versucht werden, einen Makroprozess zu definieren, aus dem dann ganzheitliche Arbeitseinheiten oder Tätigkeitsfolgen mit möglichst klaren Anfangs- und Endpunkten abgeleitet werden (Hammer/Champy 1994).

Als typische Beispiele für derartige Prozesse und deren Anfangs- bzw. Endpunkte lassen sich nach Hammer/Champy u.a. anführen:

- Auftragsabwicklung: Vom Auftragseingang bis zur Zahlung (Debitorenbuchhaltung).
- Kundendienst: Von der Anfrage bis zur Problemlösung.
- Verkauf: Von der Einwerbung bis zur Auftragserteilung.
- Produktentwicklung: Von der Entwurfsidee bis zum Prototyp.

Ziel einer solchen Analyse nach Prozessen ist es vor allem, eine unnötige Zerteilung von Arbeitsabläufen zu vermeiden und so die stets kosten- und zeitaufwendigen Abstimmungs- bzw. Integrationsbedarfe im Gesamtleistungsprozess gering zu halten.

Ein bislang noch schwach bearbeitetes Gebiet ist die Analyse oder Identifikation von Prozessen. Als erster Schritt wird meist empfohlen (Davenport 1993), Schlüssel- oder Kernprozesse auszuwählen, also solche Prozesse aufzugreifen, die für das Unternehmen besonders wichtig sind. Dies ist eine ebenso plausible wie zirkuläre Empfehlung, denn die Bedeutung bzw. die Rangordnung von Prozessen kann man natürlich erst beurteilen, wenn man sie kennt und ihre Wirkungen analysiert hat. Dies gilt umso mehr, als gerade ganzheitliche Prozesse zu wesentlichen Teilen auf implizitem Können und Ressourcenverknüpfungen beruhen, die den Handelnden selbst kaum bewusst sind. Pragmatischer gehen Hammer/Champy (1994, S. 159) vor, wenn sie empfehlen, solche Prozesse als erstes aufzugreifen, von denen die Geschäftsleitung weiß, dass dort Schwierigkeiten auftreten. Aber auch dies setzt natürlich ein hinreichend entwickeltes Prozessverständnis und somit ein Stück Prozessanalyse bereits voraus.

Die Schwierigkeiten der bisherigen Vorschläge setzen sich auf der Ebene der Detailanalyse fort. Die meisten Ansätze geben zur Feinanalyse kaum Hinweise; dort, wo sie gegeben werden, laufen die Empfehlungen sehr stark auf eine um Zeitbezüge angereicherte Verrichtungsanalyse im Kosiolschen Sinne hinaus (so z.B. Scholz/Vrohlings 1994, S. 45 ff.; Raster 1994). Das kann nicht weiter verwundern, denn die Verrichtungsanalyse ist – wie bereits dargelegt – notwendigerweise immer auch Prozessanalyse, ob nun so bezeichnet oder nicht. Worüber jedoch jede Prozessanalyse informieren muss, ist die *Art des Zusammenhangs* zwischen den Verrichtungen (Interdependenzen), die Teilbarkeit der Prozesse und die Prozessunterbrechungskosten.

Eine tragfähige Gliederung verschiedener Arten von Aufgaben-Interdependenz kommt von Thompson (1967); hiernach ist zwischen gepoolter, sequentieller und reziproker Interdependenz von Aufgaben zu unterscheiden (vgl. Abbildung 2.5).

Während bei gepoolter Interdependenz eine Abhängigkeit durch eine gemeinsam genutzte Ressource entsteht (z.B. Drehmaschine, Serviceeinrichtung), sind die anderen beiden Interdependenztypen Formen direkter Abhängigkeit im Aufgabenvollzug. Bei sequentieller Interdependenz ist es der Ketteneffekt, der die Abhängigkeit in der Wertschöpfungskette erzeugt. Bei reziproker Interdependenz liegt eine wechselseitige Abhängigkeit zwischen den beiden Prozesseinheiten vor.

Abbildung 2.5: *Verschiedene Arten von Interdependenz zwischen Prozesseinheiten*

1. Gepoolte Interdependenz
Die Arbeitsprozesse verlaufen parallel, es besteht jedoch eine Ressourcenkonkurrenz, z.B. bei gemeinsamer Nutzung von Fertigungsanlagen oder interner Dienstleistungen. Interdependenz besteht lediglich in indirekter Form.

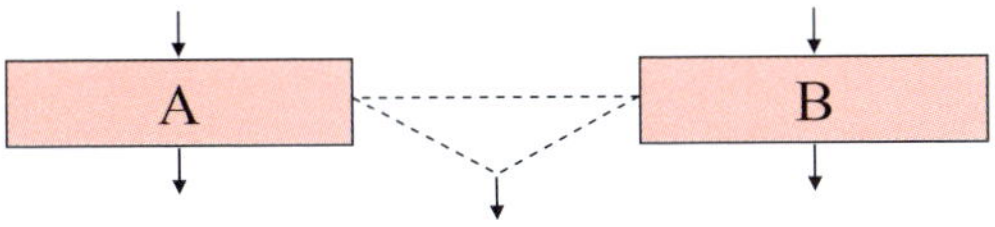

2. Sequentielle Interdependenz
Die Arbeitsprozesse sind reihenmäßig angeordnet, d.h. das Arbeitsergebnis der vorhergehenden Einheit wird zum Input für die nachfolgende Einheit. Die Vorleistungen bestimmen zu wesentlichen Teilen die Leistungsqualität der nachfolgenden Einheit.

3. Reziproke Interdependenz
Die Arbeitsprozesse bedingen sich gegenseitig; die Arbeitsergebnisse jeder Gruppe sind Input für die jeweils andere (z.B. Ärztlicher Dienst und Pflegedienst im Krankenhaus)

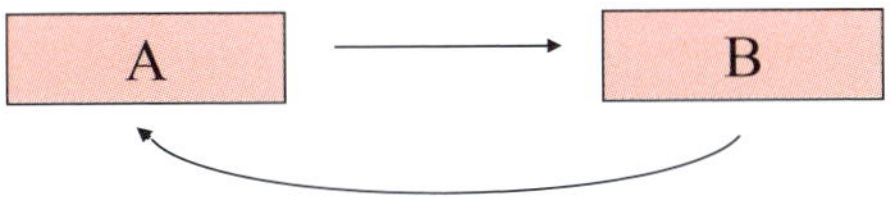

Quelle: nach Thompson (1967)

Hammer/Champy (1994, S. 77 f.) schlagen vor, die Prozesseinheiten noch einmal in sich nach dem Schwierigkeitsgrad zu gliedern. In der so genannten Triage sollen innerhalb der Prozesseinheiten wenig, mittel und sehr schwere Fälle bestimmt werden; gemeint ist damit eine Analyse nach der Variabilität und Neuartigkeit der jeweils zu bearbeitenden Fälle, um auf diese Weise die Routinisierung und Automatisierung von Prozessen vorzubereiten (vgl. auch Osterloh/Frost 2006). Für die nachfolgende Koordinationsgestaltung („Prozesssynthese") ist es wichtig festzulegen, welche Interdependenzen im Hinblick auf die gesetzten Ziele (Schnelligkeit in der Entwicklung, Qualität, Kundenorientierung, Flexibilität) vorrangig sind.

Durch die Interdependenzanalyse wird sehr viel mehr als in der Kosiolschen Systematik die Integration betont als auch gestalterisch vorbereitet und weniger die Aufgabenteilung. Ähnlich wie bei der Aufgabenanalyse ist allerdings auch hier als Problem zu vermerken, dass diese Interdependenzen nicht „naturgegeben" sind, sondern zu guten Teilen früher getroffene organisatorische Vorentscheidungen widerspiegeln und insofern ein Reproduktionseffekt zu beachten ist.

Sowohl für die klassische als auch für die Prozessanalyse gilt, dass sie die Frage unbeachtet lassen, in welchem Umfang die betreffenden Aufgabenvollzüge *innerhalb* des

Systems oder außerhalb des Systems im Sinne eines „outsourcings" geleistet werden sollen. Die Beantwortung dieser Frage hat ja weitreichende gestalterische Konsequenzen. Es ist ein Mangel der Organisationstheorie überhaupt, dass sie die Grenzfrage lange völlig ausgeklammert ließ und die Organisationsgestaltung grundsätzlich als ein internes Problem betrachtet hat (zu organisatorischen Grenzen und ihrer Beweglichkeit vgl. Picot et al. 2008; Sydow/Möllering 2009).

2.2.2 Aufgabensynthese

In der klassischen Organisationslehre schließt sich an die Aufgabenanalyse die konstruktive Aufgabe der Organisationsgestaltung an (bei Kosiol: Aufgabensynthese). Der Organisator soll gleichsam wie ein Architekt ein optimales Gefüge aus den zuvor induzierten Aufgaben formen, wobei hier an eine zur Analyse gegenläufige Konstruktionsrichtung, also von unten nach oben, gedacht wird.

Die erste zu bildende Verteilungseinheit heißt *Stelle*. Damit ist ein auf das durchschnittliche Leistungspotenzial eines Mitarbeiters zugeschnittenes Bündel von Aktivitäten gemeint. Genauer gesprochen ist es kein Bündel von Aktivitäten, sondern – wie eingangs dargelegt – ein Bündel von formal definierten Verhaltens- und Leistungserwartungen, die sich an einen potenziellen Mitarbeiter richten.

Die Tatsache, dass ein Bündel von Verhaltens- und Leistungserwartungen gebildet wird, ist jedoch noch nicht ausreichend, um von einer Stelle sprechen zu können. Eine Stelle ist Teil der formalen Organisation, d.h. die Bildung einer Stelle ist von einer offiziellen Regelung begleitet, die festlegt, dass bestimmte Aufgaben *dauerhaft* zusammengefasst werden sollen. Stellen werden nach ganz unterschiedlichen Gesichtspunkten gebildet; welcher Gesichtspunkt dominant ist, hängt letztlich von der Wahl der übergreifenden Organisationsform ab, die für das Gefüge gelten soll, dem die einzelne Stelle zugeordnet ist. Ganz allgemein wird jedoch eine Stellenbildung nach qualitativen Gesichtspunkten und nach quantitativen Gesichtspunkten unterschieden (Artenteilung versus Mengenteilung in Bezug auf die Gesamtaufgabe).

Für die Stellenbildung gilt grundsätzlich das Prinzip der Personenunabhängigkeit – wie es überhaupt für die gesamte formale Organisation als Leitidee Gültigkeit hat. Das bedeutet, Stellen werden der Sache nach gebildet (ad rem) und nicht auf bestimmte Personen hin (ad personam). Ein Vorteil formaler Strukturgefüge bzw. der bürokratischen Organisation (vgl. Kapitel 7) soll ja gerade sein, dass sie durch das Ausscheiden einzelner Personen nicht erschüttert werden, sondern dass durch den (möglichst raschen) Ersatz des Stelleninhabers die Kontinuität in der Leistung gewahrt werden kann. Bei hierarchisch höheren Stellen – darauf sei am Rande verwiesen – wird dieses Prinzip in der Praxis allerdings nicht selten außer Kraft gesetzt, um die Stellen, etwa im Vorstand einer Aktiengesellschaft oder der Geschäftsleitung einer mittelständischen GmbH, nach den vorgefundenen Kompetenzprofilen zu bilden.

Die Erwartungen, die mit der Einrichtung einer Stelle an den (Stellen-)Inhaber gerichtet werden, finden häufig ihren schriftlichen Niederschlag in der sog. *Stellenbeschreibung*. Fokus 2.2 zeigt ein Beispiel für eine Stellenbeschreibung (zu den Details der Anfertigung von Stellenbeschreibungen vgl. Schwarz 1988).

Fokus 2.2

Stellenbeschreibung einer Gruppenleiterin der GHB Gutehoffnungs-Betriebe AG, Betrieb MS Michelstadt

1.	Inhaber der Stelle:	Frau Staude
2.	Nr. der Stelle:	815-20
3.	Bezeichnung der Stelle:	Stelle der Gruppenleiterin der Gruppe Auftragsabwicklung im Verkauf
4.	Dienstrang des Inhabers:	Gruppenleiterin
5.	Abteilung:	Verkauf Produktgruppen A1, A2, A3, A4, Inland
6.	Leitungsbereich:	Hauptabteilung Absatz
7.	Vorgesetzte:	Verkaufsleiterin: Frau Müller
8.	dessen Stellvertreterin:	Leiter der Absatzvorbereitung: Frau Dr. Pöschl
9.	untergeordnete Stellen:	6 Sachbearbeiter (4 Produktgruppen A1, A2, A3, A4)
10.	wird vertreten von:	von Vorgesetzter: Verkaufsleiterin Frau Müller
11.	vertritt:	die Leiterin der Gruppe Kundendienst: Frau Schnelle

12. Ziel der Stelle:

Sichert die prompte und zuverlässige Abwicklung der erzielten Verkaufsaufträge durch die Sachbearbeiter in Zusammenarbeit mit und Unterstützung von Vertreter- und Verkaufsbüro zu deren und der Kunden Zufriedenheit. Veranlasst und überwacht ebenso eine sachgemäße Bearbeitung von Kundenreklamationen, koordiniert und leitet die Arbeit der unterstellten Verkaufssachbearbeiter für die A-Produktgruppen und die der anderen Kräfte der Gruppe.

13. Diese Stellenbeschreibung enthält 3 Blätter. Sie gilt in Verbindung mit den „Grundsätzlichen Hinweisen für Mitarbeiter der mittleren und unteren Leitungsebene".
14. Nächste Überprüfung bis zum:
15. Verteiler: alle Angehörigen der Gruppe, Abteilungsleiter, Hauptabteilungsleiter
16. Unterschriften mit Datum:

Abteilung Organisation	Abteilungsleiter	Stelleninhaber

Auszug:

18. Aufgaben, Kompetenzen und Verantwortlichkeiten im Einzelnen:

a. Leitet die prompte oder termingerechte Abwicklung der angenommenen Verkaufsaufträge.

b. Teilt die Arbeit unter den Mitarbeitern ihrer Gruppe ein.

c. Kontrolliert die Arbeit der Mitarbeiter ihrer Gruppe, u.a. gemäß deren Stellenbeschreibungen; besonders eingehend bei Reklamationen, bei Möglichkeiten nachfassender Werbung in Zusammenarbeit mit dem Vertreterbüro.

d. Unterrichtet ihre Mitarbeiter über betriebliche Belange selbst oder veranlasst sie, sich an geeigneten Stellen zu unterrichten und fördert ihre Wiederholungs- und Weiterbildung in fachlicher Hinsicht.

e. Überwacht die Abstimmung von Verkaufsterminen, -mengen und -qualitäten mit dem Terminbüro (evtl. auch den Meistern), Lager und Versand durch die Sachbearbeiter ihrer Gruppe.

f. Veranlasst und prüft termingerecht, dass die an das Berichtswesen zu liefernden Statistiken gemäß Liste von ihrer Gruppe aufgestellt werden, und sendet sie ab.

g. Überwacht die Vollständigkeit und aktuelle Überarbeitung der Preisbildungsunterlagen und Versandunterlagen ihrer Gruppe.

h. Erhält die Ausgangspost seiner Abteilung vorgelegt und unterschreibt, soweit tunlich oder erforderlich („i.V.“) und leitet den Teil der Post weiter, der die Unterschrift des (eines) Prokuristen erfordert.

i. Hat im Übrigen auf Weisung ihrer Vorgesetzten weitere Aufgaben zu erfüllen, die in ihr Tätigkeitsgebiet fallen oder ihr auf Grund ihrer Kenntnisse und Fähigkeit übertragen werden können.

---

20. Anforderungen an den/die Stelleninhaber/in:

a. Ausbildung: Schulbildung: Möglichst mittlere Reife, Kaufmannsgehilfenprüfung, mindestens Grundkenntnisse in Englisch

b. Berufserfahrung: Möglichst etwa 4 bis 7 Jahre kaufmännische Tätigkeit nach Lehrabschluss, davon mindestens 3 Jahre im Verkauf, davon 2 Jahre in der Firma oder der Branche (z.B. als Sachbearbeiter)

c. Sonstiges: Persönliche Eignung für Vorgesetztenverantwortung, Gewandtheit in Ausdrucksform und Auftreten, Verständnis für technische Fragen des Lieferprogramms.

Quelle: Schwarz (1988), S. 193-195

Wird eine größere Zahl von Stellen gebildet, werden sie für gewöhnlich zu größeren Einheiten zusammengefasst und der Leitung einer Stelle mit Weisungsbefugnis untergeordnet. Eine Stelle mit Weisungsbefugnissen gegenüber einer bestimmten Gruppe von Stelleninhabern heißt in der Organisationslehre *Instanz*. Die Zusammenfassung mehrerer Stellen unter der Leitung einer Instanz heißt *Abteilung*, in jüngerer Zeit wird der Abteilungsbegriff auch dort verwendet, wo mehrere Stellen zu einer Gruppe zusammengefasst werden, ohne sie einer Instanz zu unterstellen. In der Praxis sind dafür je nach Größe und Bedeutung auch andere Begriffe gebräuchlich, wie Team, Gruppe, Ressort, Bereich usw. In der Organisationslehre wird im Prinzip am Abteilungsbegriff festgehalten; der Aufbau von Abteilungen wird gewöhnlich als Abteilungsbildung bezeichnet. Der Begriff „Abteilung" setzt implizit voraus, dass es mehrere Abteilungen gibt, sonst würde man gleich von Unternehmung oder Behörde sprechen.

In weiteren Schritten werden Abteilungen dann wieder zu (Haupt-)Abteilungen zusammengefasst, also wieder einer Instanz zugeordnet, bis schließlich der für viele – keineswegs aber alle – Organisationen typische pyramidenförmige Aufbau des Stellengefüges, also die Hierarchie bzw. der Instanzenzug, entsteht. Abbildung 2.6 zeigt idealtypisch den Ablauf der Organisationsgestaltung von der Aufgabenanalyse bis zur Abteilungsbildung. Dabei sollte nicht übersehen werden, dass in der Organisationspraxis dieser *induktive* Weg selten beschritten wird; häufig wird bei der Gesamtgestalt der Abteilung oder des Unternehmens begonnen und dann erst die Stellenbildung oder die Zuordnung bereits vorhandener Stellen vollzogen.

Abbildung 2.6: *Abteilungsbildung (nach Erich Frese)*

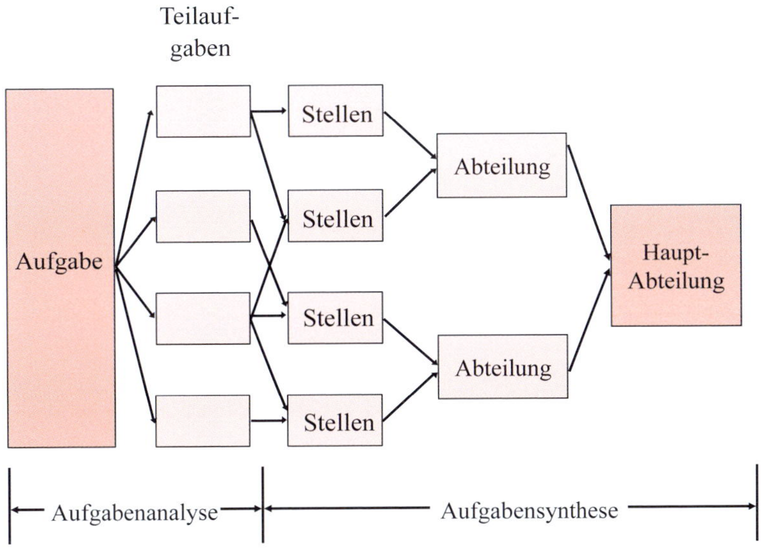

Das im Zuge der Stellen- und Abteilungsbildung entstehende Strukturgefüge wird sehr häufig in einer Übersichtsgrafik abgebildet, dem *Organigramm* oder Organisationsplan. Häufig werden im Organigramm die Stellennummern, die Kostenstellen und die Namen der Stelleninhaber (zumindest die der mittleren und oberen Führungskräfte) mit angegeben.

Es ist zu beachten, dass Organigramme nur einen Ausschnitt aus dem organisatorischen Regelungswerk zeigen, nämlich die Regeln der Abteilungsbildung und der Autoritätsbeziehungen (Hierarchie).

Wie bei der Stellen- und Abteilungsbildung im Einzelnen vorgegangen werden kann und vor allem welche Orientierungsmuster dafür richtungweisend sein können, zeigen die nachstehend darzulegenden Formen der organisatorischen Arbeitsteilung und -vereinigung.

2.2.3 Formen organisatorischer Arbeitsteilung

2.2.3.1 Organisation nach Verrichtungen

Die wohl bekannteste Form der organisatorischen Arbeitsteilung ist die *Spezialisierung* nach Verrichtungen oder Funktionen. Gleichartige Verrichtungen werden zusammengefasst; dies gilt sowohl für die Stellenbildung (z.B. Lackierer) als auch für die Abteilungsbildung (z.B. Lackiererei). Die Vorteile einer verrichtungsorientierten Arbeitsteilung liegen:

- in der Nutzung von Spezialisierungsvorteilen, insbesondere höhere Produktivität durch *Lern- und Übungseffekte*, die aus der Verrichtung immer wieder ähnlicher Aufgaben resultieren;
- in der effizienten Nutzung vorhandener Ressourcen, vor allem *Größenersparnisse* durch Zusammenlegung und Konzentration homogener Handlungseinheiten;
- in der Nutzung von Synergieeffekten zwischen ähnlichen Verrichtungen;
- in der Berücksichtigung von Interdependenzen bei Mehrproduktunternehmen, etwa bei der Forschung & Entwicklung oder im Marketing.

Von einer *funktionalen Organisation* (vgl. Abbildung 2.7) spricht man dann, wenn die zweitoberste Hierarchieebene eines Stellengefüges (Unternehmung, Geschäftsbereich usw.) eine Spezialisierung nach *Sachfunktionen* vorsieht und somit das *gesamte* System funktional prägt. Die Kernsachfunktionen eines Industriebetriebes sind Einkauf, Forschung und Entwicklung, Produktion und Marketing. Daneben sind aber auch unterstützende Sachfunktionen wie Finanzierung oder Personal von großer Bedeutung. Ein Dienstleistungsunternehmen hat andere Kernsachfunktionen.

Abbildung 2.7: *Die funktionale Organisation*

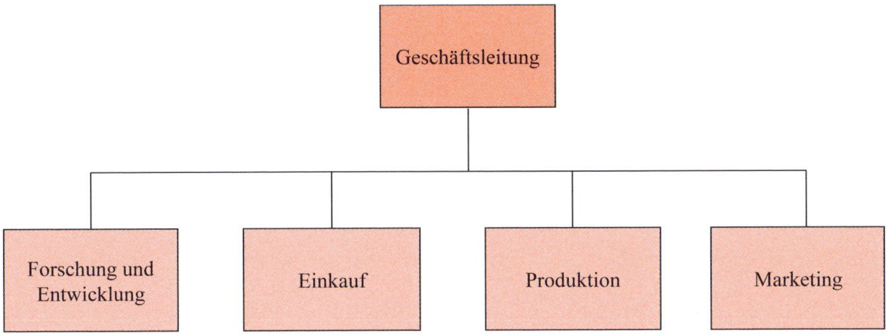

Die funktionale Organisation findet am häufigsten bei Unternehmungen Verwendung, die nur eine Produktklasse herstellen (z.B. Audi AG) oder über ein relativ homogenes Produktprogramm verfügen (vgl. das Beispiel der Swiss International Air Lines AG in Abbildung 2.8).

Abbildung 2.8: *Die Organisationsstruktur der Swiss International Air Lines AG*

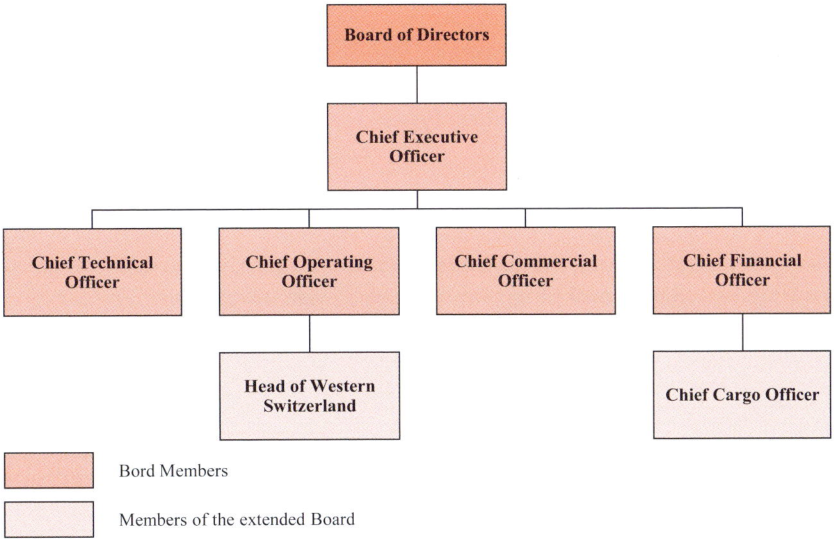

Quelle: Swiss International Air Lines AG (Zugriff www.swiss.com am 08.04.2015)

Als typische *Probleme* der verrichtungsorientierten Organisation gelten:

- Eine hohe Zahl an Schnittstellen mit den daraus resultierenden Abstimmungsschwierigkeiten zwischen den Funktionsabteilungen mit jeweils spezialisierter Ausrichtung (Tendenz zum „Ressortegoismus").
- Geringe Flexibilität, weil die hohe Zahl an Schnittstellen ein hohes Maß an zeitraubender Kommunikation erfordert.
- Geringe Zurechenbarkeit von Ergebnissen auf die einzelnen Akteure durch hohes Maß an Arbeitsteilung; dadurch ergibt sich eine starke Tendenz zur Suboptimierung, d.h. die Kriterien der Spezialaufgabe werden verhaltenssteuernd und weniger das Gesamtergebnis.
- Überlastung der Hierarchie, weil auf der obersten Ebene letztlich alle funktionsübergreifenden Koordinationsaufgaben zusammenfließen, was mit steigender Heterogenität des Produktprogramms sowohl in qualitativer als auch in quantitativer Hinsicht immer weniger bewältigt werden kann.
- Zuordnungsprobleme durch starke Arbeitsteilung; es gibt immer wieder (unerwartete) Aufgaben, die keiner Funktion eindeutig zugeordnet werden können.

Die Frage, ob die Abteilungen auf der Basis von Verrichtungen gebildet werden sollen, stellt sich auf jeder Hierarchieebene neu. Eine funktionale Organisation zieht also keineswegs zwingend eine verrichtungsorientierte Abteilungsbildung auf den nachfolgenden Ebenen nach sich.

2.2.3.2 Organisation nach Objekten

Die zweite grundsätzliche Alternative bei der Stellen- und Abteilungsbildung ist die Orientierung an Objekten. Hier bilden Produkte, Märkte oder Güter (einschließlich Dienstleistungen) das gestaltbildende Kriterium für Arbeitsteilung und Spezialisierung (vgl. Abbildung 2.9).

Bei dieser Organisationsform werden also nicht bestimmte gleichartige Verrichtungen wie Verkaufen oder Fakturieren gebündelt, sondern es werden, ausgehend von *Objekten*, verschiedenartige Verrichtungen zusammengefasst, nämlich jene, die für die Bearbeitung des betreffenden Objektes notwendig sind. Wie schon gesagt, stellt sich die Alternative: Objekt- oder Verrichtungsorientierung grundsätzlich auf jeder hierarchischen Ebene neu; keineswegs muss eines der beiden Prinzipien durchgehalten werden. Es ist vielmehr die Regel, beide Prinzipien zu mischen. Die Ausrichtung der *zweiten Hierarchieebene* ist jedoch eine besonders wichtige Organisationsentscheidung, sie stellt die Weichen für die Grundausrichtung des gesamten Systems („Supra-Struktur").

Abbildung 2.9: *Abteilungsbildung nach Objekten in einem Verlag*

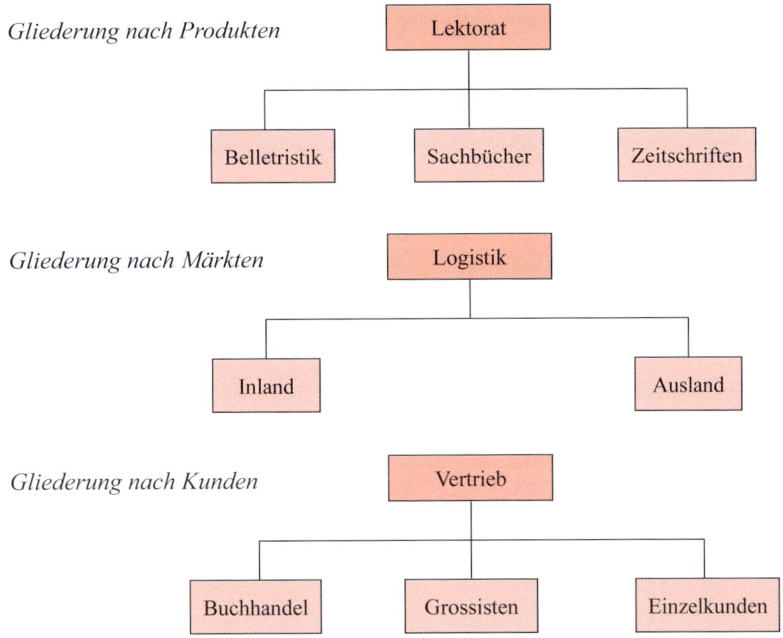

Quelle: Schmidt (1992), S. 177

Die Objektorientierung auf der zweitobersten Hierarchieebene eines Stellengefüges wird *divisionale Organisation*, *Spartenorganisation* oder *Geschäftsbereichsorganisation* genannt. Die Divisionen werden in der Mehrzahl der Fälle nach verschiedenen Produkten bzw. Produktgruppen gebildet (vgl. das Beispiel eines Chemieunternehmens in Abbildung 2.10). Bei dem Divisionalisierungskonzept kommt zur objektorientierten Gliederung hinzu, dass die Divisionen gewöhnlich eine weitgehende Autonomie und damit Erfolgsverantwortung im Sinne eines *Profit Centers* erhalten, d.h. sie sollen quasi wie Unternehmen im Unternehmen geführt werden. Für die organisatorische Aufgabenzuweisung bedeutet das, dass eine Division (Geschäftsbereich) zumindest über so viele Sachfunktionen disponieren können muss, dass ein Gewinn/Verlust tatsächlich bewirkt und zugerechnet werden kann. Ansonsten wären die Voraussetzungen einer Gewinnverantwortlichkeit, wie sie das „Unternehmen im Unternehmen"-Konzept notwendig vorsieht, nicht gegeben. Das *Profit Center-Konzept* ist allerdings nicht an die divisionale Organisation gebunden, es kann auch im Rahmen verrichtungsorientierter Gliederungen, z.B. im Vertrieb, Verwendung finden (Welge 1975; Frese/Lehmann 2002).

Abbildung 2.10: *Divisionale Organisation in einem Chemieunternehmen*

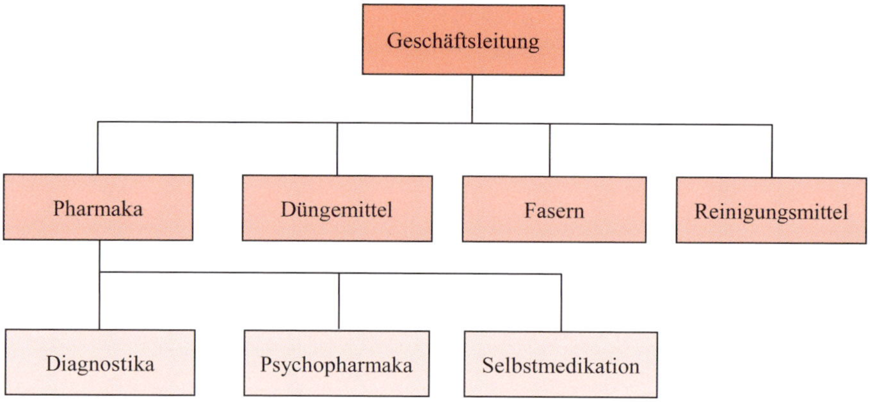

Neben der Ausrichtung an Produkten ist im Rahmen der divisionalen Organisation auch eine *regionale Gliederung* denkbar. Hier werden die Objekte nach dem Prinzip der lokalen Märkte zusammengefasst, etwa nach Bundesländern, Nationen oder Erdteilen. Eine weitere Gliederungsalternative ist die Ausrichtung auf zentrale *Abnehmergruppen*, z.B. nach privaten Kunden und Geschäftskunden, wie es viele Banken tun.

In der Praxis finden sich häufig *Mischformen,* d.h. die Orientierungsgesichtspunkte des Objektprinzips (Produkt, Territorium, Märkte/Kunden) finden nebeneinander Anwendung. Ferner wird vielfach die Divisionalisierung nicht auf die zweite Hierarchie-Ebene beschränkt, sondern ein mehrstufiger Divisionsaufbau gewählt, der Unternehmensgruppen als vorgeordnete und Geschäftsbereiche als nachgeordnete Koordinationsebenen unterscheidet.

Aus dem Dezentralisierungs- und Erfolgsverantwortungsprinzip der Spartenorganisation folgt, dass die erfolgswirksamen Verrichtungen in den Sparten angesiedelt sein müssen. Die Gesamt-Geschäftsleitung fungiert dann im Prinzip in einer Art Überwachungsrolle. Das Ausmaß der Dezentralisierung variiert jedoch in der Praxis sehr stark. Abbildung 2.11 zeigt schematisch verschiedene Divisionalisierungsprofile im Vergleich.

Auch in den extrem divisionalisierten Fällen behält sich die Gesamtleitung die Finanzkontrollfunktion vor. Der Grund für die unterschiedlichen Divisionalisierungsprofile – oder wenn man so will: für die Abweichung vom Dezentralisierungsgebot der divisionalen Organisationsform – liegt zumeist in Wirtschaftlichkeitsüberlegungen. Unter Umständen verbieten wirtschaftliche Gründe, bestimmte Aufgaben zu dezentralisieren. Diese werden dann als so genannte Zentralbereiche (Frese/v. Werder 1993) geführt, die für die Sparten Leistungen erbringen. Typische Zentralbereiche sind die Rechts- und Vertragsabteilung, Personalwesen, Steuern und Versicherungen, Einkauf. Diese Bereiche werden zentral geführt (und nicht den Sparten zugeordnet), weil man einerseits der Spezialisierungs- und Größenvorteile nicht verlustig gehen will und sie andererseits für den Spartenerfolg von nicht so großer Bedeutung sind, dass durch ihre Ausgliederung und Zentralisierung das Erfolgsverantwortungsprinzip gänzlich durchbrochen würde.

Abbildung 2.11: *Divisionalisierungsprofile zweier Unternehmen*

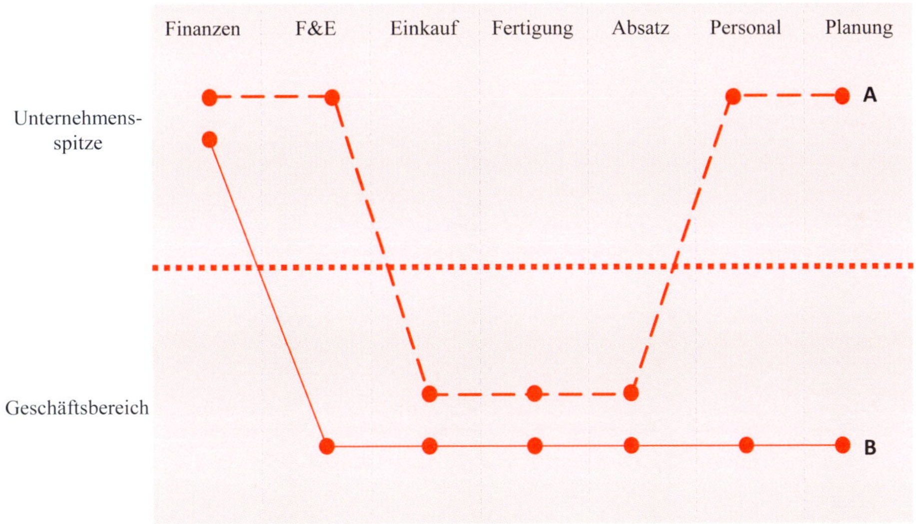

Quelle: in Anlehnung an Bühner (1994), S. 131

Ein weiterer Grund muss in Unteilbarkeiten gesucht werden. Schwer teilbare Ressourcen (wie z.B. Fertigungsanlagen in Chemieunternehmen oder Laboreinrichtungen für die Grundlagenforschung) werden nicht den Sparten zugeordnet, sondern in Zentralbereichen zusammengefasst, obwohl sie für das Spartenergebnis von hoher Bedeutung sind. In diesen Fällen versucht man, den Systembruch mit internen Verrechnungspreisen oder ähnlichen Instrumenten auszugleichen (Frese 1995, sowie die Beiträge in Dawid/Dorner 2013).

Darüber hinaus werden häufig Zentralbereiche eingerichtet, die die Gesamtleitung in ihrer Führungsfunktion unterstützen sollen. Dazu gehört meist das Finanzwesen, das Controlling, die (Konzern-)Planung, der Bereich Unternehmensbeteiligungen („merger and acquisition"), Öffentlichkeitsarbeit u.a.m.

In Abbildung 2.12 wird das aktuelle Organigramm der Bayer AG gezeigt. Dort werden die zentralen Leistungsbereiche als „Servicegesellschaften" und die führungsunterstützenden Bereiche „Corporate Center Departments" genannt. Der Anhang zum Organigramm zeigt, wie umfangreich dort die Zentralbereiche ausgelegt sind. Die Services werden als rechtlich selbständige Gesellschaften geführt und bilden Teilkonzerne. Hinter dem unscheinbar klingenden Namen „Bayer Technology Services" verbergen sich die gesamten Produktionsanlagen des Unternehmens sowie Gesellschaften, die das dort gewonnene Know-how vermarkten sollen.

Eine offene Frage ist, ob und in welchem Umfang Zentralbereiche mit Kompetenzen auszustatten sind. Dies hängt sehr stark von den zu erfüllenden Aufgaben ab. Während führungsunterstützende Aufgabenbereiche in der Regel als „Stäbe" (siehe unten 2.2.3.3) organisiert sind, werden Service-Zentralbereiche meist mit einer Art Richtlinienkompetenz oder auch spezifizierten Anweisungskompetenzen ausgestattet. Handelt es sich um Kernfunktionen, wie etwa die Fertigung oder die Forschung, dann treten diese Zentralbereiche meist gleichberechtigt neben die Divisionen und werden entweder matrixartig (s.u. Abschnitt 2.3.3.2) oder im Sinne eines internen Marktverhältnisses untereinander koordiniert. Im Grunde erfüllen die Zentralbereiche eine Kompensationsfunktion, sie sollen die Interdependenz-Probleme einer streng divisionalen Gliederung abfedern helfen oder diese z.T. rückgängig machen. Deshalb wird der Einrichtung von Zentralbereichen auch häufig zu Recht der Vorwurf der Inkonsequenz gemacht.

Die Zentralbereiche stehen seit einigen Jahren im Kreuzfeuer der Kritik. Ihnen wird vorgehalten, sie entwickelten aufgrund ihrer nur indirekten „Zweckbeziehung" zu wenig Kostenbewusstsein und sie trügen zu einer unmäßigen Aufblähung der Overhead-Kosten bei. Zahlreiche Maßnahmen wurden entwickelt, um diesem Problem beizukommen. Unternehmensberatungsgesellschaften empfehlen eine radikale Gemeinkostenwertanalyse (Huber 1987) oder ein Zero Base Budgeting (Weber 1995, S. 137 ff.), um die Notwendigkeit eines solchen Services immer wieder grundlegend zu hinterfragen. In den letzten Jahren zeichnet sich die Tendenz ab, für diese Abteilungen eine Marktsituation zu simulieren, d.h. sie als Profit Center zu führen mit der Option, dass die internen Kunden die fragliche Dienstleistung auch von außen beziehen können. Dort, wo man diesen Grundsatz besonders nachdrücklich vertritt, werden von den Zentralbereichen nicht nur marktgerechte „Preise" erwartet, sondern darüber hinaus auch, dass sie einen beträchtlichen Teil ihres Umsatzes mit externen Aufträgen bestreiten, um eine möglichst reale Marktsituation abbilden zu können (zu dem in seiner Bedeutung vielfach überbewerteten Instrument der internen Märkte vgl. unten Abschnitt 2.3.5).

Im Hinblick auf die *formale* Ausgestaltung der Divisionen gibt es zwei grundsätzliche Alternativen, nämlich sie als Abteilung zu führen oder sie rechtlich zu verselbständigen. Im Falle der rechtlichen Verselbständigung der Sparten entsteht ein *Konzern*. Zumeist beherbergen bei großen Konzernen die einzelnen Sparten wiederum eine ganze Reihe von (rechtlich selbständigen) Tochter- bzw. Enkelgesellschaften, die Spartengesellschaft ist dann als Teilkonzern anzusehen (zur Konzernführung im Detail vgl. Theisen 2000; Mellewigt/Matiaske 2000; Aguilera/Jackson 2003).

Abbildung 2.12: Organisationsstruktur der Bayer AG (Stand 2015)

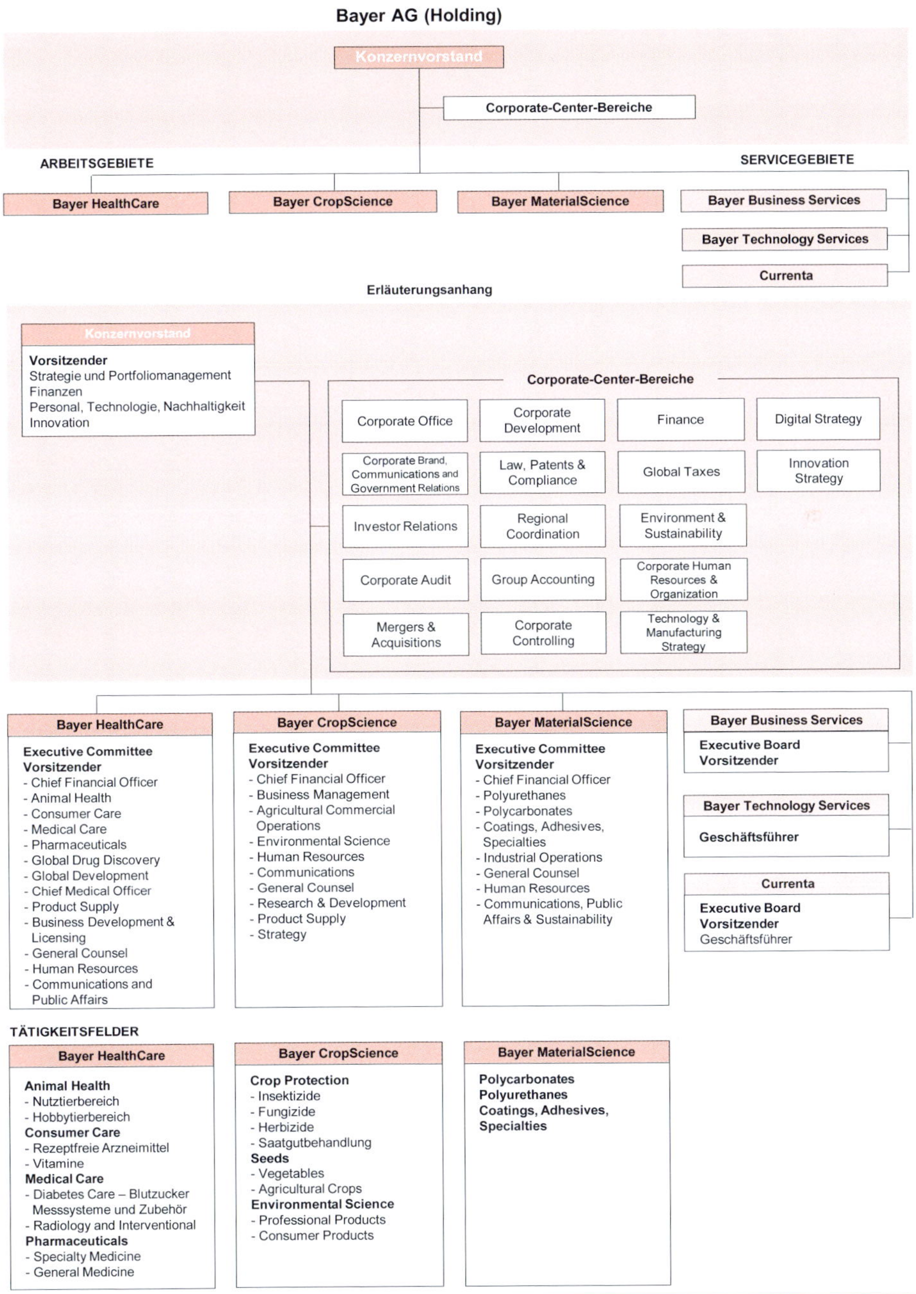

Quelle: Bayer AG (Zugriff www.bayer.de am 08.04.2015)

Bei der entsprechenden organisatorischen Ausgestaltung der Konzernspitze wurde in den vergangenen Jahren der Stammhauskonzern immer häufiger durch eine Holding-Struktur abgelöst. Die *Holding* ist ein originär betriebswirtschaftliches Konzept, sie stellt keine rechtliche Sonderform dar, und es gelten im Vergleich zu anderen Gesellschaften aus juristischer Perspektive grundsätzlich keine Besonderheiten. Regulative Idee der Holding-Struktur ist die Nutzung von Dezentralisierungsvorteilen. Im Vergleich zum Stammhauskonzern bedeutet die Holding-Struktur die noch konsequentere Weiterführung des Dezentralisierungsgedankens, da die Muttergesellschaft in einer Holding-Struktur – im Unterschied zur Muttergesellschaft eines Stammhauskonzerns – kein eigenständiges operatives Geschäft mehr aufweist. Der Umfang der bei der Holding verbleibenden Steuerungsaktivitäten wird jedoch in der Praxis sehr unterschiedlich veranschlagt. Er variiert zunächst einmal je nach Holdingtyp erheblich (vgl. Bühner 1992). In einer sog. Finanzholding operiert die Holding als reine Anteilsverwalterin. Die Holding-Töchter sind in ihren Entscheidungen weitgehend autonom. Sie werden durch die Vorgabe von Kennzahlen und die Steuerung von Finanzströmen nur formal gelenkt. Die Holding erhebt gegenüber ihren Tochtergesellschaften lediglich einen finanziellen Führungsanspruch (vgl. Wenger 1999, S. 127), sie greift dem Prinzip nach weder strategisch noch operativ in die Geschäftstätigkeit der Töchter ein.

In der sog. *Management-Holding* gehen dagegen die Aufgaben der Holdinggesellschaft über die reine Anteilsverwaltung hinaus. Die Beteiligungen werden nicht nur i.S. einer Portfolio-Optimierung verwaltet, sondern durch die Holdinggesellschaft geführt – wobei sich der Steuerungsanspruch der Holding meist auf die strategische Führung des Konzerns beschränkt (Strategische Management-Holding). Schon diese kurzen Bemerkungen lassen erkennen, dass die Management-Holding vor einem Dilemma steht: Der artikulierte Wille, eine aktive Führungsgesellschaft zu etablieren, steht notwendigerweise im Widerspruch zu der grundlegenden Motivation zur Bildung einer Holding bzw. divisionalen Organisation, nämlich konsequent Dezentralisierungsvorteile zu realisieren. Die Management-Holding will beides, sie will die Dezentralisierungsvorteile nutzen und auch, jedenfalls in einem bestimmten Maße, steuernd in das Führungsgeschehen der sonst selbständigen Töchter eingreifen. Die Management-Holding bewegt sich damit immer im latenten Widerspruch zu ihrer regulativen Idee.

Abbildung 2.13 zeigt die RWE Holding AG als Beispiel für eine geschäftsleitende Gesellschaft. Die maßgeblichen Überlegungen für die Umstrukturierung und die Bildung dieser Holdinggesellschaft sind in Fokus 2.3 zusammengestellt.

Die Einrichtung einer Holding erfolgt häufig, um die Aktivitäten großer Konzerne marktgerecht zu bündeln und Flexibilität zu schaffen. Vorteilhaft ist dies vor allem auch dort, wo die Untergesellschaften nicht zu 100% im Konzernbesitz sind. Darüber hinaus erleichtert die Holdingstruktur den Zugang zum Kapitalmarkt für die Tochtergesellschaften und die Umstrukturierung des Konzerns mit dem damit verbundenen Kauf und Verkauf von Sparten. In vielen Fällen sind jedoch die enormen Rechtsformkosten einer Holdingstruktur prohibitiv.

Abbildung 2.13: RWE-Holding-Struktur (Stand 2015)

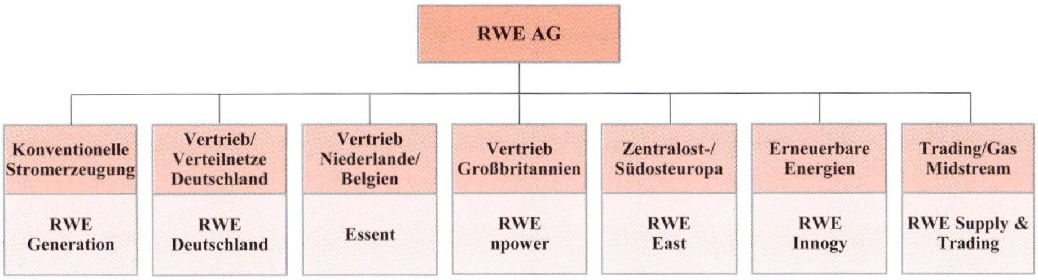

Quelle: RWE AG (Stand 04/2015); Quelle: www.rwe.com (Zugriff 09.04.2015)

Fokus 2.3

Holdingstruktur der RWE AG

Durch zahlreiche Akquisitionen wurde die RWE AG zu einem der größten deutschen Industriekonglomerate (2002: 46 Milliarden Euro Umsatz, 2,7 Milliarden Euro Ergebnis vor Steuern); seit Ende der 80er Jahre tätigte sie Akquisitionen für viele Milliarden Euro, u.a. die Deutsche Texaco, heute DEA, der Aufbau der Entsorgungssparte, die Kohlegrube Consol Energy (USA), den Feinchemikalienhersteller Vista (USA) und den Druckmaschinenhersteller Harris (USA), die britische Innogy, Heidelberger Druckmaschinen usw. Die Unterschiedlichkeit der Geschäftsfelder und der eigenständige Charakter der akquirierten Firmen legten 1990 den Aufbau einer Holdingstruktur nahe. Der konzernleitenden Management-Holding, der RWE-Aktiengesellschaft, wurden sechs Führungsgesellschaften nachgeordnet. Die Führungsgesellschaften waren rechtlich selbständige Einheiten, die durch Ergebnisabführungsverträge mit der konzernleitenden Obergesellschaft verbunden waren: Energie, Bergbau/Rohstoffe, Mineralöl/Chemie, Entsorgung, Maschinen/Anlagen-/Gerätebau/Telekom und Bau.

Mit der 1990 erfolgten Neuordnung der Konzernstruktur versprach man sich vor allem kürzere Entscheidungswege und mehr Flexibilität; den Führungsgesellschaften sollte eine marktnahe und kundenorientierte Führung ermöglicht werden. Im Vorstand der Holding waren neben dem Vorsitzenden und den Leitern der Zentralbereiche Finanzen, Personal und F&E in Doppelvorstandsschaft die Vorstandsvorsitzenden der 6 Führungsgesellschaften vertreten.

1995 erfolgte eine Revision der Führungsphilosophie, die Aufgaben wurden zwischen Holding und Führungsgesellschaften neu verteilt. Bis dahin hatten alle sechs Führungsgesellschaften ihre Strategien eigenständig entwickelt. Obwohl die Aufgaben der Holding schon 1990 als „die Vorgabe der übergreifenden Konzernziele, die Weiterentwicklung des Konzerns, die Ergebniskontrolle, der optimale Einsatz der Finanzmittel sowie die Koordinierung von Forschung und Entwicklung" definiert wurden, agierte die RWE AG de facto wie eine Finanz-Holding, d.h. sie entschied über die Realisierung und Finanzierung von Großinvestitionen, hielt sich aber bei der strategischen Steuerung der Führungsgesellschaften weitgehend zurück. Mit dieser Aufgabenverteilung war man nicht mehr zufrieden. Der neue Vorsitzende der Holding, Dietmar Kuhnt, beanspruchte für die RWE-Holding strategische Richtlinienkompetenz.

Sein erklärtes Ziel war: „Eine Stärkung der Schlagkraft des gesamten Konzerns." Zu diesem Zweck hat er dem Holdingvorstand ein Schwachstellen-Controlling angegliedert, das permanent alle 70 strategischen Geschäftsfelder des Konzerns überwachen sollte. Als Steuerungsinstrument diente nach wie vor der Return on Investment. Mittelfristiges Ziel war es, für alle Geschäftsfelder eine Gesamtkapitalrendite von 12 bis 16 Prozent vor Steuern zu erreichen. Die Mehrzahl der 70 Geschäftsfelder im Portfolio erreichte allerdings das geforderte Renditeziel nicht.

In der Zwischenzeit gab es erneute Umstrukturierungen mit dem erklärten Ziel, den Konzern zu „entmischen" und einen Multi-Utility-Konzern zu realisieren. Dazu wurden die Holdinggesellschaften (Teilkonzerne) neu zugeschnitten und vor dem Hintergrund der Multi-Utility-Strategie auf 7 Obergesellschaften reduziert: Power, Energy, Innogy, Trading, Thames Water, Umwelt, Systems.

Von 2005-2008 wurde der Konzern erneut umstrukturiert und im Sinne einer Fokusstrategie auf die Bereiche Strom und Gas konzentriert (Utility-Konzern). Wie in Abbildung 2.13 zu sehen, verfügt der Konzern derzeit über sieben Geschäftsbereiche, alles Teilkonzerne, die von einer Management-Holding verstanden als „Group Center" geführt werden. Die maßgebliche Vorsteuerungsgröße für die Teilgesellschaften ist der ROCE (Return On Capital Employed).

Quellen: Bühner (1994), S. 168 ff.; Manager Magazin 1995, Nr.11, S. 56-71; www.rwe.com, Zugriff am 03.04.2015

Wie auch immer die rechtliche Ausgestaltung ausfällt, in jedem Falle gehen bei der divisionalen Organisation durch das Prinzip der Erfolgsverantwortlichkeit weitreichende Kompetenzen an die Sparten, so dass sich die Frage der Gesamtkoordination stellt. Ein funktionstüchtiges Steuerungs- und Kontrollsystem für die Unternehmens- (Konzern-) Spitze hat sich daher von Anfang an als Voraussetzung jeder erfolgreichen Divisionalisierung erwiesen (Chandler 1992).

Um eine Gesamtsteuerung zu ermöglichen, verbleibt – wie erwähnt – in aller Regel als Minimum die Finanzierungsfunktion bei der Spitze. Auf diese Weise sollen – nach dem Muster eines internen (regulierten) Kapitalmarktes – die verfügbaren finanziellen Ressourcen eigener und fremder Herkunft nach Maßgabe von unternehmensstrategischen Zielen alloziiert werden. Um über die Entwicklung der einzelnen Geschäfte auf dem Laufenden zu bleiben und gegebenenfalls steuernd eingreifen zu können, wird darüber hinaus in den divisionalisierten Unternehmen typischerweise ein ausgefeiltes internes Berichtswesen (Controlling) etabliert, die herkömmlichen Ergebnisrechnungen reichen dafür nicht aus (vgl. auch Fokus 2.3). Bei international agierenden Unternehmen wird zusätzlich der Zweck der grenzübergreifenden Vereinheitlichung der Erfolgsmaßstäbe verfolgt.

Die Berichterstattung soll aktuell und steuerungsrelevant sein; man ist gewöhnlich bestrebt, einfache, übersichtliche aber dennoch wirksame Spartenberichtssysteme zu etablieren, dies zumal dort, wo viele Sparten (in manchen Fällen sind es mehr als 100) gebildet wurden. Das nach wie vor geläufigste Kontrollkonzept ist zweifellos der *Return on Investment* (ROI), basierend auf dem Kennzahlen-System, wie es von dem Divisionalisierungs-Pionierunternehmen DuPont de Nemours/USA in den 20er Jahren entwickelt wurde (vgl. Abbildung 2.14).

Abbildung 2.14: *Das ROI-System nach DuPont*

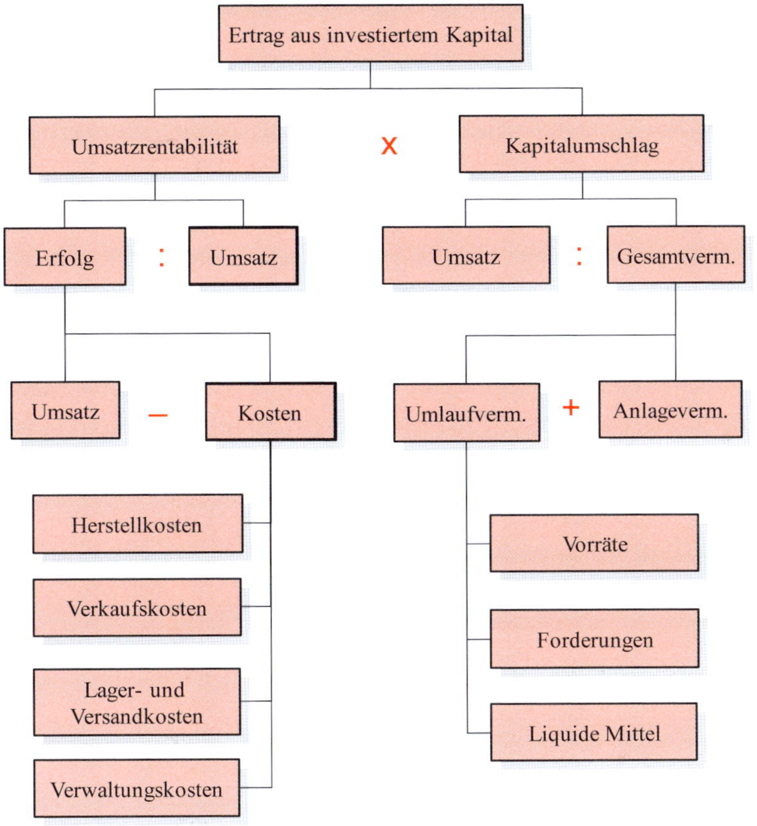

Das Konzept basiert im Wesentlichen auf einem rein formalen Soll/Ist-Vergleich; die Geschäftsleitung gibt eine Planrentabilität (ROI) für das in den Divisionen eingesetzte Kapital vor und prüft, inwieweit es der Divisionsleitung gelingt, dieses Rentabilitätsziel zu erreichen oder zu übertreffen. Ein steuernder Eingriff erfolgt nur, wenn eine negative Abweichung einer bestimmten Größenordnung überschritten wird (Management by Exception). Der ROI dient zugleich als Beurteilungsgrundlage der Divisionsleitung und ist damit Kontroll- und Motivationsinstrument zugleich.

Der ROI bringt jedoch als Steuerungskennzahl eine Reihe von strukturellen Problemen und unerwünschten Nebenwirkungen mit sich, die schon seit längerem zum Gegenstand der Diskussion wurden (vgl. Poensgen 1973; Lüder 1981). Neben dem Kernproblem, dass ein Soll/Ist-Vergleich immer nur historische Daten liefern kann, die für eine aktuelle Steuerung häufig zu spät kommen, verleitet der ROI zu eher kurzfristigem Handeln. Viel studiert und kritisiert wurden auch Maßnahmen der Divisionsleitung, die zwar den ROI steigen lassen, die aber nicht im Gesamtinteresse des Unternehmens liegen (z.B. vorzeitige Verschrottung von Anlagen oder Zurückstellung von Instandhaltungsmaßnahmen). Ein weiteres Grundproblem ist in der Fokussierung auf das Formalziel Rentabilität zu sehen, das viele Steuerungsziele, vor allem solche, die weit in die Zukunft greifen, nicht abbilden kann. Lüder (1981) schlägt deshalb vor, die ROI-Kennzahl durch ein differenzierteres Konzept zu ersetzen, das ausdrücklich nach kurzfristigen und langfristigen Wirkungen trennt. Neuerdings wird vor allem vorgeschlagen, die Kundenorientierung in die Steuerungsgröße mit aufzunehmen (vgl. dazu das Konzept der Balanced Scorecard von Kaplan/Norton 1992). Als Alternative zum ROI-Konzept wird häufig das Residualeinkommen bzw. der Restgewinn verwendet als Indikator für die absolute Höhe des erzielten Gewinns, um der spezifischen Kennzahlendynamik und -politik zu entkommen.

Erfolgsvoraussetzungen: Grundvoraussetzung für den erfolgreichen Einsatz der divisionalen Organisation ist die Teilbarkeit der geschäftlichen Aktivitäten in homogene, voneinander weitgehend unabhängige Sektoren – nur dann können die Aktivitäten so gebündelt werden, dass eine getrennte Leitung und entsprechend eine Erfolgszurechnung möglich wird. Diese Teilbarkeit gilt sowohl intern hinsichtlich einer getrennten Ressourcennutzung als auch extern hinsichtlich des Marktes und der Ressourcenbeschaffung.

Zwischen säuberlich getrennten Sparten und der Kosteneffizienz besteht jedoch häufig ein Trade-off. Die Teilung von Prozessen, Ressourcen und Märkten verursacht mehr oder weniger große Teilungsverluste. So können z.B. die nach Spartenbildung noch erreichbaren Betriebsgrößen suboptimal sein; das Mengengerüst lässt möglicherweise mindestoptimale Betriebsgrößenersparnisse unerreichbar werden, ebenso wie signifikante mögliche Stückkostensenkungen durch Lerneffekte. Die Betriebsgrößenersparnisse sind jedoch von Branche zu Branche unterschiedlich. Empirische Untersuchungen zeigen (vgl. zusammenfassend Scherer/Ross 1990), dass die Mindestbetriebsgrößen, die erforderlich sind, um mit wettbewerbsfähigen Stückkosten operieren zu können, in manchen Branchen schon bei relativ kleinen, in anderen erst bei sehr großen Produktionsvolumina erreicht werden (vgl. Fokus 2.4). In bestimmten Branchen stellt also die optimale Mindestbetriebsgröße eine kritische „Zutrittsbarriere" für die Spartenorganisation dar, und zwar in dem Sinne, dass die realisierbare Spartengröße keine Leistungserstellung zu wettbewerbsfähigen Stückkosten erlaubt.

In der Praxis wird das Problem der Unteilbarkeiten im Faktorgerüst bei Spartenorganisationen häufig – wie bereits dargelegt – auf dem Wege von internen Verrechnungspreisen zu lösen versucht, indem also eine Teilung nicht physisch, sondern nur rechnerisch hergestellt wird.

Fokus 2.4

Mindestoptimale Betriebsgröße

In jedem Geschäftsfeld bestehen mehr oder weniger große Möglichkeiten, die Stückkosten eines Gutes durch Erhöhung der Ausbringungsmengen zu senken („economies of scale"). Hohe Ausbringungsmengen bringen bisweilen im Vergleich zu mittleren Ausbringungsmengen Stückkostenersparnisse in der Größenordnung von 30-50%. Dies muss jedoch differenziert gesehen werden; empirische Studien zeigen, dass in manchen Branchen die erzielbaren Skalenersparnisse relativ rasch erschöpft sind, während in anderen Branchen hierfür hohe Ausbringungsmengen erforderlich sind (vgl. Fall B im Unterschied zu Fall A in der folgenden Abbildung). Ab diesem Punkt führt eine zusätzliche Steigerung der Ausbringungsmenge zu keiner weiteren Senkung der Stückkosten mehr („Mindestoptimale Betriebsgröße"; auch: Stückkostenplateau). Am Rande sei angemerkt, dass der hier im Anschluss an Scherer/Ross gezeigte Stückkostenverlauf signifikant abweicht von der sog. Erfahrungskurve, die eine kontinuierliche Absenkung der Stückkosten bei steigender Ausbringungsmenge unterlegt.

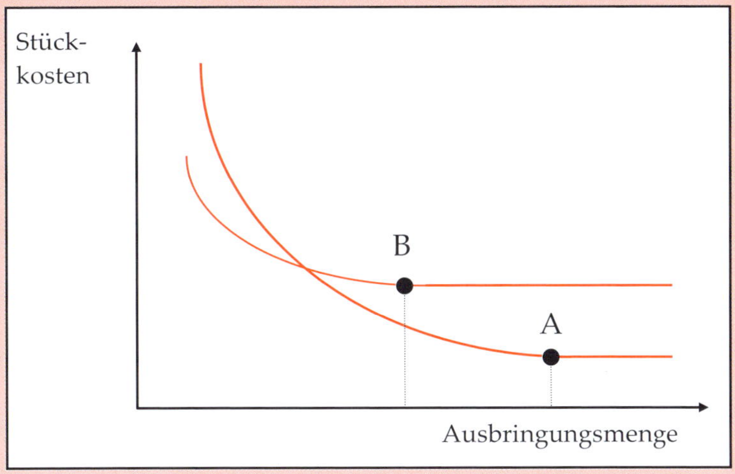

Nicht selten ist die Stückkostenkurve schon vor diesem Punkt stark abgeflacht, so dass eine Steigerung der Ausbringungsmenge zwar noch Stückkostenersparnisse, aber nicht mehr in bedeutsamer Höhe erbringt. Neben der Mindestoptimalen Betriebsgröße ist es daher ebenso wichtig, den Verlauf der langfristigen Stückkostenkurve zu kennen, um zu wissen, wie stark die Kostennachteile sind, wenn unterhalb der optimalen Ausbringungsmenge produziert wird. Wie die folgende Aufstellung zeigt, ist die Mindestoptimale Ausbringungsmenge etwa für Zement verhältnismäßig gering, eine Produktion unterhalb dieses Niveaus bringt jedoch signifikante Stückkostennachteile mit sich. Umgekehrt verhält es sich bei Kühlgeräten, die (stückkostenbedingte) Mindestoptimale Betriebsgröße ist relativ hoch, ein Produzieren unterhalb dieses Niveaus aber wenig nachteilhaft. Selbst bei einer 60% geringeren Ausbringungsmenge sind noch keine besonders bedeutsamen Kostennachteile zu verzeichnen.

Branche	Mindestoptimale Betriebsgröße	MoB in Prozent der Nachfrage (USA 1967)	Prozentualer Anstieg der Stückkosten bei 1/3 der MoB
Bier	528 Millionen Liter pro Jahr	3,4	5
Zigaretten	36 Milliarden Stück pro Jahr	6,6	2,2
Farben	38 Millionen Liter pro Jahr	1,4	4,4
Schuhe	1 Millionen Paar pro Jahr	0,2	1,5
Zement	1,2 Millionen Tonnen pro Jahr	1,7	26
Stahl	3,6 Millionen Tonnen pro Jahr	2,6	11
Kühlschränke	800.000 Stück pro Jahr	14,1	6,5

Quelle: Scherer/Ross (1990); Bartel (1990)

Vom Markt oder vom Kunden her gesehen, kann die Divisionalisierung zu Synergieverlusten (Sortimentsverbund, Gesamtvertriebslösungen usw.) und/oder zu einer Substitutionskonkurrenz zwischen den Divisionen führen („Kannibalismus"). Der aus der Trennung resultierende Synergieverlust wird dann möglicherweise zu hoch. Abbildung 2.15 zeigt mögliche Vor- und Nachteile im Überblick, wobei die aufgeführten Nachteile zumeist den Vorteilen der Funktionalorganisation entsprechen und umgekehrt.

Generell kann man sagen, dass objektorientierte Organisationsformen eine stärker ganzheitliche Perspektive verwirklichen und deshalb ihre Vorteile aus der Überschaubarkeit der Prozesse und der Ergebnisorientierung ziehen, allerdings nur auf die jeweilige Teileinheit bezogen. Verrichtungsorientierte Organisationsformen, gleichgültig auf welcher Ebene verwirklicht, stellen auf Spezialisierungsvorteile ab und auf die Vorteile homogener Handlungseinheiten. Welcher Form der Vorzug zu geben ist, kann allerdings nicht auf der Basis einer einfachen Vorteils-/Nachteilsbetrachtung oder eines bloßen Kostenvergleichs entschieden werden. Dazu ist zwingend auch eine Analyse des Problems erforderlich, das mit der organisatorischen Gestaltung in dem betreffenden System gelöst werden soll. Die Unternehmensstrategie ist dafür der maßgebliche Referenzpunkt.

Abbildung 2.15: Potenzielle Vor- und Nachteile der divisionalen Organisation

Divisionale Organisation	
Vorteile	**Nachteile**
■ Je spezifische Ausrichtung auf die relevanten Märkte (Marktorientierung) und Wettbewerbsstrategien	■ Effizienzverluste durch mangelnde Teilbarkeit von Ressourcen oder durch suboptimale Betriebsgrößen
■ Mehr Flexibilität und Schnelligkeit, weil kleinere überschaubare Einheiten	■ Vervielfachung hoher Führungspositionen
■ Zukäufe und Desinvestitionen leichter zu bewerkstelligen	■ Hoher administrativer Aufwand (Spartenerfolgsrechnung, Transferpreis-Rechnung usw.)
■ Entlastung der Gesamtführung und höhere Steuerbarkeit der Teileinheiten	■ Potenzielle Konkurrenz von Divisions- und Gesamt-Unternehmenszielen
■ Höhere Transparenz der verschiedenen Geschäftsfeldaktivitäten	■ Potenzieller Kannibalismus: Substitutionskonkurrenz zwischen den Divisionen
■ Mehr Motivation durch größere Autonomie, Identifikation und Eigenverantwortung	■ Gegentendenz zu Gesamtunternehmens-Strategien (einheitlicher Marktauftritt, Dachstrategien, usw.)
■ Exaktere Leistungsbeurteilung des Managements	■ Beschränkte Möglichkeit der Bildung von Kernkompetenzen

Struktur und Strategie: Historisch gesehen entstammt die divisionale Organisation nicht einer theoretischen Alternativkonstruktion, sondern ist in der Praxis als Antwort auf Probleme mit der Strategie der Diversifikation entwickelt worden. Für breit diversifizierte Unternehmen erwies sich die funktionale Organisation als zu schwerfällig und zu unübersichtlich. Man ging immer mehr dazu über, spartenorientierte Strukturen zu entwickeln, die viel besser auf die Heterogenität eines diversifizierten Unternehmens und die daraus resultierenden unterschiedlichen Reaktionsanforderungen ausgerichtet werden können. Den Ausgangspunkt für eine Spartengliederung bildete die Einrichtung von *Produkt-Ausschüssen* mit Mitgliedern aus den verschiedenen Funktionsbereichen (vgl. dazu die ausführliche Beschreibung der Einführung der Divisionalisierung von Chandler 1962). Generell gilt, dass die Vorteile einer Spartenorganisation umso mehr zur Geltung kommen, je diversifizierter ein Unternehmen ist.

Der Zusammenhang zwischen Diversifikationsstrategie und divisionaler Organisationsstruktur wird in der Literatur unter der allgemeinen These *„structure follows strategy"* diskutiert (Chandler 1962; Whittington/Mayer 2000). Die Grundidee ist, dass mit der Wahl einer neuen Strategie neue Anpassungserfordernisse für die Organisationsstruktur entstehen. Dabei wird davon ausgegangen, dass je spezifische Strategien eine kongruente Organisationsstruktur benötigen, um erfolgreich werden zu können.

Chandler (1962) unterscheidet vier idealtypisch aufeinander folgende *Wachstumsstrategien*:

1. Ausdehnung des Produktionsvolumens
2. Multilokale Produktion
3. Vertikale Integration
4. Produktdiversifikation.

Chandler zeigt nun, wie jede dieser Strategien besondere Koordinationsprobleme mit sich brachte, und wie man diese durch Schaffung neuer Organisationsstrukturen zu lösen versucht hat:

1. Die erste Strategie der *Volumensteigerung* führte zu einer erhöhten Koordinationskomplexität, die mit einem *Ausbau der Administration* zu bewältigen versucht wurde. Die Verwaltung trat als eigenständige organisatorische Einheit neben die Produktion.

2. Die meist durch den Zukauf anderer Firmen und Fusionen bedingte Strategie *geographischer Diffusion* der Produktion schuf mehrere Aktionseinheiten bei gleich bleibender Produktpalette; in der Regel wurden damit aber auch neue Märkte erschlossen. Organisatorisch gesehen, entstanden durch diese lokale Aufspaltung Probleme der Koordination zwischen den Werken, Probleme der Standardisierung, des Informationsflusses etc. Als Lösung entstand die *funktionale Organisation* (s.o.). Es wurden Spezialabteilungen für die wichtigsten Funktionen (Einkauf, Produktion, Verkauf, Verwaltung usw.) eingerichtet und Manager mit Spezialwissen zu deren Leitung bestellt.

3. Die nächste Stufe im historischen Wachstumsverlauf bestand häufig aus Strategien der *vertikalen Integration*. Das heißt, das aufstrebende Unternehmen blieb zwar weitgehend in demselben Geschäftsfeld, dehnte aber den Aktivitätsbereich – meist um mehr Unabhängigkeit zu gewinnen – um vor- und/oder nachgelagerte Stufen des Wertschöpfungsprozesses aus. Mangelnde Überschaubarkeit machte sich als Folgeproblem bemerkbar. Organisatorisch gesehen, ist dies die Phase, die sehr stark auf Spezialisierung und Differenzierung baut und Stäbe für Steuerungsaufgaben einrichtet.

4. Die vierte Stufe brachte schließlich einen tief greifenden Wandel durch *Produktdiversifikation*, neue Produkte und neue Märkte sollten erschlossen werden, häufig um den beginnenden Verfall des Stamm-Marktes zu kompensieren. Die Koordination der je spezifischen Marktgegebenheiten und die interne Abstimmung der dafür getroffenen Maßnahmen wurden zum herausragenden Problem. Als Antwort auf diese neuen Probleme entwickelte man die divisionale Organisation. Pioniere für diese Organisationsform waren die amerikanischen Firmen Du Pont de Nemours und General Motors.

Die Chandlersche Klassifikation wurde später von Wrigley (1970) und Rumelt (1974) verfeinert und insbesondere den heute vorfindbaren unterschiedlichen Diversifikationsstrategien angepasst. Wie Abbildung 2.16 zeigt, unterscheiden sie zwischen vier Typen.

Abbildung 2.16: Strategieklassifikation nach Wrigley und Rumelt

1. Einproduktunternehmen (*single product business*). Hauptprodukt trägt mehr als 95 % des Umsatzes (z.B. Gerolsteiner Brunnen, Audi AG).
2. Hauptproduktunternehmen (*dominant business*). Hauptprodukt trägt zwischen 70 und 95 % des Umsatzes (z.B. VW AG, Deutsche Telekom AG).
3. Unternehmen mit verwandten Produktgruppen (*related product business*). Mehr als 30 % des Umsatzes wird außerhalb der Hauptproduktlinie getätigt; die anderen Produkte sind jedoch technologisch, marktmäßig o.Ä. verwandt (z.B. Bayer AG, Novartis, Thyssen Krupp AG).
4. Unternehmen mit konglomeraten Produktgruppen (*unrelated business*). Mehr als 30 % des Umsatzes wird außerhalb der Hauptproduktlinie (sofern eine solche vorhanden ist) getätigt, die Produkte und Märkte haben untereinander nahezu keine Verbindung (z.B. Oetker-Gruppe, General Electric).

Während Typ 1 das klassische Einprodukt-Unternehmen repräsentiert, unterscheiden sich die Typen 2, 3 und 4 nach der Diversifikationsintensität. In den empirischen Untersuchungen lassen sich deutliche Zusammenhänge zwischen den unterschiedlichen Strategien und den hauptsächlich verwendeten Organisationsformen erkennen. Bei Einprodukt- wie auch bei Hauptproduktstrategien verwendeten die Firmen vorrangig die klassische *funktionale Organisation*. Die überwiegende Strukturform bei einer Diversifikation in verwandte oder unverwandte Produkte und Märkte – also bei den Strategietypen 3 und 4 – war dagegen die divisionale Organisation, wobei „Konglomerate", also Firmen vom Typ 4, ihre Divisionen zumeist in der Holdingform leiteten.

Empirische Nachfolgeuntersuchungen (vgl. zusammenfassend Whittington 2002) konnten diese Zusammenhänge zwischen Strategie und Struktur nicht in jedem einzelnen Punkt bestätigen, in vielen Fällen ließ sich jedoch zumindest der grobe Zusammenhang zwischen breiter Diversifikation und Divisionalisierung belegen, so wie es auch die ursprüngliche Chandler-These behauptete. Dies gilt allerdings nicht für Märkte mit schwachem Wettbewerb. Dort hielten Unternehmen trotz Diversifikation an der funktionalen Organisation fest.

Länderspezifische Studien lassen bezüglich der Diversifikations-Divisionalisierungs-These ebenfalls Unterschiede erkennen. In *Deutschland* z.B. zögerten viele Großunternehmen trotz breitflächiger Diversifikation lange bis sie sich entschließen konnten, auf eine divisionale Organisation umzustellen. So produzierten die Unternehmen Bayer und Hoechst schon im Jahre 1910 Pharmazeutika, Lacke und Filme, divisionalisierten sie aber erst 1965 bzw. 1970. Abbildung 2.17 zeigt die Entwicklung in den 78 größten deutschen Industrieunternehmen der Bundesrepublik von 1950-1970.

Abbildung 2.17: *Diversifikation und Divisionalisierung in der Bundesrepublik 1950-1970*

	Anteil diversifizierter Unternehmen (Typen 3, 4)	Anteil divisionalisierter Unternehmen
1950	39 %	5 %
1960	50 %	15 %
1970	56 %	50 %

Quelle: Thanheiser (1972)

Die teilweise doch beträchtlichen Diskrepanzen legen den Schluss nahe, dass zur Diversifikation noch einige zusätzliche Bedingungen hinzutreten müssen, um die Einführung einer divisionalen Organisation als angezeigt oder attraktiv erscheinen zu lassen. Auf keinen Fall wird man eine einfache Automatik annehmen dürfen, derart, dass aufgrund von Zwängen, die in der Natur der Sache zu suchen sind, auf Diversifikationsstrategien prompt die Divisionalisierung folgt.

Nach dem Grund befragt, weshalb sie divisionalisiert hätten, verwiesen viele Unternehmen auf ihren Unternehmensberater sowie auf diesbezügliche Reorganisationsinitiativen anderer befreundeter oder konkurrierender Unternehmen. Rumelt (1974) verweist daher auf aktuelle Trends als wichtige Determinante von Organisationsstrukturen (sowie von Strategien) und resümiert bissig: *„structure follows fashion"*.

Die zuletzt genannten Aspekte sowie die Ergebnisse anderer Studien zur Strategieformulierung und -implementation gaben Veranlassung, das Verhältnis von Struktur und Strategie nicht mehr länger im Sinne eines Ursache/Wirkungs-Zusammenhangs zu sehen, sondern wieder sehr viel stärker im Sinne einer Aufgabenstrukturierung, für die verschiedene Gestaltungsalternativen zur Verfügung stehen. Darüber hinaus wurde aber das Verhältnis von Strategie und Struktur grundsätzlich neu überdacht, was zu einer provokativen *Umkehrung* der Chandler-These führte: *„Strategie folgt Struktur"*. Damit soll auf die organisatorische Bedingtheit der Strategieformulierung und auf die Einsicht hingewiesen werden, dass die Art der Organisationsstruktur einen erheblichen Einfluss auf das Ergebnis von Entscheidungsprozessen und damit auch auf Strategiebildungen hat (vgl. dazu genauer Kapitel 4).

2.2.3.3 Organisatorische Teilung des Entscheidungsprozesses

Eine Arbeitsteilung anderer Art orientiert sich am Entscheidungsprozess und untergliedert in Entscheidungsvorbereitung und Entscheidung. Die zugrunde liegende Idee ist, die entscheidungsvorbereitenden Tätigkeiten aus dem Aufgabenspektrum von Instanzen auszugliedern und zu eigenen Stellen zusammenzufassen; man nennt sie *Stabsstellen* oder Stäbe (vgl. Abbildung 2.18).

Abbildung 2.18: Beispiel für Stab-Linie-Organisation

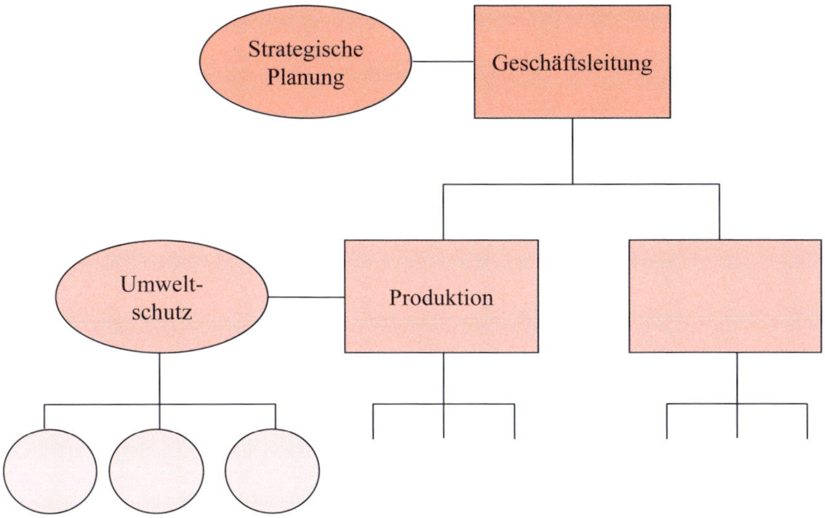

Hauptziel ist es, bestimmten Instanzen Spezialisten als Berater zur Seite zu stellen, um neuere wissenschaftliche Erkenntnisse und systematische Methoden der Problemlösung für die Verbesserung der Entscheidungen einsetzbar zu machen, ohne dabei die Instanz zusätzlich zu belasten (zur Historie vgl. Fokus 2.5).

Fokus 2.5

Zur Geschichte der Stab-Linie-Organisation

Der Ursprung der Stabsidee lässt sich weit in der Geschichte zurückverfolgen. Als erste Organisation institutionalisierte wohl die katholische Kirche das Stab-Linie-Konzept. Die zentral von Rom aus operierende Kirchenverwaltung wurde durch zwei Stabseinheiten – das Heilige Kollegium und die Römische Kurie – ergänzt, die dem Papst als Helfer und Berater in Spezialfragen zur Verfügung stehen.

Weitere Verbreitung und herausragende Bedeutung erlangte die Stabs-Idee im militärischen Bereich. Die schwedische Armee kannte zur Zeit des 30jährigen Krieges Hauptquartiere, in denen Spezialisten – die Vorläufer der Stabsoffiziere – als Quartiermeister, Wundärzte und Aufklärungsoffiziere zusammengefasst waren. Besonders der Generalquartiermeister, dem die Auswahl der Lagerplätze oblag – dies erforderte eine genaue Geländeerkundung und eine gute strategische Vorstellungskraft – wurde aufgrund seines Überblicks bald zum gesuchten Berater des Truppenführers. Mit dem Aufkommen der Massenheere ergab sich zunehmend die Notwendigkeit einer systematischen Durchdringung der Führungsfunktionen. Intuitives Geschick trat zugunsten der analytischen Erfassung der Situation zurück. Die Idee des Generalstabes wurde entwickelt.

Neben die militärische Linienorganisation traten Funktionsträger ohne Befehlsgewalt, die die militärische Führung in Personal-, Organisations- und technischen Fragen beraten sollen. Waren anfangs die Stabsoffiziere direkt dem kommandierenden General zur Beratung und Information beigeordnet, so wurden aufgrund der zunehmenden Belastung der Kommandeure alle Generalstabsoffiziere dem „Chef des Generalstabes" unterstellt; dieser war erster Berater des obersten Befehlshabers.

In der Wirtschaft wurden Stäbe erst mit Beginn des 20. Jahrhunderts eingeführt. In den USA waren es zuerst die Eisenbahngesellschaften, die das Stabsprinzip übernahmen. Sie benötigten mathematisch ausgebildete Spezialisten, um den Einsatz der Züge mit dem Passagier- und Frachtaufkommen besser zu koordinieren. Der Erfolg in den Eisenbahngesellschaften ließ dann die Stab-Linie-Organisation Schritt für Schritt zum festen Bestand in vergleichbaren Betrieben werden. Nach dem Ersten Weltkrieg setzte sich im Zuge wachsender Betriebsgrößen das Stabsprinzip in breitem Umfange durch.

Die verschiedenen historischen Einsatzformen zeigen, dass die Stabsidee jeweils aufs Engste mit dem Spezialistentum verknüpft war; Expertenwissen und wissenschaftliche Erkenntnisse sollten durch sie Eingang in die Organisation finden und zugleich die Instanzen entlasten.

Quelle: Müller/Schreyögg (1982)

Durch die Teilung des Entscheidungsprozesses soll seine Problemlösungskapazität ausgedehnt werden, ohne an der Grundstruktur etwas zu verändern. Die systematische Entscheidungsvorbereitung obliegt den Spezialisten, also dem Stab; die Entscheidung selbst und damit die letzte Entscheidungsverantwortung verbleibt bei der Instanz (vgl. Abbildung 2.19). Es gilt das alte militärische Prinzip: „Stab ist Dienst und nicht Kommando" (Höhn 1961). Anders ausgedrückt, Stäbe stellen also eine Art interne Beratung dar und sind deshalb in der Art ihrer Tätigkeit externen Beratern vergleichbar (vgl. hierzu Theuvsen 1994); sie werfen somit im Grundsatz auch fortlaufend die Frage nach „Make or buy" auf.

Abbildung 2.19: *Stab und Linie im Entscheidungsprozess*

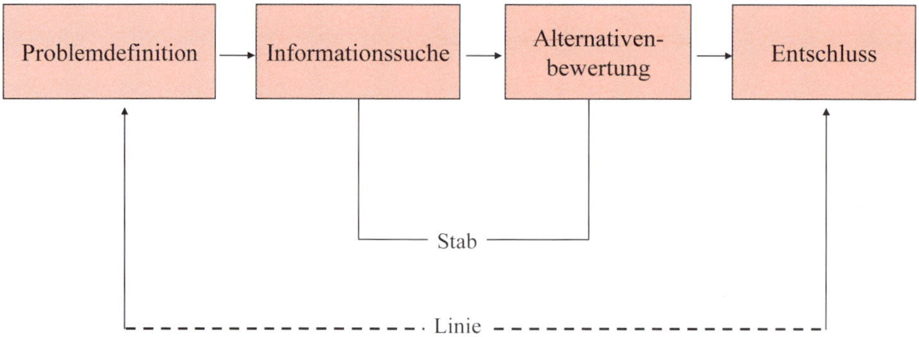

Die Beratungstätigkeit des Stabes kann unterschiedlich intensiv ausgelegt sein. Bisweilen werden Stäbe nur zur Sammlung von Informationen und zur Gewinnung abstrakter Problemlösungsverfahren (z.B. Planungsmethoden) eingesetzt. Meist aber umfasst ihre Tätigkeit auch das Generieren und Selektieren von Alternativen, so dass die „Instanz" nur noch die Wahl unter den verschiedenen Alternativen trifft. Bei der sog. *vollständigen Stabsarbeit* bearbeitet der Stab das Problem bis zur Entscheidungsreife, die Instanz trifft dann nur noch eine Ja/Nein-Entscheidung. Dadurch, dass die Stabsstellen nur „mitdenken", nicht aber anordnen sollen, bleiben die traditionellen Prinzipien der Leitungshierarchie – zumindest formal gesehen – uneingeschränkt in Kraft. Bisweilen ist die Stabsaufgabe so umfangreich, dass die Stäbe in sich hierarchisch gegliedert werden. In diesen Fällen haben die Leitungskräfte dann doch innerhalb der Stabseinheit Anweisungsbefugnis, das ändert aber am prinzipiellen Charakter des Stabs als Beratungseinheit nichts.

Stäbe werden in der Praxis für vielfältige Funktionen gebildet; typische Stabsaufgaben umfassen: Strategische Planung, Public Relations, die Rechtsabteilung oder die volkswirtschaftliche Abteilung in Banken. Daneben werden Stäbe aber auch zur quantitativen Entlastung, als „verlängerter Arm" von Vorgesetzten eingesetzt; Kosiol (1976, S. 139) nennt sie „generalisierte Stabsstellen. Nachdem hier keine feste Teilung des Entscheidungsprozesses verabredet wird, handelt es sich jedoch nicht eigentlich um Stabs-, sondern eher um Hilfsstellen; sie deuten meist auf eine Überlastung der betreffenden Instanzen und damit letztlich auf eine Fehlorganisation hin.

Von Stabsstellen zu unterscheiden sind – wie oben dargelegt – allgemeine *Dienstleistungsabteilungen*, wie z.B. der Personalbereich, das Controlling, das Rechnungswesen oder die Organisationsabteilung. Es sind dies organisatorische Einheiten, die nicht für die Entscheidungsvorbereitung einer Instanz vorgesehen sind, sondern eine Dienstleistung für alle Abteilungen eines Unternehmens oder einen Geschäftsbereich anbieten („indirekte" Aufgabe). In Spartenorganisationen werden diese Abteilungen, wenn sie spartenübergreifend ausgelegt, also ausgegliedert und zentralisiert, sind – wie oben bereits dargelegt – *Zentralbereiche* genannt. Dabei kann die Trennungslinie zur Stabslösung nicht immer eindeutig gezogen werden, weil sich in der Praxis eine Reihe von Mischformen entwickelt hat (zu den verschiedenen Ausprägungen von Zentralbereichen in der Praxis vgl. die Typologie von Frese/v. Werder 1993, S. 39 ff.).

Zentralressorts, wie auch Stäbe, verfügen häufig über eine „funktionale Autorität", d.h. sie haben eng umschriebene Weisungsbefugnisse (und nicht generelle Weisungsbefugnisse wie die klassischen Instanzen). So hat das Zentralressort Controlling in der Regel Richtlinienkompetenz, d.h. es kann Weisungen geben, in welcher Form Informationen für das Controlling zu sammeln und aufzubereiten sind; ferner steht ihm auch das Recht zu, die Abgabe dieser Informationen (z.B. Quartalsberichte) einzufordern.

Die *Zusammenarbeit* von Stab und Linie hat sich in der Praxis als sehr *konfliktreich* erwiesen. Untersuchungen haben ergeben, dass ein Teil der Konflikte durch personelle Faktoren verursacht wird; so z.B. durch Unterschiede im Erfahrungshorizont, im Sozialverhalten, in Ausbildung, Sprachgewohnheiten und Fachsprachen (Dalton 1959). Als besonders problematisch erwies sich die häufig mangelnde praktische Erfahrung der Stabsmitglieder. Sie haben ihr Metier nicht „von der Pike auf gelernt", sondern sind erst nach dem Abschluss ihrer – meist akademischen – Ausbildung in die Organisation eingetreten. Dieses Erfahrungsdefizit dient der Linie oft als Argument, um die Vorschläge der „praxisfremden" Stäbe abzublocken oder gar der Lächerlichkeit preiszugeben.

Ein weiterer Konfliktherd liegt in der latenten *Bedrohung*, der sich Generalisten häufig durch Spezialisten ausgesetzt sehen. Stäbe werden eingesetzt, wenn das in den Linieninstanzen vorhandene Wissen nicht mehr ausreicht, die immer komplexer werdenden Entscheidungssituationen befriedigend zu lösen. Aus dem Tätigkeitsbereich des Linienmanagements werden also, genau genommen, zunehmend Aufgaben ausgesondert und auf Spezialisten übertragen. Durch die Anwendung von neuen Methoden und Techniken fungieren die Stäbe de facto als Kritiker und Reformer. Vorschläge der Stäbe werden deshalb tendenziell als Bedrohung empfunden. Lange Zeit bewährte, vielleicht vom Linienmanagement selbst eingeführte Verfahrensweisen werden in Frage gestellt und sollen durch neue ersetzt werden. Der erreichte Status erscheint plötzlich bedroht. Statt der gewünschten Erweiterung der Problemlösungskapazität stellt sich nicht selten ein Abwehrkampf ein mit dem Ziel, die unterbreiteten Reformvorschläge zu desavouieren (Müller/Schreyögg 1982).

Neben dieser prekären interaktiven Dynamik ist als weitere wesentliche Konfliktursache die *Struktur der Beratungstätigkeit* an sich zu sehen (Irle 1971). Durch die Aufteilung des Entscheidungsprozesses entsteht die Gefahr, dass die Stäbe bestimmte Informationsquellen beherrschen und dadurch entgegen der formellen Regelung (informationelle) Macht über die Linie und die Entscheidungen gewinnen. Die Linie ist meist nicht in der Lage, weder von ihrem Zeitbudget, noch von ihren Vorkenntnissen her, den Informationsbeschaffungsprozess der Stäbe im Einzelnen nachzuvollziehen; sie kann nicht überprüfen, ob die richtigen und vollständigen Informationen in die Formulierung der Alternativen eingeflossen sind oder ob die Stäbe eine manipulative Auswahl getroffen haben. Je spezieller die Fachinformationen sind, desto stärker wird die Abhängigkeit der Linie; denn Informationen, die zum Beispiel als chemische Formeln oder in komplizierten Statistiken vorliegen, müssen erst in die Alltagssprache der Linie „übersetzt" werden, wobei diese der Richtigkeit der Transformation vertrauen müssen. Das Problem ist struktureller Natur, denn hätten die Instanzen die Zeit und das Vermögen, den ganzen Informationsverarbeitungsprozess im Einzelnen nachzuvollziehen, erübrigte sich die Einrichtung von Stäben.

Wenn von den Stäben „vollständige Stabsarbeit" verlangt wird, beschränkt sich der Entscheidungsspielraum der Linie auf eine Ja/Nein-Entscheidung, dann sind die Einflussmöglichkeiten der Stäbe am größten. In vielen Fällen wird man davon ausgehen können, dass sie die Entscheidungen der Linie in diesen Fällen de facto *dominieren*. Die Abhängigkeit der Linie bzw. der Einfluss des Stabes bei der Beschlussfassung überträgt sich auch auf die nachfolgenden Phasen der Realisierung und Kontrolle in solchen Fällen, in denen zur laufenden Kontrolle der Ausführung sowie zur Kontrolle der Arbeitsergebnisse wiederum Expertenwissen erforderlich ist.

Der strukturell in der Beratungstätigkeit angelegte, von der formalen Organisationsstruktur her aber illegitime Einfluss der Stäbe auf die Entscheidung der Linie trägt zudem eine Dynamik in sich, die eine zunehmende Verstärkung der Expertenmacht bewirkt (generell zum Verhältnis formaler und informaler Ordnungen in Organisationen vgl. Kapitel 5). Durch die intensive Beschäftigung mit den zugewiesenen Entscheidungsproblemen erlangen die Stäbe zugleich auch eine höhere Kompetenz, so dass die Linie bei den nächsten Entscheidungen noch stärker auf die Stäbe angewiesen ist als bisher. Allerdings ist darauf hinzuweisen, dass die eben geschilderte Dynamik in der Zusammenarbeit von Stab und Linie keineswegs in jedem Fall auftritt. Gegen eine solche pauschale Generalisierung sprechen allein schon jene gut bekannten Fallbeschreibungen, die umgekehrt von völlig einflusslosen Stäben berichten (z.B. Volkswirtschaftliche Stäbe oder der psychologische Dienst in einigen Großunternehmen).

In der Literatur finden sich viele Vorschläge, die darauf abstellen, die Zusammenarbeit von Spezialisten und Linienmanagern unter Beibehaltung des Stab-Linie-Prinzips zu harmonisieren. Dazu gehören eine gezielte Bewerberauswahl und eine Job-Rotation, mit deren Hilfe die Distanz zwischen Linie und Stab zugunsten einer gemeinsamen Orientierung abgebaut werden soll. Wie auch immer ausgelegt, solche Maßnahmen können jedoch nur eine Milderung, nicht aber eine Lösung des Konflikts herbeiführen. Der Konflikt liegt in der Art der Arbeitsteilung begründet und reproduziert sich deshalb immer wieder von neuem. Trotz dieser offensichtlichen und auch seit langem bekannten Probleme wird in der Praxis dennoch an dieser Form der Arbeitsorganisation festgehalten, hauptsächlich wohl deshalb, weil das Stabsprinzip eine äußerst einfache Ergänzung bestehender Strukturlösungen erlaubt. Neu auftretende Probleme, wie z.B. die ökologische Fragestellung oder soziale Diskriminierung ebenso wie neu entwickelte Problemlösungsansätze, wie z.B. kontinuierliche Verbesserung oder Wissensmanagement, für die im bestehenden Kerngefüge kein rechter Platz ist, lassen sich als Stäbe ohne größeren Aufwand quasi wie ein Rucksack an bestehende Instanzen anhängen. Diese einfache und schnelle Lösung erweist sich jedoch spätestens dann, wenn der zu behandelnden Aufgabe eine immer höhere Bedeutung zuwächst, als unentschiedener Kompromiss, der obendrein von dem unweigerlichen Stab-Linie-Konflikt überlagert wird.

Andere Modelle suchen deshalb nach alternativen Wegen der Zusammenarbeit von Spezialisten und Generalisten, die jenseits der Stabslösung liegen. Die meisten davon sind teamorientierte Ansätze (z.B. Golembiewski 1967; Tjosvold 1991), die die Trennung von Entscheidungsvorbereitung und Entschluss auflösen und eine gemeinsame Entscheidungsfindung und -verantwortung in den Vordergrund rücken. Nachdem diese Modelle jedoch weniger die Arbeitsteilung behandeln – sie setzen sie vielmehr voraus –, als vielmehr die Arbeitsvereinigung, werden diese Modelle auch nachfolgend unter dem allgemeinen Stichwort Integration behandelt.

2.3 Organisatorische Integration

Arbeitsteilung erzeugt Komplexität: Es wird eine Vielzahl von organisatorischen Teileinheiten geschaffen, sei es als Stelle oder als Abteilung, die sich zunächst einmal auf das ihr zugewiesene Teilgebiet konzentrieren. Aus der Perspektive der Gesamtaufgabe stellt jedoch die Bildung von spezialisierten Stellen und Abteilungen jeweils *Unterbrechungen* des gesamten Leistungsflusses dar. Die Aufgabenteile werden von verschiedenen Personen, an verschiedenen Orten, zu unterschiedlichen Zeiten erledigt, und dies wirft zwangsläufig das Problem auf, alle diese separat erledigten Teile wieder zusammenzuführen, so dass eine geschlossene Leistungseinheit entstehen kann. Dies ist die Aufgabe der *organisatorischen Integration*. Bisweilen spricht man hier auch von „Koordination“, nachdem dies aber ein etwas unscharfer Begriff ist, der auch ganz generell für Führung verwendet wird, ziehen wir den eindeutigeren Begriff „Integration“ vor. Es ist leicht einzusehen, dass die *Integration* umso schwieriger gerät, je weiter und tiefer die Arbeitsteilung gewählt wird. Von ihrer Logik her handelt es sich um *widersprüchliche* Zielsetzungen, wofür grundsätzlich nur eine mehr oder weniger befriedigende Kompromisslösung, kaum aber eine Optimallösung gefunden werden kann.

Je mehr Spezialaufgaben oder Spezialobjekte ausgegliedert und eigenen Stellen und/oder Abteilungen zugewiesen werden, desto mehr Probleme entstehen zwischen diesen und für das System, diese wieder untereinander anzuschließen. Wird die Differenzierung zu weit vorangetrieben, gerät die Integration zum nahezu unlösbaren Problem; das System kann die zentrifugalen Kräfte, die es auslöst, nicht mehr auffangen und droht auseinander zu fallen. Schon aus dieser Überlegung folgt, dass die Gestaltung der organisatorischen Arbeitsteilung kein bloßes Ordnungsproblem ist – die Darstellung in Organigrammen verführt zu dieser Fehldeutung –, sondern sie ruft unweigerlich Antinomien durch Schaffung von Differenzen hervor, die von dem System selbst wieder klein zu arbeiten sind. Die Organisationsgestaltung stellt sich deshalb als Doppelaufgabe dar, die Bearbeitung eines inhärenten Widerspruchs, ohne Hoffnung, den Widerspruch auflösen zu können.

In Anbetracht der schon weit vorangetriebenen Spezialisierung nimmt es nicht weiter Wunder, dass das große Organisationsthema in den heutigen komplexen Großunternehmen nicht mehr so sehr die Arbeitsteilung, sondern die Integration geworden ist. Einer der jüngeren Belege für diese These ist das starke Interesse der Praxis an der Prozessorganisation, die eine radikale Reduzierung der Schnittstellen bewirken will (vgl. ausführlicher unten 2.3.6). Generell ist zu sagen, dass das Problem der Zusammenführung der verschiedenen Aufgabenteile nicht nur ein *mechanisches* Problem des Zusammenfügens bedeutet, sondern dass dies auch ganz wesentlich eine Frage auseinanderdriftender Orientierungen der Stelleninhaber und Abteilungen bzw. der Sicherung ihrer Anschlussfähigkeit ist.

Es wurde lange Zeit übersehen, dass Arbeitsteilung und Spezialisierung auch weitreichende unbeabsichtigte Folgen für das Verhalten der Organisationsmitglieder haben. Die separierten Einheiten haben spezielle Aufgaben und Ziele vor Augen, identifizieren sich mit ihrer segmentierten *Spezialwelt*. Es werden Personen mit unterschiedlicher Ausbildung für diese Abteilungen rekrutiert, spezifische Erfahrungen (z.B. Vertrieb versus Buchhaltung) prägen ihren Horizont. Als Folge entwickeln sich aufgabenspezifische Denkgewohnheiten und unbewusste Wahrnehmungsfilter (vgl. Dearborn/Simon 1958; Hodgkinson/Johnson 1994), die sich auch in unterschiedlichen (aufgabentypischen) „kognitiven Karten“ der Organisationsmitglieder niederschlagen (vgl. Ambrosini/Bowman 2002; Lehner 1996). In Verbindung mit den konkreten Segmentzielen (z.B. Umsatzziele, Produktivitätsziele, Entwicklungszeitziele) können diese unterschiedlichen Denk- und Verhaltensmuster zur Errichtung unsichtbarer Barrieren zwischen den Abteilungen führen.

In den täglichen Arbeitsvollzügen tauchen diese arbeitsteilungsbedingten Verhaltensschranken oder „Abbrüche“ häufig als *Konflikte* auf. Folgendes Beispiel mag dies illustrieren:

> *Eine Vertriebsbeauftragte freut sich über einen Kaufabschluss. Dies ist ihr nur gelungen, weil sie dem Kunden eine in ihren Augen nicht so wichtige Sonderausrüstung zusagt hat. Der Produktionsleiter ärgert sich über diesen Abschluss, weil er seinem Kostensenkungsprogramm zuwiderläuft; sein Ziel lautet, die Herstellungskosten um 5% zu senken. Dies will er durch eine forcierte Produktstandardisierung erreichen. Die Forschung & Entwicklungs-Abteilung ist ebenfalls wenig begeistert von dem Abschluss, nimmt doch diese einmalige Sonderausstattung in Teilen Besonderheiten vorweg, die der neuen Modellbaureihe vorbehalten bleiben sollte. Für die Vertriebsbeauftragte sind die Einwände nur schwer verstehbar, denn sie hatte schwer zu kämpfen, um den Auftrag überhaupt zu erhalten. Die Kundin hatte fortwährend auf attraktive Konkurrenzangebote verwiesen.*

Als weiteres Konfliktfeld bringt die Differenzierung tendenziell eine *Kommunikationsverdünnung* mit sich. Mit wachsender Größe stellt sich zunehmend die Tendenz ein, nur noch innerhalb des eigenen überschaubaren Bereiches Informationen auszutauschen. Die Abteilungen kapseln sich zunehmend nach „außen“ (gemeint sind Abteilungen mit anderen Aufgaben) ab und differenzieren sich nach innen. Es werden neue Abteilungen gegründet, spezialisierte Unterabteilungen, wie z.B. Debitoren-, Kreditoren-, Lagerbuchhaltung oder Spezialabteilungen wie Operations Research, Marktforschung und Personalentwicklung. Mit dieser Binnendifferenzierung geht eine Einengung des Blickwinkels und Aktionsfeldes einher, mit der Folge, dass Spezialsprachen und Methoden entwickelt werden, die den Informationsaustausch zwischen den Abteilungen schwieriger machen und schließlich zu einer Verdünnung der Kommunikation führen (vgl. dazu auch das Phänomen der Subkulturen unten in Kapitel 5). Nicht selten bestehen mehr Kontakte zu den entsprechenden Spezialisten in anderen Organisationen als zu den Mitgliedern anderer Abteilungen der eigenen Organisation. Die Kommunikationsverdünnung führt zu Konflikten, Stereotypisierungen, Grabenkämpfen usw., wenn ihr nicht mit effektiven Integrationsmaßnahmen begegnet wird.

Grundsätzlich stehen der Organisationsgestaltung zur Bewältigung des Integrationsproblems drei Ansatzpunkte zur Verfügung: die vertikale, die horizontale und die laterale Verknüpfung. Die vertikale Verknüpfung als klassischer Weg der Organisationslehre geschieht auf dem Wege der Hierarchiebildung und zu ihrer Entlastung oder Ergänzung eine Abstimmung durch Programme und Pläne. Die horizontale Verknüpfung wird durch verschiedene Formen der Selbstabstimmung institutionalisiert. Die laterale Verknüpfung spiegelt sich in Vorschlägen zur Ausgestaltung einer internen Netzwerkorganisation wieder. Darüber hinaus gibt es aber auch nicht-organisatorische Integrationsformen, also Integrationsansätze, die nicht auf der Basis formaler Regeln arbeiten. Diese werden kurz im abschließenden Abschnitt 2.3.5 dargestellt.

2.3.1 Abstimmung durch Hierarchie

Das klassische Integrations- und Koordinationsinstrument ist die *Hierarchie*. Sie schafft in einem System abgestufter Zuständigkeit institutionelle Vorsorge für die Sicherstellung der Integration. Jede Stelle wird rangmäßig zugeordnet, so dass ein eindeutig gestaffeltes System von Über- und Unterordnung entsteht. Im Hinblick auf die Integration sollen die Instanzen die Abbrüche wieder verklammern. Für jede auftauchende Abstimmungsschwierigkeit – sei es innerhalb einer Abteilung oder auch zwischen Abteilungen – ist eine formale Lösungsprozedur vorgesehen: Der jeweils untergeordnete Mitarbeiter bzw. die untergeordnete Abteilung reicht das Abstimmungsproblem nach „oben" weiter, und zwar solange, bis eine Instanz gefunden ist, die die zu koordinierenden Mitarbeiter oder Bereiche gemeinsam umspannt, und die die Kompetenz hat, die fraglichen Abstimmungsfragen durch Anweisung zu lösen. Nachdem Hierarchien pyramidal aufgebaut sind, gibt es *in jedem Falle* eine Instanz, die für die Abstimmung zuständig ist; in letzter Konsequenz ist dies die oberste Instanz. Mit diesem System der aufsteigenden Regelungskompetenz verbindet sich auch die Vorstellung, dass mit steigender Höhe auch die fachliche Breite zunimmt, so dass die vorgetragenen Abstimmungsschwierigkeiten verstanden und sachgerecht gelöst werden können.

Die Integration durch Hierarchie hat, was die Art der Abstimmungsregelung anbetrifft, ein Doppelgesicht. Einerseits trifft sie in Form der generellen Regelung Vorsorge für die Zuständigkeit bei Abstimmungsproblemen, andererseits vertraut sie auf die individuelle Anweisung durch den Vorgesetzten als Regelungsmodus, also auf die fallweise Regelung. Mit anderen Worten, die Hierarchie regelt die Zuständigkeit für die Abstimmung vor, nicht aber den Inhalt und den sachlichen Bezug.

Die Funktionsweise der hierarchischen Abstimmung sei an einem einfachen Beispiel aufgezeigt:

Arbeiter A hat seinen Arbeitsgang an einem Werkstück X beendet; der Vorgesetzte fordert Arbeiter B auf, nunmehr mit seiner Bearbeitung des Werkstückes X zu beginnen. Oder: in der Produktentwicklung ist ein neuer Prototyp erstellt; der Geschäftsführer weist den Fertigungsleiter an, er möge den Werkzeugbau veranlassen, mit der Konstruktion der Werkzeuge für die Serienfertigung zu beginnen.

Nachdem sich Abstimmungsprobleme in vielen Fällen als *Konflikt* äußern, wird die Einrichtung von Instanzen auch als Instrument zur Konfliktlösung und zur Konfliktbegrenzung betrachtet. Mit der Einrichtung eines Instanzenzuges wird festgelegt, wer endgültig über Streitfragen entscheidet und meist auch, was überhaupt offizielle Streitfrage werden darf. Nicht jedes Abstimmungsproblem, das eine Instanz vorgelegt bekommt, wird von ihr als solches akzeptiert.

Um ein lückenloses Zuständigkeitssystem für Abstimmungsprobleme zu gewährleisten, muss eine Hierarchie transitiv geordnet sein. Maßgeblicher Garant hierfür ist das sog. *Einlinienprinzip*, dem das Prinzip der Einheit der Auftragserteilung zugrunde liegt, wonach ein Mitarbeiter nur einen direkt weisungsbefugten Vorgesetzten haben soll („one man, one boss"). Dies gilt nicht umgekehrt, eine Instanz ist gewöhnlich mehreren untergeordneten Stellen gegenüber weisungsbefugt (vgl. die schematische Darstellung in Abbildung 2.20). Das hierarchische Einliniensystem definiert jede Stelle in dem Gesamtgefüge und ihr Rang wird eindeutig geklärt.

Abbildung 2.20: *Strukturtyp der Einlinienorganisation*

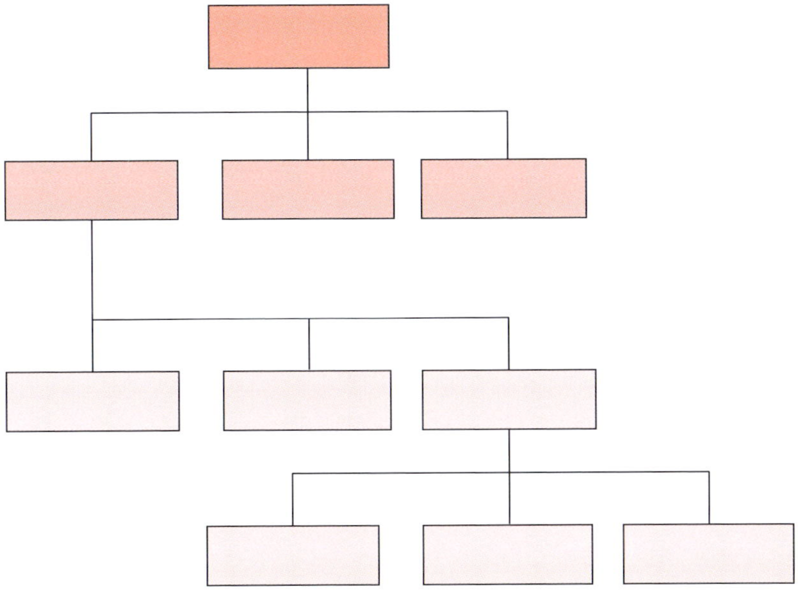

Abbildung 2.21: *Strukturtyp des Mehrliniensystems*

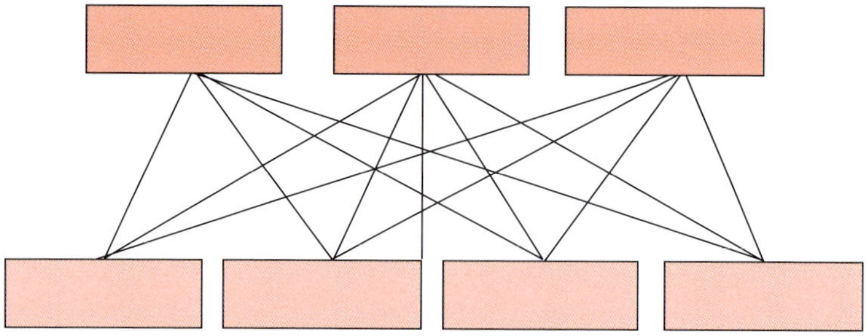

Diesem Strukturtyp steht als Gegentyp das *Mehrliniensystem* gegenüber. Dieses zwar ebenfalls hierarchisch gedachte System baut jedoch auf dem Spezialisierungsprinzip auf und verteilt die Koordinationsaufgabe auf mehrere spezialisierte Instanzen mit der Folge, dass eine Stelle mehreren weisungsbefugten Instanzen untersteht, d.h. ein Mitarbeiter berichtet mehreren Vorgesetzten (vgl. Abbildung 2.21). Die Idee des Mehrlinienprinzips fand eine besonders prägnante Ausformulierung im sog. *Funktionsmeistersystem* von F.W. Taylor (vgl. Abschnitt 7.1.3). Dabei sollen durch Funktionsspezialisierung – ähnlich wie bei den Ausführungsstellen – Übungsvorteile und eine Verkürzung der Anlernzeiten erreicht werden. Taylor schlug je nach Aufgabenkomplexität eine Aufgliederung der Meistertätigkeit in bis zu acht verschiedene Funktionsmeisterstellen vor, z.B. Geschwindigkeitsmeister, Instandhaltungsmeister oder Arbeitsverteiler.

Die Vorstellung, die Hierarchie nach dem Mehrliniensystem aufzubauen, hat lange Zeit in der Praxis wegen der damit verbundenen Gefahr der Inkonsistenz wenig Anklang gefunden. Die Eindeutigkeit der Kompetenz für Abstimmungsprobleme geht ja verloren, es gibt kein in sich geschlossenes Gefüge mehr, die Integration ist nicht abschließend geregelt. Erst in neuerer Zeit finden sich breiter akzeptierte Modelle, die auf einem Mehrliniensystem basieren (vgl. dazu unten Abschnitt 2.3.3).

Neben dem Strukturtyp des Liniensystems ist beim Aufbau einer Hierarchie zum Zweiten über die notwendige *Anzahl der Leitungsebenen* zu entscheiden. Hierzu bestehen in der Organisationsliteratur recht unterschiedliche Auffassungen. Ausgangspunkt der Überlegungen ist die Entscheidung über die Größe der *Kontrollspanne*. Unter Kontrollspanne versteht man die Zahl der Mitarbeiter, die einer Instanz direkt unterstellt sind. In der klassischen Organisationslehre war die Bestimmung der optimalen Kontrollspanne eines der großen Themen (u.a. Schmalenbach 1959; Ulrich 1961). Man ging von einer starken Anleitungs- und Kontrollbedürftigkeit der Mitarbeiter aus und empfahl daher, die Kontrollspanne verhältnismäßig klein zu halten (vgl. van Fleet/Bedeian 1977, Davison 2003).

Der wohl erste Versuch, die Optimierung der Kontrollspanne nicht nur auf der Basis von Alltagserfahrungen abzuhandeln, sondern einer gründlicheren Analyse zu unterziehen, wurde von dem Franzosen V.A. Graicunas (1937) unternommen. Er geht davon aus, dass die Zahl der (maximal möglichen) Beziehungen zwischen Vorgesetzten und Untergebenen der ausschlaggebende Faktor für die Dimensionierung der Kontrollspanne sei, und macht darauf aufmerksam, dass mit jedem zusätzlichen Mitarbeiter das zu bewältigende Interaktionsvolumen des Vorgesetzten überproportional wachse.

Die als optimal betrachteten Spannen schwanken zwischen 3 und 10 mit dem Durchschnitt bei 6 Mitarbeitern. Später hat man die Art der Aufgabe stärker mitberücksichtigt und Spannen bis zu 80 Mitarbeitern in Betracht gezogen. Heute wird das Problem nicht mehr als isoliertes Optimierungsproblem bearbeitet.

Bezogen auf den Hierarchieaufbau ist die Dimensionierung der Kontrollspanne logisch mit der Gliederungstiefe der Stellenhierarchie (Leitungstiefe) verknüpft; ausgehend von einer gegebenen Beschäftigtenzahl gilt die Beziehung: Je kleiner die Kontrollspanne, umso mehr Ebenen weist die Hierarchie auf und umgekehrt.

Zur Messung der Hierarchiekonfiguration schlagen Blau/Scott (1962, S. 168 f.) eine Kennzahl vor, die einen Vergleich zwischen Organisationen unabhängig von ihrer Größe ermöglicht:

$$S = \sqrt[L]{N}$$

Der Konfigurations-Index (S) ergibt sich danach aus der Zahl der Hierarchieebenen (L) und der Zahl der Beschäftigten (N). Eine Firma mit 4 Hierarchieebenen und 10.000 Beschäftigten hat danach einen S-Index von 10, eine Firma mit 3 Hierarchieebenen und 160 Beschäftigten einen S-Index von 5,4 (abgerundet), d.h. der Aufbau letzterer ist also trotz einer geringeren absoluten Zahl von Hierarchieebenen relativ „steiler".

Diese Beziehung birgt erneut einen gestalterischen Widerspruch in sich; um eine effektive Kommunikation und Kontrolle zu gewährleisten, wird die Kontrollspanne limitiert, dadurch verlängert man aber auf der anderen Seite den Instanzenzug und schafft gerade dadurch neue Kommunikations- und Kontrollprobleme. Der Kommunikationsfluss verschleppt sich und ist einer Vielzahl von potenziellen Störungen unterworfen. Die unweigerliche Folge ist eine verminderte Reaktionsfähigkeit. Darüber hinaus verursacht eine steile Hierarchie – relativ zu flacheren Formen – erheblich höhere „Führungskosten", die von dem zusätzlichen Nutzen kleiner Kontrollspannen erst einmal übertroffen werden müssen. Die Mehrzahl der neueren Organisationsformen tendiert schon deshalb zur Einrichtung relativ flacher Hierarchien (Mintzberg 1983; Heydebrandt 1989; Lampel/Shamsie 2003). Das höhere Maß an Flexibilität Kommunikationsdichte und die geringeren Kosten („abspecken") werden als häufigste Gründe für flache Hierarchien geltend gemacht. Die damit einhergehenden breiteren Kontrollspannen werden durch den Verweis auf den zunehmenden Ersatz der persönlichen Weisung, durch andere unpersönliche oder horizontale Koordinationsarten gerechtfertigt (vgl. hierzu im Einzelnen Abschnitt 2.3.3 sowie Kapitel 3).

Mit der Zahl der Hierarchieebenen sind aber noch viele andere Aspekte verbunden, so z.B. die *„Leitungsintensität"*. Auch ihr gilt seit langem eine besondere Aufmerksamkeit in der Organisationstheorie. Mit „Leitungsintensität" (Li) wird das Verhältnis von leitenden und unterstützenden zu direkt produktiven Stellen bezeichnet:

$$\text{Li} = \frac{\text{Summe der leitenden u. unterstützenden Stellen}}{\text{Summe der direkt produktiven Stellen}}$$

Häufig ist das Argument zu hören (vgl. etwa Parkinson 1966), dass mit wachsender Größe eines Systems die Leitungsintensität (also auch die Zahl der Instanzen) *überproportional* zunehme. Der legendäre „Wasserkopf" wird beschworen. Blau (1970) zeigt schon früh mit seiner Theorie der organisatorischen Differenzierung, dass sich die Zusammenhänge keineswegs so einfach darstellen. Einerseits gibt eine wachsende Systemgröße Veranlassung und Gelegenheit zu einer stärkeren Spezialisierung (Arbeitsteilung), was gewöhnlich aus den eben dargelegten Gründen der Integration die Einrichtung zusätzlicher Leitungs- und ggf. auch Stabsstellen zur Folge hat. Auf der anderen Seite ergibt sich für ein System mit wachsender Größe gewöhnlich ein (begrenzt) steigendes Potenzial an Skalenersparnissen. Organisatorisch bedeutet dies in erster Linie die Möglichkeit, mehr gleichartige Stellen und homogene Abteilungen zu bilden mit der Konsequenz, einer Instanz im Sinne einer Führungsrationalisierung eine größere Zahl von Stellen unterordnen zu können. Der zweitgenannte Aspekt lässt also im Hinblick auf die Leitungsintensität entgegen der landläufigen These mit steigender Größe eine sinkende Tendenz erwarten; allerdings nur dann, wenn das Größenersparnispotenzial in der beschriebenen Weise genutzt wird. Aus obigen Darstellungen geht jedoch hervor, dass dieses Potenzial auch in ganz anderer Weise genutzt werden kann, z.B. durch Bildung mehrerer quasi-autonomer Einheiten mit dem Ziel des Flexibilitätserhalts, wie dies bei der Divisionalisierung der Fall ist. Wie der Netto-Effekt aussehen wird, hängt also von den Organisationsentscheidungen ab (vgl. Fokus 2.6), einen zwangsläufigen Zusammenhang im Sinne eines Kausalgesetzes zwischen Systemgröße und Leitungsintensität gibt es nicht.

Fokus 2.6

Einfluss der Größe auf die Leitungsintensität

Die Studie von Blau/Schoenherr

I. Hypothesen und Methodik der Studie

Mit einer 1966 in den USA durchgeführten empirischen Untersuchung versuchten Blau/Schoenherr, den Einfluss der Größe (operationalisiert über die Zahl der Mitarbeiter) auf die Organisationsstruktur zu bestimmen. Sie erhoben dazu die Daten von 53 Arbeitsämtern und prüften die Auswirkungen der Größe auf verschiedene Strukturvariablen mittels Regressionsanalyse. Ihren Forschungen lagen die folgenden Hypothesen zugrunde:

1. Mit steigender Größe erhöht sich unmittelbar das Ausmaß der Spezialisierung und damit die organisatorische Komplexität, d.h. es steigt die Zahl der Hierarchiestufen, Abteilungen und Unterabteilungen (Leitungsintensität).

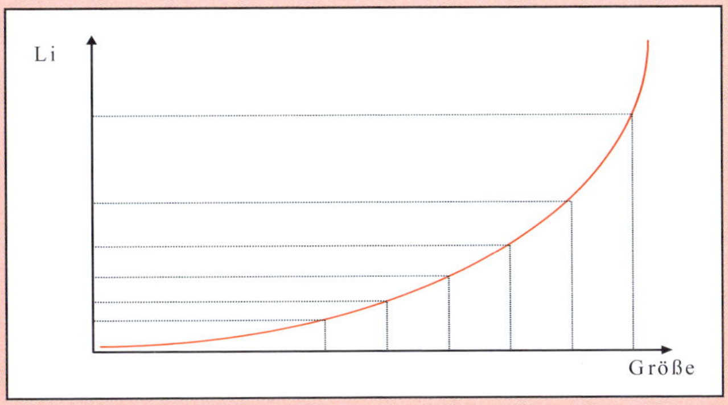

2. Dem wirkt jedoch als indirekte Folge ein erhöhtes Rationalisierungspotenzial entgegen, das sich in einer Verringerung der Zahl der Leitungs- und Stabsstellen sowie zunehmender Standardisierung niederschlägt.

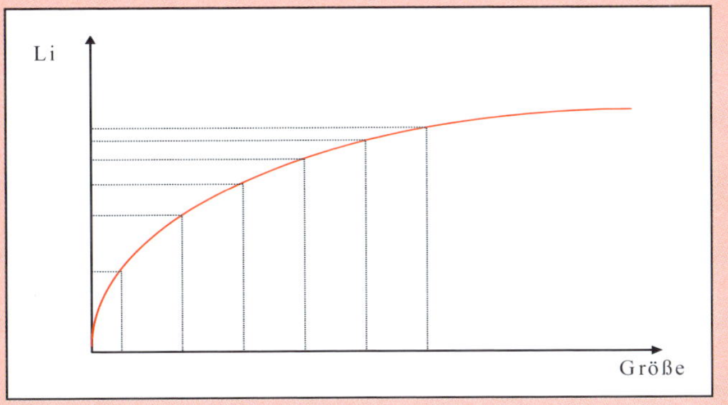

3. In der Gesamtwirkung übertrifft der indirekte Rationalisierungseffekt die direkten komplexitätserhöhenden Auswirkungen.

II. Ergebnisse

zu 1. Es bestätigte sich die Tendenz, dass eine Ausweitung der Unternehmensgröße tatsächlich mit einer Komplexitätserhöhung einhergeht, d.h. größere Betriebseinheiten wiesen auch eine höhere Anzahl von Hierarchiestufen (b* =.75), von Abteilungen (b* =.88) sowie von Unterabteilungen (b* =.47) auf.

zu 2. Einer zu starken Aufblähung wirkte jedoch, wie vermutet, ein Rationalisierungseffekt (Größenersparniseffekt) entgegen. Die komplexitätsreduzierende Tendenz findet dabei in einer (relativen) Verringerung der Zahl der Stellen auf der Leitungsebene (b* = -1.13) ebenso ihren Ausdruck, wie in den verstärkten Standardisierungstendenzen (b* =.40), die eine Verringerung des Koordinationsaufwandes bewirken.

zu 3. Inwieweit der komplexitätsreduzierende den komplexitätserhöhenden Effekt überkompensiert, ließ sich aufgrund der erfassten Daten nicht eindeutig entscheiden.

b* = standardisierter Regressionskoeffizient

Quelle: Blau/Schoenherr (1971), S. 55 ff.

Die Schaffung betrieblicher Hierarchien kann allerdings nicht nur unter dem eingeschränkten Gesichtspunkt der Integration betrachtet werden, sie hat darüber hinaus eine Reihe weiterer Funktionen und Folgen. So ist die Hierarchie auch Anreizinstrument. Mit der Hierarchie werden Karrieren und Karrierewege festgelegt; der Ehrgeiz wird auf den hierarchischen Aufstieg gelenkt. Berufserfolg wird mit der Höhe der hierarchischen Position gemessen. Statussymbole machen den eingenommenen Rang nach innen und außen sichtbar. Das Entlohnungssystem ist – von einigen Ausnahmen abgesehen – ebenfalls an den Instanzenzug gekoppelt.

Ferner ist die Hierarchie zu wesentlichen Teilen auch Kontrollinstrument; mit ihr soll die Erfüllung der obersten Unternehmensziele sichergestellt werden. Wie aus der Herrschaftstheorie von Max Weber bekannt (vgl. Kapitel 7), setzt ein Funktionieren der Hierarchie zwingend die *Einwilligung* der Untergebenen voraus, dem hierarchischen Befehlssystem zu gehorchen. Die Hierarchie muss jederzeit zuverlässig anerkannt werden und selbst dann fortgelten, wenn sie im Einzelfall versagt (Luhmann 1995, S. 161). Befehlsverweigerung muss ebenso die Ausnahme bleiben, wie die Missachtung des vorgeschriebenen Dienstweges.

Die generelle Einwilligung in die Hierarchie sieht sich jedoch – wenn auch durch den Arbeitsvertrag und die dort regelmäßig geforderte Anerkennung der „Direktionsbefugnis des Arbeitgebers" abgesichert – einer zunehmenden Erosion ausgesetzt. Die gesellschaftliche Entwicklung weist in eine andere Richtung (Deutschmann 2002, S. 128 ff.). Arbeitsschutzgesetze wie auch Mitbestimmungsrechte der Arbeitnehmer (speziell über das Betriebsverfassungsgesetz) zielen auf eine Begrenzung der Anordnungsbefugnisse und auf eine Einengung der hierarchischen Machtpositionen ab. Die Einwilligung, der hierarchischen Anweisung zu folgen, wird stärker von dem anerkannten Wissen der Führungskraft oder ihrer Persönlichkeitswirkung abhängig gemacht. Eine zu stark ausgeprägte Hierarchie findet immer weniger die Zustimmung der Betroffenen, das Wertesystem unserer Gesellschaft stützt die hierarchische Weisung in einer zunehmend demokratisierten Gesellschaft immer weniger. Persönliche Weisung wird stärker als früher als Eingriff und teilweise sogar als Demütigung erlebt und trifft dementsprechend immer häufiger auf Widerstände und innere Ablehnung (Klages 1984; Popitz 1988; Deutschmann 2002, S. 131).

Die markante Asymmetrie der Hierarchie trägt ferner Distanz in die Vorgesetzten/Untergebenen-Beziehung, die sich auf Misstrauen gründet und deshalb in anderen nicht-kontrollierenden oder -anweisenden Arbeitsbezügen störend oder sogar kontraproduktiv wirkt. Intrinsische Motivation und insbesondere Innovation vertragen sich mit dem hierarchischen System aus Befehl und Gehorsam nicht. Innovatives Verhalten kann nicht befohlen werden, sondern muss aus dem Interesse an der Problemlösung heraus wachsen.

Aber auch unter rein integrativen Gesichtspunkten hat sich das Instrument der hierarchischen Integration, zumal in komplexeren Organisationen, als unzureichend und in seinen Nebenwirkungen als problematisch erwiesen. Eine Abstimmung der Aktivitäten auf diesem Wege führt sehr leicht zu einer *Überlastung der Instanzen*. Es ist im

Prinzip unmöglich, dass die Instanz alle in ihrer Abteilung anfallenden Abstimmungsprobleme löst. Die Instanzen verfügen nämlich häufig nicht über die notwendigen Informationen, die für eine sachgerechte Lösung des Abstimmungsproblems notwendig wären. Um sich die erforderlichen Informationen (z.B. über voraussichtliche Konsequenzen der Entscheidungsalternativen) zu beschaffen, müssen zumeist erst umständliche Rückfragen angestellt oder Berichte angefordert werden. Sofern dies aus Zeitgründen nicht ohnehin unterbleibt (und also auf der Basis unzureichender Information entschieden wird), binden diese Rückfrageprozesse Kommunikationsenergien, die anderweitig gebraucht würden. Obendrein ist der hierarchische Kommunikationsfluss – bedingt durch die von Misstrauen geprägte Asymmetrie – vielfältigen Verzerrungen unterworfen (Scholl 1999; Möllering 2006; Schreyögg/Ostermann 2014). Informationen werden dem Vorgesetzten vorenthalten, um keine Nachteile zu erleiden, oder geschönt, um kein Missvergnügen zu erregen.

Schließlich bedeutet die hierarchische Lösung des Arbeitsvereinigungsproblems, dass letztlich jede Abstimmung fallweise entschieden wird – wenn auch in einem generell bestimmten Kompetenzbereich. Dies wirft nicht nur ein Licht auf die tendenzielle Ineffizienz, sondern auch auf die Störanfälligkeit dieses Mechanismus. Jede physische Abwesenheit des Vorgesetzten bedroht die Integration.

In Anbetracht der vielfältigen Probleme der hierarchischen Koordination ist es nicht verwunderlich, dass Organisationslehre und Praxis gleichermaßen schon frühzeitig nach zusätzlichen oder alternativen Mitteln zur Bewerkstelligung organisatorischer Integration gesucht haben.

2.3.2 Abstimmung durch Programme und Pläne

Das in größeren Organisationen wohl am häufigsten zusätzlich oder alternativ verwendete Integrationsinstrument sind Programme. Das sind verbindlich festgelegte und autorisierte Verfahrensrichtlinien, also generelle Regeln, die das reibungslose Verknüpfen verschiedener spezialisierter Tätigkeiten sicherstellen sollen – und dies ohne Einschaltung einer Instanz; die Verknüpfung geschieht in gewissem Sinne *automatisch*. Programme können persönliche Anweisungen von Vorgesetzten (= fallweise Regelungen) ersetzen oder aber zumindest ihre Zahl erheblich reduzieren. Programme nehmen allfällige Abstimmungsprobleme vorweg und versuchen, diese gewissermaßen im Voraus schon zu lösen (March/Simon 1958, S. 159 f.).

Die Funktionsweise einer programmierten Integration sei an folgenden Beispielen kurz illustriert:

> *Die Sachbearbeiter einer privaten Krankenversicherungsgesellschaft prüfen die eingereichten Ansprüche (Rechnungen von Ärzten, Optikern, Sanitärhäusern usw.) anhand genau festgelegter Kriterien auf Rechtmäßigkeit. Sind die Kriterien erfüllt, werden die Rechnungen zur Zahlung angewiesen. Die Sachbearbeiter und Sachbearbeiterinnen erteilen nun Mitarbeitern der Kasse Weisung, die Auszahlung abzuwickeln.*

Ähnliche Programme finden sich bei der Genehmigung von Bauanträgen; verschiedene Fachreferenten prüfen nach einem vorab festgelegten Kriterienkatalog. Der Antrag wird nach einem Laufplan von Abteilung zu Abteilung gereicht, bis schließlich über die Genehmigung entschieden werden kann. In ganz ähnlicher Weise verfahren Unternehmen in vielen Fällen, z.B. bei der Genehmigung von Investitionen oder bei der Prüfung von Aufträgen.

Die Verfahrenslogik ist in allen Fällen dieselbe. Sachbearbeiter *verknüpfen* selbst ihre Arbeit mit der anderer Abteilungen auf der Basis von generell geregelten Integrationsprogrammen – die Anweisung eines Vorgesetzten ist dazu nicht notwendig (außer natürlich derjenigen der allgemeinen Programmeinführung). Die Weisung tritt den Beschäftigten entpersonalisiert als Programm gegenüber – und für die meisten wird sie nach einer gewissen Zeit der Einübung kaum mehr als solche wahrgenommen, sie ist Routine geworden (Luhmann 1964). Daher werden Routinen bisweilen auch als „mindless" charakterisiert (Ashforth/Fried 1988). Zur eigentlichen Durchführung der Routine bedarf es, nachdem sie zur Gewohnheit geworden ist, keiner besonderen kognitiven Leistung mehr – es wird quasi automatisch gehandelt.

Diese Art der Routinisierung ist auch unter dem Stichwort der „Standard Operating Procedures", also der Standardprozeduren, bekannt geworden. Wie der Name bereits zum Ausdruck bringt geht es darum, für vorab definierte Probleme standardisierte Lösungen einzusetzen.

Am Rande sei angemerkt, dass sich die hier gemeinte Routine deutlich von dem Routinebegriff unterscheidet, wie er in der evolutorischen Ökonomik, speziell bei Nelson/Winter (1982), Verwendung findet. Dort bezeichnet Routine jedes reguläre, erwartbare Verhalten in Organisationen, und man geht davon aus, dass der Großteil der Verhaltensweisen in Organisationen in diesem Sinne „Routinen" sind. Nichtroutinisiertes Verhalten wird dann lediglich als ein Faktor mitgeführt, der die Verhaltenserwartungen stochastischer macht (Nelson/Winter 1982, S. 14 f.). Im Unterschied zu dieser Generalkategorie wird hier Routine als ein spezieller Fall organisatorischen Handelns begriffen.

Die *Programmierung von Routineentscheidungen* baut auf dem wiederholten Auftreten gleicher oder ähnlicher Ausgangssituationen auf, denen festgelegte Reaktionen folgen sollen. Das Modell liefert die Kausalbeziehung, man spricht deshalb auch vom Konditionalprogramm: Dem Eintritt eines bestimmten Ereignisses folgt eine gewünschte Wirkung, nämlich die vorab festgelegte Reaktion. Einem solchen Konditionalprogramm liegt also folgendes Muster zugrunde:

Immer wenn ein Ereignis vom Typ A eintritt, dann ist Handlung B zu ergreifen.

Im obigen Beispiel prüfen die Sachbearbeiter die Ansprüche und leiten diese zur Abwicklung an die Kasse weiter. Der Anstoß zum Tätigwerden kommt durch das Ereignis „Einreichung einer Rechnung", dessen Eintritt zwar dem Grunde nach, nicht aber dem genauen Zeitpunkt und der Häufigkeit nach voraussehbar ist. Es ist ein Vorzug dieser Art der Programmierung, dass die Frage des Zeitpunktes und der Häufigkeit des Auftretens nicht geregelt sein muss; jedes Mal, wenn das bezeichnete Ereignis eintritt, ist das Zeichen gegeben, das Handlungsprogramm auszulösen (vorausgesetzt, das Organisationsmitglied ist fähig und willens, das Ereignis als Auslöser zu identifizieren).

Im praktischen Handeln ist allerdings die Realisation der gewünschten Wirkungen immer von einer Vielzahl weiterer Bedingungen abhängig (in oben genanntem Krankenkassen-Beispiel müssen die Rezepturen bekannt, die Kasse zahlungsfähig, die Methoden zur Bestimmung der Rechtmäßigkeit zuverlässig sein usw.). Diese sind nur begrenzt erfassbar, somit ist die Wirksamkeit des Programms immer auch nur eine bedingte.

Der Entlastungseffekt von Routineprogrammen für die Instanzen ist offenkundig, die Integration wird ohne weiteren Eingriff von oben bewerkstelligt. Auf diese Weise wird es möglich, sehr viel größere Informationsmengen in den Integrationsprozess einzuarbeiten als je eine einzelne Instanz per Einzelanweisung vermöchte (Luhmann 1995, S. 99). Für eine solche integrative Querverbindung ist allerdings zwingende Voraussetzung, dass der Empfänger der programmierten Wirkung (in oben genanntem Beispiel die Kasse) mit einem komplementären Programm aufnahmebereit ist.

Solche Routinen, die bisweilen auch als Standard Operation Procedures bezeichnet werden, finden in jüngerer Zeit in hoch-reliablen Organisationen wie etwa Krankenhäusern oder Kraftwerken einerseits, oder unter dem Stichwort des Risiko-Managements bzw. im Rahmen von Compliance-Programmen andererseits verstärkt Beachtung. In Organisationen, die in besonderem Maße auf die Vermeidung von Fehlern bedacht sind, da diese oftmals mit fatalen Konsequenzen einhergingen, werden Standardabläufe routinisiert und in einer Art „best-practice" festgeschrieben. Hier wird vor allem auf die komplexitätsreduzierende Wirkung von Routinen abgestellt (Weick/Sutcliffe 2007). Mittels Routinen lassen sich Probleme beispielsweise im Rahmen von Checklisten eingrenzen und dann anhand eines vorab definierten Standardverfahrens auch von Nicht-Spezialisten lösen. So soll eine schnelle Problemerkennung und eine anschließende bestmögliche Problemlösung ohne unnötigen Zeitverlust durch eine aufwendige Lösungssuche sichergestellt werden. Routinen fungieren somit auch als Speicher organisationalen Wissens (Edmondson 2002; Cohen/Bacdayan 1994); indem sie bestimmte Verfahrensweisen vorgeben, die den state-of-the-art ihren jeweiligen Disziplin widerspiegeln, kondensiert sich in Routinen ganz spezifisches, organisationales Problemlösungswissen. Durch die Anwendung von Routinen soll – neben dem Erfordernis der Standardisierung im Sinne einer Entlastung der Hierarchie – die Verwendung der jeweils neuesten und geeignetsten Praktiken und Prozeduren sichergestellt werden.

Mit der Einführung von Routinen soll bisweilen auch das Risiko von Organisationen, welches sich durch Regelverletzungen einstellen würde, begrenzt werden. So basieren Programme zum Risiko-Management oder zur Einführung von Codes of Conduct letztlich auf der Definition von Routinen, die das Verhalten der Organisationsmitglieder in kritischen Fällen anleiten. Routinen sollen den betroffenen Mitarbeitern auf der einen Seite die Sicherheit geben, sich in problematischen Situationen richtig verhalten zu können, auf der anderen Seite dient die Einführung solcher Routinen auch als Signal nach außen, dass entsprechende Maßnahmen, etwa zur Korruptionsbekämpfung, getroffen wurden (Eberl et al. 2015).

Wir waren bisher von Einfachprogrammen ausgegangen. Die Struktur von Konditionalprogrammen ist jedoch offen für sehr viel kompliziertere Formen, mit Verzweigungen und mehrstufigen Kausalketten, wie es aus der Software-Architektur hinlänglich bekannt ist (vgl. etwa Dunkel/Holitschke 2003). Dadurch kann die Informationsverarbeitungskapazität im Integrationsprozess erneut gesteigert werden.

Der Einsatzbereich der Konditionalprogrammierung ist allerdings eng begrenzt. Sie setzt nicht nur die Vorhersehbarkeit der auslösenden Ereignisse voraus, sondern auch eine spezifische Problemstruktur. Das Problem muss voll durchdringbar und seine Lösung dem Prinzip nach bekannt sein („wohldefinierte Probleme", Simon 1960). Just an dieser Stelle setzt die neuere Routinenforschung an und zeigt mittels sehr detaillierter empirischer Studien auf, dass die Ausführung von Routinen ein erhebliches Maß an Varianz aufweist (Pentland et al. 2011). Praktiker weichen aus ganz unterschiedlichen Gründen von den vorgegebenen Standard Operating Procedures ab: (1) Sie sind mit dem Ergebnis der Routine nicht zufrieden und modifizieren im Sinne eines Lernprozesses den Ablauf der Routine (Feldman 2000; Rerup/Feldman 2011). (2) Weiterhin können unterschiedliche, wechselnde Akteure mit der Durchführung ein und derselben Routine betraut sein (z.B. um Krankheitsausfälle zu kompensieren) und dadurch individuelle Abweichungen hervorrufen (Pentland et al. 2010). (3) Ferner müssen Akteure bisweilen die Routinen verlassen, um auf unvorhergesehene Ereignisse, wie plötzlich auftretende Störungen oder Krisen, entsprechend reagieren zu können. Hier ist eine Abweichung von der Routine geradezu geboten, denn Routinen sollen ja, wie oben beschrieben, den Normalfall behandeln und können gerade nicht das Unvorhersehbare regeln (Weick 1993; Bechky/Okhuysen 2011). (4) Ferner führt der Transfer von Routinen von einem Kontext in einen anderen, z.B. im Rahmen der Replikation von Unternehmensbereichen (Aufbau eines neuen Werkes), zur Veränderung im Ablauf (D'Adderio 2014; Turner/Rindova 2012).

Feldman und Pentland (2003) schlagen als Konsequenz vor, Routine nicht länger als präskriptiv fixiertes Konditionalprogramm zu verstehen, sondern als einen sich im Modus der ständigen Veränderung befindlichen faktisch ablaufenden Prozess. Die ursprüngliche Logik der Routine, nämlich immer gleichlautende Antworten auf vorgegebene Stimuli zu liefern, wird hier quasi in ihr Gegenteil verkehrt: Routinen befinden sich aufgrund der oben bezeichneten Faktoren in ständiger Veränderung; das bisherige Basiselement, die reliable Replikation, wäre die unwahrscheinliche, erklärungsbedürftige Ausnahme. In einem weiteren Schritt werden Routinen sogar als Quelle von Veränderung begriffen.

Obgleich diese Forschung aus praktischer Sicht auf den wichtigen Umstand aufmerksam macht, dass die Einführung von Standard Operating Procedures nicht gleichsam automatisch deren strikte Einhaltung zur Folge hat, ist die Konzeption von Routinen als Prozess ständiger Veränderungen doch sehr problematisch (Geiger/Koch 2008; Geiger/Schröder 2014). Schließlich ist das Konzept der Routine untrennbar mit der Wiederholung gleichförmiger Arbeitsabläufe verbunden – dies ist auch der Grund für deren Einsatz. Selbst wenn Routinen nicht immer auf dieselbe Art und Weise praktiziert werden, bleibt die normative Erwartung dennoch unverändert und Organisationen können auf diese Abweichung reagieren – z.B. mittels Sanktionierung. Abstrakt gesprochen, bilden organisationale Routinen immer schon formale Verhaltenserwartungen ab, die in der Regel kontrafaktisch stabil sind. Eine Gleichsetzung von Routinen und organisatorischer Praktik würde die wichtige Unterscheidung zwischen formaler Erwartung und informaler Handlung konzeptionell auflösen. Der Einsatz von Routinen bleibt, wie auch immer gedreht und gewendet, mit der Erwartung verbunden, Aufgabenvollzüge generell zu regeln und dadurch Effizienz in der Aufgabenerfüllung zu erzielen. Damit bleibt ihr Einsatzbereich auf das Erwartbare begrenzt.

Wesentlich geringere Voraussetzungen als die Konditionalprogrammierung muss die Zweckprogrammierung treffen.

Zweckprogramme legen in ihrer einfachsten Form formal einen Zweck fest, d.h. es wird ein bestimmter erwünschter Zustand für verbindlich erklärt; die Bindungswirkung dieser Form der Programmierung liegt darin, dass von anderen Wirkungen außerhalb des definierten Zweckes abstrahiert wird, d.h. das Programm erlaubt eine Konzentration auf diesen Zweck und nur auf diesen (Luhmann 1995, S. 282 f.). Das Zweckprogramm lässt offen, welche Maßnahmen zu ergreifen sind. Dadurch ergibt sich für die Handelnden ein viel größerer Spielraum als beim Konditionalprogramm, der allerdings durch die Zweckformulierung bzw. ihren Präzisionsgrad in seinem Umfang erheblich variiert werden kann. Zweckprogramme werden häufig mit zusätzlichen Bestimmungen angereichert, um die Klasse der Mittel einzuschränken, so z.B. um Negativbestimmungen derart, dass bestimmte Nebenwirkungen nicht eintreten dürfen. Im Unterschied zum Konditionalprogramm ist beim Zweckprogramm der *Zeitpunkt* bedeutsam, die Wirkungsvorstellung verknüpft sich mit einem *Zeitindex*.

Ein umfassendes Anwendungsbeispiel für die Zweckprogrammierung stellt das bekannte „Management by Objectives“ (Odiorne 1967) dar, das sich in Industrie und Verwaltung bis zum heutigen Tage sehr großer Beliebtheit erfreut (vgl. etwa die Anwendungsbeispiele in Bungard/Kohnke 2002, Mollbach 2014). In den letzten Jahren wurde dem Management by Objectives in der Variante der Balanced Scorecard erneut ein hohes Maß an Aufmerksamkeit zuteil (Kaplan/Norton 1997, Niven 2014). Die Idee ist, die Erfüllung der Managementaufgaben durch Vorgabe eines Bündels von Zielen vorzustrukturieren und strategisch zu lenken.

Im Management by Objectives soll (neben anderen Funktionen wie Motivation und Kontrolle) die Integration der arbeitsteiligen Leistungsprozesse nahezu ausschließlich durch Zweckprogramme geleistet werden. Die exakte zeitliche Fixierung der Zwecke und ihre umfassende Abstimmung untereinander und auf die Strategie hin spielen dementsprechend die herausragende Rolle (vgl. dazu das Beispiel in Fokus 2.7).

Fokus 2.7

Management by Objectives

Grundmerkmale:

- Festlegung von Zielen auf allen Ebenen zur Verhaltensausrichtung
- Integriertes Zielsystem (volle Kompatibilität der Ziele untereinander)
- Exakte, quantifizierte Ziele mit genauer zeitlicher Bestimmung
- Festlegung der Messgrößen zur Bestimmung der Zielerreichung
- Leistungsbeurteilung nach Zielerreichungsgrad

Unterschiedlich geregelt ist, ob Ziele vorgegeben oder unter Einbezug des Zielträgers entwickelt werden.

Beispiele für Jahresziele nach dem MbO-System:

1. Beispiele für Ziele eines Divisions-Managers:
   - *Return on Investment 13%*
   - *Maximale Abweichungen vom Budget 7%*
   - *Umsatzwachstum 8%*
   - *Fehlzeitenrate 6%*

2. Beispiele für die Ziele des unterstellten Fertigungsleiters:
   - *Erhöhung der Produktivität um 6%*
   - *Steigerung der Maschinenauslastung auf 80%*
   - *Senkung der Fehlteilerate auf 2%*

3. Beispiele für die Ziele des unterstellten Verkaufsleiters:
   - *Umsatzsteigerung um 8%*
   - *Senkung der Summe gefährdeter Forderungen um 10%*
   - *Anteil neuer Kunden am Umsatz: 15%*

Der Idee nach sollen die Ziele der einzelnen Manager und der Mitarbeiter logisch aufeinander aufbauen, so dass die Zielplanung gewissermaßen automatisch die Integration der Einzelaufgaben sicherstellt, ohne dass dies im Einzelnen einer hierarchischen Koordination bedürfte.

Das Management by Objectives hat viele Implikationen. An dieser Stelle soll keine umfassende Würdigung angestrebt, sondern nur seine Wirkungskraft für die organisatorische Integration geprüft werden. Die Vorstellung, man könnte den gesamten betrieblichen Abstimmungsprozess als ein System integrierter Zweckprogramme darstellen, wie es von dem Management by Objectives propagiert wird, hat sich als nur schwer durchführbar erwiesen. Dies aus mehreren Gründen:

(1) Zum einen ist die Mittelwahl keineswegs so unabhängig, wie es das Konzept suggeriert. Es bestehen zwischen den einzelnen Mittelwahlen vielfältige Interdependenzen (etwa hinsichtlich knapper Ressourcen oder zeitlicher Leistungsverflechtungen), so dass de facto eine sehr viel engere Koordination notwendig ist, als es in dem System von Zielen zum Ausdruck kommt.

(2) Zum anderen ist, um ein kohärentes System von Zweckprogrammen aufbauen zu können, soviel Wissen über die Zukunft erforderlich, wie es nirgends verfügbar ist und auch nicht verfügbar gemacht werden kann. Als Folge davon droht ein ständig inaktuelles Zielsystem. Die Ziele müssten fortlaufend aktualisiert werden, und damit auch das gesamte System von Zweckprogrammen. Nachdem dies weder realistisch noch von den Kosten her akzeptabel ist, drohen solche Systeme ständig eine Fehlsteuerung im Integrationsgeschehen zu verursachen. Zweckprogramme sind für einige Teilbereiche sinnvoll, niemals jedoch für den gesamten Handlungsbereich.

Insgesamt liegt das Problem einer Abstimmung durch Programme darin, dass sie zwar hierarchieentlastend wirken und ein gewisses Maß an Elastizität bringen, von ihrem planerischen Aufbau her aber der Organisation einen sehr statischen Rahmen geben und damit eine zu geringe Reagibilität bei unerwarteten Situationen bewirken. Darüber hinaus besteht die Gefahr, dass Abstimmungssituationen künstlich standardisiert werden, um sie einer Programmierung zugänglich zu machen. Die dabei erzielten schematischen Lösungen sind dann tendenziell Scheinlösungen, sie haben ihren tieferen Grund mehr in den Programmierungsanforderungen als in dem eigentlichen Abstimmungsproblem. Letzteres gilt auch für Zweckprogramme, die vielfältige Aufgabenbezüge auf ein oder einige wenige Ziele radikal reduzieren. Dies ist einerseits die Stärke des Ansatzes, denn auf diese Weise ist eine kompakte Handlungsorientierung möglich. Dies ist aber andererseits auch seine Schwäche, denn diese Reduzierung ist häufig nur mit einer rigorosen Ausblendung anderer Bezüge möglich (Braun 2004). Mit anderen Worten, überall dort, wo Zweckprogramme eingesetzt werden, sind sie wegen ihrer hohen und ungesicherten Selektivität fortlaufend beobachtungsbedürftig, um Fehlsteuerungen frühzeitig erkennen zu können.

Häufig wird von der Programmierung die *Abstimmung durch Planung* als gesondertes Instrument unterschieden. Die Differenz zur Zweckprogrammierung ist jedoch nur schwer erkennbar, denn Pläne finden in der Regel in zeitlich bestimmten Zielen ihren Niederschlag. Verdanken sich die Zweckprogramme einem periodischen Planungsverfahren, so mag es zweckmäßig sein, differenzierend von einer Abstimmung durch Pläne zu sprechen.

2.3.3 Organisatorische Selbstabstimmungsverfahren

Die Unzulänglichkeit der zwei genannten Abstimmungsmechanismen, aber auch die überall zu beobachtende, immer weiter fortschreitende Differenzierung der Aufgabenvollzüge haben zunehmend Veranlassung zur Entwicklung neuer Integrationsformen gegeben. Die Tendenz geht dabei eindeutig hin zu einer *horizontalen Abstimmung*. In allen Organisationen finden sich bei genauerer Hinsicht faktisch praktizierte horizontale Abstimmungspraktiken, sie stehen jedoch nicht in Stellenbeschreibungen und Organigrammen. Sie passen nicht in die traditionelle hierarchische Ordnungswelt, ja sie laufen ihrer Logik zuwider. Horizontale Verknüpfungen sind ihrem Wesen nach eine Form der Selbstabstimmung, d.h. es findet eine direkte Abstimmung der Aktivitäten nach eigenem Ermessen der betroffenen Aufgabenträger statt. Die Initiative zur Abstimmung geht von den Aufgabenträgern selbst aus, sie stellen die notwendigen Verknüpfungen nach eigenem Ermessen her (vgl. Fokus 2.8). Dabei hat man vor allem solche Verknüpfungsprobleme im Auge, die zeitlich und/oder sachlich nicht vorhersehbar sind.

Fokus 2.8

Horizontale Integration

„Unsere Freunde bei 3M hatten gegen den Besuch nichts einzuwenden, und wir hatten die Gelegenheit, eine Reihe befremdlicher Vorgänge zu beobachten. Dutzende von zwanglosen Gesprächsrunden waren im Gange; Verkäufer, Marketingleute, Experten aus der Fertigung, Techniker, F&E-Leute – ja sogar einige aus dem Rechnungswesen – saßen herum und sprachen über Probleme mit neuen Produkten. Einmal platzten wir in eine Sitzung hinein, in der ein 3M-Kunde sich ganz formlos mit vielleicht 15 Leuten aus vier Unternehmensbereichen über einen besseren Service für seine Firma unterhalten wollte. Nichts wirkte geprobt. Wir erlebten keinen einzigen förmlichen Vortrag. So ging das den ganzen Tag – man traf sich scheinbar ganz zufällig, um Probleme vom Tisch zu bekommen. Am Ende des Tages stimmte unser Begleiter zu, dass wir ihm vorher eine recht zutreffende Beschreibung gegeben hatten. Aber jetzt stand er vor dem gleichen Problem wie wir: Er wusste nicht, wie er das Geschehene jemand anderem mitteilen sollte."

Quelle: Peters/Waterman (1984), S. 150

Die *horizontale Selbstabstimmung* steht an der unmittelbaren Schnittstelle von formaler Regelung und informalen Praktiken, die sich im Laufe der Zeit entwickelt haben. In der Realität ist dieser Trennungsstrich gerade an dieser Stelle nicht immer ganz einfach zu ziehen, denn jahrelange Praxis wird von vielen Organisationsmitgliedern auch als mehr oder weniger selbstverständliche Erwartung interpretiert. Von der Funktionstüchtigkeit her ist der Unterschied auch gar nicht so leicht zu machen, trotzdem ist er im Hinblick auf die Organisationsgestaltung wichtig. Grundsätzlich gilt, dort, wo horizontale Verknüpfungen explizit als organisatorisches Instrument eingesetzt werden, stellen sie verbindliche, autorisierte Problemlösungen dar. Nur dort sind sie Teil der formalen Organisation.

Die horizontale Kooperation als informale Praktik findet sich nahezu in allen Organisationen, sie kann fallweiser/spontaner, aber auch genereller Art sei. Diese Beobachtung gilt obwohl derartige Praktiken gemeinhin von der Hierarchie mit großer Skepsis gesehen und nicht selten in den Verdacht der Unwirtschaftlichkeit oder gar der Illegalität gestellt werden (Böhle/Bolte 2002). Die vertikale Führungsorganisation sieht ihre Autorität häufig durch diese Abstimmungen im „Untergrund" in Frage gestellt. Trotz meist bestehender Verbote („Einhaltung des Dienstweges"!) hat sich die informale horizontale Abstimmung speziell in klassisch bürokratischen Organisationen aber dennoch als unverzichtbares Korrektiv erwiesen, um die Unzulänglichkeiten der hierarchischen wie auch der programmierten Abstimmung auszugleichen. Die Störungskosten und Reibungsverluste würden in vielen Fällen ins Unermessliche steigen, sollte bei Abstimmungsfragen immer der vorgeschriebene Dienstweg oder das Programm eingehalten werden. Die neuerdings so viel beachteten personalen Netzwerke von Organisationsmitgliedern sind beredter Ausdruck dieser Praxis. Man hat ein Kontaktnetzwerk jenseits des Organisationsplanes, um wichtige und vordringliche Dinge schnell und unkompliziert lösen und auf den Weg bringen zu können (über personale Netzwerke, vgl. Fokus 2.9).

Fokus 2.9

Persönliche Netzwerke

In vielen Studien wurde gezeigt, dass es zu den zentralen Merkmalen erfolgreicher Führungskräfte gehört, sich ein persönliches Netzwerk aufzubauen. Ein solches Netzwerk resultiert aus formalen Beziehungen (bestimmte unterstellte Mitarbeiter, direkte Kollegen usw.), informalen Beziehungen (Freundschaften aus früherer Tätigkeit, Bekanntschaften aus gemeinsamen Seminaren usw.) sowie externe Beziehungen (zu anderen Unternehmen, Universitäten, Clubs, Verbänden usw.). Persönliche Netzwerke sind für die Aufgabenerfüllung in vielfacher Hinsicht förderlich: zur Abklärung schwer einzuschätzender Information, zur Erlangung schwer zugänglichen Wissens, zur Implementation kontroverser Programme, zur Lancierung neuer Themen usw. Persönliche Netzwerke lassen sich mit verschiedenen Kriterien beschreiben, so vor allem

- Homo-/Heterogenität bzw. Ähnlichkeit der Netzwerkmitglieder
- Intensität der Beziehungen
- Reichweite

In empirischen Studien zeigt sich die Tendenz, dass heterogene und weit über den engeren Arbeitsbereich hinausragende Netzwerke effektiver sind. Bei der Intensität der Beziehungen sind die Ergebnisse gemischt. Einerseits wird betont, dass zu enge Beziehungen auf Konformität drängen und deshalb den Horizont des Netzwerkes zu sehr einschränken. Andererseits garantieren enge Beziehungen Vertraulichkeit und raschen Zugriff auf prekäre Informationen.

Literaturhinweis: Caroll, F./Teo, A.C., On the social network of managers, in: Academy of Management Journal 39 (1996), S. 421-440, *Cross, R. / A. Parker: The hidden power of social networks. Understanding how work really gets done in organizations. Harvard Business School Press, Boston 2004.*

Die informale Selbstabstimmung ist jedoch kein Instrument, das die Organisation geplant einsetzen könnte. Sie wird ja aus der „Not" geboren und zeichnet sich eben gerade durch ihre Spontaneität (Ungeplantheit) aus. Es handelt sich um ein emergentes Phänomen (vgl. im Einzelnen Kapitel 1 und 5). Die so erzeugte Verknüpfung ist eine Art wilde Ordnung; sie ist das Resultat sich selbst organisierender Prozesse. Würde man diesen Weg der selbstorganisierenden Abstimmung der Leistungssubsysteme entschlossen weitergehen, stellten sich allerdings alsbald Grundsatzfragen: Wie verlässlich ist diese Selbstabstimmung? Hängt sie nicht zu sehr von Sympathie oder Antipathie ab? Vor allem aber: Ist bei einem solchen Procedere das Gelingen der Integration des Leistungsprozesses schließlich auf das zufällige Wollen der Beteiligten angewiesen? Und selbst wenn eine Koordination gelingt, wer garantiert die Wirtschaftlichkeit zufälliger Lösungen? Das bloße Zuwarten auf den glücklichen Zufall ist für gewöhnlich ein riskantes Abenteuer in durch Verträge gebundenen Leistungsorganisationen.

Die neuere Organisationslehre empfiehlt deshalb, diese emergenten Praktiken der gegenseitigen Abstimmung aufzugreifen und zu institutionalisieren, um ihnen den „wilden" Charakter, d.h. den Charakter des bloß zufälligen Gelingens zu nehmen. Darüber hinaus sind zwischenzeitlich auch zahlreiche Formen einer formal geregelten horizontalen Integration entwickelt worden. Die bekannteren seien im Folgenden kurz dargelegt.

2.3.3.1 Horizontale Zusatzformen organisatorischer Integration

1. Ausschüsse: Häufig werden problembezogen und zeitlich begrenzt Arbeitsgruppen mit Mitgliedern verschiedener Abteilungen zur Lösung spezifischer Abstimmungsprobleme eingerichtet. Es sind dies gewissermaßen Koordinationsprojekte mit einer relativ *klar umrissenen Aufgabe*.

Beispiel: Die Arbeitsvorbereitung bildet mit den Meistern der Endmontage und dem Leiter des Halbfertigteilelagers einen Ausschuss, um den Kommunikationsfluss zu verbessern, insbesondere um die Rückmeldung über durchgeführte und wegen Werkzeugschadens gestoppter Fertigungsaufträge zu beschleunigen. Zu spät eingetroffene Informationen hatten wiederholt zu kurzfristigen Fehldispositionen geführt.

Solche Ausschüsse sind die Vorform für die unten genauer darzustellende Projektorganisation. Die Übergänge sind bisweilen fließend.

2. Abteilungsleiterkonferenzen: Die Einrichtung von Abteilungsleiterkonferenzen oder Meisterbesprechungen dient in erster Linie dazu, unvorhergesehene Abstimmungsprobleme und Konflikte zwischen Abteilungen zu klären. Im Unterschied zu den unter 1. behandelten Ausschüssen sind diese Konferenzen *permanente* Einrichtungen mit einer *unspezifischen Aufgabe*. Sie sollen die allfällig zwischen den Abteilungen auftretenden Anschlussprobleme auf direktem Wege, also ohne Einschaltung der vorgesetzten Instanzen, einer Lösung zuführen.

Eine vergleichbare Einrichtung stellt die sog. *Passarelle* oder auch *Fayolsche Brücke* dar. Hier wird abweichend von dem Prinzip der Einlinienorganisation eine direkte Horizontalverbindung hergestellt, um nach dem Prinzip des direkten Weges eine rasche Abstimmung zu ermöglichen. Abbildung 2.22 zeigt den klassischen Dienstweg zur Lösung von Abstimmungsproblemen zwischen der Produktentwicklung und der Konstruktion (1.) und im Kontrast dazu die Passarelle (2.), also die formell eingerichtete und nur auf diese vorab exakt spezifizierten Stellen bezogene Durchbrechung der hierarchischen Koordination zum Zwecke der horizontalen Direktabstimmung.

Abbildung 2.22: *Die „Passarelle“*

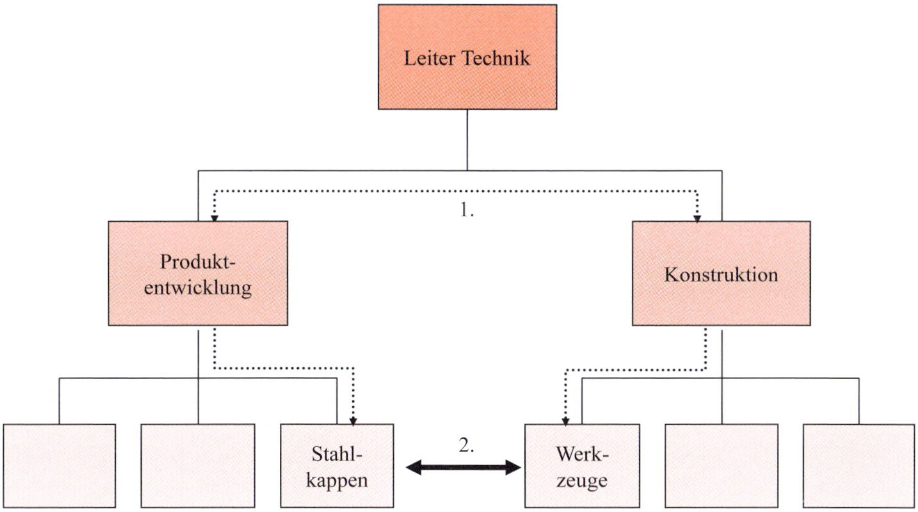

3. Koordinator: Ein weiter gehendes Instrument ist die Benennung eines Koordinators, der für eine kontinuierliche Abstimmung zwischen leistungsmäßig angrenzenden Abteilungen zu sorgen hat und bei auftretenden Konflikten aktiv nach einer Lösungsmöglichkeit suchen soll *(„liason role“)*. Typisch für diese Koordinationslösung sind z.B. Kontaktleute in Rechenzentren, die eine gute Abstimmung mit wichtigen Nutzern sicherstellen sollen, z.B. die Kontaktperson für Werk A oder die Kontaktperson für die Buchhaltung. Die Kontaktpflege ist gewöhnlich nur ein Teil der Aufgabe der Kontaktleute, sie erfüllen sie gewissermaßen im Nebenamt.

4. Koordinationsteams: Im Unterschied zu den Koordinatoren oder des direkten Anschlusses im Sinne einer Fayolschen Brücke, die immer nur *eine* Schnittstelle verklammern, werden Koordinationsgruppen betriebsweit oder gar unternehmensweit eingesetzt, um komplexere Aufgaben nach dem Prinzip der direkten horizontalen Abstimmung zu lösen. Häufig setzen sich solche Koordinationsgruppen aus nominierten Mitgliedern der verschiedenen Abteilungen zusammen (vgl. zur Funktionsweise solcher Teams Kapitel 3).

An diese weiter ausgelegte Form der horizontalen Abstimmung durch abteilungsübergreifende Teams knüpft auch die nachfolgend darzustellende Matrixorganisation an. Sie wird allerdings als dauerhafte Einrichtung verstanden, wohingegen Koordinationsgruppen im eben definierten Sinne meist nur bei größeren Projekten eingesetzt werden, die es als *Sonderaufgabe* neben dem Tagesgeschäft zu erledigen gilt und zeitlich klar begrenzt ist. Bisweilen findet man ähnliche Abstimmungsformen auch in Unternehmen, die neben vielen kleineren auch einige große Kunden zu betreuen haben und deren Ansprüchen im Hinblick auf Termintreue und Qualität sie in besonderem Maße entsprechen möchten („Key-account-Management"). Fallen jedoch solche übergreifenden Aufgaben regelmäßig an und ist die Hierarchie dauerhaft nicht in der Lage, die zur Aufgabenerfüllung erforderliche Koordination in zufriedenstellender Form zu leisten, dann greift man in der Regel zu fest geregelten Formen der horizontalen Koordination und das bedeutet zwangsläufig die Einrichtung von Mehrliniensystemen. Das Prinzip der Einheit der Leitung, das eherne Prinzip der Hierarchie, muss außer Kraft gesetzt werden, um einer anderen Organisationslogik Platz zu schaffen. Die zentralen Modelle hierfür seien nachfolgend erläutert.

2.3.3.2 Die Matrixorganisation

Mit steigender Unternehmensgröße, mit der zunehmenden Spezialisierung des Wissens und der rasch fortschreitenden Internationalisierung des Geschäfts hat sich in vielen Unternehmen die *Tendenz zur Verselbständigung* von Abteilungen und Funktionen zugespitzt. Dies hat intern und extern zu Problemen geführt:

Aus *interner Perspektive standen* die zahlreichen Schnittstellenprobleme im Vordergrund. Für die Integration problematisch wurden die sehr spezifisch geprägten Sichtweisen der einzelnen Funktionen, die unterschiedlichen Prioritäten und das daraus resultierende mangelnde Verständnis füreinander. Besonders spürbar wurden diese Probleme dort, wo es nicht um Routine-Kooperationen, sondern um Neuentwicklungen oder die Bewältigung zeitlich befristeter Vorhaben ging.

Zum anderen wurde dieses hohe Maß an Divergenz im *Außenverkehr* zum Problem; Kunden und Klienten fühlten sich verwirrt und verärgert; die Abwicklung eines Geschäfts oder das Aushandeln eines Vertrages erforderte immer häufiger den Kontakt mit mehreren Spezialabteilungen und Spezialisten, die nicht selten unterschiedliche Auffassungen vertraten. Die herkömmlichen Koordinationsinstrumente, insbesondere aber die Funktionalorganisation, zeigten sich diesem hohen Maß an Binnenkomplexität immer weniger gewachsen. Nicht selten waren es die Kunden selbst, die ultimativ eine Reduzierung der Ansprechpartner und eine entsprechende Umorganisation verlangten (z.B. das Bundesverteidigungsministerium als Abnehmer hochwertiger Rüstungsgüter).

Aus dieser Erfahrung heraus entwickelten Theorie und Praxis neue Organisationsformen, die speziell die Leistungsverknüpfung, d.h. das Zusammenwirken der Funktionen, Abteilungen, Tochtergesellschaften usw. in den Vordergrund rücken. Am bekanntesten wurde die Matrixorganisation, eine Dualorganisation, in der sich zwei Autoritätslinien mit mehr oder weniger gleichen Kompetenzen gegenüberstehen. Diese gleichzeitige Verwendung von zwei Autoritätslinien mit unterschiedlicher Ausrichtung, z.B. der Verrichtungs- und der Objektorganisation in einem Unternehmen und für denselben Aufgabenbereich, hat zu dem Namen Matrixorganisation geführt (vgl. Abbildung 2.23).

Abbildung 2.23: *Grundtyp der Matrixorganisation*

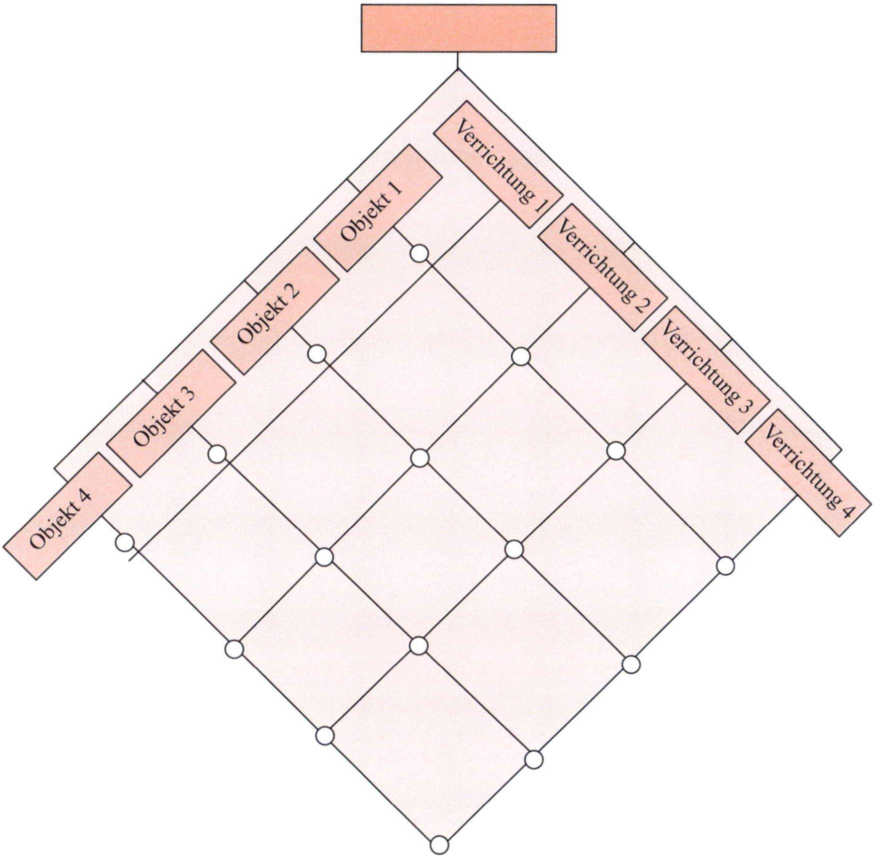

In den meisten Fällen wird die klassische Verrichtungsorganisation um eine objektorientierte Dimension, meist Produkte, orthogonal erweitert. Abbildung 2.24 zeigt schematisierend eine nach Produktgruppen und Funktionen aufgebaute Matrixstruktur eines Chemie-Unternehmens. Anstelle von Produkten werden häufig auch Regionen, Kundengruppen oder interne Serviceleistungen als Querschnittsdimension verwendet.

Abbildung 2.24: *Produkt-Funktions-Matrixorganisation*

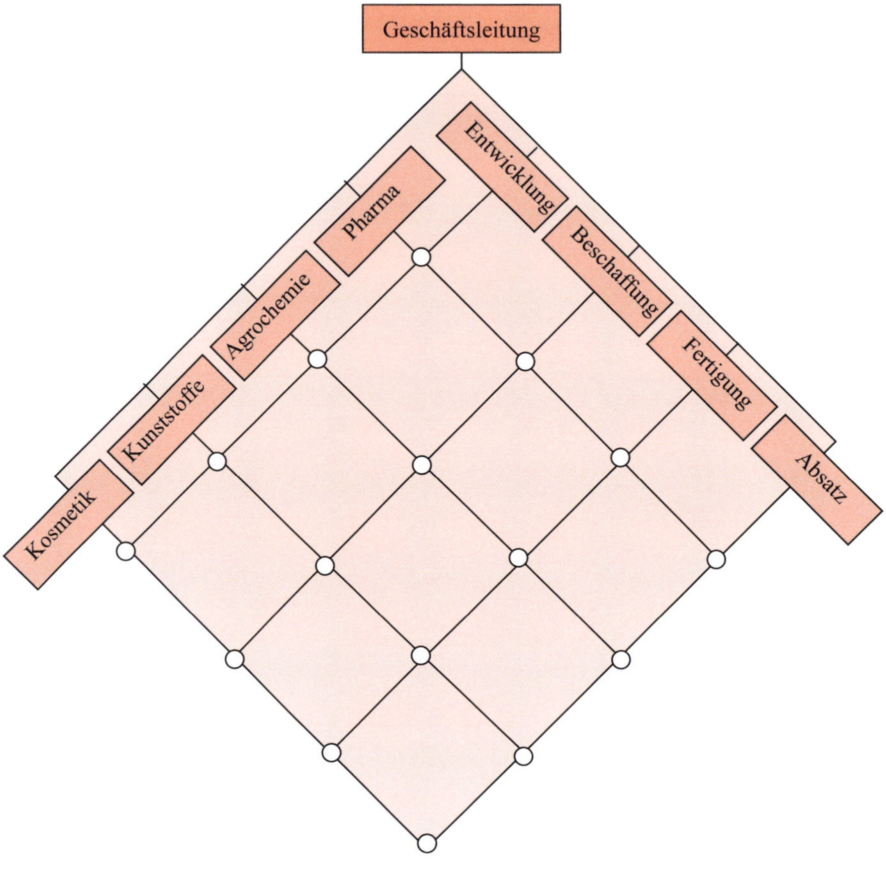

Vielfach findet sich auch eine Horizontalgliederung nach Projekten (Matrix-Projektorganisation); auf Letztere wird unten noch genauer einzugehen sein.

Das Prinzip ist jeweils dasselbe; die Leiter der Funktionsabteilungen sind für die effiziente Abwicklung der Aufgaben ihrer Spezialbereiche verantwortlich und für die vertikale Integration des arbeitsteiligen Leistungsprozesses innerhalb ihrer Funktionen. Im Unterschied dazu haben die Produkt- oder Projektmanager die horizontale Integration sicherzustellen, sie sollen das Gesamtziel ihres Produktes oder ihres Projektes über die Funktionen hinweg als einheitlichen Prozess verfolgen. Ihre besondere Aufgabe ist es, die zentrifugalen Effekte, die eine komplexe Arbeitsteilung mit sich bringt, in umfassender und systematischer Weise aufzufangen und die gemeinsame Ressourcennutzung aus einer integrativen Perspektive bündeln zu helfen.

Neben dieser klassischen Polarisierung in Funktion und Produkt/Projekt sind aber in einer Matrixorganisation grundsätzlich alle Dimensionen der Abteilungsbildung kombinierbar. Die Knorr Bremse AG kombiniert zum Beispiel die zwei Objekt-Dimensionen Produkt und Region (vgl. Abbildung 2.25).

Abbildung 2.25: *Organigramm der Knorr Bremse AG*

Quelle: Knorr-Bremse AG (Zugriff www.knorr-bremse.com am 07.04.2015)

Die in Abbildung 2.24 und Abbildung 2.25 gezeigten Matrixorganisationen beziehen sich auf die Gesamtorganisation (wobei die Zahl der betroffenen Hierarchieebenen offen bleibt). Grundsätzlich kann die Matrixorganisation aber auch nur für Teilbereiche einer Unternehmung eingesetzt werden. Eine solche Teilmatrix findet sich häufig im Marketing- oder im Forschungs- & Entwicklungs-Ressort.

Abbildung 2.26 zeigt das Beispiel einer Marketing-Abteilung, deren Horizontaldimension nach dem Produkt-Manager-Prinzip aufgebaut ist.

Abbildung 2.26: *Produkt-Funktions-Matrixorganisation in der Marketingabteilung*

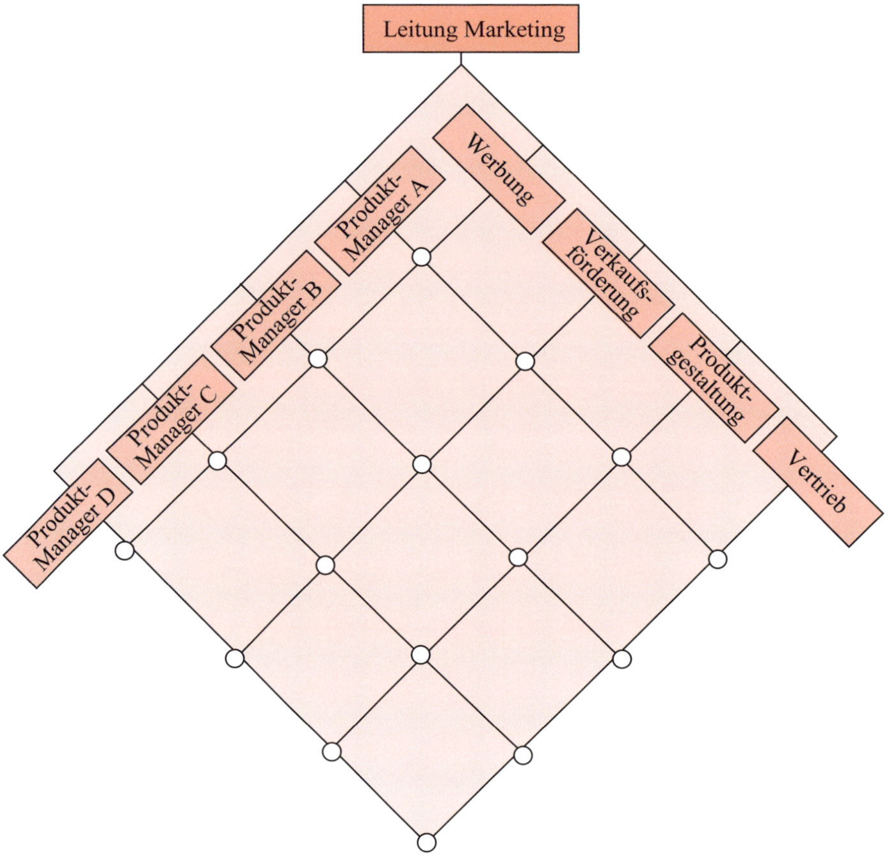

Keineswegs immer wird die Matrixorganisation in ihrer reinen Form, d.h. in der gleichberechtigten Gegenüberstellung von zwei Autoritäts- und Entscheidungslinien verwirklicht. Gerade dann, wenn Unternehmen beginnen, die Matrixstruktur zu verwenden, wird häufig als erster Schritt eine abgeschwächte Form gewählt. Das konventionelle Einlinienprinzip wird dann im Kern unangetastet gelassen, d.h. die alten Linien bleiben erhalten. Als Dualdimension werden dann lediglich Matrixstellen als Stabsstellen eingeführt mit der Maßgabe, dass sie die Koordination planerisch vorbereiten und informatorisch unterstützen helfen, nicht aber selbst über die Koordination mit entscheiden (Davis/Lawrence 1977). Solche Matrixstabsstellen finden sich häufig im Bereich des Produktmanagements oder in der Forschung & Entwicklung zur Begleitung neuer Projekte. Sie sind aber häufig zu schwach, um die gewünschte Integrationswirkung herbeiführen zu können. Behält das Funktionsmanagement sein Schwergewicht bei den Abstimmungsprozessen, spricht man häufig auch von einer *„Funktionsmatrix"*, im Unterschied zur *„Gleichgewichtsmatrix"* („Balanced Matrix").

In der Praxis ist allerdings bisweilen auch die gegenteilige Erscheinung zu beobachten, dass nämlich die zunächst zusätzliche neue Horizontallinie die vertikale Funktionslinie sukzessive zurückdrängt und zuletzt alle wesentlichen Kompetenzen an sich zieht. Dies zeigt sich insbesondere dort, wo das Geschäft im Wesentlichen auf sehr großen Projekten beruht. Bekannte Beispiele sind die Flugzeugindustrie oder Softwarefirmen. Dies ist dann der Übergang zur sog. reinen Projektorganisation (vgl. dazu unten Abschnitt 2.3.3.3).

Funktionsprinzipien: Die Matrixorganisation wurde – wie dargelegt – entwickelt, weil man sich von einer Dualorganisation in besonderem Maße eine Lösung der immens gestiegenen Integrationsprobleme in komplexen Systemen, vor allem zum Zwecke einer besseren Markt- und Kundenorientierung, versprach. Wie aber stellt man sich die Funktionsweise der Matrixorganisation im Einzelnen vor? Wie soll die Abstimmung in der täglichen Arbeit sichergestellt werden?

Die Besonderheit der Matrixorganisation ist darin zu sehen, dass bei Abstimmungskonflikten keine organisatorisch bestimmte Dominanzlösung zugunsten der einen oder der anderen Achse geschaffen wird. Man vertraut auf die Argumentation und die Bereitschaft zur Kooperation. Mit diesem kompetenzmäßig nicht vorgeregelten Aufeinandertreffen von Funktions- und Produkt/Projekt-Belangen wird der Konflikt zwischen Differenzierungs- und Integrationsnotwendigkeit sichtbar gemacht und bewusst in die Organisation hineingetragen *(„Institutionalisierung des Konfliktes").* Eine Lösung ist nur über Verhandlungen und gegenseitige Abstimmungen möglich. Konflikte und das Austragen von Konflikten werden in diesem Konzept nicht mehr länger als Störung einer Ordnung verstanden, sondern als produktives Element, das die Abstimmungsprobleme vor Ort thematisiert und argumentativ zugänglich macht.

Schon allein aus diesem Grunde bereitet die praktische Umsetzung der Matrixorganisation große Probleme. Sie verlangt nicht nur eine *Revision* des traditionellen hierarchischen Autoritätsgefüges, sondern fordert auch lange eingeübte Verhaltens- und Denkweisen bei Abstimmungskonflikten aufzugeben. Eine besondere Hürde, die sich bei der Realisierung des Matrix-Konzeptes stellt, ist die Abkehr vom Prinzip der Einheit der Auftragserteilung. Gegen eine solche Aufgabe der Einlinien- zugunsten einer Mehrlinienorganisation haben sich Theorie und Praxis jahrzehntelang gesperrt; immer mit dem Argument, der entstehende Kompetenzwirrwarr wirke hochgradig kontraproduktiv. Mit dem Einsatz der Matrixorganisation muss dieser Bann gebrochen werden.

Die Matrixorganisation bringt eine Reihe neuer Anforderungen für die betroffenen Organisationsmitglieder mit sich. Insbesondere erfahren die meisten Positionen im Management eine Neudefinition ihrer Rollen. Davon sind insbesondere die Matrix-Schlüsselpositionen betroffen, nämlich (Davis/Lawrence 1977, S. 77 ff.):

- Leitende Manager (Geschäftsführer, Vorstand, Spartenleiter usw.),
- Matrix-Manager und
- doppelt-berichtende Manager.

1. Die neue Anforderung für die Leitung (Geschäftsführung, Divisionsleitung etc.) besteht darin, dass sie die Führungsverantwortung für zwei Linien hat. Für sie kommt es ganz wesentlich darauf an, die Macht zwischen den beiden Linien auszubalancieren, so dass die Idee der Matrixorganisation in vollem Umfange zum Tragen kommen kann. Dies ist keine einmalige Aufgabe bei der Einführung, in der die Kompetenzen entsprechend ausgelegt werden, sondern eine *permanente* Aufgabe, denn die Machtgewichte verschieben sich erfahrungsgemäß immer wieder (z.B. mit dem Eingang neuer Großaufträge). Und es liegt in der Natur der Sache, dass die Matrixorganisation sensibler als eine Einlinienorganisation solche Verschiebungen aufnimmt.

Um die Labilisierung *der Machtverteilung* unter Kontrolle zu halten, kann die Geschäftsleitung eine Reihe von Stabilisierungsmaßnahmen ergreifen, wie z.B. die Angleichung der Titel und Büros für beide Linien oder gleicher Zugang zur Geschäftsführung. Sie kann aber diese Faktoren auch einsetzen, um Ungleichgewichte auszubalancieren (z.B. einfacherer Zugang zur Geschäftsleitung für den Produktmanager als für den „mächtigeren" Einkaufsleiter).

Die Geschäftsleitung hat weiterhin dafür Sorge zu tragen, dass die Grundregeln des Matrixmanagements eingehalten, d.h. dass die Abstimmungsprobleme offen ausgesprochen, vernünftig diskutiert und in einer akzeptablen Zeitspanne gelöst werden. Dabei kommt es für sie wesentlich darauf an, ein Klima zu schaffen, das die Bereitschaft zuzuhören und den sachlichen Austausch von Argumenten fördert. Ihre Anrufung um Vermittlung bei scheinbar ausweglos festgefahrenen Konflikten („Eskalation") muss die Ausnahme bleiben. Wenn die Geschäftsleitung diesem Ansinnen zu häufig stattgibt, geht der Sinn der Matrixorganisation verloren. Der erhoffte Entlastungseffekt kehrt sich in sein Gegenteil um, die Spitze wird mit mehr Abstimmungsproblemen belastet als in der klassischen Hierarchie.

2. Als Matrixmanager werden diejenigen Managementpositionen bezeichnet, die sich in der Matrix gleichberechtigt gegenüberstehen mit der Maßgabe, argumentativ Lösungen für die gemeinsame Koordinationsaufgabe zu finden. In Abbildung 2.27 sind das der Leiter der Fertigung in Deutschland und die Produktmanagerin für die Kalidünger. Die Neuartigkeit ihrer Führungsaufgabe besteht vor allem darin, dass sie keine unbeschränkte Anweisungsbefugnis über die nachgeordneten Mitarbeiter haben. Sie müssen sich mit ihrem Gegenüber aus der dualen Linie verständigen, um

gemeinsam eine klare Handlungskonzeption für die nachfolgenden Ebenen zu gewinnen. Die Funktionsmanager bringen ihr Spezialwissen und ihre Fachkompetenz in den Verhandlungsprozess ein, Querschnittsmanager dagegen die Gesamtperspektive für das Produkt oder das Projekt.

Letztere haben die primäre Verantwortung für Termine, die Abstimmung mit Internen und Externen (z.B. Auftraggebern, Konsorten, Werbeagenturen). Im Zentrum ihrer Tätigkeit steht das Management des Entscheidungsprozesses mit dem Ziel, der Gesamtperspektive hinreichend Bedeutung zu geben. Sie sind im eigentlichen Sinne die Spezialisten für Integration. Nachdem in aller Regel die Funktions-(Matrix-)Manager die angestammten Entscheidungsträger sind, müssen die (meist neu hinzugekommenen) Produkt- oder Projektmanager für gewöhnlich viel kommunikatives Geschick aufbringen, um die gewünschte Dualorientierung im praktischen Handeln Wirklichkeit werden zu lassen.

Abbildung 2.27: *Matrixorganisation als Mehrliniensystem*

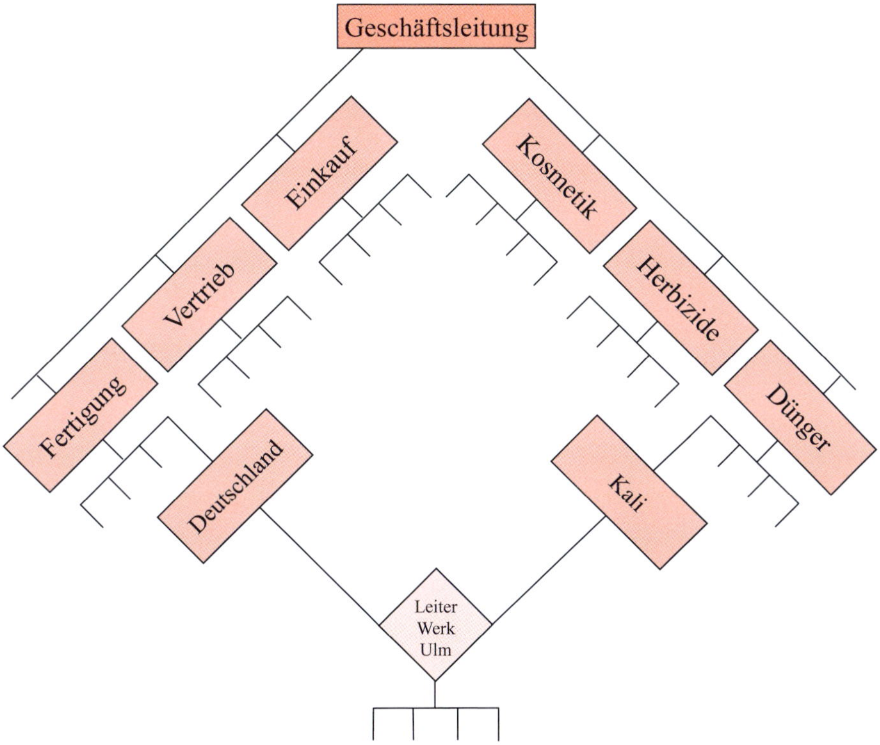

Quelle: Davis/Lawrence (1977), S. 22 (modifiziert)

Häufig wird empfohlen, die gewünschte Dualorientierung in der Anweisungserteilung auch dadurch zu befördern, dass die nachgeordnete Managementebene von beiden Matrixmanagern in ihrer Leistung beurteilt wird, dass also z.B. Beförderungsentscheidungen oder Leistungszulagen von den Matrixmanagern jeweils gemeinsam entschieden werden müssen. Erst durch solche Regelungen wird hinreichend bewusst gemacht, dass an beide Matrixmanager berichtet wird und dass beide Linien gleichermaßen wichtig sind. Die eine Linie koordiniert die Funktionsaspekte, die andere Linie koordiniert die Termine und die Abstimmung mit anderen Funktionen. Wichtig ist aber, dass sich die Matrixmanager untereinander einig werden. Genauso wenig wie die „Rückdelegation" ist eine Verlagerung nach unten in dem Sinne erwünscht, dass die nachgeordnete Ebene die Koordinationslast aufgebürdet bekommt, weil die Duallinien aneinander vorbei entscheiden und handeln.

3. Eine hohe Anforderung stellt die Matrixorganisation an solche Führungskräfte oder Organisationsmitglieder, die an zwei Vorgesetzte zu berichten haben, wie dies in Abbildung 2.27 für den Leiter des Werkes Ulm der Fall ist. In nicht wenigen Fällen sind sie es, die aus dem Handlungsdruck heraus die ungelöst gebliebenen Konflikte entscheiden müssen – und sei es durch schlichtes Handeln, indem sie eben dies und nicht jenes tun. Für diese Positionen ergeben sich häufig aufgrund des dualen Linienaufbaus schwere Loyalitäts- und Identifikationskonflikte, so z.B., wenn der Werksleiter in Abbildung 2.27 seine Leute davon überzeugen muss, dass sich in dem anstehenden Fall die Produktmanagerin für Kalidünger gegenüber dem Fertigungsleiter Deutschland mit seinem Vorschlag durchgesetzt hat und daher ihr gefolgt werden soll, obwohl dies möglicherweise aus fertigungstechnischer Sicht nachteilig ist. Es muss ihm gelingen, die Balance zu halten.

Eine der wichtigsten Anforderungen dieser Position ist, aufgetretene Widersprüche sichtbar zu machen und die vorgeordnete Ebene mit diesen Widersprüchen zu konfrontieren. Andererseits gewinnen diese Positionen durch die häufig nicht endgültig geregelten Konfliktsituationen *Handlungsspielräume* und Freiräume für Eigeninitiative, wie sie ein in der klassischen Linienorganisation nachgeordneter Manager nicht hat.

Insgesamt gesehen erfordert das Mehrliniensystem in Form der Matrixorganisation zwangsläufig eine Vielzahl von Abstimmungsprozeduren und Konferenzen, um die von dieser Struktur-Konfiguration verstärkten Konflikte zu lösen. Es gilt jedoch zu sehen, dass die Matrix-Konfiguration meistens nur für eine oder zwei, keineswegs jedoch für alle hierarchischen Ebenen gilt.

Vor- und Nachteile: Der *Hauptvorteil* der Matrixorganisation liegt in der Erweiterung der Perspektive. Durch die Zusammenführung zweier gleichberechtigter Leistungsperspektiven wird eine Art Gesamtschau erzwungen. Die Kommunikation über die verschiedenen Perspektiven (z.B. Funktion versus Produkt) wird organisatorisch institutionalisiert. Das Unternehmen wird dadurch auch besser sensibilisiert für externe Veränderungen und interne Veränderungsnotwendigkeiten. Durch die Matrixorganisation kann z.B. ein Kundenbezug in das Unternehmen hineingeschoben werden, ohne dass funktionale Effizienzgesichtspunkte in den Hintergrund treten müssten. Vorhandene Unstimmigkeiten werden sichtbar gemacht und einer geordneten Konfliktlösung zugeführt. Ferner erlaubt die Matrixorganisation die Gesamtoptimierung der Nutzung gemeinsamer Ressourcen (z.B. Konstruktion, Fertigungsanlagen und Vertrieb).

Insgesamt wird von der Matrixorganisation eine erhebliche Leistungssteigerung erwartet, weil sie mit dem inhärenten Zwang, die Probleme auszudiskutieren, auf eine Optimierung des Gesamtsystems drängt. Ferner weisen viele Untersuchungen darauf hin, dass die Matrixorganisation über ihre koordinative Funktion hinaus sehr viel mehr als traditionelle Einlinienorganisationen in der Lage ist, Innovationen anzuregen und aufzugreifen (vgl. Kanter 1983). Die *Mehrperspektivität*, die selbstkritische Distanz zur eigenen langjährig entwickelten Perspektive, als Grundvoraussetzung jeder Innovationsfähigkeit, wird von der Matrixorganisation systematischer (und unausweichlicher) gefördert als von anderen Organisationsformen.

Die Matrixorganisation war andererseits aber vom ersten Tage ihrer Erfindung an umstritten. Dazu hat nicht nur ihre Missachtung scheinbar unumstößlicher Gesetze der Organisation beigetragen, sondern vor allem auch die Anforderung, die sie an die Organisationsmitglieder stellt. In systematisierter Form lassen sich die *Einwände* wie folgt zusammenfassen:

1. *Intransparenz*; die Dualorganisation verkompliziert alle Abläufe und als Folge tritt Konfusion und Verlust des Verantwortungsgefühls ein („Jeder redet mit, niemand fühlt sich wirklich verantwortlich").

2. *Verzögerung von Entscheidungen*; der Zwang zum Konsens ist u.U. sehr zeitaufwendig und für alle Beteiligten frustrierend („Zu viel Gequatsche, zu wenig Ergebnisse").

3. *Zu hohe Koordinationskosten*; bedingt durch die zusätzliche zweite Linienorganisation entsteht ein erheblicher Mehraufwand („Zu viele Manager, zu wenig Akteure").

4. *Persönliche Belastung durch hohe Konfliktdichte*; speziell solche Personen, die es nicht gewöhnt sind, Konflikte offen auszutragen, geraten durch die Matrixorganisation in einen erheblichen Stress („Man wird zwischen den Fronten zerrieben").

5. *Aufwändige Dokumentation*; bedingt durch die vielen Abstimmungssitzungen, Sitzungsprotokolle usw. entsteht ein hoher formaler Aufwand („Papierkrieg").

Befragungen von Unternehmen mit Matrixerfahrung fallen unterschiedlich aus. Während ein Teil der Firmen diese Organisationsform zum Erfolgsfaktor erklärt (dies sind vor allem Firmen mit Großprojekten), haben sich andere zwischenzeitlich wieder davon getrennt. Eine Mitte der 80er Jahre in den USA durchgeführte Untersuchung (Larson/Gobeli 1987) erbrachte indes ein überraschend positives Ergebnis: 51% der befragten Matrixanwender beantworteten die Frage, ob sie planen, die Matrix weiter einzusetzen, mit einem eindeutigen Ja. Weitere 38% äußerten, dass sie möglicherweise daran festhalten werden. Damit wird offensichtlich, dass die immer wieder zu hörende heftige Kritik an der Matrixorganisation polemisch überspitzt ist; in der Praxis werden die spezifischen Vorteile von Matrixstrukturen durchaus gesehen und genutzt (ähnlich auch Ford/Randolph 1992; Gottlieb 2007; Hall 2013).

Einer der Hauptgründe für die geäußerte Unzufriedenheit mit der Matrixorganisation ist in ihrem undifferenzierten Einsatz zu sehen. Diese Organisationsform ist keinesfalls ein Allheilmittel für Integrationsprobleme. Ihr Einsatz und vor allem ihre hohen Kosten lohnen nur dort, wo der Integrationsbedarf so ausgeprägt ist, dass die Vorzüge der Matrix zur Geltung gebracht werden können. Davis und Lawrence (1977) haben sehr früh einen instruktiven Ansatz entwickelt, der drei Bedingungen spezifiziert:

Einsatzbedingungen:

Bedingung I: Es bestehen zwei unterschiedliche Referenzsysteme mit bestandskritischen Ansprüchen an das Unternehmen.

Die Existenz (mindestens) zweier unterschiedlicher, partiell widersprüchlicher Erwartungen und ein starker Druck, beide gleichermaßen zu erfüllen, ist die erste Voraussetzung für den zweckmäßigen Einsatz der Matrixorganisation *(„Outside pressure for dual focus")*.

> *Beispiel: In der Luftfahrtindustrie, in der die Matrixorganisation zuerst entwickelt wurde, besteht gewöhnlich ein Druck hin auf technische Exzellenz (Sicherheit, Qualität usw.) und gleichzeitig die Notwendigkeit einer klaren Ausrichtung auf die speziellen Wünsche des Auftraggebers. Häufig verlangt der Auftraggeber in der Luftfahrtindustrie einen offiziell ausgewiesenen Projektbeauftragten in der Firma, mit dem dann das Gros der Koordinationsprobleme abgewickelt wird. Beide Perspektiven, die technische Exzellenz sowie die kundenorientierte Projektbearbeitung, verlangen nach einer simultanen Berücksichtigung, und es ist nicht angezeigt, dass eine Perspektive die andere dominiert.*

Bedingung II: Aufgaben erfordern eine hohe Informationsverarbeitungskapazität.

Ein Druck für zusätzliche über die Hierarchie hinausgehende Abstimmungsverfahren besteht ferner dort, wo sehr viele neue Informationen auf eine Firma eindringen und wo diese Informationen wegen der ausgeprägten Interdependenz der Aufgabenvollzüge nicht von einigen Spezialstellen isoliert bearbeitet werden können *(„Pressures for high information-processing capacity")*.

Die Umstände, unter denen der Informationsverarbeitungsbedarf so groß wird, dass er mit den konventionellen organisatorischen Lösungen nicht mehr bewältigt werden kann und nach einer dualen Organisation verlangt, bezeichnen Davis/Lawrence wie folgt:

- *Unsicherheit*: Die zutreffenden Informationen sind schwer vorhersehbar; Randbedingungen und Inhalte ändern sich laufend. Pläne bedürfen einer fortwährenden Anpassung; Überraschungen sind eher die Regel als die Ausnahme.

- *Diversität*: Die Aufgabensituation ist vielgestaltig in dem Sinne, dass verschiedene Produktlinien, Projekte, Produktentwicklungen usw. parallel nebeneinander laufen. Dadurch „multipliziert" sich die erforderliche Informationsverarbeitungskapazität um ein Vielfaches.
- *Interdependenz*: Eine Vielzahl von Personen und Abteilungen ist einzubeziehen, wenn es darum geht, eine Antwort auf geänderte Umstände zu entwickeln. Je stärker die so definierte Aufgabeninterdependenz, umso höher ist der Informationsverarbeitungsbedarf und umso größer muss die Informationsverarbeitungskapazität ausgelegt sein, um den übergreifenden Veränderungsbedarf rasch zu erkennen und umzusetzen.

Bedingung III: Produkte/Projekte verlangen nach einer gemeinsamen Ressourcennutzung.

Aus technischen und ökonomischen Gründen ist es häufig unmöglich, die vorhandenen Aggregate, Spezialeinrichtungen und Expertenkenntnisse zu teilen („Unteilbarkeiten"), d.h. sie sind für die verschiedenen Produktlinien oder Projekte *gemeinsam* zu nutzen (Größenvorteile, Synergien usw.). Je stärker der Wettbewerb, umso stärker ist der Druck, die vorhandenen Ressourcen in effizienter Weise für die verschiedenen Produkte/Projekte zu nutzen und damit auch der Druck zur Einrichtung von Vorkehrungen, die diese gemeinsame Ressourcennutzung effizient gestalten *(„Pressures for shared resources").* Die Matrixorganisation ist als eine solche Vorkehrung zu verstehen, die z.B. die gemeinsame Nutzung eines Werkes für verschiedene Projekte regeln soll; sie zwingt durch ihre Abstimmungsprozeduren zu einem flexiblen Umgang mit den Ressourcen und unterbindet durch die doppelte Verantwortlichkeit ein Beharren auf (unproduktiven) Konventionen.

In den Fällen, in denen alle diese kritischen Umstände gegeben waren, hat sich die Matrixorganisation als erfolgreiches Instrument der organisatorischen Integration erwiesen. Diese Bedingungen zeigen aber auch, dass es vollkommen irreführend ist, die Matrixorganisation als eine Art generisches Organisationsmodell anzusehen. Die Matrixorganisation wurde als Antwort auf spezifische Organisationsprobleme entwickelt und ist deshalb auch nur zur Lösung dieser geeignet. Sie war nie als Universalmodell gedacht.

Vor allem in *international tätigen Unternehmen* sind die drei genannten Umstände vielfach gegeben (vgl. Egelhoff et al. 2013). Den funktions- bzw. produktbereichsspezifischen Organisationserfordernissen stehen spezifische Erwartungen einzelner (geographischer) Märkte gegenüber, weder Forschung & Entwicklung, noch Produktion lassen sich aus Kostengründen in der Regel regionalisieren. Dementsprechend findet man in multinationalen Unternehmen häufig eine Überlagerung von einer Funktions- bzw. Produktorganisation mit einer regionalen Struktur. Deren Aufgabe ist es, die Präsenz in verschiedenen geographischen Märkten abzusichern und den Marktauftritt der Sparten vor Ort zu koordinieren. Für ein Beispiel einer solchen Matrixstruktur sei noch einmal auf Abbildung 2.25 verwiesen. Wird die Matrix um eine dritte oder gar vierte Dimension erweitert, spricht man von einer Hybrid- oder Tensororganisation (Bleicher 1991).

Wirklich funktionstüchtig ist die Matrixorganisation selbst bei Vorliegen der 3 Voraussetzungen nur dann, wenn die *personellen Voraussetzungen* dafür geschaffen worden sind. Die betroffenen Personen müssen in der Lage sein, sich von dem herkömmlichen hierarchischen Autoritätsdenken zu lösen und stattdessen auf ihre Konfliktregelungskompetenz zu vertrauen. Der für die Matrixkoordination typische geringe Einsatz formaler Machtmittel erfordert in der Regel eine Neuorientierung im Verhalten, die nicht ohne weiteres vorausgesetzt werden kann. Das System steht und fällt mit der Kooperationsbereitschaft der Handlungsträger. Die Erfahrung zeigt, dass viele Menschen große Schwierigkeiten haben, sich ohne weitere Unterstützung auf die Funktionsbedingungen der Matrixorganisation umzustellen. Die Einführung der Matrixorganisation bedarf deshalb auch einer sorgfältigen Vorbereitung auf der personellen Ebene. Eine Umstellungsphase von zwei bis drei Jahren ist nicht ungewöhnlich. Fokus 2.10 gibt einen aktuellen Einblick in die Bemühungen bei der Umstellung auf eine Matrixorganisation.

Fokus 2.10

Die Matrixorganisation in der Praxis: Auf dem Nullpunkt

Die Manager der Stahlsparte von Thyssen-Krupp sind in der Branche für ihr Selbstbewusstsein bekannt. Daran hat auch die tiefe Krise des Ruhrkonzerns nicht viel geändert. Dieses Selbstbewusstsein schlägt auf der Top-Ebene gelegentlich auch in Selbstgefälligkeit um, davon weiß manch einer zu berichten. Eine typische Episode trug sich neulich in Duisburg zu: Im Besprechungsraum herrschte striktes Rauchverbot. Die versammelten Manager hielten sich ausnahmslos daran. Dann ging die Tür auf, und der Vorgesetzte schlenderte herein – wie selbstverständlich mit der Zigarette in der Hand.

Diese Art von Firmenkultur ist es, der Thyssen-Krupp-Chef Heinrich Hiesinger den Kampf angesagt hat. Der frühere Siemens-Vorstand will Privilegien abschaffen und Königreiche auflösen, aus der Überzeugung, dass Thyssen-Krupp – mit 150 000 Mitarbeitern und 40 Milliarden Euro Umsatz der größte deutsche Stahlkonzern – im vorgefundenen Zustand nicht wettbewerbsfähig sei. Auch wenn viele Führungskräfte diese Analyse im Grundsatz teilen, an der Umsetzung entzündet sich mittlerweile jede Menge Kritik. "Die Verunsicherung ist gigantisch", fasst ein Manager die Stimmung zusammen.

Reizwort Nummer eins ist bei hochrangigen Konzernmanagern derzeit die "Matrixorganisation". Nach Hiesingers Plänen soll von Oktober an zum Teil völlig neu definiert werden, wer gegenüber wem rechenschaftspflichtig ist. So gibt es künftig etwa Regionalchefs, die ebenso an den Konzernvorstand berichten wie die Spartenchefs. Hiesinger ziehe eine zusätzliche Ebene ein – Dauerkonflikte zwischen den Spartenchefs und den Regionalchefs im Ausland seien vorprogrammiert, lautet die Befürchtung.

Aus Sicht der Kritiker droht ein Durcheinander bei den Zuständigkeiten – und nicht nur das: "Diese Art der Organisation verwischt Verantwortlichkeiten und führt zu längeren Entscheidungswegen", sagt einer, der damit schon Erfahrungen gesammelt hat. Es gebe langwierige Abstimmungsrunden mit einer großen Anzahl von Kollegen, die in Mails und bei Telefonkonferenzen berücksichtigt werden müssten: "Alles in Kopie, aber wer trägt am Ende die Verantwortung?"

Dass der Umbau zu Unruhe führt, bestätigen auch diejenigen, die den Plan umsetzen. Das sei bei einem solch umfassenden Projekt nicht zu vermeiden. "Das Problem ist, dass Veränderung Zeit braucht", sagt Konzern-Strategiechef Premal Desai. Die Neuorganisation werde wie geplant bis 2014/15 dauern: Zunächst seien die Konzernzentrale und die Führungen der einzelnen Sparten an der Reihe. Danach erst folgen die Regionen und die Geschäftseinheiten. Dabei sollen in der Verwaltung weltweit rund 3000 Stellen wegfallen.

Anfangs habe es tatsächlich zu viele Initiativen auf einmal gegeben. "Die Organisation ächzte vor Überforderung", so Desai. Sicher sei aber, dass es auch in Zukunft klare Verantwortlichkeiten geben werde. Der Chef der Aufzugssparte im Konzern etwa bleibe weiterhin der Hauptverantwortliche für sein Geschäft – auch wenn der Regionalchef künftig ein wichtiges Wort mitzureden habe, stellt Werften- und Anlagenbau-Chef Hans Christoph Atzpodien klar. Komme es zu einem Konflikt zwischen Managern der zweiten Ebene, könnten sie sich an den Vorstandschef wenden.

Für Konzernchef Hiesinger gibt es trotz der Bedenken keine Alternative zur Matrix. Er ist davon überzeugt, dass nach dem Missmanagement beim Bau des Stahlwerkes in Brasilien und den verschiedenen Kartellfällen der Konzern komplett umgebaut werden muss. Zudem müsse Thyssen-Krupp in den Regionen mit einer Stimme sprechen. "Wenn wir im Ausland als ein Unternehmen und mit der Marke Thyssen-Krupp auftreten, werden wir von der Politik wahrgenommen", erläuterte Hiesinger die neue Struktur, die er von seinem früheren Arbeitgeber Siemens kennt – wenn auch in etwas anderer Ausprägung.

Siemens allerdings will die Matrix wieder zurückfahren. Der neue Konzernchef Joe Kaeser begründete dies jüngst mit Reibungsverlusten aufgrund der dreidimensionalen Struktur: "Richtig ist leider auch, dass unsere Mitarbeiter zuletzt zu oft nicht den Wettbewerber als Gegner begriffen, sondern innerbetriebliche Strukturen." Bei Siemens hätten sich aufgrund dieser Organisation zu viele separate Machtzentren entwickelt, sagte Kaeser. "Jede Organisation ist anders", meint dazu Strategiechef Desai mit Blick auf Thyssen-Krupp.

Quelle: Süddeutsche Zeitung 23.09.2014

Es ist sehr wahrscheinlich, dass ein Großteil der oben erwähnten Probleme in der Praxis mit der Handhabung der Matrixorganisation in der Verkennung der weitreichenden personellen Voraussetzungen und mangelnden Vorbereitung der Beteiligten ihre tiefere Wurzel hat. Bartlett und Ghoshal (1992) weisen zu Recht darauf hin, dass Matrix-Management in erster Linie eine Frage der Einstellungen und des Vertrauens untereinander ist und erst in zweiter Linie eine Frage der formalen Struktur. Ein Manager bringt seine Erfahrungen auf genau diesen Punkt, wenn er sagt: „The challenge is not so much to build a matrix structure as it is to create a matrix in the minds of our managers“ (ebenda, S. 117 f.).

2.3.3.3 Die Projektorganisation

Ein Projekt ist im Gegensatz zu einer herkömmlichen organisatorischen Aufgabe ein einmaliges Vorhaben mit einem definierten Beginn und einem festgelegten Abschluss. Neben der *Einmaligkeit* und der zeitlichen Befristung zeichnen sich Projekte häufig auch durch eine relative *Neuartigkeit* aus, d.h. die Wege zur Lösung der Aufgaben sind für gewöhnlich nur teilweise vorher bekannt. Wegen ihres neuartigen Charakters sind

Projektaufgaben mit einer hohen Unsicherheit behaftet; sie lassen sich deshalb nur selten genau vorherplanen. Entscheidend ist aber – und das gibt den Grund ab, weshalb sie an dieser Stelle abgehandelt werden –, dass Projekte in aller Regel in ihrem Wirkungsgeschehen die Grenzen festgelegter Unternehmensbereiche überschreiten und die Kooperation verschiedener Bereiche einschließlich der gemeinsamen Nutzung vorhandener Ressourcen erfordern.

Im Hinblick auf die organisatorische Gestaltung sind zwei Ebenen zu unterscheiden: zum einen die Organisation der Projekte selbst und zum anderen die Verknüpfung der Projektarbeit mit den angestammten, regulären Aufgabenvollzügen. Zu Letzterem ist zu sagen, dass Projektarbeit früher als Zusatz oder Anhängsel zur Hierarchie gedacht wurde. Heute gerät Projektarbeit immer häufiger zur Selbstverständlichkeit. Unternehmen gehen dazu über, ganze Arbeitsbereiche, allen voran Forschung und Entwicklung, nur noch in Projektform zu organisieren (vgl. u.a. Clark/Wheelwright 1992; Kerzner 2013). Für die *organisatorische Integration* von Projekten wird häufig – wie bereits angeklungen – in Firmen mit regelmäßig großen Projekten (z.B. Luftfahrtindustrie, Werbeagenturen, Filmgesellschaften) und einem hohen Maß gemeinsamer Ressourcennutzung die Matrix als Organisationsform gewählt. Abbildung 2.28 gibt ein Beispiel für eine solche *Matrix-Projektorganisation.*

Abbildung 2.28: *Matrix-Projektorganisation der Tronex GmbH*

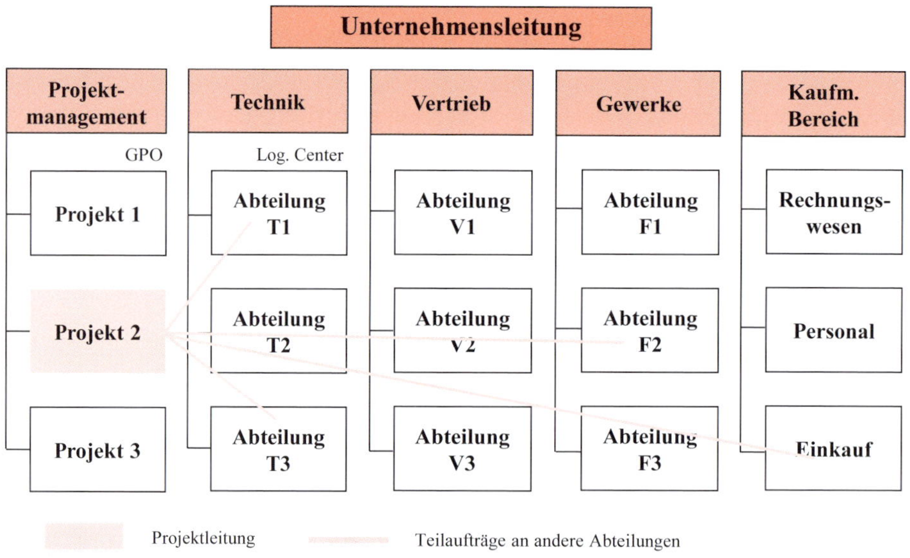

Quelle: Tronex GmbH (Zugriff www.tronex.de am 07.04.2015)

Die Funktionsbedingungen sind dementsprechend auch analog zu den oben genannten – mit dem einzigen Unterschied, dass die ausgewiesenen Projekte von vornherein als befristete, nur vorübergehende Organisationseinheiten definiert sind, denen allerdings alsbald neue Projekte folgen können.

Daneben gibt es schwächere, aber auch dominantere Formen, mit denen Projekte organisatorisch zu integrieren versucht werden. Zu den schwächeren Formen zählt die *Stabs-Projektorganisation*, bei der der Projektleiter eine Stabsstelle begleitet und nur durch Informationen auf die Entscheidungsprozesse einwirken kann.

In der *Reinen Projektorganisation* wird dagegen die Idee einer Sekundärorganisation aufgegeben, und die Projektleitung erhält sämtliche zur Erfüllung des Projektauftrages notwendigen Kompetenzen und Ressourcen. Die Projektbeteiligten werden aus den verschiedenen Betriebsbereichen ausgegliedert und für die Dauer des Projektes (in der Luftfahrt-Industrie bis zu 10 Jahren) in direkter Linie der Projektleitung unterstellt.

Abbildung 2.29 zeigt schematisch die Grundstruktur einer *Reinen Projektorganisation*. Organisatorisch gesehen ist die reine Projektorganisation nichts anderes als eine objektorientierte Strukturierung der Aufgaben, ähnlich der Geschäftsbereichsorganisation, mit allerdings von vorne herein zeitlich begrenztem Horizont.

Abbildung 2.29: *Reine Projektorganisation*

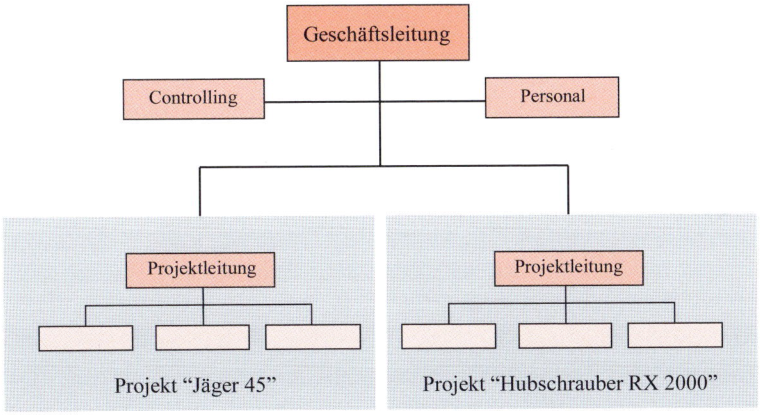

Um den *prozesshaften Charakter* von Projekten besser zum Ausdruck zu bringen, wird häufig der Lebenszyklus von Projekten betont (vgl. Abbildung 2.30). Für die organisatorische Integration ist eine am Lebenszyklus orientierte Betrachtungsweise von Projekten insoweit bedeutsam, als sich nun die Frage stellt, welche Integrationsanforderungen die verschiedenen Phasen kennzeichnen. Anknüpfend an die oben näher beschriebenen drei Bedingungen für den erfolgreichen Einsatz der Matrixorganisation nach Davis/Lawrence, kann sich eine durchaus unterschiedliche Bedingungskonstellation im Verlaufe eines Projektes ergeben. In einer empirischen Studie bei einem deutschen Flugzeughersteller (vgl. Körbs 1990) zeigte sich ein sehr unterschiedliches Bild in den einzelnen Projektphasen. Es wurde nach vier Projektphasen unterschieden:

1. Entwicklungsphase,
2. Produktionsphase,
3. Einführungsphase,
4. Betriebs-/Nutzungsphase.

Abbildung 2.30: *Projekt-Lebenszyklus*

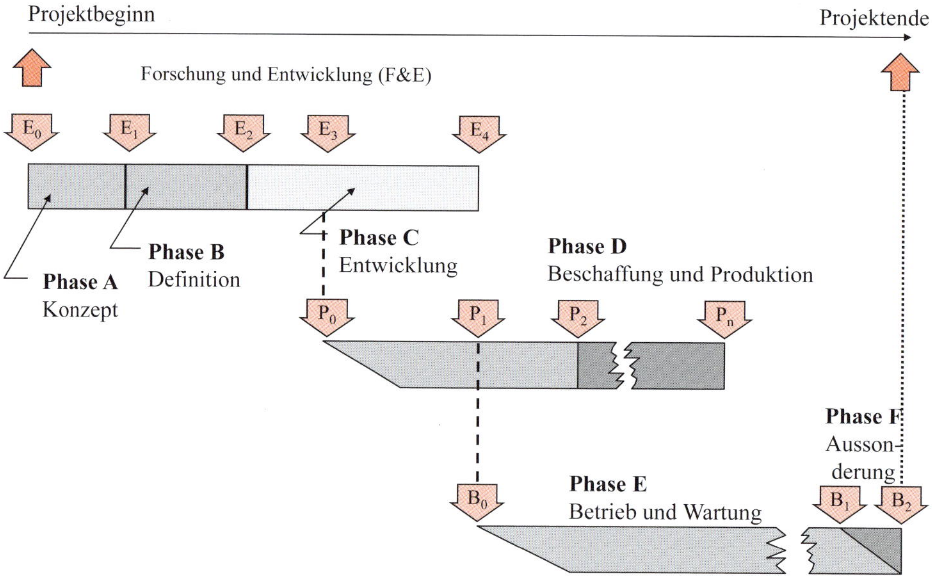

Quelle: Madauss (2000), S. 63 (modifiziert)

Es hat sich erwiesen, dass die Bedingungen für den sinnvollen Einsatz der Matrix-Projekt-Organisation im Wesentlichen nur in den Phasen 1 und 2 vorlagen; Phase 3 zeigte sich als Übergangsphase und Phase 4 wich erheblich von den genannten drei Voraussetzungen ab; der Koordinationsbedarf war stark gesunken und konnte im Wesentlichen „programmiert" werden. In den meisten Fällen – so auch in dem untersuchten – wird jedoch die Matrix-Projekt-Organisation durchgängig beibehalten. Dies führt u.U. nicht nur zu überhöhten Organisationskosten, sondern auch zu Unzufriedenheit und Frustration auf Seiten der Mitarbeiter. Die Matrixorganisation erzwingt dann fortlaufende Abstimmungsroutinen, die der Sache nach gar nicht mehr erforderlich sind.

Es ist also angezeigt, nicht nach der Projektorganisation schlechthin zu suchen, sondern nach der, die der jeweiligen Phase am besten entspricht bzw. die den sich jeweils stellenden Bedingungen am zweckmäßigsten begegnen kann (vgl. allgemein zu den Phasen des Innovationsmanagements Hauschildt/Salomo 2011).

Was die Binnenorganisation von Projekten anbelangt, so unterscheidet sich die Gestaltung nicht grundsätzlich von anderen Organisationsaufgaben. Der Prozessgedanke steht im Vordergrund, die horizontale Kooperation im Sinne funktionsübergreifender Teamarbeit wird häufig als Organisationsform gewählt (vgl. auch unten Kapitel 3). Bei großen Projekten werden regelmäßig Unterprojekte, d.h. also verschiedene Projektteams, gebildet und einer Gesamtprojektleitung unterstellt. So hat Boeing z.B. nicht weniger als 250 Projektgruppen eingerichtet um die 777-Maschine bis zur Serienreife zu entwickeln; ganz ähnlich projektorientiert werden neue BMW-Modelle bis zur Serienreife gebracht. Für die Gesamtleitung wählt man häufig ein Kollegialorgan (Steuerungsgruppe, Lenkungsausschuss), das die Projektleiter bestellt, Projektziele und -budgets autorisiert und kontrolliert (vgl. hierzu etwa die Analyse der Olympiabauprojekte von Grün 2004 sowie die Beispiele in Steinle et al. 2001).

Eine weitergehende Frage ist das Management von Projekten. Hierzu gehören neben der Organisation der ganze Kranz der Managementfunktionen, also die Projektplanung, der Einsatz des Projektpersonals, die Projektführung und die Projektkontrolle. Eine Erörterung dieser Aufgaben sprengt den Rahmen der hier gewählten organisatorischen Perspektive (zur Darstellung des Projektmanagements vgl. Kerzner 2013 oder bei Siemens: Burghardt 2013).

2.3.4 Laterale Integration

In jüngerer Zeit werden verstärkt weitergehendere Integrationskonzepte als die Matrixorganisation diskutiert. Dies gilt speziell für die Einrichtung partiell verselbständigter Gruppen/Subsysteme und ihre hierarchieübergreifende, rein problembezogene Vermaschung.

Bahnbrechende Vorarbeit für diese internen Netzwerkformen hat Rensis Likert (1961, 1967) mit seinem Modell der *Multiplen Überlappungsstruktur* geschaffen (vgl. ausführlich dazu Kapitel 3). Er hat mit seinem *System 4* eine laterale Koordinationsstruktur vorgelegt, die wesentliche Elemente der Matrixorganisation und der reinen Projektorganisation aufnimmt. System 4 weist eine dreifach überlappende Organisationsstruktur auf:

- vertikal überlappende Gruppen,
- horizontal überlappende Querschnittsgruppen und
- lateral überlappende Projektgruppen.

Likerts Modell bettet die Hierarchie in ein multiples überlappendes Teamsystem und versucht auf diese Weise die schwerwiegenden Integrationsdefizite hierarchischer Koordination zu kompensieren; er stellt aber die Hierarchie als Grundpfeiler nicht in Frage. Neuere Ansätze vertrauen der Hierarchie sehr viel weniger und räumen der horizontalen und vor allem lateralen Abstimmung den Vorrang ein (z.B. Quinn 1992; Galunic/Eisenhardt 2001; Tracey 2011).

Als typisches Beispiel werden hier immer wieder die Entwicklungsteams bei Toyota angeführt, denen Projekte für die gesamte Dauer unter Leitung des „shusa" zugewiesen werden. Diese Teams versuchen sehr früh, den Abgleich zwischen allen Projektbeteiligten herbeizuführen. Die Teams sind mit verschiedenen Spezialisten besetzt; sie bleiben bei den Teams und ermöglichen es, dass die Projekte nicht von Abteilung zu Abteilung weitergereicht werden müssen, sondern innerhalb des Teams bleiben (Womack et al. 1992, S. 119 ff.). Wie auch immer diese Teams im Einzelfall aufgebaut sind, ihr Grad an Organisiertheit ist relativ hoch.

Von der Grundanlage her ähnlich, doch wesentlich weniger „organisiert" sind die sog. Netzwerk-Modelle; so etwa die „*Adhocratie*" (Mintzberg 1979), die „*Spinnennetzorganisation*" (Quinn 1992, S. 120 ff.), die *Heterarchie* (Kellog et al. 2006) und ähnliche Modelle interner Netzwerke (Snow et al. 1992; Fjeldstad et al. 2012). Dies sind Modelle, die im Wesentlichen auf informelle Kommunikation und kompetenzbasierte Koordination nach eigenem Ermessen vertrauen. Am meisten Beachtung hat in jüngster Zeit das Modell der heterarchischen Organisation erfahren. Ausgangspunkt ist die Kritik an klassisch hierarchischen Integrationsformen, vor allem die notorische Langsamkeit in der Entscheidungsfindung und das Problem, dass mit zunehmender hierarchischer Position die Fachexpertise abnimmt. Ausgangspunkt dieser Organisationsform bilden fachlich spezialisierte Experten oder Kompetenzzentren, die sich über die ganze Organisation verteilt finden. Entscheidungen werden nicht auf der zuständigen hierarchischen Ebene gefällt, sondern dort, wo die notwendige Expertise vorhanden ist. Entscheidungsprobleme werden so lange in der Organisation weitergereicht, bis sie bei einem Organisationsmitglied anlangen, das über die notwendige Expertise verfügt, um entscheiden zu können. Die kooperativen Anschlüsse an andere Einheiten und deren Entscheidungen werden primär nach eigenem Ermessen im Rahmen von netzwerkartigen Beziehungsstrukturen geleistet. Hierarchie wird dabei nicht länger als stabile Über- bzw. Unterordnung gedacht; die Entscheidungsautorität formiert sich in Abhängigkeit des zu lösenden Problems quasi immer wieder neu. Die Heterarchie verzichtet daher nicht gänzlich auf Über- und Unterordnung, sondern verknüpft diese mit spezifischem Expertenwissen. Idealbild stellt die sogenannte fluide Hierarchie dar, die ständig in Bewegung ist und die Organisation so in einem Modus der Wachsamkeit und Anpassungsfähigkeit halten soll (Schreyögg/Sydow 2010). Der organisierten Integration im Sinne einer generellen Vorregelung der Anschlüsse untereinander, etwa in Form der konditionalen Programmierung, kommt in diesen Ansätzen keine große Bedeutung mehr zu. Vielmehr wird davon ausgegangen, dass in hoch dynamischen Umwelten dasselbe Problem niemals wiederholt auftritt, was eine generelle Regelung schlicht unmöglich mache (Davis et al. 2009). Jedes Problem erfordert eine Neukonfigurierung der Organisation. Generelle Regeln schaffen nur noch den Rahmen, die Voraussetzungen, damit sich die Prozesse der horizontalen Selbstabstimmung entfalten können (vgl. zu solchen Minimalstandards auf der Basis empirischer Forschung Brown/Eisenhardt 1998). Ein Beispiel für eine solche netzwerkartige Organisation gibt Fokus 2.11.

Fokus 2.11

Arthur D. Little (ADL) als Netzwerkunternehmen

Bis zum Beginn der siebziger Jahre gliederte sich ADL in sieben Geschäftsbereiche: drei technische (Engineering, Life Sciences, Research & Development), dreien auf dem Gebiet der Managementberatung (Management Counseling, Operations Research, Industrial and Regional Economics) und einem internationalen Geschäftsbereich. Jeder der Geschäftsbereiche war in mehrere Sektionen hierarchisch unterteilt, die als Profit-Centers arbeiteten. Zwischen den verschiedenen Geschäftsbereichen bestanden nur sehr begrenzte Interaktionen.

ADL restrukturierte die weltweiten Ressourcen der Unternehmung nach

- Funktionsbereichen,
- Branchen und
- Regionen.

a) **Funktionsbereiche:** ADL geht von der Beratungserfahrung aus, dass die heute zu lösenden Managementaufgaben nicht mehr monofunktional bewältigt werden können, sondern dass dazu immer stärker ein Zusammenwirken mehrerer Handlungsbereiche gehört: z.B. Strategie- und Organisationsentwicklung, Wissensmanagement oder Technologie- und Innovationsmanagement. Entsprechend wurden die Funktionsspezialisten von Arthur D. Little auf diesen Gebieten zu überregionalen Beratungsbereichen („Functional Competences") zusammengefasst.

b) **Branchen:** Eine zweite Poolung von Ressourcen geschah auf der Basis weltweiter Kompetenz in spezifischen Branchen. Hierzu bildete die Unternehmung verschiedene Branchenkompetenz-Bereiche, z.B. Automobil- und Zulieferindustrie, Banken und Versicherungen, Chemie, Life Sciences, Energie, Informationstechnik, Telekommunikation, Transportwesen.

c) **Regionen:** Um dem Unternehmen auch hinreichend lokale Kompetenz zu verleihen, wurden die „Industry Practices" und die „Functional Practices" auf der Ebene der Regionen Nordamerika, Lateinamerika, Europa und Mittlerer Osten und Südostasien zu Direktorien im Sinne einer Matrixorganisation zusammengefasst. Derzeit unterhält das Unternehmen ca. 40 Geschäftsstellen („Büros") im Rahmen der Regionen.

Für die Klientenarbeit werden Projektteams gebildet, die von einem qualifizierten Projektleiter geführt werden. Die Mitglieder dieser Projektteams werden je nach Aufgabenstellung und Qualitätsanforderungen des Projekts aus Mitgliedern der „Industry Practices" und der „Functional Practices" sowie aus den Direktorien der für das Projekt relevanten Regionen bzw. Büros zusammengezogen. Hierfür gibt es zwischen den Niederlassungen interne Verrechnungspreise (Tagessätze). Die Projektleitung definiert im Rahmen eines Projektplans, an welchen Aufgaben ein Mitarbeiter arbeiten soll. Sie berichtet ihrerseits an ein für den jeweiligen Key Account zuständiges Direktionsmitglied, das die Qualitätssicherung übernimmt und darauf achtet, dass die Interessen des Klienten gewahrt werden. Die Aufgabe der Projektleitung besteht darin, die personellen Ressourcen für das Projekt zu beschaffen und die Abwicklung des Projekts zu steuern. Für die Personalbeschaffung kann sie auf die gesamte ADL-Organisation zurückgreifen.

Das Basiskonzept dieser Organisationsform betrachtet die Unternehmung als flexibles Netzwerk, das sich im Wesentlichen aus den vielfältigen persönlichen Kontakten der Mitarbeiter untereinander speist. Es werden laufend neue Anschlüsse (Kompetenzprofile der Mitarbeiter, Lernkonferenzen, Erfahrungsaustausch) hergestellt, um die für die fraglichen Aufgaben besten Fachleute zusammenzustellen.

Quelle: Mueller (1988), S. 46 f.; Bleicher (1991), S. 607 ff.; Arthur D. Little International Inc. 1999, 2003

Netzwerkartige Organisationsformen werden vor allem von stark internationalisierten Unternehmen mit Erfolg zur flexiblen Integration komplexer Leistungsprozesse eingesetzt. Ausgangspunkt ist eine Neukonfiguration der internationalen Unternehmensaktivitäten, die die traditionelle Dichotomie Muttergesellschaft versus Tochtergesellschaft hinter sich lässt. Die klassischen Konfigurationen sahen je nach zugrunde liegender Wettbewerbsstrategie entweder ein zentralistisches Modell vor, das die Tochtergesellschaften als ausführendes Organ der Muttergesellschaften sah, oder ein dezentrales Modell, das nach dem Gebot der lokalen Anpassung auf Basis weitgehend autonomer Regionalgesellschaften operierte (z.B. Fayerweather 1988).

Die neue Konfiguration geht von einer multidimensionalen Globalisierung aus (Kogut 1985; Asmussen et al. 2007), d.h. die Unternehmen beziehen sämtliche Wertschöpfungs-Aktivitäten, und zwar im Prinzip jede für sich, in die Globalisierungsüberlegungen mit ein. Die Konfiguration der einzelnen betrieblichen Aufgabenbereiche und/oder der einzelnen Projekte werden also als gesondertes Globalisierungsproblem behandelt, so dass die weltweite Wertekette eines Unternehmens je nach Wertaktivität ganz unterschiedliche Grade an Globalität und weit verstreute Steuerungssubzentren enthält. Diese Art der Differenzierung bringt eine Diffusion des Steuerungssystems mit sich.

Im Ergebnis zeigt sich ein potenziell weltweit *untereinander* verflochtenes Netz von Subzentren und Aktivitäten mit hoher Interaktionsdichte und ausgeprägter Interdependenz (Bartlett/Ghoshal 2002; Gupta/Govindarajan 1991). Der Erfolg der einzelnen transnationalen Teams – sei es im Entwicklungs-, sei es im Fertigungs- oder anderen Bereichen – hängt sehr stark von der Kooperationsfähigkeit und -willigkeit der Mitglieder der Landesgesellschaften ab. Abbildung 2.31 zeichnet ein plastisches Bild von der Vielfalt solcher Beziehungen am Beispiel von Philips (vgl. zu weiteren Beispielen globaler Netzwerkorganisationen Pedersen et al. 2014).

Eine solche vielfältige multidimensionale Arbeitsteilung ließ die herkömmlichen Integrationsinstrumente, insbesondere aber die Hierarchie, scheitern, und die Suche nach neuen horizontalen Abstimmungsformen entstehen. Mit globalen Teams bündeln Unternehmen die Aktivitäten verschiedener Tochtergesellschaften bzw. deren *Kompetenzzentren*. Die Sicherstellung der Anschlussfähigkeit der internationalen Subsysteme untereinander gerät in solchen Unternehmen zur zentralen Voraussetzung. Diese kann nur noch ansatzweise „organisatorisch", d.h. durch Schaffung von Strukturen, sichergestellt werden.

Abbildung 2.31: *Philips – multidimensional globalisiert*

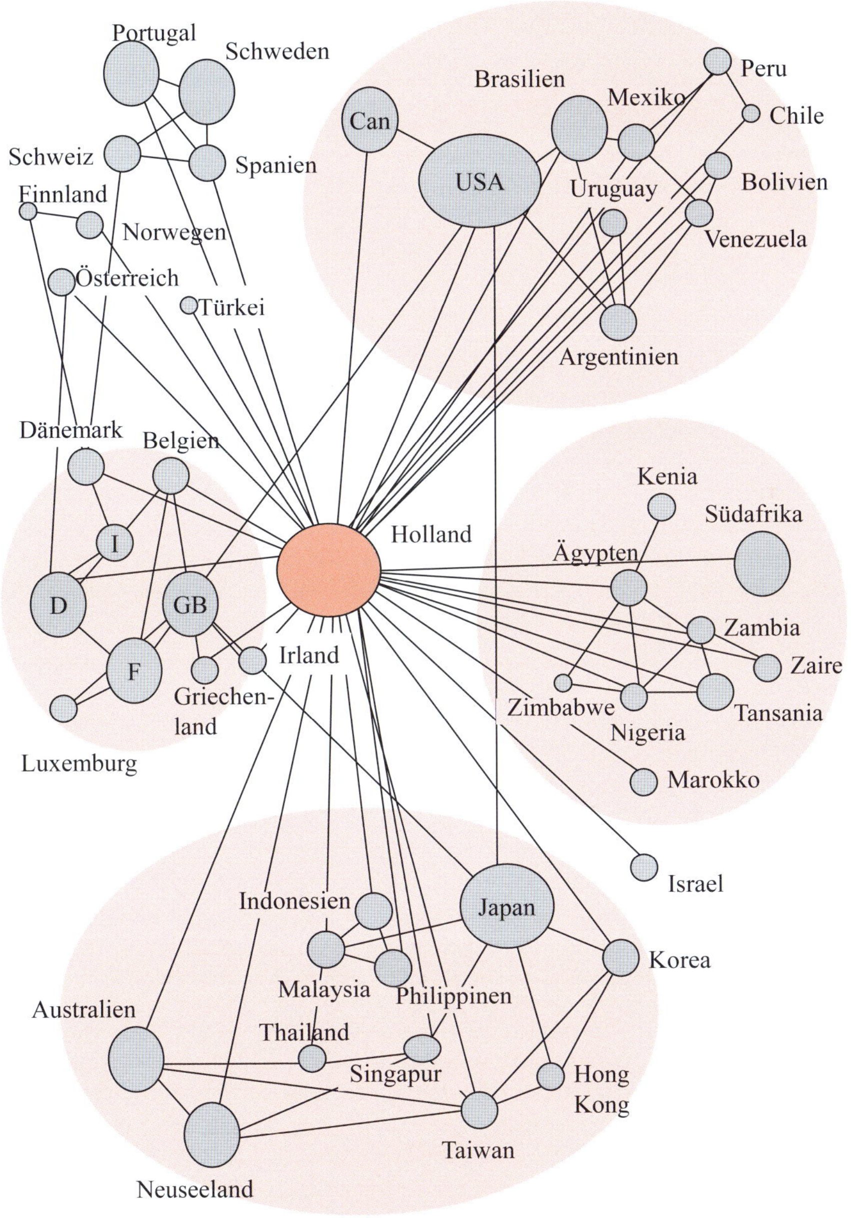

Quelle: nach Daft (1998), S. 269

In den Vordergrund treten hier ganz andere Anschlussmechanismen, wie die Bildung von gemeinsamen Werten und Überzeugungen, also die Unternehmenskultur und die multifunktionale Qualifikation der Organisationsmitglieder im Sinne der Erhöhung der Anschlussfähigkeit.

2.3.5 Nicht-organisatorische Integrationsmechanismen

Wie zu sehen war, führen die verstärkten Integrationsbemühungen, wie sie als Antwort auf die fortgesetzte Ausdifferenzierung der Systeme ausgeformt wurden, in ein *Dilemma*, indem sie die Integration sichern, tragen sie ungewollt, aber unvermeidlich ihrerseits zu einer erneuten Steigerung der Binnenkomplexität bei. Einen Weg, diesem Dilemma zu entkommen, haben wir oben kurz angedeutet – er besteht im weitgehenden Verzicht auf eine organisatorische Integrationslösung und im Rückgriff auf Substitute mit weniger komplexitätskritischen Konsequenzen.

An erster Stelle steht hier die Idee, die notwendige Integration über die Schaffung eines gemeinsamen Normen- und Wertesystems und einer darauf abgestimmten organisatorischen Sozialisation zu bewerkstelligen. Es ist dies ein Verweis auf das Konzept der Unternehmenskultur, das am Ende von Kapitel 5 im Einzelnen dargestellt wird. Die dabei leitende Vorstellung geht davon aus, dass das Orientierungsmuster einer Organisation das Handeln der Mitglieder soweit informiert, dass der vorstrukturierende Rahmen formaler Regelungen nicht oder nur in geringem Maße benötigt wird. „Organische Solidarität" tritt an die Stelle des Regelgehorsams. Als einer der Ersten hat Ouchi (1980) auf diese Substitutionsmöglichkeit aufmerksam gemacht, nämlich die formale Ordnung („Bürokratie") und die starke Unternehmenskultur (dort „Clan") als funktionale Äquivalente bei der Lösung des Koordinationsproblems zu begreifen. Er geht davon aus, dass die Clan-Lösung dort vorteilhafter ist, wo die formale Lösung wegen zu hoher Ambiguität der Aufgabenbezüge und des damit verbundenen Kontrollverlusts versagt. Bartlett/Ghoshal (2002) sehen die normative Lösung vor allem dort als überlegen an, wo die formale Integration die Vielfalt der Anschlüsse zwischen den Subsystemen nicht mehr fassen und in sich abbilden kann. Insgesamt gesehen, scheint dieser Vorschlag die Bedeutung des formalen Rahmens zu unterschätzen. Eine Kultur ohne Struktur ist kaum vorstellbar. Insofern ist hier wohl eher an graduelle Substitutionen, keinesfalls aber an eine Vollsubstitution zu denken.

Die andere schon lange diskutierte Alternative nicht-organisatorischer Substitution ist die Schaffung *interner Märkte* (Schmalenbach 1948; Hirshleifer 1956; Frese/Werder 2004; Frost 2005). Regulative Idee ist, dass die Leitungsinterdependenzen zwischen partiell verselbständigten Subsystemen nicht durch Programme, sondern durch Preise bewerkstelligt werden (Osterloh 1998). Die Preise sollen, wie auf den Märkten, alle die Informationen erhalten, die für eine optimale Integration erforderlich sind. Die Preiskoordination beinhaltet zugleich den Anreiz, sich am Marktgeschehen zu beteiligen. Diese Lösung stellt sich allerdings in der Organisationspraxis meist sehr viel weniger elegant dar als es auf den ersten Blick erscheint. Was auf dem Markt sich gewissermaßen automatisch einstellt, muss organisationsintern mühsam konstruiert werden, gemeint ist der Preis. Das schwer zu lösende Problem liegt zum einen darin begründet, dass die organisationsinternen Einheiten nur mit größter Mühe als selbständig kalkulierende Marktteilnehmer konstruiert werden können. Es handelt sich ja um arbeitsteilige Systeme, d.h. die Teileinheiten verstehen sich ja eigentlich nur aus ihrem Bezug zur gemeinsamen Aufgabe und sind deshalb gerade nicht autonom im Kalkül. Das andere Basisproblem ist die Konstruktion eines leistungsfähigen Marktes, also einer preisbildenden Konkurrenz in einer Organisation. Beides ist nur sehr begrenzt konstruierbar und insofern leiden alle internen Marktsysteme unter der Willkürlichkeit, die diese künstlichen Konstruktionen mit sich bringen. Das Problem, geeignete Verrechungspreise für Koordinationszwecke zu ermitteln, gilt seit Jahrzehnten als Dauerproblem der Betriebswirtschaftslehre (zu einem aktuellen Problemüberblick und neue Problemlösungen Pfeiffer 2002). Welcher Weg zur Bestimmung der entscheidenden Größe, nämlich des Preises, auch eingeschlagen wird, ob nun kostenbasiert, marktorientiert oder verhandlungsbasiert (zu Verfahrensweisen der Praxis vgl. Kreuter 1997), immer wirft die Idee des internen Marktes als funktionales Äquivalent von Organisation ein Paradox auf, das diesen Integrationsansatz in Frage stellt: Die Existenz von Organisationen wird mit Vorteilen gegenüber dem Markt erklärt (Williamson 1975): Synergien, bessere Kontrolle usw. Die Idee der internen Märkte stellt dieses Erklärungsmuster in gewissem Sinne auf den Kopf. Streng genommen will diese Idee genau die Vorteile rückgängig machen, die zur Gründung der Organisation führten. Es stellt sich also die Frage, weshalb diese Bereiche im Organisationsverbund überhaupt angesiedelt sind, wenn sie doch im Markt effizienter agieren können. Dies gilt umso mehr, wenn intern Marktpreise angestrebt werden (viele Unternehmen verkünden dieses Ziel mit Nachdruck), denn dann wird ja offenkundig eine organisationsinterne Synergie nicht mehr erkannt. Zu Ende gedacht, müsste sich eine Organisation, die ihre Subeinheiten über Marktpreise steuert, der eigenen Logik nach auflösen und dem (externen) Markt die Steuerung der Einheiten überlassen. Ähnlich wie bei den Wertesystemen wird man deshalb auch bei internen Märkten nicht von vollgültigen Substituten, sondern allenfalls von partieller Substitution sprechen können, alles Weitere gerät zum Paradox.

2.3.6 Differenzierungsabbau als Alternative: Prozessorganisation

Ein dritter *organisatorischer* Weg wird seit einiger Zeit vehement unter dem Stichwort „Business Reengineering" oder Prozessorganisation propagiert (Hammer/Champy 1994; Davenport 1993; Osterloh/Frost 2006). Verkürzend gesagt, stellt dieser Gestaltungsansatz darauf ab, nicht die Differenzierung zu kompensieren, wie sie vor allem die Matrixorganisation beabsichtigt, sondern das „Übel" gewissermaßen an der Wurzel zu packen, d.h. die Differenzierung und damit die Zahl der Schnittstellen rückgängig zu machen. Mit anderen Worten, will man hier die Arbeitsteilung aufgrund der damit verbundenen enormen Integrationskosten wieder verringern. Der Primat soll nicht mehr länger auf Spezialisierungsgewinnen liegen, wie dies nun fast 100 Jahre lang betrieben wurde, sondern auf der Integration, auf der ganzheitlichen Sicht und Bearbeitungsweise. Fokus 2.12 zeigt ein Beispiel, das den bezeichneten Rückführungsprozess illustriert.

Fokus 2.12

Rückführung der Arbeitsteilung – Das Beispiel einer Schweizer Bank

Am Beispiel einer Schweizer Bank soll die Segmentierung nach Kundengruppen für den Kernprozess des Zahlungsverkehrs illustriert werden. Ziel war es durch Einführung einer Prozessorganisation die Effizienz des Zahlungsverkehrs zu erhöhen und die Anzahl der Schnittstellen, sowohl innerhalb der Organisation als auch zum Kunden, drastisch zu minimieren.

Die Abteilung, welche für die Abwicklung des Zahlungsverkehrs zuständig war hatte sich eine objektorientierte Organisation gegeben, die nach Produkten und Regionen (als Objekte) gegliedert war. Daraus resultierten die Abteilungen Zahlungsverkehr Inland, Zahlungsverkehr Ausland und Zahlungsverkehr Produkte, welche wiederum funktional gegliedert war. Die Hauptaufgaben dieser Abteilungen bestanden erstens aus der Entgegennahme und Weiterleitung von Zahlungsanweisungen, zweitens aus deren Verarbeitung und drittens gehörte die Verbuchung und Ablage zu den Aufgaben. Die Zahlungsanweisungen wurden via Post, Kurier, vornehmlich aber durch elektronische Überweisungen (SIC, SWIFT) übermittelt. Die Verarbeitung beinhaltete Unterschrifts- und Bonitätsprüfung, Feinsortierung, Datenerfassung, -ergänzung und -kontrolle sowie die Erstellung des Datenträgers. Zu den weiteren Aufgabengebieten gehörten ferner der Verkauf und die Beratung von Zahlungsverkehrsprodukten sowie Kundendienstleistungen und Trouble Shooting (Reklamationen). Die historisch gewachsenen Strukturen führten dazu, dass die Gruppen größtenteils „um die Systeme herum" organisiert waren; die nach und nach eingeführten IT-Systeme bestimmten weitestgehend die Aufbau- und Ablauforganisation. Dies brachte folgende Schwierigkeiten:

- Teilweise unklare und nicht adäquate Unterstellungsverhältnisse
- Umständliche Abläufe und lange Durchlaufzeiten
- Zu viel Ansprechpartner im Zahlungsverkehr: Kunden mussten oft weitergeleitet werden
- Ausbildungsdefizite bei den Mitarbeitern: Das Know-how war wenige Leistungsträger verteilt
- Uneinheitliches Trouble-Shooting: Nicht überall gab es Gruppen mit der entsprechenden Expertise

Die Neuorganisation sollte neben Effizienzverbesserungen und einer Reduktion der Schnittstellen auch anspruchsvollere und attraktivere Arbeitsplätze schaffen. Ziel war es, nicht einfache und anspruchsvollere Aufgaben so wie bislang zu trennen, sondern diese zu vereinen. In einem Prozess Re-design Projekt wurde eine neue, an Kernprozessen orientierte Organisationsstruktur geschaffen. Der Kernprozess der Abwicklung des Zahlungsverkehrs wurde nach Kundengruppen segmentiert. So war nun ein Team für Privatkunden, ein zweites für Firmenkunde und ein drittes für Anlagekunden zuständig. Diese drei Teams wurden von drei weiteren Teams, dem Team „Schecks", dem Team „Investigations" sowie dem Team „Verkauf Produkte" unterstützt. Damit wurden aus Gründen der Spezialisierung und zur Gewährleistung eines einheitlichen Außenauftritts gewisse Aufgaben aus dem Kernprozess „Abwicklung des Zahlungsverkehrs" ausgelagert.

Ein Team war somit für die Abwicklung des gesamten Zahlungsverkehrs eines Kunden zuständig und wurde von einem „Process Owner" geleitet. Die Einführung dieser prozessorientierten Teamstruktur ermöglichte die Überwindung der stark arbeitsteiligen Bearbeitung der Zahlungsaufträge durch die Schaffung autonomer Teams mit Eigenverantwortung. So konnte eine erhebliche Reduktion der Durchlaufzeiten erzielt und die Anzahl der Schnittstellen signifikant verringert werden. Die einzelnen Teams waren nun für die vollständige Abwicklung in ihrem Bereich zuständig und im Hinblick auf den Kunden orientiert. Ferner ermöglichte die Zusammenlegung der bislang getrennten Teilaufgaben in einem Prozess-Team eine weitestgehende Selbstkontrolle des Teams. Das Prozess-Team konnte seine erbrachten Leistungen eigenverantwortlich messen. Auch die Aufgaben der Teamleiterinnen und Teamleiter änderte sich: Sie führten ihr Prozess-Team nun als eine Art Coach. Ihre Hauptaufgabe war die Motivationsförderung der Mitglieder und die Unterstützung bei besonders schwierigen Fällen. Darüber hinaus arbeiteten sie aber auch als normale Fachkraft im Team mit.

Quelle: Osterloh/Frost 2006, S. 66ff.

In dieser Rückführung der Arbeitsteilung und dem damit einhergehenden Schnittstellenabbau (was wiederum in mehr Schnelligkeit, mehr Motivation, mehr Flexibilität usw. resultieren soll) wird nunmehr das zentrale Instrument der Produktivitätssteigerung erblickt, nicht mehr länger in der Differenzierung.

Das Hauptargument, weshalb diese (Um-)Orientierung im Gegensatz zu früher jetzt erstrebenswert erscheint, wird vor allem in der modernen Informationstechnologie und ihren enorm gestiegenen Anwendungsmöglichkeiten gesehen. Sie ermögliche die gleichzeitige Nutzung und Sendung von Informationen an verschiedenen Orten, die Speicherung von/und allgemeine Verfügung über Expertenwissen, schnelle Suchprozeduren in komplexen Informationsfeldern usw. (Hammer/Champy 1994, S. 112 ff.).

Den Reengineering-Experimenten in der Praxis wurde bisher nur ein sehr gemischter Erfolg zuteil (zu empirischen Berichten von Beratungsgesellschaften vgl. Melchers 1997; Maier 1997); dafür gibt es viele Gründe (mangelnde Zurechenbarkeit von Leistungsergebnissen, Reengineering als überhäuftes Programmpaket, ungekonnte Implementation etc.), die keineswegs zwingend auf die Fehlerhaftigkeit des Grundkonzeptes zurückshließen lassen. Unabhängig davon aber, wie der (Miss-)Erfolg im Einzelnen zu beurteilen ist, lässt sich von der Konzeptlogik her sagen, dass trotz aller Möglichkeiten moderner Informationstechnologie eine solche Re-Integration zu Komplettprozessen auf ganz bestimmte Aufgabentypen und -felder beschränkt sein wird. Wie schon an dem Beispiel der Schweizer Bank in Fokus 2.12 deutlich wird, sind es in erster Linie Routineprozesse in der Administration (Auftragsbearbeitung, Sachbearbeitung in Banken und Versicherungen etc.), die eine solche Re-Integration erlauben. Der Bau eines Automobils oder die Errichtung eines Hochhauses würden solches niemals zulassen – es sei denn, man wäre bereit, ungeheure Produktivitätseinbußen hinzunehmen. In allen diesen Bereichen, und sie bilden ohne jeden Zweifel die überwältigende Mehrheit, wird die Differenzierung eher zunehmen, und also die Frage nach den geeigneten Ansätzen zur Bewältigung der resultierenden Integrationsprobleme hochaktuell bleiben.

Diskussionsfragen

1. Was kennzeichnet eine formale Organisation?
2. Was besagt das Substitutionsprinzip der Organisation von Gutenberg?
3. Wodurch zeichnen sich generelle Regeln aus, welches Problem bringen sie mit sich?
4. Was bedingt das Erfordernis der Integration und wie kann sie bewerkstelligt werden?
5. Grenzen Sie die fünf Dimensionen der Kosiolschen Aufgabenanalyse kurz gegeneinander ab. Welche impliziten Prämissen stecken hinter dieser Systematik?
6. Warum bildet die Variabilität der Aufgabe einen zentralen Parameter in der Organisationsgestaltung?
7. Welche (und warum nicht eine andere) Stufe der Hierarchie wählt man zur Unterscheidung zwischen funktionaler und divisionaler Organisation?
8. Wozu werden Zentralbereiche eingerichtet? Welche Gefahr kann mit deren Einrichtung einhergehen?
9. Inwiefern sind Betriebsgrößenersparnisse relevant bei der Bildung von Sparten?
10. Wozu werden Stäbe eingerichtet, was charakterisiert Stabsstellen?
11. Welche Beziehungen bestehen zwischen Gliederungstiefe, Kontrollspanne und Leitungsintensität?
12. Was ist die Aufgabe von Konditionalprogrammen? Inwiefern sorgen sie für eine Abflachung der Hierarchie?
13. Welche Schwierigkeiten bringen Konditionalprogramme mit sich, welche Grenzen haben sie?
14. Diskutieren sie die Aussage: Routinen sind in ständiger Veränderung begriffen.
15. Wieso handelt es sich bei MbO um eine Zweckprogrammierung?
16. Wieso verleiht das MbO der Organisation einen statischen Charakter, und welche Gefahr ergibt sich daraus?
17. Begründen Sie den Satz: „Vertikale Integration ist allein nicht in der Lage, den zentrifugalen Tendenzen der Differenzierung entgegenzuwirken."
18. Begründen Sie den Satz: „Die Matrixorganisation trägt gewollt Konflikte als produktives Element in die Organisation."

19. Inwieweit ist der Erfolg der Matrixorganisation stark an personelle Voraussetzungen gebunden?
20. Wo sehen sie die Grenzen der Integration durch Hierarchie und Programme?
21. Inwiefern ist der Vorschlag, das Integrationsproblem durch Einrichtung Interner Märkte zu lösen, tendenziell paradox?
22. Was bildet das Strukturierungsmerkmal einer heterarchischen Organisation?
23. Inwiefern bricht die heterarchische Organisation mit den klassischen Vorstellungen formaler Organisation?
24. Wo sehen Sie mögliche Grenzen und Probleme der heterarschischen Organisation?

Fallstudie: Daniela Kartenheim

Im Jahre 2004 zog sich Werner Lohrbach im Alter von 63 Jahren aus der aktiven Geschäftsführung der von seinem Vater im westfälischen Wiedenbrück gegründeten Werner Lohrbach & Söhne GmbH zurück. Auch wenn dies nach außen hin kaum erkennbar war, so hatte er doch in letzter Zeit deutlich gespürt, dass ihm die täglichen Aufgaben in dieser sich immer schneller ändernden Welt über den Kopf wuchsen. Seine beiden Söhne Klaus (42) und Michael (40) traten daraufhin gemeinsam die Nachfolge in der Leitung des Unternehmens an. Klaus ist seit nunmehr 19 Jahren im Unternehmen – er war sofort nach Abschluss seines Fachhochschulstudiums in Osnabrück in das elterliche Unternehmen eingetreten – und hat vor 10 Jahren die Leitung der Produktion übernommen. Er kennt das Unternehmen wie seine Westentasche und gilt als ruhig, zurückhaltend, verantwortungsbewusst und sehr fleißig; es gibt kaum einen Tag im Jahr, an dem das Licht in seinem Büro vor 21 Uhr erlischt. Nicht zuletzt aufgrund dieses aufopferungsvollen Arbeitseinsatzes besitzt er den uneingeschränkten Respekt all seiner Mitarbeiter. Sein jüngerer Bruder Michael ist ein eher draufgängerischer und impulsiver Typ. Er leitet den Verkauf und liebt es, seinen Erfolg auch zu zeigen. Er trägt maßgeschneiderte Anzüge und fährt teure Autos. In einem Punkt gleicht er allerdings seinem Bruder, er wird von den Kunden und seinen Mitarbeitern geschätzt, er stellt auch in der Stadt und in den vielen Vereinen, denen er angehört, eine geachtete Persönlichkeit dar. Bevor er Mitte der 1990er Jahre in das Unternehmen eingetreten ist, war er nach seinem Abitur im Marketing verschiedener Unternehmen tätig gewesen. Vor ihren Mitarbeitern vertreten die Lohrbach-Brüder stets eine einheitliche, zuvor abgestimmte Meinung, obwohl der Weg zu dieser Einheit oft auch holprig ist – manches Mal dringen sehr laute Töne durch die gepolsterten Türen der Chefbüros. Privat gehen die beiden getrennter Wege, nur am 1. Weihnachtstag setzen sich die zwei Familien traditionell zusammen. Michael hat sich einen Bungalow außerhalb der Stadt gebaut, Klaus wohnt mit seiner Familie in der Unternehmervilla auf dem Betriebsgrundstück, in der auch Lohrbach senior – seit zwei Jahren Witwer – lebt. Trotz aller Unterschiede wissen die Brüder jedoch sehr genau, dass sie einander brauchen.

Die Werner Lohrbach & Söhne GmbH ist seit ihrer Gründung im Jahre 1920 auf die Produktion von Holz- und Eisenwaren spezialisiert – zur Produktpalette gehören heute insbesondere Heu- und Gartenrechen, Schubkarren, Schneeschaufeln, Stiele für Äxte, Kleiderbügel, Holzgitter und eine ganze Anzahl verschiedener, pädagogisch wertvoller Holzspielzeuge, die speziell von einer Gruppe umweltbewusster Kunden nachgefragt werden. Während der Hochsaison sind ca. 190 Personen im Unternehmen beschäftigt. Die Produkte werden an eine kleine Zahl von Großhändlern verkauft, die die Waren dann weiter vertreiben.

Die Lohrbach-Brüder führen das Unternehmen zusammen mit einem Meister, vier Vorarbeitern, einem Leiter für Rechnungswesen und IT und einem Lagerleiter. Der Meister unterstützt Klaus in allen die Fertigung betreffenden Fragen und ist für die computergestützte Planung der Maschinenbelegung zuständig. Der Lagerleiter ist für die Lagerräume, den Einkauf und den Versand zuständig, der Leiter des Rechnungswesens steht der Finanz- und Betriebsbuchhaltung vor und ist gleichzeitig für die IT-Umgebung des Unternehmens zuständig. Einer der Vorarbeiter ist für das kleine Sägewerk zuständig, die anderen unterstützen den Meister bei der

Gartengeräte-, der Holzgitter- und der Spielzeugfertigung. Die Fertigungsabteilungen sind nach Produkten gegliedert, obgleich bei vielen Produkten ähnliche oder identische Arbeitsgänge erforderlich sind. Es wird hauptsächlich auf Lager produziert. Die Produktionsaufträge werden jeweils von Klaus Lohrbach erteilt.

Der Vertrieb erfolgt fast ausschließlich über den Großhandel und wird von Michael Lohrbach gemeinsam mit zwei Vertretern erledigt. Mehr als ein Drittel des Geschäftes kommt aufgrund direkter Kundenaufträge zustande. Das Unternehmen betreibt keine Werbung; es wird lediglich eine ausreichende Anzahl gedruckter Kataloge an die Großhändler weitergereicht. Klaus hatte in der letzten Zeit einige Ideen ausgearbeitet, um den Verkauf von Kleiderbügeln, Holzgittern und insbesondere der hochwertigen Holzspielzeuge zu steigern. Beispielsweise arbeite er an einer in der Branche längst üblichen Internetpräsenz – Michael hielt die bisherigen Ideen jedoch weder für ausgereift, noch für modern genug. In einer hitzigen Diskussion machte er seinem Bruder sehr deutlich, dass er durchaus in der Lage sei, seine Aufgaben zu erfüllen und Klaus sich lieber um reibungslose Prozesse in der Produktion kümmern solle. Er habe ohnehin vorgehabt, sich mit dem Neffen eines Freundes aus seinem Golf-Club zusammenzusetzen und eine Internetseite zu entwerfen, die neue Branchenstandards setzen würde, er sei eben nur noch nicht dazu gekommen.

Der Gesamtumsatz des Unternehmens betrug im Jahre 2013 etwa 19 Mio. €. Eine Analyse der Bilanzen zeigt während der letzten 20 Jahre ein stetiges Wachstum, wenngleich die Gesamtzunahme des Umsatzes nicht mehr als 20% betrug. Die Herstellungskosten sind – inflationsbereinigt – in vergleichbarer Höhe geblieben. Die Rentabilität war eher mager.

Kaum mehr als einen Kilometer von der Werner Lohrbach & Söhne GmbH entfernt liegt der im malerischen Nachbarort Rheda gegründete Betrieb der Daniel Kartenheim GmbH & Co. KG. Dort werden ebenfalls Eisenwaren, insbesondere Schaufeln, Spaten, Brecheisen, eiserne Schubkarren und Werkzeuge, aber auch Eisenrechen, Hacken und andere Gartengeräte hergestellt. Kürzlich hat man Rasenmäher und verschiedene Radhacken in das Produktionsprogramm aufgenommen, wobei die Gussteile zugekauft werden. Die Produkte werden an Großhändler und von diesen insbesondere an Bauunternehmungen und Einzelhändler verkauft.

Das Unternehmen beschäftigt etwa 480 Personen, wobei der größte Teil der Beschäftigten aus jüngeren Leuten besteht. Die Firma wurde stets offensiv und risikofreudig geführt – so gehörte sie zu einer der ersten Firmen der Branche mit eigenständigem Internetauftritt. Die Bilanzen weisen für das letzte Jahrzehnt eine stetige Zunahme der Gewinne aus, die einerseits aus Rationalisierungen und einer damit verbundenen Senkung der Produktionskosten resultierten, andererseits auch aus der Intensivierung von Vertriebskontakten und der Erschließung neuer Vertriebsregionen – unterstützt nicht zuletzt durch optimierte Internetpräsenz. Die Umsätze sind während des letzten Jahrzehnts verdreifacht worden und betrugen im Jahr 2005 circa 90 Mio. €.

Kürzlich verstarb völlig überraschend der geschäftsführende Gesellschafter des Unternehmens, Daniel Kartenheim, mit 53 Jahren an einem Herzinfarkt. Er war sehr dynamisch, er forderte sich und seine Mitarbeiter stets bis an die Grenzen. In dem Streben, mit den Entwicklungen Schritt zu halten und die Produktivität kontinuierlich zu steigern, hatte er kontinuierlich neue Methoden eingeführt und das Unternehmen mit einem sehr modernen Maschinenpark ausgestattet.

Nach Daniel Kartenheims unerwartetem Tode sind als Führungskräfte verblieben: der Betriebsleiter, der Leiter des Rechnungswesens und des IT-Bereichs, der Betriebsingenieur, der Leiter der Planungsabteilung, die Leiterin der Personalabteilung, der Verkaufsleiter, der Einkaufsleiter, der Lagerleiter, die Leiter der drei Montage-Werkstätten, der Mechaniker Meister, der Meister der Schmiede sowie schließlich die Vorarbeiter.

Fred Meyer, der Betriebsleiter, ist 40 Jahre alt und hat mit Daniel Kartenheim seit Beginn der Produktion von Eisengeräten zusammengearbeitet. Meyer startete im Unternehmen als junger Facharbeiter, aber mit großen Fähigkeiten als Maschinist. Er wurde Meister der Mechanik-Abteilung und behielt diese Position für eine ganze Reihe von Jahren. Vor 6 Jahren machte ihn Kartenheim dann schließlich zum Betriebsleiter. Dass dies eine gute Entscheidung war, zeigte sich insbesondere darin, wie rasch er es verstand, die Mitarbeiter zu motivieren und ihren Einsatz anforderungsgerecht zu steuern. Seine Mitarbeiter sprechen ihn mit seinem Vornamen an, und seine Loyalität zur Firma wird nur durch die Loyalität seiner Mitarbeiter zu ihm übertroffen. Ohne Freds aufmunternde Art würde die Kartenheim GmbH & Co. KG nicht diesen Erfolg erzielt haben, zumal die direkten Kontakte von Daniel Kartenheim zu den Mitarbeitern häufig zu Reibungen führten. Trotz all seiner Dynamik und visionärer Leitung galt er als schwierig und unberechenbar.

Zur Unterstützung des Betriebsleiters hat man im Jahre 1996 eine Planungsabteilung eingerichtet. Diese Abteilung wurde früher von einem Betriebsingenieur geleitet und untersteht seit kurzem Daniela Kartenheim, die seit nunmehr 2 Jahren in der Unternehmung arbeitet. Schon als kleines Kind folgte sie Ihrem Vater auf Schritt und Tritt, der wiederum seine aufgeweckte Tochter immer stolz präsentierte. Seit ihrem vierten Lebensjahr durfte sie ihren Vater regelmäßig im Frühjahr zur Messe für Gartengeräte nach München begleiten. Zwischenzeitlich ist sie 27 Jahre alt, sie stieg unmittelbar nach Abschluss ihres wirtschaftswissenschaftlichen Studiums an der Universität Paderborn ins Unternehmen ein. In ihrem Studium spezialisierte sie sich insbesondere auf Fragen der strategischen Unternehmensführung und der IT-gestützten Produktion. Daniela besitzt die Dynamik und Entschlossenheit ihres Vaters und hat vom ersten Tag im Unternehmen das erklärte Ziel, eines Tages die Geschäftsleitung zu übernehmen um das Unternehmen – ganz in der Tradition ihres Vaters – erfolgs- und zukunftsorientiert zu leiten. Sie stellte ihr Können nun schon mehrfach mit einer exzellenten Projektarbeit in der Planungsabteilung unter Beweis. Meyer und Daniela arbeiten gut und produktiv zusammen, die Beziehungen zwischen ihnen sind ausgesprochen herzlich.

Als Verkaufsleiter hatte Daniel Kartenheim kürzlich einen seiner erfolgreichsten Verkäufer eingesetzt, der wie er meinte, Zukunft hat und eine hoffnungsvolle Entwicklung verspricht. Der Verkaufsleiter (44 Jahre) hat jedoch große Schwierigkeiten mit den vier ihm unterstellten Verkäufern klar zu kommen; er ist ein Einzelkämpfer-Typ, wenn es um das Delegieren geht, wird er stets ungeduldig: „Ehe ich das alles erkläre", sagte er kürzlich zu Meyer, „habe ich es längst selbst gemacht." Die vier Verkäufer finden: „Man kann es ihm einfach nicht recht machen." Der Leiter des Rechnungswesens, der Einkaufsleiter und die Leiterin der Personalabteilung sind noch relativ jung und bemühen sich nach Kräften, ihren Aufgaben gerecht zu werden. Der Betriebsingenieur und der Lagerhalter sind erfahrene Männer mittleren Alters und erledigen ihre Aufgaben zuverlässig.

Nach dem unerwarteten Tode Daniel Kartenheims zeigte sich schon nach den ersten Tagen der tiefen Trauer sehr deutlich, dass die Kartenheim GmbH & Co. KG überaus stark von der Per-

sönlichkeit des Unternehmensleiters geprägt ist und nun eine große Lücke im Führungsgefüge klafft. Daniel selbst hatte keinen Gedanken daran verschwendet über seine Nachfolge nachzudenken und auch der Beirat des Unternehmens sah dazu nie einen Anlass, schließlich gab es keinen Grund zur Sorge. Es war aber klar, dass Daniel Kartenheim sich wünschte, seine Tochter möge irgendwann einmal in seine Fußstapfen treten. Schließlich hatte sie mit ihm auch ihr Studium geplant und die Schwerpunkte so gesetzt, wie er es empfahl. Daniela ist eine gute Reiterin. Früher hat sie ihr Vater häufig an Wochenenden mit Land Rover und Pferdeanhänger zu regionalen Turnieren gefahren, da gab es immer viel Gelegenheit über die Firma und die Zukunft zu sprechen. Ihr Vater hat sie auch schon früh an Entscheidungen teilhaben lassen. Sogar als Grundschülerin suchte sie schon zusammen mit ihrem Vater die Farben und manchmal sogar die Namen für neue Produkte aus. Ohne Zweifel hat sie Talent, die Mitarbeiter respektieren sie. Trotzdem war man sich einig, dass es noch viel zu früh sei, ihr die Leitung der Firma und die Verantwortung für fast 500 Leute in die Hände zu legen. Selbst ihre Mutter – Wilma Kartenheim – hielt es für ausgeschlossen, dass Daniela jetzt schon die Geschäftsleitung übernehmen kann. Auch unter den anderen Führungskräften war nicht eine Person, der man nur annährend zugetraut hätte, das Unternehmen zu führen

Beabsichtigte Fusion

Anlässlich einer Konferenz des Firmen-Beirates, den man zusammengerufen hatte, um zu entscheiden, wie man in dieser schwierigen Situation vorgehen sollte, überraschte der Vertreter der Hausbank, Anton Forster, der im Beirat beider Unternehmungen saß, mit folgendem Vorschlag: Die Kartenheim GmbH & Co. KG soll mit der Firma Werner Lohrbach & Söhne GmbH fusionieren. Auf diese Weise wäre die Leitung der Kartenheim GmbH & Co. KG durch Klaus und Michael Lohrbach, zusammen mit dem fachkundigen Rat ihres Vaters, Werner Lohrbach, gesichert. Zu einem früheren Zeitpunkt hatte Anton Forster zwar vorgeschlagen, dass man eine Persönlichkeit von außerhalb für die Leitung holen sollte; es war ihm jedoch nicht gelungen, eine geeignete Person mit der notwendigen Erfahrung zu finden.

Die beiden Brüder Lohrbach und ihr Vater konnten sich für diesen Vorschlag erwärmen. Klaus sah eine große Chance für beide Unternehmen, meinte jedoch gleichzeitig, dass genau geprüft werden müsse, wie die Integration schnell, effektiv und auch tiefgreifend realisiert werden könne. Insbesondere die Führungsfrage müsse mit dem nötigen Fingerspitzengefühl bearbeitet werden. Michael war sofort begeistert von der Idee und hatte insgeheim schon vor Augen, was es für sein Ansehen bedeuten würde, wenn er zusammen mit seinem Bruder ein knapp 700-Mann starkes Unternehmen leitete. Daniela Kartenheim war skeptisch, sie wollte sich nicht direkt gegen den Vorschlag stellen, aber man merkte doch allen ihren Bemerkungen und ihrem Verhalten an, dass sie es eigentlich nicht wollte. Immer wieder betonte sie, es würden doch zwei völlig ungleiche Partner aufeinander treffen, sowohl was die Größe als auch, was den Führungsstil anbetreffe. Ferner kannte sie Michael Lohrbach auch privat ein wenig und hielt ihn allein schon wegen seiner auftrumpfenden Persönlichkeit für ungeeignet, das Unternehmen ihres Vaters zu leiten. Ihr Vater stand für Engagement, Dynamik, Entschlossenheit und Fortschritt – Michael Lohrbach verbringt dagegen für ihren Geschmack viel zu viel Zeit auf Club-Festen und Vereinsversammlungen: „Wann ist der eigentlich in seinem Büro?“, sagte Daniela spitz zu ihrer Mutter. Ferner gab sie zu bedenken: „Wir müssen uns auch fragen, ob Papi diese Lösung gut heißen würde.“

Organisationsplan der Kartenbach-Werkzeug-Fabriken GmbH
unterbreitet von Michael Lohrbach

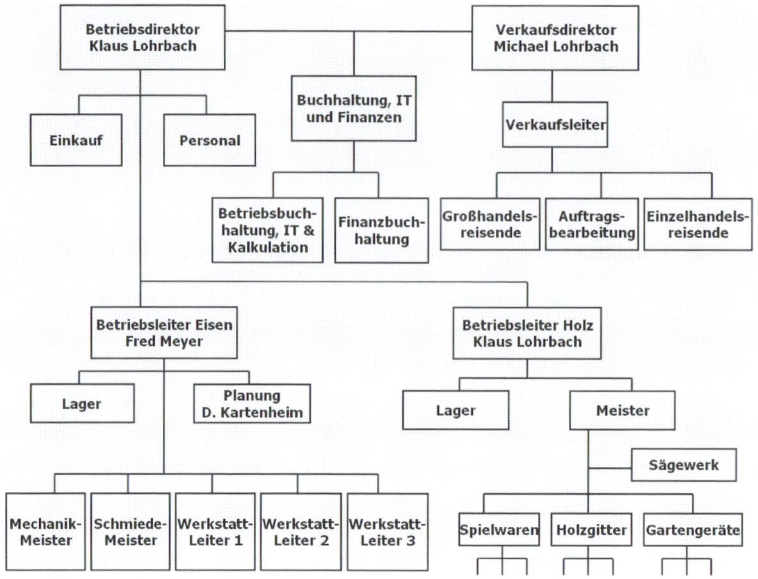

Organisationsplan der Kartenbach-Werkzeug-Fabriken GmbH
unterbreitet von A.E. Forster

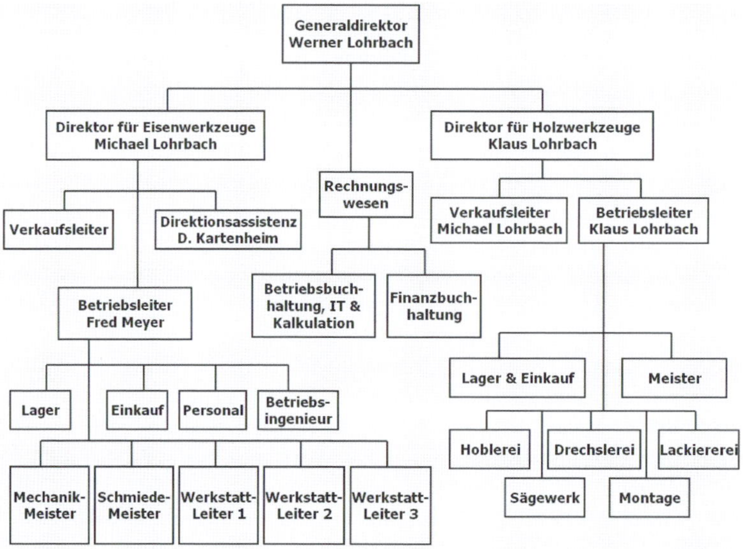

Trotz ihrer Skepsis gab sie ihren Widerstand gegen die Idee der Fusion dann doch recht schnell auf – ihr war bewusst, dass sie ohnehin nicht in der Position war, die geplante Fusion abzuwenden, ihre Mutter als Alleinerbin war ganz und gar dafür, gleichzeitig wollte sie auf keinen Fall das Unternehmen ihres Vaters verlassen.

Ein Plan zur Fusion und finanziellen Reorganisation, der von Forster und den jeweiligen Anwälten der Unternehmungen entwickelt wurde, fand schließlich die Zustimmung der Eigentümer. Die Unternehmungen wurden unter der Bezeichnung Kartenbach-Werkzeug-Fabriken GmbH fusioniert, der Außenauftritt der Daniel Kartenheim GmbH & Co. KG sollte entsprechend angepasst und erweitert werden. Man entschied sich für die Rechtsform der GmbH und die früheren Teilhaber erhielten Anteile aus der neuen Firma im Tausch, Werner Lohrbach hat aus seinem Privatvermögen zusätzliches Kapital in nicht unbeträchtlichem Umfang eingebracht. Die Anteile am Stammkapital bzw. die daraus fließenden Stimmrechte wurden so geregelt, dass der Familie Kartenheim keine beherrschende Stellung zukam. Wilma Kartenheim, Anton Forster und ein befreundeter Notar erhielten je einen Sitz im Aufsichtsrat der neuen Unternehmung. Die Brüder Lohrbach sollten in die Geschäftsleitung; über die Funktion von Werner Lohrbach war man sich noch nicht ganz einig, die einen wollten ihn zum Aufsichtsratsvorsitzenden machen, andere meinten, er müsse in die Geschäftsleitung und der Aufsichtsratsvorsitz gehöre in die Hände der Familie Kartenheim. Zur organisationalen Neugestaltung des Unternehmens wurden schließlich folgende zwei Vorschläge unterbreitet, einer von Michael Lohrbach und ein anderer von Anton Forster.

Fragen zur Fallstudie:

1. Wie beurteilen Sie die beiden Vorschläge?
2. Würden Sie sich einem der beiden anschließen oder stattdessen einen eigenen Vorschlag unterbreiten? Wie würde dieser aussehen?

Kapitel 3

Integration von Individuum und Organisation

- Menschliche Bedürfnisse und Erwartungen an die Arbeit
- Reifungsstreben in der Organisation
- Motivierende Teamarbeit
- „System 4": Die Netzwerkstruktur
- Neuere motivationsorientierte Organisationsmodelle
- Integrative Gesamtmodelle
- Kritik an den motivationsorientierten Organisationsmodellen

Diskussionsfragen

Fallstudie

„Der einzelne Beamte kann sich dem Apparat, in den er eingespannt ist, nicht entwinden. [...] Er ist – der überwiegenden Mehrzahl nach – nur ein einzelnes, mit spezialisierten Aufgaben betrautes, Glied in einem nur von der höchsten Spitze her, nicht aber (normalerweise) von seiner Seite, zur Bewegung oder zum Stillstand zu veranlassenden, rastlos weiterlaufenden Mechanismus, der ihm eine im wesentlichen gebundene Marschroute vorschreibt" (1976, S. 727).

Es ist noch nicht so lange her, dass die *Integration von Individuum und Organisation* als ein generisches Organisationsproblem angesehen wurde. Und auch heute gibt es noch eine Reihe von Organisationen, die dieser Frage keine außerordentliche Bedeutung zuzuschreiben gewillt sind. Jahrzehntelang hat man die Gewinnung von Individuen zur Mitarbeit in Organisationen als ein Preisproblem oder genauer als ein Vertragsproblem verstanden. Individuen erklären sich bereit, der Organisation ihre Arbeitsleistung gegen Entgelt zur Verfügung zu stellen. Die vertraglich mehr oder weniger genau definierte Arbeitsleistung beinhaltet auch, dass das Organisationsmitglied die hierarchische Ordnung akzeptiert und sich den von ihr bestimmten Regelungen – sei es in Form der persönlichen Anweisung oder der generellen anonymisierten Regel – beugt. Abgesichert wird dieser „organisatorische Gehorsam" bei Abschluss des Arbeitsvertrages durch die sog. Direktionsbefugnis des Arbeitgebers. Das Integrationsproblem besteht dann allenfalls darin, allfällige Regelabweichungen durch ein Sanktionssystem und durch Kontrolle auf ein Minimum zu beschränken. Ferner ist dafür Sorge zu tragen, dass die Stelleninhaber fachlich kompetent sind, damit sie die Regeln verstehen und in praktisches Handeln umsetzen können. Sofern diese Voraussetzungen erfüllt sind, wird ein regelgebundenes Verhalten als selbstverständlich unterstellt. Eine weitere Beschäftigung mit den einzelnen Organisationsmitgliedern, mit ihrer Motivation und Erwartungen, ihren Stimmungen und Ideen erscheint überflüssig. Die Frage der Integration von Individuum und Organisation stellte sich so gesehen als im eigentlichen Sinne problemlos dar. Dementsprechend finden sich in den Lehrbüchern der klassischen Organisationslehre auch keine Erörterungen dieser Fragestellung oder Problemlösungsvorschläge.

An dieser Auffassung wird nun allerdings seit gut einem halben Jahrhundert heftige Kritik geübt. Einer der ersten, der diese Kritik konzeptionell formulierte, war Chester Barnard (zur historischen Einordnung vgl. Kapitel 7). Er hat früh darauf hingewiesen, dass die pauschale Anerkennung der hierarchischen Ordnung eine keine hinreichende Basis für eine effektive Integration von Individuum und Organisation biete. Es sei vielmehr so, dass der durch den Arbeitsvertrag bewirkte Gehorsam nur eine eng begrenzte Zone (der Indifferenz) umreiße; alles darüber hinausgehende Engagement und Leistungsstreben müsse durch andere Maßnahmen (dort: Anreize) sichergestellt werden. Als Gründe für diese prinzipiell begrenzte Wirkung hierarchischer Herrschaft (siehe dazu auch die heute legendär zu nennende Abhandlung von Simon 1945) werden neben der mangelnden Ex-ante-Spezifizierbarkeit von (komplexen) Aufgaben vor allem das über Jahre angesammelte Erfahrungswissen der Beschäftigten angeführt, das für das Funktionieren einer Leistungsorganisation von hoher Bedeutung sei, nicht aber per Dekret eingefordert und abgerufen werden könne. Und immer häufiger findet sich eine strategische Begründung, wonach in fortgeschrittenen Wirtschaften Innovationen in zunehmenden Maße die Basis für Wettbewerbsvorteile bildeten; Innovationen fließen aber nicht aus Regelgehorsam oder vertragsgemäßer Aufgabenerfüllung, sondern aus Eigeninteresse an den Problemstellungen, aus – wie es heute zunehmend genannt wird – „intrinsischer Motivation“ (Deci/Ryan 1985). Barnard und Simon stellten früh die bis heute entscheidende Frage, wie in allen diesen Fällen über eine schmale Zone der Indifferenz hinaus die engagierte Mitwirkung bzw. die Motivation der Beschäftigten gewonnen werden kann. Aufgrund der weitreichenden Konsequenzen, die aus der Art der Beantwortung dieser Frage fließen, haben wir diesen Themenkomplex eingangs als *zweites generisches Problem* der Organisationsgestaltung eingeführt.

Es muss als das große Verdienst der sog. Human-Relations-Bewegung angesehen werden (zur historischen Einordnung vgl. Kapitel 7), die Beantwortung dieser kritischen Frage, die für heutige Unternehmen in einer Wissensgesellschaft zu einem so wichtigen Problem der Organisationsgestaltung geworden ist, auf den Weg gebracht und Lösungsansätze unterbreitet zu haben, die zu einem Grundpfeiler der modernen Organisationsgestaltung werden sollten. So konnten die Vertreter der Human-Relations-Bewegung nachweisen, dass die Gestaltung der Organisation nach dem Befehls- und Gehorsams-Prinzip allenfalls durchschnittliche, niemals aber herausragende Leistungen zu erbringen vermag. Und sie haben die eminente Bedeutung der (intrinsischen) Motivation für die Effektivität einer Organisation erstmals systematisch gezeigt.

Im Fortlauf wurde immer deutlicher, wie wichtig das Verhältnis von Individuum und Organisation für die Leistungsfähigkeit einer Organisation ist und dass eine Organisationsgestaltung nach dem Leitbild des Regelgehorsams nicht nur immense Potenziale der Mitarbeiter brachliegen lässt, sondern in vielen Fällen geradezu kontraproduktiv wirkt. In modernen Organisationen tritt an die Stelle des Ideals der zuverlässigen Leistungserfüllung, Eigeninitiative, Innovationsfähigkeit und Flexibilität (Lawler/Ulrich 2008). Die auf diese Weise veränderte Perspektive auf die Rolle von Organisationsmitgliedern fand schließlich in einer theoretischen und praktischen Neuorientierung ihren Niederschlag.

Das Organisationsmitglied wird aus dieser Integrations-Perspektive nicht mehr länger als bloßes regelvollziehendes Organ gesehen, das sich möglichst störungsfrei in die Rationalität des Regelwerks fügt, sondern vielmehr als *kritische Ressource*; Motivation, Kreativität und Kooperationsfähigkeit werden zu Schlüsselbegriffen des betrieblichen Erfolgs. Schon relativ früh wird erkannt, dass die Entfaltung der Human-Ressourcen keine bloße Frage der je spezifischen Mitarbeiter-Persönlichkeit oder des guten Willens ist, sondern dass das organisatorische Milieu, insbesondere die Führung und die Organisationsgestaltung, hier von ausschlaggebender Bedeutung sind. Organisationsstrukturen und Führungspraktiken können in ihren Nebeneffekten ungewollt destruktiv wirken, Eigeninitiative lähmen, Widerstände provozieren, Interesse an der Arbeit verhindern usw. Die daraus resultierende Frustration schlägt nicht selten in Apathie oder Aggression um. Dies ist jedoch in keiner Weise ein zwangsläufiger Weg. Führung und Organisation können ebenso auch ermutigend wirken, Kreativität freisetzen, Energien mobilisieren usw.

Organisationsstrukturen erweisen sich also bei genauerer Hinsicht keineswegs als bloßer Regelapparat zur Gewährleistung effizienter und zuverlässiger Arbeitsabläufe, sie beeinflussen auch die Motivation, die Initiativkraft, ja das *ganze Spektrum* des Mitarbeiterverhaltens (auch jenseits und neben der Regeltreue). Der Einfluss kann sowohl positiver als auch negativer Natur sein. Die große Entdeckung der motivationsorientierten Organisationslehre ist, dass herkömmliche Prinzipien optimaler Organisation in der Tendenz auf Motivation und Initiativkraft kontraproduktiv wirken und dass es neue Organisationsmodelle zu suchen gilt, die ein besseres Zusammenspiel von individueller Motivation und Organisation ermöglichen. Ausgangspunkt der Integrationsmodelle ist also ein Konflikt, nämlich der erkannte Widerspruch zwischen den Bedingungen herkömmlicher Organisation und den Voraussetzungen individueller Motivation.

Um ein besseres Zusammenspiel von organisatorischen Strukturen und individueller Motivation zu erreichen, ist eine genauere Kenntnis der *Erwartungen* nötig, die die Organisationsmitglieder gegenüber der Organisation hegen – und zwar Erwartungen, die über die im Arbeitsvertrag festgelegten Gegenleistungen hinausreichen. Was sind diese Erwartungen, die Individuen heute mit ihrer Arbeit in Betrieben verknüpfen? Was sind daran anknüpfend die Grundlagen für die Lösung des zweiten generischen Problems der Organisationsgestaltung?

3.1 Menschliche Bedürfnisse und Erwartungen an die Arbeit

Mit der Abkehr vom Bild des regeltreuen Organisationsmitgliedes benötigte die Organisationslehre ein sehr viel komplexeres Menschenbild (Lang 2007), um das Problem der Integration von Individuum und Organisation angemessen thematisieren und studieren zu können.

3.1.1 Arbeitsrelevante Bedürfnisse

Der populärste Ansatz, ein komplexeres Menschenbild für die Organisationsgestaltung zu gewinnen, wurde das *Bedürfnisbefriedigungskonzept* und die damit verknüpfte Vorstellung, dass der Mensch auch *in* (und nicht nur außerhalb) seiner Arbeitssituation danach trachte, bestimmte Bedürfnisse zu befriedigen. Der Mensch erwartet – so die im Vergleich zur Klassik radikal veränderte Auffassung – in der Arbeit und aus der Arbeit die Möglichkeit zu haben, seine Bedürfnisse zu befriedigen. Es geht nicht um Bedürfnisbefriedigung schlechthin, sondern um die Befriedigung arbeitsbezogener Bedürfnisse, also solcher Bedürfnisse, die den Arbeitsplatz thematisieren und dort befriedigt werden können und sollen.

Eine solche Betrachtung hebt sich nicht nur vom Bild des regeltreuen Mitarbeiters ab, der – mehr oder weniger alternativlos – in eine gesetzte Ordnung einwilligt, sondern auch von dem, vor allem von der Nationalökonomie geprägten Leitbild produktiver Arbeit. Hiernach verkauft der Mensch seine Arbeitsleistung an den Betrieb, um mit dem Verkaufserlös auf den Gütermärkten Waren seiner Wahl erwerben zu können, die eine Befriedigung seiner Bedürfnisse gewährleisten. Die Befriedigung von Bedürfnissen *in* der Arbeit spielt in diesen Denkschulen keine Rolle; im Gegenteil, Arbeit wird ja grundsätzlich als *Leid* thematisiert, als Bedürfnisbeeinträchtigung, als Wohlfahrtsverlust. Das Kalkül wird deshalb so konstruiert, dass die einzelne Person abwägt, wie viel Leid, sprich: wie viel Verlust an Freizeit, sie für wie viel Konsumchancen (Entgelt) in Kauf zu nehmen bereit ist. Dies macht deutlich, warum es den neueren Ansätzen nicht nur darum gehen kann, ein komplexeres Bild des Menschen aufzunehmen, sondern dass die ganze menschliche Bedürfnisbefriedigungssituation neu beschrieben werden muss. Wurde vorher die Arbeit nur als Leid begriffen, das (meistbietend) „verkauft" wird, um an anderem Ort die Bedürfnisbefriedigung sicherzustellen, so wird Arbeit nun selbst als ein Ort verstanden, der zum Gegenstand von *Bedürfnisbefriedigungswünschen* wird.

Mit dem Entdecken der Bedeutung von Arbeitsmotivation wird *Arbeitsfreude* zum zentralen Thema. Neu und für die Organisationstheorie ja geradezu revolutionierend ist die Einsicht, dass mit der Arbeit – jedenfalls potenziell – Möglichkeiten der Bedürfnisbefriedigung verbunden sind, dass Organisationsmitglieder entsprechende Erwartungen an einen Arbeitsplatz haben und dass die Erfüllung dieser Erwartungen für die zentralen Leistungsmerkmale eines heutigen Unternehmens (Innovationsfähigkeit, Flexibilität, Kundenorientierung usw.) von herausragender Bedeutung ist.

Zum Hauptansatzpunkt für eine motivationsorientierte Konzeption der Integration von Individuum und Organisation wurden daher die arbeitsrelevanten Bedürfnisse oder – allgemeiner – die Erwartungen und Wünsche, die Menschen mit ihrer Arbeit verknüpfen. Von tragender Bedeutung für diese Denkrichtung war von Anfang an die Idee eines Kanons *universeller arbeitsrelevanter Bedürfnisse*. Einen zentralen Platz, speziell in der Organisationslehre, nimmt dabei bis zum heutigen Tage die, zunächst in einem ganz anderen Kontext entwickelte, Bedürfnispyramide von A. Maslow ein.

3.1.2 Die Bedürfnispyramide nach Maslow

Die Theorie von Maslow (2002) unterscheidet fünf allgemeine Klassen von Bedürfnissen, die im Hinblick auf ihre Dringlichkeit hierarchisch geordnet sind. Diese fünf Bedürfnisklassen können kurz in folgender Weise charakterisiert werden (vgl. Abbildung 3.1):

Abbildung 3.1: *Die Maslowsche Bedürfnispyramide*

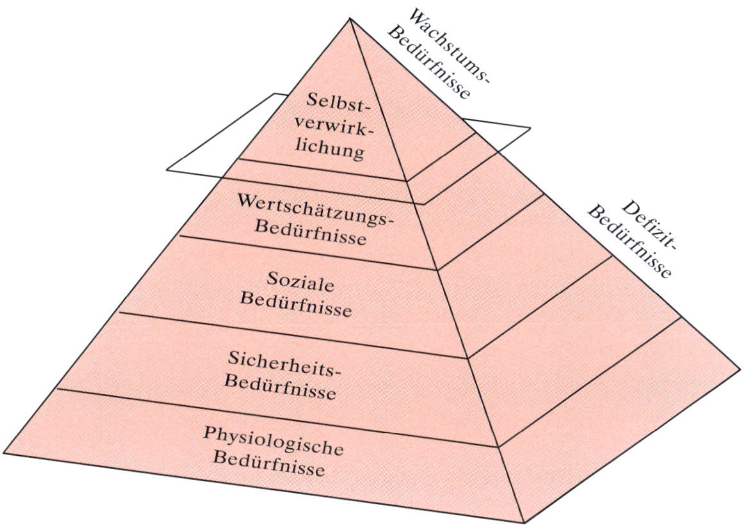

1. Die *physiologischen Bedürfnisse* umfassen das elementare Verlangen nach Essen, Trinken, Kleidung und Wohnung. Ihr Vorrang vor den übrigen Bedürfnisarten ergibt sich aus den körperlichen Existenzbedingungen des Menschen.

2. Das *Sicherheitsbedürfnis* drückt sich aus in dem Verlangen nach Schutz vor unvorhersehbaren Ereignissen des Lebens (Unfall, Beraubung, Invalidität, Krankheit etc.), die insbesondere die Befriedigung der physiologischen Bedürfnisse gefährden können.

3. Die *sozialen Bedürfnisse* umfassen das Streben nach Gemeinschaft, Zusammengehörigkeit und befriedigenden sozialen Beziehungen.

4. Die *Wertschätzungsbedürfnisse* spiegeln den Wunsch nach Anerkennung und Achtung wider. Dieser Wunsch bezieht sich sowohl auf Anerkennung von anderen Personen als auch auf Selbstachtung und Selbstvertrauen. Es ist der Wunsch, nützlich und notwendig zu sein.

5. Als letzte und höchste Klasse werden die *Selbstverwirklichungsbedürfnisse* genannt. Damit ist das Streben nach Unabhängigkeit, nach Entfaltung der eigenen Persönlichkeit im Lebensvollzug und nach nachhaltigen Aktivitäten gemeint: „Was ein Mensch sein kann, das muss er sein".

Die pyramidale Anordnung bedeutet nicht nur, dass die „unteren" Bedürfnisse im Entwicklungsprozess früher in Erscheinung treten, sondern auch, dass sie in einem engeren Sinne physiologisch bestimmt sind und deshalb weniger individuelle oder soziale Ausdrucksvarianz kennen.

Die Maslowsche Motivationserklärung baut auf *zwei Prinzipien* auf, dem Defizitprinzip und dem Progressionsprinzip:

Defizitprinzip: Menschen streben danach, einen Mangelzustand (unbefriedigte Bedürfnisse) zu beseitigen. Ein befriedigtes Bedürfnis kann demzufolge keine Motivationskraft entfalten. Anders ausgedrückt: Wenn ein Individuum die dauerhafte Befriedigung eines der genannten Bedürfnisse als weitgehend sichergestellt betrachtet, hört dieses auf, handlungsmotivierend zu wirken. Änderungen der Lebenssituation (Krieg, Arbeitslosigkeit usw.) können allerdings bewirken, dass ein vormals als dauerhaft befriedigt angesehenes Bedürfnis wieder als unbefriedigt auftaucht und damit erneut handlungsmotivierend wirkt.

Progressionsprinzip: Menschliches Verhalten wird grundsätzlich durch das hierarchisch niedrigste, unbefriedigte Bedürfnis motiviert. Der Mensch versucht zunächst, seine physiologischen Bedürfnisse zu befriedigen. Ist das geschehen, bedeuten diese Bedürfnisse keinen Handlungsanreiz mehr. Gesättigte Bedürfnisse motivieren nicht. Im Motivationsprozess werden die nächsthöheren Motive, die Sicherheitsbedürfnisse, aktiviert. Dabei ist allerdings in Rechnung zu stellen, dass physiologische Bedürfnisse typischerweise von Deprivationszyklen unterliegen, d.h. dass diese Bedürfnisse immer wieder neu auftauchen (Durst, Hunger usw.). Wenn hier von einer Befriedigung *dieser* Bedürfnisse gesprochen wird, so meint dies, eine dauerhafte Sicherstellung der Bedürfnisbefriedigungsmöglichkeit und nicht die aktuelle Sättigung. Dieser progressive Entwicklungsprozess setzt sich im positiven Falle jeweils fort bis zum Bedürfnis nach Selbstverwirklichung, wobei für dieses Bedürfnis in Abkehr von der Sättigungsthese postuliert wird, dass es nie abschließend befriedigt werden kann. Letzteres stellt also einen Bedürfnistypus anderer Art dar, Maslow spricht hier von (unbegrenzten) *Wachstumsbedürfnissen* im Unterschied zu *Defizitbedürfnissen*.

In der praktischen Anwendung findet sich häufig eine modifizierte Version des Maslow-Modells, die eine Kumulation von Bedürfnisbefriedigungsmöglichkeiten in das Zentrum stellt (*Kumulationsthese*). Es wird davon ausgegangen, dass die Motivation in dem Maße steigt, indem die bezeichneten Bedürfnisse in der Arbeit befriedigt werden können. Die Motivation ist dann am höchsten, wenn in einer Arbeitssituation alle fünf Bedürfnisstufen befriedigt werden können. Die neuerdings wieder populär gewordene Arbeitszufriedenheits- und/oder Arbeitsglücksforschung baut in aller Regel auf einer solchen Kumulationsvorstellung auf (Andresen/Imhof 2013).

Alderfer (1972) hat später in zweierlei Hinsicht eine Revision von Maslows Hierarchietheorie vorgeschlagen. Zum einen hat er das Befriedigungs-Progressions-Prinzip um das Frustrations-Regressions-Prinzip ergänzt. In Maslows Modell verharrt ein Individuum, das die Bedürfnisse einer bestimmten Stufe, etwa die sozialen Bedürfnisse, nicht befriedigen kann, solange auf dieser Stufe, bis eine Befriedigung möglich wird. Nach Alderfer (1972, S. 44 ff.) ist die Verhaltensweise komplexer, die Nichtbefriedigung kann seinen Beobachtungen nach auch dazu führen, dass das Individuum frustriert eine Stufe zurückgeht (Regression) und auf der letzten Stufe der befriedigbaren Bedürfnisse verharrt (vgl. im Einzelnen Landy/Becker 1987, S. 8 ff.). Zum anderen schlägt Alderfer vor, die Zahl der Bedürfnisklassen von fünf auf robuste drei zu reduzieren, nämlich die Existenz-, die Sozial- und die Wachstumsbedürfnisse.

Das Maslow-Modell und dazu verwandte Konzepte sind nicht unbestritten geblieben. Nicht nur die Idee einer *universellen* Bedürfnis-Hierarchie (welcher Ausprägung auch immer), sondern auch das Bedürfniskonzept als solches werden in Frage gestellt (Pfeffer/Salancik 1978; Kanfer 1992).

Ungeklärt ist z.B., ob es sich bei Bedürfnissen um Begehrungen (Triebe) handeln soll, die Menschen von Natur aus zu eigen sind, oder ob es *kulturell* geformte und vermittelte Begehrungen sind. Gewöhnlich wird ein Kompromiss gesucht derart, dass ein Teil der Bedürfnisse als natürlich, ein anderer Teil als kulturell bedingt angesehen wird. Eine klare Abgrenzung ist indessen kaum zu ziehen: „Da der Mensch Sprache und Geräte hat, da er die Natur um sich und seine eigene, d.h. seine ihm einst eigene Natur eingreifend verändert hat und weiter verändert, da also seine ehedem 'natürlichen' Bedürfnisse in gewisser Weise fortbestehen, in gewisser Weise aber gleichsam überformt sind, umgebildet in 'Kulturbedürfnisse' und ergänzt durch zahllose neue Kulturbedürfnisse, ist die Abgrenzung der Begehrungen auch nur von den 'natürlichen Bedürfnissen' [...] nicht zu erreichen" (Kamlah/Lorenzen 1973, S. 56). Gleichgültig, wie nun die Gewichte gelegt werden, so besteht doch insoweit eine breite Übereinstimmung, dass es (zumindest auf einen Kulturkreis bezogen) allgemeine Grundthemen menschlicher Begehrungen gibt (so auch das Resümee von Alderfer 1972).

Ein weiteres kontroverses Thema im Zusammenhang mit Bedürfnissen ist die Frage ihrer Manifestation und *Validierbarkeit*. Kann man die Existenz von Bedürfnissen unterstellen, auch dann, wenn sie (noch) nicht artikuliert werden? Und umgekehrt: Entspringt jeder geäußerte Wunsch einem „wirklichen" Bedürfnis? Ist etwa der Wunsch nach einer monotonen Arbeit als Ausdruck eines tieferen menschlichen Bedürfnisses nach Monotonie zu verstehen, oder ist im Gegenteil ein allgemeines Grundbedürfnis nach abwechslungsreicher Arbeit zu unterstellen, auch dann, wenn aktuell dies gar nicht als Wunsch vorgetragen wird?

Schon diese wenigen Fragen machen deutlich, dass sich im Bedürfnis-Begriff empirische und normative Elemente mischen, dass also das Vorliegen eines Bedürfnisses nicht bloß einer faktischen Fragestellung, sondern immer auch einer normativen Beurteilung bedarf (vgl. hierzu im Einzelnen Gerum 1981, S. 93 ff.). Dies schon allein deshalb, weil (auch umgangssprachlich) die Feststellung, dass ein allgemeines Bedürfnis vorliege, immer auch schon ein gewisses Maß an Zustimmung beinhaltet. In der Feststellung, dass ein Bedürfnis vorliegt, schwingt gewissermaßen ein Einverständnis mit, dass dies berechtigterweise artikuliert wird und zu Recht nach Befriedigung drängt. Und umgekehrt unterscheidet man davon Wünsche, denen gar kein „wirkliches" Bedürfnis zugrunde liegt (z.B. ein Autofahrer, der das „Bedürfnis" äußert, an einem Schulgebäude mit 60 km/h vorbeifahren zu dürfen); man bringt damit wiederum zum Ausdruck, dass zwischen geäußerten Wünschen und der Feststellung eines Bedürfnisses ein Beurteilungsschritt liegt.

Insoweit sind auch die hier vorzustellenden Bedürfnistheorien nicht als bloße empirische Aussagensysteme zu begreifen, sondern als Theorien, in denen, ebenso wie in dem Bedürfnisbegriff selbst, untrennbar normative und empirische Elemente zusammenfließen. Jeder Bedürfnistheorie liegt ein (normatives) Menschenbild zugrunde, das nicht seinerseits wieder auf bloße empirische Zusammenhänge zurückgeführt werden kann. Die Prüfung ihrer Triftigkeit muss dem methodischen *Doppelcharakter*, also der empirischen *und* der normativen Seite, Rechnung tragen. Hierbei ist es wichtig zu wissen, dass sich – entgegen früherer Lehrmeinungen – der normative Teil keineswegs der wissenschaftlichen Diskussion entzieht. Man ist nicht gezwungen, die zugrunde gelegten Menschenbilder als „Prämisse", d.h. als nicht weiter diskutierbar, einzuführen. Normative Aussagen stehen ebenso wie empirische Aussagen einer wissenschaftlichen Diskussion offen, ihre Prüfung verlangt jedoch eine andere Methodik (vgl. im Einzelnen Lorenzen 1987). Diese kurze Diskussion wirft zugleich ein fragwürdiges Licht auf die derzeit mit Vehemenz vorgetragene Forderung, organisatorische Gestaltungsmaßnahmen nur auf der Basis von empirisch- gesicherten Aussagen zu treffen, gemeint ist das sogenannte Evidenzbasierte Management (u.a. die Beiträge in Rousseau 2012). Wollte man diesem Vorschlag tatsächlich folgen, würde man viele Probleme der Organisationstheorie nicht mehr angemessen behandeln können, nämlich vor allem diejenigen, die durch latente Funktionen gekennzeichnet sind und von normativen Fragen überlagert werden – und das gilt für die Mehrzahl. So wie eben auch die Frage der Selbstverwirklichung keine Frage ist, die sich rein empirisch klären ließe. Ob wir von Menschen annehmen, dass sie nach Selbstentfaltung streben, kann nicht unabhängig davon diskutiert werden, was die grundsätzlichen Themen der menschlichen Existenz und des menschlichen Sinnstrebens sind. Mit anderen Worten, eine schlichte Feststellung etwa derart, dass in einer schriftlichen Befragung ein Streben nach Selbstentfaltung so nicht erkennbar wurde, ist zu vordergründig, als dass sich damit über die Triftigkeit eines solchen Strebens entscheiden ließe. Bei der nachfolgenden Diskussion praktischer Anwendungsbeispiele und Probleme wird auf diese Fragestellung zurückzukommen sein. Trotz ihrer umstrittenen empirischen Fundierung und der verwickelten Frage des Zusammenspiels normativer und empirischer Elemente hat die Maslowsche Bedürfnispyramide einen sehr großen Einfluss auf die Organisations- und Führungslehre genommen. Dies wohl vor allem deshalb, weil sie einen klaren Pfad aufzeigen konnte durch das schwierige Gelände aus Effizienzimperativen, individuellen Erwartungen an den Arbeitsplatz und moderner Organisationsgestaltung.

3.1.3 Theorie Y als Weg zur bedürfnisorientierten Organisationsgestaltung

Einer der Ersten, der die allgemeinen motivationstheoretischen Gedanken Maslows in ein Konzept organisatorischer Gestaltung umgesetzt hat, war Douglas McGregor Ausgangspunkt seiner Überlegungen ist die verhaltenssteuernde Funktion von Orientierungsmustern (Deutungsmustern oder Alltagstheorien), wie sie von organisatorischen Akteuren, speziell den Führungskräften, ihrem Handeln zugrunde gelegt werden. Im Zentrum steht dabei die Beobachtung, dass die Gestaltung organisatorischer Maßnahmen ganz wesentlich dadurch geprägt ist, welches Bild von Mitarbeitern bei den Führungskräften einer Organisation vorherrschend ist. Dabei kommt es gar nicht darauf an, ob sich der Einzelne dieses Bildes bewusst ist oder nicht. McGregor (1960) geht vielmehr davon aus, dass es sich hier im Wesentlichen um *implizite* Menschenbilder handelt, die das Handeln und damit auch die Gestaltungsmaßnahmen prägen.

Argyris (1976) spricht in einem ähnlichen Zusammenhang erhellend von „theories-in-use" im Unterschied zu den „espoused theories". Während Letztere auf die offiziellen Handlungstheorien abstellen, die Entscheidungsträger oder Organisationen für ihr Handeln vortragen und wie sie zum Teil in Leitbildern oder in (Corporate Governance) Kodices niedergelegt sind, beziehen sich Erstere auf die dem Handeln tatsächlich zugrunde liegenden Orientierungsmuster, die sich oft von den offiziellen signifikant unterscheiden (vgl. hierzu auch Kapitel 5). Auf die hohe Bedeutung impliziter Orientierungsmuster für organisatorisches Handeln weist auch die Unternehmenskulturforschung hin (zu speziell diesem Aspekt vgl. insbesondere Ingersoll/Adams 1992).

McGregor explizierte zwei idealtypische Handlungstheorien, *„Theorie X" und „Theorie Y"* (vgl. Abbildung 3.2), und zeigte, dass die traditionelle Organisationsgestaltung im Wesentlichen einer Theorie X-Orientierung entstammt.

Die Konsequenz liegt auf der Hand: Wer Mitarbeiter überwiegend als verantwortungsscheu, desinteressiert und unengagiert sieht, stellt bei organisatorischen Gestaltungsmaßnahmen auch Kontrolle und Anweisung in den Vordergrund. Diese Grundeinstellung findet auch in den Begriffen der klassischen Organisationslehre ihren Niederschlag: „Kontrollspanne", „Befehlshierarchie", „Regelgehorsam", „Berichtspflichten", „Disziplinarstrafen" usw.

Die Pointe der McGregorschen Argumentation beginnt nun dort, wo sie – unter Verweis auf die Maslowsche Bedürfnispyramide – postuliert, dass das Theorie X-Menschenbild keineswegs dem entspricht, was Menschen typischerweise denken und wollen. Gestaltungsmaßnahmen, die sich an Theorie X orientieren, geraten deshalb zwangsläufig in einen tiefen Widerspruch zu den menschlichen Bedürfnissen. Im organisatorischen Alltag droht sich als Folge davon eine Negativ-Spirale einzupendeln (vgl. Abbildung 3.3).

Abbildung 3.2: *Theorie X und Theorie Y*

Organisatorische Handlungstheorien	
Theorie X	**Theorie Y**
1. Der Durchschnittsmensch hat eine angeborene Abneigung gegen Arbeit und versucht, ihr aus dem Wege zu gehen, wo er nur kann („opportunistisches Verhalten").	1. Die Verausgabung durch körperliche und geistige Anstrengung beim Arbeiten kann als ebenso natürlich gelten wie Spiel oder Ruhe.
2. Weil der Mensch durch Arbeitsunlust gekennzeichnet ist, muss er energisch geführt und streng kontrolliert werden, damit die Unternehmensziele erreicht werden können.	2. Für Ziele, denen sie sich verpflichtet fühlen und die sie als sinnvoll erkennen, erlegen sich Menschen bereitwillig Selbstdisziplin und Selbstkontrolle auf.
3. Der Widerwille gegen die Arbeit ist so stark, dass sogar das Versprechen höheren Lohnes nicht reicht, ihn zu überwinden. Man wird zwar die höhere Bezahlung gerne annehmen, aber immer noch mehr fordern. Doch das Geld allein kann die Menschen nicht dazu bringen, sich genügend anzustrengen. Dazu bedarf es noch der Androhung von Strafe bei Zuwiderhandeln gegen die Regeln.	3. Wie sehr sich Menschen organisatorischen Zielen verpflichtet fühlen, ist eine Frage, inwieweit ihre Erreichung zugleich eine Erfüllung persönlicher Ziele erlaubt.
4. Menschen ziehen es vor, Routineaufgaben zu erledigen, besitzen verhältnismäßig wenig Ehrgeiz und sind vor allem auf Sicherheit aus.	4. Die Gabe, Vorstellungskraft, Urteilsvermögen und Kreativität für die Lösung organisatorischer Probleme zu entwickeln, ist in der Bevölkerung weit verbreitet und nicht nur bei Minderheiten. Unter den Bedingungen der modernen Arbeit sind die Talente, über die der Durchschnittsmensch verfügt, in der Regel nur zum geringen Teil genutzt.
5. Die meisten Menschen scheuen sich vor der Übernahme von Verantwortung.	5. Bei geeigneten Bedingungen wollen Menschen Verantwortung nicht nur übernehmen, sondern sie suchen sie sogar.

Quelle: McGregor (1960) passim

Es baut sich eine Art *selbsterfüllender Prognose* auf; organisatorische Gestaltungsmaßnahmen, die von einer hohen Kontrollbedürftigkeit und einem starken Hang zur Passivität ausgehen, lassen dem einzelnen Mitarbeiter keinen Freiraum zur Entfaltung seiner Fähigkeiten und Möglichkeiten. Dies führt zu Enttäuschung, Verbitterung und Abkapselung („innere Kündigung"); die Reaktion ist Gleichgültigkeit oder sogar demonstratives Desinteresse. Dieses Verhalten wird von den verantwortlichen Organisationsgestaltern und Entscheidungsträgern als Zeichen der Richtigkeit ihres Theorie X-Menschenbildes (miss-)verstanden. Sie fühlen sich wieder und wieder bestätigt in dem, was sie immer schon gedacht haben. Täglich erleben sie Anzeichen von mangelndem Eigeninteresse und Drückebergerei. Um die Schäden für die Organisation so gering wie möglich zu halten, fühlen sie sich aufgefordert, noch mehr Kontrolle und eine noch striktere Anweisungshierarchie einzuführen. Dies steigert die Enttäuschung über den Mangel an Bedürfnisbefriedigungsmöglichkeiten und führt zu noch stärkerer Apathie und passivem Widerstand. Statt sich zu entspannen, verfestigt oder verstärkt sich der Zirkel immer weiter. Die ganze Situation führt in der Tendenz zu einem „lock-in", die Beteiligten reproduzieren ihre reaktiven Verhaltensmuster, eine Alternative scheint ausgeschlossen.

Abbildung 3.3: *Der Theorie X-Zirkel (circulus vitiosus)*

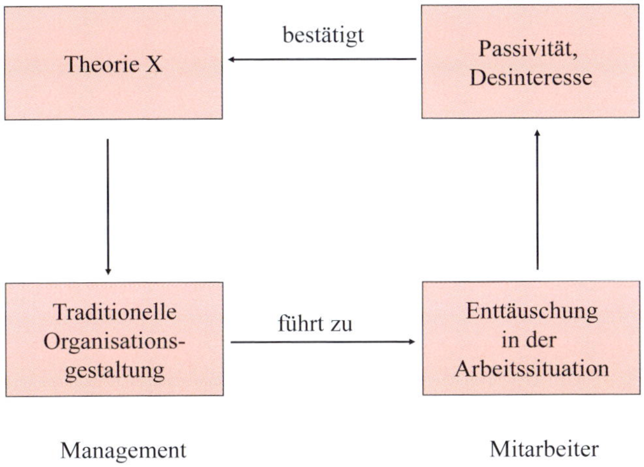

Das Hauptproblem liegt – McGregor zufolge – in der *falschen Kausalattribution*, Ursache und Wirkung werden von den Entscheidungsträgern und Organisationsgestaltern verwechselt. Nicht das fehlende Interesse, nicht das Streben nach Bequemlichkeit und „Opportunismus" (Drückebergerei und Betrügereien) sind der Grund für eine solche Art der Organisationsgestaltung, sondern umgekehrt, diese Art der Organisationsgestaltung und das dahinter liegende Menschenbild (Theorie X) sind die eigentliche Ursache genau dieser Verhaltensweisen. Passivität und Opportunismus sind also keine (unabhängigen) Konstanten, sondern (abhängige) Variablen, ihre Ausprägung wird wesentlich von dem organisatorischen Umfeld bestimmt, d.h. vor allem auch von der Organisationsgestaltung.

McGregors Argumentation baut wesentlich auf der Maslowschen Bedürfnispyramide auf, er geht – wie alle anderen Vertreter des Human-Ressourcen-Ansatzes auch – davon aus, dass die traditionellen Organisationsstrukturen in nur sehr beschränkter Weise eine Bedürfnisbefriedigung in der Arbeit ermöglichen. Dies gilt weniger für die niederrangigen, in starkem Maße aber für die höherrangigen Bedürfnisse. Jemand, der seine höherrangigen Bedürfnisse nicht befriedigen kann – versichert McGregor –, ist in gewissem Sinne genauso ausgehungert wie jemand, der nichts zu essen hat. Und dieses Ausgehungertsein, diese „Deprivation", hat Konsequenzen, sie zeigt sich in Passivität, in der Weigerung, Verantwortung zu übernehmen usw. Es sind Symptome einer fortwährenden Enttäuschung, die sich in der Vergeudung menschlicher Kräfte und Potenziale und damit letztendlich in organisatorischer Ineffizienz niederschlagen.

McGregors Vorschlag zur Verbesserung der Situation setzt konsequenterweise dort an, wo er die Ursache für den Teufelskreis ausmacht, nämlich an dem Menschenbild der Entscheidungsträger einer Organisation. Er leitet daraus die Notwendigkeit ab, dieses durch ein anderes, dem Entwicklungsstreben des Menschen mehr entsprechendes zu ersetzen. McGregor entwickelt – inspiriert von der Maslowschen Bedürfnispyramide und den ihr zugrunde liegenden anthropologischen Thesen – ein entgegengesetztes Menschen- bzw. Mitarbeiterbild; er nennt es *Theorie Y* (siehe Abbildung 3.2). Hiernach streben Mitarbeiter in aller Regel nach Selbstentfaltung und personalem Wachstum in der Arbeit, sie erwarten, dass sie in der Arbeit ihre höherrangigen Bedürfnisse befriedigen können. Menschen sind nicht – wie *Theorie X* unterstellt – von Hause aus passiv und desinteressiert; es ist die mangelnde Entfaltungsmöglichkeit in traditionell gestalteten Organisationen, die sie in dieses Muster drängt.

Abbildung 3.4: *Der gute Zirkel*

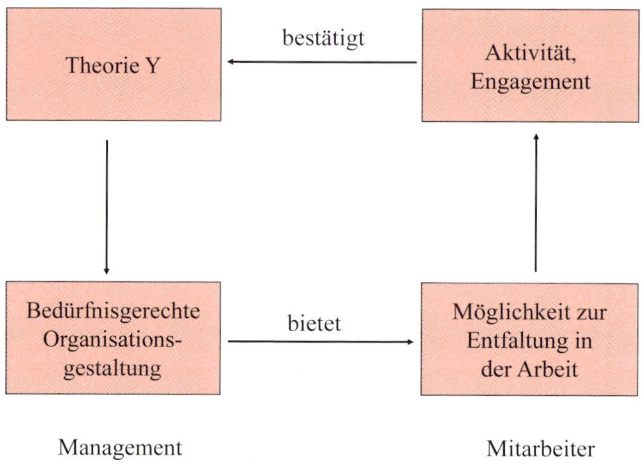

McGregor plädiert nun dafür, die meist unbewusst verwendete Theorie X bewusst zu machen, ihre Kritikbedürftigkeit zu belegen und sie durch ein neues, erfolgversprechenderes Menschenbild, nämlich durch Theorie Y, zu ersetzen. Allgemeiner gesagt, Managerinnen und Organisationsgestalter sollten sich ihrer Grundannahmen über die Natur des menschlichen Handelns bewusst werden und – gegebenenfalls – durch ein angemesseneres Menschenbild ersetzen. Der dabei leitende Kerngedanke ist, dass organisatorische Gestaltungsmaßnahmen, die in Theorie Y ihren Ausgangspunkt nehmen, sehr viel mehr den menschlichen Bedürfnissen und Erwartungen entsprechen. Im Ergebnis werden sich gänzlich andere Verhaltensweisen zeigen; Mitarbeiter werden sich interessiert und engagiert ihrer herausfordernden Arbeit stellen, Verantwortung wird nicht mehr länger gemieden, sondern im Gegenteil gesucht. Statt eines „bösen“ Zirkels pendelt sich ein „guter“ Zirkel ein (vgl. Abbildung 3.4) mit der Folge, dass die Mitarbeiter nicht nur zufriedener, sondern auch Unternehmen sehr viel effizienter und innovativer arbeiten.

Während das zentrale Organisationsprinzip einer Theorie X-Orientierung Befehl und Kontrolle fokussiert, fordert Theorie Y dazu auf, solche *organisatorischen Bedingungen* zu schaffen, die es den Organisationsmitgliedern ermöglichen, über eine Erfüllung der Unternehmensziele zugleich ihre persönlichen Ziele und Erwartungen zu erreichen. In der motivationsorientierten Organisationslehre bürgerte sich hierfür der Begriff *„Integrationsprinzip“* ein.

Theorie Y enthält als solche keine Anweisungen, wie eine *Organisationsgestaltung* auszusehen hätte, die sich an den höherrangigen Bedürfnissen der Maslow-Pyramide orientiert. McGregor verweist jedoch darauf, dass alle organisatorischen Maßnahmen, die die *Selbstkontrolle* fördern und eine stärkere Einbindung der Mitarbeiter in Entscheidungsprozesse ermöglichen, Schritte in Richtung auf ein Theorie Y-Management sind. Dazu gehören Maßnahmen wie *Dezentralisation von Entscheidungsprozessen, Delegation von Verantwortung, Gruppenentscheidungen* etc. In jedem Falle kommt es darauf an, die Aufgaben so zu gestalten, dass sich von innen heraus eine interessierte Arbeitshaltung, also eine *intrinsische Motivation*, entwickeln kann. Externe Leistungsanreize sieht McGregor für diesen Prozess als eher hinderlich an (vgl. hierzu auch die Diskussion um die Verdrängung intrinsischer Motivation durch das Setzen extrinsischer Anreize bei Deci 1975; Frey/Osterloh 2002).

Theorie Y stellt die herkömmliche betriebliche Hierarchie als solche nicht in Frage, sie verweist aber darauf, dass es ganz andere, viel wirkungsvollere Mittel und Wege gibt, eine Organisation leistungsfähiger zu machen. Konkretere Hinweise, wie eine Organisationsform nach Maßgabe von Theorie Y aussehen könnte, finden sich in den Vorschlägen von Argyris, die im nächsten Abschnitt dargelegt werden.

3.2 Reifungsstreben in der Organisation

3.2.1 Das Reifekonzept von Argyris

Argyris (1957; 1964) stellt an den Ausgangspunkt seiner Überlegungen keine Bedürfnistheorie, sondern ein Persönlichkeitskonzept, das von einem allgemeinen menschlichen Streben nach Reife ausgeht. Wiederum ist es ein Menschenbild, das sich in einer Theorie verdichtet, und wiederum fließen deshalb in dieser Theorie normative und empirische Elemente zusammen, so dass auch hier die Frage der Triftigkeit der Annahmen nur unter der bereits dargelegten *Doppelperspektive* zu beurteilen ist (vgl. hierzu die Kritik von Friedberg 1995, S. 32 f.). Argyris gewinnt sein Reife-Konzept aus der allgemeinen universell-menschlichen Entwicklung vom Kind zum Erwachsenen. Er leitet daraus ein generelles Reifungsstreben ab, das abhängig von den Lebensumständen mehr oder weniger stark zur Erfüllung gebracht wird. Das Reifungsstreben wird von Argyris als *„psychologische Energie"* verstanden im Unterschied zur immer auch vorhandenen *physiologischen Energie* (Hunger, Durst, Sexualtrieb usw.). Mit psychologischer Energie, die in ihrer konkreten Ausprägung stark kulturell überformt ist, soll eine Antriebskraft (Motivation) bezeichnet werden, die auf Erfüllung von Wünschen, Zielen und Erwartungen drängt. Argyris konkretisiert den Prozess und die Dynamik der Reifung anhand von sieben verschiedenen Dimensionen (vgl. Abbildung 3.5).

Abbildung 3.5: *Das Reife-Kontinuum*

unreif ⟶	*reif*
1. Passivität	wachsende Aktivität
2. Abhängigkeit von Anderen	relative Unabhängigkeit
3. Geringe Zahl von Verhaltensmustern	Fähigkeit zu vielfältigen Verhaltensweisen
4. Zufällig-oberflächliche Interessen	tiefe, beständige Interessen
5. Kurzfristige Perspektive (Gegenwartsorientierung)	langfristige Perspektive (Zukunftsorientierung)
6. Untergeordnete Stellung	gleich- oder übergeordnete Stellung
7. Fehlendes Bewusstsein eigener Persönlichkeit	Bewusstsein und Kontrolle der eigenen Persönlichkeit

Quelle: nach Argyris (1975)

Was ist unter den Reife-Dimensionen im Einzelnen zu verstehen (Argyris 1975, S. 216 ff.)?

1. Aktivität: Menschen in unserer Kultur entwickeln sich für gewöhnlich von einem rezeptiven, geistig passiven Zustand in der Kindheit fort zu einem Zustand zunehmender Eigeninitiative und selbstgesteuerter Aktivität.

2. Unabhängigkeit: Der Mensch löst sich gewöhnlicherweise aus einem Zustand der völligen Abhängigkeit in der Kindheit und erstrebt wachsende Unabhängigkeit. Gemeint ist damit, dass sich der reife Mensch von dem Zustand der Bevormundung in der Kindheit losgelöst und auf eigenen Füßen zu stehen gelernt hat.

3. Verhaltensmuster: In der Kindheit stehen dem Menschen zunächst nur wenige Verhaltensmuster zu Gebote, im Zuge der Entwicklung bilden sich für gewöhnlich immer mehr und differenziertere Verhaltensmuster heraus.

4. Interessen: In der Kindheit sind die Interessen ungefestigt, stark extern bestimmt und mehr zufälliger Natur. Das Reifestadium kennzeichnet sich dagegen durch das Streben, interessierende Phänomene tiefer greifend zu verstehen und sie in ihrer Ganzheit zu erfahren. Belohnung kommt primär aus dem Verstehen der Phänomene selbst heraus und weniger aus externer, also indirekter Verstärkung. Das Interesse an der Sache selbst bewegt das Handeln und nicht die Aussicht, eine sekundäre Belohnung zu erhalten.

5. Zeitperspektive: Die Kindheit ist in der Regel gekennzeichnet durch eine Kurzzeitperspektive, das aktuelle Geschehen bestimmt das Handeln. Warten fällt schwer, mehr noch der Verzicht auf eine aktuelle Bedürfnisbefriedigung zugunsten einer in der Zukunft liegenden (z.B. der Abschluss einer Lebensversicherung). Ein reifer Mensch entwickelt dagegen eine sehr viel breitere Zeitperspektive, sein Handeln bezieht sich nicht nur auf die Gegenwart, sondern reflektiert die Vergangenheit und die Zukunft. Er ist sich seiner Geschichte bewusst und versucht, in seinem Handeln Gegenwart und Zukunft in ein sinnvolles Verhältnis zu bringen.

6. Rang: Während sich Kinder in einer prinzipiell untergeordneten Stellung in Familie und Gesellschaft befinden, ist der erwachsene Mensch in einer prinzipiell gleichberechtigten oder übergeordneten Position in Familie und Gesellschaft. Allfällige Unterordnung beruht auf einem freiwilligen Beschluss.

7. Selbst-Bewusstsein: Die letzte Reifedimension stellt ab auf den Prozess steigender Bewusstheit des Selbst, der eigenen Fähigkeiten und des eigenen Könnens. Dies bedeutet, dass der reife Mensch eine angemessene Kontrolle über sein Verhalten und seine Wirkungskräfte entwickelt hat, die es ihm erlaubt, sich im gesellschaftlichen Raum zu positionieren und ein Gefühl des Selbstwertes zu entwickeln. Der Wille, sich selbst realistische Ziele zu setzen, und das Vertrauen darauf, diese Ziele erreichen zu können, sind das deutlich sichtbare Zeichen dieser Entwicklung.

Man kann diese verschiedenen Reife-Dimensionen als Ausformulierung des Bedürfnisses nach Selbstverwirklichung, also des Wachstumsbedürfnisses nach Maslow, begreifen und das Reifestreben auch in diesem Sinne als Bedürfnis interpretieren.

Die Darstellung des „reifen" Menschen beruht auf den Leitbildern der Humanistischen Psychologie, einer Schule innerhalb der Psychologie, die in erster Linie das mechanistisch-deterministische Menschenbild der naturwissenschaftlichen Ansätze überwinden will (vgl. die Darstellungen von Völker 1980; Quitmann 1985). Im Zentrum steht die Ziel- und Sinnorientierung; der Mensch ist nicht nur durch ein einfaches Streben nach Bedürfnisbefriedigung zu erfassen, sondern durch die Suche nach einem sinnvollen und erfüllten Dasein (vgl. dazu auch Fokus 3.1).

Fokus 3.1

Der Reife-Prozess

„Meine Ansichten über den Sinn des guten Lebens beruhen in der Hauptsache auf meiner Erfahrung im Umgang mit Menschen in der sehr engen und intimen Beziehung, die man Psychotherapie nennt. Diese Ansichten haben also eine empirische, erfahrungsmäßige Grundlage, im Gegensatz zu solchen, die vielleicht auf Lehrüberlieferungen oder philosophischen Überlegungen beruhen. Als Beobachter und Teilnehmer bei den Bemühungen gestörter und beunruhigter Menschen, das gute Leben zu erreichen, habe ich erfahren, was jenes Leben zu meinen scheint.

Mein Versuch, das wahre Wesen dieser Menschen mit wenigen Worten darzustellen, läuft ungefähr auf folgendes hinaus: Das gute Leben ist ein Prozess, kein Daseins-Zustand. Es ist eine Richtung, kein Ziel. Die Richtung, die für das gute Leben konstitutiv ist, wird vom gesamten Organismus gewählt, sofern die psychische Freiheit vorhanden ist, sich in *jede* Richtung zu entwickeln.

Diese organisch fundierte Richtung weist offensichtlich gewisse feststellbare, allgemeine Qualitäten auf, die bei einer breiten Vielfalt einzigartiger Individuen gleichermaßen vorhanden zu sein scheinen. Dementsprechend kann ich diese Aussagen in eine Definition zusammenfassen, die zumindest als Grundlage für Diskussion und Überlegung dienen kann. Das gute Leben ist, vom Standpunkt meiner Erfahrungen aus, der Entwicklungsprozess in eine vom menschlichen Organismus gewählte Richtung, sofern das Individuum innerlich frei ist, sich in jede Richtung zu bewegen; die allgemeinen Qualitäten dieser Richtung scheinen eine gewisse Universalität zu besitzen [...]

Es wird wohl klar geworden sein, warum mir Adjektive wie glücklich, zufrieden, glückselig, erfreulich nicht ganz geeignet für eine allgemeine Beschreibung dieses Prozesses, den ich das gute Leben genannt habe, erscheinen, auch wenn der Mensch in diesem Prozess jedes dieser Gefühle zu entsprechenden Zeitpunkten haben mag. Die offensichtlich passenderen Adjektive sind etwa: bereichernd, anregend, belohnend, herausfordernd, bedeutungsvoll. Ich bin der Überzeugung, dass dieser Prozess des guten Lebens kein Leben für die Kleinmütigen ist. Er enthält ein Ausdehnen und ein Wachsen der Entwicklung zu einem Sein, in dem man zunehmend seine eigenen Möglichkeiten *ist*. Der Mut zum Sein ist darin inbegriffen. Es bedeutet, sich völlig in den Strom des Lebens hineinzubegeben. Das ist aber das höchst Aufregende beim Menschen: wenn das Individuum innerlich frei ist, wählt es als das 'gute Leben' diesen Prozess des Werdens."

Quelle: Rogers (1973), S. 183 f., 186, 195

Um das Reifekontinuum in seinen Konsequenzen für eine erfolgreiche Organisationsgestaltung richtig verstehen zu können, sind einige zusätzliche Gesichtspunkte zu berücksichtigen:

1. Ob und inwieweit ein Individuum „reift", hängt nicht nur von dem inneren Streben ab, sondern ist in wesentlichem Maße durch das Umfeld und damit auch durch die Organisation mitbestimmt. Ein Selbst-Bewusstsein kann sich – so paradox es klingen mag – letztlich nur in der *Gemeinschaft* mit anderen Individuen entwickeln. Wer Vertrauen in seine Kompetenz gewinnen will, muss die Möglichkeit haben, seine Fä-

higkeiten unter Beweis zu stellen und eine gewisse Kontrolle über sein Handlungsfeld ausüben zu können. Bedingung ist ferner, dass Korrekturinformationen (Feedback) aus dem Umfeld erfolgen, dass andere „antworten". Ein Selbst-Bewusstsein kann sich also nur dort aufbauen, wo eine gewisse Bestätigung des Entwicklungsprozesses in der Interaktion mit anderen erfahren wird. Der Hinweis auf die Bedeutung des Umfeldes besagt zugleich, dass sich ein hoher Reifegrad *keineswegs zwangsläufig* ergibt, sondern dass dies nur dort der Fall sein wird, wo das Reifungsstreben eine entsprechende Beantwortung erfahren hat.

Die Tatsache, dass viele erwachsene Menschen keinen hohen Reifegrad im Sinne der definierten Dimensionen erworben haben, kann deshalb auch nicht ohne weiteres als Indiz für das Fehlen eines universellen Reifungsstrebens genommen werden. Zunächst einmal ist hier an den Kontext zu denken, der einer Entfaltung des Reifungsstrebens möglicherweise entgegenstand. Friedberg (1995, S. 34 f.) weist hier allerdings nicht ganz zu Unrecht auf die Gefahr hin, dass durch solche Argumentation die normativen Setzungen vor Kritik geschützt werden, weil es schwer wird, diese überhaupt noch empirisch zu widerlegen.

2. Die Feststellung, ob Individuen ein Reifungsstreben innewohnt oder nicht, ist im Übrigen kaum mit einfachen Anscheinsbeweisen oder gar schriftlichen Befragungen zu prüfen. Reifung ist als ein *latentes Merkmal* gedacht, das nur bei Vorhandensein näher zu bestimmender Gelegenheiten manifest wird. Häufig ist es auch so, dass bestimmte Handlungsweisen den Anschein hoher Reife erwecken, bei näherer Analyse der Umstände jedoch eher als Zeichen der Unreife zu interpretieren sind (Beispiel: Ein unterstellter Mitarbeiter, der sich jeder Anweisung des Vorgesetzten widersetzt, muss nicht autonom sein, sondern es kann sich in Wirklichkeit um ein eher „unreifes" Trotzverhalten handeln.)

3. Individuen erreichen niemals das Maximum an Reife; der Reifezustand wird, ähnlich wie bei dem Maslowschen Bedürfnis nach Selbstverwirklichung, als *nie versiegende* Quelle der Herausforderung begriffen. Der Zustand der (Un-)Reife ist so gesehen immer nur ein vorläufiger, ein immer in Bewegung begriffener.

4. Die Definition dessen, was als „reif" gelten soll, ist keineswegs unumstritten. Dies ist auch nicht weiter verwunderlich, wenn man sich vor Augen hält, dass – wie bereits erwähnt – in diesem Konstrukt ganz wesentlich auch normative Festlegungen über den Menschen und das „Menschenbild" ihren Niederschlag finden. Es geht also in diesem Konzept nicht nur darum festzustellen, was zu einem gegebenen Zeitpunkt der Fall ist, sondern auch und primär darum zu erkunden, was möglich und was wünschenswert ist. Einwendungen gegen die Reifedimensionen sind demzufolge immer auch auf dieser normativen Ebene zu führen. Wenn z.B. Nord et al. (1988, S. 31 f.) den Vorwurf erheben, bei diesem Konzept (wie auch der Maslow-Pyramide) handele es sich um kein generelles Menschenbild, sondern lediglich um die unzulässig generalisierten Normen der (amerikanischen) Mittelschicht, so ist dies für sich ge-

nommen noch kein Gegenargument, denn es müssten nun erst Gründe dafür angegeben werden, weshalb sich die Normen der Mittelschicht (so es denn überhaupt diese sind) nicht für eine Generalisierung eignen, oder genauer gesagt, weshalb sie ungeeignet sein sollen, Leitbild für eine motivationsorientierte Organisationsgestaltung zu sein.

3.2.2 Reifestreben und Prinzipien formaler Organisation

Argyris (1975) stellt nun in einem nächsten Schritt die traditionellen Organisationsstrukturen dem Reifungsstreben gegenüber, um zu sehen, ob und inwieweit Organisationen, die nach diesen Prinzipien gestaltet sind, Orte sein können, die das Reifungsstreben stützen, und wenn nein, welche Konsequenzen für den organisatorischen Erfolg aus einer solchen Behinderung zu erwarten sind. Zu Prüfungszwecken wird die traditionelle Organisationsgestaltung auf die folgenden *vier Prinzipien* verdichtet:

1. Hochgradige Arbeitsteilung
2. Befehlskette (Instanzenzug)
3. Einheit der Leitung
4. Limitierte Kontrollspanne

1. Arbeitsteilung: Die herkömmliche Organisationsgestaltung strebt, vor allem unter dem Einfluss des Taylorismus und später der Refa-Methodik, eine hochgradige Arbeitsteilung an. An Arbeitsplätzen sind infolge forcierter Arbeitsteilung nicht selten nur noch einige wenige Handgriffe pro Arbeitsgang zu erledigen und diese sodann fortwährend zu wiederholen. Die geistige Vorbereitung der Arbeit, ihre Überwachung und Kontrolle, liegt in der Hand spezialisierter Abteilungen. Sie legen den optimalen Arbeitsablauf und den optimalen Arbeitsrhythmus fest. Die historischen Hintergründe und die Wirkungserwartungen (hohe Produktivität durch Routineeffekte), die mit diesem Prinzip verbunden werden, sind in Kapitel 7 dargestellt. Die Gegenüberstellung der Dimensionen des Reifungsstrebens mit diesem organisatorischen Gestaltungsprinzip lässt nach Argyris sehr schnell offenkundig werden, dass sie sich wenig entsprechen. Die hoch standardisierte Arbeit gibt dem Individuum so gut wie keinen Raum, seine je spezifischen Kompetenzen zur Geltung zu bringen und ein starkes Identitäts- und Selbstwertgefühl zu entwickeln. Gebraucht wird nur ein äußerst geringer Teil menschlicher Fähigkeiten, und diejenigen, die gebraucht werden, sind obendrein die am wenigsten komplexen. Die Ausformung einer Vielfalt an Verhaltensmustern und die Ausdifferenzierung des eigenen Fähigkeitsprofils sind so gut wie unmöglich. Das Belohnungssystem für solche Arbeitsformen ist darauf angewiesen, dass die Beschäftigten bereit sind, ihr Verhalten an externen Anreizen auszurichten – allerdings bleiben dabei die „verborgenen Kosten“ dieser Art von Belohnung (Passivität, Desinteresse s.o.) häufig unberücksichtigt (Frey/Osterloh 1997).

2. Befehlskette: Die skalare Hierarchie (Einlinien-Prinzip), als weiteres grundlegendes Element jeder traditionellen Organisationsgestaltung, soll den fragmentierten Arbeitsprozess zu einem integrierten Handlungskomplex zusammenbinden. Die fest gefügte Autoritätshierarchie findet ihr Steuerungszentrum an der Spitze der Organisation; der dort gebildete Wille wird über das Anweisungsprinzip (Befehl und Gehorsam) über die einzelnen Hierarchieebenen heruntergebrochen, bis er in konkreten Handlungen seine Umsetzung erfahren hat. Der Vollzug der Anordnung wird schließlich an das Willenszentrum zurückgemeldet. Um eine reibungslose Willensdurchsetzung zu ermöglichen, werden die Instanzen mit einer beträchtlichen Zahl an Einflusspotenzialen ausgestattet. Eine Gegenüberstellung von Reife-Dimensionen und Befehlskette nach Argyris ergibt problematische Diskrepanzen: Das strenge Hierarchieprinzip stellt auf Unterordnung und auf reagierende Anpassung ab, nicht auf aktive Rezeption und Akzeptanz. Nachdem den Untergebenen überdies nur immer so viele Informationen zugestanden werden, wie sie für die Ausführung der Anweisung benötigen, tritt zu den genannten Beschränkungen auch eine Einengung des kognitiven Horizonts, eine breite Perspektive kann nicht entwickelt werden, die Untergebenen geraten in starke Abhängigkeit. Sie können innerhalb der Organisation nicht „auf eigenen Füßen stehen", und dies gilt umso mehr, je weiter nach unten man die Hierarchiestufen geht.

3. Einheit der Leitung: Nach dem Prinzip der Einheit der Leitung sollte eine Organisation wie aus einem Guss handeln können, um ihre Energien optimal zur Entfaltung zu bringen. Dies bedeutet, dass nicht nur die Ziele von der oberen Führung festgelegt werden müssen, sondern auch die Wege dorthin und die Art und Weise, wie auftauchende Hindernisse zu umgehen sind. Mit diesem Prinzip wird einmal mehr ein Kontrapunkt zu dem Reifestreben gesetzt. Das Grunderlebnis des Reifungsstrebens, das Setzen eigener angemessener Ziele und die Meisterung der Zielerfüllung, all dies bleibt den Organisationsmitgliedern versagt. Eine Entfaltung selbstentwickelter Zielstrebigkeit und eines darauf aufbauenden Selbst-Bewusstseins wird auf diese Weise behindert.

4. Limitierte Kontrollspanne: Das vierte der beispielhaft aufgegriffenen Prinzipien traditioneller Organisationsgestaltung ist die limitierte Kontrollspanne; man geht dabei bekanntlich davon aus, dass einer Führungskraft, um ihr eine wirksame Kontrolle zu ermöglichen, nur eine sehr begrenzte Zahl von Untergebenen zu unterstellen ist. Die Aufgabe der Führungskraft wird primär als eine Kontrollaufgabe beschrieben. Es gilt, die Ausführung der angeordneten Arbeiten zu überwachen, um die durch opportunistisches Verhalten bedingte Abweichung von Soll und Ist möglichst klein zu halten. Eine solche strenge Überwachung der Mitarbeiter betont die Abhängigkeit, das fremdbestimmte Tätigwerden, die Passivität, also wiederum solche Merkmale, die oben als Merkmale der Unreife beschrieben wurden.

Fasst man die *Gegenüberstellung* von Reifedimensionen und Prinzipien der traditionellen Organisation zusammen, so ergibt sich deutlich, dass beide diametral zuwiderlaufen. Wenn die traditionellen Organisationsprinzipien in ihrer reinen Form zum Einsatz kommen, wird für das normale Organisationsmitglied ein Arbeitsmilieu geschaffen, das es systematisch daran hindert, auf den Reifedimensionen zu wachsen. Ja, mehr noch, es wird – wie Argyris betont – ein *Verhalten* erwartet, das dem *eines Kindes* gleicht, nicht aber dem eines reifen erwachsenen Menschen. Die Individuen werden also nicht nur an ihrer Weiterentwicklung gehindert, sondern auch dort, wo bereits ein fortgeschrittenes Reifestadium erreicht worden ist, gewissermaßen gezwungen, sich künstlich in einer weniger reifen Weise zu verhalten als es ihrem Entwicklungsstand entspricht. Argyris (1975, S. 229) resümiert zuspitzend: „(es) fällt die Einsicht nicht schwer, warum einige Organisationsforscher feststellen, dass unreife und sogar geistig zurückgebliebene Individuen möglicherweise ausgezeichnete Mitarbeiter bei bestimmten Beschäftigungsarten abgeben."

Als Ergebnis der Überlegungen taucht ein grundsätzlicher Widerspruch zwischen den Wünschen und Bedürfnissen erwachsener Menschen und den Verhaltenserwartungen traditioneller Prinzipien der Organisation auf.

Das Ergebnis dieser täglich erlebten Inkongruenz sind Insuffizienzgefühle, Frustration, Apathie („blue collar blues") oder auch offene Aggression. Das menschliche Fähigkeits- und Kompetenzpotenzial bleibt ungenutzt, die Organisation vergeudet unbedacht die wichtigste Ressource, die sie hat: das menschliche Leistungspotenzial. Und sie muss sehr viel Energie dafür aufwenden, die Widerstände, die sie durch die Schaffung dieser Inkongruenz hervorruft, beherrschbar zu halten (aufwendige Kontrollsysteme, Konfliktmanagement usw.). Ähnlich wie schon bei dem Theorie-X-Zirkel baut sich auch hier im Ergebnis eine destruktive Dynamik auf (vgl. zu solchen toxischen Wechselwirkungen auch Padillaa et al. 2007). Die Organisation arbeitet damit zwangsläufig suboptimal. In diesem Sinne – so pointieren Argyris und andere Vertreter des Human-Ressourcen-Ansatzes – verkörpert die traditionelle Organisation eine unökonomische, weil verschwenderische Form der Kombination knapper Human-Ressourcen. Insofern könne man diese (und alle solche, die nur auf externe Anreize setzen) auch als eine „unökonomische Theorie der Organisation" bezeichnen. In jüngeren Publikationen wird dieses Argument zur Marktseite hin ausgebaut und darauf hingewiesen, dass die Wettbewerbsvorteile der Zukunft immer stärker in den Human-Ressourcen ihre Quellen haben werden (O'Reilly/Pfeffer 2000; Bartlett/Ghoshal 2013). Die Human-Ressourcen, das angesammelte Erfahrungswissen und Können, sind das Rückgrat für die Entwicklung außergewöhnlicher, schwer imitierbarer Unternehmenskompetenzen. Die Entfaltung der Human-Ressourcen ist damit von strategisch höchster Bedeutung (Ridder et al. 2001).

Das Verhaltensmuster der Verschwendung von Human Ressourcen tendiert zur Verfestigung, weil die destruktiven Folgen der Inkongruenz von Reifungsstreben und herkömmlicher Organisationsgestaltung zumeist unerkannt bleiben. In der Praxis führt diese Inkongruenz zu den folgenden (pathologischen) Erscheinungen:

Die Organisationsmitglieder

- verlassen – wenn möglich – die Organisation,
- ziehen sich innerlich aus der Arbeit zurück (Fehlzeiten, Tagträumen, Bummeln),

- bilden passiven Widerstand (stellen sich dumm, vergessen wichtige Informationen, wehren sich gegen jede Neuerung),
- bilden Abwehrfronten (feindselige Gruppennormen, hohe Ausschussquoten, Materialverschleiß), betrügen, wenn die Hoffnung besteht, unentdeckt zu bleiben, und konzentrieren sich immer mehr auf die Entlohnung und den Kampf um höhere Entlohnung (als vermeintliche Chance, außerhalb der Organisation alles das nachholen zu können, was innerhalb der Organisation versagt bleibt). Diese Probleme (wie sie vielfach als Natur des Menschen begriffen werden) treten umso häufiger und stärker auf,
  - je strikter die bürokratischen Kontrollen eingehalten werden,
  - je fragmentierter und standardisierter der Arbeitsprozess ist,
  - je niedriger eine Tätigkeit in der Hierarchie rangiert und
  - je reifer die Individuen bereits sind.

Auf die geschilderten Probleme und Erscheinungen reagiert das Management häufig durch Androhung schärferer Sanktionen, die Einrichtung ausgetüftelterer Kontrollen und Kontrollsysteme und/oder das Angebot zusätzlicher externer Anreize. Ähnlich wie bei McGregors circulus vitiosus führen solche Gegenmaßnahmen aber nicht zu einer Lösung, sondern eher zu einer Verschärfung dieser Probleme. Die unbestreitbaren Effizienzvorteile der traditionalen Organisationsprinzipien drohen immer mehr von den – kostenmäßig häufig kaum registrierten und oftmals auch nur schwer registrierbaren – Nebenwirkungen der Inkongruenz und den daraus fließenden Problempotenzialen überkompensiert zu werden.

3.2.3 Praktische Lösungsansätze

Wie kann dieser Zirkel durchbrochen werden? Argyris bietet dieselbe Grundsatzlösung wie alle anderen Theoretiker der Human-Ressourcen-Schule auch: Es müssen Organisationsformen geschaffen werden, die es dem einzelnen Organisationsmitglied ermöglichen, in und über den Arbeitserfolg seine persönlichen Erwartungen und sein Reifungsstreben zu verwirklichen. In den Vordergrund ihrer *Empfehlungen zur integrativen Neuorganisation* stellen die Human-Ressourcen-Theoretiker die folgenden Grundsätze:

- mehr Selbstverantwortlichkeit;
- größere Vielfalt; die Arbeitsorganisation muss es möglich machen, dass eine breite Palette menschlicher Fähigkeiten zum Einsatz gebracht werden kann, und
- mehr Kontrolle über das eigene Arbeitsfeld; Mitarbeiter müssen in seiner Arbeit die Möglichkeit finden, ein hinreichendes Maß an Selbstbestimmung zu verwirklichen.

Bei den konkreten Vorschlägen stehen *zwei Ansatzpunkte* im Vordergrund:

1. Neue Strukturmodelle (Makro-Ebene)
2. Neue Formen der Arbeitsorganisation (Mikro-Ebene)

Makro-Ebene: Hier werden vor allem dezentrale, partizipationsorientierte Organisationsformen vorgeschlagen, die sehr eng am Funktionsbeitrag des einzelnen Organisationsmitgliedes und weniger an formaler Positionsmacht ausgerichtet sind. Der Widerspruch zwischen dem Reifungsstreben und formaler Organisation lässt sich nach Auffassung von Argyris jedoch nur abmildern, niemals aber gänzlich auflösen. Ein gewisses Mindestmaß an formaler Struktur sei zur Rationalitätssicherung unentbehrlich. Auf der anderen Seite blieben die Ansprüche der formalen Organisation immer eine Beeinträchtigung der individuellen Entfaltung; er spricht deshalb von einem „Organisatorischen Dilemma".

Als eine Art Kompromiss bietet Argyris (1964) das so genannte *Mix Model* an, eine variable Organisationsform, die sich den je spezifischen Gegebenheiten und dem Reifungsstreben der Menschen besser anzupassen vermag. Insgesamt bleiben jedoch diese Vorschläge zur bedürfnisgerechteren (und damit effektiveren) Umgestaltung der Organisation verhältnismäßig allgemein. Sehr viel konkretere Vorschläge, vor allem ohne die generalisierenden Vorbehalte gegen Arbeit in Organisationen, kamen hier von R. Likert, dessen unten darzustellendes System 4 geradezu zum Symbolbild der Human-Ressourcen-Organisation geworden ist und bis heute als Basismodell motivationsorientierter Organisationsgestaltung gelten darf.

Alle Human-Ressourcen-Theoretiker weisen in ihren Vorschlägen frühzeitig auf ein Problem hin, das später zu einem der großen Themen der Organisationstheorie werden soll; gemeint ist das *Problem organisatorischen Wandels* und der Verweis darauf, dass eine erfolgreiche Veränderung organisatorischer Strukturen einer vorlaufenden Verhaltensänderung bedarf (vgl. ausführlich unten Kapitel 6).

Mikro-Ebene: Den eigentlichen Schwerpunkt der organisatorischen Gestaltungsvorschläge des Human-Ressourcen-Ansatzes bildet die Arbeitsplatzebene. Die empfohlenen Maßnahmen und Modelle haben alle eine „Anreicherung" der Arbeit zum Gegenstand und wollen einen markanten Kontrapunkt zur tayloristischen Arbeitsstandardisierung setzen (vgl. dazu Kapitel 7). An die Stelle extremer Arbeitsteilung und monotoner Arbeitsrhythmen soll eine Arbeitsorganisation treten, die den Menschen (die „Human-Ressourcen") fordert und seinen Bedürfnissen entspricht.

Ausgangspunkt der motivationsorientierten Arbeitsorganisation ist der *Handlungsspielraum*, den das einzelne Organisationsmitglied bei seiner Tätigkeit hat. Dieser wird für gewöhnlich auf zwei Dimensionen abgebildet, nämlich dem *Tätigkeitsspielraum* einerseits und dem *Entscheidungs- und Kontrollspielraum* andererseits (vgl. Ulich et al. 1973; Osterloh 1983).

Unter *Tätigkeitsspielraum* ist der Grad an Vielgestaltigkeit in den Tätigkeiten zu verstehen, wobei sich die Vielgestaltigkeit nicht nur nach der Zahl unterschiedlicher Operationen, sondern auch nach dem qualitativen Ausmaß der Unterschiedlichkeit (Distanz) richtet. Der *Entscheidungs- und Kontrollspielraum* ist durch das Ausmaß selbständiger Planungs-, Organisations- und Kontrollbefugnisse bestimmt. Interpretiert man diese beiden Dimensionen als unabhängig (orthogonal) voneinander, so lässt sich der Handlungsspielraum eines bestimmten Arbeitsplatzes wie in Abbildung 3.6 gezeigt darstellen.

Abbildung 3.6: *Der Handlungsspielraum eines Arbeitsplatzes*

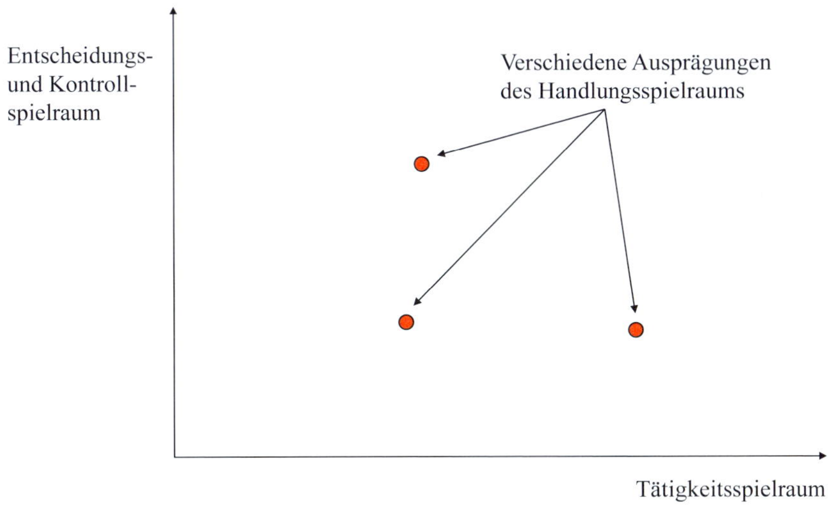

Eine interessante Erweiterung hat dieses Konzept des Handlungsspielraums durch Hackman und Oldham (1980, sowie Oldham/Hackman 2010) erfahren. Sie unterscheiden die folgenden fünf Dimensionen:

- *Aufgabenvielfalt* (Skill Variety), d.h. das Ausmaß, in dem die Ausführung einer Arbeit unterschiedliche Fähigkeiten und Fertigkeiten verlangt.
- *Ganzheitscharakter der Aufgabe* (Task Identity), d.h. das Ausmaß, in dem die Tätigkeit die Erstellung eines abgeschlossenen und eigenständig identifizierbaren „Arbeitsstückes" verlangt.
- *Bedeutungsgehalt der Aufgabe* (Task Significance), d.h. das Ausmaß, in dem die Tätigkeit einen bedeutsamen und wahrnehmbaren Nutzen für andere innerhalb und außerhalb der Organisation hat.

- *Autonomie des Handelns* (Autonomy), d.h. das Ausmaß, in dem die Arbeit dem Beschäftigten Unabhängigkeit und einen zeitlichen und sachlichen Spielraum bei der Arbeitsausführung lässt.
- *Rückkoppelung* (Feedback), d.h. das Ausmaß an Information, das die Beschäftigten über die Ergebnisse ihrer Arbeit erhalten.

Zwei dieser fünf Kerndimensionen entsprechen den Dimensionen des oben genannten Handlungsspielraum-Konzepts, nämlich die Aufgabenvielfalt (Skill Variety) dem Tätigkeitsspielraum und die Autonomie des Handelns (Autonomy) dem Entscheidungs- und Kontrollspielraum.

Die Dimension „Ganzheitscharakter der Aufgabe" (Task Identity) stellt eine wichtige Ergänzung dar. Sie verweist auf die Bedeutung, die die Erstellung eines in sich geschlossenen und eigenständig identifizierbaren Arbeitsprozesses für ein positives Erleben der Arbeitssituation hat. Eine Erhöhung des Variationsgrades der Arbeitsvollzüge geht nicht automatisch mit einer Komplettierung der Arbeitsvollzüge in Richtung auf einen in sich abgeschlossenen Arbeitsprozess einher.

Die Dimension „Rückkoppelung des Arbeitsergebnisses" (Feedback) verweist auf die motivierende Bedeutung, die die Rückmeldung über den Aufgabenerfolg für das Arbeitserlebnis des Individuums hat (zur Bedeutung positiven Feedbacks für die intrinsische Motivation vgl. auch Ryan/Deci 2000).

Die Dimension „Bedeutungsgehalt der Aufgabe" (Task Significance) bezieht sich auf die individuelle und/oder gesellschaftliche Bewertung der jeweiligen Arbeit und/oder der hergestellten Produkte und Dienstleistungen, weniger auf die Struktur des Arbeitsinhalts. Ein hohes Ansehen einer Tätigkeit trägt mehr, ein geringes Ansehen weniger zur intrinsischen Motivation bei (Beispiel: Ärztin versus Leichenwäscherin). In diesen Kontext gehört auch die Frage, inwieweit eine Tätigkeit als eine „Berufung" angesehen wird (Bunderson/Thompson 2009). Die perzipierte Bedeutung einer Tätigkeit wird in der jüngeren Forschung oftmals auch unter einem spezialisierten Gesichtspunkt diskutiert, nämlich der Minderung durch „dirty work" und den daraus folgenden Problemen für die Identitätsbildung und das Arbeitsverhalten (vgl. dazu Fokus 3.2) Aus organisatorischer Gestaltungsperspektive ist die Anschlussfrage von besonderem Interesse, wie der demotivierenden Wirkung einer solchen Stigmatisierung intern entgegengewirkt werden kann. Die Skala der hier diskutierten Maßnahmen reicht von dem Entwurf eines Gegenbildes der Tätigkeit über Pufferung zu offensiver Diskussion (vgl. hierzu Ashforth et al. 2007).

Fokus 3.2

Dirty Work

Der Begriff *dirty work* wird keineswegs nur für buchstäblich schmutzige Arbeit verwendet, sondern auch in einem übertragenen Sinne für Tätigkeiten, die als sozial oder auch moralisch problematisch eingeschätzt und deshalb häufig als nicht „bedeutungsvoll" erlebt werden.

1. Als *physisch* „schmutzige" oder auf sonstige Art abstoßende Arbeit wird zum Beispiel oftmals erlebt: Müllwerker, Metzger, Kammerjäger oder Totengräber.
   Als *sozial* „schmutzige" Arbeit werden Tätigkeiten erlebt, die in Kontakt mit stigmatisierten gesellschaftlichen Gruppen ausgeübt werden, etwa Gefängnisaufsicht, Pflegerin in psychiatrischen Einrichtungen oder Asylbetreuer, oder die eine als sozial erniedrigend eingestufte Komponente enthalten: Schuhputzer oder Dienstmagd.
2. Als *moralisch* „schmutzige" Arbeit werden Tätigkeiten erlebt, die sich entweder mit „sündhaften" oder gesellschaftlich als wertlos geltenden Dingen beschäftigen: Nachtclubtänzer, Kondomverkäuferin, Groupier usw., oder Tätigkeiten, die sich moralisch wenig akzeptierter Praktiken bedienen: Paparazzi, Boulevard-Reporterin, Gerichtsvollzieher oder Politessen.

Es ist wichtig zu sehen, dass Schmutzigkeit eine soziale Konstruktion und keine objektive Tatsache ist, die Etikettierung als „schmutzig" ist eine soziale Konvention. Das lässt sich sehr leicht daran erkennen, dass keineswegs jede physisch verschmutzende Tätigkeit als „schmutzig" erlebt wird, nicht betroffen sind z.B. Tätigkeiten wie Profi-Fußballspieler oder Chirurg. Bei genauerer Hinsicht zeigt sich ferner, dass es kein Merkmal gibt, das allen diesen Tätigkeiten gemein wäre, außer diesem, dass sie von der Gesellschaft oder der Referenzgruppe als „schmutzig" klassifiziert werden und die Frage hervorrufen: Wie kannst Du so etwas tun?

Alle diese Tätigkeiten bereiten den Beschäftigten Probleme, eine Eigendefinition zu finden, die die geleistete Arbeit in einem wertschätzenden Licht erscheinen lassen. Die Identifikation mit der Arbeit, die Entwicklung von Arbeitsfreude und innovativer Initiative werden dadurch gehemmt. Es stellt sich deshalb für Unternehmen und Führungskräfte, die in Feldern solcher „schmutzigen" Tätigkeiten aktiv sind, die Frage, wie sie mit dem Problem umgehen und eine positive Sichtweise finden können.

Eine Studie von Ashforth et al. findet verschiedene Wege zur Überwindung des Dilemmas:

- Aufbau einer Gegenideologie (z.B. Warum es gut ist, Alkohol zu trinken!),
- Abpufferung von der Außenwelt, um eine geschützte Innenwelt aufbauen zu können („Wir hier wissen, was unsere Arbeit wert ist") oder
- Änderung der Normen („Geschwindigkeitskontrollen schützen das Leben deiner Kinder")

Quellen: Ashforth/Kreiner 1999, Ashforth et al. 2007

Zur Erweiterung des Handlungsspielraums sind im Wesentlichen vier arbeitsorganisatorische Maßnahmen in der Diskussion (Abbildung 3.7 zeigt sie im Überblick):

Abbildung 3.7: *Neue Formen der Arbeitsorganisation*

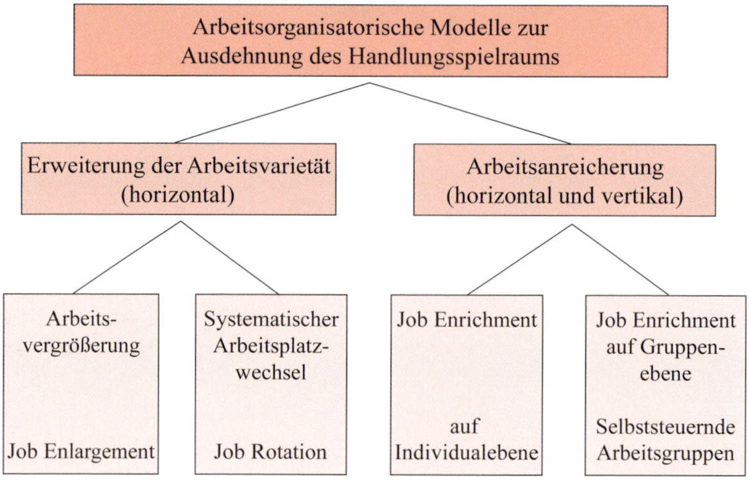

1. Geplanter Arbeitsplatzwechsel (Job Rotation)

Hier wechseln die Mitarbeiter nach vorgeschriebenen oder selbst gewählten Zeit- und Reihenfolgen ihre (strukturell gleichartigen) Arbeitsplätze durch bis hin zu einem totalen Rundumwechsel. Man erreicht auf diese Weise ohne gestalterische Eingriffe in die Arbeitsplätze für die wechselnden Personen eine Erhöhung der Aufgabenvielfalt nach Maßgabe der Aufgabenanforderungen. Job Rotation findet in der Praxis breite Verwendung um die Arbeit anregender und weniger monoton zu gestalten, aber auch um körperliche Schäden durch einseitige Belastung zu vermeiden (zur Verbreitung u.a. Osterman 2000).

In der Beschränkung auf die gegebenen Arbeitsplätze liegt allerdings eine der wesentlichen Grenzen dieses Modells: Die Aufgabenvielfalt kann nur nach Maßgabe der vorhandenen Arbeitsplätze variieren. Hinzu kommt, dass die anderen Dimensionen des Arbeitsinhalts unberührt bleiben.

2. Arbeitsvergrößerung (Job Enlargement)

Ebenfalls auf eine Ausweitung der Aufgabenvielfalt, jetzt allerdings durch gestalterische Eingriffe in den Arbeitsplatz (und den Arbeitsablauf), ist die Arbeitsvergrößerung ausgerichtet. Hier werden strukturell gleichartige, stark zersplitterte Tätigkeiten, die ursprünglich von verschiedenen Beschäftigten durchgeführt wurden, wieder an einem Arbeitsplatz zusammengefasst. Die Erweiterung der Arbeit besteht in einer zahlenmäßigen Vergrößerung qualitativ gleichartiger Operationen. Im Gegensatz zur Job Rotation kann die Arbeitsvergrößerung aber ein Mehr an Ganzheitlichkeit ermöglichen.

Die Aufgabenvergrößerung sieht keine Einbeziehung des Entscheidungs- und Kontrollspielraums in die Umstrukturierung der Arbeit vor. Arbeitsplatzwechsel wie auch Arbeitsvergrößerung sind deshalb nur bedingt geeignet, die Motivation in signifikantem Maße zu steigern. Gleichwohl sind sie im Einzelfall zweifellos geeignet eine, stark belastenden Arbeitssituationen abzumildern und eine positivere Arbeitssituation etwa im Sinne von Theorie Y herbeizuführen (vgl. etwa Yaeger et al. 2011).

3. Arbeitsanreicherung (Job Enrichment)

Im Unterschied zu den zwei bisher dargestellten Konzepten stößt die Arbeitsanreicherung in die Dimension des Entscheidungs- und Kontrollspielraums vor und hebt damit am unteren Ende der Hierarchie die traditionelle Trennung von leitender und ausführender Tätigkeit ansatzweise auf. Diese Ausweitung („vertikale Ladung") gewinnt umso mehr an Gewicht, je mehr sie im Sinne einer Ganzheitlichkeit angelegt ist. Die Qualität von Job Enrichment-Maßnahmen bestimmt sich darüberhinaus nach Art und Umfang der erreichten neuen Aufgabenvielfalt. Es macht einen qualitativen Unterschied, ob z.B. chemo-technischen Assistenten im Labor zu ihrer bisherigen Analysetätigkeit zusätzlich die Säuberung der Geräte oder das Abfassen von Untersuchungsberichten über ihre Analysen übertragen wird. Den Konstruktionsprozess einer Arbeitsanreicherung veranschaulicht Abbildung 3.8 grafisch.

Abbildung 3.8: *Prinzipien einer anreicherungsorientierten Arbeitsgestaltung*

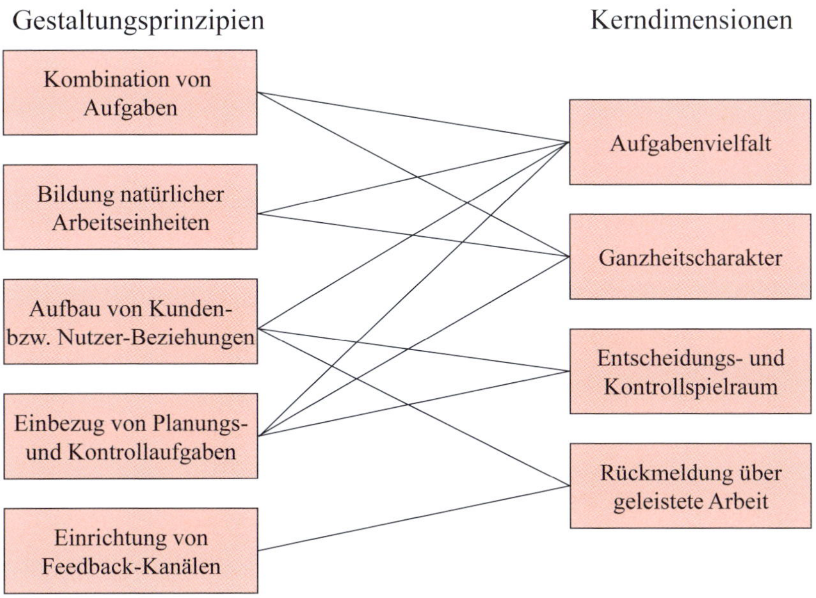

Quelle: Hackman et al. 1975, S. 62 (modifiziert)

Wenn man bedenkt, dass es bei der Ausweitung des Entscheidungs- und Kontrollspielraums im Grunde um den Einbau von Leitungsfunktionen in die Aufgabe des Mitarbeiters geht, so wird unmittelbar deutlich, dass die Beschränkung auf die Einzelarbeitsplatzebene eine deutliche Begrenzung der Arbeitsanreicherungsmöglichkeiten darstellt. Gleiches gilt für die *soziale* Dimension der Arbeit, die ja bereits bei Maslow (s. oben) eine nicht unerhebliche Rolle spielt, gemeint ist die Möglichkeit mit anderen Mitarbeitern freundschaftlich in Kontakt zu treten und Teil einer Gemeinschaft (z.B. einer Gruppe oder eines Teams) zu werden (vgl. zusammenfassend Humphrey et al. 2007). Solchen Beschränkungen unterliegt das ursprünglich in Skandinavien entwickelte und zwischenzeitlich in vielen Varianten praktizierte Modell der „teilautonomen Arbeitsgruppen" nicht.

4. Arbeitsanreicherung auf Gruppenbasis (Teilautonome Arbeitsgruppen)
Selbststeuernde Arbeitsgruppen machen sich die Idee der Gruppenarbeit zu Nutze. Nachdem im Zuge der neueren Teamorganisation dieses Modell eine besondere Bedeutung erlangt hat, wird es gesondert und ausführlicher im folgenden Abschnitt 3.3 dargestellt.

Zur Verbreitung und zum Erfolg von Arbeitsanreicherungsmaßnahmen lässt sich Folgendes resümierend festhalten: Nachdem die motivierende Arbeitsgestaltung in den 1970er Jahren eine erste Blüte erlebte – in Deutschland vor allem angestoßen durch das Bemühen um eine *Humanisierung der Arbeitswelt* – wurde es Ende der 1980er Jahre zunächst wieder stiller um diese Idee. Seit den späten 1990ern erlebt das Konzept eine beachtliche Renaissance, wenn auch unter ganz neuen Stichworten wie *Qualitätszirkel, Flexibilisierung der Arbeit* oder *Flache Hierarchie*. Im Zuge des Einsatzes neuer flexibler Technologien in Produktion und Verwaltung und der verstärkten Betonung von Wissensarbeit lassen sich Arbeitsplätze leichter als früher im Zeitalter der Massenproduktion (zum Ende der Massenproduktion: Piore/Sabel 1985) so umgestalten, dass mehr Eigeninitiative und mehr Verantwortung der Beschäftigten möglich wird.

Wenn dieser Trend auch keineswegs überall und auch nicht durchgängig gilt, so ist hier doch eine deutliche Umkehr in der Arbeitsgestaltungspolitik erkennbar, die Bedeutung der Human-Ressourcen und von Mitarbeiterengagement („employee engagement") für den Unternehmenserfolg wird immer mehr erkannt (vgl. jüngst wieder Oswick 2015). Die *Personalentwicklung* im Sinne einer Vorbereitung der Beschäftigten auf anspruchsvollere Tätigkeiten und variable Arbeitsplätze ist deshalb auch zu einem zentralen Bestandteil der Personalpolitik geworden.

3.3 Motivierende Teamarbeit

Teilautonome Arbeitsgruppen sind Kleingruppen im Gesamtsystem der Unternehmung, deren Mitglieder ganzheitliche Aufgabenvollzüge gemeinsam eigenverantwortlich zu erfüllen haben, und die zur Wahrnehmung dieser Funktion über entsprechende

– vormals auf höheren hierarchischen Ebenen angesiedelte – Entscheidungs- und Kontrollkompetenzen verfügen. Bereits Anfang der 1970er Jahre fand dieses Konzept durch die Experimente bei dem schwedischen Volvo-Konzern breite Aufmerksamkeit (Steinmann et al. 1976). Die Idee der Arbeitsanreicherung konnte sich damals aber nicht flächendeckend durchsetzen; erst die spätere Entwicklung hin zu flexibleren Technologien, zu computergestützten Arbeitsformen und „schlankeren" Formen der Produktion" (vgl. insbesondere Womack et al. 1992) hat das Konzept der Arbeitsanreicherung insbesondere das der selbstorganisierten Gruppenarbeit in das Zentrum des Interesses gebracht. Ein wichtiger Punkt in dieser Debatte war, dass die überaus erfolgreiche japanische Automobilindustrie in sehr viel höherem Maße als die US-amerikanischen und europäischen Automobilhersteller Gebrauch von der Gruppenarbeit und Jobrotation gemacht haben (Womack et al. 1992). Gruppenarbeit hat sich im Fortlauf in der deutschen Industrie in breitem Umfang durchgesetzt (vgl. den empirischen Bericht von Bungard/Jöns 1997). Eine Studie des „Arbeitskreises neue Arbeitsstrukturen der Automobilindustrie" bestätigt, dass sich seit Beginn der 90er Jahre die Gruppenarbeit zu einem festen Bestandteil der gesamten Automobilindustrie entwickelt hat. Selbstgewählte Gruppensprecher, Beteiligung an Planung und Kontrolle sowie Gruppengespräche gehören zum Standard; gleichzeitig besteht eine klare Tendenz zu kleineren Gruppen mit nicht mehr als acht Personen (AKNA 2000). Der Einsatz *teilautonomer* Arbeitsgruppen beschränkt sich indes keineswegs auf den Bereich der Fertigung; auch im Verwaltungsbereich und in der Forschung & Entwicklung wurden und werden vielerorts ähnliche Konzepte realisiert. Insgesamt werden dabei jedoch oftmals einfachere Formen realisiert, die mit nur geringer Selbststeuerung verbunden sind (Lay 2008). Je nach Art und Umfang der Sachverhalte, die der Arbeitsgruppe zur eigenverantwortlichen Wahrnehmung übertragen werden, kann man dementsprechend verschiedene Grade der Selbstorganisation unterscheiden, Abbildung 3.9 zeigt ein bekanntes Klassifikationsraster, das den Grad der Selbststeuerung über verschiedene Autonomiemerkmale (kumulativ) bestimmt (in diesem Modell sind noch einige weitere Dimensionen enthalten, die hier aus Vereinfachungsgründen weggelassen wurden).

Die Einrichtung teilautonomer Arbeitsgruppen bietet sich vor allem dort an, wo aufgrund der Arbeitsstruktur eine starke *gegenseitige Abhängigkeit (Interdependenz)* zwischen den einzelnen Aufgaben innerhalb einer Abteilung besteht. Durch die Verlagerung von Entscheidungskompetenzen auf die Gruppe wird vor allem eine *flexiblere* und auch schnellere Handhabung von Abstimmungsproblemen innerhalb der Gruppe ermöglicht. Insbesondere aber fördert die gruppenorientierte Anreicherung der Arbeitsaufgaben das Verständnis für die Aufgabenzusammenhänge und ermöglicht eine aktive Mitwirkung an der Weiterentwicklung der Leistungsprozesse. Und im gleichen Maße wird damit die soziale Dimension der Arbeit angereichert (Humphrey 2007). Dabei darf nicht verschwiegen werden, dass Gruppenarbeit zum Teil auch als belastend erlebt wird, vor allem dann, wenn sich Gruppenkonflikte entwickeln. Wobei sich andererseits Gruppenkonflikte auf Produktivität und Kreativität durchaus positiv auswirken können (de Wit et al. 2012).

***Abbildung 3.9:** Raster zur Bestimmung des Selbststeuerungsgrades von Gruppen*

Gewichtung (Punkte)	1	2	3
Erweiterte Gruppenaktivitäten/Aufgaben (max. 24 Punkte)			
Job Rotation	bis zu 30 % der Mitarbeiter	30-70 % der Mitarbeiter	70-100 % der Mitarbeiter
Informationsverarbeitung und Dokumentation	bis zu 30 % der Mitarbeiter	30-70 % der Mitarbeiter	70-100 % der Mitarbeiter
Kontakt mit Kunden/Lieferanten	bis zu 30 % der Mitarbeiter	30-70 % der Mitarbeiter	70-100 % der Mitarbeiter
Materialbereitstellung/Logistik	bis zu 30 % der Mitarbeiter	30-70 % der Mitarbeiter	70-100 % der Mitarbeiter
Qualitätskontrolle	bis zu 30 % der Mitarbeiter	30-70 % der Mitarbeiter	70-100 % der Mitarbeiter
Nacharbeit	bis zu 30 % der Mitarbeiter	30-70 % der Mitarbeiter	70-100 % der Mitarbeiter
Wartung/Instandhaltung	bis zu 30 % der Mitarbeiter	30-70 % der Mitarbeiter	70-100 % der Mitarbeiter
Organisatorische Aufgaben	bis zu 30 % der Mitarbeiter	30-70 % der Mitarbeiter	70-100 % der Mitarbeiter
Partizipation/Autonomie (max. 30 Punkte)			
Zielvereinbarung durch	Management	Management und Gruppensprecher	Management und Gruppe
Gruppensprecher	ernannt	gewählt	rotierend
Entscheidung über Job Rotation und Aufgabenverteilung	direkter Vorgesetzter	Gruppensprecher	Gruppe
Individuelle Zeitautonomie	bis zu 5 min	5-15 min	mehr als 15 min
Zeitautonomie der Gruppe	bis zu 15 min	15-60 min	mehr als 60 min
Budget(mit)verantwortung	Management	Gruppensprecher	Gruppe
Vereinbarung der Gruppenprämie durch	Management	Management und Gruppensprecher	Management und Gruppe
Einstellung/Verleih von Gruppenmitgliedern	direkter Vorgesetzter	Gruppensprecher	Gruppe
Veranlassung von Gruppengesprächen durch	Management	fester Plan	Gruppe
Inhalt von Gruppengesprächen wird festgelegt durch	Management	–	Gruppe

Quelle: Frieling/Freiboth 1997, S. 124 (Auszug)

Japanische Unternehmen haben es schon seit längerem verstanden, die Vorteile der Delegation relativ umfassender Entscheidungs- und Kontrollkompetenzen auf Gruppen im Fertigungsprozess zu nutzen. Taiido Ohno hat Anfang der 1950er Jahre erstmals bei Toyota mit Arbeitsgruppen im Produktionsbereich experimentiert. Heute arbeiten fast 70% der Beschäftigten in japanischen Automobilproduktionsstätten in Teams, meist in Gruppen von fünf bis zehn Personen (Womack et al. 1992; Sey 2001). Diesen Arbeitsgruppen wird im Vergleich zur herkömmlichen Fließbandarbeit ein relativ *breites Aufgaben- und Kompetenzspektrum* innerhalb des Fertigungsflusses zugewiesen (Hentze/Kammel 1992); es umfasst neben der Fertigungstätigkeit im eigentlichen Sinne etwa:

- die Qualitätssicherung und kontinuierliche Prozessverbesserung,
- den Ausgleich von Leistungsschwankungen oder
- kleinere Maschinenreparaturen.

Die Aufgabenverteilung innerhalb des Teams bleibt weitgehend der Gruppe überlassen. Die Gruppen haben keinen formellen Gruppenleiter, sondern einen integrierten Teamsprecher – eine Art Vorarbeiter; er ist verantwortlich für die Einführung neuer Mitarbeiter, Trainingsziele, Qualitätsstandards u.Ä. Zwar werden die Teams entsprechend ihres Aufgabenspektrums mit Mitarbeitern unterschiedlicher Fachqualifikation besetzt; von jedem Gruppenmitglied wird jedoch erwartet, dass es nach einiger Zeit in der Lage ist, alle Teilaufgaben zu erledigen (Job Rotation).

Begrenzt werden die Gestaltungsspielräume dieser Teams allerdings durch den (in der japanischen Autoindustrie im Allgemeinen nach wie vor) starren Fertigungsfluss mit extrem kurzen Taktzeiten (ca. 1 Minute). An dieser Stelle ist auch einer der entscheidenden Unterschiede zu den selbststeuernden Gruppen in Skandinavien zu sehen. Ferner beharrt man auf hoch standardisierten Einzelaufgaben, die – wie im tayloristischen System – ein rasches Anlernen auf den einzelnen Arbeitsplätzen in der Gruppe gewährleisten sollen.

Die Beziehungen zu vor- und nachgelagerten Teams werden nach Art eines Kunden-Lieferanten-Verhältnisses gehandhabt; für die Arbeitsverteilung bedeutet dies, dass den Teams Aufgabenbereiche mit einem klar definierten „Output“ zugewiesen werden müssen.

Damit alle Mitarbeiter über eine gute Informationsbasis verfügen, und somit selbst eine effiziente Koordination ihrer Tätigkeiten sicherstellen können, informiert ein System von *Anzeigetafeln* („andon“-Tafeln) laufend über das Produktionsziel und den Stand der Produktion. Ferner werden Ausfälle, aktuelle Materialmängel, Unterbrechungen usw. angezeigt, so dass gemeinschaftlich rasch auf Störungen oder Engpässe im Fertigungsprozess reagiert und für Abhilfe gesorgt werden kann (Womack et al. 1992, S. 104; Ohno 1993).

Wie auch immer die einzelnen Modelle zu bewerten sind, so stellt doch Gruppenarbeit im Sinne motivationsorientierter Organisationsgestaltung einen Ansatzpunkt mit großem Potenzial dar. Dabei sollte jedoch aus Organisationsgestaltungssicht die perspektivische Verengung des Konzepts der Gruppenarbeit nicht übersehen werden. Seine Reichweite ist klar begrenzt, beschränkt es sich doch weitgehend auf die interne Koordination interdependenter Arbeitsvollzüge. Die abteilungs- oder gar spartenübergreifende Zusammenarbeit bleibt dabei unberücksichtigt; hier wird ganz konventionell auf das klassische Instrumentarium organisatorischer Integration, insbesondere die Hierarchie, vertraut (vgl. Kapitel 2).

In der Praxis hat die Einrichtung selbststeuernder Gruppen immer wieder zu Schwierigkeiten und innerorganisatorischen Spannungen geführt, insbesondere dort, wo man sich auf wenige Teilbereiche der Organisation beschränkt hatte und im Fortlauf dann unterschiedliche Erwartungen über Entscheidungsfreiräume aufeinander trafen. Es ist dies die unweigerliche Konsequenz einer Insellösung, wie sie die Restrukturierung von Arbeit in aller Regel darstellt. Insoweit greift auch eine motivationsorientierte Integrationsphilosophie, die nur die Arbeitsgestaltung fokussiert, zu kurz. Diese letztlich vom Taylorismus übernommene Arbeitsplatz-Perspektive kann sinnvoll nur ergänzende, nicht aber allein stehende Organisationsgestaltung sein.

Die wiederholten Verweise auf die zentrale Bedeutung des übergeordneten organisatorischen Kontextes machen deutlich, dass eine motivationsorientierte Organisationsgestaltung letztlich nur über eine gesamthafte Änderung der Organisationsgestaltung realisierbar ist. Als einer der ersten, die diesen Aspekt mit aller Deutlichkeit herausgearbeitet haben, darf Rensis Likert mit seinem fast schon legendären System 4 gelten.

3.4 „System 4": Die Netzwerkstruktur

Ausgangspunkt des Likertschen Ansatzes (1961; 1967) ist – wie bei den anderen Vertretern der Human-Ressourcen-Schule auch – eine radikale Kritik an den herkömmlichen Prinzipien der Organisationsgestaltung (Bürokratisches Modell) und des Taylorismus (Scientific Management) vor dem Hintergrund motivationstheoretischer Überlegungen.

Vorläufer-Studien

Im Unterschied zu den bisher genannten stützt Likert seinen Ansatz weniger auf ein konkretes Bedürfnismodell, sondern auf die Ergebnisse *empirischer Studien*, die vornehmlich an dem ISR (Institute for Social Research, Ann Arbor/Michigan) durchgeführt worden sind. Die Studien, die zur Grundlage der Argumentation genommen werden, lassen sich im Wesentlichen in drei Gruppen untergliedern: Führungsverhalten, Gruppenprozesse und Kommunikation/Einfluss (vgl. im Einzelnen Likert 1961). Konstitutiv für die Modellentwicklung waren vor allem die folgenden Ergebnisse:

Führungsverhalten und organisatorischer Erfolg:

- In sehr produktiven Gruppen finden sich viel häufiger personenorientierte (employee-centered) Vorgesetzte als Vorgesetzte mit aufgabenorientiertem (job-centered) Führungsstil.
- Vorgesetzte von erfolgreichen Gruppen reagieren auf Fehler der Gruppenmitglieder helfend und verständnisvoll, während Vorgesetzte von nicht-produktiven Gruppen in solchen Situationen eher bestrafendes und kritisierendes Verhalten vorziehen.
- Abteilungen/Gruppen, die sich am freiesten fühlten, zeigten die besten Leistungen.
- Gruppen mit Vorgesetzten, die nur allgemeine Ziele setzten und wenig in den Prozess der Zielerfüllung eingriffen, waren erfolgreicher als Gruppen mit Vorgesetzten, die entgegengesetzte Verhaltensweisen zeigten.

Gruppenprozesse und organisatorischer Erfolg:

- Hohe Gruppenkohäsion führt zu besseren Leistungen, aber nur dann, wenn in der Gruppe hohe Leistungsziele bestehen.
- Mitglieder hoch kohäsiver Gruppen zeigen weniger Ängste und Spannungen am Arbeitsplatz als Mitglieder schwach kohäsiver Gruppen.
- Mitglieder erfolgreicher Gruppen helfen einander häufiger und tun dies aus eigener Initiative heraus.

Kommunikation, Einfluss und organisatorischer Erfolg:

- In Organisationen, in denen ein Klima des Misstrauens, der Angst, Feindseligkeit usw. vorherrscht, ist der Informationsfluss reduziert und die Informationen sind vergleichsweise häufig verfälscht und verzerrt.
- Kohäsive Gruppen und Abteilungen haben ein besser funktionierendes Kommunikationssystem (insbesondere mehr Motivation, alles Relevante zu kommunizieren) und weisen weniger Perzeptionsfehler auf als schwachkohäsive Gruppen. Der Kommunikationsprozess verläuft reibungsloser und rascher. Die Kommunikationsinhalte werden schneller und zuverlässiger aufgenommen.
- Funktionstüchtigkeit des Kommunikationssystems und Gruppenerfolg korrelieren positiv miteinander.
- In erfolgreichen Abteilungen sehen die Mitglieder sehr viel mehr Möglichkeiten, das Abteilungsgeschehen zu beeinflussen als in weniger erfolgreichen Abteilungen (Kontrollgraph-Theorem; vgl. dazu Fokus 3.3).

Likert nimmt diese Untersuchungsergebnisse zum Ausgangspunkt für die Entwicklung eines gänzlich neuen Organisations- und Führungsmodells; er nennt es „System 4“ und stellt es polarisierend „System 1“, dem traditionellen Modell, gegenüber.

Fokus 3.3

Der Kontrollgraph

Der Kontrollgraph nach A.Tannenbaum stellt einen Zusammenhang zwischen den hierarchischen Ebenen in einer Organisation und dem Ausmaß des perzipierten Einflusses dar. Die Kontrollgraphen unterscheiden sich nach ihrem Neigungswinkel und ihres Höhenniveaus.

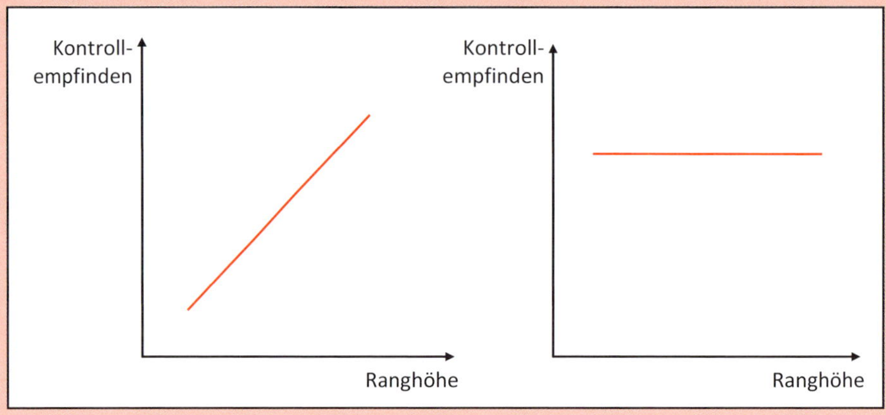

Ein flacher Kontrollgraph besagt, dass das Ausmaß der perzipierten Einflussmöglichkeiten (Kontrolle) weitgehend gleich verteilt, also weitgehend unabhängig von der hierarchischen Stellung ist. In solchen Organisationen empfinden sich alle Mitglieder als mehr oder weniger einflussreich. Genauer: Für jede hierarchische Ranggruppe wird eine „Kontrollmenge" ermittelt (Ausmaß des empfundenen Einflusses auf die Organisation). Empfinden alle Ranggruppen einen etwa gleichen Einfluss (gleiche „Kontrollmenge"), verläuft der Graph flach oder sogar parallel zur X-Achse, wobei sich sein Niveau nach der Höhe empfundener Einflussmöglichkeiten bemisst.

Tannenbaum findet in erfolgreichen Organisationen/Gruppen ein insgesamt deutlich höheres Ausmaß an perzipierter Kontrolle als in wenig erfolgreichen. Organisationen, in denen sich alle Mitglieder als einflussreich erleben, verfügen demnach über ein größeres Erfolgspotenzial. Dieser Kontrollansatz steht konträr zu der Annahme, es gäbe nur eine bestimmte „Kontrollmenge" (Nullsummenspiel) innerhalb der Organisation zu verteilen. Der Kontrollgraph geht von einer variablen „Kontrollmenge" aus, d.h. die Erhöhung der Kontrollmöglichkeiten für untere Ränge muss nicht zwangsläufig mit einer Verringerung der Kontrollmenge oberer Ränge einhergehen. Es kann auch die insgesamt zu verteilende Menge perzipierten Einflusses steigen.

Diese Perspektive ist nur verständlich vor dem Hintergrund des Tannenbaumschen Messinstruments; es fragt die Organisationsmitglieder nach ihrem *perzipierten* Einfluss auf das Organisationsgeschehen. Wenn z.B. nach Einführung von Gruppenentscheidungen die Mitglieder einer Gruppe wesentlich mehr Möglichkeiten der Einflussnahme erleben, der Vorgesetzte sich aber keineswegs seines Einflusses beraubt sieht, so ist nach diesem Konzept die Kontrollmenge im Vergleich zur vorherigen Situation gestiegen.

Quelle: Tannenbaum 1969, 1975

Die Grundlagen von System 4

System 4 beruht im Wesentlichen auf den folgenden *drei Basiskonzepten*:

1. Prinzip unterstützender Beziehungen (principle of supportive relationships)
2. Prinzip der Gruppenarbeit, -entscheidung und -kontrolle
3. Prinzip der multiplen überlappenden Organisationsstruktur (Netzwerk).

Die drei Prinzipien setzen, wie leicht zu erkennen, auf *drei* verschiedenen Ebenen an: Das erste Prinzip stellt auf die *Dyade*, das zweite Prinzip auf die *Gruppe* und das dritte Prinzip auf die *Gesamtorganisation* ab. Als generelles Ziel für System 4 gilt: Unter voller Ausnutzung der technischen Ressourcen die Organisation zu einem hoch motivierten, hoch koordinierten und hoch kooperativen sozialen System zu entwickeln, das die Bedürfnisse und Erwartungen der Mitarbeiter und die Anforderungen des Leistungsprozess zu integrieren vermag (*Integrationsprinzip*). Als relevanteste Bedürfnisse benennt Likert (im Anschluss an Maslow): soziale Einbettung, Wertschätzungsstreben, Neugierde und Kreativität. Entsprechend der Leitmaxime des Human-Ressourcen-Ansatzes geht auch Likert davon aus, dass über das Erreichen der Organisationsziele zugleich eine Erreichung der persönlichen Ziele möglich werden soll.

Das Prinzip unterstützender Beziehungen

Als Maxime gilt, dass die Organisation so einzurichten ist, dass alle Interaktionen und Beziehungen von den Organisationsmitgliedern als unterstützend und wertschätzend erlebt werden. Bei der Einrichtung und Pflege unterstützender Beziehungen kommt den Führungskräften eine zentrale Rolle zu. Nach System 4 ist es eine der *Hauptaufgaben der Führungskräfte*, eine unterstützende Gruppenatmosphäre zu schaffen. Es kommt dabei darauf an, den Mitarbeitern und der Gruppe ein Gefühl der Wertschätzung zu vermitteln, und zwar auch und vor allem in solchen Fällen, in denen Fehler gemacht werden.

Methode der Gruppenarbeit, -entscheidung und -kontrolle

Likert stellt die *Gruppe*, genauer gesagt: hoch kohäsive Teams, in den Mittelpunkt seines Organisationskonzeptes. Er schlägt vor, die gesamte Arbeit soweit möglich als Teamarbeit zu organisieren. Als Begründung hierfür wird angeführt, dass die Gruppe die wichtigste Quelle der Bedürfnisbefriedigungsmöglichkeiten darstellt. Sie ermöglicht nicht nur die Befriedigung der sozialen Bedürfnisse, sondern auch der Wertschätzungs- und der Selbstverwirklichungsbedürfnisse korrespondierend zur Maslowschen Pyramide, weil sie den Raum schafft, um Bestätigung von Personen zu erhalten, die einem nahe stehen oder die man interessant findet. Ferner ist es in vielen Fällen erst die Gruppe, die den Raum für individuelle Entfaltung und die Entwicklung von Kompetenzen schafft.

Im Gegensatz zur traditionellen Einlinien-Organisation, die sich im Prinzip aus einer Summe von Dyaden zusammensetzt, schlägt Likert als Basiseinheit die interagierende Gruppe vor. Entscheidungen und die Kontrolle der Entscheidungen sollen vornehmlich auf Gruppenbasis stattfinden, d.h., die Entscheidungen werden gemeinsam getroffen und jedes Mitglied soll die Möglichkeit haben, auf die Entscheidungen Einfluss zu nehmen.

Es gilt das Prinzip, dass immer dann, wenn es die Situation erlaubt, Entscheidungen im Einvernehmen getroffen werden, d.h. auf *Konsensbasis*. In Konfliktfällen verbleibt den Führungskräften jedoch das *Letztentscheidungsrecht*. Machen sie von diesem Gebrauch, haben sie dies jedoch gegenüber der Gruppe und ihren Vorgesetzten zu begründen.

In jedem Falle müssen die Entscheidungen soweit in die Gruppe hineingetragen werden und in der Gruppe diskutiert werden, dass jedes Gruppenmitglied die Möglichkeit sieht, auf relevante Entscheidungen Einfluss nehmen zu können („flacher Kontrollgraph").

Prinzip der multiplen überlappenden Organisationsstruktur

Mit der überlappenden Gruppenstruktur soll die Verknüpfung der Teams zu einem *Gesamtsystem* im Stile einer Netzwerkorganisation sichergestellt werden. Eine Vernetzung der Teams wird in vertikaler, horizontaler und lateraler Richtung angestrebt.

Vertikale Vernetzung: Jede Arbeitsgruppe soll zunächst einmal hierarchisch mit der nächsthöheren Arbeitsebene (und dadurch mit dem gesamten Instanzenzug) verbunden sein. Nachdem die Gesamtorganisation auf Gruppen aufgebaut ist, bildet auch die jeweils nächsthöhere Bezugseinheit immer eine Gruppe. Die Verbindung zwischen den beiden Gruppen stellt das so genannte *linking pin* her (vgl. Abbildung 3.10); dies ist eine Person, die Mitglied in beiden Gruppen ist. Sie ist an den Entscheidungsprozessen in beiden Gruppen beteiligt; in dem einen Fall als Vorgesetzte(r), in dem anderen Fall als einfaches Gruppenmitglied.

Vorgesetzte sollen in der hierarchisch vorgeordneten Gruppe die Meinungen, Ziele und Vorschläge ihrer Gruppe einbringen und zur Diskussion stellen. Auf diese Weise soll systematisch sichergestellt werden, dass auch von „unten nach oben" Einfluss ausgeübt werden kann (Steigerung der „Kontrollmenge").

Umgekehrt ist es auch Aufgabe der Vorgesetzten, die Pläne, Entscheidungen, Ziele und Wünsche der hierarchisch vorgeordneten Gruppe mit ihrer Gruppe zu besprechen und ggf. die Umsetzung vorzubereiten. Kommunikation und Einfluss finden somit *in beide Richtungen* statt. Es ist damit möglich, Ziele und Vorstellungen nicht nur von der Spitze auf die Basis herunterzubrechen, sondern auch Ideen, Vorschläge usw. auf systematischem und gesichertem Wege von unten nach oben durchzusetzen. Das Linking Pin-Prinzip kann nur dann seine Wirkung entfalten, wenn das Gruppenentscheidungsprinzip strikt durchgehalten wird.

Abbildung 3.10: Das Linking Pin-Prinzip

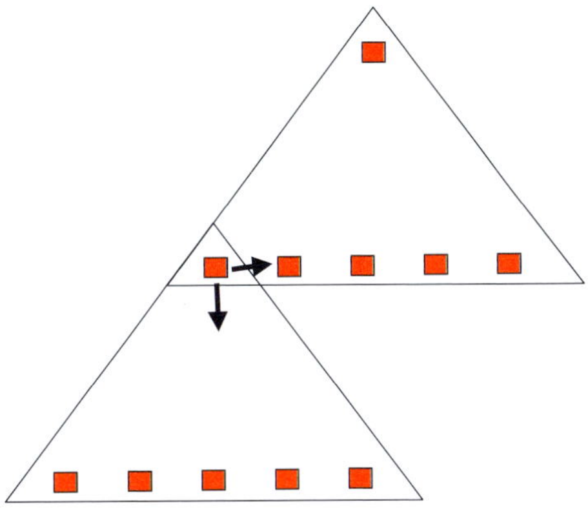

Quelle: Likert 1967, S. 50

Horizontale Vernetzung: In einem weiteren Schritt wird die vertikal überlappende Gruppenstruktur durch so genannte Querschnitts-Gruppen *(cross-function work groups)* erweitert. Diese sollen nach geographischen oder produktmäßigen Gesichtspunkten gebildet werden. Innerhalb dieser Gruppen bleibt das hierarchische Prinzip insofern gewahrt, als ihnen zum Zwecke der Abstimmung und Führung Vorgesetzte aus einem der betreffenden Funktionsbereiche vorstehen. Für die Mitglieder dieser Gruppen hat dies jedoch infolge ihrer Doppelmitgliedschaft in funktional-vertikalen und in Querschnitts-Arbeitsgruppen zur Konsequenz, dass sie mindestens zwei verschiedenen Vorgesetzten berichten.

Die Vorgesetzten von Querschnittsgruppen sollen auch *Personalverantwortung* für ihre unterstellten Gruppenmitglieder tragen. Das heißt, sie sind an Gehaltsentscheidungen, Promotionsentscheidungen, Leistungsbeurteilungen etc. genauso beteiligt wie die Linienvorgesetzten. Als besondere Vorteile dieser Lösung werden hervorgehoben: Das Organisationsmitglied kann seinen Einfluss nunmehr über zwei unterschiedliche Kanäle geltend machen und zugleich erzwingt die Doppelmitgliedschaft, dass unterschiedliche Standpunkte eingenommen werden müssen. Neben der funktionalen Perspektive (z.B. Produktion) ist nun auch die Querschnittsperspektive, sei es das Gesamtprodukt oder die Region, zu vertreten. Die Mitglieder der Querschnittsgruppen rekrutieren sich aus Funktionsgruppen gleicher Hierarchieebene (vgl. Abbildung 3.11). Nach ganz ähnlichen Prinzipien werden heute in den meisten Unternehmen Projektgruppen oder Module, vor allem im F&E-Bereich aber auch anderen Ressorts, gebildet.

Abbildung 3.11: *Funktionsübergreifende Arbeitsgruppen („cross function work groups")*

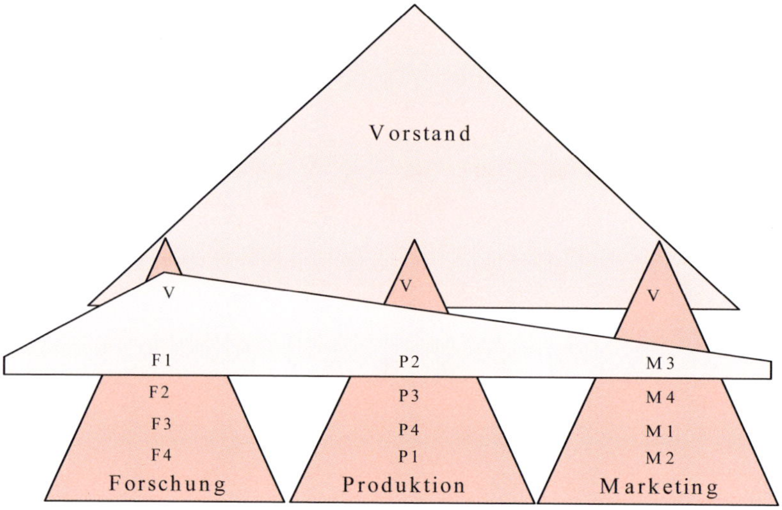

Quelle: nach Likert (1967)

Laterale Vernetzung: Neben der vertikalen und horizontalen Vernetzung sollen in System 4 zusätzliche lateral verknüpfte Arbeitsgruppen eingerichtet werden, die so genannten *cross-linking groups*. Sie sind im Unterschied zu den Querschnittsgruppen nicht auf eine Hierarchieebene beschränkt. Die Einrichtung solcher „cross-linking groups" – man könnte sie auch als *Task Force* oder eben als Projektgruppen (siehe Kapitel 2) bezeichnen – sieht System 4 überall dort vor, wo die vorhandenen Kommunikations- und Informationskanäle zu umständlich sind, wo für die Problemlösung ein unkonventionelles Kompetenzprofil der Gruppe erforderlich ist. Die Mitglieder der lateralen Gruppen setzen sich dementsprechend aus den unterschiedlichsten Abteilungen zusammen, gleichgültig aus welcher Hierarchieebene und aus welchem Bereich (vgl. Abbildung 3.12). In diesen Gruppen ist die hierarchische Autorität weitgehend der Expertenmacht gewichen. Allerdings gilt auch für diese Gruppe das strenge Gruppenprinzip, d.h., es gibt formelle Vorgesetzte, die für die Funktionstüchtigkeit der Gruppe die Verantwortung tragen, und die Gruppe arbeitet nach der Gruppenentscheidungsmethode.

Abbildung 3.12: *Laterale Gruppenarbeit*

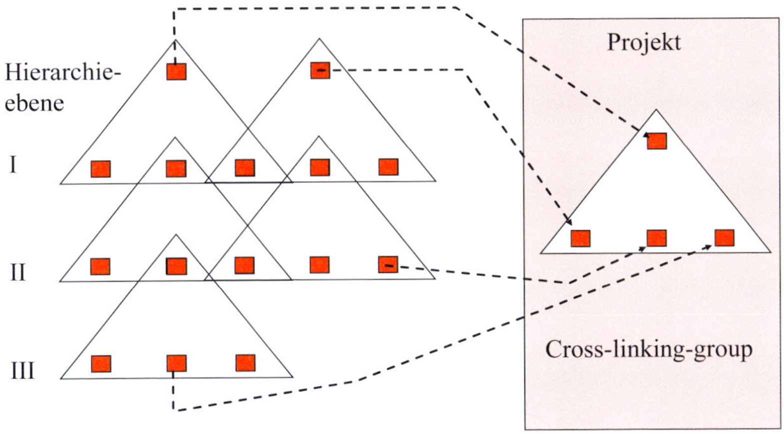

Quelle. Likert 1967, S.

Von System 1 zu System 4

Likert setzt sein System 4 als *Gegenpol* zu der klassisch bürokratischen Organisationsstruktur, die er System 1 nennt. Die Übergänge werden als System 2 und System 3 bezeichnet. Abbildung 3.13 gibt einen Überblick über die Charakteristika der vier Systeme.

Die in der Abbildung gezeigte Merkmalsliste dient zugleich als Diagnosebogen, mit dem erhoben werden kann, wie nah oder weit entfernt eine bestimmte Organisation zu System 4 liegt – jedenfalls aus der Sicht der Organisationsmitglieder selbst. Eine derartige *Selbstbeschreibung* zur Kontrolle des Status quo soll nach Likerts Vorschlag in regelmäßigen Abständen erfolgen, zumindest in allen solchen Organisationen, die eine Entwicklung hin auf System 4 anstreben. Auf diese Weise wird dann allen Organisationsmitgliedern kontinuierlich die Möglichkeit gegeben, ihre Eindrücke über den Stand der Entwicklung darzulegen und die Meinungen und Eindrücke anderer zu erfahren.

Aus diesem Anstoß heraus entwickelte sich ein spezieller Ansatz der „Organisationsentwicklung“, das so genannte *survey guided development*, das in Kapitel 7 eingehend dargestellt wird. Darüber hinaus hat sich aus diesem Anstoß heraus in allgemeinerer Form die so genannte Mitarbeiterbefragung entwickelt, wie sie heute – in der Regel auf Onlinebasis – in vielen Unternehmen, wie z.B. IBM, Bertelsmann, SAP, als jährliche Routine zur Selbstverständlichkeit geworden ist und von sehr vielen Unternehmensberatungen in Form verschiedener Diagnoseinstrumente angeboten wird (vgl. Howaldt et al. 2000; Büssing 2004; Pelzmann/Strümpf 2013).

Abbildung 3.13: *Fragebogen zu den Systemen 1-4 nach Likert*

	Organisationsvariablen	System 1	System 2	System 3	System 4
	1. Wie viel Vertrauen haben Vorgesetzte in ihre Mitarbeiter?	keines	etwas	erhebliches	sehr viel
Führung	2. Wie frei fühlen sich Mitarbeiter, mit dem Vorgesetzten über ihre Arbeit zu sprechen?	nicht frei	etwas	ziemlich frei	sehr frei
	3. Wie oft werden Ideen von Mitarbeitern nachgefragt und konstruktiv eingesetzt?	selten	manchmal	oft	sehr oft
	4. Wird hauptsächlich Gebrauch gemacht von 1 Angst, 2 Einschüchterung, 3 Bestrafung, 4 Belohnung, 5 Aktive Beteiligung?	1, 2, 3, gelegentlich 4	4, z.T. 3	4, etwas 3 und 5	5, 4, auf Gruppenbasis
Motivation	5. Wo fühlt man sich für die Erreichung der Organisationsziele verantwortlich?	An der Spitze	Spitze und Mitte	viele Ebenen	auf allen Ebenen
	6. Wie viel kooperative Teamarbeit gibt es?	kaum	wenig	einiges	sehr viel
	7. Welche Richtung hat der Informationsfluss für gewöhnlich?	abwärts	meist abwärts	ab- und aufwärts	ab-, auf- und seitwärts
Kommunikation	8. Wie sehen Mitarbeiter die Information von „oben"?	mit Misstrauen	eher misstrauisch	mit Vorsicht	unvoreingenommen
	9. Wie genau ist die Aufwärtskommunikation?	tendenziell falsch	oft falsch	tendenziell richtig	fast immer richtig
	10. Wie gut kennen die Vorgesetzten die Probleme ihrer Mitarbeiter?	nicht gut	ein wenig	ganz gut	sehr gut
	11. Auf welchen Ebenen werden Entscheidungen getroffen?	meist an der Spitze	etwas Delegation	stärkere Delegation	meist verteilt, aber gut integriert

	Organisationsvariablen	System 1	System 2	System 3	System 4
Entscheidungen	12. Werden Mitarbeiter in Entscheidungen über ihre Arbeit einbezogen?	fast nie	gelegentlich	häufig	voll einbezogen
	13. Tragen Entscheidungsprozesse zur Motivierung bei?	kaum	wenig	etwas	beträchtlich
Ziele	14. Wie werden Ziele bestimmt?	durch Anweisung	Anweisung, Kommentare erlaubt	Anweisung nach Diskussion	durch Gruppenkonsens
	15. Wie viel Widerstand wird Zielen entgegengebracht?	starker	gemäßigter	etwas	kaum
	16. Wie zentralisiert ist die Kontrollfunktion?	sehr stark	stark	eher dezentral	breit gestreut
Kontrolle	17. Gibt es eine informelle Organisation, die sich gegen die formelle richtet?	ja	häufig	manchmal	nein, gleiche Ziele
	18. Wofür werden Kontrollinformationen verwendet?	Bestrafung	Bestrafung und Belohnung	Belohnung	Selbststeuerung

Quelle: Likert 1967, S. 14 ff. (modifiziert)

Am Rande sei darauf verwiesen, dass Likert später ein *System 5* angefügt hat, das im Wesentlichen auf einen Hierarchieabbau („managing without a boss“) hinausläuft und posthum publiziert wurde (vgl. Likert/Araki 1986).

Insgesamt sollte man jedoch System 4 ohne jede Orthodoxie betrachten, es ist einer von vielen Vorschlägen, die Grundideen des Human-Ressourcen-Ansatzes in organisatorische Gestaltungsprinzipien umzusetzen. Es sollte eher als ein Orientierungsmodell verstanden werden, denn als eine Punkt für Punkt – Handlungsanweisung für die Organisationsgestaltung. Natürlich kann System 4 auch nicht Vollständigkeit in dem Sinne beanspruchen, dass mit diesen Ideen ein vollständiger Aufbau einer Organisation möglich würde. Wie auch aus dem in Abbildung 3.13 gezeigten Diagnosebogen ersichtlich, geht Likert – und mit ihm alle anderen Vertreter teamorientierter Ansätze – davon aus, dass die Gestaltungsempfehlungen auf eine bereits voll entfaltete, bürokratische Organisationsstruktur (System 1) treffen. Die Prinzipien sind also in erster Linie als *Umgestaltungsregeln* gedacht. Vieles wird als bereits bestehend vorausgesetzt, so etwa der Spezialisierungsgrad oder die Abteilungsbildung. Trotz all dieser Einwände kann System 4 ohne weiteres als Muttermodell aller modernen Teamorganisationen bezeichnet werden, wie sie in den letzten Jahren so stark favorisiert werden (Tjosvold 1991; Gratton 2007; Dimitrova/Wellman 2015). So ist etwa das Prinzip der multiplen Mitgliedschaft in Teams heute weitverbreitet; empirische Studien berichten, dass bei Wissensarbeit heute über 65% der Mitarbeiter gleichzeitig in verschiedenen Teams mitwirken, in vielen Unternehmen ist es üblich in mehr als fünf Teams zu arbeiten, dies gilt vor allem für Beratungs- und IT-Unternehmen (O'Leary et al. 2011). In der jüngeren Diskussion treten andere als die von Likert akzentuierten Voraussetzungen erfolgreicher Teamorganisation in den Vordergrund.

3.5 Neuere motivationsorientierte Organisationsmodelle

Jüngere Entwicklungen auf dem Gebiet motivationsorientierter Organisationsgestaltung setzen zwei neue Schwerpunkte. Zum einen betonen sie stärker das Gesamtsystem als eine Art Großgruppe, d.h. die Teamprinzipien werden auf die ganze Organisation ausgedehnt. Dem gegenseitigen Vertrauen und dem Corpsgeist werden dabei eine herausragende Rolle zugewiesen. Nachfolgend wird die „Theorie Z" stellvertretend für diese Richtung vorgestellt. Ein zweiter neuer Schwerpunkt betont sehr stark die Selbstabstimmung und strebt – dies im Unterschied zu System 4 – einen generellen Rückbau formaler Regelung an. Die individuelle Kompetenz soll die Strukturrationalität zumindest partiell ersetzen. Verschiedene theoretische Strömungen fließen in diesen Ansätzen zusammen; die prominenteren werden nachfolgend kurz dargestellt.

3.5.1 Theorie Z

Einen wichtigen Impuls hat die neuere motivationsorientierte Organisationsgestaltung durch die so genannte Theorie Z von Ouchi und Jaeger erfahren (vgl. Ouchi/Jaeger 1978; Ouchi 1981). Sie gehen – ähnlich wie Maslow – von einem allgemeinen Bedürfnis nach Gemeinschaft und sozialer Einbettung aus. Dieses Bedürfnis wurde zunächst durch Familie, Nachbarschaft, Gemeinde- und Kirchenleben abgedeckt. Im Zuge der fortschreitenden Industrialisierung und Mobilisierung der Gesellschaft sind diese traditionellen Bindungen jedoch immer schwächer geworden. Die familiären Bande haben sich gelockert, Freundschaftsbeziehungen verdünnen sich, das Leben in der Gemeinde wird stärker unter instrumentellen Gesichtspunkten gesehen usw. Als Konsequenz daraus haben sich die diesbezüglichen Erwartungen immer mehr auf die Arbeitswelt konzentriert. Der Arbeitsplatz als Ort der Befriedigung sozialer Bedürfnisse hat immer mehr an Bedeutung gewonnen. Die These ist also, dass überall dort, wo die gesellschaftliche Einbettung ausdünnt, der Wunsch nach Integration in das Unternehmen zunimmt.

Das klassische amerikanische Organisationsmodell („Theorie A"), das insbesondere von Ford geprägt wurde, kann dieser geänderten Bedürfnislage nicht entsprechen und wirkt daher nicht motivierend. Das typische japanische Organisationsmodell („Theorie J") mit einer Betonung der lebenslangen Beschäftigung und seinen quasi familiären Strukturen trägt dagegen diesen Erwartungen in einem starken Maße Rechnung. Die Autoren fanden in ihren empirischen Erhebungen heraus, dass US-amerikanische Tochtergesellschaften japanischer Unternehmen ein an westliche Verhältnisse angepasstes japanisches Organisationsmodell entwickelten, das sich als sehr erfolgreich erwiesen hat. Bei einer weiteren Untersuchung zeigte sich, dass auch einige der zu dieser Zeit erfolgreichsten US-Firmen (z.B. IBM, Kodak, Procter & Gamble) von sich aus Organisationsformen entwickelt hatten, die diesem *angepassten* japanischen Modell sehr nahe kamen. Ouchi nennt dieses Modell – in nicht ungewollter Nähe zu McGregor – Theorie Z. Es ist nicht nur der Name, sondern der ganze Ansatz, der eine frappante Ähnlichkeit zu den vorher dargelegten Modellen aufweist (vgl. Abbildung 3.14).

Theorie Z beschreibt ein Hybrid-Modell des Managements, welches vor allem individuelle Motivation und Verantwortung mit Ansätzen teammäßiger Entscheidungsfindung kombiniert, und bis heute als maßgebliche Inspirationsquelle neuer Organisationsformen dient (Daft 2004).

Abbildung 3.14: *Theorie Z*

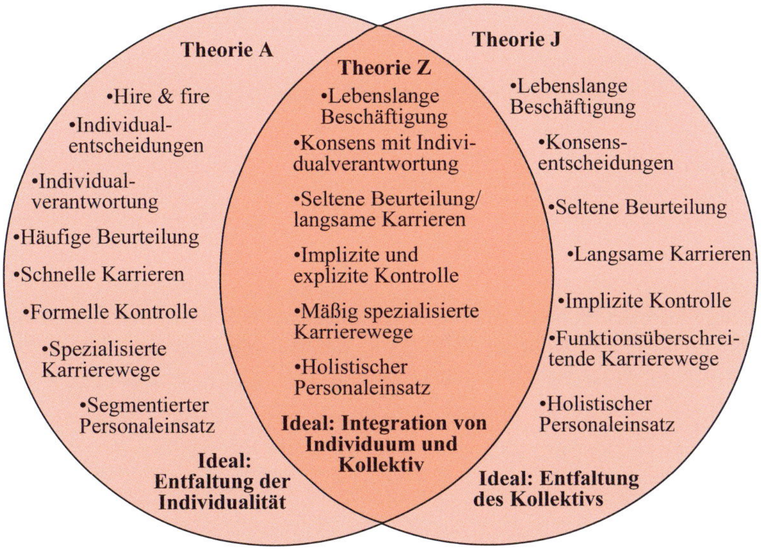

Quelle: nach Ouchi/Jaeger 1978

Die *Beschäftigungszeit* ist eher langfristig ausgelegt, d.h. die Mitarbeiterfluktuation ist geringer ausgeprägt als etwa im Modell A. Infolgedessen ist auch die *Leistungsbeurteilung* des einzelnen Mitarbeiters an größeren Zeiträumen orientiert, was der „hire-and-fire"-Mentalität vorbeugen und umfassende Lernprozesse ermöglichen soll.

Obwohl die Leistung auch auf der Basis formaler Maßstäbe und Regeln konkretisiert wird, ist die eigentliche Beurteilung eher informal und sehr individuell. Ein Mitarbeiter würde niemals nur aufgrund von quantitativen Leistungsdaten befördert, die Gesamtpersönlichkeit und ihre Einbettung in das soziale System spielen mindestens eine ebenso große Rolle. Vertrauen und Kooperation sind die Grundlage für die Zusammenarbeit. Die *Karrierewege* sind im Kern Fachlaufbahnen, aber nicht hoch spezialisierte, d.h. es gibt eine beträchtliche Variationsbreite. Die Ausrichtung an *langfristigen Zeithorizonten* und die klare Orientierung an *gemeinsamen Werten* bringen einen starken Einbezug der Beschäftigten mit sich, die sich über die Rolle als bloßer Arbeitnehmer hinaus z.B. auf die Einbeziehung der Familien hin erstreckt. Man fühlt sich insgesamt dem Unternehmen verbunden.

Soweit unterscheidet sich die Theorie Z nicht gravierend von den anderen Modellen der Human-Ressourcen-Schule. Es ist vor allem ein Aspekt, der zu den genannten Merkmalen hinzutritt und der besondere Aufmerksamkeit hervorrief. Z-Organisationen zeichnen sich durch einen stark ausgeprägten Korps-Geist (*Unternehmenskultur*) aus, der die Organisationsmitglieder zu einer kohäsiven Gemeinschaft zusammenschweißt und eine Art Clan-Gefühl und-kontrolle entstehen lässt (vgl. dazu den Fall Carl Zeiss, Becker 2012). Die gesamte Organisation soll gewissermaßen wie eine homogene, im Wesentlichen durch Werte und Normen gesteuerte *Großgruppe* funktionieren (vgl. hierzu auch Kapitel 5).

Ouchi (1980) hat allerdings an anderer Stelle die vorher generell empfohlene Anwendung von Theorie Z situativ beschränkt: Er fügt der Williamsonschen Dichotomie: Markt und Hierarchie als dritten Pol den „Clan" hinzu und attestiert dieser Form nur dort große Erfolgsträchtigkeit, wo die Informationsbasis, vor allem die Leistungsmessung, so unsicher ist, dass weder der Marktmechanismus noch die bürokratische Organisation greifen können. In solchen Situationen würde die Grundvoraussetzung der Effizienzsicherung, die Möglichkeit zum Einsatz externer Kontrollen, entfallen. Eine hohe Effizienz können hier nur noch Organisationsformen entfalten, denen es gelingt, an die Stelle externer Kontrolle den Mechanismus der normativen Selbstregulation zu setzen. Es ist nicht der kalkulierte Kontrakt und auch nicht die formale Organisation, die hier die Transaktionen effektiv steuern können, sondern letztlich nur noch gemeinsame normative Überzeugungen, wie sie eben Clan-Organisationen als Hauptmerkmal kennzeichnen.

3.5.2 Laterale Organisationsmodelle

Eine Reihe neuerer Konzepte setzt zentral an der formalen (bürokratischen) Ordnung als Symbol überkommener und in der Konsequenz demotivierender Organisationsstrukturen an. Propagiert ihre Überwindung durch horizontale, netzwerkartige Koordination. Nachdem alle diese Modelle ein hohes Maß an Mitarbeitermotivation, Kompetenz und Eigenverantwortung als Ausgangspunkt haben, werden sie auch mit Schwerpunkt hier verhandelt, obwohl sie in ihrer gestalterischen Stoßrichtung primär das Problem der Integration differenzierter Organisationen bearbeiten (und also eher im Anschluss an Kapitel 2 als Komplementärmodelle zu betrachten sind). Als zentrale Ansätze, die hierunter zu fassen sind, lassen sich u.a. anführen: Empowerment (Blanchard et al. 1996; Spreitzer 2006), Kollaborative Organisation (Fjeldstad et al. 2012), Postbürokratische Organisation (Heckscher 1994; Heckscher/Donnellon 1994; Adler/Heckscher 2006), Plattformorganisation (Ciborra 1996), improvisierte Organisation (Baker et al. 2003; Hadida/Tarvainen 2014) und die Modulare Organisation (Sanchez 2000; Garud et al. 2009).

Herzstück der meisten dieser Vorschläge ist ähnlich wie bei System 4 die Einrichtung weitgehend selbständig agierender kohäsiver Teams, die sich aus kompetenten und hoch motivierten Individuen zusammensetzen. Generalisierend könnte man diese Vorschläge deshalb in der Tendenz als „personale Lösung“ des Organisationsproblems (Schreyögg/Noss 1994) bezeichnen, weil sie viele Probleme, die vormals mit organisatorischer Regelung gelöst wurden, nunmehr in die Hände kompetenter und intrinsisch motivierter Mitarbeiter und Teams legt, mit der Idee, dass diese Ordnungen nach eigenem Ermessen spontan herstellen, die im Ergebnis die Effektivität formaler Ordnung weit übertreffen. Die empirischen Befunde decken sich allerdings nicht immer mit diesen optimistischen Erwartungen, alle diese Modelle sind dann erfolgreich, wenn bestimmte Voraussetzungen gegeben sind (vgl. u.a. Fjeldstad 2012).

Insgesamt zeichnen sich diese lateralen Modelle durch eine (häufig nicht systematisch integrierte) Fülle von Einzelaspekten aus, die von Teambildung über Kundenorientierung bis hin zu Outsourcing und strategischer Allianzbildung reichen. Versucht man, die vielen, großenteils noch sehr wenig durchgearbeiteten Ansätze unter organisatorischer Perspektive zu verdichten, so könnte man die folgenden fünf Kernelemente als tragendes Gerüst ansehen:

1. Empowerment,
2. Horizontale Kooperation,
3. Vernetzte Projektgruppen,
4. Modulorganisation/Lose Koppelung und
5. Organizational Citizenship Behavior.

Diese Elemente schließen einige Gesichtspunkte der oben bereits referierten motivationsorientierten Modelle mit ein und verhelfen diesen zu einer neuen Aktualität.

Ergänzend sei angemerkt, dass diese fünf Elemente nicht vollkommen unabhängig voneinander sind; es bestehen zum Teil erhebliche Überlappungen.

Empowerment: Das erste zentrale Element der neuen Modelle wird mit dem Begriff „Empowerment" oder Kompetenzbildung bezeichnet (Manz/Sims 1987; Bowen/Lawler 1995; Fjeldstad et al. 2012). Darunter werden ganz generell Maßnahmen verstanden, auf Mitarbeiter weitreichende Kompetenzen, Befugnisse und Wissen zu übertragen. Das einzelne Organisationsmitglied soll befähigt („ermächtigt") werden, seinen Leistungsbeitrag zu einem wesentlichen Teil selbst zu bestimmen. Angestrebt wird also ein Prozess hin zu mehr Autonomie und Selbstverantwortung. Der Ansatz meint indessen mehr als Dezentralisation und Delegation von Verantwortung; es geht primär um die *Befähigung* zur Eigeninitiative. Mitarbeiter sollen initiativ werden, sollen die für ihren Aufgabenvollzug relevanten Informationen aufnehmen und vor allem die Anschlüsse innerhalb des Unternehmens soweit als möglich nach eigenem Ermessen selbst herstellen (laterale Organisation). Das Organisationsmitglied soll damit auch Einfluss („Impact") auf seine organisatorische Umwelt gewinnen (Spreitzer 1995). Den Hintergrund bilden auch hier die Motivationstheorien, allerdings werden der genauere Zusammenhang und damit die motivationale Funktionslogik des Empowerments kaum expliziert. Für den hier interessierenden Zusammenhang ist aber wichtig zu betonen, dass Empowerment als psychologischer Zustand darauf verweist, dass das Verhalten von Menschen in Organisationen variabel und sehr stark durch die Arbeitsumwelt geprägt ist und deshalb einer motivationsorientierten Organisationsgestaltung große Bedeutung zukommt.

Die Neuverteilung von Kompetenzen, Informationen und Ressourcen mit dem Ergebnis des Empowerments wird vor allem durch die (Re-)Integration von Arbeitsabläufen möglich. Aufgaben, die einstmals zum Zwecke der Effizienzsteigerung eine extreme Zerstückelung erfuhren, werden wieder zusammengefasst, so dass integrierte Aufgabenfolgen (in der Regel beim Kunden beginnend) entstehen. Der Prototyp hierfür ist die integrierte Auftragsbearbeitung, die von der Auftragsannahme bis hin zur Debitorenbuchhaltung reichen kann. Aber auch die *Offenheit der Aufgabendefinition* wird betont, die es ermöglicht, die dezentralisierten Befugnisse eigeninitiativ einzusetzen (Kanter 1983; Fjeldstad et al. 2012) und das Vertrauen in die Wirkungsmächtigkeit des eigenen Handels zu steigern.

Empowerment wird häufig auf der Basis von Teams und Projekten realisiert. Die Gesamtaufgabe wird Teams übertragen, die die Arbeit selbst verteilen und nach eigenem Ermessen die Koordination mit angrenzenden Teams betreiben (eigeninitiierte Teamvernetzung). Die moderne Informationstechnologie erlaubt es in vielen Fällen, dass die dazu erforderlichen Informationen kompakt an einem Arbeitsplatz zur Verfügung gestellt werden können. Die Rolle der Vorgesetzten ändert sich mit dem Empowerment. Ihnen fällt einerseits die Aufgabe der Unterstützung, der Ermöglichung von Empowerment zu sowie die moderierende Begleitung bei der Umstellung und allfälligen Kooperationskonflikten. Der Grundsatz „Hilfe zur Selbsthilfe" umschreibt diese

Art der Führungsaufgabe und es ist, was die Gruppenführung anbelangt, eine Aufgabe auf Zeit. Denn Führung soll im Konzept des Empowerments immer mehr Selbstführung werden (Manz/Sims 1987). Sowohl die einzelnen Mitarbeiter als auch insbesondere die Teams übernehmen Steuerungsaufgaben, die vormals in den Händen von Vorgesetzten lagen. Führung und Ausführung verschmelzen gewissermaßen – jedenfalls zu einem guten Teil – in einer Person oder einem Team gleichgestellter Mitglieder.

Wie leicht zu erkennen, ist die Idee des Empowerments mit dem Konzept des Job Enrichment und noch mehr mit dem der selbststeuernden Gruppen eng verwandt. Den Kern bilden hier wie dort die Mitarbeitermotivation und die Idee, dass durch die Befriedigung der höherrangigen Bedürfnisse eine wesentliche Motivations- mit gleichlaufender Leistungssteigerung erzielt werden kann. Insoweit ist das Empowerment durchaus traditionell; es baut auf dem Grundkonzept der Restrukturierung der Arbeit auf (vgl. hierzu auch Gerum et al. 1996).

Es gibt jedoch einige entscheidende Stellen, an denen das Empowerment über die Perspektive der motivierenden Arbeitsgestaltung hinausreicht. Zunächst einmal ist es ein ganzheitlicher Ansatz, der von vornherein für das gesamte System und nicht nur für einzelne Arbeitsplätze gedacht ist. Zum zweiten betont das Empowerment nachdrücklich die Wirkung nach außen (Kundenorientierung) und die Verflechtung zwischen den Gruppen. Und schließlich stellt das Empowerment auch die Effektivität des Gesamtsystems in den Vordergrund; so vor allem die Innovationskraft und die Flexibilität.

Das Empowerment versteht sich in erster Linie als alternative Form der Unternehmenssteuerung, die nach Auffassung der Proponenten den herkömmlichen Formen leistungsmäßig überlegen ist. Es sollen nicht nur die Koordinations- und Organisationskosten gesenkt, sondern durch die Freisetzung von Motivation und Kreativität wesentliche Impulse für die Innovationsfähigkeit der Unternehmen gegeben werden.

Horizontale Kooperation: Diese Dimension zielt in erster Linie auf die Substitution von Hierarchie ab. In Kapitel 2 wurde bereits auf die wachsende Bedeutung bereichsübergreifender Abstimmung nach eigenem Ermessen – bisweilen auch als Selbstorganisation bezeichnet – hingewiesen; eine zentrale Rolle wird der horizontalen Abstimmung auch im oben dargestellten *System 4* zugewiesen (cross-function groups).

Für den hier zu diskutierenden Bereich der motivationsorientierten Teamorganisation bedeutet die kollaborative Selbstabstimmung vor allem, dass sich Teams mit unterschiedlicher Aufgabenstellung auf gleicher Ebene nach Maßgabe der jeweils virulenten Schnittstellenprobleme untereinander abstimmen (Thomson/Perry 2006). Darüber hinaus sollen selbständig disponierende Teams auch Anschlüsse für problematische Sachverhalte außerhalb des unmittelbar angrenzenden Bereichs (Sparte, Tochtergesellschaft oder Unternehmung) nach eigenem Ermessen herstellen. Markantes Merkmal ist, dass die Projektteams die Zusammenarbeit selbst initiieren, so dass ein fließendes, sich immer wieder veränderndes Koordinationsmuster entsteht (vgl. die stilisierte

Illustration dieser Idee in Abbildung 3.15). Der horizontalen Kooperation kommt in Zeiten der Disaggregation von Unternehmen und des Outsourcings eine immer größere Bedeutung zu (Powell et al. 2005; Hoetker/Mellewigt 2009). In Zulieferketten, regionalen Clustern oder Chemieparks ist die interorganisationale Kollaboration konstitutives Element (vgl. stellvertretend Beck/Plowman 2013). Eine ausführlichere Diskussion dieser Entwicklung hin zu interorganisationalen Netzwerken findet sich Kapitel 4).

Abbildung 3.15: *Horizontale Anschlüsse zwischen Teams*

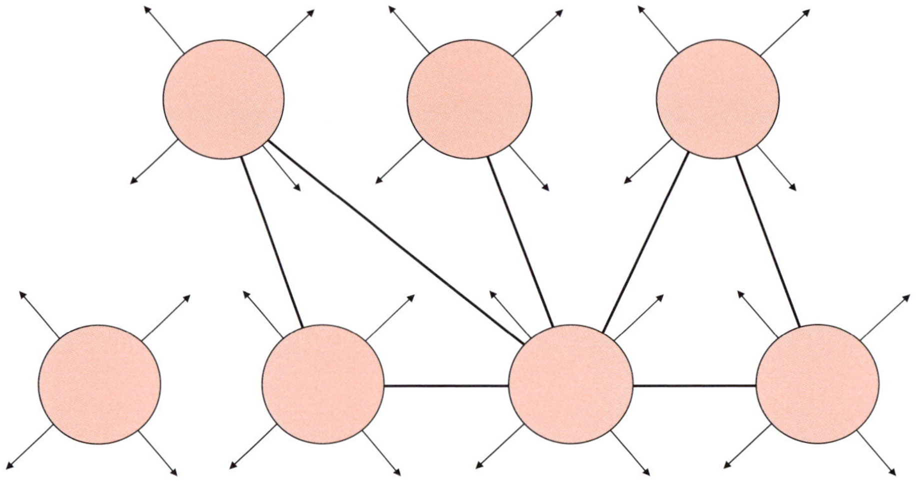

Die verschiedenen Formen der spontanen und der organisierten horizontalen Kooperation haben wir bereits in Kapitel 2 ausführlich dargelegt, so dass wir uns hier mit einigen ergänzenden Kommentaren begnügen können. Die Ähnlichkeiten der Idee sich selbstorganisierender Teams mit System 4 sind augenfällig; der zentrale Unterschied liegt jedoch in der Behandlung der Hierarchie. System 4 legt die Hierarchie als Selbstverständlichkeit zugrunde, baut sie aber gewissermaßen aus neuartigen Elementen. Selbstorganisierende Teams werden dagegen in den neueren Konzepten als Alternativen bzw. als Substitute für Hierarchien verwendet; als Leitbild gilt die *flache Hierarchie* (Galbraith/Lawler 1993; Heckscher/Donnellon 1994; Clegg/Hardy 1996).

Vernetzte Projektgruppen: Ein drittes Element der lateralen Teamorganisation kann mit dem Oberbegriff „Vernetzte Projektgruppen" umschrieben werden. Die Projektarbeit wird zur dominanten Form der Arbeitsorganisation; sie gilt immer nur temporär und ist je nach Problemlage ständig neu zu bestimmen. Den Grundstock bilden interne fachliche Experten, die sich immer wieder neu zu Projektteams zusammenfinden.

Innerhalb der Teams werden Entscheidungen nach dem Kompetenzprinzip getroffen; die Teams untereinander arbeiten nach dem Vernetzungsprinzip. Zahlreiche Studien belegen, dass gerade die Projektarbeit einen geeigneten Rahmen zur Entfaltung intrinsischer Motivation bietet (etwa Keller 1986; Schmid/Adams 2008).

In neuen Formen der Projektorganisation werden Organisationsmitglieder als Teil eines umfassenden internen Ressourcenpools gedacht, wobei die Zugehörigkeit zu mehreren Pools als auch Projektteams eher die Regel als die Ausnahme ist. Eine hohe Qualifikation, flankiert durch fortlaufende Personalentwicklungsmaßnahmen, soll den immer wieder raschen Aufbau und die unkomplizierte Zusammenarbeit der Projektgruppen sicherstellen (Peters 1993). Als Beispiel kann hier die Projektorganisation der Boston Consulting Group dienen (vgl. dazu Heuskel et al. 2004).

Die Arbeit von Projektgruppen wird immer häufiger über eine für solche Zwecke entwickelte „Groupware" unterstützt und vernetzt (Orlikowski/Hofman 1997; Gross/Koch 2007). Damit werden transparentere, interaktivere, dezentralere und damit weniger hierarchische Formen der Kooperation ermöglicht (Wagner 2013).

Modulare Organisation/Lose Koppelung: Ein weiteres wesentliches Element lateraler Modelle der Teamorganisation ist die Modularisierung. Das Konzept der Modularisierung stellt darauf ab, dass der Arbeitsprozess disaggregiert und in partiell verselbständigte, in sich aber weitgehend geschlossene Arbeitseinheiten untergliedert wird (Langlois 2002). Ziel einer solchen Schaffung von Modulen ist es, für das System mehr Flexibilität zu gewinnen. Die verselbständigten Teileinheiten (Module) können jetzt je nach Aufgabenstellung immer wieder neu zusammengesetzt werden. Ein System besitzt dann ein hohes Maß an Modularität, wenn die jeweiligen Rekombinationen ohne Funktionsverlust möglich sind, wenn sie sich also trotz der partiellen Verselbständigung jeweils gut miteinander kombinieren lassen (vgl. Schilling/Steensma 2001, S. 1151). Man spricht auch davon, dass modulare Organisationen „lose gekoppelt" sind (Orton/Weick 1990). Dieses – aus den Naturwissenschaften stammende – Konzept versteht sich als Gegenpol zu dem traditionellen Organisationsideal, wonach möglichst alle Abteilungen und Stellen in einen stringenten Zusammenhang gebracht werden sollen, so dass Anweisungen von der Spitze eine reibungslose, genau vorhersagbare Umsetzung erfahren können („enge Koppelung"). Dieser an der Mechanik ausgerichteten Verknüpfung setzt die lose Koppelung eine ganz andere Funktionslogik entgegen. Man versteht die Organisation als Geflecht relativ autonomer Subeinheiten, die nur okkasionell und im Voraus nicht in genau spezifizierter Weise untereinander in Verbindung treten (Glassmann 1973; Weick 1976; Dubois/Gadde 2002).

Lose Koppelung bezieht sich auf verschiedene Ebenen; lose gekoppelt können Organisationsmitglieder, Teams, Bereiche, Hierarchieebenen, Entscheidungsphasen usw. sein. Der Schwerpunkt der Diskussion liegt jedoch auf lose gekoppelten Subsystemen (Teams/Abteilungen). An die Stelle regel-determinierter Verbindungen („Programme", s. Kapitel 2) treten modulare Verknüpfungspotenziale, deren genaue Richtung erst im Einzelfall festgelegt wird. Daraus folgt, dass die einzelnen Teilsysteme mehr Handlungsspielraum haben und zwar im Hinblick auf ihre Aufgabenbewältigung (sie sind freier in der Bestimmung ihrer Handlungsmuster und können auch individuell auf segmentspezifische Umweltveränderungen reagieren) und auch im Hinblick auf die Wahl der Verknüpfungen. Im Konzept der Losen Koppelung können die Anschlussmodule je nachdem von innen oder außen kommen können, d.h. es umgreift auch Fragen des „make or buy" oder des Outsourcings bzw. Fragen der Subkontrahierung und der Netzwerkbildung (Zenger/Hesterley 1997; Brusoni et al. 2001). Dies bringt im Ergebnis ein höheres Maß an Flexibilität und Komplexitätsverarbeitungsfähigkeit (polyzentrische Aktionspotenziale).

Bezogen auf das Integrationsprinzip bringt Lose Koppelung für die Motivation der Mitarbeiter ein breiteres Aufgabenspektrum, eine freiere Arbeitsgestaltung und mehr Selbstbestimmung (Weick 1976; Perrow 1970). Man sollte das Prinzip der Losen Koppelung allerdings nicht romantisieren, es kann bei falscher Handhabung auch eine Reihe schwer kalkulierbarer Risiken mit sich bringen. Lose Koppelung kann auch „Entkoppelung" heißen, d.h., dass wichtige Koppelungen übersehen oder – als Reaktion auf Anreizsysteme, die alle Aufmerksamkeit auf die Bereichsziele lenken –, unterlassen werden. Mit anderen Worten, die lose Koppelung ist mehr als formal geregelte Anschlüsse darauf angewiesen, dass die Beschäftigten die abteilungsübergreifenden Zusammenhänge erkennen und bereit sind, Eigenziele zugunsten einer Gesamtzielsetzung zurückzustellen. Dies verweist zurück auf die eingangs skizzierte „personale Lösung" und das Kompetenzprofil.

„Organizational Citizenship Behavior" (OCB): Ein weiteres Element lateraler Teamorganisation ist die Bereitschaft von Mitarbeitern, sich im Organisationsleben wie „gute Bürger" zu verhalten. Gemeint ist damit das Interesse an der Funktionstüchtigkeit der Gemeinschaft und ein dementsprechendes Verhalten, das bei Bedarf Gemeinnutz vor Eigennutz stellt. In der Literatur hat sich dafür der Begriff „Organizational Citizenship Behavior" eingebürgert (Organ 1988; Van Dyne et al. 1994; Conrad 2004). Im Einzelnen ist damit ein Verhalten gemeint, das Arbeitskollegen unterstützt, neuen Mitarbeiterinnen die Orientierung erleichtert, die spontane Übernahme von zusätzlichen Sonderaufgaben ohne Entgelt oder die freiwillige Aushilfe bei Problemsituationen umfasst (Bierhoff/Herner 1999). Bürgerliches Verhalten zeigt sich aber auch im Umgang nach außen: Die Bereitschaft, auf Sonderwünsche des Kunden einzugehen, anderen Organisationen Auskünfte zu erteilen, Zulieferer zu unterstützen usw.

Für laterale Teamorganisationen, die nur gering spezifizierte Aufgabenbeschreibungen und Berichtspflichten kennen, ist ein solches Verhalten von herausragender Bedeutung. Bei so vielen unspezifizierten Pflichten muss sich die Organisation auf das gutbürgerliche Verantwortungsbewusstsein der Mitarbeiter verlassen können („personale Lösung"). Es stellt darüber hinaus die Flexibilität des Systems sicher. Es ist offenkundig, dass man ein solches Verhalten nicht auf der Basis eines Menschenbildes erwarten kann, das nur individuelle Nutzenmaximierung oder gar Opportunismus als Maxime kennt. Gefragt sind hier vielmehr eine Motivation zum solidarischen Handeln und die Identifikation mit der Organisation.

Fokus 3.4

Das GORE-Modell: "A Team-Based, Flat Lattice Organization"

Die Firma wurde 1958 von Bill Gore und seiner Frau Vieve gegründet. Produziert werden im Wesentlichen Kunststoffe auf der Basis von PTFE (Polytetrafluoräthylen). Nach Jahren hoher Prosperität und kontinuierlichen (selbstfinanzierten) Wachstums beschäftigt die Firma 2007 8.000 Mitarbeiter (Umsatz 2,0 Mrd. $) in insgesamt 45 Werken weltweit – sieben davon in Deutschland. Das Unternehmen kam im Jahre 2008 zum elften Mal in Folge in die Fortune-Liste der 100 besten US-Arbeitgeber. W.L. Gore & Associates bezeichnet sich als Unternehmen ohne Hierarchie und ohne Titel, der Schwerpunkt liegt auf Empowerment und Teammanagement. Im Zentrum steht die direkte (nicht formalisierte) Interaktion und die gegenseitige Verantwortung multidisziplinärer Teams.

Um ein solches „personelles" Steuerungsmodell zu ermöglichen, gibt es in dem Unternehmen eine generelle Politik, nach der kein Werk mehr als 200 Personen beschäftigen darf. Dies ist auch der Grund, weshalb die Firma so viele Werke unterhält. Immer wenn ein Werk zu groß zu werden droht, steigt der Druck, ein neues zu gründen. Die Gründung der neuen Werke ist nicht Gegenstand eines längerfristigen Entwicklungsplanes, sondern liegt in den Händen der Mitarbeiter. Immer wieder findet sich jemand, der ein neues Werk gründen möchte.

Die Kernelemente des Gore-Modells sind

- „Fairness untereinander und gegenüber jedem, mit dem wir in Kontakt kommen
- Freiheit, andere Associates zu ermutigen, ihnen dabei zu helfen und es ihnen zu erlauben, sich Wissen, Fähigkeiten und Verantwortung anzueignen
- Fähigkeit zur Übernahme von Verpflichtungen und deren Einhaltung
- Beratung mit anderen Associates vor dem Ergreifen von Maßnahmen, die dem Ruf des Unternehmens schaden könnten."

Dahinter stehen die Prinzipien der

1. Selbstverantwortung
2. Teamarbeit
3. „Natürliche" Führung.

1. *Selbstverantwortung*. Das Gore-Modell geht im Einklang mit dem Human-Ressourcen-Ansatz davon aus, dass Mitarbeiter grundsätzlich nach einer Herausforderung in der Arbeit („use your freedom to grow") suchen und Verantwortung übernehmen wollen. Konkret prägt sich diese Grundüberzeugung nicht nur in angereicherten Arbeitsplätzen, sondern auch in dem Prinzip der Selbstverpflichtung aus. Mitarbeiter (dort: „Associates") übernehmen freiwillig über ihre aktuelle Aufgabe hinaus zusätzliche Verpflichtungen. „Selbstverpflichtungen" (commitments) sind neue Aufgabenstellungen, für die die Mitarbeiter die entsprechende Befugnis eingeräumt bekommen, sie zu verwirklichen (empowerment).

Von allen Associates wird erwartet, dass sie solche Selbstverpflichtungen eingehen und selbst andere Associates finden, die sie – im Falle eines umfangreichen commitments – in ihrer Grundverpflichtung entlasten. Über die Gesamtleistung (bestehend aus der Grundverpflichtung und der Selbstverpflichtung) und die daran angebundene Entlohnung befindet ein „compensation team", das aus Mitarbeitern desselben Werkes besteht. Jeder Associate hat einen „Sponsor", eine Art Coach, der/die ihn unterstützend begleitet und auch darauf achtet, dass das compensation team eine faire Beurteilung abgibt.

Stellenbeschreibungen oder ähnliche daran anknüpfende Arbeitsbeschreibungen gibt es nicht und will man, u.a. aus Gründen der Flexibilität, auch nicht haben. Bei Gore & Associates gibt es auch keine Forschungs- und Entwicklungsabteilung, Innovation ist Aufgabe und Verpflichtung für alle. Jeder Mitarbeiter wird ermutigt, sich neue Produktideen auszudenken, zu experimentieren und ggf. eine Produktidee selbst bis zur Marktreife zu führen: „We encourage hands-on innovation and discourage bureaucracy."

2. *Teamarbeit*. Bei Gore & Associates hat die direkte Kommunikation und die Abstimmung nach eigenem Ermessen absoluten Vorrang. Den Zusammenhalt soll ein Gitternetz („underground lattice") geben, in dem sich wichtige neue Informationen rasch und mühelos ausbreiten. Die Gore-Teams sind nicht vorab formell bestimmt; sie bilden sich spontan um Projekte und spezielle Aufgabenstellungen. In Teams sind Spezialisten mit unterschiedlichen Kompetenzen vertreten. Die „Associates" können nach eigener Wahl mit anderen Mitarbeitern Teams bilden; sie haben selbst dafür zu sorgen, dass sie über alle notwendigen Ressourcen verfügen. Teams stimmen sich untereinander durch direkte Kommunikation und permanentes Feedback ab. Dafür wurde als technische Voraussetzung ein hausinternes Kommunikationssystem installiert, das jedem Mitarbeiter erlaubt, schnell und unkompliziert mit anderen in Verbindung zu treten.

Sowohl für den Einzelnen als auch für das Team gilt das so genannte Wasserlinien-Prinzip („waterline"). Die Arbeit wird mit der Arbeit auf einem Schiff verglichen. Jeder kann selbständig arbeiten, z.B. einen neuen Service anbieten oder „Deckaufbauten" ändern, jedoch nur oberhalb der Wasserlinie. Sobald aber „Umbauarbeiten" unterhalb der Wasserlinie angestrebt werden, die also bei Unachtsamkeit das ganze Schiff gefährden können, ist eine Absprache mit erfahrenen Kollegen obligatorisch.

3. *„Natürliche Führung"*. Bei Gore & Associates gibt es eine Vielzahl von Führerschaften. Führung wird in erster Linie als Kompetenzführung auf der Basis anerkannten Expertenwissens verstanden. Von einer Führungskraft wird vor allem Beratung erwartet; Personen, die die Teams bei Problemen konsultieren. Die Firma will Führungskräfte nicht als Manager, als Erteiler von Anweisungen, verstanden wissen; noch sollen Führungskräfte in irgendeiner Weise die Verantwortung für andere Leute übernehmen (es gibt keine Personen mit Personalverantwortung im formalen Sinne). Führungskräfte können innerhalb von Teams diese Rolle übernehmen wie auch zwischen Teams. Immer ist Führung eine von den anderen Associates zugesprochene und damit auch rücknehmbare Funktion (mit Ausnahme der Gründerfamilie und dem „Schatzmeister"). Weil Führung nicht formal zugewiesen wird, spricht man in der Firma von natürlicher Führung; eine Führung, die sich im Laufe der Zeit quasi von selbst ergibt und unter Umständen auch von selbst wieder erledigt. Führer können zugleich „Sponsoren" sein, die beiden Rollen können aber auch von verschiedenen Personen wahrgenommen werden.

Jährliche Umfragen haben ergeben, dass sich jeweils bereits 45-50% aller Associates als Leader empfinden. Bill Gore fasst das Prinzip der GORE-Organisation wie folgt zusammen: „The simplicity and order of an authoritarian organization make it an almost irresistible temptation. Yet it is counter to the principles of individual freedom and smothers the creative growth of man. Freedom requires orderly restraint. The restraints imposed by the need for cooperation are minimized with a lattice organization." (Hier ergibt sich eine klare Parallele zur Kontrolltheorie von Tannenbaum!)

Erfolgswirksamkeit. Bill Gores Philosophie („Make money and have fun") hat sich bislang bewährt: Die Zahl der Patente pro Mitarbeiter und der Prozentanteil neuer Produkte am Umsatz ist bei Gore & Associates dreimal so hoch wie etwa bei DuPont de Nemours. Der Gewinn pro Mitarbeiter lag im Durchschnitt doppelt so hoch wie bei DuPont.

Quellen: Shipper/Manz 1992; Loth 1995; www.gore.com bzw.www.gore.com/de (Zugriff 15.03.2015)

Es sei darauf hingewiesen, dass OCB nicht nur mit positiven Wirkungen in Zusammenhang gebracht wird; in empirischen Studien finden sich auch negative Aspekte: Mitarbeiter, die zu viel Zeit für die Kollaboration verwenden, ein Übermaß an sozialem Druck, sich in bestimmter Weise zu verhalten oder geringe Innovationskraft durch zu viel Konformität (vgl. Bolino et al. 2013).

Als Beispiel für ein Unternehmen, das ein Organisations- und Führungsmodell praktiziert, welches den beschriebenen fünf Merkmalen motivationsorientierter Teamorganisation weitgehend entspricht, kann W.L. Gore & Associates gelten. Eine Darstellung des Modells findet sich in Fokus 3.4.

3.6 Integrative Gesamtmodelle

In den letzten Jahren mehren sich die Versuche, die sich weit verzweigenden motivationsorientierten Organisationsansätze wieder zu einem Gesamtmodell zusammenzuführen. Vorrangig sind hier die Arbeiten von Ed Lawler zu nennen (1986, S. 191 ff. sowie Lawler et al. 1995). War zunächst das Integrationsprinzip im Sinne des Human-Ressourcen-Ansatzes prägend, so tritt bei diesen Modellen heute die strategische Perspektive in den Vordergrund, speziell im ressourcenbasierten Ansatz (Barney 1991, Newbert 2007; Ortlieb/Sieben 2008). Hier wird auf potentielle Wettbewerbsvorteile abgehoben, die durch eine motivationsorientierte Organisation und Führung erzielt werden können. Im Zentrum steht die Mitarbeiterschaft, die durch eine spezielle Ausprägung ihres Fähigkeitsprofils und Kooperationsformen zu einer strategischen und das heißt vor allem schwer imitierbaren Ressource wird (vgl. auch Abschnitt 4.4.2). Im Fokus steht die Entwicklung organisationaler Kompetenzen, die nur auf der Basis einer motivierten und interessierten Mitarbeiterschaft möglich ist (vgl. Schreyögg/Eberl 2015).

Die wesentlichen Merkmale von High Involvement-Modellen seien nachfolgend kurz aufgelistet (Lawler et al. 1995; Pfeffer 1997; Godard 2004):

- **Basisphilosophie:** Man kann Mitarbeitern vertrauen. Sie sind in der Lage, die Entscheidungen über ihre Arbeitsaktivitäten selbst zu treffen. Mitarbeiter eignen sich das dazu notwendige Wissen an. Wenn Mitarbeitern die Möglichkeit eingeräumt wird, die Entscheidungen über ihre Arbeit im Wesentlichen selbst zu treffen, so zeigen sie ein erheblich größeres Engagement und der organisatorische Erfolg steigt beträchtlich (die Nähe zu Theorie Y ist unübersehbar).
- **Flache Organisationsstruktur:** Motivierende Organisationen haben eine flache Organisationsstruktur mit einer weitgehenden Dezentralisierung der Entscheidungen. Das Objekt-Prinzip rangiert vor dem Verrichtungs-Prinzip; überall, wo es möglich ist, werden integrierte Prozesseinheiten mit zugewiesener Verantwortung geschaffen. Horizontale und laterale Verknüpfung stehen vor der hierarchischen Linie.

- **Job enrichment:** Die Arbeit wird soweit als möglich angereichert, und zwar entweder auf Einzel- oder Gruppenarbeits-Basis.
- **Projektgruppen:** Für temporäre Aufgaben werden vorrangig Projektgruppen gebildet, die funktions- und/oder hierarchieübergreifend zusammengestellt. Der Aufbau paralleler Qualitätszirkel oder Kontinuierlicher Verbesserungsarbeit ist in High Involvement-Organisationen überflüssig, da diese dort natürlicher Bestandteil der täglichen Arbeit sind.
- **Mitarbeiterorientiertes Informationssystem:** Motivationsorientierte Organisationen haben ein gut funktionierendes Informationssystem, das sich nicht nur an finanziellen und Produktivitätsdaten ausrichtet, sondern auch die Human-Ressourcen einbezieht. Die kontinuierliche Mitarbeiterbefragung (survey feedback) ist hierfür in besonderem Maße geeignet. Das Informationssystem stellt sicher, dass die Organisationsmitglieder über den Stand der organisatorischen Entwicklung, die aktuellen Probleme und die angestrebten Ziele informiert sind.
- **Kollegiale Atmosphäre:** Die allgemeinen Serviceeinrichtungen sind im Wesentlichen egalitär ausgerichtet. Weder gibt es ein spezielles Kasino für Führungskräfte, noch besondere Parkplätze. Die Büroausstattung unterscheidet sich nicht gravierend. Aufdringliche Statussymbole werden gemieden, um die kooperative Atmosphäre nicht zu behindern. Der Sicherheits- und sonstige ergonomische Standard an den Arbeitsplätzen ist hoch.
- **MehrdimensionaleAnreizsysteme:** Die Entlohnung basiert im Sockel auf der Kompetenz und den erworbenen Fähigkeiten. Zusätzlich besuchte Fortbildungskurse, die die berufliche Qualifikation steigern, werden honoriert. Dazu kommen Leistungsprämien, Gewinnbeteiligung und gegebenenfalls Anteilsscheine bzw. Belegschaftsaktien. Die Grundstruktur des Belohnungssystems wird offen gelegt und offen diskutiert.
- **Flexible Personalpolitik:** Die Personalpolitik ist flexibel ausgelegt, so dass die Mitarbeiter Spielraum für eine individuelle Anpassung an ihre Lebensumstände bekommen. Zu derartigen Maßnahmen gehört die Gleitzeit ebenso wie die flexible Arbeitszeit. Die Zusicherung einer Art Beschäftigungsgarantie ist ein weiteres Element motivationsorientierter Organisationsgestaltung (natürlich immer vorausgesetzt, dass die wirtschaftliche Lage eine solche Garantie zulässt). Werden Entlassungen dennoch unumgänglich, so werden die Entscheidungen gemeinsam mit den Vertretern der Beschäftigten getroffen (Anmerkung: dies ist in Deutschland ohnehin gesetzlich vorgeschrieben).
- **Kompetenzorientierte Karrierepfade:** In einer qualifizierungsorientierten Organisation spielt die persönliche Beratung für die Weiterentwicklung und die Fortbildung naturgemäß eine herausragende Rolle. Nachdem motivationsorientierte Organisationen eher flache Strukturen aufweisen, eröffnen sich weniger Karrierechancen im Sinne hierarchischen Aufstiegs, umso mehr werden dort aber Mö-

glichkeiten für persönliche Entwicklungskarrieren zum Ausbau der Kompetenzen geboten.

- **Personalauswahl:** Obwohl motivationsorientierte Organisationen Entwicklungschancen für grundsätzlich alle bieten, sind dort doch Menschen, die aus welchen Gründen auch immer mit allem Nachdruck auf unengagierten Routinetätigkeiten beharren, fehlplaziert.
- **Kontinuierliche Weiterbildung:** High-involvement Organisationen fußen auf selbstinteressierter Weiterentwicklung; um die sich ständig ändernden herausfordernden Tätigkeiten bewältigen zu können, wird den Mitarbeitern in kontinuierlichen Weiterbildungsveranstaltungen die Möglichkeit geboten, die dazu erforderliche Kompetenz zu erwerben. Dazu gehört auch die Vermittlung von betriebswirtschaftlichem Grundlagenwissen, um die ökonomische Situation der Firma richtig einordnen und Impulse für ihre Veränderung geben zu können. Eine solche starke Weiterbildungsorientierung findet in einem kompetenzorientierten Entlohnungssystem seine Entsprechung.
- **Führungsstil:** Der Führungsstil in motivationsorientierten Organisationen ist in erster Linie auf die Förderung der personalen Entwicklungsprozesse ausgerichtet. Die Führung gibt Ermutigung und regt zur Eigeninitiative an (siehe dazu oben: *Prinzip der unterstützenden Beziehungen*). Vorgesetzte sind aber auch gefordert, die Grundwerte der motivationsorientierten Führungs- und Organisationsphilosophie zu vermitteln. Die zentralen Stichworte für den Führungsstil sind: Vertrauen und Offenheit; die relevanten Werte vermitteln; Entscheidungen dorthin lenken, wo sie am besten bearbeitet werden können, und Mitarbeiter dabei unterstützen, ein Gefühl hoher Kompetenz und Selbstachtung zu erlangen.
- **Aufbau vertrauensvoller Zusammenarbeit mit den Belegschaftsvertretern und den Gewerkschaftsrepräsentanten:** Motivationsorientierte Organisationen akzeptieren die Vertreter der Belegschaft als demokratisch legitimierte Verhandlungspartner und versuchen, mit ihnen unvoreingenommen ein partnerschaftliches Verhältnis aufzubauen. Die Mitbestimmung wird weniger als Bedrohung, denn vielmehr als Chance, zumindest aber als legitimer Verhandlungspfad angesehen (die Voraussetzungen dazu sind in Deutschland gesetzlich geregelt).
- **Unternehmensethik:** Motivationsorientierte Organisationen bauen auf Ehrlichkeit und soziale Verantwortung nicht nur im Innen-, sondern auch im Außenverhältnis. Schmutzige Tricks werden abgelehnt.

Zwischenzeitlich gibt es zahlreiche weitere solcher umfassenden „high commitment/ high performance“ Modelle.

Abbildung 3.16 bietet eine Übersicht über die bekannteren dieser Ansätze. Es zeigt sich ein verblüffend hoher Grad an Übereinstimmung zwischen den einzelnen Ansätzen.

Abbildung 3.16: *Dimensionen von High Commitment/High Performance-Organisationen*

Arthur-Modell	Huselid-Modell	Ichniowski et al.-Modell
- decentralization - participation - general training - skill level - wage level - bonus or incentives - due process procedures - span of control - higher benefits - social activities - percent unionized	- promotion from within - information sharing - training - incentive compensation - participation practices - access to formal grievance procedure - selectivity in recruiting - surveys of employee attitudes - formal job analysis - merit-based performance appraisals	- incentive pay - selective recruiting and selection - teamwork and cooperation - employment security - flexible job assignment - knowledge and skill training - communication of information - quality of labor relations
Wood-Modell	**Osterman-Modell**	**Walton-Modell**
- trainability as selection criterion - commitment as selection criterion - career ladders and progression - teamworking - quality circles - long-term training budgets - workers responsible for own quality - job design to use workers' skills - regular briefings - flexible job descriptions - no compulsory redundancy - use of temporary staff to protect security of core work force - single-status terms and conditions of employment - formal assessment for production workers	- self-directed work teams - job rotation - employee problem-solving groups - total quality management	- frequent use of terms - job design combines doing and thinking - flat organizations structure - minimum status differentials - variable rewards; gain sharing or profit sharing - pay for skill - business data widely shared - attempt to ensure employment stability - employee participation on many issues - mutuality in labor relations

Quelle: Pfeffer 1997, S. 173 (Auszug)

Die meiste Aufmerksamkeit konnte das High Commitment/High Performance-Modell auf sich ziehen, das Pfeffer (1998, insbesondere S. 64 ff.) – ebenfalls im Sinne einer Zusammenschau der Ansätze und der dazu vorgelegten empirischen Studien – entwickelt hat:

- Selbstgesteuerte Gruppen und dezentrale Entscheidungsfindung
- Umfangreiche Personalentwicklungsmaßnahmen mit dem Ziel einer mehrfach qualifizierten Belegschaft („multiskilled workforce")
- Reduzierte Statusunterschiede und -barrieren (einschließlich moderater Lohnspreizung)

- Verhältnismäßig hohe Löhne und Gehälter mit deutlichen Akzenten auf Erfolgsbeteiligung
- Sorgfältige Personalauswahl
- Breite Information aller Beschäftigten nicht nur über arbeitsplatzrelevante Daten, sondern auch über das Unternehmen und seine finanzielle Lage
- Arbeitsplatzsicherheit – zumindest als glaubwürdiges Ziel.

Zwischenzeitlich gibt es zahlreiche empirische Studien, die den Effekt motivationsorientierter Organisationsgestaltung geprüft haben (eine gute Zusammenstellung bieten Pfeffer 1997, S. 169 ff.; Godard 2004; Kehoe/Wright 2013). Die Studien kommen – wenn auch nicht uneingeschränkt (Wall/Wood 2005; Combs et al. 2006) – insgesamt zu einem positiven Bild, sowohl was Flexibilität und Innovationsfähigkeit als auch was Umsatz und Rentabilität anbelangt. Die Studie von Huselid (1995) erstreckte sich z.B. auf 968 US-amerikanische Unternehmen; in den statistischen Prüfverfahren zeigten sich signifikante Vorteile für Unternehmen mit motivationsorientierten Modellen. Die Auswirkungen auf die Beschäftigten werden häufig insofern relativiert, als neben die positiven auch negative Effekte treten wie Stress durch Gruppenverantwortung, Rollenüberlastung und/oder Erschöpfung (zusammenfassend Godard 2004). Dabei ist allerdings zu beachten, dass diese Motivationsmodelle häufig nur in Teilen umgesetzt werden (zusammenfassen Godard 2004), so dass eine kausale Zurechnung der Wirkungen oftmals schwierig ist

Die Verbreitung motivationsorientierter Organisationsgestaltung in der Praxis ist unterschiedlich. In Skandinavien, Japan und in deutschsprachigen Ländern ist die Aufnahmebereitschaft deutlich größer als in den anglo-amerikanischen Ländern. In den letztgenannten Ländern liegt auch die „Mortalitätsrate" von Human-Ressourcen-Programmen verhältnismäßig hoch (zur Erklärung vgl. Pfeffer 1997, S. 174 f.). Angestoßen durch die Suche nach schwer imitierbaren Wettbewerbsvorteilen geht aber – wie oben bereits berichtet – insgesamt der Trend stärker in die Richtung des Human-Ressourcen-Ansatzes, auch in Zeiten der Restrukturierung (Osterman 2000). So wird etwa berichtet, dass 1997 in einem Sample von 674 US-Unternehmen High-Involvement-Konzepte in ca. 60% der Fälle vorzufinden waren (ebenda). Neue Konzepte wie „Sozialkapital" (Kwon/Adler 2014), Work-Life-Balance (Kaiser/Ringelstetter 2010) und „Absorptive Capacity" (Cohen/Levinthal 1990; Lewin et al. 2011) haben die Aufmerksamkeit für diese Ansätze weiter erhöht.

3.7 Kritik an den motivationsorientierten Organisationsmodellen

Bei der vorangehenden Diskussion der verschiedenen Konzepte und Modelle wurden bereits verschiedene *Einwände* angesprochen. Es gibt jedoch eine Reihe von Autoren, die einzelne oder alle Grundannahmen der motivationsorientierten Organisationsmodelle in Zweifel ziehen (siehe dazu Locke/Schweiger 1979; Nord et al. 1988, Zatzick/Iverson 2006). Die Haupteinwände seien abschließend kurz diskutiert:

1. Falsche Generalisierung: Das erste Bündel von Einwänden richtet sich gegen die Tendenz der motivationsorientierten Organisationsmodelle, von generellen Bedürfnislagen auszugehen. Es sei keineswegs richtig, davon auszugehen, alle Menschen strebten danach, in der Arbeit höherrangige Bedürfnisse im Sinne Maslows zu befriedigen. Es sei vielmehr so, dass Menschen hier sehr unterschiedliche Vorstellungen hätten und dass jeder Versuch, alle „über einen Kamm zu scheren", letztlich auf eine Art Zwangssystem hinauslaufe, das den Einzelnen seiner freien Wahl beraube.

Es gibt Menschen – so wird argumentiert –, die verlangen nach autoritären Strukturen, andere dagegen ziehen die kooperativen Modelle vor; manche Menschen scheinen sogar mit einer monotonen Routinearbeit sehr viel glücklicher als mit einem „angereicherten" Arbeitsplatz, der sie nur belaste.

Von manchen Autoren wird sogar hinter den motivationsorientierten Modellen eine gleichmacherische Tyrannei vermutet, die es hier zu verhindern gelte (Lorsch/Morse 1974). Es ist interessant zu sehen, dass dieses Argument gerade gegen die motivationsorientierten Ansätze gewendet wird und nicht etwa gegen den Taylorismus oder die bürokratische Organisation, die generell und ohne jede Rücksicht auf den Einzelnen auf Befehl und Gehorsam aufbauen. Allein dies macht die Schräglage des Arguments deutlich, die Freiheit ist erst dann bedroht, wenn mehr Freiheiten am Arbeitsplatz, wenn mehr Entfaltungsmöglichkeiten gewährt werden sollen.

Das Argument unzulässiger Generalisierung von Bedürfnisbefriedigungswünschen ist obendrein sehr verführerisch, denn – das gilt es zu sehen – es entlastet ja vom Handeln: Haben nicht alle Leute in einem Unternehmen ihren Arbeitsplatz frei gewählt? Und hat nicht jeder die Möglichkeit, sich einen anderen Arbeitsplatz zu suchen, wenn ihm seine Arbeit nicht mehr gefällt? Also muss im Prinzip davon ausgegangen werden, dass jeder bereits den Arbeitsplatz hat, den er sich wünscht. Die optimale Arbeitssituation wäre so gesehen immer bereits erreicht, weitere motivierende Maßnahmen erwiesen sich nicht nur als überflüssig, sondern eben sogar als „zwanghaft", als tyrannische Anmaßung.

Gegen dieses Argument sprechen nicht nur die durchsichtigen Abwehrmotive, sondern auch die überwiegend positiven Erfahrungen, die dort gemacht wurden, wo die motivationsorientierten Ansätze verwirklicht wurden. Selbst wenn sich der erhoffte ökonomische Mehrertrag nicht immer eingestellt hat, davon, dass die betroffenen

Mitarbeiter eine Rückkehr zu den herkömmlichen Organisationsformen verlangt hätten, ist bisher noch nichts bekannt geworden (vgl. auch das Resümee von Miles/Rosenberg 1982).

Friedberg (1995, S. 34 f.) kritisiert die präskriptive Grundhaltung der motivationsorientierten Ansätze, die ein idealisierendes Menschenbild einfordern und damit den Blick verstellten für „abweichendes" Verhalten. Deskriptiv seien diese Ansätze deshalb „einäugig", eine valide Beschreibung der tatsächlichen Organisationsdynamik könne damit nicht geleistet werden. Dieses Argument ist nicht leicht zu entkräften; hier tut sich ein wohl unvermeidlicher Zwiespalt zwischen den Präskriptionen für eine Herstellungspraxis und einer positiven Theorie der Organisation auf. Es ist deshalb erforderlich, neben die motivationsorientierten Organisationsmodelle andere Ansätze zu stellen, die sich mit der Eigendynamik und dem Problem der emergenten Phänomene auseinandersetzen (vgl. Kapitel 5). Friedberg argumentiert für eine positive Theorie, lässt aber die normative Seite des Human-Resssourcen-Ansatzes unkommentiert; Organisationsgestaltung ist aber immer auch normativ.

2. Inkompatibilität von Individual- und Organisationszielen: Ein weiterer Einwand richtet sich gegen die Überzeugung, Individual- und Organisationsziele ließen sich in Einklang bringen. Im Unterschied zu den harmonistischen Grundannahmen des Human-Ressourcen-Ansatzes müsse vielmehr von „Nullsummen-Spielen" im organisatorischen Leben ausgegangen werden; mit anderen Worten, es stelle sich viel häufiger als angenommen die Frage, ob die Organisationsziele oder die Mitarbeiterziele verwirklicht werden sollen. Die Mittel zur Zielerreichung sowohl der einen als auch der anderen Seite seien grundsätzlich knapp. Statt harmonischer Kongruenz sei daher für gewöhnlich ein erbitterter Kampf um die knappen Mittel an der Tagesordnung (so auch die Theoreme des Prinzipal-Agenten-Ansatzes, siehe dazu Kapitel 7). Den High-Commitment-Ansätzen wird vorgeworfen, sie würden die Mitarbeiter so infiltrieren, dass sie sich die Unternehmensziele zu Eigen machten, was zu einer Selbstdisziplinierung und unkritischer Konformität mit den Programmzielen führt; die Systemwerte und –ziele überlagerten die individuelle Wertewelt und führte in letzter Konsequenz zu einer Art informellen totalitärem Regime (Willmott 1993; Haunschild 2003; Krell/Weiskopf 2006; Costas/Fleming 2009; Costas 2013).

Dieses Argument trifft einen viel wunderen Punkt als ersteres. Den Vorwurf wird man den motivationsorientierten Organisationsmodellen nicht ersparen können, dass sie sehr optimistische Bedingungen unterstellen und immer davon ausgehen, dass der Einzelne und die Gesamtorganisation gleichermaßen profitieren können. Jeder weiß, dass es im organisatorischen Alltag Situationen gibt, die strukturell keine Harmonisierung der Ziele erlauben, z.B. Entlassungen, Schließungen von Werken, rationalisierungsbedingter Arbeitsplatzabbau, Lohnerhöhungen, Abbau von Sozialleistungen usw. So wichtig diese Feststellung der Interessendivergenz ist, so fatal wäre es jedoch, würde man daraus den Schluss einer totalen Inkompatibilität der Ziele ziehen. Für die strukturellen Inkompatibilitäten hat der Gesetzgeber eine Reihe von Konfliktregelungsmechanismen vorgesehen (in Deutschland insbesondere das BetrVG), aber für die tägliche Zusammenarbeit taugt die Beharrung auf dem Konflikt nicht. Ohne integratives Leitbild ist eine moderne Teamorganisation nicht zu bewerkstelligen, und es ist das Verdienst der motivationsorientierten Organisationsmodelle, ein solches positives Leitbild entwickelt zu haben. Dasselbe Argument lässt sich dem dritten Einwand entgegenhalten.

3. Das Management ist nicht freiwillig bereit, Teile seiner Macht aufzugeben: Das dritte Argument stellt darauf ab, dass die vorgesehene breite Partizipation an Entscheidungsprozessen von den etablierten „Machthabern" nicht freiwillig zugestanden wird. So gehen zum Beispiel Nord und Durand (1978) davon aus, dass Führungskräfte in der Regel ein besonders ausgeprägtes Machtbedürfnis haben und deshalb nur unter extremem Zwang bereit sind, ein Stück davon abzugeben (vgl. auch Schriesheim/Neider 2006).

Gewiss wird man diesem Argument eine gewisse Plausibilität nicht absprechen können. Aber auch hier stellt sich natürlich die Frage, ob eine innovative Theorie der Organisationsgestaltung bei dem resignativen Verweis auf die bestehende Machtverteilung wird stehen bleiben können. Ferner scheint sich in diesem Argument doch allzu sehr eine Theorie X-Tendenz eingenistet zu haben. Warum sollte jemand nicht an einer inspirierenden motivierten Führungssituation mehr Freude haben als an einer autoritären? Einmal mehr muss auf die vielen positiven Beispiele und stützenden empirischen Studien verwiesen werden, in denen ganze Organisationen eine breitere Partizipation verwirklicht haben.

Diskussionsfragen

1. Ist die Integration von Individuen und Organisation anstebenswert ?
2. Welches Menschenbild liegt der Maslow-Pyramide zurunde?
3. Inwiefern sind Bedürfnisse auch latent?
4. Weshalb ist der X- Zirkel ein circulus vitiosus?
5. Welches Menschenbild liegt dem Reifekonzept von Argyris zugrunde?
6. Inwieweit steht das Prinzip der Arbeitsteilung dem Reifungsstreben des Mitarbeiters entgegen?
7. Warum wird die traditionelle Organisation als die „verschwenderischste Form der Kombination von Human-Ressourcen" kritisiert?
8. Vergleichen Sie System 4 mit Theorie Z.
9. Inwiefern sprengt System 4 das Prinzip der Einheit der Auftragserteilung?
10. Vergleichen Sie „Empowerment" mit dem Konzept teilautonomer Arbeitsgruppen.
11. Inwiefern stellt die „lose Koppelung" Prinzipien der klassischen Organisationslehre infrage?
12. Was sind die Merkmale modularer Organisation? Inwiefern können sie zur Flexibilisierung von Organisationen beitragen?
13. Inwieweit können High-commitment-Modelle Grundlage strategischer Wettbewerbsvorteile sein?
14. Welche charakteristischen Merkmale des High-involvement-Ansatzes finden Sie in dem Beispiel des Unternehmens GORE & Associates praktisch umgesetzt?
15. Diskutieren Sie folgende Aussage: Die Human-Ressourcen-Ansätze sind naiv. Sie ignorieren, dass Menschen in der Tendenz jede Chance ausnutzen, um sich auf Kosten anderer zu bereichern.
16. Münden High-Commitment-Ansätze letztlich in informellen Totalitärsystemen?

Fallstudie: Caroline Beck

Caroline Beck fühlte sich unbehaglich, als sie begann, vor den Mitarbeiterinnen und Mitarbeitern ihrer Abteilung zu sprechen. Sie wusste, dass ihre Ankündigung neuer Arbeitszuteilungen einige ihrer Mitarbeiter hart treffen würde. Aber die Abteilung befand sich in einer schwierigen Situation, die ein konsequentes Handeln erforderte und Beck war der Auffassung, dass ihr Plan die einzige Lösung sei.

Beck war vor einigen Monaten in die Firma eingetreten und hatte die Produktionsabteilung einer größeren Elektrofirma übernommen, die u.a. Transformatoren für HiFi-Geräte herstellt. Sie hatte nur wenig Zeit sich einzuarbeiten, da das Unternehmen gerade in den letzten Monaten ein kräftiges Umsatzplus zu verzeichnen hatte und sie alle Hände voll zu tun hatte, um mit den Produktionsanforderungen hinterher zu kommen. Für ihre Abteilung und sie bedeutete dies, dass sie praktisch seit ihrem Einstieg unter permanentem Druck arbeiten mussten, um alle Bestellungen zu erledigen. So blieb auch wenig Zeit für etwaige Gespräche mit ihren Mitarbeitern.

Unter dem früheren, gerade bei den älteren Mitarbeitern sehr beliebten Leiter Hans Müller, der aus Altersgründen ausgeschieden war, montierten einige Mitarbeiter nur Transformatoren, während andere neben der Transformatorenmontage zusätzlich als Qualitätskontrolleure tätig waren. Beck war der Ansicht, dass das ein unzweckmäßiges System sei. Sie entschloss sich aber mit einer Veränderung noch etwas zu warten, bis sie sich besser in den Betrieb eingelebt hatte.

Aber sie wurde gezwungen, früher in dieser Sache zu handeln, als sie wollte. Eine Woche zuvor berichtete der Verkaufsleiter, dass eine steigende Anzahl von Kundenbeschwerden über fehlerhafte Transformatoren vorläge. Mit zunehmender Arbeitsbelastung vernachlässigten einige Montageprüfer die Überprüfung der Transformatoren. Offensichtlich wurden sogar einige Motoren übergangen und überhaupt nicht geprüft. So bat Frau Beck ihre Vorgesetzte um die Erlaubnis, dass sie einige Mitarbeiter ausschließlich zu Prüfern befördern dürfe. Diese Arbeit wäre höher einzustufen und würde daher eine höhere Bezahlung mit sich bringen. Becks Vorgesetzte und der Betriebsrat gaben zu dem Plan ihre Zustimmung.

Zuvor hatten 24 Mitarbeiter sowohl Montage als auch Kontrolle durchgeführt. Nach dem Vorschlag von Frau Beck würden fortan 12 Mitarbeiter ganztägig als Prüfer tätig werden.

Die Namen der neuen Prüfer wurden durch eine Organisationsmitteilung bekannt gegeben. Frau Beck erläuterte am nächsten Tag bei einer Abteilungsversammlung, dass sich ihre Auswahl auf Leistung und Berufsjahre begründete.

„Wir meinen", so äußerte sie, „dass die neue Stellung Mitarbeiterinnen und Mitarbeiter erfordert, die selbst unter Zeitdruck eine schnelle und solide Arbeit leisten können. Und ich habe dies bei der Auswahl der neuen Prüfer berücksichtigt. Ich hoffe, dass Sie alle Ihr Bestes geben, um dem neuen System zum Erfolg zu verhelfen".

Beck hatte kaum mit ihrer Rede aufgehört, als Sepp Wirt sich sofort zu Wort meldete. Er war einer der Zwölf, die zuvor montierten und prüften und nicht für die neue Aufgabe übernom-

men wurde. „Ich meine, Sie sind sehr ungerecht", sagte er ärgerlich, „Zwölf von uns sollen noch dafür bestraft werden, dass sie seit Monaten unter Volldampf arbeiten. Falls Sie mit der Art nicht zufrieden waren, wie ich oder andere die Transformatoren überprüften, warum haben Sie das dann nicht früher gesagt? Außerdem was sind das für Kriterien? Ich bin nun schon 10 Jahre in der Firma und das ist eine ganz schöne Zeit länger als bei einigen Kollegen, die Sie ausgewählt haben".

„Sepp hat recht", stimmte ein anderer Mann, der auch nicht zum Prüfer befördert wurde, ein: „Zählt denn das Dienstalter hier überhaupt nicht mehr? Eine solche Auswahl hätte es unter Hans (gemeint war der alte Leiter, der sich offensichtlich mit den älteren Mitarbeitern duzte) nicht gegeben."

Plötzlich äußerte auch einer der „Auserwählten", Richard Tauber, ein langjähriger Mitarbeiter Bedenken, ob das neue System überhaupt funktionieren könne.

Als Beck bemerkte, dass gerade die jüngeren Mitarbeiter gespannt auf ihre Reaktion warteten, wurde sie zunehmend nervös und beendete die Versammlung mit dem knappen Kommentar, dass die Entscheidung nun mal gefallen sei.

In den nächsten Wochen konnten zu Becks Überraschung, die geforderten, unverändert hohen Produktionszahlen nicht mehr erreicht werden, obwohl sie den Eindruck hatte, dass die Mitarbeiter grundsätzlich ihre Anweisungen bezüglich des neuen Arbeitssystems umsetzten. Beck bemerkte lediglich, dass von den Kontrolleuren kaum noch Fehler gefunden wurden, dafür aber die Montagezeiten etwas länger waren.

Beck wurde schließlich von ihrer Vorgesetzen zu einem Gespräch gebeten und darüber informiert, dass sich einige ihrer Mitarbeiter über ihre mangelnde Kooperation und die damit verbundene Verschlechterung des Arbeitsklimas beschwert hätten. Es wäre sogar der Vorschlag gemacht worden, für die nächsten Monate noch einmal den alten Leiter Hans Müller zu überreden, wenigstens solange einzuspringen, bis man aus dem Gröbsten heraus sei. Ihre Vorgesetzte machte ihr allerdings Mut und spielte die Beschwerden als relativ normale Umstellungsprobleme bei einem Führungskraftwechsel herunter: „Unzufriedene gibt es bei einer neuen Führungskraft immer, da kann man nichts machen." Allerdings sollte sie versuchen, die Probleme mit der Produktion schnellstens irgendwie in den Griff zu bekommen, da ansonsten die Firma ihre Lieferfristen nicht mehr einhalten könne und sie wüsste schließlich, was das bedeuten würde.

Fragen zur Fallstudie:

1. Warum sinkt die Leistung der Gruppe ab? Ziehen Sie zur Beantwortung der Frage Konzepte der Motivations- und Gruppenforschung heran.
2. Was glauben Sie bezweckt die Gruppe mit ihren Beschwerden über Beck? Verwenden Sie als Hintergrund Ihrer Argumentation eine Führungstheorie.
3. Angenommen Frau Beck zöge Sie zu Rate, was würden Sie ihr empfehlen?

Kapitel 4

Organisation und Umwelt

- Zur Grenzziehung zwischen Organisation und Umwelt
- Elemente und Dimensionen der Umwelt
- Deterministische Ansätze zum Verhältnis von Organisation und Umwelt
- Umweltinteraktionsansätze

Diskussionsfragen

Fallstudie

Das dritte grundsätzliche Problem, das von der Organisationsgestaltung neben der Aufgabenstrukturierung und der Integration von Individuum und Organisation zu lösen ist, betrifft das *Verhältnis von Organisation und Umwelt* und die Frage, wie die Organisation zur Bewältigung der vielfältigen Umweltbezüge auszuformen ist. Obwohl die Bedeutung dieses Problems nie geleugnet wurde, so ist doch die ausdrückliche Berücksichtigung der Umweltbezüge in der Organisationstheorie eine noch jüngere Entwicklung. Erst mit dem Aufkommen der Systemtheorie ist die Auseinandersetzung von Umwelt und Organisation, insbesondere die allzeit problematische Erhaltung des Systems in einer fordernden Umwelt, in den Vordergrund des Interesses und der Theoriebildung und im Gefolge der praktischen Organisationsgestaltung gerückt. Das Grundproblem, dass sich eine Organisation in Auseinandersetzung mit der sie umgebenden Umwelt fortlaufend bewähren muss, ist rasch zum festen Bestandteil organisations- und betriebswirtschaftlicher Forschungsbemühungen geworden. Die Organisation/Umwelt-Perspektive hat sich als eines der erfolgreichsten neueren Paradigmen in der Organisationsforschung erwiesen (Marr 1993).

Nachfolgendes Kapitel thematisiert das vielgestaltige und facettenreiche Verhältnis von Organisation und Umwelt in seinen gestalterischen Konsequenzen. Es geht dabei von dem diese Problemformulierung leitenden systemtheoretischen Denkansatz aus und widmet sich zunächst der genaueren Fassung des Begriffs der organisatorischen Umwelt. Der Hauptteil setzt sich dann mit den verschiedenen Ansätzen auseinander, die das Organisation/Umwelt-Verhältnis als Gestaltungsproblem bearbeiten. Bei der Frage, wie dieses Verhältnis zu konzipieren und organisatorisch zu gestalten ist, stehen sich zwei Perspektiven gegenüber. Im einen Fall wird die Umwelt als Determinante begriffen, die Anpassung erfordert, im anderen Fall wird von einer wechselseitigen Einflussnahme ausgegangen.

4.1 Zur Grenzziehung zwischen Organisation und Umwelt

Wer von der Umwelt einer Organisation redet, hat schon eine konzeptionelle Festlegung getroffen, nämlich, dass es eine Grenze zwischen Organisation und Umwelt, d.h. eine Differenz zwischen Innen und Außen, gibt. Mit anderen Worten, wer so redet, muss auch angeben können, was zur Organisation gehört und was nicht dazu gehört. Die Frage nach der Grenze ist schwerer zu beantworten als es auf den ersten Blick erscheint. Mit einem einfachen Alltagsverständnis kann jedenfalls keine Grundlage für ein so bedeutsames Problem geschaffen werden.

Anfängliche Versuche liefen darauf hinaus, die Abgrenzung in einem empirisch-physischen Sinne in Analogie zur Biologie zu leisten (u.a. Stefanic-Allmayer 1950). Dieser Vorschlag musste jedoch in die Irre führen; Organisationen haben keine natürlichen Grenzen, die in irgendeiner Weise ontologisch gegeben wären, wie die Borke eines Baumes oder das Fell einer Katze. In diesen Fällen kann schnell entschieden werden, was zum Baum oder zur Katze gehört und was nicht. Organisationen sind soziale Systeme und man hat es hier deshalb auch mit Grenzen ganz anderen Charakters zu tun. Organisationale Grenzen sind durch Handeln hergestellte und aufrechterhaltene Grenzen, sie sind keine objektive Gegebenheit in einem ontologischen Sinne, sondern nur als historische soziale Konstruktion verstehbar.

Ein zweiter Ansatz versucht, organisatorische Grenzen an *Personen* festzumachen, die (nicht) zum System gehören. Hier werden vorrangig arbeitsrechtliche oder gesellschaftsrechtliche Kriterien bemüht, wie z.B. die Existenz eines Arbeitsvertrages oder Gesellschaftervertrages. Organisationstheoretisch stellt sich dann allerdings die Frage, ob dieser Schnitt ein geeignetes Studium des Organisationsprozesses erlaubt. So fragt sich z.B., wie man mit den vielen Selbstständigen, die auf Werkvertragsbasis arbeiten, umzugehen hat oder ob eine Kleinaktionärin tatsächlich als Unternehmensmitglied betrachtet werden soll.

Diese Problematik greifen March/Simon (1958) und Cyert/March (1963) früh auf und empfehlen, an Stelle einer juristischer Definition eine funktionale Bestimmung zu setzen und die Grenze dort zu ziehen, wo Beiträge für die Organisation geleistet und dafür im Gegenzug Anreizleistungen in Empfang genommen werden. Die Organisation umgrenzt dann alle die Personen und Organisationen (Lieferanten, Aktionäre, Abnehmer, Gläubiger usw.), die in einem Anreiz/Beitrags-Verhältnis mit ihr stehen und damit einen Beitrag zur Aufrechterhaltung des Systembestands leisten. Mit dieser Grenzbestimmung sind jedoch zwei grundlegende Probleme verbunden.

Zum einen werden die Grenzen einer Organisation extrem weit gezogen, so dass die Analyse solcher Gebilde und das Studium ihrer Prozesse kaum mehr möglich werden. Sollen z.B. wirklich sämtliche Lieferanten und Abnehmer der Siemens AG als Mitglieder des Systems betrachtet werden? Die Grenzen drohen zu verfließen; das, was sie abgrenzen sollen, verschwimmt ins Unbestimmte.

Ein *zweiter Punkt* betrifft ganz allgemein die *Inklusion*. In welchem Umfang gehören Personen (oder Institutionen) zu einem System? Wenn die Grenzdefinition auf Personenebene geleistet wird, kommt es zu unauflöslichen Widersprüchen, denn Personen gehören niemals ausschließlich zu einem einzigen System. Die Managerin eines Energiekonzerns ist zugleich Mitglied des Alpenvereins, ein Chemiefacharbeiter der Bayer AG ist zugleich Mitglied der IG Bergbau, Chemie und Energie usw. Kann man solche Systeme noch unterscheiden, wenn sie aufgrund ihrer Mitglieder (teilweise) dieselbe Grenze haben? Und wie sind dann die unter Umständen ganz unterschiedlichen Ziele und Dynamiken dieser Systeme studierbar und begreifbar? Ferner, wie soll man es verstehen, dass Personen Teil des Systems (Bayer AG) und zugleich Teil der Umwelt (IG Bergbau, Chemie und Energie) sind? (Pfeffer/Salancik 1978, S. 30 f.; Luhmann 1995, S. 25).

Der letztgenannte Punkt verweist darauf, dass es sehr viel zweckmäßiger ist, Organisationen und damit auch Organisationsgrenzen nicht aus konkreten Personen bestehend zu denken, sondern aus *Handlungen*. Folglich muss für die Grenzbestimmung am Handlungsbegriff und nicht an der Person (oder der Mitgliedsinstitution) angesetzt werden. Für eine handlungsbezogene Grenzbestimmung liegen verschiedene Vorschläge vor:

Pfeffer/Salancik (1978, S. 31 f.) bestimmen z.B. die Organisationsgrenze dort, wo der Einfluss der Organisation auf das Verhalten bzw. auf die Bestimmung von Handlungen endet und ein anderer Einflusskreis beginnt. Eine Organisation hat die Möglichkeit, in einem definierten Feld Handlungen anzuregen, aufrechtzuerhalten und zu beenden. Die Grenze der Organisation reicht demnach genau so weit, wie dieser Einfluss reicht. Hier fragt es sich allerdings, ob man einen organisatorischen Einfluss (und um einen solchen soll es sich ja handeln, und nicht um einen personalen) *vor* der Grenzziehung denken kann. Muss man, anders ausgedrückt, nicht erst an eine Organisation und demzufolge an Grenzen denken, *bevor* man über Einflussprozesse in ihr und außerhalb von ihr Aussagen machen kann?

Luhmann knüpft in seinem frühen Werk (1995, zuerst 1964) bei der Grenzdefinition ebenfalls an Handlungen an, oder genauer gesagt an *Verhaltenserwartungen*. Nicht die Zusammenfassung verschiedener, kompletter Handlungen „unter einem Dach" definiert ein System und seine Grenzen, sondern die Ausbildung eines Kranzes von Erwartungen. Erwartungen werden als Relevanz- bzw. Irrelevanzregeln verstanden, d.h. sie zeichnen im Vorhinein bestimmte Handlungen als relevant und andere als irrelevant aus. Die Erwartbarkeit spezifischer Handlungen gibt hier die Grenzdefinition, d.h. ein System in Raum und Zeit ist daran zu erkennen und von anderen zu unterscheiden, dass es ganz bestimmte Handlungen erwartet. Systeme, die auf einen längeren Bestand abzielen, generalisieren bestimmte Erwartungen und überlassen die Anerkennung dieser nicht dem Zufall, sondern machen sie zur Mitgliedschaftsbedingung. Eine Organisation grenzt sich dann nicht nur dadurch ab, dass sie distinkte Erwartungsmuster aufbaut, sondern dass sie die Entsprechung im Handeln zur Voraussetzung erklärt und ein Abweichen davon sanktioniert.

Diese Grenzdefinition bewegt sich eng an der Logik des juristischen Arbeitsvertrages. Offen bleibt dabei – ähnlich wie bei Pfeffer/Salancik – die Motivlage für den Aufbau einer Erwartungsstruktur und insbesondere die Frage, inwieweit es logisch zulässig ist, die Grenzbildung als Folge und nicht als Voraussetzung der Erwartungsbildung zu denken.

In seiner neueren Theorie der selbstreferentiellen Systeme gibt Luhmann (1973; 1982) interessante Antworten auf diese offen gebliebenen Fragen. Systeme konstituieren sich danach in einer komplexen Welt, indem sie eine Differenz herstellen zwischen sich und der Umwelt. Diese Differenz lässt sich formal als *Komplexitätsgefälle* beschreiben. Handlungssysteme als soziale Systeme haben deshalb keine extern bestimmten Grenzen, sie schaffen ihre Grenzen *selbstreferentiell* durch eigene Handlungen, durch Sinnverarbeitung und Kommunikation. Grenzen schaffen heißt demnach, eine Differenz herstellen, indem das Innenverhältnis ein anderes, weniger komplexes wird als das

Außenverhältnis. Durch Reduktion von Komplexität wird dann im Innenverhältnis eine besser überschaubare Situation geschaffen, die gezieltes Handeln letztlich erst möglich macht. Die Systemleistung, der Nutzen der Systembildung, ist somit die Reduktion und nicht die Abbildung von Umweltkomplexität. Eine 100%ige Punkt-für-Punkt-Entsprechung zwischen System und Umwelt wird damit ausgeschlossen; sie käme einer Auflösung der Systemgrenzen gleich.

Zwischen der Organisation und ihrer Umwelt besteht folglich immer ein Komplexitätsgefälle, die Grenze ist die *Differenz*. Grenzen beruhen also auf Erwartungen, bestimmte Unterscheidungen zu vollziehen. Mit der Grenzziehung, also der Herstellung des Komplexitätsgefälles, konstituieren Systeme gewissermaßen zugleich ihre spezielle Umwelt. Je nachdem, wie die Abgrenzung erfolgt, variiert auch die jeweilige Systemumwelt. Jedes System gehört selbst wieder zur Umwelt der anderen Systeme, insofern hat es auch jedes System mit einer anderen Umwelt zu tun.

Operativ gesehen, bedeutet Differenzbildung in erster Linie *Selektion*, d.h. die Organisation nimmt nur bestimmte Aspekte aus der Umwelt wahr, beschäftigt sich nur mit bestimmten Fragestellungen, lässt in ihren Erwartungen nur bestimmte Perspektiven zu. Weick (2000) bezeichnet diesen Herstellungsprozess treffend als „sense making", d.h. in die verwirrende Vielfalt der Informationen und Deutungsmöglichkeiten wird eine Definition der „Realität" hineingelegt. Dabei kann der Grad der Selektivität durchaus variieren. Hohe Selektivität erlaubt ein stringenteres Handlungskonzept, bringt aber auch mehr Risiko. Es gilt ja immer zu beachten, dass die mehr oder weniger pauschale Ignorierung der restlichen Umwelt keineswegs impliziert, dass dieser Bereich tatsächlich irrelevant bliebe. Die gewählte Situationsdefinition muss sich bewähren, ausgeblendete oder falsch eingeschätzte Beziehungen machen sich später unter Umständen als bestandsgefährdende Probleme oder Krisen aufdringlich bemerkbar. Die Umwelt bleibt daher schon deshalb jederzeit eine potenzielle Quelle der Bedrohung.

Ferner ergeben sich zwischen den Systemen der Umwelt (Wettbewerber, Politik usw.) immer wieder neue Anschlüsse mit unerwarteten Folgen für die fokale Organisation, die potenziell die einmal gefundenen Systemgrenzen obsolet werden lassen. Problematisch können die entwickelten Handlungsmuster aber auch deshalb werden, weil die Umwelt auf die Grenzziehung und die sie konstituierenden Lösungsmuster direkt reagiert, d.h. sie angreift, imitiert, negiert usw. Die *Grenzerhaltung* (Differenzstabilisierung) gerät so zu einem *permanenten Problem*, es lässt sich nicht definitiv lösen.

Es bleibt somit festzuhalten: Systeme konstituieren und erhalten sich durch Erzeugung und Bewahrung einer Grenze (einer Differenz) zur Umwelt in Form von Handlungskonzepten (Geschäftsmodell, Zielgruppendefinition usw.), aus denen schließlich generalisierte Verhaltenserwartungen fließen. Nachdem das System die Grenzziehung selbst erzeugt hat, kann es diese auch, zumindest im Prinzip, jederzeit wieder verändern oder abbauen. Bezogen auf die Organisation heißt dies dann, dass sie durch ihre je spezifische Grenzbildung festlegt, was für sie Umwelt ist, welche Segmente der Umwelt mehr und welche weniger bedeutsam sind, welche Verknüpfungen zwischen bestimmten Teilen der Umwelt Bedeutung haben usw. Dabei gilt es zu sehen, dass die Grenzbildung des Systems immer als Experiment anzusehen ist. Ob sich die Grenzziehung in der vorgenommenen Weise in Auseinandersetzung mit der Umwelt bewährt, muss sich erst zeigen; mit anderen Worten, Grenzen zu setzen, ist ein risikobehaftetes und bewährungsbedürftiges Unterfangen. Nicht jede Grenzziehung ist – wie aus den Insolvenzzahlen hinlänglich bekannt – dauerhaft aufrechtzuerhalten, Grenzen sind deshalb auch als fortlaufendes Optimierungsproblem für Organisationen zu definieren.

Vor diesem Hintergrund erscheint die Rede von der „grenzenlosen Unternehmung" paradox (vgl. Ashkenas et al. 2002; Picot et al. 2008). Ein System ohne Grenzen kann es ja nach Voraussetzung eigentlich nicht geben; die Rede von einer Unternehmung impliziert notwendig das Mitdenken einer Grenze. Mit der Auflösung der Grenze würde die Differenz aufgegeben und das System ginge in der Umwelt auf. Gemeint ist in diesen Beiträgen eher die Erhöhung der Durchlässigkeit der Unternehmensgrenzen im Sinne abgeschwächter Selektivität denn ihre Auflösung.

Folgt man der hier vorgetragenen Grenzbestimmung, ist Umwelt ein sehr weiter Begriff; Umwelt ist letztlich alles das, was nicht System (bzw. Organisation) ist. Dabei ist es wichtig zu erkennen, dass die Umwelt selbst kein System ist, ja logischerweise kein System sein kann. Die Umwelt einer Organisation ist „grenzenlos", sie in ihrer Totalität erfassen zu wollen, ist deshalb auch ein unmögliches Unterfangen. Dennoch muss das System, um handeln zu können, sich ein Bild von seiner Umwelt machen und die handlungsrelevanten Teile und Aspekte seiner Umwelt näher bestimmen (Daft/Weick 1984). Gerade zu Letztgenanntem hat die Organisationstheorie eine Reihe anspruchsvoller Konzepte entwickelt.

4.2 Elemente und Dimensionen der Umwelt

Zur genaueren Erkundung der Umwelt einer Organisation ist eine klassifizierende Beschreibung ihrer möglichen Komponenten und deren Beziehungen zueinander hilfreich. Zu diesem Zweck wurde eine große Zahl von Schemata entwickelt (vgl. die Übersichten bei Jurkovich 1974; Dess/Beard 1984; Milliken 1987; Buchko 1994). Grob gesprochen lassen sich zwei Gruppen unterscheiden, nämlich *formale* und *inhaltliche* Klassifikationskonzepte; wobei diese ihrerseits nach verschiedenen Ebenen differenziert werden. Dies sind in der Regel die Ebenen

1. der Gesamtumwelt (Umwelt von vielen Systemen, z.B. Branche),
2. der Umwelt, mit der die Organisation in direkter Interaktion steht und
3. der Umwelt einzelner Abteilungen.

4.2.1 Formale Dimensionen

Die Mehrzahl der Ansätze versucht, die unüberschaubare Umwelt einer Organisation mit Hilfe von *formalen Beschreibungsdimensionen* erfassbar und dem Handeln zugänglich zu machen, d.h. Umweltzustände werden anhand von dimensional verstandenen Merkmalen charakterisiert. In der Literatur wurde eine Vielzahl solcher Beschreibungsdimensionen entwickelt, am häufigsten finden die drei folgenden Hauptdimensionen Verwendung:

- Umweltkomplexität(-simplizität),
- Umweltdynamik(-stabilität),
- Umweltdruck(-liberalität).

Umweltkomplexität

Mit Komplexität wird hier zumeist das Ausmaß der *Vielgestaltigkeit* und der *Unübersichtlichkeit* der organisatorischen Umwelt bezeichnet. Die meisten Konzepte rekurrieren dabei auf die *Zahl der Elemente* und betrachten die Umwelt als umso komplexer, je mehr relevante Elemente in der organisatorischen Umwelt vorfindbar und je verschiedenartiger diese untereinander sind (z.B. Jurkovich 1974; Cannon/John 2007). Als solche Elemente der externen Umwelt werden z.B. Lieferanten, Kunden, Wettbewerber verstanden. Als Komplexitätsmaß bekannt geworden ist hier der „Simple-Complex-Index" (SCI) von Duncan (1972), der Umweltkomponenten (C) und innerhalb dieser Faktoren (F) unterscheidet (also etwa die Umweltkomponente „Wettbewerb" und die ihn konstituierenden Wettbewerber als Faktoren):

$$SCI = \sum_{i=1}^{n} F_i \cdot \sum_{j=1}^{m} C_j^2$$

Die Quadrierung von C soll das höhere Gewicht der Komponenten gegenüber den Faktoren unterstreichen. Der Komplexitätsgrad ergibt sich schließlich als Produkt aus den Summen über die Faktoren und Komponenten.

Eines der Hauptprobleme dieser und ähnlicher Komplexitätsmaße ist die Relevanzbestimmung, also die Frage danach, welche Komponenten und Faktoren einzubeziehen sind und welche nicht. Heute wird dieses Problem häufig durch Subjektivierung zu lösen versucht, in dem Sinne, dass die Komplexität der Umwelt auf die Komplexitätswahrnehmung eines historischen Individuums, einer Organisation oder einer Kulturgemeinschaft zurückgebunden wird (zu kulturspezifischen Umweltwahrnehmungen vgl. Schneider/de Meyer 1991). Die Variation von Umweltkomplexität würde dann primär durch Varianten individueller oder – bei Vorliegen kollektiver Deutungssysteme – organisationaler ggf. auch kultureller Wahrnehmungsmuster zu erklären sein (vgl. dazu Boisot/Child 1999). Die entsprechenden Wahrnehmungen der Umweltsituation wären zu differenzieren nach den je spezifischen Kognitionsstilen, dem Erfahrungshintergrund der Perzeptoren (z.B. Berufsanfängerin versus Routinier), den sozialen Erwartungen usw. (Downey/Slocum 1975). Als Folge davon wäre die Rede von der Komplexität einer Systemumwelt nicht mehr möglich, man könnte nur noch von der Komplexitätswahrnehmung von Systemmitgliedern oder Systemen/Kulturgemeinschaften sprechen.

Diese systematische Subjektivierung der Umweltperspektive sollte nicht verwechselt werden mit Ansätzen, die versuchen, die Komplexität der Umwelt im Sinne eines objektiven Merkmals mit Hilfe von Befragungen etwa auf der Grundlage von Einschätzskalen zu messen (Moldoveanu/Bauer 2004). Die subjektiven Einschätzungen sind hier dann eine bloße Frage der validen Messung oder der Präzision der Wahrnehmung (McCabe 1990), aber kein Grundsatzproblem.

Einen ganz anderen Ansatz zur Bestimmung der Umweltkomplexität schlagen Lawrence/Lorsch (1967) vor. Sie verwenden ein relatives Maß und beziehen dabei zwei Ebenen, die Organisations- und die Abteilungsebene ein. Die Komplexität (dort: Heterogenität) der Umwelt bestimmt sich hier aus der Verschiedenartigkeit der Teilumwelten, die den einzelnen organisatorischen Subsystemen/Abteilungen gegenüberstehen. Je unähnlicher sich die einzelnen Teilumwelten, z.B. der einzelnen Werke, des Vertriebs oder der Beschaffung, sind, umso komplexer stellt sich die Organisationsumwelt insgesamt dar (siehe hierzu genauer unten, Abschnitt 4.3.1).

Alle diese Bestimmungsvorschläge interessieren sich für die Zahl und die Verschiedenartigkeit der Umweltkomponenten, sie behandeln diese aber als in sich geschlossene Einheiten, ihre Interaktion untereinander bleibt weitgehend unbeachtet. Gerade auf diesen Aspekt stellt aber zentral der Komplexitätsbegriff von Luhmann (1990, S. 366 ff.) ab. Er geht von den Begriffen Element und Relation aus, wobei Elemente als Potenziale gedacht werden, die in vielfacher Hinsicht anschlussfähig sind. Die Umwelt gilt dann als komplex, wenn es zwischen den Umweltelementen mehr *Anschlussmöglichkeiten* als realisierbare Anschlüsse gibt oder, anders ausgedrückt, wenn die Elemente nur noch selektiv verknüpfbar sind. In der Konsequenz bedeutet dies, dass es jederzeit zu immer wieder neuen Anschlüssen unter den Umweltelementen kommt, und zwar auf unvorhersehbare Weise. Das Anschlussgeschehen wird für die Organisation unüberschaubar. Die Umweltkomplexität ist aus dieser Perspektive für Systeme vor allem deshalb ein Problem, weil sie unweigerlich mit einem Selektionszwang verbunden ist. Die Organisation strukturiert sich die Umwelt, indem sie für sich in die unüberschaubare Fülle von Anschlussmöglichkeiten der Elemente untereinander eine *Ordnung* legt. Dies ist – wie schon betont – eine freilich stets gefährdete Ordnung, denn die erwarteten Verknüpfungen können jederzeit durch neue überraschende Anschlüsse ersetzt werden. Welches Ordnungsmuster zu Orientierungszwecken von den Systemmitgliedern verwendet wird, ergibt sich aus der Systembildung, also aus der gewählten Differenz von System und Umwelt. Der Umfang der Komplexität bestimmt sich nach der Zahl der Elemente, ihrem Anschlusspotenzial und der zwischen ihnen realisierbaren Anschlüsse, wobei dies keine wirkliche Messvorschrift ist, denn die Anschlussmöglichkeiten sind nicht exakt bestimmbar.

Den Vorschlag, die *Organisiertheit* der Umwelt-Komponenten als (komplexitätsreduzierendes) Merkmal mit zu berücksichtigen (Jurkovich 1974), kann man im Lichte des vorgenannten Konzeptes so verstehen, dass formale Organisationen und die ihnen eigene Verhaltensstandardisierung ihre Anschlussfähigkeit begrenzen und so die Zahl der „Anschlussmöglichkeiten" der Umweltelemente untereinander drastisch beschneiden. Komplexität und Organisiertheit der Umwelt stehen demnach (ceteris paribus) in einem inversen Verhältnis zueinander.

Umweltdynamik

Mit der zweiten Dimension, die manchmal ergänzend, manchmal aber auch alternativ zur ersten verwendet wird, rückt die *Veränderung* der Umwelt im Zeitablauf in den Vordergrund (bahnbrechend die Studie von Burns/Stalker 1961). Von einer *stabilen Umwelt* wird in der Regel dann gesprochen, wenn die kritischen Elemente weitgehend konstant bleiben als auch ihre Reaktionsweisen und Anschlüsse untereinander bekannt und damit vorhersagbar sind. *Dynamische (turbulente) Umwelten* sollen dagegen Situationen kennzeichnen mit veränderlichen Elementen und schwer vorhersagbaren Bewegungsrichtungen. Child (1972) präzisiert das Ausmaß der Umweltdynamik durch folgende drei Subdimensionen:

a) Häufigkeit von Veränderungen der einzelnen Umweltelemente (Stabilität der Elemente),

b) Ausmaß der jeweiligen Veränderungen (Intensität) und

c) Regelhaftigkeit der Veränderungsprozesse (Vorhersehbarkeit).

Nachdem Zahl und Umfang der Veränderungen nicht zwangsläufig mit der Prognostizierbarkeit von Veränderungen einhergehen, wird meist vorgeschlagen (Jurkovich 1974; Miles et al. 1974), diese beiden als voneinander unabhängige Dimensionen zu begreifen. Prigogine/Stengers (1984) weisen darauf hin, dass sich die Umwelt wegen ihrer Unüberschaubarkeit häufig für den Beobachter auf zufällige Weise ändert und damit schwer vorhersehbar wird (vgl. auch Siggelkow/Rivkin 2005). Ähnlich verweisen die systemtheoretischen Konzepte – wie oben dargelegt – auf die *Anschlüsse* der Elemente untereinander und die (mangelnde) Prognostizierbarkeit zukünftiger Anschlussmuster. Veränderungen können demnach aus neuartigen Verknüpfungen und überraschenden Anschlussreaktionen entstehen. Aus dieser Perspektive setzen sich in der Umwelt unter Umständen verselbständigte, autochthone Prozesse in Gang mit der Folge, dass immer weniger lokalisierbar wird, wann und wo Veränderungen entstehen; die Umwelt wird *„turbulent"* (Emery/Trist 1965; Aldrich 1979).

Eine Reihe von Autoren (z.B. Terreberry 1968; Huber 1984) geht davon aus, dass im Zuge der industriellen Entwicklung das Anschlusspotenzial der Umweltelemente (also die Binnenkomplexität der Systeme) als auch die Intensität der Interaktion zwischen diesen (z.B. zwischen Wirtschaft und Politik) beständig wächst; dadurch komme es zwangsläufig zu ständig neuen, unerwarteten Querverbindungen mit der Folge, dass die Umwelt immer turbulenter werde. Drucker (1980) spricht in diesem Zusammenhang vom „Zeitalter der Diskontinuität", McCann/Selsky (1984) reklamieren sogar eine Situation der „Hyperturbulenz" und D'Aveni (1994) diagnostiziert bezogen auf die immer rascher wechselnden Wettbewerbskonstellationen einen klaren Trend zum „Hyperwettbewerb". Allen diesen zuletzt genannten Ansätzen ist gemeinsam, dass sie Umwelt zunehmend als Feld interorganisationaler Beziehungen begreifen und keine abstrakten Bestimmungen, wie etwa Kenntnis von Kausalbezügen oder Unsicherheit der Information, mehr anstreben. Es besteht eine klare Tendenz zu stärker inhaltlichen Definitionen, die unten darzustellen sind.

Bisweilen wird „Umweltdynamik" mit „Unsicherheit" gleichgestellt. Nachdem der Begriff der (Un-) Sicherheit für gewöhnlich zur Kennzeichnung des Informationsstandes von Entscheidungsträgern verwendet wird, ist hiermit zugleich ein weiterer grundlegender Sachverhalt angesprochen, nämlich die Unterscheidung zwischen einer *subjektiven* und einer *objektiven* Sichtweise. Es stellt sich damit wiederum wie schon bei der Komplexität die grundsätzliche Frage, ob die Umweltdynamik aus der Perspektive eines außenstehenden Beobachters und in dem Sinne objektiv, oder ob sie aus der Perspektive einer speziellen Organisation und ihrer Entscheidungsträger, also subjektiv, gefasst werden soll. Befürworter des subjektiven Ansatzes machen geltend, dass Umweltelemente nur dort Bedeutung erlangen können, wo sie von Entscheidungsträgern als solche perzipiert worden sind (Duncan 1972; Downey/Slocum 1975; Weick 1995). Umwelt-Unsicherheit wird dann zumeist verstanden als subjektiv erlebter unzureichender Informationsstand der Entscheidungsträgerin, und zwar über Zahl und Art der Umweltelemente (Systeme, Ereignisse usw.) sowie ihre Wirkungsweisen.

Milliken (1987) unterscheidet präzisierend *drei Unsicherheitsdimensionen:*

1. mangelnde Kenntnis zukünftiger Ereignisse und Entwicklungen in der Umwelt;
2. mangelnde Kenntnis der Auswirkungen, die Umweltereignisse und Veränderungen in der Umwelt auf die einzelne Unternehmung haben, und
3. mangelnde Kenntnis adäquater Maßnahmen zur Bewältigung von Umweltereignissen und -veränderungen, insbesondere fehlendes Wissen über die Wirkung möglicher Maßnahmen.

Dabei ist es wichtig zu sehen, dass perzipierte Umweltunsicherheit nicht automatisch Aktivitäten auslöst, zusätzliche Informationen zu gewinnen; dies ist Untersuchungen zufolge nur dann der Fall, wenn der Sektor, über den die Unsicherheit besteht, als *wichtig* wahrgenommen wird (Daft et al. 1988; Elenkov 1997).

Der subjektive Ansatz macht auf den Prozess aufmerksam, den Organisationen zur Gewinnung eines Verständnisses der Umwelt benötigen. Dieser oftmals mehrstufige Prozess der *„Sinnstiftung"* (Weick 1995) dient der Entwicklung einer „Landkarte" der Umwelt, mit der sich Organisationen selbst den Weg weisen (Stinchcombe 1990, S. 4 f.). Um den Herstellungscharakter zu betonen, wird in der Organisationstheorie hier häufig von *„enactment"* gesprochen, die Festlegung dessen, was Umwelt sein soll (Weick 1969; Abolafia/Kilduff 1988). Eine radikale Subjektivierung in dem Sinne, dass

Umwelt nur noch als Perzeption von Organisationsmitgliedern denkbar wird, muss allerdings – wie oben bereits betont – objektive Überraschungen methodisch ausschließen.

Eine systematische Zwischenposition erlaubt hier die moderne Systemtheorie, die – wie schon mehrfach erwähnt – Grenzbildung mit der Herstellung eines selbstreferentiellen Orientierungsmusters verknüpft und zugleich den notwendig selektiven Charakter dieses Orientierungsmusters betont. Die Selektion wird als riskant beschrieben, und man verweist damit auf ausgeblendete und ignorierte Umweltereignisse, in denen sich nicht erwartete Verknüpfungen als Überraschung bemerkbar machen. Durch das Moment der Selektivität wird die Ebene bloßer Subjektivität überwunden; diese Perspektive unterläuft gewissermaßen die traditionelle Dichotomie Objektivität versus Subjektivität (Luhmann 1970, S. 26 f.).

Umweltdruck

Eng mit der Umweltdynamik verbunden, aber doch auf eine eigenständige Logik verweisend, ist schließlich eine dritte häufig verwendete Umweltdimension, der *Umweltdruck* oder die *Illiberalität* (z.B. Starbuck 1976; Aldrich 1979; DiMaggio/Powell 1983). Diese Dimension soll das Ausmaß des Anpassungsdrucks („coercive pressure") oder des Reaktionszwangs bezeichnen, dem die Organisation durch Kräfte der Umwelt ausgesetzt ist, oder – von der anderen Seite her gesehen – den Spielraum, den die Umwelt Organisationen gibt, etwa zur Entwicklung von Monopolrenten oder zum Aufbau von Puffern und Vorsorgemaßnahmen. Neben der Wettbewerbsintensität sind hier auch Aspekte wie die Knappheit von Ressourcen, Einstellungen der Umweltakteure, gesetzliche Regulierung usw. bedeutsam (Slack/Hinings 1994). Die Intensität des Umwelteinflusses lässt sich allerdings im Unterschied zu den beiden erstgenannten Dimensionen kaum unabhängig von der Situation der fokalen Organisation bestimmen. Ob sich ein bestimmtes Ereignis oder ein spezieller Faktor der Umwelt als unumgänglicher Druck geltend macht, hängt nicht zuletzt von der Konstitution der jeweiligen Organisation ab (was sich für eine Kleinunternehmung als extremer Druck darstellt, mag für einen Konzern eine leicht kompensierbare Störung oder sogar eine strategische Chance sein). Und ferner kommt es darauf an, wie die Differenz zur Umwelt bestimmt ist und inwieweit diese eine partielle Abkoppelung zulässt (man denke etwa an geschützte Nischenpositionen oder Diversifikationen in andere, weniger bedrängte Geschäftsfelder im In- und Ausland).

4.2.2 Inhaltliche Dimensionen

Die Probleme, die aus einer allzu abstrakten Fassung der Umweltdimensionen resultierten, haben die Tendenz gefördert, sich mehr mit den konkreten Umweltkräften auseinanderzusetzen. Nachdem eine Totalerfassung der Umwelt wegen ihrer prinzipiellen Unbegrenztheit unmöglich ist, stellt sich für den inhaltlichen Ansatz als erstes die Frage, welche Elemente und Ereignisse der Umwelt in Betracht gezogen werden sollen. Diese Frage wird für Unternehmen häufig mit einem Strukturierungsschema beantwortet, das die Umwelt in zwei Zonen unterteilt (vgl. Abbildung 4.1). Das ist zum einen die *Aufgabenumwelt*, welche die Elemente absteckt, mit denen die Organisation in direkter Interaktion steht und zum anderen die *globale (generelle) Umwelt*, die den weiteren Kreis der meist mittelbar relevanten Komponenten umreißen soll (Dill 1958; Thompson 1967; Steinmann/Schreyögg 2005).

Abbildung 4.1: *Relevanzbereiche der organisatorischen Umwelt*

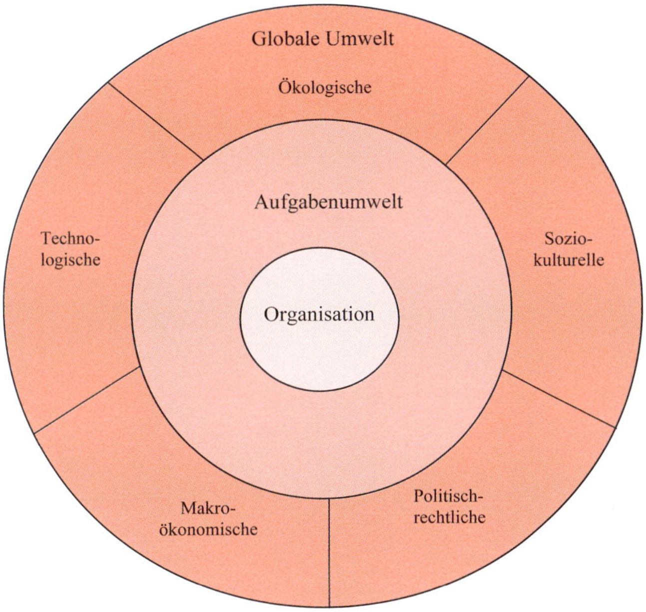

Die globale Umwelt

Mit der globalen Umwelt soll das Feld der allgemeinen, mehr indirekt auf eine Organisation einwirkenden Kräfte und Systeme bezeichnet werden. Zur Strukturierung dieses zwangsläufig sehr breiten und unüberschaubaren Einflussfeldes ist im Sinne einer standardisierten Vorselektion eine Reihe von *Faktorkatalogen* entwickelt worden (z.B. Farmer/Richman 1965; Hall 1972; Fahey/Narayanan 1986; Müller-Stewens/Lechner 2011). Mit solchen Katalogen soll nicht nur ein besseres Verständnis der globalen Umwelt erreicht, sondern handlungsbezogen auch das Beobachten und die Identifikation potenziell relevanter Einflussfaktoren erleichtert werden.

Vergleicht man die verschiedenen Kataloge, so sind es im Wesentlichen die folgenden fünf Teilfelder, die typischerweise unterschieden werden:

1. Technologische Umwelt
2. Politisch-rechtliche Umwelt
3. Sozio-kulturelle Umwelt
4. Ökologische Umwelt
5. Makroökonomische Umwelt.

1. Technologische Umwelt: Wie kaum ein zweiter Bereich ist die technologische Entwicklung für das Leben und Handeln in Organisationen von Bedeutung. Dabei zeigt sich häufig, dass Technologien ursprünglich gar nicht für die Felder entwickelt werden, in denen sie später ihre Hauptbedeutung entfalten (z.B. Rechner als Schreibsystem). Technologien durchlaufen ähnlich wie Produkte einen Lebenszyklus; die technologische Umwelt ist deshalb in fortwährender Veränderung begriffen (Pfeiffer et al. 1985). Die augenfälligsten Entwicklungen hat es ohne Zweifel im Bereich der Informations- und Kommunikationstechnologien gegeben. Wenn man sich nur einmal vor Augen hält, dass der Chip einer Grußkarte, die beim Öffnen „Happy Birthday" ertönen lässt, mehr elektronische Rechenleistung enthält als vor dem Jahre 1950 weltweit existierte, wird klar, welch turbulente Entwicklung diese Technologie genommen hat.

2. Politisch-rechtliche Umwelt: Der Staat und multinationale Staatengemeinschaften (z.B. Europäische Union oder NATO) stellen in vielfältiger Weise Einflussquellen der betrieblichen Umwelt dar. Meist wird der Einfluss in Form kodifizierter Regelungen geltend gemacht. Die Einflusssphäre reicht vom Steuerrecht, Haftpflichtregelungen über Rechtsformen und das Arbeitsrecht bis hin zu Verboten von Unternehmenszusammenschlüssen oder Überkreuzverflechtungen von Verwaltungsorganen zweier Kapitalgesellschaften. Zur politisch-rechtlichen Umwelt gehören aber auch grundsätzliche Faktoren wie Infrastrukturmaßnahmen, Eigentumspolitik oder Stadtentwicklungsplanung.

3. Sozio-kulturelle Umwelt: Im Unterschied zu den politisch-rechtlichen Entwicklungen, die in der Regel schon allein wegen der Kodifizierung in der Umwelt selbst eine weitgehende Präzisierung erfahren, fehlt es den sozio-kulturellen Entwicklungen meist an Prägnanz, d.h. sie sind selten eindeutig bestimmbar und bedürfen der Interpretation. Das ändert nichts daran, dass sie für das Handlungsgerüst einer Organisation von nachhaltiger Bedeutung sind; ihre Nichtbeachtung oder Fehleinschätzung war in der Vergangenheit häufig die Haupt-Ursache ineffizienter oder nicht mehr funktionstüchtiger Selektionsmuster (man denke an die jahrelange Fehleinschätzung der Relevanz des „grünen" Wertewandels durch die Chemieindustrie). Von besonderer Relevanz für das Verstehen der sozio-kulturellen Umwelt sind Ausprägung und Entwicklung demographischer Merkmale und vorherrschender Wertmuster (Meulemann 1996), und zwar sowohl in nationaler wie auch in internationaler Sicht (zu beispielhaften Analysen vgl. Fahey/Narayanan 1986; Macharzina et al. 1993). Zahlreiche gesellschaftliche Entwicklungen („post-industrielle Gesellschaft“, Emanzipation der Frau usw.) haben in den letzten Jahrzehnten die Rahmenbedingungen für das Handeln in Organisationen immer wieder neu geprägt. Zum sozio-kulturellen Bereich gehört auch das Bildungssystem, das aus der Sicht der Organisation die Basis- und Schlüsselqualifikationen für einen effektiven Leistungsprozess vermittelt.

4. Ökologische Umwelt: Im Fortlauf der industriellen Entwicklung ist die Beeinträchtigung der Natur und die Erschöpfung der natürlichen Ressourcen zu einem immer kritischeren Faktor für das organisatorische Handlungsgerüst geworden, wobei die – hier interessierenden – Leistungsorganisationen in mindestens zweifacher Hinsicht involviert sind. Zum einen stellen die natürlichen Ressourcen Inputfaktoren für den Leistungsprozess dar und sind deshalb in ihrer Entwicklung von großer Bedeutung (z.B. Wasserqualität für Brauereien). Zum anderen werden die Auswirkungen organisatorischer Entscheidungen auf die Entwicklung der Umwelt immer genauer beobachtet und die Reaktionen der Umwelt darauf (neue Gesetzgebung, Berichterstattung in der Presse usw.) entwickeln sich häufig zu einer zentralen Größe im Verhältnis von Umwelt und Organisation. Wie schnell dieses Organisations-Umwelt-Verhältnis brisant werden kann, lässt sich an der kritischen CO_2-Debatte in der Automobilindustrie erkennen.

5. Makroökonomische Umwelt: Neben der Wettbewerbsumwelt sind auch die weiteren ökonomischen Rahmenbedingungen von großem Einfluss auf die Entscheidungen in Organisationen. Der Bereich hier potenziell relevanter Einflussfaktoren ist äußerst breit. Er umfasst vielfältige gesamtwirtschaftliche (aber auch weltwirtschaftliche) Größen und ihre Entwicklung, wie z.B. Wirtschaftswachstum, Handelsbeziehungen, Staatsverschuldung, Wechselkurse. Betroffen sind nicht nur die nach dem Erwerbswirtschaftsprinzip operierenden Organisationen. Dies wird deutlich, wenn man sich vor Augen führt, dass heutzutage z.B. viele öffentliche Anstalten in weitaus stärkerem Maße als früher (makro-)ökonomischen Imperativen ausgesetzt sind (z.B. Krankenhäuser nach den Umstrukturierungen im Gesundheitssystem oder kommunale Regiebetriebe). Für Unternehmen wirkt des Weiteren die zunehmende *internationale Verflechtung* und *Globalisierung der Märkte* komplexitätsverstärkend und macht es immer schwieriger, Einzelursachen und ihre Wirkungen eindeutig zu erfassen (stellvertretend für die Globalisierungsliteratur Dicken 2007).

Insgesamt gilt, dass die gezeigte Segmentierung der globalen Umwelt nur eine analytische Hilfskonstruktion zu einer groben Selektion potenziell relevanter Bewegungskräfte darstellt; im Einzelfall mögen ganz andere Komponenten eine Rolle spielen. Auch ist die Abgrenzung zwischen den Komponenten nicht so klar zu ziehen; de facto überlappen sich die Segmente nicht nur, sondern beeinflussen sich gegenseitig in hohem Maße. Mit der *Cross-Impact-Analyse* wurde ein Instrument geschaffen, mit dem die Interdependenz-Effekte aufgedeckt werden sollen (Asan et al. 2004; Bañuls/Turoff 2011). Insgesamt versucht man, die Vielzahl der Faktoren und Interaktionen häufig in zusammenfassenden Szenarien zu verdichten (Reibnitz 1982; Neuhaus 2006).

Das Problem aller Faktorkataloge zur globalen Umwelt ist nun allerdings, dass sie durch ihre breite Anlage kaum mehr ausschließenden Charakter haben. Überspitzt könnte man auch sagen, sie erklären schlicht alles für (potenziell) bedeutsam, was außerhalb der Organisation liegt. Die Frage der Selektion bleibt ungeklärt; dies ist freilich kein zufälliger Mangel bisheriger Ansätze, sondern ein *systematisches* Problem. Selektion kann nicht in das Blaue hinein erfolgen, die Entwicklung einer bewährungsfesten Selektion setzt ein Sinnmuster voraus. Die Kataloge der globalen Umwelt ignorieren im Prinzip das Faktum der Grenzziehung von Systemen. Umwelt, auch eine globale Umwelt, lässt sich nur relativ zu einer vorhandenen oder gedachten Grenze bestimmen. Solange die globalen Umweltfaktoren ohne Systembezug gedacht werden, müssen sie ins Unbestimmte verschwimmen.

Die Aufgabenumwelt

In der Unternehmensumwelt wird meist ein zweiter engerer Kreis von Faktoren eingegrenzt, der in *direktem Bezug* zur Bewältigung der Aufgabe steht (vgl. Abbildung 4.1). Aus diesem Grunde wird von „Aufgabenumwelt" gesprochen (zuerst Dill 1958). Der „direkte Bezug" als Abgrenzungskriterium wird häufig noch einmal differenziert nach (a) solchen Elementen der Umwelt, die in einem Kooperationsbezug mit der fokalen Organisation und (b) solchen, die mit der fokalen Organisation in Konkurrenz um Ressourcen stehen (Starbuck 1976).

Abbildung 4.2: *Die Aufgabenumwelt als Wettbewerbsumwelt*

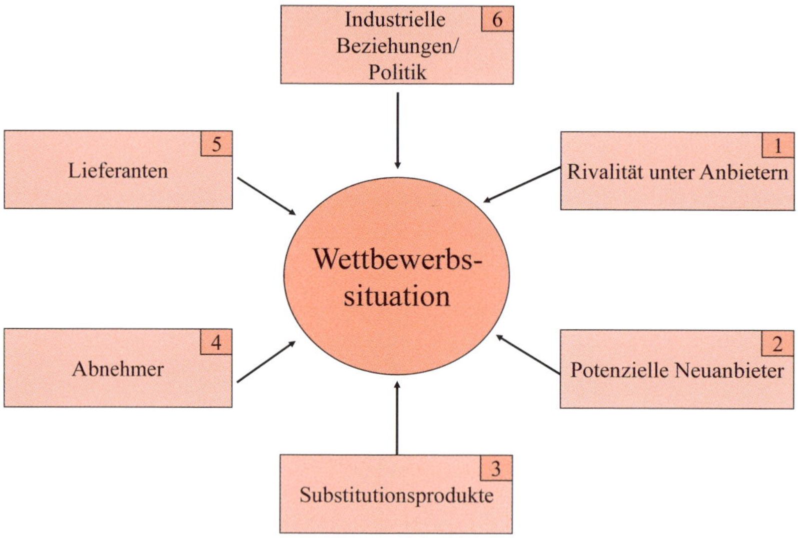

Quelle: in Anlehnung an Porter (1984)

Für Unternehmungen wird die Aufgabenumwelt in der Regel als Wettbewerbsumwelt verstanden, und dabei bezogen auf die jeweilige(n) Domäne(n) (Geschäftsfelder, Märkte etc.). Damit sollen alle jene Faktoren bezeichnet werden, die die Wettbewerbssituation in einem Geschäftsfeld bestimmen. Neben der im Kartellrecht gebräuchlichen Bestimmung des „relevanten Marktes“ und der „Marktbeherrschung“ (Hoppmann 1974; Wurmnest 2012) sind hier vor allem Konzepte aus der strategischen Unternehmensführung prägend geworden. So werden heute häufig im Anschluss an Porter (1984) die in Abbildung 4.2 aufgezeigten Faktoren als Bestimmungskräfte der Wettbewerbsumwelt angesehen. Die zwei Faktorklassen nach Starbuck (s.o.) sind hier gemischt.

Die sechs Wettbewerbskräfte seien kurz erläutert:

1. Rivalität unter Anbietern: Zu den offenkundig relevanten Umweltkräften zählen die Wettbewerber und das Ausmaß an Rivalität, das sich unter den Wettbewerbern entwickelt. Ein hohes Maß an Rivalität (Tendenz zum „ruinösen Wettbewerb“) besteht besonders dort, wo Märkte die Sättigungsgrenze erreicht haben und ein Marktaustritt für die Wettbewerber schwer zu bewerkstelligen ist.

2. Potenzielle Neuanbieter: Hier sind die sog. Markteintrittsbarrieren angesprochen. Darunter werden alle die Kräfte verstanden, die potenzielle Neuanbieter davon abhalten, in einem Geschäftsfeld aktiv zu werden, oder sie – bei Eintritt – zumindest in eine nachteilige Position versetzen würden. Die Veränderungsrate und der Umwelt-(Wettbewerbs-)druck in einem Geschäftsfeld hängen in entscheidendem Maße davon ab, in welchem Umfang die etablierten Anbieter durch Eintrittssperren vor Neuanbietern geschützt sind.

3. Substitutionsprodukte: Existenz und Ausmaß der Verfügbarkeit von Substitutionsprodukten (-leistungen) sind als weitere bedeutsame Wettbewerbskraft, wenn auch mehr indirekter Art, anzusehen. Substitutionspotenziale relativieren die Marktstrukturen; selbst monopolistische Marktstrukturen können durch Substitutionsprodukte aus anderen Märkten einen starken Preis- oder Veränderungsdruck erfahren.

4. Abnehmer: Die Abnehmer stellen nicht nur mit ihren Vorstellungen und ihrem faktischen Kaufverhalten eine zentrale externe Einflussgröße dar, sondern auch mit der Stärke, mit der sie ihre Position vertreten können. Die Stärke des Einflusses der Abnehmer bestimmt sich u.a. nach dem Konzentrationsgrad der Abnehmer, ihrem Informationsstand oder dem Ausmaß der Produktstandardisierung.

5. Lieferanten: Sie versorgen die Unternehmung mit den für den Leistungsprozess notwendigen Ressourcen. Je knapper diese Ressourcen, je geringer die Zahl der Anbieter und je weniger Substitutionsmöglichkeiten bestehen, umso höher ist die Macht der Lieferanten und damit auch ihr Einfluss auf das Unternehmensgeschehen.

6. Industrielle Beziehungen und Industriepolitik: Der Staat nimmt in vielfacher Weise Einfluss auf die Wettbewerbssituation, in manchen Fällen (z.B. Marktregulierung, Subventionen) greift er direkt gestaltend in ein Geschäftsfeld ein. Die industriellen Beziehungen, als zweiter Faktor, definieren die Rahmenbedingungen für die unternehmensinterne Regelung der Konflikte zwischen Arbeitgebern und Arbeitnehmern.

Interessengruppen als Umwelt

Einen ganz anderen Schnitt als die Unterscheidung in globale und Aufgaben-Umwelt legt der Interessengruppen(Stakeholder)-Ansatz (u.a. Cyert/March 1963; Freeman 1984; Poeschl 2013). Als „Interessengruppen" werden dabei externe Gruppierungen angesehen, die Ansprüche an die fokale Organisation richten und (potenziell) Einfluss ausüben können. Abbildung 4.3 zeigt beispielhaft, welche Gruppierungen in dieser Sicht als Komponenten der Umwelt in Frage kommen. Dabei gilt es zu betonen, dass das Einflussgeschehen, das die einzelnen Gruppierungen repräsentiert, nicht nur im Hinblick auf die fokale Organisation, sondern auch *zwischen* den Gruppierungen sehr konfliktär sein kann (z.B. Kapitaleigner versus Umweltschutzgruppen). Für eine Organisation und ihre Entscheidungsträger impliziert dieser Umstand die Notwendigkeit einer dauerhaften Auseinandersetzung mit den unterschiedlichsten Ansprüchen und nicht selten den ausbalancierten Umgang mit konträren Interessenslagen. Organisationen befinden sich in dieser Hinsicht – dies verdeutlicht auch die Abbildung 4.3 – in einem überaus facettenreichen Spannungsfeld (vgl. als Beispiel Fokus 4.1).

Abbildung 4.3: *Interessengruppen als Umweltfaktoren*

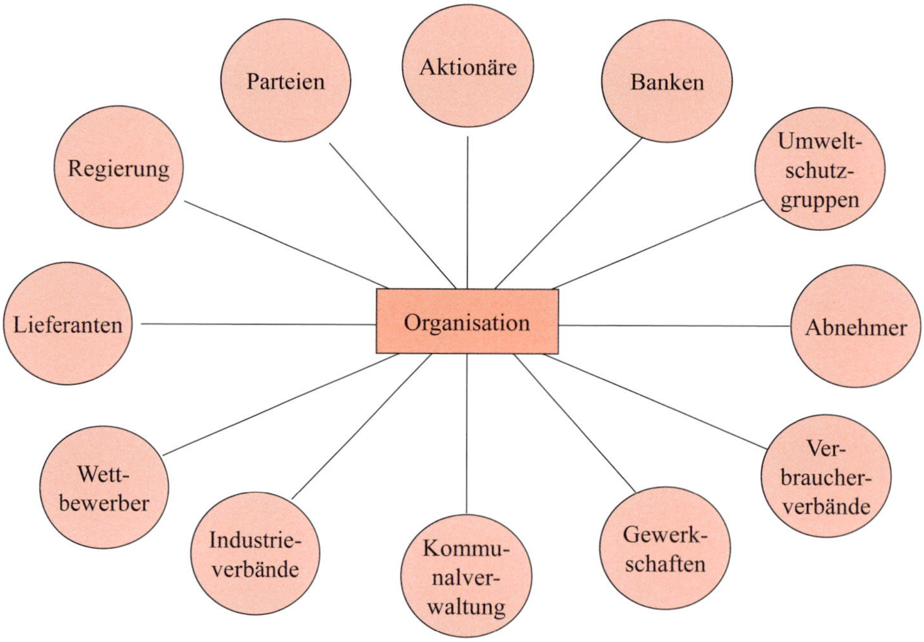

Für die Charakterisierung der Umwelt einer konkreten Organisation stellt die Auflistung von Interessengruppen lediglich eine erste Ordnung dar, die in weiteren Schritten einer genaueren Differenzierung nach Art und Umfang der Interaktion und des (potenziellen) Einflusses bedarf.

Fokus 4.1

VW lenkt ein

„Zwei Jahre lang hatte Greenpeace den VW-Konzern mit einer groß angelegten Kampagne dazu gedrängt, als Marktführer Verantwortung beim Klimaschutz zu übernehmen. Per Youtube-Video riefen Jedi-Ritter zur Rebellion gegen ‚die dunkle Seite von VW' auf – und drehten so einen erfolgreichen Star-Wars-Werbespot des Konzerns einfach um. Greenpeace-Kletterer protestierten auf dem Dach der Wolfsburger Konzernzentrale, bei der IAA in Frankfurt und bei der Hauptversammlung der Aktionäre in Hamburg. Und die (Greenpeace-)Studie ‚Vier Schritte zum Drei-Liter-Golf' zeigte den VW-Ingenieuren, wie sie ihr meistverkauftes Auto problemlos zum CO_2-Champion machen können.

Dann kam der Paukenschlag…Ausgerechnet beim Genfer Autosalon verkündete VW-Chef Martin Winterkorn im März die Kehrtwende: ‚Volkswagen bekennt sich dazu, den CO_2-Ausstoß der europäischen Neuwagenflotte bis 2020 auf 95 Gramm pro Kilometer zu senken.' Parallel dazu versucht jedoch die deutsche Autolobby, den gleichlautenden EU-Grenzwert zu verhindern.

Kurz darauf treffen Greenpeace-Geschäftsführerin Brigitte Behrens und Greenpeace-Klimaschutzkampaigner mit Winterkorn zusammen, um den Erfolg festzuzurren. Es wird noch einmal kontrovers diskutiert, dann einigen sich beide Seiten auf eine gemeinsame Erklärung: Volkswagen werde alles daran setzen, das 95-Gramm-Ziel ‚ohne Wenn und Aber' zu erreichen…"

Quelle: Greenpeace Nachrichten 02/2013, S. 5

Wie die kurze Diskussion der Umweltdimensionen bereits gezeigt hat, macht es nicht sehr viel Sinn, über Umwelteinflüsse zu sprechen, ohne dabei auf ein theoretisches Gerüst Bezug zu nehmen, das dem in Frage stehenden Zusammenhang eine genauere Gestalt geben könnte. Die bisher dazu vorliegenden Beiträge lassen sich nach einer *deterministischen* und einer *interaktionalen* Grundorientierung unterscheiden. Ein wesentlicher Teil der Ansätze sieht die organisatorische Umwelt in einer mehr oder weniger dominierenden Position. Den Problemlösungsansätzen, die von dieser Denkrichtung entwickelt wurden, ist der nächste Abschnitt gewidmet.

4.3 Anpassung der Organisation an die Umwelt

Ausgangsthese dieser Perspektive ist, dass sich die Gestaltung der Organisation an den Imperativen auszurichten hat, die (ggf. verschlüsselt) aus der Umwelt kommen. Immer spielt dabei auch eine evolutionäre Perspektive eine Rolle in dem Sinne, dass diejenigen Organisationen, die es versäumen, sich den Umweltanforderungen anzupassen, Gefahr laufen, ihre Existenzgrundlage zu verlieren, d.h. einem Ausleseprozess zum Opfer zu fallen. Umweltimperativ und Ausleseprozess werden also in den meisten Fällen zusammengedacht. Für die Organisationsgestaltung bleibt aus dieser Perspektive wenig Spielraum, es kommt in erster Linie darauf an, die Anpassungserfordernisse der Umwelt und ggf. einer geänderten Umwelt zu erkennen und in Gestaltungshandeln umzusetzen. Dafür hat die Organisationstheorie verschiedene Perspektiven ausgearbeitet, die auch gestaltungsbezogen unterschiedliche Akzente setzen. Drei davon seien nachfolgend genauer dargestellt.

4.3.1 Anpassung an die Marktimperative

Im Zentrum der Mikroökonomischen Gleichgewichtstheorie steht das Modell der *vollkommenen Konkurrenz*. Sie bezeichnet bekanntlich eine Marktsituation, in der sich unüberschaubar viele (kleine) Anbieter und Nachfrager unter den Bedingungen eines vollkommenen Marktes gegenüberstehen, d.h.:

- es wird ein homogenes Gut angeboten („Homogenitätsbedingung"),
- es besteht vollständige Information der Marktteilnehmer über Qualität und Marktpreis des Gutes, aber auch über die Verhaltensweisen der jeweils anderen Marktteilnehmer („vollständige Markttransparenz").

Hinzu treten weitere Modellprämissen derart, dass sich die Anbieter gewinnmaximierend, die Nachfrager nutzenmaximierend verhalten; dass die Entscheidungen der einzelnen Marktteilnehmer voneinander unabhängig sind und das Angebot beliebig und beliebig schnell ausdehnungsfähig ist; Letzteres schließt die Möglichkeit des freien Markteintritts potenzieller Neuanbieter ein (statt anderer: Neumann 1987, S. 27 f.).

Die *Homogenitätsbedingung* besagt genauer, dass die Nachfrager weder sachliche, persönliche, räumliche noch zeitliche Präferenzen bei ihrer Kaufentscheidung geltend machen; einziges Kriterium ist der Preis des Gutes.

Als „Organisation" (bzw. Unternehmung) in unserem Sinne kann dann ein Anbieter des Gutes begriffen werden, wogegen die „Umwelt" durch den Markt und die dort agierenden übrigen Marktteilnehmer repräsentiert wird. Zentrale und wichtigste Umweltinformation ist der *Preis* des auf dem Markt gehandelten Gutes, durch dessen jeweilige Höhe die Handlungen der Anbieter bzw. Nachfrager koordiniert werden.

Nach den Voraussetzungen des Modells der vollständigen Konkurrenz stellt sich nun auf dem Markt – unweigerlich – ein Gleichgewicht von Angebot und Nachfrage ein, bei welchem eine bestimmte (Gleichgewichts-)Menge des Gutes zu einem bestimmten (Gleichgewichts-)Preis abgesetzt wird. Bei dieser Preis/Mengen-Kombination sind die Verkaufs- bzw. Kaufpläne der Marktakteure vollständig zur Deckung gebracht; der Markt wird „geräumt".

Eine „Marktunruhe" ist in bestimmten (Ausnahme-)Fällen denkbar, wenn durch einen oder mehrere Marktteilnehmer vom Marktgleichgewicht abgewichen werden sollte (z.B. ein Anbieter unterschreitet den Gleichgewichtspreis, oder die Angebotsmenge wird durch neu auf dem Markt erscheinende Anbieter sprunghaft erhöht). Eine derartige Gleichgewichtsstörung besteht jedoch nur temporär, nach den Voraussetzungen des Modells drängen die Marktkräfte zu einem neuen Gleichgewicht auf gleichem oder verändertem Niveau.

Im Hinblick auf die Modellierung des hier interessierenden System/Umwelt-Bezuges bedeutet dies nun, dass sich das einzelne Unternehmen der Umwelt, und das heißt in diesem Zusammenhang dem auf dem Markt gebildeten Preis, anpassen muss. Es gibt zwar den Handlungsparameter der Angebotsmenge; aber auch hier ist der Spielraum des Unternehmens letztlich gleich Null; es gibt nur eine Angebotsmenge, die das Überleben garantiert, nämlich die Gewinnmaximale (q^*). Das Unternehmen muss danach genau diejenige Gütermenge produzieren, bei der seine Grenzkosten (GK) dem Preis (p^*) und dem Minimum der totalen Durchschnittskosten (TDK) entsprechen (vgl. Abbildung 4.4).

Abbildung 4.4: *Marktgleichgewicht im Modell der vollständigen Konkurrenz*

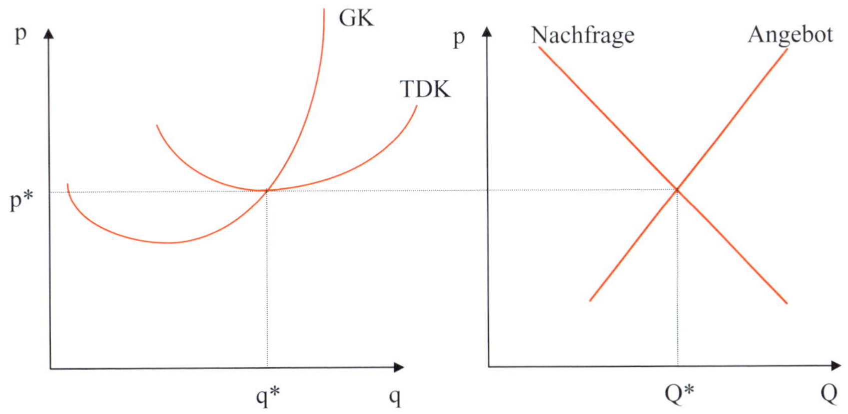

Verfehlt ein Unternehmen diese optimale Ausbringungsmenge und/oder produziert es mit Grenzkosten, die höher liegen als der Gleichgewichtspreis, wird es gezwungen, aus dem Markt auszuscheiden.

Das Verhalten der Unternehmung im mikroökonomischen Modell der vollständigen Konkurrenz ist damit, in der Sprache der Organisationstheorie ausgedrückt, *vollkommen umweltdeterminiert*. Sie kann lediglich die in Form des Marktpreises vorliegende Information der Umwelt aufnehmen und aus dieser dann die einzig sinnvolle Handlung ableiten, nämlich die Erzeugung der gewinnmaximalen Angebotsmenge zu vorgegebenen Grenzkosten. Abweichendes Verhalten der Unternehmen ist – voraussetzungsgemäß – von vornherein zum Scheitern verurteilt.

Diese Lage des Unternehmens ändert sich graduell bei Lockerung der Prämissen, wie sie z.B. über die Zulassung sachlicher oder persönlicher Präferenzen der Nachfrager, d.h. Fortlassen der Homogenitätsbedingung, gedacht werden kann. Bei Nichtberücksichtigung dieser Bedingung wird Raum geschaffen für Anbieterwettbewerb, wie er z.B. im Modell der monopolistischen Konkurrenz zum Ausdruck kommt (Chamberlin 1961; Wied-Nebbeling 2004).

Dennoch bringt diese Prämissenlockerung keine grundsätzliche Änderung im hier interessierenden Verhältnis von Organisation und Umwelt: Auch wenn Unternehmen ein etwas erweiterter Handlungsbereich zugestanden wird, so bleibt das grundlegende Paradigma intakt, wonach ein Unternehmen – bei Androhung der Strafe des Untergangs – nur die Handlungen ausführen darf, die den Imperativen der Wettbewerbsumwelt entsprechen. Eine grundlegende Änderung tritt erst bei den Abarten, den negativen Abweichungen, im Falle des Oligopols und des Monopols ein (vgl. statt anderer Ott 1986). Es sei daran erinnert, dass das umweltdeterministische Argument die Basis bildet für die Begründung der gesamtgesellschaftlichen Wohlfahrtsmaximierung durch den Markt wie auch den Rechtfertigungsrahmen gibt für die Wirtschafts- und Unternehmensverfassung (vgl. im Einzelnen Gerum 2004). Zusammenfassend kann man sagen, dass ein organisatorisches Gestaltungsproblem in dieser idealisierten Welt nicht existiert.

4.3.2 Organisationsgestaltung als Ergebnis evolutorischer Auslese

Eine weitere Gruppe von Ansätzen, die das Verhältnis von Organisation und Umwelt vom Ansatz her deterministisch konzeptualisiert, nimmt ihren Ausgangspunkt bei der biologischen Theorie der *ökologischen Evolution* und studiert die Entwicklung und Auseinandersetzung von Organisationen (oder Organisationspopulationen) mit ihrer Umwelt – ganz im Sinne der biologischen Theorie der natürlichen Selektion – als Ergebnis von Bewährungs- und Aussonderungsprozessen (McKelvey/Aldrich 1983). Dabei ist für die evolutionstheoretische – ebenso wie für die mikroökonomische – Sicht typisch, dass die Umwelt als grundsätzlich fordernd begriffen wird; sie entzieht sich einer Einflussnahme durch die Organisation. Einflüsse von Organisationen auf die Umwelt sind sporadisch und von kurzer Dauer, in längerfristiger Perspektive gelten sie als vernachlässigbar und bleiben damit theoretisch irrelevant.

Wie Organisationen im Einzelnen operieren, d.h. wie sie agieren und welche Formen sie annehmen, wird von den verschiedenen evolutionstheoretischen Ansätzen unterschiedlich erklärt. Allen gemein ist jedoch die Grundauffassung – und hier liegt der entscheidende strukturelle Unterschied zur Theoriekonstruktion der Mikroökonomie –, dass es sich bei Organisationen um *operativ-geschlossene, selbstreproduktive Systeme* handelt, die ihre spezifischen Verhaltensweisen zunächst einmal (kausal) unabhängig von der Umwelt *generieren*. Der Umwelt kommt neben der Rolle des Motors fortlaufender Veränderungen die Rolle eines Schiedsrichters zu; sie „entscheidet", welche Organisationsformen lebensfähig sind und welche nicht. Die Umwelt oder genauer das Evolutionsgeschehen sondert diejenigen Systeme oder Systempopulationen aus, deren Variationen an die veränderte Welt nicht anschlussfähig sind.

Die organisatorische Evolutionstheorie ist auf drei Systemebenen ausgearbeitet worden,

1. der Ebene organisatorischer Elemente, insbesondere organisatorischer Kompetenzen („comps") im Sinne von Praktiken, Know-how, Routinen usw. (McKelvey/Aldrich 1983; Nelson/Winter 1982);
2. der Ebene der Einzel-Organisation (u.a. Singh/Lumsden 1990; Burgelman 1991, Durand 2006),
3. sowie der Ebene der Population (Hannan/Freeman 1977; 1989; Salimath/Jones III 2011).

Die Logik der Entwicklung ist jedoch in allen Ansätzen ähnlich gefasst, sie wird zumeist in enger Analogie zur biologischen Basiskonzeption als Abfolge der Phasen *Variation, Selektion und Retention* beschrieben.

Die *Variation* stellt aus dieser Sicht den ersten Schritt im Prozess der Evolution dar. Sie resultiert aus Neugründungen von Organisationen, leicht modifizierten Imitationen bestehender Organisationen oder aus Abspaltungen von Unternehmen oder Populationen. Variation entsteht aber auch auf der Kompetenzebene: Organisationen generieren neue Prozesse, Handlungen, Routinen, Ziele etc. oder verknüpfen bereits bestehende auf neue Weise (Mutation). Wie diese Variationen entstehen, spielt im Grundsatz keine Rolle. Sie können das Ergebnis intendierter Veränderung oder ebenso gut zufällig entstanden sein. Die zufällige, spontane Variation, wie sie z.B. infolge von Panik-Entscheidungen oder „Gedankenblitzen" entsteht, wird bisweilen auch „blinde Variation" genannt. Weick vertritt in diesem Zusammenhang die Auffassung, dass es sich bei sämtlichen Variationen in Organisationen letztlich um den Typus der blinden Variation handelt (Weick 1969; abgeschwächt auch Quinn 1980). Management kann dann nicht länger begrifflich mit der Metapher einer (potenziell) gerichteten System-„Steuerung" erfasst werden, sondern wird reduziert auf die Rolle eines unbewussten

Generators von immer neuen, blinden Variationen. Entstehen aus Neugründungen oder Kompetenzinnovationen neue „Arten", spricht die Evolutionstheorie von *Speziation*, sie bilden die Säulen des Wandels.

Selektion: Die ungeheuer starke Rolle, die das evolutionstheoretische Konzept der Umwelt zuschreibt, kommt deutlich in der zweiten Phase des Evolutionsprozesses, der Phase der Selektion, zum Ausdruck. In der Phase der Selektion befindet nämlich die – aus dem evolutorischen Dunkel kommende – Umwelt schlussendlich darüber, welche der unüberschaubar vielen Variationen oder Kombinationen von Variationen sich als bewährungs- und anschlussfähig erweisen bzw. welche Variationen versagen. Letzteres kann sich z.B. darin äußern, dass es einer Organisation nachhaltig nicht gelingt, bestandskritische Ressourcen oder Informationen aus der Umwelt zu erhalten, mit der Folge, dass sich die Organisation (oder eine Kompetenz oder sogar eine ganze Population) in der Auseinandersetzung mit der Umwelt nicht (mehr) bewährt und negativ selektiert wird.

Andererseits erhöhen sich die Reproduktionschancen derjenigen Organisationen, die über neue Variationen erfolgreiche Anknüpfungsmöglichkeiten innerhalb der Umwelt herstellen (positive Selektion) oder über bestimmte Formdifferenzierungen einzelne (ökologische) *Nischen* ausbilden und besetzen können. Das in jüngster Zeit so häufig bemühte Argument der „best practice" fußt letztlich auf dieser evolutionären Logik der positiven Selektion. An die Stelle einer inhaltlichen Begründung der Vorziehenswürdigkeit einer Praktik (Personalauswahl, Projektorganisation usw.) tritt der Verweis auf die Negativauslese anderer Variationen.

Retention: Tritt der Fall der positiven Selektion ein, so muss es einer Organisation oder einer Population gelingen, jene Variationen, die sich in der Auseinandersetzung mit der Umwelt als erfolgreich erwiesen haben, zu bewahren, zu verstärken und für zukünftige Erfordernisse hin zu reproduzieren (bzw. zu „vererben"). Diese letzte Evolutionsphase wird dann als Retention (in einer anderen Prozesssemantik auch als „Reproduktion") bezeichnet. Die Retention bewahrt den evolutorischen Prozess vor der Selbstauflösung, vor einem Umkippen in endlose Variation. Retention ist insofern paradox, sie sichert durch Mobilisierung von Beharrungskräften den Variationserfolg (etwa in Form von Routinen oder Tabus) und wirkt unter Umständen gerade damit bestandsgefährdend, weil sie weitere Variationen verhindert (Van de Ven/Poole 1995, S. 518; Leonard-Barton 1992).

Die evolutionstheoretische Schule reklamiert für sich eine Reihe konzeptioneller Vorzüge. Dabei wird vor allem auf die *integrative Kraft* des Konzepts verwiesen, weil sowohl der System/Umwelt-Bezug eingearbeitet wird wie auch die empirische Entscheidungsforschung mit ihrem Akzent auf nicht-intendierte Handlungsergebnisse (vgl. hierzu im Einzelnen das nachfolgende Kapitel 5). Was den System/Umwelt-Bezug betrifft, so gilt es zu sehen, dass der evolutionstheoretische Ansatz kein Imperativmodell darstellt wie die mikroökonomische Gleichgewichtstheorie oder die nachfolgend darzulegende Kontingenztheorie. Es wird nicht von einer inhaltlich-prägenden Kraft der

Umwelt ausgegangen; Türk (1989, S. 82) spricht zu Recht davon, dass der System/Umwelt-Bezug „a-kausal“ gedacht wird. Die Variationen der Systeme oder der Populationen kommen aus diesen selbst – sie agieren „operational geschlossen“ –, wenn auch durch Umweltveränderungen angestoßen. Die Umwelt bestimmt die Form der Variation nicht vor, wohl aber bestimmt sie, ob die hervorgebrachten Variationen lebensfähig sind. Man geht davon aus, dass im Zuge der Selektion die nicht-angepassten Organisationen ausscheiden und nur diejenigen übrig bleiben, die den Bedingungen der veränderten Umwelt entsprechen. Mit anderen Worten, die natürliche Auslese bewirkt im Ergebnis dann doch eine Homogenisierung (Astley 1985) und letztlich eine strenge Determinierung, sie liegt in den Auslesekriterien verborgen. Der Variationsspielraum erweist sich als trügerisch; nur wenige, eventuell nur eine Variationsform kann überleben, d.h. den Überlebenskampf bestehen, in dem die Auslesekriterien Regie führen. Die Umwelt ist in beständigem Wandel begriffen, neue Strukturmerkmale bewähren sich. Systeme, die auf ihren gesicherten und verstetigten Strukturen beharren („structural inertia“), gehen unter (Hannan/Freeman 1984).

Die Crux der Evolutionstheorie ist nun aber, dass sie den Ausleseprozess selbst unerklärt lässt, die Evolution gibt ihre Logik nicht preis. Man kann und will nur *historische* Entwicklungen entschlüsseln, die Gegenwart und die Zukunft bleiben der Theorie verschlossen. Für die Organisationsgestaltung bleibt nur die magere Botschaft, (blinde) Variationen zu initiieren, wobei ein Zuviel die Funktion der Retention zerstören muss.

Es ist aber keineswegs nur diese mit den lebenspraktischen Vollzügen in Organisationen schwer vereinbare Konklusion, die heftige Zweifel aufkommen lässt. Am wenigsten überzeugend ist die fast schon mystische Verklärung des Ausleseprozesses. Die Logik ist häufig gar nicht so schwer zu verstehen (Managementfehler, neue Konkurrenten, neue Technologien usw.) und nicht selten ist die negative Auslese und mehr noch die positive Auslese Ergebnis eines politischen Entscheidungsprozesses, in dem mächtige Interessengruppen die Kriterien der „Evolution“ definieren. Man versuche etwa nur die Frage zu beantworten, wie die Ruhrkohle AG überleben konnte, wie es zur Gründung (Variation) der Airbus S.A.S. kam oder wie sich die positive Auslese des Energiekonzerns E.ON AG erklärt. Darüber hinaus ist die aktive Einflussnahme der Organisationen auf die Selektion zu häufig ein zu unübersehbares Faktum, als dass eine autonome Selektionslogik noch plausibel wäre (man denke etwa an das Depotstimmrecht der Banken oder an Fusionen mit Konkurrenten).

Es ist dies ja genau auch die Stelle, an der die neue institutionalistische Theorie (vgl. DiMaggio/Powell 1983; sowie genauer Kapitel 7) ansetzt. Sie entschleiert die Selektionslogik als institutionellen Druck, als Anpassung an sanktionsbewehrte Erwartungen der Umwelt. Versuche, alle diese Überlegungen und die vorgenannten Aktivitätstypen auch in die organisatorische Evolutionstheorie aufzunehmen, z.B. durch die Einführung der Möglichkeit der gezielten Herstellung von „Nischen“ (McKelvey/Aldrich 1983; Hannan/Freeman 1989) oder durch die Unterscheidung zwischen Situationen mit starkem und schwachem Selektionsdruck (Hannan/Freeman 1984), führen letzten Endes zu einer Auflösung des Basisparadigmas und machen die Theorie uninformativ. Gefährlich ist die ihr inhärente Tendenz, den jeweiligen Status quo zu rechtfertigen (vgl. hierzu auch Türk 1989, S. 92 ff.; zu einer positiveren Einschätzung der neueren Erweiterungsversuche vgl. Kieser/Ebers 2014).

Es zeigt sich, dass für soziale Organisationen das zugrunde liegende biologische Paradigma – auch wenn es umgedacht wird – zur Lösung dringlicher Gestaltungsprobleme im Verhältnis von Organisation und Umwelt als wenig geeignet erscheint.

4.3.3 Organisationsgestaltung als kontingenter Prozess: It all depends

Eine weitere Perspektive beginnt bei der Überlegung, dass die Organisation je nach Umweltzustand ganz unterschiedlich auszugestalten ist: „It all depends". Es gibt keine allumfassende Lösung, die Lösung ist kontingent; man spricht dementsprechend hier von Kontingenztheorien. Den theoretischen Hintergrund bilden vergleichende Organisationsanalysen, in denen nach exogenen Determinanten gesucht wurde, die feststellbare Unterschiede in den Strukturen verschiedener Organisationen bewirken (zur historischen Entwicklung vgl. Kapitel 7). Entscheidende Einflusskräfte werden dabei in der Organisationsumwelt oder enger in der Technologie einer Organisation gesehen. Die Studien kommen zu dem Schluss, dass bestimmte Kontextfaktoren ganz bestimmte Organisationsformen erfordern.

Im Gegensatz zu den ansonsten häufig recht allgemein gebliebenen Hinweisen zum Einfluss des Kontextes auf die Organisationsstruktur, zeichnet sich die Kontingenzforschung durch den Versuch aus – und vermutlich erklärt sich daraus auch ein Teil ihres vorübergehend so großen Erfolges –, den Kontext in *operationaler Weise* zu beschreiben und in seinem konkreten Einfluss auf die Organisationsstruktur zu belegen. Es wird damit nicht nur auf den Einfluss des Kontextes hingewiesen, sondern praxisbezogen aufgezeigt, in welcher Weise Organisationen diesem Einfluss Rechnung tragen müssen, um ihren Bestand zu sichern.

Kontingenztheorien verbindet zwar das Bestreben, die optimale organisatorische Gestaltung in Abhängigkeit von Kontextbedingungen(-faktoren) zu bestimmen; sie unterscheiden sich jedoch in der Auszeichnung der jeweils für kritisch erachteten Kontextfaktoren. Zwei Schulen, die in mehr oder weniger feinen Schattierungen vertreten werden, haben vor allem das Bild der kontingenztheoretischen Forschung geprägt; die eine betrachtet die *Umwelt*, die andere die *Technologie* als die zentrale strukturbestimmende Determinante.

4.3.3.1 Umwelt und Organisationsstruktur

Trotz aller Unterschiedlichkeit der einzelnen kontingenztheoretischen Umwelt-Ansätze lässt sich doch ein durchgängiges *argumentatives Grundmuster* erkennen. Für stabile und überschaubare Umwelten wird eine stark formalisierte und zentralisierte Organisationsstruktur für notwendig erachtet, während in turbulenten, komplexen Umwelten ein flexibles und anpassungsfähiges Strukturgefüge als Voraussetzung der Überlebensfähigkeit behauptet wird. Ändert sich der Umweltzustand, so wird ein entsprechender Anpassungsprozess erforderlich. Der Übergang etwa von einer stabilen zu einer turbulenten Umwelt bedeutet dann für die Organisation, dass die vormals mechanistischen Strukturen organischeren Formen weichen müssen, wenn der Systemerhalt nicht gefährdet werden soll. Die Umwelt wird in diesen Ansätzen somit sowohl als Quelle des organisatorischen *Wandels* und als Bestimmungsfaktor effizienter Strukturformen behandelt.

Die Studie von Burns/Stalker

Das Grundmuster der kontingenztheoretischen Lösung des dritten generischen Problems der Organisationsgestaltung findet sich bereits in der viel beachteten Pionierstudie von Burns und Stalker (1961) vorgezeichnet. Sie betrachten in ihrer Untersuchung englischer und schottischer Industriebetriebe die Umwelt vor allem unter Innovationsgesichtspunkten und versuchen, die Änderungen im „Managementsystem" aufzuzeigen, die ein Umweltwandel nach sich zieht oder – normativ gewendet – nach sich ziehen sollte. Die Autoren unterscheiden zwischen einer mehr *statischen* und einer mehr *dynamischen*, d.h. sich rasch und nicht absehbar verändernden Umweltsituation (dort gezeigt am Beispiel der damaligen britischen Elektronikindustrie). Als Indikator für Umweltdynamik wird die Rate der Veränderungen in der Technologie und in den Märkten verwendet.

Für verschiedene Umweltsituationen erweisen sich in der empirischen Studie unterschiedliche Organisationsmodelle (dort: Managementsysteme) als geeignet: Für stabile Umwelten das sog. *(bürokratisch-)mechanistische* System, für turbulente Umwelten dagegen das dezentral ausgelegte *„organische"* Managementsystem, das eine verblüffende Ähnlichkeit zu den modernen Formen der Organisation wie der „Netzwerkorganisation" oder der „Heterarchie" hat (vgl. Kapitel 3). Die Gegenüberstellung dieser beiden polaren Modelle (vgl. dazu Abbildung 4.5) verbunden mit dem Hinweis, dass das klassische (mechanistische) Organisationsmodell mit seinen exakt abgegrenzten Kompetenzbereichen und dem eindeutig bestimmten Instanzenzug *nur* in stabilen Situationen den behaupteten Erfolg verspricht, in turbulenten Umwelten dagegen sogar zum Misserfolgsfaktor und Bestandsrisiko gerät, hat die Studie zu einem Meilenstein in der Organisationstheorie und -gestaltung werden lassen.

Diese – unter methodischen Gesichtspunkten noch deutlich „explorative" – Studie wurde zum Ausgangspunkt zahlreicher Weiterentwicklungen und Verfeinerungen. Der bis heute bekannteste und anerkannteste Ansatz ist das Differenzierungs- und Integrationsmodell von Lawrence und Lorsch.

Abbildung 4.5: *Managementsysteme*

	Managementsystem-Typen mechanistisch ⟷ organisch	
Differenzierung	hoch	gering
Grundorientierung	Einzelaufgabe	Gesamtziel
Abstimmungsprozedur	Hierarchische Kaskade	gegenseitig
Wissensunterschiede	groß	gering
Zentralisation	hoch	gering
Ausmaß an formalen Regelungen	hoch	niedrig
Ausführlichkeit der Stellenbeschreibungen	groß	gering
Kompetenzabgrenzung	exakt	unscharf
Kommunikationsfluss	vertikal	lateral
Quellen von Prestige und Bedeutung	intern	(auch) extern
Inhalt der Kommunikation	Anweisung und Entscheidung	Rat und Information
Autorität	positionsbezogen	sachbezogen
Steuerungskonzept	Befehl und Gehorsam	Expertenmacht
	stabil ⟷ turbulent Umweltsituation	

Quelle: nach Burns/Stalker (1961)

Das Differenzierungs- und Integrationsmodell von Lawrence und Lorsch

Lawrence und Lorsch (1967) kennzeichnen unter Bezugnahme auf systemtheoretische Überlegungen Organisationen als „offene Systeme". Dies weist ihrer Ansicht nach auf zwei wichtige Aspekte für das Funktionieren organisatorischer Gebilde hin. Zum einen differenziert sich jedes System mit zunehmender Größe in separate Teilbereiche; um lebensfähig zu bleiben; das System muss aber gleichzeitig dafür Sorge tragen, dass diese separaten Teile wieder zu einem funktionsfähigen Ganzen integriert werden (Differenzierung und Integration). Zum anderen ist es grundlegende Funktion jedes Systems, sich den Erfordernissen der umgebenden Umwelt anzupassen, um seinen Bestand zu sichern.

1. Umwelt: Lawrence und Lorsch verstehen „Umwelt" im Gegensatz zu vielen anderen Autoren nicht als einheitlichen Block, sondern gehen davon aus, dass komplexen Organisationen, d.h. hier Organisationen mit mehreren Subsystemen, unterschiedliche Umweltsektoren, bezogen auf die jeweiligen Subsysteme, gegenüberstehen. Jeder dieser Umweltsektoren kann und muss folgerichtig unterschiedlich ausgeprägt sein. Es werden damit zwei Umweltebenen unterschieden, die Ebene der Teilumwelt und die Ebene der Gesamtumwelt.

Die Subsysteme orientieren sich primär an den spezifischen Gegebenheiten ihres Umweltsektors und weisen als Folge davon auch variierende Organisationsformen auf. Bei einem Industriebetrieb können die Bereiche Produktion, Marketing und Forschung & Entwicklung als prototypische Subsysteme gelten; ihnen stehen korrespondierend die Umweltsektoren „techno-ökonomischer Bereich", „Markt" (Kunden, Konkurrenz) und „Wissenschaft" gegenüber. In anderen Unternehmenstypen, wie etwa Handels- oder Beratungsunternehmen, sind andere Teilsysteme und damit auch ganz andere Umweltsektoren relevant. Abbildung 4.6 verdeutlicht den hier gemeinten segmentierten Aufbau des System/Umwelt-Bezuges am Beispiel eines prototypischen Industriebetriebes.

Die Charakterisierung der Umweltsektoren erfolgt nach dem Grad der (Un-)Sicherheit (gemeint ist im oben erörterten Sinne: Grad der Umweltdynamik).

Abbildung 4.6: *Segmentiertes Umwelt-Modell nach Lawrence/Lorsch*

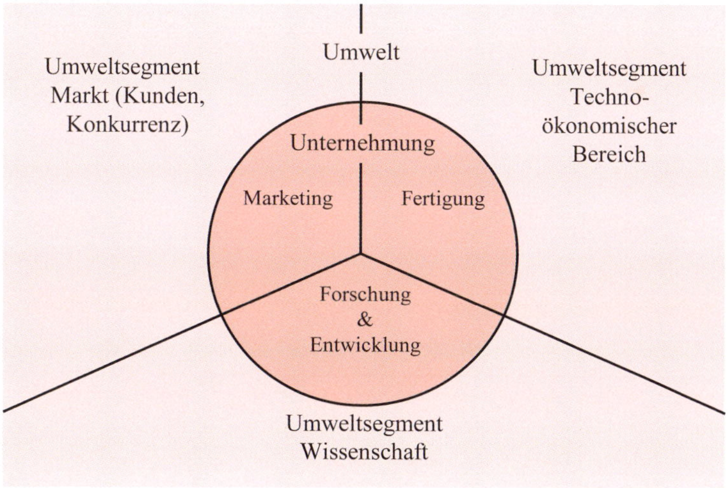

Ob ein Umweltsegment eher sicher oder unsicher ist, spiegelt sich annahmegemäß in den Aufgabenbedingungen nieder. Umwelt(un-)sicherheit wird dementsprechend anhand folgender drei Dimensionen der Aufgabenerfüllung bestimmt:

1. Bestimmtheit der Information, die dem Aufgabenträger zur Verfügung stehen (*Clarity of information*)
2. Gewissheit über kausale Beziehungen, deren Kenntnis für die Aufgabenerfüllung relevant sind (*Certainty of causal relationships*)
3. Zeitspanne der definitiven Rückmeldung über den Aufgabenerfolg aus der Umwelt (*Time span of definitive feedback from the environment).*

Angenommen wird dabei, dass sich die Umweltunsicherheit *unmittelbar* in den jeweiligen *Aufgabenmodalitäten* abbildet. Zur Erhebung der (Un-)Sicherheit der Umweltsegmente wurde die „Environmental Uncertainty"-Skala entwickelt, die Entscheidungsträgern der jeweiligen Organisation vorgelegt wird. Die Skala setzt sich analog zu den drei Unsicherheitsdimensionen aus drei Subskalen zusammen (vgl. Fokus 4.2).

Fokus 4.2

Die Unsicherheitsskala von Lawrence/Lorsch (Auszug)

1. Bestimmtheit der Information

Hier interessiert, in welchem Maße die Voraussetzungen der Aufgabenerfüllung in den einzelnen Subsysteme klar definiert oder bekannt sind, z.B.:

Marketing-Abteilung:

Job requirements are very clear in most instances	*1*	*2*	*3*	*4*	*5*	*6*	*7*	*Job requirements are not at all clear in most instances*

Es gilt: Je unklarer die Arbeitsanforderungen, umso höher ist die Umweltunsicherheit in dem betreffenden Subsystem.

2. Gewissheit über kausale Beziehungen

Hier interessiert, inwieweit in dem jeweiligen Subsystem die relevanten kausalen Beziehungen zwischen Aufgabenerfüllung und Aufgabenerfolg bekannt sind, z.B. ob Wissen darüber besteht, wie eine Marketingmaßnahme das Käuferverhalten und damit den Umsatz beeinflusst. Wenn die relevanten Kausalbezüge kaum bekannt sind, wird ein schwieriger Aufgabenvollzug unterstellt. Die Operationalisierung wird deshalb über die erlebte Schwierigkeit in der Aufgabenbewältigung vorgenommen, z.B.:

Marketing-Abteilung:

Selling a product which can be developed and manufactured economically	*Little difficulty*	*1*	*2*	*3*	*4*	*5*	*6*	*7*	*extremely difficult*

Es gilt: Je schwieriger die Aufgabenbewältigung in einem Subsystem, umso höher ist die Umweltunsicherheit in dem Segment.

3. Zeitspanne der definitiven Rückmeldung

Hier interessiert der Zeitraum, der typischerweise verstreicht, bis die einzelnen Subsysteme Informationen über den Erfolg ihrer Arbeitsleistung erhalten, z.B.: Marketing-Abteilung:

1. *ein Tag,*
2. *eine Woche,*
3. *ein Monat,*
4. *sechs Monate,*
5. *ein Jahr oder mehr,*
6. *drei Jahre oder mehr.*

Es gilt: Je länger die Feedbackspanne in einem Subsystem, umso höher ist die Umweltunsicherheit in dem Segment.

Für jeden Umweltsektor ergeben sich daraus drei „Sicherheits-Werte", die dann zu einem Gesamtunsicherheits-Score pro Umweltsegment addiert werden. Für die Umweltsegmente in drei ausgewählten Branchen ergaben sich beispielsweise in einer Studie für die untersuchten Unternehmen folgende durchschnittliche Gesamtunsicherheits-Werte pro Umweltsegment.

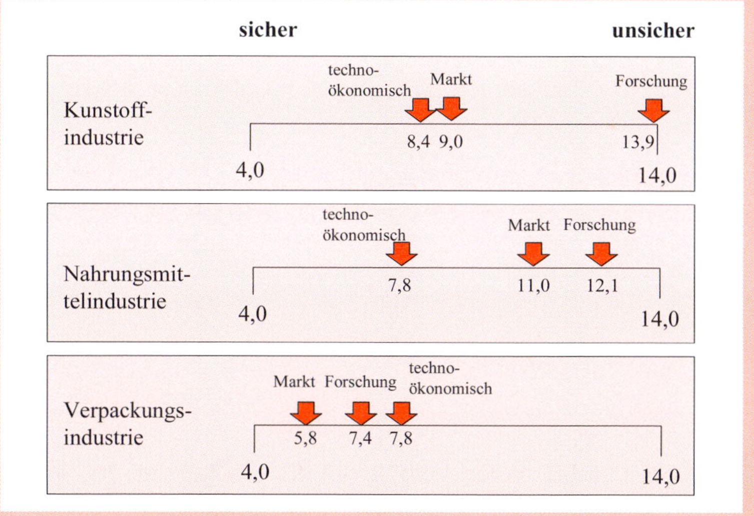

In anderen Branchen ergaben sich – eben je nach Situation – wieder ganz andere Unsicherheitswerte.

Quelle: Lawrence/Lorsch (1967), S. 91, 248 ff.

Die Unsicherheits-Scores der Umweltsektoren werden dann wieder benutzt, um die *Gesamtumwelt* zu charakterisieren. Die Gesamtumwelt variiert auf der Dimension *Homogen – Heterogen*; Bestimmungsfaktor ist die (Un-)Ähnlichkeit der Umweltsektoren untereinander. Sind die Unsicherheitswerte der einzelnen Umweltsektoren einer Organisation untereinander relativ ähnlich, so wird von einer „homogenen" Gesamtumwelt gesprochen, und analog dazu von einer „heterogenen" Gesamtumwelt, wenn die (Un-) Sicherheitswerte der Umweltsektoren relativ unterschiedlich zueinander sind. Bisweilen wird in der Sekundärliteratur Heterogenität als ein Zustand interpretiert, der in allen Sektorumwelten höchste Unsicherheit aufweist; dies ist jedoch im Rahmen dieses Konzeptes völlig falsch. Gleichermaßen hohe Unsicherheitswerte in allen Umweltsektoren führen zu einer homogenen und eben gerade nicht zu einer heterogenen Gesamtumwelt.

2. Differenzierung: Lawrence/Lorsch gehen davon aus, dass die Subsysteme in Abhängigkeit von den situativen Gegebenheiten ihres Umweltsektors korrespondierende, und das heißt möglicherweise jeweils sehr unterschiedliche Orientierungs- und Strukturmuster entwickeln. Sie verstehen unter Differenzierung nicht – wie sonst üblich – die weit verzweigte Untergliederung einer Organisation in spezialisierte Teilbereiche (wie z.B. Zahl der Hierarchieebenen oder Zahl der unterschiedlichen Stellen). Differenzierung soll vielmehr die *Unterschiede* zwischen den Subsystemen einer Organisation bezeichnen, die sich im Hinblick auf Struktur und Ausrichtung abzeichnen. Die Differenzierung wird anhand der folgenden vier Dimensionen bestimmt:

1. Formalisiertheit der Struktur,
2. interpersonale Orientierung,
3. Zeitorientierung und
4. Zielorientierung.

Während die letzten drei Dimensionen Einstellungs- und Verhaltensdispositionen der Akteure in den Subsystemen reflektieren, bezieht sich die erste Dimension auf den objektiv feststellbaren Grad formeller Strukturiertheit. Die *Ausprägung* der ersten drei Dimensionen wird den Annahmen entsprechend durch den Sicherheitsgrad der jeweiligen Umweltsektoren bestimmt; die vierte Dimension variiert mit der inhaltlichen Ausprägung des Umweltsegmentes. Zusammenfassend und etwas vergröbernd im Anschluss an Burns und Stalker lässt sich formulieren:

Je sicherer ein Umweltsegment, desto mechanistischer wird das Managementsystem in dem entsprechenden Subsystem sein. Und umgekehrt je höher die Unsicherheit, umso organischer wird das Subsystem ausgerichtet sein.

Nach Maßgabe dieser Prägung durch die Umwelt bestimmt sich schließlich der (relative) Differenzierungsgrad einer Organisation. Eine Organisation ist umso differenzierter, je mehr sich die Subsysteme in Bezug auf ihr Management- und Orientierungssystem unterscheiden.

Insgesamt gilt somit folgende Hypothese:

Je heterogener die Gesamtumwelt, desto differenzierter ist das System, d.h. umso unterschiedlicher sind seine Subsysteme zueinander.

3. Integration: Jede Differenzierung bringt das *Erfordernis nach Integration* mit sich. Das Verhältnis zwischen Differenzierung und Integration wird – wie in Kapitel 2 bereits dargelegt – als Spannungsverhältnis beschrieben. Es gilt:

Je heterogener die Gesamtumwelt und je unterschiedlicher dementsprechend die Orientierungen und Strukturmuster in den Subsystemen sind (je größer also die Differenzierung ist), umso wahrscheinlicher sind Isolierungstendenzen und Konflikte und umso schwieriger ist es, die erforderliche Integration zwischen den Subsystemen zu bewerkstelligen.

Dabei wird unter „Integration" in erster Linie die Qualität der Zusammenarbeit zwischen Abteilungen verstanden.

Die Autoren fanden in ihren Studien zwar die angenommene inverse Beziehung zwischen Differenzierung und Integration in der Tendenz bestätigt, sie fanden aber auch, dass es erfolgreichen hoch differenzierten Organisationen dennoch gelungen war, das erforderliche Maß an Integration zu erreichen. Es zeigte sich, dass diese (erfolgreichen) Organisationen über die klassischen Instrumente Hierarchie und Programme hinaus eine Reihe *zusätzlicher* Integrationsmittel und -methoden einsetzen, um dieses Ergebnis zu ermöglichen. Solche zusätzlichen Instrumente sind etwa Koordinatoren, Matrix-Organisation oder Projektteams (vgl. noch einmal Kapitel 2). Darüber hinaus erwies sich ein aktives Konfliktmanagement als wichtig: offene Konfliktaustragung, integrationsfördernde Orientierung der Koordinatoren.

4. Systembestand/Erfolg: In einem abschließenden Schritt werden die Aussagen zusammengeführt und auf den Systembestand bzw. den Organisationserfolg bezogen. Die Grundidee dabei ist, dass nur diejenigen Organisationen ihr Überleben sichern bzw. erfolgreich arbeiten können, die im Einklang stehen mit den Anforderungen, die die Umwelt bzw. die Umweltsegmente an sie richten. Daraus ergibt sich folgender Zusammenhang:

Der Erfolg einer Organisation bzw. Systembestand ist gesichert, wenn der Differenzierungsgrad zwischen den Subsystemen einer Organisation den Erfordernissen bzw. der Struktur der Gesamtumwelt entspricht und zwischen den Subsystemen ein hoher Integrationsgrad besteht.

Kurz gesagt: Der Erfolg einer Organisation, die dauerhafte Sicherung ihres Bestandes, wird also abhängig gemacht von der *Kongruenz* zwischen Umwelterfordernissen und der Ausprägung des Funktionsgefüges der Organisation. Gefordert wird also ein Fit zwischen den Erfordernissen der Umwelt und den Merkmalen der Organisation. Zur Erfolgsbestimmung haben die Autoren in ihrer Studie folgende drei Wirtschaftlichkeitskriterien herangezogen: Gewinnentwicklung der letzten 5 Jahre, Umsatzentwicklung der letzten 5 Jahre und prozentualer Anteil der in den letzten 5 Jahren neu eingeführten Produkte am Gesamtumsatz des letzten Jahres. Grundsätzlich sind hier natürlich auch andere Erfolgskriterien denkbar.

Empirische Ergebnisse: Eine Replikationsstudie, die sich streng an das Modell und die Messvorschriften von Lawrence/Lorsch hält, ist nicht bekannt. Neben einigen illustrierenden Studien, die das Differenzierungs-Integrations-Modell auf weitere Bereiche ausdehnen und vertiefen (zusammenfassend Lawrence 1981), gibt es allerdings zahlreiche empirische Studien, die allgemein eher im Sinne von Burns/Stalker den Zusammenhang von Organisation und Umwelt prüfen. Die Untersuchungen zeigen ein recht unterschiedliches Bild.

So stellen z.B. Negandhi/Reimann (1972) in einer frühen Studie bei 30 Industriebetrieben in Indien fest, dass – entgegen der Voraussage – erfolgreiche Betriebe *unbeschadet* des Umweltzustandes einen höheren Grad an Entscheidungsdezentralisation aufwiesen als weniger erfolgreiche Betriebe. Damit wäre also auch bei stabiler Umwelt eine stärkere Dezentralisation erfolgreich. In einer Studie von Child (1975) wiesen Unternehmen in *turbulenten* Umwelten mehr *spezialisierte* Rollen auf und waren stärker *formalisiert* als Unternehmen in stabilen Umwelten. Miller (1991) zeigt in seiner Studie, dass der Fit zwischen Umwelt und Organisation eher in Unternehmen verwirklicht wird mit einer Geschäftsleitung, die noch nicht lange im Amt ist, als in Unternehmen mit langjährigen Vorstandsmitgliedern (long tenured CEOs). Einen Überblick über zahlreiche weitere Studien gibt Ebers (2004).

Zusammenfassend lässt sich feststellen, dass die empirischen Ergebnisse kein einheitliches Muster erkennen lassen, sondern primär durch Widersprüchlichkeit und Inkonsistenz gekennzeichnet sind. So eindeutig, wie es scheint, lässt sich das Kausalgefüge der Kontingenztheorie nicht belegen. Viele andere Faktoren, wie die motivationale Wirkung von Strukturen oder das Alter der Organisation, spielen im praktischen Kontext eben auch eine sehr große Rolle. Es ist insgesamt schwierig angesichts der unterschiedlichen Probleme, die die Organisationsgestaltung zu lösen hat, selektive Kausalhypothesen empirisch zu bestätigen.

4.3.3.2 Technologie und Organisationsstruktur

Die zweite maßgebliche Richtung im Rahmen der kontingenztheoretischen Ansätze postuliert nicht die Umwelt im Allgemeinen, sondern die Technologie im Besonderen als *exogene* Determinante der Organisationsstruktur. Die Konzeption ist von der Idee getragen, dass die Organisationsstruktur auf die Erfordernisse der Technologie abgestimmt werden muss, um die Aufgabenerfüllung sicherzustellen; man spricht deshalb auch vom *„Technologischen Imperativ"*.

Die Hauptthese der Technologie-Schule läuft – grob vereinfachend – darauf hinaus, dass bestimmte technologische Konstellationen eine dem organischen Managementsystem ähnliche Organisationsstruktur, andere technologische Konstellationen dagegen vornehmlich mechanistische Strukturen erfordern. Es liegt dazu eine Reihe unterschiedlicher Ansätze vor. Die zwei prägendsten Ansätze haben Woodward (1965) und Perrow (1967) entwickelt. Am engsten mit dem „Technologischen Imperativ" verknüpft sind die Studien von Woodward.

Der Technologieansatz von Woodward

Das Ausgangsziel der Studie war nicht, die (damals noch gar nicht formulierte) Technologie-These zu prüfen, sondern vielmehr die Fragen zu beantworten, inwieweit die Prinzipien der klassischen Organisationslehre Verwendung finden und ob ihre Anwendung tatsächlich von nachhaltigem Einfluss auf das Verhalten in Organisationen und auf den Unternehmenserfolg ist (Woodward 1965, S. 3 f.).

Die Untersuchungen wurden Mitte der 1950er Jahre in 100 Industriebetrieben mit mehr als 100 Beschäftigten in South Essex, England, durchgeführt. Neben halbstrukturierten Interviews wurden Dokumente als Datenquelle benutzt. Eine erste Analyse zeigte, dass die untersuchten Organisationen höchst unterschiedliche Strukturmuster aufwiesen. Ein Vorherrschen der Gestaltungsempfehlungen der klassischen Organisationslehre konnte nicht festgestellt werden. Auch ähnelten sich die überdurchschnittlich erfolgreichen Unternehmen untereinander ebenso wenig wie die weniger erfolgreichen.

Erst die Prüfung der technologischen Variablen, dort die Methoden und Prozesse der Fertigung, brachten die gewünschte Erklärung der Varianz. Zu diesem Zweck hat man ein 11-stufiges Klassifikationssystem entwickelt, das letztendlich in folgende drei Hauptklassen (und einige Kombinationstypen) zusammengefasst wurde (vgl. Abbildung 4.7):

1. Einzel- und Kleinserienfertigung,
2. Großserien- und Massenfertigung,
3. Prozessfertigung.

Diese Kategorien werden als Fixpunkte eines *Technologie-Kontinuums* begriffen, wobei Einzelfertigung und Prozessfertigung die Extrema bilden. Woodward (1958) vertritt die Auffassung, dass dieser Skala *wachsende technische Komplexität* als Dimension zugrunde liegt (im Sinne einer immer anspruchsvolleren und aufwendigeren Ausrüstung). Die komplexeste Technologie ist demnach in der kontinuierlichen Prozessfertigung zu finden, wie sie z.B. in Raffinerien oder in der Herstellung von Industriegasen Verwendung findet. Technische Komplexität wird ihrerseits als Indikator gesehen für das Ausmaß der *Beherrschbarkeit* des Fertigungsprozesses und die *Vorhersagbarkeit* der Ergebnisse, und zwar in der Weise, dass sich diese Bedingungen umso günstiger gestalten, je näher man der Prozessfertigung kommt. Die genaue Interpretation der Skala ist bis zum heutigen Tage umstritten geblieben (vgl. hierzu im Einzelnen Schreyögg 1995, S. 136 ff.).

Abbildung 4.7: *Fertigungstechnologien in der South Essex Industrie*

Hauptklassen	Unterklassen
Einzel- und Kleinserienfertigung	1. Einzelfertigung nach Maßgabe des Abnehmers 2. Prototypen-Fertigung 3. Fertigung von großen Anlagen 4. Fertigung von Kleinserien nach Order
Großserien- und Massenfertigung	5. Fertigung von Großserien 6. Fertigung von Großserien auf Fließbändern 7. Massenfertigung
Prozessfertigung	8. Unterbrochene Fertigung von Chemikalien (in Mehrzweckfabriken) 9. Kontinuierliche Fertigung von flüssigen, gasförmigen und kristallinen Substanzen
Kombinationen: 10. Großserienfertigung standardisierter Teile mit abschließender Montage nach Einzelauftrag 11. Prozessfertigung kristalliner Substanzen mit anschließender Verarbeitung für den Verkauf durch standardisierte Fertigungsmethoden	

Quelle: nach Woodward (1965), S. 39

Der Verdacht, die vorgelegte Technologie-Skala sei möglicherweise nur eine Variation der Betriebsgröße in der Weise, dass mit steigender technischer Komplexität die Zahl der Beschäftigten zunehme, konnte klar widerlegt werden. Sowohl kleine als auch große Betriebe waren in jeder Produktionskategorie gleichermaßen vertreten.

Bei dem Versuch, diese Fertigungstypen mit Organisationsvariablen in Beziehung zu setzen, zeigten sich konsistente Ergebnismuster; Organisationen des gleichen Fertigungstyps wiesen ähnliche Organisationsstrukturen auf. Abbildung 4.8 zeigt die Hauptergebnisse (zu den Details und weiteren Ergebnissen vgl. Woodward 1958, S. 16 ff.; 1965, S. 51 ff., das Resümee „organisch – mechanistisch" durch die Verf.).

Insgesamt ergab sich folgendes Bild: Firmen mit geringer und hoher Komplexität der Fertigungstechnologie entsprachen tendenziell dem Typus des *organischen* Managementsystems, Firmen im mittleren Bereich der Technologie-Skala dagegen dem klassisch-formalen (*mechanistischen*) Managementsystem. Bei Massenfertigung zeigte sich besonders prägnant eine klare Definition der Pflichten und Verantwortungsbereiche im Rahmen einer stark formalisierten Organisationsstruktur. Bei Einzel- und Prozessfertigung fiel besonders eine weitgehende Dezentralisierung des Entscheidungsprozesses und partizipatives Management auf. In dieses Bild passt auch das Ergebnis, dass das Stab-Linie-Prinzip am deutlichsten im Massenproduktions-Bereich verwirklicht war. Man achtete dort auf eine strikte Trennung von Beratung und Entscheidung. In der Einzel- und Prozessfertigung verwischten sich dagegen die Grenzen zwischen Beratung und Entscheidung.

Abbildung 4.8: *Ausgewählte Ergebnisse aus der Woodward-Studie (Die Zahlen sind jeweils absolute Mittelwerte)*

Organisationsstruktur	Fertigungstechnologie		
1. Zahl der Hierarchieebenen	3	4	6
2. Kontrollspanne - oberste Hierarchieebene	4	7	10
- unterste Hierarchieebene	22	46	15
3. Leitungsintensität	1:23	1:16	1:8
4. Kommunikation (schriftlich)	gering	hoch	gering
Insgesamt:	organisch	mechanistisch	organisch

Quelle: Woodward (1965), S. 51-67

Eine Einteilung der Firmen in drei Erfolgsklassen ergab, dass die Organisationsmerkmale der erfolgreichen Firmen jeder Fertigungskategorie sehr nahe bei den einzeln ermittelten Medianen je Strukturmerkmal lagen, während die weniger erfolgreichen Firmen die Randbereiche besetzten. Abbildung 4.9 zeigt diesen Zusammenhang am Beispiel der durchschnittlichen Kontrollspanne der untersten Führungsebene für 80 untersuchte Unternehmen (vgl. Woodward 1965, S. 68).

In einer Gesamtinterpretation der Befunde kommt Woodward (1965, S. 51) zu der Auffassung, dass es *„prescribed relationships"* zwischen den technologischen Bedingungen und den Organisationsstrukturen und Managementpraktiken gäbe. Im Hinblick auf die praktische Anwendung der Ergebnisse, also auf die Lösung des dritten generischen Problems der Organisationsgestaltung, weist die Autorin darauf hin, dass den Gestaltungsentscheidungen eine systematische Diagnose der technologischen Erfordernisse vorangehen müsse, um die Organisation entsprechend darauf einstellen zu können. Mit der Entscheidung für eine bestimmte technologische Ausrüstung ist demzufolge zugleich die Entscheidung für die optimale Organisationsform gefallen.

Abbildung 4.9: *Durchschnittliche Kontrollspanne des Vorgesetzten der untersten Führungsebene, aufgeschlüsselt nach dem geschäftlichen Erfolg der Unternehmen*

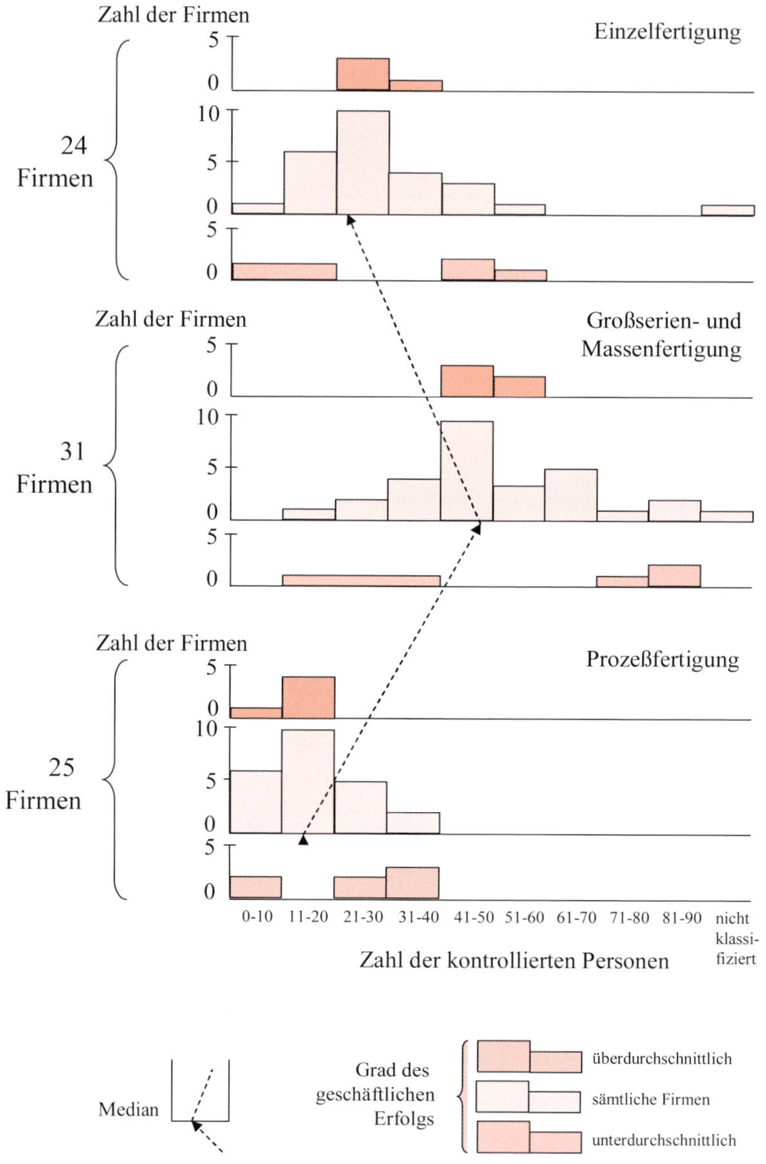

Quelle: Woodward in Mayntz (1968), S. 157

Die Technologie-These von Woodward hat zahlreiche Nachfolgestudien nach sich gezogen. Die Ergebnisse verdichteten sich allerdings aus den oben bei den Umweltstudien schon erwähnten Gründen nicht zu einem konsistenten Muster. Die Resultate der zahlreichen empirischen Untersuchungen sind uneinheitlich und widersprechen sich teilweise (vgl. das Sammelreferat von Miller et al. 1991).

Einige Korrelationen ließen sich zumindest häufiger feststellen, allerdings nur soweit sie sich auf den engeren Bereich der Fertigung bezogen. Dies verweist bereits auf den am häufigsten geäußerten konzeptionellen Kritikpunkt am Woodward-Ansatz, den Technologiebegriff und seine Fixierung auf die maschinelle Ausrüstung. Die *Kritik* lässt sich zu folgenden drei Punkten zusammenfassen:

1. Ein auf die technische Ausrüstung zugeschnittener Technologie-Begriff ist zu eng, weil er nur für Industriebetriebe verwendbar ist; darüber hinaus ist die Annahme einer Gesamttechnologie problematisch, sie negiert intraorganisatorische Unterschiede, d.h. Teilbereiche mit stark differierenden Technologien.

2. Der Begriff ist nicht nur von der Extension, sondern von der Gesamtkonzeption her zu eng, weil er das Know-how, die Beschaffenheit des Materials und/oder die Art des zu erstellenden Produktes außer Acht lässt.

3. Der Begriff stellt zu vordergründig auf physische Charakteristika des Ausrüstungskomplexes ab, Technologie ist jedoch mehr als Problemlösungsverfahren zu sehen.

Diese Argumente lenkten den Blick weg von der Ausrüstungstechnologie („Hardware“) auf die *Art der Aufgabe* und die Schwierigkeiten, die die Aufgabenbewältigung mit sich bringt („Software“). Dies bedeutet eine Abkehr von der technizistischen Betrachtungsweise. In den Vordergrund rückt das Konzept der Unsicherheit. Das Individuum und die Organisation werden als Problemlöser mitthematisiert.

Perrows Technologie-Modell

Es war vor allem Perrow (1967; 1973), der diese Fragen aufgegriffen und konsequent zu einem eigenen Ansatz ausgebaut hat. Er begreift Leistungsorganisationen vor dem Hintergrund des Input/Output-Rasters als Transformationssysteme und die Technologie als implizites und explizites *Transformationswissen*; Technologie wird hier ein *kognitives* Konzept. Unterschiede in der Technologie macht er dementsprechend an den Bedingungen der leistungsbezogenen Informationsverarbeitung zum Zwecke der Transformation von Inputs in Outputs fest. Im Zentrum stehen zwei Dimensionen:

1. *Varietät*, d.h. wie groß ist die Zahl der Ausnahmen im Aufgabenvollzug bzw. wie gut lassen sich die Anforderungen vorhersagen? Oder anders ausgedrückt: Wie repetitiv sind die Aufgaben?

2. *Analysierbarkeit der Aufgabe*, d.h. wie gut wird der Aufgabenvollzug verstanden und beherrscht, und dementsprechend, wie klar und eindeutig sind die Arbeitsprozeduren auch dann, wenn Probleme auftauchen (Materialprobleme, Verfahrensprobleme usw.)? Ferner, in welchem Umfang spielen Intuition, Ermessen und Experimentieren eine Rolle beim Problemlösen?

Es gilt: Je höher die Varietät und je geringer die Analysierbarkeit der Aufgabe, umso „unsicherer" ist die Technologie bzw. die „technologische Umwelt".

Perrow betrachtet die beiden Dimensionen als unabhängig voneinander; werden beide dichotomisiert und kreuztabelliert, so erhält man eine 4-Felder-Matrix (vgl. Abbildung 4.10).

Abbildung 4.10: *Perrows Technologie-Modell*

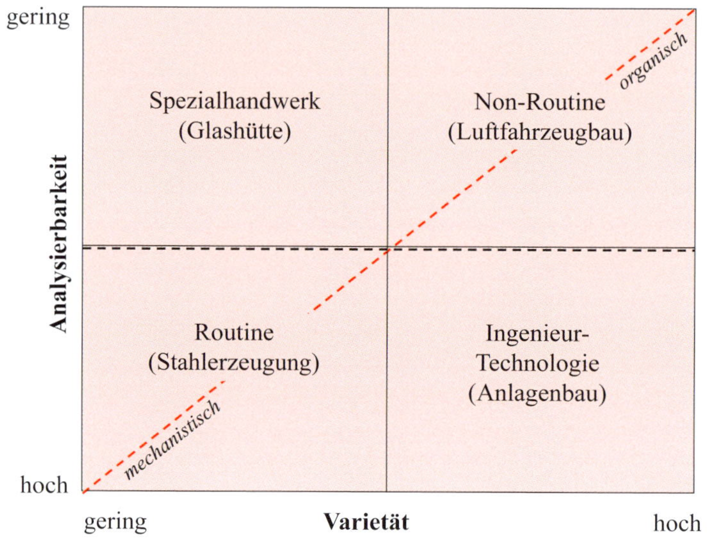

Quelle: Perrow (1970)

Perrow weist dem Extremtyp „Non-Routine-Technologie", definiert durch geringe Analysierbarkeit und hohe Varietät (Beispiel: Luftfahrzeugbau oder Werbeagentur), das organische Managementsystem im Sinne von Burns/Stalker und dem anderen Extremtyp „Routine-Technologie", definiert durch hohe Analysierbarkeit und geringe Varietät (Beispiel: Stahlwerk oder Versicherung), das mechanistische Managementsystem als kongruentes Strukturmuster zu (vgl. Abbildung 4.11). Die beiden anderen Typen liegen *zwischen* den beiden Managementsystemen. Dem Typus „Spezialhandwerk-Technologie" (Beispiel: Glashütte oder Uhrenherstellung) wird ein eher organisches, dem Typus „Ingenieur-Technologie" (Beispiel: Steuerkanzlei oder Anlagenbau) ein eher mechanistisches Managementsystem als kongruent zugeordnet. Die empirischen Belege sind dafür allerdings bis heute dürftig.

Der aufgabenorientierte Technologiebegriff hat den Vorteil der Loslösung von der Ausrüstung, er bringt jedoch eine *Reihe von Anschlussproblemen* mit sich, auf die abschließend noch kurz eingegangen werden soll (zu einer genaueren Diskussion vgl. Mintzberg 1979; Orlikowski 1992; Schreyögg 1995, S. 147 ff.).

Wenn Technologie aufgabenbezogen konzeptionalisiert wird, kann auch davon ausgegangen werden, dass jede Organisation eine Vielzahl unterschiedlicher Technologien in sich vereinigt, und zwar zwischen Abteilungen (etwa Produktion und Marketing) als auch innerhalb von Abteilungen (etwa in der Marketingabteilung: Vertrieb, Marktforschung, Werbung). Abbildung 4.11 zeigt einen Ausschnitt aus einem Fragebogen zur Bestimmung der Abteilungstechnologie.

Abbildung 4.11: *Fragebogen zur Abteilungstechnologie (Auszug)*

Variety

1. To what extent would you say your work is routine?
2. Does most everyone in this unit do about the same job in the same way most of the time?
3. Are unit members performing repetitive activities in doing their jobs?

Analyzability

1. To what extent is there a clearly known way to do the major types of work you normally encounter?
2. To what extent is there an understandable sequence of steps that can be followed in doing your work?
3. To do your work, to what extent can you actually rely on established procedures and practices?

Skalierung: 7-stufige Skalen

Quelle: Daft (1998), S. 135

Im Unterschied zu Lawrence/Lorsch fehlen allerdings hier Aggregationsregeln, so dass sich die Frage stellt, ob mit dieser Verfahrensweise überhaupt noch der Einfluss der Technologie auf das globale organisatorische Regelungssystem untersucht werden kann (siehe hierzu die Studien von Lynch 1974; Leatt/Schneck 1984).

Als weiteres gewichtiges Problem ist die Abgrenzungsschwierigkeit zum organisatorischen Regelwerk anzusehen, die mit einer solchen Betrachtungsweise einhergeht. Wenn der Einfluss der Technologie auf die Organisationsgestaltung untersucht werden soll, muss zwingend sichergestellt sein, dass das eine unabhängig von dem anderen ist; ansonsten gerät die gesamte Argumentation zirkulär. Hält man sich die Funktion der Organisationsstruktur – im allgemeinsten Sinne: die gezielte Regelung der Leistungserstellung – vor Augen, liegt die Vermutung nahe, dass der Charakter der Aufgaben nicht unwesentlich von den getroffenen Regelungen mitbestimmt wird. Wenn aber die Konzepte der organisatorischen Regelung und der Technologie ineinander verschwimmen, lösen sich die Kausalbezüge auf.

Sobald Technologie als Know-how verstanden wird, rückt das Individuum als Aufgabenträger, als Akteur in den Vordergrund. Die Frage nach der Technologie wird dann stärker zu einer Frage von Können und Wissen derjenigen, die die Aufgabe zu bewältigen bzw. ihre Bewältigung vorzubereiten haben. Die Technologie wäre von individuellen Problemlösungsverfahren (mit-)bestimmt, in den Vordergrund würden Antworten auf die Fragen treten, wie Individuen mit Komplexität, Ambiguität usw. umgehen. Die je individuellen Strategien („kognitiven Landkarten") gerönnen in der Tendenz zu unterschiedlichen Technologien. Dagegen wäre im Grundsatz nichts einzuwenden – im Gegenteil, ein direkterer Zugang zur praktischen Bedeutung von Technologie wäre gefunden –, nur liegt ein solches Verständnis vollständig quer zur Idee des technologischen Imperativs, wonach die Technologie als *unabhängige* Variable Verhalten und Strukturen bestimmen soll. Hier deutet sich bereits an – wie im Anschluss noch genauer darzulegen ist –, dass die Kontingenztheorie keinen geeigneten Bezugsrahmen für die Lösung des dritten generischen Problems der Organisationsgestaltung bietet.

Stellt man die Konzepte der Umwelt und der Technologie gegenüber, so fällt auf, dass ein Technologie-Konzept, das auf die Unsicherheit abstellt, sich von dem Umwelt-Konstrukt kaum abgrenzen lässt. Betrachtet man etwa den Vorschlag von Lawrence/Lorsch, den Umweltzustand über die Aufgaben(un)sicherheit zu messen, so ergibt sich eine fast vollständige Überdeckung beider Konzepte. Diese Unklarheit in der Abgrenzung hat nicht zuletzt ihren Grund in der mangelnden Verankerung der Konzeptionen in einem übergeordneten theoretischen Gerüst, das den Stellenwert der Technologie verdeutlichen würde. Dies führt uns darauf zurück, dass der eigentliche konzeptionelle Ausgangspunkt der Einfluss der Umwelt auf Systeme ist.

4.3.3.3 Kontingenztheorie in neuem Gewand: das Konzept der Ambidexterität

Befeuert durch die These, dass sich im Rahmen der Globalisierung die Wettbewerbsdynamik, der Organisationen ausgesetzt sind, stetig beschleunige, gewinnt das Thema der differenziell-strukturellen Anpassungsfähigkeit im Sinne von Lawrence/Losch neue Brisanz. Organisationen müssen auf der einen Seite in der Lage sein, wiederkehrende Probleme effizient abzuarbeiten, und andererseits sich ständig erneuern, um sich an schnell verändernde Umweltbedingungen anzupassen (Benner/Tushman 2003; Raisch et al. 2009). Hintergrund bildet die berühmte Unterscheidung zwischen explorativem und exploitativem Lernen. Exploratives Lernen beschreibt grundlegende Lernprozesse die das Bestehende hinterfragen und zu grundsätzlich neuen Erkenntnissen führen sollen. Exploitatives Lernen hingegen zielt auf die Verbesserung bestehender Strukturen und Prozesse im Sinne einer Effizienzsteigerung (March 1991 vgl. dazu im Einzelnen Kapitel 6). Wie schon bei Lawrence und Lorsch wird konstatiert, dass Organisationen je nach spezifischer Wettbewerbsumwelt, explorative und exploitative Lernprozesse quasi parallel beherrschen sollten. Während Subsysteme, die mit eher moderat dynamischen Umwelten konfrontiert sind, vornehmlich auf exploitatives Lernen setzen sollten, sollen Subsysteme die hoch dynamischen Umwelten gegenüberstehen in einem ständigen explorativen Lernmodus begriffen sein (Raisch et al. 2009; Davis et al. 2007). Durch das parallele Prozessieren von explorativem und exploitativem Lernen soll quasi das Beste aus beiden Welten miteinander verknüpft werden: Organisationen operieren einerseits hoch effizient auf der Basis von Routinen, und andererseits zugleich hoch adaptiv, auf der Basis von flexiblen Minimal-Strukturen, die sich in ständiger Veränderung befinden. Das hybride Konzept der Ambidexterität, ein Begriff der ursprünglich aus der Medizin kommt und dort die motorische Fähigkeit bezeichnet, beide Hände unabhängig voneinander zu steuern (Beidhändigkeit), markiert das Potenzial von Organisationen gleichzeitig explorativ und exploitativ zu lernen (Benner/Tushman 2003). So soll einerseits ein zu wenig an Struktur und Routinen und damit eine Unterorganisation vermieden, andererseits soll die Gefahr einer Überorganisation und damit Pfadabhängigkeit und fortschreitende strukturelle Verhärtung verhindert werden. Ähnlich wie bei Lawrence und Lorsch stellt sich auch hier die Frage nach der Integration der unterschiedlichen, auf Exploration oder Exploitation hin ausgerichteten Subsysteme. Hier werden im Wesentlichen drei Formen der Ambidexterität unterschieden: Strukturelle Ambidexterität, kontextuelle Ambidexterität und Führungsambidexteterität (Raisch et al. 2009).

Im Rahmen der strukturellen Ambidexterität wird vorgeschlagen, die beiden Bereiche in Organisationen räumlich zu trennen, um die jeweilige Verschiedenartigkeit nicht zu gefährden. Hintergrund bilden Erfahrungen in der pharmazeutischen Industrie. Hier wurden in der Vergangenheit innovative Start-ups von Großunternehmen gekauft mit dem Ziel, die Innovationsfähigkeit der kleinen Einheiten zu sichern. Im Zeitablauf verloren jedoch etliche der ursprünglich innovativen Einheiten ihre Fähigkeit zur Exploration. Es zeigte sich, dass die großen Einheiten mit ihren starren Routinen, wie etwa Reportingstandards oder Budgetplanungsprozessen, die flexiblen Strukturen der Start-ups quasi überformt hatten und damit deren Innovationsfähigkeit behinderten. Als Folge dessen empfiehlt das Konzept der strukturellen Ambidexterität, diese Einheiten nicht anzutasten und räumlich von den Konzernstrukturen zu trennen, um ein allzu leichtes überformen der Strukturen wirksam zu unterbinden. Allerdings stellt sich hier gleichsam die Frage nach der Integration der unterschiedlichen Einheiten. Im Falle der strukturellen Ambidexterität wird sie allenfalls im Sinne einer losen Kopplung (vgl. Kapitel 3) gedacht. Wie jedoch diese schwachen Verbindungen zwischen den Einheiten genau ausgestaltet werden und was ein zu viel bzw. zu wenig an Kopplung ausmacht, wird nicht weiter problematisiert.

Ein anderer – im engeren Sinne nicht struktureller – Weg wird mit dem Konzept der kontextuellen Ambidexterität eingeschlagen. Organisationsmitglieder sollen dazu befähigt werden, simultan explorativ und exploitativ zu lernen. In Abhängigkeit des jeweiligen Kontextes wechseln sie gleichsam nahtlos von Exploration zu Exploitation oder umgekehrt. Individuen sollen selbst beurteilen, wie sie – in Abhängigkeit des jeweiligen Kontextes – ihre Zeit am besten zwischen diesen konfligierenden Anforderungen aufteilen. In diesem Zusammenhang wird häufig auf die vielzitierte 70/20/10 Regel von Google verwiesen. Google Mitarbeiter werden dazu angehalten, 70% ihrer Arbeitszeit vorgegebenen Kernprojekten zu widmen, die bereits erfolgreich am Markt etabliert sind – und damit Exploitation zu betreiben. 20% der Arbeitszeit sollen dann aber auf völlig neue, noch in der Entwicklung befindliche Projekte allokiert werden, was exploratives Verhalten verlangt. Die letzten 10% sollen die Mitarbeiter frei für eigene Ideen nutzen können, bei denen sie gänzlich unbestimmt arbeiten können – was wiederum Exploration beschreibt.

Ganz ähnlich wird im Konzept der Führungsambidexterität argumentiert. Hier wird die Fähigkeit zur Exploration oder Exploitation im Kern an verschiedenen hierarchischen Positionen festgemacht. Während Mitarbeitern auf eher operativen Ebenen vornehmlich exploitative Aufgaben zukommen, wäre es insbesondere die Aufgabe des Top-Managements, für Exploration zu sorgen. Top-Manager seien, so das Argument, aufgrund ihrer zahlreichen Außenkontakte und ihres Überblicks für Exploration prädestiniert; ihnen käme qua Amt die Funktion zu, das Neue in die Organisation zu tragen. Allerdings stellt sich hier die Frage, ob dies nicht schlicht der klassischen Vorstellung der Hierarchie gleichkommt, wo schon immer davon ausgegangen wurde, dass das Top-Management alle Integrationsprobleme innovativ durch persönliche Weisung löst. Hier setzt ja einer der Kritikpunkte an der klassischen hierarchischen Organisation an: Die Organisation wäre damit nur so intelligent oder innovativ wie ihre Spitze.

Ganz gleich wie man die einzelnen Formen der Ambidexterität nun einschätzt, bleibt das zentrale Kernargument bestehen: Organisationen müssen, um Überleben zu können, eine Balance zwischen Exploration oder Exploitation herstellen (vgl. Schreyögg/Sydow 2010).

4.3.3.4 Kritische Würdigung des kontingenztheoretischen Problemlösungsansatzes

Kritische Einwände gegen die von den Kontingenztheoretikern favorisierte Lösung des Organisation/Umwelt-Problems setzen an verschiedenen Stellen an; zunächst einmal an der Triftigkeit der empirischen Belege, an den verwendeten Konstrukten (Umwelt, Organisationsstruktur, Effizienz) und der Stimmigkeit ihrer Operationalisierung, an der Variablenauswahl, dem mangelnden Einbezug dynamischer Effekte usw. (vgl. Schoonhoven 1981; Zey-Ferrell/Aiken 1981; Ebers 2004; zu Gegenargumenten vgl. Donaldson 2001; van de Ven et al. 2013).

Für die hier interessierende, anwendungsbezogene Perspektive, ist die Frage wichtiger, inwieweit das *zugrunde liegende Paradigma* (d.h. die theorieleitende Perspektive) einen adäquaten Zugang zu dem dritten generischen Problem einer umweltbezogenen Organisationsanalyse und -gestaltung erlaubt.

Die meisten Vertreter des situativen Ansatzes sprechen von strengen Gesetzeshypothesen als Leitbild; die Entstehung von Organisationsstrukturen hätte man sich dann als nicht willentlich herbeigeführt, sondern einem unabänderlichen Naturverlauf folgend vorzustellen. Hier stellt sich sofort die Frage, ob es richtig ist, die Strukturierung von Organisationen als Quasi-Naturphänomen anzusehen – eine insgesamt wohl doch eher exotische Vorstellung. Bei genauerer Hinsicht erweist es sich jedoch, dass schlussendlich die empirischen Zusammenhänge eher aus dem Funktionszusammenhang der Systemerhaltung verständlich gemacht werden. Die externen Bedingungen (Umwelt oder Technologie) definieren das relevante Umfeld, dem sich ein System mit Hilfe der Organisationsstruktur anpassen muss, um seinen Bestand zu sichern. Der Anpassungsdruck wird über das unterstellte Systemerhaltungsstreben wirksam.

Diese systemtheoretische Perspektive wird allerdings in den kontingenztheoretischen Ansätzen nur in einer sehr eingeengten Weise bemüht. So liegt der neueren Systemtheorie als Kernidee die Interdependenz von System und Umwelt zugrunde. Die Kontingenztheorien gehen dagegen von einer einseitigen Abhängigkeit des Systems aus: Eine Aufteilung in abhängige und unabhängige Variablen, wie sie in den kontingenztheoretischen Hypothesen vorgenommen wird, ist mit dem systemtheoretischen Konzept unvereinbar (Luhmann 1995, S. 98). Weiterhin kennt die Systemtheorie die Idee der funktionalen Äquivalente, d.h. es stehen mehrere gleichwertige Strategien zur Lösung von Systemproblemen zur Verfügung, die gegeneinander in gewissen Grenzen austauschbar sind. Dem System stellt sich damit das Problem der Mittelwahl. Anders dagegen die Kontingenztheorien; sie geben der systemtheoretischen Denkweise eine deterministische Wende. Sie gehen davon aus, dass für jede Umweltkonstellation ein und nur ein spezifischer Systemzustand (Strukturmuster) passt bzw. kongruent ist. Für das System gibt es nur *eine* richtige Reaktionsweise auf die Erfordernisse aus der Umwelt.

Der Problemlösung des situativen Ansatzes liegt somit eine sehr spezielle *Gestaltungsphilosophie* zugrunde; sie lässt sich zu drei Prämissen zusammenfassen (Child 1972; Schreyögg 1995, S. 172 ff.):

Prämisse 1: Es gibt nur jeweils eine richtige (kongruente) Strukturform, d.h. für die Gestaltung von Organisationsstrukturen besteht innerhalb der gegebenen Kontextbedingungen keine Wahlmöglichkeit.

Prämisse 2: Die Kontextfaktoren (Umwelt oder Technologie) sind von der Organisation als gegeben zu betrachten, d.h. sie kann darauf keinen Einfluss ausüben.

Prämisse 3: Für jede Organisation ist eine bestimmte Art und ein bestimmtes Maß ökonomischer Effizienz verbindlich; die Kriterien sind von der Organisation nicht beeinflussbar.

Bereits die Explikation der Prämissen lässt die Problemstellen offenkundig werden. Ohne zu sehr ins Detail zu gehen, seien doch die wesentlichen Einwendungen gegen diese drei Prämissen herausgestellt. Die Prämissen 1 und 2 werden getrennt nach technologischem Imperativ und Umweltdeterminismus erörtert.

Technologischer Imperativ

Prämisse 1: Die Ansätze zum Einfluss der Fertigungstechnologie sind theoretisch wenig ausformuliert, d.h. sie geben keine nähere Erklärung, wie man sich das Wirksamwerden der Fertigungstechnologie auf die gesamte Organisationsstruktur konkret vorzustellen hat. Vor allem bleibt unklar, welche Aspekte der Fertigungstechnologie eine so strenge Anpassung der Gesamtorganisation notwendig machen. Gewiss ist die These, dass die Fertigungstechnologie die Charakteristika der Aufgaben, die mit ihr in einem unmittelbaren Zusammenhang stehen, zu einem gewissen Teil bestimmt, nicht von der Hand zu weisen. Eine direkte Bestimmung der Aufgaben durch die Technologie kann aber kaum behauptet werden. Wie bereits dargelegt, spiegelt die Aufgabenstruktur eine Reihe vorangegangener Entscheidungen wider, zum einen über die Art der technischen Ausrüstungen und die Anordnung der Aggregate, zum anderen aber auch über Arbeitsvorbereitungspläne, Kompetenzverteilungen, Ausmaß der Spezialisierung, Kontrollverfahren usw. Ein technologischer Imperativ, zu dem es nur eine gestalterische Antwort gibt, ist vor dem Hintergrund dieser Einflussgemengelage schwer vorstellbar.

Überdies zeigen gerade die Entwicklungen in der jüngeren Zeit hin zu flexiblen Fertigungstechnologien und vielfältigem Einsatz neuer Teamstrukturen in der Fertigung, dass den Unternehmen mit zunehmender technischer Entwicklung eher *mehr* als weniger Entscheidungs- und Gestaltungsspielräume erwachsen (u.a. Piore/Sabel 1985; Hammer/Champy 1994; Lei et al. 1996). Gleiches gilt, wenn nicht in noch viel größerem Maße, für die neueren Entwicklungen der Informationstechnologie, die die Kommunikation sehr viel schneller und sehr viel billiger machen und auf diesem Wege das Feld für die Organisationsgestaltung deutlich ausdehnen und nicht etwa schließen (Lucas/Baroudi 1994; Fulk/DeSanctis 1995; Friedman et al. 2013).

Aus der Tatsache, dass in vielen Organisationen das Spektrum der Gestaltungsmöglichkeiten, das eine Technologie bietet, nicht genutzt wird, kann nicht der Schluss gezogen werden, dass diese Möglichkeiten faktisch nicht existieren. Es steht zu vermuten, dass in vielen Fällen aufgrund tradierter Vorstellungen über die Organisation der Arbeit die Gestaltungsmöglichkeiten gar nicht erkannt werden, oder nur geringe Bereitschaft besteht, neue Organisationsformen auszuprobieren. So gesehen ist die Kontingenztheorie der Organisationsstruktur auch gefährlich, denn sie präsentiert konventionelle Gestaltungsformen als scheinbar „eherne Gesetze“ und entmutigt, Neues zu wagen (zum organisatorischen Konservativismus im Gewand von Kausalanalysen vgl. Child et al. 1987).

Die zahlreichen Innovationsprojekte, die nicht zuletzt durch das Studium japanischer Lösungen der Fertigungsorganisation (Womack et al. 1992) angeregt wurden, haben belegt, dass vielfältige Strukturalternativen im Rahmen einer gegebenen Fertigungstechnologie existieren – und betonen eher die Notwendigkeit, fortlaufend über bessere Alternativen nachzudenken als die Fitformel zu reproduzieren (vgl. dazu Fokus 4.3).

Fokus 4.3

Technologie und Alternativen im Fahrzeugbau

„Die Grundlage des Ford-Systems war, dass die Fließbandarbeiter nur einen oder zwei Handgriffe ausführten, immer wieder und, wie Ford hoffte, ohne Klagen. Der Vorarbeiter verrichtete selbst keine Montagearbeiten, sondern stellte sicher, dass die Fließbandarbeiter die Anweisung befolgten. Diese Anweisungen wurden vom Industrial Engineer aufgestellt, der auch für Vorschläge zur Verbesserung der Abläufe verantwortlich war. Spezielle Reparateure setzten Werkzeuge in Stand. Reinigungspersonal reinigte periodisch die Arbeitsbereiche. Spezielle Inspektoren prüften die Qualität, und fehlerhafte Arbeit wurde in der Nacharbeitszone hinter dem Fließbandende korrigiert. Eine letzte Kategorie der Arbeiter, die „Springer", vervollständigte die Arbeitsteilung. Da selbst hohe Löhne in den meisten Montagefabriken der Massenproduktion zweistellige Abwesenheitsziffern nicht verhindern konnten, war eine große Anzahl von „Springern" notwendig, die für Arbeiter einspringen mussten, die nicht regelmäßig erschienen. Das Fließband durfte nur in absoluten Notfällen angehalten werden. Es war vollkommen in Ordnung, Autos mit einem schlecht montierten Teil bis zum Bandende passieren zu lassen, da dieser Fehler im Nacharbeitsbereich beseitigt werden konnte.

Für Ohno, der Detroit direkt nach dem Kriege wiederholt besuchte, war dieses ganze System voller muda, dem japanischen Begriff für Verschwendung: Verschwendete Arbeit, Materialien und Zeit. Nach seiner Rückkehr nach Toyota City begann Ohno zu experimentieren. Im ersten Schritt gruppierte er Arbeiter zu Teams mit einem Teamleiter statt Vorarbeiter. Den Teams wurden einige Montageschritte und ein Stück Fließband zugeteilt. Dann wurde ihnen gesagt, sie sollten zusammenarbeiten und den besten Weg finden, die Arbeitsgänge durchzuführen. Der Teamleiter koordinierte das Team und führte auch Montagearbeiten durch; insbesondere sprang er für abwesende Arbeiter ein – in Massenproduktionsfabriken ein undenkbares Schema.

Dann übertrug Ohno dem Team die Aufgaben des Reinigers, kleinere Werkzeugreparaturen und die Qualitätsprüfung. Als die Teams reibungslos zusammenarbeiteten, plante er als letzten Schritt periodisch für jedes Team Zeit ein, um gemeinsam Wege zur Verbesserung des Ablaufs zu finden. Hinsichtlich der Nachbesserung waren Ohnos Gedanken wahrhaft genial. Nach seiner Meinung multiplizierte das Verfahren der Massenproduktion, Fehler passieren zu lassen, um das Band am Laufen zu halten, die Fehler bis ins Endlose. War ein defektes Teil einmal in ein komplettes Fahrzeug eingebaut, war zur Beseitigung des Fehlers ein enormer Aufwand an Nacharbeit notwendig. Und weil das Problem erst am Bandende entdeckt wurde, waren viele Fahrzeuge mit den gleichen Fehlern produziert worden, bevor diese aufgedeckt wurden.

In der Massenproduktionsfabrik lag die Verantwortung für einen Bandstop ausschließlich beim Meister. Ohno spannte dagegen über jeder Arbeitsstation eine Leine und wies die Arbeiter an, das gesamte Fließband sofort anzuhalten, wenn ein Problem auftauchte, das sie nicht beheben konnten. Dann sollte das ganze Team an einer Lösung arbeiten. Als die Arbeitsteams Erfahrungen darin sammelten, Probleme zu identifizieren und bis zu ihrer letzten Ursache zurückzuverfolgen, begann die Anzahl der Fehler drastisch zu sinken (...). Der einfache Grund hierfür war, dass die Qualitätskontrolle, wie sorgfältig sie auch ist, nicht alle Fehler entdecken kann, die in die heutigen komplizierten Fahrzeuge „eingebaut" werden können. Heute besitzen Toyota-Montagefabriken praktisch keine Nacharbeitszonen mehr und führen fast keine Nacharbeiten mehr durch."

Quelle: Womack/Jones/Roos (1992), S. 60 ff.

Prämisse 2: Die für gewöhnlich zahlreichen Strukturalternativen bei gegebener Technologie lassen weiterhin die Frage aufkommen, inwieweit es berechtigt und sinnvoll ist, beim organisatorischen Designprozess die Technologie als *gegeben* und damit als von den Entscheidern unbeeinflussbar zu betrachten. Neben der allgemeinen Tatsache, dass Technologien historisch geworden, sozial konstruiert und damit auch der Möglichkeit nach veränderbar sind (vgl. zu dieser Diskussion Ortmann 1995; Bijker et al. 2012), erweist sich auf organisatorischer Ebene die Vorstellung, Technologien würden als fertige Komplexe eintreffen, als zunehmend irreführend. In der neueren Technologieforschung besteht weitgehend Konsens, dass die Technologie im Zuge ihres Einsatzes vielfältige Modifikationen erfährt. Rice/Rogers (1980) sprechen sogar davon, dass die Anwender die Technologie oftmals neu erfinden und ihre Interventionen damit Teil der Technologie werden. Technologie wird deshalb immer häufiger als interaktives Konstrukt konzipiert. Ja mehr noch, die Veränderung der Technologie durch den Anwender wird als Voraussetzung für einen erfolgreichen Technologieeinsatz gesehen (Johnson/Rice 1987). Dabei gilt es als offene Frage, wie häufig technologische Modifikationen möglich und wie lange der Zeitraum dafür zu veranschlagen sind.

Tyre/Orlikowski (1994) zeigen in ihrer Längsschnittstudie zur Prozesstechnologie in der industriellen Fertigung (3 Fallstudien aus den USA und Europa) interessante Modifikationsmuster. Es erwies sich, dass in den ersten 2 ½ Monaten nach Installation 60% und zwischen dem 11. und 14. Monat nach Installation 23% der insgesamt 41 registrierten Änderungsprojekte stattfanden (Beobachtungszeitraum 3 Jahre). Die Anfangsperiode erweist sich somit als besonders änderungsintensiv. Nach ca. 9 Monaten eröffnete sich aber in diesen Unternehmen erneut die Möglichkeit für Veränderungsvorhaben. Um den Charakter der Veränderungsmuster zu kennzeichnen, sprechen die Autorinnen von „windows of opportunity", die hier von der Organisation geöffnet und geschlossen werden. Es handelt sich also nicht um technologisch bestimmte Zyklen, sondern um Verfahrensweisen, die Organisationen zum Umgang mit Technologien (bewusst oder unbewusst) entwickeln. Diese Herstellungsperspektive wird in der Studie von Schreyögg/Schmidt (2010) unterstrichen, bei der die untersuchten Organisationen, vornehmlich um rasch auf Kundenwünsche reagieren zu können, die „windows of opportunity" allerdings kontinuierlich geöffnet hielten.

Studien zur Einführung von Informations- und Kommunikationstechnologie zeigen, dass es vielfältige organisatorische Lösungen bei der Einführung neuer Technologien gibt, wofür die Studie von Barley (1996) ein vielbeachtetes Beispiel gibt. Der Autor zeigt am Beispiel von zwei Krankenhäusern, wie die Einführung identischer CT-Geräte zum Anlass genommen wurde, neue Organisationslösungen zu entwickeln. Es zeigte sich, dass ein- und dasselbe Gerät in den zwei Krankenhäusern zu ganz anderen organisatorischen Konsequenzen führte. Von entscheidender Bedeutung war, auf welche historische Ausgangssituation die Technologie traf (Wie war die Radiologie bisher organisiert? Welche Schnittstellenprobleme gab es bisher usw.) und welche Prozesse durch die neue Technologie in Gang gesetzt wurden. Schließlich hatte keines der Krankenhäuser Erfahrungen im Einsatz von CT-Scannern.

In einem Fall wurden drei Experten von außerhalb (zwei technische Assistenten und ein erfahrener Radiologe) rekrutiert, welche das Expertenteam bildeten, das die Aufgabe hatte die Technologie funktionsfähig zu machen und in die bestehenden Abläufe zu integrieren. Nach einiger Zeit entschloss man sich zu einer Job Rotation der Radiologen; sie alle sollten in der Lage sein mit dem CT-Scanner umgehen zu können. Dies hatte zur Folge, dass die erfahrenen Technologieassistenten Instruktionsfunktionen übernahmen – was zu einer Abflachung der Machtdistanz zwischen Ärzten und Technikern führte. Nachdem es zu Konflikten kam, entschloss man sich zu einer klaren Arbeitsteilung: Die Technologieassistenten nahmen jetzt selbständig Aufgaben wahr, die bislang einer Genehmigung durch die Ärzte bedurften. Im Gegenzug zogen sich die Radiologen aus dem operativen Aufgabenfeld immer mehr zurück.

Im zweiten Krankenhaus hingegen wurde das CT-Team, welches mit der Einführung betraut wurde, rein aus vorhandenem Personal rekrutiert. Die Radiologieassistenten waren vorher in verschiedenen Röntgenabteilungen tätig ebenso wie die beteiligten Ärzte. Als Folge dessen stellte sich sehr rasch eine Hierarchisierung ein: Die Ärzte bildeten die vorgesetzte Ebene, die den Radiologieassistenten Anweisungen erteilten, während die Assistenten selbst wiederum von sich aus um Anweisungen ersuchten. Diese festgefügte Hierarchie wurde erst dann verändert, als – wie in dem anderen Krankenhaus – Job Rotation unter den Radiologen eingeführt wurde. Jetzt mussten die CT-unerfahrenen Ärzte die zwischenzeitlich erfahrenen CT-Technologieassistenten um Rat fragen, was die Abflachung der Hierarchie zur Folge hatte.

Diese und andere Studien zeigen eindrucksvoll auf, dass ein und dieselbe Technologie ganz unterschiedliche, idiosynkratische Organisationsstrukturen nach sich ziehen kann. Welche Art von Struktur gewählt wird ist damit nur z.T. von der gewählten Technologie abhängig. Einen ganz wesentlichen Einfluss darauf wie Technologie eingeführt und letztendlich auch genutzt wird haben die bereits existierenden organisatorischen Praktiken und Prozesse.

Während diese früheren Studien noch vor allem die unterschiedliche Art und Weise, wie Technologie eingeführt werden kann, zum Fokus hatten, stellen neuere Ansätze die Frage, inwieweit es überhaupt berechtigt und sinnvoll ist, beim Designprozess die Technologie als gegeben und damit als von den Entscheidern unbeeinflussbar zu betrachten. Neben der allgemeinen Tatsache, dass Technologien historisch gewachsen, sozial konstruiert und damit auch der Möglichkeit nach grundsätzlich veränderbar sind, erweist sich auf organisatorischer Ebene die Vorstellung, Technologien würden in den Unternehmen gewissermaßen als fertige Konstrukte eintreffen, als zunehmend irreführend. Vielmehr besteht in der neueren Technologieforschung weitgehend Konsens darüber, dass die Technologie im Zuge ihres Einsatzes selbst vielfältige Modifikationen erfährt. Technologie wird in diesem Sinne als interaktives Konstrukt konzipiert, weshalb Orlikowski, in Anlehnung an die Strukturationstheorie von Giddens (1984), von einer Dualität von Technologie und Struktur spricht. Damit soll zum Ausdruck gebracht werden, dass einerseits die Technologie Einfluss auf die Struktur nimmt, andererseits die Struktur wiederum die Ausgestaltung und Nutzung der Technologie beeinflusst; beides sei nicht unabhängig voneinander zu denken sondern bedingt sich wechselseitig.

Diese Dualität wird insbesondere bei neuerer Informations- und Kommunikationstechnologie deutlich. So beschreibt Orlikowski (2007) sehr eindrücklich die Auswirkungen der Einführung von BlackBerrys (Mobiltelefone, mittels derer sich vor allem E-Mails bearbeiten lassen) auf organisationale Praktiken der Kommunikation. Vor allem die in die Mobiltelefone integrierte push-Technologie, die es ermöglicht, dass auf dem E-Mail-Server eingehende Nachrichten unmittelbar auf das Mobiltelefon weitergeleitet werden, nahm einen großen Einfluss auf die Praktiken der Zusammenarbeit, die wiederum die Technologie veränderten. Obwohl es keine formale Anordnung gab, fühlten die Mitarbeiter einen starken sozialen Druck, ständig erreichbar zu sein und auch außerhalb der offiziellen Arbeitszeit auf eingehende Nachrichten sofort zu reagieren. Dies führte auf der einen Seite zu einer als höher erlebten Autonomie, da die BlackBerrys das Arbeiten auch außerhalb des Büros erleichterten, auf der anderen Seite entstand ein massiver Druck, quasi rund um die Uhr für die Firma erreichbar zu sein. Die Mitarbeiter nahmen wie selbstverständlich an, dass alle ständig ihre Nachrichten lesen, was zu einer immer höheren Kommunikationsfrequenz führte, was wiederum die Notwendigkeit, ständig seine Nachrichten zu verfolgen erhöhte. Als Folge dessen verschwammen die bis dato klaren Grenzen zwischen Arbeit und Freizeit, die durch das Ausschalten des Arbeitsplatzrechners markiert worden waren.

Die durch die Einführung der BlackBerrys induzierten Veränderungen der Arbeits- und Kommunikationspraktiken wurden zwar durch die Technologie der „push"-Funktion ermöglicht, die konkrete Nutzung der BlackBerrys und die entstandene Erwartungshaltung resultierte aber nicht unmittelbar aus der Technologie selbst. Erst die konkrete Entscheidung der Mitarbeiterinnen die BlackBerrys ständig eingeschaltet mitzuführen und Nachrichten zu lesen, führte zur Etablierung der beschriebenen Praktiken. In diesem Sinne ist Technologie keine Determinante der Organisationsgestaltung, sondern vielmehr eine Art „Ermöglicher". Im genannten Beispiel eröffnen BlackBerrys die Möglichkeit für eine neue Form der Arbeitsgestaltung und Zusammenarbeit, während gleichzeitig die neuen Praktiken wiederum den Umgang mit der Technologie prägen. Dabei lässt die Technologie jedoch erhebliche Spielräume bei der Ausgestaltung der je spezifischen, idiosynkratischen Praktiken. Mit der Einführung einer push-Technologie ist eben noch nichts darüber gesagt, wie diese in der jeweiligen Organisation genutzt wird. Gerade die jüngste Diskussion rund um die Nutzung von E-Mails während der Freizeit zeigt, dass Unternehmen sich vermehrt Gedanken darüber machen, wie man die E-Mail Belastung wirksam reduzieren kann. So ist Volkswagen beispielsweise dazu übergegangen, die E-Mail Server 30 Minuten nach Dienstende schlicht zu deaktivieren, um ein Weiterleiten von E-Mails auf Mobiltelefone in der Freizeit zu unterbinden. Dieses Beispiel zeigt sehr schön, dass die durch die Technologie entstandene Erwartungshaltung nach ständiger Erreichbarkeit eine neue technologische Lösung hervorgebracht hat – nämlich das Abschalten der Server nach Feierabend, was wiederum veränderte Kommunikationspraktiken nach sich zieht.

Technologien erweisen sich aus dieser Perspektive – ganz im Gegensatz zur Kontingenztheorie – als eine von der Organisation wesentlich mitgeprägte Größe, in sie fließen die Handlungsprozeduren, Praktiken, organisatorische Leitbilder usw. ein. Wie sich zeigt, definieren Organisationen auch das Technologiebild. Diese Befunde und Argumente lösen das allzu einfache Muster „unabhängige – abhängige Variable" auf. Der organisatorische Gestaltungsprozess muss auf einer interaktionstheoretischen Folie gefasst werden, wenn er praktische Relevanz erhalten soll.

Umwelt-Determinismus

Prämisse 1: Das gedankliche Grundmodell geht – wie gezeigt – davon aus, dass die Umwelt konkrete Anforderungen an die Organisation stellt, denen diese, um ihren Erhalt zu gewährleisten, durch Anpassungsmaßnahmen begegnen muss, wobei für die Anpassung nur eine richtige, nämlich die „kongruente" Lösung existiert. In Situationen hoher *Umweltdynamik und -komplexität* wird ein hohes Maß an Flexibilität und Innovationsbereitschaft als erforderlich angesehen, was sich u.a. in einer verstärkten Dezentralisierung und einer geringeren Formalisierung niederschlägt. Anders dagegen bei *stabilen Umwelten*: Die Funktionalität der hierfür erforderlich erachteten bürokratischen Organisationsstruktur wird nicht mit bestimmten Anforderungen der Umweltsituation, sondern lediglich mit *Effizienzargumenten* begründet. Im Hintergrund steht dabei die Annahme, dass überall dort, wo die Situation es zulässt, aus Effizienzgründen das Bürokratiemodell zu realisieren ist. Ein direkter inhaltlicher Zusammenhang zwischen der Ausprägung der Umwelt und der entsprechenden kongruenten Organisationsstruktur wird gar nicht bemüht. Ein stabiler Umweltzustand lässt somit im Prinzip beliebige Strukturierungsalternativen als möglich erscheinen; die Wahl fällt auf die (vermeintlich) effizienteste Lösung. Die hier leitende These von der Überlegenheit der formal-bürokratischen Strukturform in stabilen Umwelten ist nun allerdings wie in Kapitel 3 bereits ausführlich dargelegt, in der Organisationsforschung mehr als umstritten.

Dass aber auch bei *dynamischen* und sehr komplexen Umwelten wesentliche Spielräume bei der Strukturgestaltung bleiben, zeigen exemplarisch *systemtheoretische* Analysen auf, die unterschiedliche, funktional-äquivalente Strategien zur Bewältigung komplexer Umwelt benennen (vgl. vor allem Luhmann 1973). Die Möglichkeit funktionaler Äquivalente („Equifinalität") betont auch der so genannte Konfigurationsansatz (Miller/Friesen 1984; Doty et al. 1993; Scherer/Beyer 1998), der eine neuere Variante der Kontingenztheorie darstellt. Dort wird als weiteres Kriterium die *Stimmigkeit* eingeführt, die Organisationsstruktur, die Unternehmensstrategie und die Umwelt sollen ein in sich konsistentes stimmiges Muster („Konfiguration") abgeben; nur so sei der für das Überleben erforderliche Erfolg zu gewährleisten. Miller/Friesen (1984) entwickeln vor diesem Hintergrund eine interessante Wandeltheorie, auf die in Kapitel 6 genauer einzugehen ist. Für sich genommen lässt der Konfigurationsansatz aber viele Fragen offen. Vor allem bleibt der hier gesetzesartig postulierte Zwang zur Konsistenz theoretisch unbegründet. Ähnlich wie bei der Fit-These bleiben die die Konsistenz definierenden Faktoren im Dunkeln. Darüber hinaus zeichnet die Konsistenzthese ein Bild von Kohärenz und Eindeutigkeit, wie sie modernen Organisationen nicht gerecht wird. Vor allem im Zuge der Postmoderne-Debatte (Holtbrügge 2001; Koch 2003) wurde deutlich, dass im völligen Gegensatz dazu Organisationen eine Vielzahl von Bezugsebenen und Perspektiven benötigen, um den fragmentierten und spezialisierten Ansprüchen einer postindustriellen Welt gerecht werden zu können. Auch Lawrence/Lorsch hatten ja bereits auf die Notwendigkeit differenzierter, „unstimmiger" Designs hingewiesen. Interessant ist in diesem Zusammenhang die strategische Analyse von Thompson (1967), die sehr anschaulich macht, dass die Dynamik in der Umwelt nicht direkt auf die Organisation „durchschlägt", sondern dass der Organisation unterschiedliche Möglichkeiten zur Verfügung stehen, den sich daraus ergebenden Unsicherheiten zu begegnen. Eine der besonders hervorgehobenen Möglichkeiten besteht darin, bestimmte Organisationsbereiche, etwa die Fertigung, „künstlich" durch einen Abpufferungsring von der Umweltdynamik fernzuhalten, um sie sodann nach anderen Effizienzkriterien zu gestalten (siehe genauer unten in diesem Kapitel). Setzt man diese Strategie zu den Annahmen der Kontingenztheoretiker, speziell zu dem Modell von Lawrence/Lorsch, in Beziehung, so zeigt sich ein aufschlussreicher Gegensatz. Was hier als künstlich erzeugte Subsystemstabilisierung aufscheint, wird dort als Strukturanpassung gebietender Zwang des Umweltsegmentes thematisiert. Der dort konstatierte Umweltimperativ erweist sich als ein Artefakt der gewählten „Unsicherheitsbearbeitungs-Strategie". Adaptives Verhalten ist so gesehen nur eine von vielen Möglichkeiten komplexen Umwelten in einer grenzerhaltenden Weise zu begegnen.

Schließlich sei noch auf den in den letzten Jahren viel beachteten Ressourcenbasierten Ansatz hingewiesen, der die Singularität von Organisationen betont und damit einen markanten Kontrapunkt zu der Idee konformitätserzeugender Umweltzwänge setzt (siehe auch Kapitel 7) (Wernerfelt 1984; Barney 1991; Kraaijenbrink et al. 2010). In diesem Ansatz wird herausgearbeitet, dass Unternehmen in ein und derselben Wettbewerbsumwelt ganz unterschiedliche singuläre Kompetenzen und Fähigkeiten (intangible Ressourcen) entwickeln, die es ihnen erlauben, eine erfolgreiche strategische Differenz zur Konkurrenz und nachhaltig verteidigbare Wettbewerbsvorteile aufzubauen. Ganz im Unterschied zum Fit-Konzept belegt der Ressourcenbasierte Ansatz den Spielraum für Vielfalt. Mehr noch, in der Unterschiedlichkeit wird der entscheidende Vorteil ausgemacht. Firmenspezifische Regelungs- und Verhaltensmuster bilden die Basis für eine erfolgreiche Umweltbearbeitung. In dem Konzept der Kernkompetenzen kristallisiert sich der Impetus dieses Ansatzes (Prahalad/Hamel 1990; Hamel 1994). Diese bezeichnen eine spezifische, schwer imitierbare Ressourcenbündelung, die vor allem auf komplexen Fähigkeiten und nicht formalisiertem Organisationswissen beruht und Menschen, organisatorische Regelungen und Technologien auf einmalige Weise verbindet. Die gestalterische Konsequenz hieraus, ist die Einmaligkeit der internen Mechanismen weiter voranzutreiben und jede Konformität trotz gleichen Umweltzustandes zu vermeiden (vgl. dazu auch die Ausführungen zum Strategischen Ansatz unten unter Abschnitt 4.4.2).

Prämisse 2: Auch die Prämisse unveränderlicher Umweltimperative gibt kein hinreichend realistisches Bild von der Gestaltungssituation in Organisationen. Hier ist zunächst einmal daran zu erinnern, dass die Organisationen ihre Grenzen selbstreferentiell begründen und die Veränderung der Grenzen (und damit der Umwelt) eine immer mögliche Option darstellt. D.h. die Organisation kann entscheiden, welche Produkte hergestellt oder welche Dienstleistungen erbracht, welcher Abnehmerkreis vorrangig bedient, welche Vertriebswege verwendet werden sollen etc. Die vorgefundene Umweltsituation der jeweiligen Organisation ist also in nicht unbedeutendem Maße das Ergebnis *vorangegangener Entscheidungsakte*. Hage (1977) bringt diesen Sachverhalt der Rekursion prägnant auf den Punkt: „Choosing constraints and constraining choice". Die Entscheidung wird von den constraints beeinflusst und die constraints sind Gegenstand vorgehender Entscheidungen. Eine gesellschaftstheoretische Fundierung findet dieser Gedanke in der Strukturationstheorie von Giddens (1984).

Daneben ist auf die Möglichkeit hinzuweisen, Aktionsfelder der Umwelt selbst *aktiv zu beeinflussen* und im eigenen Sinne zu prägen. Inwieweit Möglichkeiten der aktiven Beeinflussung in Betracht gezogen werden können, ist eine Frage der wirtschaftlichen Macht. Die am besten beobachtbaren Eingriffe in die Umweltsituation finden sich im Bereich des Marketings. Speziell in der Konsumgüterindustrie werden bekanntlich alle *absatzpolitischen* Instrumente (Werbung, Verkaufsförderung, Produktgestaltung, Preisdifferenzierung etc.) zur Beeinflussung der Verbraucherwünsche und des Verbraucherverhaltens eingesetzt. Die Beeinflussung der Nachfrage dokumentiert sich nicht nur in den hohen Werbebudgets der entsprechenden Firmen, sondern auch in einer rasch wachsenden Dienstleistungsindustrie (Werbeagenturen, Verkaufsschulungszentren, Verkaufsorganisationen etc.), die primär mit der Vorbereitung und Durchführung von Maßnahmen der Umweltsteuerung befasst ist.

Die Steuerungsbemühungen sind aber nicht nur auf die kurzfristige Beeinflussung von Kaufakten ausgerichtet, sondern sie zielen auch genereller auf die *Gestaltung der Verhaltensweisen* der Verbraucher ab, um stabile Konsumentendispositionen für zukünftige Unternehmensaktivitäten zu schaffen (Markenloyalität, geglättete Konsumzyklen usw.).

Die Reihe der Strategien und Beispiele ließe sich beliebig fortsetzen. Die angeführten Argumente dürften jedoch genügen, um die faktischen Möglichkeiten der Unternehmen, gestaltend auf die Umwelt einzuwirken, zu belegen.

Prämisse 3: Oben ist gezeigt worden, dass sich der behauptete Zwangscharakter der Kontextfaktoren (Technologie, Umwelt) noch am ehesten aus der Verbindlichkeit ökonomischer Effizienzanforderungen erklären lässt. Ein „Überleben" bzw. das Erreichen des zum „Überleben" notwendigen Maßes ökonomischer Effizienz ist nur gewährleistet, wenn die Organisationsstruktur den Erfordernissen der Kontextfaktoren angepasst wird; alle anderen nicht-angepassten Fälle gehen in einem evolutorischen Ausleseverfahren unter.

Orientierte man sich am – oben bereits dargelegten – Modell der vollkommenen Konkurrenz der mikroökonomischen Gleichgewichtstheorie, wäre die Frage nach dem ökonomischen Handlungszwang schnell zu beantworten. Das Prinzip der Gewinnmaximierung determiniert das einzelwirtschaftliche Handeln. Handlungsspielräume sind nicht gegeben. Abweichungen vom Höchstgewinnstreben ziehen unweigerlich das Ausscheiden aus dem Markt nach sich. Ein „Mehr-oder-Weniger" an Effizienz ist nicht möglich, nur ein „Entweder-Oder". Dieses Modell liefert aber kein empirisches Deutungsmuster. Weder findet sich in unserer heutigen Situation ein Marktmechanismus, der in dieser vollkommenen Weise wirksam werden würde, das Gros der Märkte ist unvollkommen, noch lässt sich in praxi ein entsprechend operatives Rationalitätskriterium angeben. Die Zielsituation in den Unternehmen ist bei weitem nicht so präzise, wie sie in dem gleichgewichtstheoretischen Prinzip der Gewinnmaximierung aufscheint.

Weiterhin ist das Gewinnziel als Oberziel der Organisation für Fragen der Organisationsgestaltung nicht operational. Aufgrund der intensiven Verflechtung der Komponenten der Leistungserstellung und zahlreicher unüberschaubarer Einflüsse lässt sich nur schwer eruieren und abschätzen, welche Auswirkungen z.B. alternative Gestaltungen der Organisationsstruktur auf den Gewinn haben. Für die Entscheidungsfindung wird deshalb oft nach Ersatzkriterien gesucht, z.B. Flexibilität oder Produktivität. Das Problem solcher Ersatzkriterien ist jedoch, dass sie nur selten die strenge Instrumentalität für das Oberziel sicherstellen können und – sofern sie verbundartig formuliert sind – häufig untereinander in Widerspruch geraten (so scheint es z.B. kaum möglich, zugleich ein Maximum an „Flexibilität" und „Produktivität" zu erreichen), so dass von einem eindeutigen Kriterium nicht gesprochen werden kann. „Zielunklarheit" wird zum notorischen Problem oder sogar, funktional gedacht, also selbst eine Frage der Optimierung (Wrapp 1967; Hauschildt 1981). Damit kann aber zugleich nicht mehr von einer stringenten Durchdringung des Prinzips der ökonomischen Rationalität (Gewinnmaximierung) dergestalt ausgegangen werden, dass die Formulierung und Auswahl von Alternativen der Organisationsgestaltung durch dieses eindeutig bestimmt wären.

Darüber hinaus bietet das Optimierungsprinzip selbst nur bei Sicherheit eine eindeutige Handlungsbestimmung. Bei Ungewissheit versagt das Kalkül bzw. gerät zu einer subjektiven Problemsicht. Dies ergibt sich notwendig, weil die Zukunft ungewiss und somit auch keine Eindeutigkeit erreichbar ist. Diese notwendigen Unschärfen führen dazu, dass es mehrere richtige Lösungen eines Problems geben kann. Damit lässt sich vom Rationalitätskriterium selbst schon auf einen organisatorischen Gestaltungsspielraum schließen. Wenn aber ein Maximum nicht bestimmbar ist, so kann dessen Einhaltung auch nicht erzwungen werden.

Diese Zielöffnung darf aber nicht verabsolutiert werden. Die Existenz von Wettbewerbszwängen und damit verbunden einem spezifischen Insolvenzrisiko kann ja andererseits nicht geleugnet werden.

Während die Wettbewerbszwänge sehr stark auf eine rationalökonomische Anpassungsdynamik abstellen, betont der neo-institutionalistische Ansatz Zwänge ganz anderer Art. Die Ähnlichkeit organisatorischer Strukturgestaltung („institutioneller Isomorphismus") in einem Bereich (Population) wird dort weniger dem Druck zur Allokationseffizienz zugeschrieben, sondern vielmehr der Schaffung von Legitimität und Akzeptanz bei den mächtigen Umfeldorganisationen, ggf. auch auf Kosten ökonomischer Effizienz (DiMaggio/Powell 1983; Scott 1994; Walgenbach/Meyer 2007; Botzem/Dobusch 2012 sowie Kapitel 7).

Anpassung – und folglich Ähnlichkeit – wird in diesem Ansatz erzwungen durch drei Arten eines Anpassungsdrucks aus der Umwelt:

1. Mimetische Kräfte
2. Normative Kräfte
3. Zwänge und Sanktionen.

Zu 1.: Das Aufkommen mimetischer Anpassungskräfte wird der Unsicherheit und Ambiguität bei der Entscheidung über Organisationsgestaltungen zugeschrieben: unklare Ziele, unklare Mittel, unklare Wirkungen. Die daraus resultierende Unsicherheit wird reduziert, indem modellhafte Gestaltungslösungen gesucht und imitiert werden. Diese Imitation wird für gewöhnlich ohne präzise Recherche betrieben, häufig reicht eine sich bildende Meinung, wonach Unternehmen X die beste Lösung gefunden hat, eine Überzeugung, die nicht selten durch journalistische Trendberichte vertieft und verfestigt wird. Die bekannteste Technik in diesem Zusammenhang ist das Benchmarking, das meist ohne genaue Prüfung eine best practice ermitteln und für die Imitation aufbereiten soll. Kann sich ein Modell als best practice verankern, finden oftmals so viele Imitationen statt, so dass es für die einzelne Unternehmung schwierig wird, sich dem Trend entgegenzustellen. Eine fehlende Übernahme solcher Lösungsmodelle wird von der Referenzgruppe dann nicht selten als „hinterwäldlerisch" oder mangelnde Innovationsfähigkeit interpretiert (zu der hierzu verwandten Diskussion von Moden im Management vgl. Abrahamson 1996; Kieser 1997).

Zu 2.: Normativer Anpassungsdruck wird im Wesentlichen in den Standards und Ansprüchen einer professionellen Gemeinschaft (Branche, Profession, strategische Gruppe usw.) verortet. Von der Organisation wird erwartet, dass sie sich bei der Lösung der organisatorischen Gestaltung an den Ansprüchen der professionellen Gemeinschaft orientiert. Wer beispielsweise zur Gruppe der Top-Beratungsgesellschaften oder auch Universitäten gehören will, muss den für diese Gruppe geltenden Standards und Organisationsmustern genügen. Es sind jedoch nur selten Studien verfügbar, die die Bedeutung der vorherrschenden Praktiken für die Exzellenz belegen könnten. Die Anpassung geschieht aus der inneren Überzeugung, dass diese Praktiken richtig sind. Die Gemeinschaften drängen aber auch darauf, dass diese Praktiken eingehalten werden, sonst droht der Ausschluss.

Zu 3.: Ein dritter Zwang zur Konformität bei organisatorischen Lösungen wird Gesetzen und Verordnungen, aber auch Erwartungen mächtiger Organisationen in der Umwelt (z.B. Banken oder Abnehmer) zugeschrieben (Morgan/Quack 2005). Je mächtiger die Umweltakteure sind, umso weniger Chancen haben Organisationen, diesen Zwängen zu entkommen. Dies ist etwa der Fall, wenn ein großes Automobilunternehmen von allen seinen Zulieferern verlangt, das sie sich nach „ISO 9000" zertifizieren lassen, anderenfalls würde die Geschäftsbeziehung für beendet erklärt (vgl. im Einzelnen zu dieser Problematik Beck/Walgenbach 2005). Dementsprechend wird zum Beispiel auch das Top Management für die Einführung von ISO 9000 mit Boni oder Gehaltserhöhung belohnt, unabhängig davon, ob die Einführung eine Gewinnsteigerung ermöglicht hat (so Yeung et al. 2012). Auch hier wird wiederum durch externen Druck Homogenität in der Organisationsgestaltung erzeugt.

In all diesen Fällen sind es jedoch nicht naturgesetzliche Kräfte, die ein enges Band von Umwelt und Organisation erzwingen, sondern schnell aufschlüsselbare Zwänge aus dem gesellschaftlichen Umfeld einer Organisation, die ein solches Anpassungsverhalten einfordern. Wichtig ist es allerdings zu betonen, dass viele Organisationen diese Zwänge durchschauen, sich von diesen emanzipieren und eigene Wege gehen. Wie sonst sollte Innovation und strategische Einzigartigkeit noch gedacht werden? Auch hier sollte man sich von einer allzu deterministischen Perspektive fernhalten.

Die kritische Diskussion der nur schwerlich haltbaren kontingenztheoretischen Prämissen zeigt zugleich, welche Aspekte in eine praxisnähere Thematisierung des System/Umwelt-Bezuges eingearbeitet sein müssen:

1. Die Interaktion von System und Umwelt
2. Das Denken in Alternativen
3. Die Nutzung von Gestaltungsspielräumen (Motive, Prozesse usw.).

Logisch-systematisch ist es vor allem der erste Aspekt, der die Priorität hat. Es liegt zwischenzeitlich eine Reihe von Ansätzen vor, welche die *Interaktion* von System und Umwelt zur konzeptionellen Grundlage für Theorien zur Gestaltung des Umweltbezuges gewählt haben.

4.4 Interaktion von Organisation und Umwelt

Nachfolgende Lösungsansätze zum dritten generischen Problem der Organisationsgestaltung gehen von einer wechselseitigen Beeinflussung von Organisation und Umwelt aus. Es wird auf verschiedene Weise versucht, diesen vom Ergebnis her offenen Interaktionsprozess theoretisch und praktisch konzise zu machen. Im Kern lassen sich vier Gruppen von Lösungsansätzen unterscheiden.

Hier ist zunächst der *Ressourcenabhängigkeits-Ansatz* zu nennen, der eng am systemtheoretischen Input/Output-Modell arbeitet. Zentral wird die Stabilisierung des Leistungsflusses als bestandskritisches Problem thematisiert. Der *Strategische Ansatz* stellt die proaktiven Gestaltungspotenziale in den Vordergrund und diskutiert den Umweltbezug von Unternehmen im Spannungsfeld von Chancen und Risiken. Der *soziomaterielle Ansatz* geht hingegen davon aus, dass Organisation und Technologie (im Sinne von Umwelt) nicht als isolierte, sich wechselseitig beeinflussende Variablen betrachtet werden können; vielmehr sind Organisationen ganz genuin von verschiedensten Technologien durchdrungen, sie sind gewissermaßen immer sozial und materiell zugleich. Die *Theorie interorganisationaler Beziehungen* verlässt den Fokus der Einzelorganisation und stellt organisationsübergreifende Handlungszusammenhänge in das Zentrum. Die besondere Aufmerksamkeit gilt hierbei seit geraumer Zeit speziellen Kooperationsverbünden, die als Netzwerke bezeichnet werden.

4.4.1 Stabilisierung des Leistungsflusses als Kernthema

Jedes Unternehmen benötigt zur Bestandssicherung Ressourcen verschiedener Art über die es meist nicht selbst, sondern externe Organisationen verfügen. Dies stellt sich den fokalen Unternehmen als Ressourcenabhängigkeit dar, die sich als Unsicherheit im täglichen Arbeitsvollzug niederschlägt (Pfeffer/Salancik 1978). Die Umwelt wird aus dieser Perspektive nicht formal und auch nicht, wie etwa im Falle der Kontingenztheorien, als anonyme Kraft gesehen, sondern, ähnlich wie in der Oligopolpreistheorie, institutionell begriffen, d.h. es stehen sich identifizierbare und individualisierte Systeme als Akteure gegenüber: Lieferanten, Abnehmer, Banken usw.. Im Fokus steht also der *System zu System*-Bezug.

Die Sicherung des vertikalen Leistungsverbundes mit Institutionen der Umwelt war zunächst nur als Ressourcenzuflussproblem definiert, später wurde die Perspektive auch zur Outputseite hin ausgedehnt. Gemeint ist das Vermögen, den Output kontinuierlich zu bestandssichernden Bedingungen an die Umwelt abzugeben (man denke etwa an das Vorhandensein eines Großabnehmers). Dies ist auch im Sinne des Input/Output-Modells konsequent, denn seine Besonderheit besteht ja gerade darin, dass der Input von dem Output entkoppelbar, d.h. vor allem zeitlich und sachlich variierbar ist und auf unterschiedliche Teilumwelten bezogen werden kann (Luhmann 1973, S. 250 ff.). Nicht um eine starre Kausalität geht es also, sondern gerade im Gegenteil um die Gestaltbarkeit der Beziehung durch das System.

Nun ist aber dennoch die schlichte Konstatierung von Austauschbeziehungen zwischen Unternehmen zunächst trivial – jedenfalls solange, wie der Leistungsfluss stabil und gesichert ist. Brisant wird die Konstellation erst dort, wo aus dem Austausch eine *Abhängigkeit* wird (man könnte auch von einer Wettbewerbsverzerrung sprechen, aber es geht ja keineswegs nur um Unternehmen) und genau da setzt das Ressourcenabhängigkeits-Theorem an (Pfeffer/Salancik 1978). Das eigentliche Problem liegt also in der potenziellen Instabilität der Leistungszu- und -abflüsse, die aus *Machtpositionen* heraus resultieren. Es ist schwer vorhersagbar, wie sich mächtige externe Organisationen in Zukunft verhalten, welche Organisationen hinzukommen und welche die Märkte verlassen werden. Damit wird der Ressourcenfluss ungewiss. Dieses Problem zieht eine Reihe von fundamentalen Unwägbarkeiten, also Ungewissheit, nach sich, die die Effizienz des täglichen Leistungsvollzugs bedrohen und die Planung zukünftiger Aktivitäten behindern. Bei großer Abhängigkeit sinkt die Erwartbarkeit der Handlungen externer Akteure, was sich störend und evtl. sogar bestandsgefährdend auswirken kann. Das Problem der externen Ungewissheit stellt sich umso gravierender dar, je ausgeprägter die Abhängigkeit von vor- oder nachgelagerten Leistungsorganisationen ist.

Der Grad, in dem der Leistungsaustausch zur Ressourcenabhängigkeit wird, variiert nach Thompson (1967)

- proportional mit dem Ausmaß, in dem die Organisation Ressourcen benötigt, die eine andere Organisation besitzt und gegebenenfalls von dieser verknappt werden kann, sowie
- umgekehrt proportional mit der Zahl der Organisationen, die die benötigten Ressourcen anbieten oder der Zahl verfügbarer Substitute.

Die Ressourcenabhängigkeit einer Organisation von einer anderen Organisation wird also nicht allein durch ihren rein quantitativen Input- bzw. Output-Anteil geprägt. Zu berücksichtigen sind ferner die *Marktstruktur* (Zahl der Anbieter und Nachfrager), Substitutionsmöglichkeiten und wie *kritisch* eine Ressource für den Leistungsvollzug ist, d.h. welche Auswirkungen auf den Produktionsprozess sich bei Wegfall oder verzögerter Lieferung speziell dieser Ressource ergeben (vgl. auch Porter 1984).

Zur Bewältigung dieser aus Ressourcenabhängigkeit resultierenden Unsicherheitssituation der Organisation steht grundsätzlich ein ganzes Arsenal unterschiedlicher *Handlungsstrategien* zu Gebote. Die Skala der Maßnahmen zur Unsicherheitsreduktion, die der Ressourcenabhängigkeits-Ansatz im Sinne funktionaler Äquivalente aufzeigt, lässt sich in nach *innen* gerichtete Maßnahmen der Absorption und der Kompensation sowie nach *außen* gerichtete Maßnahmen zur Steigerung der Umweltkontrolle untergliedern.

1. Absorption und Kompensation: Diese Maßnahmen zielen auf die Einrichtung interner Gegensteuerungsmechanismen, um mit den Unwägbarkeiten, die aus den Ressourcenabhängigkeiten resultieren, besser fertig zu werden. Dazu gehört die *Flexibilisierung* der Organisationsstruktur (Hierarchieabbau, Verringerung der Formalisierung), *lose Koppelung,* der Aufbau von *Puffern*, sei es in Form von Lagern (Wareneingangs-, Zwischen-, Absatzlager) oder von *Reserven*, um von möglichen Willkürakten (z.B. künstliche Verknappung der Ressourcen) unabhängiger zu werden (Thompson 1967; Pfeffer/Salancik 1978). Im Unterschied zur kontingenztheoretischen Perspektive ist dies aber nur ein mögliches Maßnahmenbündel, kein zwingendes, d.h.

das Ressourcenabhängigkeits-Theorem schließt die Anpassung als Reaktionsstrategie nicht aus, sie nimmt ihr nur ihren ausschließlichen Rang.

Neben die strukturelle Anpassung tritt als weitere interne Möglichkeit die *Kompensation*. Gedacht ist dabei insbesondere an die Risikokompensation, d.h. die Organisation ergreift Maßnahmen, die aus Ressourcenabhängigkeiten resultierende Probleme für das System besser verkraftbar machen. Gedacht ist dabei insbesondere an die Diversifikation, d.h. den Aufbau neuer Geschäftsfelder. Damit wird die Abhängigkeit von einem Zulieferer oder Abnehmer reduziert, weil potenzielle negative Wirkungen nur einen Teil des Systems betreffen. Es ist offenkundig, dass diese Maßnahme ceteris paribus umso besser wirkt, je weiter die betreffenden Geschäftsfelder auseinander liegen („konglomerate Diversifikation").

Gerade der letzte Punkt macht deutlich, dass es sich hier um eine Partialbetrachtung handelt; alle die genannten Maßnahmen rufen ihrerseits (ungeplante) Wirkungen in dem System hervor, die selbst wieder unsicherheitssteigernd wirken können: Jeder Entkopplung der Subsysteme drohen kostspielige Reibungsverluste und Doppelarbeit, Diversifikation erhöht die Koordinationskosten und bringt Spezialisierungsverluste mit sich (vgl. Bühner 1993, S. 310 ff.). Jede Unsicherheitsbewältigungsmaßnahme steigert die interne Komplexität, die selbst wieder von dem System abgearbeitet werden muss (Luhmann 1973).

2. Inkorporation: Eine zweite, lange Zeit bevorzugte Strategie der Unsicherheitsbewältigung ist die *Inkorporation* der Unsicherheitsquelle, d.h. der Kauf und die Eingliederung des kritischen vor- oder nachgelagerten Unternehmens oder eine Fusion der beiden Systeme. Diese auch unter dem Begriff „vertikale Integration" (Chandler 1977) diskutierte Strategie bildet gewissermaßen den Gegenpol zur Anpassung, die kritische Umwelt wird in das System hineinverlagert und durch administrative Kontrolle berechenbar gemacht. Die amerikanische Automobilindustrie, aber auch die deutsche Stahlindustrie sind bekannte Beispiele für diese Form der Bewältigung von Ressourcenabhängigkeiten. So hat sich die Stahlindustrie typischerweise die (damals) kritische Ressource „Kohle" durch Inkorporation gesichert und ebenso kritische Abnehmer durch Integration der Verarbeitung (vgl. Wessel 1990). Man könnte hier an die Transaktionskostentheorie anschließen (vgl. Kapitel 7) und in den betreffenden Fällen Transaktionskostenvorteile für die interne (Hierarchie-)Lösung reklamieren. Es sei jedoch betont, dass der Ressourcenabhängigkeits-Ansatz über bloße Transaktionskostenvorteile hinaus Machtunterschiede betont und Gegenstrategien zur Machtausübung in den Vordergrund rückt.

Wie jede der Unsicherheitsbewältigungsmaßnahmen zieht auch diese eine Reihe von erwünschten und unerwünschten Folgewirkungen nach sich; in jüngerer Zeit wird betont, der durch Integration erzielbare Unsicherheitsbewältigungseffekt werde häufig durch administrative Komplexität und die damit einhergehenden Abstimmungskosten überkompensiert; dies hat dazu geführt, dass eine Funktionsexternalisierung gewissermaßen als Gegenbewegung ins Leben gerufen wurde (vgl. Quinn 1992; Sydow 1992a, S. 105 ff.). Wird die Ausgliederung („outsourcing") beschlossen, entstehen indessen neue Ressourcenabhängigkeiten und es müssen neue Unsicherheitsbewältigungsmaßnahmen gesucht werden.

3. Kooperation: Eine dritte Möglichkeit, die Unwägbarkeiten der Umwelt für das System zu begrenzen, ist die Kooperation, d.h. die Organisation versucht, die unsicherheitsstiftenden Umweltsysteme durch Kooperation berechenbarer zu machen. Es handelt sich um eine Art Partialintegration. An Kooperationsformen zur Steigerung der Umweltkontrolle stehen Unternehmen vor allem zur Verfügung:

a) Joint Venture,

b) der Abschluss langfristiger Verträge (Lieferverträge, Abnahmeverträge usw.) und

c) die Kooptation.

Kooperation bedeutet aber immer auch Autonomieverlust (vgl. Abbildung 4.12). Die Unternehmensführung steht bei der Entscheidung für eine der genannten Handlungsalternativen vor dem Problem, eine Balance zu finden zwischen dem Stabilisierungsbedarf auf der einen und dem Autonomie- und Flexibilitätserhalt auf der anderen Seite. Die *Kooperationsstrategien* liegen je nach Bindungsintensität und Formalisierungsgrad enger oder weiter von der Alternativstrategie der vollständigen Übernahme der Unsicherheitsquelle entfernt. Es ist augenscheinlich, dass mit zunehmender Nähe zur Übernahmestrategie die Kontrolle wächst, aber auch die Flexibilität sinkt. Der Einsatz der Kooperationsstrategie muss sich daher immer erst gegenüber anderen Alternativen der Unsicherheitsbewältigung bewähren.

Abbildung 4.12: *Kooperationsformen*

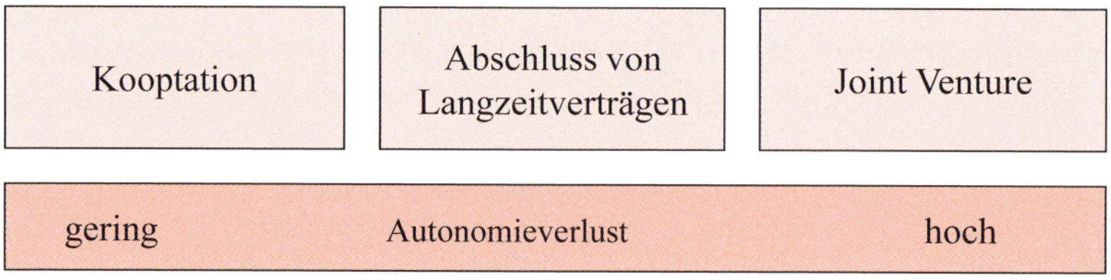

Man kann diese Abwägung als *Transaktionskosten-Kalkül* formulieren (Williamson 1975, sowie Kapitel 7). Der Aufbau von Kooperationsbeziehungen und damit auch die Kooptation kann danach als zwischen Markt und Hierarchie liegender Mechanismus zur Koordination wirtschaftlicher Austauschbeziehungen verstanden werden, der bei bestimmten Gegebenheiten kostengünstiger als die reine Markt- oder Hierarchielösung ist. Die Kooperation bietet gegenüber der reinen Marktkoordination den Vorteil der Reduzierung von Transaktionskosten durch eine gewisse Stabilisierung und damit bessere Erwartbarkeit der Austauschbeziehungen. Der Vorteil gegenüber der Hierarchie liegt primär in der größeren Flexibilität; eine Verbindung zwischen zwei Unternehmen lässt sich – kurz gesagt – leichter verwirklichen und auch wieder lösen, als eine Hierarchie zu integrieren bzw. desintegrieren. *Im Voraus* zu bestimmen, für welche Austauschbeziehungen nun genau die Kooperation die transaktionskostenminimale Koordinationsform bildet, ist indessen schon allein aufgrund der unlösbaren Operationalisierungsprobleme des Transaktionskosten-Ansatzes nicht möglich (vgl. statt anderer Schneider 1985).

Nachfolgend seien die einzelnen Kooperationsformen etwas genauer dargestellt:

a) *Joint Venture:* Diese Kooperationsform liegt dem Integrationsmodell am nächsten. Zwar verlagert sie die Organisation der Transaktionen aus dem Unternehmen heraus, erfordert aber eine sehr enge Zusammenarbeit der beteiligten Unternehmen. Joint Ventures unter dem Aspekt der Unsicherheitsreduzierung und Umweltstabilisierung werden sowohl zur Input-Seite als auch zur Output-Seite gegründet (Ringlstetter 1997, S. 50 ff.).

Pfeffer/Nowak (1976, S. 408 ff.) finden in einer Untersuchung von 166 Joint Ventures, die zwischen 1960 und 1971 gebildet wurden, dass diese Form der Kooperation positiv mit dem Transaktionsvolumen zwischen den Branchen der Muttergesellschaften korreliert. Das Transaktionsvolumen diente dabei als Indikator für die gegenseitige Ressourcen-Abhängigkeit. Zur Lieferantenseite hin konnten insbesondere in hoch konzentrierten Branchen Joint Ventures festgestellt werden; Joint Ventures mit Unternehmen der vertikal nachgeordneten Stufe dagegen waren verstärkt in Branchen mittlerer Konzentrationsrate zu finden.

Im Vergleich zu den anderen Kooperationsformen ist der Einsatz eines Joint Ventures an relativ viele Voraussetzungen gebunden. Die Gefahren und Risiken einer Unsicherheitsbewältigung in dieser Kooperationsform sind ähnlich hoch wie bei Unternehmenszusammenschlüssen. Zu beachten sind insbesondere die starken führungs- und organisationstechnischen Probleme (z.B. bei unterschiedlichen Organisationskulturen u.Ä.), die häufig auftreten und nicht selten zu einem Scheitern führen können (vgl. z.B. Doz 1996; Hennart/Zeng 2005). Andere Formen der interorganisationalen Kooperation werden unten in Abschnitt 4.4.3 diskutiert.

b) *Langzeitverträge:* Die eben angesprochenen Probleme stellen sich in wesentlich geringerem Maße bei dem zweiten Kooperationstyp, dem Abschluss von Langzeitverträgen (vgl. Child 1987, S. 33 ff.). Dieses Instrument kann allerdings nur dann sinnvoll eingesetzt werden, wenn relativ stabile, genau definierbare und vorhersehbare Abhängigkeiten bestehen. Durch einen Langzeitvertrag kann das Unsicherheitsmoment stark reduziert werden. Der große Nachteil dieser Kooperationsform liegt in ihrem hohen Spezifikationsgrad und dem daraus resultierenden Flexibilitätsverlust (Verlust an Entscheidungsfreiheit und an Anpassungsfähigkeit).

c) *Kooptation:* Eine deutlich geringere Bindungsintensität bringt die dritte Kooperationsform, die Kooptation, mit sich. Kooptation bedeutet die partielle Hereinnahme von Mitgliedern ressourcenkritischer externer Organisationen in den eigenen Entscheidungsprozess, das heißt in der Regel in das eigene Kontrollorgan (Aufsichtsrat, Beirat oder Board of Directors). Durch Kooptation werden also personelle Verbindungsglieder zwischen zwei Organisationen geschaffen (personelle Verflechtung bzw. interlocking directorates). In deutschen Kapitalgesellschaften ist gewöhnlich der Aufsichtsrat der Ort, in dem die Verbindung hergestellt wird; in Personengesellschaften ist es häufig der (fakultative) Beirat. Bei der personellen Verflechtung gibt es zwei Grundtypen: die *primäre* und die *sekundäre* Verflechtung. Bei der primären Verflechtung wird ein Mitglied des Vorstandes der ressourcenkritischen Unternehmung in den Aufsichtsrat der fokalen ressourcenabhängigen Unternehmung berufen; sekundäre Verflechtungen sind dagegen Verflechtungen über Dritte, z.B. Notar X gehört dem Aufsichtsrat des ressourcenkritischen Unternehmens an und wird nun auch in den Aufsichtsrat der fokalen (ressourcenabhängigen) Unternehmung berufen, um eine Art ausgleichende Funktion wahrzunehmen. Die Wirksamkeit der sekundären Verflechtungspolitik ist allerdings immer ein offene Frage (zu neueren Ergebnissen der personellen Verflechtungen in Deutschland vgl. Beyer 1998; Balsmeier et al. 2010).

Die Funktionsweise der Kooptation zur Bewältigung extern induzierter Unsicherheiten beruht darauf, dass die fokale Unternehmung durch die Berufung von Mandatsträgern in den Aufsichtsrat eine gewisse Verpflichtung auf ihre Wünsche und Ansprüche aufbaut. Der Mandatsträger begibt sich in ein begrenztes Konfliktfeld zwischen den Interessen beider Unternehmen. Im Grunde geht es bei der Kooptation darum, ein *Vertrauensverhältnis* zwischen den Unternehmen aufzubauen (zur Bedeutung des Vertrauens bei der Kooptation vgl. Granovetter 1985; Mellewigt et al. 2007).

Diese Art der Kooperation ist aber nur dort realisierbar, wo eine Reziprozität herstellbar ist, d.h. auch das kooptierte Unternehmen muss an der Herstellung einer engeren Beziehung Interesse haben (Fiedler/Welpe 2010). Für das kooptierte Unternehmen bietet sich ganz generell der Vorteil, dass es Einblick in das gesamte Unternehmensgeschehen der fokalen Unternehmung erhält und darauf Einfluss nehmen kann. Dem stehen allerdings auf beiden Seiten entsprechende Kosten gegenüber. Das kooptierte Unternehmen muss ein Stück Handlungsfreiheit aufgeben. Die fokale Unternehmung muss sich in einem nicht genau bestimmbaren, aber nicht unwesentlichen Umfang dem Einfluss der kooptierten Person/Institution öffnen, prekäre Informationen preisgeben, Rücksichten nehmen usw. (Bazerman/Schoorman 1983, S. 211; Schreyögg 1983, S. 282).

Die Kooptation ist im Unterschied zu anderen Kooperationsformen (etwa einem Joint Venture oder einem Langzeitvertrag) ein breiter verwendbares und einfacher realisierbares Instrument. Die durch die personelle Verflechtung hergestellte Kooperationsplattform ist sehr flexibel, da eine vorlaufende Spezifikation der Probleme nicht erforderlich ist; sie kann potenziell für die Lösung verschiedener Koordinationsprobleme genutzt werden. Ihr Wirkungsgrad ist indessen aufgrund der geringen Bindungsintensität begrenzt und auch nicht genau vorhersagbar.

Einige Autoren bestreiten grundsätzlich den Kooperationscharakter der Kooptation; sie erkennen dem Aufsichtsrat keinerlei unternehmenspolitische oder kooperationsspezifische Bedeutung zu. Nach Stigler (1968) sind personelle Verflechtungen zum Zwecke der Verhaltensabstimmung ein viel zu auffälliges und zudem auch gar nicht funktionsfähiges Instrument. Poensgen (1980) schätzt personelle Verflechtungen als lediglich periphere Beziehungen ein, denen strukturell kein problemlösender Charakter zukommen kann. Er verweist dabei u.a. auch auf die begrenzte Anzahl an Aufsichtsratssitzungen im Jahr, die eine gezielte Abstimmung nahezu unmöglich machten.

Die Wirkungsweise der Kooptation ist indessen viel indirekter und subtiler, als diese Argumente suggerieren. Allein dadurch, dass ein Entscheidungsträger der externen Organisation im eigenen Kontrollorgan sitzt, durch den Aufbau von Vertrauen durch die z.T. jahrelange Zusammenarbeit, durch das „In-die-Pflicht-nehmen" in der Aufsichtsratstätigkeit wird ein gewisser verpflichtender Rahmen zwischen den beiden Unternehmen geschaffen, der bestimmte Handlungsweisen befördert und andere ausschließt. Nicht umsonst wird unter dem kritisch gemeinten Stichwort der „Deutschland AG" diskutiert, die Zahl der Verflechtungen zu reduzieren.

Empirische Untersuchungen zeigen darüber hinaus immer wieder, dass sich die Interaktionen nicht auf die Aufsichtsratssitzungen beschränken, sondern sich auch in informellen Einzelgesprächen entfalten. So stellt z.B. Brinkmann-Herz (1972, S. 84) in ihrer empirischen Studie fest: „Der bevorzugte Ort für die Diskussion noch nicht ausgereifter Entscheidungen sind vielmehr Einzelgespräche von Aufsichtsrats- und Vorstandsmitgliedern, wobei die Kontakte von den Gesprächspartnern außerhalb der offiziellen Aufsichtsratsbesprechungen gezielt herbeigeführt werden."

In empirischen Studien lässt sich der Ressourcenbezug bei Kooptationen in vielen Fällen nachweisen, wobei allerdings die Ressourcenabhängigkeit sehr unterschiedlich gemessen wurde, so dass die Vergleichbarkeit der Ergebnisse stark eingeschränkt ist. Pfeffer (1973; 1974) kann in seinen Studien eine relativ hohe Quote der Besetzung des Board of Directors in US-amerikanischen Unternehmen mit dem Motiv der Stabilisierung kritischer Ressourcenzu- oder -abflüsse erklären. In einer für den Zeitraum von 1969-1988 durchgeführten Studie bei deutschen Großunternehmen von Schreyögg/Papenheim-Tockhorn (1995) lassen sich von insgesamt 331 dauerhaften primären personellen Verflechtungen ca. 90% dem Ressourcenstabilisierungsmotiv zuordnen. Bei den Unternehmen des Maschinen- und Anlagenbaus (n=8) und der Stahlindustrie (n=7) standen absatzbezogene Kooptationen im Vordergrund, dagegen stammten die Kooptationen in der Elektrotechnischen Industrie und im Baubereich vornehmlich aus der vorgelagerten Wertschöpfungsstufe. Poensgen (1980) und Ziegler (1982) können in ihrer Studie dagegen nur einen geringen Prozentsatz der Verflechtungen mit den dort untersuchten Input/Output-Beziehungen erklären. Hillman/Canella/Paetzold (2000) können zeigen, dass mit einer Veränderung der Umwelt die Zusammensetzung des

Board of Directors im Hinblick auf die neuen kritischen Ressourcenbezüge verändert wurde. Erfolgsbezogene Studien können zumindest belegen, dass verflochtene Unternehmen ein deutlich geringeres Insolvenzrisiko aufweisen (vgl. die Übersicht bei Pfeffer 1997, S. 58 ff.). Martin et al. (2015) finden in einer Studie (n = 3745) zu US-Industrieunternehmen für die Zeit von 2001–2009, dass personelle Verflechtungen vor allem dort erfolgreich eingesetzt werden, wo es darum geht, Anpassungsfähigkeit und Flexibilität bei hoher Unsicherheit zu gewährleisten.

4. Intervention: Der vierte Maßnahmentyp bezeichnet einen Eingriff in das soziale Abhängigkeitsgefüge, d.h. diese Maßnahmen zielen darauf ab, die Machtbasis der ressourcenkritischen Organisationen zu schwächen. In aller Regel handelt es sich dabei um *Dritt-Parteien-Interventionen*, d.h. Dritte werden beeinflusst, mit dem Ziel, den bestandskritisch vertikalen Leistungsverbund zu stabilisieren (Pfeffer/Salancik 1978, S. 188). Dazu gehören in erster Linie Beeinflussungsstrategien im politischen Raum („non market interventions", Nicht-Markt-Strategien), also Lobbyismus oder Mobilisierung der kritischen Öffentlichkeit (Bilgeri 2001; Otto/Adamek 2008; Mathur et al. 2013). Ziel einer solchen Maßnahme ist etwa, den Gesetzgeber zu bewegen, die Situation dadurch zu stabilisieren, dass die prekäre Abnehmerindustrie reguliert wird (z.B. Abnahmeverpflichtung von Öko-Strom durch Energieversorger) oder die Preise in einer bestimmten Zulieferindustrie zu administrieren (z.B. in der Gasversorgung). Andere Dritt-Parteien-Interventionen zielen auf die Delegitimierung bestimmter Praktiken in ressourcenkritischen Industrien, ebenfalls mit dem Ziel der Stabilisierung des eigenen Ressourcenflusses. Ein konkretes Ziel solcher Maßnahmen könnte beispielsweise das Aufstellen eines allgemein gültigen Verhaltenskodexes sein, der bestimmte ressourcenkritische Praktiken brandmarkt. Fokus 4.4 zeigt ein Beispiel aus der jüngeren Zeit.

Fazit: Insgesamt umreißt der Ressourcenabhängigkeits-Ansatz eine breite Palette von Stabilisierungs- und Unsicherheitsreduktionsmöglichkeiten. Was die Verbreitung der einzelnen Maßnahmen anbelangt, so kann man heute fast schon von einem *Trend zur kooperativen Zusammenarbeit* sprechen; die lange Zeit favorisierte Stabilisierungs-Politik der Voll-Integration kritischer Ressourcen wird zunehmend durch andere Formen der interorganisationalen Kooperation im Sinne einer Teilintegration ersetzt. Verschiedene marktliche und technische Entwicklungen haben zu einer Verschiebung des Kostengefüges geführt, so dass der Kooperationsalternative immer mehr Bedeutung zuwächst (Child 1987, S. 35 ff.; Dyer/Singh 1998). Der Aufbau unterschiedlich eng gestaltbarer Kooperationen bietet in vielen Fällen auch eine attraktive Alternative zu der Absorptionsstrategie und der in ihren Wirkungen sehr ungewissen Dritt-Parteien-Intervention. Letztere wird aber sehr häufig als Komplementär-Strategie eingesetzt (Pfeffer/Salancik 1978, S. 213 ff.).

Fokus 4.4

Direkter Draht zum Regulierer

„Zu Weihnachten wurden die Tabaklobbyisten sarkastisch. Viele Monate lang hatten die Netzwerker der Zigarettenhersteller von Philip Morris bis Reemtsma gegen den Brüsseler Plan gekämpft, den Warnhinweisen auf Zigarettenpackungen noch mehr Platz einzuräumen. Zum Fest des Friedens gaben sie EU-Abgeordneten nun die passende Botschaft mit auf den Weg: "Zu viel Schokolade macht dick", stand in fetten schwarzen Lettern auf den Adventskalendern, die so mancher Parlamentarier vor einem Jahr in der Weihnachtspost vorfand. Auch Schokoladenweihnachtsmänner versandte die Zigarettenindustrie, versehen mit Fotos dicker nackter Männerbäuche – in Anlehnung an die Bilder von Krebs zerfressener Lungen – und Raucherbeine, die auf Zigarettenschachteln in der EU abgedruckt werden müssen.

Mit diesen bizarren Weihnachtsgeschenken liegt die Tabaklobby im Trend: Jahr für Jahr geben Unternehmen und Verbände viele Millionen Euro aus, um mit groß angelegten Kampagnen Einfluss auf die Gesetzgebungsprozesse in der EU zu nehmen. Parlamentarier klagen über systematische Beeinflussung. Aber wie viel Geld fließt in das Netzwerk hinter den Kulissen wirklich?

Eine Initiative der Nichtregierungsorganisation LobbyControl macht nun erstmals die finanziellen Dimensionen erkennbar, mit denen in Brüssel um Macht und Einfluss gerungen wird: Auf der Internetseite Lobbyfacts.eu haben die Aktivisten systematisch aufbereitet, wie viele Mittel Firmen und Verbände in die Brüsseler Lobbyarbeit investieren.

Drei große US-Unternehmen führen demnach in puncto Lobbyarbeit in der belgischen Hauptstadt das Ranking an: Der Tabakkonzern Philip Morris, der Energiekonzern ExxonMobil und das IT-Unternehmen Microsoft gaben im vergangenen Berichtsjahr jeweils mehr als 4,5 Millionen Euro im Jahr für Lobbyarbeit aus – und liegen damit an der Spitze aller Wirtschaftsunternehmen.“

„Quelle: *www.welt.de/wirtschaft vom* 30.09.2014 (Zugriff am 29.04.2015)

Kritik: Der Ressourcenabhängigkeits-Ansatz stellt die *Interaktion* von Umwelt und Organisation konsequent in den Mittelpunkt seiner Aussagen. Er konkretisiert die in vielen anderen Ansätzen abstrakt gebliebenen Umweltbezüge und verdichtet sie auf ein Thema, den vertikalen Ressourcenverbund bzw. auf das Problem der daraus resultierenden bestandsbedrohenden Unsicherheit. Der Ansatz studiert und vergleicht die Aktionsmöglichkeiten dementsprechend aus dieser und nur dieser Perspektive, nämlich inwieweit sie einen Beitrag zur Lösung dieses Problems leisten können. Diese Fokussierung macht den Ansatz operational und verankert ihn in konkreten Maßnahmen; dieser Vorteil ist aber zugleich auch seine Hauptschwäche. Es stellt sich nämlich die Frage, ob diese Fokussierung, wie sie das Ressourcenabhängigkeits-Theorem vornimmt, tatsächlich trägt (vgl. auch zu Knyphausen-Aufseß 2000). Ist mit der Ressourcenabhängigkeit tatsächlich der zentrale und allein kritische Punkt der Interaktion von Unternehmung und Umwelt getroffen? Vielen anderen Aspekten, wie z.B. Wettbewerbsintensität oder Wertewandel in der sozioökonomischen Umwelt, könnte mindestens die gleiche Bedeutung wie dem Ressourcenfluss zukommen. Eine theoretische

Begründung für diese Auswahl fehlt; empirische Gründe sprechen eher gegen eine so enge Fokussierung.

Insgesamt bietet der Ressourcenabhängigkeits-Ansatz jedoch eine fundierte organisationstheoretische Klammer für die Diskussion des Einsatzes verschiedener Instrumente der Unsicherheitsbearbeitung. Er stellt durch die Perspektive funktional äquivalenter Maßnahmen Verbindungen und Handlungsalternativen her, die aus dieser Perspektive vorher noch nicht gesehen wurden. Insbesondere löst er die Fixierung auf organisationsstrukturelle Maßnahmen als Lösungsansatz auf. Wenig ausgebaut ist bislang das Vergleichskalkül, d.h. welche der Maßnahmen bei welcher Konstellation vorziehenswürdig ist (vgl. jedoch Oliver (1991). Sehr viel detaillierter ist an dieser Stelle der thematisch verwandte unternehmensstrategische Ansatz.

4.4.2 Strategische Organisation

Die strategische Perspektive , die den unternehmenspolitischen Ansatz, den industrieökonomischen und den ressourcenbasierten Ansatz umfasst ,setzt gegenüber dem thematisch eng verwandten Ressourcenabhängigkeits-Theorem einen ganz anderen Akzent, sie rückt weniger die vertikalen als vielmehr die horizontalen Beziehungen in den Vordergrund und begreift die Umwelt nicht nur als *Quelle potenzieller Bedrohungen*, sondern auch als *Ort neuer Chancen*.

An die Stelle des Input/Output-Modells tritt als Hintergrundtheorie die Theorie unvollkommener Märkte, die sich vor allem für Wettbewerbsvorteile im Sinne „monopolistischer Konkurrenz“ (Chamberlin 1961) interessiert. Nicht nur der strategische Schutz vor Unsicherheit und Abhängigkeit, sondern auch der Aufbau von Machtpositionen und Quasi-Monopolen wird hier betont (vgl. hierzu auch die kurze, vergleichende Diskussion bei Rumelt et al. 1994).

Dennoch weisen beide Perspektiven starke Parallelen auf, fließen doch im Konzept des strategischen Managements gerade jene Elemente zusammen, die auch für das Ressourcenabhängigkeits-Theorem konstitutiv sind: Handlungsspielraum, Entscheidungsbedingungen mit partiell veränderbarem Charakter, Umweltanpassung versus aktive Umweltveränderung usw. (Schreyögg 1984; Porter 1991). Die Unternehmensstrategie kann man auch verstehen als unternehmensintern entwickeltes Leitkonzept zur Bestimmung des Verhältnisses von Unternehmung und Umwelt oder – um das eingangs erläuterte systemtheoretische Konzept wieder aufzugreifen – als selbstreferentielle Bestimmung der Systemgrenze und Festlegung dessen, was für ein System Umwelt sein soll.

Ein weiterer zentraler Unterschied zur Ressourcenabhängigkeits-Perspektive liegt in der thematischen Offenheit, eine Einengung auf ein spezielles strategisches Thema, wie die Abhängigkeit von externen Ressourcen, ist diesem fremd. Es geht vielmehr darum, aus der Vielzahl der Möglichkeiten und Risiken eine auf die spezifischen Stärken der Unternehmung zugeschnittene Strategie zu finden. Die Strategie ist das Medium, mit dem die Kompetenzen und Ressourcen der Organisation im Hinblick auf die Chancen und Risiken der Umwelt möglichst günstig positioniert werden sollen, sie ist daher grenzstiftend (schließend) und grenzübergreifend (öffnend) zugleich. Der thematische Schwerpunkt im Sinne eines Wettbewerbsvorteils für Unternehmen, kann dabei in ganz unterschiedlichen Ressorts herausgeformt werden (Barney 1991).

Die Theorie der strategischen Unternehmensführung weist zwischenzeitlich vielerlei Facetten auf und umschließt alle betrieblichen Teilfunktionen einschließlich der damit verbundenen (strategischen) Programme. Es ist nicht unser Ziel, den unternehmensstrategischen Ansatz in seiner inhaltlichen Fülle an dieser Stelle darzustellen (verwiesen sei auf die Lehrbuchdarstellungen von Müller-Stewens/Lechner 2011; Macharzina/Wolf 2008; Welge/Al-Laham 2013). Hier interessieren vielmehr seine theoretische Verortung im Verhältnis von Organisation und Umwelt und die nur sehr selten herausgearbeiteten konzeptionellen Anschlüsse zu anderen Perspektiven des Organisation/Umwelt-Verhältnisses.

In den 1970er Jahren ist erstmals das unternehmensstrategische Konzept, wonach Unternehmen einen strategischen Handlungsspielraum haben, um flexibel mit Erwartungen aus der Umwelt umgehen und gegebenenfalls sogar nachhaltige Einflüsse auf die Umwelt ausüben zu können, als Argument formuliert und *gegen die Kontingenztheorie* (und damit letztlich auch gegen die Evolutionstheorie) gesetzt worden (Child 1972; Montanari 1979).

Behauptete die Kontingenztheorie einen kausalen Zusammenhang zwischen den Kräften der Umwelt (unabhängige Variable) und Organisationsstruktur als abhängiger Variable, so wird durch die „strategische Wahl" (strategic choice) nicht nur die Kausalität durch den Aufweis strategisch nutzbarer Handlungsspielräume unterbrochen, sondern es wird – zumindest als Möglichkeit – die *reziproke Kausalität* des Zusammenhangs herausgestellt. Der Bezug wird interaktiv gedacht: „Constraining choice and choosing constraints".

Folgende Merkmale sind für das Organisation/Umwelt-Verständnis des unternehmensstrategischen Ansatzes und der daraus abgeleiteten Problemlösungsvorschläge kennzeichnend:

1. Unterschiedlichkeit: Unternehmen weisen neben vielen Gemeinsamkeiten bzw. Ähnlichkeiten *konstitutive Unterschiede* auf: Unterschiede im Know-how, dem Zugang zu kritischen Ressourcen, dem Mitarbeiterpotenzial etc. (Barney 1991). Der Grund für die Verschiedenartigkeit wird – wie eingangs erwähnt – in der Unvollkommenheit der Märkte bzw. in der Nicht-Marktgängigkeit bestimmter intern generierter Ressourcen gesehen. Die Verschiedenartigkeit bzw. Heterogenität wird neuerdings auf der Folie unterschiedlicher Kompetenzen abgebildet (Argyres et al. 2012). Die strategische Organisation ist eine der verschiedenen Gestaltungsoptionen zum Aufbau einer strategischen Ressource.

Die große Bedeutung der unternehmenspezifischen *Ressourcen-Analyse* im Rahmen des neueren strategischen Managements spiegelt genau diese Sichtweise wider. Unterschiedliche Unternehmen sind mit jeweils unterschiedlich erzeugten Umwelten konfrontiert und besitzen – ebenfalls in unterschiedlichem Ausmaß – *Handlungsspielräume*, die sie für den Aufbau von spezifischen Wettbewerbsvorteilen nutzen können. Die Freiheitsgrade sinnvoller und möglicher strategischer Handlungen variieren stark mit der jeweiligen Position der Unternehmung in der Umwelt und der Struktur dieser Umwelt. Hierüber einen (systematischen) Überblick zu erlangen, ist letztlich die Intention der Strategischen Umweltanalyse (vgl. dazu die Schemata zur inhaltlichen Umweltbeschreibung oben in Abschnitt 4.2). Abbildung 4.13 zeigt das klassische Harvard-Schema zur Strategischen Analyse. Die Ressourcenausstattung und die virulenten Umweltfaktoren stecken den Rahmen ab, innerhalb dessen Strategien gebildet werden können; es ist je nach Voraussetzung eine „begrenzte Wahl".

Abbildung 4.13: *Das klassische Harvard-Schema der Strategischen Analyse*

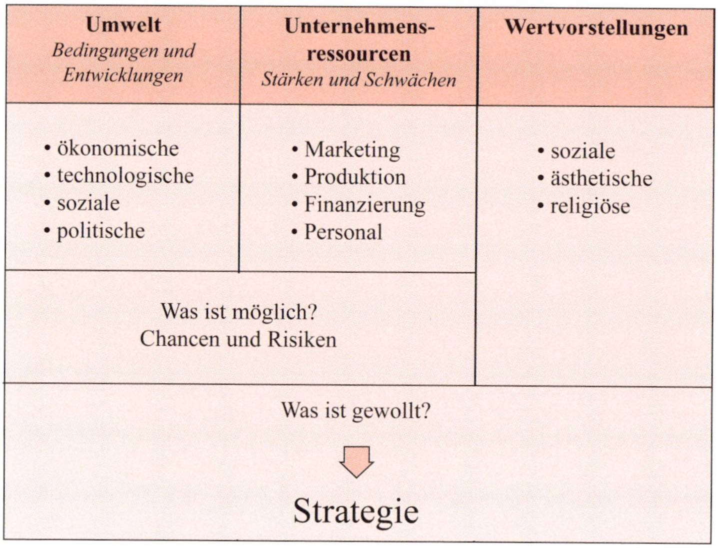

2. Handlungsspielraum: Im Unterschied zu den deterministischen Theorien ist für den Strategieansatz die Verfügbarkeit alternativer Handlungs- und Gestaltungsmöglichkeiten konstitutiv. Sie dokumentiert sich in unternehmensspezifischen Möglichkeiten zur Wahl der Geschäftsfelder, der Art und Weise, wie der Wettbewerb in den Geschäftsfeldern bestritten werden soll (*Wettbewerbsstrategie*) und den Möglichkeiten, überlegene, schwer imitierbare strategische Ressourcen selbst zu generieren. Die Strategiebildung selbst wird gemäß der beiden Hauptströmungen der Strategielehre unterschiedlich konzeptionalisiert: Im analytisch-rationalen Ansatz werden sie als Ergebnis eines bewussten unternehmensinternen Analyse- und (rationalen) Auswahlprozesses verstanden (Ansoff 1965; Bower et al. 1995), wogegen sie im empirisch-deskriptiven Ansatz als das emergente Resultat de facto ergriffener Handlungsweisen eines Unternehmens rekonstruiert werden. Die strategische Wahl verdankt sich im zweitgenannten Fall so unterschiedlichen Einflussgrößen wie z.B. den Persönlichkeitsmerkmalen und Perzeptionsmustern der Entscheidungsträger, der Organisationskultur oder politischen Prozessen (z.B. Schreyögg 1984; Mintzberg 1994; Jarzabkowski et al. 2007). Eine genauere Darstellung dieser (emergenten) Entscheidungsprozessperspektive findet sich im nachfolgenden Kapitel 5. Abbildung 4.14 zeigt idealtypisch den Entwicklungspfad, den Strategien nehmen können. Der intendierten Strategieformulierung steht alternativ, ergänzend oder überlagernd, das emergente Werden von Strategien gegenüber, das sich aus der kollektiven Dynamik in Unternehmen ergibt.

Abbildung 4.14: *Strategieentwicklungspfade*

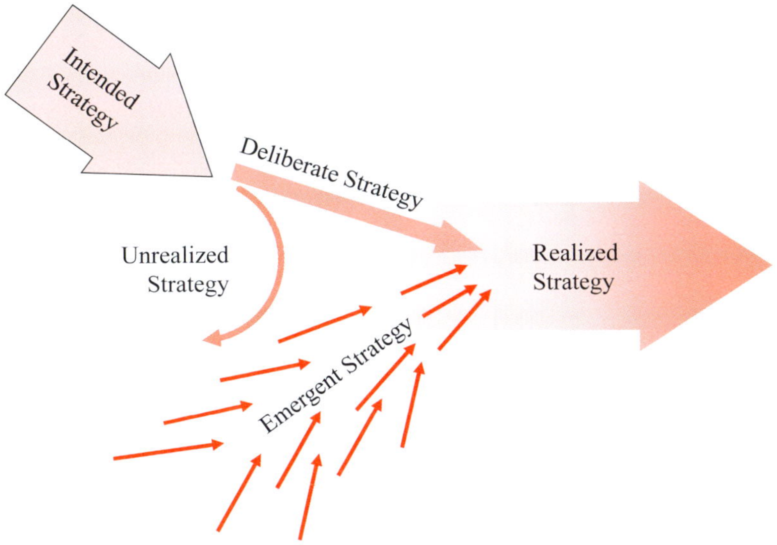

Quelle: Mintzberg (1987), S. 14

Der (strategischen) Organisationsgestaltung kommt je nach Perspektive eine ganz unterschiedliche Funktion zu. Im deduktiven Rationalmodell erhält sie eine wichtige Umsetzungsfunktion (Struktur folgt Strategie). Ihre Zweckmäßigkeit wird im Hinblick auf die geltende Strategie beurteilt (vgl. dazu auch die Ausführungen in Kapitel 2). Im empirisch-emergenten Verständnis wird das organisatorische Design zur Bestimmungsgröße des strategischen Verhaltens (Strategie folgt Struktur). Die Zweckmäßigkeit des Organisationsdesigns wird im Hinblick auf das Potenzial beurteilt, die Entwicklung innovativer Ressourcen und Strategien zu stimulieren und überlegene Ressourcen intern zu generieren (Barney 1991; Lei et al. 1999).

3. Umweltgestaltung: Über die strategischen Handlungsweisen (Strategien) versuchen Unternehmen, in bestimmter Weise *Einfluss auf die Umwelt* auszuüben oder zumindest die eigene Position in der Umwelt zu wählen. Dies kann je nach Unternehmensposition auf adaptive oder proaktive Weise geschehen. Proaktive Interventionen reichen von der Verschiebung der Kräftepotenziale von Organisationen in der Umwelt (z.B. abnehmende Verhandlungsmacht von Zulieferern), der Änderung von Markteintrittsbarrieren über die Setzung neuer „Regeln", d.h. einer neuartigen Gestaltung des Wettbewerbs (z.B. Systemangebote statt Einzelprodukte) bis hin zur Schaffung neuer Märkte.

4. Interaktion: Kennzeichnend für den unternehmensstrategischen Ansatz ist, dass er – bedingt durch das gesetzte Wettbewerbsprimat – die umweltbezogenen Handlungen der Unternehmen *kompetitiv* und nur im Ausnahmefall kooperativ konzeptionalisiert. Eine Strategie wird demnach entwickelt, um dem Unternehmen bestimmte Vorteile (Wettbewerbsvorteile) zu verschaffen, was in der Regel mit einem handfesten Nachteil für die Konkurrenzunternehmen verbunden ist. In diesem Sinne formuliert das Unternehmen mit der Generierung der Strategie eine Zumutung für die Umwelt; sie zwingt die Umwelt zur Auseinandersetzung mit der Strategie. Entsprechend muss das Unternehmen mit Reaktionen aus der Umwelt rechnen: Eine Gegenoffensive zur eingeleiteten Strategie oder die Nachahmung der strategischen Maßnahme und damit die Gefahr einer raschen Erosion der erzielten Wettbewerbsvorteile sind daher nicht selten die Folgeerscheinung (vgl. D'Aveni 1994; Chen/Miller 2014).

Jenseits einer solchen direkten Interaktion zweier Systeme („Spieler") bedeutet dies für den weiteren Umweltkontext und das Verständnis von Umweltbewegungen eine veränderte Perspektive. Diskontinuitäten etwa entstehen nicht nur einfach aus dem „evolutorischen Dunkel", sondern sind jetzt auch durch die Strategie selbst ausgelöste Ereignisfolgen. Neue Strategien verändern – wie oben dargelegt – die Umweltstrukturen anderer angrenzender Systeme, was für diese nun wiederum Veranlassung geben kann, Gegenstrategien zu ergreifen, die als Diskontinuität der Umwelt nicht nur auf die fokale, sondern alle am Markt tätigen Unternehmen zurückwirkt (vgl. dazu das Beispiel in Fokus 4.5). Diese zirkulare Interdependenz (unter streng fokussiertem Blickwinkel auch in der Oligopolpreistheorie und der Spieltheorie als lähmendes Dilemma beschrieben; vgl. Ott 1986; Harsanyi/Selten 1988), oder – wie man sie auch bezeichnen kann – diese Rekursionsschleifen aus Aktion und Reaktion führen den strategischen Ansatz methodisch nahe an die Systemtheorie heran. Die strategischen Eingriffe in die Umwelt stabilisieren einerseits die Systemgrenze, bewirken damit (ungeplant) aber andererseits zugleich ihre Gefährdung, so dass die Grenzerhaltung (Strategiebildung) eine Daueraufgabe, ein nie endgültig lösbares Problem der Systemsteuerung bleibt. Von Interesse ist in diesem Zusammenhang der Red Queen-Effekt, der auf strategische Lerneffekte verweist, die zu Wettbewerbsvorteilen führen, damit aber zugleich das Interesse der Konkurrenten auf sich ziehen und von diesen imitiert werden. Die daraus entstehenden negativen Folgen veranlassen den Initiator erneut nach Lerneffekten zu suchen, die wieder einen Wettbewerbsvorteil ermöglichen, was aber abermals von den Konkurrenten beobachtet wird usw. (Barnett/Hansen 1996; Derfus et al. 2008).

Fokus 4.5

Hypercompetition

„In der Luftverkehrsindustrie herrscht Hyperwettbewerb ('hypercompetition'). Am Beispiel von American Airlines kann man die Ursachen von Hyperwettbewerb studieren und begreifen, wie man in einer derartigen Wettbewerbsumwelt dennoch erfolgreich sein kann. Durch die Entwicklung einer Serie von Wettbewerbsvorteilen wurde die Fluggesellschaft in den achtziger Jahren zum Marktführer in den USA. Den Wettbewerbern gelang es zwar stets, diese Vorteile rasch zu imitieren; American Airlines arbeitete aber jeweils bereits an neuen Ideen. Anstatt einen Wettbewerbsvorteil möglichst lange zu nutzen, bestreitet American Airlines den Wettbewerb mit einer Serie rasch aufeinander folgender temporärer Wettbewerbsvorteile.

Im Mai 1981 führte die Fluggesellschaft ihr Frequent-Flyer-Programm AAdvantage ein, das schon bald die ganze Branche verändern sollte. Mit Hilfe ihres SABRE-Reservierungssystems konnte American Airlines problemlos aus den jeweils gebuchten Flugmeilen der Kunden Bonusflüge berechnen. Es dauerte nicht lange und andere Fluggesellschaften hatten ihre eigenen Vielflieger-Programme entwickelt und eingeführt. American Airlines konterte, indem sie ihr Programm zwischenzeitlich auf Mietwagen- und Hotelbuchungen, sowie durch entsprechende Kooperationen auch auf Flüge von Partner-Airlines, etwa British Airways, ausdehnte.

1987 bot American Airlines – diesmal als Nachahmer anderer Fluggesellschaften – zusammen mit der Citibank eine Kreditkarte an, deren Nutzung dem Kunden ebenfalls Bonusflugmeilen einbrachte. Unter anderem gab es eine Gold-Card für Vielflieger, die zusätzliche Rabatte für Langstreckenflüge beinhaltete. 1990 führte American Airlines den Wettbewerb ein weiteres Mal an: diesmal als erste Airline, die Prämien für angesammelte Meilen auch in Form von Preisnachlässen auf Mietwagen, Computer, Schmuck und sogar Finanzdienstleistungen ausschüttete. Bei Transatlantikflügen wurde der Service beständig verbessert, er reicht nun von geräumigeren Sitzen, über individuelle Video-Unterhaltungssysteme für die Bordunterhaltung bis zur Verpflegung der gastronomischen Spitzenklasse. Dem sich gleichzeitig verschärfenden Preiswettbewerb begegnete man 1992 mit einer neuen, differenzierten Tarifstruktur. In einem Artikel in der Zeitschrift Business Week sagte CEO Robert Crandall 1992 dazu: 'In diesem Geschäft herrscht ein harter, unerbittlicher und kriegerischer Wettbewerb. Der Erfolg von American Airlines hängt davon ab, schnell von einem Wettbewerbsvorteil zum nächsten zu springen.'

Seit Anfang der 90er Jahre ist das Management von American Airlines zunehmend besorgt: Kleinere und flexiblere Konkurrenten wie Southwest Airlines oder Reno Air nutzen ihre Kostenvorteile, um die Preise soweit nach unten zu treiben, dass American Airlines nicht mehr folgen kann. Nachdem seine Gesellschaft drei Jahre Verluste geschrieben hatte, gab Crandell 1993 bekannt, dass Flugziele gestrichen, und Arbeitsplätze reduziert werden würden. Vielleicht hatte American Airlines diesmal nicht schnell genug einen neuen Wettbewerbsvorteil finden können. Die New York Times jedenfalls schreibt dazu, dass 'die Möglichkeit besteht, dass Crandall die falsche Fluggesellschaft für die 90er Jahre aufgebaut hat: eine hochpreisige Fluglinie, die sehr guten Kundenservice bietet.' "

Quelle: D'Aveni (1994), S. 2 f.

Resümierend muss noch einmal festgehalten werden, dass die besondere Hervorhebung der Freiheitsgrade strategischer Handlungen nicht den Eindruck aufkommen lassen darf, Unternehmen könnten vermittels ihrer Strategie die Umweltkräfte gänzlich zu eigenen Gunsten beeinflussen. Dies würde die unternehmensstrategische Perspektive krass überzeichnen und von dem grundlegenden – und in der Strategielehre strukturell verankerten – Umstand ablenken, dass Unternehmen in einem breitgefächerten Wirkungsfeld multipler *Handlungsrestriktionen* agieren und ihr Überleben im Markt-Umfeld jederzeit gefährdet ist. Wichtig ist es auch zu betonen, dass der unternehmensstrategische Ansatz die Umwelt nicht mehr als zeit-invariante Struktur denkt, sondern als dynamisches Wirkungsfeld, das sich durch die sich ständig neu entfaltenden und rekursiv aufeinander bezogenen strategischen Handlungen der Unternehmen (fortlaufend) modifiziert und neu verknüpft. Im Hinblick auf die Organisationsgestaltung macht dieser Ansatz deutlich, dass sie in einem engen Zusammenhang mit der Grenzbestimmung (Strategie) und Systementwicklung gesehen werden muss. Allerdings fehlt es dem unternehmensstrategischen Ansatz bislang an einer fundierten Theorie, welche diese Bezüge systematisch zusammenführen könnte.

Im Unterschied zum kompetitiven Grundmuster des strategischen Ansatzes stellt die neuerdings so stark beachtete Theorie interorganisationaler Beziehungen die Kooperation in den Vordergrund.

4.4.3 Neuere Technologieforschung: Soziomaterialität

Eine ganz andere Art, die Interaktivität zu thematisieren, kommt aus der neueren Technologieforschung. Im Vordergrund steht dabei das Konzept der Soziomaterialität (Orlikowski/Scott 2008), welches im Kern die Unterscheidung von Technologie und Organisation auflöst. Diese sehr radikale Perspektive basiert zu großen Teilen auf der so genannten „Actor Network Theory" (ANT), die insbesondere von Bruno Latour (2005) vertreten wird. Latour propagiert eine sogenannte relationale Ontologie: Demgemäß werden Akteuren keine absoluten, ihnen quasi natürlich innewohnenden Eigenschaften zugesprochen; stattdessen gewinnen sie nur in der spezifischen Relation (Netzwerk) zueinander überhaupt an Bedeutung. Mit anderen Worten haben Individuen und Technologie keine eigenständigen, festgeschriebenen Eigenschaften; erst durch ihr situationsspezifisches Zusammenwirken werden diese konstituiert. Technologie wird dabei – fast ein bisschen wie in dem alten Sachzwangkonzept – Akteursqualität zugeschrieben. Individuen und Artefakte wie Technologie und Organisation werden als prinzipiell gleichwertige Akteure konzipiert weshalb hier bisweilen von einer „flachen" Ontologie gesprochen wird (Seidl/Whittington 2014). Jedwede Unterscheidung zwischen Technologie, Organisation und Individuum wäre somit rein analytisch und wenig brauchbar, fließen sie doch in der konkreten Praxis schlichtweg untrennbar ineinander (Barad 2003). Demzufolge gibt es keine organisationale Praktik, die nicht in irgendeiner Art und Weise von Technologie durchdrungen ist. Als Beispiel für solch eine soziomaterielle Durchdringung von Praktiken wird u.a. die Suche im Internet mittels der Google-Suchfunktion angeführt: Die Google-Suche basiert auf einem von Programmierern geschriebenen Algorithmus, welcher ständig auf Basis der von den Nutzern durchgeführten Suchanfragen aktualisiert wird; häufig besuchte und vielverlinkte Webseiten erhalten ein höheres Ranking und werden daher eher als Suchergebnisse angezeigt. Die Suchanfragen der Nutzer nehmen damit unmittelbaren Einfluss auf den technischen Suchalgorithmus. Dies hat wiederum eine sozio-politische Funktion: Wenig besuchte und schlecht verlinkte Webseiten sind im Netz nicht länger oder nur für Experten auffindbar. Die den Nutzern zur Verfügung stehenden Informationen werden somit durch den Google-Suchalgorithmus und das Suchverhalten der anderen Internetnutzer mit geprägt. Die Technologie (der verwandte Suchalgorithmus) ist also bereits unmittelbar sozial, eine separate Analyse von Technologie und sozialer Praktik ist hier – so das Argument – nicht möglich. Dem Algorithmus werden Akteursqualitäten zugesprochen, da er unmittelbaren Einfluss darauf nimmt, was eine Internetnutzerin zu sehen bekommt und was ihr verborgen bleibt.

Eine solche soziomaterielle Folie ist auf der einen Seite zur Diskussion der Auswirkungen insbesondere neuerer IT-Technologie auf Organisationen sicherlich interessant. Vor dem Hintergrund des vieldiskutierten Web 2.0, mit Anwendungen wie Google, Facebook, Wikipedia oder Twitter, die durch das Zutun der Nutzer überhaupt erst entstehen, kann Technologie nicht als etwas Exogenes betrachtet werden, das auf bestimmte Art und Weise auf die Organisation einwirkt bzw. das von der Organisation mit beeinflusst wird. Technologie und deren Anwendung sind in diesen Fällen untrennbar miteinander verbunden. Auf der anderen Seite stellt sich allerdings schon die Frage, ob es nicht metaphysisch oder vielleicht sogar ideologisch ist, Technologie als vollwertigen Akteur zu konzeptionalisieren. Schließlich zeichnen sich zumindest menschliche Akteure durch Reflektionsfähigkeit und Empathie aus, d.h. sie können die Erwartungen anderer Akteure in ihr Handlungskalkül mit einbeziehen und darauf reagieren; Luhmann (1984) spricht hier von Erwartungserwartungen. Diese Fähigkeit ermöglicht es Akteuren nicht-deterministisch und damit grundsätzlich für andere Akteure überraschend zu handeln. Vor diesem Hintergrund stellt sich mithin die Frage, ob Technologie in diesem Sinne grundsätzlich überraschende Handlungen hervorbringen kann, die nicht bereits in Programmcodes oder Ähnlichem von menschlichen Akteuren hinterlegt sind. So handelt es sich ja bei dem oben erwähnten Suchalgorithmus von Google im Kern eben um eine ex-ante festgelegte Regel, die das Suchproblem in endliche, wohldefinierte Einzelschritte zerteilt. Aufgrund des regelhaften Charakters von Algorithmen sind diese eben gerade nicht dazu in der Lage, neuartige und damit überraschende Verknüpfungen herzustellen. Das Ergebnis des Suchalgorithmuses ist ex-ante festgelegt und ist nur für diejenigen überraschend, die den Algorithmus nicht kennen. Er wird damit zumindest nicht im Sinne Luhmanns zu einem eigenständigen Akteur.

Zu Ende gedacht lässt der soziomaterielle Ansatz das Organisations-Umwelt-Verhältnis verschwimmen, die interaktive Perspektive wird gewissermaßen radikalisiert. Organisation und Umwelt (bzw. Technologie) sind nicht nur interaktiv aufeinander bezogen, sondern im Prinzip nicht mehr voneinander zu trennen; Beides löst sich in situationsspezifischen Relationen auf. Aus einer Gestaltungsperspektive heraus ist dies nicht ganz unproblematisch. Bedeutet dies doch schlussendlich, dass die Gestaltung von Technologie kein spezifisches, separat zu diskutierendes Managementproblem ist. Da sich Technologie und Organisation weder praktisch noch analytisch trennen lassen, hat die Gestaltung organisationaler Praktiken quasi automatisch immer einen technologischen und sozialen Aspekt und bedarf daher keiner besonderen Aufmerksamkeit.

Im Unterschied zum soziomateriellen Ansatz, der die Relation zwischen Organisation und Technologie verwischt und in Differenz zum kompetitiven Grundmuster des strategischen Ansatzes stellt die neuerdings so stark beachtete Theorie interorganisationaler Beziehungen die Kooperation zwischen Organisationen in den Vordergrund.

4.4.4 Interorganisationale Beziehungen und Netzwerke

Die bisher vorgestellten Perspektiven formulieren ihre Aussagen aus Sicht der einzeln operierenden Organisation. Die Überwindung dieser singulären Perspektive hat sich die *Theorie interorganisationaler Beziehungen* zum Ziel gemacht. Sie verortet das eigentliche Aktionszentrum zur Bewältigung der Umweltbeziehungen auf einer höheren Aggregationsebene, wie etwa in strategischen Gruppen, in sozialen Netzwerken oder in Kartellen. Die einzelne Organisation interessiert nicht mehr als strategischer Akteur, sondern als Teil oder als Mitglied solcher strategischer Kollektive (vgl. z.B. Oliver 1990; Gulati et al. 2000; Ortmann/Sydow 2001; Sydow/Duschek 2011).

Organisationskollektive oder Allianzen werden als wenig formalisierte, aber dennoch stabile Systeme angesehen, die das Verhalten der Mitgliederorganisationen stark bestimmen. Der Einfluss wird z.T. aus dem Kalkül, wonach gemeinsam mehr als einzeln erreicht werden kann, z.T. aber auch aus der Dominanz einzelner Organisationen erklärt. Besonders häufig wird auf den Umstand verwiesen, dass Organisationskollektive Ressourcen mobilisieren können, die der einzelnen Organisation nicht zu Verfügung stehen; dies ermögliche die Erzielung spezifischer Wettbewerbsvorteile mit entsprechenden Kooperationsrenten („relational rents"). Letzteres ist als *Relational View* bekannt geworden (Dyer/Singh 1998).

4.4.4.1 Der „Relational View"

Die besondere strategische Bedeutung von interorganisationalen Beziehungen heben insbesondere Dyer und Singh (1998) mit ihrem „relational view" hervor. Dyer und Singh fassen hierbei all diejenigen Faktoren zusammen, die im Rahmen von interorganisationalen Beziehungen einen Wettbewerbsvorteil und damit Extrarenten erzielen können. Von primärem Interesse ist demnach, welche Ressourcen Netzwerkpartner kombinieren müssen und wie sie diese gemeinsamen Ressourcen am besten steuern, um nachhaltige Wettbewerbsvorteile erzielen zu können. Im Kern werden vier zentrale Quellen von strategischen Allianzvorteilen identifiziert: beziehungsspezifisches Vermögen, wissensteilende Routinen, komplementäre Ressourcen und Fähigkeiten sowie das verwendete Steuerungsmodell (Governance).

1. **Relation-specific assets:** Hier geht es um allianzspezifische Investitionen, welche die Grundlage für nachhaltige Wettbewerbsvorteile bilden sollen. Das können spezifische räumliche Investitionen sein (z.B. die Werke der Allianzpartner werden in unmittelbarer Nachbarschaft gebaut, um Logistikkosten zu sparen), in physischer Hinsicht (z.B. die Verwendung komplementärer Betriebsmittel) oder in personeller Hinsicht (z.B. Aufbau eines gemeinsamen Trainingscenters für Piloten). Der Vorteil spezifischer Investitionen wird sich vor allem dort entfalten, wo eine hinreichend lange Partnerschaft besteht und es ein hinreichend großes Transaktionsvolumen zwischen den Allianzpartnern gibt. Als Beispiel werden hier immer wieder die Entwicklungspartnerschaften zwischen deutschen Automobilherstellern und ihren Zulieferern angeführt. Der strategische Vorteil kann hierbei sowohl auf der Kosten- als auch Differenzierungsseite liegen.

2. **Knowledge-sharing routines:** Ausgangspunkt dieser Quelle allianzbezogener Wettbewerbsvorteile ist die Beobachtung, dass Innovationen nicht in das Netzwerk eingebracht, sondern dort erst durch das Zusammenlegen spezifischer Ressourcen hervorgebracht werden. Insofern ist der gezielte Austausch von Wissen innerhalb der Allianz von strategischer Bedeutung. Dabei geht es nicht nur um explizites Wissen, sondern auch und gerade um lange eingeübte Praktiken und spezifische Fähigkeiten. Dies kann etwa durch gemeinsame Projekte oder zwischenbetriebliche job rotation gelingen. Zur Sicherstellung des Wissenstransfers kommt es daher darauf an, dass die Allianzpartner einander vertrauen und nicht ständig befürchten, betrogen zu werden. Offenheit im Wissensaustausch und opportunistisches Verhalten widersprechen sich schlicht.

3. **Complementary resource endowments:** Diese Quelle von Wettbewerbsvorteilen stellt auf das Zusammenfügen bereits vorhandener, komplementärer Ressourcen und Fähigkeiten ab. Ein Wettbewerbsvorteil ergibt sich, wenn es gelingt, durch das Zusammenwirken komplementärer Ressourcen ein spezifisches Potenzial entstehen zu lassen, über welches Konkurrenten nicht verfügen und was auch nicht auf Märkten erworben werden kann („intangible assets"). Als Beispiel ließe sich das Zusammenwirken von Gore & Assoc. und Bogner (GoreTex-Mäntel) anführen. Voraussetzung für das Wirksamwerden der Komplementarität ist das Erkennen kritischer Ergänzungsmöglichkeiten. Ferner müssen die erkannten Komplementaritäten auch zur Entfaltung gebracht werden. Häufig scheitern Partnerschaften gerade an letztgenanntem Punkt; die Unternehmenskulturen passen nicht zusammen, die Arbeitsprozesse sind zu unterschiedlich usw.

4. **Effective Governance:** Der vierte Aspekt integriert gewissermaßen die bereits genannten drei Quellen, denn hier geht es um die geeignete Steuerung der Aktivitäten. Dyer und Singh wollen hier vor allem darauf hinweisen, dass ein formales

Steuerungsregime, das sich durch eine Vielzahl komplexer Verträge zur Kooperation und Konflikthandhabung auszeichnet, in der Regel einer informalen Steuerung unterlegen ist, die auf Vertrauen und gegenseitige Wertschätzung setzt. Gulati (1998) zeigt beispielsweise, dass eine Vielzahl von Allianzen mit eher formalen Steuerungsmaßnahmen startet, im Laufe der Zeit aber immer mehr zu einer informellen Steuerung übergeht.

Insgesamt weist der relational view völlig zu Recht auf die strategische Bedeutung von Allianzen und ihr Potenzial, Wettbewerbsvorteile zu begründen, hin. Ob er dabei aber tatsächlich – wie Dyer und Singh postulieren – einen eigenständigen Ansatz begründen kann, bleibt bei Lichte besehen fraglich. Schließlich wird hier in sehr großem Maße auf Bekanntes aus dem ressourcenbasierten und strategischen Ansatz zurückgegriffen und bestenfalls um eine Netzwerkkomponente ergänzt.

4.4.4.2 Formen interorganisationaler Beziehungen

In der Praxis finden sich sehr unterschiedliche Formen interorganisationaler Beziehungen, die auch inhaltlich ganz andere Problemlösungen verfolgen.

Oliver (1991) unterscheidet zunächst einmal sechs verschiedene Anlässe und Ziele, die zur Bildung interorganisationaler Beziehungen führen:

1. Notwendigkeit: Verwiesen wird damit auf gesetzliche Regelungen und Regularien, die den Zusammenschluss oder zumindest die enge Kooperation von Organisationen notwendig machen. So kann etwa die Politik den Zusammenschluss von (öffentlichen) Organisationen (Gefängnissen, Krankenhäuser, Ministerien) verfügen. Im Grunde geht es hier um die Dimension: freiwillig versus unfreiwillig.

2. Asymmetrie: Kooperationen dieser Form entstehen aus dem Bestreben heraus, das Handeln anderer Organisationen mit zu prägen und Einfluss auf diese zu gewinnen. Im Zentrum steht die Gewinnung von Macht, um die eigenen Zwecke besser verfolgen zu können. Das Unterscheidungsmerkmal hier ist also: asymmetrische versus symmetrische Beziehungen.

3. Reziprozität: Anlass für die Bildung von Kooperationen ist in diesem Fall der vorteilhafte Austausch von Ressourcen. Die Kooperationspartner unterstützen sich wechselseitig, um so Ziele zu erreichen, die sie alleine nicht realisieren können. Die Kooperation wird wegen der potenziellen Renten dem direkten Wettbewerb vorgezogen.

4. Kostenvorteile: Ausschlaggebend für die Bildung von Kooperationen sind erwartete interne Effizienzvorteile. Etwa wenn Produktionsanlagen oder Lager gemeinsam genutzt werden können, um Größenvorteile zu erzielen bzw. die Stückkosten zu senken. Ähnliches gilt für gemeinsam genutzte Vertriebswege oder Einkaufsgemeinschaften zur Senkung der Einstandskosten durch größere Losmengen.

5. Stabilität: Ausgangspunkt zur Kooperation ist hier die perzipierte Unsicherheit und das daraus resultierende Bestreben, die Unsicherheit besser beherrschbar zu machen (vgl. dazu auch die Ausführungen oben zum Ressourcenabhängigkeitsansatz). Ziel ist es ein besser erwartbares und infolgedessen planbares Aktivitätsfeld zu erhalten, in dem wesentliche Quellen der Unsicherheit durch Kooperation „beruhigt" werden. Beispiel sind etwa Allianzen in der Airlineindustrie, die die Konkurrenz auf bestimmten Strecken untersagen.

6. Legitimität: Impetus für die Kooperationsbildung ist hier ein drohender Legitimitätsverlust oder der Wunsch, Legitimität für neue Praktiken zu erzielen (vgl. die Ausführungen oben). Legitimität wird als zentrale, aber knappe Ressource angesehen, die gemeinsam leichter erworben werden kann. Beispiele sind etwa Zusammenschlüsse im Bereich des Lobbyismus (Verbände), um auf die Regeln der Branche Einfluss nehmen zu können, oder gemeinsame Standards zur Durchsetzung von sozialer Verantwortung.

Obgleich diese sechs Dimensionen als Einzelanlass konzipiert sind, lassen sie sich für bestimmte Kooperationstypen auch kombinieren. So kann die Gründung eines Joint Ventures sowohl durch das Bestreben nach Stabilität und Legitimität als auch durch erwartbare Größenvorteile und Wissensaustausch motiviert sein.

Einen umfassenden Ansatz zur theoretischen Konzeptionalisierung der verschiedenen Formen interorganisationaler Beziehungen und der damit verbundenen kollektiven Strategien entwickelten Astley und Fombrun (1983). Ausgangspunkt ist eine 4-Felder-Matrix (vgl. Abbildung 4.15), die der Klassifizierung organisatorischer Kollektive dient. Die Matrix basiert auf zwei Dimensionen:

1. Art der interorganisationalen Beziehungen (direkte vs. indirekte) und
2. Art der Interdependenz zwischen den Organisationen eines Kollektivs (kommensalistisch vs. symbiotisch).

1. Die *erste Dimension* fragt danach, ob die Organisationen eines Kollektivs in einer *direkten oder indirekten Beziehung* zueinander stehen. Die Autoren machen dies von der *Anzahl* der in einem Organisationskollektiv operierenden Organisationen abhängig. Sind es nur wenige Organisationen, so bilden sie einen überschaubaren Rahmen, in dem einzelne Organisationen leicht identifizierbar sind, d.h. die Organisationen wissen explizit von der Existenz der jeweils anderen („direkte Beziehung"). Bei vielen Organisationen kann dagegen nicht mehr jede mit jeder Organisation kommunizieren, die Beziehungen werden größtenteils indirekter Art, was freilich nicht heißen muss, dass sie deswegen unbedeutend würden. Im Grunde ist damit gleichzeitig die Frage nach möglichen Kooperationsformen gestellt. Bei einer nur geringen Zahl teilnehmender Organisationen kommen interaktive Kooperationsformen in Frage; eine große Anzahl von teilnehmenden Organisationen bedeutet dagegen Unüberschaubarkeit und verlangt daher nach indirekten Formen der Kooperation und Einflussnahme zwischen Organisationen. Ähnlichkeiten zu volkswirtschaftlichen Theorien des Oligopols bzw. Polypols sind unübersehbar.

Abbildung 4.15: *Klassifikation von Organisationskollektiven*

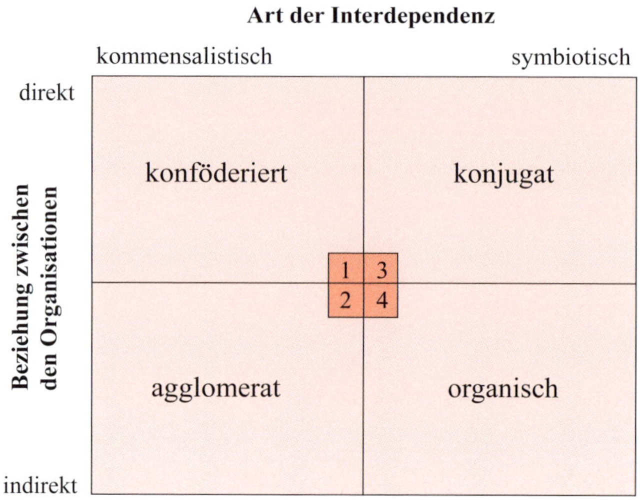

Quelle: Astley/Fombrun (1983), S. 580

2. Die *zweite Dimension*, die *Art der Interdependenz* zwischen den Organisationen, ist in Analogie zur biologischen Theorie des Kollektivverhaltens von Lebewesen mit den Varianten Kommensalismus und Symbiose gebildet. Übertragen auf den Kontext der Organisationstheorie verstehen die Autoren unter einer *kommensalistischen Interdependenz* eines Organisationskollektivs, dass „artgleiche" Organisationen interagieren, die entweder indirekt oder direkt aufeinander bezogen sein können. Im ersteren Fall ist die dabei leitende Grundorientierung eher kompetitiv (gemeinsamer Kampf um knappe Nahrung, wie etwa bei einer Schafherde); im zweiten kollaborativ (wie etwa bei einem Wolfsrudel). Organisationen eines Organisationsverbundes, die in einer *symbiotischen Interdependenz* stehen, sind *artverschiedene* Organisationen; ihre Leistungsgemeinschaft baut auf komplementären Ressourcen auf. Nachdem sie ihre Ziele *nur gemeinsam* erreichen können, steht hier kooperatives Verhalten im Vordergrund. Beispiele aus der Biologie sind bei direkter Interaktion Zellulose verdauende Geißeltierchen im Darm der Termiten; bei indirekter Interaktion Nahrungsketten.

Aufbauend auf diesen beiden Dimensionen skizzieren Astley und Fombrun vier generische Typen von Organisationskollektiven. In jedem einzelnen Typ sind spezifische gemeinsame Struktur- und Handlungsmuster von Organisationen möglich, und zwar sowohl in emergenter als auch in geplanter Form. Diese vier Kollektivformen seien nachfolgend kurz erläutert:

1. „*Konföderationen*" Solche Organisationskollektive zeichnen sich dadurch aus, dass sie aus wenigen gleichartigen Organisationen zusammengesetzt sind, die in einem direkten Interaktionsverhältnis stehen. Kollektive (interorganisationale) Strategien entstehen häufig dann, wenn Unternehmen von ihrem – normalerweise – kompetitiven Verhalten abweichen und zum Zwecke gemeinsamer Interessensicherung kooperieren, etwa um gemeinsam eine Veränderung der Industriestruktur zu erreichen oder um gemeinsam einen anderen unfairen Wettbewerber zu sanktionieren. Diese Kooperation ist zumeist informal organisiert; dazu gehören beispielsweise Kollusion (geheime, i.d.R. unerlaubte Absprachen) oder die informelle Preisführerschaft eines Unternehmens, der sich dann andere bereitwillig anschließen. Die Einhaltung der gemeinsamen Strategie wird im Wesentlichen durch *soziale Kontrolle* sichergestellt. Die Volkswirtschaftslehre geht generell davon aus, dass diese Kontrollform nur sehr unvollkommen funktioniert (Scherer/Ross 1990; Tirole 1995, S. 525 ff.), ein solcher Verbund also letztlich nur sehr fragil ist. Faktisch gibt es aber zahlreiche Beispiele (Bauindustrie, Mineralölindustrie usw.) für ausgesprochen stabile „Konföderationen", die dann auch bis in die Organisationsgestaltung hineinwirken, d.h. die Kooperation ist auch strukturell verankert und gestützt.

2. „*Agglomerate*" definieren sich durch eine große Anzahl *gleichartiger* Organisationen, die nur in wenigen Fällen direkte Beziehungen zueinander unterhalten, jedoch gemeinsam um knappe Ressourcen (Rohstoffe, Informationen, Subventionen usw.) konkurrieren. Da sich die Unternehmen nach Voraussetzung in einem untereinander unüberschaubaren Feld befinden, ist eine direkte Zusammenarbeit etwa in Form der Kollusion ausgeschlossen. Zur Bildung kollektiver Strategien kommen daher nach Astley/Fombrun in diesem Kontext nur formalere Kooperationsformen in Frage, wie z.B. die Gründung von Interessenverbänden oder Genossenschaften. Ein bekanntes Beispiel für ein agglomerates Kollektiv sind die landwirtschaftlichen Betriebe, die sich, um überleben zu können, zu machtvollen Verbänden zusammengeschlossen haben. Erstes Ziel ist die Beeinflussung des politischen Geschehens (Lobbyismus), der Gesetzgebung und Subventionsvergabe, aber auch die Darstellung der eigenen Probleme in der Öffentlichkeit. Agglomerate sind aber beispielsweise auch Einkaufszusammenschlüsse oder Logistikallianzen (etwa Vanovermeire et al. 2014) die Unternehmen eingehen, um Wettbewerbsvorteile zu erzielen oder Wettbewerbsnachteile gegenüber Großanbietern auszugleichen. In allen Fällen handelt es sich um eine ambivalente Partnerschaft, denn es sind Wettbewerber, die nur zu einer eng umschriebenen Kooperation zusammenfinden. Die *Kontrolle* des Kollektivs geschieht im Wesentlichen auf administrativem Wege, sie ist formal organisiert und wird zentral überwacht. Das Kollektiv hat deshalb in der Regel auch eine formale Führungsorganisation (ein wenig vergleichbar mit einer Managementholding), die mit der Führungsorganisation der einzelnen Mitgliederunternehmen institutionell verbunden ist.

3. „*Konjugate*" Organisationskollektive liegen vor, wenn wenige Organisationen verschiedener Kontexte mit komplementären Ressourcen miteinander kooperieren: An die Stelle einer Intra-Branchen-Perspektive, wie sie für das Agglomerat typisch war, tritt nun eine Inter-Branchen-Perspektive. Die hier gemeinten interorganisationalen Beziehungsmuster knüpfen eng an die zum Ressourcenabhängigkeits-Ansatz thematisierten Formen kooperativen Verhaltens an. „Ressourcenabhängigkeit" heißt symbiotische Abhängigkeit zwischen distinkten Organisationen. Bekannte Beispiele für konjugate Kollektive sind *Systempartnerschaften* zwischen Zuliefer- und Abnehmerbetrieben. Besonders hervorstechend waren hier in jüngerer Zeit die Kooperationen in der Automobilindustrie, die sich vor allem auf eine gemeinsame Entwicklung von Spezialteilen und die Vormontage von ganzen Systemkomponenten (Vorderachse, Armaturenbrett usw.) beziehen. Eine besondere Aufmerksamkeit erfahren hier in den letzten Jahren sog. Supply-Chain-Allianzen (Lambert et al. 1996) und die Probleme, die mit der Organisation solcher Partnerschaften verbunden sind (Wisner et al. 2015). Bekannt sind aber auch ganz andere konjugate Kooperationsformen, wie etwa das sog. Co-Branding, d.h. gemeinsames Marketing für verschiedene Marken (etwa Kreditkarten: Visa, ADAC und Berliner Landesbank). Nachdem diese Kooperationen in aller Regel vertraglich abgesichert sind, wird die Einhaltung der Kooperationsmodalitäten zunächst einmal über das Gesetz kontrolliert. Darüber hinaus bringen konjugate Kollektive aber auch eine eng verwobene Interaktion mit sich (z.B. Planungsverbünde über Electronic Data Interchange oder Qualitätssicherungsprozeduren), die eine unmittelbare Handlungssteuerung und -kontrolle erlauben. Die Organisationsformen, auf denen die Abstimmung beruht, sind sowohl formeller als auch sehr stark informeller Natur („Vertrauen") (vgl. etwa Todeva/Knoke 2005).

4. *„Organische"* Organisationskollektive bezeichnen Organisationspopulationen, die aus einer großen Anzahl verschiedener Organisationen mit Komplementärressourcen bestehen und auf unüberschaubar vielen Wegen miteinander verknüpft sind (symbiotische Interdependenzen). Wegen dieser unüberschaubaren Anschlussdichte der Elemente untereinander, die sich doch zu einer Einheit formieren, wird für dieses Kollektiv für gewöhnlich die Metapher des *Netzwerkes* verwendet. Bisweilen werden aber auch alle vier hier genannten Kooperationsformen als Netzwerke bezeichnet. Dies erscheint jedoch wenig zielführend, wird doch mit einem so allgemeinen Begriff die Aussagenbildung zu den Spezifika erheblich erschwert. In der hier definierten Weise basieren Netzwerke auf einer größeren Zahl von Organisationen, die zueinander in symbiotischen Beziehungen stehen, d.h. die involvierten Organisationen sind funktional differenziert und komplementär aufeinander bezogen. Die theoretische Besonderheit von Netzwerken liegt insbesondere darin, dass sie komplex, d.h. nicht vollständig durchdringbar sind, aber dennoch kollektive Strategien entwickeln – wenn auch meist auf emergentem Wege (Sydow/Duschek 2011; Provan/Kenis 2008). Es handelt sich um polyzentrische, nur lose untereinander gekoppelte Systeme, die zwar auch füreinander Umwelt sind, aber eben doch in sehr viel überschaubarerer Weise als dies bei generellen (externen) Umwelten der Fall ist (etwa Schilling/Steensma 2001). Netzwerke sind also locker verknüpfte Handlungskollektive, die sich gemeinsam von der Umwelt abgrenzen; man könnte sie deshalb auch als (Umwelt-)Komplexitätsreduktions-Gemeinschaften bezeichnen.

Fokus 4.6

Netzwerke in der Textilindustrie der Region Modena

Das Modena-Netzwerk zeichnet sich vorrangig durch folgende Merkmale aus: Eine große Zahl kleiner spezialisierter Firmen (viele davon sind nur 1-Personen-Unternehmen unter Mithilfe von Familienmitgliedern) wirken komplementär (‘symbiotisch’) zusammen. Obwohl alle Netzwerkunternehmen selbständig arbeiten, gibt es einen Koordinationsspezialisten, den ‘Impannatore’, der mit dem deutschen ‘Verleger’ des 19. Jahrhunderts gewisse Ähnlichkeiten hat. Der Impannatore stößt die jeweiligen Herstellungsprozesse an; er übernimmt unterschiedlich viele Koordinationsaufgaben, beteiligt sich aber nicht selbst am Fertigungsprozess.

Der Wertschöpfungsprozess beginnt für gewöhnlich damit, dass der Impannatore Modedesigner engagiert, die neue modische Modelle im Bereich Damenoberbekleidung entwerfen. Nach Erstellung entsprechender Vorführmodelle (Prototypen) lässt der Impannatore den Markt erkunden. Bei Eingang entsprechender Aufträge aus dem Einzel- oder Großhandel setzt er die Fertigungskette in Gang. Diese beginnt häufig mit der Erstellung der Stoffe nach vorgegebenem Muster und der speziellen Präparierung der Stoffe.

Es ist wichtig zu wissen, dass die kleinen Netzwerkunternehmen über sämtliche Maschinen und Geräte selbst verfügen, sie werden also nicht von dem Impannatore gestellt – wohl aber die Garne. Bisweilen geben die Netzwerkunternehmen ihre Arbeiten in Teilen außer Haus an Heimarbeiter oder auch an Subkontraktoren.

Nach der Stofferstellung werden die Kleidungsstücke (es handelt sich fast ausschließlich um sehr modische Damenoberbekleidung) erstellt, d.h. in den einzelnen Netzwerkunternehmen werden die Stoffe zugeschnitten, genäht, u.U. spezialbehandelt (gesteift, weich gemacht usw.).

Dann werden Knöpfe und Knopflöcher angebracht, die fertigen Kleidungsstücke gebügelt/-gepresst, die Qualität kontrolliert (die Standards gibt der Impannatore vor), und schließlich wird die Ware wieder von einer anderen Firma verpackt und an den Handel versandt.

Häufig reichen die Netzwerkunternehmen die Ware nach der Bearbeitung direkt an die nächste Firma weiter, bisweilen gehen die Werkstücke aber auch erst an den Impannatore zurück, der sie dann weitergibt.

Die Netzwerkunternehmen werden bei der Führung und Finanzierung ihrer Unternehmen sowie bei der technologischen Ausstattung von Service-Einheiten unterstützt. Diese sind teilweise in Form von Genossenschaften selbst organisiert oder vom Staat gefördert. Der technologische Standard der Kleinunternehmen ist größtenteils sehr hoch; so ist z.B. Computer-Unterstützung eine Selbstverständlichkeit.

Die Netzwerkfirmen gehören meist mehreren (2-4) Netzwerken an, d.h. sie arbeiten mit mehreren Impannatores zusammen. Dies senkt die Abhängigkeit; die Netzwerke erhalten dadurch aber auch mehr Stabilität. Bei dem Misserfolg eines Impannatores sind die Firmen nicht sogleich gefährdet.

Die Beziehungen der Firmen untereinander und insbesondere zu der Impannatore-Firma stützt sich im Wesentlichen auf gegenseitiges Vertrauen. Zum großen Teil arbeiten die Firmen schon über lange Jahre hinweg in ihren Netzwerken. Es bestehen jedoch keine langfristigen Verträge; die Einforderung formaler Verträge würde als Misstrauen empfunden werden. Dieses Vertrauensklima ist in der gesamten Region verankert und hat sich im Laufe der Jahre als Tradition entwickelt.

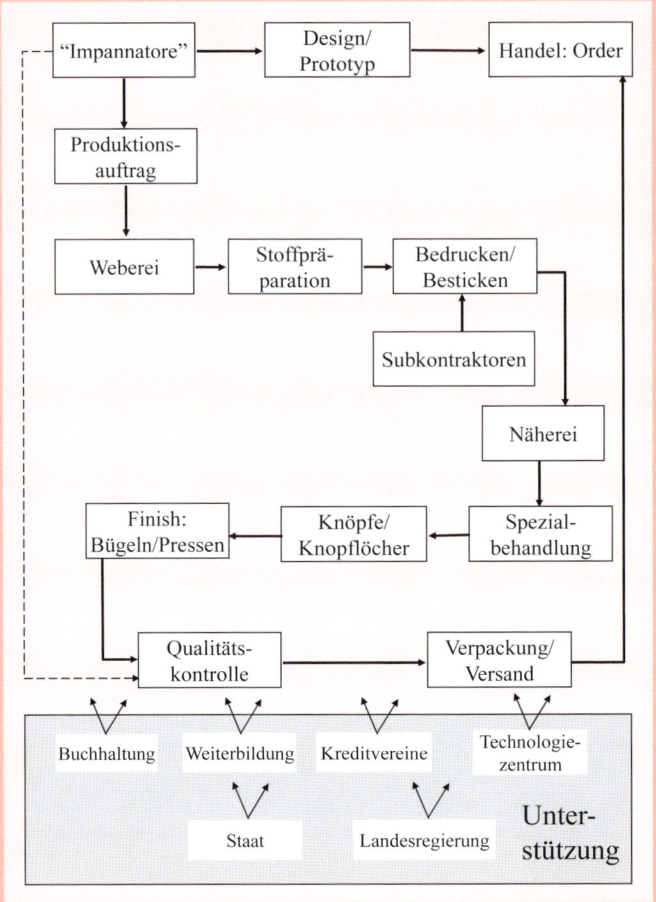

Das Modena-Netzwerksystem ist wirtschaftlich sehr erfolgreich. Die Einkünfte der Kleinstunternehmer liegen deutlich über dem Durchschnitt von Textilarbeitern in Norditalien. Modena gehört heute zu den wohlhabendsten Regionen Italiens. Das Netzwerk-System wächst beständig. Es zeichnet sich durch sehr hohe Flexibilität ('flexible Spezialisierung') aus, was besonders in speziellen Segmenten der Damenoberbekleidung von strategischem Vorteil ist. Die klassische Massenproduktion kann diese Flexibilität nicht erbringen, sie ist auf diesem turbulenten Markt dem symbiotischen Netzwerk unterlegen. Anders dagegen bei der ruhigeren Herrenoberbekleidung; dort dominiert auch in Italien die klassische Fabrik.

Es sei am Rande darauf hingewiesen, dass die viel zitierte Firma Benneton kein Impannatore in dem dargestellten Sinne ist. Sie hat zwar auch die Produktion ausgelagert, arbeitet aber nur mit deutlich größeren Produktionsbetrieben auf der Basis formeller Verträge zusammen, die die Fertigung komplett übernehmen.

Quelle: Brusco (1982); Piore/Sabel (1985), S. 286 ff.; Lazerson (1995)

Netzwerke werden vornehmlich über diese gemeinsame, selbstreferentiell erzeugte Systemgrenze kontrolliert; dies ist relativ häufig eine Art normativer Kontrolle, d.h. es gibt einen Konsens darüber, dass die Netzwerkregeln eingehalten werden.

Interorganisationale Netzwerke werden nach verschiedenen Gesichtspunkten klassifiziert. Am geläufigsten ist eine Unterscheidung nach

- dem *Ort* der Aktivitäten: regionale, nationale, internationale und globale Netzwerke, sowie nach
- der *Kooperationsrichtung*: vertikale oder laterale Netzwerke.

Bei den *regionalen* (interorganisationalen) Netzwerken hat die Emilia Romana in Norditalien mit ihren vielfältig verbundenen kleinen Firmen in der Literatur Prominenz erlangt. Fokus 4.6 erläutert an einem Beispiel die Funktionsweise. Aber auch viele andere Regionen sind mit ihren Netzwerken (Cluster) bekannt geworden, so z.B. die Route 128 bei Boston, das Silicon Valley in Kalifornien oder auf Maschinenbau ausgerichtete Regionen in Baden-Württemberg. Internationale Netzwerke bilden sich häufig zur Realisierung großer Projekte in Form von Konsortien (etwa zum Bau von Staudämmen und Wasserkraftwerken oder von Transportsystemen), aber auch im Bereich der Investitionsgüterentwicklung (Håkansson 1989; Enright 2000).

Vertikale Netzwerke werden häufig als Wertschöpfungskollektive umschrieben, wobei hier zu beachten ist, dass eine enge Kooperation zwischen einer hinreichend großen Zahl von Unternehmen vorhanden sein muss, sonst würde man nur die klassischen Zuliefer-Beziehungen mit dem neuen Etikett „Netzwerk" versehen. Als *laterales Netzwerk* gelten z.B. die japanischen Unternehmensverbünde: „Keiretsu" und „Kigyo Shudan", wo sich Firmen unterschiedlichster Kontexte zur Erlangung von Synergien „vernetzen" (Gerlach 1987; Sydow/Duschek 2011). Die Firmengruppen, obwohl keine Konzerne, agieren (faktisch) auf einer langfristigen Basis als Kollektiv und sind gemeinsam bestrebt, die Grenze zur Umwelt aufrechtzuerhalten.

Abbildung 4.16 fasst die verschiedenen Gesichtspunkte noch einmal im Überblick zusammen.

Vergleichende Analyse: Gleichgültig welches Organisationskollektiv wir nun betrachten, für die Frage des Organisation/Umwelt-Bezuges gilt es immer, zwei Aspekte besonders zu betonen:

- die Beziehungen *zwischen* den unmittelbar relevanten Umweltorganisationen werden thematisiert (Ablösung der dyadischen Betrachtung),
- die wesentlichen Entscheidungen werden *innerhalb des Organisationsverbundes* getroffen und nicht im einzelnen Unternehmen.

Mit diesem Ansatz ist daher eine neue Ebene im Verhältnis von Unternehmung und Umwelt aufgespürt, eine Art Zwischeninstanz (zur neueren Diskussion: Adler 2001). Im Hinblick auf die Strukturierung dieser Kollektive stellt sich die Organisationsfrage von neuem. Besonders wichtig ist die Frage, ob diese Organisationskollektive eigener genuiner Organisationsformen bedürfen oder auch bereits herausgebildet haben, oder ob die Strukturdimensionen, die für die Singulärorganisation entwickelt wurden, gleichermaßen auch für die Organisationskollektive Gültigkeit haben. Die meisten der vorliegenden Studien gehen eher den Weg der Analogie und studieren Organisationskollektive auf denselben Dimensionen wie Großorganisationen, teilweise aber auch analog zu Märkten, je nach Kollektivtyp.

Abbildung 4.16: *Organisationskollektive*

Organisationskollektiv / Merkmale	konföderiert	agglomerat	konjugat	organisch
Anzahl der beteiligten Organisationen	wenige	viele	wenige	viele
Spezies	artgleich	artgleich	artverschieden	artverschieden
Kollektive Strategien	Kollusion informelle Preisführerschaft	Interessenverbände Kartelle Schaffung von Markteintrittsbarrieren	Langfristverträge Joint Venture Wertschöpfungspartnerschaften	Netzwerke Wettbewerbsvorteil
Vorherrschende Kontrollform/ Sanktionen	sozial	organisatorisch	gesetzlich	normativ

Quelle: nach Astley/Fombrun (1983)

Mit einem Analyse-Raster schlägt Fombrun (1986) vor, gemeinsame übergreifende Strukturdimensionen auf drei Ebenen zu verwenden:

1. Infrastruktur (Aufgabenkonfiguration, Arbeitsfluss, Interdependenzen),
2. Struktur der Austauschbeziehungen (Anreiz/Beitrags-Struktur, informelle Beziehungen, Zentrum/Peripherie),
3. Superstruktur (Gesamtorientierung, Identitätsbildung usw.).

Die entscheidende Frage im Rahmen des Ansatzes von Fombrun ist weniger die nach differenten Strukturdimensionen, sondern nach spezifischen Mustern innerhalb der Strukturen. Für Organisationskollektive stellt sich insbesondere die Frage nach *struktureller Konvergenz oder Divergenz*. Sind also Organisationskollektive primär als konsistent strukturierte Gebilde zu betrachten oder eher uneinheitliche, widersprüchliche Kollektive, die dann auch in erster Linie über die Handhabung der Widersprüchlichkeit zu lenken wären (Differenzierung und Integration).

Was die Einzelunternehmung betrifft so gilt es so oder so zu beachten, dass die Theorie der Organisationskollektive sie wieder enger an die These von der beherrschenden Umwelt heranrückt, als dies bei den anderen beiden Umwelt-Interaktionsansätzen der Fall ist. Organisationskollektive sind gekennzeichnet durch eine – in wesentlichen Bereichen – *einheitliche Handlungslogik*, und diese stellt für die einzelne Unternehmung dann ein mehr oder weniger verbindliches Muster dar (die Nähe zu den „Zwängen" der neo-institutionalistischen Theorie ist hier unübersehbar).

Der Grund dafür ist, dass über die explizit abgeschlossenen Vereinbarungen der beteiligten Unternehmen hinaus die im Verlaufe der Zeit herausgebildeten Handlungsmuster normativen Charakter erhalten, d.h. die Muster werden zu *sozialen Erwartungsstrukturen*, die für jede Organisation aus den Ansprüchen der jeweils anderen erwachsen und für jede Organisation einen Erfüllungsstandard mitdefinieren (Van de Ven/Astley 1981, S. 442). Diese normative Verzahnung bewirkt im Endeffekt, dass das interorganisationale Kollektiv als Einheit handelt und gemeinsame Entscheidungen in der Verfolgung übergreifender – interorganisationaler – Interessen getroffen werden. Die rechtlich selbständigen Organisationen sind deshalb hier nur „teilautonom". Der normative Verbund führt dann auch dazu, dass Sozialkapital aufgebaut wird, das in der Folge starke Kräfte mobilisiert, die einmal entwickelte Netzwerkstruktur zu replizieren – auch wenn neue Netzwerkpartner eintreten (Walker et al. 1997).

Andererseits kann die Theorie der Organisationskollektive aber dennoch als grundsätzlich interaktional bezeichnet werden, da sie konzeptionell offen ist für die Fragen, wie die einzelne Unternehmung im Kollektiv agiert und in welchem Umfang sie Kollektiventscheidungen (mit-)beeinflussen kann. Gerade der letzte Aspekt steht im Mittelpunkt zahlreicher Netzwerkanalysen (Sydow 1992a, S. 118 ff.; Beckmann/Haunschild 2002).

Im Hinblick auf die zu Eingang des Kapitels aufgeworfene Grundsatzfrage der organisatorischen Bewältigung des System/Umwelt-Bezuges wird mit diesen Ansätzen ein qualitativ neues Argument eingeführt. Statt unmittelbar auf die Umwelt zu reagieren, verweisen sie auf eine Alternative, nämlich auf die Bildung von Organisationskollektiven. Die Idee ist, dass der Umweltbezug im Kollektiv besser bewältigt werden kann. Die (potenzielle) Vorteilhaftigkeit dieses Problemlösungsmusters wird unterschiedlich begründet.

Relativ häufig wird die *Transaktionskostentheorie* zur Begründung der Kooperationslogik herangezogen (Williamson 1991). Aus dieser Perspektive werden interorganisationale Kollektive als ein zwischen Markt und Hierarchie liegendes *Hybrid* gedeutet, das sich in seiner konkreten Ausprägung in unterschiedlicher Nähe zu einem der beiden Eckpunkte befindet (Thorelli 1986). Dreh- und Angelpunkt dieser Erklärung ist die These, dass bei bestimmten (bislang allerdings noch nicht genau spezifizierten) Bedingungen das interorganisationale Kollektiv die (als solche feststehenden) Transaktionen kostengünstiger als die beiden anderen Koordinationsmodi bewerkstelligen kann.

Mit dieser These wird gleichzeitig eine *Erklärung* für die Entstehung von Kollektiven verbunden. Interorganisationale Kollektive werden dann entweder als Ergebnis einer *(Quasi-)Internalisierung* von Marktfunktionen verstanden; in diesem Falle werden bestimmte (normalerweise auf dem Markt separat verfolgte) Aktivitäten in semiformalisierte und auf eine gewisse Beständigkeit angelegte Beziehungen eines Organisationsverbundes umgegossen – oder sie stellen das Ergebnis einer *(Quasi-)Externalisierung* unternehmensinterner Tätigkeiten und Funktionen dar, wenn z.B. mehrere Unternehmen spezifische Dienstleistungsfunktionen bzw. -bereiche oder F&E-Tätigkeiten ausgliedern, sie aber dennoch nicht der marktlichen Koordination überantworten wollen.

Beide Aspekte sind – unter dem Gesichtspunkt ihrer Funktionslogik – der betriebswirtschaftlichen Forschung natürlich nicht neu, sie werden im Gegenteil schon lange unter anderen Begriffsfassungen (z.B. vertikale Integration, Funktionsausgliederung, Disaggregation oder „contracting out") diskutiert. Relativ neu ist hingegen die Herausarbeitung der quasi-institutionellen Plattform, die diese Aktivitäten umschließt.

Die Projektion der gesamten interorganisationalen Kollektivierung nur und nur auf die Kostenebene bzw. noch sehr viel enger auf einen Transaktionskostenvorteil greift indessen zu kurz (sieht man einmal von den Operationalisierungsproblemen ab); die mindestens ebenso wichtigen (Leistungs-)Gesichtspunkte bleiben ausgeblendet (Sydow 1992b; Ghoshal/Moran 1996, S. 145 ff.). Zu genau diesem Ergebnis kommt auch eine empirische Studie zur Vorteilhaftigkeit von Emilia Romana-Netzwerken (Lazerson 1995, S. 46 ff.). An erster Stelle wird der spezifische Wettbewerbsvorteil genannt, der durch Synergien für die beteiligten Systeme erreichbar ist. Allgemeine Vorteile, die sich nicht auf der Ebene eines Transaktionskostenvergleichs abbilden lassen, sind etwa: die Schaffung *neuer* Märkte oder Produkte, interorganisationales Lernen, Macht- und Einflussgewinnung zur Herstellung besserer Bedingungen für die Bestandssicherung (Lobbying) usw.. Die Vielfalt dieser Aspekte kann nur ein breiterer *strategischer* Ansatz erfassen.

Entscheidend ist, dass interorganisationale Kollektive einen auf gegenseitigem Nutzen ausgelegten arbeitsteiligen Organisationsverbund darstellen, dessen Differenzierungs- und Integrationsleistung mehrere (im Grenzfall viele) Organisationen umfasst und diese über wechselseitig aufeinander bezogene Erwartungsstrukturen zu gemeinsamen Handlungen veranlasst. Dabei ist nicht erheblich, ob dies in einer Branche oder branchenübergreifend, national oder international erfolgt. Wichtig für das Vorliegen eines Kollektivs ist vielmehr, dass die Unternehmen sich untereinander bestimmte Funktionen zuordnen, diese in einen Handlungsverbund integrieren und damit eine interorganisational-vernetzte Handlungseinheit abgrenzbar wird.

Ein Spezialfall interorganisationaler Kollektive wird in den letzten Jahren immer häufiger unter dem Stichwort *virtuelle Organisation* diskutiert (vgl. u.a. Davidow/Malone 1993; Möslein 2001). Hierbei wird insbesondere auf den transitorischen Charakter derartiger Kollektive abgestellt und den Effekt der Kooperation, wie ein großes Unternehmen – nur ggf. effizienter – agieren zu können. Die Leitidee ist, dass an die Stelle großer Organisationen zahllose Kleinstunternehmen mit hoch spezialisiertem Kompetenzprofil treten, die von Initiatoren projektbezogen immer wieder neu verknüpft werden (vgl. Fokus 4.7). Als Basis wird ein gut ausgebautes Informationssystem gefordert, das eine rasche und effiziente Verknüpfung der einzelnen Kompetenzen ermöglicht (Mertens et al. 1998).

Fokus 4.7

Topsy Tail Inc.

„Tomina Edmark hat kein Talent als Führungskraft. Dennoch hat die texanische Unternehmerin den Umsatz ihrer erst sieben Jahre alten Firma für Modeaccessoires aus Kunststoff auf 80 Millionen Dollar hochgetrieben. Dabei arbeiten in der Zentrale von Topsy Tail Inc. in Dallas, Texas, nur drei Leute. ‚Die kann ich eigentlich in Ruhe lassen', lacht Edmark und verweist auf Ihre Fähigkeit, stattdessen Unternehmen zu koordinieren.

Fast alle Abteilungen ihrer Firma hat Frau Edmark inzwischen an Vertragsunternehmen vergeben: Produktdesign, Herstellung, Verpackung, Auslieferung, Werbung. Die Produktqualität stellt die Texanerin bei der Auswahl der Kontraktpartner sicher. Den Zuschlag erhält nicht unbedingt die Firma, die den niedrigsten Preis bietet. Edmark: ‚Ich fahre raus zu den Betrieben, sehe mir ihre Produktionsverfahren an, achte auf die Sauberkeit der Arbeitsplätze, überprüfe den Ruf der Firma.'

Topsy-Tail-Chefin Edmark beherrscht die Kunst der Beziehungspflege exzellent. Sie ist kulant, schießt Geld vor, auch wenn Partner ihre Aufträge noch nicht vollständig abgewickelt haben. ‚Wir helfen uns gegenseitig', erklärt sie. ‚Das ermuntert meine Partner zu Kreativität bei der Produktentwicklung. '

Nur eine Komponente will Edmark nicht aus den Händen geben: das Computer- und Kommunikationssystem. Mit ihm kontrolliert sie jeden Aspekt ihres weltweit operierenden Unternehmens. Erfolg ist für sie ein Ergebnis von Kooperation, nicht von Kommandos. ‚Für machtbegeisterte Manager ist dieses Gebilde nicht geeignet', sagt die Unternehmerin. ‚Wer ein Imperium aufbauen will, sollte kein Outsourcing betreiben.' "

Quelle: Wirtschaftswoche 6/1999, S. 79 f.

4.4.4.3 Sozialkapital durch Netzwerke

Neuerdings wird vermehrt darauf verwiesen, dass die Mitgliedschaft in bestimmten Netzwerken neben den bereits erwähnten Vorteilen auch den privilegierten Zugang zu bestimmtem Wissen, zu Fördermöglichkeiten, oder zur Zuteilung von Prestige mit sich bringt, selbst dann, wenn sich die beteiligten Personen untereinander gar nicht persönlich kennen („Freunde von Freunden"). Der Begriff des Sozialkapitals umfasst diese Netzwerkbeziehungen und die damit mobilisierbaren Ressourcen (Maurer/Ebers 2006). Mit diesem Konstrukt, das in einem gänzlich anderen Kontext im Wesentlichen von Bourdieu (1986) und Coleman (1988) geprägt wurde, wird ganz allgemein auf die

Bedeutung der Mitgliedschaft in sozialen Netzwerken hingewiesen. Im Anschluss an Nahapiet/Ghoshal (1998) lässt sich Sozialkapital durch drei Dimensionen charakterisieren: die strukturelle, die relationale und die kognitive Dimension.

1. Strukturelle Dimension: Sie bezieht sich auf die Dauerhaftigkeit des Beziehungsgefüges, welches das Sozialkapital produziert und reproduziert. Gemeint ist also die Aufbauorganisation eines solchen Netzwerkes, die jedoch selten formaler, sondern meist von informaler Natur ist. Typische Merkmale zur Beschreibung des Strukturgefüges sind: Dichte, Hierarchie und Zahl der Verknüpfungen.

2. Relationale Dimension: Diese zweite Dimension fokussiert die Art und Qualität der Beziehungen zwischen den Mitgliedern. Dies schließt auch die emotionale Seite mit ein: Wie eng fühlen sich die Mitglieder dem Netzwerk verbunden? Typische Beschreibungsmerkmale zur Charakterisierung dieser Dimension sind Vertrauen, Freundschaft, Normen und Identifikation.

3. Kognitive Dimension: Die dritte Dimension bezieht sich auf das Sinnsystem des Netzwerkes, also auf die kulturelle Seite (vgl. dazu auch Kapitel 6). Hier geht es um das gemeinsame Grundverständnis (Identität), gemeinsame Interpretationsmuster, Geschichten und Rituale. In gewisser Weise bestimmt daher die Mitgliedschaft in einem Netzwerk auch Auftreten und Gestus der Mitglieder (Habitus).

Das Sozialkapital wird demzufolge gemeinsam besessen, es ist eine Art Genossenschaft. Niemand hat exklusive Rechte und die Anteile sind nicht auf Märkten handelbar. Die Mitgliedschaft als solche ist exklusiv und die Gemeinschaft bestimmt über die Zugangsmöglichkeiten (Vgl. hierzu auch die Ausführungen zu organisationalen Praktiken in Kapitel 7). Sozialkapital ermöglicht den Zugang zu Ressourcen, die sonst nicht verfügbar wären und ermöglicht dadurch neue Handlungsoptionen. Sozialkapital wird im Wesentlichen über Vertrauen gesteuert und hat dadurch sehr geringe Kontrollkosten.

Allerdings sollten die Vorteile des Sozialkapitals nicht überschätzt werden, es bringt auch nicht unerhebliche Risiken und Probleme mit sich (vgl. Adler/Kwon 2002). So ist es zum einen sehr spezifisch ausgerichtet, d.h. es bezieht sich nur auf sehr wenige, eng umrissene Lebensbereiche. Zum anderen wirkt es, wie alle Kulturgemeinschaften auch in gewisser Weise abschließend. Je ausgeprägter und prägnanter das soziale Kapital, umso einseitiger prägt es Kognitionen und Handlungspraktiken.

Obgleich das Konzept ursprünglich auf Individuen angewendet wurde, ist auch eine explizit organisationsbezogene Perspektive ausgearbeitet. Bezogen auf Unternehmen kann die Teilhabe an einem bestimmten Sozialkapital Heterogenität erklären. Mittels Zugehörigkeit zu einem bestimmten Netzwerk verfügen Unternehmen über Ressourcen oder können diese mobilisieren, die anderen Unternehmen außerhalb des Netzwerks nicht zugänglich sind. Damit schließt die Theorie an den ressourcenbasierten Ansatz an, d.h. sie trägt zur Erklärung der Bildung strategischer Ressourcen und damit von Wettbewerbsvorteilen bei (Inkpen/Tsang 2005).

Eine besondere Variante zur Analyse der Vorteilsbildung durch Sozialkapital hat Burt (2005) entwickelt, indem er auf die Existenz „struktureller Löcher" verweist und die Vorteile aufzeigt, die sich ergeben, wenn man diese Löcher erfolgreich überbücken kann.

Ausgangspunkt der Debatte ist Colemans (1988) breit akzeptierte These der „Network Closure", wodurch Sozialkapital durch die Schließung eines Netzwerkes entsteht: Ein Netzwerk wird also erst dann zu einem sozialen System wenn es gelingt, klare Grenzen, Zutrittsbarrieren, und eigene Normen und Sanktionssysteme zu etablieren. Je höher die Zutrittsschranken und je homogener die internen Werte und Normen, desto dichter wird das Netzwerk, d.h. desto kohäsiver. Die Mitglieder erfreuen sich bestimmter Privilegien, die für Außenstehende nicht zugänglich sind. Ein Verstoß gegen die Netzwerknormen führt, wie in allen sozialen Systemen, zu Sanktionen und im schlimmsten Falle zum Ausschluss. Zur Entstehung von Reputation bedarf es, so die These, eines geschlossenen, dichten Netzwerkes; ohne Schließung kein Sozialkapital.

Einen ganz anderen Weg zur Erklärung von Sozialkapital beschreitet Burt (2005) mit seinem Konzept der „strukturellen Löcher". Im Kern geht es ihm darum die Beziehungsintensität zwischen Netzwerkmitgliedern zu analysieren und die bestimmten Stellungen, die einzelne Mitglieder eines Netzwerkes einnehmen, näher zu beleuchten. So finden sich innerhalb eines Netzwerkes einzelne Mitglieder oder Gruppen, die unterschiedlich intensiv miteinander verbunden sind. Ausgehend von dem Befund, dass Informationen entlang von engen Verknüpfungen schneller fließen als zwischen losen Banden oder zwischen Netzwerken ergeben sich in der Folge Verdünnungen zwischen Gruppen oder Netzwerken (Rost 2011). Diese Verdünnungen nennt Burt „strukturelle Löcher"; d.h. zwischen einzelnen Netzwerkentitäten besteht keine direkte Verbindung, was Kommunikationsabbrüche induziert. Damit ist nicht gesagt, dass sich die unverbundenen Mitglieder nicht gegenseitig wahrnehmen könnten. Vielmehr soll auf den Umstand verwiesen werden, dass sie nicht im unmittelbaren Fokus stehen und daher nur wenig Aufmerksamkeit erfahren. Daraus entstehen dann eben „Löcher". Gerade diese Löcher bieten aber nun die Gelegenheit für besondere Wettbewerbsvorteile für diejenigen Netzwerkmitglieder, die in der Lage sind das „Loch" zu überbücken („Broker"). Dazu bedarf es zum einen die Fähigkeit, diese Abbrüche überhaupt zu erkennen, und zum anderen die Verfügbarkeit von Beziehungen zu den anderen separierten Netzwerken. Das Verknüpfen vormals separierter Netzwerke bietet dann auch die Möglichkeit, Kontrolle über diese neu geschaffene Beziehung zu erlangen („information arbitrage"). Der Broker, also der verknüpfende Akteur, kann die Art und Ausrichtung der neuen Kooperation stark durch das Definieren von Problemen, Feldabgrenzungen usw. beeinflussen. Die Möglichkeit diese Löcher zu erkennen und sie zu überspannen, wird hier als Aufbau von Sozialkapital definiert. Eine Person verfügt demnach über hohes Sozialkapital, wenn sie in der Lage ist, strukturelle Löcher frühzeitig zu erkennen und zu überspannen. Burt (2004) unterscheidet dabei vier Ebenen der Verknüpfung („Brokerage"):

Auf der ersten Eben macht der Broker die Mitglieder zweier „geschlossener" Netzwerke auf die jeweils anderen aufmerksam und zeigt gemeinsame Interessen oder Probleme auf. Es ist offenkundig, dass der Broker über ein großes Kommunikationsrepertoire verfügen muss, damit er mit beiden Gemeinschaften angemessen in Kontakt treten kann. Eine solche Brokerfunktion wird heute zunehmend durch soziale Medien (Facebook, Xing, etc.) erleichtert.

Auf der zweiten Ebene geht die Verknüpfungsarbeit („brokerage") einen Schritt weiter; Kontakte werden nicht nur angebahnt, sondern es werden konkrete Praktiken benannt und den Beteiligten bekannt gemacht, die einen Austausch als wünschenswert erscheinen lassen. Broker, welche zwei Netzwerken angehören, können dabei schneller erkennen, was die eine Gemeinschaft von der anderen lernen könnte (Best-Practice-Transfer).

Die dritte Ebene bezieht sich auf die Verknüpfung von Netzwerken, die sich ausdrücklich als sehr unterschiedlich begreifen und fest davon überzeugt sind, dass man sie nicht miteinander verknüpfen kann. Broker haben hier die Chance, diese festgefügten Überzeugungen aufzubrechen und bspw. Parallelen aufzuzeigen, die für beide Netzwerke von Vorteil sind. Dies darf als besonders schwierige Aufgabe gelten, weil festgezurrte Überzeugungen überwunden werden müssen. Umso mehr profitiert der Broker (d.h. umso höher ist sein Sozialkapital), wenn ihm dies gelingt.

Die vierte Ebene bezieht sich auf die Herstellung von Synergien, d.h. aus der Verknüpfung bislang unverbundener Einheiten entstehen neue Ideen oder vielversprechende Projekte. Als Beispiele für die hier gemeinten Aktivitäten lassen sich die in den letzten Jahren so vielbeschworene Kundenintegration oder die Rolle von Investmentbanken, die Geldgeber aus ganz unterschiedlichen Branchen zusammenbringen, nennen.

Fazit: Die im Rahmen dieses Kapitels vorgenommene Bestandsaufnahme vermittelt einen Überblick über neuere Ansätze zur Lösung des System/Umwelt-Problems. Es hat sich gezeigt, dass die interaktional ausgelegten Ansätze der lange Zeit dominierenden Determinantenforschung überlegen sind. Sie thematisieren grundsätzliche Wahl- und Handlungsmöglichkeiten, die den Entscheidungsträgern, sei es die Einzelunternehmung oder im Organisationskollektiv, im Bedingungsrahmen der Umwelt offen stehen, wobei der Bedingungsrahmen selbst als hergestellt und veränderbar gedacht wird („choosing constraints and constraining choice").

Diskussionsfragen

1. „Für eine Organisation ist die Grenzbildung und -erhaltung ein permanent zu lösendes Problem." Begründen Sie diesen Satz.
2. Warum markiert die Organisationsgrenze ein Komplexitätsgefälle?
3. Stellen Sie die Gemeinsamkeiten und Unterschiede der beiden formalen Umweltdimensionen „Umweltdynamik" und „Umweltdruck" heraus!
4. Welche Probleme sehen Sie in der vorstrukturierten Erfassung der globalen (wie auch der Aufgaben-)Umwelt von Organisationen?
5. In welchem Sinne sind Organisationen in evolutionstheoretischen Ansätzen von der Umwelt determiniert?
6. Welche Bedeutung messen Lawrence und Lorsch der Systemintegration zu?
7. Welche Vorzüge hat das Technologie-Konzept von Woodward im Vergleich zu dem Technologie-Konzept von Perrow?
8. Eine Produktions-Managerin äußerte kürzlich: „Wir sind hier in der Massenfertigung, wir müssen unsere Organisation strikt an der Technologie ausrichten, sonst funktioniert nichts mehr. Das ist ein hartes Business. Für Träumereien ist hier kein Platz." Was würden Sie ihr antworten?
9. Was versteht man unter dem „Technologischen Imperativ"?
10. Vergleichen Sie den Ressourcenabhängigkeits-Ansatz mit dem Strategischen Ansatz.
11. Worin sehen Sie zentrale Unterschiede zwischen dem Technologieverständnis von Woodward und dem Konzept der Soziomaterialität?
12. Sehen Sie auf Basis des Technologieverständnisses, das eine Dualität von Technologie und Struktur konstatiert (Orlikowski), grundlegende Unterschiede zwischen Fertigungs- und IT-Technologien? Bitte begründen Sie ihre Aussage!
13. Warum werden I&K-Technologien in der Praxis oftmals als unveränderbar angesehen („das kann das System nicht"), obgleich doch die neuere Technologieforschung auf die prinzipielle Offenheit von Technologie hinweist?
14. Welcher Zusammenhang besteht zwischen Kooperation, Ressourcensicherung und Handlungsspielraum?

15 Eine Managerin äußerte sich auf einer Podiumsdiskussion wie folgt: „Entscheidend für uns als kleiner mittelständischer Betrieb ist, hier regional gut verankert zu sein. Ich investiere einen Großteil meiner Arbeitszeit in den Aufbau und die Pflege von Beziehungen." Wie beurteilen Sie diese Aussage vor dem Hintergrund des Sozialkapitals?

16. Worin unterscheiden sich interorganisationale Netzwerke von anderen Formen interorganisationaler Kooperation?
17. Welche Vorteile bieten Organisations-Kollektive?
18. Wo liegen die zentralen Unterschiede zwischen den deterministischen und den interaktionistischen Ansätzen?
19. Eine Managerin äußerte kürzlich: „Unternehmenskooperationen sind eine Modeerscheinung; sie werden bald wieder von der Bildfläche verschwunden sein." Wie beurteilen Sie diese Meinung?
20. Diskutieren Sie folgenden Satz: „Die Umwelt wird immer turbulenter; da kann ein Unternehmen nur noch mit Stabilität dagegen halten."

Fallstudie: Die InKoTech AG

„Ich meine, dass der Vorsitzende des Vorstandes einer Gesellschaft wichtigere Dinge zu tun hat, als sich darum zu kümmern, wie viel Zeit die Leute bei der Kaffeepause verbringen und um welche Zeit sie vom Mittagessen zurückkommen. Man kann einfach eine Marketing-Abteilung nicht so führen wie ein Werk – pünktlich von 8.00 bis 17.00 Uhr. Wenn er das bei uns durchsetzen will, dann wird er nicht nur schlechtere Ergebnisse haben, sondern er wird wahrscheinlich auch einige unserer besten Leute verlieren."

Martin Windmöller, der Marketingchef der InKoTech AG (kurz für „Informations- und Kommunikationstechnologie AG"), unterhielt sich mit Anton Konnert, dem Chefingenieur des Unternehmens. Im Büro Konnert war auch Herbert Riechwald anwesend, der Personalleiter von InKoTech. Sie waren alle beunruhigt über eine Abteilungsleiter-Konferenz, die von Eberhard Dubbenstein auf den Nachmittag einberufen worden war. Dubbenstein war vor kurzem zum Vorsitzenden des Vorstandes ernannt worden. Er wollte mit den Abteilungsleitern Fragen der Anwesenheit, der Pünktlichkeit und der Hausordnung diskutieren.

InKoTech war ein mittlerer Betrieb, der Kommunikationsanlagen und sonstige informationstechnische Einrichtungen für den militärischen und industriellen Bedarf produzierte. Nach Ansicht des vorigen Vorstandsvorsitzenden war das Wachstum des Unternehmens in den vergangenen 20 Jahren weitgehend auf die Fähigkeit des Unternehmens zurückzuführen, sich den Tendenzen des Marktes anzupassen und mit Erfindungen und neuen Produkten die sich ändernde Nachfrage befriedigen zu können. Die Marketing-Abteilung und die Entwicklungs-Abteilung hatten auf diesem Gebiet stets eng zusammengearbeitet, leitende Angestellte der Entwicklungs-Abteilung machten häufig Verkaufsreisen und stellten neue Produkte vor, während sich die Angehörigen der Marketing-Abteilung an den Sitzungen der Entwicklungsabteilung beteiligten, bei denen es um die Formgebung neuer Produkte ging.

Die Entwicklungs-Abteilung arbeitete ebenso wie die Marketing-Abteilung weitgehend in einer informellen Atmosphäre. Die in der Produktion Beschäftigten, die in einem angrenzenden Gebäude arbeiteten, nannten ihre Nachbarn den „Tennisclub" und meinten damit die flexible Arbeitszeit und die gelöste Atmosphäre, die in den beiden Abteilungen vorherrschten.

Die Produktions-Abteilung wurde demgegenüber stets sehr straff geführt. Arbeitszeiten und die gesetzten Termine waren streng einzuhalten, peinlich saubere Arbeitsplätze waren der Stolz der Unternehmensführung, wenn Besucher durchgeführt wurden (Außenstehende sahen dagegen nur sehr selten die Entwicklungslabors von innen).

InKoTechs Führungsspitze galt in der Industrie als eine erfahrene und leistungsfähige Gruppe. Anlage 1 gibt den beruflichen Werdegang der Führungskräfte wieder.

Martin Windmöller und Anton Konnert hatten das Empfinden, dass ihre beiden Abteilungen bei der Besprechung am Nachmittag in die Schusslinie geraten könnten. Sie unterhielten sich deshalb darüber, wie man sich am besten auf diese Konferenz vorbereiten und wie man insbesondere einer neuen Politik begegnen könnte, die sie nicht für in Übereinstimmung mit den besten Interessen des Unternehmens hielten. Auf der anderen Seite wollten sie aber auch ver-

meiden, in die Rolle der Opposition gedrängt zu werden, und ebenso nicht den Eindruck erwecken, als erkannten sie die Autorität ihres neuen Vorgesetzten nicht an.

Konnert: „Ich stimme mit Windmöller voll überein. Die Probleme in der Entwicklungs-Abteilung sind zwar von denen in der Marketing-Abteilung verschieden, aber auch wir können uns nicht in starre Arbeitsstunden einpressen lassen. Dubbenstein hat schon einige Bemerkungen über die Zahl der Kaffeepausen fallenlassen, die einige unserer Ingenieure täglich einlegen. Ich frage mich nur, ob er weiß, wo wir schließlich die erlösende Idee hatten, wie wir die letzten 200 Gramm von unserem Transmittermodul runterkriegten, um den Gewichtsbeschränkungen entsprechen zu können – in der Kantine! Riechwald, Sie haben schon einige Vorsitzende des Vorstandes erlebt, und jeder hatte seine eigenen Ideen, wie unser Unternehmen geführt werden sollte. Wie denken Sie über die ganze Angelegenheit?"

Riechwald: „Schön, jeder erfolgreiche Unternehmer hat seinen eigenen Arbeitsstil. Das geht weit über die Fragen der Pünktlichkeit und der Ordnung hinaus. Dubbenstein ist keine Ausnahme. Solange er Produktionschef war, führte er mit straffer Hand. Er hatte eine hochdisziplinierte Organisation, und ihm waren die Disziplinprobleme immer zuwider, die Ihr dadurch für ihn schuft, dass Ihr mit Euren Mitarbeitern weniger hart umgingt. Ich stimme auch nicht ganz mit Windmöller überein, dass das ein zu kleines Problem sei, als dass Dubbenstein sich damit nicht beschäftigen sollte. Das muss man schon seinem eigenen Urteil überlassen. Dabei geht es mir gar nicht darum, dass ich Ihnen dabei hineinreden möchte, wie Sie Ihre Abteilungen führen, aber aus meiner Perspektive muss ich doch sagen, dass es unsere Beziehungen mit den Gewerkschaften nicht gerade erleichtert, wenn wir auf der einen Seite einem Arbeiter, der in der Produktion beschäftigt ist, etwas von seinem Lohn abziehen, wenn er fünf Minuten zu spät ist, und auf der anderen Seite ein Entwicklungsingenieur nebenan ganz augenscheinlich ankommen kann, wann er will. Diese Dinge werden immer wieder bei Verhandlungen über Betriebsvereinbarungen zur Sprache gebracht." – Windmöller: „Dann sind Sie also der Auffassung, Konnert und ich sollten die Peitsche schwingen und jeden rauswerfen, der sich nicht fügt?" – Riechwald: „Nein, ich meine, dass Sie als verantwortliche Mitglieder der Unternehmensführung handeln sollten. Sie sollten Dubbenstein eine klare Einschätzung seiner Vorstellungen aus Ihrer Sicht geben und sollten ihm gleichzeitig Empfehlungen geben, wie das Problem aus Ihrer Sicht gelöst werden sollte. Dann sollten Sie aber seine Entscheidung zu der Ihren machen, falle die Entscheidung nun, wie sie wolle." – Konnert: „Ich hab' mir einige Notizen gemacht, während Sie sich unterhielten. Lasst uns doch mal versuchen, die Diskussion nicht rein emotional zu führen. Wir sollten vielmehr ganz objektiv das Für und Wider eines „straffen" gegenüber einem „großzügigen" Management diskutieren. Wir können Dubbenstein dann zeigen, dass wir das Problem rational angepackt haben."

Die drei Herren arbeiteten nun in einigen weiteren Minuten die Notizen aus, die Konnert begonnen hatte. Sie kamen überein, dies als eine Unterlage für ihre Sicht des Problems in der Nachmittagssitzung zu benutzen (Vgl. Anlage 2). Nach dem Mittagessen begann die Konferenz im Büro Dubbensteins. Anwesend waren Eberhard Dubbenstein, Anton Konnert, Martin Windmöller, Herbert Riechwald und Joachim Fender, der Produktionsleiter von InKoTech.

Dubbenstein: „Ich glaube, Sie alle wissen, warum wir zusammengekommen sind. Ich habe mit jedem von Ihnen einzeln über die Frage gesprochen, wie wir die Primadonnen in Ihren Abteilungen unter Kontrolle bringen. Jeder von Ihnen wird vor allem bezahlt, um zu führen, und genau das ist es, was ich von Ihnen erwarte. Natürlich kann jede Abteilung nicht völlig gleich geführt werden, aber es gibt eben doch Grenzen. Ich bin der Meinung, dass wir vielleicht, wenn wir gemeinsam beraten, uns doch auf einige grundlegende für den ganzen Unternehmensbereich gültige Regeln einigen könnten, die sich auf Dinge wie Arbeitsstunden beziehen. Dann wird es Ihre Aufgabe sein, diese Regeln auch durchzusetzen."

Konnert: „Ich freue mich, Sie sagen zu hören, dass verschiedene Abteilungen auch auf verschiedene Weise geführt werden müssen. Es ist für mich, Herr Dubbenstein, ein zentraler Punkt unserer Diskussion. Fender hat eine Fließfertigung, die von 6 Uhr morgens bis 8 Uhr abends an fünf Tagen der Woche läuft. Wenn bei ihm mal ein Arbeitsplatz nicht besetzt ist, dann türmt sich die Arbeit auf, und er hat Stillstandszeiten, bis er das Loch wieder gestopft hat. Im Gegensatz dazu könnte ich die Hälfte meiner Abteilung nach Timbuktu schicken und nur von ihnen verlangen, dass sie monatlich Fortschrittsberichte einreichen."

Windmöller: „Und die Hälfte meiner Leute ist zu irgendeinem beliebigen Zeitpunkt irgendwo unterwegs. Wenn einer meiner Leute von einer Verkaufsreise um Mitternacht nach Hause kommt, dann erwarte ich von ihm nicht, dass er zwischen 8 und 9 Uhr am nächsten Morgen im Büro erscheint."

Riechwald: „Wie steht's denn um unsere Notizen, Herr Konnert? Sie führen die Diskussion gerade so, wie Sie es vermeiden wollten." – Konnert: „... Windmöller und ich haben uns heute Morgen getroffen, um diese Probleme untereinander zu besprechen. Riechwald hat sich netterweise daran beteiligt, um uns mit seinen Erfahrungen und mit seinem Blick für diese Dinge zu helfen. Wir haben einige der Problembereiche in einer Übersicht zusammengefasst, die ich hier habe ... (er befestigt das Blatt an einer Flipchart-Wand). Schauen Sie, wir haben die zur Frage stehenden Probleme aufgeführt und dann die Pros und Kontras für eine straffe Unternehmensführung darunter geschrieben. Ich glaube, es wird deutlich, dass die Argumente für straffe Kontrollen mehr Gültigkeit bei Produktionsabteilungen als bei Entwicklungs- und Marketingabteilungen haben."

Windmöller: „Darüber hinaus beziehen sich die Argumente für straffe Kontrollen vorwiegend auf oberflächliche Erscheinungen. Diejenigen, die das Gegenteil befürworten, beziehen sich auf Ergebnisse. Wenn ich wirklich versuchte, meine Leute so zu führen, wie das Fender in der Produktion tut, dann würde ich einige meiner besten Verkäufer verlieren – Leute, die bei uns jahrelang beschäftigt sind und unsere Produkte und unsere Kunden in- und auswendig kennen. Sie würden wahrscheinlich schon für Kemper (InKoTechs schärfsten Rivalen) arbeiten, noch ehe Sie sagen könnten: „Der Umsatz ist gegenüber dem letzten Jahr um 25 % gefallen."

Fender: „Windmöller, ich weiß, dass Sie und Konnert glauben, viele Ihrer Leute würden kündigen, wenn Sie einen ehrlichen Arbeitstag von ihnen verlangten, aber ich wette, Sie wären ziemlich erstaunt darüber, was passieren würde, wenn Sie das wirklich einmal versuchten. Zugegeben, Sie würden vielleicht den einen oder anderen verlieren, aber wahrscheinlich würde es ohne diese ohnehin besser gehen. Viele der Leute würden vielleicht ein bisschen stöhnen und es dann aber doch schlucken. Menschen haben nun einmal die Tendenz, sich so viele Freiheiten zu nehmen, wie sie kriegen können. Wenn Sie einmal die Anfangsprobleme durchgestanden und die böse Erbschaft der Laxheit überwunden haben, würden Sie feststellen, dass Ihre unmittelbaren Untergebenen und sonstigen mittleren Führungskräfte es viel leichter haben, und Ihre ganze Abteilung wird letztlich besser arbeiten."

Konnert: „Ich stimme 100% zu, Fender, aber nur, soweit es die Fertigung betrifft. Was Sie offenbar nicht zu erkennen vermögen, ist, dass Sie Ingenieure einfach so nicht behandeln können."

Riechwald: „Vielleicht nicht, aber ich halte es für unwahrscheinlich, dass es irgendein anderes Unternehmen in unserer Branche gibt, wo sie sich so viel herausnehmen können wie hier. In der ganzen Industrie hat man in den letzten ein oder zwei Jahren die Gürtel erheblich enger schnallen müssen."

Fender: „Das ist sehr richtig, Riechwald, und es fällt einigen meiner Leute sehr schwer zu verstehen, dass sie sich den Kopf darüber zerbrechen müssen, wie sie die Herstellungskosten um ein paar Cents senken können, wenn sie auf der anderen Seite sehen, dass die Vertriebsleute mit Spesengeld nur so um sich herumwerfen können."

Dubbenstein: „Ich bin froh, feststellen zu können, dass Sie wenigstens einige der Dinge, die Ihre Leute tun, unter die Lupe genommen haben. Aber ich kann mich ganz und gar nicht der Meinung anschließen, dass eine gute Kontrolle der Angestellten nur in der Produktion richtig wäre. Gerade gestern Nachmittag bin ich mit einem potentiellen Kunden in das Chemielabor gegangen und habe da nicht einen einzigen Menschen angetroffen! Und damit nicht genug, das ganze Labor sah aus wie die Küche eines Junggesellen, die einen Monat nicht aufgeräumt worden war – Fläschchen und Kondensatoren lagen überall herum, Papiere und Bücher auf Bänken und Stühlen usw., usw. Ich glaube, ich war verrückt, dass ich überhaupt auf die Idee kam, den Kunden dahin zu führen."

Konnert: „Ich kann schon verstehen, welchen Eindruck das auf Sie gemacht haben muss, Herr Dubbenstein, aber diese Gruppe hatte die ganze vorausgehende Nacht durchgearbeitet, um herauszufinden, was da plötzlich mit der Wicklerbeschichtung in der Produktion schiefgelaufen war. Sie haben's auch rausgefunden, und die Produktion lief am nächsten Morgen wieder einwandfrei."

Fender: „Das ist wirklich wahr. Sie haben uns da wirklich aus dem Wasser gezogen." Windmöller (sarkastisch): „Vielleicht brauchen wir zwei Arten von Labors – eins für Ausstellungszwecke, mit Schaufenstern und Besuchergalerie, und eines, wo die Arbeit getan wird."

Dubbenstein (sehr ärgerlich): „Das reicht mir aber! Die Menschen brauchen nicht ein Haufen Hippies zu sein, um Ergebnisse zustande zu bringen. Zugegeben, Sie erzielen jetzt gute Ergebnisse, aber ich bin fest davon überzeugt, dass die Ergebnisse noch weitaus besser wären, wenn Sie auf Disziplin in den Büros achten und die Einhaltung der Arbeitszeiten kontrollieren würden. Sie haben einen scharfen Unterschied zwischen Ihren Abteilungen und der Fertigung gezogen ... aber vielleicht gibt es auch einige Gemeinsamkeiten. Niemand hier arbeitet in einem Vakuum. Man kann einfach nicht wirksam arbeiten, wenn man niemals weiß, ob die Leute, mit denen man sich unterhalten muss, auch da sind, wenn man sie braucht. Wir haben einen Haufen Starspieler, aber kein Team.

In anderem Zusammenhang sind diese Probleme ein Indiz für unsere eigenen Einstellungen. Ich will zugeben, dass all' Ihre Leute sich großartig bewähren, wenn eine Notlage eintritt. Aber wie viele Monate, glauben Sie, dauert es im Augenblick länger, ein neues Produkt zu entwickeln; wie viel mehr Zeit brauchen wir, als notwendig ist, um einen Verkauf zu tätigen? Wenn sie keine Disziplin haben, dann arbeiten die Leute an dem, was ihnen Spaß macht und nicht daran, was uns einen Gewinn bringt. Wenn die Leute keine Anweisungen über etwas so einfaches wie die Arbeitsstunden annehmen wollen, wie kann man dann von ihnen erwarten, dass sie in anderen Bereichen unsere Anweisungen ausführen? Wenn nichts geschieht, wenn sie zu spät zur Arbeit kommen und zu früh das Büro verlassen, und zwar tagaus tagein, warum sollten sie dann glauben, dass Terminpläne irgendeine Bedeutung haben? InKoTech macht im Augenblick Gewinne, aber diese Gewinne werden trotz unserer schlechten Personalführung erzielt. Die Frage, die ich an Sie stelle, lautet: Um wie viel besser könnten wir arbeiten?"

Anlage 1: Werdegang der Manager

***Eberhard Dubbenstein** (52 Jahre) war kürzlich zum Vorsitzenden des Vorstandes der Gesellschaft ernannt worden, nachdem er fünf Jahre als Produktionschef in der Firma gearbeitet hatte. Bevor er bei InKoTech eintrat, war er vom Chefingenieur der Produktion zum Betriebsleiter eines großen Konkurrenten aufgestiegen. Während seiner 30jährigen Industrieerfahrung hatte er eine harte Einstellung gegenüber den Mitarbeitern und ihren Problemen entwickelt. Er charakterisierte sich gerne als „spezialisiert in der Ausführung des Unmöglichen". Obgleich er menschlich nicht besonders geschätzt wurde, wurde er doch wegen seiner Leistungen als Produktionsmanager geachtet. Er war ein starker Verfechter realistischer Terminpläne und Budgets, und in einer Krise hatte er sich stets den Anforderungen gewachsen gezeigt, die das Unternehmen an ihn gestellt hatte. Seine Neigung, hohe Ziele zu stecken und dann mit nahezu fanatischem Eifer danach zu streben, sie auch einzuhalten, hatte ihn oft in Konflikt mit anderen Mitgliedern des Unternehmens gebracht. Bei einer Gelegenheit hatte der Einkaufsleiter mit seiner Kündigung gedroht, als Dubbenstein persönlich die Vorstände verschiedener Lieferanten angerufen hatte, deren verspätete Lieferungen seinen eigenen Terminplan gefährdet hatten.*

***Herbert Riechwald** (58 Jahre) war bei InKoTech seit fast 20 Jahren angestellt. Neben seinen offiziellen Funktionen als Personalleiter ist er im Laufe seiner langen Erfahrungen bei InKoTech und wegen seiner hervorragenden Beziehungen zu Arbeitern und Angestellten aller Unternehmensebenen zum „informellen Berater der Unternehmensführung" geworden. Jeder wandte sich ganz selbstverständlich an ihn als den inoffiziellen Historiker von InKoTech, wenn eine Frage über Ereignisse in der Vergangenheit auftauchte, und es gab kaum ein Problem, bei dem er nicht auf einen treffenden Präzedenzfall hinweisen konnte. Vielen Angestellten erschien er als ein Element der Stabilität in einer im Übrigen wechselnden Unternehmensführung. „Er hat diese Typen kommen und gehen sehen", drückte es ein Meister einmal aus.*

***Martin Windmöller** (55 Jahre) war ein Neuling bei InKoTech. Er war erst vor weniger als einem Jahr bei der Gesellschaft eingetreten. Anfänglich war er als „typischer Verkäufer" und „joviale Type" bezeichnet worden, aber in der Zwischenzeit hatte er sich den Respekt der Führungsspitze von InKoTech und auch seiner eigenen Leute verschafft, weil er auch Verträge in Bereichen zum Abschluss gebracht hatte, wo das Unternehmen bis dahin ohne Erfolg geblieben war. Er hatte eine Senkung der Angebotspreise für größere Aufträge mit dem Argument durchgesetzt, dass das zu erhöhtem Produktionsvolumen führen und dadurch die Preissenkung durch Kosteneinsparungen mehr als gedeckt werden würde. Diese Idee war von Dubbenstein, als er noch Produktionschef war, bitter bekämpft worden („eher gehen wir bankrott"). Aber tatsächlich war das Produktionsvolumen gestiegen, und die Geschäfte waren nie besser gegangen. Windmöller war 10 Jahre lang Generalvertreter eines Industrieunternehmens gewesen,* *hatte aber sein Unternehmen verkauft, als zwei seiner Hauptproduktlinien ausgegliedert wurden und sich das Unternehmen entschloss, eigene Verkaufsbüros für diese Produkte in seinem Gebiet zu errichten. Er hatte zahlreiche Beziehungen zur Industrie. Immer, wenn eine wichtige Marketingentscheidung davon abhing, dass man Informationen über einen bestimmten Punkt hatte, schien Windmöller in der Lage zu sein, die Informationen mit einem oder zwei Telefongesprächen zu beschaffen.*

Anton Konnert *(41 Jahre) hatte in jeder Ingenieurabteilung des Unternehmens in den 14 Jahren seiner Zugehörigkeit zu InKoTech gearbeitet. Zu allen Zeiten war ihm der Ruf eines vorzüglichen Ingenieurs vorausgegangen, der an den schwierigsten und technisch interessantesten Problemen des Unternehmens arbeitete. Mehr als ein Drittel der Patente, die InKoTech hielt, trug seinen Namen als Erfinder oder Miterfinder. Er hatte die feste Überzeugung, dass schöpferische Ingenieurleistungen ausschlaggebend für das Wachstum des Unternehmens waren und dass das auch in der Zukunft ein entscheidender Faktor sein würde. Er hielt wöchentlich in seinem Büro Konferenzen ab, in denen über den technischen Fortschritt bei allen wichtigen Programmen diskutiert wurde, und seine Fähigkeit, alle Einzelheiten der Arbeiten zu verstehen und zu behalten, wurde bestaunt. Er machte die Runde der Labors wenigstens einmal täglich und unterhielt sich mit den Ingenieuren, Physikern, Chemikern und den technischen Angestellten, hörte sich ihre Probleme an und gab häufig selbst Ratschläge. Er sagte gerne, dass er die Leute nur nach ihren Ergebnissen beurteilte, und dass es für ihn keinen anderen Maßstab gäbe. Er hielt bei wissenschaftlichen Tagungen und Konferenzen Vorträge über technische Probleme, und zwar mehrmals im Jahr, und er ermutigte auch andere, das zu tun, um so auf der Höhe des technischen Wissens zu bleiben.*

Joachim Fender *(40 Jahre) war von Dubbenstein vor fünf Jahren angestellt worden, und zwar mit dem Ziel, ihn als Nachfolger in seiner Funktion als Produktionschef auszubilden. Während dieser fünf Jahre waren ihm Controllingaufgaben in der Endmontage, in der Teilefertigung, in der Arbeitsvorbereitung, in der Qualitätskontrolle und schließlich die Leitung der Kostenplanung übertragen worden. Er hatte oft Sonderaufgaben zu erledigen, die einen direkten Kontakt mit den anderen Abteilungen des Unternehmens erforderlich machten, und oft hatten sich andere direkt an ihn und nicht an Dubbenstein gewandt, wenn es um Schnittstellenprobleme zwischen den Abteilungen ging.*

Anlage 2: Diskussionsunterlage von Konnert, Riechwald und Windmöller

A. Probleme:

- *Arbeitsstunden, Zuspätkommen, zu frühes Verlassen des Arbeitsplatzes.*
- *Kaffeepausen.*
- *Lange Mittagspausen.*
- *Ordnung am Arbeitsplatz.*

B. Argumente für eine straffe Kontrolle des Personals:

- *Auswirkung auf die Arbeitsmoral anderer Gruppen (z.B. Produktion).*
- *Eindruck auf Besucher und Kunde.*
- *Wirtschaftlichkeit der Aufgabenerfüllung.*
- *Auswirkung auf die Beziehung zu den Gewerkschaften.*

C. Argumente für eine großzügige Kontrolle des Personals:
- *Schöpferische Arbeit kann nicht routinemäßig gestaltet werden.*
- *Lange Kaffeepausen und Mittagessen fördern die Teamarbeit.*
- *Zuviel Ordnung am Arbeitsplatz stört Versuchsanordnungen in den Labors.*
- *Ein Verkäufer ist 24 Stunden täglich im Dienst.*
- *Ingenieure und Naturwissenschaftler erledigen einen großen Teil ihrer Arbeit zu Hause.*
- *Unsere Ergebnisse sind stets gut gewesen, warum also eine Änderung?*
- *Wertvolle Leute werden kündigen, wenn sie ihre Freiheit verlieren.*

Quelle: Unter Verwendung von Motiven aus dem Fall: Konwert AG

Fragen zur Fallstudie:

1. Welches organisatorische Kern-Problem verbirgt sich hinter der geschilderten Diskussion?
2. Welcher Problemlösung geben die einzelnen Diskussionsteilnehmer den Vorrang? Ordnen Sie diese organisatorischen Konzepten/Modellen zu.
3. Angenommen, Sie würden als Berater hinzugezogen, welche Problemlösung würden Sie empfehlen?
4. Welche Maßnahmen sollten ergriffen werden, um Ihre Empfehlung zu realisieren?“

Kapitel 5

Zum Umgang mit emergenten Prozessen in Organisationen

- Informale Ordnung
- Politische Prozesse in Organisationen
- Organisationale Kompetenzen
- Unternehmenskultur

Diskussionsfragen

Fallstudie

In den bisherigen Kapiteln wurde Verhalten in Organisationen primär als Ausfluss *intendierter* organisatorischer Gestaltungsmaßnahmen verstanden. Dieser Zugang zu organisatorischem Handeln gilt über die dargestellten Problemlösungsansätze hinweg, gleichgültig ob man den Human-Ressourcen-Ansatz, die Umweltinteraktionsansätze oder das bürokratische Modell nimmt – immer wird von der *planmäßigen Gestaltung* organisatorischer Beziehungen und einem dementsprechenden Verhalten der Organisationsmitglieder ausgegangen.

Bereits bei der Diskussion spontaner Formen organisatorischer Integration am Ende des 2. Kapitels ist auf Arbeitsformen im organisatorischen Alltag hingewiesen worden, die für die Abstimmungsleistung und die Funktionstüchtigkeit der gesamten Organisation große Bedeutung haben, obwohl sie nicht das Ergebnis einer planmäßigen Gestaltungsentscheidung sind. Es handelt sich dabei um spontane Kooperationsmuster, eingespielte Routinen usw., die sich im Laufe der Zeit in Organisationen herausbilden und häufig untereinander vermascht sind. In den letzten Jahren gilt dabei die Aufmerksamkeit vor allem den sich aus dem Arbeitsalltag entwickelnden Praktiken und ihrer streng handlungsbezogenen Perspektive (Orlikowski 2002; Geiger/Koch 2008; Gherardi 2012).

Neuerdings wird immer öfter vorgeschlagen, hier nicht mehr länger von informellen, sondern von impliziten oder *emergenten* Prozessen und Strukturen zu sprechen. Gemeint sind ganz generell Handlungsmuster, die sich in Organisationen entwickeln und außerhalb oder neben den Erwartungsbahnen der formalen Struktur bewegen. Genauer wird von emergenten Phänomenen immer dann gesprochen (Krohn/Küppers 1992; Stephan 2000, S. 35f.), wenn sie sich auf keine einzelne Intention (Ausgangsziel) zurückführen lassen (synchrone Emergenz) und wenn das Ergebnis nicht vorhersagbar ist, weil sich die das Ergebnis bestimmende Struktur erst im Laufe des Prozesses entwickelt (diachrone Emergenz).

Eine erfolgreiche Gestaltung organisatorischer Leistungsprozesse macht deshalb eine Beschäftigung mit allen Einflusskräften und Steuerungsgrößen in Organisationen erforderlich. Bisweilen wird den *impliziten Steuerungskräften* sogar eine höhere Bedeutung für den Erfolg einer Organisation zuerkannt als den *geplanten* Strukturen und Instrumenten, und zwar sowohl in *leistungsfördernder* als auch *leistungsmindernder* Hinsicht. Eine Beschäftigung mit den Bedingungsfaktoren organisatorischen Erfolges macht daher auch eine Auseinandersetzung mit diesen impliziten oder informalen Prozessen notwendig.

Aus einer steuerungsbezogenen Perspektive stellen emergente Phänomene ein Problem besonderer Art dar. Wie soll mit Erscheinungsformen umgegangen werden, die einerseits für den Leistungsprozess von eminenter Bedeutung sind, andererseits aber jenseits herkömmlicher Gestaltungslogiken liegen? Man wird sie aus Organisationssicht wohl kaum nur geschehen lassen wollen. Wie aber können solche Prozesse einer Einflussnahme zugänglich gemacht werden? Auf diese Frage wird nach Darlegung der verschiedenen Problembereiche jeweils genauer einzugehen sein. Vorgreifend sei gesagt, dass dieses Kapitel an Stelle der gezielten Herstellung die Perspektive der

„Handhabung“ einnimmt, d.h. es wird eine nur partielle Steuerbarkeit der fraglichen Phänomene unterstellt.

Eine Reihe neuerer Beiträge geht bei dieser Fragestellung allerdings einen radikaleren Weg, indem sie die Grenze zwischen informalen Entwicklungen und formalen Regeln beseitigt; der Fokus gilt nur noch regelhaftem Verhalten, ob dieses durch formale Anordnung oder informell gebildet wurde, erscheint aus dieser Perspektive nicht mehr länger von großer Bedeutung. Das gilt insbesondere für die evolutorische Ökonomik (insbesondere Nelson/Winter 1982), für die neuere Institutionenökonomik (insbesondere North 1990) ebenso wie für die Strukturationstheorie (Giddens 1984) und die hierzu verwandte Practice-Schule (etwa Gherardi 2006; Feldman/Orlikowski 2011).

Regeln, Routinen und Praktiken werden nur noch in ihrer Funktionsweise erklärt, nämlich die Steuerung des Verhaltens auf der Basis regulativer Muster. Nach North (1990) sind Institutionen Verhaltensregelungen in Kontexten jeder Art, die er in Anspielung auf die Spieltheorie „the rules of the game“ nennt. Bezeichnet wird damit ein rekursiv stabilisierter Satz von Erwartungen (Normen) und der Glaube an die Gültigkeit dieser. Die Entstehung dieser Regeln spielt im Grundsatz keine Rolle, sie werden aber im Wesentlichen emergent erklärt, also im Sinne eines ungeplanten evolutionären Prozesses (bahnbrechend v. Hayek 1994). Praktiken entstehen auf unvorhersehbare Weise und werden je nach Kontext und Funktionalität stabilisiert bzw. kommen in ein Gleichgewicht.

Folgte man diesem Weg, so könnte die oben als Gestaltungsproblem formulierte Frage nach dem Verhältnis von formellen und informellen Strukturen nicht mehr sinnvoll gestellt werden, man würde sich ausschließlich auf Handlungsmuster konzentrieren Dies erscheint jedoch eine unzweckmäßige Vereinfachung der Verhältnisse zu sein, mit dem Einreißen der Grenzen zwischen Formalem und Informalem gingen wichtige Unterscheidungen verloren, die Theorie und Praxis eine sinnvolle Orientierung geben. Ja, mehr noch, die brisante *Interaktion* von formeller und informeller Organisationswelt bliebe völlig ausgeblendet, sie ist aber für das Verständnis vieler Organisationsprobleme konstitutiv.

Auf die Dimension der Formalität kann nicht verzichtet werden, formale Strukturen sind Regeln besonderer Art und erfüllen für die Erbringung der Organisationsleistung besondere Aufgaben. Die Formalität hat ja – wie in Kapitel 2 ausführlich dargelegt – durch ihre Verknüpfung mit dem Autoritäts- und Sanktionssystem eine besondere Bedeutung für das Verhalten. Die Einhaltung formaler Regeln wird offiziell vertraglich mit der Mitgliedschaft in betreffenden Organisationen verknüpft, d.h. ihre Anerkennung und Befolgung ist schlicht Bedingung für die Mitgliedschaft. Zum besonderen Charakter formaler Regeln schreibt Luhmann (1995, S.37) in lakonischer Schärfe: „Wer in ein formales System eintritt, gesellt sich nicht schlicht und unbemerkt zu anderen. Er muss eine sichtbare Schwelle überschreiten.“ Es handelt sich also um generell akzeptierte Bedingungen, zu denen sich dann jedoch die Organisationsmitglieder in sehr spezieller Weise in Beziehung setzen. Die Einhaltung informaler Regeln ist dagegen nicht erzwingbar und wird auch nicht vertraglich gesichert. Darüber hinaus entstehen

Regeln und Praktiken häufig erst in Auseinandersetzung mit der formalen Welt, sie können sie ergänzen, sie unterlaufen, sie scheitern lassen, sie verändern usw. Mit anderen Worten, die formalen Erwartungen werden von ihnen in verschiedenster Weise ungeplant und schwer erwartbar überlagert. Informales und Formales schließen sich also keineswegs untereinander aus, doch ist von der Logik der Analyse her klar, Informales kann man nur sehen, wenn es Formales als Referenzrahmen gibt.

Auf diese dialektische Perspektive kann und soll deshalb nicht verzichtet werden. Dieses Kapitel geht von dieser Dualperspektive aus, im Unterschied zur klassischen Organisationstheorie wird die formale Struktur nur als eine Teilstruktur betrachtet. Zu einer funktionierenden Organisation zählen nicht nur die formalen Strukturen und die mit ihnen begründeten offiziellen Verhaltenserwartungen, sondern eben auch zahlreiche andere Erwartungen aus inoffiziellen Referenzsystemen. Schon diese kurzen Bemerkungen verweisen darauf, dass hier für die Gestaltung organisatorischer Leistungsprozesse eine neue Aufgabe erwächst, nämlich die Handhabung emergenter Prozesse in Organisationen und die Balance des Verhältnisses von formellen und emergenten Handlungsstrukturen. Diese Analyse- und Gestaltungsaufgabe haben wir eingangs als das *vierte generische Problem* der Organisationsgestaltung bezeichnet.

5.1 Informale Ordnung

Den Ausgangspunkt für die Beschäftigung mit informalen Praktiken im organisatorischen Alltag bildeten – wie in Kapitel 7 dargelegt – die Hawthorne-Experimente mit ihrer Dokumentation informeller Gruppenprozesse. Zunächst hatte man eine sehr ablehnende Haltung gegenüber den informellen Entwicklungen eingenommen, man sah in ihnen einen Störfaktor, eine latent aufständische subversive Kraft. Diese Einschätzung kam nicht von ungefähr, machten sich doch die beobachteten informellen Organisationspraktiken anheischig, eigene Ordnungsprinzipien zu etablieren, gleichgültig, ob bewusst oder unbewusst, ohne dafür auch nur im geringsten legitimiert zu sein. Das Ordnungsmonopol liegt bei der Organisationsspitze, und seine Akzeptanz wird über den Arbeitsvertrag abgesichert. Aber mehr noch, es ist nicht nur diese latente Anmaßung, die irritierte, sondern auch der zum Teil konfliktäre Geltungsanspruch der selbstbestimmten Handlungsmaximen. Nicht selten überlagern die informellen Regeln die formellen oder setzen diese partiell außer Kraft. Man denke nur an die informellen Outputlimits, die Gruppen jenseits der formellen Normalleistung setzen, um die Produktivität zu regulieren.

Später hat man nicht nur die einseitig negative Sichtweise, sondern auch die ganze Perspektive geändert und die Fixierung auf die Gruppe zugunsten einer Betrachtung der gesamten Organisation und ihrer Funktionsmechanismen aufgegeben (Barnard 1938; Irle 1963; Luhmann 2000, S. 22 ff.). Heute studiert man die informelle Ordnung –

wie bereits in Kapitel 1 angesprochen – stärker in ihrer Interaktion mit der formalen Organisation. Nicht selten sieht man sie in einem Ergänzungsverhältnis (Grün 1980), als unverzichtbares Korrektiv formaler Organisationsgestaltung.

Es war vor allem Luhmann (1995), der gezeigt hat, dass die konsequente und konsistente Formalisierung einer Organisation zwangsläufig eine Engführung der Systemausrichtung bedeutet, die angesichts einer komplexen Umwelt zur Bestandsbedrohung wird. Die informelle Organisation öffnet den Weg zu anderen Orientierungen, zur flexiblen Handhabung formeller Erwartungen, zur Bewältigung widerspruchsvoller Anforderungen aus der Umwelt usw. In einer scharfsinnigen Analyse zeigt Luhmann (1995, S. 284 ff.) dementsprechend, dass sich diese beiden Ordnungsmuster für gewöhnlich nicht feindselig gegenüberstehen (obwohl dieser Fall nicht ausgeschlossen werden kann), sondern eine Art funktionale Symbiose im Hinblick auf den Systemerhalt und die Leistungsfähigkeit eines Systems eingehen. Faktisch finden viele Organisationen einen effektiven Umgang mit der dualen Ordnung, indem sie eine Situationstrennung herbeiführen, die eine Art Doppelspiel erlaubt. Die formale und die informale Ordnung relativieren einander. Die Organisationsmitglieder sind dabei nicht etwa einem lähmenden Ordnungspatt ausgesetzt, wie man vor dem Hintergrund der Ordnungsprinzipien der klassischen Organisationslehre vermuten würde, sondern bewegen sich für gewöhnlich relativ sicher zwischen diesen beiden Ordnungswelten hin und her. Problemstellungen werden je nachdem in der einen oder der anderen Ordnungswelt abgearbeitet; durch die zeitliche Entzerrung verschiedener Situationen werden die Diskrepanz und die Widersprüchlichkeit der Orientierungsmuster akzeptabel. Der Wechsel zwischen den Ordnungswelten bleibt auf die Dauer kein spontaner Akt, sondern wird fast zur regelmäßigen Erwartung der Systemmitglieder untereinander. Das Durchschauen des Wechsels zwischen den Ordnungen gehört zu den Regeln, die man beherrschen muss, will man effektiv in der Organisation agieren. Der Werksleiter erkundigt sich bei den Planern, ob für ihn „ein bisschen Geld da sei", und stellt danach einen formellen Investitionsantrag; der Projektleiter erläutert seinem Team das neue Termingerüst der Geschäftsleitung und bedeutet, dass er dies für unrealistisch halte; Abteilungsleiter tauschen Informationen auf der Basis „kollegialer Vertraulichkeit" aus; die Aufsichtsratsvorsitzende trifft sich im Vorfeld der nächsten Sitzung mit dem stellvertretenden Vorsitzenden (von der Arbeitnehmerbank) und sondiert alle die Punkte, die in der Sitzung noch nicht angesprochen werden können. Auf diese Weise wird eine wesentlich geschmeidigere und vollständigere Problembearbeitung möglich als mit einem strengen Regelverhalten nach der formalen Organisation.

Brauchbare Illegalität. Der Wechsel zwischen der formalen und informalen Ordnung bedeutet aber häufig auch, dass den formalen Erwartungen nicht entsprochen wird, jedenfalls zu einem gewissen Teil. Der ganze Bereich der informalen Organisation wirft damit zugleich die Frage nach der Regeltreue bzw. der Abweichung von der offiziellen Norm auf. Daraus ergibt sich eine paradoxe Situation, Organisationen etablieren zur Lösung ihrer Probleme eine formale Struktur (z.B. eine divisionale Organisation oder eine Projekt-Organisation), und sie müssen zugleich zur Erreichung der

Leistungsziele ein Abweichen von just diesen Regeln akzeptieren, wenn nicht sogar stillschweigend fördern. Luhmann (1995, S. 304 ff.) spricht hier treffend von „brauchbarer Illegalität", gemeint ist ein Verhalten, das zwar formale Regeln einer Organisation verletzt und insofern „illegal" ist, gleichwohl aber in seinem Effekt der Organisation nützt. Man denke etwa an einen Vertriebsbeauftragten, der einen großen Auftrag akquiriert, jedoch außerhalb seines zugewiesenen Vertriebsgebiets. Brauchbare Illegalität bezeichnet also die Grauzone funktionaler Regelverletzung: Der „kleine Schwindel", der den Verkauf gefördert hat; das nicht erlaubte Treffen mit Kollegen, das aber neue Informationen zutage fördert; die Ignorierung des Dienstweges, um Prozesse zu beschleunigen. Kriminalserien im Fernsehen werden immer häufiger zum Ort, an dem brauchbare Illegalität virtuos praktiziert und als gängige Praxis in deutschen Polizeiorganisationen vorgeführt wird. Brauchbare Illegalität heißt also, dass die formale Organisation sehr wohl als Erwartung akzeptiert wird, ihre Regeln aber nur begrenzt Richtschnur des faktischen Handelns sind. Um Erfolg zu erzielen, werden die formalen Regeln ignoriert bzw. durch andere Handlungsorientierungen ersetzt.

Wenn es brauchbare Illegalität gibt, stellt sich zugleich die Frage nach der Grenze zur unbrauchbaren Illegalität. Die Verwendung der Unterscheidung Brauchbarkeit/Unbrauchbarkeit setzt also ein Referenzsystem voraus, das klärt, woraufhin diese Unterscheidung getroffen wird. Es dürfte klar sein, dass bei einer funktionalistischen Sichtweise, wie sie hier bisher eingenommen wurde, die Brauchbarkeit auf die Organisation und nicht auf kalkulierende Individuen verweist. Brauchbar ist, was der Organisation nützt. Die Nützlichkeit für die betreffende Organisation insgesamt wird dabei unproblematisch als Zielreferenz unterlegt. Nicht in Betracht gezogen wird dagegen die Regelverletzung, die ethisch richtig ist, der Organisation aber keinen Nutzen bringt (zur genaueren Analyse vgl. Ortmann 2003, S. 254 ff.).

Aus organisatorischer Sicht wirft die Unterscheidung brauchbare/unbrauchbare Illegalität weitere Fragen auf: Ob eine Regelverletzung brauchbar ist, kann typischerweise erst ex post festgestellt werden. Regelverletzungen können aber jederzeit auch dysfunktionale Konsequenzen haben und der Organisation schaden. Die formale Regel wollte ja eben auch das Verhalten ursprünglich in eine ganz andere Richtung lenken. Die Wirkungen von Regelabweichungen sind also ex ante nicht so eindeutig bestimmbar. Auch unterliegen Regelverstöße potenziell einer eskalierenden Abweichungsspirale mit der Folge, dass die gesamte formale Ordnung ihre Bedeutung verliert. Die Tolerierung einer Regelabweichung könnte schnell als eine Art Freibrief verstanden werden, Regeln zu ignorieren.

Alle diese zuletzt genannten Überlegungen führen aus der Perspektive der Leitung zu der Frage, wie mit diesem widersprüchlichen Handlungskomplex am zweckmäßigsten umgegangen werden kann. Dabei lassen sich zwei Problemkreise unterscheiden, nämlich zum einen mit welchen Maßnahmen auf Fälle brauchbarer Illegalität reagiert werden soll, und zum anderen allgemeiner, ob bereits ex ante ein Bereich akzeptabler Regelverstöße umrissen werden kann. Letzteres kommt der reichlich paradoxen Aufgabe gleich, Regelverstöße durch Regeln bestimmen zu wollen – und doch entwickeln sich in Organisationen unsichtbare Ordnungen, die hier begrenzen und Eskalationsspiralen verhindern (Crozier/Friedberg 1979). Weiter unten wird von Unternehmenskultur die Rede sein; sie lässt sich genau als eine solche unsichtbare Ordnungskraft verstehen, die implizit definiert, was erlaubt ist und was nicht. Eine formale Regelung im Sinne einer präzisen Bestimmung der akzeptierten Abweichung ist indessen schwierig, aber nicht unmöglich (Luhmann 1995, S. 306). Problematisch bleibt die Steuerung aber, weil eine Abweichung gar nicht formell erwartet werden kann.

Die andere Frage ist, wie die Organisation, in der es zu einem Akt brauchbarer Illegalität gekommen ist, darauf reagieren soll. Diese Frage stellt sich vor allem dann, wenn die Abweichung von der Regel sichtbar wurde. Die Organisation wird dann von ihren Mitgliedern in ihrer Reaktion beobachtet und auch beurteilt auf Dimensionen wie fair/unfair, konsistent/inkonsistent oder mutig/feige.

Ignorieren und tolerieren sind nur so lange denkbare Reaktionsfiguren, wie es sich nicht um gravierende Regelverstöße (Bagatellen) gehandelt hat. Je stärker der Verstoß und je größer die Gefahr einer Abweichungsspirale, desto eher muss von Seiten der Leitung reagiert werden. Formell stehen ja für den Regelverstoß immer Sanktionen bereit bis hin zur Entlassung. Der Einsatz solcher Maßnahmen ist jedoch insofern deutlich begrenzt, als der Erfolg, also die erwiesene Brauchbarkeit, nicht selten von den Organisationsmitgliedern als legitimierend und jedwede Strafe als ungerecht und unsinnig erlebt wird. Ein besonders schönes Beispiel für das Dilemma, in das die Leitung einer Organisation bei angestrebter Bestrafung einer brauchbaren Illegalität gerät, findet sich in dem realen Fall des entlassenen Rettungsschwimmers (vgl. hierzu Fokus 5.1).

Das Beispiel macht die Schwierigkeit im Umgang mit brauchbarer Illegalität deutlich. Insbesondere wird auch die symbolische Tragweite des Handelns offenkundig, das Management kann den offensichtlichen Bruch der Systemtreue nicht tolerieren wegen der mutmaßlichen Folgewirkungen, den ein solcher Regelbruch für das gesamte System hätte. Dadurch, dass es den Rettungsschwimmer zunächst entlässt, können die formalen Regeln erhalten bleiben, auch wenn zuwiderlaufende faktische Handlungen vorkommen. Das Management verweist daher auch darauf, dass es nur bereit ist Lopez zu rehabilitieren, da wohl doch keine Regel verletzt wurde, was offensichtlich eine Schutzbehauptung darstellt.

Nun sind allerdings so große symbolträchtige Fälle brauchbarer Illegalität eher die Ausnahme, meist sind es alltäglichere Verstöße. Vieles lässt sich deshalb am „Rande der Legalität" abhandeln oder durch Interpretation der Handlungsweisen in diese für die formale Ordnung weniger problematische Zwischenzone verlagern (Luhmann 1995, S. 311). Raum für solche Zwischenzonen kann durch eine abgeschwächte Formalisierung erreicht werden.

Fokus 5.1

Der gefeuerte Rettungsschwimmer

Der Rettungsschwimmer am öffentlichen Strand von Hallandale Beach in Florida (USA), Tomas Lopez, wurde entlassen, nach dem er das Leben eines Schwimmers gerettet hat.

Lopez, 21, angestellt bei der Jeff Ellis Management PLC, hatte die Aufgabe, einen markierten und genau definierten Strandabschnitt von Hallandale Beach zu überwachen, und wenn notwendig, Schwimmern in Not zu helfen. Das Management der Firma hatte seinen Rettungsschwimmern genaue Anweisungen gegeben, diesen Abschnitt niemals zu verlassen. So sollte sichergestellt werden, dass jeder Strandabschnitt ständig von einem Rettungsschwimmer beaufsichtigt ist.

Am Montag den 2. Juli bemerkte Lopez einen Schwimmer, der sich offensichtlich in Lebensgefahr befand; er schwamm jedoch außerhalb seines Strandabschnittes. Lopez ignorierte die Anweisung die Zone nicht zu verlassen und rannte los, um den Mann zu retten. Als Lopez nach einem schnellen Sprint den Mann schließlich erreichte, hatten andere Badegäste ihn bereits aus dem Wasser und an den Strand gezogen. Lopez blieb jedoch bei dem Schwimmer und leistete Erste Hilfe bis die Rettungssanitäter eintrafen.

Diese selbstlose Handlung war jedoch die letzte in seiner Karriere als Rettungsschwimmer. Sein Arbeitgeber entließ ihn auf der Stelle, da er sich 500 Meter von seinem Strandabschnitt entfernt und damit gegen die strikte Anweisung des Managements gehandelt hatte. Der Abschnitt, in dem Lopez den Mann rettete war ein Teil des Strandes, an dem Schwimmer ausdrücklich auf eigenes Risiko ins Wasser gingen.

„Wir haben hier versicherungsrechtliche Themen: Rettungsschwimmer dürfen daher unter keinen Umständen ihren Strandabschnitt verlassen“, rechtfertigte sich der Vorgesetzte von Lopez gegenüber der Lokalzeitung Sun Sentinel. Jeff Ellis Management hätte unter Umständen verklagt werden können, wäre der Rettungsversuch von Lopez nicht erfolgreich gewesen und der Schwimmer ertrunken, argumentierte die Unternehmenssprecherin.

Nachdem lokale Zeitungen die Geschichte publik machten wurde sie sehr schnell von nationalen Medien aufgegriffen und ein öffentlicher Aufschrei gegen die Entlassung von Lopez war die Folge. Als Reaktion auf die große öffentliche Empörung entschied sich das Management von Jeff Ellis, Lopez doch wieder einzustellen. In einem Interview mit der Sun Sentinel sagte der Vorstand von Jeff Ellis: „Ich bin der Auffassung, dass die Vorgesetzten von Lopez vorschnell gehandelt haben.“ Nachdem der Vorfall publik wurde leitete Jeff Ellis eine Untersuchung des Unglücks ein. Diese kam zu dem Ergebnis, dass zu keiner Zeit ein Strandabschnitt, der von Jeff Ellis Management hätte überwacht werden sollen, unbeobachtet war, während Lopez Hilfe leistete. „Für mich war das die entscheidende Frage: War der Strand zu irgendeiner Zeit nicht bewacht?“, sagte der Vorstand von Jeff Ellis. „Wir haben erfahren, dass dies nie der Fall war. In Anbetracht dieser Umstände hätte Lopez nicht entlassen werden dürfen. Wir werden ihm ein neues Jobangebot unterbreiten.“

Am Donnerstag äußerte Lopez jedoch gegenüber einer Reporterin von Sun Sentinel, dass er das neue Jobangebot nicht annehmen werde. „Sie versuchen nur, den öffentlichen Schaden zu reparieren, sonst nichts. Ich möchte für so ein Unternehmen schlicht nicht mehr arbeiten, ich habe genug.“

Quelle: Sun Sentinel, 05.07.2012

Kollegialität. Einen ähnlichen Handlungskomplex umreißt der geläufige Begriff der Kollegialität, der ebenso auf ein dynamisches Wechselspiel zwischen Erfüllung formaler Regeln und informalen kollegialen Verhaltenserwartungen verweist (Luhmann 1995, S. 314 ff.). Auch bei der Kollegialität handelt es sich um informale, prinzipiell nicht formalisierte, aber doch erfolgskritische Verhaltenserwartungen, hier speziell unter Personen gleicher Position oder gleicher hierarchischer Ebene, unabhängig von der konkreten Einzelperson. Es handelt sich um ein emergentes Normengefüge, das bestimmte Verhaltensweisen zur unausgedrückten Erwartung macht (gegenseitige Unterstützung, Weitergabe vertraulicher Informationen, Freundlichkeit im Umgang, auch wenn nicht persönlich bekannt, usw.) und auf diese Weise eine vereinfachte Problembeurteilung wie auch einen flexiblen Umgang mit den formalen Regeln ermöglicht. Kollegialität entspringt nicht persönlicher Sympathie, sondern ist ein personenunabhängiger vordefinierter Handlungsrahmen, den man erwarten kann, ohne die Interaktionspartner zu kennen. Das Berufen auf Kollegialität gewährt eine Art Schutzzone des Vertrauens und setzt voraus, dass die kollegialen Verhandlungen nicht publik gemacht werden. Die Kollegialität stellt aus Organisationssicht aber auch sicher, dass die Grenzen der Informalität beachtet und Exzesse vermieden werden. Auch für die Kollegialität gilt, dass sie für die Organisation nur dort wertvoll ist, wo die Akteure den permanenten Wechsel zwischen Formellem und Informellem bewältigen, nicht aber generell Kollegialität vor legale Ordnung stellen.

Informelle Gespräche. Luhmann (1995, S. 205 ff.) weist ferner auf die Bedeutung informeller Kommunikation neben den offiziellen Kommunikationskanälen *hin*. Gemeint sind horizontale oder auch laterale Kontakte, die heute meist als Personales Netzwerk beschrieben werden (Cross/Prusak 2002). Viele Organisationen begegnen solchen personalen Netzwerken mit großer Skepsis, sie fürchten ein Unterlaufen der hierarchischen Kommunikation. In vielen Studien wurde jedoch gezeigt, dass es zu den zentralen Merkmalen erfolgreicher Führungskräfte gehört, sich ein persönliches Netzwerk aufzubauen (etwa Kotter 1999). Ein solches Netzwerk rekrutiert sich aus einer Vielzahl von Quellen: frühere Mitarbeiter, Kollegen, Bekanntschaften aus gemeinsamen Weiterbildungsveranstaltungen sowie Clubs, Verbänden usw. Persönliche Netzwerke können der Aufgabenerfüllung in vielfacher Hinsicht förderlich sein: zur Abklärung schwer einzuschätzender Sachverhalte, zur Erlangung formal nicht zugänglichen Wissens, zur Mobilisierung von Unterstützung, zur Lancierung neuer Themen usw. Hier geht es also um ein informelles Vorfühlen, die Erörterung von Themen, die in der formalen Welt (noch) keinen Platz haben, die Vorabklärung einer heiklen Entscheidung, die einen Gesichtsverlust in der formellen Arena vermeiden hilft usw. Sie ergänzen die formale Ordnung, vor allem aber sind sie in Bereichen des schwer regelbaren von großer Bedeutung (Cross et al. 2012).

Alle diese beschriebenen informellen Elemente lassen eine Organisationswelt aufscheinen, die außerhalb der klassischen formalen Organisationsgestaltung liegen. Das formale Regelsystem, der Geschäftsverteilungsplan, das Organigramm usw. und gleichlaufend die klassische Organisationslehre ignorieren den informalen Bereich, schließen das Tolerieren von Abweichung, die Funktion von „Grau-Zonen" u.ä. aus. Insofern kann in dieser Logik Informelles, wenn überhaupt, dann nur als Störung gedacht werden.

Um die Funktionalität des Informellen einzufangen und in seinem Wechselspiel mit dem Formellen zu erfassen, ist eine erweiterte Betrachtungsperspektive, wie sie etwa die Systemtheorie bietet, erforderlich, in der Organisationen mit widersprüchlichen Zielsetzungen und divergenten Rationalitäten aufscheinen können. Erst dann kann auch der informale Bereich funktional verankert und einer Erklärung zugänglich gemacht werden, die über einen Störungsbefund hinausgeht. Erst auf diesem Wege lässt sich zeigen, dass die formale Ordnung trotz des Ordnungsmonopols eben nur eine Teilordnung ist, und dass Organisationen wegen der Unsicherheit und Ambiguität zur effektiven Leistungserfüllung und Bestandssicherung zusätzlicher inoffizieller Regelsysteme bedürfen. Sie brauchen es, um Flexibilität zu garantieren, um sicher zu sein, dass dort, wo das formale Reglement versagt, eine Ordnung da ist, die in die Bresche springen kann. Sie brauchen es auch um Aufgaben zu erfüllen, die sich mit den offiziellen Zielen allein nicht abdecken oder gar nicht in offizielle Stellenbeschreibungen einfüllen lassen. Sie brauchen es auch, um mit widersprüchlichen Erwartungen umgehen zu können. Somit steht an der Basis einer jeden Organisation eine funktionale Paradoxie: Die formale Ordnung kann nur so funktionieren, dass sie vieles von dem, was sie offiziell ausschließt, unter der Hand doch zulässt, ja zulassen muss, jedenfalls bis zu einem gewissen Grade (vgl. hierzu mit weiteren Beispielen Ortmann 1999; 2003). Es ist eine Logik von Differenz und Ergänzung, die Derrida (1991) mit seinem Prinzip des supplément einsichtig gemacht hat.

In der Praxis bedeutet dies, dass Organisationsmitglieder ständig zwischen der formalen und der informalen Sphäre hin und her wechseln. Der Übergang als solcher ist nicht formal regelbar, es bedarf dazu eingespielter Praktiken, wobei es auch auf das Geschick des Einzelnen ankommt, und einer gewissen „Kunst des Lavierens", um den paradoxen Wechsel glaubwürdig zu gestalten (Luhmann 1995). Bei Konflikten bildet allerdings die formale Ordnung immer die letzte Rückzugs-Instanz und bietet insoweit auch Schutz.

Bei der Betrachtung der informalen Ordnung und ihrer Interaktion mit der formalen Regelwelt wurde bisher sehr stark auf den Funktionsbeitrag der informalen Prozesse abgestellt. Persönliche Interessen und Macht spielten dabei so gut wie keine Rolle. Diese Abstrahierung darf indessen nicht dahingehend missverstanden werden, dass diesen Phänomenen keine Relevanz zukäme. Im nächsten Abschnitt wird deshalb die politische Seite von Organisationen beleuchtet, die sich vielfach auch als die „dunkle Seite" bezeichnet findet (vgl. etwa Vaughan 1999).

5.2 Politische Prozesse in Organisationen

5.2.1 Zum Begriff des „politischen Prozesses“

Der politische Prozessansatz erklärt organisatorische Entscheidungen als Resultat informeller Dynamiken, die sich außerhalb der formalen Ordnung entfalten (Pettigrew 1973; Küpper/Ortmann 1986; Ferris/Treatman 2012). Politische Prozesse in Organisationen werden auch *Mikropolitik* genannt (so schon Burns 1961), „Mikro“ steht hier nicht als Gegenpol zu „Makro“, sondern soll auf die im Kleinteiligen und Unsichtbaren wirkenden Kräfte verweisen.

Politische Prozesse haben in divergierenden *Interessen* ihren Ursprung. Theorien politischer Prozesse thematisieren, wie sich diese verschiedenen Interessen bilden, wie Organisationsmitglieder versuchen, diese – auch gegen Widerstreben – durchzusetzen, zu welchen Koalitionen es dabei kommt, welche Konflikte entstehen, welche Verhandlungsstrategien gewählt werden. Alle diese Fäden, Intrigen und Verbindungen werden „hinter den Kulissen“ gezogen, sind also nicht offen sichtbar und entfalten sich jenseits aller formalen Strukturen. Wie schon die im ersten Abschnitt behandelten Phänomene stellen auch die politischen Prozesse eine zweite informelle Sphäre in Organisationen dar, die immer auch eine Herausforderung der formalen Welt bedeutet.

Im Resultat sind die politischen Prozesse und die dort verhandelte Mikropolitik für das organisatorische Leben von nicht unerheblicher Bedeutung. Viele Entscheidungsprozesse, wenn auch von Organisation zu Organisation variierend, sind durch sie nachhaltig geprägt, neben schweren Dysfunktionalitäten können politische Prozesse auch positive Funktionen haben (Neuberger 2006). Eine Ignorierung dieser Phänomene in der Praxis ist gefährlich. Grundsätzlich sind es Prozesse, die im Untergrund laufen, sie sind nicht transparent und scheuen das Licht. Über ihre Existenz wird in Organisationen sehr viel gesprochen und noch mehr spekuliert, gleichwohl spielen sie in der offiziellen Sphäre keine Rolle. Sie tauchen nicht in Protokollen auf, für sie gibt es kein Mitgliederverzeichnis o.Ä. Gleichwohl käme es einer Leichtfertigkeit gleich, wollte man sie deshalb ignorieren.

Politische Prozesse sind ein alltägliches Phänomen in Organisationen. Die *Hintergrundmotive* für politische Prozesse sind vielfältig: Karrieremotive, Machtstreben, Angst vor Gesichtsverlust, Prestigestreben, die Förderung eigener Ideen usw. Divergierende Interessen und allzeit zu *knappe Ressourcen*, um alle Interessen gleichermaßen zufrieden stellen zu können, werden als die letztlich bewegende Kraft angesehen, die politische Prozesse in Gang setzt und in Bewegung hält. Politische Prozesse sind geprägt durch Verhandlungen, informelle Gruppenbildungen/Koalitionen, taktische Manöver, Reziprokgeschäfte usw. Alle Mittel sind recht, um die eigenen Interessen durchzusetzen, nicht selten auch unmoralische. Aus dem eben Gesagten erschließt sich bereits, dass für die Analyse politischer Prozesse drei Konzepte von herausragender Bedeutung sind, nämlich *Interessen*, Ressourcen*konflikte* und *Macht* (Morgan 2006, S. 149 ff.).

Der politische Prozessablauf wird dementsprechend beschrieben als *Anspruchsentstehung* (Interessen) bei verschiedenen Organisationsmitgliedern, als *Konfliktbildung*, resultierend aus zu knappen Ressourcen, um alle Ansprüche erfüllen zu können, und schließlich als Mobilisierung von Unterstützung und den Aufbau von *Macht* zur Durchsetzung der erhobenen Ansprüche (Burns 1961; Pettigrew 1973). Wesentliche Voraussetzung dafür, dass Entscheidungen politisch werden, ist die Offenheit der Situation bzw. ein nicht-determinierter Entscheidungsverlauf. Es ist die Idee dieses Ansatzes, dass alle Beteiligten eine gewisse Chance sehen, ihre Ansprüche (jedenfalls teilweise) realisieren zu können. Das Konzept des politischen Entscheidungsprozesses schiebt deshalb die hierarchisch-formale Entscheidungsfindung zur Seite; dort ist ja entweder das Ergebnis der Entscheidung schon festgeschrieben (so z.B. im Falle der konditionalen Programmierung), oder aber eine Stelle/ein Gremium hat die unstrittige Befugnis, die fragliche Entscheidung zu treffen. Insofern ist der politische Prozessansatz „subkutan“ oder besser gesagt, er behandelt eine subversive Dynamik jenseits oder im Schatten der formalen Struktur, wobei Letztere – wie noch zu zeigen – als Einflussfaktor nicht geleugnet wird, sondern wie bei allen informalen Prozessen den Referenzrahmen bildet.

Es ist just dieses Element der Ungewissheit über den Ausgang, in gewissem Sinne auch des „Kitzels“, ob es gelingt, genug Macht zu mobilisieren, die viele Autoren veranlasst, bei politischen Prozessen von *„Spielen“* zu reden (Allison 1971; Crozier/Friedberg 1979). Dabei kommt es keinesfalls auf die Konnotation „spielerisch“ im Sinne von „unernst“ an; politische Spiele können sogar todernst im wahrsten Sinne des Wortes sein. Mit dem Begriff „Spiel“ soll vielmehr auf zweierlei verwiesen werden; zum einen darauf, dass politische Prozesse Akteure voraussetzen, die einen gewissen *Handlungsspielraum* haben (um eigene Ansprüche zu formulieren und eine Durchsetzungsstrategie wählen zu können). Zum anderen macht der Spielbegriff aber auch deutlich, dass politische Prozesse interaktiv und *regelbestimmt* sind, d.h. die Akteure bewegen sich auf der Basis impliziter Spielregeln, die den Rahmen abstecken, aber nicht das Handeln determinieren (zu den methodischen Implikationen des Spielbegriffs vgl. Ortmann 1988, S. 20 ff.).

Insgesamt gilt die These: Je größer die Spielräume in einer Entscheidungssituation, umso „politischer“ werden (unter sonst gleichen Umständen) die Entscheidungsprozesse. Der Umfang der Handlungsspielräume hängt von vielerlei *Faktoren* ab, nicht zuletzt von der Ambiguität der Entscheidungssituation und der Toleranz gegenüber Regelabweichungen.

Politische Prozesse werden zu wesentlichen Teilen über die Möglichkeit entschieden, Macht zu akkumulieren. Der Machtaspekt ist deshalb ein Kern-Bestandteil des „Politischen“, genauer die Möglichkeit, den eigenen Anliegen in politischen Prozessen Gehör zu verschaffen und Nachdruck zu verleihen (Pettigrew 1973; Morgan 2006). Macht verschafft Zugang zu den „Spielen“, Macht eröffnet Gewinnchancen, Macht dehnt den Manövrierspielraum politischer Arenen aus usw. Bei dem Verweis auf die Bedeutung des Machterwerbs ist weniger an die formal-legitime Autorität in Unternehmen (*Direk-*

tionsbefugnis) zu denken, sondern an inoffizielle (nicht bürokratisch legitimierte) Macht; wobei für politische Entscheidungen *horizontalen Machtbeziehungen* zwischen Subsystemen (z.B. zwischen Stab und Linie oder zwischen Produktion und Vertrieb) häufig eine Schlüsselrolle zukommt.

Unter Macht wird dabei zumeist – bei aller Unterschiedlichkeit im Detail (vgl. dazu kritisch Sandner 1992) – im Anschluss an Max Weber die Möglichkeit verstanden, in den Handlungsraum anderer, auch gegen deren Widerstreben, zur Erreichung eigener Ziele einzugreifen; oder negativ ausgedrückt: die Möglichkeit, das Ansinnen (die Weisungen) anderer, das Handeln an ihren Interessen auszurichten, zurückzuweisen (Luhmann 1975).

Macht setzt logisch zunächst einmal Handlungsspielräume auf beiden Seiten voraus, durch den Einsatz von Macht wird der Spielraum eines adressierten Akteurs dann drastisch begrenzt (Fremdselektion) und bestimmte Wirkungen dadurch wahrscheinlicher. Macht ist jedoch nicht deterministisch, sondern immer nur stochastisch (vgl. Luhmann 1988). *Politisches Handeln* umgreift die *gezielte Mobilisierung* und den *kalkulierten Einsatz* von (Verhandlungs-)Macht zur Durchsetzung eigener Interessen. Die potenzielle Durchsetzbarkeit von Ansprüchen in politischen Prozessen gründet sich auf verschiedene Machtquellen (Expertenmacht, Informationskontrolle, Beziehungen etc.), darauf wird unten im Einzelnen einzugehen sein.

Ein weiterer zentraler Aspekt politischer Prozesse ist die *Legitimität* (Pettigrew 1977; Neuberger 2006). Die Mobilisierung von Legitimität ist Teil des Kalküls: Welches Problem kann überhaupt zu einem akzeptierten Entscheidungsproblem werden und welche Problemlösung kann grundsätzlich als tragbar gelten?, Politische Prozesse stellen daher auch darauf ab, Legitimität für bestimmte Ideen, Werte und Lösungen zu schaffen. Die Spieler versuchen, durch Konstruktion von Symbolen und Interpretation von allgemeinen Werten die eigenen Anliegen mit Legitimität zu versorgen und die Anliegen der Opponenten zu „delegitimieren", etwa durch Aufweis der Inkongruenz zwischen der formalen Ordnung und den faktisch verfolgten Interessen(vgl. Berger et al. 1998). Von wesentlicher Bedeutung für diesen Prozess ist die Frage, wie das vorgetragene Anliegen von den anderen Mitspielern wahrgenommen und empfunden wird (Beyer 1981). Obgleich für das Legitimationsverständnis in Organisationen das Normensystem der Umwelt das allgemeine Gerüst abgibt, entwickeln sich doch innerhalb der Organisationen und dort wieder innerhalb spezifischer Subsysteme eigene Interpretations- und Wertesysteme, wie in den nachfolgenden Ausführungen zur Unternehmenskultur noch deutlich werden wird.

Der Rekurs auf organisationsspezifische Traditionen oder Werte, sei es durch den Ausweis, dass das eigene Anliegen in Übereinstimmung damit steht, oder sei es, dass das Anliegen der Opponenten in die Zone der Wertverletzung und Inkongruenz gezogen wird, ist Bestandteil politischer Prozesse. Pettigrew (1977, S. 84) nennt dieses Element des politischen Prozesses „the management of meaning". Vor dem Hintergrund der geschilderten Elemente soll nun der Charakter von politischen Prozessen und der ihnen eigenen Kampfspiele näher beleuchtet werden.

5.2.2 Struktur politischer Spiele

Die folgende Darstellung ist nach Fragen gegliedert, wie sie ähnlich von Allison (1971, S. 164 ff.) und z.T. auch von Mazzolini (1978) verwendet werden.

Wer sind die Teilnehmer? Entscheidungen in Organisationen – zumal dann, wenn sie eine größere Reichweite haben – sind, typischerweise *kollektive Entscheidungen*. Mehrere Personen, teils über verschiedene Hierarchieebenen hinweg, sind an der Entscheidung beteiligt. Für die Analyse politischer Entscheidungen stellt sich daher zunächst die Frage nach dem Teilnehmerkreis oder – wie Abell (1975) diesen Kreis treffend bezeichnet – der „bargaining zone“. Im Marketing wird ganz ähnlich bei Investitionsgüterentscheidungen von dem „buying center“ gesprochen; bezeichnet wird damit der Kreis von Personen, der *tatsächlich* an der Kaufentscheidung teilnimmt, wobei die Identifikation dieser Personen schwierig ist, weil sie ihren Einfluss meist informell außerhalb der offiziellen Einkaufsstrukturen ausüben (Dawes et al. 1998).

Teilnehmer sind zunächst einmal solche Stelleninhaber, denen offiziell die Kompetenz für die fragliche Entscheidung zugeordnet ist, einschließlich Vertreter von Interessen, die ein Recht auf Entscheidungsteilhabe besitzen (z.B. Betriebsrat oder Frauenbeauftragte). Ferner gehören dazu Personen, die nach inoffiziellen Regelungen zu der Entscheidung gehört werden (Vertraute, Assistenten usw.) sowie Personen, die mit der Entscheidungsvorbereitung betraut sind oder die relevante Vorentscheidungen treffen (z.B. Stäbe, Projektgruppen, Informanten). Zu den Genannten treten schließlich die *Spieler* hinzu, die sich Zugang zu dem Entscheidungsprozess verschaffen, weil ihre Interessen betroffen sind. Dies sind in erster Linie interne, es können aber auch externe Spieler sein, also Personen, die keine formale Mitgliedschaftsrolle in dem fraglichen Unternehmen bekleiden, so z.B. Vertreter von Interessengruppen, von Banken, von relevanten Zulieferern, von Abnehmern, von Kooperationspartnern. Andere Externe (Konkurrenten, Presse, Staat, kritische Öffentlichkeit) bilden konzentrische Kreise um die Spielarena und markieren die „Umweltbegrenzungen“, innerhalb derer das Spiel entfaltet wird (Allison 1971).

Wer an einem bestimmten Spiel teilnehmen wird, kann im Voraus nicht genau bestimmt werden. Weder Auszeichnungen durch die Organisationsstruktur noch die Zugehörigkeit zur Machtelite der betreffenden Organisation lassen eine abschließende Bestimmung zu, es kommt durch bestimmte Winkelzüge und „Geheimdiplomatie“ immer wieder zu ganz neuartigen Teilnehmerkreisen (Kelley 1976).

Was sind die Bestimmungsgründe der vertretenen Interessen? Wodurch sind die Meinungen und Haltungen geprägt, die Spieler in den Entscheidungen vertreten? Woraus erklären sich Disparitäten und Konflikte? Hier ist zunächst einmal die Position (Stelle) von Bedeutung, die Spieler in der *Hierarchie* innehaben. Sie legt – mehr oder weniger formalisiert – die Erwartungen, Verpflichtungen und Verantwortlichkeiten fest, die den wählbaren Spielzielen und „Schachzügen“ einen Rahmen setzen (z.B. die Position des Einkaufsleiters bei der Beschaffung einer neuen Stranggussanlage).

Die Position bringt aber daneben noch eine Reihe anderer Festlegungen mit sich. Positionen entstehen im Zuge der Arbeitsteilung und Spezialisierung; die einer Position zugewiesenen Teilaufgaben zentrieren die Aufmerksamkeit auf bestimmte Probleme, Informationen, Umweltausschnitte. Die Wahrnehmung wird – wie schon mehrfach betont – zunehmend selektiv, aus vielerlei Gründen tritt tendenziell die Subzielidentifikation vor die Gesamtzielorientierung (Dearborn/Simon 1958; Quinn 1980; Boeker 1989). Das *Subsystem* entwickelt in der Regel eine eigene Identität und eigene Gruppenzwänge. All dies bringt (differente) Vororientierungen, Rigiditäten und Prioritäten mit sich, die das Verhalten der Spieler (mit)prägen. Die Marketingleiterin z.B. sieht das Entscheidungsproblem vor dem Hintergrund ihrer Absatzprobleme, und von ihr wird auch erwartet, dass sie das Absatzdenken in dem Entscheidungsprozess verankert. Sie entwickelt Vorstellungen von der zukünftigen Ausrichtung des Unternehmens vor dem Hintergrund ihrer Disziplin.

Ferner sind auch *Karrierestreben* und *persönliche Rivalitäten*, die z.T. in zurückliegenden Entscheidungsprozessen ihren Ursprung haben, von gewichtiger Bedeutung für Spielintentionen, insofern haben Spielziele häufig auch historische Gründe. Dementsprechende Haltungen wie „wenn er dafür ist, bin ich dagegen“ oder „haust Du Meinen, hau ich Deinen“ bilden häufig den Ansporn zur Entfaltung politischer Energie (vgl. hierzu die Fallbeispiele von Wender 1983 und Auer 1994). Schließlich sind natürlich auch auf einer tiefer liegenden Ebene die fundamentalen gesellschaftlichen Interessenkonflikte zwischen Kapital und Arbeit oder zwischen Ökonomie und Ökologie bestimmend für Positionen in politischen Prozessen.

Spiele werden gespielt, um Ergebnisse zu erreichen bzw. Handlungen festzulegen. Verschiedene Autoren (Pettigrew 1973; Küpper/Ortmann 1986) weisen jedoch zurecht darauf hin, dass politische Akteure und „politische“ Gruppen häufig zu einfach in ihren Zielvorstellungen, nämlich zu eindeutig auf ganz bestimmte, exakt umrissene Ziele ausgerichtet, dargestellt werden. Die Gefahr eines Zerrbildes taucht auf: „Superrationale“ Akteure kämpfen sich mit klaren Zielvorstellungen durch die Wirrnis organisationaler Anarchie. In Wirklichkeit verfolgen Individuen und Gruppen – ähnlich wie Organisationen – eher ein *komplexes Konglomerat* von Zielen und Werten, das in seiner Struktur von den Spielern selbst nicht vollständig durchschaut wird. Die „begrenzte Rationalität“ (Simon 1945; Lindblom 1959) gilt auch für den Akteur in einem politischen Prozess. Mit anderen Worten, das Teilnahme-Verhalten von Akteuren in politischen Prozessen lässt sich nicht auf der Basis von homo oeconomicus-Prämissen prognostizieren.

Welche Spieler oder Gruppen bestimmen das Ergebnis? Die Möglichkeit, den eigenen Standpunkt und die eigene Sichtweise des Problems nachhaltig im Entscheidungsprozess zur Geltung zu bringen, ist neben objektiven Merkmalen der Situation (Zeitdruck, Art des Problems, Marktzwänge etc.) eine Frage des Beeinflussungsvermögens und damit hauptsächlich eine Frage der *Macht*. Der Fall der diskursiven Überzeugung, die wohl Einfluss, nicht aber Macht kennt, spielt im Paradigma des politischen Prozesses keine Rolle. Macht wird hier als ubiquitäres Element verstanden, das die Akteure brauchen, um handlungsfähig zu sein (Friedberg 1995, S. 255 ff.).

Welche Faktoren sind es, die das Kräfteverhältnis der Spieler bestimmen? Neben dem formalen Autoritätssystem, das die politischen Prozesse vorprägt, finden sich zahlreiche weitere Machtquellen. Erinnert sei hier nur an den fast schon klassisch zu nennenden Katalog von French/Raven (1959), der Macht durch Belohnung, Zwang, Persönlichkeitswirkung (Charisma, Rhetorik), Wissen und Legitimation unterscheidet. Die meisten dieser Ansätze, so auch der von French/Raven, haben primär dyadische Beziehungen im Visier und vernachlässigen die für den „politischen Blick" relevanten systemischen Zusammenhänge. Genau auf diesen fokussiert ein anderer Forschungsansatz, der die Entstehung horizontaler bzw. hierarchieunabhängiger Machtbasen erklärt.

Ausgangspunkt ist die Studie von Crozier (1963), in der die Entstehung von (nichtformaler) Macht aus dem Vermögen erklärt wird, relevante *Unsicherheitsquellen zu kontrollieren*. In dem untersuchten Industriebetrieb hatte sich gezeigt, dass die Gruppe der Wartungs- und Instandsetzungsarbeiter die dort kritischste aller Unsicherheitsquellen, nämlich die Unterbrechung des mechanisierten Arbeitsflusses, am ehesten kontrollieren konnte; dieses Vermögen erwies sich als die entscheidende Ressource beim konkurrierenden Aufbau von Macht.

Hickson et al. (1971) präzisieren diese Überlegungen; die Verteilung der (informalen) *Macht zwischen funktional interdependenten Subeinheiten* bestimmt sich hier nach folgenden Faktoren:

1. Vermögen, organisatorische Unsicherheit zu begrenzen. Vermag es eine Einheit, die bestehende Unsicherheit so zu bearbeiten, dass für die anderen Subeinheiten sicheres Handeln möglich wird, so fließt ihr Macht zu. Das Vermögen, Unsicherheit zu bewältigen, kann sich praktisch auf ganz unterschiedliche Grundlagen stützen (Salancik/Pfeffer 1974; Morgan 2006): den Besitz spezialisierter Fähigkeiten (Expertenwissen), den Zugang zu spezifischen Informationsquellen, die Kontrolle über Informationsflüsse („Gatekeeper"), die Fähigkeit, kritische Ressourcen zu akquirieren usw.

2. Nicht-Substituierbarkeit der Subeinheit bzw. ihrer Kompetenz, Unsicherheit zu begrenzen (Monopol für Spezialwissen).

3. Zentralität, d.h. die innerorganisatorische Macht ist umso höher, je relevanter das Unsicherheitsproblem für den Leistungserfolg ist. Eine hohe Relevanz ist dann gegeben, wenn viele andere Subeinheiten von der Problemlösung abhängen und Probleme rasch auf die anderen Abteilungen durchschlagen.

Eine Studie von Hinings et al. (1974) findet in sieben Organisationen dieses Muster bestätigt. Lachman (1989) fügt als weitere Dimension die Machtstellung in der Vergangenheit hinzu und inwieweit diese Stellung fest verankert werden konnte (siehe auch

Boeker 1989). Ein gewisser Beleg für diese Dimension kann auch darin gesehen werden, dass Längsschnittstudien zur Budgetverteilung ein ziemlich konsistentes Verteilungs-Muster über die Zeit aufweisen (Wildavsky 1979; Pfeffer 1982). Die Macht der Subeinheit hängt zusätzlich von dem klugen Einsatz der Machtmittel und ihrer erfolgreichen Konservierung ab.

Insgesamt gilt es zu sehen, dass die Definition und das Ausmaß der Unsicherheit sowie die Reduktionsleistung sehr stark von der Perzeption der beteiligten Einheiten abhängen; erst ein gemeinsam geteilter Bezugsrahmen schafft die Grundlage, um eine Information als „Unsicherheit" zu identifizieren und ihrer Reduktion einen hohen Stellenwert zuzuweisen.

Wie verläuft das Spiel? Politische Spiele laufen nicht völlig willkürlich und zufallsbestimmt ab; sie unterliegen definitionsgemäß *Regeln.* Neben die Organisationsstruktur als wichtigstem indirekten (weil dafür nicht geplanten) Regelspender tritt eine Reihe informeller Regelungen (Konventionen, Organisationskultur etc.), die mehr oder weniger interpretationsbedürftig sind. Nicht selten gelten für unterschiedliche Teilnehmer unterschiedliche Spielvorschriften und -bereiche; so differenziert etwa Allison (1971) zwischen Regeln für „Häuptlinge" und „einfache Krieger". Die Machtelite („Häuptlinge") greift häufig erst spät in den Entscheidungsprozess ein. Ihr werden die Probleme, Alternativen und Lösungsvorschläge von den Beratern, Spezialisten und sonstigen Untergebenen („einfachen Kriegern") vorgeschlagen. Die Entscheidungsvorbereiter müssen das Vertrauen und die Unterstützung der Elite oder der Chefs für ihre Lösungen gewinnen (Kelley 1976).

Zur Frage, wie das Spiel am besten geführt werden muss, so dass die endgültige Entscheidung möglichst viele Elemente der eigenen Vorstellungen und Ziele beinhaltet, haben sich häufig von Organisation zu Organisation unterschiedliche Prinzipien oder *Gewinnregeln* entwickelt und bewährt (Pfeffer 1999). Beispiele für solche Prinzipien sind etwa: „Wer zögert, vergibt seine Chance" oder „Wer sich seiner Sache nicht sicher ist, wird von denen ausgestochen, die sich sicher sind" (Allison 1971; vgl. auch Abschnitt 5.3). Natürlich gibt es neben solchen aus der Organisation heraus entwickelten Regeln auch Strategien, die einzelne Personen entwickeln, um *innerhalb* der allgemeinen Regeln zu gewinnen.

Speziell auf *Verhandlungen bezogene Strategien* sind Gegenstand eines breit ausgebauten und z.T. hoch formalisierten Forschungszweiges, nämlich der „Verhandlungsforschung" (Raiffa 1982; Lewicki et al. 2002; Thompson 2014). Sie ist in wesentlichen Teilen mit der klassischen Entscheidungs- und Spieltheorie verbunden. Untersucht werden vor allem dyadische Prozesse und die Entscheidung über Kooperationen, d.h. die Frage, ob Gewinngemeinschaften gebildet werden sollen.

Formale Theoreme der Verhandlungsforschung finden in Analysen politischer Prozesse allerdings in nur sehr geringem Umfang Anwendung. Dies liegt vor allem daran, dass wesentliche Teile dieser Forschung mit idealisierten Rationalitätsprämissen arbeiten. Für politische Prozesse ist die Lindblomsche Charakterisierung des Verhandlungsprozesses als „partisan mutual adjustment" sehr viel treffender. Parteiliche Gegenspieler versuchen sich gegenseitig zu beeinflussen. Ohne den eigenen Standpunkt aufzugeben, kommen die Spieler doch in einem Prozess der gegenseitigen Anpassung zu (Teil-)Lösungen und Kompromissen (Lindblom 1965, zu einer aktuellen Diskussion Pal 2011).

In diesen Aushandlungsverfahren spielen die bekannten *Verhandlungstaktiken* (; Bosetzky 1988; Shapiro/Bies 1994; Neuberger 2006;) eine große Rolle, wie etwa: *Bluff* (z.B. Rekurs auf eine fiktive anderweitige Option, vorgetäuschte Rigidität, Spielen um Zeit), *Drohung* (negative Sanktionen werden angedroht für den Fall, dass der Opponent nicht das gewünschte Verhalten zeigt), *Versprechungen* (die Einwilligung oder das gewünschte Verhalten wird mit der Aussicht auf positive Sanktionen herbeizuführen versucht), *Politik der vollendeten Tatsachen*, Rekurs auf *Reziprozität* (Einforderung oder Inaussichtstellung von Gegenleistungen) und schließlich die Bildung von *Koalitionen* zur Mobilisierung der notwendigen Unterstützung (March 1994, S. 152 ff.). Zu Letzterem gibt Fokus 5.2 ein Fallbeispiel aus Lee Iacoccas Zeit bei der Ford Motor Comp.

Fokus 5.2

Eine clevere Crew

„Als ich aus der Bundesrepublik zurückkam, ging ich sofort zu Henry Ford. 'Der Cardinal ist eine Niete', sagte ich zu ihm. Obwohl der Konzern bereits 35 Millionen Dollar in das Auto investiert hatte, argumentierte ich, dass es sich nicht verkaufen werde und dass wir unsere Verluste kappen und aussteigen sollten. Ich muss sie überzeugt haben, denn meine Entscheidung wurde mit nur zwei Gegenstimmen angenommen: die stammten von John Bugas, dem Leiter unserer internationalen Operationen, und Arjay Miller, unserem Controller. Bugas, ein guter Freund von mir, wollte natürlich, dass der Cardinal herauskommt, weil er im Ausland hergestellt wurde. Miller ging es um die 35 Millionen Dollar, die wir bereits hineingesteckt hatten. Als echter Erbsenzähler sah er in erster Linie den Verlust von 35 Millionen Dollar in diesem Quartal.

Sobald der Cardinal abserviert war, konnte ich anfangen, an meinen eigenen Projekten zu arbeiten. Sogleich brachte ich eine Schar intelligenter und kreativer junger Leute von der Ford Division in Kontakt miteinander. Wir fingen an, uns einmal wöchentlich im Fairlane Inn in Dearborn, etwa zwei Kilometer von unserem Büro entfernt, zum Abendessen und zu Gesprächen zu treffen. Wir kamen in dem Hotel zusammen, weil viele Leute in der Firma bloß darauf warteten, uns stolpern zu sehen. Ich war ein Jungtürke, ein neuer Vizepräsident, der sich noch nicht bewährt hatte. Meine Mannen waren talentiert, aber sie waren nicht unbedingt die beliebtesten Leute in der Firma. Don Frey, unser Produktmanager und jetziger Chef von Bell and Howell, war ein führendes Mitglied dieser Gruppe. Ebenso Hal Sperlich, der noch heute in einer Spitzenposition bei Chrysler mit mir zusammen ist. Die übrigen waren Frank Zimmermann vom Marketing, Walter Murphy, unser PR-Manager und mein loyaler Freund in all meinen Jahren bei Ford; und Sid Olson von J. Walter Thompson, ein brillanter Publizist, der früher Reden für Roosevelt geschrieben und unter anderem die Wendung 'das Arsenal der Demokratie' geprägt hatte. Das Fairlane Committee, wie wir uns selbst nannten, war eine clevere Crew."

Quelle: Iacocca/Novak (1987), S. 92 f.

Für die Erklärung von Spielverläufen sind schließlich nicht nur intraorganisationale, sondern auch *interorganisationale* Prozesse und Verhandlungen relevant. Die Einwirkung externer Parteien, sei es in Form einer Beratungsgesellschaft, einer regulierenden Behörde oder einer Allianz (z.B. Gemeinschaftsunternehmen), trägt durch das Aufeinandertreffen zweier unterschiedlicher Systeme mit anderer Vergangenheit, anderen Werten, anderen Standardprozeduren usw. eine gesonderte Dynamik in die politischen Verhandlungen hinein (vgl. Elg/Johansson 1997).

Obgleich das Ergebnis politischer Entscheidungsprozesse zumeist Kompromisslösungen sind („partisan mutual adjustment"), gibt es gewöhnlich doch *Gewinner*(-koalitionen) und *Verlierer*(-koalitionen). Die Spielregeln garantieren aber für gewöhnlich, dass eine Niederlage nicht so verheerend empfunden wird, dass sie zum Auszug der Verlierer aus der Spielarena führen müsste. Neue Probleme tauchen auf, der oder die Verlierer können sich sammeln, nach neuen Koalitionspartnern Ausschau halten, um die nächste Runde für sich zu entscheiden. Gewinnen und Verlieren sind *temporäre Zustände*. Ferner werden in der Regel mehrere Spiele gleichzeitig gespielt, wer hier gewinnt, mag dort verlieren. Dieser das Einzelspiel übergreifende Prospekt wird als einer der Hauptgründe angesehen, weshalb sich der Konflikt und die „Spielleidenschaft" in Grenzen halten und die Organisation trotz allem leistungsfähig bleibt (Kelley 1976). Zwar sind die emergenten Entscheidungen dem Inhalte nach schwer vorherzusagen, eine völlige Beliebigkeit ist indessen schon aufgrund der immer virulenten Markt- und Liquiditätszwänge ausgeschlossen. Das politische Spiel ist also im Ergebnis wegen der Außenzwänge de facto nicht so chaotisch, wie es erscheinen mag.

Die zuletzt getroffene Feststellung relativiert erheblich die Gesamtbedeutung von politischen Spielen zur Erklärung organisatorischen Handelns. Dass die Entscheidungs-Volatilität meist doch nicht so hoch ist, wie die politischen Ansätze suggerieren, zeigen Längsschnitt-Studien zur Budgetierung, die über Jahre hinweg ähnliche Verteilungsmuster finden (Zucker 1987; Helfat 1994). Mit anderen Worten, die signifikante Beharrungstendenz, die vielen Organisationen zu eigen ist, muss diesem Ansatz rätselhaft bleiben. Jüngere Studien zur Pfadabhängigkeit und zur Strukturellen Trägheit von Organisationen betonen gerade das Gegenteil, die Tendenz zur Stabilität durch Reproduktion einmal gelernter Verhaltensmuster und Routinen (Hannan/Freeman 1984; Miller 1993; Sydow et al. 2009).

5.2.3 Praktische Implikationen der politischen Prozessperspektive

Zunächst steht jeder, der in der Praxis politische Prozessanalysen verwendet, vor einem *Paradoxon*. Einerseits ist dieses Deutungsmuster vielen Menschen geläufig und findet auch im Alltagsbereich vielfältige Verwendung – man denke etwa an die betriebsinternen Deutungen des Entscheidungsgeschehens, die typischerweise die Neubesetzung einer wichtigen Führungsposition oder das Ausscheiden einer Führungskraft begleiten. Auf der anderen Seite müssen jedoch mit diesem Schema erstellte

Deutungen in gewisser Weise das Licht der Öffentlichkeit scheuen. Niemand möchte in der Öffentlichkeit eine solche Deutung auf sich angewandt wissen und auch keine Organisation möchte in den Ruch kommen, Entscheidungen „politisch" zu treffen. Allenfalls ist es in der öffentlichen Meinung akzeptiert, Niederlagen, Misserfolge und illegale Akte politisch zu deuten (wovon die Wirtschaftspresse auch ausgiebig Gebrauch macht); zu sehr lastet auf dem „Politischen" der Geruch des Schmutzigen und des Niederträchtigen (Burns 1961; Neuberger 2006).

Diese Diskrepanz gilt ebenso für die organisationsinterne Öffentlichkeit. Es gehört zu den wichtigsten Spielregeln, politische (Fremd-)Deutungen des eigenen Handelns strikt zurückzuweisen und stattdessen die Verpflichtung auf das Gesamtziel als eigentlichen Handlungstreiber herauszustellen, selbst aber – zumindest gelegentlich – politische Deutungen des Gegnerverhaltens durchaus in das Spiel hineinzutragen. Diese teils unbeabsichtigten, teils „strategischen" Fehldeutungen der Teilnehmer sind es auch, die die Rekonstruktion politischer Prozesse in wissenschaftlichen Studien erheblich erschweren. Dies gilt in gesteigertem Maße dann, wenn der zu untersuchende politische Prozess von den Teilnehmern als noch nicht abgeschlossen betrachtet wird; jede Analyse eines Dritten wird dann (ungewollt) selbst Bestandteil des Prozesses mit einer eigenen Dynamik.

Generell gilt es noch anzumerken, dass die wissenschaftlichen Vertreter dieses Ansatzes politische Prozesse nicht – jedenfalls in der Regel nicht – negativieren, sondern als unvermeidlichen Bestandteil jeder Organisation oder aus funktionalistischer Perspektive sogar als unverzichtbare Beiträge zum Erhalt der Leistungsfähigkeit von Organisationen begreifen (Neuberger 1990; Buchanan/Badham 2008). So wird etwa geltend gemacht, politische Prozesse schafften Identität bei den „Parteien", machten Organisationen handlungsfähig weil sie die Handlungszwänge eröffneten, bewahrten Systeme vor Erstarrung und brächten Raum für Initiativen im organisatorischen Handeln, gäben Sicherheit durch soziale Validierung und bestätigten die Aktivität der Handelnden anstelle bloßer Reaktion (Neuberger 2006). Gleichgültig, ob man bereit ist, so weit zu gehen, so macht die mikropolitische Analyse doch darauf aufmerksam, dass der organisatorische Leistungsprozess nicht allein aus der formalen Strukturierung heraus erklärt werden kann. Vielmehr bedarf es dazu der Berücksichtigung der Interaktion zwischen emergenten Elementen – das sind in diesem Fall mikropolitische – und der formalen Ordnung. Insofern verhält es sich ähnlich wie bei der Diskussion der informellen Organisation, eine bloße Negativierung geht an der Sache vorbei und verkennt die Bedeutung dieser Phänomene für die Funktionsweise von Organisationen (Ortmann 1998; Küpper/Felsch 2000). Allerdings ist ein Erklärungsfokus, der nur politische Prozesse als Bestimmungsgründe organisatorischer Prozesse geltend machte, viel zu eng, die informelle Sphäre ist facettenreich und komplex, sie entzieht sich einer bloßen Politisierung. Im Unterschied zur informellen Organisation fehlen hier auch ausgearbeitete Analysen, wie sie die oben dargelegte „brauchbare Illegalität" bietet, d.h. also eine Unterscheidung in Bereiche, in denen eine Politisierung für die Organisation von Nutzen und in solche, in denen sie „unbrauchbar", also schädlich ist. Die potenziellen Dysfunktionen politischer Prozesse sind allerdings unübersehbar:

1. Die fortwährende Ausdeutung organisatorischer Handlungen als politisch („theory in use") schafft im praktischen Handeln einer Organisation ein Klima des *Misstrauens* und der *Feindseligkeit*. Menschliche Beziehungen werden ausschließlich unter instrumentellen Gesichtspunkten interpretiert: „Bist Du zur Verwirklichung meiner Ziele nützlich oder nicht", „Wie kann ich Y austricksen", „Wer mich hier nicht unterstützt, ist mein Feind" usw. Solche Haltungen drohen das Organisationsklima zu vergiften. Zynismus macht sich breit. Die ganze Kommunikation läuft Gefahr, politisiert zu werden. Ein fortwährendes Rekurrieren auf den politischen Charakter dieser Prozesse verschärft die Problemlage, weil durch den wiederholten Rekurs der Politisierungsgrad nicht nur stabilisiert wird, sondern u.U. sogar steigt. Das Kernproblem ist, dass mit einem generalisiert-politischen Deutungsmuster jeder Ansatz zu einer offenen Kommunikation im Keime erstickt wird, Informations- und Lernprozesse werden erheblich behindert (Vince 2001). Ganz generell erleben Organisationsmitglieder einen hohen Politisierungsgrad als eher beängstigend und Stress steigernd. Die Fluktuation in Organisationen, die als hoch politisiert wahrgenommen werden, ist höher, das Commitment und die Arbeitszufriedenheit geringer als in weniger politisierten Organisationen (vgl. die Metaanalyse von Miller et al. 2008)

2. Ebenso problematisch ist die fast immer unterlegte quasi-naturgesetzliche These, politische Prozesse seien unvermeidlich, weil sie der „Natur" des Menschen und der Dynamik von Organisationen entsprächen. Die Gefahr dieser These liegt in ihrer legitimierenden Kraft. Jede Politisierung wird damit de facto gerechtfertigt, ist dies ja letztlich doch nur Ausfluss natürlicher Kräfte. Praktisch bedeutet diese Perspektive die Denunziation jeder Bemühung, andere Handlungsmotive als politische in und von Organisationen zur Geltung zu bringen. Jeder Appell, andere Wege zu gehen, muss wieder als Ausdruck „politischen" Wollens und Strebens gedeutet werden. Das bedeutet einen Zirkel, der für Neues oder Visionen keinen Platz mehr lässt. Viele Vertreter des mikropolitischen Ansatzes (etwa Blickle 2003; Neuberger 2006, S. 124 ff.) gehen so weit, „rationales Argumentieren" als eine der Haupttaktiken der Mikropolitik zu kennzeichnen. Diese Perspektive ist fatal, wenn hier keine Grenze gezogen wird, bedeutet dies das Ende jeder Argumentation, weil sie zum bloßen Instrument subjektiver Zwecke verkommt.

3. Denken und Handeln in politischen Prozessen wirkt blockierend. Alles ist dem Verdacht ausgesetzt, nur vorgeschoben zu sein; jeder ist aufgerufen, nach den eigentlichen Motiven zu suchen. Eine forcierte Politisierung organisatorischer Prozesse führt deshalb in der Tendenz zur Herausbildung einer *paranoischen* Unternehmenskultur (vgl. dazu genauer Abschnitt 5.4): Das vorherrschende Deutungsmuster warnt davor, dass von den anderen Mitarbeitern ständig eine Bedrohung ausgehen kann; man muss jederzeit damit rechnen, einer Intrige zum Opfer zu fallen oder zumindest für unbekannte Zwecke „instrumentalisiert" zu werden. Irgendjemandem Glauben zu schenken, wäre leichtsinnig, auf Vertrauen zu bauen, naiv. Jeder steht für sich allein! Offene Kooperationsformen und Vertrauen, wie sie etwa in den modernen Teamorganisationen vorgesehen sind, schieden damit als Gestaltungsprinzipien völlig aus.

Diese Dysfunktionen verweisen mit Nachdruck darauf, einen angemessenen Umgang mit der Politisierung organisatorischer Prozesse zu finden. Nachdem weder eine volle Legitimierung in Frage kommt, weil dies das Ende jeder formalen Organisation bedeutete (die Idee politischer Prozesse macht überhaupt nur Sinn vor dem Hintergrund einer formalen Ordnung), und der Versuch, sie zu unterbinden, ins Leere läuft, kommt es im Wesentlichen darauf an, politische Prozesse zu kanalisieren, die Organisation vor politischen Exzessen zu schützen und Alternativen aufzuzeigen. Nicht Konfliktunterdrückung, sondern nur bewusster Umgang mit dem Konflikt kann dieser Seite des organisatorischen Lebens gerecht werden (Morgan 2006). Um dies erfolgreich tun zu können, müssen die Verantwortlichen in der Lage sein, verfolgte Interessen zu erkennen, die dahinter liegenden Konflikte zu verstehen, vorhandene (informelle) Machtstrukturen zu identifizieren und die situationale Dynamik zu erfassen. Besondere Aufgabe ist es, Eskalationen zu vermeiden und den Weg zu akzeptablen Formen der Konfliktlösung zu weisen. Allerdings kann nicht immer im Kompromiss die ideale Lösung gesucht werden. Eine wirkungsvolle Interventionsmethode ist die Meta-Kommunikation, d.h. die Politisierung zum Thema zu machen. Politische Prozesse scheuen das Licht.

5.2.4 Prinzipal-Agenten-Beziehungen in Organisationen

Ein in mancher Hinsicht eng verwandtes Modell stellt der Prinzipal-Agenten-Ansatz dar (vgl. Ross 1973; Grossmann/Hart 1983; Richter/Furubotn 2003; ferner die allgemeine Diskussion in Kapitel 7). Er thematisiert ähnlich wie der mikropolitische Ansatz aus Organisationssicht ungeplantes und schwer vorhersehbares Verhalten. Die formale Organisationsstruktur tritt in diesem Modell stark zurück, man geht generell davon aus, dass es ihr nicht gelingt, das Verhalten der Organisationsmitglieder mit ihren Regeln zu steuern. Die ordnungsmäßige Erfüllung der in den formalen Regeln ausgedrückten Erwartungen wird als irrelevanter Fall zur Seite geschoben, obgleich Strukturen nicht völlig ohne Bedeutung sind (vgl. Hart 1995). Im Zentrum steht vielmehr, wie beim mikropolitischen Ansatz auch, die „Unterwelt" der Organisation, der heimliche Betrug, die egoistische Interessendurchsetzung, die geschickte Täuschung usw. Es handelt sich auch um einen Ansatz, der bei Interessenkonflikten seinen Ausgangspunkt nimmt. Bearbeitet wird allerdings überraschenderweise nur ein Interessenkonflikt, nämlich der zwischen Auftraggeber (Prinzipal) und Auftragnehmer (Agent). Horizontale Konflikte werden ignoriert, weil ihnen kein Auftragsverhältnis zugrunde liegt.

Der zentrale Konflikt wird im Rahmen einer Vertragsbeziehung konzeptionalisiert, die durch asymmetrische Informationsstände gekennzeichnet ist. Analysiert wird aus der Perspektive des Prinzipals, von dem angenommen wird, dass er gegenüber dem handelnden Agenten einen Informationsnachteil hat. Nachdem der Prinzipal die Informationsasymmetrie nicht beseitigen kann oder aus Kostengründen nicht beseitigen will, entsteht ein diskretionärer Handlungsspielraum für den Agenten. Brisant wird die

Informationsasymmetrie bzw. der Handlungsspielraum dadurch, dass generell nur von *opportunistischem* Verhalten ausgegangen wird, d.h. der Agent wird seinen Informationsvorsprung schonungslos und ohne jeden moralischen Skrupel zu seinen Gunsten ausnützen, oder zumindest muss man damit rechnen, dass er oder sie dies tun (Williamson 1993a). Im Unterschied zum mikropolitischen Ansatz, der die Machtmobilisierung im gesamten System zur Interessendurchsetzung analysiert, konzentriert sich der Prinzipal-Agenten-Ansatz, wie der Titel schon sagt, auf eine dyadische Beziehung. Zwischenzeitlich gibt es auch einige Ansätze, die die dyadische Beziehung zu erweitern suchen, etwa durch einen Mittler oder mehrere Agenten (vgl. etwa Güth et al. 2001), dadurch entsteht aber keine systemische Perspektive mit eigener Logik wie im politischen Prozessansatz. Im Rahmen der untersuchten dyadischen Auftragsbeziehung werden entsprechend den Phasen der unvollkommenen Vertragsbeziehung vier Arten von Informationsverzerrungen unterschieden:

1. *Versteckte Mängel (hidden characteristics)* bei Vertragsabschluss, d.h. der Agent verschweigt arglistig bestimmte Mängel oder Risiken, die der Prinzipal beim Vertragsabschluss nicht kennt und auch nur schwer erkennen kann. Folge kann eine Fehlauswahl der Vertragspartner sein (adverse selection).
2. *Versteckte Handlungen während des Leistungsprozesses (hidden action)*, d.h. der Agent nutzt schwer kalkulierbare Handlungsfreiräume, um den Prinzipal zu täuschen.
3. *Versteckte Information (hidden information)*, d.h. der Agent verfügt über relevante Informationen über Leistungszusammenhänge, die der Prinzipal nicht kennt oder nicht verstehen kann. Der Agent nutzt diesen Informationsvorsprung, um den Prinzipal arglistig zu täuschen (moral hazard).
4. *Versteckte Ziele (hidden intention)*, d.h. der Agent lockt den Prinzipal in eine Falle (z.B. in Form von irreversiblen Investitionsentscheidungen) und nützt dann die vom Prinzipal erst hinterher entdeckte Abhängigkeit mit erpresserischen Aktionen aus („hold up").

Diese vier Situationskonstellationen unterlaufen die Verhaltenserwartungen einer formalen hierarchischen Beziehung, ja drehen die hierarchische Beziehung eigentlich um, weil der Agent zum eigentlichen Machthaber erklärt wird; dies jedenfalls dann, wenn man diese Vertragsbeziehung in ein formales hierarchisches Gebilde hineinprojiziert. Der formale Regel- und Gehorsamsapparat erscheint unausgesprochen als völlig entwertet, dementsprechend konzentriert sich diese Theorie auch auf Hinweise zur Eindämmung des Agentenbetrugs, die neben der formalen Ordnung stehen.

Um das Delegationsrisiko bzw. seine Wohlfahrtseinbußen gering zu halten, wird dem Prinzipal eine Reihe von Maßnahmen empfohlen; so etwa verbesserte Ausleseverfahren einzusetzen, zusätzliche Kontrollen aufzubauen, Sanktionen anzudrohen (Reputationsverlust), das Informationssystem zu verfeinern, oder – und dies wird von der Agenturtheorie favorisiert – *Anreize* für den Agenten zu schaffen, und zwar in der Form, dass eine Art Interessenausgleich hergestellt und somit eine Zielabweichung des

Agenten weniger wahrscheinlich wird (z.B. Gewinnbeteiligung, stock options). Solche das Risiko senkenden Maßnahmen sind indessen in der Regel mit hohen Kosten verbunden, insofern geht es dem Ansatz um eine Abwägung, d.h. solche Arrangements zu finden, die die Agenturkosten insgesamt minimieren, nicht nur das Abweichungsrisiko des Agenten (vgl. zusammenfassend Dietl 1993).

Daneben wird eine Reihe anderer gewissermaßen sekundärer Kontrollmechanismen des Agenten diskutiert, wie etwa der Arbeitsmarkt für Manager (Fama 1980) oder der Markt für Unternehmenskontrolle, gemeint ist die Einschränkung opportunistischen Verhaltens durch Übernahmegefahren (Manne 1965); diese sind aber eigentlich nicht Gegenstand der Agenturtheorie, sondern der Kapitalmarkttheorie.

Die Agenturtheorie verweist auf emergente Prozesse in Organisationen, die sich in Auftragsbeziehungen entwickeln können. Sie reißt ebenso wie der mikropolitische Ansatz gewissermaßen die Fassade herunter und zeigt die Abgründe organisatorischen Handelns auf, die generell unter den Verdacht von Täuschung und Betrug gestellt werden. Problematisch ist diese dezidiert misanthropische Einfärbung der organisatorischen Handlungswelt, für die im Wesentlichen als Antwort nur eine Misstrauenspolitik übrig bleibt. Die bisweilen vertretene Idee, Vertrauen als ad-hoc-Alternative in das Kalkül des Prinzipals einzubauen, erscheint reichlich konstruiert, weil Vertrauen eine emotional verankerte Attribution ist und keine beliebig manipulierbare Variable (vgl. dazu im Einzelnen Eberl 2003). Abgesehen von diesen grundsätzlichen Einwänden, die im Einzelnen in Kapitel 7 vorgestellt werden, fällt aber in dem hier abzuhandelnden Kontext auf, dass die Agenturtheorie die Funktionsfähigkeit einer formalen Ordnung völlig negiert oder zumindest ignoriert. Die Vorstellung, dass Organisationsmitglieder die an sie auf der Basis des Arbeitsvertrages gerichteten Erwartungen erfüllen, bleibt ihr fremd, kommt als relevanter Fall nicht vor, weil grundsätzlich der schlechte Fall des Betrugs als theoriebildendes Element benutzt wird. An dieser Stelle fällt die Agenturtheorie weit hinter den mikropolitischen Ansatz oder das Theorem der informellen Organisation zurück. Sie vermag in keiner Weise die Interaktion von formaler und emergenter (abweichender) Ordnung zum Thema zu machen und suggeriert indirekt, die formale Ordnung hätte keine prägende Bedeutung für organisatorisches Handeln. Dies anzunehmen, scheint nun doch sehr weit hergeholt. Die formale Ordnung fällt auch dort unter den mikropolitischen Ansatz zurück, wo es um soziale Prozesse geht. Die Agenturtheorie ist vom Vertragsparadigma her an eine dyadische Beziehung gebunden und kann daher die kollektiven Dynamiken, die den politischen Prozessansatz so informativ machen, in ihren Strukturen gar nicht abbilden.

Es ist interessant zu sehen, dass der später zu diskutierende Ansatz der Unternehmenskultur gerade zu den zuletzt genannten Punkten eine völlig konträre Perspektive entwickelt. Das Individuum ist dort eingebettet in eine auf emergentem Wege entwickelte kollektive Werte- und Orientierungsgemeinschaft, die dem einzelnen Organisationsmitglied Sicherheit und Bindung im sozialen Kontext verschafft.

5.3 Organisationale Kompetenzen

Neben den genannten haben sich emergente Phänomene ganz anderer Art als bedeutsam für den Organisationsalltag und für die organisatorische Leistungsfähigkeit erwiesen. Dazu gehören vor allem die organisationalen Kompetenzen, die auf schwer durchschaubare nicht-formelle Weise in Organisationen entstehen, aber dennoch für ihren Erfolg von eminenter Bedeutung sind.

Organisationale Kompetenz darf nicht einfach mit der Qualifikation der Mitarbeiter gleichgesetzt werden; es handelt sich vielmehr um ein spezifisches Know-how sowie um Steuerungs- und Koordinations-Fähigkeiten, die sich in Organisationen im Laufe der Zeit ausgebildet haben. Von Interesse sind dabei vor allem unternehmensspezifisches Wissen wie auch im Laufe der Zeit entwickelte Praktiken, die den Leistungsprozess auf meist unsichtbare Weise mitstrukturieren und dessen Weiterentwicklung entscheidend prägen. Das Konzept der Kompetenzen lenkt die Aufmerksamkeit der Unternehmensanalyse auf eine neue Ebene. Es betont nicht nur die ganzheitliche Seite, sondern fordert auch dazu auf, das Zusammenwirken der verschiedenen betrieblichen Ressourcen übergreifend zu reflektieren. Was ist nun aber im Einzelnen unter einer Organisationalen Kompetenz zu verstehen?

Trotz aller Unterschiede im Detail wird doch in den meisten Fällen Organisationale Kompetenz als eine Fähigkeit konzipiert, die Ressourcen einer Organisation in spezieller Weise zu kombinieren, so dass eine erfolgreiche Aufgabenbewältigung möglich wird. Im Unterschied zu individueller Kompetenz soll Organisationale Kompetenz ein kollektives, d.h. in einer Organisation gemeinsam entwickeltes und geteiltes Muster des Selektierens und Verknüpfens von Ressourcen darstellen. Es wird also auf die spezielle Fähigkeit einer ganzen Organisation (Unternehmen, Division, Strategischen Geschäftseinheit usw.) verwiesen, Ressourcen so einzusetzen, dass spezifische Probleme bzw. Aufgaben der Organisation immer wieder erfolgreich gelöst werden können.

Organisationale Kompetenz ist somit nicht selbst als eine direkte Ressource (im Sinne eines „Elementarfaktors") zu verstehen, sondern als derivative oder indirekte Fähigkeit, unter den vielen verfügbaren (Elementar-)Ressourcen problembezogen die geeignetsten auszuwählen und nach einem systematischen Muster so zu kombinieren, dass eine effektive Problemlösung möglich wird. Der in diesem Zusammenhang immer wieder bemühte Musterbegriff verweist auf eine weitere Dimension des Kompetenzbegriffs, nämlich die Routinisierung der Ressourcenverknüpfung. Organisationale Kompetenzen bestehen hiernach aus einem Satz erfolgsbewährter Praktiken zur Verknüpfung von Ressourcen, der immer wieder zur Anwendung gebracht wird („repeated reliable performance ", Helfat/Peteraf 2003: 999).

Versucht man die verschiedenen bislang entwickelten Kompetenzkonzepte zu kondensieren, so lassen sich im Wesentlichen zwei konstitutive Merkmale Organisationaler Kompetenz erkennen: Komplexität und Reproduzierbarkeit (vgl. genauer Schreyögg/Eberl 2015):

1. **Komplexität.** Organisationale Kompetenzen werden durchgängig als ein besonderes Leistungsvermögen begriffen, das es erlaubt, immer wieder schwierige oder in anderer Weise herausfordernde Aufgaben zu bewältigen. Es geht nicht um das breit verfügbare Alltagsvermögen, Standardprobleme zu lösen, sondern um das besondere Vermögen, komplexe Aufgaben lösen zu können. Komplexität wird dabei in doppelter Weise relevant: Einmal im Hinblick auf die Problemstellung; es wird von einer außergewöhnlichen oder eben komplexen Aufgabenstellung ausgegangen und das heißt zugleich Offenheit und Ungewissheit in der Lösung.

Auf der anderen Seite bezieht sich die Komplexitätsdimension auf die Kompetenz selbst, ihre Struktur und ihre Entwicklung. Die dabei leitende Grundlogik entspricht dem Lehrsatz der Kybernetik, wonach komplexen Herausforderungen der Umwelt nur mit hinreichender interner Komplexität (komplexen Verknüpfungen) erfolgreich begegnet werden kann.

Mit der Zahl der erforderlichen Komplementär-Aktivitäten, die miteinander abgestimmt werden müssen (z.B. IT-, Design- und Marketing-Aktivitäten), potenziert sich das zu lösende Koordinationsproblem. Die Fähigkeit, in diesem vielfältigen Anforderungsgeflecht immer wieder eine effektive Problemlösung, also eine gelingende Kombination der Ressourcen, zu bewerkstelligen, bleibt erfahrungsgemäß in ihrer Funktionsweise nicht endgültig durchdringbar.

2. **Reproduzierbarkeit.** Der Transformation von gelegentlich erfolgreichen Ressourcenselektionen und -verknüpfungen in zugriffssichere Handlungsmuster fällt in der Kompetenzbildung eine Schlüsselrolle zu. Brillante Einzellösungen sind noch keine Kompetenz. Kompetenzen sind vielmehr als eine Art „Problemlösungs-Architektur" einer Organisation zu verstehen. Diese stellt eine gewachsene, in ihrem Zustandekommen und ihrer Funktionslogik nicht vollständig erschließbare Widerspiegelung des Umgangs mit komplexen Anforderungen und Zielen dar. Spontanen informellen Prozessen kommt bei der Entstehung eine Schlüsselrolle zu. Abbildung 5.1 verdeutlicht den Entstehungsprozess, vor allem das langsame Herauskristallisieren eines Musters, grafisch.

Einmalige und zufällige Verknüpfungen können somit zwar den Anfang für die Herausbildung organisationaler Kompetenz markieren, jedoch für sich gesehen noch keine organisationale Kompetenz bilden. Organisationale Kompetenz ist ein historisches, d.h. zeitraumbezogenes Konzept, das Vergangenheitsentwicklung, gegenwartsbezogene Handlungsstrukturen und zukünftige Entwicklungsmöglichkeiten in sich birgt. Dieser langwierige – in seinem Zustandekommen nicht vollständig erklärbare informelle Entwicklungsprozess – ist es ja denn auch der die Organisationale Kompetenz tendenziell zu einer diffusionsgeschützten (weil schwer imitierbaren) Ressource werden lässt.

Abbildung 5.1: *Die Entstehung von Kompetenzen im Zeitablauf*

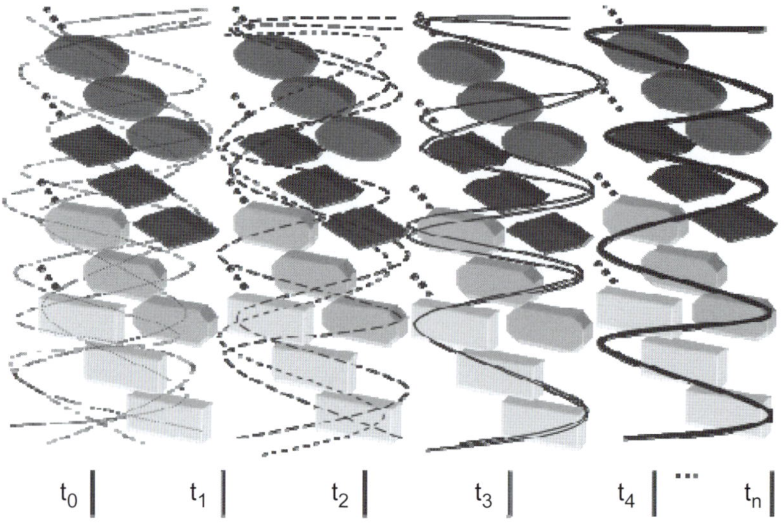

Quelle: Eberl 2009, S. 67

In diesem Zusammenhang ist auch das Konzept der Kernkompetenzen entwickelt worden (Prahalad/Hamel 1990). Dabei wird auf eine besondere Art von Kompetenzen abgestellt, nämlich im Sinne einer Basisfähigkeit, die über verschiedene (bestehende und zukünftige) Märkte hinweg eingesetzt und als Wettbewerbsvorteil ausgeformt werden kann. So hat beispielsweise der US-amerikanische IT-Konzern Apple seine Kompetenz der Entwicklung benutzerfreundliche Bedienungssysteme in Verbindung mit ungewöhnlichem Design zu einer universellen Kompetenz ausgebaut, die als Basis für die Entwicklung von Wettbewerbsvorteilen in immer wieder neuen Geschäftsfeldern verwendet wird (MP3 Player: iPod, Intelligente Mobiltelefone: iPhone oder multifunktionale Uhren: iWatch).

Zu beachten ist: Nicht jede organisationale Kompetenz ist eine Kernkompetenz. Es gibt organisationale Kompetenzen, die so speziell ausgerichtet sind, dass sie nur innerhalb eines Geschäftsfeldes bzw. nur innerhalb ihrer angestammten Domäne einsetzbar sind. Hier würde man von einer Spezialkompetenz sprechen. Im Unterschied dazu sind die Kernkompetenzen von ihrem Charakter her übergreifend angelegt und haben einen expansiven Impetus.

Jenseits des jeweiligen Fokus gilt es zu sehen, dass sich Kompetenzen der Existenz spezieller informeller Dynamiken verdanken. Obwohl das Management gezielt Koordinationsprozesse regelt, entwickeln sich erfolgreiche Problemlösungsmuster im Sinne organisationaler Kompetenz in aller Regel emergent, d.h. ohne ein zentrales Verständnis darüber entwickelt zu haben, wie und warum genau dieses Koordination so gut funktioniert (vgl. Dosi et al. 2000). Die Steuerungslogik der Kompetenzentwicklung ist insoweit dezentralisierter Natur.

Das Konstrukt ‚Organisationale Kompetenz' ist damit durch seine Entstehungslogik ein zeitraumbezogenes Konzept, es birgt in sich die Integration von historischen Erfahrungen, gegenwärtigen Verknüpfungsmustern und zukünftigen Entwicklungspfaden (vgl. Freiling 2001). Für ein besseres Verständnis dieser Verknüpfungsaktivität sind die einzelnen Prozesse und Strukturen näher zu beleuchten, die schließlich zur Herausbildung einer Kompetenz führen. Insgesamt können hier drei Faktorgruppen unterschieden werden:

(1) Als erstes trägt das im nächsten Kapitel noch genauer darzulegende organisatorische Lernen und der Wissenserwerb zur Ausbildung von Kompetenzen bei. Die Ressourcenverknüpfung muss in verschiedenen Schritten erlernt werden, es müssen neue Wege ausprobiert werden, wenig ergiebige Ansätze wieder verlassen werden. Lernen ist mit Wissen eng verknüpft. Ohne Wissen kann nicht gelernt werden, und das Lernen verändert die Wissensbasis; es ist ein rekursiver Prozess, der auch Motor für die Kompetenzentwicklung ist.

(2) Als zweiter Faktor sind die Praktiken, also eingeübte Handlungsweisen, zu nennen, die sich als zielführend erweisen, so z.B. Praktiken der Zusammenarbeit zwischen Abteilungen, der Kooperation mit Externen, der Teamarbeit usw. Es sind Praktiken, die sich schließlich in Routinen stabilisieren und eine Replikation der Verknüpfungserfolge erlauben. Hier ist der Kern für die mustergesteuerte Reproduktion zu suchen.

(3) Der dritte Faktor verweist auf die Bedeutung emotionaler Elemente in der Kompetenzentstehung. Ressourcen werden nicht nur nach festem Muster verknüpft, sondern Sympathie, Kreativität, Begeisterung und Kohäsion überlagern und unterstützen diesen Prozess. So kommt z.B. eine erfolgreiche Zusammenarbeit zwischen Abteilungen (etwa Konstruktion und Design) nicht auf Befehl zustande, sondern bedarf des Interesses, der Motivation und der Inspiration wie auch der Ermutigung (vgl. dazu auch Kapitel 3).

Die Bedeutung bzw. Wirkung von Emotionen wird in der Organisationstheorie sehr unterschiedlich gesehen. In traditioneller Sichtweise stellen Emotionen „Sand im Getriebe" ökonomischen Handelns dar. Emotionen führten im Ergebnis zur Auswahl suboptimaler Lösungen und zum Einsatz irrationaler Kalküle. Die Qualität organisationaler Handlungsweisen ist hier eine Funktion der Fähigkeit, Emotionalität zu unterdrücken, um ausschließlich nach sachlogischen (emotionsfreien) Gesichtspunkten entscheiden zu können. Spontane, von starken Emotionen begleitete Entscheidungen führen in dieser Perspektive zu Rationalitätsverzerrungen (vgl. Elster 1998).

Diese These der „negativen Verzerrung" rationalen Handelns durch Emotionen hat sich in der empirischen Forschung und insbesondere in der Analyse von Kompetenzen als irreführend erwiesen (zum Beispiel Damasio 1999). Emotionen können demnach für die Kompetenzentwicklung wichtige Verhaltensweisen fördern und funktionale Verknüpfungen in und zwischen Teams und Abteilungen ermöglichen. So ist beispielsweise aus verschiedenen Studien bekannt (vgl. etwa Huy 1999, Edmondson 2012), dass die für die Kompetenzentwicklung so wichtige Bereitschaft, ungewöhnliche Formen der organisatorischen Zusammenarbeit zu explorieren oder auch spontane Teambildung zu betreiben, ganz wesentlich davon abhängt, dass die Organisationsmitglieder eine positive Einstellung zur Organisation und ihrer Arbeit haben. Diese muss als generalisiertes Muster erwartbar sein, so dass spontane Kooperation ohne großes Risiko gewagt werden kann.

Als weitere wichtige Funktionen organisationaler Emotionalität sind Authentizität und Vertrauen zu nennen. Das Praktizieren neuer Formen der Zusammenarbeit und ungewöhnliche Ressourcenverknüpfungen werden erleichtert, wenn die Organisationsmitglieder sich so zeigen können, wie es ihrem Charakter entspricht. Um dies zu ermöglichen, muss auf organisatorischer Ebene Vertrauen gefördert und ein Interaktionsklima geschaffen werden, das Authentizität legitimiert und so in den kompetenzorientierten Verknüpfungsprozess Eingang finden lässt. Organisationen, die zu sehr unauthentisches Verhalten fordern und/oder authentische Expression zu unterdrücken suchen, erweisen sich in empirischen Studien als wenig innovativ und kreativ (vgl. etwa Hochschild 1983).

Ambiguität: Insgesamt gilt es jedoch zu sehen, dass diese erfolgreiche, ja möglicherweise überlebenskritische mustergesteuerte Reproduktion von Kompetenz es ist, die zugleich einen grundsätzlichen Problemtatbestand konstituiert. Kompetenzen haben ein zweites Gesicht, sie entwickeln sich und finden ihre Bestätigung unter speziellen Bedingungen. Ändern sich die konstitutiven Bedingungen grundlegend (überraschende Substitutionskonkurrenz, neue Nachfragesituation, neue Wettbewerber usw.), wird diese einstmals so erfolgreiche Problemlösungsarchitektur unter Umständen schnell obsolet. Als Konsequenz laufen die Entwicklung der Organisation und der Umwelt auseinander (Divergenz). Man erklärt dieses empirisch immer wieder zu beobachtende Phänomen damit, dass in Unternehmen mit lang anhaltendem (überdurchschnittlichem) Erfolg eine Tendenz zur Versteifung von Handlungsabläufen entsteht und parallel dazu die Bereitschaft, ein kritisches Feedback aufzunehmen, sinkt. Es besteht also die Gefahr, dass ein Erfolgsmuster in ein Misserfolgsmuster kippen kann („dysfunctional flip" Leonard-Barton 1992).

Die Herausbildung komplexer Verknüpfungsmuster ist somit einerseits konstitutiv für die Generierung und Aufrechterhaltung von Wettbewerbsvorteilen; andererseits aufgrund der mit dem Prozess der Ausbildung dieser Muster einhergehenden Abschließungstendenzen aber mit dem Risiko einer schleichenden Erosion dieses Vorteils behaftet. Vor diesem Hintergrund steht jede Unternehmung vor dem Dilemma – weil momentan erfolgreich und opportun wie auch bedingt durch die Immobilität von Ressourcen –, die bestehenden Kompetenzen pflegen und entwickeln zu müssen bzw. dieses unbewusst zu tun. Andererseits nährt sie genau damit potenziell den Misserfolg, nämlich die Verfestigung eines Musters, das unter Umständen neuen Herausforderungen nicht gewachsen ist. Genau dieser Schattenseite organisationaler Kompetenz nehmen sich neue Ansätze an, die eine Dynamisierung und Flexibilisierung organisationaler Kompetenz fordern. Diese werden im anschließenden Kapitel 6 zum organisatorischen Wandel genauer dargestellt.

An dieser Stelle kommt es mehr darauf an zu zeigen, dass Kompetenzen ein im Wesentlichen emergentes Phänomen sind, deren Zustandekommen mit formalen Strukturen und offiziellen Anreizsystemen nicht erklärt werden kann. Der entscheidende Punkt in der Genesis von Kompetenzen ist deren ungeplante Entwicklung, aus informellen Kontakten, auch aus „brauchbarer Illegalität" und Kollegialität heraus – gepaart mit einem Milieu, das Experimentieren fördert und Kreativität zulässt.

Die Kompetenzentwicklung kann daher von der Organisation nur begleitet, deren Ergebnis aber nicht systematisch hergestellt werden.

Das gleiche gilt für das nächste sehr prominente Phänomen der Organisationskultur, das im nächsten Abschnitt dargestellt wird.

5.4 Unternehmenskultur

5.4.1 Theoretischer Hintergrund

Im Unterschied zur Theorie politischer Prozesse, die den emergenten Charakter organisatorischer Handlungsverläufe im Wesentlichen durch interessenbedingte Konflikte und wechselnde Koalitionen erklärt, stellen die nachfolgend zu besprechenden Phänomene auf die Entstehung von Orientierungsmustern in Organisationen ab, die sich neben der formalen Ordnung entwickeln. Gemeint sind vor allem spezifische Überzeugungen, Werte und Symbole, die sich in einer Organisation im Laufe der Zeit entwickelt haben und das Handeln der Organisationsmitglieder informell prägen.

Die eingenommene Perspektive, von der aus diese Phänomene sichtbar und in ihrer Bedeutung analysierbar werden, ist der Ethnologie entliehen. Organisationen werden mit dem fremden Blick als eigene Kultursysteme betrachtet und organisatorische Handlungen vor dem Hintergrund der kulturellen Verfasstheit des Systems interpretiert.

Mancher Praktiker würde diesen Ansatz wohl als verstiegen abgetan haben, wären da nicht Studien gewesen, die die auf die eminente Bedeutung dieser Orientierungsmuster und ihre handfesten Konsequenzen aufmerksam gemacht hätten (vor allem Deal/Kennedy 1982; Peters/Waterman 1984). Sie haben insbesondere darauf verwiesen, dass Inhalt und Art der Orientierungsmuster je spezifische Ausprägung erfahren; hier steht also etwa im Unterschied zur neo-institutionalistischen Ideenwelt nicht Homogenität, sondern Heterogenität im Vordergrund und dass diese je spezifische Ausprägung, die den Boden für den Aufbau von Wettbewerbsvorteilen bereitet als in weniger erfolgreichen. Später greift Barney (1986) diesen Gedanken auf und erklärt die Unternehmenskultur als potenzielle Quelle für die Entwicklung eines nachhaltigen Wettbewerbsvorteils (insofern hat der Unternehmenskulturdiskurs eine Nähe zum sog. Ressourcen-basierten Ansatz (vgl. Kapitel 7). Diese „Botschaft“ hat den Kulturansatz von einem Nischendasein in das Zentrum des Interesses gerückt, sowohl in Theorie als auch in Praxis. Und dort ist er – allem Modeverdacht zum Trotz – bis zum heutigen Tag geblieben.

Wenn ein Konzept sehr populär wird, besteht häufig die Tendenz, alles Mögliche, was man für gut und wichtig hält, hineinzuweben, mit der bedauerlichen Konsequenz, dass das Konzept zu verwässern droht. So ist es auch im Falle der Unternehmenskultur geschehen; man hat den Begriff solange mit den gerade aktuellen Management-Konzepten, wie Qualitätszirkeln, partizipativer Führungsstil, Gewinnbeteiligung oder Kultursponsoring „angereichert“, bis schließlich völlige Verwirrung darüber entstand, um welchen Sachverhalt es sich eigentlich genau handelt. Es ist deshalb sinnvoll, sich zunächst einmal die Wurzeln zu vergegenwärtigen, denen das Kulturkonzept entstammt.

Das Neue und Interessante an dieser Sichtweise ist, wie eben bereits angedeutet, dass sie die Unternehmung im Ganzen als eine Art Kultursystem – strukturell vergleichbar mit einer Landeskultur – begreift. In Unternehmen, so die Idee, entwickeln sich durch das Zusammentreffen historischer Ereignisse und spezifischer Individuen eigene, unverwechselbare Vorstellungs- und Orientierungsmuster, die das Verhalten der Mitglieder und der betrieblichen Funktionsbereiche nachhaltig prägen. Die Organisationsmitglieder verwenden kollektiv geprägte (Kultur-)Muster, um sich die Welt zu erklären und eine Handlungsgrundlage zu schaffen (Sproull 1981, S. 207 f.). Im Unterschied zu einer vertragstheoretischen Perspektive, die ein gemeinsames Verständnis und gemeinsame Wertmuster nur soweit verlangt, wie es zur Erfüllung des Vertrages erforderlich ist, geht die unternehmenskulturelle Perspektive von einer gemeinsamen Erfahrungswelt und einem breit geteilten kollektiven Deutungsmuster aus (Donnellon et al. 1986).

Der Kulturbegriff ist der *Ethnologie* entliehen und bezeichnet dort die besonderen, historisch gewachsenen und zu einer komplexen Gestalt geronnenen Merkmale von Volksgruppen (Kluckhon/Strodtbeck 1961). Gemeint sind damit insbesondere Wert- und Denkmuster einschließlich der sie vermittelnden Symbolsysteme, wie sie im Zuge menschlicher Interaktion entstanden sind. In einem gewissen Sinne handelt es sich um eine je spezifische Standardisierung des Denkens, Empfindens und Handelns (Hansen 2003, S. 43 ff.). Die Organisationsforschung nimmt diesen für Volksgruppen entwickelten Kulturbegriff auf und überträgt ihn auf Organisationen mit der Idee, dass jede Organisation für sich eine je spezifische Kultur entwickelt, d.h. in gewisser Hinsicht eine eigenständige Kulturgemeinschaft darstellt. Organisationen, so die Idee, entwickeln eigene unverwechselbare Vorstellungs- und Orientierungsmuster, die das Verhalten der Mitglieder nach innen und außen auf nachhaltige Weise prägen. Dabei ist man sich sehr wohl im Klaren, dass es hinreichend viele Unterschiede zwischen jahrhundertelang gewachsenen Kulturen und den kollektiven Handlungsmustern einer Zweckorganisation gibt. Nicht in einer banalen Gleichsetzung, sondern in dem Vergleich des scheinbar Unvergleichlichen liegt die Pointe.

Zur Analyse der Organisationskultur wurden unterschiedliche Perspektiven entwickelt (Smircich 1983; Ebers 1985; Martin 2002; Thornton et al. 2012). Im Wesentlichen wird von zwei methodischen Ansätzen Gebrauch gemacht, dem funktionalistischen und dem kognitiv-interpretativen (Schultz 1995). Die *funktionalistische* Sichtweise fragt nach den *Problemen*, die die Unternehmenskultur im Rahmen einer formalen Ordnung löst. So wird etwa darauf verwiesen, dass kulturelle Orientierungsmuster die Integration von Systemen über organisatorische Integrationsmaßnahmen hinaus befördern. Unternehmenskulturen werden also, mit anderen Worten, nach ihrem Funktionsbeitrag zum Leistungsprozess befragt (u.a. Schein 1985; Dyer 1985). Die *kognitiv-interpretative* Perspektive betrachtet dagegen die Unternehmenskultur als umfassenden Prozess der Sinnstiftung und Orientierung. Durch sie wird die Basis für alles *gemeinsame* Handeln und Verstehen erst geschaffen (u.a. Geertz 1983; Barley 1983). Die Idee ist, kurz gesagt, dass die Welt erst durch Einführung eines Referenzsystems erschlossen werden kann. Die Kultur wird hier als Referenzsystem verstanden, das der Logik entsprechend alle Handlungen durchdringt.

Die beiden, hier nur kurz aufgerissenen Ansätze müssen sich jedoch weniger widersprechen als dies häufig postuliert wird (z.B. Smircich 1983). Bereits oben bei der funktionalistisch angeleiteten Interpretation von Organisationen als selbstreferentielle Systeme ist eine mögliche Zusammenführung der Perspektiven angedeutet worden. In den meisten Studien zur Unternehmenskultur wird von beiden Perspektiven Gebrauch gemacht, wenn auch zugegebenermaßen die funktionalistische Perspektive das Schwergewicht bildet.

In der Zusammenschau lassen sich einige *Kernmerkmale* identifizieren, die heute in den meisten Fällen mit dem Konzept der Unternehmenskultur verbunden werden:

1. *Implizit:* Unternehmenskulturen sind im Wesentlichen implizit, sind gemeinsam geteilte Überzeugungen, die das Selbstverständnis und die Eigendefinition der Unternehmung prägen. Sie liegen als *selbstverständliche Annahmen* dem täglichen Handeln zugrunde. Es ist die vertraute Alltagspraxis, über sie wird in der Regel nicht nachgedacht, sie wird gelebt. Ihre (Selbst-)Reflektion ist die Ausnahme, keinesfalls die Regel.

2. *Kollektiv:* Unternehmenskultur bezieht sich auf *gemeinsame* Orientierungen, Werte, Handlungsmuster usw. Es handelt sich also um ein kollektives Phänomen, das das Handeln des einzelnen Mitgliedes prägt. Kulturorientiert Handeln heißt, das zu tun und zu glauben, was andere auch tun. Kultur macht infolgedessen organisatorisches Handeln einheitlich und kohärent – jedenfalls bis zu einem gewissen Grade.

3. *Konzeptionell:* Unternehmenskultur repräsentiert die „konzeptionelle Welt" des Systems. Sie vermittelt Sinn und Orientierung in einer komplexen Welt, indem sie Muster für die Selektion, die Interpretation von Ereignissen vorgibt und Reaktionsweisen durch Handlungsprogramme vorstrukturiert. Die Organisationsmitglieder verschaffen

sich ein Bild von der (Aufgaben-)Welt auf der Basis eines gemeinsam verfügbaren Grundverständnisses.

4. *Emotional:* Unternehmenskulturen prägen jedoch nicht nur die Kognitionen. Es geht auch um Emotionen; Kulturen normieren, was gehasst und was geliebt wird, was mit Geduld ertragen und was aggressiv zurückgewiesen wird, was angenehm und was unangenehm ist usw. (Trice/Beyer 1993, S. 6). Unternehmenskultur prägt ganzheitlich, nicht analytisch.

5. *Historisch:* Unternehmenskultur entsteht auf emergentem Wege, sie ist das Ergebnis historischer *Lernprozesse* im Umgang mit Problemen aus der Umwelt und der internen Koordination. Bestimmte Handlungsweisen werden zu akzeptierten Problemlösungen, andere weniger. Zug um Zug schälen sich bevorzugte Wege des Denkens und Problemlösens heraus, es wird immer deutlicher, was als „gut" und was als „schlecht" gelten soll, bis schließlich diese Orientierungsmuster zu mehr oder weniger selbstverständlichen Voraussetzungen des organisatorischen Handelns werden. Unternehmenskultur ist also gewissermaßen ein kollektiver Wissensvorrat, der die Entwicklungsgeschichte einer Unternehmung widerspiegelt (Rowlinson/Procter 1999). Dies heißt zugleich, dass sich Unternehmenskulturen in Bewegung befinden, ihr Lernprozess ist nie vollständig abgeschlossen (Alvesson 2012). Die Lernbereitschaft ist allerdings in der Fortfolge sehr stark davon abhängig, wie sich die Kultur ausprägt. Die Kultur entwickelt sich – so gesehen – aus Lernprozessen und wirkt später als Struktur auf neue Lernprozesse ein (Pettigrew 1979). Generell gilt aber, wie in Kapitel 6 noch darzulegen ist, dass Kulturen im Wesentlichen Normen sind, die ihrem Charakter nach kontrafaktisch stabilisiert werden.

6. *Interaktiv:* Unternehmenskultur wird in einem *Sozialisationsprozess* vermittelt; sie wird für gewöhnlich nicht bewusst gelernt. Organisationen entwickeln zumeist eine Reihe von Praktiken, die dem neuen Organisationsmitglied verdeutlichen, wie im Sinne der kulturellen Tradition zu handeln ist. Dabei spielen Symbole und Artefakte (Rafaeli/Pratt 2013).)eine ausschlaggebende Rolle, sowohl bei der Kommunikation als auch bei der generellen Expression. Manche Autoren halten den symbolischen Aspekt für das alles überformende Merkmal (Turner 1990).

5.4.2 Der innere Aufbau einer Unternehmenskultur

Unternehmenskulturen sind komplexe, schwer fassbare Phänomene; zu ihr gehören nicht nur die Orientierungsmuster und Standardisierungen, sondern auch ihre sichtbaren Vermittlungsmechanismen und Ausdrucksformen. Ein Versuch, die *verschiedenen Ebenen einer Kultur* zu ordnen und ihre Beziehung zueinander zu klären, ist das in Abbildung 5.2 gezeigte Modell von Schein. Um eine Kultur verstehen zu können, muss man sich nach dieser (der Kulturanthropologie entliehenen) Vorstellung, ausgehend von den Oberflächenphänomenen, sukzessive den *kulturellen Kern* in einem Interpretationsprozess erschließen.

***Abbildung* 5.2:** *Kulturebenen und ihr Zusammenhang*

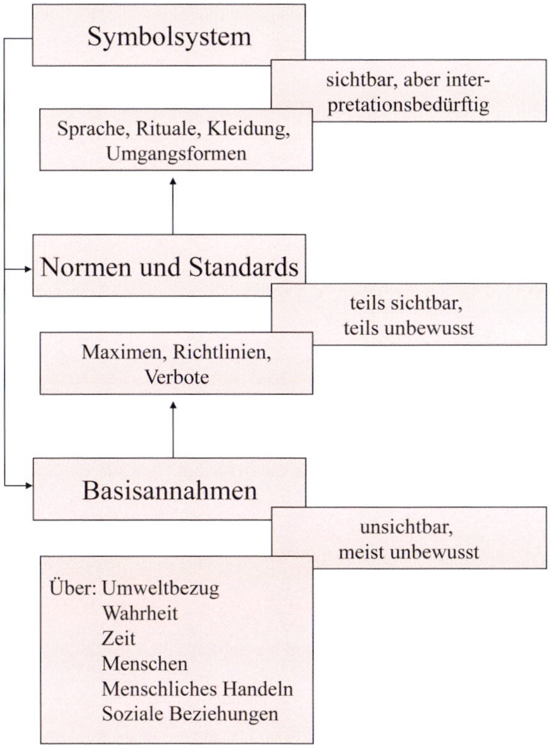

Quelle: nach Schein (1984), S. 4

Symbolsystem: Der am besten sichtbare und deshalb auch am häufigsten diskutierte Teil der Unternehmenskultur ist die *Ebene der Symbolsysteme* (vgl. Abbildung 5.2), ihre Zeichen, Rituale, Umgangsformen usw. Die Symbole und Zeichen stellen den sichtbaren und daher am einfachsten zugänglichen Teil der Unternehmenskultur dar. Sie haben die Aufgabe, den schwer fassbaren, wenig bewussten Komplex von Annahmen, Interpretationsmustern und Wertvorstellungen zu repräsentieren, aber auch ihn lebendig zu erhalten und, was besonders wichtig ist, an neue Mitglieder weiterzugeben. Häufig wird freilich übersehen, dass diese sichtbaren Zeichen und Symbole nicht für sich stehen, sondern nur – wie in Abbildung 5.2 durch die Pfeile zum Ausdruck gebracht – im Zusammenhang mit den zugrunde liegenden Wertvorstellungen verstehbar sind. Eine Unternehmenskultur ist nicht verstanden, wenn man nur auf die Zeichen und Symbole verweist (also etwa auf die Architektur der gewerblichen Gebäude, auf die Firmenfarbe, auf die Büroausstattung).

Zu den *sichtbaren Elementen* von Unternehmenskulturen gehören zunächst einmal unmittelbar zugängliche Zeichen, zum Beispiel die Art und Weise der Begrüßung und Aufnahme von Außenstehenden, die architektonische Gestaltung der Räume und Gebäude, das Firmenzeichen (Logo), die spezifische Kleidung (etwa die betont legere Kleidung in IT-Firmen), die in dem Unternehmen entwickelte Form der Sprache (Firmenjargon) u.a.m.

Ein weiterer Teil der sichtbaren Kulturelemente sind die *Rituale und Riten* in einem Unternehmen. Man kann sie nach unterschiedlichen Anlässen gliedern (Trice/Beyer 1984; Harris/Sutton 1986; Smith/Stewart 2011). So gibt es etwa *Aufnahmeriten* für den Eintritt in eine Organisation (Begrüßung durch den Chef, Einführungstag usw.) und ähnlich *Abschiedsriten* (z.B. Verabschiedung, Ausstand, Versetzung in den Ruhestand usw.). Es gibt aber auch Rituale, die den täglichen Umgang prägen und die bestehende Ordnung betonen (vgl. das Beispiel für Speise- und Trinkriten in Fokus 5.3).

Fokus 5.3

Fellows in Cambridge

„Wie bei den Undergraduates gibt es auch unter den Fellows eine auf Seniorität begründete Hierarchie, für die nicht das Lebensalter, sondern das Collegealter entscheidend ist. Die Bedeutung des Collegealters zeigt sich jeden Abend von neuem, wenn der Junior Fellow, das heißt der zuletzt gewählte Fellow, seinen Kollegen im Aufenthaltsraum den Kaffee serviert. Es kann sich dabei um einen Professor oder um einen pensionierten General handeln, der in Wirklichkeit doppelt so alt ist wie seine älteren Kollegen, er bleibt so lange der Jüngste, bis ein neuer Fellow gewählt wird.

Vor zwanzig Jahren noch war es in manchen Colleges üblich, sich nach dem Jahrgang des Magisterabschlusses geordnet zu Tisch zu begeben. Diesen Brauch hat man heute zwar aufgegeben, aber dennoch bleibt die Seniorität ein wichtiger Gesichtspunkt, dem auf vielerlei Weise Ausdruck verliehen wird, nicht zuletzt durch die Reihenfolge auf der Teilnehmerliste für das Abendessen. Der Senior Fellow präsidiert dem Mahl, wenn der Master und der Vice-Master abwesend sind, und verfügt nach dem Essen über einen besonderen Sessel im Aufenthaltsraum. Die neu gewählten Fellows haben während eines Jahres kein Stimmrecht in der geschäftsführenden Versammlung, und es steht ihnen auch nicht an, das Wort zu ergreifen – oder wenn sie es tun, dann mit äußerster Zurückhaltung. [...]

Bordeaux war und ist noch heute die Währung, in der die Wettschulden unter den Fellows beglichen werden (der Abschluss einer Wette wird in ein besonderes Buch eingetragen), und auch der alten Regel, nach der jeder Fellow, der sich mehr als zehn Minuten zum Essen verspätet, eine Flasche zu berappen hat, wird oft gedacht und gelegentlich Geltung verschafft."

Quelle: Burke 1986, S. 16 f.

Bekannt sind auch *Bekräftigungsriten* etwa in Form von Veranstaltungen, in denen der Verkäufer des Monats gekürt wird, *Konfliktlösungsriten* oder *Integrationsriten* wie z.B. Weihnachtsfeiern oder Betriebsjubiläen. Viel studiert sind die sog. *Übergangsriten*, die den Statuswechsel in Organisationen begleiten (z.B. vom Auszubildenden zum Facharbeiter). Häufig wird hier in drei Phasen untergliedert: Separierung, Wechsel und Wiedereingliederung (Trice/Beyer 1993, S. 112). Die Übergangsriten („rites de passage") sollen es in der Regel den beteiligten Interaktionspartnern erleichtern, die neue Situation zu meistern.

Die Bedeutung von Ritualen wird allerdings bisweilen zu hoch veranschlagt; in manchen Publikationen entsteht der Eindruck, als würden sich Unternehmenskulturen in erster Linie durch Riten und Rituale bestimmen lassen. Hier bleibt daran zu erinnern, dass es sich um Artefakte handelt, die erst unter Bezugnahme auf die zugrunde liegenden Werte und Annahmen verstehbar werden.

Ein besonders wichtiger Teil des Symbolsystems sind die *Geschichten und Legenden,* die in einem Unternehmen wieder und wieder erzählt werden. Sie sind für das Verstehen einer Kultur besonders ergiebig, weil sie viele Hinweise auf die zugrundeliegenden Wertsysteme enthalten. Die Geschichten behandeln ganz unterschiedliche Themen, wie z.B. die Firmengründung (in der Garage), Chefwechsel, peinliche Verwechslungen (Pförtner verlangt vom Mann der Chefin den Ausweis), ungerechte Behandlung (öffentliche Ermahnung in der Kantine), Todesfälle (Firmengründer stirbt an seinem Schreibtisch) und andere Ereignisse. Erzählt werden die Geschichten neuen Organisationsmitgliedern, Kunden, Lieferanten, aber auch immer wieder untereinander in geselliger Runde (Boje 1995). Man vermittelt auf diese Weise indirekt, aber plastisch und einprägsam, worauf es in der Organisation besonders ankommt.

Normen und Standards: Unter dem Symbolsystem liegt schon deutlich weniger sichtbar und auch weniger reflektiert die Ebene der Normen und Standards (Ebene 2 in Abbildung 5.2). gemeint sind damit die Maximen, ungeschriebenen Verhaltensrichtlinien, impliziten Verbote usw., die Orientierung im täglichen Handeln geben. Solche Standards sind z.B.: „Kritisiere Deine Kollegen niemals öffentlich!" oder „Uns braucht niemand zu belehren!" (vgl. zu einem weiteren Beispiel Fokus 5.4).

Zu den Normen und Standards gehören im Grundsatz alle Orientierungsmuster für Bereiche, die nicht formell geregelt sind oder für faktisch andere als die offiziellen Orientierungsmuster gelten sollen. So gehört hierzu auch die Geschlechterdifferenzierung in einer Organisation: Wie hat sich ein Manager und wie eine Managerin zu verhalten? Darf ein Manager einen Ohrring tragen? Welche Spielregeln gelten im Verhältnis von männlichen Vorgesetzten zu Mitarbeiterinnen und umgekehrt? Inwieweit sind frauenfeindliche Witze akzeptierte Unterhaltungsform? (vgl. genauer Sims et al. 1993, S. 145 ff.; Alvesson 2012). Natürlich ist dies zugleich eine Stelle, an der das Verstehen einer Unternehmenskultur sogleich zu einer moralischen Beurteilung der vorgefundenen Normen und Standards auffordert. Dennoch sollten beide Perspektiven, die kulturelle und die ethische, sauber getrennt werden. Erstere beschreibt, zweitere beurteilt.

Fokus 5.4

Die zweite Chance

Unternehmenskulturen beinhalten auch Regeln zum Verhalten bei Misserfolgen. Peter Longs Geschichte bei OZCO zeigt eine solche Regel:

„Peter Longs erste Aufgabe als neu eingestellter Manager war die Leitung eines sehr wichtigen Projektes. Es stellten sich aber bald zunehmende Schwierigkeiten ein, bis schlussendlich das gesamte Projekt als absolut gescheitert erklärt werden musste. Mit einigem Bangen sah Peter Long dem Gespräch mit dem Geschäftsführer über 'seine Zukunft in der Firma' entgegen. Nach einer Diskussion über Longs schwache Leistung in seiner ersten Aufgabe, zog der Präsident einen der stellvertretenden Geschäftsführer zum Gespräch hinzu. Statt zum Axtschlag auszuholen, wie Long erwartet hatte, wurde der Vizepräsident gebeten, dafür Sorge zu tragen, dass Long sich in einem anderen wichtigen Projekt bewähren kann. Freudig erregt registrierte Long, dass er eine zweite Chance bekommen soll. Und diesmal klappte es. Long wurde später einer der geschätztesten Leute von OZCO.

Die 'zweite Chance' ist eine feststehende Politik bei OZCO."

Quelle: Martin (1992), S. 35 (Übers. d. d. Verf.)

Für Normen und Standards gilt, dass sie nicht isoliert nebeneinander stehen, sondern in irgendeiner Weise aufeinander bezogen sind. Abbildung 5.3 zeigt ein praktisches Beispiel für die Normen und Standards einer Abteilung und den Versuch der Forscherin, diese zu ordnen.

Abbildung 5.3: *Normen und Standards in einer Abteilung (Beispiel)*

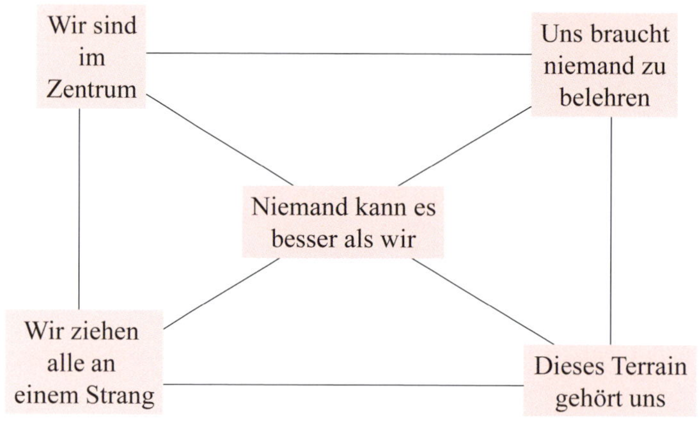

Quelle: Schultz (1995), S. 60

Manche Unternehmen greifen diese latent vorhandenen Orientierungsmuster auf und formulieren sie zu einer ausdrücklichen Managementphilosophie oder zu sog. Führungsgrundsätzen aus. Noch häufiger sind allerdings diese Führungsgrundsätze Vorgaben von „oben" und haben mit der gelebten Unternehmenskultur kaum etwas zu tun. Es sind vielmehr Idealvorstellungen oder Leitbilder, die von der Geschäftsleitung oder externen Beratern für die Unternehmung entwickelt wurden. Nicht selten bleiben diese Leitbilder bloße Wunschbilder, die nach einiger Zeit wieder in der Versenkung verschwinden oder durch neue Leitbilder ersetzt werden. Nicht selten werden allzu idealisierte Leitbilder eher sarkastisch und zynisch kommentiert als dass sie Begeisterung auslösen würden, speziell auch, wenn damit eine Neuorientierung verbunden ist (Brown/Cregan 2008).

Offiziell verkündete Unternehmensgrundsätze oder Leitbilder mit der tatsächlich gelebten Kultur gleichzusetzen, geht in der Regel an der Sache vorbei. Eher kann man die Einführung solcher Leitbilder als Intervention begreifen, die gelebte Unternehmenskultur zu verändern. Insgesamt bilden die Normen und Standards zusammen mit den nachfolgend zu behandelnden Basisannahmen quasi ein Brennglas, das neben den formalen Verhaltenserwartungen die Prioritäten für das organisatorische Handeln bündelt, die Wahrnehmung steuert und fremdes wie auch eigenes Handeln interpretiert. Ein Spannungsverhältnis zwischen der formalen und der kulturellen Ordnung ist dabei nicht auszuschließen; das Verhältnis kann aber auch ergänzend oder verstärkend sein.

Basisannahmen: Die Basis einer Kultur als tiefste Ebene in Abbildung 5.2 besteht aus einem Kranz grundlegender Orientierungs- und Vorstellungsmuster („Weltanschauung"), die die Wahrnehmung und das Handeln leiten. Es sind dies die selbstverständlichen Orientierungspunkte organisatorischen Handelns, die gewöhnlich ganz automatisch, ohne darüber nachzudenken, ja meist ohne sie zu kennen, verfolgt werden. Die Basisannahmen ordnet Schein (1985) in enger Anlehnung an Kluckhohn/Strodtbeck (1961), die in ihren kulturvergleichenden Studien in jeder (Landes)Kultur Antworten auf sechs Grundfragen menschlicher Existenzbewältigung identifiziert haben:

1. *Annahmen über die Umwelt:* Die Grenzziehung von Systemen lässt ein Umweltbild entstehen, das je spezifisch mit dem dazu entwickelten Referenzrahmen korrespondiert. Dieser Grundrahmen prägt auf unsichtbare Weise, inwieweit eine Organisation und ihre Mitglieder die Umwelt als bedrohlich, herausfordernd, bezwingbar, übermächtig usw. ansehen. Als Kernorientierung ist es wichtig zu sehen, ob das System die Umwelt als gewissermaßen schicksalhafte Kraft, als Widerfahrnis, ansieht oder ob man sie z.B. eher als eine Herausforderung versteht, die zu bewältigen ist, wenn man sich nur hinreichend anstrengt.

2. *Vorstellungen über Wahrheit:* In jedem Sozialsystem entwickeln sich Vorstellungen darüber, auf welcher Grundlage man bei unklarer Sachlage etwas als wahr oder falsch, als real oder fiktiv betrachtet. Sind es die Fakten oder sind es die Autoritäten, auf die man vertraut? Orientiert man sich an der Wissenschaft oder nimmt man eine pragma-

tische Haltung ein und macht die Entscheidungen über richtig oder falsch von den Ergebnissen eines Versuchs abhängig („Lasst es uns probieren und sehen, was dabei herauskommt")? Häufig ist es auch der tragfähige Kompromiss, der als „Wahrheitsinstanz" fungiert: „Fünf Gremien haben über die Frage beraten und alle haben sich schließlich auf dieses Ergebnis geeinigt." Zu den Sachverhalten, über die mit richtig oder falsch geurteilt werden muss, gehören nicht nur Sachfragen, sondern auch moralische Problemstellungen. Die Frage lautet auch hier: „Wie wird entschieden, ob etwas moralisch oder unmoralisch ist?" Ähnlich wie bei dem Modell der organisierten Anarchie entfalten diese informell gebildeten Verfahrensweisen der Wahrheitssuche umso stärker ihre prägende Kraft, je unstrukturierter und offener das zu behandelnde Entscheidungsproblem ist. Bei Routinefragen greifen dagegen für gewöhnlich die Vorentscheidungen, wie sie den formalen Regeln zugrunde liegen.

3. *Vorstellungen über die Zeit:* Das Kulturkonzept prägt nicht nur den Wahrheits-, sondern auch den vorherrschenden Zeitbegriff in einer Organisation und macht die Vorstellung von Zeit zu einem Kulturmerkmal. Danach stellt sich etwa die Frage, welchen Zeitrhythmus eine Organisation entwickelt, chronologisch, zyklisch oder erratisch (Clark 1985). Konkreter gesprochen, beantwortet diese kulturelle Orientierung Fragen wie: Wie wird mit der „Zeit" umgegangen, wie wird sie geteilt und wie wird sie dringlich gemacht („temporal structuring" Orlikowski/Yates 2002)? Was heißt „zu spät", und wann ist etwas „zu früh"?

4. *Annahmen über die Natur des Menschen:* Dies sind implizite Annahmen oder „Alltagstheorien" über allgemeine menschliche Wesenszüge. Hält man Menschen, vor allem aber den typischen Mitarbeiter, im Allgemeinen eher für gut- oder für böswillig? Ferner, sind Menschen von Natur aus „gut" oder „schlecht", oder werden sie dazu gemacht? Sind Mitarbeiter tendenziell arbeitsscheu, nur durch externe Anreize zur Arbeit zu bewegen, oder sind Mitarbeiter Menschen, die gerne Verantwortung übernehmen und die im Grundsatz Freude an der Arbeit haben? Ferner: Sind Mitarbeiter grundsätzlich entwicklungsfähig oder sind sie durch Veranlagung festgelegt? Alle diese Annahmen finden zumeist im Bild des „idealen Vorgesetzten" ihre genaue Widerspiegelung (vgl. hierzu im Einzelnen die Ausführungen zu den impliziten Menschenbildern in Kapitel 3).

5. *Annahmen über die Natur des menschlichen Handelns:* Hierunter fallen insbesondere Vorstellungen über Aktivität und Arbeit. Kommt es vor allem darauf an, aktiv zu sein, die Dinge selbst in die Hand zu nehmen oder ist es wichtiger, abzuwarten und sich anzupassen? Und in Bezug auf die Arbeit: Wie ist in dem Unternehmen Arbeit definiert? Muss man schwitzen, wenn man arbeitet? Wann arbeitet man zu viel? Welche Work-Life-Balance ist anzustreben (Munn 2013). Ist Arbeit ohne Leid überhaupt Arbeit? Ist Erfolg das Ergebnis menschlicher Bemühungen oder im Wesentlichen „Glückssache"? Welcher Arbeit ist hoher, welcher niedriger Wert beizumessen? (Wrzesniewski et al. 2003).

6. *Annahmen über die Natur zwischenmenschlicher Beziehungen:* Es gibt keine Kultur, die nicht auch Regeln über die Beziehungen zwischen Individuen enthielte; Regeln, die die formalen Regeln ergänzen, überlagern oder unterlaufen. Hierzu gehören Regeln über die „richtige" Ordnung sozialer Beziehungen, z.B. nach Alter, nach Herkunft, nach Geschlecht oder nach Erfolg. Sollen Beziehungen eher egalitär oder eher hierarchisch sein? Ein weiterer wichtiger Aspekt ist die Einstellung zu Emotionen in Organisationen. Ist das offene Zeigen von Emotionen im Arbeitskontext zulässig oder unerwünscht? Wie ist mit Neid und Eifersucht umzugehen (Tai et al. 2012)? Wie sind die Beziehungen zwischen den Geschlechtern geregelt? Was ist Flirt, was ist sexuelle Belästigung? Des Weiteren: Welches Grundthema prägt den Charakter der Beziehungen in der Belegschaft, Wettbewerb oder Kooperation? Teamerfolg oder Einzelerfolg? Muss man sich vor den anderen fortwährend in Acht nehmen oder kann man auf sie bauen?

Diese meist unbewussten und ungeplant entstandenen Basisannahmen stehen nun allerdings nicht isoliert nebeneinander, sondern sind ineinander verwoben und bilden zusammen ein Muster, eine Gestalt. Wenn man eine Unternehmenskultur verstehen will, muss man deshalb ausgehend von diesen Basisannahmen versuchen, die Gesamtheit, das „*Weltbild*" einer Organisation, zu erfassen.

5.4.3 Kulturtypen

Die analytische Aufgliederung der Unternehmenskultur in Ebenen und Elemente legt die Frage nahe, wie diese Faktoren konkret in einer Organisation zusammenwirken und sich zu einer „Kulturgestalt" vereinigen. Die Identifikation einer „Kulturgestalt" ist nicht einfach, es gibt keinen systematischen Weg, der sicher dorthin führen würde. Ein Hilfsmittel für dieses Entdeckungsverfahren sind *Typologien*. Am populärsten ist die Typologie von Deal/Kennedy (1982) geworden, die vier Typen unterscheidet:

1. Alles oder Nichts-Kultur (Risikoreiche Starkulturen)
2. Saure Wochen, schöne Feste-Kultur (Turbulent-zupackende Außenorientierung)
3. Analytische Projektkultur (Hohes Risiko wird durch Akribie und Hierarchie kleingearbeitet)
4. Prozesskultur (Null-Fehler-Kultur, in der man nicht auffallen will).

Abbildung 5.4 zeigt eine andere Typologie von Kets de Vries und Miller (1986); sie ist an Systempathologien orientiert und mit Blick auf das oben erläuterte 3-Ebenen-Schema (vgl. Abbildung 5.2) eng auf die Basisannahmen zugeschnitten. Die Autoren gehen davon aus, dass die zentrale Führungsperson (Vorstandsvorsitzender, Geschäftsführerin usw.) mit ihrer Persönlichkeitsstruktur die Kultur einer Unternehmung sehr stark prägt. Die Typologie nimmt deshalb klassische Persönlichkeitsstörungen zum Ausgangspunkt der Unterscheidungen.

Abbildung 5.4: *Kulturtypen nach Kets de Vries/Miller*

Kultur-typen	Charakteristika	Unbewusstes Leitmotiv (der Unternehmensspitze)	Gefahren
Paranoide	Misstrauen und Angst, permanente Bereitschaft, Angriffe zurückzuschlagen; hochsensitiv für Bedrohungen jedweder Art; Aufbau ausgefeilter Kontrollsysteme; ständige Suche nach versteckten Absichten anderer; hoher Aktivitätspegel; ruheloses Suchen nach mutmaßlichen Betrügern.	Ich kann niemandem trauen; es existieren viele Kräfte, die mir ans Leder wollen; ich muss auf der Hut sein.	Verzerrte Wahrnehmung, man ist immer auf der Suche nach einer Bestätigung der vermuteten Bedrohung; misstrauische Abwehrhaltung lässt kaum Raum für spontane Aktionen; Risikoaversion, Reaktion statt Aktion; langsame Entscheidungsfindung, weil alles abgesichert werden muss. Motivationsverlust durch Institutionalisierung des Misstrauens (Spitzelsysteme).
Zwanghafte	Perfektionismus und Detailbesessenheit; alles muss seine Ordnung haben; die schlimmste Bedrohung geht vom Chaos aus; Beziehungen werden nach Überlegenheit und Unterlegenheit geordnet. Überraschungen sollen um jeden Preis vermieden werden; nichts darf dem Zufall überlassen sein; alles wird vorbedacht und geregelt; offene Emotionen sind völlig unerwünscht.	Ich möchte nicht von irgendwelchen Zufällen abhängig sein; ich muss mein ganzes Umfeld unter Kontrolle haben.	Stures Festhalten am einmal beschlossenen Plan; Regelfetischismus; Tendenz zum geschlossenen System; Initiativen werden abgeblockt, der Kommunikationsfluss ist streng hierarchisch; Innovationen stören, weil sie Unordnung bringen. Die Strategie von gestern wird perfektioniert, die Strategie von morgen gar nicht ventiliert.
Dramatische	Alles dreht sich um die charismatische Führungsfigur, die sich selbst grandios in Szene setzt; die Mitarbeiter idealisieren sie und geraten in starke Abhängigkeit zu ihr; alle wesentlichen Entscheidungen liegen bei der Führungsfigur. Die Arbeitsmethode vertraut auf Spontaneität und Intuition; Strukturen und Regeln werden als störend empfunden; neue Projekte werden wagemutig angegangen; Erfolge werden enthusiastisch gefeiert.	Ich möchte von allen Leuten bewundert und bestaunt werden. Ich bin ein Genie.	Einseitigkeit, die Perspektive des charismatischen Führers ist allgegenwärtig; Unselbständigkeit der Organisationsmitglieder; extrem hohe Entscheidungszentralisation mit der Folge mangelnder Beweglichkeit bei Umweltveränderungen; störanfällig; sternförmiges Kommunikationsnetz mit überlasteter Mitte; Risiken werden unbedacht eingegangen; Kritik wird unterdrückt; Neigung zum Aufbau von Illusionswelten; Unfähigkeit, Misserfolge realistisch zu verarbeiten.
Depressive	Pessimistische Prognosen und die Angst, es nicht zu schaffen, sind das Grundthema; man ist den Schicksalskräften ausgeliefert und sucht Schutz bei anderen; man erhofft Initiative von außen; alles nimmt seinen gewohnten Lauf; Routine bestimmt das Verhalten; Macht ist breit verteilt, aber ohne große Bedeutung	Ich kann am Lauf der Dinge ohnehin nichts ändern, dazu wäre ich auch nicht kompetent genug.	Apathie, kaum Innovationen; hohe Absenzraten; geringe Motivation; wenig Entschlusskraft; starres Festhalten am alten Produktionsprogramm, auch dann, wenn Krisensignale unüberhörbar sind; Verunsicherung durch zu viele Berater; freudlose, niedergeschlagene Stimmung, die sich bis in das Privatleben der Mitarbeiter hineinzieht.

Kulturtypen	Charakteristika	Unbewusstes Leitmotiv (der Unternehmensspitze)	Gefahren
Schizoide	Distanz, Zurückgezogenheit und die Scheu, sich auf etwas einzulassen, bestimmen die Haltung der Spitze; Indifferenz herrscht vor, es gibt weder Zorn noch Enthusiasmus; die zweite und die weiteren Managementebenen füllen das Machtvakuum, daher gibt es viele Konkurrenzkämpfe, Koalitionen, Taktiken usw.; Prestige und Karrierestreben sind hier dominant.	Ich will mit anderen Menschen nicht viel zu tun haben, der Umgang mit ihnen könnte mich verletzen.	Isolation; Frustration der Mitarbeiter durch Nichtbeachtung; wenig Konsens; bedingt durch die rivalisierenden Gruppen sprunghaftes Entscheidungsverhalten; es gibt viele Eigeninitiativen, aber keine konsistente Gesamtstrategie; neuen Herausforderungen kann nicht schlagkräftig begegnet werden; Information wird als Machtressource missbraucht; Energieverschleiß durch interne Machtkämpfe.

Quelle: Kets de Vries/Miller (1986), S. 266-279 (übertragen d. d. Verfasser)

Eine Reihe weiterer Typologien liegt zwischenzeitlich vor (z.B. Denison 1990 oder Bate 1994). Wie auch immer konstruiert, eine solche *Typologie* ist grundsätzlich nur ein *grobes Hilfsmittel*, mit dem man auf die Suche gehen und die Alltagserfahrung in einem ersten Schritt sortieren kann. Ohne Zweifel ist eine Typologie immer eine drastische Vereinfachung, darin liegt ihr Wert, aber eben auch ihre Gefahr. Eine Unternehmenskultur zu verstehen, verlangt jedoch erheblich mehr als eine bloße Subsumtion unter einen Typus.

Typologien, wie etwa die von Kets de Vries/Miller, zeigen aber beispielhaft, wie man die verschiedenen Facetten einer Unternehmenskultur zu einer kommunizierbaren „Gestalt" verdichten kann. Will man aber nicht über eine Vielzahl von Unternehmenskulturen einen ordnenden Überblick herstellen, sondern den besonderen Fall einer je spezifischen Unternehmenskultur verstehen, helfen Typologien nur wenig weiter.

5.4.4 Die Erfassung von Unternehmenskulturen

Die Erfassung und Messbarkeit von Unternehmenskulturen wird kontrovers diskutiert. Während die eine Gruppe (z.B. Denison 1990; Hofstede et al. 1990; Sackmann 2004) wie selbstverständlich (auch) die klassischen quantitativen Methoden zur Vermessung von Unternehmenskulturen verwendet, betont die andere Gruppe (z.B. Rosen 1988; Van Maanen 1988; Czarniawska-Joerges 1991) die Besonderheit symbolischer Konstruktionen und verlangt nach speziellen ethnographischen Methoden.

Diese Entscheidung ist indessen – wie bisweilen zu hören – keine Frage des Geschmacks, sondern eine Frage des theoretischen Konstrukts. An dieser Stelle ist daran zu erinnern, dass Unternehmenskulturen implizite, zu großen Teilen unbewusste Phänomene sind; es handelt sich um von Organisationsmitgliedern verwendete Deutungs- und Orientierungsmuster, die ihrem Charakter nach nur auf interpretativem Wege erschlossen werden können (Schein 1985, S. 112 ff.; Osterloh 1991). Das Erschließen einer Unternehmenskultur hat zur Aufgabe, die Bedeutung des Geflechts von

Handlungen und Symbolen zu entschlüsseln, und zwar in einer intersubjektiv nachvollziehbaren Art und Weise. Die besondere Schwierigkeit bei der *Explikation von emergenten Handlungsstrukturen* besteht darin, dass sie zwar durch Handlungen konstituiert, die Handlungen aber ihrerseits wesentlich durch die Struktur bestimmt werden. Der Ausgangspunkt kann also nicht bei den konkreten subjektiven Intentionen der Organisationsmitglieder genommen werden, sondern muss auf das kollektive Deutungs- und Handlungsmuster einer Organisation zielen (Oevermann et al. 1979, S. 380 f.). Eine einfache Befragung der Organisationsmitglieder dergestalt, dass sie ihre Unternehmenskultur triftig beschreiben sollen, erweist sich damit als zu oberflächlich im Ansatz.

Auf den in der Anthropologie seit langem geführten Streit (vgl. dazu auch Fokus 5.5), ob einerseits Außenstehende eine ihnen fremde Kultur überhaupt verstehen können und andererseits, ob Eingeborene sich soweit von ihrer eigenen Kultur distanzieren können, um sie zu studieren und zu verstehen, sei nur am Rande verwiesen (vgl. dazu Malinowski 1948; Geertz 1983). Für unseren hier zu behandelnden Gegenstand sollte nicht vergessen werden, dass es sich um Zweck-Organisationen handelt, also *bewusst* hergestellte Gebilde. Gewiss muss auch hier z.B. die „Betriebsblindheit" von Organisationsmitgliedern als gravierender Verzerrungsfaktor in Rechnung gestellt werden – freilich als eine Blindheit, die im Wechselspiel von externen Analysen und internen Beobachtungen relativierbar und fassbar wird (vgl. hierzu auch Czarniawska-Joerges 1991, S. 296 f.; Dievernich 2002).

Es versteht sich jedoch von selbst, dass Kulturverstehen Vertrautheit mit der entsprechenden Kultur voraussetzt. Man muss sich als Außenstehender auf sie im Sinne ethnografischer Forschung einlassen, man kann aber auch als Insider mit dem fremden Blick (durch Rollenwechsel) die eigene Kultur analysieren.

Fokus 5.5

Eigenverstehen versus Fremdverstehen

„Der in eine Kultur Hineingeborene betrachtet seine fundamentalen Denkvoraussetzungen als gesichert, und wenn er über sie nachdenkt und sie befragt, wird es ihm immer nur um konkrete Einzelheiten und Anwendungen gehen. Jeder Versuch von Seiten des Ethnographen, seinen eingeborenen Informanten zur Formulierung einer allgemeinen und fundamentalen Aussage zu veranlassen, müsste sich auf Leitfragen der denkbar schlechtesten Art stützen, – auf Leitfragen, durch die Wörter und Begriffe eingeführt werden, die für den autochthonen Informanten essentiell fremd sind. Wenn der Informant erst einmal die Bedeutung dieser Wörter und Begriffe erfasst hat, wäre seine Perspektive bereits durch die Ideen verzerrt, die der Ethnograph durch seine Leitfragen in sie eingeführt hat. So muss der Ethnograph seine Verallgemeinerungen selber bilden, er muss seine abstrakten Aussagen selber formulieren – ohne die direkte Hilfe eines autochthonen Informanten."

Quelle: Malinowski (1950), S. 396; in der Übertragung von Psathas (1981)

Das 3-Ebenen-Schema von Schein hat den Vorzug, dass es nicht nur analytisch erhellend ist, sondern auch als Wegweiser zum herantastenden Verstehen und Rekonstruieren von Unternehmenskulturen dienen kann. Der *Erschließungsprozess* beginnt bei den sichtbaren Elementen einer Kultur: den Geschichten, die erzählt werden, den Räumen und den Gebäuden, dem Jargon, dem Umgangston, der Kleidung usw. Ein genaueres Studium der Historie des Betriebes gibt den Rahmen für das Verständnis. Dokumente, teilnehmende Beobachtung an Sitzungen, Feiern usw., Einzel- und Gruppeninterviews sind die vorrangigen Quellen. Der weitere Prozess der Interpretation und Ausdeutung ist als solcher schwer beschreibbar, es ist ein im Wesentlichen kreativer Prozess, aus dem gesammelten Material die latente Sinnstruktur, also das Weltbild der Unternehmung, zu erschließen. Prüfbar ist dieser Prozess nur vom Ergebnis her: Ist die ermittelte Struktur stimmig? Sind die sichtbaren Elemente und Handlungen damit in Einklang zu bringen? Meist ist dies ein *Prozess mit mehreren Zyklen*, eine stimmige Interpretation findet sich erst nach mehreren Durchläufen (vgl. das Beispiel bei Schultz 1995).

5.4.5 Starke und schwache Kulturen

Die Diskussion um die Kultur von Unternehmen war von Anfang an geprägt durch die Idee, dass bestimmte Kulturen in besonders intensiver Weise das organisatorische Handeln beeinflussen, ja dass sie in bestimmten Fällen die eigentlich treibende Kraft für herausragende Unternehmensleistungen sind. Dies wird in besonderem Maße für sog. *starke Kulturen* vermutet. Den Hintergrund bildet die Commitment-Forschung, die verschiedene Stufen von Verbundenheit mit der Organisation unterscheidet, also das Ausmaß, in dem sich Mitarbeiter mit ihrer Organisation identifizieren (vgl. den Überblick von Klein et al. 2012). Zur Beurteilung, ob eine Kultur „stark" oder „schwach" ist, werden in der Literatur unterschiedliche Dimensionen herangezogen (Saffold 1988; Schreyögg 1989; Sørensen 2002). Die drei folgenden Dimensionen scheinen die bedeutsamsten zu sein:

1. Prägnanz,
2. Verbreitungsgrad und
3. Verankerungstiefe (Internalisierung).

1. Das erste Kriterium *„Prägnanz"* unterscheidet Unternehmenskulturen danach, wie klar die Orientierungsmuster und Werthaltungen sind, die sie vermitteln. Starke Unternehmenskulturen zeichnen sich demnach dadurch aus, dass sie ganz klare Vorstellungen darüber beinhalten, was erwünscht ist und was nicht, wie Ereignisse zu deuten und Situationen zu strukturieren sind. Eine solche klare Vorstellungswelt setzt zweierlei voraus. Zum einen müssen die einzelnen Werte, Standards und Symbolsysteme relativ eindeutig sein, so dass in nur wenigen Fällen Konfusion darüber entsteht, welchem Orientierungspfad nun gefolgt werden soll. Zum anderen setzt dies voraus, dass die kulturellen Orientierungsmuster relativ umfassend angelegt sind, so dass sie nicht

nur in einigen speziellen, sondern in vielen Situationen den Maßstab setzen können. Meyerson (1991) weist zurecht darauf hin, dass Kulturen häufig eher vage und voller Ambiguitäten sind und vielmehr einem Netz von nur lose verknüpften und häufig veränderten Symbolen und Sinnbezügen gleichen als einem kohärenten Weltbild. Dies ist indessen kein Gegenargument zu der hier genannten Stärke-Dimension, denn diese Kulturen sind dann eben als „schwache" Kulturen zu klassifizieren. Es ist ja der Sinn dieser drei Kriterien, zwischen starken und schwachen Kulturen eine Differenz zu bilden.

Der Kulturinhalt als solcher, also welche Werte von einer Kultur vertreten und transportiert werden, spielt für die Beurteilung der Stärke keine Rolle. Der Unternehmenskulturansatz versteht sich grundsätzlich „wertfrei" insofern, als er keine Bewertung des jeweils virulenten Wertesystems anstrebt, außer der Frage, ob es für die Erfolgsträchtigkeit der Unternehmung funktional oder dysfunktional ist. Ob das mit einer Unternehmenskultur transportierte Wert- und Orientierungssystem, also der Kulturinhalt, als anspruchsvoll („kultiviert" oder „primitiv"), moralisch oder unmoralisch einzustufen ist, bleibt für die Bestimmung der „Stärke" außer Betracht. Schon deshalb ist es sehr wichtig, die Begriffe Unternehmensethik und Unternehmenskultur säuberlich zu trennen. Wie bereits gesagt, stellt ersterer auf Beurteilung ab und zweiterer auf Beschreibung.

Bisweilen wird der Kulturinhalt aber dennoch zum Gegenstand der Bestimmung der Stärke gemacht, dann jedoch in anderer Weise und ohne den eigentlich vorgegebenen instrumentellen Rahmen zu verlassen. Einbezogen wird die Begeisterungskraft der Inhalte. Visionen und Orientierungsmuster können mehr oder weniger geeignet sein, Enthusiasmus und Engagement auszulösen. Starke Kulturen zeichnen sich – folgte man diesem Vorschlag – also nicht nur durch Prägnanz und hohe Prägungsdichte aus, sondern durch ihre emotionale Qualität, d.h. durch die Fähigkeit, Begeisterung auszulösen (kritisch dazu Krell/Weiskopf 2006).

2. Das zweite Unterscheidungskriterium *„Verbreitungsgrad"* stellt auf das Ausmaß ab, in dem die Organisationsmitglieder die Kultur teilen. Von einer starken Unternehmenskultur spricht man dementsprechend dann, wenn das Handeln sehr vieler Mitarbeiter, im Idealfall aller, von den Orientierungsmustern und Werten geleitet wird. Eine schwache Unternehmenskultur zeichnet sich in diesem Sinne dann dadurch aus, dass die einzelnen Unternehmensmitglieder an weitgehend unterschiedlichen Normen und Vorstellungen orientiert sind. Unternehmen mit ausgeprägten *Subkulturen*, also Gruppen mit deutlich unterschiedlichen Wert- und Orientierungsmustern können somit nach Voraussetzung keine starke (Gesamt-)Kultur haben. Daraus folgt, dass sich starke Kulturen aufgrund ihres hohen Verbreitungsgrades zugleich auch durch ein hohes Maß an *Homogenität* auszeichnen (Sørensen 2002). Die Existenz einer Vielzahl unterschiedlicher Orientierungsmuster, Paradigmen und Verhaltensnormen, also kulturelle Heterogenität, weist dagegen auf eine schwache Kultur hin.

3. Das dritte Kriterium *„Verankerungstiefe“* stellt schließlich darauf ab, ob und inwieweit die kulturellen Muster internalisiert, also zum selbstverständlichen Bestandteil des täglichen Handelns geworden sind. Dabei ist zu differenzieren zwischen einem kulturkonformen Verhalten, das bloßes Ergebnis einer kalkulierten Anpassung ist, und einem kulturkonformen Verhalten, das Ausfluss internalisierter kultureller Orientierungsmuster ist. Nur Letzteres lässt die Stabilität, Vertrautheit und Fraglosigkeit im täglichen Umgang entstehen, wie sie für starke Kulturen gelten sollen. Als logische Konsequenz gehört zur Verankerungstiefe die Persistenz als weiteres Merkmal, d.h. die Stabilität der kulturellen Gestalt über längere Zeit hinweg, getragen von dem (individuellen) Wunsch, in der Organisation weiter beschäftigt zu bleiben.

5.4.6 Unternehmenskulturen und Subkulturen

Mit der Idee starker Unternehmenskulturen verknüpft sich die Vorstellung einer komplexen Ganzheit, eines kohärenten Gebildes. Im Gegensatz dazu steht das Bild von Unternehmenskultur, wie es jüngere Arbeiten zur Stellung und Bedeutung organisatorischer Subsysteme zeichnen, indem sie auf Heterogenität und die vielfältigen kulturellen Orientierungsmuster (Gregory 1983; Sackmann 1992; Alvesson 2012) in Organisationen verweisen („Subkulturen“). Bisweilen wird heute auch von kultureller Ambidextrie gesprochen (Wang/Rafiq 2014) in Analogie zur strukturellen Ambidextrie (vgl. oben Kapitel 4).

In dieser Perspektive tritt *Diversität* an die Stelle von Homogenität. Der Blick wird gerichtet auf die Unterschiede und die potenziellen Widersprüche zwischen Subkulturen, wie sie sich als Möglichkeit zwischen den verschiedenen hierarchischen Ebenen (Arbeiterkultur, Angestelltenkultur, Managerkultur o.Ä.) oder zwischen unterschiedlichen Funktionsbereichen und Professionen (z.B. Marketingkultur, F&E-Kultur, Buchhaltungskultur) herausbilden. Unternehmenskulturen erscheinen dann eher als pluralistische Gebilde, die sich aus einer Vielzahl von Subkulturen zusammensetzen und für die sich nur mühsam ein gemeinsamer, alles umspannender Rahmen finden lässt. Die Besonderheit organisatorischer Kulturen ist dann mehr die spezifische Mischung von Subkulturen denn die Ausprägung eines gemeinsamen Wert- und Orientierungssystems. Im Extremfall ist die Unternehmenskultur dann nur noch die zufällige Schnittmenge verschiedener interner und externer Subkulturen (Gregory 1983; Alvesson/Sandkull 1988; Alvesson 2012). In diesem Fall wäre allerdings die Rede von einer Unternehmenskultur nicht mehr gerechtfertigt, ja schlichtweg irreführend, denn was der Begriff bezeichnet, wird ja gerade in Abrede gestellt.

Die Erfahrung zeigt jedoch, dass sich für gewöhnlich auch bei Unternehmen mit vielen Subkulturen gemeinsame, *übergreifende Orientierungsmuster* herausbilden, die ein Mindestmaß an Homogenität und Kohäsion sicherstellen. Die Dynamik von komplexen Sozialsystemen sollte nicht unterschätzt werden. Im Lichte empirischer Ergebnisse lässt sich sagen (vgl. Trice/Beyer 1993, S. 184): Es gibt Unternehmen mit einer Vielzahl von Subkulturen, die jedoch in einem mehr oder weniger starken Maße von einer Unternehmensgesamtkultur überformt und zusammengebunden werden. Es gibt aber auch Unternehmen mit vielen sehr unterschiedlich ausgeprägten und zueinander gegenläufigen Subkulturen, sie haben dann eben nur eine schwache Gesamtkultur. Der Fall stark divergierender Subkulturen bei zugleich starker Gesamtkultur ist logisch ausgeschlossen.

Subkulturen folgen im Grunde derselben Entwicklungs- und Aufbaulogik wie (Gesamt-)Kulturen, d.h. sie zeichnen sich durch eigene Wertvorstellungen, Standards usw. wie auch durch eine eigene Symbolik aus. Nach Voraussetzung haben sie jedoch auch einige Elemente mit der Hauptkultur gemeinsam, anderenfalls wäre der Begriff Subkultur falsch gewählt. Sie sind Teil der Hauptkultur und können doch in bestimmten Aspekten von dieser abweichen. Die Nähe oder Distanz zur Hauptkultur ist auch eine Frage der Dynamik; häufig rufen Abspaltungstendenzen scharfe Gegenreaktionen der Hauptkultur hervor, die ihrerseits nun gerade erst recht Veranlassung zu einer weiteren Abkapselung und einer Gegenhaltung geben.

Organisationsmitglieder können zu verschiedenen Subkulturen eines Systems gehören, und sind zugleich doch Mitglied der Hauptkultur. Dies wirft dann einerseits die Frage von Loyalitätskonflikten und segmentierten Handlungsmustern auf, andererseits werden durch Überlappungen, Doppelmitgliedschaften u.Ä. die Grenzen der Subsysteme geöffnet und Raum für die Überformung durch die Hauptkultur hergestellt. Subkulturen entstehen in der Regel spontan durch direkte (aber auch indirekte) Interaktion. Es gibt jedoch eine Reihe von Randbedingungen, die die Bildung von Subkulturen begünstigen. Dazu gehören (Bartunek/Moch 1991, S. 104 ff.; Martin 1992, S. 118 ff.; Trice/Beyer 1993, S. 176 ff.):

Organisationsstrukturen: Art der Abteilungsbildung, Zahl der Hierarchieebenen (oberes, mittleres, unteres Management), Stab und Linie, Arbeitsprozesse usw. veranlassen u.U. als ungeplante Folge ihrer Einrichtung die Herausbildung entsprechender Subkulturen (etwa Jermier et al. 1991).

Aufgaben und professioneller Hintergrund: Die Art der Aufgaben und die zu ihrer Erfüllung erforderliche Qualifikation geben ebenfalls häufig den (ungewollten) Anstoß zur Herausformung von Subkulturen. So bilden z.B. nicht selten Mitarbeiter des IuK-Bereichs oder des Produktdesigns eigene symbolische Gemeinschaften in Unternehmen. Dieser Prozess zeichnet sich insbesondere dort ab, wo für die Aufgabenerfüllung eine professionelle Ausbildung erforderlich ist und die Zugehörigkeit zu einer „Profession" die Orientierung vorprägt und ein Gemeinschaftsgefühl vorgibt („occupational communities": Van Maanen/Barley 1984). Die der Bildung von Subkulturen förderliche Zugehörigkeit zu einer Profession markiert bereits eine grenzüberschreitende Betrachtung und sprengt in gewisser Weise die Perspektive der Unternehmenskultur (Kunda 2009). Auf diese Problematik wird im nächsten Abschnitt genauer einzugehen sein.

Gemeinsame Erfahrungen: Des Weiteren bilden gemeinsame Erlebnisse den Ausgangspunkt für die Bildung von Subkulturen, z.B. das gemeinsame Durchstehen einer Krise oder bei der Gründung des Unternehmens dabei gewesen zu sein. Bei Übernahme von Unternehmen bilden die „Übernommenen" auch häufig eine solche „Schicksalsgemeinschaft".

Weitere Faktoren, die zur Bildung von Subkulturen beitragen, sind Alter, Geschlecht, Staatsangehörigkeit, Gewerkschaftszugehörigkeit usw.

Für die Frage nach dem Umgang mit Subkulturen ist ihre Stellung zur Hauptkultur bedeutsam. Martin/Siehl (1983) unterscheiden die Stellung von Subkulturen zu der jeweiligen Hauptkultur anhand von drei Grundtypen:

1. *Verstärkende Subkulturen:* Sie sind von der Hauptkultur durchdrungen, achten auf ihre Einhaltung und zeigen modellhaft kulturkonformes Verhalten. Häufig bilden z.B. Vorstandsstäbe oder Lehrlingswerkstätten solche „enthusiastischen Verstärkungsinseln".

2. *Neutrale Subkulturen:* Sie bilden ihr eigenes Orientierungssystem aus, das aber mit der Hauptkultur nicht kollidiert; sie stehen gewissermaßen parallel oder ergänzend dazu. Häufig zu findende Beispiele: IT-Abteilungen oder Rechtsabteilungen.

3. *Gegenkulturen:* Sie bilden ihr eigenes Orientierungsmuster aus, das sich dezidiert gegen die Hauptkultur richtet, sei es aus einer Enttäuschung heraus (etwa bei Übernahmen), sei es zur Durchsetzung neuer Ideen o.Ä. Aber auch für Gegenkulturen gilt, dass sie ihren Bezugspunkt, ihr Referenzsystem in der Hauptkultur haben, ohne Letztere fehlte die Differenz.

Als Beispiel für den Aufbau einer Gegenkultur wird immer wieder das Wirken von DeLorean bei General Motors zitiert, der sich an das bestehende Werte- und Symbolsystem (z.B. Abholen der Chefs vom Flughafen mit großer Entourage) nicht nur nicht anpassen wollte, sondern sich darüber mokierte (siehe dazu Martin/Siehl 1983). Ein anderes, im Grunde aber ähnlich gelagertes Beispiel gibt Fokus 5.6. Die Analyse von Subkulturen bringt den Kulturansatz in die Nähe des politischen Ansatzes; statt Harmonie und Verbundenheit werden Konflikte und Macht thematisiert (Willmott 1993).

Die Wirkung von Gegenkulturen lässt sich schwer generalisieren; sind sie in manchen Fällen problematische Störfaktoren, wirken sie in anderen entkrampfend und belebend für die Hauptkultur. Bisweilen wird ihnen sogar eine Schlüsselrolle für die Auslösung kulturellen Wandels zuerkannt.

Die eben erörterten Typen von Subkulturen sind sehr stark auf überschaubare kulturelle Einheiten zugeschnitten mit den entsprechenden Sonderentwicklungen. Auf einer anderen Ebene stellt sich die Frage der Subkulturen noch einmal und vielleicht mit einer noch größeren praktischen Relevanz, nämlich auf *Konzernebene,* d.h. überall dort, wo rechtlich selbständige Unternehmen zu einem (meist vertraglich geregelten) Verbund unter einheitlicher Leitung zusammengeschlossen sind. Unter den 100 größten deutschen Unternehmen findet sich kein Unternehmen, das nicht in diesem aktienrechtlichen Sinne ein Konzern wäre.

Fokus 5.6

Arbeit und Leben

„Der Chef der Firma 'Johann Buddenbrook' hatte seinen Bruder bei dessen Ankunft mit einem längeren, prüfenden Blick gemessen, er hatte ihm während der ersten Tage eine ganz unauffällige und beiläufige Beobachtung zugewandt, und dann, ohne dass ein Urteil auf seinem ruhigen und diskreten Gesicht zu lesen gewesen wäre, schien seine Neugier befriedigt, seine Meinung abgeschlossen zu sein. 'Dann aber muss ich dich um eines bitten, mein Lieber! In deiner Eigenschaft als Bruder des Chefs nimmst du natürlich tatsächlich unter den übrigen Angestellten eine bevorzugte Stellung ein [...] aber ich brauche dir nicht zu sagen, nicht wahr, dass du ihnen viel mehr durch Gleichstellung und energische Pflichterfüllung imponierst, als indem du von Vorrechten Gebrauch machst und dir Freiheiten nimmst. Also die Kontorstunden innehalten und immer die Dehors wahren, wie? [...]'

Wenn überhaupt das Verhältnis der beiden Buddenbrooks zueinander mit der Zeit sich nicht zum Guten gestaltete, so war Christian dabei nicht derjenige, der es sich beifallen ließ, irgendwelche Gehässigkeiten gegen seinen Bruder zu zeigen oder zu hegen, sich irgendeine Meinung, ein Urteil, eine Abschätzung desselben anzumaßen. Er ließ mit stillschweigender Selbstverständlichkeit keinen Zweifel darüber, dass er die Überlegenheit, den größeren Ernst, die größere Fähigkeit, Tüchtigkeit und Respektabilität des Älteren anerkannte. Aber gerade diese unbegrenzte, gleichgültige und kampflose Unterordnung reizte Thomas, denn Christian ging bei jeder Gelegenheit leichten Herzens so weit darin, dass es den Anschein gewann, als lege er überhaupt gar keinen Wert auf Überlegenheit, Tüchtigkeit, Respektabilität und Ernst. [...]

Zu Hause erzählte er mit besonderer Vorliebe von seinem Kontor in Valparaiso, von der unmäßigen Temperatur, die dort geherrscht, und von einem jungen Londoner namens Johnny Thunderstorm, einem Bummelanten, einem unglaublichen Kerl, den er, 'Gott verdamm' mich, niemals hatte arbeiten sehen', und der doch ein sehr gewandter Kaufmann gewesen sei [...] 'Du lieber Gott!', sagte er. 'Bei der Hitze! Na, der Chef kommt ins Kontor [...] wir liegen, acht Mann, wie die Fliegen umher und rauchen Zigaretten, um wenigstens die Moskitos wegzujagen.' Du lieber Gott! 'Nun?' sagte der Chef, 'Sie arbeiten nicht, meine Herren?!' [...]

'No, Sir!', sagte Johnny Thunderstorm. 'Wie sie sehen, Sir!' Und dabei blasen wir ihm alle unseren Zigarettenrauch ins Gesicht. Du lieber Gott!

Warum sagst du eigentlich fortwährend 'Du lieber Gott'? fragte Thomas gereizt.

Aber das war es nicht, was ihn ärgerte. Sondern er fühlte, dass Christian diese Geschichte nur deshalb mit so viel Freude erzählte, weil sie ihm Gelegenheit bot, mit Spott und Verachtung von der Arbeit zu sprechen."

Quelle: Mann (1974), S. 182-187

Für die unternehmenskulturelle Betrachtung stellt sich hier die Frage, ob der Gesamtkonzern als kulturelle Einheit und als Referenzsystem gelten soll, von dem aus Subkulturen zu beobachten sind, oder ob man sich den quasi natürlichen Einheiten zuwenden soll. Dies ist aber nicht nur eine theoretisch-methodische Frage, sondern auch eine unmittelbar praktische, denn sie rückt die Art der Konzernführung in den Vordergrund und das Ausmaß der erstrebten Einheitlichkeit der Leitung.

Das Problem sei kurz am Beispiel der E.ON Solar, als Teilkonzern der E.ON SE, erläutert. Aus unternehmenskultureller Perspektive stellen sich die folgenden Grundfragen: Kann ein Konzern wie die E.ON SE mit nahezu 2.000 inländischen und ausländischen Tochtergesellschaften überhaupt eine einheitliche Unternehmenskultur entwickeln? Ist es also sinnvoll, den Teilkonzern E.ON Solar als potenzielle Subkultur zu studieren oder muss dieser als separate „natürliche Einheit“ betrachtet werden, die neben den anderen (Teil-)Konzernkulturen (z.B. E.ON eMobil, Südwasser GmbH) existieren? Natürlich stellt sich bei den Teilkonzernspitzen selbst wieder diese Frage auf einer niedrigeren Ebene. Diese Fragen werfen ein *methodisches* und ein *praktisches* Problem auf. Methodisch stellt sich die Frage, ob für diese Konstellation der Konzernunternehmen sinnvoll der Begriff der Subkultur verwendet werden kann. Um diese Frage beantworten zu können, muss man wissen, welche Bedeutung der Hauptkultur zukommt. Nur wenn sie das Referenzsystem darstellt, zu dem die fragliche Unternehmenskultur (in unserem Beispiel die E.ON Solar) die Differenz bildet und bilden will, macht die Rede von einer *Sub*-Kultur Sinn. Dies verweist sofort auf die praktische Seite dieser Problemstellung, nämlich ob und inwieweit eine Gesamtkultur für einen vielgestaltigen Konzern angestrebt wird oder angestrebt werden soll. Häufig ist dies gar nicht gewollt, vor allem dort, wo man die Konzernführung eher im Sinne eines Portfolio-Managements betreibt (vgl. Kapitel 2).

Diese Frage der Konzernkultur stellt sich mit noch mehr Brisanz im internationalen Konzern, wo es aus der hier diskutierten Sicht um die Frage geht, ob die ausländischen Tochtergesellschaften eigenständige Unternehmenskulturen ausbilden (sollen) oder ob die globale Gesamtunternehmung als einheitliche Kultur zu betrachten ist. Bildet – um ein Beispiel zu geben – die Dt. Shell AG eine eigenständige Unternehmenskultur? Ist sie eine Subkultur der Royal Dutch/Shell? Oder ist sie integrierter Bestandteil der Royal Dutch/Shell-Kultur? Stärker noch als beim nationalen Konzern ist diese zunächst rein deskriptive Frage von der normativen Frage des wünschenswerten Zustandes überlagert. Auf die hier zugleich gestellte Frage nach dem Verhältnis von Landeskultur und Unternehmenskultur wird im anschließenden Abschnitt noch einmal genauer einzugehen sein.

5.4.7 Unternehmenskultur im Kreuzungspunkt anderer kultureller Einflüsse

Die Erörterung der Subkultur hat bereits die Frage nach der Selbstständigkeit bzw. den Einflüssen auf die Unternehmenskultur zum Thema werden lassen. Diese Frage erhält eine zusätzliche Dimension, wenn nach dem Verhältnis von Landeskultur und Unternehmenskultur gefragt wird (Schneider 1992; Harzing/Sorge 2003; Tellis et al. 2009). Obgleich die Unternehmenskultur-Forschung bei der (ungeplanten) Entwicklung eines eigenen lebensweltlichen Bezugssystems ihren Ausgangspunkt nimmt, gibt es doch eine Reihe von Studien, die den landeskulturellen Einfluss auf die Unternehmenskultur in den Vordergrund rücken. Dies ist überall dort der Fall, wo typisch japanische, chinesische, deutsche oder US-amerikanische Unternehmenskulturen diskutiert werden (u.a. Ouchi 1981; Pascale/Athos 1981; Tsui et al. 2006). Ähnlich stellt sich die Frage auch dort, wo Unternehmenskulturen, die im Rahmen einer Landeskultur entwickelt wurden, auf Unternehmen aus anderen Landeskulturen übertragen werden sollen, also ob und inwieweit sich z.B. die Kultur von Google Inc. auf Google Deutschland übertragen lässt. Ist die Kultur von Google so stark kalifornisch geprägt, dass sie in Hamburg nicht praktizierbar ist (Im Hinblick auf Deutschland und Frankreich vgl. Barmeyer/Davoine 2007)?

Bei diesen Überlegungen wird von der überformenden Kraft der Landeskultur ausgegangen. Hintergrund ist meist die Vorstellung einer Einflusshierarchie, dergestalt dass wie Hofstede et al. (1990) es ausdrücken – die Landeskultur die Kernprägung darstellt, wohingegen die Unternehmenskultur nur im Oberflächenbereich, auf der Ebene der „Praktiken" das Verhalten mitformt; die Wertebene bliebe allein der landeskulturellen Prägung vorbehalten. Unternehmenskulturen wären demnach nicht mehr als eine letztlich periphere Oszillation um die eigentlich bestimmende Kraft der Landeskultur. Hofstedes Argument kann jedoch keine Antwort geben, weshalb es dann eine so große Variationsbreite von Unternehmenskulturen (einschließlich der Werteebene) *innerhalb* einer Landeskultur gibt und weshalb diese Unterschiede weitreichende Konsequenzen nach sich ziehen. Die Unternehmenskulturforschung hat von Anfang an genau diese Varianz beschrieben und auf sie ihre Aussagen bezogen. Die Landeskultur bietet für diese Variationen nur den Rahmen. Überdies wird die allumfassende Prägungskraft einer Landeskultur durch die zunehmende Herausbildung internationaler Orientierungen und einem forcierten interkulturellen Austausch ohnehin in Frage gestellt.

Es gibt wenig Anhaltspunkte und noch weniger zwingende Studien dafür, dass die Landeskultur keinen Raum ließe für die Entwicklung eigensinniger lebensweltlicher Sinnbezüge und Wertentwicklungen. Andererseits ist aber auch kaum zu bestreiten, dass die landeskulturelle Prägung eine Art Plattform für weitere Entwicklungen z.B. unternehmenskultureller Art bildet. Die Frage ist weniger, ob die Landeskultur prägt, sondern wie sie prägt, d.h. wie plastisch oder wie rigide diese Prägung veranschlagt werden muss.

Sowohl die landeskulturelle als auch die unternehmenskulturelle Perspektive werden jedoch von einer neueren Betrachtungsweise in Frage gestellt, die Kultur nicht als kohärentes Orientierungssystem anerkennen will, sondern nur noch im Plural, als Kreuzungspunkte eines Gewirrs kultureller Muster (Gregory 1983; Sackmann 1997). Eine Vielzahl gegenläufiger, überschneidenden, paralleler Kulturen wird konstatiert, Branchenkulturen, Professionskulturen, Vereinskulturen, Universitätskulturen, Frauenkulturen usw.; Unternehmenskulturen erscheinen dann nicht mehr als eine prägende Figur, sondern als Mixtur kultureller „Manifestationen verschiedener Ebenen und Art" (Alvesson 1993, S. 118). Menschen gehören zu den verschiedensten Kulturen und ihre Mitgliedschaft in einer Organisation bringt lediglich einen speziellen (weiteren) Kreuzungspunkt mit sich.

Diese Argumentation ist indessen paradox; sie spricht der Unternehmenskultur den eigenständigen lebensweltlichen Orientierungscharakter ab, interpretiert sie aber als Kreuzungspunkt ebensolcher eigenständigen Orientierungsmuster aus anderen Ebenen und Orten. Weshalb in dem einen Fall eigenständige Kulturmuster entwickelt werden und im anderen Fall nur ein Kreuzungspunkt vorliegen soll, bleibt offen. Den Ausweg, die anderen Kulturmuster auch nur durch Kreuzungspunkte auszuweisen, gibt es nicht, denn ein Kreuzungspunkt setzt logisch feste identifizierbare Kulturlinien voraus.

5.4.8 Wirkungen von Unternehmenskulturen

Die Wirkungen von Unternehmenskulturen werden primär an starken Kulturen im oben erläuterten Sinne studiert. In der Anfangsphase wurde durchgängig geradezu euphorisch die eminente Bedeutung starker Unternehmenskulturen für den Erfolg von Systemen herausgestellt. Heute weiß man, dass starke Unternehmenskulturen keineswegs nur positive, sondern z.T. auch ausgeprägt negative Wirkungen haben.

Die größte Aufmerksamkeit hat anfänglich die These von Peters/Waterman (1984) auf sich gezogen, Hochleistungen seien durch starke Unternehmenskulturen zu erklären. Ein solch strammer Zusammenhang zwischen Leistungsniveau und Stärke der Unternehmenskultur ließ sich jedoch nicht eindeutig nachweisen. Fokus 5.7 gibt gerafft eine der einschlägigen Studien zu dieser These mit dem typischen (unklaren) Ergebnismuster wieder.

Fokus 5.7

Starke Unternehmenskulturen und Erfolg

„Erfolgreiche Unternehmen verfügen über eine starke Unternehmenskultur". Die empirische Studie von Kotter und Heskett versucht, diese häufig vertretene Hypothese zu überprüfen.

Sample und Methode: Kotter und Heskett befragten je sechs Vorstandsmitglieder von 207 US-amerikanischen Unternehmen aus 22 verschiedenen Branchen (Nahrungsmittel, Lebensversicherung, Telekommunikation etc.) mithilfe eines Fragebogens, der im Wesentlichen offene Fragen enthielt. Von den insgesamt angeschriebenen 1242 Top-Managern antworteten 600 Personen (Rücklaufquote 48%). Die Befragten wurden aufgefordert, die wesentlichen Unternehmenskonkurrenten innerhalb ihrer Branche zu benennen und die 'Kulturstärke' dieser konkurrierenden Unternehmen (für den Zeitraum Ende der siebziger bis Anfang der achtziger Jahre) anhand folgender Fragen einstufen:

1. Haben die Manager der konkurrierenden Firma je von einem 'Stil des Hauses' gesprochen?
2. Gibt es in den konkurrierenden Unternehmen ein 'Credo', welches von den dortigen Mitarbeitern geglaubt und befolgt wird?

3. Lässt sich bei den Konkurrenzunternehmen eine dauerhafte Unternehmenspolitik beobachten, die unabhängig von der jeweiligen personellen Zusammensetzung des Vorstandes verfolgt wird?

Schließlich wurden die Befragten aufgefordert, die Kulturstärke der konkurrierenden Unternehmen auf einer Skala von 1 (sehr starke Kultur) bis 5 (sehr schwache Kultur) einzustufen. Aus den Einstufungen wurde für jedes Unternehmen ein Mittelwert der Kulturstärke errechnet. Nur in 5 Fällen waren die Einstufungen zu unterschiedlich, um einen plausiblen Mittelwert zu ergeben. Diese fünf Unternehmen wurden aus dem Untersuchungssample gestrichen (n = 202). In sieben Unternehmen wurden zur Kontrolle Intensiv-Interviews mit leitenden Angestellten zur Kultur ihres Unternehmens durchgeführt. Diese Interviews bestätigten die durch die Umfrage ermittelte Einstufung der Kultur. Im Ergebnis wurde 69 Unternehmen eine starke Kultur, 103 Unternehmen eine mittelstarke Kultur und 30 Unternehmen eine schwache Kultur bescheinigt. Um die Ausgangs-Hypothese zu prüfen, wurde im zweiten Schritt der Unternehmenserfolg anhand der durchschnittlichen jährlichen Nettoumsatz-Wachstumsrate, des durchschnittlichen jährlichen return-on-investment (ROI) sowie der durchschnittlichen jährlichen Aktienkursentwicklung ermittelt.

Ergebnisse: Insgesamt zeigte sich nur eine sehr schwache Korrelation zwischen Unternehmenserfolg und Kulturstärke. Die Detailanalyse wies eine Reihe gegenläufiger Fälle aus, nämlich einerseits die Möglichkeit einer starken Kultur verbunden mit unterdurchschnittlichen Erfolgswerten (z.B. bei General Motors, Procter & Gamble, Citicorp), und andererseits schwache Kulturen mit relativ hohen Erfolgswerten, wie die folgende Tabelle zeigt:

Unternehmen mit schwacher Unternehmenskultur und überdurchschnittlich guter wirtschaftlicher Entwicklung im Zeitraum 1977-1988

Unternehmen	Kulturstärkegrad (1=stark, 5=sehr schwach)	Jährliche Nettoumsatz-Wachstumsrate	Durchschn. jährlicher ROI (%)	Durchschn. jährl. Aktienkurs-Entwicklung (%)
McGraw-Hill	3,38	26,4	19,76	18,57
Smith Kline	3,59	48,8	24,76	13,46
General Cinema	3,67	37,3	11,98	22,8
Pitney Bowes	3,93	48,2	14,4	25,68

Eine nähere Analyse dieser Firmen zeigte, dass die schwach ausgeprägte Unternehmenskultur im Wesentlichen durch zahlreiche und umfangreiche Unternehmensakquisitionen begründet war, welche die Firmen in den Jahren 1977-1988 getätigt hatten. Die Kulturen der jeweils aufgekauften Unternehmen verschmolzen nicht mit der Unternehmenskultur der 'Muttergesellschaft' zu einer homogenen Konzernkultur. Die zunehmende Heterogenität hatte dementsprechend eine schwache Konzernkultur zur Folge.

Diskussion: Ob die Studie tatsächlich, wie Kotter und Heskett reklamieren, die Ausgangsthese widerlegt, muss freilich offen bleiben. Denn der ökonomische Erfolg der untersuchten Konzerne kann ja in der Kulturstärke der akquirierten Gesellschaften seine eigentliche Begründung finden. Dies gilt umso mehr, als ja nur Durchschnittswerte erhoben wurden. Darüber hinaus stellt sich die viel grundsätzlichere Frage, ob sich über eine mehr oder weniger intensive Beobachtung von Konkurrenzunternehmen zuverlässige Aussagen über die Kulturstärke eines Unternehmens bilden lassen, oder ob hier lediglich Branchen-Stereotype erfasst wurden.

Quelle: Kotter/Heskett (1992), S. 15-27, 155 ff.

In einer neueren Studien kommt Sørensen (2002) zu dem Ergebnis, dass starke Kulturen nur in stabilen Umwelten mit hohem Erfolg einhergehen, wohingegen in turbulenten Umwelten starke Kulturen eher erfolgsmindernd wirken.

Die Wirkungspfade von Unternehmenskulturen sind verwickelter und die funktionalen Bezüge sehr viel ambivalenter als ursprünglich angenommen. Die wichtigsten funktionalen und dysfunktionalen Folgen seien nachfolgend kurz wiedergegeben (siehe dazu auch Saffold 1988; Wiener 1988;; Sørensen 2002; Baetge et al. 2007; Alvesson 2012).

Positive Effekte

1. *Handlungsorientierung:* Starke Unternehmenskulturen erfüllen eine Art Kompassfunktion und machen damit die „Welt" für das einzelne Unternehmensmitglied verständlich und überschaubar. Sie erbringen so eine weitreichende Orientierungsleistung, weil sie die verschiedenen möglichen Sichtweisen und Interpretationen der Ereignisse und Situationen reduzieren und auf diese Weise eine robuste Basis für das tägliche Handeln schaffen. Diese Handlungsorientierungsfunktion ist vor allem dort von großer Bedeutung, wo eine formale Regelung zu kurz greift oder z.B. infolge hoher Ungewissheit der Randbedingungen gar nicht greifen kann.

2. *Reibungslose Kommunikation:* Die Abstimmungsprozesse der Unternehmensmitglieder und Abteilungen untereinander gestalten sich durch die einheitliche Orientierung wesentlich einfacher und direkter. In starken Kulturen existiert ein komplexes Kommunikationsnetzwerk, das sich auf homogene Verständigungsmuster abstützen kann. Signale werden so sehr viel zuverlässiger interpretiert und Informationen sehr viel weniger verzerrt weitergegeben, als dies typischerweise bei formaler Kommunikation der Fall ist.

3. *Rasche Entscheidungsfindung:* Eine gemeinsame Sprache, ein geteiltes Wertesystem und gemeinsame Praktiken lassen relativ rasch zu einer Einigung oder zumindest zu tragfähigen Kompromissen in Entscheidungs- und Problemlösungsprozessen vorstoßen.

4. *Zügige Implementation:* Entscheidungen und Pläne, Projekte und Programme, die auf gemeinsamen Überzeugungen beruhen und sich deshalb auf breite Akzeptanz stützen, können schnell und wirkungsvoll umgesetzt werden. Bei auftretenden Unklarheiten geben die fest verankerten Leitbilder Orientierungshilfe.

5. *Geringer formaler Kontrollaufwand:* Der formale Kontrollaufwand ist gering, die Kontrolle wird weitgehend auf indirektem Wege geleistet. Die Orientierungsmuster sind verinnerlicht, es besteht wenig Notwendigkeit, fortwährend ihre Einhaltung zu überprüfen.

6. *Motivation und Teamgeist:* Die orientierungsstiftende Kraft der kulturellen Muster und die gemeinsame, sich gegenseitig fortwährend bekräftigende Verpflichtung auf die zentralen Werte der Unternehmung schaffen eine kollektive Identität und lassen

eine hohe Bereitschaft entstehen, sich für das Unternehmen zu engagieren und dies auch nach außen hin unmissverständlich zu dokumentieren (vgl. die Metaanalyse von Hartnell et al. 2011).

7. *Stabilität:* Ausgeprägte, gemeinsam geteilte Orientierungsmuster reduzieren Angst und bringen soziale Geborgenheit und Selbstvertrauen. Es besteht deshalb wenig Neigung, ein solches kohärentes System zu verlassen oder dem Arbeitsplatz fern zu bleiben (geringe Fluktuations- und Fehlzeitenrate).

Diesen Vorzügen einer starken Unternehmenskultur steht jedoch eine Reihe potenzieller negativer Effekte gegenüber:

Negative Effekte

1. *Tendenz zur Abschließung:* Tief internalisierte Wertsysteme und die aus ihnen fließenden Orientierungen können leicht zu einer alles beherrschenden Kraft werden. Kritik, Warnsignale, usw., die zu der bestehenden Kultur im Widerspruch stehen, drohen verdrängt oder überhört zu werden. Fest eingeschliffene Traditionen und Rituale verstärken diese Tendenz. Starke Kulturen laufen deshalb Gefahr, sich zu „geschlossenen Systemen" zu entwickeln. Diese Problematik manifestiert sich besonders häufig bei Unternehmenszusammenschlüssen und Fusionen. Starke Unternehmenskulturen erweisen sich hier als gravierende Hürde, wenn nicht gar als entscheidender Misserfolgsfaktor (Vaara 2000; zu Knyphausen-Aufseß/Schweizer 2006)

2. *Abwertung neuer Orientierungen:* Unternehmen mit starken Unternehmenskulturen sind neue Wertmuster suspekt, sie lehnen sie vehement dann ab, wenn sie ihre Identität bedroht sehen. Beunruhigende, weil dem herrschenden Weltbild zuwiderlaufende, Vorschläge werden abgewertet und ausgegrenzt.

3. *Wandelbarrieren:* Selbst wenn neue Ideen in den Entscheidungsprozess Eingang gefunden haben sollten (z.B. über eine Unternehmensberatung), erweist sich eine starke Unternehmenskultur bei ihrer Umsetzung tendenziell als starker Hemmschuh. Solange es um die Umsetzung von mit der bisherigen Geschäftspolitik verwandten Ideen geht, sind – wie oben dargelegt – starke Kulturen überlegen. Von dem Moment an aber, wo es eine grundsätzliche Veränderung zu realisieren gilt, muss ein stabiles und stark verfestigtes Kultursystem zum Problem werden. Der Grund ist einsichtig. Die Sicherheit, die starke Kulturen in so hohem Maße spenden, gerät in Gefahr; die Folge sind Angst und Abwehr. Auch die „Helden" selbst haben ja ein Interesse daran, dass alles so weitergeht wie es bisher war, denn das ist ja die Quelle, aus der sich ihr „Heldentum" speist.

4. *Fixierung auf traditionelle Erfolgsmuster:* Starke Kulturen schaffen eine emotionale Bindung an bestimmte gewachsene und durch Erfolg bekräftigte Vorgangsweisen und Denkstile. Neue Pläne und Projekte stoßen damit auf eine nur schwer zugängliche Bindung an herkömmliche Prozeduren und Vorstellungen. Die Aufnahme und Verarbeitung neuer Ideen setzt jedoch Offenheit, Kritikbereitschaft und Unbefangenheit vor-

aus; starke Unternehmenskulturen stehen aufgrund ihrer traditionellen Bindung solchen Bedingungen eher entgegen. Ja, sie laufen Gefahr, sich einem solchen Öffnungsprozess in einer Art kollektiver Vermeidungshaltung (Janis/Mann 1977) zu versagen.

5. *„Kulturdenken":* Starke Kulturen neigen dazu, Konformität in gewissem Umfang zu „erzwingen". Konträre Meinungen, Bedenken usw. werden zurückgestellt zugunsten der kulturellen Werte. Die Motivation, den kulturellen Rahmen zu erhalten, übertrifft tendenziell die Bereitschaft, Widerspruch zu artikulieren. Kritik wird auf subtile Weise für illegitim erklärt. In Analogie zum Phänomen des „Gruppendenkens" (Janis 1982) kann man hier von „Kulturdenken" sprechen.

Die geschilderten Effekte bringen in der Summe das Problem der Starrheit und mangelnder Anpassungsfähigkeit mit sich. Lorsch (1986) bezeichnet deshalb starke Unternehmenskulturen als „unsichtbare Barrieren" für strategischen Wandel. Er verweist dabei auf die Problematik, die sich hieraus speziell für strategische Entscheidungsprozesse ergibt. Unternehmen sind immer öfter mit Herausforderungen konfrontiert, die ein Verlassen der traditionellen Unternehmensstrategie unumgänglich und die Umstellungsfähigkeit zu einer für das Überleben kritischen Ressource machen. Im Hinblick auf diese Anforderung kann sich eine allzu starke Unternehmenskultur nur als hinderlich erweisen. Dies unterstreicht einmal mehr die Gefahr, dass starke Unternehmenskulturen zu starren „Palästen" (Hedberg et al. 1976) werden können, die nur dort erfolgreich sind, wo es um die Bewältigung vertrauter Situationen geht und allenfalls kleinere Veränderungen („10%-Innovationen") zu meistern sind, nicht aber bei größeren Veränderungen (vgl. Sørensen 2002).Verwiesen sei an dieser Stelle im Vorgriff auf Kapitel 6 und die dort diskutierte Dynamisierung von Kompetenzen, die als Versuch zu verstehen sind, die endogenen Starrheiten einer Organisation zu überwinden.

Das Ziel, eine starke Unternehmenskultur zu haben, erscheint im Lichte dieser Überlegungen als zweischneidiges Schwert. Vor dem Hintergrund einer zu einseitigen und zu kurzfristigen Sichtweise wurde *Kulturentwicklung* allzu häufig nur als Aufbau und Förderung starker Kulturen begriffen. Im Hinblick auf die Flexibilität eines Systems sollte man jedoch die Blickrichtung umdrehen und die Kulturentwicklung auch als einen reflexiven Prozess verstehen, eine allzu starke Kultur aus ihrer Verklammerung zu lösen, um Freiraum für das Neue und das Undiskutierbare zu schaffen.

5.4.9 Kulturwandel in Organisationen

Trotz ihrer beharrenden Züge sind Unternehmenskulturen immer auch *Wandlungsprozessen* unterworfen (Hatch 1993). Neben jenen spontan erfolgenden kleineren Veränderungsprozessen, denen jede Kultur meist unmerklich unterworfen ist, stellt sich die Frage fundamentaleren Wandels; dies ist eine für Unternehmenskulturen besonders wichtige Frage, die im Zuge von Fusionen, Krisen, Internalisierung usw. immer wieder aktuell wird. Ohne zu sehr dem nachfolgenden Kapitel 6, das dem Problem des organisatorischen Wandels gewidmet ist, vorgreifen zu wollen, seien die Spezifika des Kulturwandels hier kurz dargestellt.

Empirische Studien, die erfolgreiche Kulturwandelprozesse in Betrieben zum Gegenstand hatten, zeichnen den in Abbildung 5.5 wiedergegebenen typischen Verlauf:

Abbildung 5.5: *Typischer Verlauf eines Kulturwandels*

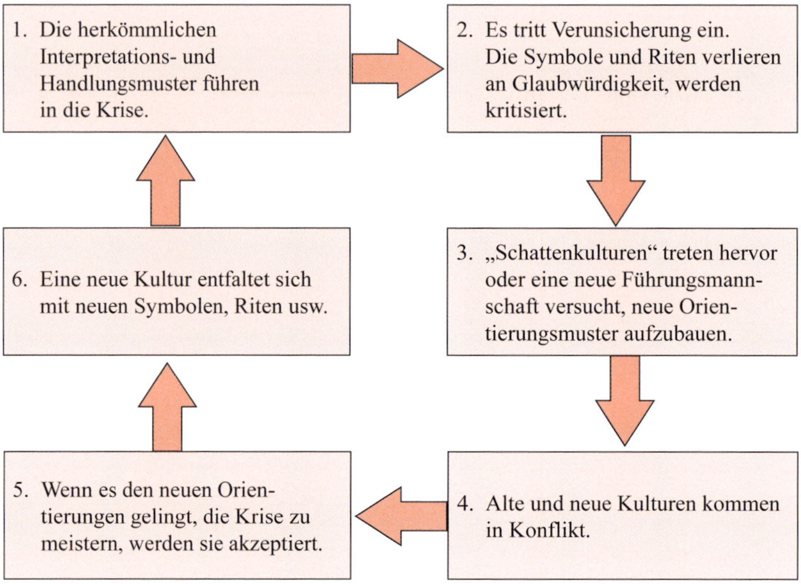

Quelle: Dyer (1985), S. 211 (übersetzt durch die Verf.)

Ausgangspunkt war immer eine Konfliktsituation. Die herkömmlichen Interpretations- und Handlungsmuster führten in die Krise, sie waren nicht mehr erfolgreich. Als Folge davon trat Verunsicherung ein und die Symbole und Riten verloren an Glaubwürdigkeit und Faszination. Immer häufiger wurden sie zum Gegenstand von Kritik und Auseinandersetzungen (zu einer Beschreibung von Kulturkrisen vgl. Schoenberger 1997).

In der Folge traten *Schattenkulturen* hervor, d.h. latent vorhandene, aber bislang nicht wahrgenommene Muster, nicht selten in Form von Subkulturen. Oder alternativ dazu, versuchte eine neue Führungsgruppe quasi von außen *neue Orientierungsmuster* aufzubauen. Dies führte zu einem Machtkampf, alte und neue Orientierungsmuster gerieten in Konflikt. Wenn es gelang, die Krise zu meistern, und die Organisationsmitglieder geneigt waren, diesen Effekt der neuen Orientierung zuzuschreiben, wurde diese akzeptiert. Das war in vielen Fällen kein sehr einfacher Prozess, denn mit einer neuen Kultur ging zumeist auch eine *Umverteilung von Ressourcen* und der Macht einher. Die Symbolfiguren der alten Kultur entfalteten zumeist eine starke Gegenwehr und zogen das neue „Weltbild" so lange als möglich in Zweifel. Fand trotz allem die neue Orientierung und das ihr innewohnende Problemlösungspotenzial zunehmende Akzeptanz, entfaltet sich eine neue Kultur mit neuen Symbolen und Riten. Dies solange, bis wiederum eine Krise auftritt; der Kreislauf beginnt dann von neuem. Der Anstoß für einen solchen Wandlungsprozess kam also meist aus der Umwelt. Nicht selten sind es ein Wertewandel der übergreifenden Gesellschaft oder neue Ansprüche externer Referenzgruppen, die die beschriebenen Änderungsprozesse in Gang setzen (Alvesson/Sandkull 1988).

Das eben beschriebene Verlaufsmuster unternehmenskulturellen Wandels ist dem Charakter nach ein evolutorischer Prozess, d.h. er ereignet sich gleichsam als Widerfahrnis, und über sein Ergebnis können erst am Ende ex post factu Aussagen gemacht werden. Auch ist die feste Bindung an eine Ausgangskrise unter praktischen Gesichtspunkten problematisch. Die im vorhergehenden Abschnitt dargelegten gravierenden (negativen wie positiven) Wirkungen von Organisationskulturen lassen die Frage vordringlich erscheinen, ob und gegebenenfalls wie die Unternehmenskultur zum Gegenstand einer gezielteren *Intervention* gemacht werden kann.

Zur Frage der Möglichkeit einer geplanten Kulturgestaltung werden sehr unterschiedliche Positionen bezogen:

Den einen Pol bilden die *„Kulturingenieure"*. Diese Position geht davon aus, dass man Kulturen, ähnlich wie andere Führungsinstrumente, systematisch aufbauen und dementsprechend auch planmäßig verändern kann.

Dieser instrumentalistischen Sichtweise völlig ablehnend steht die Gruppe der *„Kulturalisten"* gegenüber. Sie betrachten die Unternehmenskultur als eine organisch gewachsene Lebenswelt, als „Welt vor dem Begriff", die sich jedem gezielten Herstellungsprozess entzieht. Die kulturalistische Position verknüpft sich häufig mit einer hohen Wertschätzung intakter lebensweltlicher Gemeinschaften und weist dann dementsprechend nicht nur das Ansinnen, eine Unternehmenskultur positiv zu gestalten, als naiv zurück, sondern erhebt gegen ein solches Vorhaben auch starke *normative Bedenken* (Smircich 1983). Man sieht in der Unternehmenskultur ein kostbares Traditionsgut, das vor dem profanen Zugriff einer ingenieurmäßigen Gestaltungsrationalität zu bewahren ist. Von anderen Autoren wird auf die Gefahr verwiesen, dass mit dem Vorhaben der Kulturgestaltung auf unkontrollierte Weise Einfluss auf persönliche Empfindungen genommen werde, die nicht Gegenstand des Arbeitsvertrages sind. Programme zur Kulturgestaltung könnten so zu einem schwer fassbaren Beherrschungsinstrument ausgeformt werden, das den ganzen Menschen umgreift. Das letzte intime individuelle Reservat würde so der Fremdkontrolle geöffnet (Willmott 1993; Krell/Weiskopf 2006).

Diese Position schweigt allerdings zu der Frage, wie dann mit pathologischen, diskriminierenden oder blockierenden Unternehmenskulturen umgegangen werden soll; sie läuft Gefahr, den Status quo für sakrosankt zu erklären. Ohne die beschriebenen Gefahren leugnen zu wollen, scheinen doch diese Argumente zu wenig der Tastsache Rechnung zu tragen, dass Unternehmen immer eine Kultur haben; es ist ja keineswegs so, dass eine solche erst von außen hineingetragen werden müsste. Und um die Auseinandersetzung mit dieser unweigerlich vorhandenen Kultur geht es.

Eine *dritte Position* lässt sich mit dem Stichwort *„Kurskorrektur“* umreißen. Sie akzeptiert die Idee des geplanten Wandels im Sinne des Initiierens einer Veränderung in einem grundsätzlich offenen Prozess. Auf der Basis einer Rekonstruktion und Kritik der Ist-Kultur sollen Anstöße zu einer Reflektion und einer Modalisierung kultureller Veränderungsprozesse gegeben werden.

Diese dritte Perspektive soll hier aufgegriffen werden. Sie erteilt einerseits einer naiven Konstruktionsphilosophie eine Absage; „naiv“ deshalb, weil sie den emergenten Charakter von Unternehmenskultur gründlich verkennt. Unternehmenskulturen – um es noch einmal zu wiederholen – entwickeln sich über einen längeren Zeitraum hinweg, sie werden nicht rational gelernt, sondern handelnd erfahren und in einem komplexen Vermittlungsprozess erworben. Einen solchen Prozess linear vorzuplanen und künstlich herbeizuführen, erscheint so gut wie ausgeschlossen. Kulturen sind keine wohlstrukturierten Gebilde, die Ausfluss klar geschnittener Strukturpläne wären, sondern symbolische Konstruktionen, die sich dem einfachen Schema von Ursache-Wirkungs-Beziehungen versagen. Dieses Argument gilt freilich auch für das (im Vergleich zum Neu-Entwurf) bescheidenere Programm der Kurskorrektur. Auch hier bringt es der Charakter von Kulturen mit sich, Interventionen planen zu müssen, ohne allerdings über genaue Kenntnisse der Wirkungszusammenhänge verfügen zu können.

Kurskorrektur: Ein Veränderungsprogramm im Sinne einer Kurskorrektur lässt sich in drei Schritte gliedern:

- Diagnose,
- Beurteilung,
- Maßnahmen.

1. Der *erste* und wichtigste *Schritt* einer solchen Kulturentwicklung ist die Beschreibung und die Bewusstmachung der bestehenden Kultur. Nachdem es sich im Wesentlichen um unsichtbare Größen handelt, ist hierzu – wie eingangs bereits dargelegt – eine umfängliche *Deutungsleistung* zu erbringen. Die besondere Schwierigkeit dieser Deutungsleistung besteht darin, dass nicht einzelne Handlungen zu deuten sind, sondern eben ein ganzer Handlungskomplex, ja mehr noch das typische Orientierungsmuster einer ganzen Organisation. Erst eine solche Rekonstruktion macht es möglich, den interessierenden Teil einer Unternehmenskultur zu reflektieren und in seinen Wirkungen zu diskutieren (vgl. hierzu die Methodik zur Kulturdiagnose von Cameron/Quinn 2011). Eine vollständige Beschreibung einer Unternehmenskultur ist allerdings – das ist wichtig zu sehen – nicht möglich; denn Unternehmenskulturen weisen

nicht nur unscharfe Randqualitäten auf, sondern sind ihrem Charakter nach komplex. Der Hauptgrund liegt darin, dass die verzweigten Sinnbezüge eines solchen Systems niemals vollständig präsent sein können. Jede erfasste Einheit bietet unterschiedliche Möglichkeiten des Verstehens und die Anschlüsse zu anderen Sinnsystemen sind nicht abschließend darstellbar. Schon aus diesem Grunde ist es auch prinzipiell nicht möglich, eine vollständig neue Kultur zu konstruieren und Schritt für Schritt zu implementieren (Wilkins/Patterson 1985).

2. In einem *zweiten Schritt* ist die Veränderungsbedürftigkeit der (rekonstruierten) Unternehmenskultur abzuklären. Es sind Fragen zu beantworten wie: Wo wirkt diese Kultur blockierend? Wo widerspricht sie neuen strategischen Orientierungen? Wo verhindert sie die Adoption neuer Organisationsformen usw. Eine solche kritische Bewertung ist die Grundlage für einen geplanten Kulturwandel; ohne Motiv, ohne Einsicht in die Notwendigkeit einer Veränderung, wird kein Raum für Neuorientierungen gegeben. Hedberg (1981) spricht in einem anderen Kontext von der Notwendigkeit des „Entlernens" (unlearning) als Voraussetzung für neues Lernen; diese Idee lässt sich sehr gut auf die erfolgreiche Gestaltung von Unternehmenskulturveränderungen übertragen. Dabei soll nicht verschwiegen werden, dass solche Entlernprozesse in der Praxis keineswegs reibungslos vonstattengehen; sie sind in aller Regel mit schweren Konflikten (siehe oben zu den problematischen Folgen starker Kulturen) verbunden.

3. In einem *dritten Schritt*, nach der Reflexion der rekonstruierten Kulturbezüge und ihrer Wirkungsverläufe können schließlich Anstöße zu einer *„Kurskorrektur"* gegeben werden. Dazu gehört vor allem das Angebot neuer Orientierungsmuster, begleitet von neuen Darstellungsformen und Signalen (vgl. dazu das Beispiel von Amazon im Fokus 5.7) Am effektivsten erweist sich immer wieder das schlichte Andershandeln, das faktische Durchbrechen von Routinen, die ostentative Beendigung eines blutleeren Rituals (zu verschiedenen Vorgehensweisen vgl. Bate 1994). Das Angebot neuer Kulturmuster erschöpft sich häufig im Aufschreiben eines neuen *Leitbildes*, das dann kaskadenförmig über die Hierarchieebenen „heruntergebrochen" werden soll. Dieser Ansatz bleibt meist hölzerne Übung, die keine wirklichen Anschlüsse an die faktischen Orientierungen der Organisationsmitglieder herzustellen vermag (vgl. hierzu den sauber dokumentierten Misserfolg eines solchen Leitbildprogrammes zum Kulturwandel bei der Mercedes Benz AG bei Schüppel 1996, S. 293).

Es ist augenscheinlich, dass ein solcher Prozess *nicht* angeordnet werden kann. Neue Werte lassen sich nicht befehlen, allenfalls eine oberflächliche Anpassung daran. Solange sich die Umorientierung, die Assimilation neuer Annahmen und Sichtweisen nicht in den täglichen Routinen verankert, ist jede Anstrengung im Prinzip wertlos. Die Organisation muss – mehr noch als bei jedem anderen organisatorischen Wandel (vgl. hierzu im Einzelnen Kapitel 6) – bereit und motiviert sein, etwas Neues auszuprobieren.

Fokus 5.7

Starke Unternehmenskulturen und Erfolg

„Wenn er an einem Meeting mit seinen Managern teilnimmt, kommt Jeff Bezos meist in Begleitung – eines Stuhls, den er zu vielen dieser Treffen mitbringt. Nicht um sich selbst oder andere Teilnehmer daraufzusetzen. Der Stuhl bleibt leer – ganz bewusst, für die Person, um die sich in den Besprechungen alles dreht, die aber physisch nie anwesend ist: den Amazon-Kunden.

Der Spleen eines verrückten Unternehmensgründers? Keineswegs. Was Amazon-Gründer Bezos mit seiner skurrilen Methode bei seinen Managern erreichen wollte: bei jeder einzelnen ihrer Entscheidungen sollte stets das Kunden-Interesse das größte Gewicht haben.

Um diesen gedanklichen Fokus im Laufe eines Meetings nicht aus den Augen zu verlieren, lässt er am Schluss noch einmal bewusst überprüfen, ob die in den letzten Stunden getroffenen Entscheidungen für die Kunden wirklich relevant sind."

Quelle: Wirtschaftswoche 2014, Nr. 40, S.96

Einer jeden umfassenden Neugestaltung der Unternehmenskultur sind jedoch ohnehin insofern klare *Grenzen gesetzt*, als der Entwicklungsprozess nur bedingt steuerbar ist. Aufgrund des komplexen Charakters organisatorischer Kulturen ergeben sich aus Anstößen zur Kulturerneuerung häufig überraschende ungeplante Wirkungen. Solche Fehlentwicklungen sind jedoch registrierbar, diskutierbar und jedenfalls versuchsweise revidierbar. Insofern ist eine begleitende Kontrolle von großer Bedeutung.

Kurskorrektur bedeutet eine zweigeteilte Aufgabenstellung, die nicht ganz einfach in der Balance zu halten ist. Kulturentwicklung im Sinne der Kurskorrektur erfordert *Zerstörung und Entwicklung* zugleich (Trice/Beyer 1993). Die Gestalter dieses Prozesses müssen sich dieses Doppelcharakters bewusst sein. Der Zerstörungsprozess löst Angst, Unbehagen, Wut und Verzweiflung aus; diese negativen Gefühle müssen aufgefangen und für den neuen Suchprozess gewonnen werden. Dazu ist es in aller Regel erforderlich, die bisherige Kultur nicht in Bausch und Bogen zu verdammen („alles Schrott"), sondern in differenzierter Weise im Rekonstruktionsprozess das Erhaltenswerte und das Veränderungsbedürftige herauszustellen. Wer seine Historie nur negieren soll, kann selten Offenheit und Interesse für Neues entwickeln. Defensive Abwehrhaltungen zur Erhaltung des Status quo sind ansonsten die wahrscheinlichste Reaktion. Insofern ist eine (symbolische) Kommunikation im Kulturwandel erforderlich, die auch vergewissert (vgl. dazu in Fokus 5.8 das Beispiel von Papst Franziskus und seinem Kulturwandel im Vatikan).

Fokus 5.8

Symbolische Kommunikation im Kulturwandel

„Dieser Mann, der nach seiner Wahl sagte, er komme vom anderen Ende der Welt, bringt Umgangsformen mit, die viel lebendiger wirken als die seines Vorgängers Benedikt XVI., Franziskus lässt … sich nicht in die aufwendige Kleidung stecken, die Benedikt manchmal zu erdrücken schien, trägt auch weiter seine schwarzen Treter (mitsamt den Einlagen), in denen er aus Buenos Aires nach Rom kam, und nicht so feine, rote Slipper wie sein Vorgänger.

Er sucht die Menschen bei fast allen Auftritten, lässt sich Dutzende Babys reichen und herzt und segnet sie, schüttelt hunderte Hände, er steigt vom Papamobil hinab zwischen die Leute, und auf dem Gefährt steht er ohne die schützende Glaskuppel. …

… Dazu gehört, dass er sich weigert, in die Päpstlichen Appartements im Apostolischen Palast umzuziehen. Zu groß, zu aufwendig, zu weit weg von anderen Büros seien sie, hat er wissen lassen. Nur zum Angelus-Gebet und zum Empfang offizieller Gäste geht er dorthin. Sonst wohnt er weiter im Domus Santa Marta, dem Gästehaus des Vatikans, in dem die Kardinäle während des Konklaves untergebracht waren. Zwei Zimmer hat er dort, isst im Speisesaal mit den anderen Gästen und Vatikan-Angestellten, stellt sich auch am Selbstbedienungsbuffet an ….

Ein Novum hat er schon beschlossen. Er holt sich ein Beraterteam: … Das Kardinalsteam ist ein Hinweis darauf, dass Franziskus mehr Kollegialität wünscht.“

Quelle: Süddeutsche Zeitung vom 21.06.2013

Wichtig bei jedem Versuch, eine Unternehmenskultur zu verändern, ist die Reflektion des Bezugs zur formalen Ordnung. Unternehmenskulturen sind vor dem Hintergrund der formalen Ordnung entwickelt worden, und jede Kulturveränderung bedeutet zugleich einen neuen Bezug zur formalen Ordnung. Bei allen Versuchen, die Kultur zu verändern, sollte nicht vergessen werden, dass Unternehmenskulturen etwas Außerordentliches sind, sie sind eben nicht Teil der Unternehmensordnung, sondern eigensinnige, schwer überschaubare und vitale, emergente Phänomene.

Diskussionsfragen

1. „Informelles ist unvermeidbar, sollte aber so weit als möglich, dem Unternehmen fern gehalten werden." Nehmen Sie zu dieser Aussage Stellung.
2. Inwiefern kann „Illegalität" brauchbar sein?
3. Inwiefern ist Kollegialität erwartbar?
4. Welche Bedeutung kommt dem informellen Gespräch zwischen verschiedenen Hierarchieebenen zu?
5. Welche Gesichtspunkte sind zentral für die Analyse politischer Prozesse?
6. Welche Faktoren bestimmen maßgeblich den Umfang der politischen Handlungsspielräume?
7. Weshalb lässt sich die Zahl der Teilnehmer an einem politischen Spiel nicht genau vorhersehen?
8. Welche Möglichkeiten haben Führungskräfte im Umgang mit politischen Prozessen?
9. Eine Vertriebsleiterin äußert: „Die politischen Prozesse sind das Salz in der Suppe. Ohne sie würden wir hier alle erstarren." Stimmen Sie ihr zu?
10. Wo gleicht und wo unterscheidet sich der Prinzipal-Agenten-Ansatz vom Politischen Prozess-Ansatz?
11. Diskutieren Sie den Satz: „Organisationale Kompetenzen sind Schönwettersache, wenn Wolken aufziehen, muss es wieder um Zahlen und Fakten gehen."
12. Welche methodischen Schwierigkeiten tauchen auf, wenn ein Unternehmen seine eigenen Kompetenzen analysieren möchte?
13. Lässt sich die Kultur-Typologie von Kets de Vries/Miller in der Praxis anwenden?
14. Wann wird eine Unternehmenskultur als „schwach" bezeichnet? Welche Probleme wirft die Verwendung der Polarität „stark – schwach" auf?
15. Welche Grundfrage stellt sich für das Konzept der Unternehmenskultur in Bezug auf Konzerne?
16. Sind Unternehmenskulturen lediglich ein Spiegel der Landeskulturen?
17. Weshalb werden starke Unternehmenskulturen gelegentlich als „geschlossene Gesellschaft" bezeichnet?
18. Was spricht gegen den Entwurf neuer Unternehmenskulturen am grünen Tisch?
19. Weshalb sind Unternehmenskulturen ein besonders wichtiger Faktor bei Fusionen?
20. Inwiefern stellen emergente Prozesse ein generisches Problem der Organisationsgestaltung dar?

Fallstudie: Die Zänhell AG

'Jetzt beginnt hier bald der Hexentanz!', dachte Frederick Grunwald (41) bei sich, als er den Telefonhörer wieder auflegte. Sein alter Freund Dirk Wiesner (39) hatte ihm gerade brühwarm erzählt, was in der nächsten Woche in den anderen Regionen ebenfalls durchsickern würde: Der Vorstand hat wohl in einer geheimen Sitzung beschlossen, in nächster Zeit eine weitere Vertriebsregion in Deutschland zu eröffnen. Wundern würde das Grunwald nicht, schließlich konnte Zänhell in den letzten Jahren sowohl stetig wachsende Umsätze als auch Gewinne verzeichnen.

Die Zänhell AG war ein verhältnismäßig junges deutsches Industrieunternehmen, das hauptsächlich Stromversorgungs- und -verteilungsanlagen auf dem deutschen Markt vertrieb. Gegründet wurde das Unternehmen vor 24 Jahren vom heutigen Vorstandsvorsitzenden Dr. Werner Zängerle und seinem Kompagnon Ulrich Heller in Hamburg. Nachdem weitere, als Profit-Center geführte Vertriebsbüros in der Umgebung eröffnet wurden, kamen vor 12 Jahren mit der Region West weitere Vertriebsbüros mit der Zentrale in Essen hinzu. 1991 kaufte man einige ehemals staatliche Betriebe auf und eröffnete die Region Ost. Lediglich den Süden Deutschlands hatte man bisher nicht erschlossen, doch das sollte sich, wenn Wiesner Recht behielt, bald ändern.

Frederick Grunwald fing als Projektleiter bei Zänhell an und ist seit nunmehr 4 Jahren Leiter des Profit-Centers (PC) in Bremen. Ihm war klar, dass 4 Jahre als PC-Leiter keine allzu lange Zeit war, doch andererseits hatte er stets sehr gute Arbeit und hervorragende Zahlen abgeliefert. Insbesondere der Gründer Ulrich Heller war mit seiner Arbeit sehr zufrieden. Er erhoffte sich also, bei der Besetzung der neuen Regionalleiterstelle mit dabei zu sein. Seit seiner Zeit im Hamburger Profit-Center hatte Grunwald ein ausgesprochen gutes Verhältnis zu Sonja Rollberg (47) gepflegt. Kurzfristig hatten sie sogar ein Verhältnis miteinander, was die beiden aber im Unternehmen fast niemanden wissen ließen. Frederick hatte die Beziehung damals recht schnell wegen einer Urlaubsbekanntschaft wieder abgebrochen, dachte aber, dass längst genug Gras über die Sache gewachsen sein würde. Sonja war seit einigen Monaten Personalchefin und würde, da war sich Grunwald sicher, wohl als erste erfahren, wie der neue Regionalleiter besetzt werden soll. Er wusste nicht genau, ob er sie anrufen sollte oder ob das vielleicht zu vorschnell wäre. Schließlich hatte er den Hörer doch in der Hand und wählte ihre Nummer: „Hallo Sonja, sag mal ist da was dran? Die Spatzen pfeifen hier vom Dach, dass bald die Region Süd eröffnet werden soll? Weißt du da was Genaueres?" – „Frederick, du weißt, ich darf Dir dazu nichts sagen. Nur soviel: Zängerle und Heller verhandeln schon seit einiger Zeit mit kleineren Firmen aus München und Stuttgart, aber Ergebnisse sind da soweit ich weiß noch nicht in Sicht. Und so lange das nicht klar ist, gibt es auch keine Region Süd.". Grunwald wollte sich damit jedoch noch nicht zufrieden geben und setzte noch einmal nach: „Angenommen es gäbe eine Region Süd, gäbe es für diesen Fall schon Pläne, wie die Leitung besetzt werden würde?" – „Frederick, das geht jetzt eindeutig zu weit. Ich habe Dir gesagt, dass es momentan keine Region Süd gibt, also gibt es auch keine Regionalleitung. Zängerle wird sich schon äußern, wenn die Zeit gekommen ist!", Sonja bat um Verständnis, dass sie nicht mehr sagen konnte. Von der schroffen Reaktion Sonjas überrascht rief er Dirk Wiesner, der als Assistent für Zängerle arbeitete, an.

„Hallo Dirk, sag mal was ist denn da nun dran? Ich habe gerade mit Sonja Rollberg telefoniert und sie leugnet jedes Wissen über die Eröffnung der Region. Ich glaube fast, ich bin einen Schritt zu weit gegangen, ich hätte sie nicht anrufen sollen." – „Das verstehe ich nicht. Sie hat es wirklich geleugnet? Erst gestern habe ich ihr von Heller – natürlich streng vertraulich – ausgerichtet, dass sie bis Montag die Profile der für den Regionalleiterposten in Frage kommenden Personen zusammenstellen soll. Wahrscheinlich wollen sie den neuen Regionalleiter bei der Leitungsrunde Ende nächster Woche präsentieren und vorher keine Pferde scheu machen." – „Dann bin ich wohl nicht in der engeren Auswahl, sonst hätte sie mir doch irgendeinen Wink gegeben, oder? Schließlich haben wir einige Jahre sehr gut in Hamburg zusammengearbeitet und ich würde sie trotz der kleinen Sache damals als Freundin bezeichnen.". Wiesner entgegnete: „Das verstehe ich allerdings auch nicht. Einerseits weiß ich, dass Zängerle und Heller viel von Dir halten und letztendlich bestimmen die beiden die Auswahl. Wenn Sonja aber so tut als wisse sie von nichts, ergibt das keinen Sinn. Ich werde mal versuchen etwas mehr zu erfahren und melde mich dann wieder bei Dir!".

Nach dem Telefonat mit Grunwald ging Wiesner direkt zu Zängerle um ihm Bericht zu erstatten. „Hat er den Köder geschluckt?", fragte Zängerle, als Wiesner durch die schwere Bürotür aus Milchglas trat. „Ja, er hat angebissen. Er möchte unbedingt eine gute Position im Rennen um den Regionalleiterposten haben und hat sofort Sonja Rollberg angerufen, sie hat aber wie vereinbart jedes Wissen geleugnet. Das hat ihn erstmal verunsichert und er wird sich in den nächsten Tagen erstmal ruhig verhalten." – „Sehr gut Wiesner, damit haben wir erst einmal ein wenig Ruhe. Ich weiß, dass Ulrich gerne Grunwald auf dem Posten hätte, aber das wäre ein Desaster! Schilling ist der einzige, der in München und Stuttgart so durchgreifen kann, dass die Firmen schnell auf unserer Linie sind und Geld abwerfen. Grunwald mag fachlich ja nicht schlecht sein, aber wenn es darauf ankommt, ist er einfach zu weich. Wenn Schilling nur bessere Zahlen abliefern würde, dann wäre Heller sofort einverstanden, ihn auf die Position zu setzen!".

Bruno Schilling war nun schon seit knapp 10 Jahren PC-Leiter in Hamburg, dem größten Profit-Center des gesamten Unternehmens und er fühlte sich mehr als reif für den nächsten Karriereschritt. Zweimal schon wurde er übergangen, zuletzt vor 2 Jahren als der alte Regionalleiter Ost überraschend verstarb und seine Stelle schnell besetzt werden musste. Schilling hatte damals schon mit dem Gedanken gespielt, die Firma zu verlassen, entschied sich aber letztlich doch dagegen. Nach der letzten Steuerprüfung wusste er, dass es der Firma teuer zu stehen kommen könnte, wenn er noch einmal übergangen werden würde. Schilling kam gerade von seiner Mittagspause, als das Telefon klingelte: „Hallo Bruno, Werner Zängerle hier! Die Verträge in München und Stuttgart sind unterschrieben, die Region wird zum 1. Juli eröffnet. Das sind noch 4 Wochen und ich würde Dich gerne kommende Woche, wie wir es letzten Monat schon besprochen haben, als neuen Regionalleiter ankündigen. Bis dahin muss ich Heller davon überzeugen, am besten Du verhältst Dich in den nächsten Tagen ruhig!" – „Mal was ganz anderes, Du weißt, dass die Visitenkarte des Steuerfahnders auf meinem Schreibtisch liegt. Mir ist irgendwie ein bisschen mulmig, wenn ich darüber nachdenke, ob die unsere kreative Abschreibungspolitik so akzeptieren.". Zängerle wollte davon nichts hören: „Keine Sorge, das wird schon!".

Während Zängerle innerhalb des zweiköpfigen Vorstandes für alle kaufmännischen Leitungsfragen zuständig war, kümmerte sich Ulrich Heller um sämtliche technischen Fragen. Personalentscheidungen trafen die beiden immer gemeinsam, was in den ersten Jahren ihrer Zusammenarbeit auch sehr gut funktionierte. Seit einiger Zeit gibt es aber immer häufiger Konflikte, die meist nur deshalb nicht eskalieren, weil Heller der ruhigere von beiden ist und im letzten Moment einlenkt. Beiden war klar, dass sie selten eine so wichtige Entscheidung wie die anstehende treffen mussten. Sie trafen sich in Zängerles Büro, um über geeignete Kandidaten zu diskutieren. Nachdem Zängerle all seine Argumente für Schilling auf den Tisch gelegt hatte, wunderte sich Heller darüber, dass Sonja Rollberg nicht auch das Profil von Frederick Grunwald dazugelegt hatte.

Heller: „Das verstehe ich nicht. Ich hatte ihr doch unmissverständlich mitgeteilt, dass ich auch Grunwald mit in der Runde der Favoriten sehe. Wieso haben wir hier keine Akte von ihm auf dem Tisch? Hier liegen nur Schilling, Mauser, Knittel und Bergmann. Mauser hat mir schon gesagt, dass er lieber als stellvertretender Regionalleiter hier im Norden bleiben will. Seine Tochter wurde letztes Jahr eingeschult und seine Frau hat eine feste Stelle in der Uni-Klinik. Er kommt also nicht in Frage. Viola Knittel ist mit ihren 37 Jahren zu jung, da sind wir uns einig. Sie macht zwar einen guten Job als Einkaufsleiterin in der Region West, kommt für München aber einfach noch nicht in Frage. Wir sollten wirklich über Grunwald nachdenken, er liefert seit Jahren die besten Ergebnisse, seine Projekte laufen fast ausnahmslos wie geplant und er hat das Zeug sich weiter gut zu entwickeln!“

Zängerle: „Prinzipiell stimme ich Dir da zu, Grunwald ist einer der aussichtsreichen Kandidaten. Vor zwei Wochen habe ich mich mit ihm unterhalten, um mal etwas vorzufühlen, inwieweit er wirklich Interesse hätte nach München zu gehen. Mein Eindruck war aber, dass er nicht wirklich motiviert ist. Daraufhin habe ich mit Sonja Rollberg über ihn gesprochen, die beiden kennen sich ja sehr gut aus ihrer gemeinsamen Zeit in Hamburg. Sie hat meinen Eindruck bestätigt und meinte, er fühle sich sehr wohl in Bremen. Ulrich, Du weißt genauso gut wie ich, dass man für den Job hoch motiviert sein muss. Du erinnerst Dich doch sicher noch an die ersten Jahre in der Region Ost. Und im Westen war es damals auch ganz schön wackelig! Ich sage Dir Schilling ist der richtige Mann. Der kann durchgreifen wenn es sein muss. Und glaub mir, es muss sein.“

Heller: „Werner, das geht mir jetzt ein bisschen zu schnell. Als Mauser mir erzählt hat, dass er kein Interesse an der Stelle hat, meinte er auch, dass er Grunwald für eine sehr gute Alternative halten würde. Gerade der Einsatz mit dem Grunwald seinen Job macht suche seines gleichen.“

Zängerle versuchte weiterhin, Heller von Schilling zu überzeugen. Der wiederum ahnte, dass sein Partner ihm wohl nicht die ganze Wahrheit präsentiert hatte. Mit einer List schaffte er es, das Gespräch zu unterbrechen, bevor Zängerle auf eine Entscheidung drängen konnte: „Werner, ich habe in zwei Stunden einen Termin mit dem TÜV, es geht um die Prüfanlage, die wir liefern sollen. Ich muss mich unbedingt noch vorbereiten, sonst verlieren wir den Auftrag und Du weißt, wie sehr wir darum gekämpft haben. Ich komme morgen früh in Dein Büro und wir legen dann fest, wen wir runterschicken.“. Bevor Zängerle etwas sagen konnte hatte Heller schon die Tür hinter sich verschlossen. Der Termin mit dem TÜV war für Heller keine Herausforderung, so dass er nun zwei Stunden Zeit hatte, den Dingen auf den Grund zu gehen. Als erstes rief er Mauser an: „Hallo Matthias, ich wollte mich mit Dir noch mal über Frederick Grunwald unterhalten. Auch wenn es noch nicht offiziell bekannt ist, wir werden zum 1. Juli die Region Süd eröffnen und müssen jetzt klären, wer die Leitung übernehmen kann und soll.“. Mauser bekräftigte daraufhin noch einmal seine Meinung, dass er Grunwald für den fähigsten Mann hielt.

Mauser, der gerade wegen eines wichtigen Projektes am Bremer Standort war, lief kurz entschlossen in Grunwalds Büro: „Frederick, ich habe gerade mit Ulrich Heller telefoniert. Es ist noch nicht offiziell, aber die Region Süd wird zum 1. Juli eröffnet und sie überlegen gerade, wem sie die Leitung übertragen können. Vor ein paar Wochen schon habe ich ihm gesagt, dass Du eine gute Besetzung wärst und jetzt erzählt er mir, Zängerle und Rollberg seien der Ansicht, Du bist nicht motiviert genug und würdest lieber in Bremen bleiben? Ist da was dran? Oder ist das nur eins von Zängerles berühmten Ablenkungsmanövern?“.

Grunwald: „Also doch!“, sagte Grunwald etwas nachdenklich und setzte dann hinzu: „Matthias, natürlich bin ich motiviert und Du weißt, ich würde noch heute meine Sachen packen. Vorgestern habe ich mit Sonja telefoniert und sie hat doch glattweg geleugnet, dass es mit Region Süd endlich ernst wird. Ich verstehe das nicht. Wer hat denn hier etwas gegen mich und wieso? Was meinst Du, sollte ich jetzt tun?“.

Mauser: „Das ist wirklich unerklärlich. Dass Zängerle sich so etwas ausdenkt traue ich ihm zu, aber dass Sonja da auch mitspielt ist mir unerklärlich. Hattet ihr Zoff miteinander? Es bleibt dir nichts anderes übrig, als direkt mit Heller zu sprechen. Sag ihm ruhig, dass wir miteinander gesprochen haben, nur Zängerle sollte das nicht erfahren. Ich versuche inzwischen mal herauszufinden, wen Zängerle gern nach München schicken würde. Vielleicht klärt sich dann alles auf.“

Während Grunwald all seinen Mut zusammennahm und Ulrich Heller anrief, telefonierte Mauser mit Zängerles Sekretärin, die immer bestens informiert ist und mit ihm im Tennisclub spielt. Sie konnte natürlich nicht sagen, wen ihr Chef gern befördern würde, was sie ihm aber mitteilte war, dass Zängerle sich in letzter Zeit häufiger mit Bruno Schilling zum Essen getroffen hatte. Diese Information gab sie Mauser unter dem Deckmantel der Vertraulichkeit, woraufhin sich dieser bedankte und sofort Bruno Schilling anrief: „Bruno, wie sieht's aus bei euch? Ich sehe mir gerade die Pläne für das kommende Quartal an. Meinst du, ihr schafft den geplanten Auftragseingang von 3 Millionen? Ist das nicht ein wenig zu optimistisch?“ – „Ich denke die 3 Millionen sind zu schaffen. Ob die geplanten Margen erreicht werden, kann ich Dir nicht versprechen, dazu müsste entsprechend Disziplin bei den Bauleitern herrschen und da hab ich bald keinen Einfluss mehr drauf.“. Mauser wurde sofort klar, dass Schilling überzeugt war, bereits die Fahrkarte nach München in den Händen zu halten. Er beendete das Gespräch und rief Heller an, um ihm davon zu erzählen. Der bedankte sich für die Offenheit Mausers und machte sich sofort auf die Suche nach Argumenten, die gegen Schilling sprechen könnten.

Nach seinem Treffen mit Vertretern des TÜV hatte Heller noch genau 12 Stunden Zeit, bevor er wieder zurück in das Büro seines Kompagnons musste. Er wusste, dass Zängerle zu vielem bereit war, wenn es darum ging, seine Ziele zu erreichen. Er musste seine Karten also neu sortieren. Nach einigen Emails und noch mehr Telefonaten sprach er schließlich mit Uwe Nordmann aus der IT-Abteilung. Nordmann schuldete Heller noch einen kleinen Gefallen, er hatte seiner Tochter kürzlich ein Praktikum in Singapur vermittelt. Heller bat Nordmann, sich mal die letzten zugangsgeschützten Projekte Schillings genauer anzuschauen. Auf den ersten Blick konnte Nordmann nichts Auffälliges finden, doch dann stutze er: „Das ist interessant! Bei einigen Projekten hat Schilling Reisekosten aus der zweiten Jahreshälfte 2007 erst Anfang 2008 als Aufwand verbucht. Das war wohl ganz gut für seine Gewinnziele in 2007.". Heller bedankte sich bei Nordmann. Jetzt hatte er etwas, dass er bei Bedarf aus der Tasche ziehen konnte.

Autor: Stefan Klaußner

Fragen zur Fallstudie:

1. Analysieren Sie das Fallgeschehen aus der Perspektive der politischen Prozesse. Welche Elemente finden sich wieder?
2. Lässt sich vorhersagen, wie die neue Regionalleiterstelle besetzt wird?

Kapitel 6

Organisatorischer Wandel und Lernen

- Episodischer Wandel
- Gestaltung von Änderungsprozessen
- Kontinuierlicher Wandel
- Organisatorisches Lernen & Wissensmanagement
- Absorptive Capacity & Dynamische Kompetenzen
- Wandel und Stabilität – neu zusammengefügt

Diskussionsfragen

Fallstudie

Change Management ist heute zu einem der zentralen Themen im Managementdiskurs geworden. Damit ist zugleich die Sensibilität dafür gestiegen, dass die erfolgreiche Bewältigung organisatorischer Veränderungen, das fünfte generische Problem der Organisationsgestaltung, eine große Herausforderung darstellt und sich nur selten durch einfache Vorgabe von Veränderungszielen lösen lässt. Diese Sensibilität ist relativ neu, lange Zeit fehlte das Thema des Wandelmanagements in der Organisationslehre völlig und auch in der Praxis gab es wenige systematische Anstrengungen in diese Richtung. Auch in der Organisationsforschung erfährt das Thema des organisatorischen Wandels starke Beachtung aus allerdings sehr unterschiedlichen Perspektiven. Grob gesprochen wird organisatorischer Wandel einerseits als Projekt konzipiert und andererseits als ein kontinuierlicher Prozess. Diese Unterscheidung meinen Weick und Quinn (1999), wenn sie organisatorische Wandelprozesse unterscheiden in Wandel als diskontinuierliche Episode und Wandel als kontinuierlichem Prozess.

6.1 Episodischer Wandel

Wir beginnen mit der Darstellung der Wandelprobleme und den in der Organisationstheorie entwickelten Problemlösungsansätzen aus der Perspektive des episodischen Wandels. Hier wird der Wandelprozess als ein Veränderungsprojekt begriffen, das nur bei sorgfältiger Gestaltung zu dem gewünschten Ergebnis führt. Der Überwindung von Veränderungsängsten und -widerständen gilt dabei traditionell ein besonderes Augenmerk.

6.1.1 Veränderung durch Anordnung

Die betriebswirtschaftliche Organisationslehre stand lange Zeit ganz in der analytisch-linearen Denktradition und der dafür typischen Trennung von Entscheidung und Handlung, von Willensbildung und Willensdurchsetzung. Der Schwerpunkt der Bemühungen wurde in der Bildung eines rationalen Willens, konkret in dem Entwurf einer optimalen Neugestaltung der organisatorischen Regelungen gesehen. Man ging dann davon aus, ohne darum besondere Vorsorge zu treffen, dass nach Inkraftsetzung der neuen Ordnung tatsächlich so wie beschlossen gehandelt wird. Dieser entscheidungslogische Denkansatz bringt die traditionelle Organisationslehre dazu, die Veränderung einer Organisation, gleichgültig auf welcher Ebene und in welchem Umfang, im Wesentlichen als ein *planerisches Problem* zu begreifen. Im Zentrum steht die *Auswahl unter möglichen Neu-Ordnungen*, d.h. die Bestimmung der optimalen organisatorischen Lösung, die der veränderten Situation oder dem veränderten Stand des Organisationswissens am besten Rechnung trägt. Die *Umsetzung* der ausgewählten Lösung in die Praxis wird vornehmlich als eine Frage der präzisen Anweisung gesehen. Die Überführung der gefundenen Optimallösung in das tägliche Organisationshandeln gilt im wahrsten Sinne des Wortes als *problemlos*; deshalb ist es auch nur konsequent, dass die Lehrbücher der traditionellen Organisationslehre die Veränderung noch nicht einmal zum Thema gemacht haben. Dort, wo auf die Umsetzung dennoch näher eingegangen wird, etwa im Sinne möglicher Störungen oder Reibungsverluste, laufen die Empfehlungen auf eine möglichst exakte Beschreibung der neuen Anforderungen, sowie auf ein möglichst alle Eventualitäten berücksichtigendes Umstellungsprogramm („generalstabsmäßig geplant") hinaus, um allfällige Pannen zu vermeiden. Sind schließlich alle Vorbereitungen getroffen, so gibt die Geschäftsleitung den „Startschuss" zur Umschaltung auf den neuen Organisationsplan (Kolks 1990). Nach einer gewissen Toleranzzeit wird es allen Mitarbeitern zur Pflicht gemacht, nach den neuen organisatorischen Richtlinien zu handeln – verbunden mit der Annahme, dass von da an auch tatsächlich alles nach Plan läuft (vgl. Abbildung 6.1).

Dieses Modell, das den gesamten Wandelprozess, und zwar sowohl das Finden der Lösung als auch ihre Realisierung, als reines Planungsproblem definiert, erwies sich indessen allzu oft als pure Illusion. Immer wieder zeigte sich dasselbe Bild: Der Wandelprozess schleppt sich dahin, die Organisationsmitglieder widerstreben der neuen Lösung, vieles Unvorhergesehene ereignet sich und lässt die Umstellungspläne zu Makulatur werden, die alte Routine erdrückt die gewünschten Veränderungen usw. Das Implementationsproblem ist schließlich sprichwörtlich geworden (Pressman/Wildavsky 1984).

Abbildung 6.1: *Organisatorischer Wandel als Planungsproblem*

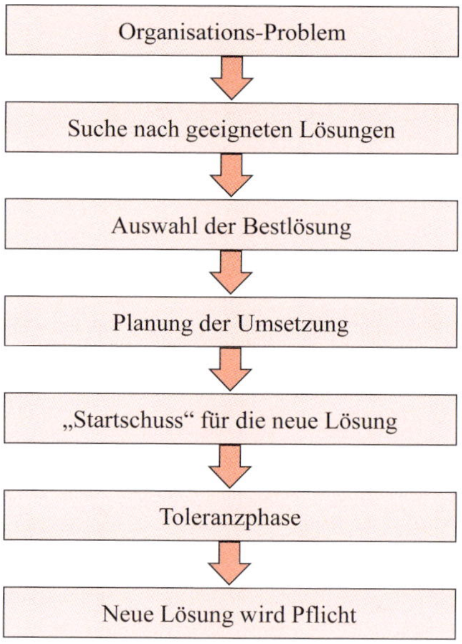

In der Tradition dieses Denkansatzes wurden (und werden) alle diese Probleme folgerichtig als Planungsmängel und -fehler interpretiert, und dementsprechend richten sich die Bemühungen zur Verbesserung der Umsetzung und zur Überwindung der Implementationsprobleme auf eine noch exaktere Planung. Bemühungen dieser Art führen in der Praxis jedoch eher zur Verschärfung der Probleme, denn zu ihrer Verbesserung. Eine Lösung der Kernprobleme des Wandels ist auf diesem Wege nicht zu erwarten, weil die Ursachen der Wandelprobleme nicht erklärt werden. Es blieb der verhaltenswissenschaftlich orientierten Organisationslehre, allen voran der Human-Ressourcen-Schule, vorbehalten, den organisatorischen Wandel als *eigenständiges* Problem zu erkennen und spezielle Ansätze zu seiner Lösung zu entwickeln. Zwischenzeitlich hat sich diese Perspektive durchgesetzt und wird deshalb hier auch als *generisches Problem* der Organisationsgestaltung begriffen. Diesbezügliche Problemlösungsansätze firmieren heute bevorzugt unter dem Label: Change Management.

6.1.2 Änderungsbarrieren

Erklärungsansätze. Ausgangspunkt eigenständiger Lösungsansätze für das Problem des organisatorischen Wandels war die Einsicht, dass die erfolgreiche Implementation neu entwickelter Organisationsstrukturen ganz wesentlich von Ihrer Akzeptanz durch die Organisationsmitglieder und das System abhängt. Diese Einsicht wurde hauptsächlich befördert durch das Konzept und Forschungen zum „Widerstand gegen Änderungen". Darunter wird eine im Wesentlichen emotionale Sperre verstanden, die Organisationsmitglieder und Systeme gegen Änderungen aufbauen. Sie aufzulösen, setzt voraus, dass man sie versteht.

Dabei gilt es allerdings zu sehen, dass nicht jedes Mal, wenn sich jemand zur Wehr setzt, in diesem Sinne ein „Widerstand gegen Änderungen" vorliegt (Jermier et al. 1994). Bei einer objektiven Verschlechterung der Lebenssituation (z.B. bei einer Entlassung oder einer Gehaltsabstufung) sind die Gründe für eine Abwehrhaltung evident und bedürfen nicht einer gesonderten Erklärung. Hierfür gibt es auch im Rahmen des geltenden industriellen Beziehungssystems Plattformen zur Aushandlung von Kompromissen (Sozialplan, Rationalisierungs-Schutzabkommen usw.). Wirklich erklärungsbedürftig werden die Änderungswiderstände erst dort, wo ein veränderungsbedingter objektiver Nachteil monetärer oder nicht-monetärer Art nicht erkennbar ist.

In neuerer Zeit wird bisweilen vorgeschlagen, das Konzept „Widerstand gegen Änderungen" fallen zu lassen, weil es eine zu starke Parteinahme beinhalte. Es werde damit implizit die Perspektive des Veränderers („change agent centric view") legitimiert und die Ablehnung durch die Betroffenen kritisiert. Darüber hinaus werde die Möglichkeit, dass der Widerstand sinnvoll, moralisch gerechtfertigt oder auch für die Abteilung eigentlich funktional sei, von vorneherein ausgeschlossen (Jermier et al. 1994; Dent/Goldberg 1999). Das Konzept laufe Gefahr, zu einer beliebigen Entschuldigung für alle möglichen Managementfehler zu werden, indem den Beschäftigten mit ihrer starrsinnigen Änderungsblockade die Verantwortung zugewiesen wird. Der Anteil der Wandelagenten an der gezeigten Ablehnung werde ignoriert (Ford et al. 2008).

Piderit (2000) schlägt vor, die Einstellung zu Wandelprojekten stärker als „ambivalente Einstellung" zu begreifen, um ein breiteres Spektrum an Beweggründen abdecken zu können. Sie verweist zum Beispiel auf den Fall, dass vom Verstand her die Änderung als notwendig erachtet wird, vom Gefühl her die Änderung aber als ungerechtfertigte Zumutung erlebt wird. Oder aber innerhalb des emotionalen Spektrums, dass der Wandel einerseits als aufregende Abwechslung, andererseits aber als Bedrohung erlebt wird. Ford et al. (2008) plädieren stark dafür, Widerstand gegen Änderungen als Ressource zu begreifen, als Hinweise auf Managementprobleme und weniger als Störung bei der Umsetzung schon vorgedachter Lösungen.

Diese kritischen Einwände sind zweifellos gerechtfertigt, das Konzept lässt sich leicht als Diskreditierung von Kritik missbrauchen, man sollte sich dieser Gefahren und Tendenzen bewusst sein, wenn man damit arbeitet. Auf der anderen Seite weist es uns – wohl verstanden – auf zentrale Bewegungskräfte in Veränderungsprozessen hin, auf die ein aufgeklärtes Wandelmanagement nicht verzichten kann.

Für eine erfolgreiche Bewältigung von Wandelprojekten ist es von zentraler Bedeutung die Gründe zu verstehen, die Menschen veranlassen können, Veränderungen abzulehnen. Watson (1975) fasst die verschiedenen Erklärungen des Widerstandes gegen Veränderungen zusammen. Er differenziert die Erklärungen nach zwei Ebenen: 1. Widerstände aus der Person und 2. Widerstände aus der Organisation.

1. Widerstände aus der Person: Die individuellen Erklärungsansätze spannen einen weiten Bogen von einfachen Persistenz-Thesen bis hin zu komplexen Perzeptionsmodellen. Dabei wird auf drei Ebenen argumentiert, auf der *kognitiven*, der *emotionalen* und der *Verhaltensebene* (Piderit 2000, S. 785 f.) Am geläufigsten ist die These, dass Menschen dazu neigen, einmal eingeschliffene Gewohnheiten beibehalten zu wollen; oder genauer, dass sich einmal gebildete Verhaltensgewohnheiten mit der Zeit zu automatischen Routinen ausformen, deren Ausführung schließlich einen Befriedigungswert für sich erhält und deshalb Veränderungswiderstände entstehen lässt. Spezifische Arbeitsvollzüge (z.B. die Weiterleitung von Telefongesprächen) verselbständigen sich zu Motiven („funktionelle Autonomie der Motive", Allport 1937), d.h. gewissermaßen zu einem Bedürfnis, und jeder Veränderungsvorschlag, diese Tätigkeit durch eine andere zu ersetzen, wird als eine drohende Beeinträchtigung der Bedürfnisbefriedigungssituation erlebt. Es handelt sich dabei also um eine Art von Verhaltensfixierung, die allerdings – im Unterschied zu Primärbedürfnissen – unter besonderen Bedingungen wieder aufgehoben werden kann (Toman 1968, S. 99).

Ein weiterer Erklärungsansatz für Veränderungswiderstände betont den – unbewussten – Vorrang, der *Ersterfahrungen* gegeben wird; spätere Erfahrungen werden tendenziell immer daran gemessen und bei zu weiter Abweichung abgelehnt.

In jüngerer Zeit finden in der Erklärung von Veränderungs-Widerständen kognitive Strukturen („cognitive maps") starke Beachtung (vgl. etwa Bovey/Hede 2001). An erster Stelle stehen hier die (notgedrungen) selektive Wahrnehmung und die Prioritäten, die die Selektion steuern. Die Organisation der Selektion – das ist seit langem aus zahlreichen Experimenten zum Perzeptionsverhalten bekannt (z.B. Secord/Backman 1964) – beruht auf früher gebildeten, generalisierten Vorzugsregeln (Seiler 1973). Die Frage, in welchem Maße neue Informationen, Empfehlungen für veränderte Abläufe, Erläuterungen für neue Kooperationsbezüge usw. aufgenommen oder abgewehrt werden, ist also wesentlich eine Frage der Vororientierungen („bias"). Tendenziell gilt: Emotional unangenehme oder beängstigende Stimuli haben eine höhere Wahrnehmungsschwelle als neutrale oder angenehme Stimuli. Ferner: Kritische Stimuli rufen häufig Substitut-Perzeptionen hervor, um sich vor der Wahrnehmung der kritischen, die bisherige Praxis in Frage stellenden Stimuli zu schützen. Die Wahrscheinlichkeit, dass organisatorische Veränderungsvorhaben auf eine Perzeptionsabwehr treffen, ist also verhältnismäßig hoch. Um den Widerstand zu verstehen, ist es hiernach also von ausschlaggebender Bedeutung, die Vororientierungen und ggf. kognitive Verzerrungen genauer kennen zu lernen (Bovey/Hede 2001).

Eine weitere Verhaltenstendenz, die zur Erklärung des Widerstands gegen Änderungen beizutragen vermag, ist schließlich der *Frustrations-Regressions-Effekt*. Veränderungsprogramme entwerten häufig die eingeübten Verfahrensweisen; diese führen nicht mehr, wie es über Jahre hinweg der Fall war, zum Erfolg. Die daraus resultierende Frustration löst häufig nicht ein vorwärts strebendes Suchen nach neuen Lösungen aus, sondern eher eine rückwärts gewandte Reaktion: ein Festklammern an den alten Wegen oder eine heimliche Rückkehr zu dem Althergebrachten, wie es früher einmal galt. Die alte Situation wird zur „goldenen Zeit" verklärt, die neue Situation abgelehnt.

Nicht selten sind es auch Arbeitsgruppen, die geschlossen einen solchen Widerstand zeigen. Sie wehren sich gegen ihre drohende Auflösung oder eine Veränderung ihrer internen Struktur. Dies gilt in besonderem Maße für hoch kohäsive Gruppen (Brown 2000, S. 44 ff.). Eine zentrale Rolle kommt dabei dem Vergleich mit Referenzgruppen zu; führt die Veränderung zu einer Verschlechterung im Vergleich zu diesen ist Widerstand wahrscheinlich (Kelley 1955). Dieser Gesichtspunkt leitet bereits über zu Widerständen, die aus der Organisation kommen und nur aus der spezifischen organisatorischen Dynamik heraus erklärbar sind.

2. Widerstände aus der Organisation: In jeder Organisation entwickeln sich auf informellem Wege Normen und *kollektive Orientierungsmuster*, die in der Regel auf einer mehr unbewussten Ebene wirken. Veränderungsprogramme, die diese Normsysteme in Frage stellen, stoßen in aller Regel auf einen energischen Widerstand. Es sind deshalb gerade diese emergenten Regeln und Normen, die eine starke Beharrungstendenz aufweisen, in ihrer Dynamik aber häufig unerkannt bleiben. Je enthusiastischer (stärker) die Organisationskultur, umso ausgeprägter ist der zu erwartende Widerstand bei grundlegenden Veränderungen (vgl. Kapitel 5).

Ein anderer in der Organisation selbst liegender Faktor, der zu Widerständen gegen Änderungen führt, sind Praktiken mit *unbeabsichtigten Nebenwirkungen*. So kann es sein, dass ein neues, aufgrund der mangelnden Mobilität der Führungskräfte dringend benötigtes internationales Personalentwicklungsprogramm eines multinationalen Konzerns auf Widerstand stößt, weil es mit traditionellen Karriereregeln („Bei uns macht man im Stammhaus Karriere – oder gar nicht.") kollidiert (Doppler/Lauterburg 2014). Ähnlich ist es, wenn geplante Veränderungen angestammte *Privilegien*, die aus der informellen Statushierarchie fließen, zerstören (z.B. Sitzordnung, Redevorrechte oder direkter Zugang zur Vorgesetzten).

Ablehnend und abwehrend reagieren viele Systeme auch deshalb auf Veränderungsprogramme, weil sie von außen kommen. Das *Nicht-hier-erfunden-Syndrom* (NIH: not invented here) ist zwischenzeitlich ein viel untersuchtes Widerstands-Phänomen in nationalen und internationalen Projekten (vgl. zuerst die Untersuchung von Katz/Allen 1988). Es ist besonders typisch für die Widerstandsproblematik, weil die Abwehr in aller Regel rein emotionaler Natur ist („Systemstolz"). Die Innovationsfähigkeit von Systemen wird in den letzten Jahren immer häufiger im Hinblick auf die „absorptive capacity" von Systemen studiert (Cohen/Levinthal 1990). Dabei spielt die Frage, in welchem Maße Organisationen in der Lage sind, neue Informationen von außen aufzunehmen, eine zentrale Bedeutung (vgl. Burr 2004). Das NIH-Syndrom gewinnt aus dieser Perspektive eine Schlüsselrolle; je stärker es ausgeprägt ist, umso weniger ist eine Organisation in der Lage den Wandelerfordernissen gerecht zu werden (Hauschildt/Salomo 2011).

Eine noch drastischere Reaktionsweise liegt dem „Threat-Rigidity"-Effekt zugrunde. Wird eine Veränderung als Bedrohung empfunden, so reagieren Systeme häufig mit Verhärtung und dem verkrampften Festhalten an einmal eingeübten Praktiken (Staw et al. 1981).

Ein weiteres Argument verweist auf die zumeist tiefe Verankerung von Routinen und Strukturen („deep structure") und das Widerstreben von Systemen, diese preiszugeben; sie befürchten, damit in einen Ungleichgewichtszustand zu geraten, der mit Chaos und Verwirrung gleichgesetzt wird (Gersick 1991; Romanelli/Tushman 1994).

Schließlich ist auf informale Status- und Prestigehierarchien hinzuweisen, die von organisatorischen Änderungsinitiativen häufig (unbewusst) in Frage gestellt werden (Lehner/Ötsch 2015). Änderungen bringen fast immer eine Neuverteilung auch der immateriellen Ressourcen mit sich; gegen eine solche indirekte Verschlechterung werden nicht selten „politische Kräfte" mobilisiert (Kieser/Ebers 2014).

In der populationsökologischen Forschung wird seit Jahren auf das Phänomen der Strukturellen Trägheit („structural inertia") von Organisationen hingewiesen (Hannan/Freeman 1984). Es wird angenommen, dass Organisationen eine Menge Energie mobilisieren, um ihre Praktiken zu stabilisieren und sie gegen Unwägbarkeiten, wie sie zwangsläufig mit Veränderungen einhergehen, zu schützen. Dabei wird allerdings diese forcierte Stabilisierung nicht als Negativum gesehen: Je mehr es einer Organisation gelingt, erfolgreiche Praktiken zu konservieren, umso höher wird vor einem evolutionstheoretischen Hintergrund die Wahrscheinlichkeit des Überlebens veranschlagt. Erst bei einem Wandel der externen Bedingungen wird diese Stabilität und Zuverlässigkeit in der Leistung zur Trägheit und damit zu einer Gefahr. Das System kann sich aus seinen Stabilisierungspraktiken nicht mehr selbst befreien.

Auf Systemträgheit weist auch die Theorie der Pfadabhängigkeit hin (David 1984; Arthur 1994; Sydow et al. 2009). Dieser Ansatz bringt vor allem die Systemgeschichte ins Spiel, mit der These, dass das Systemverhalten in starkem Maße von den Entscheidungen mitgeprägt wird, die in der Vergangenheit getroffen wurden. Die Theorie der Pfadabhängigkeit macht sich die Metapher des Pfades zu eigen, und zwar im Sinne eines Pfades, der Leitlinie des Handelns ist. Befindet sich eine Organisation auf einem Pfad, der nur noch mit sehr großen Anstrengungen verlassen werden kann, spricht man von Pfadabhängigkeit. Die Bezeichnung „Pfadabhängigkeit" signalisiert bereits sehr genau, worauf dieser Ansatz zielt: Ein einmal eingeschlagener Weg – etwa eine bestimmte Form der Arbeitsteilung oder eine spezifische Kooperationsform zwischen zwei Abteilungen wie z.B. Marketing und Forschung & Entwicklung – verfestigt sich und verengt zunehmend den Handlungsspielraum eines Unternehmens. In diesem Sinne bewegen sich Unternehmen meist unbemerkt und ungewollt auf Pfaden, d.h. ihre Handlungen werden zunehmend von ein- und demselben Muster geprägt bis schließlich dieser Pfad nicht mehr oder nur noch mit sehr großen Anstrengungen verlassen werden kann.

Die Treiber für die Entfaltung solcher Dynamiken werden in so genannten positiven Rückkoppelungen gesehen (Dobusch/Schüssler 2012). Diese lösen sich selbstverstärkende Prozesse aus. Die Wiederholung des einmal erprobten Handlungsmusters führt zu zunehmenden Erträgen („increasing returns"). Solche Effekte entstehen aus verschiedenen Gründen, etwa durch Skalenerträge/Größenvorteile, Erfahrungs-/Lerneffekte, Komplementaritäten oder durch direkte und indirekte Netzexternalitäten (man denke etwa an den Schneeballeffekt beim Aufbau eines Mobilfunkkunden-Kreises).

Diese positiven Verstärker lassen einen immer stärkeren Sog entstehen, sich auf den einmal eingeschlagenen Weg immer weiter zu konzentrieren. Die Durchschlagskraft solcher sich selbst verstärkender Prozesse ist so stark (vgl. die Beiträge in Sydow/Schreyögg 2013), dass die Organisation mit diesem Pfad immer mehr in ein Lock-in gerät. Dies bedeutet in der Konsequenz dass neue Ideen und Handlungsmuster eine immer geringere Chance haben, aufgegriffen zu werden. Das ganze System ist unbeweglich geworden. Veränderungsprojekte werden abgestoßen, dies wird von Außen als Widerstand gegen Änderungen erlebt. Leonard-Barton (1995) bezeichnet die mit dieser Tendenz verbundene Verfestigung im Hinblick auf organisationale Kernkompetenzen sehr plastisch als „Core-rigidities". Kernkompetenzen zeichnen sich danach paradoxerweise sowohl dadurch aus, dass sie einerseits immer wieder ganz bestimmte Innovationen ermöglichen, gleichzeitig aber zur Verhinderung oder Unterdrückung andersgearteter Innovationen, also zum Widerstand gegen Änderungen beitragen. Kernkompetenzorientierte Unternehmen fördern danach tendenziell immer nur solche Projekte, die eng verwandt sind mit den einmal entwickelten und positiv verstärkten

Kernkompetenzen. Im Gegensatz dazu werden solche Projekte mit geringen oder gar keinen Ähnlichkeiten zu bestehenden Kernkompetenzen tendenziell abgelehnt bzw. nicht gefördert. Es stellt sich in der Folge der Effekt ein, dass die existierenden Kompetenzen immer weiter verbessert werden, während gleichzeitig das Experimentieren mit Ressourcen zur Entwicklung alternativer Lösungsansätze kontinuierlich an Attraktivität verliert. Im Ergebnis bildet eine Organisation auf diese Weise ein zwar perfektioniertes Verknüpfungsmuster aus, begibt sich im Zuge dieses Prozesses jedoch potenziell in eine sog. „Kompetenzfalle": Das erfolgreiche Verknüpfungsmuster wird zum selbstverständlichen Bestandteil der Organisation, es wird regelmäßig auf zu bewältigende Problemsituationen angewandt, ohne die fortdauernde Brauchbarkeit zu reflektieren (Schreyögg/Kliesch-Eberl 2007). Die ehemals erfolgreiche organisationale Kompetenz verkehrt sich im schlimmsten Fall in ihr Gegenteil, nämlich Inkompetenz, gemeint ist die Unfähigkeit, neue Entwicklungen aufzunehmen und Veränderungsprozesse voranzutreiben.

Im Unterschied zu einfachen individuellen Erklärungen ist es bei den zuletzt genannten Prozessen eine komplexe, schwer zu entschlüsselnde Systemdynamik, die Widerstände generiert und Veränderungsimpulse scheitern lässt. Insgesamt zeigt sich, dass es nicht weiterführend ist, „Widerstand gegen Änderungen" als pauschales Phänomen abzuhandeln, dazu sind die Beweggründe viel zu unterschiedlich. Es bedarf vielmehr differenzierender Erklärungen, die den Weg zu je spezifischen Gestaltungsmaßnahmen ebnen.

Lawrence (1954) weist schon in seinem klassischen Aufsatz „How to deal with resistance to change" darauf hin, dass es sich bei Änderungswiderständen nicht um eine fest umschriebene „Krankheit" handele, für die es nur eine gute Medizin zu finden gelte, sondern um ein diffuses Symptom. Diffus insofern, als es jeweils erst entschlüsselt werden müsse. Er vergleicht es mit einer roten Fahne, die zeigt, dass etwas schief gelaufen sei. Nicht die rasche Überwindung der Widerstände dürfe das erste Ziel sein, sondern: „When resistance appears, it is time to listen carefully to find out what the trouble is."

6.1.3 Gestaltung von Änderungsprozessen

Für die nun entscheidende Frage, wie mit solchen Trägheiten, Verriegelungen und Widerständen in Änderungsprozessen umgegangen werden kann, kam der wesentliche Impuls von dem zunächst in Berlin lehrenden und später in die USA geflohenen Kurt Lewin und seinen Experimentalstudien. Eine herausragende Stellung kommt dabei seinen inspirierten Experimenten zur Überwindung von Speiseabscheu zu (Lewin 1943; 1958). Sie waren in mehrfacher Hinsicht bahnbrechend und sollen deshalb nachfolgend in Grundaufbau und Schlussfolgerungen etwas genauer geschildert werden. In den folgenden Abschnitten werden dann darauf aufbauende Forschungsergebnisse zur Gestaltung von Veränderungsprozessen und deren Querverbindungen zu anderen organisatorischen Handlungsfeldern aufgezeigt.

6.1.3.1 Lewins Goldene Regeln

Das Untersuchungsobjekt „Speiseabscheu" eignet sich sehr gut für die exemplarische Analyse von verhaltensbedingten Widerständen, weil es sich hier ganz offensichtlich um eine nicht sachlich begründete, sondern *stark emotionale*, meist sehr tief sitzende Barriere handelt (Lewin 1943, S. 60). Es mischen sich gelernter Ekel mit Fragen des sozialen Status (z.B. Innereien: „das Essen der armen Leute, die sich kein Fleisch leisten können") und des Aberglaubens (z.B. „das Herz eines Lebewesens überträgt dessen Züge") – insgesamt stellt sich Speiseabscheu als ein schwer auflösbares Konglomerat von Beweggründen dar, wie es in ähnlicher Struktur häufig auch bei Widerstandsphänomenen im Rahmen betrieblicher Veränderungsmaßnahmen auftritt.

Ausgangspunkt für die Studien war folgender: Im Zuge des Kriegseintritts der USA und der damit erwarteten Lebensmittelverknappung, aber auch ganz allgemein zur Verbesserung der Volksernährung, hatte das Food Habits Committee des National Research Councils Lewin beauftragt, herauszufinden, wie man Nahrungsgewohnheiten verändern kann. Insbesondere sollte er Ansätze entwickeln, wie man US-Hausfrauen als Schlüsselfiguren in der Nahrungsmittelnachfrage davon überzeugen kann, dass sich auch mit (dort unüblichen) Innereien leckere Speisen zubereiten lassen. Die Hausfrauen ekelten sich allein schon bei dem Gedanken, Innereien, wie Herz oder Lunge, zuzubereiten und essen zu müssen. Zum Abbau des Widerstandes hat man zwei ganz unterschiedliche Verfahrensweisen in jeweils drei Gruppen ausprobiert.

In den *„Vortragsgruppen"* erhielten die Hausfrauen Vorträge über die ernährungswissenschaftlichen Vorzüge von Innereien (Herz, Lunge, Nieren usw.), ihre Zubereitung unter Vermeidung ungeliebter Begleiterscheinungen (Geruch, direkter Tastkontakt usw.); ferner wurden Rezepte verteilt und die Vortragende berichtete über eigene, positive Erfahrungen mit diesen Nahrungsmitteln einschließlich des Erfolges, den sie damit in ihrer eigenen Familie erzielen konnte. Lewin bezeichnete diesen Ansatz zur Änderung von Nahrungsmittelgewohnheiten als „high pressure salesmanship".

In den sog. *Diskussionsgruppen* wurde völlig anders verfahren. Nach einer kurzen Einführung in die Problemlage, in der man vor allem auf kriegsbedingte Fleischverknappungen und ganz allgemein auf die gesellschaftliche Bedeutung einer Änderung von Nahrungsgewohnheiten verwies, wurde eine Diskussion gestartet mit dem Ziel, gemeinsam Maßnahmen für die Regierung zu finden, wie man Hausfrauen „wie uns" helfen könnte, ihre Speiseabscheu gegenüber Innereien zu überwinden. Dies führte dazu, dass die Gruppenmitglieder zunächst einmal mögliche Gründe für den Widerstand gegen Innereien zusammentrugen (der Geruch während des Kochens, die glitschige Oberfläche, der unzufriedene Ehemann, die maulenden Kinder usw.). Dabei entwickelte sich rasch die persönliche Überzeugung, dass gegen die strikte Ablehnung der Innereien in der US-amerikanischen Gesellschaft etwas unternommen werden müsse. Die Gruppenmoderatorin bot dieselben ernährungswissenschaftlichen Informationen und Rezepte an, wie sie in den *Vortragsgruppen* gegeben wurden – dies allerdings erst dann, wenn sich die Gruppe auf die Suche nach Argumenten gemacht hatte und zusätzliche Informationen willkommen waren, wie man die zuvor herausgearbeiteten Barrieren überwinden könnte. Am Ende der Diskussion sollten die Teilnehmerinnen durch Handaufheben zeigen, wer bereit war, in den nächsten Wochen selbst eine der besprochenen Innereien auszuprobieren.

In allen Gruppen war vor Beginn erhoben worden, wie viele Frauen bereits Erfahrungen mit diesen Nahrungsmitteln hatten. Die Erfahrungsrate war extrem niedrig und verteilte sich über alle Gruppen gleich (Lewin 1943, S. 62). Sieben Tage nach den Veranstaltungen wurde ihre Wirkung geprüft. Interviews ergaben, dass 10% der Frauen aus den *Vortragsgruppen* und 52% der Frauen aus den *Diskussionsgruppen* Innereien gekocht hatten. Bei der Frage, wer ihnen bislang völlig unbekannte Innereien ausprobiert hatte, waren es 3% der Frauen aus den *Vortragsgruppen* (n=41) und 32% der Frauen aus den *Diskussionsgruppen* (n=44).

Ähnliche Ergebnisse zeigten sich in anschließenden Parallel-Experimenten (Lewin 1958, S. 204 ff.).

Die deutlich und konsistent besseren Ergebnisse der *Diskussionsgruppen*- wurden vor allem auf folgende Faktoren zurückgeführt (Lewin 1958, S. 203):

- *Ausmaß der aktiven Teilnahme:* Im Unterschied zur Vortragsmethode, bei der die Teilnehmerinnen primär passive Rezipientinnen waren, erforderte die Diskussionsmethode ein hohes Maß an Eigenaktivität – ohne allerdings zu bedrängend zu sein; es ging ja um „Hausfrauen wie wir" und nicht konkret um die Einzelperson. Die Bedeutung der Eigenaktivität zeigt sich auch in vielen anderen Experimenten zum Einstellungswandel. Janis/King (1958) können – um nur ein Beispiel herauszugreifen – zeigen, dass ein Einstellungswandel sehr viel eher durch ein Rollenspiel als durch bloßes Zuhören erreicht werden kann.
- *Motivation und Entscheidung:* Die Diskussionsmethode konkretisierte die im Verlauf der Sitzung aufgebaute Veränderungsmotivation, indem zum Abschluss eine Entscheidung herbeigeführt wurde („Handheben"). Damit wurde die Kluft zwischen bloßer Einstellung und tatsächlicher Handlung besser überbrückt.
- *Individuum und Gruppen:* Die Vortragsmethode stellte keinen Gruppenzusammenhalt her, die Änderung blieb eine reine Frage der persönlichen Vorliebe. In der Diskussionsmethode wurden Gruppenkräfte aktiviert. Die Teilnehmerinnen agierten als Gruppenmitglieder, sie orientierten sich an den gemeinsam entwickelten Normen und ermutigten sich gegenseitig.

Die in diesem Experiment praktizierte Gruppenmethode und die dabei verwendeten Maßnahmen der *Teilnehmeraktivierung* nahmen die Eckpfeiler von organisatorischen Wandelkonzepten der nächsten Jahrzehnte vorweg. Im Grunde war in diesen Studien alles angelegt, was später zu den *„goldenen Regeln"* des erfolgreichen organisatorischen Wandels werden sollte:

1. Aktive Teilnahme am Veränderungsgeschehen, frühzeitige Information über den anstehenden Wandel und Partizipation an den Veränderungsentscheidungen.

2. Nutzung der Gruppe als Wandelmedium. Wandelprozesse in Gruppen sind weniger beängstigend und werden im Durchschnitt schneller vollzogen.

3. Kooperation unter den Beteiligten.

Aus anderen Experimenten leitet Lewin schließlich noch eine vierte Regel ab:

4. Wandelprozesse vollziehen sich *zyklisch*. Sie bedürfen einer Auflockerungsphase, in der die Bereitschaft zum Wandel erzeugt wird, und einer Beruhigungsphase, die den vollzogenen Wandel stabilisiert.

Letzteres wurde auf der Basis von Beobachtungen entwickelt, wonach die Änderungsbereitschaft in manchen Gruppen nur kurzfristiger Natur war, während andere Gruppen die Änderung dauerhaft trugen. Lewin (1958, S. 210 f.) geht vor dem Hintergrund seiner Feldtheorie davon aus, dass der neue Zustand gegen die beharrenden Feld-Kräfte abgesichert werden muss, sonst drängen diese wieder zum Ausgangspunkt zurück.

Vor allem aber betont Lewin als einer der Ersten – und diese Einsicht sollte später ein immenses Gewicht erhalten – die Notwendigkeit einer *Auftauphase*. Änderungen haben nur Aussicht auf Erfolg, wenn die bisherige Praxis in nachvollziehbarer Weise in Frage gestellt und die Notwendigkeit eines Wandels deutlich erlebt wird.

Diese beiden zuletzt genannten Einsichten führten schließlich dazu, den erfolgreichen Veränderungsprozess als triadische Episode zu konzeptionalisieren: Auftauen (unfreezing) – Verändern (moving) – Stabilisieren (freezing). Das Bild, das hier illustrierend im Hintergrund steht, ist eingängig: Wer die Form eines gefrorenen Gutes verändern will, muss dieses dazu erst einmal auftauen, sonst bricht es entzwei. Sollen die neuen Formen Bestand haben, muss man sie in eine feste Form bringen.

Die Auftauphase („unfreezing") verlangt, dass ein System den vormaligen Gleichgewichtszustand aufgibt und sich eine Bereitschaft zur Veränderung herausbildet. Alte Gewohnheiten werden in Frage gestellt, neue Ideen diskutiert usw. Der Anstoß für einen *Auftauprozess* kann sowohl von innen (Fehleranalyse, neue Mitarbeiter usw.) als auch von außen kommen (sinkender Börsenwert, Marktanteilseinbußen, öffentliche Kritik an dem Unternehmen usw.). Das Scheitern von Veränderungsprojekten (wie z.B. eine neue Organisationsstruktur oder ein neues Anreizsystem) hat häufig seinen Grund gerade darin, dass es versäumt wurde, für ein Auftauen zu sorgen. Man wollte rasch – zu rasch – zum Ziel kommen (vgl. hierzu z.B. Greiner 1967).

Durchgeführte Veränderungen – das ist der zweite Kerngedanke des Lewinschen Episodenschemas – bedürfen der *Stabilisierung*, müssen wieder „eingefroren" werden, damit sie auch Bestand haben. Ansonsten bestehe die Gefahr, dass schon kleine Rückschläge oder die „Macht der Gewohnheit" die alten, latent noch lange Zeit wirksamen Strukturen wieder aufleben lassen. Mit anderen Worten, um dem zu entgehen muss wieder ein Gleichgewichtszustand hergestellt werden (vgl. Abbildung 6.2).

Abbildung 6.2: *Das organisatorische Änderungsgesetz nach Lewin*

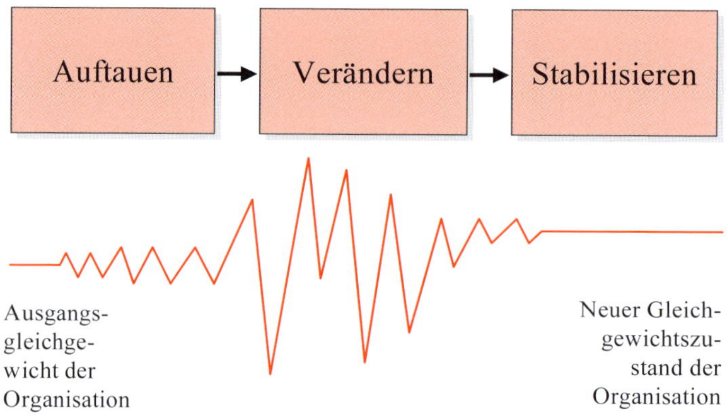

Quelle: Nach Lewin (1958), S. 210 f.

Die dabei unterlegte Gleichgewichtsvorstellung geht allerdings nicht von einem natürlichen präfixierten Gleichgewichtszustand aus, sondern von temporalen Gleichgewichten. Dies bedeutet, dass sich das System nicht immer wieder auf denselben Zustand einpendelt, sondern dass nach Veränderungen wieder ein *neuer* Gleichgewichtszustand gesucht wird, so dass sich die Unternehmensentwicklung als eine Abfolge quasi-stationärer Gleichgewichtszustände darstellt (*komparativ-statische Entwicklung*). Leitbild ist das System im stabilen Gleichgewicht.

Weitere Experimente und Studien (z.B. Coch/French Jr. 1948; Ronken/Lawrence 1952; Watson 1975) ergänzten die Lewinschen Erkenntnisse zum Wandelverhalten und zu Widerständen in der folgenden Weise: Die Veränderungsbereitschaft steigt, wenn

- Einverständnis über die Wandelnotwendigkeit hergestellt,
- das Veränderungskonzept selbst (mit)erarbeitet,
- die Veränderung gemeinsam beschlossen und
- die Veränderung begreifbar gemacht wurde.

6.1.3.2 Organisationsentwicklung

Historischer Hintergrund. Die Gruppendiskussion, die sich im Falle der amerikanischen Hausfrauen als so erfolgreiche Auftaumethode erwiesen hatte, wurde nach weiteren Experimenten, die sich vornehmlich mit der Überwindung von Vorurteilen beschäftigten, zu einer speziellen *Methodik des Wandels* ausgeformt. Prägend war das sog. Connecticut-Seminar, bei dem es um Programme zur Überwindung von rassistischen Vorurteilen ging. Dabei wurde mehr zufällig die herausragende Bedeutung des offenen *Feedbacks* für soziale Lernprozesse entdeckt. Die Arbeit fand in Kleingruppen statt, denen jeweils ein Beobachter beigeordnet war. Letztere sollten abends im Leitungsteam jeweils über ihre Beobachtungen berichten. Die zufällige Anwesenheit von Gruppenmitgliedern ließ das Feedback als spezielle Methode entstehen.

Fortan stand in diesen Gruppen das aktuelle Gruppengeschehen im „Hier und Jetzt" viel stärker im Vordergrund. Man hatte festgestellt, dass der gegenseitige offene Austausch von Beobachtungen der Verhaltensweisen von Gruppenmitgliedern sehr viel schneller und effektiver Verhaltensänderungen bewirken kann (Rechtien 1992, S. 48 f.). Später sollten diese in modifizierter Form unter dem Namen „T-groups" weltberühmt werden. Im Rahmen der National Education Association wurde schließlich 1947 ein spezielles Institut eingerichtet, die National Training Laboratories (NTL), das fortlaufend T-group-Programme anbot. Parallele Entwicklungen gab es am Tavistock-Institut in England, wo man vornehmlich mit führerlosen Gruppen experimentierte (Bion 1961).

Der idealtypische Verlauf einer T-Gruppe sieht einen unstrukturierten Beginn vor. Die dadurch hervorgerufene Verunsicherung evoziert stereotype Verhaltensweisen; einzelne Gruppenmitglieder beginnen, sich mit ihren Meinungen und Verhaltensweisen zu exponieren. Der neue soziale Raum der Gruppe ermöglicht ungewohnte Erfahrungen. Verhaltensänderungen sollen erreicht werden durch die Aufnahme neuer Informationen, insbesondere durch offenes Feedback. Die neuen Verhaltensmuster sollen schließlich eingeübt und der Transfer in die normale Arbeitssituation durch Simulation vorbereitet werden (Rechtien 1992).

Für das Herzstück, das Feedback, wurden spezielle Richtlinien entwickelt, für deren Einhaltung die Trainer strenge Sorge tragen (vgl. Abbildung 6.3).

Abbildung 6.3: *Feedback-Regeln*

Feedback soll:
1. Verhaltensweisen beschreiben, nicht Personen bewerten,
2. konkret auf eine Situation bezogen und nicht verallgemeinernd sein,
3. auf etwas Bezug nehmen, das der Betroffene verändern kann,
4. Negatives wie auch Positives hervorheben und
5. gegenseitiges Verstehen sicherstellen.

Quelle: Rechtien (1992), S. 204 f.

Die Praxis interessierte sich sehr schnell für diese Trainingsmethode zur Förderung von organisatorischen Wandelprozessen. Später kam es zu einer gewissen Schwerpunktverlagerung. Gruppendynamische Prozesse traten zurück zugunsten des personalen Wachstums in der Gruppe. Der Typus der Selbsterfahrungsgruppe bzw. des sog. *Sensitivity-Trainings* trat in den Vordergrund; angestrebt wird dabei eine Bewusstseinserweiterung in sozial-kognitiver, motivationaler und expressiver Hinsicht (vgl. im Einzelnen Fengler 1981).

Die Wirkungsweise dieser Art von Training lässt systematisierend mit Hilfe des von Luft und Ingham entwickelten Johari-Fensters darstellen (Luft 1972). Es differenziert schematisierend zwischen einer Person und ihren Interaktionspartnern sowie zwischen bewusster und unbewusster Wahrnehmung. Die daraus resultierende Vierfelder-Matrix (vgl. Abbildung 6.4) unterscheidet dementsprechend vier Fallgruppen:

Bereich I: Dies ist der *Bereich der offenen Wahrnehmung*. Verhaltensweisen und Motivationen sind der fokalen Person wie auch den Interaktionspartnern wechselseitig bekannt.

Bereich II: Andere sehen und wissen Dinge, von denen man selbst nichts weiß (*„blinder Fleck“*).

Abbildung 6.4: *Johari-Fenster*

Quelle: Luft (1972), S. 22

Bereich III: Erstreckt sich auf Verhaltensweisen und Motivationen, die man selbst sieht, erkennt und bewertet, den anderen aber, aus welchen Gründen auch immer (Scham, Scheu, Ängstlichkeit usw.), nicht mitteilt.

Bereich IV: Weder man selbst, noch die Interaktionspartner bemerken bewusst Motive und Vorgänge, obwohl sie die Beziehungen nachhaltig prägen; für Dritte ist der Bereich jedoch zugänglich.

Die *These* ist, dass typischerweise der Bereich I sehr klein ist, die anderen drei Bereiche hingegen unverhältnismäßig groß sind. Dies bedeutet, dass die Kommunikationsqualität entsprechend schlecht ist: Wenig Offenheit in der Kommunikation, keine Gelegenheit zum Lernen durch Feedback, Vergeudung von Energie für das Verstecken und Verbergen usw. Daraus resultieren nicht nur Behinderungen im Informations- und Wissensaustausch im betrieblichen Leistungsprozess, sondern auch Vorbehalte gegen Veränderungen. Zu groß ist der Bereich des Unbekannten oder der möglichen Hinterlist. Gruppentrainings lassen sich nun als Interventionen mit dem Ziel begreifen, den Bereich der freien Aktivität (Bereich I) sukzessive auszudehnen und die anderen drei Quadranten zu verkleinern. Dabei gilt die Annahme, dass der Widerstand gegen Änderungen umso geringer ausfällt, je größer der Bereich I ist.

Das Johari-Fenster lässt sich ebenso gut auf die Beziehungen zwischen *Gruppen*, Abteilungen oder gar Organisationen im Rahmen von Netzwerken anwenden. Das in Kapitel 3 erläuterte System 4 von Likert setzt z.B. ein sehr breites Feld I in der Intergruppenbeziehung voraus. Insgesamt gilt, dass das Feld IV sehr viel schwieriger zu öffnen ist als die Felder II und III, und in seiner Bedeutung häufig zu klein veranschlagt wird (Luft 1972, S. 23).

In den 1970er Jahren haben diese Gruppentrainingsmethoden weltweite Verbreitung gefunden. Die Förderung betrieblicher Wandelprozesse wurde mehr und mehr zu einer neuen Beratungsaufgabe. Im Zuge dieser aber auch anderer sehr einflussreicher Entwicklungen bildete sich schließlich ein Spezialzweig innerhalb der Organisationstheorie heraus, der sich ganz und gar der Wandelthematik widmet, nämlich die *Organisationsentwicklung* (OE).

Neben der Gruppentrainingsmethode trug eine Reihe weiterer Ansätze entscheidend zur Herausformung dieser Spezialdisziplin bei. Hier sind vor allem die *„Survey-Feedback"-Forschung* und die schon erwähnten *Tavistock-Konferenzen* zu nennen. Der genauere Umriss des Konzeptes Organisationsentwicklung (OE) ist umstritten, versucht man die Merkmale herauszustellen, die am häufigsten mit dem Begriff verbunden werden (vgl. auch Cummings/Worley 2014), so sind vor allem die folgenden fünf zu nennen:

1. *Geplanter Wandel:* Gegenstand der Bemühungen ist eine gezielte Herbeiführung eines konkreten Wandelprozesses in Organisationen.
2. *Ganzheitlicher Ansatz:* OE zielt darauf, das gesamte System (oder zumindest größere in sich geschlossene Einheiten) einem Wandel zu unterziehen. Die Projekte sind durchweg längerfristig ausgelegt.

3. *Anwendung sozialwissenschaftlicher Theorien:* Die initiierten Wandelprozesse stützen sich in ihrer Wirkungsvermutung auf sozialwissenschaftliche Theorien.
4. *Struktur und Verhalten:* Die Programme zielen sowohl auf Veränderungen des Verhaltens als auch der Organisationsstruktur ab.
5. *Intervention durch Spezialisten:* Die Wandelprozesse werden von Spezialisten konzipiert und gesteuert.

Organisationsentwicklungsprogramme haben in der Praxis schnell Fuß fassen können und wurden kontinuierlich weiterentwickelt (Schiersmann/Thiel 2013). Zwischenzeitlich ist OE jedoch sehr stark mit dem neu abgesteckten Feld des Change Managements verschmolzen.

6.1.4 Muster erfolgreicher Wandelprozesse

Was den Verlauf von Veränderungsvorhaben angeht, so hat Greiner (1967) schon früh aus seiner Analyse organisatorischer Wandelprozesse ein idealtypisches *Erfolgsmuster* abgeleitet, das in seiner Grundaussage bis zum heutigen Tage Orientierung für Wandelprozesse geben kann. Grundlage dieser (Sekundär-)Analyse waren 18 Fallstudienberichte über erfolgreiche oder missglückte Wandelprozesse. Verglichen wurden die Anstöße, die Methodik, kritische Ereignisse während des Prozesses und dauerhafte Wirkungen.

Der Grundansatz in allen *erfolgreichen Fällen* war – ähnlich wie in den Lewin'schen Studien – *partizipativ*, d.h. die vom Wandel betroffenen Organisationsmitglieder wurden aktiv in den Veränderungsprozess einbezogen. Greiner stellt heraus, dass bei den erfolgreichen Veränderungen die Bereitschaft der Entscheidungsträger vorhanden war, ihre Macht zu teilen („shared power approach"), während die erfolglosen Veränderungsprozesse entweder zu autoritativ oder zu delegativ angelegt waren. Dieser Gesichtspunkt ist deshalb von so hoher Bedeutung, weil jeder Wandelprozess ja immer auch eine Veränderung von bestehenden Machtstrukturen bedeutet. Das von Greiner destillierte Erfolgsschema betont deshalb auch nachdrücklich die Reaktionen der bestehenden Machtstruktur auf die Veränderungsimpulse (vgl. Abbildung 6.5). Im Einzelnen ließen sich folgende Phasen unterscheiden:

Phase 1: Die erste Phase betont die Notwendigkeit des Auftauens und der Schaffung einer *Veränderungsbereitschaft* bei den maßgeblichen Entscheidungsträgern (*„unfreezing"*). Ein Wandelprozess war nur dort erfolgreich einzuleiten, wo auch die Machtelite der Organisation von seiner Notwendigkeit überzeugt war. Diese Bereitschaft zum Wandel war in den untersuchten Firmen dort am größten, wo „der Boden schwankte", d.h. sowohl von innen als auch von außen *Krisensignale* kamen, wie z.B. Terminprobleme, hohe Fehlzeiten, Verluste oder Qualitätsprobleme.

Abbildung 6.5: *Phasenverlauf erfolgreicher Wandelprozesse*

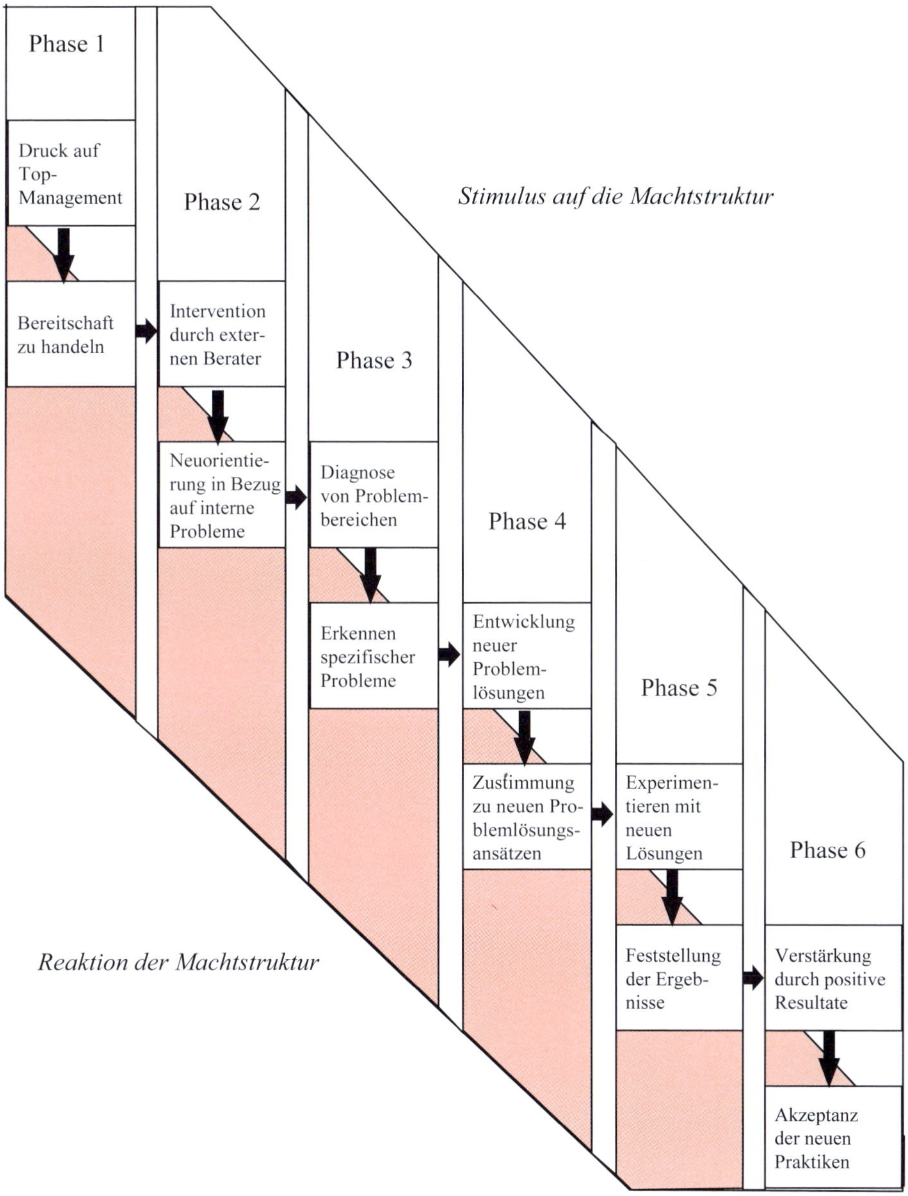

Quelle: Greiner (1967), S. 126 – modifiziert

Phase 2: Der Druck und die Veränderungsbereitschaft alleine genügten jedoch gewöhnlich nicht, um die Situation aktiv zu wenden und neue Wege zu suchen. Häufig war dies erst dann möglich, als *externe Berater* hinzugezogen wurden, die einen ganz neuen Blick auf die Probleme ermöglichten. Voraussetzung für ihren erfolgreichen Einsatz war jedoch, dass die maßgeblichen Entscheidungsträger sie akzeptierten und ihre Meinung schätzten. In Greiners Analyse erwiesen sich diejenigen Wandel-Berater („change agents") als am erfolgreichsten, die nicht sogleich mit fertigen Lösungen aufwarteten, sondern den Blick der beteiligten Organisationsmitglieder für die internen Probleme schärften und sie erst einmal dabei unterstützten, die Problemzusammenhänge aus einer neuen Perspektive zu sehen.

Phase 3: Auf die Lockerung der traditionellen Sichtweise folgte der eigentliche Veränderungsprozess (*„moving"*). Alle direkt Betroffenen beteiligten sich an der Informationssammlung und versuchten die Ursachen für die identifizierten Probleme zu bestimmen. Die Berater trugen dafür Sorge, dass keine Tabus diesen Suchprozess behinderten (Ausdehnung von Bereich I im Johari-Fenster). Wiederum im Einklang mit der Lewin-Studie erwiesen sich moderierte *Gruppensitzungen* als geeignetstes Medium, um neue Wege der *Problemerkennung* zu erproben. Die Teilnahme der Entscheidungsträger an den Sitzungen war besonders wichtig, um allen Mitarbeitern die Ernsthaftigkeit der Bemühungen zu signalisieren und um zu demonstrieren, dass auch Ideen, die von „unten" kommen, aufgegriffen und diskutiert werden.

Phase 4: Im Fortlauf konzentrierten sich die (erfolgreichen) Firmen darauf, neue *Problemlösungen* für die lokalisierten Probleme zu entwickeln. Die externen Berater erwiesen sich hier als besonders wichtig. Sie sorgten dafür, dass es nicht „alten Wein in neuen Schläuchen" gibt, sondern wirklich nach neuartigen Lösungen gesucht wurde. Dazu mussten in den meisten Fällen erst einmal alte Blockaden, Abwehrhaltungen, Betriebsblindheit und Verkrustungen in einer gemeinsamen Anstrengung überwunden werden. Am Ende dieser Phase standen gemeinsam gefundene neue Lösungen, die die Zustimmung der relevanten Machtgruppen fanden.

Phase 5: In allen erfolgreichen Wandelprozessen folgte schließlich eine *Experimentierphase*. Überall in der Organisation bestand noch Vorsicht. Man wollte erst einmal sehen, ob die neue Lösung funktionstüchtig ist, ob die Unterstützung von „oben" wirklich vorhanden ist. Eine Reversibilität der Entscheidungen war in dieser Phase wichtig, um die neuen Lösungen ausprobieren zu können. Waren die Ergebnisse der Experimente positiv, begannen die letzte Phase und der Übergang zum *„refreezing"*.

Phase 6: Positive Resultate und die kontinuierliche Information über die Entwicklung der Ergebnisse bekräftigten die neuen Strukturen und ermutigten zur Ausdehnung der Experimente auf größere Einheiten. Die neuen Strukturen wurden langsam zur Selbstverständlichkeit im täglichen Handeln.

Die Konsequenzen eines solchen Ansatzes des organisatorischen Wandels sind weitreichend; er stellt die herkömmliche Organisationsplanung stark in Frage. Es geht nicht mehr länger darum, eine gefundene Problemlösung möglichst geschickt umzusetzen, sondern der Schlüssel zum erfolgreichen Wandel wird in einer *Veränderung des Planungsprozesses* selbst gesehen. Nur die gemeinsame Planung der neuen organisatorischen Lösung – so die Mission – stellt ihre Akzeptanz und ihre engagierte Realisierung sicher.

6.1.5 Modelle des Change Management/ Organisationsentwicklung

Zahlreiche Autoren und Beratungsunternehmen haben mehr oder weniger umfassende Programmpakete zur Organisationsentwicklung oder zum Change Managementvorgelegt, meist auf einer speziellen Methode basierend (vgl. im Überblick Cummings/Worley 2014). Die herausragendsten seien nachfolgend kurz dargestellt:

1. Der Survey-Feedback-Ansatz (Datenrückkoppelungsansatz): Wie bereits oben erwähnt, geht der Survey-Feedback-Ansatz auf Likert (1967) zurück. Methodisch gesehen, bildet eine partizipativ-erarbeitete *Problemdiagnose* den Kern des Wandelprozesses. Die Führungskräfte und alle Mitarbeiter sollen in die Lage versetzt werden, mit Hilfe der erhobenen Daten die vorhandenen Probleme der Organisation zu erkennen. Als Problemerkennungs-Folie wird ein Idealmodell moderner Organisation vorgegeben. Die Gegenüberstellung von Ideal und Wirklichkeit soll das Motiv setzen, die aufgespürten Diskrepanzen mit Hilfe gezielter Veränderungspläne zu verringern. Die Datenerhebungs-Datenrückkoppelungs-Sequenzen sollen solange wiederholt werden, bis ein befriedigender Zustand erreicht ist.

Im Einzelnen kennt der Datenrückkoppelungsansatz folgende Schritte:

1. *Entwicklung des Erhebungsinstrumentes.* Betriebsspezifische Anpassung des Fragebogens und Erläuterung des zugrunde liegenden Idealmodells (vgl. hierzu auch in Kapitel 3 den System 4-Fragebogen).
2. *Datenerhebung.* Es gilt der Grundsatz, dass *alle* Mitglieder der betreffenden organisatorischen Einheit befragt werden.
3. *Schulung.* Vorbereitung der Führungskräfte auf die Feedback-Phase durch Einweisung in die Technik der nicht-direktiven Moderation der Gruppendiskussion.
4. *Feedback.* In aller Regel beginnt die Feedback-Phase an der Spitze der Organisation und wird kaskadenförmig bis zur untersten Hierarchieebene fortgesetzt. Während die erste Feedbackrunde typischerweise ein externer Berater durchführt, werden alle weiteren Runden zumeist von den jeweiligen Vorgesetzten moderiert. Die Feedback-Runden beginnen mit einer Interpretation der Ergebnisse, die in aller Regel sowohl für die Gesamtorganisation als auch für die jeweilige Gruppe vorgelegt werden.

5. *Aktionsplanung.* Im Anschluss an die Interpretation der Ergebnisse und die Diagnose der vordringlichsten Probleme im Organisations- und Führungsbereich soll in jeder Diskussionsgruppe ein Aktionsplan beschlossen werden, der die aus der Sicht der Gruppen vordringlichsten Änderungsmaßnahmen benennt. Die Vorschläge sollen gesammelt und zu einem Änderungsprogramm verdichtet werden.
6. *Fortgesetztes Feedback.* In weiteren Datenerhebungs- und -rückkoppelungsrunden soll der erzielte Fortschritt ermittelt und weitere Veränderungsmaßnahmen angeregt werden.

2. „Konfrontationstreffen": Eine Art verkürzte Variante des Datenrückkoppelungs-Ansatzes stellt das „confrontation meeting" nach Beckhard (1967) dar. In diesem Modell wird versucht, den gesamten Feedback-Prozess auf zwei halbe Arbeitstage zusammenzuschieben. Es findet deshalb besonders häufig bei akuten Krisen mit gleichzeitig stark ausgeprägten Widerstandstendenzen Anwendung. In das Treffen sind prinzipiell alle Führungskräfte und betroffenen Mitarbeiter einer organisatorischen Einheit eingebunden. Der Ablauf des Konfrontationstreffens ist wie folgt vorgesehen:

1. *Einstimmung.* Alle Beteiligten treffen sich in einem (großen) Raum und die Organisationsleitung benennt wichtige Probleme und unterstreicht die Bedeutung des Treffens.
2. *Informationssammlung.* Es werden Gruppen geformt, die jeweils einen repräsentativen Querschnitt (horizontal und vertikal) der Organisation bilden. Vorgesetzte sollen in den Gruppen nicht zusammen mit ihren Mitarbeitern sein. Die oberste Leitungsebene tagt für sich. Ziel der Gruppen ist es, die Problemstellen der Organisation herauszuarbeiten und mögliche erste Abhilfemaßnahmen zu benennen. Das Gruppenklima soll offen und schonungslos sein. Niemand darf dafür kritisiert werden, dass er/sie Probleme aufdeckt.
3. *Informationsaustausch.* Danach kommen die Gruppen wieder im Plenum zusammen. Jede Gruppe berichtet über ihre Ergebnisse; alle Berichte werden dokumentiert und allen zugänglich gemacht. Der Versammlungsleiter schlägt Kriterien zur Strukturierung der Probleme vor. Damit endet der erste Teil des Treffens.
4. *Prioritäten setzen und Aktionspläne entwickeln.* Nach einer Kategorisierung der Probleme werden erneut Gruppen zu ihrer Diskussion gebildet – diesmal zumeist nach Fachkompetenz (z.B. nach Funktion und Prozessen). Diese Gruppen sollen für die aufgelisteten Problemkreise Prioritäten setzen und Lösungen (Aktionspläne) entwickeln.
5. *Aktionsplanung für das Gesamtsystem.* Danach unterrichten die einzelnen Gruppen im Plenum die anderen Teilnehmer über ihre Ergebnisse. Das obere Management reagiert auf die Vorschläge und leitet Umsetzungsmaßnahmen (Termingerüst, Projektgruppen usw.) ein.
6. *Treffen der Geschäftsleitung.* Das obere Management beschließt Sofortmaßnahmen.

7. *Fortschrittskontrollen.* Es werden kontinuierliche Feedback-Treffen vereinbart (meist alle vier Wochen), bei denen die ergriffenen Maßnahmen evaluiert und der erzielte Fortschritt kontrolliert werden sollen. Im Idealfall treffen sich dazu wieder sämtliche Teilnehmer; meist ist es jedoch nur eine begrenzte Zahl.

Die Methode zielt im Wesentlichen darauf ab, die vorhandenen Blockaden aufzudecken und zu reflektieren. Die Organisation soll dadurch wieder handlungsfähiger werden. Die Methode findet in der Praxis in unterschiedlichen Varianten Verwendung. Der Einsatz der Methode setzt bereits ein hinreichendes Maß an Vertrauen und Problemlösungsbereitschaft voraus.

3. Prozessberatung: Im Unterschied zu den vorhergehenden Modellen will die *Prozessberatung* bewusst keine Gestaltungsvorgaben machen (Schein 1969; 1999). Prozessberatung wird verstanden als eine Interventionsform, die dem „Klienten", also der Organisation, helfen soll, Ereignisse und Probleme in seinem Umfeld wahrzunehmen, besser zu verstehen und in Handlungen umzusetzen. Der Organisation, soll kein vorfabriziertes Ideal verkauft werden, sondern sie soll befähigt werden, nach unvoreingenommener Analyse die zweckmäßigste Lösung selbst zu finden.

Die Interventionen der Prozessberatung stellen daher – wie der Name es schon sagt – nicht auf das Ergebnis, sondern auf den Prozess ab, und auch für diese gibt es kein festes Schema. Der Schwerpunkt dieser Art von Prozesshilfe liegt bei solchen Aspekten wie Konfrontation mit neuen Perspektiven, Öffnung von Kommunikationsblockaden, Aufdecken von destruktiven Konflikten zwischen Gruppen usw.

Die Prozessberatung wird von Schein (1969, S. 133 f.) als eine Art T-Gruppe für die gesamte Organisation beschrieben. Die Berater erhalten die Rolle von Systemtherapeuten, die den gesamten Prozess ermöglichen; sie sollen ihn aber nicht nach ihren Idealvorstellungen lenken. Wieweit eine solche Abstinenz tatsächlich praktizierbar ist, darf indessen bezweifelt werden. Eine Prozessbegleitung ohne normative Basis ist praktisch kaum vorstellbar. Insgesamt fällt auf, dass die Prozessberatung in vielen Fällen eine Management- oder auch nur eine Top Management-Beratung ist, mit der Annahme, dass die Beratungsimpulse dann auf das ganze System übergehen. Insoweit hat die Prozessberatung auch viel mit dem gemein, was heute unter dem Stichwort „Coaching" diskutiert wird (Looss 2006; A. Schreyögg 2012).

Die Anforderungen an Prozessberater sind sehr hoch; sie müssen nicht nur psychotherapeutisch geschult sein, sondern auch die Systemdynamik und die verhandelten Sachverhalte verstehen wie auch indirekt zu beeinflussen wissen.

4. System- und kommunikationstheoretisch orientierte Organisationsentwicklung: Auf einer gänzlich anderen Theorietradition gründen die in den letzten Jahren stärker beachteten „Systemischen Interventionen" zur Veränderung von Organisationen, dies sind vor allem System- und Kommunikationstheorien (Bateson 1972; v. Bertalanffy 1972; Watzlawick 1985). Eine herausragende Rolle spielen dabei *Paradoxien*, insbesondere die so genannte Doppelbindungstheorie der Schizophrenie (Watzlawick et al. 1969) mit ihrer Erklärung von Kommunikationsstörungen.

Die entscheidenden Impulse für eine systemtheoretisch orientierte Organisationsentwicklung kamen aus der Familientherapie (im Überblick Simon et al. 1999), und hier allen voran von der Mailänder Schule unter Leitung von Mara Selvini Palazzoli und ihren Mitarbeitern (1995; 2003). Es ist die Mailänder Schule selbst, die anhand einiger faszinierender Fallbeispiele zeigt, wie sich ihr Therapiemodell für Familien auf Organisationen und ihre Wandelprobleme übertragen lässt. Ausgehend von der eingangs erwähnten Kommunikationstheorie und einigen kybernetischen Überlegungen wird die Existenz von Paradoxien als Hauptverursacher von organisatorischen Wandelblockaden postuliert und im *Gegenparadoxon* der wesentliche Lösungsansatz gesehen.

Die organisatorische Entwicklungsberatung baut auf folgendem Grundmodell pathologisch regulierter Systeme auf (Selvini Palazzoli et al. 2003): Ausgangspunkt ist die Überlegung, dass jede Organisation im Laufe der Zeit Handlungs- und Reaktionsweisen herausbildet, die sich schließlich neben der offiziellen Organisationsstruktur zu einem (inoffiziellen) Muster von Regeln verdichten. Diese Regeln neigen dazu, sich durch rekursive Interaktionen zu einem komplexen und schwer zu verstehenden pathologischen Gefüge zu verfestigen. Dabei ist davon auszugehen, dass dieses Gefüge immer auch von „politischen" *Koalitionen* (vgl. Kapitel 5) getragen wird.

These ist nun, dass sich in pathologischen Systemen ganz bestimmte Störungen einspielen, die Handlungsmuster sich daran ausrichten und viel Kraft wie auch vor allem *Trotz* mobilisiert wird, diese „pathologischen" Muster aufrechtzuerhalten. Die „Krankheits"-Symptome, wie notorische Verschleppung von neuen Vorhaben, zahllose unrealisierte Pläne oder fehlende Aktualisierungen, sind Teil der fest eingespielten Spielregeln. Wer nicht an Symptomen herumlaborieren, sondern die Ursachen ernsthaft beseitigen will, muss deshalb die Tiefenstruktur des Systems aufdecken und die sie bestimmenden „heimlichen" Spielregeln aufweichen.

In starr kalibrierten und paradox verfestigten Systemen wird – so der Befund von Selvini Palazzoli et al. – jede Veränderung als Gefahr oder als eine Drohung empfunden. Dabei spielt es keine Rolle, ob die Veränderungsinitiativen von außen oder von innen kommen. Als Abwehrstrategie werden Veränderungsinitiativen sehr schnell in das herrschende Spiel des Systems integriert, ohne faktisch etwas zu ändern. In immer neuen Schleifen wird unter Einsatz hoher Energie die Fortsetzung des alten Spiels (unbewusst) betrieben. Ein organisatorischer Wandel ist dementsprechend nur möglich, wenn es gelingt, durch geschickte Intervention das alte Regelsystem oder zumindest eine fundamentale Regel davon außer Kraft zu setzen.

Vor diesem Hintergrund wird klassischen Methoden des Change Managements keine Erfolgsaussicht eingeräumt. Stattdessen wird eine ganz neue Interventionstechnik konzipiert, das Gegenparadoxon („paradoxe Intervention"). Diese Interventionsform unterscheidet sich grundlegend von den vorher dargestellten: Wandel-Berater treten nicht mehr länger als warmherzig motivierende Agenten auf, sondern als kühle Strategen, die den Symptomträgern überraschende, ja scheinbar widersinnige Handlungsanweisungen geben, die meist darauf hinauslaufen, das Symptom beizubehalten (Symptomverschreibung). Dazu werden meist die problematischen Interaktionen „positiv konnotiert" oder durch Umdeutung („reframing") unerwartet positiv ausstilisiert; aus „Helden" werden „Schmarotzer", aus „Feiglingen" „verantwortliche Entscheider" (Selvini Palazzoli et al. 1995; siehe auch von Schlippe/Schweizer 2013). Die positive Bewertung und Anerkennung pathologischer Verhaltensweisen bedeutet häufig, den ersten Schritt zu ihrer Beseitigung zu tun (Simon et al. 1999). Die Erklärung dafür ist, dass das „trotzige" System Widerstand gegen *diese* Anerkennung nur leisten kann, indem es just dieses Symptom aufgibt. So wird also die destruktive Widerstandskraft konstruktiv gewendet. Das kognitive Muster gerät in Bewegung. Die These ist nun, dass sich das System daraufhin aus seiner erstarrten Verklammerung löst, um sich aus dieser extrem widersprüchlichen Situation zu befreien. Das System tut diesen Schritt allerdings nur, wenn mit dem Gegenparadoxon die richtige Stelle getroffen wurde. Wie das System im Einzelnen das Gegenparadoxon verarbeiten und welchen Weg es anstelle der alten Muster einschlagen wird, ist – wie es der Theorie komplexer Systeme entspricht (siehe Kapitel 4) – nicht vorhersagbar. Die paradoxe Intervention will lediglich einen Weg aus der Sackgasse freischlagen. Das in Fokus 6.1 vorgestellte Beispiel von Selvini Palazzoli (1995) illustriert diesen Ansatz.

Fokus 6.1

Oggi

1. Die Firma

Oggi (*Name geändert*) ist eine italienische Industrieaktiengesellschaft mittlerer Größe. Die Leitung liegt in den Händen von zwei Eigentümern, wobei jedoch einer der beiden, der kaufmännische Leiter, die Mehrheit des Aktienkapitals (70%) hält. Das Organigramm der Gesellschaft zeigt die verschiedenen Verantwortungsbereiche sowie die Existenz einiger gemeinsam geleiteter Zentralressorts, wie z.B. Controlling und Recht. Das Unternehmen hält sich zugute, immer mit den neuesten Erkenntnissen der Betriebswirtschaftslehre Schritt zu halten. Immer wieder werden neue hoch qualifizierte Leute eingestellt, die über das moderne Methodenwissen verfügen. In der Belegschaft herrscht große Unzufriedenheit und es gibt eine weit über dem Durchschnitt liegende Fluktuation unter den Führungskräften.

Ganz im Sinne der neuen Managementtechniken und auch der Praxis, innovatives Personal zu gewinnen, wird ein junger Psychologe eingestellt in der Hoffnung, dass er neue Lösungen für die Zufriedenheitsprobleme und die hohe Fluktuation entwickeln kann. Der Vizepräsident hatte den Psychologen privat kennen gelernt und zur Einstellung empfohlen. Bei einem Empfang spricht ihn auch der Präsident an; nach einem Vorstellungsgespräch im Betrieb wird seine Einstellung vereinbart. Er soll die betriebliche Situation eingehend untersuchen und der Geschäftsleitung fortlaufend schriftlich über den Fortgang der Erkundungen berichten, damit diese so bald als nur eben möglich geeignete Abhilfe-Maßnahmen in die Wege leiten kann.

Beim ersten Zusammentreffen mit dem Vizepräsidenten erklärt ihm dieser, dass er von Psychologen wenig, von Betriebspsychologen gar nichts halte, weil sie keinen praktischen Nutzen hätten. Die paar Leute, die von Oggi wegliefen, denen würde man sowieso keine Träne nachweinen. Seinem Wunsch, auch allen anderen Führungskräften vorgestellt zu werden, entsprach der Präsident nicht.

Als der Psychologe seine Arbeit aufnimmt und regelmäßig seine Berichte verfasst, verblüfft ihn die Reaktion der Geschäftsleitung. Der Präsident lässt ihn wissen, dass die Berichte sehr interessant seien, ohne auf ihren Inhalt einzugehen, der Vizepräsident bittet darum, erst „am Ende" alle Berichte zusammen zugestellt zu bekommen, da er diese ohnehin nicht lese.

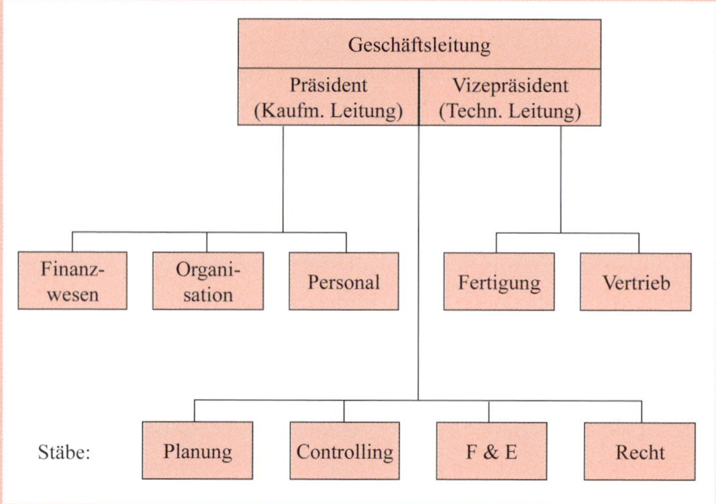

2. Der Chemiker

Im Zuge der Recherchen meldet sich ein Chemiker und klagt über seine Unzufriedenheit und Frustration. Er hatte zuletzt eine gehobene Stellung in einer anderen Firma, der Präsident hatte ihn auf Empfehlung eines Betriebsangehörigen angeworben mit der Maßgabe, den Einkauf völlig neu zu organisieren. Der Präsident bot ihm ein sehr großzügiges Gehalt und er signalisierte großes Interesse an neuen Lösungen für den Einkaufsbereich. Der Chemiker hatte aufgrund der Ausführungen des Präsidenten Grund zu der Annahme, in einer Art Spezialauftrag direkt der Geschäftsleitung unterstellt zu sein. Erst später erklärt ihm der Vizepräsident, dass er dem Einkaufsleiter und ihm selbst hierarchisch unterstellt sei. Besonders unangenehm berührt den Chemiker aber, dass weder der Präsident noch der Vizepräsident bereit sind, ihn dem Einkaufsleiter vorzustellen – und zwar mit dem Argument, dieser sei ein schwieriger Mensch, den man lieber nicht reizen sollte. Letzterer zeigt sich indessen völlig verärgert, dass man hinter seinem Rücken einen geheimnisvollen Reorganisator einstellt. Die beiden Männer begegnen sich fortan mit höchstem Misstrauen.

Der Einkaufsleiter verweigert jeden Dialog; der Chemiker entwickelt Pläne zur völligen Umstrukturierung des Einkaufs, die Ersterer mit Nichtbeachtung bestraft nach dem Motto: kein Gespräch, keine Informationen, kein Termin. Ebenso hält es der Vizepräsident; er boykottiert mehr oder weniger offen seine Vorhaben und ist noch nicht einmal bereit, seinen Gruß zu erwidern, wenn sie sich begegnen.

Der Chemiker ersucht daraufhin den Präsidenten um Hilfe. Dieser unterstreicht noch einmal, wie schwierig doch der Einkaufsleiter als Mensch sei, ermuntert aber den Chemiker, nur ja nicht locker zu lassen in seinem Bemühen, die Einkaufsabteilung nach den neuesten Erkenntnissen zu reorganisieren. Alle danach folgenden Versuche, die fehlenden Informationen aus der Einkaufsabteilung zu erhalten, schlagen abermals fehl. Immer aber bekräftigt der Präsident seine Erwartungen und Wünsche bezüglich einer Neuorganisation.

Die inneren Spannungen nehmen zu; der Chemiker verursacht einen Autounfall und wird in eine Klinik eingeliefert. Der Präsident lässt ihn sofort wissen, dass ihm seine Stelle trotz noch bestehender Probezeit sicher sei. Um die dringliche Arbeit rasch wieder aufnehmen zu können, wird ihm bis zu seiner völligen Wiederherstellung ein Firmenwagen mit Chauffeur zur Verfügung gestellt. Der Chemiker unterbreitet in der Folgezeit immer wieder neue Vorschläge zur Modernisierung des Einkaufs und trifft immer wieder auf dieselbe Reaktion von Seiten der Interaktionspartner. Er wendet sich an den neu eingestellten Betriebspsychologen um Hilfe.

3. Der Investment-Manager

Ein weiterer Manager bittet um Hilfe. Es handelt sich um einen beruflich sehr erfolgreichen Ingenieur, den man mit einem überaus lukrativen Angebot – ebenso wie die vier anderen Experten seines Teams – von seiner alten Firma abgeworben hatte. Er sollte im Rahmen einer ausgegründeten Venture-Gesellschaft rentable Investitionsprojekte in Entwicklungsländern erkunden und realisieren. Der Präsident hatte das Experten-Team eingestellt. Nach einem Jahr aktiver Suche und der Unterbreitung attraktiver Investitionsvorschläge macht sich unter dem Team Enttäuschung breit, denn alle Ideen scheinen im Sande zu verlaufen. Im Team bildet sich die Meinung, das nötige „Kleingeld" sei gar nicht verfügbar.

Der Präsident nimmt alle Vorschläge mit großem Interesse zur Kenntnis und bittet immer wieder um neue Vorschläge. Der Vizepräsident nimmt eine ablehnende Haltung ein und äußert sogar öffentlich, dass er in dieser neuen Gesellschaft keinen rechten Sinn zu sehen vermag. Nach einem Jahr kündigt ein Teil der Teammitglieder. Der Teamleiter trägt sich auch mit dem Gedanken zu kündigen, er sucht nach einem „eleganten Abgang", weil er sich das Wohlwollen des Präsidenten erhalten will. Dabei soll ihm der Betriebspsychologe helfen.

Letzterer hatte sich zwischenzeitlich externe Hilfe für seine eigene verwickelte Situation bei dem Beratungsteam von Selvini Palazzoli geholt. Man arbeitet gemeinsam eine Erklärung aus, die die Kündigung „positiv konnotiert". Die ambivalente passive Situation wird als Sachzwang dargestellt, die Kündigung als ein persönliches Problem des Ingenieurs, weil er nicht warten könne. Der Präsident zeigt sich zunächst niedergeschlagen, berichtet dann aber seinem Kompagnon, wie sehr der scheidende Ingenieur die Wichtigkeit der neuen Gesellschaft betont habe. Die erste „paradoxe Intervention" erweist sich als zu schwach, am falschen Knoten angesetzt.

4. Paradoxe Intervention

Inzwischen gerät der Betriebspsychologe mit seinen zahlreichen Vorschlägen immer mehr in die Situation des Chemikers und der Ingenieure. Da auch die Situation der Führungskräfte immer prekärer wird (die Fluktuation nimmt weiter zu), entschließt er sich zusammen mit dem Beratungsteam, die gesamte Situation auf die Tiefenstruktur hin zu untersuchen und kommt zum grafisch dargestellten Ergebnis im folgenden Bild.

Der Präsident verfolgt implizit drei Ziele:

1. Er will nach außen hin den Eindruck einer modernen dynamischen Firma erwecken, die über ein Team hoch qualifizierter Fachleute verfügt.
2. Nach innen will er sich als aufgeschlossener Unternehmer zeigen, der die Zeichen der Zeit erkennt und Top-Fachleute an sich zu binden weiß. Dies stellt er mit immer wieder neuen Projekten unter Beweis.
3. Er möchte jedoch nicht wirklich den Status quo verändern, um seine Machtstellung nicht zu gefährden und die Kontrolle über die Unternehmung nicht zu verlieren.

Die aktuelle Situation lässt die Verwirklichung aller drei Ziele möglich erscheinen.

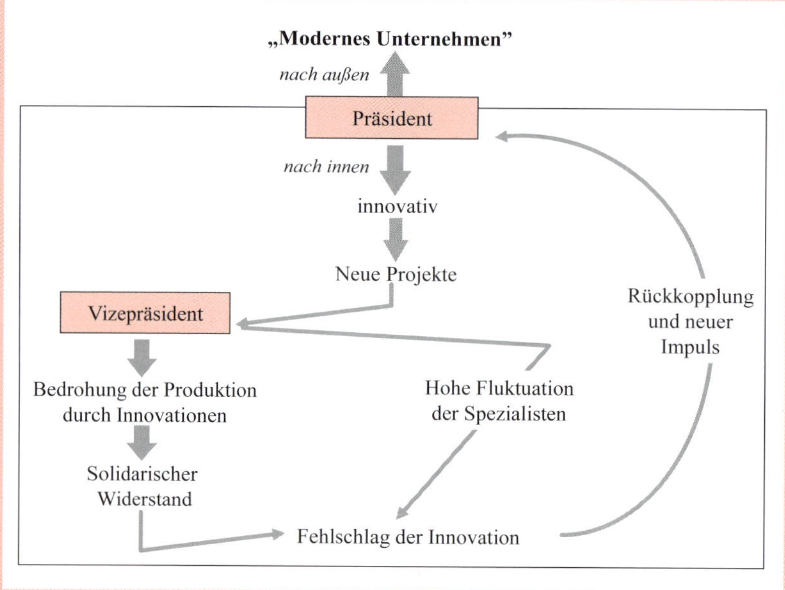

Der Vizepräsident

- hält nichts von den „Führungskünsten" des Präsidenten und schottet seinen hoch effizienten Produktionsbereich gegen jedwede Eingriffe von außen ab.
- misstraut allen Projekten des Präsidenten und lässt sie scheitern.
- bindet seine Leute symbolisch an sich; sie stehen solidarisch hinter ihm.

Es bildet sich ein Abwehrblock im Unternehmen – die neuen Leute des Präsidenten resignieren und kündigen. Der Präsident macht einen neuen Anlauf: das Spiel geht weiter – sehr zur Freude des Präsidenten, denn alles, was er will, kann er erreichen. Die hohe Effizienz der Produktionsabteilung sichert auch für ihn eine ansehnliche Rentabilität. Die Nachteile des Spiels sind zu ertragen: Der Präsident nimmt niedergeschlagen den Vorwurf zur Kenntnis, dass seine Projekte im Sande verlaufen. Der Vizepräsident nimmt hin, dass man ihn für rückständig und stur erklärt. Die hohe Fluktuation der neuen Leute ist die unvermeidliche Folge, vielleicht sogar notwendig, um den pathologischen Kreislauf aufrechtzuerhalten.

Trotzdem stellt sich immer dringlicher die Frage, wie lange sich Oggi ohne Innovation noch wird halten können.

Nach Rekonstruktion der Tiefenstruktur stellt sich die Frage, wann und wo am geschicktesten interveniert werden kann, um den für die Firma auf Dauer tödlichen Kreislauf zu durchbrechen. Das Beratungsteam findet in einer „Meuterei" von Gruppenleitern gegen einen Abteilungsleiter den richtigen Zeitpunkt. Der Betriebspsychologe wird zu Hilfe gerufen, er soll vermitteln. Der Präsident stellt sich auf die Seite des Abteilungsleiters und entlässt die Gruppenleiter. Die Geschäftsleitung erwartet den Bericht des Betriebspsychologen. Das Beratungsteam formuliert eine paradoxe Intervention durch positive Konnotation der Tiefenstruktur in diesen Bericht hinein:

„Die häufigen Versuche von Seiten der führenden Mitarbeiter, auf dem Weg über immer neue Änderungs- und Reformvorschläge zu gewissen Innovationen zu gelangen, würden sich, einmal realisiert, als gefährlich erweisen, weil sie nämlich die Autorität der Geschäftsleitung untergraben würden. Andererseits ist es wichtig, dass die Geschäftsleitung vor allem nach außen hin zeigt, dass sie einem modernen und dynamischen Unternehmen vorsteht, das in technischer Hinsicht und im Blick auf seine Zukunftspläne zur Avantgarde zählt. Das heißt, die Politik des Präsidenten, die darauf zielt, immer höher qualifizierte Leute einzustellen, die sich in den modernen Unternehmenstechniken auskennen, und die Politik des Vizepräsidenten, dem es ja um die Blockierung aller Projekte geht, die die Stabilität der Organisation in Gefahr bringen, sind beiden Interessen dienlich. Die große Zurückhaltung in Bezug auf Innovationen hat noch den zusätzlichen Effekt, die Produktion gegen alles abzusichern, was ihre Stabilität bedroht, so dass sie getreu den Anweisungen des Chefs fortgesetzt wird.

Diese beiden einander ergänzenden unternehmenspolitischen Standpunkte sind darüber hinaus von Bedeutung für die ungestörte Lenkung und Kontrolle der Organisation, ohne dass damit eine feindliche Einstellung auf Seiten der Betriebsangehörigen und insbesondere auf Seiten der erst kürzlich in den Betrieb eingetretenen Führungskräfte geschürt würde, die mit ihren Neuerungsvorschlägen kommen: diese Leute können nämlich, auch wenn sie vom Vizepräsidenten nicht weiter beachtet werden, auf Bestätigung und Zustimmung von Seiten des Präsidenten rechnen. Gewiss hat dieser Zustand auch seine weniger angenehmen Seiten. Der Vizepräsident sieht sich mit gewissen Anschuldigungen konfrontiert – etwa dass er rückständig und autoritär sei –; der Präsident bekommt zu hören, dass er seiner Aufgabe nicht gewachsen und kaum in der Lage sei, seine Mitarbeiter anzuleiten. Andererseits kommt der Kontrolle über die gesamte Organisation oberste Priorität zu, und diesem Erfordernis müssen die sekundären Ziele – wie etwa die Stabilität des Personals – untergeordnet werden. Die starke Fluktuation ist, wenn man sie einmal in diesem globalen Rahmen betrachtet, dann wohl unvermeidlich.“

5. Explosion

Entgegen der sonstigen Gewohnheit, antwortet der Präsident auf diesen Bericht nicht. Es herrscht 1 ½ Monate Schweigen. Plötzlich kommt es zur „Explosion“:

1. Die Gruppenleiter werden wieder eingestellt.
2. Der Vizepräsident geht lachend auf den Betriebspsychologen mit den Worten zu: „Sie haben gewonnen.“
3. Alte Konflikte zwischen den zwei Geschäftsführern werden entschieden, die Kompetenzen ganz neu geklärt. Wenig später kommt es zur entscheidenden Veränderung.
4. Die Geschäftsleitung trennt sich, der Vizepräsident wird einen gerade neu hinzugekauften Betrieb in alleiniger Verantwortung leiten.
5. Der alte Betrieb findet zur Ruhe; von der Einstellung neuer Experten ist keine Rede mehr.
6. Der Interventionist wird (wie von diesem erwartet) entlassen.

Erklärungen, weshalb diese eine Intervention so erfolgreich war, verweisen darauf, dass die Meuterei der Gruppenleiter eine Erschütterung des Gesamtsystems und nicht nur eines Bereichs verursachte und damit die Probleme nicht mehr zu ignorieren waren. Eine andere Erklärung ist, dass der Auflösungsprozess schon in Gange war und durch die Intervention nur ausgelöst wurde. Offen bleibt die Frage, wie sich die Trennung der zwei Kontrahenten zukünftig auswirken wird – schließlich bilden sie ja nach wie vor eine Art Konzernspitze. Wird es neuerliche vertrackte Spielregeln auf neuer Ebene geben?“

Quelle: nach Selvini Palazzoli et al. (1995), S. 25 ff.

Die systemorientiert-paradoxe Organisationsentwicklung erfordert ein hohes Maß an organisationstheoretischer Kompetenz und – wenn man so will – diagnostischer Raffinesse; die Identifikation der Tiefenstruktur einer Organisation ist eine schwierige Aufgabe, deren Methodik in Kapitel 5 schon etwas näher erläutert wurde. Nicht zuletzt wegen dieser komplexen Anforderungen konnte diese Art des Wandelmanagements zunächst nur wenig Fuß fassen.

Fokus 6.2

Wandel durch Unternehmenstheater

Im Unternehmenstheater werden Probleme und Konflikte aus dem Unternehmensalltag mit theatralischen Mitteln auf der Bühne dargestellt. Typisch ist der Einsatz von professionellen Theatergruppen, die ein speziell für den konkreten Zweck erstelltes Stück zur Aufführung bringen. Es geht also um inszenierte Aufführungen, die einen hohen Grad an betrieblicher Spezifität aufweisen und von professionellen Theatergruppen gestaltet werden. Theaterstücke dieses Typs sind genau auf ein Unternehmen zugeschnitten. Sie sind deshalb auch nur für dieses verwendbar und meist auch nur von der Zielgruppe wirklich verstehbar.

Bestandsaufnahmen zeigen, dass die Art der Dramatisierung im Unternehmenstheater sehr unterschiedlich ist, komödiantisch, realistisch, naturalistisch oder verfremdend. Es hängt vom Problem ab, aber auch vom Autor, von der Theatergruppe usw. Der entscheidende Punkt ist letztlich immer die Anteilnahme der Zuschauer am Geschehen, das ja letztlich ihr Geschehen ist, denn bei diesem Theater geht es ja um sie, um ihre Abteilung, um ihr Unternehmen oder um ihren Konflikt mit den Lieferanten oder den Kunden. Sie erleben ihnen sehr gut bekannte Situationen und Problemkonstellationen aus der Distanz, gespielt von fremden Menschen an einem ungewohnten Ort.

Die letzte Phase eines Unternehmenstheatereinsatzes ist die Nacharbeit, d.h. die Verarbeitung der Eindrücke und die Diskussion möglicher Konsequenzen aus dem Gesehenen. Dabei ist zu berücksichtigen, dass in den Stücken häufig das scheinbar Undiskutierbare, der Subtext alltäglicher Begegnungen mitkommuniziert wird. Eine solche Öffnung wühlt auf, verlangt nach Reflexion und Diskussion. Die Nacharbeitsphase ist unterschiedlich intensiv (bisweilen wird sie auch sträflich vernachlässigt); es hängt stark von der verfolgten Methodik ab, wie die Nacharbeit praktiziert wird.

Unternehmenstheater in dem hier beschriebenen Sinne kann eine kraftvolle Intervention im Rahmen organisatorischer Wandelprozesse abgeben, geeignet zum Aufbrechen verkrusteter Haltungen, alter Konflikte zwischen Gruppen und emotionaler Widerstände oder zur Schaffung einer neuen Plattform für das betriebliche Handeln. Unternehmenstheater ist prinzipiell geeignet, durch seine aufwühlende Sichtbarmachung von Alltagskonflikten, von eingeschliffenen Barrieren oder Selbstbehinderungen zur Lösung von festgefahrenen Konflikten und organisatorischen Dauerproblemen einen Beitrag zu leisten. Die ungewöhnliche, theatralisch vermittelte Zusicht auf die gewohnte Problemsituation kann im wahrsten Sinne des Wortes bewegend wirken.

Systemische Interventionen finden immer mehr Interesse. Neben der paradoxen Intervention gilt in den letzten Jahren (ebenfalls aus der Familientherapie abgeleitet) der Methode der Organisationsaufstellung eine gewisse Aufmerksamkeit (z.B. Sparrer/Varga von Kibed 2003; Rothenbücher 2012). Neben populärwissenschaftlichen Konzepten ist hier vor allem auf die psychodramatische und soziometrische Aufstellungsarbeit zu verweisen, wie sie aufbauend auf Moreno entwickelt und praktiziert wird (Buer 2003). Im Kern geht es darum, dass eine soziale Konstellation rekonstruiert wird. Dazu sucht sich der Protagonist aus dem Publikum Personen als Stellvertreter aus und fügt sie nach und nach zu dem darzustellenden System zusammen. Diese Aufstellungsarbeit soll eine Reflexion der faktischen Strukturen und Zusammenhänge ermöglichen und das Tor für notwendige Veränderungen öffnen. Im psychodramatischen Ablauf wird das starre Tableau durch Rollenwechsel wie auch Interaktion dynamisiert und mit neuen Stellungen experimentiert. Die Nähe zu theatralischen Techniken ist offenkundig. An dieser Stelle kann auch auf das Unternehmenstheater verwiesen werden (Schreyögg/Höpfl 2004). Hier werden betriebliche Problemsituationen (strukturelle Trägheit, lähmende Konflikte usw.) dramatisiert, inszeniert und in Anwesenheit der Beteiligten zur Aufführung gebracht (Fokus 6.2).

Die systemorientierte Organisationsentwicklung und das zugrunde liegende Interventionskonzept sind aus *ethischer Perspektive* stark kritisiert worden (vgl. etwa die Diskussion bei Cecchin et al. 1992). Man wirft den „Systemtherapeuten" Allmachtphantasien (vollständige Kontrolle des Systems durch „Geheimwissen") und manipulative Praktiken (das Ziel, das Verhalten anderer mit verdeckten Methoden zu kontrollieren) vor. Letzteres gilt insbesondere auch für das u.a. auf Hypnose aufbauende „Neurolinguistische Programmieren" (NLP) – eine Variante, die in den letzten Jahren auch in der Industrie viel Anklang fand (zuerst Bandler/Grinder 1982).

6.1.6 Grenzen der herkömmlichen Wandelperspektive

Die hohen Wandelerfordernisse moderner Gesellschaften haben grundsätzliche Zweifel an der herkömmlichen Herangehensweise an Wandelprozesse entstehen lassen. Es tauchte insbesondere die Frage auf, ob das zugrundeliegende *Wandelverständnis* den vielfältigen Dynamiken in modernen Organisationen gerecht werden kann. Eine genauere Analyse zeigt, dass eine andere Modellierung des Wandelprozesses in Betracht gezogen werden muss. Das sei an einigen Punkten verdeutlicht:

Organisatorischer Wandel als Spezialistensache

In der herkömmlichen OE-Sicht gerät der organisatorische Wandel zu einem Gebiet von Spezialisten, der im Prinzip nur von wenigen, in den speziellen Trainingsmethoden eingeübten Personen durchgeführt werden kann, die auch von ihrer Persönlichkeit her über die nötige Reife verfügen.

Implizit wird angenommen, dass eine Organisation ohne fremde Hilfe den Wandelprozess nicht erfolgreich bewältigen kann. Dies wäre allenfalls dann akzeptabel, wenn Organisationen nur selten mit Wandelprozessen umzugehen hätten – eine Annahme, die aber immer weniger zutrifft. Extrem formuliert, gerät das Management aus dieser Perspektive in eine paradoxe Situation, eine seiner klassischen Basisfunktionen, nämlich die Bewirkung neuer Systemlösungen, wird zu einer von ihm letztlich nicht bewältigbaren Aufgabe erklärt.

Organisatorischer Wandel als stetiger und planbarer Prozess

Der zweite konzeptionelle Kerneinwand bezieht sich auf die unterstellte Struktur des Wandelprozesses. Der Wandel wird als großes Planungsprojekt begriffen. Nun ist von vielen Studien her bekannt, dass sich organisatorische Veränderungen keineswegs immer in einem solchen Planungsrahmen entwickeln und ausreifen können. Interne oder externe Veränderungen verlangen oft einen raschen („revolutionären") Umstellungsprozess, um den Systembestand sicherstellen zu können.

Abbildung 6.6: *Konvergente (evolutionäre) und diskontinuierliche (revolutionäre) Phasen im Entwicklungsprozess einer Organisation*

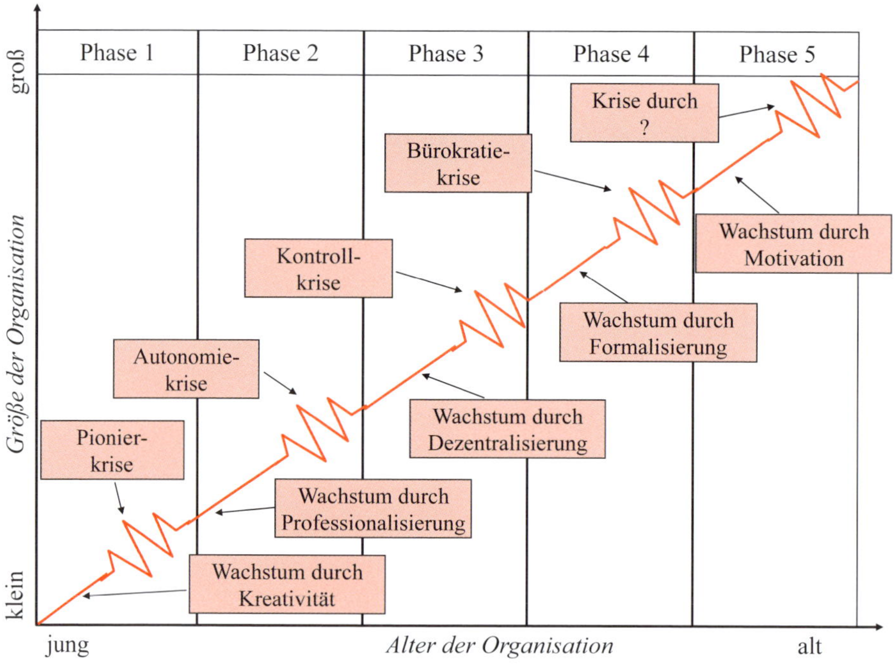

Quelle: Greiner (1972), S. 41

Eine der einflussreichsten Studien in diesem Zusammenhang stammt von L.E. Greiner (1972). Er geht davon aus, dass sich die Entwicklung von Unternehmen grundsätzlich *krisenhaft* vollzieht. Dabei versteht Greiner die Unternehmensentwicklung als offenen Wachstumsprozess (steigendes Alter – zunehmende Größe) und postuliert, dass jede Entwicklungsstufe im Zuge des weiteren Wachstums spezielle, ihr inhärente Probleme mit sich bringt (z.B. Zentralismus, Informationsüberladung), die jeweils nur mit einer organisatorischen „Revolution", d.h. mit der Einführung eines neuen, für das Unternehmen gänzlich ungewohnten Managementsystems gelöst werden können. Abbildung 6.6 zeigt, gegliedert nach Phasen, die sich im Laufe des Wachstums typischerweise herausbildenden Systemkrisen und die darauf folgenden organisatorischen Revolutionen. Die Nähe zur Idee des organisatorischen Lebenszyklus und den phasenspezifischen Problemen ist offenkundig (Quinn/Cameron 1983).

Die Dynamik evolutorischer Entwicklung spitzt sich auf jeder Entwicklungsstufe zu jeweils neuen phasenspezifischen Problemen (Widersprüchen) zu, die schließlich nur noch durch eine organisatorische Revolution gelöst werden können oder aber das System geht unter. Es liegt in der dialektischen Natur der hier postulierten Entwicklung, dass die Problemlösungen der vorhergehenden Krise die Ursache der neuen Krise werden. So wird etwa die Kontrollkrise durch die vorhergehende Dezentralisierung ausgelöst, die wiederum als Antwort auf den Drang nach mehr Autonomie im Management entwickelt worden war. Dialektisch ist auch die Annahme von Greiner, dass diese Krisen durchlebt werden müssen und nicht übersprungen werden können. Das Einzige, was wirklich getan werden kann, ist demnach also, das Unternehmen für Krisen und „Revolutionen" zu rüsten, damit es diese überstehen kann.

Die Krisenproblematik erscheint in dem Ansatz von Greiner etwas verharmlost. Die besonderen Anforderungen, die Fundamentalkrisen stellen, werden in der Wandelliteratur heute unter einem separaten Oberbegriff diskutiert, nämlich Transformation bzw. Transformationsmanagement (vgl. Levy/Merry 1986; Kilmann/Covin 1988, zur Schwierigkeit fundamentaler Systemwechsel auch Schüssler et al. 2013).

Die Bedeutung organisatorischer Transformation steht im Zentrum des viel beachteten Ansatzes von Tushman, Newman und Romanelli (1986; s. auch Romanelli/Tushman 1994). Im Rahmen von Fallstudien rekonstruieren die Autoren die Entwicklungsverläufe von Unternehmen über längere Zeiträume hinweg. Dabei stellen sie – ähnlich wie zuvor Greiner – fest, dass die Entwicklung einer Unternehmung als ein fortlaufender Veränderungsprozess abgebildet werden kann, der typisch durch ein Alternieren der Prozesstypen *„Konvergenz"* („convergence") und *„Umsturz"* („upheaval", „frame-breaking change") gekennzeichnet ist. Im Gegensatz zu Greiners Konsekutivmodell begreifen sie diese Phasenfolge als sich permanent reproduzierendes Verlaufsmuster, ohne dabei einen bestimmten Fortschrittspfad zu unterstellen. Organisationen werden immer wieder ganz unabhängig von ihrer Größe und ihrem Alter, mit Transformationserfordernissen konfrontiert sein und müssen – soll ihr Überleben sichergestellt sein – Transformationen erfolgreich bewältigen können.

Organisatorische *Konvergenzphasen* stehen in diesem Zusammenhang für Stabilitätsperioden mit unbedeutenden Veränderungsanforderungen. Organisatorische Veränderungen beziehen sich dabei auf Detailabstimmungen, auf ein „Fine-Tuning" organisationsinterner Gegebenheiten mit dem generellen Ziel höherer Effizienz (die sog. 10%-Veränderungen). Es werden – wenn überhaupt – überschaubare Feinanpassungen der Organisation vorgenommen.

Anders in Prozessen *diskontinuierlicher Veränderungen* („Revolution" bzw. „upheaval"), in denen der organisatorische Bezugsrahmen zur Disposition steht („frame-breaking change"). In derartigen Situationen findet eine grundlegende Transformation der gesamten Organisation statt, die häufig systemweite Umstrukturierungen, die Um- bzw. Neudefinition der Unternehmensmission oder auch die Neubesetzung entscheidender Schlüsselpositionen im Unternehmen als Reaktion auf tief greifende Umweltveränderungen, interne Entwicklungsbrüche etc. beinhaltet.

Hinsichtlich des zeitlichen Verhältnisses der beiden Phasen stellten die Autoren schließlich fest, dass üblicherweise lang anhaltende Phasen der Konvergenz von kurzen, eruptiven Umsturz-Phasen unterbrochen werden; erfolgreiche Organisationen zeichneten sich den Untersuchungsergebnissen zufolge dadurch aus, dass in den eruptiven Phasen die erforderlichen Wandelprozesse schnell initiiert und vollzogen wurden, um dann wieder in einen Gleichgewichtszustand zurückzukehren. Im Hintergrund steht das Theorem des unterbrochenen Gleichgewichts („punctuated equilibrium"). Langanhaltende Gleichgewichtszustände werden eruptiv unterbrochen, danach pendelt sich wieder ein neues Gleichgewicht ein (in der Mikroökonomie: Komparative Statik).

Noch einen Schritt weiter gehen Miller/Friesen (1984) in ihrem sog. *quantum view*. Sie sehen die revolutionäre Transformation (dort: quantum change) einem stetigen schrittweisen Wandel als in jeder Hinsicht überlegen an. Dies resultiert aus ihrem Konsistenzkonzept, wonach die Elemente einer Organisation in sich stimmig sein sollten. Eine stückweise Veränderung läuft jederzeit Gefahr, die stimmige Gestalt zu zerstören.

Gegen diesen Ansatz interner Konsistenz setzen Tushman/O'Reilly (1997) die in Kapitel 5 bereits ausführlich dargestellte Idee der „ambidextrous organization", eine Organisation, die verschiedene Wandelmodalitäten zugleich bewältigen und dadurch die – wie sie es nennen – „Stimmigkeitsfalle" vermeiden kann.

Unabhängig von den verschiedenen normativen Wendungen liegt eine Reihe empirischer Studien vor (vgl. im Überblick Gersick 1991; Perich 1992; Nadler 1995) die nachdrücklich das ohnehin plausible Argument belegen, dass Organisationen vielfältige und nicht nur stetige Wandelformen zu bewältigen haben.

Organisatorischer Wandel als fest umschriebenes Problem

Ein weiterer, konzeptionell wichtiger Kritikpunkt stellt die Idee der Wandelphase in Zweifel. Man geht davon aus, dass Wandelprobleme einen klar definierten Anfang und ein ebenso klares Ende haben. Aus empirischen Entscheidungsstudien ist indessen hinlänglich bekannt, dass sich in der Organisationspraxis grundsätzlich die verschiedenen anstehenden Probleme überlagern, dass die Aufmerksamkeit sich sprunghaft immer wieder neuen Arenen zuwendet usw., so dass Anfang und Ende verschwimmen.

Faktisch stellt sich die Systemsteuerung als ununterbrochene Folge von Problemlösungen dar. Sie wird ständig in verschiedenen Problemlösungsprozessen tätig und kann niemals hoffen, mit der Erledigung eines Wandelproblems die Frage der Systemveränderung für einen längeren Zeitraum „vom Tisch" zu haben. Dies ist letztlich eine Folge des schon mehrfach aufgezeigten Basissachverhalts, dass Organisationen grundsätzlich in einer komplexen und unsicheren Situation zu steuern sind und jederzeit mit Überraschungen gerechnet werden muss.

Organisatorischer Wandel als Sonderfall

Der vierte Kritikpunkt ist der grundsätzlichste; er wendet sich gegen das Basisverständnis des Change Managements und der OE-Ansätze, wonach der Wandel von Organisationen als *Ausnahme* zu begreifen ist. Dem Wandel wird ein Sonderstatus zugewiesen; die Ausnahme von der Regel, die deshalb auch – und das schließt an den ersten Einwand an – in die Hände von Spezialisten gelegt werden kann.

Grundlage ist das Homöostaseprinzip, wie es in besonders klarer Weise in dem Phasenmodell von Lewin zum Ausdruck kommt. Ausgangspunkt und Ende des Veränderungsprozesses ist generell die stabile, in sich ruhende Organisation. Veränderung ist deshalb notwendigerweise immer eine Zumutung, eine störende Episode, die rasch auf Beendigung des entstandenen Ungleichgewichts drängt. Das konzeptionelle Primat liegt also auf der Stabilität, wobei im Sinne einer komparativ-statischen Betrachtungsweise die jeweiligen Gleichgewichtszustände durchaus unterschiedlicher Art sein können. Das Gleiche gilt für die jüngeren Ansätze, die mit dem avancierten biologischen Konzept des „unterbrochenen Gleichgewichts" (punctuated equilibrium) arbeiten. Wie oben am Tushman/Romanelli-Konzept gezeigt, werden dieser Idee nach, längere Perioden der Stabilität von relativ kurzen Umsturzphasen unterbrochen, um dann wieder in einen Gleichgewichtszustand zurückzukehren. Auch diese Transformationsmodelle gehen davon aus, dass Ordnung und organisatorische Stabilität die Regel ist, Veränderung ein System in den Zustand der Unordnung versetzt, der schnell und meist schmerzhaft vollzogen werden müsse, um wieder in den natürlichen Zustand der Ordnung zurückkehren zu können.

Diese vier Kerneinwände haben Veranlassung gegeben, neu über organisatorischen Wandel nachzudenken, die Kernthesen und –modelle werden im nachfolgenden Abschnitt dargelegt.

6.2 Kontinuierlicher Wandel

Die episodische Vorstellungswelt ist in vielfacher Hinsicht fragwürdig geworden. Zuerst springen die Entwicklungen in den Innovationsbranchen ins Auge, die auf die Notwendigkeit *permanenter Produktinnovationen* verweisen (vgl. etwa Jelinek/Schoonhoven 1990; Brown/Eisenhardt 1998). Unternehmen wie 3M, Zara, SAP oder Hennes & Mauritz stehen für Branchen, die in einem fortwährenden Produkt-Innovationsprozess begriffen sind und dafür entsprechende Managementsysteme geschaffen haben. Gleiches gilt für Unternehmen, die in einem hyperkompetitiven Geschäftsfeld agieren (z.B. Intel, O_2), fortwährende Innovation ist dort die einzige Überlebensgarantie (D'Aveni 1994).

Schon relativ früh hat Weick (1977) auf das radikale Gegenmodell der *„chronically unfrozen"* Organisation hingewiesen. Gemeint ist damit eine Organisation, die den „Auftauzustand" als Regel, die Stabilität als seltene Ausnahme begreift. Neuere Organisationskonzepte weisen in dieselbe Richtung (vgl. Kapitel 3). Sie betonen die *Fluidität*, ständig wechselnde Kooperationsformen und Grenzen. Die neuen Organisationsmodelle konzeptualisieren Organisationen tendenziell als „immanent unruhig", als Systeme, die auf der Basis *fortlaufender* Ereignisketten operieren („relentlessly shifting organizations" Brown/Eisenhardt 1997). Gleichgültig, ob man geneigt ist, diesen neuen Modellen bis ins letzte Detail zu folgen, so machen sie in jedem Falle nachdrücklich auf die Grenzen einer Perspektive aufmerksam, die den organisatorischen Wandel prinzipiell als Ausnahme (Episode) begreift, die in eine Welt der Ordnung und Stabilität einbricht.

Im neuen Denken dreht sich die Perspektive um: Veränderung wird gewissermaßen der Basismodus, der von erklärungsbedürftigen Phasen relativer Stabilität unterbrochen wird.

Die hier versammelten Ansätze betrachten organisatorischen Wandel als einen fortlaufenden, niemals abgeschlossenen Prozess. Das organisatorische Geschehen stellt sich als Komplex fortlaufender, untereinander vielfältig verknüpfter Entwicklungsprozesse dar, die keine Unterbrechung im Sinne einer Konvergenz aufweisen. Dies bedeutet zuallererst, dass Organisationen *dynamisch* und eben nicht statisch gedacht werden. Wandelprozesse haben keinen klar definierten Anfang und ebenso kein klar definiertes Ende, die Problemarenen überlagern sich gewissermaßen, so dass jede Phasenbildung rein willkürlich wäre. Faktisch stellt sich die Systemsteuerung als ununterbrochene Folge von Problemen und Problemlösungen dar. Mit der Erledigung eines Wandelproblems ist die Frage der Systemveränderung niemals für längere Zeit schlicht erledigt; vielmehr gilt es, die emergenten Dynamiken zu kanalisieren und zu lenken. Diese Vorstellung ist letztlich auch eine Folge des schon in Kapitel 4 aufgezeigten Basissachverhalts, dass Organisationen grundsätzlich in dynamischen und unsicheren Umwelten zu steuern sind und jederzeit mit Überraschungen zu rechnen ist.

6.2.1 Organisatorisches Lernen als Theorie kontinuierlichen organisatorischen Wandels

Die Perspektive kontinuierlichen Wandels hat den Impuls gesetzt, nach anderen Konzepten des Wandels Ausschau zu halten. Das vielbeachtete Konzept der lernenden Organisation gilt oftmals als Ursprung für eine solche Umorientierung. Diese Konzeption startet mit der Idee, dass der Basismodus von Organisationen das Lernen ist. Das organisatorische Geschehen stellt sich als Komplex fortlaufender, untereinander auf vielfältige Weise verknüpfter Lernprozesse dar. Dies bedeutet zuallererst, Organisationen dynamisch und eben nicht statisch zu verstehen. Das Verständnis von Lernprozessen als Basismodus verweist darauf, dass Veränderung ein durchgängiger Prozess ist, der von der gesamten Organisation auf allen Ebenen zu leisten ist.

6.2.1.1 Vom individuellen zum organisatorischen Lernen

Der wissenschaftliche Begriff des „Lernens“ hat seinen konzeptionellen Ausgangspunkt in der Logik der Veränderung. Das Lernkonzept stammt ursprünglich aus einer behavioristischen Forschungstradition, in der ein Lernprozess stattgefunden hat, wenn ein Individuum auf einen gleichen oder ähnlichen Anstoß (Stimulus) in einer von früherem Verhalten signifikant abweichenden Weise reagiert (Response). Der Lernprozess selbst ist nicht beobachtbar (Blackbox), wohl aber sein Anstoß und sein Erfolg im Sinne einer Verhaltensänderung (vgl. z.B. Watson 1930; Skinner 1938). Die Lerntheorie ist in der Psychologie zu einer breiten Teildisziplin ausgebaut worden.

March/Olsen (1979, S. 12 ff.) gehörten zu den Ersten, die diesen Lernansatz auf Organisationen übertragen haben. Zur Erklärung der Reaktion von Organisationen auf veränderte Umweltzustände und der dabei maßgeblichen Veränderungsprozesse entwickelten sie ein Konzept *organisatorischen Lernens* (vgl. Abbildung 6.7). Die theoretische Folie bildet der „vollständige Wahlzyklus“, der, konstruiert als positiver Lernzirkel, organisatorische Veränderung als Lernen durch Erfahrung thematisiert.

Insgesamt werden vier Phasen unterschieden: Den Ausgangspunkt (Phase 1) bilden die Organisationsmitglieder mit ihren Perzeptionen und Präferenzen. Wenn sie Diskrepanzen zwischen aktuell bestehenden und erwünschten Umweltzuständen feststellen (Differenzbildung), formulieren sie ein Problem und entwickeln Handlungsentwürfe zu seiner Lösung. Dazu gehört die Initiierung/Belebung von und die Teilnahme an organisatorischen Entscheidungsprozessen, die in der Fortfolge (Phase 2) zu Handlungen (Entscheidungen) der Organisation führen (Stimulus). Mit diesen wirkt die Organisation in einer bestimmten Weise auf die Umwelt ein (Phase 3); worauf die Umwelt ihrerseits in neuer veränderter Weise reagiert (Response). Mit der Registrierung und Interpretation der Umweltreaktionen durch die Organisationsmitglieder (Phase 4) wird wiederum ein neuer Lernzyklus in Gang gesetzt, allerdings nur dann, wenn eine Diskrepanz wahrgenommen worden ist.

Abbildung 6.7: Der vollständige organisatorische Wahl-/Lernzyklus

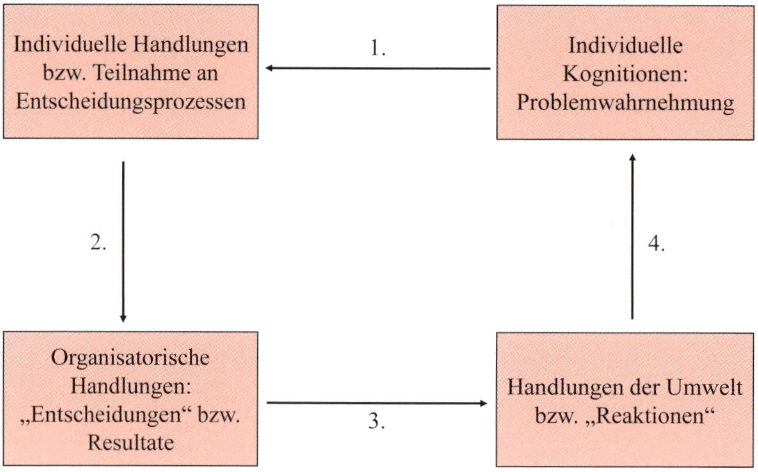

Quelle: March/Olsen (1979), S. 13 – modifiziert

Das in diesem Grundmodell implizierte Lernkonzept kann als *„erfahrungsbasiertes"* oder *„adaptiv-rationales"* Lernen bezeichnet werden, versuchen doch die Organisationsmitglieder und die Organisation, aus den in der Vergangenheit erfahrenen Umweltreaktionen in kontinuierlich verbesserter Weise situationsgerechte Handlungsentwürfe zu entwickeln.

Interessanterweise geht es aber March und Olsen gar nicht in erster Linie um dieses Idealmodell des Lernzyklus, sondern vielmehr um die *Störungen* („Unterbrechungen"), denen dieser Kreislauf in aller Regel unterliegt. Sie formulieren daher zusätzlich eine *Theorie des unvollständigen Lernzyklus* (vgl. dazu March/Olsen 1979, S. 22, 56 ff.). Anknüpfend an die eben erläuterten vier Phasen werden auch vier Klassen von organisationalen *Lernstörungen* unterschieden:

1. *Diskrepanz zwischen Denken und Handeln,* d.h. die individuellen Kognitionen schlagen sich nicht im Handeln der Organisationsmitglieder nieder. March und Olsen führen hier an erster Stelle *Rollenzwänge* an, die das Verhalten unabhängig von Lernprozessen steuern. Konkret geht es darum, dass organisatorische Regeln oder Programme (Routinen) prinzipiell ein bestimmtes Verhalten vorschreiben, eine lernende Anpassung ist nicht vorgesehen. Halten sich die Organisationsmitglieder an die Vorgaben und Routinen, kann sich die perzipierte Diskrepanz nicht in Handeln umsetzen; getan wird, was die Regel verlangt (March 1994, S. 89). So gesehen handelt es sich um eine „organisatorische" und gerade nicht um eine individuelle Lernstörung.

2. *Diskrepanz zwischen individueller Handlung und dem Verhalten von Organisationen.* Hier geht es darum, dass individuelle Handlungen (wie z.B. der Vorschlag wegen veränderter Bedingungen, den Planungsansatz zu ändern) nicht in das organisatorische Verhaltenssystem eindringen. Die Organisation mobilisiert gegen die (neu gelernte) Handlungsinitiative ihre eigenen Handlungsgesetze. Der Impuls verläuft im Sande.

3. *Diskrepanz zwischen Handlung der Organisation und der (erwarteten) Umweltveränderung.* Hier geht es nicht um die fehlende Organisationsmacht, die Umwelt so zu beeinflussen, wie intendiert, sondern um die potenzielle Unfähigkeit der Organisation, auf der Basis von Erfahrungen zu erkennen, dass ihre Theorie über den Organisation/Umwelt-Zusammenhang unzutreffend ist bzw. dass die Zusammenhänge unzutreffend rekonstruiert werden. Bei dieser als „abergläubisches Lernen" bezeichneten Lernstörung geht es meist um inadäquate Handlungstheorien einer Organisation. Sie ziehen ein Pseudolernen nach sich: Die Organisation verkennt die Folgen ihrer Handlungen und fühlt sich stattdessen in ihren Annahmen bestätigt (vgl. zu einer solchen Fehlattribution auch den Theorie-X-Zyklus von McGregor in Kapitel 3).

   March (1994) verweist zur Illustration der gemeinten Lernstörung auf „Des Kaisers neue Kleider", das berühmte Märchen von Hans Christian Andersen. Dort schwätzen bekanntlich zwei betrügerische Weber einem gefallsüchtigen Kaiser neue Kleider auf, deren Prunk und Schönheit allerdings nur Leute sehen könnten, die für ihr Amt taugten und nicht unverzeihlich dumm wären. De facto waren die Webstühle leer, und die Kleider waren ein Nichts. Um nicht als dumm oder amtsuntauglich zu gelten, begannen aber die Leute am Hof, die Schönheit der Stoffe in allen Tönen zu loben – obwohl sie eigentlich gar nichts sahen. Erst als ein Kind, das von der Unsichtbarkeitstheorie nichts wusste, ausrief: „Aber er hat ja gar nichts an", erhielt der Kreislauf der Selbstbestätigung einen Sprung. Bezogen auf das oben Gesagte, bedeutet dies, dass der Glaube an die Richtigkeit der Unsichtbarkeitstheorie das Lernen aus Erfahrung außer Kraft gesetzt hatte.

4. *Diskrepanz zwischen Umweltzustand und individueller Perzeption.* Organisationsmitglieder formen sich ihr Bild von der Umweltsituation und vergleichen es mit ihren Erwartungen. Umweltereignisse werden (notwendigerweise) durch einen Filter wahrgenommen; die Lernstörung entsteht durch Fehlinterpretationen und Vereinfachungen. Die Unklarheit der Umweltsituation wird verleugnet; die Zusammenhänge finden zu rasch in altbekannten Mustern ihre Erklärung. Potenzielle Störfaktoren sind (March/Olsen 1979, S. 58 ff.) hier also Perzeptionen nach dem Muster sozialer Erwünschtheit („he sees what he is expected to see") oder nach eigenen Vorlieben („he sees what he expects to like").

Die „Lernstörungen" weisen – im Unterschied zum „idealen Lernzyklus" – nachdrücklich auf den institutionellen Charakter organisatorischer Lernprozesse hin und machen auf die Notwendigkeit aufmerksam, organisatorisches Lernen nicht einfach als Kompilierung individueller Lernakte zu begreifen.

Mittlerweile liegen zahlreiche Vorschläge zur Modifikation des March/Olsen-Konzepts und zur Neufassung der Theorie des organisatorischen Lernens vor (einen aktuellen Überblick gibt Argote 2012). Kritisiert wird vor allem die Stimulus-Response-Logik und die ihr inhärente Überbetonung des *reaktiven* Lernens. Im Unterschied dazu werden zunehmend die *proaktiven* Lernpotenziale von Organisationen in den Mittelpunkt gestellt. Neugierde und selbstinitiiertes Suchverhalten von Organisationen erlangen eine zentrale Bedeutung. Gebildet wurden diese Konstrukte analog zur (sozial-)kognitiven Lerntheorie (Piaget 1985; Bandura 1986), die die behavioristische Lerntheorie in den Hintergrund gedrängt hat.

Lernen wird in den individuellen kognitiven Theorien nicht mehr länger als bloßer extern stimulierter Erwerb von neuen Reiz-Reaktions-Ketten konzipiert, sondern als Erwerb und Weiterentwicklung von kognitiven Strukturen (Greeno 1980; Mandl/Spada 1988; Hoffmann 1992). Lernen ist konzeptionell nicht mehr länger an Versuch und Irrtum gebunden, sondern Einsichtsprozesse werden ebenso einbezogen wie aktives Suchen. Dem kognitiven Ansatz gemäß entwickeln Individuen kognitive Muster oder Karten, die eine Verbindung zwischen der Umwelt und den eigenen Handlungen herstellen. Diese Kognitionen bilden sich im Zuge von Erfahrungen, Einsichten, Verknüpfungen mit bestehenden Kognitionen usw. Diese mentalen Muster oder Schemata stellen Strukturierungshilfen dar, indem sie Ereignisse verstehbar machen („sensemaking", Weick 1995), Zusammenhänge herstellen usw. (vgl. die Erläuterung der Funktionsweise mentaler Modelle in Fokus 6.3).

Der kognitive Ansatz sieht Lernen in der Veränderung der Kognitionen (Meinungen, Urteile, Präferenzen usw.), ohne dass dies sich notwendigerweise als Verhaltensänderung dokumentieren muss. Mentale Modelle stellen auch einen Speicher dar, der gemachte Erfahrungen, Einsichten usw. sammelt und verdichtet („Wissensspeicher"). Informationstheoretisch ausgedrückt, liefern die verfügbaren kognitiven Schemata die *Differenz*, die notwendig ist, um beobachtete Ereignispunkte zu einer Information zu machen.

Es ist offenkundig, dass die kognitive Lerntheorie – vor allem in ihrer sozial-kognitiven Variante (Bandura 1986) – sehr viel mehr als die Stimulus-Response-Theorie Anknüpfungspunkte bietet, sie auf kollektive Lernprozesse *umzudenken* (nicht jedoch schematisch zu übertragen). Ein solcher Transfer mündet in der Vorstellung, dass eine Organisation auf der Basis organisationsspezifischen Wissens operiert. Genau hier knüpfen denn auch viele Beiträge an, die das wissensbasierte Lernen und die Wissensbasis einer Organisation in den Vordergrund rücken (z.B. Kogut/Zander 1992).

Fokus 6.3

Mentale Modelle

Der Begriff der mentalen Modelle dient als Klammer für eine Vielzahl sinnverwandter, kognitiver Konstrukte: etwa Schemata, cognitive maps, (Referenz-)Rahmen, Wissensstrukturen, Weltanschauungen usw. Mentalen Modellen kommt in den kognitiven Lerntheorien eine zentrale Bedeutung zu. Als aktive Teile des kognitiven Apparates beeinflussen sie das Lernverhalten maßgeblich; sie lenken und strukturieren den individuellen Wissenserwerb und die Wissensspeicherung. Innerhalb der Kognitionspsychologie und der kognitiv orientierten Lernpsychologie hat insbesondere die Schematheorie (zuerst Piaget) erhebliche Bedeutung für die Erklärung kognitiver Prozesse und Strukturen erlangt. Die Funktionsweise von Schemata kann anhand von Neissers Wahrnehmungszirkel verdeutlicht werden:

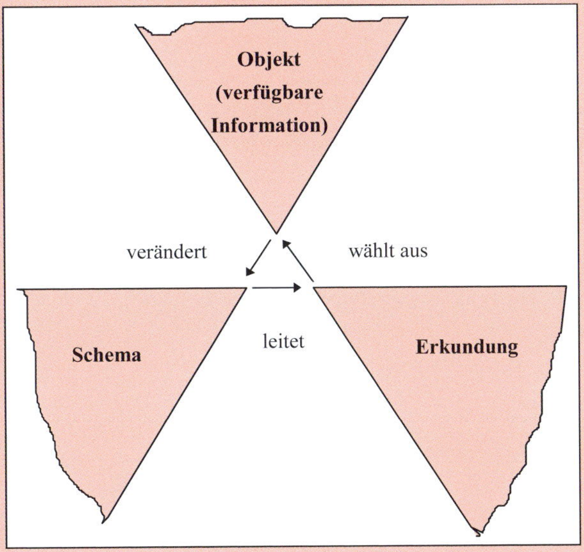

Mit der Hilfe von Schemata bringt der Organismus wahrgenommene Umweltreize in eine zeitlich-räumliche Struktur, auf deren Grundlage gehandelt wird. Durch Schemata wird ein kognitiver Bezugsrahmen für das Handeln gebildet. Schemata strukturieren und ermöglichen durch Begrenzung die Wahrnehmungstätigkeit; sie leiten (antizipativ) die Realitätserkundung, indem sie selektiv Ausschnitte aus der Realität fokussieren. Neue Informationen über Realitätsausschnitte (Objekte) verändern ihrerseits existierende Schemastrukturen, so dass weitere Wahrnehmungszyklen von modifizierten Schemata eingeleitet werden.

Für diese zyklischen Interaktionen, die die Schemata (und somit den Wahrnehmenden selbst) verändern, gebraucht Piaget den Begriff der Akkomodation im Unterschied zur Assimilation, bei der neue Umweltinformationen unter bestehende Schemata subsumiert werden.

Kognitive Strukturen tendieren zu konservativ-selbstbestätigenden Tendenzen im Erkenntnisprozess. Sie versuchen, die Wirklichkeit möglichst lange immer gleich zu definieren, suchen auch bei Widersprüchen zunächst nach Konsonanz. Erst wenn eine Assimilation von Wahrnehmungsinhalten an bestehende Wissensstrukturen nach mehreren gescheiterten Versuchen nicht mehr möglich ist, setzt die Akkomodation ein.

Das Wissen über „Realitäten“ wird basierend auf bereits vorliegenden Erfahrungen und Einsichten in immer komplexeren, aus vielen Schemata bestehenden „semantischen Netzen“ strukturiert. Lernen ist in einer kognitiven Perspektive somit der individuelle Prozess der Auseinandersetzung mit der Umwelt auf der Grundlage bereits erworbener kognitiver Strukturen, die zugleich Möglichkeitsstrukturen weiteren Lernens sind. Durch mentale Modelle wird Wissen erworben und erweitert.

In der Managementforschung hat man sich weniger auf den Schemabegriff, denn auf so genannte „cognitive maps“ konzentriert, um über sie ein Verständnis der Denkwelt von Managern und die daraus resultierende Informationsverarbeitung, z.B. in strategischen Entscheidungsprozessen, rekonstruieren und erklären zu können.

Quelle: Piaget (1985); Neisser (1979); Huff (1990)

Organisationen werden aus dieser Perspektive als *Wissenssysteme* aufgefasst, die über Lernprozesse neues Wissen akquirieren wie auch selbst generieren und dadurch ihre Wissensbasis kontinuierlich verändern (vgl. Grant 1996; Tsoukas 1996). Der Wissensansatz durchbricht konzeptionell den starren und in seiner Logik allzu einfachen Stimulus-Response-Mechanismus. *Lernen* ist demnach definiert als Veränderung der Wissensbasis. *Organisatorisches Lernen* ist dann der Prozess, in dem Organisationen Wissen erwerben, in ihrer Wissensbasis verankern und für zukünftige Problemlösungserfordernisse hin neu organisieren. So wird die Vorstellung, dass Organisationen durch ihre Kognitionen ein spezifisches Wissen aufbauen, zu einem entscheidenden Fixpunkt für eine Theorie des organisatorischen Lernens, und die Fähigkeit einer Organisation, dieses Wissen zu entwickeln, zur Leitidee für den Begriff der organisationalen Lernfähigkeit und damit zugleich für den Begriff des organisatorischen Wandels.

Die Konstrukte „Organisatorisches Lernen“ und „Organisatorisches Wissen“ bezeichnen genuin-kollektive Phänomene. Zwar wird der Lernprozess von Individuen getragen und bewegt, der Referenzpunkt indessen ist immer die Organisation. Sie gibt den Kontext und den Modus vor, innerhalb dessen die Individuen als Organisationsmitglieder Wissen prozessieren. Es wird demnach also nicht erst individuell gelernt, um dann den Lernerfolg sukzessive zu einem organisatorischen zu machen. Vielmehr ist es so, dass der organisatorische Bezug, Rahmen und Anlass für das Lernen gibt. Das Individuum als Organisationsmitglied lernt also so gesehen von vorneherein organisatorisch; Organisationen erzeugen Lernmuster („collective mind“), die sie mit Hilfe von angekoppelten „personalen Systemen“ (Individuen) praktizieren (Willke 1996, S. 287 f.). Eine Buchhalterin erkennt eine Genehmigungsroutine als irreführend, weil sie Feedback aus der Organisation erhalten hat und weil von ihr erwartet wird, dass die Abschlussbuchungen widerspruchsfrei sind im Sinne der Doppelten Buchhaltung. Für ihr „privates“ Kognitionssystem wäre die Routine vermutlich ohne Bedeutung. Sie lernt nicht erst „privat“ und macht dann daraus einen organisatorischen Lernerfolg, sondern bereits die Problemwahrnehmung wie auch der nachfolgende Lernprozess ist organisatorisch. Daneben gibt es natürlich auch vielfältige rein individuelle Lernprozesse, die man als Art intervenierende Variable für den organisatorischen Lernprozess begreifen kann.

6.2.1.2 Lernebenen

Um zu einem besseren Verständnis des Zusammenhangs von Wandel und Lernen zu kommen, ist es wichtig, verschiedene *Lernebenen* zu unterscheiden.

Die prominenteste Klassifizierung verschiedener Lernebenen haben Argyris/Schön (1978, S. 18 ff.) eingeführt. Sie unterscheiden zwischen den Ebenen *„Single-loop"*- und *„Double-loop-Learning"* und fügen diesen schließlich das *„Deutero Learning"*, eine Art Meta-Ebene des Lernens, hinzu.

1. Single-loop-Learning („Einkreislernen") basiert auf der Vorstellung eines (sozialen) Regelkreises. Innerhalb eines festgelegten Bezugsrahmens, der vor allem die Definition des „richtigen" Systemzustandes (Sollzustand) enthält, werden allfällige Abweichungen registriert und korrigiert. Die Definition des „richtigen" Systemzustandes wird mit der – schon erwähnten – kollektiven Handlungstheorie („theory-in-use") geleistet; den Sollzustand aufrechtzuerhalten in einer sich ständig verändernden Umwelt, ist das eigentliche Ziel des „Einkreislernens". Der organisatorische Lernprozess gelingt nur, wenn das System die Fehlerentdeckung akzeptiert und eine Korrektur ermöglicht. Die handlungsleitenden Standards werden also im Hinblick auf bestimmte Verfahrensweisen verändert, ohne allerdings an den Grundüberzeugungen und -orientierungen zu rühren. Man könnte auch davon sprechen, dass *operative* Anpassungen vorgenommen werden.

Eine derartige Lernkorrektur und eine entsprechende fortlaufende Veränderung der Wissensbasis ist für die Funktionsfähigkeit von Organisationen von großer Bedeutung, allerdings nach Argyris/Schön nur dort möglich, wo die Aufnahme und Kommunikation von Feedback reibungslos funktioniert. In vielen Fällen scheitert das organisatorische Lernen und damit die fortlaufenden Veränderungen bereits an dieser Basisvoraussetzung; diskrepantes Feedback wird erfahrungsgemäß auf vielfältige Weise abgewehrt, durch Ignorieren, durch Verschweigen, durch Schönfärberei usw. (vgl. Hedberg 1981; Argyris 1985; Senge 1990).

Das Single-loop-Learning vollzieht sich voraussetzungsgemäß *innerhalb* eines etablierten und generell akzeptierten Bezugsrahmens; dieser wird beim Einkreislernen nicht weiter hinterfragt. Er setzt den Rahmen für die Lernprozesse, die (systemimmanente) Störungskorrekturen zum Gegenstand haben.

2. Double-loop-Learning („Zweikreislernen“) stellt im Gegensatz dazu die „Führungsgrößen“ und Prämissen der operativen Handlungstheorien selbst zur Disposition. In einer solchen Situation haben sich die bis dahin geltenden Grundwerte und -überzeugungen als problematisch erwiesen, und es ist erforderlich, Kernbestandteile zu modifizieren oder zu substituieren. Die übergeordnete Ebene des Zweikreislernens wird dadurch deutlich, dass im Rahmen dieser Lernprozesse der Kontext für Prozesse des Single-loop-Learnings geändert wird.

Das organisationale Zweikreislernen vollzieht sich nicht selten im Rahmen eines Konfliktbewältigungsprozesses zwischen Organisationsmitgliedern und Gruppen. Unterschiedliche Auffassungen über die Problemursachen und mögliche Neuorientierungen prallen aufeinander.

Eine Kernvoraussetzung für erfolgreiches Double-loop-Learning sind Offenheit und Unvoreingenommenheit, sollen doch fest gefügte Basisorientierungen und in der Vergangenheit erfolgreiche Handlungsmuster einer Revision unterworfen werden.

Im Sinne erfolgreicher Lernprozesse auf dieser Lernebene wird deshalb häufig ein „Entlernen“ (unlearning) bestehender Orientierungen als Voraussetzung angesehen, damit – bildlich gesprochen – Raum für neue Perzeptionen und Konzepte geschaffen und das Realitätsverständnis neu definiert werden kann. Hedberg (1981, S. 18) definiert: „Unlearning is a process through which learners discard knowledge“. Häufig bestehen in Organisationen bereits „Schattentheorien“, die sich in solchen krisenhaften Situationen dann nach vorne schieben. Die Widerstände gegen eine solche Neuorientierung sind z.T. sehr stark ausgeprägt, wie aus zahlreichen empirischen Untersuchungen hervorgeht (Argyris 1982; 1990; zu den verschiedenen Lernbarrieren vgl. Gebert/Boerner 1997). Starke Unternehmenskulturen oder paradoxe Schleifen stehen einem Zweikreislernen entgegen.

Aus systemtheoretischer Sicht ist allerdings diese Eingrenzung auf bewusste, intendierte Lernprozesse zu eng. Soziale Systeme restrukturieren ihre Wissensbasis auch in fließender, nicht-intendierter Form im Sinne selbstorganisierender Prozesse. Die Neuorientierung wird dann erst am Ende des Prozesses aufgegriffen und gewissermaßen ex-post legitimiert (z.B. in einem strategischen Plan; vgl. Mintzberg/Waters 1985).

3. Deutero-Learning wird als dritte Lernebene unterschieden. In Anlehnung an Bateson (1972) kann es als „Lernen des Lernens“ charakterisiert werden, indem innerhalb dieser Prozesse Wissen über vergangene Lernprozesse (Single- und Double-loop) gesammelt und kommuniziert wird. Im Deutero-Lernen werden Lernkontexte *reflektiert*, Lernverhalten, Lernerfolge und -misserfolge diagnostiziert, es wird deshalb auch als Metaebene des organisatorischen Lernens bezeichnet. Deutero-Lernen soll auch verhindern helfen, dass organisationales Lernen lediglich als Abfolge einzelner Episoden ohne Zusammenhang im alltäglichen Handeln begriffen wird. Es soll aber auch sicherstellen, dass sich Organisationen kontinuierlich lernbereit halten. Abbildung 6.8 zeigt die drei Lernebenen im Überblick.

Abbildung 6.8: *Lernebenen nach Argyris/Schön*

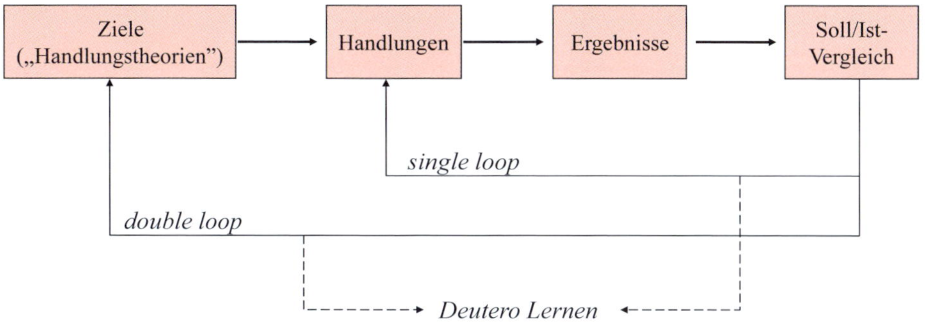

In den letzten Jahren hat sich allerdings eine andere Unterscheidung stärker in den Vordergrund geschoben, die auf zwei ganz andere parallel operierende Lernebenen aufmerksam macht. Gemeint ist die Unterscheidung von March (1991) in

- exploitatives Lernen und
- exploratives Lernen.

Während ersteres auf die Nutzung, die effiziente Umsetzung und Verfeinerung des einmal erlangten Wissens abzielt, erstrebt die Exploration die neugierige Erkundung von Neuem, das Experimentieren mit dem Ungewohnten, die Erprobung risikoreicher Alternativen, die kreative Entwicklung ungewöhnlicher Lösungen usw.

Es ist offenkundig, dass ein dynamisches Unternehmen beides benötigt. Im Unterschied zum Einkreis- und Zweikreislernen entziehen sich nun allerdings diese beiden Lernebenen einer schlichten Addition, dergestalt, dass man eben fordert, beides zu betreiben. Es ist vielmehr so, dass diese beiden Lernsphären in einem schwierigen Verhältnis zueinander stehen, sie konkurrieren nicht nur um knappe Ressourcen, sondern die Verfolgung des einen bleibt nicht ohne negative Folgen für die Verfolgung des anderen, March (1991, S. 72) spricht deshalb von dem „Exploration/Exploitation-Trade-Off". Obendrein gibt es aufgrund geltender Standards, wie Messbarkeit oder Zeitspanne der Rückmeldung über den erzielten Erfolg, in den meisten Organisationen die Tendenz die Exploitation zu bevorzugen: Man ist damit auf der sicheren Seite, die Ergebnisse sind besser vorhersehbar, die Wahrscheinlichkeit, dass man einer Fehleinschätzung unterliegt, ist geringer, kurzum die Tendenz, Unsicherheiten zu vermeiden gibt indirekt der Exploitation den Vorrang. Darüber hinaus löst man mit exploitativem Lernen weniger Unruhe aus, man macht sich nicht so leicht lächerlich usw. Diese expliziten und impliziten Kriterien geben im Zweifelsfall der Exploitation den Vorrang und verdrängen damit aufgrund der Ressourcenkonkurrenz ungewollt die

Exploration. Dies wiederum hat aber problematische Konsequenzen. Wer nur auf die Sicherheit von heute setzt, verspielt damit unter Umständen den Erfolg von morgen. Ohne Innovation verliert ein Unternehmen mittelfristig seine Wettbewerbskraft, vor allem dann, wenn die Konkurrenz stärker in exploratives Lernen investiert hat. So ist es also eine wichtige Aufgabe im organisatorischen Lernen, die impliziten Verdrängungskräfte zuungunsten der Exploration genau zu beobachten und immer wieder die zwei konkurrierenden Lernsphären auszubalancieren.

Benner/Tushman (2003) empfehlen einmal mehr die „ambidextrous organization" als Lösung, in dem sie bestimmten Unternehmensbereichen (z.B. Fertigung und Vertrieb) das exploitative Lernen und anderen (wie z.B. Forschung und Entwicklung) den explorativen Lerntypus zuweisen wollen (siehe auch die Ausführungen in Kapitel 4). Offen bleibt dabei allerdings wieder die Frage der Integration. Andere Autoren schlagen vor, eine Balance entlang des Lebenszyklus zu suchen, also für die frühen Phasen den explorativen Lerntypus und für die späteren Phasen vorrangig den exploitativen Lerntypus einzusetzen (so etwa Rothaermel/Deeds 2004 im Hinblick auf das Lernen in Allianzen). Fang et al. (2010) plädieren für semi-autonome Einheiten, um die Balance besser bewerkstelligen zu können. Welcher Weg auch eingeschlagen wird, das Dilemma wird sich wegen der Unsicherheit und der Ambiguität der Entscheidungssituation nicht ganz beseitigen lassen. Organisationen sind gefordert, sich immer wieder neu die Frage nach der richtigen Balance von Exploitation und Exploration zu stellen – und jede Balance ist ein Kompromiss und keine Lösung.

Stand eben die Frage der Lernebenen und des Lerntypus im Vordergrund, so soll nun die Frage des Wie beleuchtet werden: In welcher Form findet organisatorisches Lernen statt.

6.2.1.3 Lernformen

Hinsichtlich verschiedener *Formen des organisatorischen Lernens* lassen sich im Kern vier Grundformen unterscheiden: 1. Lernen aus Erfahrung, 2. Vermitteltes Lernen, 3. Lernen durch Inkorporation neuer Wissensbestände sowie 4. Eigengenerierung neuen Wissens.

1. Aus der Perspektive des *Erfahrungslernens* knüpfen Lernprozesse, wie bei Argyris/Schön bereits ausgeführt, unmittelbar an den in der Vergangenheit gesammelten Erfahrungen einer Organisation an. Die Grundoperation ist die Beobachtung der Ergebnisse des eigenen Handelns, d.h. die Organisation exponiert sich mit einer Handlung und beobachtet und bewertet die darauf folgenden Konsequenzen. Im Zentrum stehen dabei die Zweckmäßigkeit, der Erfolgsbeitrag bzw. die Entwicklungs- und Anschlussfähigkeit bestimmter Problemlösungen, Handlungsmuster, Routinen etc. Das weithin populäre „Learning by doing" (Levitt/March 1988, S. 321 ff.) wird unter diese Kategorie ebenso subsumiert wie das Lernen als Resultat von Experimenten und aktiven Suchprozessen, die in einer Organisation entworfen und durchgeführt werden (Huber 1991, S. 91 f.). In einer Ausweitung dieser Perspektive gehören zu erfolgreichem Erfah-

rungslernen nicht nur intendierte, sondern auch nicht-intendierte Lerneffekte aus eher zufällig gesammelten Erfahrungen (Huber 1991, S. 89). Wesentlich aus der Sicht des organisatorischen Lernens ist, dass die gemachten Erfahrungen tatsächlich auch Eingang in den organisatorischen Wissensbestand finden.

2. *Vermitteltes Lernen* findet statt, wenn eine Organisation an die Erfahrungen bzw. das Wissen (z.B. hinsichtlich Strategien, interner Abläufe oder bestimmter Technologien) einer *anderen* Organisation gewollt oder ungewollt teilhat und diese für eigene Belange nutzbar machen kann (vgl. Huber 1991, S. 96). Derartige Lernprozesse können auf vielfältige Weise in Gang kommen: z.B. durch Kontakte von Organisationsmitgliedern auf Tagungen, Messen etc. oder indirekt über Kontakte zu gemeinsamen Lieferanten, Beratern, Händlern etc. Auch intendierte Suchprozesse wie das systematische Auswerten von Pressemitteilungen, wissenschaftlichen Veröffentlichungen oder anderen Publikationen einer Organisation können dem *„Lernen aus zweiter Hand“* ebenso dienen wie das (meist illegale) Ausspähen einer Organisation. Ferner zählt hierzu auch das „Benchmarking“, d.h. das Lernen von den erfolgreichen im Sinne eines Modelllernens oder Imitierens.

Eine andere Form vermittelten Lernens stellt auf unbeabsichtigte Wissensdiffusion ab und verweist auf die Verbreitung und gemeinsame Nutzung von Erfahrungswissen einer Organisation (Levitt/March 1988, S. 329 ff.). Bestimmtes Wissen einer Organisation gelangt nach und nach an die Öffentlichkeit und diffundiert innerhalb eines Kreises verbundener Organisationen (z.B. einer Branche oder einer Region). Die solche nicht-intendierte Wissensdiffusion wird in der strategischen Literatur häufig am Beispiel der Erfahrungskurve und der „Enteignung“ von Erfahrungswissen diskutiert. Erinnert sei in diesem Zusammenhang an die Neo-Institutionalistische Theorie, wonach solche Diffusionen primär durch Legitimationsdruck von außen zustande kommen (vgl. Kapitel 7).

Schließlich ist vermitteltes Lernen auch als Ergebnis von *Instruktion* und damit intendierter Restrukturierung der Wissensbasis denkbar. Derartiges Lernen als Folge von Instruktionen findet typischerweise in der klassischen „Lehrsituation“ statt und meint den Umstand, dass Organisationen neue Routinen, Fähigkeiten, Einstellungen und Werte durch andere Organisationen (z.B. durch Universitäten, Praxisseminare oder Unternehmensberater) systematisch vermittelt bekommen können.

3. Als weitere Form des organisatorischen Lernens ist auf die *Inkorporation neuer Wissensbestände* zu verweisen, die sich im Wege der Übernahme und Eingliederung externen Wissens vollzieht. Dies kann beispielsweise durch die Einstellung von Experten oder in einem größeren Kontext durch die Akquisition oder die Fusion mit einer anderen (mit spezifischem Wissen ausgestatteten) Organisation erfolgen (Huber 1991, S. 97). Heute wird in diesem Zusammenhang häufig auch von der „absorptive capacity“ (Cohen/Levinthal 1990) einer Organisation gesprochen, gemeint ist die grundsätzliche Fähigkeit einer Organisation, externes Wissen aufzunehmen (siehe dazu Fokus 6.4).

Fokus 6.4

Absorptive Capacity

Zahlreiche empirische Studien belegen, dass es in einer schnelllebigen und unsicheren Umwelt für den Innovationserfolg eines Unternehmens wichtig ist, externe Wissensquellen in den Innovationsprozess einzubeziehen. Ein Schlüsselfaktor in diesem Zusammenhang ist die Absorptive Capacity (das Absorptionsvermögen) eines Unternehmens. Cohen/Levinthal (1990) begreifen Absorptive Capacity als eine spezielle organisationale Lernfähigkeit, die sich aus drei Teilfähigkeiten zusammensetzt: (1) der Fähigkeit, neue externe Informationen zu identifizieren und aufzunehmen, (2) der Fähigkeit, dieses neuartige und als nützlich bewertete Wissen zu assimilieren als auch intern zu transformieren und (3) der Fähigkeit, das assimilierte Wissen wertschaffend einzusetzen:

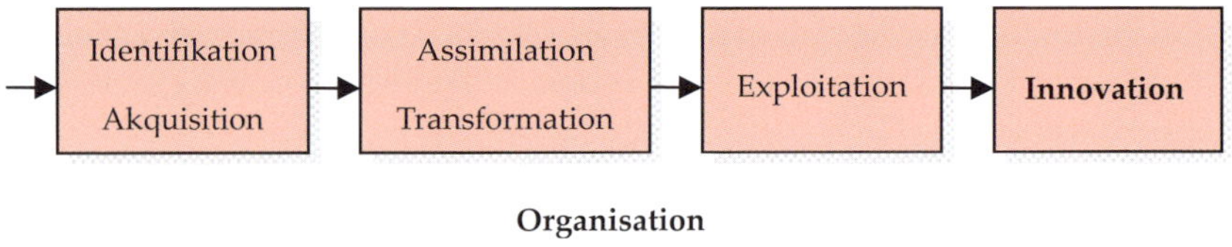

Die Entwicklung einer hohen Absorptionsfähigkeit geschieht nicht voraussetzungslos, sie hängt zu guten Teilen von den in der Vergangenheit erworbenen Lernerfahrungen und den Praktiken zur Verarbeitung neuen Wissens ab: Wie breit ist das Kategoriensystem, mit dem ein Unternehmen die Umwelt beobachtet? Wie interessiert werden neue Ideen diskutiert? Wie wird das Wissen mit dem Vorhandenen verknüpft? Usw. Die in der Vergangenheit gebildeten Kategoriensysteme („Kognitive Landkarten") eines Unternehmens bilden den Humus, auf denen sich die Absorption neuen Wissens entfaltet, aber auch die Pfade, die die Aufnahme neuen Wissens leiten. Dieses bedeutet Ermöglichung und Einschränkung zugleich.

Besitzt ein Unternehmen eine hohe Absorptive Capacity in Form geeigneter Routinen der Wissensabsorption, ist es in der Lage, umfänglich externe Informationen für Innovationen zu nutzen. Ziel einer erfolgreichen Unternehmensführung muss es deshalb sein, eine hohe Absorptive Capacity zu entwickeln. Jedoch können verschiedene Hemmfaktoren (selektive Filter, Pfadabhängigkeit, Unternehmenskultur usw.) die Absorptionskapazität eines Unternehmens erheblich mindern. Ebenso besteht die Gefahr, dass sich einmal erfolgreiche Absorptionsprozesse derart stabilisieren, dass ihre Anpassung an veränderte Umweltbedingungen nur noch schwer oder kaum möglich ist. Wird die Absorptionsfähigkeit also nicht kontinuierlich weiterentwickelt, so dass sie Schritt halten kann mit der Veränderung der relevanten Wissensfelder, gerät die neue Wissensentwicklung aus dem Wahrnehmungsfeld des Unternehmens heraus. Letztlich ist dann das Unternehmen von der Nutzung dieser Felder ausgeschlossen. Dann verlieren Unternehmen ihre ehemals hohe Absorptive Capacity.

Absorptionskapazität lässt sich messen und vergleichen. Ein Vergleich unternehmensspezifischer Absorptionspraktiken kann in diesem Zusammenhang Verbesserungspotenziale offenbaren. Ein Vergleich erfolgreicher und nicht erfolgreicher Innovationsprojekte liefert zudem Informationen über mögliche Hemmfaktoren oder Rigiditätstendenzen.

So wichtig die Absorptive Capacity auch ist, so darf nicht übersehen werden, dass der Wandel- und Innovationsprozess keinesfalls ausschließlich auf die Verarbeitung externen Wissens beschränkt werden kann. Wie beim Wissensmanagement gezeigt, kommt der internen Weiterentwicklung neuen Wissens ausschlaggebende Bedeutung bei der Bildung von organisationalen Kompetenzen zu; freilich wird auch diese immer wieder auf neue externe Informationen zugreifen müssen.

Quelle: Cohen/Levinthal (1990)

Dem interorganisationalen Lernen, z.B. im Rahmen von Joint Ventures oder anderen Allianzen, wird dabei eine zentrale Rolle zuerkannt (etwa Lane et al. 2001) Das interorganisationale Lernen im Zuge von Akquisitionen und Fusionen erweist sich indessen in der Praxis häufig als relativ störanfällig, weil es von vielen Prozessen überlagert wird, wie etwa Demütigung, Enttäuschung oder Verteidigung der eingespielten Routinen. Der Aufbau von Vertrauen wird dabei zunehmend als Lernvoraussetzung erkannt (Beckmann/Haunschild 2002). Hier sei auch auf das Not-invented-here-(NIH)-Syndrom verwiesen, das oben in Kapitel 6 ausführlicher besprochen wurde.

4. Schließlich ist als vierte Grundkategorie auf die originäre *Generierung neuen Wissens* durch Lernprozesse zu verweisen. Dies geschieht in erster Linie dadurch, dass vorhandene Wissenselemente im Wege der internen Kommunikation neu verknüpft und zu einer neuen Idee oder Einsicht entwickelt werden. Dabei geht es – wie oben dargelegt – häufig zunächst einmal darum, latentes Handlungswissen zu explizieren und so dem Kombinationsprozess zuzuführen. Dieser Lerntyp basiert auf der systemtheoretischen Grundvorstellung, dass die Systemelemente (also auch die Wissenselemente) in vielfacher Weise anschlussfähig sind und damit untereinander eine unüberschaubare Fülle von Anschlussmöglichkeiten besitzen (Luhmann 1984). Innovative Neuanschlüsse sind daher jederzeit möglich; es ist eine Frage der Empirie, ob diese sich dann für das System als tragfähig erweisen und zu Wissen werden.

Nonaka (1991; 1994) kommt in seiner Studie zu dem Ergebnis, dass sich der Erfolg vieler japanischer Unternehmen in signifikantem Maße dadurch erklären lässt, dass sie (mehr als die Unternehmen anderer Industrienationen) in der Lage sind, den Prozess der Wissensgenerierung aktiv zu steuern. Dabei würden sie insbesondere mit großem Nachdruck ihr latentes Wissen explizieren und daraus zusammen mit dem vorhandenen Wissen neues Wissen generieren. Er vertritt die Auffassung, dass sich dieser Kreationsprozess in einem ständige Hin-und Herpendeln zwischen impliziten und expliziten Wissensbestandteilen vollziehe („Wissensspirale"). Nonaka/Takeuchi (1995) spitzen diese These zu, indem sie postulieren, dass neues Wissen im Sinne einer „echten Innovation" letztlich nur durch die Konversion von implizitem zu explizitem Wissen entstehen kann.

Dieser Erklärung vorgefundener Wettbewerbsvorteile einiger japanischer Konzerne muss man allerdings mit Skepsis begegnen. So ist schon die als Ausgangspunkt postulierte Konversion impliziten Könnens in explizites Wissen methodisch zweifelhaft, da sich intuitives Können dadurch auszeichnet, dass es sich gerade nicht explizieren lässt (Schreyögg/Geiger 2005). Darüber hinaus ist aber die Idee unhaltbar, die Generierung neuen Wissens sei nur durch eine solche „Konversion" möglich. Es gibt keinen vernünftigen Grund, weshalb neues Wissen ausschließlich auf dem Wege der Explikation von implizitem Können entstehen sollte. Alle die anderen dargelegten Formen des Wissenserwerbs – Experimentieren, Reflektieren, zufällige Anschlüsse usw. – können potenziell, wie ein kurzer Blick in die Entstehungsgeschichte von Innovationen zeigt, neues Wissen generieren. Die Geschichte der Wissenschaft müsste ja restlos neu geschrieben werden, sollte diese These von Nonaka/Takeuchi richtig sein. Es gibt keinen Beleg dafür, dass jede neue Erkenntnis letztlich auf der Konversion impliziten Könnens fußt.

Fokus 6.5

Neues Wissen durch Zufall

„Wussten Sie, was Telefon, Post-it Sticker und Klettverschlüsse gemeinsam haben? Alle wurden eher durch Zufall entdeckt. Normalerweise verbindet man wissenschaftliche Prozesse mit genau geplanten Forschungsarbeiten und Analysen – doch das ist nicht immer der Fall. Eine überraschend hohe Anzahl an Entdeckungen verdanken wir dem Zufall. Alexander Flemings Entdeckung des Penizillins ist nur ein Beispiel dafür. Sie trug sich 1928 zu, als er eine Staphylococcus Bakterienkultur in seinem Labor vergaß und zwei Wochen auf Urlaub ging. Als er zurückkam stellte er fest, dass die Kultur von Pilzen verunreinigt war, die das Wachstum der Bakterien stoppten. Er hatte ein Antibiotikum entdeckt!

Die Idee für Zellophan kam dem Schweizer Textilingenieur Jacques Brandenberger, als er in einem Restaurant saß. Nachdem ein Restaurantbesucher Wein auf das Tischtuch schüttete, ging Brandenberger zurück in sein Labor mit der festen Absicht, einen durchsichtigen Stoff zu entwickeln, den man auf Tischtücher legen kann und der wasserfest ist. Er führte Versuche mit unterschiedlichsten Materialien durch und versuchte es schließlich mit flüssiger Viskose auf Stoff. Das Experiment schlug fehl, da der Stoff zu steif und spröde wurde. Brandenberger stellte jedoch fest, dass sich die Schicht als transparenter Film lösen ließ, der andere Anwendung finden konnte. 1908 entwickelte er eine Maschine, die transparente Viskosefolien erzeugte, die er Zellophan nannte.

Der Klettverschluss wurde 1941 vom Schweizer Ingenieur George de Mestral entwickelt. Die Idee kam ihm, als er nach einer Wanderung in den Alpen die Kletten sah, die an seinen Kleidern und im Fell seines Hundes klebten. Er untersuchte die Kletten unter dem Mikroskop und beschloss, einen Verschluss herzustellen, der die Haken der Kletten kopierte. Obwohl de Mestral anfangs einigen Hohn dafür erntete, ließ er sich nicht von seinem Vorhaben abbringen. Durch Trial und Error fand er heraus, dass Nylon unter Verwendung von Infrarotstrahlen kleine aber widerstandsfähige Haken formte, die an weicherem, samtartigem Perlon haften blieben. Wussten Sie, dass de Mestral seine Erfindung ‚Velcro' nach den französischen Worten Velours (Samt) und Crochet (Haken) benannte?"

Quelle: Xperimania
http://www.xperimania.net/ww/de/pub/xperimania/news/world_of_materials/accidental_discoveries.htm
Zugriff am 11.05.2015

6.2.2 Wissensmanagement

Die kognitive Umorientierung in der Theorie des organisatorischen Lernens hat zu einer immer stärkeren Betonung des Wissens geführt und mündete schließlich in einem neuen Gestaltungsansatz, dem Wissensmanagement (Davenport/Prusak 1998). Von der Intention hier handelt es sich auch hierbei um eine Theorie des kontinuierlichen organisatorischen Wandels, ist doch die ständige Verbesserung und Veränderung der organisatorischen Wissensbasis These und letztlich auch Ziel dieses Ansatzes. Kernaufgabe ist es, die kontinuierliche Aufnahme und Bildung neuen Wissens und dessen Transfer und Auffindbarkeit in der Organisation zu steuern. Insbesondere der Einsatz neuer Informationstechnologie hat diese Entwicklung rasant beschleunigt.

Die zumindest historisch enge Verknüpfung des Wissensmanagements mit der Informationsverarbeitungstechnologie sollte den Blick nicht für die Tatsache verstellen, dass es sich bei organisatorischem Wissen zu wesentlichen Teilen um ein emergentes Phänomen handelt, welches sich dementsprechend einer Organisation in Datenbanken oftmals entzieht. Dies lässt sich am deutlichsten an dem nicht-kodifizierbaren Wissen erkennen, dessen Entstehung und Weitergabe auf schwer kontrollierbaren Wegen erfolgt, es aber gleichwohl für den Erfolg des Unternehmens von herausragender Bedeutung ist (siehe dazu auch die Ausführungen zum Wissensbasierten Ansatz in Kapitel 7). Aus diesem Grund wird heute häufig von organisatorischen Praktiken anstelle von (emergentem) Wissen gesprochen (Brown/Duguid 2001; Gherardi/Strati 2012). So wichtig es ist, organisatorisches Wissen mittels IT zu speichern und verfügbar zu machen, so wenig sollte dieser Aspekt des Wissensprozesses mit der gesamten organisatorischen Wissensbasis und dem gesamten Wissensmanagement verwechselt werden.

Der entscheidende Gesichtspunkt beim Wissensmanagement ist – und das wird oft übersehen –, dass es hierbei nicht nur um das Management abstrakter Daten geht, sondern ganz wesentlich organisatorische Praktiken im Mittelpunkt stehen. Im Kern setzt jedes organisatorische Handeln auf Kognitionen und Praktiken auf und berührt somit immer auch die organisatorische Wissensverarbeitung. Organisatorisches Wissen ist gewissermaßen Bestandteil jedweder organisatorischen Praktik, was es auch so schwer macht, die Grenzen des Wissensmanagements klar zu umreißen.

Das Wissensmanagement gliedert sich heute gemeinhin in vier Elemente oder Aufgabenbereiche:

1. Generierung und Erwerb neuen Wissens
2. Wissensrepräsentation und Speicherung
3. Wissenstransfer
4. Herstellung eines wissensfördernden Kontextes

Dabei lassen sich grob zwei „Generationen“ von Ansätzen des Wissensmanagements unterscheiden (Geiger/Schreyögg 2012): Zur ersten Generation des Wissensmanagements zählen Ansätze, bei denen insbesondere die Gestaltung des Wissens mittels IT im Vordergrund stand. Schwerpunkt bildeten Fragen nach der Organisation von unternehmensrelevanten Informationen in Datenbanken, deren einfache und schnelle Abrufbarkeit mittels geeigneter Suchmaschinen und die fortlaufende Aktualisierung der Informationen. So sollten die Entscheidungsträger in Organisationen jederzeit auf das aktuelle und gültige Wissen zugreifen können (Wilkesmann/Rascher 2002).

Diese frühen Überlegungen zum Wissensmanagement stießen jedoch auf erhebliche Umsetzungs- und Akzeptanzprobleme. Die Hauptgründe für das Scheitern dieser IT-getriebenen Ansätze werden in der Vernachlässigung des organisatorischen Kontextes und der menschlichen Informationsverarbeitungskapazität gesehen. Noch grundlegender wurde jedoch die diesen Ansätzen zugrundeliegende synoptische Steuerungslogik und das viel zu simple Verständnis von organisationalem Wissen kritisiert (Geiger/Schreyögg 2012). Diesen Ansätzen zufolge entsteht Wissen durch die kontextspezifische Verknüpfung von Informationen, welche sich in entsprechenden Datenbanken abspeichern und in unveränderter Form später abrufen und verwerten lassen. Neuere Überlegungen zur Natur des organisatorischen Wissens zeigen jedoch sehr überzeugend, dass sich Wissen keinesfalls so problemlos von seinen Trägern und dem zugrundeliegenden Kontext ablösen, speichern und auf andere Nutzer überragen lässt. Zum anderen ist die Idee, Wissen als verknüpfte Information zu konzeptionalisieren viel zu eng, um die vielen wichtigen Aspekte des organisatorischen Wissens auch nur annähernd zu erfassen.

Auf dieser Kritik baut die zweite Generation des Wissensmanagements auf, die insbesondere den sozialen Entstehungs- und Verwendungszusammenhang von Wissen in den Vordergrund rückt und die Bedeutung unterschiedlicher Arten von Wissen betont (Nonaka/von Krogh 2009). Im Zentrum steht neben dem Wissenserwerb und der Wissensgenerierung auch der Wissenstransfer in und zwischen Organisationen. Vermehrt wird gerade in der Herstellung eines Umfeldes welches die Wissensgenerierung und den Transfer begünstigt die vordinglichste Aufgabe eines modernen Wissensmanagements gesehen. Zentral für alle Ansätze, die sich der zweiten Generation des Wissensmanagements zuordnen lassen ist die Frage nach der Natur des organisatorischen Wissens (Geiger 2006).

Es gibt verschiedene Vorstellungen darüber, wie die Wissensbasis einer Organisation aufgebaut ist. Die bekannteste Unterscheidung gliedert nach *Fakten* (Know That) und *Regeln* (Know How) (Cohen/Bacdayan 1994); wobei unter „Regeln" zusammengefasst sind: Ursache-Wirkungs-Beziehungen, logische Schlussregeln, Heuristiken, Rezepte, Routinen, Normen und Standards usw. (Kogut/Zander 1992). Eine herausragende Bedeutung wird der Unterscheidung von explizitem Wissen und Können, z.T. auch „implizites Wissen" genannt, zuerkannt. Unter *explizitem Wissen*ist nach Polanyi (1966) artikuliertes, transferierbares und archivierbares Wissen zu verstehen; es ist nicht an ein Subjekt gebunden, Polanyi spricht deshalb von „disembodied knowledge". Genauer handelt es sich um das Wissen, welches Fakten und Regeln, aber auch dokumentierte Erfahrungen umfasst und nach bestimmten Konstruktionsregeln *reprodu-*

zierbar ist. In Anlehnung an Ryle wird explizites Wissen auch als „knowing what" bezeichnet (Ryle 1949).

„Implizites Wissen" dagegen rekurriert auf den (empirischen) Sachverhalt, dass zahlreiche Aspekte des Verstehens und Könnensdes Individuums nicht in Worte gefasst sind und von ihrer Qualität her auch gar nicht – oder jedenfalls nur sehr unvollständig – in Worte gefasst werden können. Polanyi (1966, S. 4) fasst dieses Verständnis in dem viel zitierten Satz zusammen: „We know more than we can tell". „Implizites Wissen" liegt dem Handeln unbewusst zugrunde und ist an den Erfahrungsträger gebunden; es kann von diesem selbst nicht oder jedenfalls nicht vollständig beschrieben und analytisch durchdrungen werden. Es stellt im Kern eine Art „körperliches Wissen" (embodied knowledge) dar, das unterhalb der Sprache liegt (Tsoukas 2005). Aufgrund der Körperlichkeit verfügen nach Polanyi deshalb konsequenterweise nur Individuen, nicht aber Kollektive über „implizites Wissen". In einem ersten Zugriff kann man solches „Wissen" als *Können* oder *Fähigkeit* begreifen. Dieses hat allerdings nichts mit zufälligem Gelingen zu tun, es ist ein Können, auf das man sich, obwohl eigentlich nicht bekannt, dennoch im täglichen Handeln mit gutem Recht verlassen kann.

Es ist allerdings fraglich, ob dieses für die tägliche Lebensbewältigung so wichtige Vermögen tatsächlich Wissen im eigentlichen Sinne des Wortes repräsentiert. Polanyi selbst spricht deshalb auch differenzierend von der „tacit dimension" oder von „knowing". Die im Deutschen gebräuchliche Unterscheidung zwischen Wissen und Können scheint relativ zutreffend den hier gemeinten Unterschied deutlich zu machen. Es erscheint deshalb empfehlenswert, diesen Weg weiterzugehen und anstelle von „implizitem Wissen" besser von Können oder auch Praktiken zu sprechen, um die Unterschiede in den bezeichnenden Sachverhalten klar zum Ausdruck zu bringen und die ärgsten Missverständnisse im Wissensdiskurs zu vermeiden (vgl. Schreyögg/Geiger 2007).

Neben den beiden genannten wird im Anschluss an Lyotard (1999) das narrative Wissen" unterschieden, das in „Erzählungen" vermittelt wird. Die von Lyotard gemeinten Erzählungen enthalten Ideen von Machen-Können (savoir-faire), Leben-Können (savoir-vivre), Hören-Können (savoir-écouter) usw. Inhalt der Geschichten sind Berichte über bestimmte Erfolge und Misserfolge, über Glück und Unglück, über erfahrene Schönheit oder Vorstellungen von Gerechtigkeit. Der Erzählende vermittelt auf diese Weise dem Zuhörer bestimmte Vorstellungen oder Kompetenzen, die sich in der Moral der Geschichte manifestieren. Die Geschichten werden immer wieder erzählt und weiter getragen, ohne dabei in Zweifel gezogen zu werden. Die Zuhörer akzeptieren die Geschichte und greifen sie auf, ohne sie dabei näher zu problematisieren (Geiger/Antonacopoulou 2009) Auf diese Weise finden die Geschichten quasi eine natürliche Akzeptanz. Im Unterschied zu impliziten Praktiken handelt es sich bei narrativem Wissen um artikuliertes Wissen. Die Übermittlung narrativen Wissens erfolgt ja gerade in Form von Sprache und nicht durch körperliche Übungsprozesse. Weiterhin ist narratives Wissen, im Unterschied zu impliziten Fähigkeiten, immer schon kollektives und nicht rein individuelles Wissen. Erzählungen sind ihrem Charakter nach interaktiv, es handelt sich ja auch um Geschichten einer bestimmten Gemeinschaft, wie auch im Rahmen von Unternehmenskulturen immer wieder deutlich wird (vgl. Kapitel 5).

Den Narrationen, d.h. den Geschichten und Stories, wird in der jüngeren Diskussion eine große Bedeutung im Rahmen des Wissenstransfers beigemessen (Snowden 2000; Geiger/Schreyögg 2012) (vgl. dazu das Beispiel in Fokus 6.6).

Fokus 6.6

Wissenstransfer bei Rank Xerox

Um schwierige Probleme bei der Wartung von Kopiergeräten diagnostizieren und beheben zu können, reichen die in den offiziellen Wartungshandbüchern spezifizierten Fehlerroutinen oftmals nicht aus, dazu bedarf es umfassenderer Erfahrung. Zum Zwecke des Erfahrungsaustausches treffen sich die Servicemitarbeiter von Rank Xerox auf informellem Wege z.B. zum gemeinsamen Mittagessen und erzählen sich dabei Episoden von besonders geglückten oder missglückten Problemlösungsversuchen. Auf diese Weise tauschen sie quasi nebenbei untereinander spezifisches Wissen aus, das zur erfolgreichen Ausübung ihrer Tätigkeit unerlässlich ist. Nachfolgende Geschichte eines Servicemitarbeiters soll diese Art des Wissenstransfers illustrieren:

„Bevor man nicht etwas wirklich gründlich vermasselt hat, ist man kein richtiges Mitglied der Gruppe. Ich selbst wurde just an dem Tag zum Gruppenmitglied, als ich einen Transformator abrauchen ließ. Die Jungs von der Produktion haben ein stromführendes Kabel (Phase) fälschlicherweise als Nullleiter markiert und als ich die Maschine einsetzte, schloss ich den Nullleiter an die Phase an und die Phase an den Nullleiter [...] Ich installierte alles gewissenhaft und wusste aber nicht, dass es ein spezielles Programm zur Unterstützung der Kabelinstallation gab. Jedenfalls traute ich den Jungs nicht und überprüfte das Gehäuse, aber ich bin schlichtweg nicht auf die Idee gekommen, die Verkabelung der Spannungsversorgung zu überprüfen, was mir bestimmt nie wieder passieren wird! Das hättet ihr sehen sollen: Ich stand mit dem Rücken zur Maschine und Rauch kam aus der Kabelhalterung. Und die Frau neben mir sagte nur: ‚Oh Gott, ich glaube es brennt!' Worauf ich sagte: ‚Oh, kein Problem' und zur Steckdose ging, den Stecker raus zog und bei mir nur dachte: ‚Ok, jetzt hast du's wohl geschafft, jetzt gehörst du auch endlich dazu'. Im Endeffekt musste das gesamte Stromversorgungssystem ausgetauscht werden, obwohl wahrscheinlich nur der Transformator hin war."

Quelle: Orr (1996), S. 135

Dem Management kommt hierbei die Rolle zu, Gelegenheiten zu schaffen, die die Generierung und den Transfer von narrativem Wissen nicht nur okkasionell fördern, sondern systematisch sicherstellen. Das Konzept der Communities of Practice (CoP) bietet hierfür einen interessanten Ausgangspunkt (Brown/Duguid 1991; Wenger 1999). Im ursprünglichen Konzept handelt es sich bei CoPs um eine Gemeinschaft, die eine gemeinsame Praxis teilt und sich gewissermaßen spontan um eine bestimmte Problemlösung oder Fragestellung herum bildet (Wenger/Snyder 2000). Diese CoPs entstehen informell neben der klassisch formalen Struktur und bilden deren funktionale Ergänzung. Sie entwickeln sich emergent aus dem gemeinsamen Interesse an der Sache heraus (intrinsische Motivation); die Teilnahme an CoPs ist daher freiwillig, oftmals sind sich die Mitglieder auch gar nicht explizit darüber bewusst, dass sie eine CoP bilden. Indes sind solche Communities nichts grundsätzlich neues, sie hat es als informelle Gruppen in Unternehmen immer schon gegeben. Im Wissensmanagement werden diese Gemeinschaften aufgegriffen und einer Steuerung zugänglich gemacht. Im Rahmen eines Wissensmanagements geht es nun darum, die Entstehung solcher Communities zu fördern: Hier geht es um die Bereitstellung von Ressourcen (vor allem Zeit), um die Sichtbarmachung dieser Gemeinschaften innerhalb der Organisation, damit potenzielle Interessenten darauf aufmerksam gemacht werden, und um die Vernetzung der Gruppenmitglieder, vornehmlich mithilfe moderner Kommunikationstechnologien (z.B. firmeninterne Facebook-Anwendungen). Communities of Practice „treffen" sich daher heute oftmals virtuell, in vielen multinationalen Unternehmen sind sie grenz- und kulturüberschreitend, im Falle von Unternehmenskooperationen auch organisationsübergreifend (Haefliger et al. 2008). Nachdem die Kommunikation innerhalb von CoPs weitgehend informell ist, basiert die Interaktion auf Vertrauen und Loyalität. In einem Klima des Misstrauens und der Angst kann sich keine CoP entfalten. Inzwischen arbeiten viele Unternehmen sehr erfolgreich mit CoPs, so etwa Siemens, Balfour Betty, Shell oder Novartis. Die Themengebiete sind breit gestreut und im Prinzip unbegrenzt, sich reichen von Tiefseebohrungen oder technischem Kundendienst für Kopiergeräte bis hin zu Balanced Scorecard oder SAP-Anwendungen.

Die Forschung zum Wissenstransfer in Communities of Practice hat gezeigt, dass sich Wissen innerhalb einer solchen Gemeinschaft relativ unproblematisch verbreitet. Aufgrund des gemeinsam geteilten Erfahrungskontextes und durch die Verwendung der gleichen (impliziten) Evaluationskriterien, was als richtiges Wissen gilt und was nicht, verstehen Mitglieder einer Gemeinschaft die Anekdoten und Hinweise ihrer Kollegen gewissermaßen im Handlungsvollzug. Da die Mitglieder einer Gemeinschaft ein Werte- und Normengerüst teilen, ähnlich wie eine Subkultur (vergleiche die Diskussion in Kapitel 5), ist das Wissen tendenziell „leaky", d.h. es fließt relativ problemlos von Expertin zu Expertin. Gleichzeitigt „klebt" das narrative Wissen aufgrund genau dieser Eigenschaft an einer bestimmten Community fest, es ist „sticky" (Brown/Duguid 2001; Szulanski 2002). Soll dieses „sticky knowledge" für andere Organisationsbereiche genutzt werden, so muss es soweit als möglich verflüssigt werden. Um dies zu bewerkstelligen werden häufig bestimmte organisatorische Rollen, so genannte „Translators" oder Boundary-Spanner vorgeschlagen, die zwischen Communities vermitteln und übersetzen können (Carlile 2002; Spee/Jarzabkowski 2009).

Neben dem Konzept der Communities-of-practice gewinnt ganz allgemein die wissensorientierte Organisationsgestaltung stark an Bedeutung. Aufbauend auf dem wissensbasierten Ansatz (siehe ausführlicher Kapitel 7) rückt die Frage in den Vordergrund, wie Organisationsstrukturen die Generierung und den Transfer von Wissen befördern können. Wissensförderung wird dann zum zentralen Gestaltungsprinzip, ein Konzept, das auch unter dem Stichwort der „Knowledge Governance" eingeführt wurde (Foss et al. 2010). Im Unterschied zur klassischen Organisationsgestaltung, die ja die Aufgabe in den Mittelpunkt der gestalterischen Überlegungen stellt, rückt hier Wissen als Gestaltungsparameter ins Zentrum der Aufmerksamkeit. Wenn Organisationen vor allem neues Wissen und Innovationen hervorbringen sollen und weniger ex-ante geplante Aufgaben prozedieren (siehe Kapitel 2), sind gänzlich neue Überlegungen zu deren Strukturgestaltung notwendig. Die unten dargestellten Konzepte der dynamischen Kompetenzen und minimalen Strukturen haben vor allem diese Wissensgenerierung und -erneuerung zum Ziel.

Über diese Überlegungen zur Generierung und Transferierung narrativen Wissens hinaus wird im neueren Wissensmanagement immer häufiger die Frage der Wissenskontrolle und die Entscheidung darüber, was als falsches Wissen auszuweisen ist, gestellt. Vor allem mit der Zunahme der schieren Fülle von potenziell zugänglichem Wissen stellt sich für Unternehmen die immer drängendere Frage, wie zwischen brauchbarem/relevantem und potenziell falschem/irrelevantem Wissen unterschieden werden kann. Um diesem Problem zu begegnen, gehen Unternehmen vermehrt dazu über, Prüfprozeduren einzurichten, die das generierte und transferierte Wissen auf Validität oder Brauchbarkeit hin bewerten. Dabei handelt es sich in der Regel um Experten aus dem jeweiligen Gebiet, die in Dialog mit den Community-Mitgliedern über Kriterien zur Wissensprüfung beraten und eigene, idiosynkratische Kriterien entwickeln (Geiger/Schreyögg 2009). Ziel ist es, das in den Communities zirkulierende Wissen aktuell und valide zu halten. Schließlich besteht die Gefahr, dass allzu leichtgläubig z.B. die Empfehlungen eines IT-Selfmademans, die Geschichten einer Kundenberaterin oder den Erfahrungsberichten eines KFZ-Mechanikers gefolgt wird, obgleich es sich möglicherweise um beliebige Einzelmeinungen, baren Unsinn, Scharlatanerie oder sogar bewusst verfälschte Ansichten handeln kann.

Im Hintergrund steht hier die noch grundsätzlichere Frage, was ganz generell als Wissen und was als Nicht-Wissen gelten soll und wie dies zu unterscheiden ist. Gemeint ist das wissenschaftstheoretische Grundlagenproblem, was Wissen qualifiziert, wann überhaupt sinnvollerweise von Wissen gesprochen werden kann und wann eben gerade nicht. Die Festlegung allgemeiner Kriterien, was als Wissen anzusehen ist, ist zweifelsohne eine komplexe, schwer lösbare Aufgabe mit langer philosophischer Tradition. Es ist jedoch nicht zu übersehen, dass das Wissensmanagement trotz dieser Schwierigkeiten darauf angewiesen ist, solche Kriterien zu verwenden, um seiner Selektionsaufgabe gerecht zu werden. Es ist dies auch keine Frage des Ob, denn selektiert wird zwangsläufig, ohne explizite Kriterien würden schlicht die impliziten Kriterien einer bestimmte Community zur Anwendung kommen, mit den bekannten Effekten der Einseitigkeit („Bias"), wie sie aus der Kulturforschung hinlänglich bekannt sind (siehe dazu die Ausführungen in Kapitel 5).

Ein Vorschlag, solche Validitätskriterien zu bestimmen, orientiert sich an der Argumentationstheorie (Habermas 1981): (1) Wissen muss in Prüf-Diskursen verhandelbar sein und ist somit unmittelbar an Kommunikation gebunden. Dinge, über die nicht kommuniziert werden kann, kann man auch nicht wissen. (2) Wissen verlangt nach Begründung. Aussagen können nur auf Basis der dafür vorgebrachten Gründe geprüft werden. (3) Wissen muss qualifizierbar sein, d.h. man muss entscheiden können, ob es sich um gute oder schlechte Gründe handelt (Schreyögg/Geiger 2007).

Die hier entscheidende Frage, was gute und was schlechte Gründe ausmacht, ist nicht mehr generell zu beantworten. In Organisationen existiert typischerweise eine Vielzahl parallel laufender (Wissens-)Diskurse, die mit je eigenen (expliziten oder impliziten) Validierungsprozeduren arbeiten. Ganz ausdrücklich finden sich solche Prüfverfahren bislang etwa im betrieblichen Vorschlagwesen (Einrichtung eines Expertengremiums, Entwicklung von Beurteilungskriterien zur Bestimmung der Güte und Umsetzbarkeit) oder auch im Qualitätsmanagement. Auch bei schwächer strukturierten Problemen, wie z.B. bei Akquisitionsentscheidungen oder Marketingstrategien wurde bereits eine Reihe von Prüfprozeduren für das benötigte Wissen entwickelt oder vorgeschlagen. Bei strategischen Analysen ist aufgrund der hohen Unsicherheit der Aussagen (Entwicklung des Eurokurses, Verhalten von Wettbewerbern) die Notwendigkeit von absichernden Prüfverfahren besonders evident. So wurden z.B. Prüfverfahren zur Bestimmung der Validität und Bedeutung von Umweltinformationen entwickelt, etwa in Form von „war rooms", „issue diagnosis" oder wissensabsichernder Prozeduren im Sinne von „dialektischer Planung" (Dutton/Duncan 1987; Julian et al. 2008).

Diese Bestimmung von Wissen zeigt, dass es sich dabei nicht um eine Bestands-, sondern immer um eine vorläufige Flussgröße handelt: Was gestern valides Wissen war, kann bereits morgen aufgrund neuer Einsichten und Argumente als falsch verworfen werden. Ganz im Sinne kontinuierlicher Wandelprozesse ist also nicht die gelegentliche Revision des Wissens das Kernproblem, sondern vielmehr die Frage, wie angesichts eines hohen Maßes an Ambiguität und Unsicherheit dennoch vorläufig Aussagen als Wissen auszuweisen sind. Das Problem ist also die Stabilisierung und nicht die Veränderung.

6.2.3 Praktiken und Dynamische Kompetenzen

Im Zuge der Diskussion der „tacit dimension" hat sich das Interesse von den Kognitionen stärker auf das praktische Tun verlagert. Aus der Einsicht heraus, dass erfolgreiche Handlungsvollzüge durch Wissen allein nur begrenzt erklärt werden können, sind Konzepte wie Können oder Fähigkeiten in den Vordergrund gekommen. Um das tatsächliche Tun zu erfassen, ist an die Stelle des Wissens das knowing getreten und schließlich die Praktik, in der das Lernen, das Wissen, das Können und das Problemlösen verschmelzen. Eine Praktik ist ein komplexer wissensbasierter Handlungsablauf, der einem Muster folgt und deshalb auch reproduziert wird (siehe dazu auch Kapitel 7).

Die Praktik ist ihrerseits wieder fester Bestandteil des in diesem Zusammenhang ebenso stark beachteten Konzepts organisationaler Kompetenz. Mit Kompetenz werden Problemlösungsmuster bezeichnet, die sich in der Vergangenheit bewährt haben und deshalb als Grundlage für erfolgreiches organisatorisches Handeln dienen. In der Regel wird eine Kompetenz nicht als eine Ressource angesehen, sondern als eine Praktik, Ressourcen zu verknüpfen und geschickt zur Lösung von Problemen zu verwenden. Im Unterschied zu individueller Kompetenz soll organisationale Kompetenz –

wie im vorhergehenden Kapitel schon dargelegt – ein *kollektives,* d.h. in einer Organisation *gemeinsam entwickeltes und geteiltes* Muster des Selektierens und Verknüpfens von Ressourcen darstellen. Es wird also auf die spezielle Fähigkeit einer ganzen Organisationseinheit (Unternehmen, Division, Strategischen Geschäftseinheit usw.) verwiesen, Ressourcen in spezieller Art so zu koordinieren, dass spezifische Probleme bzw. Aufgaben der Organisation erfolgreich gelöst werden können (Helfat/Peteraf 2003). Organisationale Kompetenzen werden als ein besonderes Leistungsvermögen begriffen, das es erlaubt, nicht nur einmal, sondern immer wieder schwierige oder in anderer Weise herausfordernde Aufgaben zu bewältigen (Schreyögg/Eberl 2015).

Eine Kompetenz beinhaltet Praktiken, die es ermöglichen, aus der Fülle von nicht endgültig definierbaren Ressourcen (Forschungs-Know-How, Marketing-Kreativiät usw.) auszuwählen und die große Zahl der daraus fließenden Aktivitäten geschickt aufeinander abzustimmen. Dieses Vermögen, in diesem vielfältigen Anforderungsgeflecht immer wieder eine effektive Lösung des Koordinationsproblems zu bewerkstelligen, ist in seiner Logik nicht endgültig durchdringbar. Die Problemlösung ist zwar praktisch wiederholbar, wegen des hohen Anteils „taciter" Elementen aber theoretisch nicht vollständig durchdringbar. Genau dieser Mangel an Durchdringbarkeit (Komplexität) stellt aber andererseits – wie bereits dargelegt – einen strategischen Vorteil dar, weil die Kompetenz von Konkurrenten nur schwer imitierbar ist.

In der organisatorischen Lerntheorie werden Kompetenzen als Ergebnis erfahrungsbasierten Lernens begriffen. Handlungsmuster werden erprobt, verfeinert, verworfen, wiederholt usw. – langsam schälen sich Muster heraus, die sich immer wieder bewähren. Ergebnis ist die im Zuge dieser Lernprozesse entstehende Problemlösungs-Architektur („architectural competence": Henderson/Cockburn 1994). Der Begriff der „Architektur" verweist auf die Replizierbarkeit. Einmalige und zufällige Verknüpfungen können zwar Anlass für die Herausbildung organisationaler Kompetenz geben, jedoch als solche keine organisationale Kompetenz bilden. Organisationale Kompetenz ist ein historisches, d.h. zeitraumbezogenes Konzept, das Vergangenheitsentwicklung, gegenwartsbezogene Handlungsstrukturen und zukünftige Entwicklungsmöglichkeiten in sich birgt (Freiling 2001). Dieser langwierige, in seinem Zustandekommen nicht vollständig erklärbare Lernprozess lässt die Kompetenz komplex werden (Wilkens et al. 2004, siehe im Einzelnen die Ausführungen in Kapitel 5).

Genau diese erfolgreiche mustergesteuerte Reproduktion kompetenter Problemlösungen ist es aber, die zugleich im Hinblick auf den organisatorischen Wandel einen grundsätzlichen Problemtatbestand konstituiert. Kompetenzen entwickeln sich in einem Lernprozess unter speziellen Bedingungen und im Hinblick auf bestimmte Problemlagen. Ändern sich die konstitutiven Bedingungen grundlegend (überraschende Substitutionskonkurrenz, neue Nachfragesituation, neue Wettbewerber usw.), wird diese einstmals so erfolgreiche Problemlösungsarchitektur unter Umständen schnell obsolet, das eingespielte Problemlösungsverhalten verfehlt seine Wirkung und stellt dann nicht mehr länger eine Kompetenz dar. Nicht selten bleibt dies aber der Organisation selbst verborgen, jedenfalls zu Anfang. Eine Umsteuerung und eine

Anpassung an die neuen Bedingungen im Sinne eines kontinuierlichen Wandels werden dann unter Umständen schwierig.

Hier kommt auch die zu Anfang dieses Kapitels bereits kurz umrissene *Pfadabhängigkeit* ins Spiel. Der positive Feedbackprozess hat möglicherweise unbemerkt die Herausbildung eines Kompetenzpfades befördert, so dass sich diejenigen Selektions- und Verknüpfungspraktiken, die zunächst zum (überdurchschnittlichen) Erfolg führten, sich verfestigen und die Organisation alternative Handlungsweisen nicht mehr ergreifen kann. Mit andern Worten, das kompetenzgesteuerte Handeln gerät in ein Lock-in. Organisationen, die über längere Zeit mit bestimmten Praktiken sehr erfolgreich sind, neigen darüber hinaus dazu, primär in exploitative Lernprozesse zu investieren, und nur wenige Ressourcen für die *Exploration* bereitzustellen (siehe dazu die Ausführungen oben). In der Summe besteht die Gefahr, dass die Organisation in eine „Kompetenzfalle" gerät: Das erfolgreiche Set von Praktiken wird zum selbstverständlichen Bestandteil der Organisation, es wird regelmäßig auf vermeintlich bekannte Problemsituationen angewandt, ohne die tatsächliche Brauchbarkeit kontinuierlich zu reflektieren. Als Konsequenz laufen – wie bereits gezeigt – die Entwicklung der Organisation und der Umwelt auseinander, das Erfolgsmuster kippt in ein Misserfolgsmuster.

Die Herausbildung komplexer Kompetenzen ist somit einerseits konstitutiv für die Generierung und Aufrechterhaltung von Wettbewerbsvorteilen, andererseits, aufgrund der mit dem Prozess der Ausbildung dieser Kompetenzarchitektur einhergehenden Abschließungstendenzen, mit dem Risiko einer schleichenden Erosion dieses Vorteils behaftet.

Genau dieses Problem der unwillentlichen Verfestigung und der als Folge fehlgeleiteten Ausrichtung auf die „alten" Probleme durch die Kompetenzarchitektur wird in neueren Ansätzen zum Ausgangspunkt weiterführender Überlegungen gemacht. Die Vorschläge zur Dynamisierung von Kompetenzen und zur Entwicklung von „Dynamic Capabilities" sollen die „Kompetenzfalle" vermeiden helfen. Zwischenzeitlich liegt eine ganze Reihe interessanter Vorschläge zur Dynamisierung von Kompetenzen, und damit zu kontinuierlichen Wandelprozessen vor, die recht unterschiedliche Ansatzpunkte wählen: Konzepte 1. der Integration, 2. der Totaldynamisierung, 3. des Aufbaus von Metakompetenzen und 4. des Kompetenzmonitorings stehen im Vordergrund.

1. Integration: Besondere Aufmerksamkeit im Rahmen der Dynamisierung von organisationaler Kompetenz hat das Konzept von *Teece/Pisano/Shuen* (1997) erlangt. Ausgangspunkt ist die Beobachtung, dass sich die Gewinner im globalen Wettbewerb durch rechtzeitige und flexible Produktinnovationen auszeichnen, und dass dieser Vorsprung auf die Existenz idiosynkratischer organisationaler Kompetenzen zurückgeführt werden kann, Kompetenzen, die sich – wie die Autoren meinen – nicht nur durch besondere Fähigkeiten, sondern auch durch Flexibilität und Dynamik herausheben. Unter *dynamischen* Kompetenzen oder „Dynamic Capabilities" wird die Fähigkeit einer Organisation verstanden, erfolgskritische Ressourcencluster nicht nur aufzubauen und zu verstetigen, sondern eben auch zu *rekonfigurieren*, um so der Dynamik der Umwelt gerecht zu werden. Anders ausgedrückt wollen die Autoren das Konzept der organisationalen Kompetenz um eine Dimension erweitern, nämlich die generelle Fähigkeit zum organisatorischen Lernen und zur Selbsterneuerung.

Drei Dimensionen bilden in der Konzeption von *Teece/Pisano/Shuen* die Basis Dynamischer Kompetenzen: (1) Positionen, (2) Pfade und (3) Prozesse (Abbildung 6.9).

Abbildung 6.9: *Dynamic Capabilities nach Teece/Pisano/Shuen (1997)*

(1) Positionen:	Ressourcen, Marktposition	
(2) Pfade:	Strategische Handlungsoptionen	
(3) Prozesse:	Koordination & Integration	→ **statisch**
	Organisationales Lernen Rekonfiguration	→ **dynamisch**

Mit *(1) Positionen* wird auf die spezifische Ressourcenausstattung (assets) einer Unternehmung verwiesen, die als Grundlage zum Aufbau von Wettbewerbsvorteilen dienen (kann). Gedacht ist hier etwa an technologische oder organisatorische Ressourcen sowie an vorteilhafte Marktpositionen (Marktanteil, Reputation etc.).

Mit der zweiten Dimension der *(2) Pfade* wird die Fokussierung strategischer Möglichkeiten durch frühere Entscheidungen in einem Unternehmen hervorgehoben. Die dritte Dimension, *(3) Prozesse*, ist als Hybrid-Dimension konzipiert. Sie hat eine statische Komponente, nämlich das unternehmensspezifische Muster der Koordination und Integration von Ressourcen. Gleichzeitig hat sie eine *dynamische Komponente*, nämlich das organisationale Lernen, das die fortlaufende Anpassung der Kompetenzen einer Organisation an Veränderungen sicherstellen soll. Die weitere Komponente ist als Rekonfigurationsaufgabe ausgewiesen. Sie soll sicherstellen, dass die Lernergebnisse tatsächlich in einer Veränderung der Ressourcennutzung ihren Niederschlag finden. Die Prozesse bilden also eine zentrale Grundlage der Kompetenz und zugleich das Herzstück der Dynamisierung. Zusammenfassend kann man sagen, dass hier die Dynamisierung dadurch bewerkstelligt werden soll, dass das Lernen selbst zum Bestandteil der Kompetenzkonzeption gemacht wird, erweitert um die Fähigkeit, den Lernerfolg auch tatsächlich in Handeln umzusetzen (Rekonfiguration). Lernen und Rekonfigurieren werden also in diesem Konzept dem musterorientierten Kompetenzbegriff hinzugefügt.

Dieses additive Konzept der Dynamisierung organisationaler Kompetenz wirft allerdings zahlreiche Fragen auf. Wie soll es möglich sein, kompetenzbasiertes Problemlösen zu verfolgen und gleichzeitig das daraus resultierende Risiko dadurch zu beseitigen, dass schlicht eine weitere Dimension in das Konzept hereingenommen wird, nämlich die Dynamisierung durch Lernen und Rekonfiguration. Es wird also vorgeschlagen, Kompetenz als lernend zu programmieren, d.h. das Unternehmen soll seine Kompetenz nicht mehr stabilisieren, sondern flexibel an allfällige Veränderungen jederzeit anpassen. Diese Idee mündet jedoch in einen offenen Widerspruch: Kompetenz verträgt eine solche Dynamisierung nicht, Kompetenz war ja gerade durch ein distinktes, reproduzierbares Handlungsmuster oder Repertoire von Praktiken gekennzeichnet. Wenn sich dieses Muster nun aber fortlaufend verändern, einmal diese und dann gleich wieder jene Gestalt annehmen soll, verliert es den Charakter eines Musters, sie käme vielmehr der Abfolge singulärer Improvisationsakte gleich. Eine effektive Dynamisierung löst das Grundgerüst einer Kompetenz zwangsläufig auf. Somit zeigt sich, dass die Kompetenzdimension der *Prozesse* durch die Dynamisierung überdehnt wird und der Teil *Koordination und Integration* zerbrechen muss, die vorgeschlagene Lösung des Dilemmas greift deshalb zu kurz.

Diese Debatte erinnert an die oben geführte Diskussion zu starken Unternehmenskulturen (vgl. Kapitel 5). Auch dort erkannte man nach einiger Zeit die rigiden Tendenzen der ansonsten so sehr favorisierten starken Unternehmenskulturen und versuchte, das Problem analog durch Hinzufügung des Merkmals Flexibilität zu lösen. Ebenso wenig wie eine starke Unternehmenskultur zugleich hoch flexibel sein kann (dann wäre sie nämlich keine Kultur mehr), kann auch ein distinktes Kompetenzmuster, das sich über Jahre entwickelt hat, seine Charakteristika permanent verändern.

2. Totaldynamisierung: Einen grundsätzlich anderen Lösungsweg für das Dynamisierungsproblem bieten Eisenhardt und Martin (2000) an. Sie unterscheiden zwei Kategorien dynamischer „Capabilities“: Während in moderat dynamischen Märkten die gewachsenen Verknüpfungskompetenzen gepflegt und mit kleineren Anpassungen fortentwickelt werden sollen, müsse in hoch dynamischen Umwelten die Kompetenz durch ein Höchstmaß an *Variabilität* gekennzeichnet sein, die Kompetenz soll hier nicht mehr in einer zugriffsfesten Problemlösungsarchitektur, sondern in der Fähigkeit zur permanenten Veränderbarkeit bestehen. Situationsspezifisch sollen auf der Basis experimentellen Verhaltens permanent neue Ressourcenkombinationen generiert werden, d.h. die Kompetenzbildung ist über die Zeit hinweg musterlos gedacht, vergangene Problemlösungen sollen nicht zukünftige beeinflussen.

Mit einer reinen Anpassungskompetenz zielen Eisenhardt und Martin letztendlich auf die Funktionslogik eines völlig offenen Systems ab. Auftretende Signale aus der Umwelt werden jeweils neu in offenen Improvisations- und Selbstorganisationsprozessen verarbeitet, die fortlaufend zu einer Neuorientierung des Systems führen.

Der von Eisenhardt und Martin gewählte Weg stellt eine paradoxe Lösung insofern dar, als das, was zu dynamisieren ist, unterwegs aufgelöst wird: Der eigentliche Gegenstand der strategischen Kompetenzdebatte, nämlich die Entwicklung überlegener und schwer imitierbarer Verknüpfungsmuster als Basis von Wettbewerbsvorteilen, wird für obsolet erklärt. Auf die Entwicklung von Kompetenzen wird bei Licht besehen ganz verzichtet, die einzige Systemkompetenz, die übrig bleibt, ist die Fähigkeit zu lernen. Wettbewerbsvorteile lassen sich dann nur noch aus der Geschwindigkeit ziehen, mit der gelernt wird.

Auch hier erscheint die Idee einer Dynamisierung von Kompetenzen überdehnt. Ein Unternehmen ohne Verhaltensmuster und ohne Repertoire von Praktiken ist schwer vorstellbar. Wie in Kapitel 4 schon ausführlich dargelegt, brauchen Organisationen Selektionsmuster schon zum initialen Aufbau von Unternehmensgrenzen. Die Idee totaler Flexibilität verzichtet darüberhinaus im Endeffekt auf jede Effizienz durch Erfahrungsgewinne, Spezialisierungsvorteile, Größenerträge und Synergien jeder Art, denn sie alle sind nur durch Wiederholung erzielbar. Die Eisenhardt und Martin-Lösung zielt auf eine idealisierte Situation totaler Anpassungsfähigkeit, die von den faktischen Notwendigkeiten betrieblichen Handelns viel zu sehr abstrahiert, als dass sie einen gangbaren Weg aus der Kompetenzfalle zeigen könnte.

3. Metakompetenzen: In einem dritten Ansatz soll die Kompetenzdynamisierung durch die Installation separater Innovationsroutinen erreicht werden (Nelson/Winter 1982; Zollo/Winter 2002). „Dynamic Capabilities“ werden in diesem Ansatz als Routinen begriffen, die sich systematisch mit der Generierung, Modifikation und Verbesserung operationaler Routinen (Kompetenzen) beschäftigen und auf diese Weise Wandel erzeugen. Dynamische Kompetenzen und klassische Kompetenzen werden als Routinen unterschiedlicher Ebene begriffen, operative Routinen erster Ordnung und Innovationsroutinen als Metaroutinen (vgl. Abbildung 6.10).

Die Idee ist also, dass sich eine Organisation routinemäßig, d.h. auf der Basis eines spezifizierten Repertoires an Methoden, Praktiken und Vorgehensweisen, mit dem Thema der Innovation oder der Veränderungsnotwendigkeit von Kompetenzen beschäftigt und auf diese Weise zusätzlich über eine Art Metakompetenz in Form einer Innovationsroutine verfügt. Von derartigen Innovationsroutinen wird erwartet, dass sie im Sinne eines kontinuierlichen Wandels aktuelle Kompetenzen permanent revidieren und auch in der Lage sind, radikal neue Kompetenzen zu produzieren, und zwar auf eine systematische und vorhersehbare Weise (Nelson/Winter 1982, S. 17; Winter 2003).

In der Summe liegt hier die Vorstellung zugrunde, dass dem dysfunktionalen Umkippen organisationaler Kompetenzen durch die Einrichtung von Innovationsroutinen entgegengewirkt werden kann. Suchroutinen sollen sicherstellen, dass die Organisation ständig in Bewegung bleibt.

Abbildung 6.10: Innovationsroutinen als dynamische Kompetenzen nach Zollo und Winter

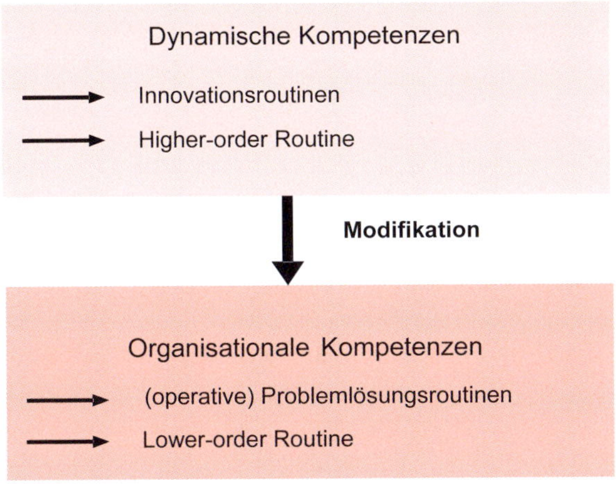

Die Trennung von Kompetenzen im Sinne operativer Routinen und Innovationsroutinen, die auf die ständige Anpassung operativer Routinen ausgerichtet sind, stellt einen schlüssigen Weg dar, die Dynamisierung in der Organisation zu verankern, ohne dabei die Entfaltung organisationaler Kompetenzen von vornherein zu behindern oder logisch auszuschließen. Es stellt sich allerdings die Frage, ob sich diese beiden Ebenen tatsächlich konzeptionell und praktisch so einfach trennen lassen (Wandel auf der operativen Ebene geschieht auch ohne Innovationsroutinen und Innovationsroutinen haben auch eine operative Seite, vgl. dazu Helfat/Winter 2011). Darüber hinaus und grundsätzlicher stellt sich die Frage, ob sich die Innovationsaufgabe tatsächlich in dem Maße routinisieren lässt, wie das hier vorgeschlagen wird. Das Problem dabei ist, dass Innovationen nichts Regelmäßiges anhaftet, sondern ihrer Funktionslogik nach genau das Gegenteil: Innovationen sind ihrem Charakter nach nicht vorhersehbar, es geht um die Schaffung von „Neuem", von neuen Produkten, neuen Verfahren, neuen Vertriebswegen usw. Neues ist nicht durch Routinen erzeugbar, weil für die Programmierung einer Routine das Neue im Kern schon bekannt sein muss (ohne die Kenntnis des Ergebnisses kann kein Programm geschrieben werden). Eine vorausschauende Kenntnis des Ergebnisses ist gerade in hoch dynamischen Märkten wenig wahrscheinlich. Hoch dynamische Märkte sind nicht nur durch eine hohe Veränderungsrate der Marktvariablen, sondern auch durch neuartige und sich schnell wandelnde Signale gekennzeichnet. Eine Innovationsroutine läuft deshalb Gefahr, Opfer ihrer Routinisierung zu werden, sie überträgt nämlich ungeprüft in der Vergangenheit bewährte Suchpraktiken auf eine völlig ungewisse Zukunft. Der Routineansatz befördert in der Konsequenz inkrementale (in der Logik vorhersehbare) Anpassungsprozesse, nicht aber grundlegende („radikale") Veränderungsprozesse, sie liegen außerhalb des mit Routinen abgesteckten Handlungsspielraums (Benner/Tushman 2003). Der kontinuierliche Wandel durch Dynamic Capabilities müsste sich hier auf kleine überschaubare Anpassungsschritte beschränken – das ist jedoch kein Weg zur Zukunftssicherung. Darüber hinaus haftet Routinen das Problem an, dass sie motivierende Aktivitätsspielräume beschneiden und keinen schöpferischem Raum für kreative Lösungen lassen (Adler et al. 1999, S. 46).

Interessanterweise beschreitet die neuere Routine-Forschung – wie bereits dargelegt – hier einen gänzlich anderen Weg (siehe auch Kapitel 2). Routinen werden hier geradezu programmatisch als Quelle organisationalen Wandels angesehen (Feldman 2000). Dadurch dass Praktiker je unterschiedliche Vorstellungen von der Art und dem Ziel der Routine haben (ostensiver Aspekt) und sie in ihren Handlungen (performativer Aspekt) immer auf situationsspezifische Gegebenheiten reagieren, seien Routinen in einem fortlaufenden Veränderungsprozess begriffen (Feldman/Pentland 2003). Keine Wiederholung gliche einer anderen. Routinen sind dieser Sichtweise zufolge eben gerade nicht ex-ante programmierte Handlungsvollzüge, sondern schlicht Muster, die im Handlungsvollzug selbst überhaupt erst entstehen. Routinen lösen sich somit in Handlungsprozessen auf und sind daher Quelle von Innovations- und Lernprozessen (Rerup/Feldman 2011; Parmigiani/Howard-Grenville 2011). Dieser Logik zufolge lässt sich auch nicht, wie im Ansatz von Winter, zwischen operativen und Innovationsroutinen unterscheiden. Dies würde eine Unterscheidung zwischen Mikro- und Makrodynamik voraussetzen, die hier aber ganz bewusst abgelehnt wird. Die Quelle von Wandel wird ja gerade auf der Mikroebene gesehen (Feldman/Orlikowski 2011). Ganz gleich was man von diesem Ansatz (zur Diskussion siehe Kapitel 2) halten mag, so vermag er doch das grundlegende Problem, dass Praktiken zu Stabilisierung und Musterbildung neigen, die sich im Zeitablauf verfestigen können, nicht zu lösen. Die Frage nach der Dynamisierung organisationaler Muster bleibt demnach virulent und lässt sich nicht mit dem bloßen Verweis auf Prozessdynamiken beantworten.

Kompetenzmonitoring. Es zeigt sich, dass der Erneuerungsprozess als solcher nicht ohne weiteres auf der Basis von Routinen organisiert werden kann. Eine Alternative zur Routinebetrachtung bietet hier das *Kompetenzmonitoring,* das die Kompetenzentwicklung problembezogen und offen auf Verfestigungstendenzen hin beobachtet (Schreyögg/Kliesch-Eberl 2007).

Die Grundlage bilden zwei komplementäre Prozesse. Auf der einen Seite steht wie in dem Metaroutinenmodell die operative Entfaltung der organisationalen Kompetenz einschließlich ihrer inhärenten Tendenz der Kompetenzfalle. Auf der anderen Seite parallel dazu ein Beobachtungsprozess, der die Kompetenzmuster zum Gegenstand einer gezielten Überwachung daraufhin werden lässt, ob die Kompetenzmuster weiterhin ihre Gültigkeit haben oder ob sie wegen veränderter Bedingungen einer gegebenenfalls grundlegenden Veränderung bedürfen. Im Sinne einer Sicherstellung eines notwendigen Kompetenzwandels soll eine systematische Beobachtung der sich im Laufe der Zeit herausgebildeten Kompetenzlandschaft etabliert werden. Diese umschließt die Beobachtung der Entstehung und Entwicklung von organisationalen Kompetenzen, der Effekte der Kompetenzentfaltung innerhalb und außerhalb des Systems, genauso wie kritischer Signale, Diskontinuitäten und neuer Trends, die eine Veränderungsbedürftigkeit des Systems anzeigen. Mit anderen Worten, die gewonnenen Beobachtungsergebnisse sollen Veranlassung geben, kontinuierlich über einen allfälligen Veränderungsbedarf der kompetenzbasierten Praktiken nachzudenken und damit dafür Sorge zu tragen, dass das System nicht in ein Lock-in gerät (Schreyögg/Eberl 2015).

Durch das Monitoring wird in einem Unternehmen die Kompetenz relativiert: Kompetenz wird nicht mehr nur als strategisch wertvolles Aktivum begriffen, sondern wird grundsätzlich mit einem Unsicherheitsindex versehen; das Thema der Halbwertzeit von Kompetenz und der potenziellen Veränderungsbedürftigkeit wird systematisch in der Unternehmensführung verankert. Die unausgesprochene Botschaft des Kompetenzmonitorings ist die Botschaft des Wandels: Das Kompetenzmonitoring übernimmt somit eine das *Dysfunktionsrisiko kompensierende Funktion*. Es kann das Risiko der Veralterung nicht beseitigen, wohl aber besser handhabbar machen durch eine „institutionelle Reflektion" (vgl. Schirmer et al. 2012). Die Kompetenz und die Kernkompetenz bleiben hier prinzipiell in ihrer Funktionslogik belassen, werden aber als potenziell revisionsbedürftig begriffen und behandelt. Auf diese Weise soll Aufmerksamkeit für die Revisionsbedürftigkeit der Kompetenzen aufgrund veränderter Umwelten sichergestellt werden. Es schließt somit direkt an den Wandelprozess an.

Ein solches Kompetenzmonitoring setzt allerdings voraus, dass der kompetenzgeleitete Ressourceneinsatz nicht vollständig irreversibel ist. Ein Monitoring hat nur solange Sinn, wie eine Umsteuerung bei der registrierten Gefahr einer „dysfunktionaler Wende" noch möglich ist. Mit anderen Worten, das Kompetenzmonitoring geht davon aus, dass ein Verlassen des Kompetenzpfades und der damit einhergehenden Ressourcenbindung grundsätzlich möglich ist – jedenfalls bis zu einem gewissen Grade.

Im Hinblick auf die praktische Umsetzung stellt sich die grundsätzliche Frage nach der Organisierbarkeit des Kompetenzmonitorings. Dies berührt die oben bei den Metaroutinen schon diskutierte Frage, in welchem Umfang solche Dynamisierungsaufgaben standardisierbar (routinisierbar) und damit organisierbar sind. Organisierbarkeit einer Aufgabe setzt – wie dargelegt – vor allem die Vorhersehbarkeit der Aufgabenanforderungen voraus. Nachdem das Kompetenzmonitoring nach Voraussetzung mit Überraschungen und Diskontinuitäten beschäftigt ist, also neuen Entwicklungen, unerwarteten Ereignissen, Trendbrüchen usw. gilt zugleich, dass seine Organisierbarkeit eng begrenzt ist. Man würde ja den Zweck des Kompetenzmonitorings geradezu konterkarieren, wenn man seinen Gegenstand auf die vorhersagbaren Tatbestände reduzierte. Die Kernfunktion ist ja risikokompensierender Natur, es soll gerade das erfasst werden, was man auf Basis der vorhandenen Kompetenzstruktur nicht erwartet. Jede Art der Vorstrukturierung der Informationsgewinnung kann das Kompetenzmonitoring lediglich unterstützen; je formalisierter derartige Systeme sind, desto größer ist die Gefahr, dass sie als Beobachtungsfilter wirken und nur bestimmte Umweltausschnitte in den Vordergrund rücken. Der grundsätzlich ungerichtete, nichtselektive Charakter des Kompetenzmonitorings muss gewährleistet sein, soll sie ihre Dynamisierungsfunktion erfüllen.

6.2.4 Minimale Strukturen

In großer Ähnlichkeit zu der eben diskutierten Idee der vollständigen Dynamisierung organisationaler Kompetenzen stehen maximal flexible Organisationsmodelle wie die „self-designing organization" (Hedberg et al. 1976), die totale Lernorganisation (Ho 1999), die Adhocracy (Mintzberg 1980) oder das neuerdings viel beachtete an die mathematische Chaosforschung angelehnte Konzept der minimalen Strukturen (Brown/Eisenhardt 1997; Davis et al. 2009). Wie auch immer akzentuiert, im Mittelpunkt dieser Modelle steht die Idee minimaler Regeln, diffuser Zuständigkeiten, ständig wechselnder Verhaltensweisen und geringer Rationalität im klassischen Sinne (Kamoche/Cunha 2001). Hedberg et al. (1976) verwenden hierfür die Metapher des „Zelts" im Unterschied zu den herkömmlichen „Palästen". Eisenhardt und andere Autoren entwickeln das Idealbild einer strukturminimalen Organisation, die sich im Modus der permanenten Veränderung befindet. Ausgangspunkt der Überlegungen bildet fast immer die hohe Umweltdynamik, in welcher Organisationen von heute typischerweise operieren (Eisenhardt et al. 2010). Eisenhardt und Ko-Autoren unterscheiden zwischen moderat dynamischen und hoch-volatilen Umwelten. In ersteren ist die Veränderungsrate der Umweltelemente eher langsam, weshalb Organisationen Regeln und Routinen ausbilden sollten, mittels derer sich wiederkehrende Probleme effizient bearbeiten lassen. Hier steht das Lernen aus vergangenen Erfahrungen im Vordergrund, da davon ausgegangen werden kann, dass ähnliche Probleme wieder auftreten, welche sich dann schnell, unter Rückgriff auf bestehende Strukturen, lösen lassen.

Ganz anders stellt sich die Situation im Falle von hochdynamischen Umwelten dar: Hier ist die Veränderungsrate so hoch, dass ein und dasselbe Problem mit an Sicherheit grenzender Wahrscheinlichkeit nicht wiederholt auftritt. Die Ausbildung von Routinen, Kompetenzen und Strukturen wäre demnach die falsche Antwort, stellen diese doch immer Lösungen für bekannte und vorhersehbare Probleme dar. Wird von Situationen ausgegangen, in denen Probleme selten oder nie wiederholt auftreten, sollten Organisationen im Idealfall weitgehend oder gänzlich auf den Einsatz von Strukturen und Routinen verzichten, da die Organisation vor immer neuen Herausforderungen steht, die es innovativ zu lösen gilt. Die ideale Organisation befindet sich somit in einem Modus der ständigen Innovation, nur so könne die Bewältigung einer sich permanent verändernden Umwelt gelingen.

Das hier entworfene Idealbild einer fluiden Organisation, die sich im Modus der permanenten Veränderung befindet, stellt in gewisser Weise das Extrem einer lernenden Organisation dar, von anderen Autoren wird dieses Modell dementsprechend auch als totale Lernorganisation bezeichnet (Ho 1999). Da Probleme niemals wiederholt auftreten, könnten Organisationen auch nur sehr begrenzt aus vergangenen Erfahrungen lernen; die Verbesserung einmal gefundener Lösungen im Sinne eines exploitativen Lernens wird als hinderlich angesehen: „Unlearn Yesterday" (Hedberg et al. 1976). Stattdessen gilt es, im Sinne eines ständigen exploratives Lernens immer neue, innovative Lösungen zu finden: „Inventing Tomorrow" (Hedberg et al. 1976). Anstelle ausgefeilter interner Routinen und Prozesse tritt die evolutorische Steuerung. Da sich die Umwelt- und Wettbewerbsdynamiken ohnehin nicht prognostizieren ließen, sollten Unternehmen lieber darauf setzen, frühzeitig Produkte (auch als Beta-Versionen) auf den Markt zu bringen, dieser würde im Sinne einer evolutorischen Logik dann letztlich entscheiden, welches Produkt oder welche Idee erfolgsversprechend sei und welche nicht. Die eigentliche Steuerungsfunktion kommt damit der evolutorischen Selektion zu: Unternehmen haben damit im Kern die Aufgabe, ständige neue Idee zu generieren und diese schnellstmöglich auf den Markt zu bringen, um letztlich darauf zu hoffen, dass sie sich erfolgreich durchsetzen lassen. (Experimentelle) Variation und Selektion sollen mithin ausgefeilte interne Strukturen und Prozesse ersetzen (Eisenhardt/Martin 2000). Bingham und Eisenhardt (2011) zeigen anhand empirischer Studien in der Hi-Tech Industrie, dass Organisationen, die in hoch dynamischen Umwelten operieren, am erfolgreichsten auf Umweltveränderungen reagieren, wenn sie lediglich so genannte „simple" Regeln ausbilden. Diese simplen Regeln stellen eine Art Minimalstruktur dar, die Organisationen davor bewahren, in eine Art strukturloses Chaos zu verfallen und sich im Prinzip gänzlich aufzulösen. Simple Regeln sollen, im Unterschied zu Routinen, keine fertige Lösung für ein vorab definiertes Problem bereithalten; sie stellen lediglich *Heuristiken* dar, die einen Entscheidungskorridor vorgeben, ohne dass sie die Entscheidung präjudizierten. Durch die Anwendung von Heuristiken gelänge es Unternehmen sehr schnell die richtigen Entscheidungen zu treffen. Heuristiken als simple Regeln wären gerade aufgrund ihrer Einfachheit und schnellen Anwendbarkeit aufwendigen, analytischen Prozeduren der Entscheidungsfindung überlegen. Mit diesen Überlegungen knüpfen Eisenhardt und Ko-Autoren an die bereits seit March und Simon geführte Diskussion zur Rolle von Heuristiken in organisationalen Entscheidungsprozessen an. Während traditionell die Auffassung vorherrschte, dass die Anwendung von Heuristiken zu inferioren, nicht rationalen Entscheidungen führt, da bewusst Informationen ignoriert würden, zeigen bereits Simon und March auf, dass aufgrund beschränkter Informationsverarbeitungskapazität heuristisches Entscheiden quasi alternativlos ist. Die neuere kognitionspsychologische Forschung (Gigerenzer/Gaissmaier 2011) geht noch einen Schritt weiter und versucht zu beweisen, dass Heuristiken nicht bloße ultima ratio sind, sondern in bestimmten Situationen, in denen sehr schnelles Entscheiden gefragt ist, zu besseren, d.h. effektiveren Entscheidungen führen als die klassischen analytisch-statistischen Verfahren der Entscheidungstheorie, die ungleich viel mehr Informationen verlangen und systematisch verarbeiten. Bingham und Eisenhardt übertragen diese Vorstellung auf organisationales Entscheidungsverhalten und schlussfolgern, dass Entscheiden auf der Basis von Heuristiken zumindest in hoch dynamischen Umwelten den effektiveren Modus darstellt. Organisationen wären somit gut beraten, wenn sie anstelle von ausgeklügelten Regeln und Routinen lediglich ein Set von Heuristiken ausbildeten, die schnelle Entscheidungen erlauben (Bingham/Haleblian 2012). Nur so sei die Anpassungsfähigkeit in hochdynamischen Umwelten gewährleistet.

Bei Lichte besehen entwirft dieser Ansatz das Idealbild einer letztlich strukturlosen oder extrem strukturarmen Organisation (Schreyögg/Sydow 2010). Strukturen und

Routinen stehen demnach schnellen Entscheidungen im Wege und sind bestenfalls die Lösungen für die Probleme von gestern, die auf die neuen Probleme von morgen schlicht nicht mehr passten.

Neben der ganz grundsätzlichen Frage, ob Organisationen überhaupt als in ständigem Wandel begriffen werden können (siehe dazu die Diskussion im nächsten Abschnitt), stellt sich hier konkret die Frage, ob sich das Konzept individuellen heuristischen Entscheidungsverhalten als Folie für organisationale Entscheidungen eignet. Während die Kognitionspsychologie vornehmlich das Entscheidungsverhalten von Individuen wie etwa Sportlern betrachtet, die innerhalb von Sekundenbruchteilen entscheiden müssen, an wen sie den Ball abspielen, weisen Entscheidungen in Organisationen typischerweise gänzlich andere Merkmale auf (Vuori/Vuori 2014): So müssen organisationale Entscheidungen zwar oftmals schnell getroffen werden, aber wohl eher nicht in Sekundenbruchteilen. D.h. Organisationen haben in der Regel die Möglichkeit, wesentlich länger und gezielter Informationen zu suchen und zu prüfen. Ferner sind organisationale Entscheidungen keine Ein-Personen Entscheidungen, sondern sind durch Gruppen, Macht, institutionelle Einflüsse usw. bestimmt. Vor diesem Hintergrund stellt sich mithin die Frage, ob das Bild, auf dessen Folie hier operiert wird, ‚der Komplexität von Organisationen und deren Wissensbasis, die emergent über lange Zeiträume entstanden ist, gerecht wird. Darüber hinaus ist es fraglich, ob Organisationen gänzlich auf Lern- und Erfahrungseffekte verzichten können. Schließlich gibt es selbst in hochdynamischen Umwelten wiederkehrende Anforderungen, wie das ordnungsgemäße Aufstellen eines Jahresabschlusses, das Ausarbeiten von Verträgen oder die reliable Produktion von standardisierten Konsumgütern. All dies auf Basis simpler Regeln abzuarbeiten, wäre im Sinne Gutenbergs zweifelsohne als Unterorganisation zu bezeichnen (siehe Kapitel 2). Die damit einhergehenden Effizienzverluste sind beträchtlich. So gesehen stellt sich die Frage, ob hier nicht eine Extremform beschrieben wird, die allenfalls für abgegrenzte Spezialabteilungen denkbar erscheint. Ob auf dieser Basis eine Theorie des organisationalen Wandels gewonnen werden kann, erscheint mehr als fraglich.

6.3 Wandel und Stabilität neu gesehen: Grenzen der Fluidität

Als Abschluss der Überlegungen sollen die gestalterischen Konsequenzen aufgezeigt werden, die mit der Idee des kontinuierlichen Wandels im Vergleich zu dem Modell episodischen Wandels verbunden sind. Eine Organisation, die über Lernen ihren Wandel und ihre Entwicklung gestaltet, muss anders konzipiert werden als eine Organisation, die in der Stabilität und episodischem Wandel ihr Paradigma findet. Wie hat man sich die Konturen einer solchen Organisation vorzustellen und wo sind die Ankerpunkte für die Gestaltung organisatorischen Wandels?

Permanent lernende Organisationen werden – wie oben gezeigt – in der Regel als *„anti-strukturell"* beschrieben, d.h. es sollen Organisationen sein, die sich von dem Steuerungsinstrument Organisationsstruktur lösen und anstelle dessen flexible Verhaltensformen setzen. Die oben zitierten total flexiblen „Dynamic Capabilities" nach Eisenhardt/Martin, die totale Lernorganisation oder das Konzept der Minimal Strukturen sind typische Beispiele für Forderungen dieser Art. Lose Koppelung, Geschichtslosigkeit und vollständige Flexibilisierung werden als Funktionsvoraussetzungen fluider Organisationen erachtet. Führt man diese Überlegung zu einem logischen Endpunkt, so müsste die lernende Organisation in letzter Konsequenz als *strukturlos* begriffen werden. Weick (1977, S. 39 ff.) hat eine derartige Organisation treffend als *„chronically unfrozen system"* bezeichnet. In einem solchen „chronically unfrozen system" gibt es keine generellen Regeln und letztlich auch keine Praktiken mehr. Auftretende Signale aus der Umwelt werden jeweils neu, d.h. unabhängig von formalen Regeln oder historisch gewachsenen Routinen, in offenen Improvisations- und Selbstorganisationsprozessen verarbeitet, die fortlaufend zu einer Neuorientierung des Systems führen können. *Jedes* Problem wird der Idee nach innovativ gelöst.

Die Organisation wäre demnach als eine Einrichtung zu sehen, in der sämtliche Kommunikationen und Handlungen dem Lernen verpflichtet sind und ohne Ausnahme alle organisatorischen Prozesse zu Lern- und Anpassungsprozessen werden. Das Optimum wäre dann erreicht, wenn es einer Organisation gelungen ist, sämtliche Handlungsbezüge als Lernakte umzugestalten. Wie ist diese Vorstellung einer total flexiblen strukturlosen Lern-Organisation einzuschätzen?

Einfache systemtheoretische Überlegungen zeigen rasch, dass hier vor dem Hintergrund eines äußerst problematischen Leitbildes operiert wird (vgl. dazu ausführlich Schreyögg/Noss 2000). Um das zu verdeutlichen, ist es erforderlich, sich noch einmal die Funktion von Organisationsstrukturen, Praktiken und Routinen ins Gedächtnis zu rufen.

Der Aufbau von Organisationsstrukturen bedeutet im Allgemeinen – wie in Kapitel 2 ausführlich dargelegt – Verhaltenssteuerung durch generelle Regeln. Mit dem Entwurf der Regeln oder der mehr emergenten Entwicklung von Routinen und Praktiken ist die Erwartung verbunden, dass sich die betroffenen Organisationsmitglieder den Mustern entsprechend verhalten. Kennzeichnend für das Regelwerk einer Organisation ist der Umstand, dass bei einer Nichtentsprechung der Erwartungen, also Verhaltensabweichungen oder Enttäuschungen, die generellen Regeln dennoch beibehalten und nicht als Reaktion auf die gemachte Erfahrung sofort verändert werden (Geiger/Schröder 2014). Mit anderen Worten: Organisationsstrukturen sind *enttäuschungsresistent programmiert* (Luhmann 1984); d.h. sie bleiben auch im Enttäuschungsfall gültig. In Anlehnung an Luhmann (1984, S. 430 ff.) können sie deshalb als „nichtlernbereite Erwartungen" begriffen werden, worin kein Nachteil, sondern ihr spezifischer Vorteil liegt: hinsichtlich des Bestandsproblems der Organisation bietet die Struktur eine Erwartbarkeit der Systemvollzüge und damit die Basis für effiziente

Arbeitsteilung, gesicherte Arbeitsabläufe, planbare Koordination usw. (vgl. Hannan/ Freeman 1969, die hier die Überlebensvoraussetzung von Organisationen sehen).

Organisatorische Regelungen sind *normative* Erwartungen; sie legen in die Überfülle der Handlungs- und Verknüpfungsmöglichkeiten ein Muster definierter und damit erwartbarer Relationen (vgl. Luhmann 1995). Dieser Sachverhalt ist für die Systembildung und -erhaltung als konstitutiv anzusehen: Das System wird dadurch partiell unabhängig von der Umwelt, es ist nicht gezwungen, auf jeden Anstoß der Umwelt zu reagieren – wenn auch auf die Gefahr einer Nichtentsprechung von Umweltentwicklung und Systemprozeduren hin.

Organisatorisches Lernen ist so gesehen von seiner Funktionsweise her genau spiegelbildlich zu generellen Regeln. Lernen hatten wir definiert als Veränderungsprozess. Dabei ist entscheidend, dass das Lernen vom Prinzip her unbeschränkt ist, d.h. es kann sich in jede Richtung entwickeln. Mit anderen Worten, im Lernmodus ist eine Organisation jederzeit bereit, bei negativem Feedback (im Enttäuschungsfall) bisherige Erwartungen zu revidieren und neue Erwartungen zu bilden. Organisatorisches Lernen bedingt also eine grundsätzliche und unbedingte Offenhaltung von Erwartungen; für organisatorisches Lernen ist kennzeichnend, dass Erwartungen gegenüber möglichen Enttäuschungen jederzeit *änderungsbereit gehalten* werden.

Die Vorstellung indessen, dass eine Organisation sämtliche Erwartungen im Sinne des Lernens veränderungsbereit halten kann und soll („chronically unfrozen"), ist irreführend. Dies wird durch den Umstand deutlich, dass ein ausschließlich auf Lernen ausgerichtetes System *alle* Anstöße aus der Umwelt bearbeiten und in jedem neuen Umweltimpuls einen Anlass zur internen Veränderung sehen müsste. Unter dem Aspekt der Funktionslogik strebte ein solches System danach, das Komplexitätsgefälle zur Umwelt aufzulösen, mit der Konsequenz, dass die Systemgrenze verschwimmen und damit der Unterschied zwischen System und Umwelt aufgehoben würde. Dies führt, ähnlich wie im Modell der Grenzenlosen Organisation, in eine theoretische Sackgasse; eine Organisation ohne Grenzen ist schlicht nicht denkbar, wollte man den Organisationsbegriff nicht restlos entleeren (Schreyögg/Sydow 2010). Wie aber kann der Widerspruch zwischen Lernen und kontinuierlichem Wandel einerseits und Grenzerhaltung andererseits aufgelöst werden?

Nachdem eben angeführten Argument muss Ausgangspunkt der Überlegungen sein, dass Organisationen einer Grenze bedürfen und damit eines grenzerhaltenden, d.h. zumindest temporär stabilen Regelwerks. Das Regelwerk übernimmt Systemleistungen, die durch Lernprozesse nicht erbracht werden können. Es standardisiert einen Teil der System/Umwelt-Bezüge durch Vorselektion bestimmter Handlungsmuster. Das System gewinnt dadurch eine gewisse Autonomie; es blendet bestimmte Umweltbezüge aus und hält sich ihnen gegenüber indifferent. Auf diese Weise wird eine Orientierung für das Handeln geschaffen bzw. diese erst ermöglicht.

Schon diese wenigen Argumente machen deutlich, dass eine Organisation auf stabilisierende Prozeduren und Strukturen nicht gänzlich verzichten und damit also auch nicht durchgängig als lernend aufgebaut werden kann. Auch ein lernendes System muss in der Lage sein, bestimmte Handlungsvollzüge dem Lernmechanismus zumindest *temporär* zu entziehen, also – wenn man so will – gezielt nicht zu lernen. Diese Vorauswahl, in welchen Situationen gelernt und in welchen nicht gelernt werden, d. h. an der vorgegebenen Regel festgehalten werden soll, muss indessen immer problematisch bleiben, weil die sie leitende Antizipation in einer komplexen und dynamischen Umwelt grundsätzlich mit hoher Ungewissheit behaftet ist. Für die stabilisierende Konzeption (nicht-lernende Programmierung) einer Organisation kann deshalb auch nie ein Richtigkeitsanspruch erhoben werden, Misserfolge sind jederzeit möglich. Sie ist deshalb beobachtungsbedürftig, die konstruierte Stabilität wird als Problem und nicht als „richtiges" Gleichgewicht begriffen. Im Zusammenhang mit der Kompetenzdebatte war das Kompetenzmonitoring als eine der hier gemeinten Maßnahmen eingeführt worden.

Vor dem Hintergrund dieser Grundsatzbetrachtungen lässt sich nunmehr das Verhältnis von Struktur und Lernen reformulieren: Es kann nicht länger um eine Dichotomie, Struktur *oder* Lernen gehen. Das Verhältnis kann nur als *Struktur und Lernen* umrissen werden. Es wurde deutlich, dass organisatorisches Regelwerk und organisatorisches Lernen nach verschiedenen Erwartungsmodi funktionieren: ersteres als enttäuschungsresistentes, normatives Erwarten und zweiteres als änderungsbereites, kognitives Erwarten. Eine Organisation, und dies ist entscheidend, benötigt beide Erwartungsmodi zur Grenzstabilisierung und zur Entwicklung. Es wird damit zu einer Frage der Erwartungsdisposition bzw. einer Frage der Vorwegdisposition für den Enttäuschungsfall, wie eine Organisation mit entstehenden bzw. auf sie einwirkenden Problemen fertig zu werden versucht (Luhmann 1984, S. 437).

Der Kerngedanke des oben eingeführten Lern- und Wandelansatzes wird durch die vorstehenden Strukturüberlegungen allerdings nicht in Frage gestellt. Das *Modell der totalen Flexibilität* ist keineswegs logische Konsequenz der Idee der lernenden Organisation; es radikalisiert das Grundprinzip an der falschen Stelle. Lernen als Grundoperation schließt das Vorhaben nicht aus, bestimmte Prozesse zu stabilisieren und damit der lernenden Veränderung zu entziehen. Dabei handelt es sich jedoch immer – wie angedeutet – um *künstliche Stabilisierungen* insoweit, als sie stabile Handlungsorientierungen in eine veränderliche und ungewisse Welt legen. Solche Stabilisierungen (Einrichtung nicht-lernender Handlungssequenzen) erfordern deshalb immer parallel dazu eine – gewissermaßen ihre Bewährung fortlaufend registrierende – Beobachtungstätigkeit, wie man sie z.B. aus dem Konzept des Kompetenzmonitorings kennt.

Dies bedeutet im Ergebnis, dass die *Stabilisierung* selbst in einen (kompensierenden) *Lernprozess eingebettet* wird. Sie ist einerseits das Ergebnis eines Lernprozesses; die Organisation hat gelernt, den Vorteil zu nutzen, der in der generellen Regelung (Routinisierung, „Institutionalisierung") bestimmter Vollzüge liegt. Andererseits ist diese Stabilisierung wegen ihrer ungewissen Grundlage fortlaufend auf ihre Bewährung hin zu beobachten und ggf. aufzulösen. (Dabei soll nicht verschwiegen werden, dass die Stabilisierung sich selbst verstärkende Lernblockaden nach sich ziehen kann, die gerade diese Beobachtungstätigkeit erschweren). Die Stabilisierung, verstanden als die Etablierung nicht-lernender regelmäßiger Handlungssequenzen, wird so gesehen als *beobachtungsbedürftiger Sonderfall* eingerichtet. Im Unterschied zum Gleichgewichtsmodell, in dem die Veränderung der Problemfall ist, liegen im Lernkonzept die Problembezüge in der temporären Stabilisierung. Sie ist und soll dort problematisch bleiben – dies hilft, sich die notwendigen Verengungen der Stabilisierung laufend bewusst zu halten.

Die Idee, dass die Stabilisierung und nicht die Veränderung das eigentliche Problem darstellt, steht im Zentrum der neuen Prozessforschung (Tsoukas/Chia 2002; Langley et al. 2013). Aus dieser Prozessperspektive wird Wandel primär als emergenter Prozess verstanden, der sich quasi alltäglich ohne besondere Intention vollzieht und im Wesentlichen ungeplant verläuft. Das organisatorische Geschehen wird hier als Prozess, also als in ständigem Fluss begriffen verstanden, wobei es temporär zu (ungeplanten) Musterbildungen, also Stabilisierungen, kommen kann (Rescher 1996). Während sich aus ontologischer Perspektive dieser ständige Strom der Veränderung aufgrund seiner Fluidität nicht erfassen lässt, zeigt sich (beobachtbare) Organisation in der temporären Stabilisierung durch Praktiken; diese legen Muster in den stetigen Fluss der Veränderung und erzeugen dadurch zumindest vorläufige Stabilität. Erklärungsbedürftig ist mithin nicht die ständige Veränderung, sie ist die ontologische Grundannahme der Prozessperspektive, sondern die Entstehung temporärer Stabilität. Organisationen sind gewissermaßen in einem ständigen, nie abgeschlossenen Entstehungsprozess begriffen (Tsoukas/Chia 2002). Wandel ist so gesehen der Normalfall, Stabilität die erklärungsbedürftige Ausnahme. Organisationen sind so gesehen nicht „chronically unfrozen", sondern Organisation bedingt (temporäre) Stabilisierung.

Im Anschluss an das eben Gesagte stellt sich die organisatorische Wandelfrage in einem neuen Licht. Die Kernfrage heißt nun nicht mehr, wann eine Organisation lernen soll, sondern gewissermaßen auf den Kopf gestellt: Wann soll eine lernende Organisation nicht lernen? Es gehört also zu den Aufgaben der lernenden Organisation, zu lernen, wann sie nicht lernen soll. Insofern ist auch die Stabilisierung Teil der lernenden Organisation.

Diskussionsfragen

1. Wie sind organisatorische Veränderungsprozesse nach der klassischen Management- bzw. Organisationslehre zu vollziehen?
2. Warum verweigern sich häufig Organisationsmitglieder geplanten Änderungen?
3. Inwiefern stellt Pfadabhängigkeit eine Wandelbarriere dar?
4. Wie erklärt sich das NIH-Syndrom?
5. Auf welcher Grundlogik baut das organisatorische Änderungsgesetz nach Kurt Lewin auf?
6. Welche besonderen Charakteristika weist die „Prozessberatung" gegenüber anderen OE-Ansätzen auf?
7. Was ist unter einer „paradoxen Intervention" zu verstehen?
8. Was ist ein „Change Agent" und welche Rolle wird dieser Person im systemischen OE-Konzept zugeschrieben?
9. Warum sollte organisatorischer Wandel nicht als Angelegenheit von Spezialisten begriffen werden?
10. Was verstehen Tushman, Newman und Romanelli unter einem „Frame-Breaking Change"?
11. Wie hat man sich organisatorischen Wandel nach der Theorie des unterbrochenen Gleichgewichts vorzustellen?
12. Wie lassen sich die Lernebenen „Single-loop"- und „Double-loop-Learning" voneinander abgrenzen? Hat diese Unterscheidung eine praktische Bedeutung?
13. Inwiefern besteht zwischen exploitativem und explorativem Lernen ein „trade-off"?
14. Wie unterscheidet sich narratives und explizites Wissen?
15. Welche Bedeutung kommt organisatorischen Kompetenzen zu?
16. Welches Problem sollen „Dynamic Capabilities" lösen?
17. Was verbirgt sich hinter der Idee „Minimaler Strukturen"?
18. Stellen Sie die Grundkonzepte episodischen und kontinuierlichen Wandels gegenüber?
19. Warum soll eine Organisation lernen, nicht zu lernen?
20. Wie werden Organisationen aus Sicht der neueren Prozessforschung verstanden, warum ist Zeit hier ein zentrales Konzept?

Fallstudie: SportsGear Inc.

George Marlow, Produktionsleiter bei SportsGear, hielt am Buffet an. Er versorgte sich mit seinem gewohnten Frühstück, das aus einer Tasse Kaffee und einem Donut bestand und schnappte sich einen Stuhl. Er hatte sich auf dieses allmonatliche Unternehmens-Meeting bereits gefreut. Martin Griffin, der Vorstandsvorsitzende von SportsGear, würde heute die neue Ära des Empowerments verkünden.

Vor einer Woche hatte George an einem Abteilungsleiter-Meeting teilgenommen, auf dem Martin Griffin seine Ideen bezüglich Empowerment vorgestellt hatte. Griffin, ein dynamischer 44-jähriger, war eingestellt worden, um die traditionsreiche Aktiengesellschaft wieder munter zu machen. Denn SportsGear, ehemals einer der führenden Produzenten und Händler von Freizeit- und Sportbekleidung, hatte eine Menge Probleme. Der Marktanteil verringerte sich zusehends angesichts der Konkurrenz im In- und Ausland. Neue Produktideen waren rar. Abteilungen wie Produktion und Verkauf verständigten sich untereinander so gut wie gar nicht. Das Organisationsklima war miserabel. Mit einem Wort, um SportsGear sah es schlecht aus.

Damit SportsGear wieder durchstarten konnte, hatte Martin schnell gehandelt, indem er neue Informationstechnologien installierte und eine Optimierung des Kundenservices förderte. Nun, als er kampflustig vor dem Auditorium hin und her lief, verkündete er seine neueste Botschaft: „Angesichts zunehmender Konkurrenz brauchen wir neue Ideen, neue Energie und einen neuen Geist, um dieses Unternehmen wieder zu dem zu machen, was es einmal war. Und die Quelle dieser Veränderungen sind Sie" – er machte eine dramatische Pause – „jeder einzelne von Ihnen."

Nach diesem leidenschaftlichen Appell wurde Martin jetzt genauer: „Im Rahmen unseres neuen Empowerment-Konzeptes werden Sie mehr Informationen darüber erhalten, wie dieses Unternehmen geführt wird. Sie werden mit Ihren Kollegen auf eine neue und kreative Art zusammenarbeiten. Und, das ist vielleicht das wichtigste, Sie werden Ihre Träume verwirklichen können."

„Wirklich nicht schlecht, ja, außerordentlich interessant", überlegte George. Nach den letzten paar Jahren war ein Hoffnungsfunke genau das, was SportsGear jetzt brauchte. Was einmal in Georges Augen ein spannender und aufregender Job gewesen war, war inzwischen zu einer Tretmühle geworden. George schluckte den letzten Bissen seines Donuts herunter und beugte sich vor, um mehr von Griffins Rede mitzubekommen. Dabei warf er seinem Freund Harry Lewis eine Blick zu, einem SportsGear-Veteranen, der bereits seit 20 Jahren im Unternehmen war. Harry rollte mit den Augen, ließ seine Hand neben der Jackentasche baumeln und machte mit dem Zeigefinger kleine kreisende Bewegungen, was bei ihm immer bedeutete, dass er etwas für verrückt hielt.

Später, bei einem Treffen in Harrys Büro, wurde er deutlicher: „Ich glaube, das ist alles wieder so ein Blödsinn. Zuerst versuchen sie's mit Downsizing, dann spielen sie mit Reengineering. Was sollen diese ständigen Umstrukturierungen eigentlich? Und jetzt propagiert Griffin Em-

powerment. Was um alles in der Welt heißt eigentlich Empowerment? Wenn er uns tatsächlich „empowern" will, dann soll er uns doch eine Gehaltserhöhung geben!" Harry war richtig in Fahrt an diesem Vormittag. Er war selbstherrlich, stolz und kämpfte stets glühend für seine Mitarbeiter. Harry war Produktionsingenieur, ähnelte aber eher einem altmodischen Handwerker, der bereit war, jedem irregeleiteten Chef, der nichts von dem künstlerischen Arbeitsvorgang verstand, die Stirn zu bieten. Obwohl Harry der Firma gegenüber höchst loyal war, würde er doch ein großes Hindernis für eine Empowerment-Kampagne darstellen.

George versuchte, ein gutes Gegenargument zu finden. „Warum geben Sie Empowerment keine Chance?" fragte er. „Sie wissen doch, wie sehr ich mich im vergangenen Jahr darum bemüht habe, Verbesserungen in der Produktion einzuführen. Wir sind noch zu langsam bei der Warenauslieferung an die Händler und beim Entwickeln und Einführen neuer Produkte. Wenn wir diese Dinge nicht schleunigst ändern, sind wir vielleicht bald arbeitslos. Martin Griffin könnte sich z.B. dazu entschließen, unsere Abteilung durch Outsourcing auszulagern, wie es in vielen anderen Unternehmen bereits gemacht wird".

Während Harry über Georges Argumente nachdachte, paffte er seine allgegenwärtige Zigarre. Dies war eine Gewohnheit, die er sich entgegen aller in der Firma herrschenden Regeln gönnte. Dann sagte er: „Ja, das ist natürlich eine Gefahr, aber Empowerment wird keinen einzigen Job retten. Es wird lediglich eine Unmenge von Meetings veranstaltet, ein Haufen Geld für Berater ausgegeben werden, und ziemlich viel Zeit wird dabei draufgehen. So ein Mist wie Empowerment ist kein Ersatz für harte Arbeit und fehlendes Vertrauen in Mitarbeiter, die schon jahrelang in der Firma sind. Wir haben´s schon mal geschafft und wir können das wieder. Die sollen uns nur ´mal in Ruhe arbeiten lassen." George wusste, dass man mit Harry nicht diskutieren konnte, wenn er so unnachgiebig war. Welche Veränderungen Griffin auch immer im Kopf hatte, er würde nicht nur bei Harry noch sehr viel Überzeugungsarbeit leisten müssen; wie das gelingen sollte, das konnte sich George derzeit für seinen Teil nur schwer vorstellen.

Mehrere Wochen später fand in einem Konferenzraum im fünften Stock das erste Treffen des neugebildeten Projektteams statt. George und Harry waren anwesend, gemeinsam mit Vertretern aus dem Vertrieb, der Produktenwicklung, aus der Organisations/IT-Abteilung und Vertretern der Einzelhändler. Susan Starr, eine junge Unternehmensberaterin von Evans Associates, moderierte das Meeting und stellte das Empowerment Programm vor. Susan ging zum Overheadprojektor und begann. „Empowerment bedeutet für jeden von uns etwas anderes, aber für mich bedeutet es Folgendes...".

Sie nahm einen Stift und unterstrich jedes Wort auf der Folie: „Empowerment ist der Prozess des Aufbaus, der Entwicklung und der stetigen Vergrößerung des Mitarbeitereinflusses durch Kooperation und gemeinsames Nutzen organisatorischer Ressourcen zur intensiven Zusammenarbeit." Susan begann dann damit, Lesematerial auszuteilen, während sie ihren Vortrag fortführte. Ihre Stimme hob sich: „Als Manager werden Sie neue Rollen bekommen: Coach, Berater und Ressourcenentwickler. Sie werden in neue Arbeitsbeziehungen eingebunden. Sie müssen ihre Mitarbeiter vielmehr als bisher unterstützen, informieren und motivieren." Sie deutete mit dem Leuchtstift auf den Overhead und unterstrich das Wort ***Vertrauen****. „Dies ist der Grundstein jeglicher zwischenmenschlicher Beziehungen. Ohne Vertrauen kann es kein Empowerment geben."*

Susan erklärte dann, dass es die Aufgabe der Arbeitsgruppe sei, ein neues System zu entwickeln, mit dessen Hilfe die Einzelhändler ihre bestellte Ware genau zu dem Zeitpunkt erhalten, zu dem sie sie benötigen. George freute sich; das war genau das Problem, an dem er selbst das ganze letzte Jahr ohne nennenswerten Erfolg gearbeitet hatte. Susan beschrieb, wie die Arbeitsgruppe vorgehen sollte: „Sie werden Ihre neue Rolle in einem Team, das sich selbst managt, ausprobieren. Die Arbeitsgruppe kann sich selbst organisieren, sie kann bei Bedarf auf jegliche Informationen zurückgreifen und sich jeder Ressource in der Firma bedienen." Sie fügte hinzu: „Sie müssen zusammenarbeiten, um einen Konsens zu erreichen. Sie müssen an die Lösungen glauben, die Sie vorschlagen. Wie wir Berater sagen: 'Sie müssen sie leben'. Sobald Ihre Lösungsvorschläge feststehen, verfassen Sie einen schriftlichen Bericht und berichten persönlich an die betroffenen Bereichsleiter sowie an Martin Griffin." George erwischte Harrys Blick, er konnte in Gedanken bereits wieder die Worte 'so ein Blödsinn' durch den Raum schallen hören. „Harry, bitte gib der Sache doch eine Chance", sagte er zu sich selbst.

George selbst gab der Arbeitsgruppe jede erdenkliche Chance, besonders da ihm seine Aufgabe als Teamführer bereits zu gefallen begann. Er taufte das Team nach den Comic-Superhelden seines kleinen Sohnes, den Power Rangers. Die Rangers begannen ihr Projekt zuversichtlich. Eifrig wollten sie daran arbeiten, ihr Ziel zu erreichen. Alle Mitglieder arbeiteten in der Anfangsphase erfolgreich mit. Die Gruppe war eine Offenbarung für George. Anstelle der üblichen Grabenkämpfe zwischen den Funktionsbereichen arbeiteten die Leute nun zusammen! Schon bald entwickelte sich gegenseitiges Vertrauen. Die Teammitglieder nutzten Informationen aus den Bereichen Marketing, Fertigung und Finanzierung. Sie besuchten einige SportsGear-Geschäfte und führten dort Gespräche mit Verkaufspersonal und Kunden.

Am wichtigsten aber waren die Treffen mit Martin Griffin, bei denen sie seine Vision von Empowerment noch besser zu verstehen lernten. Vor einem Auditorium wirkte Griffin sehr dynamisch, doch wie groß war erst seine Überzeugungskraft in der intimen Atmosphäre seines Büros!

Leidenschaftlich erzählte er davon, wie sehr er selbst daran glaubte, dass SportsGear wieder zu einem wettbewerbsfähigen Unternehmen werden könnte. Er war als Kind mit SportsGear-Produkten aufgewachsen und liebte sie. Und als er seiner Frau zum ersten Mal in einem Fitness-Center begegnete, trug er ebenfalls einen SportsGear-Trainingsanzug und SportsGear-Turnschuhe.

„Sie alle wissen, was für ein phantastisches Unternehmen SportsGear einmal war", wandte er sich an die Arbeitsgruppe. „Empowerment kann uns wieder dorthin bringen, denn es vereinigt Macht und Entscheidungskompetenz in Ihren Händen. Die Umwelt verändert sich inzwischen so schnell, dass ein Unternehmen heute gar nicht mehr anders handeln kann, um zu überleben." Anschließend machte Griffin ausdrücklich klar, dass Georges Arbeitsgruppe überlebenswichtig für den Erfolg dieser organisationsweiten Veränderungsbemühungen sei. Die Produktion sollte das Pilotteam sein, denn in den meisten anderen Unternehmen hatte man damit den schnellsten Fortschritt erzielen können. „Das, was Sie auf der Basis Ihrer Arbeitsergebnisse empfehlen, wird tonangebend für alle folgenden Arbeitsgruppen sein."

Martins Rede hatte die Rangers begeistert. Trotz der strikten Abgabefrist schafften sie es, den Bericht fertig zu stellen. Dafür hatten sie teilweise nächtelang gearbeitet und zuletzt sogar die Wochenenden gemeinsam in Georges Haus verbracht. Alle Gruppenmitglieder waren sich sicher, dass ihre Ideen innovativ, aber dennoch leicht zu realisieren waren. Ein verantwortlicher Manager sollte ein Produkt vom Entwicklungsstadium bis hin zum Ladenverkauf begleiten.

Das Verkaufspersonal sollte vor Ort Rückerstattungen im Warenwert von bis zu $ 500 vornehmen können. Ebenso würde es kontinuierlich über Neuentwicklungen von SportsGear-Produkten informiert werden. Verkaufs- und Produktionspersonal sollte für kurze Zeit ausgetauscht werden, um jeweils Einsicht in den anderen Tätigkeitsbereich zu ermöglichen. Es sollte schließlich eine Hotline eingerichtet werden, damit die Fertigung sich durch das Verkaufspersonal ständig über die neuesten Verkaufszahlen informieren könnte.

Die Rangers machten sich große Hoffnungen, als sie ihren Bericht an einem Sonntagabend fertig stellten. George war besonders optimistisch. Die Gruppenarbeit der Rangers erinnerte ihn an die alte Kameradschaft seines Basketballteams in der Highschool. Aber Harry blieb skeptisch: „Man soll den Tag nicht vor dem Abend loben", murmelte er.

Es stellte sich leider bald heraus, dass Harry Recht hatte. Eine Woche später präsentierten George und die anderen Gruppenmitglieder ihre Ergebnisse persönlich vor den versammelten Bereichsleitern. Martin Griffin moderierte das Meeting in seiner gewohnt enthusiastischen Art. Abermals hob er die grundlegenden Ideen des Empowerment-Projekts hervor und betonte, dass er sich nun darauf freue, von den interessanten Arbeitsergebnissen der Gruppe zu hören. Kurz nachdem George allerdings mit seiner Präsentation begonnen hatte, verließ Martin das Meeting.

Er entschuldigte sich damit, dass er sich um einen kurz vor dem Abschluss stehenden Vertrag mit einer großen Kaufhauskette kümmern müsse.

In Martins Abwesenheit meldeten sich die restlichen Mitglieder der Geschäftsführung zu Wort. Als erste merkte Liz Fernandez von der Abteilung Human-Ressourcen an, dass eine Ausweitung der Verantwortungsbereiche einzelner Manager sowie ein Austausch von Angestellten des Verkaufs und der Fertigung – sei er auch noch so kurz – die erst kürzlich sorgfältig entwickelten Stellenprofile durcheinander bringen könnte. Jackie Wells von der Finanzabteilung war skeptisch was die Befugnis des Verkaufspersonals anbelangte, Rückerstattungen zu machen. Dies werde Missbrauch provozieren und könnte so zu einer Goldmine für unehrliche Kunden und Verkäufer werden. Jim Vrabel aus der Rechtsabteilung gab zu bedenken, dass Informationen über neue Produktentwicklungen an das Verkaufspersonal die Industriespionage erleichtern würde. Rich Tourangeau von der Strategischen Planung meinte, dass das Verkaufspersonal die Komplexität der Fertigungsprozesse überhaupt nicht verstehen könne, und dass eine Hotline alle fünf Minuten zu permanenten Störungen und Unterbrechungen der Arbeit führen würde.

Zum Abschluss des Meetings beschloss die Geschäftsführung, dass die Arbeitsgruppe ihrer Ansicht nach bereits gute Grundlagen geschaffen habe, dass es aber noch einiges an Analyse- und Forschungsarbeit bedürfe, bevor man zur Tat schreiten könne. Angesichts dieser Aussage waren alle Gruppenmitglieder fassungslos. Sie waren sich ihrer Sache wirklich sicher gewesen nach der wochenlangen, sorgfältigen Analyse und der gelungenen Präsentation ihrer durchdachten Konzeption. Dennoch, so schien es jetzt, war das alles Zeitverschwendung gewesen. George dachte daran, was Harry anfangs zu bedenken gegeben hatte. Und, wie immer, hatte Harry auch jetzt wieder die treffendste Bemerkung: „Die legen einem Steine in den Weg, wo sie nur können", war sein Kommentar, als sie beide zurück zu Georges Büro gingen. „Und schließlich stolperst du und gibst auf."

Quelle: Harvard Business Review 73 (1995), Nr. 1, S. 20-26 (eigene Übersetzung); Abdruck mit Genehmigung der Manager Magazin Verlagsgesellschaft

Fragen zur Fallstudie:

1. Strukturieren Sie das Fallgeschehen und diskutieren Sie, warum das Empowerment-Projekt der Unternehmung SportsGear ins Stocken gerät!
2. Welche Fehler hat SportsGear gemacht und welche Maßnahmen wären Ihres Erachtens besser geeignet gewesen? Legen Sie Ihrer Begründung ein geeignetes Konzept zugrunde.
3. Was sollte SportsGear jetzt tun?

Kapitel 7

Entwicklungslinien der Organisationstheorie

- Klassische Organisationstheorie
- Neoklassische Organisationstheorie
- Moderne Organisationstheorien
- Zusammenfassung

Diskussionsfragen

Literaturempfehlungen

Die Organisationstheorie ist eine *heterogene Disziplin*. Sie wird nicht von einem Einheitsparadigma beherrscht, das die gesamte Forschung und die praktischen Gestaltungsempfehlungen leiten würde. Es ist vielmehr so, dass unterschiedliche Perspektiven und Theoriegebäude um Erklärungs- und Gestaltungsrelevanz konkurrieren. Wie schon bei der Diskussion um den Organisationsbegriff angeklungen, gibt es unterschiedliche Auffassungen über den Gegenstand (das Erkenntnisobjekt) wie auch über das methodische Grundverständnis: Ist die Organisationstheorie eine empirische Wissenschaft, die in der Realität vorfindbare Phänomene beschreibt und in ihren Zusammenhängen erklärt? Oder ist sie mehr eine analytische Wissenschaft, die, ähnlich wie die Mathematik, organisatorische Problemstellungen gedanklich durchdringt, ordnet und mit Hilfe von komplexen Algorithmen optimale Lösungen unter spezifizierten Bedingungen bestimmt? Oder ist die sie eine Verfahrenslehre, die Anleitung gibt, wie man Prozesse erfasst, ordnet und optimiert?

Ähnlich offen ist die Situation im Hinblick auf die analytische Perspektive: Ist die Organisationstheorie eine Konstruktionslehre der Strukturgestaltung oder erklärt sie die Prozesse der Entstehung und des Wirkens von Strukturen? Studiert sie die Organisation aus der Perspektive der Leitung oder aus der Perspektive des Organisationsmitgliedes? Interessiert sie sich für die Organisation als System, das sich in einer bestandskritischen Umwelt zu bewähren hat, oder für die Organisation als Herrschaftsinstrument?

Der Grundlagenstreit in der Organisationswissenschaft ist nicht nur ein Streit darüber, wie die Organisationstheorie als Wissenschaft vorgehen, sondern zu beträchtlichen Teilen auch darüber, welche Stellung sie gegenüber ihrem Gegenstand einnehmen soll.

Dass alle diese Fragen nicht endgültig entschieden sind, sollte nun allerdings nicht als „Krise" oder gar als „Unreife" missverstanden werden (so etwa Pfeffer 1993), sondern ergibt sich mehr oder weniger aus dem Gegenstand. Wie bei allen Kulturwissenschaften (im Gegensatz zum Ideal der Naturwissenschaften) beruht eine Entscheidung für eine Forschungsperspektive auf einer Reihe von (häufig nicht explizierten) Vorentscheidungen und einer allgemeinen Grundsicht auf das Phänomen („Weltbild"), die als solche wissenschaftlich nicht ohne Weiteres zu Ende zu diskutieren sind (zu den verschiedenen Leitbildern der gängigsten Organisationstheorien vgl. Morgan 2006). Nachdem der zu studierende Gegenstand komplex und interpretationsbedürftig ist, bleibt die Begründung der gewählten Studienperspektive immer zu gewissen Teilen offen; sie lässt sich auch durch noch so große Anstrengungen nicht schließen, in dem Sinne, dass eine Perspektive als die letztendlich richtige bewiesen werden könnte. Die Diskussion über die Vorziehenswürdigkeit bestimmter theoretischer Perspektiven wird obendrein auch noch erschwert, als dass ein solcher Theoriewahl-Diskurs zu wesentlichen Teilen ein Diskurs von Normen ist (Gabriel 1976) und ein solcher von vielen Wissenschaftlern (irrtümlicherweise) immer noch für unwissenschaftlich gehalten wird. Wie auch immer ausgelegt, der Diskurs wird sich an dieser Vorentscheidung nicht schließen lassen – die Vielfalt wird deshalb bleiben (vgl. hierzu auch die Diskussion um die Postmoderne Koch 2003; Lyotard 1999; Welsch 1988).

Wer heute also eine Einführung in die Organisationstheorie geben will, kann dies nicht tun, ohne zumindest auf die verschiedenen Strömungen und Schulen hingewiesen zu haben. Nur so kann sich der Leser ein Bild von der dann schließlich gewählten Perspektive machen. Es gibt zahlreiche Vorschläge, wie man die vielfältigen Ansätze ordnen kann. Die Ansätze werden u.a. gegliedert nach

- ihrer *historischen* Entwicklung (z.B. Scott 1961),
- der zugrunde liegenden *Methodologie* (präskriptiv/kausalanalytisch/interpretativ usw., z.B. Burrell/Morgan 1979),
- nach der Aggregationsebene (Mikro-, Meso- und Makrotheorien, z.B. Pfeffer 1982),
- dem zugrunde liegenden *Leitbild* (Maschine, Gefängnis, Gehirn, Kultur usw., z.B. Morgan 2006),
- der *Basis-Disziplin*, in der sie ursprünglich entwickelt wurden (ingenieurwissenschaftliche, mikroökonomische, psychologische, arbeitswissenschaftliche, soziologische, betriebswirtschaftliche Ansätze usw., z.B. Mayntz 1963; Grochla 1975).

Das beste Verständnis für eine Disziplin kann zweifellos zunächst einmal aus ihrer geschichtlichen Entwicklung gewonnen werden. Die wohl bekannteste Gliederung hierfür ist die 3-Phasen-Gliederung von Scott (1961):

1. Klassische Organisationstheorie,
2. Neoklassische Organisationstheorie,
3. Moderne Organisationstheorie.

Dieser Gliederung soll auch in diesem Kapitel gefolgt werden, wenn es um die Darstellung der Ideengeschichte geht. Sie ist jedoch dort zu grob, wo es um die modernen Ansätze gehen soll, denn eine Epoche der Modernen Organisationstheorie im Sinne eines geschlossenen Denkansatzes (wie es noch in der Klassischen Theorie annähernd der Fall ist) gibt es nicht.

Der Begriff „Moderne Organisationstheorie“ ist nur eine rein zeitliche Ortsbestimmung, er fungiert als eine Sammelstelle für die unterschiedlichsten Ansätze, die nach dem 2. Weltkrieg neu entwickelt wurden (nicht darunter fallen Beiträge, die zwar zu diesem Zeitpunkt verfasst, inhaltlich aber klassische Konzepte fortführen). Dabei soll offen bleiben, ob ein Teil der modernen Ansätze nicht eigentlich schon „postmoderne“ Ansätze sind.

Abbildung 7.1 gibt einen Überblick über die insgesamt darzulegenden Ansätze.

Abbildung 7.1: Entwicklungslinien und Ansätze der Organisationstheorie

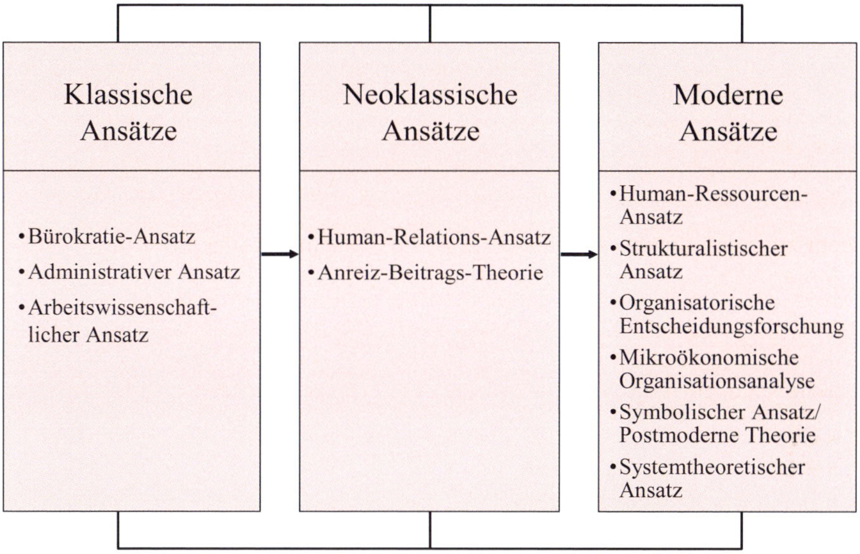

7.1 Klassische Organisationstheorie

Die Anfänge der Organisationstheorie gründen sich auf drei Wurzeln, die aus ganz unterschiedlichen wissenschaftlichen Traditionen und ganz unterschiedlichen Landeskulturen kommen und doch zu einer wissenschaftlichen Disziplin zusammengefunden haben: der in Deutschland entwickelte Bürokratie-Ansatz, der ursprünglich in Frankreich entstandene Administrative Ansatz und der US-amerikanische Arbeitswissenschaftliche Ansatz.

7.1.1 Bürokratie-Ansatz

Max Weber (1864-1920) hat mit seinem erst posthum veröffentlichten Jahrhundertwerk „Wirtschaft und Gesellschaft“ (Weber 1976; zuerst 1921) und den darin enthaltenen berühmten Untersuchungen zur „bürokratischen Herrschaft“ wichtige Grundlagen zum Verständnis der Funktionsweise moderner Großorganisationen in Staat und

Wirtschaft geschaffen und dabei zugleich auch entscheidende Beiträge zum Aufbau der Organisationstheorie geleistet. Wegen der fundamentalen wissenschaftlichen Kraft seiner Ausführungen wird Weber häufig sogar als „Vater der Organisationstheorie" bezeichnet.

Im Gegensatz zu den anderen im Anschluss darzustellenden klassischen Ansätzen ist Weber nicht daran gelegen, Prinzipien zur Optimierung betrieblicher Organisation zu entwickeln; sein Denkansatz ist explikativ, er will das Aufkommen und das Funktionieren großer Organisationen zu Anfang des 20. Jahrhunderts mit dem *Idealtypus* der Bürokratie als technisch gesehen rationalste Form der Herrschaftsausübung verständlich machen. Er will zeigen, dass und wie es in Großorganisationen, vor allem der kapitalistischen Großunternehmung, gelingt, die Handlungen der Individuen zweckgeleitet aufeinander zu beziehen, regelhaft zu verstetigen und reibungslos zu einem Ganzen zu verbinden.

Ausgangspunkt für Webers Arbeiten war das rasche Anwachsen der Bedeutung großer Organisationen in den industriellen Gesellschaften und die Erklärung ihres durchschlagenden Erfolges. Die formale Koordination von Handlungen hat in Kleingruppen noch keine Bedeutung; man kennt die wechselseitigen Handlungsgewohnheiten und kann über zukünftiges Handeln miteinander sprechen. Erst wenn diese Überschaubarkeit der Handlungssituation im Zuge des Wachstums der Unternehmung verloren geht, müssen andere Mechanismen für die Ordnung, die Regelmäßigkeit und Zielgerichtetheit im Handeln aller Organisationsmitglieder herangezogen werden. Webers zentrale These ist nun, dass mit der bürokratischen Organisation das *effizienteste Instrument* gefunden wurde, um die komplexe Handlungssituation in Großorganisationen zu steuern und den Regel-Gehorsam der vielen Mitglieder sicherzustellen.

Weber erklärt, weshalb diese Organisationsform allen anderen historisch bis dahin bekannten *überlegen* ist. Kernpunkt ist die Einrichtung einer durch generelle Regeln geschaffenen Ordnung (Organisationsstruktur) und die Akzeptanz dieser Ordnung durch die Organisationsmitglieder. Indem sie die Regeln befolgen, stabilisieren die Organisationsmitglieder die in den Regeln formulierten Verhaltenserwartungen nach innen und nach außen; der organisatorische Komplex Großunternehmung (oder andere Großorganisationen) wird dadurch trotz seiner Größe zu einer berechenbaren und beherrschbaren Einheit. Weber sieht Organisationen in erster Linie als Befehls- und Gehorsams-Verbände, und er sucht nach Erklärungen, weshalb Menschen bereit sind, in diesen Verbänden den hierarchischen Weisungen Folge zu leisten. Von herausragendem Interesse ist also die Bereitschaft, Regeln zu befolgen und das grundsätzliche Recht des „Herrn" und der von ihm beauftragten Personen, Anweisungen zu erteilen.

Zentral für den Erklärungsansatz ist der Begriff der *„Herrschaft"*, definiert als „die Chance [...], für spezifische (oder: für alle) Befehle bei einer angebbaren Gruppe von Menschen Gehorsam zu finden" (Weber 1976, S. 122). Bei Weber ist Herrschaft ein Sonderfall von Macht; Letztere definiert er als die an keine bestimmte Ursache gebundene „Möglichkeit, den eigenen Willen dem Verhalten anderer aufzuzwingen" (ebenda, S. 542). Während Macht sehr viel allgemeiner eine beliebige Chance bezeichnet, sich in sozialen Beziehungen durchzusetzen, verbindet sich mit Herrschaft eine systematische Chance; sie entspringt einem geordneten Gefüge, in dem Befehle eine regelmäßige Chance haben, Gehorsam zu finden. Webers Erklärung interessiert sich dementsprechend nicht für individuelle Kalküle, die den Gehorsam in der jeweiligen Situation *nützlich* erscheinen lassen (dies wäre ja dann auch ein sehr fluktuierender Gehorsam), sondern für eine tiefer liegende, viel generellere Bereitschaft, das den Befehlen zugrunde liegende Herrschaftssystem zu akzeptieren. Befehle werden befolgt, wenn und soweit ihre Basis für legitim gehalten wird („schlechthinnige Gehorsamspflicht", Weber 1976, S. 542). Wenn dieser fundamentale Gehorsamskonsens fehlt, handelt es sich bei Einflussnahme nicht um Herrschaft, sondern nur um Macht. Herrschaft ist also ein eng umschriebener Einflussbereich; Gehorsam finden nur jene Befehle, die kraft einer von den Betroffenen generell akzeptierten Ordnung gegeben werden. Insoweit werden Organisationen als Herrschaftsverbände charakterisiert. Herrschaftsverbände verleihen das Recht, Befehle zu erteilen, und definieren Gehorsamspflichten. Die Frage, worauf der dahinter liegende Legitimitätsglaube basiert, führt zur Unterscheidung verschiedener Herrschaftstypen.

Neben der „*traditionalen* Herrschaft" und der „*charismatischen* Herrschaft" unterscheidet Weber die „*legale Herrschaft*" als den für die Neuzeit wichtigsten Herrschaftstyp. Bei Letzterem ist die Legitimitätsgeltung im Gegensatz zu den beiden anderen Formen rational insofern, als sie auf dem Glauben an die Rechtmäßigkeit einer „gesatzten Ordnung" beruht. Die Legitimitätsgeltung der *traditionalen* Herrschaft beruht dagegen auf dem Glauben an die Unverbrüchlichkeit von jeher geltender Traditionen und der durch sie ausgezeichneten Personen. Gehorcht wird also nicht Satzungen und darauf verpflichteten Vorgesetzten, sondern durch Traditionen ausgezeichneten Personen; ihnen wird „gedient". Im Unterschied dazu beruht der Legitimitätsglaube der *charismatischen* Herrschaft auf der „außeralltäglichen Hingabe an die Heiligkeit oder die Heldenkraft oder die Vorbildlichkeit einer Person und der durch sie offenbarten oder geschaffenen Ordnung" (Weber 1976, S. 124). Während bei den letztgenannten Herrschaftsformen Gehorsam ausgezeichneten Personen geschuldet wird, gilt im Falle der legalen Herrschaft der Gehorsam rational geschaffenen, verstehbaren Regeln. Dies bezieht sich sowohl auf die Gehorchenden als auch auf die Anordnenden, auch sie gehorchen der Ordnung (Weber 1976, S. 125). Die abstrakte Regelbindung und der Glaube an die Legitimität dieser Regeln ist das Besondere der legalen Herrschaft, und die bürokratische Organisation ist ihre reinste Verkörperung.

Die bürokratische Organisation ist durch eine (1) strikte *Regelgebundenheit der Amtsführung* (im Idealfall ist jedes Handeln durch Regeln vorbestimmt) und (2) eine präzise Abgrenzung von Autorität und Verantwortung gekennzeichnet. Die Zuständigkeiten und Befugnisse sind generell festgelegt und leiten sich aus den Positionen ab (*Amtskompetenzen*). Weiteres Merkmal ist (3) ein festgelegtes System von Über- und Unterordnungen (*Amtshierarchie*) mit genau umschriebener Befehlsgewalt (keine Willkür); ferner (4) gilt die *Aktenmäßigkeit* aller Verwaltungsvorgänge, d.h. alle wichtigen Entscheidungen, Erörterungen oder Verfügungen werden schriftlich fixiert und registriert; nur das Aktenmäßige gilt, Gerüchte, Klatsch oder Vermutungen sind für das Handeln ohne Bedeutung. Die Amtsführung hat ferner (5) strikt *neutral*, nur der Sache nach zu erfolgen; persönliche Empfindungen und Emotionen sind aus den Amtsgeschäften völlig fernzuhalten („Unpersönlichkeit der Amtsführung"). Die sachgerechte Anwendung der Regeln verlangt schließlich (6) speziell dafür ausgebildete Stelleninhaber, „*Fachleute*" mit entsprechender Fachschulung.

Diese und weitere Merkmale (vor allem: Anstellung durch Arbeitsvertrag, fixierte Laufbahnen einschließlich Gehaltshierarchie, Trennung von Eigentum an den Produktionsmitteln und deren Verfügung, d.h. die Beamten sind nicht Eigentümer ihrer Arbeitsmittel) begründen die Logik der bürokratischen Organisation. Dabei gilt es zu sehen, dass die Webersche Ausformulierung der Strukturmerkmale nicht darauf abzielt, eine exakte Beschreibung vorfindbarer großer Organisationen zu liefern. Die Merkmale sind vielmehr als *Idealtypus* formuliert, als ein in sich stimmiges idealisiertes Schema, das als Folie zum Verständnis der Funktionsabläufe in realen Organisationen dienen soll (Mayntz 1968).

Webers These lautet nun, dass sich mit der Bürokratie eine universell anwendbare Organisationsform herausgebildet hat, die allen anderen (bis dahin bekannten) Organisationsformen „technisch" *überlegen* ist, d.h. im Hinblick auf Präzision, Stetigkeit, Straffheit und Verlässlichkeit. Sie garantiere Berechenbarkeit aller Handlungen sowohl für den Auftraggeber wie auch für den Leistungsempfänger (Weber 1976, S. 128). Die rasche Ausbreitung der Bürokratie Anfang des 20. Jahrhunderts erklärt Weber mit dieser herausragenden Leistungsfähigkeit.

Weber selbst hat den Siegeszug der bürokratischen Organisationsform jedoch keineswegs aus vollem Herzen begrüßt, sondern sah die für ihn unausweichliche und unaufhaltsame Entwicklung mit sehr gemischten Gefühlen. Die Faszination von der überlegenen technischen Leistungsfähigkeit mischte sich mit düsteren *Warnungen* vor den Folgen einer Bürokratisierung der gesamten Lebenswelt: „Dass die Welt nichts weiter als solche Ordnungsmenschen kennt – in dieser Entwicklung sind wir ohnedies begriffen, und die zentrale Frage ist also nicht, wie wir das noch weiter fördern und beschleunigen, sondern was wir dieser Maschinerie entgegenzusetzen haben, um einen Rest des Menschentums freizuhalten von dieser Parzellierung der Seele, von dieser Alleinherrschaft bureaukratischer Lebensideale" (Weber 1924, S. 414).

Die *technische* Überlegenheit und universelle Anwendbarkeit der bürokratischen Organisationsform, die Weber – trotz seiner kulturpessimistischen Visionen – so überzeugend beschreibt, ist in späteren Entwicklungen der Organisationstheorie in vielfältiger Weise in Frage gestellt worden. Bürokratie wird heute ja geradezu als Synonym für Ineffizienz verwendet. Die wesentlichen Einwände (vgl. im Überblick Kieser/Ebers 2014, S.65 ff.) beziehen sich auf Dysfunktionalitäten starrer Regeltreue, die verengte Perspektive organisationaler Beziehungen und die unterlegte stabile Welt gleichförmiger Aufgaben.

Der erste Einwand verweist darauf, dass sich die eingeforderte Regeltreue zu verselbständigen pflegt; die Mitarbeiter verlieren die eigentliche Zielerfüllung aus den Augen, weil der Regelgehorsam selbst zum Ziel geworden ist. Dies führt vor allem dort zu schwerwiegenden Ineffizienzen, wo die Regeln die Aufgabe nur teilweise oder auch falsch erfassen. Damit ist bereits ein weiteres gewichtiges Problem angesprochen, strenge Regelgebundenheit ist für alle solche Situationen unangemessen und ineffizient, in denen die Anforderungen an die Organisation einem *Wandel* unterliegen. Letzteres ist ein Problem, das solange nicht in das Blickfeld der organisationstheoretischen Erörterungen gelangen konnte, wie die Organisation als ein „geschlossenes System" betrachtet wurde. Schließlich hat sich die Kritik daran entzündet, dass Weber die sozialen Bezüge in Organisationen rein formal begreift; Konflikte, Interessenkämpfe, Freundschaftsbeziehungen usw. – alle diese Phänomene werden ausgeklammert oder genauer als Störfaktoren der rationalen Vollzüge gegeißelt. Derartige Fragen sollten erst später in das Zentrum des organisationstheoretischen Interesses rücken.

Max Webers Bürokratieanalyse und die dahinter stehende Herrschaftstheorie, die die Ausübung von Herrschaft an den Legitimitätsglauben rückbindet, sind trotz vieler kritischer Einwendungen bis zum heutigen Tag Meilensteine und herausragende Referenzpunkte in der Organisationstheorie geblieben. Auch sind die Grundpfeiler der bürokratischen Organisation in vielen Fällen bis zum heutigen Tage die eigentliche Richtschnur der Organisationsgestaltung geblieben auch wenn es nicht mehr so genannt wird. Man denke nur an die vielen streng regelbasierten Qualitätssicherungssysteme, die heute so überaus populär sind.

7.1.2 Administrativer Ansatz

Neben dem Bürokratieansatz ist das Werk von Henri Fayol (1841-1925) als weiterer Grundpfeiler der klassischen Organisationslehre zu betrachten. Fayol war Generaldirektor einer französischen Bergwerksgesellschaft, er hat seine praktischen Erfahrungen systematisiert und in dem Buch „Administration industrielle et générale" (1918) niedergelegt. Neben seiner Systematik des Organisierens haben insbesondere Fayols „Managementprinzipien" Prominenz erlangt. Sie stellen die Quintessenz seiner Erfahrungen dar und sind als Handlungsanleitung für erfolgreiches Management gedacht. Die auf das Organisieren bezogenen Prinzipien sind in Abbildung 7.2 zusammengestellt; die Ähnlichkeit zu Webers Strukturmerkmalen ist unübersehbar.

Mehr als Weber betont jedoch Fayol den *Führungsprozess*. Er unterscheidet fünf Basiselemente guter Betriebsführung („éléments d'administration"), nämlich 1. Planung („prévoyance"), 2. Organisation, 3. Befehl, 4. Koordination und 5. Kontrolle.

Die Planung umfasst bei Fayol die Prognose der Zukunft und die Vorbereitung auf sie durch den Entwurf von Handlungsprogrammen. Sie soll – ganz allgemein formuliert – die Ziele und den zukünftigen Kurs der Unternehmung (langfristig) festlegen.

Organisieren wird gleichgestellt mit dem Entwurf und der Realisierung einer allgemeinen Organisationsstruktur („corps sociale") für die Unternehmung und die Ausstattung dieser Struktur mit Mitarbeitern. Organisieren steht bei Fayol in einer *instrumentellen* Beziehung zur Planung, sie ist „Mittel zum Zweck". Das Organisieren wird als logisch-konstruktive Aufgabe beschrieben, ähnlich der eines Architekten. Die Idee ist, dass zunächst eine rein technische Struktur geplant wird, in die dann später die Menschen einzupassen sind, und zwar so, dass sie an den vorbestimmten Arbeits- und Koordinationsabläufen nichts verändern, sondern diese anweisungsgerecht vollziehen.

Abbildung 7.2: *Henri Fayols allgemeine Organisationsprinzipien*

1. *Arbeitsteilung*: Mehr und bessere Arbeit bei gleicher Anstrengung ist durch Spezialisierung erzielbar.
2. *Autorität und Verantwortung*: Autorität ist das Recht, Anweisungen zu erteilen, und die Macht, sich Gehorsam zu verschaffen. Autorität verlangt Verantwortung, sie ist das natürliche Gegenstück.
3. *Disziplin*: Diese verlangt in erster Linie Gehorsam gegenüber allen Konventionen, die in dem Unternehmen gelten.
4. *Einheit der Auftragserteilung*: Für jedwede Arbeit sollte ein Beschäftigter Anweisungen nur von einem Vorgesetzten erhalten.
5. *Einheit der Leitung*: Alle Anstrengungen, Koordinierungen, Anweisungen müssen auf ein gemeinsames Ziel und eine Direktion hin ausgerichtet sein.
6. *Zentralisierung*: Die Zentralisierung ist natürlicher Bestandteil jeder Organisation, alle Entscheidungen müssen an einem Ort zusammenlaufen. Das optimale Ausmaß an Zentralisierung muss für jedes Unternehmen individuell gefunden werden.
7. *Hierarchie*: Sie bezeichnet den Instanzenzug, beginnend bei der höchsten Autorität bis zur untersten Führungsebene. Dies ist der Weg, den alle Kommunikationen zu laufen haben. In Ausnahmefällen ist jedoch die direkte horizontale Kommunikation zu erlauben („Passarelle").
8. *Ordnung*: Jeder Mitarbeiter und jedes Ding braucht seinen Platz und alles hat auf seinem Platz zu sein.

Quelle: Fayol (1918), S. 19 ff.

Für Fayol ist das Organisieren vom Charakter her eine Ingenieursaufgabe. Organisation heißt bei ihm formale Organisation. Er verwendet das Bild einer *„Organisationsmaschine"*, die in zuverlässiger, effizienter und vorhersagbarer Weise die Anweisungen der Geschäftsleitung ausführt (Fayol 1918, S. 69 f.)

Eine erfolgreiche Umsetzung der betrieblichen Organisationspläne erfordert, die Anstrengungen der arbeitenden Menschen trotz ihrer unterschiedlichen Interessen und Motive auf die einheitliche Zielsetzung der Unternehmung hin auszurichten. Dies soll durch die Befehlsgewalt erreicht werden. Mit anderen Worten, die Integration der Menschen in eine gegebene Organisationsstruktur wird als ein Problem verstanden, das primär über die Befehlsgebung („commandement") bzw. den *Befehlsgehorsam* gelöst werden kann und soll. Eine Erklärung für die Funktionsweise des Befehlsgehorsams wird (im Unterschied zu Weber) nicht geleistet, wie überhaupt der Ansatz weniger erklärt, denn eine Liste erfolgsträchtiger Prinzipien („best practices") anbietet.

Der Ansatz von Fayol, insbesondere seine Idee, die Organisationslehre als eine Sammlung allgemein gültiger *Prinzipien* aufzubauen, hat im Fortlauf eine sehr stark prägende Wirkung gehabt. Hervorzuheben sind vor allem das Prinzip der *Einheit der Auftragserteilung*, also das Doppelunterstellungsverbot, um die Konsistenz der Befehlslinie zu sichern, und das Prinzip der *Einheit der Leitung*, wonach möglichst alle Aktivitäten einer Unternehmung auf einen Zweck hin auszurichten sind, d.h. der Leitungsplan fungiert quasi als Schaltzentrale, die über feste Verbindungswege alle „Glieder" gleichsinnig steuert.

Die Organisationsgestaltung steht im Mittelpunkt der Fayolschen Lehre; der „Befehlsgebung", der „Koordination" und der „Kontrolle" widmet er nur wenige Seiten seines Buches. Dies ist logische Konsequenz des verfolgten Denkansatzes, alles Wichtige regelt ja die Organisationsstruktur.

Der Ansatz von Fayol, der vor allem auch in Amerika eine hohe Aufmerksamkeit erzielte, ist später von anderen Autoren und Praktikern weiterentwickelt worden. Hier haben vor allem die folgenden zwei Arbeiten Prominenz erlangt: Urwicks (1943) „Elements of Administration" und Mooneys (1947) „Principles of Organization". Der englische Unternehmer und Berater Lyndall Urwick (1891-1983) entwickelt ein System von Prinzipien, die zum Aufbau stabiler Organisationsstrukturen und zur Führung anleiten; die Liste der Prinzipien ist allerdings ähnlich bunt wie bei Fayol, eine klare Systematik innerhalb dieser ist noch nicht erkennbar. Der US-amerikanische Manager und Unternehmer James Mooney (1884-1957) legt etwas später einen systematisierenden Ansatz zu den Organisationsprinzipien vor, er unterscheidet als allgemeine logische Basiskategorien: Prinzip, Prozess und Effekt und benennt dementsprechend als die drei Basiskategorien jeder Organisation das Prinzip der Koordination, den Prozess der Rangeinstufung und den Effekt der Funktionenbildung. Bei Mooney zeigt sich jedoch bereits, was später zur Crux des gesamten Prinzipien-Ansatzes werden sollte, nirgendwo wird klargestellt, welchen genauen methodischen Status diese Prinzipien haben sollen. Sind es lediglich Definitionen, nicht weiter prüfbare Erfahrungsregeln („Lebensweisheiten") oder sollen es wahrheitsfähige Aussagen in einem wissenschaftlichen Sinne sein? Die prinzipienbestimmte Organisationslehre stand zu dieser Zeit erst an der Schwelle zur Wissenschaft.

Auch die *deutsche Organisationslehre* (Nordsieck 1934; Schramm 1936 und später Kosiol 1976) wurde nachhaltig von dieser Denk- und Forschungstradition geprägt, sie war über Jahrzehnte hinweg eine Prinzipienlehre in der Tradition Fayols. Die Bürokratie-Theorie von Weber hat erst viel später Eingang in die betriebswirtschaftliche Organisationslehre gefunden. Es ist jedoch nicht zu übersehen, dass Fayol und auch die deutsche Organisationslehre Prinzipien entwickelt haben, die zur Herstellung genau solcher Organisationsstrukturen führten, die Max Weber als Idealtyp der bürokratischen Organisation zum Gegenstand seiner Untersuchung macht.

Die Idee, die Organisationslehre als Prinzipienlehre zu betreiben, erwies sich trotz des enormen Zuspruchs letztendlich als wissenschaftlich unzureichend. Dies war nicht zuletzt eine Folge der scharfen Kritik von Simon (1945) und March/Simon (1958) an diesen Ansätzen; sie bemängelten die geringe Operationalität der Begriffe, die vage empirische Basis, ja das Fehlen jeden empirischen Belegs; es wird schließlich die Frage aufgeworfen, ob solche Prinzipien-Ansätze überhaupt prüfbar sind: „The theories tend to dissolve when put into testable form" (March/Simon 1958, S. 32).

Freilich sollte sich der Optimismus dieser Autoren, was die Entwicklung empirischer „verifizierter" Organisationstheorien anbelangt, auch nicht bestätigen. Die Suche nach empirisch gesicherten Gesetzen der Organisation nach dem Muster der Naturwissenschaften brachte nicht den Fundus unumstößlichen Wissens, den man sich erwartet hatte. Die Debatte zum Status organisationstheoretischer Aussagen hält bis zum heutigen Tage an (vgl. dazu etwa die Debatte zwischen Pfeffer 1993 und Van Maanen 1995 oder die Debatte zu den ‚Frontiers of Organization Science', die 2005 in zwei Sonderausgaben der Zeitschrift ‚Organization Science' geführt wurde).

7.1.3 Arbeitswissenschaftlicher Ansatz

Der letzte der drei klassischen Ansätze kommt aus den Vereinigten Staaten von Amerika. Sein Gegenstand ist nicht die Gesamtorganisation, sondern die Analyse und Gestaltung konkreter Arbeitsabläufe in Organisationen. Begründet wurde dieser Ansatz von dem Ingenieur Frederick W. Taylor (1856-1915). Dieser war, wie viele Autoren in den Anfängen der Organisationstheorie, ein Praktiker. Im Unterschied zu Fayol beginnt Taylor allerdings schon sehr früh mit der theoretischen Arbeit. Sie ist deshalb auch kein generalisierendes Resümee seiner Berufserfahrungen, sondern verdankt sich der Erfindung einer neuen Methodik. Nach einigen Fehlschlägen brachte schließlich seine Methodik, die er als Unternehmensberater vor allem bei der Bethlehem Steel Company zum Einsatz brachte, den gewünschten Erfolg und den Durchbruch. Der Erfolg seiner Methodik konnte systematisch wiederholt und anhand konkreter Indikatoren (insbesondere der Arbeitsproduktivität) gemessen und belegt werden. Dies soll auch der Begriff *„Scientific Management"* anzeigen, den Taylor (1911) für seinen Ansatz wählt. Im Mittelpunkt des Taylorschen Denkens steht die Organisation der gewerblichen Arbeit; genauer: die rationellste Arbeitsteilung und die Optimierung der Arbeitsvollzüge. Taylors Scientific Management sollte im Gefolge mit anderen Erfindungen (z.B. dem Fließband) eine Revolution in der industriellen Arbeitswelt auslösen; heute wird dieses System häufig (mit deutlich negativer Konnotation) „Taylorismus" genannt.

Das Taylor-System revolutionierte die bis dahin übliche, am Handwerk orientierte Gestaltung der industriellen Arbeitsvollzüge, indem es die Einheit von Planung und Ausführung der Arbeit auflöste. Im handwerklichen System ist es der Arbeiter, der auf der Grundlage seiner gesammelten Erfahrungen fast alle Arbeitsvollzüge selbst gedanklich vorbereitet, dann die notwendigen Arbeiten ausführt und schließlich die Ergebnisse kontrolliert. Das Taylor-System bricht diese Einheit auf und zerlegt die Arbeit radikal in kleinste Teilverrichtungen, um möglichst hohe Spezialisierungsgewinne zu erzielen. Ein weiteres Ziel war, die Kontrollierbarkeit der Beschäftigten zu erhöhen, denn diesen unterstellt er systematische „Drückebergerei" (Taylor 1913, S. 21) und einen angeborenen Instinkt „nicht mehr zu arbeiten als unumgänglich nötig" (S. 18).

Das erste Kernprinzip des Taylor-Systems ist die Trennung von Hand- und Kopfarbeit. Die *Arbeitsplanung* („Arbeitsvorbereitung") wurde Aufgabe speziell ausgebildeter Ingenieure, die Beschäftigten sollten sich ganz auf die *Ausführung* der für sie vorgeplanten einfachen Arbeitsverrichtungen konzentrieren. In wiederum hoch spezialisierten *Kontrollen* werden die Arbeitsergebnisse geprüft und überwacht. Durch diese Art der Arbeitsteilung wird der Rahmen geschaffen, der systematisches Durchdringen jedes Aufgabenelementes erlaubt; an die Stelle diffusen Erfahrungswissens sollen eindeutig geregelte Arbeitsvollzüge treten, die mit Hilfe wissenschaftlicher Methoden optimiert wurden. Die Analyse der Arbeitsvorgänge ist demzufolge die *Grundvoraussetzung* und das Herzstück jeder Optimierung der Arbeitsorganisation. Taylor und seine Schüler (F.B. und L. Gilbreth, H.L. Gantt) haben dafür ein spezielles Instrumentarium geschaffen, die sog. *Zeit- und Bewegungsstudien*: Alle Arbeiten sind in Elementarbewegungen zu unterteilen, die zweckmäßigsten Bewegungen sind zu ermitteln und alle überflüssigen auszuschalten; jeder solchermaßen optimierten Bewegung wird eine Standardzeit zugeordnet, die zusammen mit einigen Zuschlägen für Pausen, betriebsbedingte Störungen usw. die sog. *Normalzeit* ergibt für die Ausführung einer Aufgabeneinheit.

Die Normalzeit oder stückbezogen die Normalleistung bildet ihrerseits die Grundlage für das *zweite Kernprinzip* des Taylor-Systems, den Leistungslohn, genauer den Akkordlohn. Er ist nach dem Prinzip „Hohe Löhne bei niedrigen Stückkosten" konstruiert und baut auf der Annahme steigender Arbeitsproduktivität durch Erfahrungsgewinne auf.

Zur Nutzung dieses so geschaffenen Potenzials sollen dafür die *bestgeeigneten* Arbeiter und Arbeiterinnen ausgewählt werden; die systematische Personalauswahl auf der Basis von exakt spezifizierten Anforderungsprofilen bildet deshalb das *dritte Kernprinzip* des Taylor-Systems. Seine Umsetzung wurde zugleich zur Geburtsstunde der modernen Personalwirtschaft.

Taylor hat den Gedanken der Spezialisierungsvorteile auch auf die Vorgesetztenebene übertragen und eine Spezialisierung der Meister nach speziellen Funktionen gefordert („Zeitmeister", „Instandhaltungsmeister", „Materialmeister" usw.). Die aus diesem *„Funktionsmeistersystem"* resultierenden Reibungsverluste durch Mehrfachunterstellung der Arbeiter schienen ihm in Anbetracht der möglichen Spezialisierungsgewinne unerheblich. Dieser Teil des Taylor-Systems, der eine Verletzung des Prinzips der Einheit der Auftragserteilung bedeutet, hat sich in der Praxis allerdings im Unterschied zu den anderen Ideen nicht durchsetzen können.

Die *„Wissenschaftliche Betriebsführung"* bringt eine erhebliche Ausdifferenzierung der Organisationsstruktur mit sich. Es wird nicht nur die Produktionsarbeit stark untergliedert, sondern auch Aufgaben, die vorher von Vorarbeitern und Arbeitern miterledigt wurden, liegen jetzt bei Spezialisten in der Arbeitsvorbereitung, in der Qualitätskontrolle, im Personalwesen etc. Die „Wissenschaftliche Betriebsführung" ließ damit die Organisationskosten in doppelter Weise steigen. Einerseits stieg durch die extreme Arbeitsteilung der Koordinationsaufwand, der erforderlich wurde, um die vielen Einzelteile wieder zu integrieren, und zum anderen verursachten die Einrichtung und der Betrieb der Wissenschaftlichen Betriebsführung erhebliche (Mehr-)Kosten, es mussten ja nun zusätzliche Stellen für die Spezialisten der Wissenschaftlichen Betriebsführung geschaffen werden. Es sollte sich jedoch zeigen, dass – zumindest bis in die 1970er Jahre hinein – durch die gleichzeitige Senkung der Lohnstückkosten bzw. die enorme Erhöhung der Arbeitsproduktivität durch dieses System dennoch ein deutlich positiver Netto-Effekt erzielbar war.

In den USA verband sich das Taylor-System bald mit anderen Methoden und Technologien der Massenproduktion (vgl. Piore/Sabel 1985), wie Produktstandardisierung, Logistik und Mechanisierung, und sollte entscheidende Bedeutung für die Entwicklung der modernen Industriegesellschaft erhalten. In *Deutschland* wurde das Taylor-System zunächst nur vereinzelt von Praktikern und Hochschullehrern, später vom Verein Deutscher Ingenieure (VDI) übernommen und propagiert; 1924 wurde schließlich der Reichsausschuss für Arbeitszeitermittlung (REFA) ins Leben gerufen. Er sollte sich um alle Entwicklungen auf dem Gebiet der Arbeitsstudien kümmern und die systematische Ausbildung von Zeitstudien-Fachleuten betreiben. Nach dem 2. Weltkrieg wurde REFA von den Arbeitgeberverbänden und den Gewerkschaften als Verein neu gegründet.

So erfolgreich das Taylor-System auf der einen Seite war, so sehr umstritten war es auf der anderen Seite, und zwar von Anfang an. Schon bald zeigten sich *negative Konsequenzen* des „Scientific Managements" für den arbeitenden Menschen: Teilung und Sinnentleerung der Arbeit, Disziplinierung und Überwachung der Arbeiter mit der Folge der Fremd- statt Selbstbestimmung, Verschärfung des Arbeitstempos bis hin zur Arbeitshetze, Monotonie etc. Als es schließlich zu Streiks und massiver Opposition gegen das Taylor-System kam, entschloss sich der US-Kongress im Jahre 1912, ein Hearing zu veranstalten, das klären sollte, ob dieses System ethisch vertretbar sei oder ob es den Arbeiter ausbeute. Taylor selbst argumentierte, dass sein System nur dann funktioniere, wenn Kapital und Arbeit sich den Produktivitätszuwachs teilten. Durch die Einführung der „Wissenschaftlichen Betriebsführung" wollte er unternehmerische Willkür zugunsten von mehr *Objektivität* zurückgedrängt sehen und gesicherte Richtwerte für ein zumutbares Arbeitspensum schaffen. Insofern sah er sein Modell auch als einen Versuch zur Versöhnung des Interessengegensatzes von Kapital und Arbeit. Nachdem die Einführung des Taylor-Systems für gewöhnlich eine signifikante Lohnsteigerung möglich machte, haben die Gewerkschaften das System im Fortlauf der Entwicklung immer mehr akzeptiert und sich auf Verhandlungen *innerhalb* dieses Systems konzentriert. Sie haben die eigenen Mitglieder in die Methodik der Arbeitsstudien einschulen lassen, um ihre Anwendung kontrollieren zu können, und tragen in Deutschland den REFA-Verein mit.

Fazit: So unterschiedlich die drei dargelegten Ansätze im Hinblick auf Herkunft, Denkrahmen, Absicht usw. auch sind, so treffen sie sich eben doch in einigen zentralen Punkten, was es dann auch gerechtfertigt erscheinen lässt, sie als „klassisch" zu bezeichnen. Dies sind vor allem die Folgenden:

1. Das Vertrauen in die organisatorische Regelung als zentrales Steuerungsinstrument. Das Verhalten von Organisationsmitgliedern wird im Wesentlichen als regelbestimmt gedacht. Das Leitbild für die Organisationsgestaltung gibt die wohldurchdachte, reibungslos funktionierende Maschine ab.
2. Regelabweichungen werden als Störungen gesehen; sie sollen durch Kontrollen minimiert werden.
3. Für die Arbeitsbedingungen wird Stabilität unterstellt; die gleichförmigen Arbeitsanforderungen lassen sich deshalb genau planen und in stabile Regelungswerke gießen.
4. Die Organisationsgestaltung richtet ihren Blick nach innen; es geht um die Optimierung der inneren Strukturen eines Systems. Außenbezüge bleiben ausgeblendet.
5. Die Mitarbeiter willigen in die vorgegebene Ordnung (via Arbeitsvertrag) ein; Befehl und Gehorsam ist das dominante Beziehungsmuster. Motivation, Gruppenbeziehungen, ja überhaupt alle emotionsgetönten Haltungen sind für den Leistungserfolg nicht nur irrelevant, sondern potenzielle Störfaktoren, die es dem System fernzuhalten gilt.

7.2 Neoklassische Organisationstheorie

Einen Wendepunkt und eine mehr oder weniger radikale Abwendung von der klassischen Sichtweise markieren die sog. Hawthorne-Experimente, die von 1924 bis 1932 im Hawthorne Werk der Western Electric Comp., einer Tochtergesellschaft der AT&T (American Telephone und Telegraph Comp.) durchgeführt wurden. Ferner kündigte sich auch eine Wende mit den Arbeiten von Chester I. Barnard an, der in seinem epochalen Buch „The Functions of the Executive“ (Barnard 1938) die Tür für völlig neue organisationstheoretische Perspektiven öffnete.

7.2.1 Human Relations

Die Hawthorne-Experimente starteten zunächst mit einer klassisch-arbeitswissenschaftlichen Fragestellung. Es ging um die Erforschung von physischen Einflussfaktoren auf die Arbeitsproduktivität (Roethlisberger/Dickson 1975, S. 19 ff.). Man richtete in ausgewählten Fertigungsstätten der Hawthorne-Werke Versuchs- und Kontrollgruppen ein und variierte systematisch bestimmte äußere Arbeitsbedingungen (als unabhängige Variable) in der Hoffnung, stabile Zusammenhänge mit der Arbeitsproduktivität (als abhängiger Variable) nachweisen zu können. Ziel war es, die Schlüsselfaktoren zur produktivitätsfördernden Gestaltung der Arbeitsbedingungen herauszufinden.

Man variierte zunächst die *Beleuchtungsstärke*, um den Einfluss der Lichtverhältnisse auf die Arbeitsleistung ausfindig zu machen. Die Ergebnisse entsprachen zunächst ganz den Erwartungen, mit zunehmender Beleuchtungsstärke stieg auch die Produktivität an. Die Überraschung kam erst, als zu Gegenprüfungszwecken die Beleuchtungsstärke wieder verringert wurde, die Produktivität aber dennoch weiter anstieg. Selbst bei ganz miserablen Beleuchtungsverhältnissen stieg die Produktivität in der Versuchsgruppe weiter. Was dieses Ergebnis noch verwunderlicher machte, war die Tatsache, dass auch in der Kontrollgruppe die Produktivität stetig wuchs, obwohl dort die Beleuchtungsstärke immer konstant geblieben war.

Während der ganzen Versuchsperiode registrierte man paradoxe Produktivitätsveränderungen, die mit den herkömmlichen Theorien nicht zu erklären waren. Zur Aufhellung der Ergebnisse wurde schließlich 1927 eine Forschergruppe der Harvard-Universität unter Leitung von E. Mayo (1880-1949) hinzugezogen. Die dann folgenden (Feld-)Experimente und Ergebnisinterpretationen sollten zu den legendären *Hawthorne-Experimente* t und zu einem Wendepunkt in der Entwicklung der Organisationstheorie werden.

Heute wird bisweilen eingewandt (Walter-Busch 1989; Gillespie 1991), eine genauere Nachprüfung zeige, dass die Ergebnisse der Experimente nach neuerem Erkenntnisstand gar nicht diese eindeutigen Schlussfolgerungen zulassen, die damals von den Forschern gezogen wurden. Dies mag so sein (welches sozialwissenschaftliche Experiment lässt allerdings schon eindeutige Schlussfolgerungen zu?), an dieser Stelle geht es aber gar nicht um die Signifikanz der Befunde, sondern um die Veränderungen, die ihre Interpretation im organisatorischen Denken ausgelöst haben. Und diese waren gewaltig.

Zunächst wurden noch einmal vergleichbare Experimente in einem Testraum durchgeführt, allerdings unter Variation anderer unabhängiger Variablen, wie Ruhepausen,

Länge des Arbeitstages und insbesondere das Entlohnungssystem. Die Veränderungen wurden mit der Arbeitsgruppe, die sich aus sechs Montage-Arbeiterinnen zusammensetzte, ausführlich besprochen; täglich wurden auch allfällige Probleme diskutiert. Es zeigte sich wieder derselbe Effekt, die Produktivität stieg unaufhörlich an. Als man – irritiert durch den erneuten stetigen Produktivitätsanstieg – die ursprünglichen Arbeitsbedingungen wiederherstellte, stieg trotzdem die Produktivität weiter an, die Fehlzeiten sanken auf ein Drittel dessen, was in dem Werk üblich war.

Nach Durchsicht aller vorliegenden Befunde und nach weiteren Experimenten, die insbesondere noch einmal den Einfluss von Lohnanreizsystemen auf die Produktivität prüfen sollten, kam die Forschergruppe zu der Auffassung, dass der entscheidende Grund für die (unerklärlichen) Produktivitätssteigerungen nicht im Lohnsystem oder äußeren Arbeitsbedingungen zu suchen sei, sondern im sozio-emotionalen Bereich, in den „human relations". Sie vermuteten, dass die mit den Experimenten einhergegangene Veränderung der sozialen Beziehungen die Ursache für die rätselhaften Produktivitätssteigerungen sei.

Die Beschäftigten, so erkannte man nun, waren stolz darauf, Teil einer so wichtigen Gruppe zu sein, der die freundliche Aufmerksamkeit der Vorgesetzten und der Forscher galt, die überdies verschiedene Privilegien hatte und über die eigenen Arbeitsbedingungen mitbestimmen konnte. Dies förderte auch die Beziehungen untereinander, und man konnte die Isolation großbetrieblicher Industriearbeit überwinden. Die Forscher sprachen von einer „emotionalen Kettenreaktion".

Diese Einsicht bedeutete theoretisch gesehen eine Wende; man hatte sich von einem fundamentalen Prinzip der Klassischen Organisationstheorie, nämlich dem der „Unpersönlichkeit der Amtsführung" (vgl. zur klassischen Position Fokus 7.1) zu verabschieden. Das, was man jahrzehntelang als unberechenbare Störgröße ansah, die Emotionalität, wurde plötzlich zum entscheidenden Produktivitätsfaktor erklärt.

Am Rande sei vermerkt, dass diese weitreichende Einsicht auch in anderer Weise Geschichte gemacht hat. Die Tatsache, dass nicht die vermuteten Kausalvariablen, sondern unbeabsichtigt die experimentelle Situation als solche die Wirkung herbeigeführt hat, ist in die Literatur als *„Hawthorne-Effekt"* eingegangen. Verwiesen wird damit auf den „verfälschenden" Einfluss unkontrollierter Randbedingungen. Die Arbeiterinnen nahmen bewusst und mit Begeisterung an den Experimenten teil. Dadurch veränderten sie ihr Arbeitsverhalten im Vergleich zur normalen Arbeitssituation, ohne dass dieser „Effekt" isoliert werden konnte. Es wäre jedoch falsch, die Ergebnisse der Hawthorne-Experimente aus diesem Grunde zurückzuweisen. Die naturwissenschaftlich inspirierte Vorstellung, (auch) im Bereich des menschlichen Verhaltens, objektive („unverfälschte") Experimente durchführen zu können, ist methodisch ohnehin nur schwer haltbar. Der Mensch ist immer auch potenziell eigensinniges Subjekt in den entsprechenden Versuchssituationen, man verhält sich nur verabredungsgemäß in spezieller Weise. Menschen, die aus dem vorgegebenen Schema heraustreten, bleiben als Störgröße unbeachtet. So gesehen ist dann der „Hawthorne-Effekt" eher ein verstärkender Hinweis auf die Bedeutung von Partizipation und Anerkennung für die Arbeitsmotivation als eine Widerlegung (vgl. zu dieser Diskussion Yorks/Whitsett 1985).

Fokus 7.1

Unpersönlichkeit der Organisation

„Die Bürokratie in ihrer Vollentwicklung steht in einem spezifischen Sinn auch unter dem Prinzip des ‘sine ira et studio’. Ihre spezifische, dem Kapitalismus willkommene, Eigenart entwickelt sie umso vollkommener, je mehr sie sich ‘entmenschlicht’; je vollkommener, heißt das hier, ihr die spezifische Eigenschaft, welche ihr als Tugend nachgerühmt wird: die Ausschaltung von Liebe, Hass und allen rein persönlichen, überhaupt allen irrationalen, dem Kalkül sich entziehenden, Empfindungselementen aus der Erledigung der Amtsgeschäfte gelingt. Statt des durch persönliche Anteilnahme, Gunst, Gnade, Dankbarkeit, bewegten Herrn der älteren Ordnungen verlangt eben die moderne Kultur, für den äußeren Apparat, der sie stützt, je komplizierter und spezialisierter sie wird, desto mehr den menschlich unbeteiligten, daher streng ‘sachlichen’ Fachmann. Alles dies aber bietet die bürokratische Struktur in günstiger Verbindung.“

Quelle: Weber (1976), S. 563

Um mehr über die vermuteten Zusammenhänge und die Beweggründe der beobachteten Verhaltensweisen zu erfahren, wurden weitere Untersuchungen in Gang gesetzt. Man begann zunächst mit einem groß angelegten *Interviewprogramm,* von 1928-30 wurden mehr als 21.000 Interviews durchgeführt, die sich im Laufe der Zeit immer mehr von direktiven zu non-direktiven Interviews entwickelten. Die befragten Arbeiter(innen) sollten Auskunft über ihre Vorstellungen von guten Arbeitsbedingungen und Vorgesetzten geben. Man fand heraus, dass sich Beschwerden häufig nur vordergründig auf objektive Mängel bezogen, eigentlich aber verdeckte Hinweise auf persönliche Probleme und Schwierigkeiten der Interviewten innerhalb und außerhalb der Arbeitswelt waren, Schwierigkeiten, die zu einer Absenkung der Leistung führten. Als Konsequenz aus dieser Einsicht wurden später die Vorgesetzten darin geschult, mehr auf die persönlichen Schwierigkeiten und emotionalen Probleme der Mitarbeiter zu achten; sie sollten versuchen, derartige Störungen herauszufinden und – soweit möglich – für Abhilfe zu sorgen (*„personnel counseling program“*). Diese Umorientierung von einem rein aufgabenbezogenen zu einem personenbezogenen „Führungsstil“ verbesserte die Arbeitsmoral und führte zu Leistungsverbesserungen. Damit waren erneut Prinzipien der klassischen Organisationslehre in Frage gestellt, das Schema von Befehl und Gehorsam wurde durch das Prinzip unterstützender Beziehungen überlagert.

Im Jahre 1931 wurde in den Hawthorne-Werken eine weitere Studie begonnen, die Erkenntnisse auf einer anderen methodischen Basis, nämlich *teilnehmender Beob-*

achtung, gewinnen wollte. Das Interesse galt den inoffiziellen sozialen Beziehungen in Arbeitsgruppen und ihrer Bedeutung für die Arbeitsleistung. Man bildete drei Arbeitsgruppen, die in einem Beobachtungsraum Spulen wickelten („bank wiring observation room"). Zwei Beobachtungen ließen die Bedeutung informeller Gruppenbeziehungen deutlich hervortreten:

1. Die gezeigten Leistungen waren konform und stabil. Die Gruppen entwickelten sehr schnell eigenständige für sie verbindliche Normen, z.B. Vorstellungen darüber, was im Hinblick auf den Lohn eine *„faire Tagesleistung"* sei. Die Leistung – so zeigte sich hier – ist also keineswegs nur von der Qualifikation oder den physischen Möglichkeiten der Arbeiter, sondern auch von den spezifischen sozialen Normen der jeweiligen Gruppe abhängig.

2. Die zweite Beobachtung betrifft die *Freundschaftsbeziehungen.* Im Beobachtungsraum entwickelten sich über die Grenzen der drei formalen Gruppen hinweg zwei „Cliquen" (informelle Gruppen). Die Mitglieder der „Cliquen" traten während der Arbeit häufig untereinander in Kontakt, dies auch dann, wenn damit gegen die ausdrücklichen Anweisungen des Managements verstoßen wurde. Man half sich aus, wo nötig, man machte in den Pausen gemeinsame Spiele usw. Mit diesen Beobachtungen wurde eine lange Reihe von Studien eingeleitet, die sich mit der Dynamik von Gruppenbeziehungen beschäftigten und die außerordentliche Bedeutung des Gruppengeistes für den Gruppenerfolg betonten. Moderne Teamorganisationen fußen letztlich auf diesen Erkenntnissen.

Insgesamt wurde deutlich, dass informellen Beziehungen in der formalen Organisation offenbar eine sehr viel größere Bedeutung zugemessen werden muss, als es etwa Taylor oder Weber taten, wenn sie derartige Kontakte nur als „Störeinflüsse" begriffen. Als Fazit wurde festgehalten, dass sich in jeder formalen Organisation unvermeid-lich auch informelle Regeln und Gruppen herausbilden, die für die Zufriedenheit der Mitarbeiter von Bedeutung sind und ihre Leistungen wesentlich beeinflussen. Insgesamt gaben die Experimente den Anstoß zur Entwicklung der sog. *Human-Relations-Bewegung,* in der die Harvard Business School die prägende Rolle übernahm. Einer der Hauptprotagonisten dieser Welle der Neuorientierung im Management war Douglas McGregor (1960).

Bezogen auf die Entwicklung der Organisationstheorie zeigte sich, dass das Leitbild der klassischen Organisationslehre, das Organisationsmitglieder lediglich als „Vollzugsorgane" begreift, damit an einer weiteren Stelle brüchig geworden ist.

Diese deutliche Hinwendung zu Fragen des *„Verhaltens in Organisationen"* („Organizational Behavior") hat allerdings dazu geführt, dass man die strukturellen Aspekte der Organisation, dem zentralen Gegenstand des klassischen Ansatzes, zu sehr ausblendete. In dem Maße, wie man aus der Mikroperspektive der Arbeitssituation die Bedingungen der Zufriedenheit der Mitarbeiter (als entscheidende Vorbedingung für die Produktivität) untersuchte, traten die generellen organisatorischen Regelungen, die Strukturen der Gesamtorganisation und damit die „Makroperspektive" in den Hintergrund; sie wurden als schlichte Gegebenheit übernommen, ohne die dann unvermeidlichen Widersprüche aufzudecken oder gar zu reflektieren. An diesem Schwachpunkt der Human-Relations-Bewegung setzten die nachfolgenden organisationstheoretischen Forschungen des Human-Ressourcen-Ansatzes an, dem ausgehend von den Kernprinzipien der Human-Relations-Bewegung an einer Verschmelzung von Struktur- und Verhaltensperspektive gelegen ist (siehe dazu unten Abschnitt 2.3.1). In der Konsequenz hat der Human-Relations-Ansatz ein neues Thema auf die Agenda der Organisationspraxis und -forschung gesetzt, nämlich die Integration von Individuum und Organisation.

7.2.2 Die Anreiz-Beitrags-Theorie nach Barnard

Einen weiteren Pfad aus der klassischen Organisationslehre heraus legten die Arbeiten von Chester I. Barnard (1886-1961). Barnard war langjähriger Präsident der New Jersey Bell Telephone Comp.; er hat seine Erfahrungen und Reflexionen 1938 unter dem Titel „The Functions of the Executive" veröffentlicht; später folgten weitere Publikationen. Barnard hat in seinen Arbeiten an einigen Erkenntnissen der Hawthorne-Experimente in der Human-Relations-Bewegung angeknüpft, insbesondere an dem Phänomen informaler Prozesse in Organisationen. Im Mittelpunkt des Barnardschen Denkens steht jedoch ein ganz anderes Erkenntnisinteresse, nämlich die Thematisierung der Unternehmung als System von Handlungen, dessen Bestand jederzeit prekär ist. Zur Sicherung des Bestandes ist durch die Systemführung nicht nur der Zweck der Organisation zu erfüllen, sondern auch fortlaufend ein fragiler Gleichgewichtszustand aufrechtzuerhalten. Ein Gleichgewicht gilt es in mehrfacher Hinsicht herzustellen: zwischen formalen und informalen Beziehungen, zwischen internen und externen Ansprüchen sowie zwischen „Anreizen" und „Beiträgen". Erstmals taucht der Umweltbezug als Problem der Organisationsgestaltung auf, die reine Binnenperspektive des klassischen Ansatzes wie auch der Human-Relations-Bewegung wird verlassen. Diese Thesen finden ihre tiefere Begründung darin, dass Barnard Unternehmen (oder allgemeiner Organisationen) als *„kooperative Systeme"* interpretiert. Damit soll zum Ausdruck gebracht werden, dass die Existenz von Organisationen von der Bereitschaft der Mitglieder abhängt, an dem Kooperationsverbund mitzuwirken. Eine formale Organisation ist definiert als ein „System bewusst koordinierter Handlungen oder Kräfte von zwei und mehr Personen" (Barnard 1938, S. 65).

Barnards Organisationsansatz lässt sich anhand vier zentraler Themen umreißen:

1. **Anreize und Beiträge:** Wenn Organisationen ihre Existenz der bewussten und absichtsgeleiteten Bereitschaft von Individuen oder Gruppen zur Kooperation verdanken, dann gerät die Frage in den Vordergrund, welche *Erwartungen* eine Organisation erfüllen muss, damit der Kooperationsverbund aufrechterhalten werden kann. Die organisatorische Zielerreichung wird aus dieser Sicht – und das war eine völlig neue Perspektive – mit der Erreichung der Wünsche und Erwartungen der Organisations-

teilnehmer verknüpft. Barnard führt hier die Idee des sog. Anreiz-Beitrags-Gleichgewichts ein. „Beiträge" sind die Handlungen, welche die Organisation benötigt, um ihre Ziele zu erreichen. Anreize sind die Gegenleistungen der Organisation; sie sichern die Bereitschaft zur Kooperation und zur Erbringung einer guten Leistung. Gelingt es einer Organisation nicht, genügend attraktive Anreize bereitzustellen, so droht ihr der Zerfall oder zumindest eine Reduktion der „Beiträge". Die genaue Kenntnis der Ziele der Kooperationspartner ist deshalb für das Management von hoher Bedeutung, andernfalls muss die Anreizgestaltung scheitern. Anreize können materieller wie immaterieller Art sein, es sind damit keinesfalls nur die Faktorpreise gemeint. So zählt Barnard (1938, S. 145 ff.) zum Beispiel den „Stolz auf die eigene Arbeit", „Einfluss auf die Arbeitsumgebung" oder Gelegenheit zum Ausdruck „ästhetischer Gefühle" zu den besonders wirksamen (und häufig vernachlässigten) Anreizen.

Ausgehend von diesen Überlegungen unterscheidet Barnard zwischen Effizienz und Effektivität von Organisationen. Eine Organisation ist *effizient* in dem Maße, wie es ihr (im Urteil der Kooperationspartner) gelingt, die Teilnehmerziele zu erfüllen, d.h. geeignete Anreize bereitzustellen, um die erforderlichen Beiträge zu erhalten. Sie ist *effektiv* in dem Maße, wie die richtigen Mittel zur Erreichung des Organisationszweckes gewählt werden. Wenn eine Organisation ineffizient ist, kann sie nicht effektiv sein, weil die Grundlage für die Kooperation fehlt. Und umgekehrt ist Effektivität der Organisation notwendig, um effizient zu sein, um die erwarteten Anreize für die Organisationsmitglieder bereitstellen zu können.

2. Koalitionstheorie: Der Anreiz-Beitrags-Gedanke hat weitere Implikationen, die schließlich zu einer ganz neuen Bestimmung von *Systemmitgliedschaft* und *-grenzen* führten. Die Balance von Anreizen und Beiträgen ist keineswegs auf die Arbeitnehmer beschränkt, sondern ihrer Logik nach gilt sie für alle diejenigen Individuen oder Gruppen, deren Kooperation für die Erreichung des Organisationszweckes erforderlich ist. Dies wird deshalb denkbar, weil Barnard – wie betont –, nicht eigentlich Personen, sondern deren *Handlungen* zum konstitutiven Bestandteil formaler Organisationen macht (und damit – wie später Niklas Luhmann – die Personen-Systeme zur Umwelt erklärt).

Als Folge dieser Überlegungen ist keine so einfache Grenzziehung zwischen „Innen" und „Außen" mehr möglich wie in der klassischen Vorstellung. Für Barnard sind alle Kooperationsbeteiligten, seien es Kapitaleigner, Arbeitnehmer, Fremdkapitalgeber, Lieferanten oder Abnehmer, *Teilnehmer der Organisation* (genauer: deren organisationsbezogene Handlungen). Organisation wird damit als eine Koalition aller kooperierenden Personen/Parteien verstanden. Dies erinnert in gewissen Maßen an die Mikroökonomische Gleichgewichtstheorie, in der die Unternehmung als ein Geflecht bilateraler wirtschaftlicher Verkehrsakte bzw. Verträge beschrieben wird, allerdings spielt bei Barnard – wie erwähnt – für die Koordination der Preis nur eine untergeordnete Rolle.

Als Konsequenz daraus kann sich das organisatorische Denken nicht mehr bloß auf die Binnenarchitektur beschränken, sondern muss die Gesamtheit der Anspruchsgruppen (später: Stakeholder) zum Gegenstand ihrer Überlegungen machen. Der Gedanke, die Organisation als „Koalition von Individuen und Gruppen" zu begreifen, fand dann später in der Organisationslehre breite Akzeptanz. Wesentlich zur Verbreitung trugen die Publikationen von H.A. Simon (1945) über Administratives Verhalten in Organisationen bei. Auch andere bekannte Arbeiten, die im Umkreis von Simon entstanden sind, orientieren sich an ähnlichen Ausgangspositionen: March und Simon (1958) analysieren ausführlich auf der Basis der Anreiz-Beitrags-Theorie die Entscheidung von Individuen zur Teilnahme an und zum Verlassen von Organisationen, insbesondere aber die Entscheidung, produktive Beiträge zur Erfüllung des Organisationszweckes zur Verfügung zu stellen („decision to produce"). Cyert und March (1963) machen die Koalitionstheorie zur Grundlage ihrer „Verhaltensorientierten Theorie der Firma".

Die Koalitionstheorie ist später wegen ihrer liberalistischen Grundannahmen stark in Frage gestellt worden. Sie geht von formal gleichberechtigten Verhandlungspartnern aus und ignoriert die meist signifikanten Machtunterschiede zwischen diesen (Ortmann 1976; Steinmann/Gerum 1978). Koalitionen sind also keineswegs immer das Ergebnis freier Aushandlungsprozesse, sondern spiegeln häufig die Machtstrukturen wider, die die Kooperationsaspiranten schon in die Verhandlungen eingebracht haben. Darüber hinaus fehlt der Koalitionsidee eine überzeugende Systemkonzeption, das System löst sich im Prinzip in permanente Aushandlungsprozesse auf, die typischen Merkmale von (Groß-)Organisationen, Stabilität und Berechenbarkeit, verschwinden völlig oder bleiben zumindest unerklärt. Barnard selbst hat diese Gefahr wohl erkannt, denn er fügt seinen Vorschlägen eine weitere Idee hinzu, die indirekt auf den Stabilisierungsprozess von Institutionen eingeht.

3. Autorität und Einfluss: Das dritte große Thema der Barnardschen Organisationskonzeption ist das Konzept der *„Indifferenzzone"* (zone of indifference). Wenn Organisationen von der bewussten, freiwilligen Bereitschaft der Mitglieder zur Kooperation abhängig sind, so folgt daraus, dass sich die Organisationsmitglieder nur solchen Anordnungen fügen, die ihnen aufgrund ihrer Kooperationsvereinbarungen akzeptabel erscheinen. Autorität (Befehlsgewalt) wäre also jeweils neu ausgehandelte Autorität. Diese *„Akzeptanztheorie"* bedeutet aber auch, dass die Kooperationsbasis und damit die (freiwillige) Anerkennung der Autorität jederzeit prekär sind und von Handlung zu Handlung immer wieder neu hergestellt werden müssen. Auf einer so labilen Basis könnte aber kein System längere Zeit bestehen. Barnard (1938, S. 167 ff.) fügt wohl deshalb das Konzept der *Indifferenzzone* hinzu. Dies ist eine Art Vertrauensvorschuss, den die Organisationsmitglieder der Autorität gewähren. Die Autorität erhält innerhalb bestimmter Reizschwellen eine Art generalisierten Gehorsam, d.h. in diesem Rahmen muss nicht bei jeder Anweisung die Rechtfertigungsfrage neu aufgeworfen werden. Dadurch erlangt die Kooperation ein gewisses Maß an Selbstverständlichkeit und Stabilität. Solange die Anweisungen innerhalb der Indifferenzzone bleiben, wird das Verhalten der Organisation berechenbar (hier wird eine deutliche Nähe zu Webers Theorie bürokratischer Herrschaft sichtbar). Von zentraler Bedeutung ist dabei, wieweit die Indifferenzzone ausgelegt wird und welche Art von Beiträgen einbezogen sind. Fällt sie sehr klein aus, gilt sie also nur für wenige Handlungen und Bereiche, so bleibt die Stabilitätsfrage ungelöst.

4. Informelle Organisation: Letzteres zeigt, dass die Frage der Institutionalisierung bei Barnard an entscheidender Stelle offen bleibt. Dasselbe gilt letztlich auch für die Funktion formaler Organisationsstrukturen, sie bleibt diffus. Auf die Bedeutung von Spezialisierung wird hingewiesen, komplexe Organisationen werden als Agglomerate von kleinen Teil-Organisationen gedacht; das Hauptinteresse gilt aber der Kommunikation und hier wiederum der Bedeutung, welche die *informelle Organisation* für ihr Gelingen hat. Barnard sieht – im Gegensatz zur klassischen Organisationstheorie – die informelle Organisation als Funktionsvoraussetzung für betriebliche Kommunikation. Ferner erkennt er ihr eine wichtige Funktion für den Zusammenhalt formeller Organisationen und die Aufrechterhaltung der Mitgliedschaftsmotivation zu.

Insgesamt war für die Weiterentwicklung der Organisationstheorie Barnards Verweis auf die Bedeutung der Erwartungen der Mitglieder für den organisatorischen Führungs- und Gestaltungsprozess der wohl wichtigste Impuls. Dies traf sich sehr gut mit den Schlussfolgerungen, die aus den Hawthorne-Experimenten gezogen wurden. Die Integration von Individuum und Organisation wurde damit endgültig als eigenständiges Problem der Organisationsgestaltung etabliert.

Abbildung 7.3: *Verwendung verhaltenswissenschaftlicher Begriffe in 28 angloamerikanischen Managementlehrbüchern geordnet nach Erscheinungsdatum*

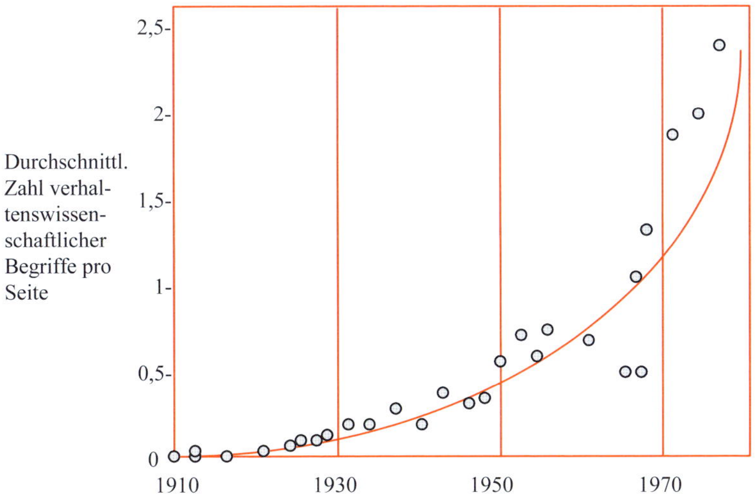

Quelle: Aronoff (1975), hier in der Version von Walter-Busch (1991), S. 376

Die 1950er Jahre sollten in der Organisationstheorie eine Periode der Umorientierung werden, das Verhältnis von Individuum und Organisation trat in das Zentrum der Aufmerksamkeit. Die so genannte verhaltenswissenschaftliche Perspektive hielt in großem Umfang Einzug in die Organisationstheorie und die Managementlehre. Abbildung 7.3 zeigt das enorme Ausmaß der Umorientierung. Daneben bestand aber das Interesse an Formen und Mustern formaler Organisation ungebrochen fort; die Diskussion neuer Organisationsmodelle, wie etwa der Sparten- oder der Projektorganisation, wurde immer ein wenig separat neben den hier erörterten Grundsatzkontroversen fortgeführt. Eine Gestaltungslehre blieb speziell in Deutschland immer ein eigener pragmatischer und prominenter Zweig der Organisationstheorie.

7.3 Moderne Organisationstheorien

Die Moderne Organisationstheorie – gemeint sind damit Ansätze nach den 1950er Jahren – stellt sich als ein sehr heterogenes Feld dar; immer mehr Perspektiven entwickeln sich und treten zueinander in Konkurrenz. Es ist deshalb auch unmöglich, die Grundmerkmale in einem kohärenten Konzept darzustellen (siehe auch: Vogel 2012). An Stelle dessen muss hier in diesem historischen Überblick eine Beschreibung der Vielfalt treten.

7.3.1 Der Human-Ressourcen-Ansatz

Eine wesentliche Fortentwicklung fand die Human-Relations-Bewegung in dem Human-Ressourcen-Ansatz. Der fundamentale Unterschied zwischen den beiden Ansätzen ist in dem Einbezug der formalen Organisationsgestaltung durch die Human-Ressourcen-Schule zu sehen. Hatte die Human-Relations-Bewegung die Organisationsstruktur noch als gegebenes Rahmengefüge betrachtet, innerhalb dessen die sozialen Aktivitäten zu entfalten sind, so geht es dem Human-Ressourcen-Ansatz ganz essentiell um eine motivationsorientierte Neugestaltung organisatorischer Strukturen und Prozesse.

Ausgangspunkt der Überlegungen ist eine Kritik an der traditionellen Organisationsgestaltung, an ihrer Logik des Regelgehorsams, die man im schroffen Widerspruch zu den Entfaltungsbedürfnissen der Menschen sieht. Traditionale Strukturen – so die These – hindern Menschen daran, Initiative und Verantwortungsbewusstsein zu entwickeln, betonen Abhängigkeit und unreflektierten Regelgehorsam. Diese Art der Organisationsgestaltung führe im Ergebnis zu einer *Verschwendung von Human-Ressourcen*. Sie ist im Barnardschen Sinne nicht effizient und damit auch nicht effektiv. Es gelte, neue Organisationsmodelle zu entwickeln, die den menschlichen Bedürfnissen besser angepasst sind und eine wirtschaftlichere Nutzung der Human-Ressourcen erlauben.

Verschiedene Autoren haben diese Kritik aufgegriffen und Lösungsvorschläge entwickelt. Zu den bekanntesten Vertretern dieser Schule gehören Chris Argyris und Rensis Likert. Sie versuchen, auf der Basis von *motivationstheoretischen* Überlegungen, die nicht nur wie die Human-Relations-Schule die sozialen Bedürfnisse, sondern in einem viel umfassenderen Sinne das Selbstverwirklichungsstreben des Menschen am Arbeitsplatz zum Gegenstand haben, Führungsprinzipien und Strukturmodelle zu entwickeln, die einen besseren Zusammenklang von individueller Bedürfnisbefriedigung und ökonomischer Zielerreichung ermöglichen sollen. Das dabei zugrunde liegende Menschenbild ist der Humanistischen Psychologie entliehen; die Idee des personalen Wachstums, des nach persönlicher Reife strebenden Menschen gibt das Leitbild.

Argyris (1975) geht z.B. davon aus, dass jeder Mensch einen Reifungsprozess erstrebe, Ziel ist die „reife" Persönlichkeit, die durch vielfältige Interessen, differenzierte Verhaltensweisen und einem deutlich ausgeprägten Selbstbewusstsein gekennzeichnet sei. Auf der Folie eines solchen Menschenbildes wird die traditionelle Organisationsgestaltung zum Problem; sie wirkt demotivierend und damit leistungshemmend. Die extreme Spezialisierung, die Einheit des Befehlsweges, die Trennung von Planung (Anweisung) und Ausführung als Prinzipien der klassischen Organisationslehre, ursprünglich zur Steigerung der Arbeitsproduktivität konzipiert, erweisen sich im Lichte des Reifungsstrebens oder des Bedürfnisses nach Selbstentfaltung als *Hemmnis*, als Blockade, die auf die Dauer gesehen zu Frustration, Lethargie und Ineffektivität führt. Organisationsstrukturen sollten deshalb so umgestaltet werden, dass sie den Mitarbeitern mehr Entfaltungsmöglichkeiten bieten, Entscheidungspartizipation ermöglichen, Vertrauen statt Furcht in zwischenmenschlichen Beziehungen schaffen, vielseitige Informationswege eröffnen, die (Arbeits-)Gruppe als organisatorisches Element integrieren, Fremdkontrolle durch weitgehende Selbstkontrolle substituieren etc. Hier geht es letztlich um den Versuch, Organisationsmodelle zu entwickeln, die gleichermaßen effektiv und human sind. Die Idee ist, die Organisation so zu gestalten, dass über die Erreichung der Individualziele zugleich die Organisationsziele erreicht werden. Arbeit wird nicht länger als „Leid" gesehen, sondern als „Freud", als Quelle der Bedürfnisbefriedigung.

Ein spezieller Zweig der Human-Ressourcen-Schule beschäftigt sich mit dem Problem des geplanten *Wandels* von Organisationen. Diese Teildisziplin firmiert unter dem Namen *„Organisationsentwicklung"* (vgl. Bennis 1969). Treiber für diese Sonderentwicklung waren immense Schwierigkeiten, Human-Ressourcen-Programme in die Praxis umzusetzen, insbesondere bürokratische Organisationen für diese neuen Ideen zu öffnen. Die Forschung auf diesem Gebiet führte zu einem Kanon verschiedener Vorgehensweisen und Methoden. Sie stellen alle darauf ab, bestehende verfestigte Strukturen zu lockern („Unfreezing") und den Organisationsmitgliedern die Angst vor Neuem und Ungewohntem zu nehmen. Einer der herausragenden Pioniere auf diesem Gebiet war der schon erwähnte amerikanische Managementforscher Rensis Likert (1903-81), der durch kontinuierliche Befragung der Organisationsmitglieder und durch Rückkopplungsgespräche in Arbeitsgruppen dem Wandelprozess die vorwärtstreibenden Impulse geben will („Survey Feedback").

Diese starke Psychologisierung des organisatorischen Wandelprozesses wird heute zugunsten des Einbezugs systemischer Faktoren zurückgedrängt. Jüngere Ansätze (Kanter 1983; Kotter 1996; Beer/Nohria 2000) sehen das Management des organisatorischen Wandelprozesses sehr stark als ein Problem der Gestaltung der Gesamtatmosphäre und der vorherrschenden Orientierungsmuster in einer Organisation an (vgl. dazu auch unten Abschnitt 2.3.4). Unabhängig von seiner speziellen theoretischen Ausrichtung ist es dem Ansatz der Organisationsentwicklung gelungen, das Bewusstsein für die hohe Bedeutung des Wandelproblems zu schärfen und es zu einem Kernpunkt jeder modernen Organisationsgestaltung zu machen.

7.3.2 Strukturalistischer Ansatz: Komparative Strukturanalysen

Im Unterschied zum Human-Ressourcen-Ansatz, der sich eigentlich als Antipode zur Klassik versteht, knüpft der Strukturalistische Ansatz unproblematisch an der klassischen Organisationstheorie (insbesondere der Bürokratietheorie) an. Im Vordergrund steht das Bestreben, Organisationsstrukturen in systematischer Weise *empirisch* zu erfassen und vor allem vorfindbare Unterschiede in der Ausgestaltung (Varianzen) systematisch zu erklären.

Nachdem die Anfänge der Organisationstheorie stark präskriptiv oder auch interpretativ ausgerichtet waren, ging es dem strukturalistischen Ansatz zunächst einmal darum, die verschiedenen Formen von Organisationsstrukturen, die in der Praxis vorfindbar waren, zu beschreiben. Dazu wurden – und dies war neu in der Organisationstheorie – Messinstrumente entwickelt, die den Anforderungen rigoroser, d.h. naturwissenschaftlich ausgerichteter Forschung entsprachen. Die Skalen sollten objektiv, reliabel und valide sein. Der Ausgangspunkt war häufig Webers Idealtypus der Bürokratie; er wurde in (fünf- oder siebenstufige) Beschreibungsskalen transformiert, um damit das unterschiedliche Ausmaß an Formalisierung oder eben Bürokratisierung zu bestimmen. Dazu wurde allerdings die methodische Idee des Idealtypus gänzlich aufgegeben; Bürokratie wurde jetzt ein Realtyp oder besser ein Cluster.

Die Merkmale der bürokratischen Organisationsform wurden in prinzipiell unabhängig voneinander variierende Dimensionen umgedeutet und nicht mehr als fest verschmolzene Gestalt gesehen. Auf diese Weise ließen sich Strukturprofile erstellen, die die Vielfalt der Erscheinungsformen formaler Organisationsstruktur differenziert widerspiegeln und die Bürokratische Organisation als eine der typischen Erscheinungsformen identifizierbar macht. Schule bildend wirkte die Studie von Hall (1963), die in Fokus 7.2 kurz dargestellt ist.

Die im Gefolge dieser Beschreibungen zu beobachtenden Unterschiede in den Organisationsstrukturen wurden schließlich zum Anlass genommen, in großzahlig angelegten empirischen Studien nach möglichen Ursachen zu suchen, die diese Unterschiede erklären und daraus ggf. auch Optimalitätsaussagen bezüglich bestimmter Ausprägungsformen gewinnen zu können. Eine maßgebliche Rolle hat dabei eine Forschergruppe an der britischen Aston Universität gespielt (Derek Pugh, David Hickson, Bob Hinings u.a.), die im Fortlauf dann kurz als *Aston-Gruppe* bezeichnet wurde. Die Aston-Gruppe war zunächst bestrebt, ein sauber ausgetestetes Messinstrument bereitzustellen, das es erlaubt, Organisationen unterschiedlichster Art in einheitlicher Weise zu beschreiben und die zentralen Unterschiede im Organisationsdesign aufzuzeigen (Pugh et al. 1968, Pugh et al. 1969).

Fokus 7.2

Dimensionen formaler Organisation nach Hall

Aus verschiedenen Studien wurden mögliche Dimensionen der bürokratischen Organisation extrahiert; Basis-These war, dass diese Dimensionen im Gegensatz zu Max Webers Idealtypus unabhängig voneinander variieren. Sechs Dimensionen wurden ausgewählt und in Fünf-Punkt-Skalen „übersetzt". In zehn Organisationen befragte Hall nach dem Zufallsverfahren ausgewählte Beschäftigte (pro Organisation zwischen 26 und 45) verschiedener Hierarchieebene und Funktion. Die Organisationen selbst unterschieden sich hinsichtlich Größe und Alter. Im Ergebnis zeigte sich – wie vermutet – eine große Variationsbreite, d.h. die Merkmale der bürokratischen Organisation lassen sich (allerdings nur, wenn man sie wie Hall transformiert) als Dimensionen begreifen, die unabhängig voneinander variieren. Auf diese Weise sind unterschiedliche Grade von Bürokratisierung denkbar und messbar:

Organisationen	Dimensionen					
	Autoritätshierarchie	Arbeitsteilung	Regeln	Verfahrensweisen	Unpersönlichkeit	Fachliche Qualifikationen
1 (n=35)	33,1	29,0	27,6	26,5	21,9	22,5
2 (n=26)	33,3	32,3	36,0	29,4	25,0	20,8
3 (n=37)	33,4	34,7	22,2	28,9	23,9	20,8
4 (n=36)	34,5	34,3	28,7	26,7	25,6	29,2
5 (n=32)	36,7	36,8	26,3	29,4	24,8	16,3
6 (n=28)	36,5	31,5	31,0	28,6	21,4	20,2
7 (n=45)	36,7	32,7	23,9	31,0	31,0	19,0
8 (n=26)	37,0	28,6	28,3	28,1	26,3	22,0
9 (n=26)	38,3	36,3	36,9	32,7	30,6	25,5
10 (n=26)	38,9	35,9	33,2	33,2	27,7	19,3

Mittelwerte für jede Organisation in jeder Dimension der Bürokratie;
Hoher Punktwert = wenig bürokratisch; niedriger Punktwert = stark bürokratisch. Die Differenz zwischen den extremen Punktwerten ist in allen Dimensionen auf dem 5%-Niveau signifikant.

Die Dimensionen korrelierten – wie angenommen – untereinander nicht. Hall kommt zu dem Schluss, dass der Webersche Idealtyp nur eine von vielen in der Praxis existenten Organisationsformen sei; er kennzeichnet Webers Modell dadurch, dass der Bürokratisierungswert auf allen Dimensionen sehr hoch liegt. Daneben fanden sich aber zahlreiche Erscheinungsformen, die gänzlich andere Profile zeigten, z.B. Organisationen, die sehr viel regeln, aber keine so starke Betonung der Hierarchie oder eine strenge Arbeitsteilung bei eher persönlicher Führung aufweisen.

Quelle: Hall (1963)

Ausgangspunkt der Analysen der Aston-Gruppe waren *fünf Struktur-Dimensionen*, die man, ähnlich wie Hall, aus der organisationstheoretischen Literatur herausgefiltert hatte (Pugh/Hickson 1968):

1. *Spezialisierung* = df. als der Grad der Arbeitsteilung bzw. das Ausmaß, in dem die Arbeit in spezialisierte Rollen aufgeteilt ist.
2. *Formalisierung* = df. als das Ausmaß, in dem Regeln, Verfahrensweisen, Weisungen usw. schriftlich niedergelegt sind.
3. *Standardisierung* = df. als das Ausmaß, in dem organisatorische Aktivitäten als Routineverfahren vorgeregelt („programmiert") sind.
4. *Zentralisierung* = df. als das Ausmaß, in dem Entscheidungskompetenzen an der Organisationsspitze angesiedelt sind.
5. *Konfiguration*, = df. als die Ausprägung der Strukturgestalt, bestimmt durch die Zahl der Hierarchieebenen, die Größe der Kontrollspannen, die Kriterien der Abteilungsbildung und/oder den prozentualen Anteil der Verwaltungskräfte.

In der Zentralstudie wurden Daten von 46 Arbeitsorganisationen unterschiedlicher Größe und Branche im Raum Birmingham erhoben. Um die Daten entsprechend den oben erwähnten fünf Strukturdimensionen analysieren zu können, wurden 64 Einzel-Skalen entwickelt und einer *Faktorenanalyse* unterworfen. Es gelang, vier statistisch unabhängige (zueinander orthogonale) Faktoren zu extrahieren, die insgesamt 73% der Gesamtvarianz zu erklären vermochten (und zwar in der Reihenfolge 33, 19, 13 und 8 %):

Faktor 1: Strukturierung der Tätigkeiten (Ausmaß der Spezialisierung, Standardisierung und schriftlichen Formalisierung).

Faktor 2: *Zentralisierung der Autorität* (Verteilung der Entscheidungskompetenzen).

Faktor 3: *Linienkontrolle des Arbeitsprozesses* (im Gegensatz zu einer indirekten Kontrolle durch Stäbe und externe Kontrollinstanzen).

Faktor 4: *Umfang der Unterstützungsfunktionen* (Ausmaß an internen Dienstleistungen, die nicht im direkten Zusammenhang mit dem Leistungsprozess stehen und nicht kontrollierender Natur sind, wie z.B. Schreibarbeit, Transport).

Auf der Basis der ersten drei Faktoren entwickelten die Autoren mittels *Clusteranalyse* die sehr bekannt gewordenen *sieben Organisationstypen* der Aston-Gruppe (vgl. Pugh et al. 1969, S. 115 ff.):

1. *Voll-ausgeprägte Bürokratie (full bureaucracy)*
   (ein hohes Maß an strukturierten Tätigkeiten, zentralisierte Entscheidungsstruktur und ein relativ geringes Ausmaß an linienkontrollierten Arbeitsvorgängen).
2. *Noch nicht voll-ausgeprägte Bürokratie (nascent full bureaucracy)*
   (besitzt dieselben Merkmale wie 1., jedoch in weniger prononcierter Weise).

3. *Arbeitsprozess-Bürokratie (workflow bureaucracy)*
(ein hohes Maß an strukturierten Tätigkeiten, jedoch weitgehende Dezentralisierung und unpersönliche Kontrolle).

4. *Noch nicht ganz ausgeprägte Arbeitsprozess-Bürokratie (nascent workflow bureaucracy)*
(wie 3., jedoch in weniger prononcierter Weise).

5. *Regelarme Arbeitsprozessbürokratie (Preworkflow bureaucracy)*
(wie 4., jedoch ein geringes Maß an strukturierten Tätigkeiten).

6. *Personale Bürokratie (Personnel bureaucracy)*
(wenig strukturierte Tätigkeiten, zentralisierte Entscheidungsprozesse, stark ausgeprägte Linien-Personen-Kontrolle).

7. *Implizit strukturierte Organisationen*
(wie 6., jedoch dezentralisierter Entscheidungsprozess).

Dieser Typologie liegt zugleich eine Art Entwicklungsgenealogie zugrunde. Die implizit strukturierten Organisationen sind klein im Vergleich zu den voll ausgeprägten Bürokratien. Die Autoren vermuten deshalb, dass mit steigender Größe einer Organisation ihr Bürokratisierungsgrad wächst.

Diese Fragen bildeten den Auftakt zur Determinantenforschung, d.h. in einem großen zweiten Schritt wurde nun gefragt, auf welche Einflusskräfte die vorgefundenen Unterschiede in den Strukturen zurückgeführt werden können; Ziel war es, nach naturwissenschaftlichem Muster unabhängige Bestimmungsgrößen herauszufinden.

Diese Forschungsrichtung ist später unter dem Namen *Kontingenztheorie* der Organisation bekannt geworden und ihre Vorgehensweise erlebt immer wieder eine Neubelebung in der Organisationstheorie. Der Kontingenzbegriff soll darauf hinweisen, dass die Organisationsgestaltung je nach Kontext mit ganz unterschiedlichen Formen erfolgreich sein kann.

Einbezogen wurden typischerweise folgende Faktoren und Kombinationen: Umweltdynamik, Technologie, Ursprung und Geschichte der Organisation (origin and history), Eigentums- und Kontrollverhältnisse (ownership and control), Größe (Zahl der Beschäftigten), Leistungsprogramm (Standardisierung versus Differenzierung), Fertigungstechnologie, Geographische Konzentration (location), Abhängigkeit von anderen Organisationen (dependence).

Insgesamt sind die Ergebnisse sehr uneinheitlich und widersprüchlich geblieben. Das ersehnte Kausalgefüge, das die verschiedenen Strukturmuster zuverlässig erklären könnte, ließ sich nicht ermitteln.

Später hat der kontingenztheoretische Ansatz eine sehr starke Kritik erfahren, die ihn zunehmend seiner zentralen Stellung beraubte. Die Kritik (Child 1972; Schoonhoven 1981; Schreyögg 1995) stellt insbesondere auf die allzu deterministische Sichtweise des

Kontingenzansatzes ab. Organisationsgestaltung kann letztlich nur noch Anpassung an externe Sachzwänge sein. Der allzu offenkundige Widerspruch dieser Perspektive zur realen Entscheidungssituation in Organisationen hat schließlich andere Ansätze in den Vordergrund treten lassen, die den Gestaltungshorizont viel breiter auslegen und die *Interaktion* von Organisation und Umwelt an die Stelle einer Dependenzrelation setzen.

In den Weiterentwicklungen der Kontingenztheorie erwies es sich als unumgänglich, die Handlungs- bzw. Organisationsspielräume und dementsprechend das Wahlverhalten der Gestalter als wesentlichen Bestandteil einer situativen Organisationstheorie (mit) zu thematisieren (vgl. Child 1972; Osterloh 1983; Sydow 1985). Diese Modelle stellen die Organisationsgestaltung in den Spannungsraum von Zwang und Wahlfreiheit, von Determinismus und Voluntarismus (Hrebiniak/Joyce 1985).

Für das sich hier anschließende theoretische Problem, wie vor einem solchen Hintergrund ein adäquates Verständnis organisatorischer Strukturierung gewonnen werden kann, wurde immer wieder auf *Entscheidungsprozessanalysen* als geeigneter Ansatzpunkt verwiesen (z.B. Crozier/Friedberg 1979; Friedberg 1995). Danach ist zu untersuchen, wer die Macht hat, im Rahmen der gegebenen Zwänge die Strukturentscheidungen zu bestimmen, und welche Absichten und Zwecke (Interessen) in diesen Entscheidungsprozess einfließen bzw. eingeflossen sind.

Eine gewisse Renaissance erlebt der Kontingenzansatz mit dem zwischenzeitlich sehr populär gewordenen neo-institutionalistischen Ansatz, der unten unter 7.3.4 genauer dargestellt werden soll.

7.3.3 Organisatorische Entscheidungsforschung

Der entscheidungstheoretische Ansatz in der Organisationstheorie zerfällt in zwei gänzlich unterschiedliche Teilbereiche, die außer der Entscheidungsorientierung und dem Interesse für die Rationalität von Entscheidungen wenig gemein haben. Der Gruppe der formalwissenschaftlichen Organisationstheoretiker, die eine Optimierung der Gestaltungsentscheidungen mit Hilfe *quantitativer Methoden* anstrebt, steht die Gruppe der *empirischen Entscheidungstheoretiker* gegenüber, die das faktische Entscheidungsverhalten von Individuen und Gruppen in Organisationen zum Gegenstand hat.

7.3.3.1 Empirische Theorie der organisatorischen Entscheidung

Der empirische Ansatz hat das Ziel, faktisch beobachtbare Entscheidungsprozesse in Organisationen zu erklären; von besonderem Interesse ist dabei der Einfluss organisatorischer Regelungen auf das Entscheidungsverhalten. Die entscheidungsorientierte Organisationstheorie analysiert Entscheidungsprozesse im Kontext arbeitsteiliger Leistungsgemeinschaften; ihr besonderes Augenmerk gilt der Frage, wie organisatorische Merkmale, z.B. Abteilungsbildung, Kontrollspanne, das Nebeneinander verschiedener Problemlösungsprozesse, begrenzte Ressourcen usw., auf Entscheidungen einwirken (Simon 1945; March/Simon 1958; March/Shapira 1982; Harrison 1987; Kirsch 1988, Lindstädt 2006).

Entscheidungen werden dabei nicht als punktueller Wahlakt begriffen, der sozusagen in einem Zuge erledigt würde, sondern vielmehr als ein sich über die Zeit hinweg ziehender *Prozess* aufgefasst, der bestimmte Phasen durchläuft. Gewöhnlich wird dabei zwischen vorbereitenden Phasen, dem eigentlichen Entschluss und der Implementation unterschieden. Die meisten Phasenschemata gehen von einer strikt *linearen Abfolge* der einzelnen Phasen aus. Auf die Definition des zu behandelnden Problems folgt die Suche nach möglichen Alternativen, die das Problem lösen können. Sind die verschiedenen Alternativen erfasst und formuliert, so schließt sich eine Prognose ihrer Konsequenzen bezüglich der angestrebten Ziele an. Aus der Menge der vorgefundenen Alternativen wird sodann die im Hinblick auf das angestrebte Ziel beste ausgewählt. Diese gilt es schließlich in die Tat umzusetzen und die dafür notwendigen Vorkehrungen zu treffen (vgl. Abbildung 7.4).

Die empirische Theorie organisatorischer Entscheidungen ist von solchen Phasenschemata mehr und mehr abgerückt, sie erwiesen sich als deskriptiv invalide. In vielen empirischen Untersuchungen hat sich gezeigt (z.B. Witte 1968; Mintzberg et al. 1976; Hauschildt 1977), dass organisatorische Entscheidungsprozesse – ebenso wie im Übrigen individuelle Entscheidungsprozesse (Simon 1945; Einhorn/Hogarth 1981) – in ganz anderen Formen verlaufen. Zwar ist es in den meisten Untersuchungen möglich, distinkte Phasen in diesen Prozessen zu identifizieren, ihre Abfolge zeigt jedoch einen vom Linearschema gänzlich abweichenden Verlauf: Phasen überspringend, vorgreifend, retrograd, zyklisch usw. Es konnte aber auch kein einheitliches alternatives Verlaufsschema gefunden werden, so dass es nahe lag, in den organisatorischen Strukturen und Prozessen die überformende Kraft zu vermuten.

Die Frage nach der Bedeutung des organisatorischen Kontextes für Entscheidungen stellt einen Bruch mit der präskriptiven Entscheidungstheorie dar. Diese geht nämlich implizit von der *„Organisationslosigkeit"* optimaler Entscheidungsprozesse aus, d.h. sie betrachtet den organisatorischen Kontext als irrelevant, ein Optimum ist dort ein Optimum, gleichgültig, ob und ggf. unter welchen organisatorischen Bedingungen die Lösung ermittelt wird (Luhmann 1973). Für sie macht es auch keinen prinzipiellen Unterschied, ob die Entscheidung von einem Individuum oder einer Organisation gefällt wird. Zwar werden bisweilen *mehrere Personen* mit widerstreitenden Zielen in die Kalküle einbezogen (Olson 1965; Schauenberg 1978), das ist aber nicht mit der Kontextabhängigkeit zu verwechseln, um die es in dem hier zu besprechenden Ansatz geht. Wird hier doch von einer organisatorischen Durchdringung aller Phasen einer Entscheidung ausgegangen, so dass die Lösung eine organisationsspezifische wird.

Abbildung 7.4: *Phasenschema eines Entscheidungsprozesses*

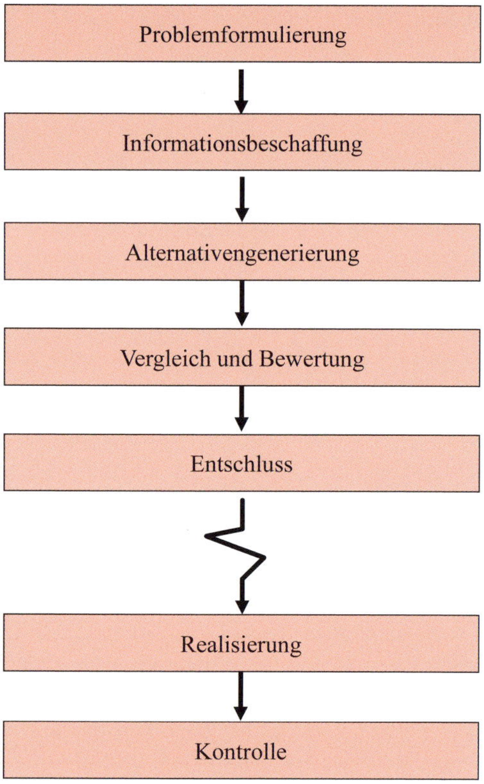

Die Theorie organisatorischer Entscheidungen verweist auf die aus der Funktionsweise komplexer Organisationen resultierende Prägung von Entscheidungsverläufen. Die Organisationsmitglieder entscheiden nicht autonom, sie werden in ihren Entscheidungen und den dazu notwendigen Vorbereitungen in mannigfaltiger Weise von der Organisationsstruktur und der ihr eigenen Dynamik (informelle Organisation) beeinflusst.

Die Theorie organisatorischer Entscheidungen stellt sich heute nicht mehr als einheitlicher Block dar, sondern es haben sich in ihr – wie so häufig in der Organisationstheorie – unterschiedliche *Strömungen* entwickelt, die jeweils spezielle Aspekte der organisatorischen Dynamik in den Vordergrund rücken. Vereinfachend kann man die folgenden drei Hauptmodelle unterscheiden (Allison 1971; Schreyögg 1984): Das Modell (1) der Organisatorischen Differenzierung, (2) des Politischen Prozesses (Mikropolitik) und (3) der Organisierten Anarchie (vgl. dazu ausführlich Kapitel 5.1).

7.3.3.2 Entscheidungslogisch-mathematische Ansätze

Die formalwissenschaftlichen Arbeiten im Rahmen der Organisationslehre sind im Zuge des Einsatzes mathematischer und formallogischer Modelle in den Wirtschafts- und Sozialwissenschaften entstanden. Im Kern geht es darum, organisatorische Gestaltungsentscheidungen, wie z.B. die Abteilungsbildung oder die Verteilung von Kompetenzen, zu systematisieren und sie unter Anwendung mathematischer Modelle oder formallogischer Operationen einer richtigen oder ggf. optimalen Lösung zuzuführen (z.B. Beckmann 1988; Laux/Liermann 2005).

Eine Reihe von Arbeiten steht in der Tradition des *Operations Research* (z.B. Schüler 1980; Müller-Merbach 1992) und versucht, unter Anwendung spezieller mathematischer Methoden (wie etwa der Linearen Programmierung oder der Warteschlangen-Theorie) die Organisationsgestaltung zu optimieren. Dabei wird grob zwischen *Prozessmodellen* und *Strukturmodellen* unterschieden (Schüler 1992). Erstere studieren mit Schwerpunkt die Organisation als Transformationssystem, das gegen Vergütung Inputfaktoren zu einem spezifischen Output verarbeitet. Der Transformationsprozess wird – um Überlastungen zu vermeiden – arbeitsteilig, also von mehreren Personen erledigt. Mathematisch optimiert werden dann u.a. der Modus der Aufgabenzuweisung (regelhaft oder okkasionell), die Aufgaben der Instanzen usw. Die (eng verwandten) Strukturmodelle streben eine Optimierung der hierarchischen Konfiguration und der Abteilungsbildung an unter solchen Zielsetzungen wie Minimierung des Koordinationsbedarfs oder Minimierung der Hierarchiekosten. Es hat sich indessen als äußerst schwierig (wenn nicht unmöglich) erwiesen, organisatorische Problemstellungen in der Weise umzuformen, dass der Einsatz von mathematischen Optimierungsmethoden zu *praktisch umsetzbaren* Lösungen führen würde.

Ein wesentlich größerer Teil der formalwissenschaftlichen Arbeiten orientiert sich in der Tradition von Marschak (1955) an der präskriptiven Entscheidungslehre und stellt Probleme wie die Ableitung optimaler Regeln der Arbeitsteilung, die Einräumung von Verfügungskompetenzen oder ganz allgemein die Bestimmung optimaler Verhaltensnormen in den Vordergrund (z.B. Hax 1965; Laux/Liermann 2005). Im Kern geht es diesen Arbeiten darum, die organisatorischen Gestaltungsentscheidungen in die entscheidungslogische Grundstruktur einzupassen, d.h. sie zu strukturieren nach Alternativen, nach Umweltzuständen (ggf. unter Angabe ihrer Eintrittswahrscheinlichkeiten), nach den Ergebnissen der einzelnen Alternativen und der Auswahlregeln, um sodann die bestmögliche unter den gegebenen Alternativen auszuwählen. Auch komplexe, also nicht überschaubare, Problemstellungen – wie es fast alle organisatorischen Gestaltungsprobleme darstellen – sollen durch Vereinfachung auf der Basis dieser Grundstruktur (um-)formuliert werden, um sie einer geordneten, im Sinne der Entscheidungslogik rationalen Lösung zuführen zu können.

Laux/Liermann (2005) differenzieren den Gegenstand dieses Ansatzes genauer. Ihrem Vorschlag nach soll es einerseits um die rationale Wahl der bestmöglichen Organisationsalternative nach den Kalkülen der Entscheidungstheorie gehen. Zum anderen aber – und diese Perspektive ist sehr viel weitergehender – wird vorgeschlagen, die gesamte Organisationstheorie als Optimierung der organisatorischen Entscheidungsstruktur zu betreiben, d.h. als Entwicklung optimaler Verhaltensnormen zur Steuerung der Entscheidungen in Organisationen (z.B. Welche und wie viele Informationen sollen beschafft, welche Informationen sollen weitergeleitet werden?). Von ausschlaggebender Bedeutung für die Theoriebildung ist dabei die Notwendigkeit, Entscheidungskompetenzen an nachgeordnete hierarchische Ebenen zu *delegieren* und die damit verbundene Frage der Steuerung und Kontrolle delegierter Entscheidungsbefugnisse. Organisationen werden dabei als Systeme vernetzter Entscheidungen interpretiert, organisatorische Regeln sind dementsprechend als Steuerungsimperative für organisatorische Entscheidungen zu begreifen. Die Steuerungskraft von organisatorischen Regeln bzw. von Verhaltensnormen wird von den Interessen der Akteure, dem Verhalten der Instanzen, der Kontrollierbarkeit sowie von der Gestaltung der Anreizstruktur abhängig gemacht.

Die zuletzt genannten Ansätze werden heute vorwiegend als Problem von Prinzipal-Agenten-Beziehungen umformuliert. Dies verweist auf die mikroökonomische Organisationsanalyse, auf die im nachfolgenden Abschnitt näher eingegangen wird.

7.3.3.3 Die mikroökonomische Organisationsanalyse (Neue Institutionenökonomik)

Seit Anfang der 1970er Jahre finden sich zunehmend Beiträge zur Organisationstheorie auf Basis der Institutionenökonomik (zu einer Zwischenbilanz vgl. Milgrom/Roberts 1992). Obwohl von der Stoßrichtung her durchaus unterschiedlich, so handelt es sich doch im Wesentlichen um eine Anwendung der *mikroökonomischen Analytik* auf organisatorische Fragestellungen. Das Programm wird mit sehr großem Anspruch vorgetragen: „Die Organisationswissenschaft steckt noch in den Kinderschuhen, der Grundstein für eine kraftvolle Theorie der Organisation ist aber nun gelegt" (Jensen 1983, S. 324). Und ähnlich spricht auch Williamson (1993a, S. 36 f.) davon, dass erst hiermit die lange vermisste Organisationswissenschaft zu entstehen beginnt („the evolving science of organization"). Warum die anderen Ansätze der Organisationstheorie kraftlos sind und keine Wissenschaft darstellen, bleibt unbegründet.

Der Vorstoß kam insofern überraschend, als die mikroökonomische Gleichgewichtstheorie traditionellerweise die Organisation als eigenständiges Problem nicht kennt. Das Unternehmen wird nicht als Institution studiert, sondern idealisierend nur als Funktionsbezug, als Produktionsfunktion bzw. als Minimalkostenkombination. Dies führte zu der fast schon sprichwörtlichen „Organisationslosigkeit" der Neoklassik (Cyert/March 1963; Leibenstein 1978).

Veranlassung, sich überhaupt mit Organisation zu beschäftigen, gab die – von der Neoklassik in einigen Kernpunkten abgesetzte – Neue Institutionenökonomik, die den institutionellen Charakter von Unternehmen betont und zum Gegenstand ihrer Erklärungsversuche macht. Die Unternehmung wird – im Unterschied zu der Neoklassik –

als ein für sich stehendes regelbestimmtes Handlungssystem betrachtet, dessen Existenz und Entstehung einer ökonomischen Erklärung bedarf (Richter/Furubotn 2003). Damit war zugleich Veranlassung gegeben, sich mit den Strukturen dieses Handlungssystems auseinanderzusetzen. Es haben sich im Wesentlichen drei Ansätze herausgebildet, die zwar unterschiedlichen Wurzeln entstammen, aber in wesentlichen Punkten doch übereinstimmen: 1. der Transaktionskosten-Ansatz, 2. die Theorie der Verfügungsrechte und 3. der Prinzipal-Agenten-Ansatz. Alle drei Ansätze setzen die individuelle Nutzenmaximierung ohne „moralische Skrupel" („Opportunismus", Williamson 1975) als Prämisse, gehen von einer Situation unvollkommener Information („Unsicherheit") aus und unterstellen die Kalkulierbarkeit aller relevanten Handlungsalternativen.

1. Der **Transaktionskosten-Ansatz** hat seinen Ausgangspunkt in der gegen die Neoklassik gerichteten These, dass die Koordination von Transaktionen durch den Markt (Koordinations-)Kosten verursache, das Preissystem also nicht kostenneutral sei (Coase 1937; Williamson 1975). Im Sinne funktionaler Äquivalente geraten dadurch andere Koordinationsmechanismen als der preisgesteuerte Markt in das Blickfeld ökonomischer Alternativen, gemeint ist vor allem die interne organisatorische Abwicklung der Transaktionen, dort verkürzend Hierarchie genannt. Die Entstehung von Unternehmen im Sinne hierarchischer Institutionen wird immer für den Fall angenommen, dass eine interne, hierarchisch koordinierte Abwicklung der betreffenden Transaktionen effizienter, d.h. kostengünstiger ist als über den Markt („Marktversagen"), d.h. wenn die internen Transaktionskosten niedriger als die externen sind. Die Entstehung großer und sehr großer Unternehmen wird auf nur einen Faktor zurückgeführt, die Transaktionskosteneffizienz, d.h. die in diesen Fällen vergleichsweise kostengünstigere Bewerkstelligung von Transaktionen (Williamson 1975).

Später wurden auch intermediäre Organisationsformen, wie Unternehmenskooperationen oder interorganisationale Netzwerke als Alternativen einbezogen, von denen angenommen wird, dass sie unter bestimmten Bedingungen effizienter seien, d.h. geringere Transaktionskosten verursachen als Markt oder Hierarchie (Williamson 1985; Thorelli 1986; Büchs 1991).

Transaktionskosten bezeichnen Tauschvertrags-Kosten („unvollständige Verträge"), die im Zuge der Anbahnung (Reisekosten, Informationskosten usw.), des Abschlusses (Zeit, Mühe, Rechtsberatung usw.), der Abwicklung (Anweisung, Kommunikation usw.), der Überwachung (Qualität, Termine usw.) und ggf. der Anpassung (Nachverhandlung) von Verträgen entstehen; es handelt sich also im Wesentlichen um Informations- und Kommunikationskosten (vgl. im Einzelnen Picot 1991); der Bezug zu und die Relevanz von den Produktions- und Distributionskosten bleibt unklar.

Die für den Transaktionskosten-Ansatz zentrale Frage ist nun, unter welchen situativen Bedingungen welcher Koordinationstypus die geringsten Transaktionskosten verursacht, also – im Sinne von Williamson – am effizientesten ist. Ausgangspunkt des hierzu entwickelten Faktormodells ist die Annahme, dass alle Transaktionsbeteiligten nur begrenzt rational („bounded rationality", Simon 1945) handeln können, weil ihre Informationsverarbeitungskapazität beschränkt ist, und, wo immer möglich, den eigenen Nutzen verfolgen – auch jenseits moralischer Grenzen („Opportunismus"). Die Opportunismus-Annahme ist der Dreh- und Angelpunkt der Theorie; hier wird der Hauptgrund für das Marktversagen vermutet (Williamson 1993b). Die Möglichkeit opportunistischen Verhaltens in Kombination mit begrenzter Informationsverarbeitung erzeugt Unsicherheit bei den jeweiligen Partnern darüber, ob die vertraglichen Verpflichtungen erfüllt werden können, tatsächlich erfüllt werden oder erfüllt worden sind. Gelten soll nun die These, dass der spezifische Charakter von Hierarchien (breite Beobachtbarkeit des Verhaltens, engmaschige soziale Kontrolle usw.) „Opportunismus" prinzipiell besser in Schach halten kann als die Institution Markt. Die relative Bedeutung dieses Vorteils variiert jedoch mit verschiedenen Situationsfaktoren (Williamson 1985, S. 52 ff.); diese sind vor allem:

- *Ausmaß der Unsicherheit der Transaktionsbedingungen* und ihrer zukünftigen Entwicklung (Umweltunsicherheit),
- *Ausmaß transaktionsspezifischer Investitionen*, d.h. der Umfang, in dem die Transaktionspartner speziell für die betreffende Transaktion Investitionen tätigen (z.B. Ausbildung, Werkzeuge, auftragsbezogene Erweiterungsinvestitionen, Errichtung von Spezialwerken).

Daneben finden Kontextfaktoren, wie Häufigkeit der Transaktion, Transaktionsatmosphäre oder technische Infrastruktur, Erwähnung (Picot et al. 2008).

Williamson typisiert dementsprechend Situationen (ohne allerdings eine systematische, empirisch reproduzierbare Typologie zu entwickeln) in solche, die eher für die *interne* Abwicklung, und in solche, die *eher* für eine externe Abwicklung der Transaktionen sprechen. Ersteres läuft auf eine Theorie des Marktversagens hinaus: Im Vordergrund steht dabei der Erklärungsfaktor Unsicherheit. Mit anderen Worten, opportunistisches Verhalten hat vor allem dort großen Raum und wirkt damit erheblich effizienzmindernd, wo der Vollzug der Transaktion von hoher Unsicherheit begleitet ist. In solchen Situationen versagt der Markt, weil er nur sehr unzureichend in der Lage ist, die dysfunktionalen Effekte hoher Unsicherheit aufzufangen. Die hierarchisch-bürokratische Kontrolle (in verschiedenen Spielarten) kann dies – so die Annahme – relativ besser.

Ähnlich ist auch die Argumentation für transaktionsspezifische Investitionen. Je spezifischer die Investition – so die Annahme –, umso höher ist die Abhängigkeit der Vertragspartner untereinander und damit der Anreiz, durch „opportunistisches" Verhalten die Situation zum eigenen Vorteil umzugestalten. Der daraus resultierende Wunsch nach Absicherung gegen Willkür lässt sich in externen Marktbeziehungen nur schwer realisieren und drängt auf *interne Kontrolle*, also Hierarchie. Letzteres bedeutet faktisch häufig vertikale Integration von Zulieferern oder Abnehmern durch Akquisition oder Fusion, gegebenenfalls auch interorganisationale Kooperation (Joint Venture, personelle Verflechtung usw.).

Insgesamt handelt es sich also um einen speziellen Typ von Wirtschaftlichkeitsrechnung, der von einer Art ökonomischen Metalogik in Gesellschaften konkret zur Durchsetzung gebracht wird (ähnlich der „unsichtbaren Hand"). Das Kernproblem ist allerdings, dass dafür die Basis-Termini „Transaktionskosten" und „Effizienz" bisher noch nicht genau genug bestimmt wurden. Der Transaktionskosten-Ansatz leidet unter einer notorischen Operationalisierungsschwäche, letztlich bleibt unklar, was exakt mit Transaktionskosten gemeint ist (Schneider 1993, S. 250 ff.); dies ist wohl auch der Grund dafür, dass der Ansatz zwar ex-post zur Erklärung faktischer institutioneller Entwicklungen plausible Argumente und neuartige Einsichten zu entwickeln vermag (vgl. etwa Chandler 1977; Rangan et al. 1993), nicht jedoch ex-ante. Das gilt auch und im besonderen Maße für organisationsinterne Alternativen der Abwicklung; ein Bereich, der aber ohnehin vom Transaktionskosten-Ansatz nur wenig bearbeitet wurde (vgl. hierzu Frese 1992, S. 207 ff.).

Der Transaktionskosten-Ansatz ist aber über diese Problematik hinaus sehr stark kritisiert und in seinen Grundannahmen angezweifelt worden (Schneider 1985; Perrow 1986, S. 24 ff.; Sydow 1992b, S. 272 ff.; zusammenfassend Ebers/Gotsch 2014 ,S. 195 ff.). Ein zentraler Einwand richtet sich gegen die verengte Perspektive, die schon aus rein ökonomischer Sicht zu kurz greift: Ausblendung relevanter Kostenarten und vor allem der ganzen „Leistungs"-Seite (kein Kosten-/Leistungsvergleich, sondern lediglich ein Kostenvergleich); kein konzeptioneller Raum für das Denken in Wettbewerbsvorteilen und betriebsspezifische Ressourcen (Barney 1991). Gänzlich abstrahiert wird von Macht, Zielbildungsprozessen und der vielschichtigen Bestandsproblematik sozialer Systeme. Das interne Organisationsgeschehen wird als Maschinenmodell gezeichnet, das zum Zeitpunkt der Entwicklung des Transaktionskosten-Ansatzes schon längst überwunden war (vgl. etwa die Ausführungen von March/Simon 1958 zu den paradoxen Effekten interner Kontrolle).

Diese und weitere Einwendungen führten schließlich, was die praktische Umsetzung des Ansatzes anbelangt, zu dem Verdikt von Ghoshal/Moran (1996): „Bad for practice". Die Autoren gründen ihre Warnung u.a. auf das Argument, der Transaktionskostenansatz führe (aufgrund der Opportunismus-Annahme) zu einer Überbetonung der Kontrollaufgabe von Organisationen. Dies aber brächte zwei fatale Konsequenzen mit sich. Zum einen ziehe ein starker Kontrolldruck Ausweichverhalten nach sich, was in Folge noch stärkere Kontrollen erforderlich mache und schließlich in einer „pathological spiraling relationship" zwischen dem Kontrolleur und dem zu Kontrollierenden ende. Zum anderen – und dieses Argument ist noch schwerwiegender – verleite der Transaktionskostenansatz das Management dazu, den fundamentalen Vorteil von Organisationen gegenüber Märkten zu vernachlässigen, nämlich die Nutzung der kollektiven Dynamik zur Schaffung von Innovationen – eine Leistung, die typischerweise aus koordinierten Leistungskollektiven erwächst und nicht in den Termini der Transaktionskostentheorie fassbar ist (Dosi 1988). Trotz dieser Einwände hat die Transaktionskostentheorie den Blick für das Marktversagen gestärkt und nachdrücklich die Relevanz gesellschaftlicher Institutionen verdeutlicht.

Die anderen beiden mikroökonomischen Ansätze richten ihr Augenmerk stärker auf die *internen Prozesse* und versuchen, diese auf der Basis ihres Prämissenefüges zu erklären, um daraus Gestaltungsempfehlungen zu entwickeln.

2. Der **verfügungsrechtliche Ansatz** stellt die Verfügung über Ressourcen und unterschiedliche Regelungen zur Verteilung der Verfügungsrechte in den Mittelpunkt seiner Betrachtungen. Verfügungsrechte (property rights) sind im sozialen Raum festgelegte und mit Sanktionen bewehrte Befugnisse von Wirtschaftssubjekten an Gütern oder Ressourcen (Demsetz 1967, S. 347). Art und Umfang der – grundsätzlich veräußerbaren – Verfügungsrechte können sehr stark variieren. *Vollständig spezifizierte* Verfügungsrechte zeichnen sich durch ein Bündel von vier Einzelrechten aus: das Recht auf 1. Nutzung (usus), 2. Aneignung des Ertrags (usus fructus), 3. Veränderung von Form und Substanz (abusus) und 4. Veräußerung oder sonstige Übertragung der Rechte an Dritte (Furubotn/Pejovic 1974, S. 4). In der Praxis ist dieses Bündel von Rechten aus Effizienzgründen meist in Einzelteile aufgelöst („verdünnt"), z.B. weil die Bildung, die Nutzung oder der Austausch solcher Verfügungsrechte hohe (Transaktions-)Kosten verursachen oder negative externe Effekte mit sich bringen (Furubotn/Pejovic 1972, S. 1146 ff.).

Die Theorie der Verfügungsrechte interessiert sich nun für die verschiedenen möglichen Arrangements der Verfügungsrechte (unterschiedliche Grade der Spezifikation und der Verdünnung) und deren Wirkungen mit dem Ziel, eine ökonomisch optimale Struktur der Verfügungsrechtsverteilung im Hinblick auf die jeweiligen situativen Bedingungen zu ermitteln (Milgrom/Roberts 1992, S. 307). Die Bewertung der Wirkungen geschieht im Hinblick auf die je spezifischen Präferenzen der direkt oder indirekt beteiligten Wirtschaftssubjekte. In ihren Nutzenkalkülen wird die Effizienz der verschiedenen verfügungsrechtlichen Strukturen gespiegelt und verglichen. Die Verfügungsrechtsanalyse setzt auf verschiedenen Ebenen an: der rechtlichen Eigentumsgestaltung, der Gesamtunternehmung, dem Team, dem Einzelvertrag.

Sofern und soweit die Handlungsregeln im Rahmen der staatlich festgelegten Eigentumsrechtsstruktur wählbar oder gestaltbar sind, ergibt sich auf der individuellen Ebene ein Entscheidungsproblem, nämlich die Wahl der optimalen Bedingungen für die Nutzung und den Austausch von Verfügungsrechten (Gäfgen 1984, S. 45).

Ausgangspunkt und letzter Bezugspunkt aller Erklärungen ist grundsätzlich das Individuum („methodologischer Individualismus"), das die Vorteilhaftigkeit alternativer Austauscharrangements rational kalkuliert. Organisationen sind als gewählte und damit jederzeit disponible Verfügungsrechtsstrukturen zu verstehen, die den (Netto-)Nutzen der Teilnehmer maximieren. Dabei werden für die Kontraktpartner diverse und konfligierende Ziele unterstellt. Organisationen hat man sich also als ein (Gleichgewichts-)System von ausgehandelten Einzelverträgen vorzustellen. Ein Handeln von Organisationen soll es nicht geben, es ist die Summe der Handlungen, die sich aus den Einzelverträgen ergibt (Jensen 1983, S. 327).

Die zuletzt genannten Charakteristika machen zugleich deutlich, weshalb der Transaktionskosten-Ansatz nicht eigentlich zur Theorie der Verfügungsrechte gehört, auch wenn das Problem der Transaktionskosten hier wie dort eine große Rolle spielt (vgl. Windsperger 1987). In der Analyse von Williamson werden Markt und Hierarchie als strukturell differente, konkurrierende Koordinationssysteme begriffen. Werden die Kosten für marktliche Transaktionen zu hoch, tritt an deren Stelle die Institution „Unternehmung" und wickelt die Koordination durch Planung und Hierarchie ab. Die Unternehmung wird hier als ein für sich stehendes Handlungsgebilde betrachtet, das allokationseffizient solche Transaktionen aus dem Markt nimmt, die intern kostengünstiger bewältigt werden können. Der Einzelakteur wird für die Erklärung dieses Prozesses im Prinzip nicht benötigt; Williamson (1985) rekurriert auf den evolutorischen Ausleseprozess, effiziente Firmen verdrängen weniger effiziente.

Die Theorie der Verfügungsrechte versteht sich als allgemeine Theorie und ist auf viele Problemstellungen angewendet worden (vgl. die Beiträge in Budäus et al. 1988). Beiträge zur *internen Organisation* der Unternehmung beziehen sich vor allem auf die Bestimmung der Systemgrenzen, Interessenvertretungssysteme und die Erklärung von Hierarchie.

3. Der **Prinzipal-Agenten-Ansatz** ist die dritte und heute bei weitem am stärksten beachtete Theorielinie. Er ist mit der Theorie der Verfügungsrechte eng verwandt und weist dem Institut des Vertrages eine ebenso dominante Stellung in der Theoriebildung zu (Ross 1973; Fama 1980). Der Ansatz formuliert organisatorische Probleme als Problem ungleich verteilter Information, konkreter als jederzeit problematisches Verhältnis zwischen Auftraggeber, dort „Prinzipal", und Auftragnehmer, dort „Agent". Der Prinzipal beauftragt aus Wirtschaftlichkeitsgründen, (z.B. Arbeitsteilung, fehlende Spezialkompetenz usw.) einen Agenten gegen Entgelt mit der Wahrnehmung bestimmter Aufgaben und überträgt ihm dazu bestimmte Verfügungsrechte. Dem Delegationsvorteil (Nutzen) des Prinzipals – oder, wenn man so will: dem Organisationsvorteil – werden die potenziellen Nachteile (Kosten) gegenübergestellt, die sich durch die gewöhnlicherweise aus der unvollkommenen Information des Prinzipals und den daraus resultierenden vertragsabweichenden Handlungsspielräumen des Agenten ergeben. Die Differenz zwischen der Situation bei vollkommener Information und der de facto realisierten nennt man „Agenturkosten" (Jensen/Meckling 1976).

Die generelle Ursache für die Agenturprobleme ist – ähnlich wie bei den beiden anderen Ansätzen – der „Opportunismus", d.h. die Gefahr, dass der Agent den Prinzipal belügt, betrügt, täuscht, also alles Mögliche unternimmt, um seinen persönlichen Vorteil zu befördern. Konkreter werden die Agenturprobleme durch folgende Umstände bestimmt: *Mangelnde Beobachtbarkeit* des Verhaltens der Agenten bei der Leistungserfüllung („hidden action"); *verdeckter Informations- oder Kompetenzvorsprung* des Agenten, d.h. das Verhalten ist zwar beobachtbar, kann aber von dem Prinzipal nicht beurteilt werden („hidden information") mit der Gefahr opportunistischer Ausnutzung („moral hazard"); ferner bereits vor Vertragsabschluss das Verschweigen *negativer*

Eigenschaften durch den Agenten mit der Gefahr der Fehlauswahl („adverse selection") und schließlich die Gefahr des *„hold up"* (Goldberg 1976; Schmitz 2001), d.h. der Agent hat einen von dem Prinzipal erst nach Vertragsabschluss erkannten Gestaltungsspielraum für die Gegenleistung und nutzt diese Lücke zu seinem Vorteil aus.

Im Kern geht es also um ein Betrugsproblem, der Prinzipal kann sich nie sicher sein, ob ihn nicht der Agent übervorteilt, d.h. einen Informationsvorsprung hat und diesen zu seinen Gunsten ausnutzt. Diese Gefahr wird umso größer eingestuft, je größer der Informationsvorsprung des Agenten ist.

Um das Delegationsrisiko bzw. Wohlfahrtseinbußen gering zu halten, kann der Prinzipal eine Reihe von Maßnahmen ergreifen; so etwa Kontrollen aufbauen, Sanktionen androhen (Reputationsverlust), das Informationssystem ausbauen, oder – und dies wird von der Agenturtheorie favorisiert – Anreize für den Agenten schaffen, so dass eine Zielabweichung in seinen Handlungen weniger wahrscheinlich wird (z.B. Gewinnbeteiligung, Verknüpfung der Entlohnung mit dem Aktienkurs). Solche risikosenkenden Maßnahmen sind indessen in der Regel teuer, insofern geht es dem Ansatz darum, solche Arrangements zu finden, die die Agenturkosten insgesamt minimieren, nicht nur das Abweichungsrisiko des Agenten (vgl. zusammenfassend Dietl 1993).

Daneben wird eine Reihe anderer gewissermaßen sekundärer Kontrollmechanismen des Agenten diskutiert, wie etwa der Arbeitsmarkt für Manager (Fama 1980) oder der Markt für Unternehmenskontrolle, gemeint ist die Einschränkung opportunistischen Verhaltens durch Übernahmegefahren (Manne 1965); diese sind aber nicht eigentlich Gegenstand der Agenturtheorie, sondern der Kapitalmarkttheorie.

Die Agenturtheorie greift ein spezielles, gewiss relevantes Problem der Organisationsgestaltung auf, das Delegationsrisiko und seine Begrenzungsmöglichkeiten, eine allgemeine Organisationstheorie wird sich auf dieses eine Element aber wohl kaum bauen lassen. Die Beiträge zu speziellen Prinzipal-Agenten-Konstellationen haben eine hohe Aufmerksamkeit gefunden, wenn auch wiederum erhebliche Einwände wegen der nahezu unlösbaren Operationalisierungsprobleme der Agenturkosten erhoben werden (Schneider 1987). Ferner sind es auch hier die Prämissen, die den Ansatz problematisch erscheinen lassen. Perrow (1986, S. 12 ff.) macht darauf aufmerksam, dass der Ansatz sich nur für den Opportunismus von Agenten, nicht aber von Prinzipalen interessiert.

7.3.4 Ressourcenbasierter Ansatz

Der **ressourcenbasierte Ansatz** oder **wissensbasierte Ansatz:** Beim so genannten ressourcenbasierten, oder auch wissensbasierten Ansatz handelt es sich ebenfalls um eine ökonomisch orientierte Organisationstheorie. Hintergrund bildet, wie auch beim Transaktionskosten- und Prinzipal-Agenten-Ansatz die Frage ob Organisation oder Märkte die effizienteren Formen zur Koordination ökonomischer Aktivitäten darstellen. Während die Transaktionskostentheorie auf niedrigere Transaktionskosten bei komplexen Leistungserstellungsprozessen und die Prinzipal-Agenten-Theorie auf bessere Kontrollmöglichkeiten der Agenten (und damit niedrigere Kontrollkosten) zur Erklärung von Organisationen abstellen, geht der Wissensbasierte Ansatz einen etwas anderen Weg. Hier wird im Kern konstatiert, dass Organisationen in der Generierung und Transferierung von spezifischem Wissen Märkten überlegen sind (Barney 1991; Grant 1996). Der Besitz von organisationsspezifischem, idiosynkratischem Wissen bilde dann die eigentliche Quelle von Wettbewerbsvorteilen. Interessant ist hier, dass mit der Annahme, dass Organisationen über je spezifisches Wissen verfügen können und dieses Wissen die eigentliche Quelle von Wettbewerbsvorteilen ausmache, sich der wissensbasierte Ansatz fundamental von einer zentralen mikroökonomischen Annahme verabschiedet: der Gleichartigkeit von Organisationen. Während in der klassisch mikroökonomischen Sichtweise davon ausgegangen wird, dass Unternehmen prinzipiell über identische Ressourcenausstattung verfügen, da Ressourcen über Märkte handelbar und damit erwerbbar wären, stellt der wissensbasierte Ansatz die These der Fungibilität wettbewerbskritischer Ressourcen infrage. Der wissensbasierte Ansatz geht davon aus, dass gerade das entscheidende, wettbewerbskritische Wissen nicht auf Märkten erworben, sondern nur innerhalb von Organisationen kreiert und transferiert werden kann.

Dieser Umstand der Nicht-Handelbarkeit wird mit der impliziten Natur des wettbewerbskritischen Wissens begründet. Gerade implizites Wissen, welches in Anschluss an Polanyi (1958) als Wissen bezeichnet wird, welches sich aufgrund seiner Körperlichkeit nicht in Worte fassen und explizieren lässt, wird als zentrale Ressource von Organisationen angesehen. Barney (1991) formuliert vier Kriterien (die so genannten VRIO Kriterien, die unternehmensinternes Wissen erfüllen muss, um eine wettbewerbskritische Ressource auszumachen: Wissen muss zum einen wertvoll (valuable) sein, d.h. es muss sich um Wissen handeln, was auf Märkten geschätzt und benötigt wird. Barney zielt hier darauf ab, dass nur Wissen von Bedeutung ist, für welches es eine prinzipielle Nachfrage gib. Weiterhin muss Wissen rar (rare) sein, d.h. es muss sich um Wissen handeln, welches nur einige wenigen Organisationen ebenfalls zur Verfügung steht. Drittens sollte das Wissen nicht-imitierbar (imperfectly-imitable) sein. Mit der Kategorie der Nicht-Imitierbarkeit zielt Barney im Kern auf die Nicht-Handelbarkeit des Wissens ab. Wissen sei dann nicht handelbar, wenn es in der Organisation historisch gewachsen ist, d.h. um ähnliches Wissen zu generieren müsste eine andere Organisation einen ähnlichen historischen Entwicklungspfad durchlaufen. Ferner kann das Wissen sozial komplex sein, es ist an bestimmte idiosynkratische, kollektive Praktiken einer bestimmten Organisation gebunden und lässt sich nicht von dieser ablösen. Zu guter Letzt kann aber auch die Wirkungsweise des Wissens von der Organisation selbst nicht gänzlich verstanden und kausal durchdrungen sein, das Wissen ist selbst kausal ambigue. Hiermit meint Barney, dass Organisationen oftmals die Zusammenhänge und Wirkungsweisen ihrer Kompetenzen selbst nicht genau durchdringen. Man denke etwa an das komplexe Zusammenspiel unterschiedlicher Ressource welches zur Schaffung eines einzigartigen Unternehmensimages notwendig ist. Wie genau sich dieses Image zusammensetzt und wie es funktioniert sei eben, so

Barney, oftmals nicht vollständig durchdringbar. Das vierte Kriterium, welches wettbewerbskritisches Wissen noch erfüllen muss ist die Nicht-Substituierbarkeit (non-substitutability). Damit ist gemeint, dass andere Unternehmen nicht durch den Besitz anderen Wissens zu ähnlichen Ergebnissen gelangen können (Äquifinalität). Nur wenn alle diese vier Kriterien gleichermaßen erfüllt sind, verfügt ein Unternehmen über Wissen, das die Generierung nachhaltiger Wettbewerbsvorteile ermöglicht.

Mit dieser Bestimmung hat der wissensbasierte Ansatz nachhaltig das Interesse an intangiblen Ressourcen befördert. Wettbewerbsvorteile werden nun in nicht-handelbaren, kausal nicht durchdringbaren und nicht-kodifizierbaren Ressourcen und Ressourcenbündeln verortet. Gerade diese Ressourcenbündel haben dazu geführt, dass der Ansatz zum so genannten kompetenzorientierten Ansatz (siehe auch die Ausführungen in Kapitel 5) weiterentwickelt wurde. Grundlage nachhaltiger Wettbewerbsvorteile liefern sogenannte organisatorische Kompetenzen, die ein nur schwer entwirrbares Bündel unterschiedlicher, idiosynkratischer Ressourcen darstellen. Insbesondere an der besonderen Art unterschiedlichste Ressourcen miteinander zu verbinden wird die spezifische Kompetenz von Unternehmen festgemacht. Ähnlich wie Wissen sind organisatorische Kompetenzen spezifische, nicht auf Märkten handelbare Fähigkeiten, die sich historisch emergent in Unternehmen herausgebildet haben.

Der Ressourcen- und Kompetenzbasierte Ansatz verweist in eine vielversprechende Richtung, die in jüngster Zeit viel Aufmerksamkeit erfahren hat. So verabschiedet sich der Ansatz doch auf ziemlich radikale Weise von den klassischen Annahmen der Mikroökonomie, wie der Handelbarkeit von Ressourcen und dem prinzipiellen Opportunismus menschlichen Verhaltens. Interessanterweise findet der wissensbasierte Ansatz in der Forschung zum strategischen Management – das ja seit jeher von der Unterschiedlichkeit von Unternehmen ausgeht – eine wesentlich breitere Rezeption als in der ökonomischen Debatte.

7.3.5 (Neo-)Institutionalistische Ansätze

Eine große Bedeutung in der Organisationstheorie kommt neuerdings den (neo-)institutionalistischen Ansätzen zu. Ausgangspunkt der institutionalistischen Forschung bildet, ähnlich wie in den situativen Ansätzen, die Frage, wodurch die formale Struktur von Organisationen geprägt wird. War man ursprünglich davon ausgegangen, dass vor allem die zum Einsatz gelangende Technologie die formale Struktur von Organisationen prägt, fanden die Neoinstitutionalisten keinen Beleg für diese These. Vielmehr spiegelte die Organisationsstruktur statt der Anforderungen, die sich aus den Anforderungen der Organisation und der verwendeten Technologie ergaben, die Vorstellungen rationaler organisationaler Gestaltung in der Umwelt der Organisation wider (Scott 1992). *Institutionalisierung* soll dann den Prozess bezeichnen, der diese kognitiven und habituellen Muster *verbindlich* macht, ihnen den Charakter von ungeschriebenen (manchmal auch geschriebenen) Gesetzen verleiht (Meyer/Rowan 1977). Die Kernthese ist nun, dass formale organisatorische Strukturen im Wesentlichen das

Ergebnis einer *Anpassung* (Isomorphie) an institutionalisierte Erwartungen (aus der institutionellen Umwelt) sind, gleichgültig, ob dies interne Effizienz fördert oder nicht (zu einem differenzierten Überblick vgl. Walgenbach/Meyer 2007).

Für die neoinstitutionalistische Schule ist die formale Struktur einer Organisation nicht in erster Linie ein zweckdienliches Werkzeug zur Integration arbeitsteiliger Prozesse (siehe Kapitel 2). Die formale Struktur wird vielmehr, so die Vorstellung, durch die Regeln und Erwartungen der Umwelt an die Organisation geprägt. Ausgangspunkt ist die These, dass in modernen Gesellschaften genaue Vorstellungen, Regeln und Annahmen darüber wie effektive und effiziente Organisationen strukturiert sein sollen, existieren. So gibt es beispielsweise die gängige Vorstellung, dass eine moderne Organisation breitflächig IT einsetzen muss, um effizient zu sein. Ähnliches gilt für die Anwendung bestimmter Managementkonzepte, wie strategische Planung, Balanced Scorecard, Techniken der Buchführung usw. Die neoinstitutionalistische Schule geht nun davon aus, dass in einer Gesellschaft feste Annahmen, Erwartungen und Vorstellungen gebildet werden, wie Unternehmen, aber auch Schulen, Universitäten oder Krankenhäuser gestaltet sein sollen, welche Aufgabe ihnen zukommt und welche nicht. Die in Organisationen vorzufindenden Strukturen, Programme und Praktiken werden vornehmlich in Reaktion auf die Erwartungen und Forderungen wichtiger Anspruchsgruppen aus der Umwelt eingerichtet, und nicht primär in Bezug auf ihre Auswirkungen auf das Arbeitsergebnis und die Effizienz der Leistungserstellung. Dem (Top-) Management kommt damit eine im Kern reaktive Rolle zu: die Organisationskompetenz wird im Wesentlichen auf die Makroebene der institutionalisierten Erwartungen, die in einer Gesellschaft bestehen, verschoben, dem Management kommt lediglich die Aufgabe zu, diese Erwartungen zu erkennen und entsprechend umzusetzen (DiMaggio/Powell 1983).

Zentral in diesem Zusammenhang ist das Konzept der Legitimität. Organisationen sind, so die Annahme, auf die Zuschreibung von Legitimität durch ihre Umwelt angewiesen, um durch die sie umgebenden Anspruchsgruppen Unterstützung zu erhalten (Zucker 1987; Meyer/Rowan 1977). Um sich den Zufluss von Ressourcen jedweder Art und damit die Überlebensfähigkeit zu sichern, sind Organisationen auf die Legitimation durch die Gesellschaft angewiesen. Organisationen, die gesellschaftlich legitimierte und rationalisierte Elemente in ihre Strukturen integrieren, maximieren somit ihre Legitimität und stellen dadurch den Ressourcenfluss und die Überlebensfähigkeit sicher.

Diese Anpassung an die Erwartungen der Umwelt vollzieht sich zwar, so die Vorstellung, auf Ebene der einzelnen Organisation. Diese Entwicklung verläuft aber parallel zu anderen Organisationen, die mit ähnlichen Erwartungen konfrontiert sind; die sich das gleiche organisationale Feld teilen. Organisationale Felder bezeichnen Gruppen von Organisationen, die sich ähnlichen Umwelterwartungen ausgesetzt sehen und ganz spezifischen Umweltanforderungen genügen müssen. Organisationen eines organisationalen Feldes sind in ein gemeinsames Sinnsystem eingebunden, ihre Handlungen sind häufig aufeinander bezogen und sie sind gemeinsamen Regulationsmechanismen ausgesetzt. Entsprechend verläuft ihre Entwicklung auch parallel, sie müssen sich denselben Umweltanforderungen beugen. Die neo-institutionalistische Schule spricht hier von Isomorphie, d.h. die Strukturgleichheit von Organisationen innerhalb eines organisatorischen Feldes (DiMaggio/Powell 1983). Organisationen gleichen sich im Laufe der Zeit den Organisationen an, die mit den gleichen Umweltbedingungen konfrontiert sind. Diese Homogenisierungstendenz ist umso stärker, je stärker das organisatorische Feld bereits vorstrukturiert ist.

DiMaggio und Powell zufolge lassen sich drei Mechanismen unterscheiden, die zur Strukturangleichung von Organisationen innerhalb eines Feldes und damit zur Übernahme institutioneller Erwartungen führen: (1) Isomorphie durch Zwang: hier wird vor allem auf die Übernahme gesetzlicher Anforderungen aber auch auf Branchenstandards abgestellt, denen sich Organisationen schlicht fügen müssen, um als legitim angesehen zu werden. Das gilt beispielsweise für die Einhaltung von Umweltschutzstandards, die Einführung von Risikomanagementsystemen, die Einrichtung von Corporate Social Responsibility (CSR) -Abteilungen (Haack et al. 2012) bis hin zur Übernahme bonusgetriebener Vergütungsinstrumente für Führungskräfte. Je größer die Abhängigkeit der Organisationen voneinander, desto eher können sie Zwang aufeinander ausüben. (2) Isomorphie durch mimetische Prozesse resultiert aus Unsicherheit heraus und wird als Strategie zur Unsicherheitsabsorption bezeichnet. Unter den Bedingungen von Unsicherheit, so die These, orientieren sich die Gestalter in Organisationen eben an anderen, ähnlich gelagerten Organisationen, um so vermeintlich Unsicherheit zu reduzieren. Häufig werden Organisationen kopiert, denen innerhalb eines Feldes eine Vorbildrolle zugesprochen wird. Das vielfach bekannte Benchmarking setzt im Prinzip an dieser Stelle an. Es wird von den vermeintlich Besten im Feld kopiert, was zu einer Strukturangleichung führt. Zu guter Letzt wird Isomorphie noch durch (3) normativen Druck erzeugt. Normativer Druck resultiert, so DiMaggio und Powell zum einen aus der ähnlichen Ausbildung und Rekrutierung von Top-Managern. Diese führe dazu, dass ein mehr oder minder identischer und damit austauschbarer Pool von Managern mit nahezu identischen Orientierungen und Qualifikationen entstehen, die Organisationen prägen. Traditionelle Unterschiede in den Organisationen werden durch diese Manager Stück für Stück ausgetrieben. Zum anderen würden Organisationen eines Feldes dazu tendieren, Manager und Mitarbeiter mit ähnlichen Hintergründen und Karriereverläufen zu rekrutieren (Delmestri 2006), was die Neigung, Probleme in ähnlicher Weise anzugehen und die gleichen Praktiken anzuwenden, deutlich verstärkt.

Die These von der Angleichung der Strukturen im Sinne eines Isomorphismus durch Zwang ist allerdings im Institutionalismus nicht unumstritten. So liefern insbesondere Meyer und Rowan (1977) eine andere Interpretation der Angleichungstendenzen. Nach Meyer und Rowan sind Organisationen zwar konstitutiv auf Legimitation durch ihre Umwelt angewiesen, d.h. sie müssen nach außen hin Konformität mit den Umwelterwartungen signalisieren. Im Innenverhältnis sind Organisationen aber, so die These, dazu in der Lage sich von diesen Erwartungen zu entkoppeln. Die Anpassung an institutionelle Erwartungen fände dann nur auf der Oberfläche statt, die tatsächlichen Strukturen einer Organisation, also vor allem die informellen Praktiken, könnten hingegen erheblich von den formalen Strukturen abweichen (siehe dazu ausführlicher Kapitel 5). Organisationen müssten in diesem Sinne nach außen hin Anpassung gewissermaßen vortäuschen, im Binnenverhältnis hätten sie dann sehr wohl Spielraum für eigene Ausgestaltungen und Abweichungen.

Es ist offenkundig, dass der Neo-Institutionalismus die Rolle des Managements in der Steuerung von Organisationen eher gering schätzt. Folglich vertreten viele durch den Institutionalismus inspirierte Studien die These, dass sich der Einsatz bestimmte Managementkonzepte weniger einer rationalen Wahl verdanke, sondern vielmehr der aktuellen Mode geschuldet sei (Abrahamson 1996, Kieser 1997). Die Markierung von Managementkonzepten wie CSR oder shareholder value als Moden soll zum Ausdruck bringen, dass Organisationen im Kern nur bestimmten Trends folgen, die Sinnhaftigkeit der Konzepte zur Unternehmenssteuerung spielt dabei nur eine untergeordnete Rolle. Unternehmen, so die These, bleibt im Kern gar nichts anderes übrig, als sich diesen Trends anzupassen und beispielsweise eine CSR-Abteilung einzurichten, unabhängig davon für wie sinnvoll sie dies erachten und ob es eine tatsächliche Verhaltensänderung bewirkt.

Insgesamt lassen sich mit institutionalistischen Ansätzen die Verbreitung und auch die Anpassung von Unternehmen an bestimmte Managementkonzepte und –ideen gut erklären. Es bleibt allerdings fraglich, ob man sich auf eine solch reaktive Logik von Unternehmenssteuerung beschränken kann und will. Wirtschaftlicher Erfolg ist mit einem solchen Anpassungsmodell ja kaum erklärbar, Unternehmen folgen gewissermaßen „sinnlos" dem, was gerade in Mode ist, am Ende zählt aber doch die Frage, ob es gelungen ist, einen Betrieb wirtschaftlich zu führen. Anstelle die Sinnhaftigkeit einzelner Konzepte zur Steuerung von Unternehmen inhaltlich zu beleuchten und ihre Vor- und Nachteile kritisch abzuwägen, belassen es institutionalistische Ansätze vornehmlich bei der Beschreibung und Erklärung ihrer Verbreitung. Dies ist zweifelsohne eine sehr verkürzte, fast schon zynische Sichtweise, denn der inhaltliche Kern der beleuchteten Ansätze interessiert im Prinzip nicht. Ob man damit im Sinne einer aufgeklärten Unternehmenssteuerung gut beraten ist, erscheint zumindest zweifelhaft. Gerade die unten dargelegten systemtheoretischen Ansätze nehmen hier eine gänzlich andere Sichtweise ein, betonen sie doch viel stärker die Gestaltungsaufgabe als dies in institutionalistischen Ansätzen der Fall ist. So scheint es doch durchaus eine lohnenswerte Diskussion zu sein, ob und inwieweit Konzepte wie ISO 9000 das Potenzial haben, die Effizienz von Unternehmen zu erhöhen oder ob Bestrebungen von Unternehmen, sich um Nachhaltigkeit zu bemühen, nicht doch eine echte und auch glaubwürdige Verhaltensänderung mit sich bringen können.

7.3.6 Systemtheoretische Ansätze

Die Systemtheorie hatte von Anfang an eine starke Anziehungskraft auf die Organisationstheorie. Das systemtheoretische Denken selbst hat jedoch im Laufe der Zeit sehr unterschiedliche Phasen durchlaufen und dadurch erhebliche Veränderungen erfahren, ebenso unterschiedlich waren dementsprechend auch die Impulse, die von ihr auf die Organisationstheorie ausgingen. Der Einfluss der Systemtheorie war häufig mehr *indirekter* Natur insofern, als sie zu bestimmten Perspektiven und Denkweisen angeregt hat (z.B. Kontingenztheorie der Organisation oder sozio-technischer Ansatz), ohne jedoch selbst Organisationstheorie im engeren Sinne zu werden.

Der Beginn des systemtheoretischen Denkens war im Wesentlichen *morphologisch* geprägt. Systeme wurden (aus nie ganz geklärten Gründen heraus) als Ganzheiten definiert, die aus untereinander verbundenen Teilen bestehen. Der Blick ist nach innen gerichtet, auf den *Systemaufbau*, d.h. auf die *Elemente*, ihre Verknüpfungen und die Eigenschaften dieser Verknüpfungen. So definiert z.B. Grochla (1972) ein System „als eine Gesamtheit miteinander in Beziehung stehender Elemente“ (S. 15). Die Eigenschaften und Verhaltensweisen von Systemen bestimmen sich dementsprechend durch die Elemente selbst und die „Art und Häufigkeit der Beziehungen zwischen den Elementen“ (ebenda). Theoretisch gesehen war der darin enthaltene Hinweis auf die Interdependenz und vernetzte Wirkungsketten bedeutsam. Die Perspektive erwies sich jedoch als zu statisch, die Systemlogik war – analog zur klassischen Organisationslehre – reine Aufbaulogik.

1. Kybernetik. Im Zuge der Rezeption der Kybernetik (griechisch: Steuermannskunst) als fortgeschrittener Phase hat vor allem das Regelkreisschema Eingang in das organisatorische Denken gefunden. Mit dem *Regelkreis* wird ein Steuerungsprozess beschrieben, der auf der Basis genau vorgegebener Prämissen autonom funktioniert. Dem System (z.B. Thermostat) ist ein Sollwert vorgegeben; kommt es zu Abweichungen, so setzt das System autonom vorher definierte Korrekturen in Gang, um den programmierten Soll-Zustand wieder herzustellen. Die Rückkopplung, d.h. die laufende Information darüber, ob der Soll-Zustand eingehalten ist bzw. ob die in Gang gesetzten Korrekturen den Soll-Zustand wieder herstellen konnten, hat dabei auch organisationstheoretisch besonders große Aufmerksamkeit gefunden.

Insgesamt erwies sich das Regelkreisschema jedoch als zu *mechanistisch*, als dass darauf eine auch nur annähernd tragfähige organisatorische Konzeption hätte aufgebaut werden können. Das alte schon bei den Klassikern verwendete Leitbild der Organisation als Maschine tauchte mit der Kybernetik in anderem Gewande wieder auf. Wieder sollte alles regelbar, von einem Steuerpult her exakt bestimmbar sein. Der Mensch taucht in der kybernetischen Organisationswelt allenfalls als „Störung“ auf (sieht man einmal von der programmierenden Steuerinstanz ab).

Diese für die Kybernetik typische Hinwendung zur „Störung", die sich beim Thermostat z.B. als Temperaturabfall zeigt, hat jedoch indirekt den Anstoß für ein neues Paradigma in der Organisationstheorie gegeben. Die kybernetische Systemtheorie (Ashby 1956; Wiener 1963) thematisierte nämlich erstmals das Verhältnis von System und Umwelt als Problem von Konstanz und Veränderung. Im Mittelpunkt der Überlegungen steht die Frage, wie System-Konstanz in einer sich verändernden Umwelt aufrechterhalten werden kann. Die Stabilität eines Systems wurde damit erstmals nicht als Wesenszug von Systemen (ontologischer Ansatz), sondern als Problem definiert, und zwar als ein Problem, das es fortwährend zu lösen gilt (Luhmann 1973, S. 155 f.). Wichtig für die Fortentwicklung der systemtheoretischen Organisationstheorie war auch, dass die Kybernetik einen Regelungsmechanismus entwarf, der den Eintritt bestimmter Umweltveränderungen nicht vorhersehen muss, sondern sie aktuell registriert und über rasche Rückkopplung kompensiert.

So wichtig diese Perspektivenerweiterung war, so muss doch – wie bereits angesprochen – gesehen werden, dass das Regelkreisschema nur ein spezielles, rigide programmiertes Regelproblem erfasst, eine *mechanische Reiz-Reaktions-Koppelung*, bei der auf genau spezifizierte Umweltveränderungen eine und nur eine richtige Systemleistung passt (Luhmann 1973, S. 161).

2. Strukturell-funktionale Systemtheorie. Im Fortlauf hat sich die Systemtheorie sehr eng mit dem *funktionalistischen* Forschungsansatz verbunden, der vor dem Hintergrund des Motivs der Bestandserhaltung von Systemen nach der objektiven Zweckbestimmung systemischer Strukturen und Prozesse fragt (vgl. zu einer sehr frühen Erörterung dieses Ansatzes Büchners berühmte Probevorlesung in Fokus 7.3; dort als „teleologischer Standpunkt" bezeichnet).

Für die Organisationstheorie sind aus dem funktionalistischen Denken äußerst bedeutsame Impulse geflossen, die die Organisationstheorie bis zum heutigen Tage stark beeinflussen (Parsons 1960). Die funktionalistisch orientierte Systemtheorie studiert die Organisationsstruktur als *Problemlösung*, als eines von vielen Mitteln, das Systemen zur Verfügung steht, um ihr Bestandsproblem zu lösen. Die Organisationsstruktur wird im Wesentlichen als ein Mittel angesehen, das hilft, Umweltkomplexität kleinzuarbeiten, und zwar dergestalt, dass die Reduktionsleistungen in voraussehbarer Weise an verschiedenen Stellen im System erfolgen, so dass nicht überall die gesamte Komplexität erfasst und reduziert werden muss. Darüber hinaus stellen Organisationsstrukturen sicher, dass komplexe Systeme intern integrierbar bleiben (zur detaillierten Ausarbeitung dieser Perspektive vgl. Luhmann 1973).

Ausgangspunkt der Überlegungen ist eine komplexe bestandskritische Umwelt, in der zu handeln ohne eine signifikante (Komplexitäts-) Reduktionsleistung überhaupt nicht möglich ist. Systeme werden als Handlungseinheiten begriffen, die die Probleme einer komplexen und veränderlichen Umwelt in einem kollektiven arbeitsteiligen Leistungsprozess bewältigen, um ihren Erhalt zu gewährleisten (Luhmann 1973, S. 39 ff.).

Fokus 7.3

Probevorlesung über Schädelnerven

„Es treten uns auf dem Gebiete der physiologischen und anatomischen Wissenschaften zwei sich gegenüberstehende Grundansichten entgegen, die sogar ein nationales Gepräge tragen, indem die eine in England und Frankreich, die andere in Deutschland überwiegt. Die erste betrachtet alle Erscheinungen des organischen Lebens vom teleologischen Standpunkt aus; sie findet die Lösung des Rätsels in dem Zweck der Wirkung, in dem Nutzen der Verrichtung eines Organs. Sie kennt das Individuum nur als etwas, das einen Zweck außer sich erreichen soll, und nur in seiner Bestrebung, sich der Außenwelt gegenüber teils als Individuum, teils als Art zu behaupten. Jeder Organismus ist für sie eine verwickelte Maschine, mit den künstlichen Mitteln versehen, sich bis auf einen gewissen Punkt zu erhalten. Das Enthüllen der schönsten und reinsten Formen im Menschen, die Vollkommenheit der edelsten Organe, in denen die Psyche fast den Stoff zu durchbrechen und sich hinter den leichtesten Schleiern zu bewegen scheint, ist für sie nur das Maximum einer solchen Maschine. Sie macht den Schädel zu einem künstlichen Gewölbe mit Strebepfeilern, bestimmt, seinen Bewohner, das Gehirn, zu schützen, – Wangen und Lippen zu einem Kau- und Respirationsapparat, – das Auge zu einem komplizierten Glase, – die Augenlider und Wimpern zu dessen Vorhängen; – ja die Träne ist nur der Wassertropfen, welcher es feucht erhält. Man sieht, es ist ein weiter Sprung von da bis zu dem Enthusiasmus, mit dem Lavater sich glücklich preist, dass er von so was Göttlichem, wie den Lippen, reden dürfe.

Die teleologische Methode bewegt sich in einem ewigen Zirkel, indem sie die Wirkungen der Organe als Zwecke voraussetzt. Sie sagt zum Beispiel: soll das Auge seine Funktion versehen, so muss die Hornhaut feucht erhalten werden, und somit ist eine Tränendrüse nötig. Diese ist also vorhanden, damit das Auge feucht erhalten werde, und somit ist das Auftreten dieses Organs erklärt; es gibt nichts weiter zu fragen, – die entgegengesetzte Ansicht sagt dagegen: die Tränendrüse ist nicht da, damit das Auge feucht werde, sondern das Auge wird feucht, weil eine Tränendrüse da ist, oder, um ein anderes Beispiel zu geben, wir haben nicht Hände, damit wir greifen können, sondern wir greifen, weil wir Hände haben. Die größtmöglichste Zweckmäßigkeit ist das einzige Gesetz der teleologischen Methode; nun fragt man aber natürlich nach dem Zwecke dieses Zweckes, und so macht sie auch ebenso natürlich bei jeder Frage einen progressus in infinitum."

Quelle: Georg Büchner (1836)

Die Komplexität der Umwelt bearbeiten, heißt zunächst einmal, dass Systeme in sich *Strukturen* schaffen müssen, die eine Bewältigung der Umweltbezüge ermöglichen. Eine komplexe Umwelt erfordert die Schaffung einer komplexen Binnenstruktur, um die vielfältigen Umweltbezüge erfassen und aufarbeiten zu können. Dabei darf jedoch das grenzerhaltende (identitätsstiftende) Komplexitätsgefälle zwischen System und Umwelt nicht verloren gehen.

Das bekannteste Muster der Verarbeitung komplexer Umwelten ist die organisatorische Ausbildung von *Subsystemen*, die eine Spezialisierung auf bestimmte Systemfunktionen ermöglichen, z.B. stabilisierende Subsysteme, innovierende Subsysteme, außenbezogene Subsysteme, integrierende Subsysteme. In manchen Organisationen gibt es Subsysteme, die auf die Absorption von externer Unsicherheit spezialisiert sind. Sie puffern damit andere interne Subsysteme, wie z.B. die Produktion, gegen zu viele Schwankungen in den Bedingungen ab und stellen für sie (künstlich) stabilisierte Entscheidungssituationen her; etwa, um mit quantifizierten Produktionsplanungssystemen arbeiten zu können (Thompson 1967).

System/Umwelt-Bezug heißt aber auch, dass Veränderungen in der Umwelt immer wieder neue Probleme für das System stellen. Und es bedeutet zugleich, dass Systeme fortwährend vom Zerfall bedroht sind (Entropie), nämlich dann, wenn sie keine Antwort auf die sich neu entwickelnden Problemkonstellationen finden. Die Bestandserhaltung stellt sich daher als permanentes Problem, sie wird durch eine einmal gefundene Selektionsleistung nicht dauerhaft gelöst (Luhmann 1973, S. 39 ff.).

3. Theorie selbstreferentieller Systeme. In der nachfolgenden, für die Entwicklung der Organisationslehre ebenfalls sehr bedeutsamen Phase wird das System nicht mehr länger nur als Anpasser konzeptualisiert, sondern man geht vielmehr davon aus, dass das System/Umwelt-Verhältnis *interaktionaler* Natur ist, d.h. eine Unternehmung bzw. ein System steht unter starkem Umwelteinfluss, hat aber auch selbst die Möglichkeit, gestaltend auf die Umwelt einzuwirken (z.B. Maurer 1971). Systeme – so die Annahme – besitzen eine begrenzte Autonomie gegenüber der Umwelt.

Eine lange favorisierte Sonderperspektive stellte den Umformungsprozess von Ressourcen in den Vordergrund, in dem sie Systeme durch den Zyklus: Input-Throughput-Output charakterisierte. Das System ist demnach gewissermaßen doppelt geöffnet zur Input- und zur Outputseite hin und trotzdem (oder gerade dadurch) kann es seinen Bestand sichern. Indem das System Umweltbeziehungen aufnimmt und damit Abhängigkeiten eingeht, ist es in der Lage, sich in der Umwelt zu behaupten und Autonomie aufzubauen. Unabhängigkeit und Abhängigkeit von der Umwelt wurden damit in der Theoriegeschichte erstmals als keine sich wechselseitig ausschließenden Systemmerkmale mehr gesehen (Luhmann 1997, S. 64).

Den theoretischen Hintergrund bildete zunächst das biologische Konzept der Homöostase; Ziel sollte es sein, das prästabilisierte Systemgleichgewicht zu wahren, um auf diese Weise das Überleben des Systems sicherzustellen. Die problematische Gleichgewichtskonzeption wurde später unter dem maßgeblichen Einfluss Luhmanns von der *Theorie grenzerhaltender Systeme* abgelöst: Die Diskussion um die Frage der *Grenzziehung* zwischen System und Umwelt ließ bald die Probleme einer allzu engen Analogie zur Biologie – wie anfangs betrieben – offenbar werden. Soziale Systeme „sterben“ nicht und haben deshalb auch keine natürlichen Grenzen. Die Rede vom „Überleben“ ist nur in einem sehr abstrakten Sinne zu verstehen, gemeint können damit immer nur historische Systemzustände sein, die sich letztlich einer normativen Setzung verdanken. Dies machte im Fortlauf eine Unterscheidung zwischen Natur-Systemen und sozialen Systemen notwendig. Soziale Systeme haben keine physisch erfahrbaren Systemgrenzen.

Die neuere Systemtheorie macht deutlich, dass Grenzziehung und -definition eine Leistung ist, die das soziale System selbst erbringt; die Grenze ist eine soziale Konstruktion. Der Prozess der Grenzbildung ist abstrakt gesprochen die Herstellung einer *Differenz* von System und Umwelt. Konkreter geht es darum, bestimmte Handlungsmuster zu schaffen, die es aus der Sicht des Systems ermöglichen, in die Komplexität der Welt, in das Übermaß an Möglichkeiten, eine Ordnung zu legen, d.h. in spezifischer Weise einzuengen, zu reduzieren und zu verarbeiten. Dieses selbst erzeugte Innen/Außen-Raster ist die Folie, die bestimmte Ereignisse überhaupt erst zu Umweltereignissen macht bzw. auf der Ereignisse überhaupt erst Informationswert gewinnen (Luhmann 1982, S. 16). Dieser „konstruktivistische" Perspektivenwechsel kann auch als *selbstreferentielle Wende* in der Systemtheorie bezeichnet werden. Alle Systemoperationen beziehen sich auch auf sich selbst, weil sie das selbst erzeugte Raster allen weiteren Operationen zugrunde legen und insoweit auf sich selbst beziehen. Systeme können sich also von der Umwelt abgrenzen, aber nur als eigene Operation im System (Schoeneborn 2011). Paradoxerweise müssen sich Systeme also erst einmal schließen (Schaffung eines grenzstiftenden Sinnrasters), um sich dann der Umwelt öffnen zu können. Die Rede vom „offenen System" wurde deshalb aufgegeben.

5. Autopoiesis. In der Nachfolge wurde eine radikale Umorientierung der Theorie selbstreferentieller Systeme vorgeschlagen (Luhmann 1984); sie soll an die aus der Biologie stammende Theorie der *Autopoiesis* (Varela 1979; Maturana 1985) angeschlossen werden. Kernidee ist, dass ein System nicht nur die Strukturen selbst erzeugt, sondern auch die Elemente aus denen es besteht. Analog zur Zellbiologie werden Elemente als zeitliche Operationen begriffen, die fortlaufend zerfallen und unaufhörlich durch die Elemente des Systems selbst reproduziert werden müssen. Das (Haupt-) Interesse der Systemtheorie verschiebt sich damit von der Grenzbildung und -änderung zur Konstitution und Verzeitlichung ihrer Elemente. Ob diese (erneute) „Biologisierung" der Theorie selbstreferentieller Systeme eine wesentliche Bereicherung darstellt und damit gleichlaufend die Organisationstheorie bereichern kann, ist bis dato mehr als strittig (vgl. z.B. Lipp 1987; Bühl 1992, Kastl 1998). Unabhängig von diesem speziellen Seitenast findet jedoch die Theorie selbstreferentieller Systeme im Verein mit der konstruktivistischen Perspektive zunehmende Akzeptanz als Grundlagentheorie in den Organisationswissenschaften.

Neben der allgemeinen konzeptionellen Fundierung einer umweltoffenen Denkrichtung in der Organisationslehre hat die Systemtheorie auch zu zahlreichen speziellen Theoriebildungen Anlass gegeben. Große Aufmerksamkeit haben die folgenden drei Strömungen auf sich gezogen:

Ressourcen-Abhängigkeits-Theorie. Beiträge zu diesem Ansatz (Thompson 1967; Pfeffer/Salancik 1978; Pfeffer 1987, Wry et al. 2013) knüpfen am Input-Output-Schema an. Sie verdichten den weitläufigen System/Umwelt-Bezug auf ein zentrales Problem, nämlich die Abhängigkeit von externen Ressourcen. Organisationen benötigen – so der Ausgangspunkt – zur Leistungserstellung Ressourcen verschiedener Art, über die sie in der Regel nicht selbst, sondern externe Organisationen verfügen. Es steht damit zwangsläufig in zahlreichen engen Austauschbeziehungen zu anderen Organisationen (vertikaler Leistungsverbund). Der Grad, in dem dieser Leistungsaustausch zur *Ressourcenabhängigkeit* wird, hängt ab von dem Ausmaß, in dem die Unternehmung Ressourcen benötigt, die eine andere Organisation besitzt, und inwieweit auch andere Organisationen der Unternehmensumwelt die benötigten Ressourcen anbieten (oder Substitute verfügbar sind). Ressourcen-Abhängigkeit, die bei einem Vorhandensein von Großabnehmern analog auch zur Outputseite hin entsteht, zieht eine Reihe von Unwägbarkeiten, also *Ungewissheit* nach sich, die die Effizienz des täglichen Leistungsvollzugs bedrohen und die Planung zukünftiger Aktivitäten behindern. Das Unternehmen muss daher – um seinen Bestand zu sichern – bestrebt sein, diese Unwägbarkeiten soweit als möglich beherrschbar zu machen. Neben internen Vorkehrungen (Abpufferung, Flexibilisierung usw.) kommt dazu primär der Aufbau kooperativer Beziehungen zu den ressourcenkritischen Systemen in Frage. Der Ressourcen-Abhängigkeits-Ansatz zeigt eine ganze Skala solcher Kooperationsstrategien zur Steigerung der Umweltkontrolle auf. Sie reichen von der Kooptation über den Abschluss langfristiger Verträge bis hin zum Joint Venture (vgl. dazu im Einzelnen Kapitel 4).

Evolutionstheorie. Eine andere neuere Strömung in der Organisationstheorie, die an Themen der Systemtheorie anschließt, ist der populationsökologische oder allgemeiner der *evolutionstheoretische Ansatz* (Hannan/Freeman 1977; McKelvey/Aldrich 1983; Staber 2002). Dieser ebenfalls der Biologie entlehnte Ansatz – dort entwickelt für die Artengeschichte von Tieren und Pflanzen – interessiert sich primär für den evolutionären Ausleseprozess und versucht die Frage zu beantworten, weshalb bestimmte Systeme bzw. Systempopulationen (z.B. Branchen) ihr Überleben sichern können, andere dagegen nicht. Die Idee ist, dass die Umwelt – wie in der Natur – aus der Vielfalt der Systeme/Populationen diejenigen ausfiltert, die sich an die speziellen externen Gegebenheiten nicht oder eben nicht hinreichend angepasst haben. Unangepasste Systeme werden ausgelesen, neue Systeme entstehen, der evolutorische Prozess formt die Entwicklung und Zusammensetzung der System-Population durch die Dynamik von Variation, Selektion und Retention. Die Entwicklung wird als offen gedacht; neue Mutationen und „Fluktuationen" führen zu einer Veränderung der Bestandsbedingungen, die neue Systementwicklungsprozesse und Neugründungen durch Abspaltung in Gang setzen usw.

Vom Ergebnis her führt der evolutionstheoretische Ansatz in ein Paradox – zumindest für die Organisationstheorie. Die Bedeutung der organisatorischen Systemgestaltung tritt zurück zugunsten eines völlig unbeherrschbaren Ausleseprozesses, der noch nicht einmal seine zukünftige Ausleselogik preisgibt. In der Konsequenz treten Glück und Zufall als zentrale Erklärungsfaktoren für den Erfolg in den Vordergrund; nicht das Unternehmen, sondern die Umwelt optimiert (Hannan/Freeman 1977). Der Ansatz zeigt aber für spezielle Fragestellungen relativ gute Erklärungsmöglichkeiten, so z.B. Mortalitätsraten (Insolvenzraten) oder Überlebenswahrscheinlichkeiten neugegründeter Organisationen (z.B. Brüderl et al. 1995).

Theorie interorganisationaler Beziehungen. Aufbauend auf dem System/Umwelt-Paradigma konzentriert sich dieser Ansatz zum einen auf organisierte Umwelten und deren Bedeutung für die fokale Organisation. Das praktische Interesse gilt dem Management dieser externen Beziehungen und den Strategien, die dafür zur Verfügung stehen (Benson 1975). Das Thema Kooperationen zwischen Organisationen gewinnt dabei immer stärker an Interesse (z.B. Rogers/Whetten 1982; Ring/Van de Veen 1992; Dyer/Singh 1998). Diese Studien verweisen bereits auf den *zweiten Strang* dieser Forschungsrichtung, der sich mit *Organisationskollektiven* und insbesondere *Netzwerken* beschäftigt (z.B. Cook 1977; Aldrich/Whetten 1981; Sydow 2006). Gegenstand der Forschung sind hier die verschiedenen Formen der Kollektive (Partnerschaften, Netzwerke usw.) und die Erklärung ihrer Entstehung, die Beziehungen innerhalb wie auch zwischen Kollektiven und ihre Steuerung. Ein besonderes Augenmerk liegt auf Ergebnis- und Effizienzvergleichen mit anderen Organisationsformen und dem Markt (vgl. dazu im Einzelnen Kapitel 3).

7.3.7 Postmoderne Organisationstheorie

Seit einiger Zeit entwickelt sich in der Organisationstheorie eine neue Gruppe von Ansätzen, denen von Anfang an sehr viel Aufmerksamkeit zuteilwurde, und zwar gleichermaßen von Praktikern wie Theoretikern. Man kann sie etwas vergröbernd als postmoderne (oder pragmatische) Ansätze bezeichnen. Als besonders einflussreich erwiesen sich von theoretischer Seite die Arbeiten von Berger/Luckmann (1966), Weick (1969), Foucault (1977) und Lyotard (1999). Es ist schwer, ein geschlossenes Bild von diesen Strömungen zu vermitteln, zu unterschiedlich sind die einzelnen Ideen und Konzepte und zu unübersichtlich sind die verschiedenen Stoßrichtungen (einen Überblick gibt Czarniawska-Joerges 2000). Dennoch zeichnen sich einige Grundlinien ab, die den Unterschied zu den anderen organisationstheoretischen Ansätzen deutlich markieren. Dies soll anhand von *drei Kernthemen* gezeigt werden:

1. Rationalität
2. Symbolisch-konstituierte Organisationswelt
3. Objektivität

1. Rationalität. Ausgangspunkt vieler dieser Arbeiten ist eine kritische Auseinandersetzung mit dem herkömmlichen Rationalitätsbegriff, wie er konstitutiv für die Organisationslehre war als einer Wissenschaft der Rationalisierung kooperativer Leistungsbezüge. Sie relativieren die Rationalität sowohl als Denkstil als auch als Gestaltungspraxis. Ein Teil der Ansätze verweist auf die negativen Wirkungen des herkömmlichen Rationalitätsbegriffs und fordert ein relativiertes und erweitertes Rationalverständnis (Quinn 1988). Sie wollen zeigen, dass der herkömmliche lineare Rationalitätsbegriff eine viel zu enge Perspektive hat und wesentliche Problemstellungen ignoriert oder, schlimmer noch, falsch thematisiert. Konzeptionell spielen

Paradoxien in diesem Denken eine große Rolle, so ist es z.B. ein besonderes Anliegen, die Erfolgswirksamkeit nach herkömmlicher Lesart irrationaler Handlungen herauszustellen (z.B Brunsson 1982, Ortmann 2003). Oder es werden administrative Reformen nicht als außerordentliche Anstrengung zum organisatorischen Wandel markiert, sondern als Routinen, die zur Stabilisierung von Systemen beitragen. Reformen generieren Reformen im Sinne einer rekursiven Stabilisierung von Praktiken (Brunsson 2006).

Andere Beiträge analysieren die Funktion, die der Rekurs auf das herkömmliche Rationalitätsdenken in organisatorischen Prozessen hat und verweisen dabei auf so unterschiedliche Funktionen wie Sinnstiftung ex post factu, Rechtfertigungsideologie oder Aufbau legitimatorischer Fassaden. Auf keinen Fall aber wird das Rationalmodell als Widerspiegelung der tatsächlichen Logik organisatorischen Handelns akzeptiert. Wie auch immer im Einzelnen geprägt die herkömmliche Rationalität wird nur noch als eines von vielen möglichen Weltbildern angesehen; sie wird entthront, jede überragende objektive Qualität in Abrede gestellt. Das vorherrschende wissenschaftliche und organisatorische Denken wird als faktisch dominante, aber in keiner Weise irgendwie überlegene Form des „Geschichtenerzählens“ „entziffert“ (Boje 1991), auch um dessen Vorherrschaft und Orthodoxie zu durchbrechen.

2. Symbolisch-konstituierte Organisationswelt. Ein zweiter, eng mit dem eben Gesagten verwandter Kerngedanke kennzeichnet die organisatorische Welt als symbolisch konstituiert. Eine Reihe von Grundlagenströmungen findet Eingang in diesen organisationstheoretischen Denkansatz: Symbolischer Interaktionismus, Symbolischer Realismus, Französischer Symbolismus u.a. (einen Überblick gibt Czarniawska-Joerges 2000). Die symbolische Konstitution von Organisationen wird als „generischer Prozess“ begriffen (Morgan et al. 1983, S. 5). Damit soll in erster Linie darauf hingewiesen werden, dass die Organisationsmitglieder auf der Basis von Interpretationen und Bedeutungen handeln und interagieren. Die Bedeutungen entstehen in der Interaktion und sind insofern sozial konstruiert.

Die Referenzpunkte im organisatorischen Handeln (Regeln, Normen, Richtlinien, Räume, Gebäude usw.) werden durch *Symbole* repräsentiert, denen eine entsprechende Bedeutung zugeschrieben wird. Diese Interpretation wird in der Regel von der Interaktionsgemeinschaft geprägt/konstruiert („Symbolischer Interaktionismus“, Blumer 1986). Ein reflexiver Handlungsaufbau ist ohne Bedeutungszuweisung bezogen auf Symbole nicht möglich. Bezogen auf Organisationen bedeutet dies, dass das ganze organisatorische Leben – und nicht nur einige offenkundige Dinge wie das Firmenlogo oder das Firmengebäude – von Symbolen und symbolischer Interaktion geprägt ist. Die gesamte organisatorische Handlungspraxis wird symbolisch reproduziert und repräsentiert. Jede Gemeinschaft, und somit auch jede Organisation, erschließt sich mit eigenen Interpretationsmustern und einem eigenen Symbolsystem die Welt („sensemaking“, Weick 1995). Die Mitgliedschaft in dieser *symbolischen Sinngemeinschaft* prägt das Denken und Handeln der Organisationsmitglieder. Wer solchermaßen symbolisch bestimmtes Handeln verstehen will – so lautet die zwingende Schlussfolgerung –, muss sich den symbolischen Sinn von Zeichen und Ereignissen erschließen, den die betreffende Organisationsgemeinschaft in ihrer täglichen Interaktion diesen zu verleihen gewohnt ist. Das gilt für neu in eine Organisation eintretende Mitglieder wie für Außenstehende (Kunden, Berater, Wissenschaftler usw.) gleichermaßen.

Dieses Interesse an der Bedeutung symbolischer Prozesse für Struktur und Dynamik organisatorischen Handelns hat zur Entwicklung eines speziellen Forschungszweiges geführt, der dieser ganzen Ideenschule innerhalb der Organisationstheorie zum Durchbruch verholfen hat. Gemeint ist die *Organisationskultur-Forschung* (Smircich 1983; Alvesson 2002 zu einer ausführlichen Darstellung vgl. Kapitel 5).

Organisationen werden als je spezifische Kulturen (Symbolsysteme) verstanden, deren implizite Handlungsgrundlage nur über die Erschließung der verwendeten Deutungsmuster (Zuschreibung von Bedeutungen) verstehbar wird (Hanappi-Egger 2011). Organisationskultur wird als Ergebnis eines kollektiven Entwicklungsprozesses begriffen; die einzelnen Organisationsmitglieder entwickeln in Auseinandersetzung mit den Aufgaben und den Bestandsproblemen sukzessive kollektive Orientierungs- und Wertemuster, die in einem ausgeprägten Symbolsystem ihren Niederschlag finden.

Organisationskulturen werden heute allerdings nicht nur symbolisch ausgedeutet (zu den verschiedenen Zugängen vgl. Martin 2002). Heute steht die kognitive Perspektive im Vordergrund (Walsh 1995; Schneider/Angelmar 1993). Organisationskulturen werden als *kognitive Muster* verstanden, die eine kulturelle Gemeinschaft zur Erschließung der Welt und als Grundlage der Verständigung verwendet. Das Interesse gilt demzufolge den gemeinsam geteilten kognitiven Mustern. Über sie und nur über sie kann die organisatorische Realität und der Sinnbezug organisatorischer Handlungen erschlossen werden.

Im Hinblick auf die *praktische Umsetzung* hat man aus dieser Denkrichtung Ideen zur bewussten Schaffung von Symbolen und symbolischen Handlungen abgeleitet, die unter dem Stichwort *„Symbolisches Management"* bekannt wurden (etwa Pfeffer 1981; Fiss/Zajac 2006). Eine solche instrumentalistische Umsetzung ist es aber andererseits gerade, die in der Literatur auf energische Kritik stößt. Der Verdacht der Manipulation liegt allzu nahe (Krell/Weiskopf 2006).

3. Objektivität: Ein dritter Ideenstrang ist für diese Gruppe von Ansätzen kennzeichnend. Es ist die grundlegende Skepsis gegenüber dem Objektivitätsbegriff und der positivistischen Forschungstradition. Objektive Erkenntnis im Sinne eindeutiger Evidenz wird zugunsten eines subjektiv-relativierten Verständnisprozesses zurückgedrängt, der wissenschaftliche Erkenntnis und Alltagswissen gleichsetzt.

Ein „wahres" oder „objektives" Bild der Organisation, „wie es wirklich ist", schreiben Westerlund/Sjöstrand (1981, S. 33), „gibt es nicht". An die Stelle der Richtigkeit tritt die Idee der „vielen Wahrheiten". Dies gelte es zu akzeptieren, die Suche nach objektiver Wahrheit führe nur zu Indoktrination.

Den methodischen Hintergrund bildet der sog. *Konstruktivismus,* eine auf (den späten) L. Wittgenstein (1963) aufbauende Schule, die die sprachliche Verfasstheit von „Wirklichkeit" betont: „Die Grenzen meiner Sprache bedeuten die Grenzen meiner Welt", (Wittgenstein 1963). Die Wirklichkeit, die wir als objektiv erfahren, ist nichts anderes als eine Eigenschöpfung, eine soziale Konstruktion (Berger/Luckmann 1966). Im Vordergrund stehen die verschiedenen Konstruktionen („Sprachspiele") der Wirklichkeit, begleitet von der These, dass ein objektives Urteil über die Wahrheit der Konstruktion nicht möglich ist. Realität ist Konstruktion. Alles wird zurückgebunden an die Perspektive der jeweiligen Konstrukteure, an die *Zeit* und an den sozialen *Raum* des Entstehungsprozesses. Geschaffen wird ein Sinnsystem, das die Ereignisse als Realität interpretiert. Statt sich auf die ohnehin vergebliche Suche nach Objektivität zu begeben, erfolgt die Aufforderung, die Vielfalt zu ertragen und sie zu nutzen.

Der methodische Konstruktivismus setzt sich allerdings von dieser radikalen Subjektivierung ab. Zwar teilt er die Abkehr vom Positivismus, der die Realität als objektive Größe begreift, betont aber die Möglichkeit der Transzendierung der Subjektivität durch die argumentative Verständigung. Im Zentrum steht der intersubjektive Dialog, in dem Konsens über die Richtigkeit von Argumenten erzielt werden kann. Das damit erzielte Ergebnis ist auch sozial konstruiert, aber nicht willkürlich, sondern auf methodischem Wege (vgl. hierzu Kamlah/Lorenzen 1973; Habermas 1981).

Die Plattform, auf der diese Diskussion in jüngerer Zeit gebündelt weitergeführt wird, ist die *Theorie der Postmoderne* (insbesondere Lyotard 1999; Foucault 1981) und spezieller die postmoderne Organisationsanalyse (vgl. die Beiträge in Hassard/Parker 1993). Durch die Arbeiten von Lyotard konzentriert sich die Diskussion der Postmoderne sehr stark auf die Entwicklung von Wissen und auf die verschiedenen Arten von Wissen, in Gesellschaft und Organisationen. Im Unterschied zur Moderne, die für sich Einheitlichkeit in der Orientierung und die Überlegenheit des (natur-)wissenschaftlichen Wissens in Anspruch nimmt, diagnostiziert Lyotard das Ende einer solchen Einheitslogik („Ende der Metaerzählung"). An Stelle eines Generaldiskurses tritt eine Vielzahl von separaten Diskursen, die sich im Prinzip untereinander ausschließen und damit auch einer Verschmelzung im Sinne eines Konsenses entziehen. Postmoderne Autoren gehen noch einen Schritt weiter, man will auch keine Einheitlichkeit als Ziel mehr, denn dies bedeute Totalitarismus und Unterdrückung. Die These lautet also „irreduzible Pluralität". In der europäischen Organisationstheorie gibt es eine große Bereitschaft, diese Perspektive aufzunehmen.

Am meisten Aufmerksamkeit haben die Studien zu postmodernen Organisationsformen auf sich gezogen. Sie übertragen die Gedanken der Vielfalt, Inkommensurabilität und Prozesshaftigkeit auf die Organisationsgestaltung und postulieren: Abbau hierarchischer Schranken, um der *Vielfalt* Platz zu schaffen; Ermutigung, die eigene Perspektive mitzuteilen; Interesse an anderen Perspektiven wecken; die Institutionalisierung von „Konversationen"; polyzentrischer Aufbau; hohe Flexibilität und variierende Grenzen usw. (Blaschke et al. 2012). Wobei nicht unbeachtet bleibt, dass dominante „Diskurse" latente Barrieren darstellen (so vor allem Clegg 1990; 1994; einen Überblick gibt Holtbrügge 2001).

Es sei jedoch nicht unerwähnt gelassen, dass diese Orientierung, nicht nur das Tor für die Vielfalt öffnet, sondern auch die Gefahr mit sich bringt, dass Irrwege und Ideologien jedweder Art eine unumstößliche Existenzberechtigung erfahren, gestützt von der relativistischen Formel, die die Idee von Wahrheit und kritischer Reflexion selbst zum Mythos erklärt und damit keine Grenzen mehr setzen kann (Schreyögg/Geiger 2007).

7.3.8 Organisationale Praktiken

In jüngster Zeit hat die Postmoderne- Diskussion vor allem die Forschung zu organisationalen Praktiken inspiriert, setzen sich doch hier viele der zentralen Grundthemen in neuem Gewand fort (Brown/Duguid 2000; Orlikowski 2002; Gherardi 2006; 2012; Feldman/Orlikowski 2011; Nicolini 2013). In den Vordergrund wird in Anlehnung an den wieder entdeckten philosophischen Pragmatismus (zusammenfassend Margolis 2002) die Bewältigung der Praxis durch erfolgreiches Handeln gestellt. Ausgangspunkt war die von der Postmoderne so sehr vorangetriebene Wissensdebatte. Obgleich die Practice-Forschung auf ganz unterschiedlichen Forschungstraditionen beruht, die aus der Soziologie entlehnt sind (Bourdieu 1972; Foucault 1973; Giddens 1984), aus der Aktivitätstheorie (Engeström 2014), aus der Ethnomethodologie (Garfinkel 1967; Fox 2006) und der pragmatischen Philosophie (Dewey 1922; Turner 1994), teilen sie doch einige zentrale Grundeinsichten zur Natur von Praktiken. Praktiken werden dabei als komplexe, soziale Handlungsmuster verstanden, die im Zeitablauf emergent entstanden sind und sich nicht auf individuelle Handlungsvollzüge reduzieren lassen. Praktiken stellen sich somit als ein Zusammenspiel materieller, mentaler, affektiver und kultureller Ressourcen dar, die in Handlungsmustern aktiviert werden. Beim Verknüpfen der unterschiedlichen Ressourcen handelt es sich um einen kreativen Akt, wobei in einem ständigen generativen Prozess neue Ressourcen im Zuge des Praktizierens geschaffen werden. Das primäre Erklärungsinteresse der Practice-Forschung gilt der sozialen Einbettung individueller Akteure in Praktiken. Insofern untersucht die Practice-Forschung die Evolution sozialer Verhaltensmuster und Strukturen und deren Einfluss auf individuelle Akteure, bzw. umgekehrt, den Einfluss individueller Akteure auf soziale Praktiken. Praktiken spiegeln, erhalten und reproduzieren die spezifischen Normen und Werte einer praktizierenden Gemeinschaft; sie legen fest und institutionalisieren, was innerhalb einer Gruppe legitimierweise gesagt und getan werden kann. Diese oftmals eher verdeckt und unreflektiert ablaufenden Institutionalisierungsprozesse führen dazu, dass Praktiken sich als relativ stabile Handlungsmuster, die sozial wahrnehmbar sind, etablieren. Bourdieu, einer der prominentesten Vertreter der soziologischen Practice-Forschung zeigt in seinen sehr interessanten Studien auf, wie sich die Klassen einer Gesellschaft entlang von unterschiedlichen Praktiken ausdifferenzieren. Die spezifische Art im Restaurant das Fischmesser zu verwenden oder die unterschiedlichen Arten sich zu begrüßen oder der ausdifferenzierte Gebrauch von Sprache und die Verwendung von Jargons reflektieren unterschiedliche Praktiken, die für bestimmte Gesellschaftsschichten kennzeichnend sind. Als Außenseiter ist man mit diesen Praktiken, die im Zuge der Sozialisation erlernt werden, nicht vertraut, was ein Überwinden von Klassengrenzen sehr schwer macht, so die These von Bourdieu.

In der Organisationsforschung wurde diese Practice-Perspektive auf vielfältige Art und Weise aufgegriffen. Unter dem programmatischen Titel „bringing work back in" fordern Barley und Kunda (2001) die Organisationsforschung auf, sich wieder verstärkt dem eigentlichen Tun in Organisationen zu widmen und nicht abstrakte Strukturen und Erfolgsgrößen als abhängige Variablen zu studieren. Mit der Practice-Forschung verbindet sich daher eine Hinwendung zu den eher informellen (Mikro-) Aktivitäten der Organisationsmitglieder. Im Anschluss an die Postmoderne verbindet sich mit dem bisweilen auch als Practice-turn (Schatzki 2001) beschriebenen Paradigma aber noch weit mehr: Practice-Forschung versteht sich dabei vor allem als Gegenpol zu (1) positivistischen, (2) kognitivistischen und (3) rationalistischen Tendenzen in der Organisationsforschung und lehnt (4) Dualismen strikt ab (Geiger 2009):

1. Knowing als Prozess: Die Practice-Forschung wendet sich ganz entschieden gegen einen objektiven Wissensbegriff. Wissen ist hier nichts Abstraktes das nach Maßgabe wissenschaftlicher Kriterien unter kontrollierten Bedingungen gewonnen wird, sondern Wissen entsteht als Teil jedweder Praktik und ist unmittelbar in dieser Praktik verortet. Wissen soll ganz allgemein für die Beherrschung von Handlungsvollzügen stehen, also mit dem Handeln eine unauflösliche Einheit bilden. Um den Unterschied zu markieren, soll deshalb an die Stelle des „knowledge" das „knowing" treten. Die Praxis resultiert aus dem Tun, wird erworben und durch rekursive Reproduktion (Giddens 1984) gesichert und fortgesetzt. Wenn Organisationsmitglieder ihre Praktiken verändern, so ändert sich damit zugleich ihr „knowing". Knowing ist somit unmittelbar an die jeweilige Praktik gebunden und wird durch den Prozess des Praktizierens generiert und weiterentwickelt.

2. Knowing als nicht-kognitiver Prozess: Practice-Forschung wendet sich aber auch von der Vorstellung ab, Wissen sei ein primär kognitives Konstrukt. Wissen wird nicht in individuellen Kognitionen verortet sondern als etwas, das Praktiker gemeinsam tun. Wissen wird ferner nicht auf Kognitionen reduziert, sondern umfasst auch körperliche Fähigkeiten, ästhetische Eindrücke, Gefühle, Geschmack usw. Dies wird durch eine Vielzahl von Studien belegt, die sich der Besonderheit der Herstellung von Flöten, erstklassigen Geigen oder dem Decken eines Daches beschäftigen. All diese Studien zeigen auf, dass die Praktiker den Herstellungsprozess nur sehr unvollständig beschreiben und kognitiv durchdringen konnten. Sie verweisen vielmehr auf ihre Erfahrung und ihr Gefühl, das es braucht, um erfolgreiche Praktiken hervorzubringen. Daraus wird der Schluss gezogen, dass Wissen, welches in Praktiken aufgeht, die unterschiedlichsten Elemente enthält und nur z.T. überhaupt verstehbar ist.

3. Knowing als nicht-rationalistischer Prozess: Wissen ist demnach nicht Ausfluss rationaler, wissenschaftlicher Methoden, sondern ist zu großen Teilen implizit, nicht-reflexiv und an unmittelbare Handlungsvollzüge gebunden. Es entzieht sich damit einer rationalen Durchdringung und Beurteilung entlang von Wahrheitskriterien.

4. Dualität statt Dualismus: Zentral für die Practice-Forschung ist die Zurückweisung jeglicher Dualismen. So wird z.B. ganz entschieden die Unterscheidung zwischen objektivem und subjektivem Wissen abgelehnt. Wissen ist demnach niemals entweder objektiv oder subjektiv, sondern enthält beide Bestandteile, bzw. ist untrennbar mit beidem verbunden. Ähnliches gilt für die Unterscheidung zwischen Bewusstsein und Körperlichkeit oder für die Unterscheidung zwischen Struktur und Prozess. Bei all diesen Unterscheidungen handelt es sich bestenfalls um analytische Kategorien, in der jeweiligen Praktik sind sie jedoch im Prozess des Handelns nicht voneinander trennbar (Farjoun 2010). In Anlehnung an Giddens (1984) wird auf die Dualität von Struktur und Agency verwiesen. Beides bedingt sich wechselseitig und bringt sich innerhalb von Praktiken überhaupt erst hervor. Das Eine ist nicht ohne das Andere zu denken. Anstelle die Unterschiede und das Trennende von zwei Konstrukten zu studieren hält die Practice-Forschung dazu an, die Dynamiken der wechselseitigen Konstitution in den Blick zu nehmen. Hier wird bisweilen, unter Rückgriff auf Latour (2005), von einer relationalen Ontologie gesprochen. D.h. Konzepte gewinnen nicht für sich selbst genommen Seinsqualitäten, sondern sind überhaupt erst in Relation zu anderen Konstrukten versteh- und analysierbar. Dies bedingt zugleich die Ablehnung einer Hierarchie zwischen den Konstrukten, bspw. die Bevorzugung von Objektivität gegenüber Subjektivität usw. Phänomene existieren überhaupt erst in Beziehung zueinander und gerade diese rekursiven Beziehungen sind dem Paradigma der Practice-Forschung folgend von besonderem Interesse. Diese Verortung des Erkenntnisinteresses beinhaltet auch, dass soziale Ordnungen, wie sie durch Praktiken repräsentiert werden, nicht ohne die Rolle der individuellen Agenten, die an ihrer Produktion und Reproduktion mitwirken, verstanden werden können. Die Dualität zwischen den Agenten und der soziale Praktik, an der sie teilhaben, rückt damit in das Zentrum des Interesses. Folglich kommt dem Akteur in der Practice-Forschung ganz neue Aufmerksamt zu.

Der Practice-Forschung folgend, stellen sich Organisationen mithin als ein Feld historisch gewachsener, sozial konstruierter und miteinander verknüpfter Praktiken dar, die in einem ständigen Prozess der Erneuerung und Institutionalisierung begriffen sind. Insgesamt handelt es sich somit bei organisationalen Praktiken um historisch gewachsene, kollektive, wahrnehmbare und gelebte Handlungsmuster, die formelle und informelle Elemente sowie explizite und implizite Bestandteile umfassen und ganzheitliche Handlungsvollzüge, d.h. nicht nur isolierte Handlungen, sondern Handlungskomplexe in ihrem Kontext, abzubilden versuchen. Insofern – das sei hier nur kurz zur Klärung angefügt – ist das Konzept der organisationalen Praktik auch nicht mit dem deutschen Wort Praxis, im Sinne einer Differenz zwischen Theorie und Anwendung zu verwechseln.

Dieser programmatische Unterbau wird in der aktuellen Organisationsforschung auf unterschiedliche Art aufgegriffen und findet in verschiedenen Feldern verstärkt Anwendung. Besonders einflussreich ist die Practice-Forschung gegenwärtig in der Debatte um organisationale Routinen, in der Technologieforschung, in der Wissens- und Lernforschung sowie in der Strategiediskussion.

1. Routinen als Praktik: Routinen werden hier als soziale Praktik begriffen, die sich im Modus der ständigen Veränderbarkeit befinden. Im Unterschied zur klassischen Perspektive werden Routinen hier ganz bewusst nicht als formale Regeln konzipiert, sondern es wird das tatschliche, aus formalen Regeln folgende Verhalten studiert. Ausgangspunkt bildet die Überlegung, dass formale Strukturen Verhalten niemals determinieren können und Akteure in spezifischen Situationen ständig von diesen formalen Verhaltenserwartungen abweichen. Feldman und Pentland (2003) schlagen demnach vor, zwischen dem ostensiven Aspekt einer Routine, also dem Verständnis von der Routine, und dem performativen Aspekt, der eigentlichen, beobachtbaren ausführenden Handlung, zu unterscheiden. In Anlehnung an die Practice-Forschung wird im Sinne einer Dualität zwischen ostensiven und performativen Aspekt davon ausgegangen, dass beide in einer rekursiven Beziehung zueinander stehen: die Idee, die ein Akteur von einer Routine hat leitet seine Performanz an, während die eigentliche Performanz wiederum die Vorstellung, die ein Akteur von der Routine hat, modifiziert. Diese Dualität von Struktur und Handlung ist mithin für die konstatierte Dynamik organisationaler Routinen verantwortlich. Organisatorische Regeln und Programme werden, genau wie Technologie oder Werkzeuge als Artefakte konzeptionalisiert, die ebenfalls, wenn auch in einer ex-ante unbestimmbaren Art und Weise, sowohl auf die Vorstellung, als auch auf die Performanz der Routine Einfluss nehmen. Eine Vielzahl von Studien widmet sich in jüngster Zeit den Mechanismen, die besser erklären sollen, unter welchen Bedingungen Routinen eher stabile und wann Routinen eher flexible Charakteristika aufweisen. Praktisch bedeutsam ist sicherlich die Einsicht, dass das Schaffen von Artefakten – also detaillierte Prozessbeschreibungen, Regelhandbücher und dergleichen –nicht mit der eigentlichen Routine gleichzusetzen ist; vielmehr können Akteure dennoch ständig anderes Verhalten aufweisen. Es wird mithin deutlich, dass diese Routine-Perspektive den Akteur und das von ihm gezeigte Verhalten in den Vordergrund der Betrachtung rückt.

2. Wissen und Lernen als Praktik: Wie bereits ausgeführt nahm die Practice-Forschung zumindest in der Organisationstheorie bei Studien zu Wissen und Lernen ihren Ausgangspunkt. Wissen wird, wie oben dargelegt, als Bestandteil organisationaler Praktiken angesehen; es entsteht in und „klebt" gewissermaßen an diesen Praktiken (Brown/Duguid 2001). Knowing, so die Vorstellung, konstituiert sich in und als Teil einer Praktik, die gleichzeitig das Wissen einer Gemeinschaft widerspiegelt. Von Interesse ist nun, wie solches Wissen in Organisationen nutzbar ge-

macht und transferiert werden kann. Vor allem das Konzept der „Communities-of-practice" hat in diesem Zusammenhang einige, vor allem auch praktische, Bedeutung erlangt. Bei Communities-of-practice handelt es sich um selbstorganisierende Gruppen, die in Unternehmen emergent rund um eine bestimmte organisationale Praktik entstanden sind. Diese Gemeinschaften werden nun als zentrale Wissensträger identifiziert und es wird der Frage nachgegangen, wie man aus Unternehmenssicht solche Gemeinschaften am besten steuern und fördern kann. Ferner beschäftigt sich die Forschung mit der Frage, wie Wissen über die Grenzen solcher Gemeinschaften hinweg transferiert werden kann.

3. Auch die Strategieforschung hat in jüngster Zeit an die Practice-Forschung angeschlossen. Kernanliegen ist es, Unternehmensstrategie nicht länger als den großen strategischen Plan zu verstehen, der in regelmäßigen Abständen in Unternehmen erstellt wird, sondern vielmehr hinter die eigentlichen Praktiken zu blicken, die das strategische Tun in Organisationen ausmachen (Whittington 2007; Seidl/Whittington 2014). Diese „strategy-as-practice"-Strömung geht der Frage nach, wie Strategien in Unternehmen tatsächlich entstehen und welche Praktiken hinter Strategieentstehungsprozessen stehen. Ein solches Prozessverständnis von Strategie knüpft damit unmittelbar an die frühen Überlegungen von Mintzberg an. Besonders hervorgehoben wird hierbei die Rolle von Akteuren im Strategieprozess. Strategie meint hier nicht einen abstrakten Plan, sondern das, was Akteure tatsächlich tun, d.h. wie sie Strategie definieren, sie mit Sinn füllen und tagtäglich leben. Untersucht wird dabei z.B. die Rolle von Meetings auf Strategiebildungsprozesse oder der Einfluss bestimmter Techniken wie z.B. Flipcharts oder PowerPoint auf die Strategiebildung. Bedeutsam sind in diesem Zusammenhang sicherlich die Entthronung des rationalen Planungsansatzes und die Öffnung der Strategiediskussion für Emergenz, Zufälle und unerwartete Ereignisse.

Ganz gleich was man von den einzelnen Strömungen der Practice-Forschung im Detail halten mag, so bietet sie dennoch einige nicht unerhebliche Vorzüge für die Organisationsforschung. Zuvorderst bietet das Konzept der sozialen Praktik einen ganzheitlichen Zugang zu organisationalen Handlungsabläufen und rekonstruiert das, was Organisationen tatsächlich tun. Hiermit wiederholt sich im Grunde etwas, das Mintzberg in Bezug auf Managerverhalten in den 1970er Jahren erforscht hat, auf organisationaler Ebene. Mit der Frage „Was machen Organisationen eigentlich wirklich?" und der minutiösen Erfassung, Beschreibung und Analyse organisationaler Handlungsvollzüge liegt ein zentraler Schlüssel, die Emergenz, Prozessualität und Inkrementalität von Organisationen besser zu verstehen. Insgesamt rückt eine Practice-Perspektive die Forschung näher an die „Lebenswirklichkeit" der Organisation heran und bleibt eben nicht bei zu einfachen Erklärungsmustern, einer Fixierung auf formale Strukturen und ‚espoused theories' stehen.

Zweitens wird mit dem Konzept der organisationalen Praktiken ein wesentlicher Aspekt von Organisationen in den Mittelpunkt gestellt, nämlich die Prozessualität des organisationalen Geschehens. Eine Practice-Perspektive kann einen wichtigen Beitrag zum besseren Verständnis faktischer organisationaler Prozesse leisten und rückt die traditionelle Organisationsforschung weg von der Fixierung auf Ablaufdiagramme und simplen Business-Process-Reengineering (BPR) Programme, die ein unterkomplexes, idealisiertes Bild organisatorischer Abläufe zeichnen. Es ist geradezu entschiedenes Bestreben der Practice-Forschung, die Komplexität, Historizität und Kontextgebundenheit organisatorischer Prozesse zu erfassen.

Drittens wird mit dem Konzept der organisationalen Praktik die Idiosynkrasie von Organisationen deutlich markiert. Organisationen sind in diesem Sinne eben nicht nur prozessuale, sondern eben auch historische und damit immer auch nicht-triviale Maschinen. Das Verständnis dieser z.T. hochgradig eingebetteten und impliziten Handlungsvollzüge kann wesentlich zur besseren Klärung von komplexen Konstrukten wie etwa organisationalen Kompetenzen beitragen. Damit wird sowohl die Ausdifferenzierung im Hinblick auf strukturelle als auch kulturelle „Eigenarten" der Organisation aus ihrem historischen Entwicklungsprozess heraus abbildbar gemacht. Mittels einer Practice-Perspektive lässt sich gleichsam hinter die „Fassade" der Organisation blicken und ihre historisch gewachsenen, kulturellen Eigenarten erfassen, die einer formalen Organisationsanalyse verborgen bleiben. Viertens bietet die Practice-Forschung auch eine methodische Ergänzung klassischer betriebswirtschaftlicher Forschung an, indem sie versucht, hinter die formale und deklarative Fassade von Unternehmen zu blicken. Das methodische Spektrum zur Erfassung organisationaler Praktiken ist relativ breit gestreut, setzt aber ausschließlich bei qualitativen Verfahren an. Ziel ist es einen interpretativen, explorativen Zugang zu organisationalen Phänomenen zu gewinnen, Zusammenfassung

Vorstehende Darlegungen und Diskussionen sollten einen gerafften Überblick über zentrale Entwicklungslinien der Organisationstheorie, ihre vielfältigen Strömungen, ihre Denkweisen und ihre Kontroversen geben. Abbildung 7.5 stellt die verschiedenen Ansätze noch einmal übersichtsartig zusammen, das dabei zugrunde gelegte Bild eines mäandernden Flussbettes soll anzeigen, dass trotz aller Unterschiedlichkeit auch viel Gemeinsamkeit vorhanden ist; ansonsten könnte man ja auch schwerlich rechtfertigen, von einer Disziplin zu sprechen oder einen gemeinsamen Oberbegriff zu verwenden. Wer vor Ort arbeitet, sieht hauptsächlich die Differenz zu konkurrierenden Arbeiten; wer aus der Ferne beobachtet, sieht dagegen die Arbeiten an Problemen der Organisation viel näher zusammen.

Abbildung 7.5: *Strömungen der Organisationstheorie*

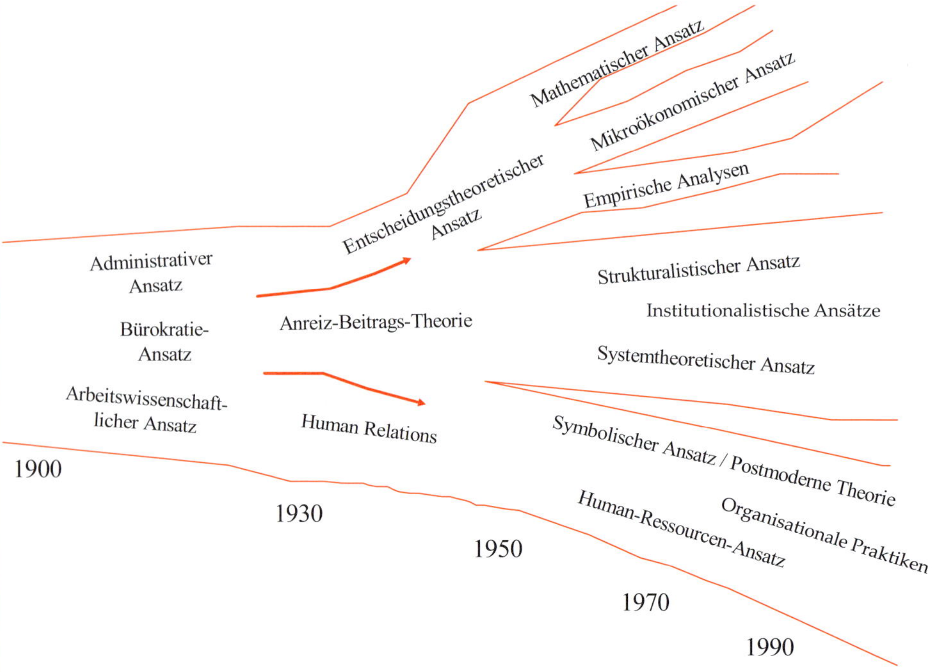

Wie schon bei der Darstellung der einzelnen Ansätze deutlich geworden ist, stehen sich nicht nur die historischen Entwicklungsstränge, sondern auch die Perspektiven der Modernen Organisationstheorien in durchaus unterschiedlichem Verhältnis gegenüber. Manche Perspektiven ergänzen sich, andere stehen neutral nebeneinander und wieder andere befinden sich schließlich in schroffem Widerspruch zueinander. Eine integrative Gesamtsichtweise ist deshalb nur schwer herstellbar, weder in dem Sinne, dass alle Perspektiven „unter einem Dach" vereinigt, noch in dem Sinne, dass alle Perspektiven *beliebig* nebeneinander oder nacheinander verwendet werden könnten. Ohne Selektion und weitere Ordnung ist es schwer, eine sinnvolle Verfahrensweise zu gewinnen.

Diskussionsfragen

1. Welche Rolle kommt der Organisationsgestaltung im Taylorismus zu?
2. In welches Verhältnis setzt Fayol die Organisation zur Planung?
3. Weshalb nimmt der Begriff der Herrschaft, speziell der legalen Herrschaft, im Ansatz Webers eine so herausragende Stellung ein?
4. Diskutieren Sie Webers Auffassung, wonach die Bürokratie die effizienteste Form großbetrieblicher Organisation ist.
5. Welchen Impuls gaben die Hawthorne-Experimente in der Entwicklung der Organisationstheorie?
6. Skizzieren Sie die Kern-Aussage der Anreiz-Beitrags-Theorie.
7 Welche Bedeutung hat Barnards „Zone der Indifferenz“ für die Stabilität von Organisationen?
8. Welche Veränderung erfährt der Human-Relations-Ansatz durch den Human-Ressourcen-Ansatz?
9. Inwiefern kann die Organisationsstruktur den Verlauf von Entscheidungsprozessen beeinflussen?
10. Was versteht man unter „Transaktionskosten“?
11. Warum konstruiert der Transaktionskosten-Ansatz die hierarchische Organisation nicht als Teil des Marktes sondern als seine Alternative?
12. Welches Organisationsproblem bearbeitet der Prinzipal-Agenten-Ansatz?
13. Skizzieren Sie den entscheidenden Unterschied zwischen der Kybernetik und der Theorie selbstreferentieller Systeme.
14. Welches Rationalitätsverständnis verfolgt der postmoderne Ansatz?
15. Welcher Unterschied wird heute zwischen „Knowledge“ und „Knowing“ gemacht?
16. „The first responsibility of a leader is to define reality“. Diskutieren Sie diesen Satz von Max de Pree (ehem. CEO/Herm. Miller Corp.) im Lichte der neueren Organisationstheorie.
17. Was versteht man unter „organisationalen Praktiken“?

Literaturempfehlungen

Barney, J. B. (1991): Firm resources and sustained competitive advantage, in: Journal of Management 17 (1), S. 99-120.

→ *Mitbegründer des wissensbasierten Ansatzes*

Crozier, M./Friedberg, E. (1979): Macht und Organisation (Übers. a. d. Franz.), Königstein, Ts.

→ *Zentraler Beitrag zum Verständnis von Macht und Mikropolitik in Organisationen*

Cyert, R. M./March, J. G. (1963): A behavioral theory of the firm, Englewood Cliffs, NJ.

→ *Wegbereiter der verhaltenswissenschaftlichen Organisationsforschung*

DiMaggio, P./Powell, W. W. (1983): The iron cage revisited: Institutional isomorphism and collective rationalities in organizational fields, in: American Sociological Review 48 (2), S. 147-160.

→ *Zentraler Aufsatz zum Institutionalismus*

Geiger, D./Koch, J. (2008): Von der individuellen Routine zur organisationalen Praktik. Ein neues Paradigma für die Organisationsforschung?, in: ZFBF: Schmalenbachs Zeitschrift für betriebswirtschaftliche Forschung 60, S. 693-712.

→ *Überblick zur Entwicklung der Practice-Forschung*

Gherardi, S. (2006): Organizational knowledge: The texture of workplace learning, Malden, Mass.

→ *Fundierte Einführung in die Practice-Forschung*

Gherardi, S. (2012): How to conduct a practice-based study: Problems and methods. Cheltenham.

→ *Gute Einführung in das spezifische methodische Instrumentarium der Practice-Forschung*

Jensen, M. C./Meckling, W. H. (1976): Theory of the firm: Managerial behavior, agency, costs and ownership structure, in: Journal of Fanancial Economics 3 (4), S. 305-360.

→ *Zentraler Beitrag zur Prinzipal-Agenten-Theory*

Luhmann, N. (1984): Soziale Systeme. Grundriss einer allgemeinen Theorie, Frankfurt a.M.

→ *Zentrales Werk zur Systemtheorie*

McGregor, D. (1960): The human side of enterprise, New York.

→ *Begründer der Human-Relations Schule*

Meyer, J. W./Rowan, B. (1977): Institutionalized organizations: Formal structure as a myth and ceremony, in: American Journal of Sociology 83 (2), S. 340-363.

→ *Zentraler Beitrag zum Verständnis der neo-institutionalistischen Organisationstheorie*

Schreyögg, G (1999): Organisation und Postmoderne. Grundfragen — Analysen — Perspektiven. Wiesbaden.

→ *Aktueller Überblick zum Einfluss der Postmoderne auf die Organisationstheorie*

Weber, M. (1976): Wirtschaft und Gesellschaft, 5. Aufl., Tübingen.

→ *Klassiker der bürokratischen Organisationsgestaltung*

Williamson, O. E. (1975): Markets and hierarchies, analysis and antitrust implications: a study in the economics of internal organization, New York.

→ *Begründer der Transaktionskostentheorie*

Literaturverzeichnis

Abell, P. (1975): Organizations as bargaining and influence systems, London.

Abolafia, M. Y./Kilduff, M. (1988): Enacting market crises: The social construction of a speculative bubble, in: Administrative Science Quarterly 33 (2), S. 177-193.

Abrahamson, E. (1996): Management fashion, in: Academy of Management Review 21 (1), S. 254-285.

Adler, P. S. (2001): Market, hierarchy, and trust: The knowledge economy and the future of capitalism, in: Organization Science 12 (2), S. 215-234.

Adler, P. S./Goldoftas, B./Levine, D. I. (1999): Flexibility versus efficiency? A case study of model changeovers in the Toyota production system, in: Organization Science 10 (1), S. 43-68.

Adler, P. S./Heckscher, C. (2006)(Hrsg.): The firm as a collaborative community: Reconstructing trust in the knowledge economy, Oxford.

Adler, P. S./Kwon, S.-W. (2002): Social capital: Prospects for a new concept, in: Academy of Management Review 27 (1), S. 17-40.

Aguilera, R. V./Jackson, G. (2003): The cross-national diversity of corporate governance: Dimensions and determinants, in: Academy of Management Review 28 (3), S. 447-465.

AKNA (2000): Weiterentwicklung der Arbeitsorganisation (am Beispiel Gruppenarbeit) in der Fahrzeugmontage, in: IfaA (Hrsg.): Arbeitsorganisation in der Automobilindustrie – Stand und Ausblick, Köln, S. 186-205.

Alderfer, C. (1972): Existence, relatedness and growth, New York.

Aldrich, H. E. (1979): Organization and environment, Englewood Cliffs, NJ.

Aldrich, H. E./Whetten, D. A. (1981): Organization-sets, action-sets, and networks: Making most of simplicity, in: Nystrom, P. C./Starbuck, W. H. (Hrsg.): Handbook of organizational design, Oxford, 385-408.

Allison, G. (1971): Essence of decision: Explaining the Cuban missile crisis, Boston.

Allport, G. W. (1937): Personality: A psychological interpretation, New York.

Alvesson, M. (1993): Cultural perspectives on organizations, Cambridge.

Alvesson, M. (2012): Understanding organizational culture. London.

Alvesson, M./Sandkull, B. (1988): The organizational melting-pot: An arena for different cultures, in: Scandinavian Journal of Management 4, S. 135-145.

Ambrosini, V./Bowman, C. (2002): Mapping successful organizational routines, in: Huff, A. S./Jenkins, M. (Hrsg.): Mapping Strategic Knowledge, London, S. 19-45.

Andresen, M./Imhof, S. (2013): Die Messung des Glücks von Arbeitnehmern im Rahmen von Mitarbeiterbefragungen. In: Domsch, M. E./ Ladwig, D. (Hrsg.): Handbuch Mitarbeiterbefragung, S. 289-310.

Ansoff, H. I. (1965): Corporate strategy: An analytic approach to business policy for growth and expansion, New York.

Argote, L. (2012): Organizational learning: Creating, retaining and transferring knowledge, New York.

Argyres, N. S./Felin, T./Foss, N./Zenger, T. (2012): Organizational economics of capability and heterogeneity, in: Organization Science 23 (5), S. 1213-1226.

Argyris, C. (1957): Personality and organization, New York.

Argyris, C. (1964): Integrating the individual and the organization, New York.

Argyris, C. (1975): Das Individuum und die Organisation, in: Türk, K. (Hrsg.): Organisationstheorie, Hamburg, S. 215-233.

Argyris, C. (1976): Single-loop and double-loop models in research on decision making, in: Administrative Science Quarterly 21 (3), S. 363-375.

Argyris, C. (1982): Reasoning, learning and action, San Francisco.

Argyris, C. (1985): Strategy, change and defensive routines, Boston.

Argyris, C. (1990): Overcoming organizational defenses, Boston.

Argyris, C./Schön, D. A. (1978): Organizational learning: A theory of action perspective, Reading, Mass.

Aronoff, C. (1975): The rise of the behavioral perspective in selected general management textbooks: An empirical investigation through content analysis, in: Academy of Management Journal 18 (4), S. 753-768.

Arthur, W. B. (1994): Increasing returns and path dependency in the economy, Ann Arbor.

Asan, U./Bozdag, C./Polat, S. (2004): A fuzzy approach to qualitative cross impact analysis, in: Omega 32 (6), S. 443-458.

Ashby, W. R. (1956): Introduction to cybernetics, New York et al.

Ashforth, B. E./Clark, M. A./Fugate, M./Kreiner, G. E. (2007): Normalizing dirty work: Managerial tactics for countering occupational taint, in: Academy of Management Journal 50 (1), S. 149-174.

Ashforth, B. E./Fried, Y. (1988): The mindlessness of organizational behaviors, in: Human Relations 41 (4), S. 305-329.

Ashforth, B. E./Kreiner, G. E. (1999): 'How Can You Do It?': Dirty Work and the Challenge of Constructing a Positive Identity, in: Academy of Management Review 24 (3), S. 413-434.

Ashkenas, R./Ulrich, D./Jick, T./Kerr, S. (2002): The boundaryless organization: Breaking the chains of organizational structure, 3. Aufl., San Francisco.

Asmussen, C. G./Pedersen, T./Petersen, B. (2007): How do we capture "Global Specialization" when measuring firms' degree of globalization?, in: Management International Review 47 (6), S. 791-813.

Astley, W. G. (1985): The two ecologies: Population and community perspectives on organizational evolution, in: Administrative Science Quarterly 30 (2), S. 224-241.

Astley, W. G./Fombrun, C. J. (1983): Collective strategy: Social ecology of organizational environments, in: Academy of Management Review 8 (4), S. 576-587.

Auer, M. (1994): Personalentwicklung und betriebliche Mitbestimmung. Eine mikropolitische Analyse, Wiesbaden.

Baetge, J./Schewe, G./Schulz, R./Solmecke, H. (2007): Unternehmenskultur und Unternehmenserfolg: Stand der empirischen Forschung und Konsequenzen für die Entwicklung eines Messkonzeptes, in: Journal für Betriebswirtschaft 57 (3-4), S. 183-219.

Baker, T./Miner, A. S./Eesley, D. T. (2003): Improvising firms: Bricolage, account giving and improvisational competencies in the founding process, in: Research Policy 32 (2), S. 255-276.

Balsmeier, B./Dilger, A./Lingens, J. (2010): Fluktuation von Vorständen und personelle Verflechtungen in DAX-Unternehmen, in: Zeitschrift für Betriebswirtschaft 80 (10), S. 1007-1026.

Bandler, R. J./Grinder, J. (1982): Reframing. Neurolinguistic programming and the transformation of meaning, Moab, Utah.

Bandura, A. (1986): Social foundations of thought and action. A social cognitive theory, Englewood Cliffs, NJ.

Bañuls, V. A./Turoff, M. (2011): Scenario construction via Delphi and cross-impact analysis, in: Technological Forecasting and Social Change 78 (9), S. 1579-1602.

Barad, K. (2003). Posthumanist performativity: Toward an understanding of how matter comes to matter, in: Signs 28 (3), S. 801–831.

Barley, S. R. (1983): Semiotics and the study of occupational and organizational culture, in: Administrative Science Quarterly 28 (3), S. 393-413.

Barley, S. R. (1996): Technicians in the workplace: Ethnographic evidence for bringing work into organizational studies, in: Administrative Science Quarterly 41 (3), S. 404-441.

Barmeyer, C. I./Davoine, E. (2007): Internationaler Transfer von Unternehmenskulturen. Fallstudien zur Rezeption von Unternehmenswerten und Verhaltenskodizes in deutschen und französischen Tochtergesellschaften, in: Oesterle, M.-J. (Hrsg.): Internationales Management im Umbruch, Wiesbaden, S. 257-289.

Barnard, C. I. (1938): The functions of the executive, Cambridge, Mass.

Barnett, W. P./Hansen, M. T. (1996): The red queen in organizational evolution, in: Strategic Management Journal 17 (1), S. 139-157.

Barney, J. B. (1986): Organizational culture: can it be a source of sustained competitive advantage?, in: Academy of Management Review 11 (3), S. 656-665.

Barney, J. B. (1991): Firm resources and sustained competitive advantage, in: Journal of Management 17 (1), S. 99-120.

Bartel, R. (1990): Organisationsgrößenvor- und -nachteile. Eine strukturierte Auswertung theoretischer und empirischer Natur, in: Jahrbuch für Sozialwissenschaft 41, S. 135-159.

Bartlett, C. A./Ghoshal, S. (1992): Matrix management: Not a structure, a frame of mind, in: Pucik, V./Tichy, N. M./Barnett, C. K. (Hrsg.): Globalizing management. Creating and leading the competitive organization, New York et al., S. 107-118.

Bartlett, C. A./Ghoshal, S. (2002): Managing across borders: The transnational solution, Boston, Mass.

Bartlett, C./Ghoshal, S. (2013): Building competitive advantage through people, in: Sloan Management Review 43 (2).

Bartunek, J. M./Moch, M. (1991): Multiple constituencies and the quality of working life: Intervention at Food Can, in: Frost, P. J./Moore, L. F. (Hrsg.): Reframing organizational culture, Newbury Park, Ca., S. 104-114.

Bate, P. (1994): Strategies for cultural change, Oxford.

Bateson, G. (1972): Steps to an ecology of mind, New York.

Bazerman, M. A./Schoorman, F. D. (1983): A limited rationality model of interlocking directorates, in: Academy of Management Review 8 (2), S. 206-217.

Bechky, B. A./Okhuysen, G. A. (2011): Expecting the unexpected? How SWAT officers and film crews handle surprises, in: Academy of Management Journal 54 (2), S. 239-261.

Beck, N./Walgenbach, P. (2005): Technical efficiency or adaptation to institutionalized expectations? The adoption of ISO 9000 standards in the German mechanical engineering industry, in: Organization Studies 26 (6), S. 841-866.

Beck, T. E./Plowman, D. A. (2013): Temporary, emergent interorganizational collaboration in unexpected circumstances: A study of the Columbia space shuttle response effort, in: Organization Science 25 (4), S. 1234-1252.

Becker, M. C. (2012): The emergence of clan control in a science-based firm: The case of Carl Zeiss, in: Buenstorf, G. (Hrsg.): Evolution, Organization and Economic Behavior, S. 131-154.

Beckhard, R. (1967): The confrontation meeting, in: Harvard Business Review 45 (2), S. 149-155.

Beckmann, C. M. (1988): Tinbergen lectures on organization theory, 2. Aufl., Berlin et al.

Beckmann, C. M./Haunschild, P. R. (2002): Network learning: The effects of partners' heterogeneity of experience on corporate acquisitions, in: Administrative Science Quarterly 47 (1), S. 92-124.

Beer, M./Nohria, N. (2000): Breaking the code of change, Boston, Mass.

Benner, M. J./Tushman, M. L. (2003): Exploitation, exploration, and process management: The productivity dilemma revisited, in: Academy of Management Review 28 (2), S. 238-256.

Bennis, W. G. (1969): Organization development, Reading, Mass.

Benson, J. K. (1975): The interorganizational network as a political economy, Administrative Science Quarterly 20 (2), S. 229-249.

Berger, J./Fisek, M. H./Ridgeway, C. L./Norman, R. Z. (1998): The legitimation and delegitimation of power and prestige orders, in: American Sociological Review 63 (3), S. 379-405.

Berger, P. L./Luckmann, T. (1966): Die gesellschaftliche Konstruktion der Wirklichkeit, Frankfurt a. M.

Bertalanffy, L. v. (1972): Systemtheorie, Berlin.

Beyer, J. (1998): Managerherrschaft in Deutschland?, Opladen.

Beyer, J. M. (1981): Ideologies, values, and decision making in organizations, in: Nystrom, P. C./Starbuck, W. H. (Hrsg.): Handbook of organizational design, Oxford, S. 166-202.

Bierhoff, H. W./Herner, M. J. (1999): Arbeitsengagement aus freien Stücken: Zur Rolle der Führung, in: Schreyögg, G./Sydow, J. (Hrsg.): Managementforschung Bd. 9: Führung – neu gesehen, Berlin/New York, S. 55-88.

Bijker, W. E./Hughes, T. P./Pinch, T. J. (2012): The Social construction of technological systems. New directions in the sociology and history of technology. MIT Press Cambridge, Mass.

Bilgeri, A. (2001): Das Phänomen Lobbyismus, Norderstedt.

Bingham, C. B./Eisenhardt, K. M. (2011): Rational heuristics: the 'simple rules' that strategists learn from process experience, in: Strategic Management Journal 32 (13), S. 1437-1464.

Bingham, C. B./Haleblian, J. J. (2012): How firms learn heuristics: Uncovering missing components of organizational learning, in: Strategic Entrepreneurship Journal 6 (2), S. 152-177.

Bion, W. R. (1961): Experiences in groups and other papers, London.

Blanchard, K. H./Carlos, J. P./Randolph, W. A. (1996): Empowerment takes more than a minute, San Francisco.

Blaschke, S./Schoeneborn, D./Seidl, D. (2012): Organizations as networks of communication episodes: Turning the network perspective inside out, in: Organization Studies 33 (7), S. 879-906.

Blau, P. M. (1970): A formal theory of differentiation in organizations, in: American Sociological Review 35 (2), S. 201-218.

Blau, P. M./Schoenherr, R. A. (1971): The structure of organizations, New York.

Blau, P. M./Scott, R. (1962): Formal organizations, San Francisco.

Bleicher, K. (1991): Organisation: Strategien – Strukturen – Kulturen, 2. Aufl., Wiesbaden.

Blickle, G. (2003): Einflusstaktiken von Mitarbeitern und Vorgesetztenbeurteilung: eine prädiktive Feldstudie, in: Zeitschrift für Personalpsychologie 2 (1), S. 4-12.

Blumer, H. (1986): Symbolic interactionism. Perspective and method, Berkeley.

Boeker, W. (1989): The development and institutionalization of subunit power in organizations, in: Administrative Science Quarterly 34 (3), S. 388-410.

Böhle, F./Bolte, A. (2002): Die Entdeckung des Informellen, Frankfurt a. M./New York.

Boisot, M./Child, J. (1999): Organizations as adaptive systems in complex environments: The case of China, in: Organization Science 10 (3), S. 237-252.

Boje, D. M. (1991): The storytelling organization: A study of story performance in an office-supply firm, in: Administrative Science Quarterly 36 (1), S. 106-126.

Boje, D. M. (1995): Stories of the storytelling organization: A postmodern analysis of Disney as "Tamara-Land", in: Academy of Management Journal 38 (4), S. 997-1035.

Bolino, M. C./Klotz, A. C./Turnley, W. H./Harvey, J. (2013): Exploring the dark side of organizational citizenship behavior, in: Journal of Organizational Behavior 34 (4), S. 542-559.

Bosetzky, H. (1988): Mikropolitik, Machiavellismus und Machtakkumulation, in: Küpper, W./Ortmann, G. (Hrsg.): Mikropolitik, Opladen, S. 27-38.

Botzem, S./ Dobusch, L. (2012): Standardization cycles: A process perspective on the formation and diffusion of transnational standards, in: Organization Studies 33 (5-6), S. 737-762.

Bourdieu, P. (1972): Outline of a theory of practice, Cambridge, U.K., New York.

Bourdieu, P. (1986): The forms of capital, in: Cultural theory: An anthology, S. 81-93.

Bovey, W. H./Hede, A. (2001): Resistance to organizational change: the role of cognitive and affective processes, in: Leadership & Organization Development Journal 22 (8), S. 372-382.

Bowen, D. E./Lawler, E. E. I. (1995): Empowering service employees, in: Sloan Management Review 36 (2), S. 73-84.

Bower, J. L./Bartlett, C. A./Uyterhoeven, H. E. R./Walton, R. E. (1995): Business policy: Managing strategic processes, 8. Aufl., Chicago.

Braun, T. (2004): Jenseits der Zielsteuerung. Eine kritische Untersuchung zielbasierter Instrumente der Unternehmenssteuerung, Köln.

Brinkmann-Herz, D. (1972): Entscheidungsprozesse in den Aufsichtsräten der Montanindustrie. Eine empirische Untersuchung über die Eignung des Aufsichtsrates als Instrument der Arbeitnehmermitbestimmung, Berlin.

Brown, J. S./Duguid, P. (1991): Organizational learning and communities of practice: Toward a unified view of working, learning and innovation, in: Organization Science 12 (2), S. 40-57.

Brown, J. S./Duguid, P. (2000): The social life of information, Boston.

Brown, J. S./Duguid, P. (2001): Knowledge and organization: A social-practice perspective, in: Organization Science 12 (2), S. 198-213.

Brown, M./Cregan, C. (2008): Organizational change cynicism: The role of employee involvement, in: Human Resource Management 47 (4), S. 667-686.

Brown, R. (2000): Group processes: Dynamics within and between groups, 2. Aufl., Oxford.

Brown, S. L./Eisenhardt, K. M. (1998): Competing on the edge: Strategy as structured chaos, Boston.

Brown, S. L./Eisenhardt, K. M. (1998): The art of continuous change: linking complexity theory and timepaced evolution in relentlessly shifting organizations, in: Administrative Science Quarterly 42 (1), S. 1-34.

Brüderl, J./Preisendörfer, P./Ziegler, R. (1995): Der Erfolg neugegründeter Betriebe: Eine empirische Studie zu den Chancen und Risiken von Unternehmensgründungen, Berlin.

Brunsson, N. (1982): The irrationality of action and action rationality: Decisions ideologies and organizational actions, in: Journal of Management Studies 19 (1), S. 29-44.

Brunsson, N. (2006): Administrative reforms as routines, in: Scandinavian Journal of Management 22 (3), S. 243-252.

Brusco, S. (1982): The Emilian model: Productive decentralisation and social integration, in: Cambridge Journal of Economics 6 (2), S. 167-184.

Brusoni, S./Prencipe, A./Pavitt, K. (2001): Knowledge specialization, organizational coupling, and the boundaries of the firm: Why do firms know more than they make?, in: Administrative Science Quarterly 46 (4), S. 597-621.

Buchanan, D./Badham, R. (2008): Power, Politics, and Organizational Change: winning the turf game, London.

Buchko, A. A. (1994): Conceptualization and measurement of environmental uncertainty: An assessment of the Miles and Snow perceived environmental uncertainty scale, in: Academy of Management Journal 37 (2), S. 410-425.

Büchner, G. (1836): Probevorlesung über Schädelnerven, Zürich.

Büchs, M. J. (1991): Zwischen Markt und Hierarchie – Kooperation als alternative Koordinationsform, in: Zeitschrift für Betriebswirtschaft (Ergänzungsheft 1), S. 1-38.

Budäus, D./Gerum, E./Zimmermann, G. (1988) (Hrsg.): Betriebswirtschaftslehre und Theorie der Verfügungsrechte, Wiesbaden.

Buer, F. (2003): Aufstellungsarbeit in Organisationen – der klassische Ansatz nach Moreno, in: Supervision 2, S. 42-54.

Bühl, W. L. (1992): Literaturbesprechung: Niklas Luhmann, Soziologie des Risikos, in: Kölner Zeitschrift für Soziologie und Sozialpsychologie 44, S. 562-563.

Bühner, R. (1992): Management-Holding. Unternehmensstruktur der Zukunft, 2. Aufl., Landsberg am Lech.

Bühner, R. (1993): Strategie und Organisation: Analyse und Planung der Unternehmensdiversifikation mit Fallbeispielen, 2. Aufl., Wiesbaden.

Bühner, R. (1994): Personalmanagement, Landsberg/Lech.

Bunderson, J. S./Thompson, J. A. (2009): The call of the wild: Zookeepers, callings, and the double-edged sword of deeply meaningful work, in: Administrative Science Quarterly 54 (1), S. 32-57.

Bungard, W./Jöns, I. (1997): Gruppenarbeit in Deutschland – Eine Zwischenbilanz, in: Zeitschrift für Arbeits- und Organisationspsychologie 41 (3), S. 104-119.

Bungard, W./Kohnke, O. (2002)(Hrsg.): Zielvereinbarungen erfolgreich umsetzen, 2. Aufl., Wiesbaden.

Burgelman, R. A. (1991): Intraorganizational ecology of strategy making an organizational adaptation: Theory and field research, in: Organization Science 2 (3), S. 29-34.

Burghardt, M. (2013): Einführung in Projektmanagement. Definition, Planung, Kontrolle, Abschluss, Erlangen.

Burke, P. (1986): Emmanuel: Zur Ethnologie eines College in Cambridge (Übers. a. d. Engl.), in: Freibeuter (30), S. 3-20.

Burns, T. (1961): Micropolitics: Mechanism of institutional change, in: Administrative Science Quarterly 6 (3), S. 257-281.

Burns, T./Stalker, G. M. (1961): The management of innovation, London.

Burr, W. (2004): Innovationen in Organisationen, Stuttgart.

Burrell, G./Morgan, G. (1979): Sociological paradigms and organizational analysis, London.

Burt, R. S. (2004): Structural holes and good ideas 1, in: American Journal of Sociology 110 (2), S. 349-399.

Burt, R. S. (2005): Brokerage and closure: An introduction to social capital, Oxford.

Büssing, A. (2004): Organisationsdiagnose, in: Schuler, H. (Hrsg.): Lehrbuch Organisationspsychologie, Bern, S. 557-599.

Cameron, K. S./Quinn, R. E. (2011): Diagnosing and changing organizational culture: Based on the competing values framework, San Francisco.

Cannon, A. R./John, C. H. S. (2007): Measuring Environmental Complexity A Theoretical and Empirical Assessment, in: Organizational Research Methods 10 (2), S. 296-321.

Carlile, P. R. (2002): A pragmatic view of knowledge and boundaries: Boundary objects in new product development, in: Organization Science 13 (4), S. 442-455.

Cecchin, G./Lane, G./Ray, W. A. (1992): Vom strategischen Vorgehen zur Nicht-Intervention: Für mehr Eigenständigkeit in der Systemischen Praxis, in: Familiendynamik 17, S. 3-18.

Chamberlin, E. H. (1961): The origin and early development of monopolistic competition theory, in: Quarterly Journal of Economics 75 (4), S. 515-543.

Chandler, A. D. (1962): Strategy and structure: Chapters in the history of the American industrial enterprise, Cambridge – London.

Chandler, A. D. (1977): The visible hand: The managerial revolution in American business, Cambridge/Mass.

Chandler, A. D. (1992): Corporate strategy, structure and control methods in the United States during the 20th century, in: Industrial and Corporate Change 1 (2), S. 263-284.

Chen, M.-J./Miller, D. (2015): Reconceptualizing competitive dynamics: A multidimensional framework, in: Strategic Management Journal 36 (5), S. 758-775.

Child, J. (1972): Organizational structure, environment and performance: The role of strategic choice, in: Sociology 6 (1), S. 1-22.

Child, J. (1975): Managerial and organizational factors associated with company performance, in: Journal of Management Studies 12 (1), S. 12-27.

Child, J. (1987): Information technology, organization, and the response to strategic challenges, in: California Management Review 30 (1), S. 33-50.

Child, J./Ganter, H. D./Kieser, A. (1987): Technological innovation an organizational conservativsm, in: Pennings, J./Buitendam, A. (Hrsg.): New technology as organizational innovation, Cambridge, S. 87-115.

Ciborra, C. U. (1996): The platform organization: Recombining strategies, structures and surprises, in: Organization Science 7 (2), S. 103-118.

Clark, K. B./Wheelwright, S. C. (1992): Organizing and leading "heavyweight" development, in: California Management Review 34 (3), S. 9-28.

Clark, P. A. (1985): A review of theories of time and structure for organizational sociology, in: Bacharach, S. B./Mitchell, S. M. (Hrsg.): Research in the Sociology of Organizations, 4. Aufl., S. 35-79.

Clegg, S. R. (1990): Modern organizations: Organization studies in the postmodern world, London.

Clegg, S. R. (1994): Weber and Foucault: Social theory for the study of organizations, in: Organization 1 (1), S. 149-178.

Clegg, S. R./Hardy, C. (1996): Organizations, organization and organizing, in: Clegg, S. R./Hardy, C./Nord, W. R. (Hrsg.): Handbook of Organization Studies, London, S. 1-28.

Coase, R. H. (1937): The nature of the firm, in: Economica, N.S. 4 (16), S. 386-405.

Coch, L./French Jr., J. R. P. (1948): Overcoming resistance to change, in: Human Relations 1, S. 512-532.

Cohen, M./Bacdayan, P. (1994): Organizational routines are stored as procedural memory: Evidence from a laboratory study, in: Organization Science 5 (4), S. 554-568.

Cohen, W. M./Levinthal, D. A. (1990): Absorptive capacity: A new perspective on learning and innovation, in: Administrative Science Quarterly 35 (1), S. 128-152.

Coleman, J. S. (1988): Social capital in the creation of human capital, in: American Journal of Sociology, S. 95-120.

Combs, J./Liu, Y./Hall, A./Ketchen, D. (2006): How much do high-performance work practices matter? A meta-analysis of their effects on organizational performance, in: Personnel Psychology 59 (3), S. 501-528.

Conrad, P. (2004): Organizational Citizenship Behaviour, in: Schreyögg, G./Werder, A. v. (Hrsg.): Handwörterbuch Unternehmensführung und Organisation, 4. Aufl., Stuttgart, S. 1101-1118.

Cook, K. S. (1977): Exchange and power in networks of organizational relations, in: Sociological Quarterly 18 (1), S. 62-82.

Costas, J. (2013): Problematizing mobility: A metaphor of stickiness, non-places and the kinetic elite, in Organization Studies 34 (10), S. 1467–1485.

Costas, J./Fleming, P. (2009): Beyond dis-identification: A discursive approach to self-alienation in contemporary organizations, in: Human Relations 62(3), S. 353-378.

Cross, R./Nohria, N./Parker, A. (2012): Six myths about informal networks---and how to overcome them, in: Sloan Management Review 43.

Cross, R./Prusak, L. (2002): The people who make organizations go-or stop, in: Harvard Business Review 80 (6), S. 104-112.

Crozier, M. (1963): Le phénomène bureaucratique, Paris.

Crozier, M./Friedberg, E. (1979): Macht und Organisation (Übers. a. d. Franz.), Königstein, Ts.

Cummings, T./Worley, C. (2014): Organization development and change, St. Paul, Minneapolis.

Cyert, R. M./March, J. G. (1963): A behavioral theory of the firm, Englewood Cliffs, NJ.
Czarniawska-Joerges, B. (1991): Culture is the medium of life, in: Frost, P. J./Moore, L. F. (Hrsg.): Reframing organizational culture, Newbury Park, Ca., S. 285-297.
Czarniawska-Joerges, B. (2000): Symbolism and organization studies, in: Ortmann, G./Sydow, J./Türk, K. (Hrsg.): Theorien der Organisation, 2. Aufl., Wiesbaden, S. 360-384.

D'Adderio, L. (2014): The replication dilemma unravelled: How organizations enact multiple goals in routine transfer, in: Organization Science 25 (5), S. 1325-1350.
Daft, R. L. (1998): Organization theory & design, 6. Aufl., Minneapolis/St. Paul et al.
Daft, R. L. (2004): Theory Z: Opening the corporate door for participative management, in: The Academy of Management Executive 18 (4), S. 117-121.
Daft, R. L./Sormunen, J./Parks, D. (1988): Chief executive scanning, environmental characteristics, and company performance: An empirical study, in: Strategic Management Journal 9 (2), S. 123-139.
Daft, R. L./Weick, K. E. (1984): Toward a model of organizations as interpretation systems, in: Academy of Management Review 9 (2), S. 284-295.
Dalton, G. (1959): Men who manage, New York.
Damasio, A. (1999): The feeling of what happens: Body and emotion in the making of consciousness, Harcourt.
D'Aveni, R. A. (1994): Hypercompetition: Managing the dynamics of strategic maneuvering, New York.
Davenport, T. H. (1993): Process innovation. Reengineering work through information technology, Boston, Mass.
Davenport, T. H./Prusak, L. (1998): Working knowledge: How organizations manage what they know, Boston.
David, P. A. (1994): Why are institutions the "carriers of history"? Path dependence and the evolution of conventions, organizations and institutions, in: Structural Change and Economic Dynamics 5 (2), S. 205-220.
Davidow, W. H./Malone, M. S. (1993): Das virtuelle Unternehmen. Der Kunde als Co-Produzent (Übers. a. d. Engl.), Frankfurt a. M.
Davis, J. P./Eisenhardt, K. M./Bingham, C. B. (2007): Developing theory through simulation methods, in: Academy of Management Review 32 (2), S. 480-499.
Davis, J. P./Eisenhardt, K. M./Bingham, C. B. (2009): Optimal structure, market dynamism, and the strategy of simple rules, in: Administrative Science Quarterly 54 (3), S. 413-452.
Davis, S. M./Lawrence, P. R. (1977): Matrix, Reading, Mass.
Davison, B. (2003): Management span of control: how wide is too wide?, in: Journal of Business Strategy 24 (4), S. 22-29.
Dawes, P. L./Lee, D. Y./Dowling, G. R. (1998): Information control and influence in emergent buying centers, in: Journal of Marketing 62 (3), S. 55-68.
Dawid, R./Dorner, K. (Hrsg.) (2013): Verrechnungspreise. Grundlagen und Praxis, Wiesbaden.

de Wit, F. R. C./Greer, L. L./Jehn, K. A. (2012): The paradox of intragroup conflict: a meta-analysis, in: Journal of Applied Psychology 97 (2), S. 360.
Deal, T. E./Kennedy, A. A. (1982): Corporate cultures: The rites and rituals of corporate life, Reading, Mass.
Dearborn, D./Simon, H. A. (1958): Selective perception: A note on the departmental identification, in: Sociometry 21 (2), S. 140-144.
Deci, E. L. (1975): Intrinsic motivation, New York.
Deci, E. L./Ryan, R. M. (1985): Intrinsic motivation and self-determination in human behavior, New York.
Delmestri, G. (2006): Streams of inconsistent institutional influences: Middle managers as carriers of multiple identities, in: Human Relations 59 (11), S. 1515-1541.
Demsetz, H. (1967): Toward a theory of property rights, in: American Economic Review 57 (2), S. 347-359.
Denison, D. R. (1990): Corporate culture and organizational effectiveness, New York.
Dent, E. B./Goldberg, S. G. (1999): Challenging 'resistance to change', in: Journal of Applied Behavioral Science 35 (1), S. 25-41.
Derfus, P. J./Maggitti, P. G./Grimm, C. M./Smith, K. G. (2008): The Red Queen effect: Competitive actions and firm performance, in: Academy of Management Journal 51 (1), S. 61-80.
Derrida, J. (1991): Gesetzeskraft. Der "mystische Grund der Autorität", Frankfurt a. M.
Dess, G. G./Beard, D. W. (1984): Dimensions of organizational task environments, in: Administrative Science Quarterly 29 (1), S. 52-73.
Deutschmann, C. (2002): Postindustrielle Industriesoziologie, Weinheim/München.
Dicken, P. (2007): Global shift: mapping the changing contours of the world economy, 5. Aufl., London.
Dietl, H. (1993): Instiutionen und Zeit, Tübingen.
Dievernich, F. E. P. (2002): Das Ende der Betriebsblindheit, Mering.
Dill, W. R. (1958): Environment as an influence on managerial autonomy, in: Administrative Science Quarterly 2 (4), S. 409-443.
DiMaggio, P./Powell, W. W. (1983): The iron cage revisited: Institutional isomorphism and collective rationalities in organizational fields, in: American Sociological Review 48 (2), S. 147-160.
DiMaggio, P./Powell, W. W. (1991): The new institutionalism in organizational analysis, Chicago.
Dimitrova, D./Wellman, B. (2015): Networked work and network research. New forms of teamwork in the triple revolution, in: American Behavioral Scientist 59 (4), S. 443-456.
Dobusch, L./Schüßler, E. (2012): Theorizing path dependence: a review of positive feedback mechanisms in technology markets, regional clusters, and organizations, in: Industrial and Corporate Change 22 (3), S. 617-647.
Donaldson, L. (2001): Reflections on knowledge and knowledge-intensive firms, in: Human Relations 54 (7), S. 955-963.

Donnellon, A./Gray, B./Bougon, M. G. (1986): Communication, meaning, and organized action, in: Administrative Science Quarterly 31 (1), S. 43-55.
Doppler, K./Lauterburg, C. (2005): Change Management: Den Unternehmenswandel gestalten, Frankfurt a. M./New York.
Dosi, G. (1988): Sources, procedures and microeconomic effects of innovation, in: Journal of Economic Literature 26 (3), S. 1120-1171.
Dosi, G./Nelson, R. R./Winter, S. G. (2000): The nature and dynamics of organizational capabilities, Oxford.
Doty, D. H./Glick, W. H./Huber, G. P. (1993): Fit, equifinality and organizational effectiveness: A test of two configurational theories, in: Academy of Management Journal 36 (6), S. 1196-1250.
Downey, H. K./Slocum, J. W. (1975): Uncertainty: Measures, research, and sources of variation, in: Academy of Management Journal 18 (3), S. 562-578.
Doz, Y. (1996): The evolution of cooperation in strategic alliances: Initial conditions or learning processes?, in: Strategic Management Journal 17 (Special issue), S. 55-83.
Drucker, P. F. (1980): Managing in turbulent times, New York.
Dubois, A./Gadde, L.-E. (2002): The construction industry as a loosely coupled system: implications for productivity and innovation, in: Construction Management & Economics 20 (7), S. 621-631.
Duncan, R. B. (1972): Characteristics of organizational environments and perceived environmental uncertainty, in: Administrative Science Quarterly 17 (3), S. 313-328.
Dunkel, J./Holitschke, A. (2003): Softwarearchitektur für die Praxis, Heidelberg.
Durand, R. (2006): Organizational evolution and strategic management, London, Thousand Oaks, New Delhi.
Dutton, J. E./Duncan, R. B. (1987): The influence of the strategic planning process on strategic change, in: Strategic Management Journal 8 (2), S. 103-116.
Dyer, J./Singh, H. (1998): The relational view: cooperative strategy and sources of interorganizational competitive advantage, in: Academy of Management Review 23 (4), S. 660-679.
Dyer, W. G. J. (1985): The cycle of cultural evolution in organizations, in: Kilmann, R. H./Saxton, M. J./Serpa, R. (Hrsg.): Gaining control of the corporate culture, San Francisco, S. 200-229.
Dyllick, T. (1989): Management der Umweltbeziehungen, Wiesbaden.

Eberl, M. (2009): Die Dynamisierung organisationaler Kompetenzen. Eine kritische Rekonstruktion und Analyse der Dynamic Capability-Debatte, Hamburg.
Eberl, P. (2003): Vertrauen und Management. Studien zu einer theoretischen Fundierung des Vertrauenskonstrukts in der Managementlehre, Stuttgart.
Eberl, P./Geiger, D./Aßländer, M. (2015): Repairing trust in an organization after integrity violations: The ambivalence of organizational rule adjustments, in: Organization Studies (im Erscheinen)
Ebers, M. (1985): Organisationskultur – ein neues Forschungsprogramm?, Wiesbaden.

Ebers, M. (2004): Kontingenzansatz, in: Schreyögg, G./Werder, A. v. (Hrsg.): Handwörterbuch Unternehmensführung und Organisation, 4. Aufl., Stuttgart.

Edmondson, A. C. (2002): The local and variegated nature of learning in organizations: A group-level perspective, in: Organization Science 13 (2), S. 128-146.

Edmondson, A. C. (2012): Teaming: How organizations learn, innovate, and compete in the knowledge economy, London.

Egelhoff, W. G./Wolf, J./Adzic, M. (2013): Designing matrix structures to fit MNC strategy, in: Global Strategy Journal 3 (3), S. 205-226.

Einhorn, H. J./Hogarth, R. M. (1981): Behavioral decision making: processes of judgement and choice, in: Annual Review of Psychology 32, S. 53-88.

Eisenhardt, K. M./Furr, N. R., & Bingham, C. B. (2010): Microfoundations of performance: Balancing efficiency and flexibility in dynamic environments, in: Organization Science 21 (6), S. 1263-1273.

Eisenhardt, K. M./Martin, J. A. (2000): Dynamic capabilities: What are they?, in: Strategic Management Journal 21 (10-11), S. 1105-1121.

Elenkov, D. S. (1997): Strategic uncertainty and environmental scanning: The case for institutional influences on scanning behavior, in: Strategic Management Journal 18 (4), S. 287-302.

Elg, U./Johansson, U. (1997): Decision making in inter-firm networks as a political process, in: Organization Studies 18 (3), S. 361-385.

Elster, J. (1998): Emotions and economic theory, in: Journal of Economic Literature 36, S. 47-74.

Emery, F. E./Trist, E. L. (1965): The causal texture of organizational environments, in: Human Relations 18 (1), S. 21-32.

Engeström, Y. (2014): Learning by expanding: An activity-theoretical approach to developmental research, Cambridge.

Enright, M. J. (2000): Regional clusters and multinational enterprises: independence, dependence, or interdependence?, in: International Studies of Management & Organization, S. 114-138.

Fahey, L./Narayanan, V. K. (1986): Macroenvironmental analysis for strategic management, St. Paul.

Fama, E. F. (1980): Agency problems and the theory of the firm, in: Journal of Political Economicy 88 (2), S. 288-307.

Fang, C./Lee, J./Schilling, M. A. (2010): Balancing exploration and exploitation through structural design: The isolation of subgroups and organizational learning, in: Organization Science 21 (3), S. 625-642.

Farjoun, M. (2010): Beyond dualism: Stability and change as a duality, in: Academy of Management Review 35 (2), S. 202-225.

Farmer, R. N./Richman, B. M. (1965): Comparative management and economic progress, Homewood/Ill.

Fayerweather, J. (1988): International business strategy and administration, Cambridge, Mass.

Fayol, H. (1918): Administration industrielle et générale, Paris (dt. Allgemeine und industrielle Verwaltung, München/Berlin, 1929).

Feldman, M. S. (2000): Organizational routines as a source of continuous change, in: Organization Science 11 (6), S. 611-629.

Feldman, M. S./Orlikowski, W. J. (2011): Theorizing practice and practicing theory, in: Organization Science 22 (5), S. 1240-1253.

Feldman, M. S./Pentland, B. T. (2003): Reconceptualizing organizational routines as a source of flexibility and change, in: Administrative Science Quarterly 48 (1), S. 94-118.

Fengler, J. (1981): Grenzen der Gruppendynamik, in: Bachmann, C. H. (Hrsg.): Kritik der Gruppendynamik, Frankfurt a.M., S. 118-156.

Ferris, G. R./Treadway, D. C. (2012): Politics in organizations: History, construct specification, and research directions, in: Politics in organizations: Theory and research considerations, S. 3-26.

Fiedler, M./Welpe, I. M. (2010): Antecedents of cooperative commercialisation strategies of nanotechnology firms, in: Research Policy 39 (3), S. 400-410.

Fiss, P. C./Zajac, E. J. (2006): The symbolic management of strategic change: Sensegiving via framing and decoupling, in: The Academy of Management Journal 49 (6), S. 1173-1193.

Fjeldstad, Ø. D./Snow, C. C./Miles, R. E./Lettl, C. (2012): The architecture of collaboration, in: Strategic Management Journal 33 (6), S. 734-750.

Fombrun, C. J. (1986): Structural dynamics within and between organizations, in: Administrative Science Quarterly 31 (3), S. 403-421.

Ford, J. D./Ford, L. W./D'Amelio, A. (2008): Resistance to change: The rest of the story, in: Academy of Management Review 33 (2), S. 362-377.

Ford, R. C./Randolph, W. A. (1992): Crossfunctional structures: A review and integration of matrix organization and project management, in: Journal of Management 18 (2), S. 267-294.

Foss, N. J./Husted, K./Michailova, S. (2010): Governing knowledge sharing in organizations: Levels of analysis, governance mechanisms, and research directions, in: Journal of Management Studies 47 (3), S. 455-482.

Foucault, M. (1973): Wahnsinn und Gesellschaft: eine Geschichte des Wahns im Zeitalter der Vernunft, Frankfurt am Main.

Foucault, M. (1977): Überwachen und Strafen: Die Geburt des Gefängnisses, 2. Aufl., Frankfurt a.M.

Foucault, M. (1981): Archäologie des Wissens, Frankfurt a.M.

Fox, S. (2006): 'Inquiries of every imaginable kind': ethnomethodology, practical action and the new socially situated learning theory, in: The Sociological Review 54 (3), S. 426-445.

Freeman, R. E. (1984): Strategic management. A stakeholder approach, Boston et al.

Freiling, J. (2001): Resource-based View und ökonomische Theorie, Berlin.

French, J. R. P./Raven, B. (1959): The bases of social power, in: Cartwright, D. (Hrsg.): Studies in social power, Ann Arbor, S. 150-167.

Frese, E. (1992): Organisationstheorie, 2. Aufl., Wiesbaden.

Frese, E. (1995): Profit Center und Verrechnungspreise – Organisationstheoretische Analyse eines aktuellen Problems, in: Zeitschrift für betriebswirtschaftliche Forschung 47 (10), S. 942-954.

Frese, E./Lehmann, P. (2002): Profit Center, in: Küpper, H.-U./Walgenbach, A. (Hrsg.): Handwörterbuch Unternehmensrechnung und Controlling, 4. Aufl., Stuttgart, Spalte 1540-1551.

Frese, E./Werder, A. v. (1993): Zentralbereiche. Organisatorische Formen und Effizienzbeurteilung, in: Frese, E./Werder, A. v./Maly, W. (Hrsg.): Zentralbereiche. Theoretische Grundlagen und praktische Erfahrungen, Stuttgart, S. 1-50.

Frey, B./Osterloh, M. (1997): Sanktionen oder Seelenmassage? Motivationale Grundlagen der Unternehmensführung, in: Die Betriebswirtschaft 57 (3), S. 307-321.

Frey, B./Osterloh, M. (2002)(Hrsg.): Managing Motivation: Wie Sie die neue Motivationforschung für Ihr Unternehmen nutzen können, 2. Aufl., Wiesbaden.

Friedberg, E. (1995): Ordnung und Macht, Dynamik organisierten Handelns, Frankfurt a. M. et al.

Friedman, B./Kahn Jr, P. H./Borning, A./Huldtgren, A. (2013): Value sensitive design and information systems, in: Doorn, N./Schuurbiers, D./van de Poel, I./ Gorman, M. E. (Hrsg.): Early engagement and new technologies. Opening up the laboratory, S. 55-95.

Frieling, E./Freiboth, M. (1997): Klassifikation von Gruppenarbeit und Auswirkungen auf subjektive und objektive Merkmale der Arbeitstätigkeit, in: Zeitschrift für Arbeits- und Organisationspsychologie 41 (3), S. 120-130.

Frost, J. (2005): Märkte in Unternehmen. Organisatorische Steuerung und Theorie der Firma, Wiesbaden.

Fulk, J./DeSanctis, G. (1995): Electronic communication and changing organizational forms, in: Organization Science 6 (4), S. 337-349.

Furubotn, E. G./Pejovic, S. (1972): Property rights and economic theory: A survey of recent literature, in: Journal of Economic Literature 10 (4), S. 1137-1162.

Furubotn, E. G./Pejovic, S. (1974): Introduction, in: Furubotn, E. G./Pejovic, S. (Hrsg.): The economics of property rights, Cambridge, Mass., S. 1-9.

Gabriel, G. (1976): Wissenschaftliche Begriffsbildung und Theoriewahldiskurse, in: Bandura, B. (Hrsg.): Seminar: Angewandte Sozialforschung, Frankfurt a. M., S. 443-456.

Gäfgen, G. (1984): Entwicklung und Stand der Theorie der Property Rights – Eine kritische Bestandsaufnahme, in: Neumann, M. (Hrsg.): Ansprüche, Eigentums- und Verfügungsrechte, Schriften des Vereins für Sozialpolitik, Nr. 40, Berlin, S. 43-63.

Gaitanides, M. (2012): Prozessorganisation. Entwicklung, Ansätze und Programme des Managements von Geschäftsprozessen, München.

Galbraith, J. R./Lawler, E. E. I. (1993): Organizing for the future: The new logic for managing complex organizations, San Francisco.

Galunic, D. C./Eisenhardt, K. M. (2001): Architectural innovation and modular corporate forms, in: Academy of Management Journal 44 (6), S. 1229-1249.

Garud, R./Kumaraswamy, A./Langlois, R. (Hrsg.) (2009): Managing in the modular age: Architectures, networks, and organizations, New York.

Gebert, D./Boerner, S. (1997): Mentale Lernbarrieren in Organisationen und Ansätze zu ihrer Überwindung Handbuch Lernende Organisation, Wiesbaden, S. 237-248.

Geertz, C. (1983): Dichte Beschreibung (Übers. a. d. Engl.), Frankfurt a.M.

Geiger, D. (2006): Wissen und Narration: der Kern des Wissensmanagements, Berlin.

Geiger, D (2009): Revisiting the concept of practice: Toward an argumentative understanding of practicing, in: Management Learning 40 (2), S. 129-144.

Geiger, D./Antonacopoulou, E. (2009): Narratives and organizational dynamics: Exploring blind spots and organizational inertia, in: Journal of Applied Behavioral Science 45 (3), S. 411-436.

Geiger, D./Koch, J. (2008): Von der individuellen Routine zur organisationalen Praktik – Ein neues Paradigma für die Organisationsforschung?, in: zfbf: Schmalenbachs Zeitschrift für betriebswirtschaftliche Forschung 60, S. 693-712.

Geiger, D./Schreyögg, G. (2009): Coping with the concept of knowledge: toward a discursive understanding of knowledge. Management Learning 40 (4), S. 475-480.

Geiger, D./Schreyögg, G. (2012): Narratives in knowledge sharing: challenging validity, in: Journal of Knowledge Management 16 (1), S. 97-113.

Geiger, D./Schröder, A. (2014): Ever-changing routines? Toward a revised understanding of organizational routines between rule-following and rule-breaking, in: Schmalenbach Business Review (SBR) 66, S. 170-190.

Gerlach, M. (1987): Business alliances and the strategies of the Japanese firms, in: California Management Review 30 (1), S. 126-142.

Gersick, C. J. G. (1991): Revolutionary change theories: A multilevel exploration of the punctuated equilibrium paradigm, in: Academy of Management Review 16 (1), S. 10-36.

Gerum, E. (1981): Grundfragen der Arbeitsgestaltungspolitik, Stuttgart.

Gerum, E. (2004): Unternehmensordnung, in: Bea, F. X./Friedl, B./Schweitzer, M. (Hrsg.): Allgemeine Betriebswirtschaftslehre, Bd. 1: Grundfragen, 9. Aufl., Stuttgart, S. 224-310.

Gerum, E./Schäfer, I./Schober, H. (1996): Empowerment – viel Lärm um nichts?, in: Wirtschaftswissenschaftliches Studium 25 (10), S. 498-502.

Gherardi, S. (2006): Organizational knowledge: The texture of workplace learning, Malden, Mass.

Gherardi, S. (2012): How to conduct a practice-based study. Problems and methods, Cheltenham.

Gherardi, S./Strati, A. (2012): Learning and knowing in practice-based studies, Cheltenham.

Ghoshal, S./Moran, P. (1996): Bad for practice: A critique of the transaction cost theory, in: Academy of Management Review 21 (1), S. 13-47.

Giddens, A. (1984): The constitution of society. Outline of the theory of structuration, Cambridge.

Gigerenzer, G./Gaissmaier, W. (2011): Heuristic decision making, in: Annual Review of Psychology 62, S. 451-482.

Gillespie, R. (1991): Manufacturing knowledge. A history of the Hawthorne Experiments, Cambridge.

Glassmann, R. B. (1973): Persistence and loose coupling in living systems, in: Behavioral Science 18 (2), S. 83-98.

Godard, J. (2004): A critical assessment of the high-performance paradigm, in: British Journal of Industrial Relations 42 (2), S. 349-378.

Goldberg, U. P. (1976): Regulation and administered contracts, in: Bell Journal of Economics and Management Science 7 (2), S. 439-441.

Golembiewski, R. (1967): Organizing men and power: Patterns of behavior and line-staff-models, Chicago.

Gottlieb, M. R. (2007): The matrix organization reloaded: Adventures in team and project management, London.

Graicunas, V. A. (1937): Relationship in organization, in: Gulick, L.H./Urwick, L. (Hrsg.): Papers on the science of administration, New York, S. 181-187.

Granovetter, M. (1985): Economic action and social structure: the problem of embeddedness, in: American Journal of Sociology 91 (3), S. 481-510.

Grant, R. M. (1996): Toward a knowledge-based theory of the firm, in: Strategic Management Journal 17 (Special Issue), S. 109-122.

Gratton, L. (2007): Hot spots: Why some teams, workplaces, and organizations buzz with energy – and others don't, San Francisco.

Greeno, J. (1980): Psychology of learning, in: American Psychologist 35 (8), S. 713-726.

Gregory, K. L. (1983): Native-view paradigms: Multiple cultures and culture conflicts in organizations, in: Administrative Science Quarterly 28 (3), S. 359-376.

Greiner, L. E. (1967): Patterns of organization change, in: Harvard Business Review 45 (3), S. 119-130.

Greiner, L. E. (1972): Evolution and revolution as organizations grow, in: Harvard Business Review 50 (4), S. 37-46.

Grochla, E. (1972): Unternehmensorganisation, Reinbek b. Hamburg.

Grochla, E. (1975): Entwicklung und gegenwärtiger Stand der Organisationstheorie, in: Grochla, E. (Hrsg.): Organisationstheorie, Bd. 1, Stuttgart, S. 2-32.

Gross, T./Koch, M. (2007): Computer-supported cooperative work, München.

Grossmann, S. J./Hart, O. D. (1983): An analysis of the principal-agent problem, in: Econometrica 51 (1), S. 7-45.

Grün, O. (1980): Informale Organisation, in: Grochla, E. (Hrsg.): Handwörterbuch der Organisation, 2. Aufl., Stuttgart, Spalte 881-889.

Grün, O. (2004): Taming giant projects – Management of multi-organization enterprises, Berlin et al.

Gulati, R. (1998): Alliances and networks, in: Strategic Management Journal 19 (4), S. 293-317.

Gulati, R./Nohria, N./Zaheer, A. (2000): Strategic networks, in: Strategic Management Journal 21 (3), S. 203-215.

Gupta, A. K./Govindarajan, V. (1991): Knowledge flows and the structure of control within multinational corporations, in: Academy of Management Review 16 (4), S. 768-792.

Gutenberg, E. (1983): Grundlagen der Betriebswirtschaftslehre, Band 1: Die Produktion, 24. Aufl., Berlin et al.

Güth, W./Ehrhart, K.-M./Berninghaus, S. K. (2001): Strategische Spiele: Eine Einführung in die Spieltheorie, Berlin.

Haack, P./Schoeneborn, D./Wickert, C. (2012): Talking the talk, moral entrapment, creeping commitment? Exploring narrative dynamics in corporate responsibility standardization in: Organization Studies 33 (5-6), S. 815-845.

Habermas, J. (1981): Theorie des kommunikativen Handelns, Band I und II, Frankfurt a. M.

Hackman, R. J./Oldham, G. R. (1980): Work redesign, Reading, Mass.

Hackman, R. J./Oldham, G. R./Janson, R./Purdy, K. (1975): A new strategy for job enrichment, in: California Management Review 17 (4), S. 57-71.

Hadida, A. L./Tarvainen, W. (2014): Organizational improvisation: A consolidating review and framework, in: International Journal of Management Reviews (im Erscheinen).

Haefliger, S./Von Krogh, G./Spaeth, S. (2008): Code reuse in open source software, in: Management Science 54 (1), S. 180-193.

Hage, J. (1977): Choosing constraints and constraining choice, in: Warner, M. (Hrsg.): Organizational choice und constraint, Westmead, S. 1-56.

Hakansson, H. (1989): Corporate technological behavior, London/New York.

Haken, H. (2004): Die Selbstorganisation komplexer Systeme – Ergebnisse aus der Werkstatt der Chaostheorie, Wien.

Hall, K. (2013): Making the matrix work. How matrix managers engage people and cut through complexity, London, Boston.

Hall, R. H. (1963): The concept of bureaucracy: An empirical assessment, in: The American Journal of Sociology 69 (1), S. 32-40.

Hall, R. H. (1972): Organizations: Structure and process, Englewood Cliffs/NJ.

Hamel, G. (1994): The concept of core competence, in: Hamel, G./Heene, A. (Hrsg.): Competence-based competition, Chichester, S. 11-33.

Hammer, M./Champy, J. (1994): Business reengineering (Übers. a. d. Engl.), Frankfurt a. M./New York.

Hanappi-Egger, E. (2011): The triple M of organizations: man, management and myth, Vienna, New York.

Hannan, M. T./Freeman, J. (1977): The population ecology of organizations, in: American Journal of Sociology 82 (5), S. 929-964.

Hannan, M. T./Freeman, J. (1984): Structural inertia and organizational change, in: American Sociological Review 49 (2), S. 149-164.

Hannan, M. T./Freeman, J. (1989): Organizational ecology, Cambridge, Mass.

Hansen, K. P. (2003): Kultur und Kulturwissenschaft, 3. Aufl., Tübingen.

Harris, S. G./Sutton, R. L. (1986): Functions of parting ceremonies in dying organizations, in: Academy of Management Journal 29 (1), S. 5-30.

Harrison, E. F. (1987): The managerial decision making process, 3. Aufl., Boston.

Harsanyi, J./Selten, R. (1988): A general theory of equilibrium selection in games, Cambridge, Mass.

Hart, O. (1995): Corporate Governance: Some Theory and Implications, in: The Economic Journal 105 (430), S. 678-689.

Hartnell, C. A./Ou, A. Y./Kinicki, A. (2011): Organizational culture and organizational effectiveness: a meta-analytic investigation of the competing values framework's theoretical suppositions, in: Journal of Applied Psychology 96 (4), S. 677-694.

Harzing, A.-W./Sorge, A. (2003): The relative impact of country of origin and universal contingencies on internationalization strategies in multinational enterprises: Worldwide and European Perspectives, in: Organization Studies 24 (2), S. 198-214.

Hassard, J./Parker, M. (1993) (Hrsg.): Postmodernism and organizations, London.

Hatch, M. J. (1993): The dynamics of organizational culture. Academy of Management Review 18 (4), S. 657-693.

Haunschild, A. (2003). Managing employment relationships in flexible labour markets: The case of German repertory theatres, in: Human Relations 56 (8), S. 899-929.

Hauschildt, J./Salomo, S. (2011): Innovationsmanagement, München.

Hax, A. C. (1965): Die Koordination von Entscheidungen, Köln.

Hayek , F. A. v. (1994): Freiburger Studien, Tübingen.

Heckscher, C. (1994): Defining the post-bureaucratic type, in: Heckscher, C./Donnellon, A. (Hrsg.): The post-bureaucratic organization: New perspectives on organizational change, Thousand Oaks, S. 14-62.

Hedberg, B. (1981): How organizations learn and unlearn, in: Nystrom, P. C./Starbuck, W. H. (Hrsg.): Handbook of organizational design, New York, S. 3-27.

Hedberg, B./Nystrom, P. C./Starbuck, W. H. (1976): Camping on seesaws: Prescriptions for a self-designing organization, in: Administrative Science Quarterly 21 (1), S. 41-65.

Helfat, C. E. (1994): Evolutionary trajectories in petroleum firm R&D, in: Management Science 40 (12), S. 1720-1747.

Helfat, C. E./Peteraf, M. A. (2003): The dynamic resource-based view: Capability lifecycles, in: Strategic Management Journal 24 (10), S. 997-1010.

Helfat, C. E./Winter, S. G. (2011): Untangling dynamic and operational capabilities: Strategy for the (n) ever-changing world, in: Strategic Management Journal 32 (11), S. 1243-1250.

Henderson, R. M./Cockburn, I. M. (1994): Measuring Competence? Exploring Firm Effects in Pharmaceutical Research, in: Strategic Management Journal 15 (8), S. 63-84.

Hennart, J./Zeng, M. (2005): Structural determinants of joint venture performance, in: European Management Review 2 (2), S. 105-115.

Hentze, J./Kammel, A. (1992): Lean Production: Personalwirtschaftliche Aspekte der "schlanken" Unternehmung, in: Die Unternehmung 46 (5), S. 319-331.

Heuskel, D./Book, M./Strack, R. (2004): Unternehmensberatung, Organisation und Steuerung, in: Schreyögg, G./Werder, A. v. (Hrsg.): Handwörterbuch Unternehmensführung und Organisation, 4. Aufl., Stuttgart, S. 1497-1510.

Heydebrandt, W. v. (1989): New organizational forms, in: Work and Organizations 16 (3), S. 323-357.

Hickson, D. J./Hinings, C. R./Lee, C. A./Schneck, R. E./Pennings, J. M. (1971): A strategic contingencies' theory of intraorganizational power, in: Administrative Science Quarterly 16 (2), S. 216-229.

Hillman, A. J./Cannella, A. A. J./Paetzold, R. L. (2000): The resource dependence role of corporate directors: Strategic adaption of board composition in response to environmental change, in: Journal of Management Studies 37 (2), S. 235-255.

Hinings, C. R./Hickson, D. J./Schneck, R. E. (1974): Structural conditions of intraorganizational power, in: Administrative Science Quarterly 19 (2), S. 22-44.

Hirshleifer, J. (1956): On the economics of transfer pricing, in: The Journal of Business 29 (3), S. 172-189.

Ho, S. K. M. (1999): Total learning organisation, in: The learning organization 6 (3), S. 116-120.

Hochschild, A. R. (1983): The managed heart: Commercialization of human feeling, Berkeley.

Hodgkinson, G. P./Johnson, G. (1994): Exploring the mental models of competitive strategists: The case for a processual approach, in: Journal of Management Studies 31 (4), S. 525-551.

Hoetker, G./Mellewigt, T. (2009): Choice and performance of governance mechanisms: matching alliance governance to asset type, in: Strategic Management Journal 30 (10), S. 1025-1044.

Hoffmann, F. (1992): Aufbauorganisation, in: Frese, E. (Hrsg.): Handwörterbuch der Organisation, 3. Aufl., Stuttgart, Spalte 208-221.

Hofstede, G./Neuijen, B./Ohayv, D. D./Sanders, G. (1990): Measuring organizational cultures: A qualitative and quantitative study across twenty cases, in: Administrative Science Quarterly 35 (2), S. 286-316.

Höhn, R. (1961): Die Führung mit Stäben in der Wirtschaft, Bad Harzburg.

Holtbrügge, D. (2001a): Neue Organisationsformen, in: Zeitschrift Organisation und Führung 70 (6), S. 338-345.

Holtbrügge, D. (2001b): Postmoderne Organisationstheorie und Organisationsgestaltung, Wiesbaden.

Hoppmann, E. (1974): Die Abgrenzung des relevanten Marktes im Rahmen des Missbrauchsaufsicht über marktbeherrschende Unternehmen, Baden-Baden.

Howaldt, J./Jürgenhake, U./Kopp, R. (2000): Personal- und Organisationsdiagnose. Ein Instrument für wettbewerbsfähige Personal- und Organisationsstrukturen, Eschborn.

Hrebiniak, L. G./Joyce, W. F. (1985): Organizational adaption: strategic choice and environmental determinism, in: Administrative Science Quarterly 30 (3), S. 336-349.

Huber, G. P. (1984): The nature and design of post-industrial organizations, in: Management Science 30 (8), S. 928-951.

Huber, G. P. (1991): Organizational learning: The contributing processes and the literature, in: Organization Science 2 (1), S. 88-115.

Huber, R. (1987): Gemeinkosten – Wertanalyse, 2. Aufl., Bonn/Stuttgart.

Huff, A. S. (1990): Mapping strategic thought, Chichester et al.

Humphrey, S. E./Nahrgang, J. D./Morgeson, F. P. (2007): Integrating motivational, social, and contextual work design features: a meta-analytic summary and theoretical extension of the work design literature, in: Journal of Applied Psychology 92 (5), S. 1332.

Huselid, M. A. (1995): The impact of human resource management practices on turnover, productivity, and corporate financial performance, in: Academy of Management Journal 38 (3), S. 638-672.

Huy, Q. N. (1999): Emotional capability, emotional intelligence, and radical change, in: Academy of Management Review 24(2), S. 325-345.

Iacocca, L./Novak, W. (1987): Iacocca. Eine amerikanische Karriere (Übers. a. d. Engl.), Frankfurt a.M./Berlin.

Ingersoll, V. H./Adams, G. B. (1992): The tacit organization, Greenwich, Conn.

Inkpen, A. C./Tsang, E. W. K. (2005): Social capital, networks, and knowledge transfer, in: Academy of Management Review 30 (1), S. 146-165.

Irle, M. (1963): Soziale Systeme. Eine kritische Analyse der Theorie von formalen und in-formalen Organisationen, Göttingen.

Irle, M. (1971): Macht und Entscheidung in Organisationen, Frankfurt a. M.

Janis, I. L. (1982): Victims of groupthink, 2. Aufl., Boston.

Janis, I. L./King, B. T. (1958): The influence of roleplaying on opinion change, in: Maccoby, E. E./Newcomb, T. M./Hartley, E. L. (Hrsg.): Readings in social psychology, 3. Aufl., New York.

Janis, I. L./Mann, L. (1977): Decision making: A psychological analysis of conclict, choice and commitment, New York.

Jarzabkowski, P./Balogun, J./Seidl, D. (2007): Strategizing: The challenges of a practice perspective, in: Human Relations 60 (1), S. 5-27.

Jelinek, M./Schoonhoven, C. B. (1990): The innovation marathon: Lessons from high-technology firms, Cambridge.

Jensen, M. C. (1983): Organization theory and methodology, in: The Accounting Review 58 (2), S. 319-339.

Jensen, M. C./Meckling, W. H. (1976): Theory of the firm: Managerial behavior, agency, costs and ownership structure, in: Journal of Fanancial Economics 3 (4), S. 305-360.

Jermier, J. M./Knights, D./Nord, W. R. (1994): Resistance and power in organizations, London/New York.

Jermier, J. M./Slocum Jr., J. W./Fry, L. W./Gaines, J. (1991): Organizational subcultures in a soft bureaucracy: Resistance behind the myth and facade of an official culture, in: Organization Science 2 (2), S. 170-194.

Johnson, B./Rice, R. E. (1987): Managing organizational innovation: The evolution from word processing to office information systems, New York.

Julian, S. D./Ofori-Dankwa, J. C./Justis, R. T. (2008): Understanding strategic responses to interest group pressures, in: Strategic Management Journal 29 (9), S. 963-984.

Jurkovich, R. (1974): A core typology of organizational environments, in: Administrative Science Quarterly 19 (3), S. 380-394.

Kaiser, S./Ringlstetter, M. J. (Hrsg.) (2010): Work-Life Balance, Wiesbaden.

Kamlah, W./Lorenzen, P. (1973): Logische Propädeutik, 2. Aufl., Mannheim/Wien.

Kamoche, K./Cunha, M. P. (2001): Minimal structures: From Jazz improvisation to product innovation, in: Organization Studies 22 (5), S. 733-764.

Kanfer, R. (1992): Work motivation: New direction in theory and research, in: Cooper, C. L./Robertson, J. T. (Hrsg.): International Review of Industrial and Organizational Theory, Bd. 7, Chichester, S. 1-53.

Kanter, R. M. (1983): The change masters, New York.

Kaplan, R. S./Norton, D. P. (1992): The balanced scorecard – Measures that drive perormance, in: Harvard Business Review 70 (1), S. 71-79.

Kaplan, R. S./Norton, D. P. (1997): Balanced Scorecard: Strategien erfolgreich umsetzen, Stuttgart.

Kastl, J. M. (1998): Die insgeheime Transzendenz der Autopoiesis: Zum Problem der Zeitlichkeit in Luhmanns Systemtheorie, in: Zeitschrift für Soziologie, S. 404-417.

Katz, R./Allen, T. J. (1988): Investigating the not invented here (NIH) syndrome: A look at the performance, tenure and communication patterns of 50 RED project groups, in: Tushman, M./Moore, W.L. (Hrsg.): Readings in the management of innovation, Cambridge, Mass., S. 293-309.

Kehoe, R. R./Wright, P. M. (2013): The impact of high-performance human resource practices on employees' attitudes and behaviors, in: Journal of Management 39 (2), S. 366-391.

Keller, R. T. (1986): Predictors of the performance of project groups in R&D organizations, in: Academy of Management Journal 29 (4), S. 715-726.

Kelley, G. (1976): Seducing the elites: The politics of decision making and innovation in organizational networks, in: Academy of Management Review 1 (3), S. 66-74.

Kelley, H. H. (1955): Salience of membership and resistance to change of group-anchored attitudes, in: Human Relations 8 (3), S. 275-289.

Kellogg, K. C./Orlikowski, W. J./Yates, J. (2006): Life in the trading zone: Structuring coordination across boundaries in postbureaucratic organizations, in: Organization Science 17 (1), S. 22-44.

Kerzner, H. (2013): Project management. A systems approach to planning, scheduling, and controlling, Hoboken, New Jersey.

Kets de Vries, M./Miller, D. (1986): Personality, culture and organization, in: Academy of Management Review 11 (2), S. 266-279.

Kieser, A. (1997): Rhetoric and myth in management fashion, in: Organization 4 (1), S. 49-74.

Kieser, A./Ebers, M. (2014): Organisationstheorien, Stuttgart.

Kilmann, R./Covin, T. J. (1988) (Hrsg.): Corporate transformation: Revitalizing Organizations for a competitive world, San Francisco/London.

Kirsch, W. (1988): Die Handhabung von Entscheidungsproblemen, 3. Aufl., München.

Klages, H. (1984): Wertorientierungen im Wandel, Frankfurt a.M./New York.

Klein, H. J./Becker, T. E./Meyer, J. P. (Hrsg.) (2012): Commitment in organizations: Accumulated wisdom and new directions, London.

Kluckhohn, F. R./Strodtbeck, F. L. (1961): Variations in value orientations, Evanston.

Koch, J. (2003): Organisation und Differenz. Kritik des organisationstheoretischen Diskurses der Postmoderne, Wiesbaden.

Kogut, B. (1985): Designing global strategies: Comparative and competitive value added chains, in: Sloan Management Review 26 (4), S. 15-28.

Kogut, B./Zander, U. (1992): Knowledge of the firm, combinative capabilities, and the replication of technology, in: Organization Science 3 (3), S. 383-397.

Kolks, U. (1990): Strategieimplementierung, Wiesbaden.

Körbs, H. T. (1990): Die Matrixorganisation – Ihr Lebenszyklus im Phasenverlauf von Luftfahrtprojekten, Diss., Hagen.

Kosiol, E. (1976): Organisation der Unternehmung, 2. Aufl., Wiesbaden.

Kosiol, E. (1978): Aufgabenanalyse und Aufgabensynthese, in: Grochla, E. (Hrsg.): Elemente der organisatorischen Gestaltung, Reinbek bei Hamburg, S. 66-84.

Kotter, J. P. (1996): Leading change, Boston, Mass.

Kotter, J. P. (1999): What leaders really do, Boston, Mass.

Kotter, J. P./Heskett, J. L. (1992): Corporate culture and performance, New York.

Kraaijenbrink, J./Spender, J.-C./Groen, A. J. (2010): The resource-based view: a review and assessment of its critiques, in: Journal of Management 36 (1), S. 349-372.

Krell, G./Weiskopf, R. (2006): Die Anordnung der Leidenschaften, Wien.

Kreuter, A. (1997): Verrechnungspreise in Profit-Center-Organisationen, München.

Kroeger, A./Weber, C. (2014). Developing a conceptual framework for comparing social value creation, in: Academy of Management Review 39(4). S. 513-540.

Krohn, W./Küppers, G. (1992) (Hrsg.): Emergenz: Die Entstehung von Ordnung, Organisation und Bedeutung, Frankfurt a. M.

Kunda, G. (2009). Engineering culture: Control and commitment in a high-tech corporation, Philadelphia.

Küpper, W./Felsch, A. (2000): Organisation, Macht und Ökonomie, Wiesbaden.

Küpper, W./Ortmann, G. (1986): Mikropolitik in Organisationen, in: Die Betriebswirtschaft 46 (5), S. 590-602.

Kwon, S.-W./Adler, P. S. (2014): Social capital: Maturation of a field of research, in: Academy of Management Review 39 (4), S. 412-422.

Lambert, D. M./Emmelhainz, M. A./Gardner, J. T. (1996): Developing and implementing supply chain partnerships, in: The international Journal of Logistics Management 7 (2), S. 1-18.

Lampel, J./Shamsie, J. (2003): Capabilities in motion: New organizational forms and the reshaping of the Hollywood movie industry, in: Journal of Management Studies 40 (8), S. 2190-2210.

Landy, F. J./Becker, W. S. (1987): Motivation theory reconsidered, in: Staw, B. M./Cummings, L. L. (Hrsg.): Research in Organizational Behavior, Bd. 9, S. 1-38.

Lane, P. J./Salk, J. E./Lyles, M. A. (2001): Absorptive capacity, learning, and performance in international joint ventures, in: Strategic Management Journal 22 (12), S. 1139-1162.

Lang, R. (2007): Individuum und Organisation – Revisited: Neue Konturen eines organisationswissenschaftlichen Forschungsfeldes? In: Lang, R./ Schmidt, A. (Hrsg.): Individuum und Organisation, S. 1-16.

Langley, A./Smallman, C./Tsoukas, H./Van de Ven, A. H. (2013): Process studies of change in organization and management: unveiling temporality, activity, and flow, in: Academy of Management Journal 56 (1), S. 1-13.

Langlois, R. N. (2002): Modularity in technology and organization, in: Journal of Economic Behavior & Organization 49 (1), S. 19-37.

Larson, E. W./Gobeli, D. H. (1987): Matrix management: Contradictions and insights, in: California Management Review 29 (4), S. 126-138.

Latour, B. (2005): Reassembling the social. An introduction to actor-network-theory, Oxford.

Laux, H./Liermann, F. (2005): Grundlagen der Organisation. Die Steuerung von Entscheidungen als Grundproblem der Betriebswirtschaftslehre, 6. Aufl., Berlin.

Lawler, E. E. (1986): High-involvement management, San Francisco/London.

Lawler, E. E./Mohrman, S. A./Ledford, G. E. (1995): Creating High Performance Organizations, San Francisco.

Lawler, E. E./Ulrich, D. (2008): Talent: Making People Your Competitive Advantage, San Fransisco.

Lawrence, P. R. (1954): How to deal with resistance to change, in: Harvard Business Review 32 (3), S. 49-57.

Lawrence, P. R. (1981): The Harvard organization and environment research program, in: Van de Ven, A.H./Joyce, W.F. (Hrsg.): Perspectives on organization design and behavior, New York, S. 311-337.

Lawrence, P. R./Lorsch, J. W. (1967): Organization and environment: Managing differentiation and integration, Boston.

Lay, G. (2008): Gruppenarbeit in Deutschland – Instrument zur Requalifizierung der Industriearbeit oder leere Worthülse?, in: Arbeit 17 (1), S. 5-20.

Lazerson, M. (1995): A new Phoenix? Modern putting-out in the Modena knitwear industry, in: Administrative Science Quarterly 40 (1), S. 34-59.

Leatt, P./Schneck, R. E. (1984): Criteria for grouping nursing subunits in hospitals, in: Academy of Management Journal 27 (1), S. 150-165.

Lehner, J. M. (1996): "Cognitive mapping": Kognitive Karten vom Management, in: Schreyögg, G./Conrad, P. (Hrsg.): Managementforschung 6: Wissensmanagement, Berlin/New York, S. 83-132.

Lehner, J. M./Ötsch, W. O. (2015): Jenseits der Hierarchie. Status im beruflichen Alltag aktiv gestalten, Weinheim.

Lei, D./Hitt, M. A./Goldhar, J. D. (1996): Advanced manufacturing technology: Organizational design and strategic flexibility, in: Organization Studies 17 (3), S. 501-523.

Lei, D./Slocum, J. W./Pitts, R. A. (1999): Designing organizations for competitive advantage: The power of unlearning and learning, in: Organizational Dynamics 27 (3), S. 24-38.

Leibenstein, H. (1978): Allokative Effizienz versus "x-Effizienz", in: Dürr, E. (Hrsg.): Wachstumstheorie, Darmstadt, S. 335-348.

Leonard-Barton, D. (1992): Core capabilities and core rigidities: A paradox in managing new product development, in: Strategic Management Journal 13 (Special Issue), S. 111-125.

Leonard-Barton, D. (1995): Wellsprings of knowledge, Boston.

Levitt, B./March, J. G. (1988): Organizational learning, in: Annual Review of Sociology 14, S. 319-340.

Levy, A./Merry, U. (1986): Organizational transformation, New York.

Lewicki, R. J./Barry, B./Saunders, D. M./Minton, J. W./Minton, J. (2002): Negotiation: Readings, exercises, and cases, 4. Aufl., New York.

Lewin, A. Y./Massini, S./Peeters, C. (2011): Microfoundations of internal and external absorptive capacity routines, in: Organization Science 22 (1), S. 81-98.

Lewin, K. (1943): Forces behind food habits and methods of change, in: Bulletin of the National Research Council (108), S. 35-65.

Lewin, K. (1958): Group decision and social change, in: Maccoby, E. E./Newcomb, T. M./Hartley, E. L. (Hrsg.): Readings in social psychology, 3. Aufl., New York, S. 197-211.

Likert, R. (1961): New patterns of management, New York.

Likert, R. (1967): The human organization: Its management and value, New York.

Likert, R./Araki, C. T. (1986): Managing without a boss: System 5, in: Leadership & Organisation Development Journal 7 (3), S. 17-20.

Lindblom, C. E. (1959): The science of "muddling through", in: Public Administration Review 19 (2), S. 79-88.

Lindblom, C. E. (1965): The intelligence of democracy, New York et al.

Lindstädt, H. (2006): Beschränkte Rationalität: Entscheidungsverhalten und Organisationsgestaltung bei beschränkter Informationsverarbeitungskapazität, München.

Lipp, W. (1987): Autopoiesis biologisch, Autopoiesis soziologisch – Wohin führt Luhmanns Paradigmenwechsel?, in: Kölner Zeitschrift für Soziologie und Sozialpsychologie 39 (3), S. 452-470.

Locke, E. A./Schweiger, D. M. (1979): Participation in decision-making: One more look, in: Staw, B. M. (Hrsg.): Research in organizational behavior, Greenwich, Conn., S. 265-339.

Looss, W. (2006): Unter vier Augen: Coaching für Manager, Bergisch Gladbach.

Lorenzen, P. (1987): Lehrbuch der konstruktiven Wissenschaftstheorie, Mannheim et al.

Lorsch, J. W. (1986): Managing culture: The invisible barrier of strategic change, in: California Management Review 28 (2), S. 95-109.

Lorsch, J. W./Morse, J. J. (1974): Organizations and their members: A contingency approach, New York.

Loth, U. (1995): Das Gore-Modell: Eigenständige Gruppen, Selbstverantwortung und natürliche Führung in dynamischer Unternehmenskultur, Materialien zum Vortrag auf dem 1. AWZ-Praxis-Symposium, Berlin 10.11.1995.

Lucas, H. C./Baroudi, J. (1994): The role of information technology in organization design, in: Management Information Systems 10 (4), S. 9-23.

Lüder, K. (1981): Kritische Anmerkungen zur Steuerung divisional organisierter Unternehmen mithilfe des Return on Investment-Konzepts, in: Steinmann, H. (Hrsg.): Planung und Kontrolle, München, S. 400-409.

Luft, J. (1972): Einführung in die Gruppendynamik, Stuttgart.

Luhmann, N. (1964): Lob der Routine, in: Verwaltungsarchiv 55, S. 1-33.

Luhmann, N. (1970): Funktion und Kausalität, in: ders., Soziologische Aufklärung, Opladen.

Luhmann, N. (1973): Zweckbegriff und Systemrationalität, Frankfurt a. M.

Luhmann, N. (1975): Macht, Stuttgart.

Luhmann, N. (1982): Funktion der Religion, Frankfurt a.M.

Luhmann, N. (1984): Soziale Systeme. Grundriss einer allgemeinen Theorie, Frankfurt a. M.

Luhmann, N. (1988): Macht, 2. Aufl., Stuttgart.

Luhmann, N. (1990): Die Wissenschaft der Gesellschaft, Frankfurt a. M.

Luhmann, N. (1995): Funktionen und Folgen formaler Organisation, 4. Aufl., Berlin.

Luhmann, N. (1997): Die Gesellschaft der Gesellschaft, Frankfurt a. M.

Luhmann, N. (2000): Organisation und Entscheidung, Wiesbaden.
Lynch, B. P. (1974): An empirical assessment of Perrow's technology construct, in: Administrative Science Quarterly 19 (3), S. 338-356.
Lyotard, J. F. (1999): Das postmoderne Wissen. Ein Bericht, Bd. 4, (Übers. a.d. Französischem), Wien.

Macharzina, K./Wolf, J. (2012): Unternehmensführung: das internationale Managementwissen; Konzepte, Methoden, Praxis, Wiesbaden.
Macharzina, K./Wolf, J./Döbler, T. (1993): Werthaltung in den neuen Bundesländern: Strategien für das Personalmanagement, Wiesbaden.
Madauss, B. (2000): Projektmanagement, 6. Aufl., Stuttgart.
Madden, L. T./Duchon, D./Madden, T. M./Plowman, D. A. (2012): Emergent organizational capacity for compassion, in: Academy of Management Review 37 (4), S. 689-708.
Maier, P. (1997): Reengineering – Fluch oder Segen?, Wiesbaden.
Malinowski, B. (1948): Magic, science and religion, Boston.
Malinowski, B. (1950): Argonauts of the Western Pacific, New York.
Mandl, H./Spada, H. (1988) (Hrsg.): Wissenspsychologie, München.
Mann, T. (1974): Buddenbrooks, Frankfurt a.M.
Manne, H. G. (1965): Mergers and market for corporate control, in: Journal of Political Economy 73 (2), S. 110-120.
Manz, C. C./Sims, H. P. (1987): Leading workers to lead themselves: The external leadership of self-managing work teams, in: Administrative Science Quarterly 32 (1), S. 106-128.
March, J. G. (1991): Exploration and exploitation in organizational learning, in: Organization Science 2 (1), S. 71-87.
March, J. G. (1994): A primer on decision making, New York.
March, J. G./Olsen, J. P. (1979): Ambiguity and choice in organizations, Bergen.
March, J. G./Shapira, Z. (1982): Behavioral decision theory and organizational decision theory, in: Ungson, G. R./Braunstein, D. N. (Hrsg.): Decision making, Boston, S. 92-115.
March, J. G./Simon, H. A. (1958): Organizations, New York et al.
Margolis, J. (2002): Reinventing pragmatism: American philosophy at the end of the twentieth century, New York.
Marr, R. (1993): Betrieb und Umwelt, in: Bitz, M./Dellmann, K./Domsch, M. (Hrsg.): Vahlens Kompendium der Betriebswirtschaftslehre, Bd. 1, 3. Aufl., München, S. 47-114.
Marschak, J. (1955): Element for a theory of teams, in: Management Science 1 (2), S. 127-137.
Martin, G./Gözübüyük, R./Becerra, M. (2015): Interlocks and firm performance: The role of uncertainty in the directorate interlock-performance relationship, in: Strategic Management Journal 36 (2), S. 235-253.
Martin, J. (1992): Cultures in organizations, Oxford.

Martin, J. (2002): Organizational culture: Mapping the terrain, Thousand Oaks.
Martin, J./Siehl, C. (1983): Organizational culture and counterculture: An uneasy symbiosis, in: Organizational Dynamics 12 (2), S. 52-64.
Maslow, A. H. (2002): Motivation und Persönlichkeit, Neudruck, Reinbek bei Hamburg.
Mathur, I./Singh, M./Thompson, F./Nejadmalayeri, A. (2013): Corporate governance and lobbying strategies, in: Journal of Business Research 66 (4), S. 547-553.
Maturana, H. R. (1985): Erkennen, 2. Aufl., Braunschweig.
Maurer, I./Ebers, M. (2006): Dynamics of social capital and their performance implications: Lessons from biotechnology start-ups, in: Administrative Science Quarterly, 51 (2), 262-292.
Maurer, J. G. (1971): Introduction, in: Maurer, J. G. (Hrsg.): Open-system approaches, New York, S. 3-9.
Mayntz, R. (1963): Soziologie der Organisation, Reinbek bei Hamburg.
Mayntz, R. (1968): Max Webers Idealtypus der Bürokratie und die Organisationssoziologie, in: Mayntz, R. (Hrsg.): Bürokratische Organisation, Köln/Berlin, S. 27-35.
Mazzolini, R. (1978): Strategic decisions: An organizational politics view, Research Working Paper Nr. 173 A, Graduate School of Business Columbia University, New York 1978.
McCabe, D. L. (1990): The assessment of perceived environmental uncertainty and economic performance, in: Human Relations 43 (12), S. 1203-1218.
McCann, J. E./Selsky, J. (1984): Hyperturbulence and the emergency of type 5 environments, in: Academy of Management Review 9 (3), S. 460-470.
McGregor, D. (1960): The human side of enterprise, New York.
McKelvey, B./Aldrich, H. E. (1983): Populations, natural selection, and applied organizational science, in: Administrative Science Quarterly 28 (1), S. 101-128.
Melchers, C. (1997): Quantensprünge durch Business Reengineering, Hamburg.
Mellewigt, T./ Madhok, A./Weibel, A. (2007): Trust and formal contracts in interorganizational relationships—substitutes and complements., in: Managerial and Decision Economics 28 (8), S. 833-847.
Mellewigt, T./Matiaske, W. (2000): Strategische Konzernführung: Stand der empirischen betriebswirtschaftlichen Forschung, in: Zeitschrift für Betriebswirtschaft 70 (5), S. 611-631.
Mertens, P./Griese, J./Ehrenberg, D. (1998): Virtuelle Unternehmen und Informationsverarbeitung, Berlin/Heidelberg.
Meulemann, H. (1996): Werte und Wertewandel, Weinheim/München.
Meyer, J. W./Rowan, B. (1977): Institutionalized organizations: Formal structure as myth and ceremony, in: American Journal of Sociology, S. 340-363.
Meyer, J. W./Rowan, B. (1977): Institutionalized organizations: Formal structure as a myth and ceremony, in: American Journal of Sociology 83 (2), S. 340-363.
Meyerson, D. E. (1991): Acknowledging and uncovering ambiguities in cultures, in: Frost, P. J./Moore, L. F. (Hrsg.): Reforming organizational culture, Newbury Park, Ca., S. 254-270.

Miles, R. E./Rosenberg, H. R. (1982): The human resources approach to management: Second-generation issues, in: Organizational Dynamics 10 (3), S. 26-41.

Miles, R. E./Snow, C. C./Pfeffer, J. (1974): Organization-environment: Concepts and issues, in: Industrial Relations 13 (3), S. 244-264.

Milgrom, P./Roberts, J. (1992): Economics, organisation and management, Englewood Cliffs, NJ.

Miller, B. K./Rutherford, M. A./Kolodinsky, R. W. (2008): Perceptions of organizational politics: A meta-analysis of outcomes, in: Journal of Business and Psychology 22 (3), S. 209-222.

Miller, C. C./Glick, W. H./Wang, Y.-D./Huber, G. P. (1991): Understanding technology-structure relationships: Theory development and meta-analytic theory testing, in: Academy of Management Journal 34 (2), S. 370-399.

Miller, D. (1991): Stale in the saddle: CEO tenure and the match between organization and environment, in: Management Science 37 (1), S. 34-52.

Miller, D. (1993): The architecture of simplicity, in: Academy of Management Review 18 (1), S. 116-138.

Miller, D./Form, W. H. (1957): Unternehmung, Betrieb und Umwelt, Opladen.

Miller, D./Friesen, P. (1984): Organization. A quantum view, Englewood Cliffs, NJ.

Milliken, F. J. (1987): Three types of uncertainty about the environment: State, effect and response uncertainty, in: Academy of Management Review 12 (1), S. 133-143.

Mintzberg, H. (1979): The structuring of organizations, Englewood Cliffs, NJ.

Mintzberg, H. (1980): Structure in 5's: A synthesis of the research on organization design, in: Management Science 26 (3), S. 322-341.

Mintzberg, H. (1983): Structure in five. Designing effective organizations, Englewood Cliffs, NJ.

Mintzberg, H. (1987): Five Ps for strategy, in: California Management Review 30 (1), S. 11-24.

Mintzberg, H. (1994): Rise and fall of strategic planning, New York.

Mintzberg, H./Raisinghani, D./Théorêt, A. (1976): The structure of "unstructured" decision processes, in: Administrative Science Quarterly 21 (2), S. 246-275.

Moldoveanu, M. C./Bauer, R. M. (2004): On the relationship between organizational complexity and organizational structuration, in: Organization Science 15 (1), S. 98-118.

Mollbach, A. (2014): "Führen mit Zielvereinbarungen" als Verfahren: Funktionen, Gestaltung und Wirkungen, Oldenburg.

Möllering, G. (2006): Trust: Reason, routine, reflexivity, London.

Montanari, J. R. (1979): Strategic choice: A theoretical analysis, in: Journal of Management Studies 16 (2), S. 202-221.

Mooney, J. D. (1947): The priciples of organization, New York.

Morgan, G. (2006): Images of Organization, 7. Aufl., Beverly Hills.

Morgan, G./Frost, P. J./Pondy, L. R. (1983): Organizational symbolism, in: Pondy, L. R./Frost, P. J./Morgan, G./Dandridge, T. C. (Hrsg.): Organizational symbolism, Greenwich, S. 3-35.

Morgan, G./Quack, S. (2005): Institutional legacies and firm dynamics: the growth and internationalization of UK and German law firms, in: Organization Studies 26 (12), S. 1765-1785.

Möslein, K. (2001): Die virtuelle Organisation: Von der Idee zur Wettbewerbsstrategie, in: Wulf, V./Rittenbruch, M./Rohde, M. (Hrsg.): Auf dem steinigen Weg zur Virtuellen Organisation, Heidelberg, S. 13-31.

Mueller, R. K. (1988): Betriebliche Netzwerke (Übers. a. d. Engl.), Freiburg i. Br.

Müller, H./Schreyögg, G. (1982): Das Stab-Linie-Konzept, in: Wirtschaftswissenschaftliches Studium 11, S. 205-212.

Müller-Merbach, H. (1992): Operation Research, 3. Aufl., München.

Müller-Stewens, G./Lechner, C. (2011): Strategisches Management: wie strategische Initiativen zum Wandel führen, Stuttgart.

Munn, S. L. (2013): Unveiling the work–life system: The influence of work–life balance on meaningful work, in: Advances in Developing Human Resources 15(4), S. 401-417.

Nadler, D. A. (1995): Discontinuous change: Leading organizational transformation, San Francisco.

Nahapiet, J./Goshal, S. (1998): Social capital, intellectual capital, and the organizational advantage, in: Academy of Management Review 23 (2), S. 242-266.

Negandhi, A. R./Reimann, B. C. (1972): A contingency theory of organization reexamined in the context of a developing country, in: Academy of Management Journal 15 (2), S. 137-146.

Neisser, U. (1979): Kognition und Wirklichkeit, Stuttgart.

Nelson, R. R./Winter, S. G. (1982): An evolutionary theory of economic change, Cambridge, Mass.

Neuberger, O. (1990): Der Mensch ist Mittelpunkt, in: Personalführung (1), S. 3-10.

Neuberger, O. (2006): Mikropolitik und Moral in Organisationen. Herausforderung der Ordnung, 2. Aufl., Stuttgart.

Neuhaus, C. (2006): Zukunft im Management: Orientierungen für das Management von Ungewissheit in strategischen Prozessen, Heidelberg.

Neumann, M. (1987): Theoretische Volkswirtschaftslehre, München.

Newbert, S. L. (2007): Empirical research on the resource-based view of the firm: an assessment and suggestions for future research, in: Strategic Management Journal 28 (2), S. 121-146.

Nicolini, D. (2013): Practice theory, work, and organization. An introduction, Oxford.

Niven, P. R. (2014): Balanced Scorecard evolution: A dynamic approach to strategy execution, London.

Nonaka, I. (1991): The knowledge-creating company, in: Harvard Business Review 69 (6), S. 96-104.

Nonaka, I. (1994): A dynamic theory of organizational knowledge creation, in: Organization Science 5 (1), S. 14-37.

Nonaka, I./Krogh, G. von (2009): Perspective-tacit knowledge and knowledge conversion: Controversy and advancement in organizational knowledge creation theory, in: Organization Science 20 (3), S. 635-652.

Nonaka, I./Takeuchi, H. (1995): The knowledge creating company: how Japanese companies create the dynamics of innovation, New York.

Nord, W. R./Brief, A. P./Alich, J. M./Doherty, E. M. (1988): Work values and the conduct of organizational behavior, in: Staw, B. M./Cummings, L. L. (Hrsg.): Research in Organizational Behavior, Bd. 10, S. 1-42.

Nord, W. R./Durand, D. E. (1978): What's wrong with the human resources approach to management?, in: Organizational Dynamics 6 (3), S. 13-25.

Nordsiek, F. (1934): Grundlagen der Organisationslehre, Stuttgart.

North, D. C. (1990): Institutions, institutional change and economic performance, Cambridge.

Odiorne, G. S. (1967): Management by objectives, Führung durch Vorgabe von Zielen (Übers. a. d. Engl.), München.

Oevermann, U./Allert, T./Konau, E./Krambeck, J. (1979)(Hrsg.): Die Methodologie einer "objektiven Hermeneutik" und ihre allgemeine forschungslogische Bedeutung in den Sozialwissenschaften, Stuttgart.

Ohno, T. (1993): Das Toyota-Produktionssystem, Frankfurt a. M.

Oldham, G. R./Hackman, J. R. (2010): Not what it was and not what it will be: The future of job design research, in: Journal of Organizational Behavior 31 2-3, S. 463-479.

O'Leary, M. B./Mortensen, M./Woolley, A. W. (2011): Multiple team membership: A theoretical model of its effects on productivity and learning for individuals and teams, in: Academy of Management Review 36 (3), S. 461-478.

Oliver, C. (1990): Determinants of inter-organizational relationships: Integration and future directions, in: Academy of Management Review 15 (2), S. 241-265.

Oliver, C. (1991): Strategic Responses to Institutional Processes, in: Academy of Management Review 16 (1), S. 145-179.

Olson, M. (1965): The logic of collective action, Cambridge.

Organ, D. W. (1988): Organizational citizenship behavior: The good soldier syndrome, Lexington, Mass.

Orlikowski, W. J. (1992): The duality of technology: Rethinking the concept of technology in organizations, in: Organization Science 3 (3), S. 398-427.

Orlikowski, W. J. (2000): Using technology and constituting structures: A practice lens for studying technology in organizations, in: Organization Science 11 (4), S. 404-428.

Orlikowski, W. J. (2002): Knowing in practice: Enacting a collective capability in distributed organizing, in: Organization Science 13 (3), S. 249-273.

Orlikowski, W. J. (2007): Sociomaterial practices: Exploring technology at work, in: Organization Studies 28 (9), S. 1435-1448.

Orlikowski, W. J./Hofman, J. D. (1997): An improvisational model for change management: The case of groupware technologies, in: Sloan Management Review 38 (2), S. 11-21.

Orlikowski, W. J./Scott, S. V. (2008): Sociomateriality: Challenging the separation of technology, work and organization, in: The Academy of Management Annals 2 (1), S. 433-474.

Orlikowski, W. J./Yates, J. (2002): It's about time: Temporal structuring in organizations, in: Organization Science, 13 (6), S. 684-700.

Orr, J. E. (1996): Talking about machines. An ethnography of a modern job, Ithaca.

Ortlieb, R./Sieben, B. (2008): Diversity strategies focused on employees with a migration background: An empirical investigation based on resource dependence theory, in: Management Revue, S. 70-93.

Ortmann, G. (1976): Unternehmungsziele als Ideologie, Köln.

Ortmann, G. (1988) (Hrsg.): Macht, Spiel, Konsens, Opladen.

Ortmann, G. (1995): Formen der Produktion. Organisation und Rekursivität, Opladen.

Ortmann, G. (1998): Mikropolitik, in: Heinrich, P./Schulz zur Wiesch, J. (Hrsg.): Wörterbuch zur Mikropolitik, Opladen, S. 13-26.

Ortmann, G. (1999): Organisation und Dekonstruktion, in: Schreyögg, G./Koch, J. (Hrsg.): Organisation und Postmoderne. Grundfragen – Analysen – Perspektiven, Wiesbaden, S. 157-196.

Ortmann, G. (2003): Regel und Ausnahme. Paradoxien sozialer Ordnung, Frankfurt a. M.

Ortmann, G./Sydow, J. (2001) (Hrsg.): Strategie und Strukturation. Strategisches Management von Unternehmen, Netzwerken und Konzernen, Wiesbaden.

Orton, J. D./Weick, K. E. (1990): Loosely coupled systems: A reconceptualization, in: Academy of Management Review 15 (2), S. 203-223.

Osterloh, M. (1983): Handlungsspielräume und Informationsverarbeitung, Bern et al.

Osterloh, M. (1991): Methodische Probleme einer empirischen Erforschung von Unternehmenskulturen, in: Dülfer, E. (Hrsg.): Organisationskultur, 2. Aufl., Stuttgart, S. 173-188.

Osterloh, M. (1998): Unternehmensinterne Märkte: Je mehr, desto besser?, in: Glaser, H./Schröder, E. F./v. Werder, A. (Hrsg.): Organisation im Wandel der Märkte, Wiesbaden, S. 287-315.

Osterloh, M./Frost, J. (2006): Prozessmanagement als Kernkompetenz, 5. Aufl., Wiesbaden.

Osterman, P. (2000): Work reorganization in an era of restructuring: Trends in diffusion and effects on employee welfare, in: Industrial & Labor Relations Review 53 (2), S. 179-196.

Oswick, C. (2015): Engaging with employee engagement in HRD theory and practice, in: Human Resource Development Review 14 (1), S. 8-16.

Ott, A. E. (1986): Grundzüge der Preistheorie, 3. Aufl., Göttingen.

Otto, K./Adamek, S. (2008): Der gekaufte Staat: wie Konzernvertreter in deutschen Ministerien sich ihre Gesetze selbst schreiben, Köln.

Ouchi, W. G. (1980): Markets, bureaucracies, and clans, in: Administrative Science Quarterly 25 (1), S. 129-141.

Ouchi, W. G. (1981): Theory Z, Reading, Mass.

Ouchi, W. G./Jaeger, A. M. (1978): Type Z organization: Stability in the midst of mobility, in: Academy of Management Review 3 (2), S. 305-314.

Padillaa, A./Hogan, R./Kaiser, R. B. (2007): The toxic triangle: Destructive leaders, susceptible followers, and conducive environments, in: The Leadership Quarterly 18 (3), S. 176-194.

Pal, L. A. (2011): Assessing incrementalism: Formative assumptions, contemporary realities, in: Policy and Society 30 (1), S. 29-39.

Parkinson, C. N. (1966): Parkinsons Gesetz und andere Untersuchungen über die Verwaltung, Hamburg.

Parmigiani, A./Howard-Grenville, J. (2011): Routines revisited: Exploring the capabilities and practice perspectives, in: The Academy of Management Annals 5 (1), S. 413-453.

Parsons, T. (1951): The social system, Glencoe, IL.

Parsons, T. (1960): Structure and process in modern societies, Glencoe, IL.

Pascale, R. T./Athos, A. G. (1981): The art of Japanese management, New York.

Paslack, R. (1991): Urgeschichte der Selbstorganisation. Zur Archäologie eines wissenschaftlichen Paradigmas, Braunschweig/Wiesbaden.

Pedersen, T./Devinney, T. M./Venzin, M./Tihanyi, L. (2014): Orchestration of the global network organization, London.

Pelzmann, S./Strümpf, B. (2013): Organisationsdiagnose, in: Pelzmann, S./ Strümpf, B. (Hrsg.): Integrative Tools für die Team- und Organisationsdiagnose. Wirksam beraten, Wiesbaden, S. 39-43.

Pentland, B. T./Haerem, T./Hillison, D. (2010): Comparing organizational routines as recurrent patterns of action, in: Organization Studies 31 (7), S. 917-940.

Pentland, B. T./Hærem, T./Hillison, D. (2011): The (n) ever-changing world: stability and change in organizational routines, in: Organization Science 22 (6), S. 1369-1383.

Perich, R. (1992): Unternehmensdynamik. Zur Entwicklungsfähigkeit von Organisationen aus zeitlich-dynamischer Sicht, Bern/Stuttgart.

Perrow, C. (1967): A framework for the comparative analysis of organizations, in: American Sociological Review 32 (2), S. 194-208.

Perrow, C. (1970): Organizational analysis: A sociological view, London.

Perrow, C. (1973): Some reflections on technology and organizational analysis, in: Negandhi, A. R. (Hrsg.): Modern organizational theory – contextual, environmental, and socio-cultural variables, Kent, Ohio, S. 47-57.

Perrow, C. (1986): Economic theories of organization, in: Theory and Society 15 (1-2), S. 11-45.

Peters, T. J. (1993): Jenseits der Hierarchien, Liberation Management (Übers. a. d. Engl.), Düsseldorf.

Peters, T. J./Waterman, R H. (1984): Auf der Suche nach Spitzenleistungen (Übers. a. d. Engl.), Landsberg am Lech.

Pettigrew, A. M. (1973): The politics of organizational decision-making, London.

Pettigrew, A. M. (1977): Strategy formulation as a political process, in: International Studies of Management & Organization 7 (2), S. 78-87.

Pettigrew, A. M. (1979): On studying organizational cultures, in: Administrative Science Quarterly 24 (4), S. 570-581.

Pfeffer, J. (1973): Size, composition, and function of hospital boards of directors: A study of organizational-environment linkage, in: Administrative Science Quarterly 18 (3), S. 349-364.

Pfeffer, J. (1974): Cooptation and the composition of electric utility boards of directors, in: Pacific Sociological Review 17 (3), S. 333-363.

Pfeffer, J. (1981) (Hrsg.): Management as symbolic action: The creation and maintenance of organizational paradigms, Bd. 3, Greenwich.

Pfeffer, J. (1982): Organizations and organization theory, Boston, Marshfield, Mass.

Pfeffer, J. (1987) (Hrsg.): A resource dependence perspective on intercorporate relations, Cambridge.

Pfeffer, J. (1993): Barriers to the advance of organizational science: Paradigm development as a dependent variable, in: Academy of Management Review 18 (4), S. 599-620.

Pfeffer, J. (1997): New directions for organization theory: Problems and prospects, New York, Oxford.

Pfeffer, J. (1998): The human equation: Building profits by putting people first, Boston.

Pfeffer, J. (1999): Power-Management (Übers. a. d. Engl.), Wien.

Pfeffer, J./Nowak, P. (1976): Joint Ventures and Interorganizational Interdependence, in: Administrative Science Quaterly 21 (9), S. 398-418.

Pfeffer, J./Salancik, G. R. (1978): The external control of organizations, New York.

Pfeiffer, T. (2002): Kostenbasierte oder verhandlungsorientierte Verrechnungspreise? Weiterführende Überlegungen zur Leistungsfähigkeit der Verfahren, in: Zeitschrift für Betriebswirtschaft 72 (12), S. 1269-1296.

Pfeiffer, W./Metze, G./Schneider, W./Amler, R. W. (1985): Technologie-Portfolio zum Management strategischer Zukunftsgeschäftsfelder. Innovative Unternehmensführung, Band 7, 3. Aufl., Göttingen.

Phillips, M. E. (1994): Industry mindsets: Exploring the cultures of two macro-organizational settings, in: Organization Science 5 (3), S. 384-402.

Piaget, J. (1985): Meine Theorie der geistigen Entwicklung Frankfurt a. M.

Picot, A. (1991): Ein neuer Ansatz zur Gestaltung der Leistungstiefe, in: Zeitschrift für betriebswirtschaftliche Forschung 43 (4), S. 336-357.

Picot, A./Dietl, H./Franck, E. (2008): Organisation: Eine ökonomische Perspektive, 5. Aufl., Stuttgart.

Picot, A./Reichwald, R./Wigand, R. T. (2008): Information, organization and management, Heidelberg.

Piderit, S. K. (2000): Rethinking resistance and recognizing ambivalent attitudes toward organizational change: A multidimensional view, in: Academy of Management Review 25 (4), S. 783-794.

Piore, M. J./Sabel, C. F. (1985): Das Ende der Massenproduktion. Studie über die Requalifizierung der Arbeit und die Rückkehr der Ökonomie in die Gesellschaft, Berlin.

Poensgen, O. H. (1973): Geschäftsbereichsorganisation, Köln/Opladen.

Poensgen, O. H. (1980): Between market and hierarchy – The role of interlocking directorates, in: Zeitschrift für die gesamte Staatswissenschaft 136 (2), S. 209-225.

Poeschl, H. (2013): Strategische Unternehmensführung zwischen Shareholder-Value und Stakeholder-Value, Wiesbaden.

Polanyi, M. (1958): Personal knowledge. Towards a post-critical philosophy, London.

Polanyi, M. (1966): The tacit dimension, London.

Popitz, H. (1988): Autoritätsbedürfnisse. Der Wandel der sozialen Subjektivität, in: Kölner Zeitschrift für Soziologie und Sozialpsychologie 39, S. 633-647.

Porter, M. E. (1984): Wettbewerbsstrategie, 2. Aufl., Frankfurt a.M.

Porter, M. E. (1991): Towards a dynamic theory of strategy, in: Strategic Management Journal 12 (Special Issue), S. 95-117.

Powell, W. W./White, D. R./Koput, K. W./Owen-Smith, J. (2005): Network dynamics and field evolution: The growth of interorganizational collaboration in the life sciences, in: American Journal of Sociology 110 (4), S. 1132-1205.

Prahalad, C. K./Hamel, G. (1990): The core competence of the corporation, in: Harvard Business Review 68 (3), S. 79-91.

Pressman, J. L./Wildavsky, A. B. (1984): Implementation: How great expectations in Washington are dashed in Oakland : Or, why it's amazing that federal programs work at all, Berkeley.

Prigogine, I./Stengers, I. (1984): Order out of chaos: Man´s new dialogue with nature, New York.

Provan, K. G./Kenis, P. (2008): Modes of network governance: Structure, management, and effectiveness, in: Journal of public administration research and theory 18 (2), S. 229-252.

Psathas, G. (1981) (Hrsg.): Ethnotheorie, Ethnomethodologie und Phänomenologie, 5. Aufl., Opladen.

Pugh, D. S./Hickson, D. J. (1968): Eine dimensionale Analyse bürokratischer Strukturen, in: Mayntz, Renate (Hrsg.): Bürokratische Organisation, Köln/Berlin, S. 82-93.

Pugh, D. S./Hickson, D. J./Hinings, C. R. (1969): An empirical taxonomy of work organizations, in: Administrative Science Quarterly 14 (1), S. 115-126.

Pugh, D. S./Hickson, D. J./Hinings, C./Lupton, K./MacDonald, K./Turner, C./Lupton, T. (1968): Dimensions of organizational structures, in: Administrative Science Quarterly 13 (1), S. 65-105.

Quinn, J. B. (1980): Strategies for change, logical incrementalism, Homewood/Ill.
Quinn, J. B. (1992): Intelligent enterprise. A knowledge and service based paradigm for industry, New York.
Quinn, R. E. (1988): Beyond rational management, San Francisco.
Quinn, R. E./Cameron, K. (1983): Organizational life cycles and shifting criteria of effectiveness: Some preliminary evidence, in: Management Science 29 (1), S. 33-52.
Quitmann, H. (1985): Humanistische Psychologie: Zentrale Konzepte und philosophischer Hintergrund, Göttingen.

Rafaeli, A./Pratt, M. G. (Hrsg.) (2013): Artifacts and organizations: Beyond mere symbolism, Mahwah, New Jersey.
Raiffa, H. (1982): The art and the science of negotiation, Cambridge, Mass.
Raisch, S./Birkinshaw, J./Probst, G./Tushman, M. L. (2009): Organizational ambidexterity: Balancing exploitation and exploration for sustained performance, in: Organization Science 20 (4), S. 685-695.
Rangan, V. K./Corey, E. R./Cespedes, F. (1993): Transaction Cost Theory: Inferences from Clinical Field Research on Downstream Vertical Integration, in: Organization Science 4 (3), S. 454-477.
Raster, M. (1994): Prozessarchitektur und Informationsverarbeitung, in: Gaitanides, M./Scholz, R./Vrohlings, A./Raster, M. (Hrsg.): Prozessmanagement – Konzepte, Umsetzungen und Erfahrungen des Reengineering, München/Wien, S. 123-142.
Rechtien, W. (1992): Angewandte Gruppendynamik. Ein Lehrbuch für Studierende und Praktiker, Berlin/München.
Reibnitz, U. H. v. (1982): Szenario-Technik als Grundlage von Planungen, Frankfurt a.M.
Rerup, C./Feldman, M. S. (2011): Routines as a source of change in organizational schemata: The role of trial-and-error learning, in: Academy of Management Journal 54 (3), S. 577-610.
Rescher, N. (1996): Process metaphysics: An introduction to process philosophy, London.
Rice, R./Rogers, E. M. (1980): Reinvention in the innovation process, in: Knowledge: Creation, Diffusion, Utilization 1 (4), S. 499-514.
Richter, R./Furubotn, E. G. (2003): Neue Institutionenökonomik: Eine Einführung und kritische Würdigung, Tübingen.
Ridder, H.-G./Conrad, P./Schirmer, F./Bruns, H.-J. (2001): Strategisches Personalmanagement. Mitarbeiter führen, integrieren und Wandel gestalten, Landsberg am Lech.
Ringlstetter, M. J. (1997): Organisation von Unternehmensverbindungen. Einführung in die Gestaltung der Organisationsstruktur, München/Wien.

Roethlisberger, F. J./Dickson, W. J. (1975): Management and the worker. An account of a research program conducted by the Western Electric Company, 16. Aufl., Cambridge.

Rogers, C. R. (1973): Entwicklung der Persönlichkeit (Übers. a. d. Engl.), Stuttgart.

Rogers, D. L./Whetten, D. A. (1982): Interorganizational coordination: Theory, research, and implementation, Ames, IA.

Romanelli, E./Tushman, M. L. (1994): Organizational transformation as punctuated equilibrium: An empirical test, in: Academy of Management Journal 37 (5), S. 1141-1166.

Ronken, H. O./Lawrence, P. R. (1952): Administering changes: A case study of human relations in a factory, Boston.

Rosen, M. (1988): You asked for it: Christmas at the bosses expense, in: Journal of Management Studies 25 (5), S. 463-480.

Ross, S. A. (1973): The economic theory of agency: The pricipal's problem, in: American Economic Review 63 (2), S. 134-139.

Rost, K. (2011): The strength of strong ties in the creation of innovation, in: Research Policy 40 (4), S. 588-604.

Rothaermel, F. T./Deeds, D. L. (2004): Exploration and exploitation alliances in biotechnology: A system of new product development, in: Strategic Management Journal 25 (3), S. 201–222.

Rothenbücher, C. (2012): Organisationsaufstellung im Konfliktmanagement, in: Organisationsberatung, Supervision, Coaching 19 (2), S. 167-177.

Rousseau, D. M. (2012): The Oxford handbook of evidence-based management, Oxford.

Rowlinson, M./Procter, S. (1999): Organizational culture and business history, in: Organization Studies 20 (3), S. 369-396.

Rumelt, R. P. (1974): Strategy, structure and economic performance, Boston, Mass.

Rumelt, R. P./Schendel, D./Teece, R. (1994): Fundamental issues in strategy, in: Rumelt, R. P./Schendel, D./Teece, R. (Hrsg.): Fundamental issues in strategy: A research agenda, Boston, Mass.

Ryan, R. M./Deci, E. L. (2000): Self-determination theory and the facilitation of intrinsic motivation, social development, and well-being, in: American Psychologist 55 (1), S. 68-78.

Ryle, G. (1949): The concept of mind, London.

Sackmann, S. A. (1992): Cultures and subcultures: An analysis of organizational knowledge, in: Administrative Science Quarterly 37 (1), S. 140-161.

Sackmann, S. A. (1997): Cultural complexity in organizations, Thousand Oaks et al.

Sackmann, S. A. (2004): Erfolgsfaktor Unternehmenskultur, Wiesbaden.

Saffold, G. S. (1988): Culture traits, strength, and organizational performance: Moving beyond "strong" culture, in: Academy of Management Review 13 (4), S. 546-558.

Salancik, G. R./Pfeffer, J. (1974): The bases and use of power in organizational decision making: The case of a university, in: Administrative Science Quarterly 19 (4), S. 453-473.

Salimath, M. S./Jones III, R. (2011): Population ecology theory: implications for sustainability, in: Management Decision 49 (6), S. 874-910.

Sanchez, R. (2000): Modular architectures, knowledge assets and organizational learning: New management processes for product creation, in: International Journal of Technology Management 19 (6), S. 610-629.

Sandner, K. (1992): Prozesse der Macht, 2. Aufl., Heidelberg.

Schatzki, T. R./Knorr-Cetina, K./Savigny, E. v. (2001): The practice turn in contemporary theory, New York.

Schauenberg, B. (1978): Zur Logik kollektiver Entscheidungen. Ein Beitrag zur Organisation interessenpluralistischer -Entscheidungsprozesse, Wiesbaden.

Schein, E. H. (1969): Process consultation, Reading, Mass.

Schein, E. H. (1984): Coming to a new awareness of organizational culture, in: Sloan Management Review 25 (2), S. 3-16.

Schein, E. H. (1985): Organizational culture and leadership: A dynamic view, San Francisco.

Schein, E. H. (1996): Culture: The missing concept in organization studies, in: Administrative Science Quarterly 41 (2), S. 229-241.

Schein, E. H. (1999): Process consultation revisited: Building the helping relationship, Reading, MA.

Scherer, A. G./Beyer, R. (1998): Der Konfigurationsansatz im Strategischen Management, in: Die Betriebswirtschaft 58, S. 332-347.

Scherer, F. M./Ross, D. (1990): Industrial market structure and economic performance, 3. Aufl., Chicago.

Schiersmann, C./Thiel, H.-U. (2013): Organisationsentwicklung. Prinzipien und Strategien von Veränderungsprozessen, Wiesbaden.

Schilling, M. A./Steensma, H. K. (2001): The use of modular organizational forms: An industry-level analysis, in: Academy of Management Journal 44 (6), S. 1149-1168.

Schirmer, F./Knödler, D./Tasto, M. (2012): Innovationsfähigkeit durch Reflexivität: Neue Perspektiven auf Praktiken des Change Management, Wiesbaden.

Schmalenbach, E. (1948): Pretiale Wirtschaftslenkung, Bd. 2, Bremen-Horn.

Schmalenbach, E. (1959): Über Dienststellengliederung im Großbetriebe, Köln/Opladen.

Schmid, B./Adams, J. (2008): Motivation in project management: The project manager's perspective, in: Project Management Journal 39 (2), S. 60-71.

Schmidt, G. (1991): Methode und Techniken der Organisation, Bd. 1, 9. Aufl., Gießen.

Schmidt, G. (1992): Grundlagen der Aufbauorganisation, Gießen.

Schmitz, P. W. (2001): The hold-up problem and incomplete contracts: A survey of recent topics in contract theory, in: Bulletin of Economic Research 53 (1), S. 1-17.

Schneider, D. (1985): Die Unhaltbarkeit des Transaktionskostenansatzes für die "Markt oder Unternehmung"-Diskussion, in: Zeitschrift für Betriebswirtschaft 55 (12), S. 1237-1254.

Schneider, D. (1987): Allgemeine Betriebswirtschaftslehre, Bd. 3, München/Wien.

Schneider, D. (1993): Betriebswirtschaftslehre, Bd. 1: Grundlagen, München/Wien.

Schneider, S. C. (1992): National vs. corporate culture: Implications for human resource management, in: Pucik, V./Tichy, N. M./Barnett, C. K. (Hrsg.): Globalizing management, New York, S. 159-173.

Schneider, S. C./Angelmar, R. (1993): Cognition in organizational analysis: Who's minding the store?, in: Organization Studies 14 (3), S. 347-374.

Schneider, S. C./de Meyer, A. (1991): Interpreting and responding to strategic issues: The impact of national culture, in: Strategic Management Journal 12 (4), S. 307-320.

Schnutenhaus, O. R. (1951): Allgemeine Organisationslehre, Berlin.

Schoenberger, E. (1997): The cultural crisis of the firm, Oxford.

Schoeneborn, D. (2011). Organization as communication: A Luhmannian perspective, in: Management Communication Quarterly 25(4), 663–689.

Scholl, W. (1999): Restrictive control and information pathologies in organizations, in: Journal of Social Issues 55 (1), S. 101-118.

Scholz, R./Vrohlings, A. (1994): Prozess-Struktur-Transparenz, in: Gaitanides, M./Scholz, R./Vrohlings, A. (Hrsg.): Prozessmanagement, München/Wien, S. 37-56.

Schoonhoven, C. B. (1981): Problems with contingency theory, in: Administrative Science Quarterly 26 (3), S. 349-377.

Schramm, W. (1936): Die betrieblichen Funktionen und ihre Organisation, Berlin/Leipzig.

Schreyögg, A. (2012): Coaching: Eine Einführung für Praxis und Ausbildung. Frankfurt am Main.

Schreyögg, G. (1983): Der Aufsichtsrat als Steuerungsinstrument des Vorstands – Die Verwaltung der Aktiengesellschaft im Lichte der neueren Managementlehre, in: Die Aktiengesellschaft 28 (10), S. 278-293.

Schreyögg, G. (1984): Unternehmensstrategie – Grundlagen einer Theorie strategischer Unternehmensführung, Berlin.

Schreyögg, G. (1989): Zu den problematischen Konsequenzen starker Unternehmenskulturen, in: Zeitschrift für betriebswirtschaftliche Forschung 41 (2), S. 94-113.

Schreyögg, G. (1995): Umwelt, Technologie und Organisationsstruktur: Eine Analyse des kontingenztheoretischen Ansatzes, 3. Aufl., Bern/Stuttgart.

Schreyögg, G. (1999): Organisation und Postmoderne. Grundfragen — Analysen — Perspektiven, Wiesbaden.

Schreyögg, G. (Hrsg.) (1999): Organisation und Postmoderne. Grundfragen – Analysen – Perspektiven, Wiesbaden.

Schreyögg, G./Eberl, M. (2015): Organisationale Kompetenzen. Grundlagen – Modelle – Fallbeispiele, Stuttgart.

Schreyögg, G./Geiger, D. (2005): Reconsidering organizational knowledge: Knowledge, skills and narrations, in: Schreyögg, G./Koch, J. (Hrsg.): Narratives and knowledge management, Berlin.

Schreyögg, G./Geiger, D. (2007): The significance of distinctiveness: A proposal for rethinking organizational knowledge, in: Organization 14 (1), S. 77-100.

Schreyögg, G./Höpfl, H. (2004): Theatre and organization: Editorial introduction, in: Organization Studies 25 (2), S. 691-704.

Schreyögg, G./Kliesch-Eberl, M. (2007): How dynamic can capabilities be?, in: Strategic Management Journal 28 (9), S. 913-933.

Schreyögg, G./Noss, C. (1994): Hat sich das Organisieren überlebt? Grundfragen der Unternehmenssteuerung in neuem Licht, in: Die Unternehmung 48 (1), S. 17-33.

Schreyögg, G./Noss, C. (2000): Von der Episode zum fortwährenden Prozess – Wege jenseit der Gleichgewichtslogik im Organisatorischen Wandel, in: Schreyögg, G./Conrad, P. (Hrsg.): Organisatorischer Wandel und Transformation – Managementforschung Bd. 10, Wiesbaden, S. 33-62.

Schreyögg, G./Ostermann, S. M. (2014). Krisenwahrnehmung und Krisenbewältigung, in Handbuch Krisenmanagement, S. 119-139, Wiesbaden.

Schreyögg, G./Papenheim-Tockhorn, H. (1995): Personelle Verflechtung als Ressourcenmanagement – Eine Längsschnittstudie zur Kooptationspolitik deutscher Großunternehmen auf Basis der Broken-tie-Methode, in: Schreyögg, G./Sydow, J. (Hrsg.): Managementforschung 5, Berlin, S. 107-165.

Schreyögg, G./Schmidt, L. (2010): Open windows: Shaping information technology as continuous organizational process, in: Managementforschung, Bd. 20, S. 151-182.

Schreyögg, G./Sydow, J. (2010): Organizing for fluidity? Dilemmas of new organizational forms, in: Organization Science 21 (6), S. 1251-1262.

Schriesheim, C. A./Neider, L. L. (2006)(Hrsg.): Power and influence in organizations: New empirical and theoretical perspectives, Greenwich.

Schüler, W. (1980): Mathematische Organisationstheorie, in: Zeitschrift für Betriebswirtschaft 50, S. 1284-1304.

Schüler, W. (1992): Mathematische Ansätze der Organisationstheorie, in: Frese, E. (Hrsg.): Handwörterbuch der Organisation, 3 Aufl., Stuttgart, S. 1806-1817.

Schultz, M. (1995): On studying organizational cultures, Berlin/New York.

Schüppel, J. (1996): Wissensmanagement: Organisatorisches Lernen im Spannungsfeld von Wissens- und Lernbarrieren, Wiesbaden.

Schüssler, E./Rüling, C./Wittneben, B. (2013): On melting summits: The limitations of field-configuring events as catalysts of change in transnational climate policy, in: Academy of Management Journal 57 (1), S. 140-171.

Schwarz, H. (1988): Arbeitsplatzbeschreibung, Freiburg i. Br.

Scott, W. R. (1961): Organization theory: An overview and an appraisal, in: Academy of Management Journal 4 (1), S. 7-26.

Scott, W. R. (1992): Organizations. Rational, natural, and open systems, Englewood Cliffs, N.J.

Scott, W. R. (1994): Institutions and organizations: Toward a theoretical synthesis, in: Scott, W. R./Meyer, J. W. (Hrsg.): Institutional environments and organizations: Structural complexity and individualism, Thousand Oaks.

Secord, P. F./Backman, C. W. (1964): Social psychology, New York.

Seidl, D./Whittington, R. (2014): Enlarging the strategy-as-practice research agenda: towards taller and flatter ontologies, in: Organization Studies 35 (10), S. 1407–1421.

Seiler, B. (1973) (Hrsg.): Kognitive Strukturiertheit, Stuttgart et al.

Seiwert, L. (1979): Das Substitutionsprinzip der Organisation, in: Wirtschaftswissenschaftliches Studium 8, S. 76-78.

Selvini Palazzoli, M./Anolli, L./DiBlasio, P./Giossi, L./Pisano, J./Ricci, C./Sacchi, M./Ugazio, V. (1995): Hinter den Kulissen der Organisation, 6. Aufl., Stuttgart.

Selvini Palazzoli, M./Boscolo, L./Cecchin, G./Prata, G. (2003): Paradoxon und Gegenparadoxon, 11. Aufl., Stuttgart.

Senge, P. (1990): The fifth discipline. The art and practice of the learning organization, New York.

Sey, A. (2001): Gruppenarbeit in Japan: Stereotyp und Wirklichkeit, München.

Shapiro, D. L./Bies, R. J. (1994): Threats, bluffs, and disclaimers in negotiations, in: Organizational Behavior and Human Decision Processes 60 (1), S. 14-35.

Shipper, F./Manz, C. C. (1992): An alternative road to empowerment, in: Organizational Dynamics 21 (3), S. 48-61.

Siggelkow, N./Rivkin, J. W. (2005): Speed and search: Designing organizations for turbulence and complexity, in: Organization Science 16 (2), S. 101-122.

Simon, F. B./Clement, U./Stierlin, H. (1999): Die Sprache der Familientherapie, 5. Aufl., Stuttgart.

Simon, H. A. (1945): Administrative behavior: A study of decision-making processes in administrative organization, New York.

Simon, H. A. (1960): The new science of management decision, New York.

Sims, D./Fineman, S./Gabriel, Y. (1993): Organizing & organizations: An introduction, London.

Singh, J. V./Lumsden, C. J. (1990): Theory and research in organizational ecology, in: Annual Review of Sociology 16, S. 161-195.

Skinner, B. F. (1938): The behavior of organisms, New York.

Slack, T./Hinings, B. (1994): Institutional pressures and isomorphic change: An empirical test, in: Organization Studies 15 (6), S. 803-827.

Smircich, L. (1983): Concepts of culture and organizational analysis, in: Administrative Science Quarterly 28 (3), S. 339-358.

Smith, A. C./Stewart, B. (2011): Organizational rituals: Features, functions and mechanisms, in: International Journal of Management Reviews 13 (2), S. 113-133.

Snow, C. C./Miles, R. E./Coleman, W. J. J. (1992): Managing 21st century natural organizations, in: Organizational Dynamics 20 (2), S. 5-19.

Snowden, D. (2000): Cynefin: a sense of time and space. The social ecology of knowledge management, London.

Snowden, D. (2000): The social ecology of knowledge management, in: Despres, C./Chauvel, D. (Hrsg.): Knowledge horizons. The present and the promise of knowledge management, New York, S. 237-265.

Sørensen, J. B. (2002): The strength of corporate culture and the reliability of performance, in: Administrative Science Quarterly 47 (1), S. 70-91.

Sparrer, J./Varga von Kibéd, M. (2003): Ganz im Gegenteil, Heidelberg.

Spee, A. P./Jarzabkowski, P. (2009): Strategy tools as boundary objects, in: Strategic Organization 7 (2), S. 223-232.

Spreitzer, G. M. (1995): Psychological empowerment in the workplace: Dimensions, measurement and validation, in: Academy of Management Journal 38 (5), S. 1442-1465.

Spreitzer, G. M. (2006): Leadership development lessons from positive organizational studies, in: Organizational Dynamics 35 (4), S. 305-315.

Sproull, L. S. (1981): Beliefs in organizations, in: Nystrom, P. C./Starbuck, W. H. (Hrsg.): Handbook of organizational design, Bd. 2, New York, S. 203-224.

Staber, U. (2002): Der evolutionstheoretische Ansatz in der Organisationsforschung: Einblicke und Aussichten, in: Theorien des Managements, Wiesbaden, S. 113-147.

Starbuck, W. (1976): Organizations and their environments, in: Dunnette, M. D. (Hrsg.): Handbook of Industrial and Social Psychology, Chicago, S. 1069-1123.

Staw, B. M./Sandelands, L. E./Dutton, J. E. (1981): Threat-rigidity effects in organizational behavior: A multilevel analysis, in: Administrative Science Quarterly 26 (4), S. 501-524.

Stefanic-Allmayer, K. (1950): Allgemeine Organisationslehre, Wien/Stuttgart.

Steinle, C./Bruch, H./Lawa, D. (2001)(Hrsg.): Projektmanagement. Instrument moderner Dienstleistung, 3. Aufl., Frankfurt a.M.

Steinmann, H./Gerum, E. (1978): Reform der Unternehmensverfassung, Köln.

Steinmann, H./Heinrich, M./Schreyögg, G. (1976): Theorie und Praxis selbststeuernder Arbeitsgruppen, Köln.

Steinmann, H./Schreyögg, G. (2005): Management. Grundlagen der Unternehmensführung, 6. Aufl., Wiesbaden.

Stephan, A. (2000): Eine kurze Einführung in die Vielfalt und Geschichte emergentischen Denkens, in: Wägenbaur, T. (Hrsg.): Blinde Emergenz?: Interdisziplinäre Beiträge zu Fragen kultureller Evolution, Heidelberg, S. 33-47.

Stigler, G. J. (1968): The organization of industry, Homewood, Ill.

Stinchcombe, A. (1990): Information and organizations, Berkeley.

Sydow, J. (1985): Der sozio-technische Ansatz der Arbeits- und Organisationsgestaltung, Frankfurt a. M./New York.

Sydow, J. (1992a): Strategische Netzwerke – Evolution und Organisation, Wiesbaden.

Sydow, J. (1992b): Strategische Netzwerke und Transaktionskosten, in: Staehle, W. H./Conrad, P. (Hrsg.): Managementforschung 2, Berlin/New York, S. 239-311.

Sydow, J. (2006): Management von Netzwerkorganisationen – Zum Stand der Forschung, in: Sydow, J. (Hrsg.): Management von Netzwerkorganisationen, 4. Aufl., Wiesbaden, S. 387-472.

Sydow, J./Duschek, S. (2011): Management interorganisationaler Beziehungen. Netzwerke–Cluster–Allianzen, Stuttgart.

Sydow, J./Möllering, G. (2009): Produktion in Netzwerken. Make, buy & cooperate, München.

Sydow, J./Schreyögg, G. (Hrsg.) (2013): Self-reinforcing processes in and among organizations, New York.

Sydow, J./Schreyögg, G./Koch, J. (2009): Organizational path dependence: Opening the black box, in: Academy of Management Review 34 (4), S. 689-709.

Szulanski, G. (2002): Sticky knowledge: Barriers to knowing in the firm, London.

Tai, K./Narayanan, J./McAllister, D. J. (2012): Envy as pain: Rethinking the nature of envy and its implications for employees and organizations, in: Academy of Management Review 37 (1), S. 107-129.

Tannenbaum, A. S. (1969): Social psychology of the work organization, Belmont/London.

Taylor, F. W. (1911): Principles of scientific management, New York.

Taylor, F. W. (1913): Die Grundsätze wissenschaftlicher Betriebsführung (Übersetzung a. d. Englischen), München (Originalausgabe 1911).

Teece, D. J./Pisano, G./Shuen, A. (1997): Dynamic capabilities and strategic management, in: Strategic Management Journal 18 (7), S. 509-533.

Tellis, G. J./Prabhu, J. C./Chandy, R. K. (2009): Radical innovation across nations: The preeminence of corporate culture., in: Journal of Marketing 73 (1), S. 3-23.

Terreberry, S. (1968): The evolution of organizational environments, in: Administrative Science Quarterly 12 (4), S. 590-613.

Thanheiser, H. T.(1972): The strategy and structure of German enterprise, Harvard University, Diss., Cambridge, Mass.

Theisen, M. R. (2000): Der Konzern, 2. Aufl., Stuttgart.

Theuvsen, L. (1994): Interne Beratung, Wiesbaden.

Thompson, J. P. (1967): Organizations in action, New York.

Thompson, L. L. (Hrsg.). (2014): Negotiation theory and research, New York.

Thomson, A. M./Perry, J. L. (2006): Collaboration processes: Inside the black box, in: Public Administration Review 66 (1), S. 20-32.

Thorelli, H. B. (1986): Networks: Between markets and hierarchies, in: Strategic Management Journal 7 (1), S. 37-51.

Thornton, P. H./Ocasio, W./Lounsbury, M. (2012): The institutional logics perspective: A new approach to culture, structure, and process, Oxford.

Tirole, J. (1995): Industrieökonomik, München.

Tjosvold, D. (1991): Team organization, Chichester u.a.

Todeva, E./Knoke, D. (2005): Strategic alliances and models of collaboration, in: Management Decision 43 (1), S. 123-148.

Toman, W. (1968): Motivation, Persönlichkeit, Umwelt, Göttingen.

Tracey, P./Phillips, N./Jarvis, O. (2011): Bridging institutional entrepreneurship and the creation of new organizational forms: A multilevel model, in: Organization Science 22 (1), S. 60-80.

Trice, H. M./Beyer, J. M. (1984): Studying organizational cultures through rites and ceremonials, in: Academy of Management Review 9 (4), S. 653-669.

Trice, H. M./Beyer, J. M. (1993): The cultures of work organizations, Englewood Cliffs, N. J.

Tsoukas, H. (1996): The firm as a distributed knowledge system: A constructionist approach, in: Strategic Management Journal 17 (Special Issue), S. 11-25.

Tsoukas, H. (2005): Do we really understand tacit knowledge?, in: Managing Knowledge: An Essential Reader, S. 107-126.

Tsoukas, H./Chia, R. (2002): On organizational becoming: Rethinking organizational change, in: Organization Science 13 (5), S. 567-582.

Tsui, A. S./Wang, H./Xin, K. R. (2006): Organizational culture in China: An analysis of culture dimensions and culture types, in: Management and Organization Review 2 (3), S. 345-376.

Türk, K. (1989): Neuere Entwicklungen in der Organisationsforschung, Stuttgart.

Turner, B. (1990): Organizational symbolism, Berlin/New York.

Turner, S. F./Rindova, V. (2012): A balancing act: How organizations pursue consistency in routine functioning in the face of ongoing change, in: Organization Science 23 (1), S. 24-46.

Turner, S. P. (1994): The social theory of practices: Tradition, tacit knowledge, and presuppositions, Chicago.

Tushman, M. L./Newman, W. H./Romanelli, E. (1986): Convergence and upheaval: Managing the unsteady pace of organizational evolution, in: California Management Review 29 (1), S. 29-44.

Tushman, M. L./O'Reilly III, C. A. (1997): Winning through innovation, Boston.

Tyre, M. J./Orlikowski, W. J. (1994): Windows of opportunity: Temporal patterns of technological adaptation in organizations, in: Organization Science 5 (1), S. 98-118.

Ulich, E./Groskurth, P./Bruggemann, A. (1973): Neue Formen der Arbeitsgestaltung – Möglichkeiten und Probleme einer Verbesserung der Qualität des Arbeitslebens, Frankfurt a. M.

Ulrich, H. (1961): Kontrollspanne und Instanzenaufbau in Organisationen, TFB-Handbuchreihe, Bd. 1, Berlin/Baden-Baden, S. 267-288.

Urwick, L. F. (1943): The Elements of Administration, New York.

Vaara, E. (2000): Constructions of cultural differences in post-merger change processes, in: M@n@gement 3 (3), S. 81-110.
Van de Ven, A. H./Astley, W. G. (1981)(Hrsg.): Mapping the field to create a dynamic perspective on organization design and behavior, Chichester.
Van de Ven, A. H./Ganco, M./Hinings, C. R. (2013): Returning to the frontier of contingency theory of organizational and institutional designs, in: The Academy of Management Annals 7 (1), S. 393-440.
Van de Ven, A. H./Poole, M. S. (1995): Explaining Development and Change in Organizations, in: Academy of Management Review 20 (3), S. 510-540.
Van Dyne, L./Graham, J. W./Dienesch, R. M. (1994): Organizational citizenship behavior: Construct redefinition, measurement, and validation, in: Academy of Management Journal 37 (4), S. 765-802.
Van Fleet, D. O./Bedeian, A. G. (1977): A history of the span of management, in: Academy of Management Review 2 (3), S. 356-372.
Van Maanen, J. (1988): Tales of the Field. On Writing Ethnography, Chicago, London.
Van Maanen, J. (1995): Style as theory, in: Organization Science 6 (1), S. 133-143.
Van Maanen, J./Barley, S. R. (1984): Occupational Communities: Culture and control in organizations, in: Staw, B. M./Cummings, L. L. (Hrsg.): Research in Organizational Behavior, Bd. 6, S. 287-365.
Vanovermeire, C./Sörensen, K./van Breedam, A./Vannieuwenhuyse, B./Verstrepen, S. (2014): Horizontal logistics collaboration: decreasing costs through flexibility and an adequate cost allocation strategy, in: International Journal of Logistics Research and Applications 17 (4), S. 339-355.
Varela, F. J. (1979): Principles of biological autonomy, New York.
Vaughan, D. (1999): The dark side of organizations: Mistake, misconduct, and disaster, in: Annual Review of Sociology, S. 271-305.
Vince, R. (2001): Power and emotion in organizational learning, in: Human Relations 54 (10), S. 1325-1351.
Vogel, R. (2012): The visible colleges of management and organization studies: A bibliometric analysis of academic journals, in: Organization Studies 33 (8), S. 1015-1043.
Völker, U. (1980) (Hrsg.): Humanistische Psychologie, Weinheim/Basel.
Von Schlippe, A. von/Schweitzer, J. (2013): Lehrbuch der systemischen Therapie und Beratung, Frankfurt.
Vuori, N./Vuori, T. (2014): Comment on "Heuristics in the strategy context" by Bingham and Eisenhardt (2011), in: Strategic Management Journal 35 (11), S. 1689-1697.

Wagner, M. P. (2013): Groupware und neues Management: Einsatz geeigneter Softwaresysteme für flexiblere Organisationen, Wiesbaden.
Walgenbach, P./Meyer, R. (2007): Neoinstitutionalistische Organisationstheorie, Stuttgart.

Walker, G./Kogut, B./Shan, W. (1997): Social capital, structural holes and the formation of an industry network, in: Organization Science 8 (2), S. 109-125.

Wall, T. D./Wood, S. J. (2005): The romance of human resource management and business performance, and the case for big science, in: Human Relations 58 (4), S. 429-462.

Walsh, J. P. (1995): Managerial and organizational cognition: Notes from a trip down memory lane, in: Organization Science 6 (3), S. 280-321.

Walter-Busch, E. (1989): Das Auge der Firma, Stuttgart.

Walter-Busch, E. (1991): Entwicklungen von Leitmotiven verhaltsorientierten Managementwissens, in: Staehle, W. H./Sydow, J. (Hrsg.): Managementforschung Bd. 1, Berlin/New York, S. 347-399.

Wang, C. L./Rafiq, M. (2014): Ambidextrous organizational culture, contextual ambidexterity and new product innovation: A comparative study of UK and Chinese high-tech firms, in: British Journal of Management 25 (1), S. 58-76.

Watson, G. (1975): Widerstand gegen Veränderungen, in: Bennis, W.G./Benne, K.D./Chin, R. (Hrsg.): Änderung des Sozialverhaltens, Stuttgart, S. 415-429.

Watson, J. B. (1930): Behaviorism, Chicago.

Watzlawick, P. (1985): Die erfundene Wirklichkeit, München.

Watzlawick, P./Beavin, J. H./Jackson, P. P. (1969): Menschliche Kommunikation: Formen, Störungen, Paradoxien, Bern.

Weber, J. (1995): Einführung in das Controlling, 6. Aufl., Stuttgart.

Weber, M. (1924): Gesammelte Aufsätze zur Soziologie und Sozialpolitik, Tübingen.

Weber, M. (1976): Wirtschaft und Gesellschaft, 5. Aufl., Tübingen.

Weick, K. E. (1969): The social psychology of organizing, Reading, Mass.

Weick, K. E. (1976): Educational organizations as loosly coupled systems, in: Administrative Science Quarterly 21 (1), S. 1-19.

Weick, K. E. (1977): Organization design: Organizations as self-designing systems, in: Organization Dynamics 6 (2), S. 31-46.

Weick, K. E. (1979): The social psychology of organizing, Reading, Mass.

Weick, K. E. (1993): The Collapse of Sensemaking in Organizations: The Mann Gulch Disaster, in: Administrative Science Quarterly 38 (4), S. 628.

Weick, K. E. (1995): Sensemaking in organizations, Thousand Oaks et al.

Weick, K. E. (2000): Making sense of the organization, Maiden, MA.

Weick, K. E./Quinn, R. E. (1999): Organizational change and development, in: Annual Review of Psychology 50 (1), S. 361-386.

Weick, K. E./Sutcliffe, K. M. (2007): Managing the unexpected. Resilient performance in an age of uncertainty, San Francisco.

Welge, M. K. (1975): Profit-Center-Organisation, Wiesbaden.

Welge, M./Al-Laham, A. (2013): Strategisches Management: Grundlagen-Prozess-Implementierung. Wiesbaden

Welsch, G. (1988): "Postmoderne". Genealogie und Bedeutung eines umstrittenen Begriffs, in: Kemper, P. (Hrsg.): Postmoderne oder der Kampf um die Zukunft, Frankfurt a. M., S. 9-36.

Wender, A. (1983): Entscheidungsspiele in Politik, Verwaltung und Wirtschaft, Opladen.

Wenger, A. P. (1999): Organisation Multinationaler Konzerne: Grundlagen, Konzeption und Evaluation, Bern.

Wenger, E. C. (1999): Communities of practice: Learning, meaning and identity, Cambridge.

Wenger, E. C./Snyder, W. M. (2000): Communities of practice: The organizational frontier, in: Harvard Business Review 78 (1), S. 139-146.

Wernerfelt, B. (1984): A resource-based view of the firm, in: Strategic Management Journal 5 (2), S. 171-180.

Wessel, H. A. (1990): Kontinuität im Wandel, 100 Jahre Mannesmann 1890-1990, Düsseldorf.

Westerlund, G./Sjöstrand, S.-E. (1981): Organisationsmythen (Übers. a. d. Engl.), Stuttgart.

Whittington, R. (2002): Corporate structure: From policy to practise, in: Pettigrew, A. M./Thomas, H./Whittington, R. (Hrsg.): Handbook of strategy and management, Bd. 2002, London.

Whittington, R. (2007): Strategy practice and strategy process: family differences and the sociological eye, in: Organization Studies 28 (10), S. 1575-1586.

Whittington, R./Mayer, M. (2000): The European corporation: Strategy, structure, and social science, New York.

Wied-Nebbeling, S. (2004): Preistheorie und Industrieökonomik, 4. Aufl., Berlin.

Wiener, N. (1963): Kybernetik, Düsseldorf/Wien.

Wiener, Y. (1988): Forms of value systems: A focus on organizational effectiveness and cultural change and maintenance, in: Academy of Management Review 13 (4), S. 434-545.

Wildavsky, A. (1979): The politics of the budgetary process, 3. Aufl., Boston.

Wilkens, U./Menzel, D./Pawlowsky, P. (2004): Inside the black-box: Analysing the generation of core competencies and dynamic capabilities by exploring collective minds. An organisational learning perspective, in: Management Revue, S. 8-26.

Wilkesmann, U./Rascher, I. (2002): Lasst sich Wissen durch Datenbanken managen?, in: Zeitschrift Führung und Organisation 71 (6), S. 342-351.

Wilkins, A. L./Patterson, K. J. (1985): You can't get there from here: What will make culture change projects fail, in: Kilmann, R. H. et al. (Hrsg.): Gaining control of the corporate culture, San Francisco, S. 262-291.

Williamson, O. E. (1975): Markets and hierarchies, analysis and antitrust implications: a study in the economics of internal organization, New York.

Williamson, O. E. (1985): The economic institutions of capitalism – firms, markets, relational contracting, New York.

Williamson, O. E. (1991): Comparative economic organization: The analysis of discrete structural alternatives, in: Administrative Science Quarterly 36 (2), S. 269-296.

Williamson, O. E. (1993a): The evolving science of organization, in: Journal of Institutional and Theoretical Economics 149 (1), S. 36-63.

Williamson, O. E. (1993b): Opportunism and its critics, in: Managerial and Decision Economics 14 (2), S. 97-107.

Willke, H. (1996): Dimensionen des Wissensmanagements – Zum Zusammenhang von gesellschaftlicher und organisatorischer Wissensbasierung, in: Schreyögg, G./Conrad, P. (Hrsg.): Managementforschung 6: Wissensmanagement, Berlin/New York, S. 263-304.

Willmott, H. (1993): Strength is ignorance, slavery is freedom: Managing culture in modern organizations, in: Journal of Management Studies 30 (4), S. 515-552.

Windsperger, J. (1987): Zur Methode des Transaktionskostenansatzes, in: Zeitschrift für Betriebswirtschaft 57 (1), S. 59-76.

Winter, S. G. (2003): Understanding dynamic capabilities, in: Strategic Management Journal 24 (10), S. 991-995.

Wisner, J./Tan, K.-C./Leong, G. (2015): Principles of supply chain management: a balanced approach, New York.

Witte, E. (1968): Die Organisation komplexer Entscheidungsverläufe – Ein Forschungsbericht, in: Zeitschrift für betriebswirtschaftliche Forschung 20, S. 581-599.

Wittgenstein, L. (1963): Tractatus logico-philosophicus, Frankfurt a.M.

Womack, J. P./Jones, D. T./Roos, D. (1992): Die zweite Revolution in der Automobilindustrie (Übers. a. d. Engl.), Frankfurt a. M. et al.

Woodward, J. (1958): Management and technology, London.

Woodward, J. (1965): Industrial organization: Theory and practice, London.

Wrapp, H. E. (1967): Good managers don´t make policy decisions, in: Harvard Business Review 45 (5), S. 91-99.

Wrigley, L. (1970): Divisional autonomy and diversification, Harvard University, Diss., Cambridge, Mass.

Wry, T./Cobb, J. A./Aldrich, H. E. (2013): More than a metaphor: Assessing the historical legacy of resource dependence and its contemporary promise as a theory of environmental complexity, in: The Academy of Management Annals 7 (1), S. 441-488.

Wrzesniewski, A./Sutton, J. E./Gelaye, D. (2003): Interpersonal sensemaking and the meaning of work, in: Staw, B. M./Kramer, R. M. (Hrsg.): Research in Organizational Behavior, Bd. 25, S. 93-135.

Wurmnest, W. (2012): Marktmacht und Verdrängungsmissbrauch: eine rechtsvergleichende Neubestimmung des Verhältnisses von Recht und Ökonomik in der Missbrauchsaufsicht über marktbeherrschende Unternehmen, Tübingen.

Yaeger, T./Sorensen, P. F./Minahan, M. (2011): McGregor's legacy: the evolution and current application of Theory Y management, in: Journal of Management History 17 (2), S. 178-192.

Yorks, L./Whitsett, D. A. (1985): Hawthorne, topeka and the issue of sience versus advocacy in organizational behavior, in: Academy of Management Review 10 (1), S. 21-30.

Zatzick, C. D./Iverson, R. D. (2006): High-Involvement management and workforce reduction: Competitive advantage or disadvantage?, in: Academy of Management Journal 49 (5), S. 999-1015.

Zenger, T. R./Hesterley, W. S. (1997): The disaggregation of corporations: Selective intervention, high-powered incentives, and molecular units, in: Organization Science 8 (3), S. 209-222.

Zey-Ferrell, M./Aiken, M. (1981): Complex organizations. Critical perspectives, Glenview, Ill.

Ziegler, R. (1982): Analyse sozialer Netzwerke. Forschungsbericht, Institut für Soziologie, Universität München, Diss., München.

Zollo, M./Winter, S. G. (2002): Deliberate learning and the evolution of dynamic capabilities, in: Organization Science 13 (3), S. 339-351.

zu Knyphausen-Aufseß, D. (2000): Auf dem Weg zu einem ressourcenorientierten Paradigma?, in: Ortmann, G./Sydow, J./Türk, K. (Hrsg.): Theorien der Organisation: Die Rückkehr der Gesellschaft, 2. Aufl., Wiesbaden.

zu Knyphausen-Aufseß, D./Schweizer, L. (2006): Bedeutung der Unternehmenskultur im M&A-Prozess, in: Borowicz, F./Mittermair, K. (Hrsg.): Strategisches Management von Mergers & Acquisitions, Wiesbaden, S. 259-278.

Zucker, L. G. (1987): Institutional theories of organization, in: Annual Review of Sociology 13, S. 443-464.

Stichwortverzeichnis

D

E

F

G

N

O

P